中沙群岛综合科学考察研究报告

林 强 秦 耿等 著

科 学 出 版 社
北 京

内 容 简 介

本书总结整理了中沙群岛及其邻近海域科考数据与资料，分别围绕自然地理特征、水文气象、全新世沉积地层、水体理化环境、海洋生物资源、珊瑚礁生态系统等主题进行凝练总结，这是目前出版的第一本聚焦中沙群岛的综合性科学考察研究报告。

本书可以为从事海洋科学、海洋管理、海洋开发等相关领域的人员参考，也可以供海洋专业师生或科普爱好者阅读。

审图号：琼 S（2024）021 号

图书在版编目（CIP）数据

中沙群岛综合科学考察研究报告 / 林强等著. —北京：科学出版社，2024.3
ISBN 978-7-03-073530-0

Ⅰ. ①中… Ⅱ. ①林… Ⅲ. ①中沙群岛–科学考察–研究报告 Ⅳ. ①P942.66

中国版本图书馆 CIP 数据核字（2022）第 195197 号

责任编辑：朱 瑾 习慧丽 / 责任校对：杨 赛
责任印制：肖 兴 / 封面设计：无极书装

科学出版社 出版
北京东黄城根北街 16 号
邮政编码：100717
http://www.sciencep.com
北京中科印刷有限公司印刷
科学出版社发行 各地新华书店经销

*

2024 年 3 月第 一 版 开本：787×1092 1/16
2024 年 3 月第一次印刷 印张：33
字数：790 000

定价：468.00 元

（如有印装质量问题，我社负责调换）

《中沙群岛综合科学考察研究报告》
撰写人员名单

主要撰写者

林　强　秦　耿

参与撰写者（按姓氏拼音排序）

蔡明刚　陈泽林　丁　翔　丁浩桢　杜　军　杜飞雁
付延光　侯正瑜　黄德练　黄红伟　黄良民　黄亚东
蒋　维　鞠　霞　李　刚　李　群　李春燕　练建生
刘　强　刘　珊　刘长建　刘甲星　刘松林　刘小菊
刘雅莉　刘永明　柳　阳　吕颂辉　吕修亚　马少博
潘红苗　彭　聪　邱永松　曲　朦　施　祺　宋星宇
谭烨辉　唐国旺　田梓文　涂铁要　万奎元　王　俊
王　信　王素芬　王伟平　王新志　王雪辉　王勇智
文东升　吴　頔　向晨晖　肖　天　徐　磊　徐向荣
杨　威　杨剑辉　杨清松　叶海军　曾　雷　张　华
张　鹏　张辉贤　张喜洋　张小军　张艳红　张志新
郑豪文

前　言

南海是世界上最大的边缘海，面积约350万km^2，贯通太平洋和印度洋，是联系东亚、非洲和欧洲较为繁忙的国际航路之一，超过200个无原住民居住的岛屿与岩礁散落于各处，拥有丰富的海洋矿产与生物资源。南海是我国海洋强国建设最重要的区域，散布在南海中的岛礁是我国在错综复杂的南海地缘博弈当中获得主动权的重要支点。纵观南海全盘，中沙群岛地处南海中部，是南海航行通道的重要枢纽。中沙群岛包括黄岩岛、中沙大环礁两个环礁系统，以及30多个暗滩和暗沙，覆盖海域面积超过60万km^2，其岛礁散布范围之广仅次于南沙群岛。然而，中沙群岛所有暗滩和暗沙均隐伏于海水中，仅黄岩岛礁坪有个别礁石露出海面。中沙大环礁是中沙群岛的主体部分，是世界上少有的大型环礁系统。因此，开展对中沙群岛及其邻近海域系统、全面的科学考察工作，不仅有利于摸清家底、提高对南海的认知，还是服务于南海可持续开发与保护、支撑“经略南海”与“海洋强国”建设的重要保障。

自新中国成立以来，我国立即开展了针对南海诸岛及其邻近海域的科学考察工作，积累了丰富的调查数据与历史资料，然而，针对中沙群岛及其邻近海域的科学考察工作起步相对较晚。1973～1977年开展的“南海中、西沙群岛及附近海域综合调查”共进行了11个航次，是规模较大、较系统的一次覆盖中沙群岛海域的科学考察任务，科考团队多次穿越中沙群岛，并登上黄岩岛，科学考察项目涵盖了地质地貌、气象水文、海水化学、生物生态等不同学科。遗憾的是，限于航次或调查条件等诸多因素，许多资料虽然非常珍贵但并不完整。21世纪以来，我国对中沙群岛及其邻近海域的科学考察力度明显加大。例如，2014年和2015～2017年开展了中沙群岛及其邻近海域的渔业资源科学考察；2014～2016年连续三年开展了中沙群岛造礁石珊瑚多样性调查；2015年在国家科技基础性工作专项“南海中北部珊瑚礁本底调查”、国家重大科学研究计划“南海珊瑚礁对多尺度热带海洋环境变化的响应、记录与适应对策研究”等项目支持下，对中沙群岛的黄岩岛海域进行了较为详细的生物生态和水环境调查。尽管取得了宝贵的数据资料，丰富了对我国中沙群岛的科学认知，但是这些科学考察研究多关注特定学科方向，而针对中沙群岛海域的综合科学考察研究仍显不足，无法满足目前在中沙群岛的国家权益维护与可持续发展的需要。

在此背景下，由中国科学院南海海洋研究所牵头，汇集了在南海科学考察和研究方面具有优势的9家科研院所或高校的科研人员，承担了科技部立项的科技基础资源调查专项“中沙群岛综合科学考察”项目（2018FY10010），对中沙群岛及其邻近海域珊瑚礁地形地貌、水文动力、地层结构、环境化学、生物生态、渔业资源等进行全面的综合科学考察。科考团队于2019～2021年开展了7个航次调查，调查范围覆盖了中沙大环礁、黄岩岛、一统暗沙、神狐暗沙等海域，并将调查数据与遥感数据、历史资料相结合，综合分析，汇编整理，形成本书。本书涵盖了中沙群岛自然地理特征、水文气象、水体环境、生物资源、珊瑚礁生态系统等各部分内容，是当前发布最完整的中沙群岛综合科学考察类报告。

本书按照不同学科内容分设了7个章节。第1章，主要为中沙群岛珊瑚礁自然地理特征调查内容，简要介绍中沙群岛的自然地理特征，结合历史数据描述中沙大环礁和群岛地形、环境等特征。第2章，系统介绍中沙大环礁的潮位、温盐、海流、波浪等水动力特征。第3章，主要描述中沙大环礁中北暗沙的全新世珊瑚礁沉积特征和工程地质特性，以及对珊瑚礁沉积发育和沉积环境变化的认识。第4章，主要系统阐释中沙群岛及其邻近海域的海水环境、沉积物环境等理化要素的时空变化特征。第5章，聚焦中沙群岛及其邻近海域的海洋生物资源，全面分析基础生产力、浮游生物、渔业资源生物等的时空变化特征。第6章，聚焦中沙群岛珊瑚礁生态系统，描述中沙大环礁、一统暗沙、神狐暗沙等珊瑚礁生态系统的造礁石珊瑚和珊瑚礁栖生物的物种多样性组成与分布格局。第7章，描述中沙群岛近纬度地区典型植被和特征植物类群。

本书作者主要为中沙群岛综合科学考察项目的骨干成员。总体框架设计、内容简介、前言和整体内容的把关与校订由林强、黄良民、秦耿负责；第1章由付延光、刘强、刘永明、吕修亚、彭聪、田梓文、王素芬、王伟平、张小军负责撰写；第2章由杜军、鞠霞、刘长建、王勇智、吴嶼、杨威负责撰写；第3章由丁浩桢、侯正瑜、刘小菊、施祺、王新志、文东升、张喜洋负责撰写；第4章由蔡明刚、李刚、刘珊、徐向荣、郑豪文负责撰写；第5章由杜飞雁、黄德练、丁翔、黄亚东、刘甲星、刘松林、邱永松、宋星宇、谭烨辉、王雪辉、向晨晖、徐磊、杨清松、曾雷、张鹏负责撰写；第6章由陈泽林、黄红伟、黄良民、蒋维、李春燕、李群、练建生、林强、刘雅莉、柳阳、吕颂辉、马少博、潘红苗、秦耿、曲朦、王素芬、王信、肖天、杨剑辉、叶海军、张华、张辉贤、张艳红、张志新负责撰写；第7章由王俊、涂铁要、万奎元负责撰写。

中沙群岛海域气候条件恶劣，风大浪急，面临突发恶劣天气时缺少庇护场所，科学考察过程中还面临着第三方干扰等不确定性因素，尤其是珊瑚礁调查区域水深普遍在15 m以上，水情复杂多变，这对于执行调查任务的潜水队员来说难度大、危险性高。正是在此情况下，科考队员不惧艰险，最终获得了本书所包含的数据和样本。因此，我们极为珍视本书提供给大家的数据资料。在此，特向所有参与中沙群岛综合科学考察的队员和支持本项目实施的人员表示感谢。

本书的资料收集、编撰和出版得到了国家科技基础资源调查专项“中沙群岛综合科学考察”项目（2018FY10010）的资助。

由于数据资料收集尚有不足，以及著者水平有限，本书不足之处在所难免，敬请同仁和读者批评指正。

林　强

2023年10月

目　录

第1章

中沙群岛珊瑚礁自然地理特征

1.1 中沙群岛概况

中沙群岛在南海中央海盆西北边缘，位于海南岛东部台阶式陆坡上，以珊瑚礁地貌为主。中沙群岛在地形地貌上与周边洋底形成鲜明的差异，以中沙大环礁和黄岩岛礁体结构最为突出。近年来，在南沙群岛岛礁工程建设中逐步认识到海洋地形地貌、海洋水动力环境、珊瑚礁沉积地层及其工程地质的特性对于岛礁工程建设问题的重要性，从战略安全角度出发，该海域综合数据信息的完善，可为后期海洋工程建设的论证和开展提供必要的基础数据和技术支撑。

本章基于现场的高分辨率多波束实际测量数据，并搜集近年来该海域的基础水深资料和地貌分类数据，结合遥感分析的反演水深数据和珊瑚礁分类及分布，获取中沙群岛大比例尺的水深地形资料和珊瑚礁地貌分类，构建三维地形模型。鉴于中沙群岛海域基本淹没在海水之下，未同大陆建立高程基准，本章在完成中沙群岛海域的空间基准的基础上，基于平均海平面或者理论最低潮面进行水深地形测量和三维地形模型构建，将我国空间基准框架延伸到中沙群岛及其附近海域，为中沙群岛调查提供统一的大地坐标系和垂直基准。

中沙群岛海域调查内容主要分为三部分，首先是地形调查，包括中沙大环礁 1∶200 000 比例尺的多波束调查，中沙大环礁 1∶5000 比例尺的多波束全覆盖调查，以及黄岩岛单波束和多波束的综合调查；其次是中沙大环礁及黄岩岛的空间基准调查；最后是遥感反演所必需的水体现场分析和测量。

上述三部分调查内容通过两个航次的调查任务完成，其中第一个航次完成中沙大环礁1：200 000比例尺的多波束调查、黄岩岛单波束和多波束的综合调查、中沙大环礁及黄岩岛的空间基准调查和遥感反演所必需的水体现场分析和测量；第二个航次完成中沙大环礁1：5000比例尺的多波束全覆盖调查，并对第一航次进行补充调查。

1.2 调查概况

1.2.1 航次概况

根据总体计划，在中沙群岛海域共进行了两个航次的外业调查，其中第一个航次为2019年5月14日至6月5日，共历时23 d，调查内容包括1：200 000比例尺的地形测量、潮位联测、光学表面调查，获取了41个站位的声速剖面测量（SVP）数据，多波束测线长度为4255 km，还获取了15个站位的光学表面调查数据和3个站位的潮位测量数据。第二个航次为2020年6～7月，共历时25 d，调查内容包括中沙大环礁浅水特征点（简称"浅点"）的多波束全覆盖调查，同时搭载了全球导航卫星系统（GNSS）观测设备，开展了全航次的GNSS数据采集，与海洋水文定点站开展了同步水位观测，获取58个站位的SVP数据，多波束测线长度为6325 km，还获取了3个站位的潮位测量数据。两个航次共完成多波束测线10 580 km。多波束地形测量的工作量对比见表1-1。

表1-1 多波束地形测量的工作量对比表

区块名称	计划测线长度（km）	实际测线长度（km）	完成率（%）
中沙大环礁	4160	4255	102
中沙大环礁浅点	5640	6325	112
黄岩岛	248	—	0

2021年上半年在赵述岛布设1个C级全球定位系统（GPS）控制点，并采用高精度GNSS设备进行观测，同步开展潮位观测。同时，采用遥感反演的方法获取黄岩岛1：100 000比例尺的地形。

根据中沙群岛综合科学考察的总体目标和要求，结合中沙大环礁水深相对较浅和浅礁分布较多的地形特征，采用船载的浅水多波束测深系统进行地形调查，其覆盖范围和数据精度均能较好地满足调查需求，也能较好地反映中沙大环礁的水深变化特点和浅礁的地形地貌特征。在中沙群岛周边岛礁和黄岩岛海域采用遥感数据对水深地形进行反演，获取了该海域的地形地貌资料，保证了调查区域的整体完成度。

1.2.2 技术依据

两个航次调查的主要技术依据如下。

（1）《海洋调查规范 第8部分：海洋地质地球物理调查》（GB/T 12763.8—2007）。

（2）《海洋工程地形测量规范》（GB/T 17501—2017）。

（3）《工程测量规范》（GB 50026—2007）。

（4）《海道测量规范》（GB 12327—1998）。

（5）《全球定位系统（GPS）测量规范》（GB/T 18314—2009）。

（6）《全球定位系统实时动态测量（RTK）技术规范》（CH/T 2009—2010）。

（7）《国家三、四等水准测量规范》（GB/T 12898—2009）。

（8）《测绘成果质量检查与验收》（GB/T 24356—2009）。

（9）《国家基本比例尺地图图式第 1 部分：1∶500 1∶1000 1∶2000 地形图图式》（GB/T 20257.1—2017）。

（10）《中国海图图式》（GB 12319—1998）。

（11）《海洋调查规范 第 2 部分：海洋水文观测》（GB/T 12763.2—2007）。

1.2.3 地形数据采集和处理

1. 测量基准

坐标系：2000 国家大地坐标系（CGCS2000）。

投影：通用横墨卡托投影（UTM）。

中央经线：黄岩岛 117°E、中沙大环礁 114°E。

深度基准：当地理论最低潮面。

时间基准：格林尼治时间。

2. 数据采集

多波束水深测量是一种条带式测量，浅水多波束扫测的条带宽度是水深的 3～4 倍，在测幅范围内，采取等距或等角波束模式发射和接收，使整个测幅内有相同的精度。测量时测幅之间相互重叠至少 20%，从而保证测区内的全覆盖测量。

调查过程中使用的浅水多波束测深系统为美国 R2Sonic 公司的 R2sonic2024。

根据技术要求，在多波束水深测量期间，每天至少需要做一次声速剖面测量，用来校准水深值。

在正式作业之前以及多波束换能器安装位置有变化时，需要进行多波束安装参数校正。实际作业时，在测区范围内布设 2 条校正测线，每条测线长度为 1 km，对每条测线往返测量，现场进行声速剖面测量。

测量过程中，浅水多波束数据采集主要由 Qinsy 软件完成，测量数据以*.qd 和*.xtf 文件格式保存。所有的测量数据均记录在与项目名相同的文件目录中，文件名包含项目名称、测线名和开始采集时间，由计算机自动生成，不存在测线重名现象。数据采用硬盘介质存储，为了达到最佳测量效果，测量时对多波束测深系统实时监控，最大限度减少不合格数据的产生。

水深测量的数据均根据实测潮位和预报潮位结合订正到当地理论最低潮面。

每次船舶补给前后，需要测定船体吃水变化。调查船吃水深度非均匀改变前后，要求测量吃水深度。测量吃水深度应选择船体处于相对平稳状态时进行，两次或两次以上测量误差应小于 10 cm。

3. 数据处理

多波束水深数据采用加拿大 Teledyne CARIS 公司的 CARIS HIPS and SIPS 11.3 软件和荷兰 QPS 公司的 Qimera 软件等专业处理软件处理。数据处理基本流程一般包括原始数据转换、声速校正、加载潮汐、计算总传播误差、数据质量控制、自动滤波等过程，最终输出修正后的水深数据，具体流程见图 1-1，根据输出的水深数据，采用制图软件如 ArcGIS、AutoCAD 等相应处理软件编绘等深线图。

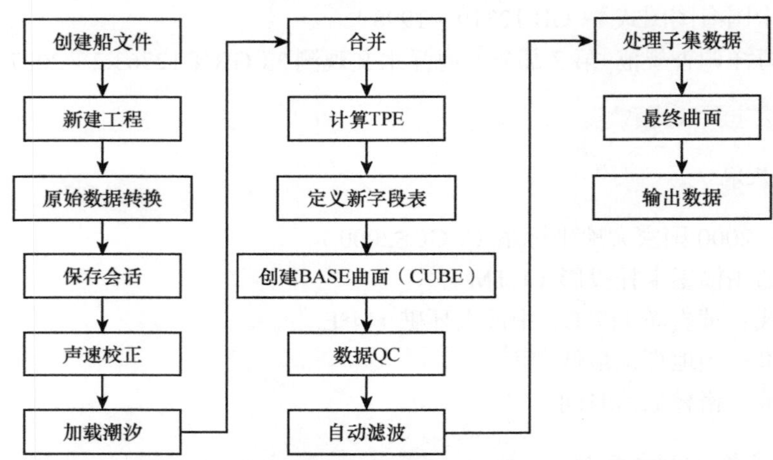

图 1-1 CARIS HIPS and SIPS 11.3 软件多波束数据处理流程

TPE：总传播误差；BASE：成果面；CUBE：曲面滤波算法；QC：质量控制

定位处理：主要检查外业定位是否正常，航迹是否满足要求。

水深处理：包括多波束换能器吃水深度改正、潮位改正、参数校正和声速改正。其中，潮位变化对采集数据（水深＜200 m）影响较大。多波束资料处理需要进行潮位改正，通过空间基准测量对潮位进行记录，同时收集西沙群岛海域的海洋站数据，结合预报潮位对多波束数据进行潮位改正。

自动滤清：利用计算机对数据进行自动滤清，或者通过人机交互编辑准确剔除不良数据点。

准确度评价：对资料处理后，对整个区域进行水深测量准确度评价，计算主测线和联络测线在重复测点上水深测量值的差值，统计均方差，作为水深测量准确度评价的依据，计算公式为

$$\sigma = \pm\sqrt{\frac{\sum_{i=1}^{n} h_i^2}{2n}} \tag{1-1}$$

式中，σ 为均方差，单位为米（m）；h_i 为不同测线条幅重复测点水深测量值的差值，单

位为米（m）；n 为参与计算的水深点数量。

计算均方差时，允许舍去少数特殊重复点，但舍去点数不得超过总点数的 5%。水深变化大的区域，可以按水深值分段计算。

水深数据处理过程中，将软件处理获得的水深数据进一步网格化成数字地形模型，通过 ArcGIS 和 AutoCAD 形成等深线图，同时将处理后的多波束网格数据根据水深范围生成渲染地形图，配合等深线图，可以输出能反映地形变化的三维地形图。

1.2.4　空间基准数据处理

1. 调查站位

现场调查布设 2 个短期潮位站，潮位观测站与水文坐底式观测站一致。优先选择在黄岩岛和赵述岛上分别布设一个 GPS 控制点，若条件不允许，则收集附近已有 GPS 控制点和在其他临近区域布设 GPS 控制点并进行 GNSS 观测。

2. 潮位观测

在观测海域布放 2 个短期潮位观测站，进行 1 个月左右的潮位观测，水深控制在 50 m 以内，具体观测时间根据当地的天气、海况和潮汐状况确定。观测仪器为 RBR 1050/2050/DUO 水位计（产自加拿大 RBR 公司）和差分全球定位系统（DGPS）。

仪器设定从整点时刻开始观测，每隔 1 s 观测一次，采用每 10 min 前后各 1 min 的平均数据作为该时刻的潮位数据。

潮位观测具体实施过程：①用释放器布放水位计，仪器布放在波浪较小、低潮时仪器不露出水面、安全的位置；②尽可能获取当地气压观测资料，对自记水位资料进行订正。

3. GPS 控制点布设和 GNSS 观测

GPS 控制点调查包括 GPS 控制点收集和新建 GPS 控制点并开展 GNSS 观测。优先选择在中沙黄岩岛和西沙赵述岛分别布设一个 GPS 控制点并进行 GNSS 观测，若条件不允许，则收集附近已有 GPS 控制点和在其他临近区域布设 GPS 控制点并进行 GNSS 观测。

1）GPS 控制点布设

新建 GPS 控制点一般布设在便于开展水位观测附近，GPS 控制点可采用水泥浇筑的方式固定 GPS 控制点标志，也可以将 GPS 控制点标志直接贯入硬化地面，并加以固定。

2）GNSS 观测

在新建 GPS 控制点上架设大地测量型 GNSS 接收机，开展 GNSS 静态观测，条件允许的情况下，每站每个控制点至少观测两个时段，每个时段连续观测不少于 8 个小时。

4. 数据处理

先对所获取的潮位数据进行滤波处理，收集中沙群岛海洋站的潮位数据，并通过同步潮位平均海平面方法，获取各个站位基于永兴岛潮位站的潮位资料。采用最小二乘平滑滤波（Savitzky-Golay 滤波）方法对潮位数据进行滤波处理，将处理后的潮位数据作为最终潮位数据。

1.2.5 降尺度水深反演研究

1. 光学浅水辐射传输原理

光学浅水介于光学深水和陆地之间，是指水底地物对离水辐射有贡献的一类水体。光在光学浅水中传播既受水体的吸收和散射作用，又受水底地物的吸收和散射作用。太阳光穿过大气照射到水面上，一部分被镜面反射到空中，如果镜面反射正好朝向传感器，会形成太阳耀斑；另一部分穿过水气界面，继续在水中下行传播。太阳光在水中下行传播时，受水体的吸收和散射作用，一部分能量被吸收，一部分能量被散射到各个方向，还有一部分能量继续向下传播。被散射的那部分能量中，有一部分向上传播离开水面。向下传播的那部分能量到达水底后发生散射，向上传播，在水体中向上传播的过程中同样会受水体的吸收和散射作用，有一部分能量会继续上行离开水面。那么离开水面的能量由水体散射部分和水底散射部分组成。离水能量继续向上传播，经过大气中粒子的吸收和散射后，到达传感器。因此，光学浅水的离水辐射信号中同时包含水体光学属性信息和水深信息，可用于水深反演。

2. 降尺度水深反演模型的技术路线

降尺度水深反演模型（DBMA）利用低空间分辨率卫星数据波段数量多和高空间分辨率卫星数据分辨率高的优势，耦合多种类型的水深反演算法，从而在无实测数据辅助的情境下实现光学浅水的水下地形反演，适用于黄岩岛（Liu et al.，2021e）。

DBMA 有四个步骤。第一步，采用耦合优化反演模型和统计模型的策略，从多时相的 Landsat-8 数据中提取水深值（Liu et al.，2019）。第二步，对清洁光学浅水、浑浊光学浅水分别构建筛选机制，从多时相的水深反演结果中筛选出最终的 Landsat-8 水深反演值。第三步，将 Landsat-8 数据作为真实值，对高空间分辨率卫星数据的统计模型进行定标（Liu et al.，2021d）。第四步，将定标后的统计模型应用于处理高分辨率卫星数据，获得高空间分辨率的水深信息。

从多时相 Landsat-8 数据中筛选出最终的水深结果，受天空状况、水质和大气校正的影响，只从一景遥感影像中反演水深存在不确定性。根据聚合原理，多次测量结果比单次测量结果更可靠。自 Landsat-8 发射至今，对每个成像区域进行了上百次成像，而且未来 Landsat-9 会继续配置和 Landsat-8 一样的传感器。更多的遥感数据可用于反演水深。因此，在研究区域水深随时间不变的假设下，有必要从多时相的水深结果中筛选出最终的水深值。

采用耦合优化反演模型和统计模型的思路，从多时相 Landsat-8 数据中提取出水深后，每个像元都有多个测量值。为此，采用优化反演模型和蓝绿波段对数比值的相关系数筛选出合格的结果。当相关系数大于 0.6 时，将耦合底质反射率线性分解模型的水深优化反演模型（UMOPE）的水深反演结果用于自适应分段水深反演模型（ABAA）的水深反演。最后选取所有合格影像数据的中值，得到最终的 Landsat-8 水深反演结果。

为了方便匹配Landsat-8数据和高空间分辨率卫星数据，对卫星数据采用同样的1984世界大地测量系统（WGS-84）。Landsat-8 的一个像元对应多个高空间分辨率卫星数据的像元，为了解决这个问题，随机选择一个高空间分辨率卫星数据的像元和 Landsat-8 像元进行匹配，最终一个高空间分辨率卫星数据的像元对应一个低分辨率的水深值。

1.2.6　数据处理

对现场数据采集、数据处理、反演数据处理等的控制措施和数据质量评估如下。

1. 定位系统

所使用的定位系统设备经国家法定检定部门检定合格，其使用时间在有效检定期内，仪器精度满足规范要求。测量人员在施测前将定位系统设备与国家 C 级 GPS 控制点进行比对，比对结果均方差均在 1 m 以内，表明其定位精度优于规范要求的±5 m，满足调查要求。

登陆段外业测量所使用仪器 GPS-RTK 经过国家法定计量机构检定合格，并且在有效期内，测量人员在施测前对仪器又进行了精度比对，确认其状态正常、精度满足要求后方投入使用。

外业工作人员熟悉仪器操作流程，所有测量作业过程均按照参照最新国家标准和行业标准制定的作业文件执行。

地形图绘制均按照《1∶500　1∶1000　1∶2000 外业数字测图规程》（GB/T 14912—2017）、《国家基本比例尺地图图式第 1 部分：1∶500 1∶1000 1∶2000 地形图图式》（GB/T 2025.7.1—2017）等文件的规定进行数据处理及成图。

测量控制点采用广东省连续运行参考站系统（GD-CORS）技术支持下的网络 RTK 技术进行多次重复观测，每次观测历元不小于 600 个。最后取多个观测值的算术平均值作为测量控制点的最或然值，测量控制点观测记录见表 1-2。

表 1-2　测量控制点观测记录表

控制点编号	序号	平面坐标（m）		历元（个）	高程均方根（HRMS）（m）	东坐标偏差值 ΔX	北坐标偏差值 ΔY
		x（纵向）	y（横向）				
4409019	1	2 381 139.514	568 067.664	600	0.004	–0.003	0.001
	2	2 381 139.518	568 067.663	600	0.004	0.001	0.000
	3	2 381 139.519	568 067.661	600	0.004	0.002	–0.002
平均值		2 381 139.517	568 067.663				

注：CGCS2000，UTM，中央经线 111°E

外业测量中，GPS-RTK 观测误差在测量手簿上直接读出，统计测量点中随机 300 个 RTK 测量点，其解的状态均为固定解，点位中误差均小于 0.03 m，满足精度要求。GPS-RTK 测量点观测精度统计见图 1-2。

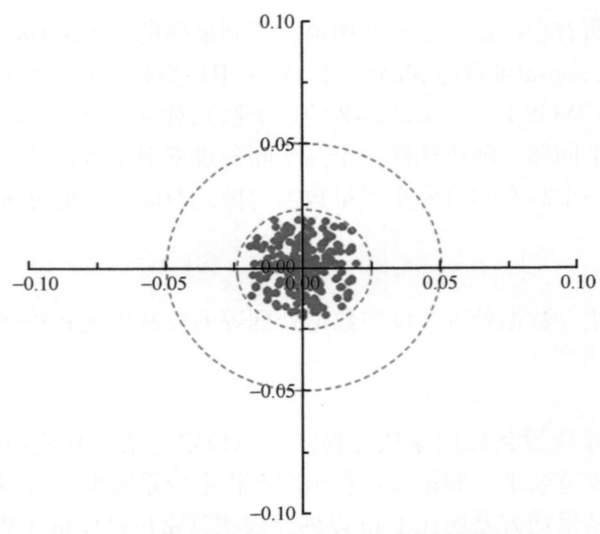

图 1-2　GPS-RTK 测量点观测精度统计图

2. 声速

声速是多波束数据校正的重要参数，在调查之前需要对所用的表面声速和声速剖面进行核对，经现场测量，所使用的表面声速和声速剖面数据稳定（表 1-3，图 1-3）。

表 1-3　表面声速在探头位置的声速值

地点	SV 传感器	深度（m）	声速（m/s）
15°44′23.446″N 113°54′24.466″E	AML Micro·X	2.3	1534.81
	AML Micro·X	2.3	1534.76
	AML Micro·X	2.3	1534.83
	AML Micro·X	2.3	1534.04

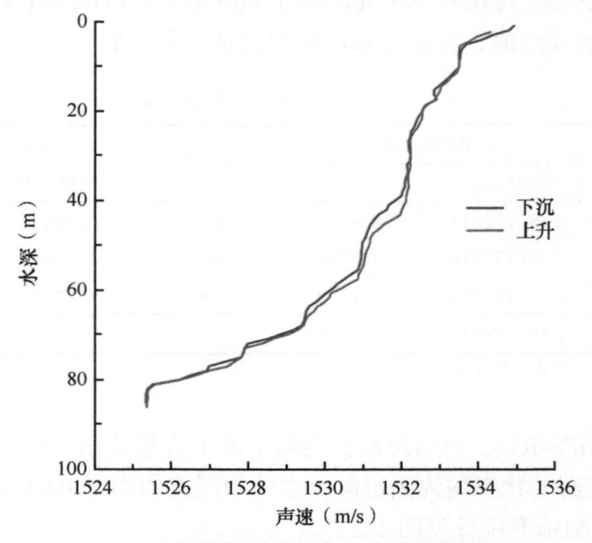

图 1-3　声速剖面下沉和上升的声速对比

3. 多波束测深系统

多波束调查采用美国 R2Sonic 公司的 R2Sonic2024 多波束测深系统。设备按照厂家推荐程序进行安装。为了减少作业船只推进器、机器噪声及气泡等对多波束数据资料的干扰，多波束换能器的安装位置选择一个干扰因素较少的左舷固定安装。为了保证采集数据的质量，根据相关多波束测量规范，在多波束作业前进行多波束换能器校正测试。

校正的地点：作业区附近的 15°44′23.446″N、113°54′24.466″E。

校正测线布设：共布设两条测线 AB、CD（图 1-4），测线长度为 1 km，测线间隔为 50 m，每条测线各来回采集一次数据。

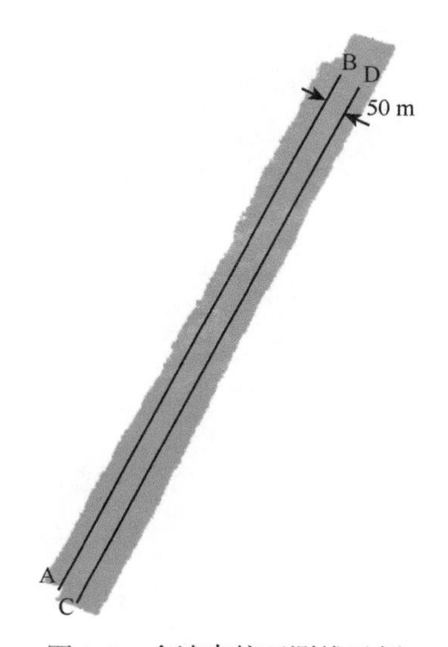

图 1-4　多波束校正测线示例

采集软件：Qinsy 8.0。

校正和处理软件：CARIS HIPS and SIPS 11.3。

校正步骤：多波束测深系统校正程序按顺序分为横摇（roll）、纵摇（pitch）和艏摇（yaw）三部分校正（表 1-4）。

表 1-4　多波束测深系统姿态参数校正结果　（单位：°）

校正参数	横摇	纵摇	艏摇
第一个航次	– 1.23	–6.25	–1.55
第二个航次	0.18	0.08	0.13

横摇校正选择平坦的海底区域，测量测线 AB 往返的重合测线。用多波束测深系统自带的数据处理分析软件进行数据处理，得到横摇偏差值，一般在校正测线几处进行横摇偏差值检验，最后取平均值。

纵摇校正选择有特殊地形的海底区域，测量测线 AB 往返的重合测线。用多波束测深系统自带的数据处理分析软件进行数据处理，得到纵摇偏差值，一般在校正测线几处进行纵摇偏差值检验，最后取平均值。

艏摇校正选择有特殊地形的海底区域，测量测线AB、CD同向的重合测线。用多波束测深系统自带的数据处理分析软件进行数据处理，得到艏摇偏差值，一般在校正测线几处进行艏摇偏差值检验，最后取平均值。

第一个航次的多波束横摇、纵摇和艏摇参数校正见图1-5。

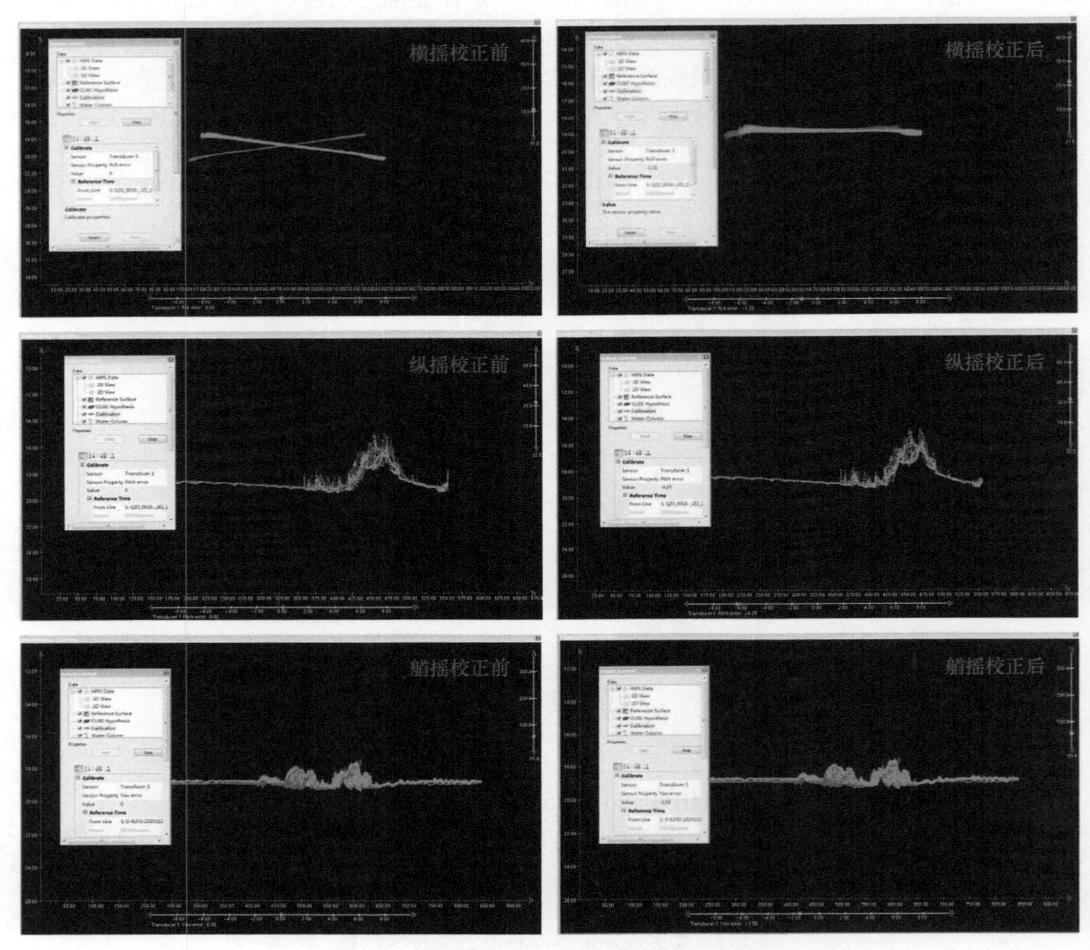

图1-5　多波束横摇、纵摇和艏摇参数校正

对采集的测线数据进行横摇、纵摇和艏摇参数校正并进行数据合并检验。合并结果显示，测线之间拼接情况良好，校正参数符合要求，可用于多波束正常作业。

4. 水深反演结果的精度验证

由于缺少黄岩岛的实测水深数据，本书利用中沙群岛周边岛礁和瓦胡岛的水深反演结果验证模型反演水深值的精度，并且和具有实测水深数据定标的ABAA结果进行对比。

图1-6中的偏差中值显示，当水深大于12 m时，DBMA比ABAA低估水深值更严重，当水深小于4 m时，DBMA比ABAA高估水值更严重。尽管如此，在4～12 m，

DBMA 的水深反演值的偏差中值比 ABAA 的小。当水深小于 12 m 时，DBMA 的水深反演值的均方根误差（RMSE）大多小于 2 m。与 ABAA 相比，DBMA 在 4～12 m 的均方根误差通常更小，但在其他范围内 DBMA 的均方根误差通常更大。因此，总体上 DBMA 的水深反演值在 4～12 m 的精度比 ABAA 高。

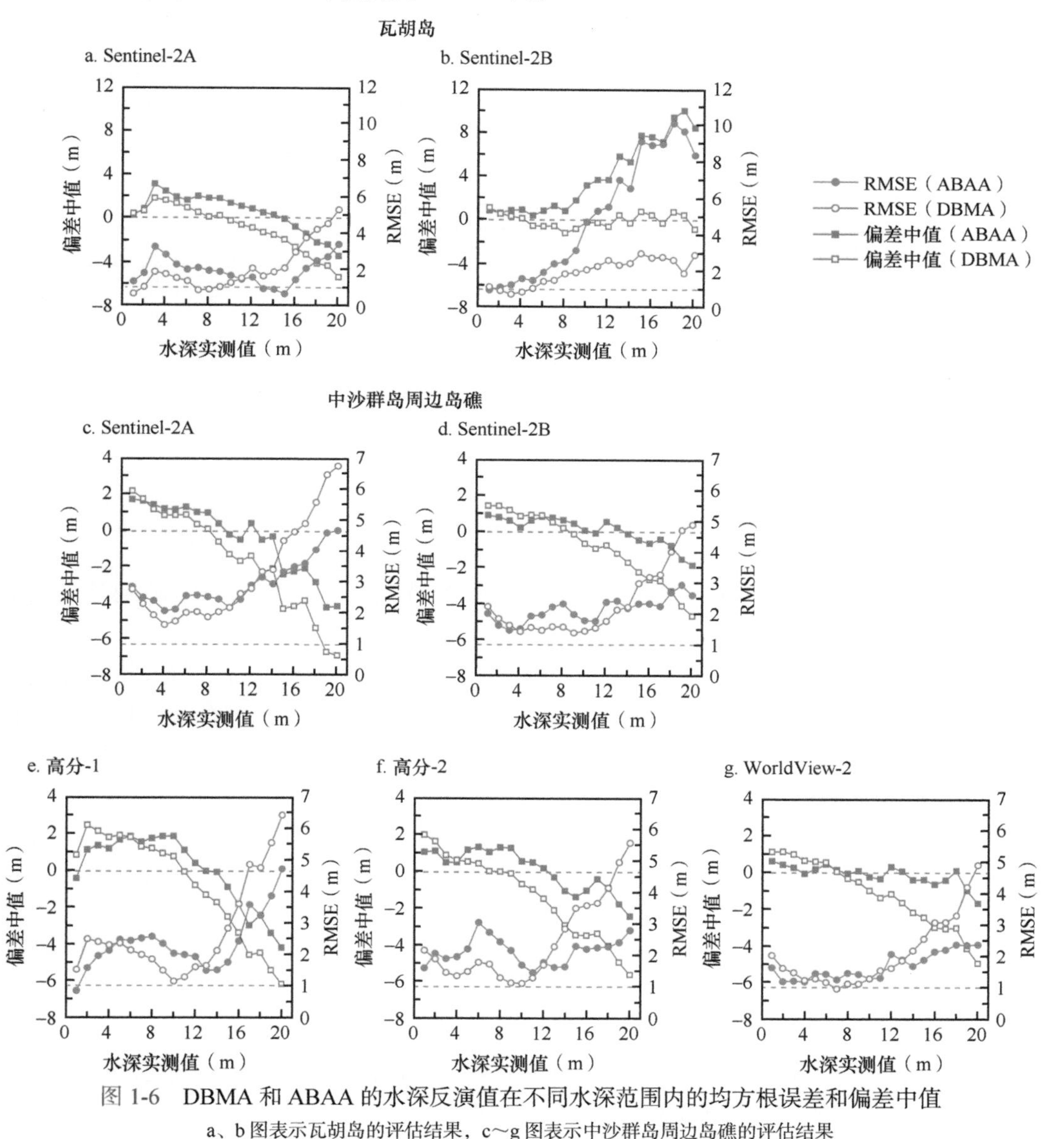

图 1-6　DBMA 和 ABAA 的水深反演值在不同水深范围内的均方根误差和偏差中值

a、b 图表示瓦胡岛的评估结果，c～g 图表示中沙群岛周边岛礁的评估结果

1.2.7　水下地形测量

中沙大环礁的调查面积为 6660 km^2，地形测量分为两部分。

（1）构建中沙大环礁 1∶200 000 的地形地貌图：多波束主测线间隔为 2 km，检测线间隔为 10 km，工作量约为 4160 km。

（2）构建中沙大环礁浅点的地形地貌图（不小于 1∶5000）：中沙大环礁浅点共 72 个（片），总面积为 530 km^2，对中沙大环礁浅点进行全覆盖的多波束测量，完成浅点不小于 1∶5000 的地形地貌图绘制，工作量为 5640 km。

构建黄岩岛 1∶200 000 地形地貌图：黄岩岛单波束主测线间隔为 1 km，检测线间隔为 10 km，工作量为 148 km，同时在环礁外围布设多波束测线，测线长约 100 km，获取礁盘边缘的地形地貌资料。测区单波束测量采用无人艇或载人小艇进行，以提高测量的效率和可操作性，同时将该调查数据作为遥感反演的校正数据以提高反演的质量和可信度。各区块的设计调查工作量如表 1-5 所示。

表 1-5　各区块的设计调查工作量

区块名称	面积（km^2）	测线长度（km）	作业速率（250 km/d）
中沙大环礁	6660	4160	17
中沙大环礁浅点	530	5640	23
黄岩岛	160	248	5

1.2.8　空间基准

空间基准调查主要包括以下四项。

（1）通过资料收集，构建覆盖中沙群岛的垂直基准模型。

（2）在地形测量的同时，开展水位同步观测，条件允许的情况下，分别在赵述岛（或永兴岛）、中沙大环礁和黄岩岛布设压力式水位计，开展水位的同步观测。

（3）优先选择在赵述岛和黄岩岛布设两个 GNSS 大地控制点，分别与大陆的连续运行站位进行同步观测。若条件不允许，则收集附近已有 GPS 控制点和在临近其他区域布设 GPS 控制点并进行 GNSS 观测。

（4）海底地形测量期间，同步采集船载 GNSS 数据。

1.3　自然地理特征

1.3.1　中沙大环礁调查成果

结合两个航次的调查成果，经过数据的处理、整合，并根据相关的规范和标准，绘制了 1∶200 000 的等深线地形图。

根据对中沙大环礁浅点多波束调查成果的分析，对该海域的浅点进行了初步的定义。在礁盘边缘，浅点面积较大且成片分布，以 50 m 等深线为边界；在潟湖内部，浅点相对水深变化较大，以 60 m 等深线为边界。根据上述定义，中沙大环礁共存在 92 个浅点，相比历史数据，有 23 个是此次调查首次发现，这 92 个浅点里面根据历史海图有命名的有 26 个，还有 66 个没有命名，暂以“无名暗沙+序号”进行命名。最大的为中北暗沙，长度为

26.518 km，面积达到 119.08 km^2，最小的为无名暗沙 64，长度为 392 m，面积仅有 0.08 km^2。

根据中沙大环礁浅点的形状、大小、走向和分布，共绘制 52 幅多波束全覆盖地形成果图，由于浅礁面积和走向变化，绘制的成果图比例从 1∶24 000 至 1∶5000，其中 1∶5000 有 24 幅、1∶7500 有 13 幅、1∶10 000 有 8 幅、1∶12 500 有 3 幅、1∶15 000 有 1 幅、1∶20 000 有 1 幅、1∶24 000 有 2 幅（表 1-6）。

表 1-6　中沙大环礁浅点地形成果图列表

序号	浅礁名称	比例尺	序号	名称	比例尺
1	控湃暗沙	1∶5000	27	华夏暗沙	1∶7500
2	乐西暗沙和无名暗沙 65	1∶5000	28	石塘连礁和无名暗沙 30	1∶7500
3	漫步暗沙	1∶5000	29	涛静暗沙	1∶7500
4	南扉暗沙	1∶5000	30	无名暗沙 1	1∶7500
5	屏南暗沙	1∶5000	31	无名暗沙 14 和 15	1∶7500
6	无名暗沙 11	1∶5000	32	无名暗沙 16、18、19 和 29	1∶7500
7	无名暗沙 12 和 13	1∶5000	33	无名暗沙 20 和 28	1∶7500
8	无名暗沙 23	1∶5000	34	无名暗沙 21、22 和 50	1∶7500
9	无名暗沙 24、25 和 60	1∶5000	35	无名暗沙 33	1∶7500
10	无名暗沙 26 和 27	1∶5000	36	无名暗沙 3 和 4	1∶7500
11	无名暗沙 31 和 32	1∶5000	37	无名暗沙 5 和 6	1∶7500
12	无名暗沙 34	1∶5000	38	济猛暗沙	1∶10 000
13	无名暗沙 36 和 52	1∶5000	39	排洪滩	1∶10 000
14	无名暗沙 38	1∶5000	40	无名暗沙 2	1∶10 000
15	无名暗沙 39 和 41	1∶5000	41	无名暗沙 35 和 56	1∶10 000
16	无名暗沙 40、51 和 58	1∶5000	42	无名暗沙 43、44 和 57	1∶10 000
17	无名暗沙 42	1∶5000	43	无名暗沙 45、53 和 57	1∶10 000
18	无名暗沙 46	1∶5000	44	无名暗沙 9	1∶10 000
19	无名暗沙 48	1∶5000	45	武勇暗沙	1∶10 000
20	无名暗沙 49 和 59	1∶5000	46	布德暗沙和美溪暗沙	1∶12 500
21	无名暗沙 55	1∶5000	47	美滨暗沙和鲁班暗沙	1∶12 500
22	无名暗沙 62、63 和 64	1∶5000	48	隐矶滩	1∶12 500
23	西门暗沙	1∶5000	49	安定连礁和海鸠暗沙	1∶15 000
24	指掌暗沙	1∶5000	50	排波暗沙和波洑暗沙	1∶20 000
25	本固暗沙	1∶7500	51	比微暗沙	1∶24 000
26	过淀暗沙	1∶7500	52	中北暗沙	1∶24 000

1.3.2　中沙大环礁地形特征

经过对调查数据的分析，同时基于对历史数据和海图的对比，对中沙大环礁的水深特征有以下五点发现。

（1）更新了中沙大环礁的水深最浅点。根据海图，中沙大环礁的最浅点为漫步暗沙的 9.3 m，实测水深为 13.4 m。实际上，中沙大环礁的最浅点出现在环礁东北端的比微暗沙，水深为 12.6 m，位置为 16°12′59.658″N、114°47′31.393″E（表 1-7）。

表 1-7　中沙群岛大环礁浅点参数列表

序号	浅点名称	最浅水深（m）	纬度	经度	面积（km²）	等深线边界（m）	长（m）	宽（m）	走向
1	安定连礁	18.9	15°36′59.869″N	114°24′26.688″E	12.82	50	5 078	3 386	E-W
2	比微暗沙	12.6	16°12′59.658″N	114°47′31.393″E	81.21	50	25 444	7 895	NE-SW
3	本固暗沙	15.6	15°59′59.543″N	114°4′31.800″E	15.26	50	5 915	2 957	E-W
4	波洑暗沙	17.3	15°26′45.634″N	113°59′29.697″E	24.44	50	7 667	4 280	NW-SE
5	布德暗沙	18.0	15°26′33.880″N	114°9′24.286″E	8.76	50	3 445	3 041	NE-SW
6	过淀暗沙	19.9	15°31′22.122″N	113°45′39.986″E	15.30	50	4 889	4 320	NW-SE
7	海鸠暗沙	19.1	15°36′12.391″N	114°27′47.915″E	27.12	50	9 186	3 720	NE-SW
8	华夏暗沙	17.3	15°52′58.215″N	113°58′20.642″E	17.72	50	7 601	3 328	NE-SW
9	济猛暗沙	16.3	15°42′12.625″N	114°40′55.978″E	24.71	50	8 699	3 966	NE-SW
10	控湃暗沙	20.9	15°46′46.045″N	113°54′14.693″E	2.92	50	2 286	1 572	NW-SE
11	乐西暗沙	17.5	15°51′42.639″N	114°25′28.066″E	0.50	60	947	700	NE-SW
12	漫步暗沙	14.5	15°54′58.251″N	114°29′13.059″E	2.64	60	2 255	1 416	E-W
13	美滨暗沙	19.3	16°2′32.245″N	114°11′2.460″E	34.97	50	13 388	4 218	NE-SW
14	鲁班暗沙	17.7	16°3′43.292″N	114°16′47.740″E					
15	美溪暗沙	20.5	15°25′55.870″N	114°12′18.127″E	25.97	50	9 672	3 533	NE-SW
16	南扉暗沙	15.9	15°54′39.718″N	114°38′22.898″E	2.89	60	2 874	1 267	NE-SW
17	排波暗沙	18.5	15°29′40.999″N	113°50′49.819″E	27.95	50	8 585	4 131	NW-SE
18	排洪滩	20.0	15°36′46.780″N	113°41′51.888″E	38.35	50	9 350	5 554	NE-SW
19	屏南暗沙	16.4	15°51′58.486″N	114°34′8.096″E	0.89	60	1 484	901	NE-SW
20	石塘连礁	17.8	16°5′8.861″N	114°45′47.713″E	6.88	50	4 040	2 240	NE-SW
21	涛静暗沙	20.9	15°41′16.457″N	113°52′58.780″E	7.14	50	3 716	2 565	N-S
22	无名暗沙 1	23.7	15°50′22.062″N	113°53′40.677″E	16.34	50	6 508	3 043	NE-SW
23	无名暗沙 10	22.8	15°51′19.333″N	114°43′28.595″E	0.71	60	1 107	793	NW-SE
24	无名暗沙 11	16.8	15°52′54.164″N	114°41′7.297″E	1.32	60	1 693	994	NE-SW
25	无名暗沙 12	20.4	15°50′54.700″N	114°35′56.458″E	0.34	60	931	454	NE-SW
26	无名暗沙 13	23.1	15°52′10.165″N	114°35′43.657″E	0.40	60	903	557	NE-SW

续表

序号	浅点名称	最浅水深（m）	纬度	经度	面积（km^2）	等深线边界（m）	长（m）	宽（m）	走向
27	无名暗沙 14	18.7	15°54′13.364″N	114°35′32.274″E	0.72	60	1 253	740	NE-SW
28	无名暗沙 15	18.0	15°55′29.653″N	114°34′3.010″E	1.40	60	1 817	1 046	NE-SW
29	无名暗沙 16	25.2	15°55′56.526″N	114°32′40.216″E	0.28	60	800	451	NE-SW
30	无名暗沙 17	48.4	15°57′2.347″N	114°34′25.698″E	0.13	60	565	280	NE-SW
31	无名暗沙 18	26.7	15°57′19.467″N	114°32′55.039″E	0.19	60	702	367	NE-SW
32	无名暗沙 19	25.8	15°57′19.917″N	114°31′2.850″E	0.36	60	853	528	NE-SW
33	无名暗沙 2	16.9	15°38′19.932″N	114°35′12.881″E	24.94	50	6 744	4 473	NE-SW
34	无名暗沙 20	24.5	15°57′52.080″N	114°28′32.596″E	0.28	60	836	462	E-W
35	无名暗沙 21	36.3	15°58′36.989″N	114°26′36.553″E	0.24	60	843	396	E-W
36	无名暗沙 22	26.8	15°58′54.861″N	114°24′51.725″E	0.33	60	823	534	NE-SW
37	无名暗沙 23	22.1	16°0′36.995″N	114°22′34.984″E	5.45	50	3 151	2 814	NE-SW
38	无名暗沙 24	19.2	15°58′2.866″N	114°20′18.852″E	1.00	60	1 386	984	NE-SW
39	无名暗沙 25	21.0	15°56′26.293″N	114°20′50.433″E	0.44	60	830	699	NE-SW
40	无名暗沙 26	18.4	15°57′59.470″N	114°16′22.954″E	0.56	60	900	807	E-W
41	无名暗沙 27	21.0	15°59′49.106″N	114°16′40.807″E	1.10	50	1 456	1 125	N-S
42	无名暗沙 28	18.5	16°0′25.836″N	114°29′59.376″E	1.32	60	1 415	1 311	NE-SW
43	无名暗沙 29	18.5	15°59′23.550″N	114°32′56.746″E	1.22	60	1 591	1 012	NE-SW
44	无名暗沙 3	20.6	15°32′42.485″N	114°14′59.483″E	3.96	50	2 444	2 208	NW-SE
45	无名暗沙 30	20.0	16°6′36.052″N	114°43′58.313″E	0.67	50	1 289	669	E-W
46	无名暗沙 31	20.0	16°5′21.782″N	114°47′31.541″E	0.93	50	1 670	799	NE-SW
47	无名暗沙 32	14.6	16°4′12.520″N	114°48′42.163″E	2.27	50	2 487	1 374	NE-SW
48	无名暗沙 33	19.0	15°55′36.836″N	114°50′16.188″E	9.44	50	3 745	2 879	NW-SE
49	无名暗沙 34	19.8	15°43′49.828″N	114°13′22.414″E	0.51	60	936	705	NE-SW
50	无名暗沙 35	16.9	15°45′10.558″N	114°18′33.356″E	0.67	60	1 128	768	NW-SE
51	无名暗沙 36	26.6	15°47′17.601″N	114°21′30.492″E	0.32	60	709	585	NE-SW
52	无名暗沙 37	19.4	15°50′37.077″N	114°22′9.604″E	0.36	60	867	642	NE-SW
53	无名暗沙 38	15.0	15°50′13.859″N	114°13′45.961″E	1.48	60	1 639	1 208	NW-SE

续表

序号	浅点名称	最浅水深（m）	纬度	经度	面积（km^2）	等深线边界（m）	长（m）	宽（m）	走向
54	无名暗沙 39	17.2	15°52′9.522″N	114°16′58.380″E	0.53	60	897	735	E-W
55	无名暗沙 4	22.9	15°34′47.856″N	114°14′50.273″E	4.46	50	2 793	2 184	N-S
56	无名暗沙 40	17.7	15°52′26.246″N	114°20′14.276″E	0.42	60	799	669	NE-SW
57	无名暗沙 41	22.8	15°53′17.416″N	114°17′20.430″E	0.29	60	25 512	7 868	NE-SW
58	无名暗沙 42	17.9	15°54′59.028″N	114°13′54.055″E	0.54	60	922	756	NW-SE
59	无名暗沙 43	35.6	15°47′3.045″N	114°7′42.454″E	0.40	60	863	585	N-S
60	无名暗沙 44	36.2	15°48′15.713″N	114°4′37.876″E	0.31	60	689	589	NW-SE
61	无名暗沙 45	35.4	15°41′32.346″N	114°6′59.145″E	0.36	60	769	617	NW-SE
62	无名暗沙 46	18.5	16°1′32.702″N	114°46′9.117″E	3.70	60	2 809	1 671	NE-SW
63	无名暗沙 47	23.7	15°59′57.467″N	114°43′48.186″E	0.65	60	1 146	746	NE-SW
64	无名暗沙 48	27.7	15°52′35.090″N	114°32′6.042″E	0.32	60	1 090	351	NE-SW
65	无名暗沙 49	17.8	15°52′24.948″N	114°23′39.260″E	0.49	60	937	670	NE-SW
66	无名暗沙 5	20.7	15°36′37.495″N	114°17′45.177″E	8.88	50	3 487	3 421	N-S
67	无名暗沙 50	22.0	15°56′56.466″N	114°24′6.877″E	0.42	60	811	672	NE-SW
68	无名暗沙 51	32.2	15°54′14.033″N	114°20′14.192″E	0.19	60	535	455	NE-SW
69	无名暗沙 52	40.0	15°44′46.678″N	114°22′ 1.260″E	0.24	60	661	472	NE-SW
70	无名暗沙 53	37.8	15°43′18.113″N	114°10′22.284″E	0.32	60	680	604	N-S
71	无名暗沙 54	39.0	15°50′43.167″N	114°27′16.099″E	0.14	60	576	319	NE-SW
72	无名暗沙 55	16.7	15°48′32.829″N	114°28′48.534″E	0.70	60	985	937	NE-SW
73	无名暗沙 56	39.5	15°45′57.818″N	114°15′24.507″E	0.12	60	440	358	NE-SW
74	无名暗沙 57	43.1	15°45′9.097″N	114°8′1.328″E	0.15	60	517	391	NE-SW
75	无名暗沙 58	36.8	15°53′5.524″N	114°21′52.451″E	0.15	60	510	383	NE-SW
76	无名暗沙 59	16.7	15°54′52.229″N	114°24′40.711″E	1.45	60	1 523	1 207	NE-SW
77	无名暗沙 6	24.9	15°36′1.411″N	114°20′17.467″E	3.63	50	2 390	2 332	N-S
78	无名暗沙 60	33.8	15°55′48.985″N	114°21′50.058″E	0.15	60	546	366	NE-SW
79	无名暗沙 61	49.4	15°56′9.243″N	114°23′13.429″E	0.24	60	989	429	NW-SE
80	无名暗沙 62	41.5	15°57′17.381″N	114°18′53.127″E	0.20	60	529	461	NW-SE

续表

序号	浅点名称	最浅水深（m）	纬度	经度	面积（km^2）	等深线边界（m）	长（m）	宽（m）	走向
81	无名暗沙 63	42.3	15°56′6.501″N	114°17′48.790″E	0.12	60	415	385	NE-SW
82	无名暗沙 64	41.3	15°55′34.436″N	114°19′8.200″E	0.08	60	392	275	E-W
83	无名暗沙 65	17.9	15°49′20.124″N	114°24′23.491″E	0.54	60	1 015	713	NE-SW
84	无名暗沙 66	40.0	15°50′36.296″N	114°19′56.184″E	0.14	60	432	390	NE-SW
85	无名暗沙 7	25.3	15°36′36.460″N	114°25′59.508″E	4.55	50	3 338	1 438	NE-SW
86	无名暗沙 8	22.0	15°40′20.378″N	114°39′6.558″E	3.66	50	2 492	1 962	N-S
87	无名暗沙 9	23.6	15°45′32.685″N	114°44′15.731″E	25.72	50	8 501	5 757	NE-SW
88	武勇暗沙	16.9	15°53′46.593″N	114°47′26.043″E	43.86	50	11 777	5 060	N-S
89	西门暗沙	20.7	15°58′13.396″N	114°2′52.358″E	7.62	50	3 849	2 530	NE-SW
90	隐矶滩	17.2	16°4′53.510″N	114°53′6.114″E	45.09	50	13 705	7 008	N-S
91	指掌暗沙	17.8	15°59′19.131″N	114°38′54.704″E	4.98	60	3 749	1 945	NE-SW
92	中北暗沙	15.7	16°4′25.473″N	114°24′45.211″E	119.08	50	26 518	8 845	NE-SW

注：美滨暗沙和鲁班暗沙相连，故使用一组数据

（2）发现了 23 个新增暗沙。

（3）更新了浅礁的最浅水深、形态特征和走向。根据 2005 版中沙群岛海图，提取了 59 个浅点水深，并与本次调查的数据比对，发现 39 个暗沙的水深比海图上变深，2 个暗沙的水深和海图上一致，18 个暗沙的水深比海图上变浅。无名暗沙 39 水深变化最大，海图上水深为 28 m，调查水深为 17.2 m，变浅了 10.8 m；其次为控湃暗沙，海图水深为 12.8 m，调查水深为 20.9 m，变深了 8.1 m；其他绝大多数水深的变化在 2 m 以内。由于调查为浅礁的多波束全覆盖，能较为精细地反映地形变化和形态，以及浅礁的大小和走向。

（4）根据对中沙大环礁浅礁的形态特征分析，浅礁的走向以 SW-NE 为主，与中沙大环礁整体的走向较为一致，除了漫步暗沙等走向为 E-W，反映出了大环礁海域的整体水动力主要方向。

（5）潟湖内浅礁主要集中分布在中北部。整体来看，以西门暗沙至海鸠暗沙连线为界，东北部浅礁较为集中，且面积较大，西南部只有零散分布，且面积较小，在控湃暗沙至安定连礁连线以南，潟湖内则没有浅礁分布，这也一定程度上反映了中沙大环礁底质和水动力环境的变化。

1.3.3 黄岩岛地形反演结果

黄岩岛浅水地形数据由遥感反演获取。图 1-7 展示了基于 Landsat-8 反演的黄岩岛水深结果时间序列，可以看出，浅水区域的水深随时间的变化差异非常小，但是深水区域的水深随时间的变化存在较大的差异。由于缺少实测水深数据，无法判断哪一景的水深结果最准确，因此本书选取每个像元的水深时间序列中值作为该像元最终的反演值。

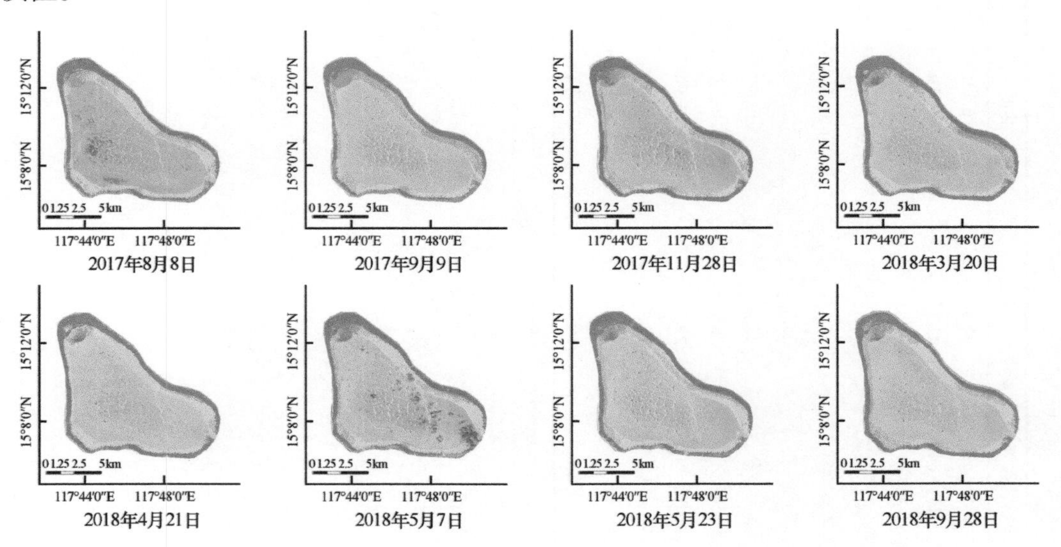

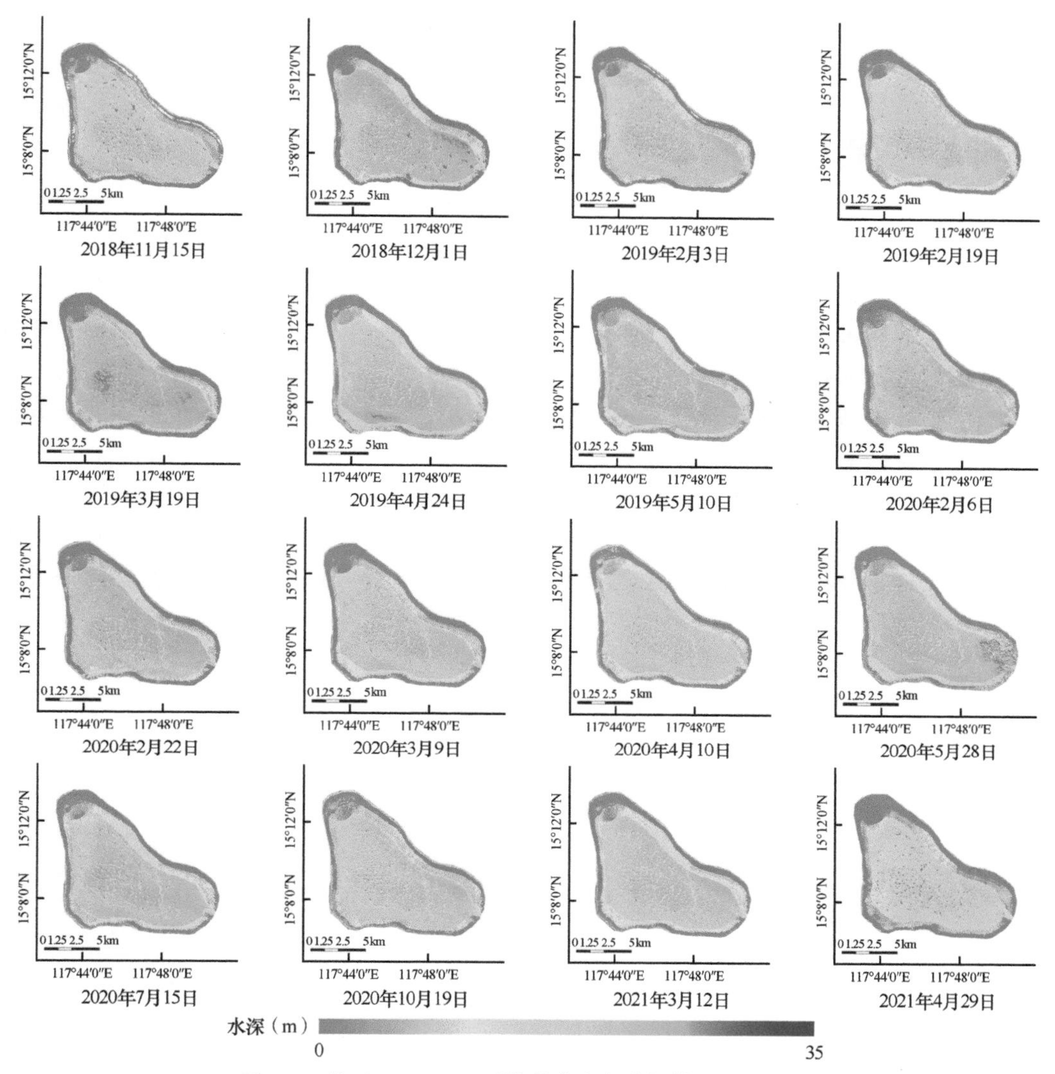

图 1-7　基于 Landsat-8 反演的黄岩岛水深结果时间序列

获得 Landsat-8 的水深结果后，基于 Sentinel-2 数据利用 DBMA 获得 10 m 空间分辨率的水深反演结果。

1.3.4　黄岩岛地形特征

根据黄岩岛的地形特征和面积大小，将黄岩岛按照 110 mm×80 mm 进行分幅，共分为 9 幅，成图比例尺为 1∶20 000。

黄岩岛整体上近似呈等边直角三角形。黄岩岛礁体最浅处位于礁盘的北端，在低潮时出露海面约 0.5 m，其他礁盘基本沉没于海水以下，礁盘的水深基本在 0.5 m 以内。潟湖内水深最深约为 18 m，潟湖内存在较多的浅礁，最浅处的水深基本大于 1 m，部分浅礁互相连接，呈线状。黄岩岛现存一处礁门，位于礁盘的东南端，宽度约 300 m，水深为 10～15 m，可以供小型的船舶通航，黄岩岛也是附近渔船的避风港。

本章小结

（1）通过现场调查和遥感反演，获取了中沙大环礁 1∶200 000 地形图 1 幅、浅点的多波束全覆盖地形成果图 52 幅和黄岩岛 1∶20 000 地形图 9 幅。

（2）核实了中沙大环礁的最浅水深为 12.6 m，发现了 23 个新增暗沙，更新了浅礁的最浅水深、形态特征和走向。

（3）发现中沙大环礁浅礁的走向以 SW-NE 为主，潟湖内浅礁主要集中分布在中北部，反映了中沙大环礁底质和水动力环境特点。

（4）构建了中沙大环礁至西沙群岛海域的空间基准关系。

（5）遥感反演构建了 DBMA，该模型使用多时相 Landsat-8 反演的水深值对高空间分辨率卫星遥感数据（Sentinel-2）进行定标，从而实现黄岩岛光学浅水的高空间分辨率的水深信息提取。

第2章

中沙大环礁水文气象

南海地处亚洲东南部，其西北以大陆为依托，通过众多海峡与东海、太平洋、苏禄海、爪哇海以及印度洋相通，内部存在岛礁、海底平顶山等复杂地形结构。南海面积约为 3.5×10^6 km²，平均水深为 1200 m 左右，是西北太平洋最大的热带边缘海。南海拥有复杂的水深地形以及众多的岛屿、浅滩，形成了特有的半封闭格局，又因与北太平洋、印度洋毗邻，显示出和大洋相似的水文特征，换言之，南海兼有区域海洋和开阔大洋的综合特点。

南海作为我国热带区域大气下垫面的最主要组成部分之一，影响着低纬度大气的热状况和各种尺度的运动，这种热源影响并不是仅仅由表层海洋完成，次表层、中层乃至更深层的广阔水体也扮演了极为重要的角色。水团的分布、运动、变性过程改变了水体的物理、化学环境，进而影响海洋生态环境的演变。例如，渔场的形成或优势种的更替，会影响航运交通，特别是水面和水下军事活动，如舰艇活动、水下通信等（李凤岐和苏育嵩，1999）。南海与相邻海域终年存在活跃的水交换。通过海峡、水道，外洋信号得以直接或间接地传入南海，携带大洋水体特征的外来水团与区域性显著的南海局地水团发生相互作用，对南海的热收支以及环流产生重要影响，体现在南海水体的温盐及流场结构上。

南海水主要来源于北太平洋的主温跃层内以高温高盐为特征的次表层水、以低盐为特征的中层水、大洋深层水，以及南部其他陆架混合水、大陆径流和气象降水。南海通过多个海峡、浅滩与周边海域进行水交换，故南海水团的分布和变化极具复杂性。值得注意的是，受海峡、浅滩这类水体交换通道的深度限制，3500 m 以深不再存在南海与外海水体的交换。南海水团的复杂性和特殊性早已引起人们的普遍关注。1942 年，Sverdrup

就曾对南海的水团做过分析，之后众多国内外海洋学者（Wyrtki，1961；Nitani，1972；Dietrich et al.，1980；黄企洲，1984；李凤岐和苏育嵩，1987；范立群等，1988；黄自强和暨卫东，1995；李薇等，1998；许建平等，2001；刘增宏等，2001；李磊等，2002；朱赖民和暨卫东，2002；田天和魏皓，2005）相继对南海特定区域的水团分布及特征给出了定性乃至定量的结论。

南海水体的温盐分布相较于大洋水团具有显著的边缘海特征。南海中部表层水体的温度终年维持在 26～29℃，与南海中部水团混合后，盐度一般低于 34（李凤岐和苏育嵩，1999）。夏季，南海西北部温度略高（魏晓和高红芳，2015），南部表层温度基本在30℃以上，水体垂向层结稳定（毛庆文，2005；刘洋，2010；黄企洲，1994；刘长建等，2008）。南海上层水体的温盐分布变化主要受太阳辐射、潮汐内波和季风变化的影响（王东晓等，2004），次表层以下水体则是受周边邻近水团混合的影响，周边邻近水团多来自吕宋海峡以东的太平洋（李凤岐和苏育嵩，1999），该区域水团最明显的特征为高盐，盐度最大值一般出现在 150 m 层，温度大约为 17℃。受季风变化的影响，南海水团的温盐分布表现出明显的季节差异（蔡树群等，2001）。冬季风和夏季风转换期间，南海上层水团的变化往往导致垂向盐度层结异常，即在底层出现极低盐度（徐锡祯，1982），南海南部盐度垂向层结也类似（方文东等，1997）。南海中北部中尺度涡十分活跃（李立等，2002；Hu et al.，2000；王桂华等，2005），且受地形约束的作用，易从吕宋冷涡边缘脱落后发展成小气旋，对南海温盐垂向结构具有较大的影响（田永青等，2014）。

南海环流的结构及其演变规律是国内外学者对南海海洋学研究的核心问题之一。Wyrtki（1961）根据船舶漂移资料和风资料绘出了南海的表层海流，给出了南海表层环流的季风漂流形态；徐锡祯等（1982）利用多年历史温盐资料计算了南海 50 m 层和 500 m 层的地转流场；仇德忠（1982）根据考察资料给出了南海中部海域的密度流分布；黄企洲（1994）根据 1984～1990 年的温盐深测量仪（conductivity-temperature-depth system，CTD）资料给出了南沙群岛海区的海流图；方文东等（1997）给出了南海南部冬夏季的环流形势图。这些结果揭示了南海局部海域环流的不同结构。许建平等（2001）利用 1998 年南海季风试验（South China Sea monsoon experiment，SCSMEX）期间观测得到的资料，揭示了夏季风爆发前后的水文学特征。Yang 等（2002）对南海环流进行了较成功的数值模拟，给出了夏季平均环流场的三维结构。值得指出的是，目前对夏季风建立后南海夏季稳定的季风性流场的认识还很不充分，对盛夏南海全区环流的水文定量分析和定性描述还比较少（Fang et al.，1998；Hu et al.，2000）。根据 1998 年 7 月以前的 SCSMEX 水文观测资料不足以获取夏季风稳定后的海流形态，加之南海夏季风的建立在 6 月（Yan，1997），而理论研究表明，南海对季风响应的调整时间在 2 个月左右（Liu et al.，2001a，2001b；王卫强等，2002），所以认识南海夏季环流稳定结构的理想时间一般应该选取 8 月。

中沙群岛位于南海中央海盆西北边缘，为南海诸岛中的四大群岛之一，主要由中沙大环礁和黄岩岛组成，北起神狐暗沙，南止波洑暗沙，东至黄岩岛，中央为中沙大环礁，海域面积为 60 多万平方千米，只有黄岩岛环礁的礁缘部分露出海面。受季风变化、冷空气、南海高压、副热带高压、辐合带及热带气旋环流等多种环境因素的综合影响，中沙群岛海域成为揭示南海海洋水动力及其对其他环境因素响应变化的理想选区（黄磊和高红芳，2012）。但相较于中沙群岛周边岛礁和南沙群岛，中沙群岛水文要素基础资料极其匮乏，不仅制约了对该海域的认识和研究，还不利于对我国海洋权益和国土安全的维护。尽管在以往的研究中，对南海的温盐分布有较好的研究成果，但在中沙大环礁海域，温盐的现场直接观测数据十分匮乏，已有的研究多借助间接的手段来推测该海域温盐的时空分布，尤其是垂向分布特征数据少，少数的宝贵调查资料覆盖面积小，针对春夏季之交中沙大环礁海域温盐分布特征的研究更是缺乏。

国家科技基础资源调查专项“中沙群岛综合科学考察”课题 2“中沙群岛及邻近海域海洋水动力环境调查”由自然资源部第一海洋研究所和自然资源部南海调查中心共同完成，计划通过开展中沙大环礁和黄岩岛海域的气象、温盐、海流和波浪调查，基于大面站观测和海床基观测相结合的方式，研究中沙群岛及其邻近海域的水动力环境特征，为中沙群岛珊瑚礁基础研究以及岛礁工程建设提供数据资料、样品材料支撑。课题包括两个方面的内容：①开展 3 个航次的中沙群岛气象、水温和盐度的大面站调查；②开展 2 个航次的中沙大环礁海床基调查，获取潮位、波浪和海流观测数据，开展声学多普勒海流剖面仪（ADCP）走航观测。

根据项目航次安排，分别在 2019 年、2020 年和 2021 年在中沙群岛海域开展水文气象综合调查，2019 年和 2020 年航次从湛江出发，搭载“粤霞渔指 20028”等船开展调查工作，2021 年航次从三亚出发。由于项目计划的黄岩岛调查航次申请一直未获审批，黄岩岛的调查工作未能开展。其中，2019 年航次，在中沙大环礁海域布设 47 个大面站，观测温度、盐度、浊度等水体要素，在中沙大环礁海域布设 3 个海床基测站，观测潮位和海流，其中 1 个测站附加观测波浪，开展 3 个断面的 ADCP 走航观测；2020 年航次，在中沙大环礁海域布设 34 个大面站，观测温度、盐度、浊度等水体要素，在中沙大环礁海域布设 4 个海床基测站，观测海流，其中 2 个测站附加观测海浪；2021 年航次，在中沙大环礁海域布设了 12 个大面站，观测温度、盐度等水体要素。以上 3 个航次中，均在调查期间观测气象要素，包括大气温度、湿度、气压、风力等参数。

2.1　中沙大环礁概况

中沙群岛为南海诸岛中的四大群岛之一，位于南海中部海域，中沙群岛周边岛礁东面偏南，距永兴岛 200 km，是南海诸岛中位置居中的一群。该群岛北起神狐暗沙，南止波洑暗沙，东至黄岩岛，海域面积为 60 多万平方千米，岛礁散布范围之广仅次于南沙群岛。中国海南省三沙市西沙区代管中沙群岛的岛礁及其海域。

中沙群岛海域表层水温为 27～30℃，海水盐度为 32.5～34，海水透明度为 35～38 m。中沙群岛是各种造礁珊瑚的地质产物，珊瑚礁及其周围生长着各种海洋生物，组成了珊瑚礁生物部落，鱼虾蟹贝类资源丰富，具有重要的开发价值。

2.1.1 地形地貌

中沙群岛海区包括中沙群岛隆起带和黄岩隆起带，基底上发育有厚千余米的珊瑚礁体，分布在南海北部陆坡的台阶上。

中沙群岛是海洋型岛屿，全部是类似于中沙群岛周边岛礁那样的珊瑚岛礁，发育在中央深海盆及北部陆坡上海山顶部，由黄岩岛和中沙大环礁上 26 座已经命名的暗沙，以及一统暗沙、宪法暗沙、神狐暗沙、中南暗沙 4 座分散的暗沙组成。黄岩岛是中沙群岛的唯一岛屿，礁湖水深为 10～20 m，除黄岩岛环礁礁缘部分露出海面外，其他暗沙和暗礁均隐伏于海水中，距海面深浅自数十米至数百米不等，最西部是管事滩。中沙群岛地质构造也与周边岛礁相似，属南海陆缘地堑系的组成之一，宏观地貌形态为中沙群岛海底高原珊瑚礁地貌。

2.1.2 暗礁、暗滩和暗沙

中沙大环礁是中沙群岛的主体，也是南海诸岛中最大的环礁，位于中沙群岛周边岛礁东南，发育在南海西大陆坡最东部的中沙群岛台阶上，平面略呈椭圆形，立体呈短柱状，顶部水深 10 多米，西临水深 2500 m 左右的中沙群岛海槽，东以大于 50°的陡坡下临水深 4000 m 的中央深海盆。中沙大环礁上的暗沙已命名的共有 26 座，分为礁缘上的暗沙和潟湖内的暗沙两类。

中沙大环礁四周突起的礁缘部分，形成均匀分布的珊瑚暗礁、暗滩、暗沙，已命名的有隐矶滩、武勇暗沙、济猛暗沙、海鸠暗沙、安定连礁、美溪暗沙、布德暗沙、波洑暗沙、排波暗沙、过淀暗沙、排洪滩、涛静暗沙、控湃暗沙、华夏暗沙、西门暗沙、本固暗沙、美滨暗沙、鲁班暗沙、中北暗沙、比微暗沙 20 座。

中沙大环礁中部为潟湖，潟湖水深由东北至西南为 9.1～109 m，湖内沟槽和洼地中堆积着洁白的珊瑚砂和介壳碎屑，分布着许多暗沙，已命名的有石塘连滩、指掌暗沙、南扉暗沙、屏南暗沙、漫步暗沙、乐西暗沙 6 座。

2.1.3 底质类型

中沙大环礁现代沉积底质为珊瑚丛林、珊瑚礁垅和珊瑚砂砾。其生物组分在深于 60 m 的礁前斜坡表层礁岩以皮壳状珊瑚藻为主，潟湖沉积物以有孔虫为主，其次为小软体动物和钙藻屑，礁环和点礁主要由造礁珊瑚组成。化学元素随生物组分而变化，如相对分子质量，礁前为 2478，礁环为 3643，礁湖为 2089。沉积粒度在礁前随深度增加，由中粗砂变为砂质粉砂，礁环为中粗砂至中细砂，潟湖为中细砂至细粉砂，礁环和潟湖中个别部位有砾石分布。

2.1.4 地质构造

中沙群岛在地质构造上属于南海陆缘地堑系的组成之一，应属于南海陆缘地堑系之下的二级构造单元陆坡断块区，位于南海陆缘地堑系的中部，为新生代从南海北部华南陆块拉张出来的漂离岛块（也称微陆块）。中沙群岛地质构造与周边岛礁相似，共同构成西沙-中沙群岛隆起带，并向东延伸至黄岩隆起带，构成东沙、南沙两个陆块的中央对称轴。

中沙群岛海区包括中沙群岛隆起带和黄岩隆起带，其边缘受北东向断裂构造控制，基底为已褶皱的上元古界即前寒武纪强烈变质的花岗片麻岩和混合岩类等；基底以上发育有巨厚的珊瑚礁体，厚度达 1000 多米；表层沉积主要是有孔虫珊瑚碎屑和砂泥。地壳厚度为 20～26 km，属大陆型地壳。

2.1.5　气候

中沙群岛所处纬度低于中沙群岛周边岛礁，在亚洲东南部季风盛行地带，属热带季风气候和赤道气候，在东北季风、西南季风、副热带高压、热带辐合带和热带气旋的影响下，形成了日照长、辐射强、温差小、终年高温高湿、风大雾小、降水丰沛并自北向南递增、干湿季明显等主要气候特征。

中沙群岛海域的平均气温约为 27℃，气温日变化大致呈一峰一谷型，峰值出现在 14 时前后，谷值出现在 0 时前后；春秋两季的日变化较有规律，平均日较差大于 1℃，冬夏两季的日变化不明显，平均日较差小于 1℃。

根据 1983～1984 年的 6 次考察，中沙群岛海域平均气压的季节变化，从夏季到冬季每季约以 6 Pa 的速度递增，从冬季到夏季则以同样的速度递减，该海区的平均气压年变化在 12 Pa 以上。

中沙群岛海域春季盛行东-东南风，其频率高达 56%，各单向平均风速在 7 m/s 以下；夏季盛行西南风，其频率达 52%，风力以 4～5 级为主；秋季为夏季风向冬季风转换季节，各向风的出现频率都非常接近，风力一般为 3～4 级；冬季以东北风为主，风力多在 6 级以上。

中沙群岛海域的总云量春季最小，夏季最大，秋、冬季次之，全年平均总云量为 5.7。海雾出现也较少，能见度比南沙群岛海域还要大，一般在 20 km 以上。

2.1.6　水文特征

中沙群岛海域的海浪状况取决于风场的变化。冬季为东北季风期，海区在强劲的东北季风作用下产生以东北向为主的较大波浪，海况一般在 5 级以上，海上平均波高为 1.1～2.9 m，波浪平均周期为 5.4～11.5 s，其中 6～8 s 的约占 57%，8 s 以上的约占 33%，大风期间曾观测到最大波高 7.3 m。

夏季西南季风期，海区盛行西南向波浪，频率在 60%以上；海况一般为 3～4 级，波型以混合浪为主，风浪和涌浪所占频率相当；波浪比冬季小，海上平均波高为 0.5～2.2 m，以中浪为主，其频率约为 55%，大浪频率为 24%；波浪平均周期为 4.5～14 s，其中 6～8 s 的约占 53%，8 s 以上的约占 7%。海区夏季所出现的大浪主要是由西南大风引起，曾观测到的最大波高为 5.1 m。

中沙群岛及南海中部海域水色与透明度介于西沙群岛与南沙群岛之间，透明度不但有区域变化，而且有一定的季节性。黄岩岛实为包括南岩和北岩在内的一个大环礁，是中沙群岛唯一露出水面的岛礁，也是南海海盆洋壳区唯一有礁石出露的环礁，位于中沙群岛东端，接近菲律宾群岛，西距中沙大环礁约 170 n mile。黄岩岛呈环礁状，接近等腰直角三角形。环礁外围为礁前斜坡，边缘陡峭，以 15°～18°的坡度下降至水深约 3500 m 的海底。礁盘四周礁坪宽 2～4 km，水深 0.5～3.5 m，礁坪上珊瑚礁块密集；礁坪外圈临外海部分在波浪、潮汐冲蚀下，发育了深约 3 m 的放射状沟槽，是造礁生物和喜礁生物繁衍的乐园，沟底堆积着珊瑚砾石及贝壳碎片；礁坪中带高耸，宽 600～900 m，平均水深仅 0.5 m，上有礁块堆积；中带以内逐渐向潟湖倾斜，下坡增大至 15°。环礁中间是礁坪包围的潟湖，湖深 10～20 m，水色青绿，湖底有珊瑚点礁散布，成为众多的湖小丘，小丘之间为低洼的礁塘，礁塘中沉积了由松散的珊瑚介壳构成的生物碎屑。礁湖底部是造礁生物最活跃的地带，珊瑚丛生如百花争艳。礁湖之南有一宽约 400 m、水深 4～12 m 的礁门水道与外海相通。

2.2 调查概况

2.2.1 调查时间

项目共开展了 3 个航次的调查，分别在 2019 年 5 月 11 日至 6 月 7 日、2020 年 6 月 20 日至 7 月 25 日和 2021 年 6 月 16～25 日。由于南海地区夏季台风频发，无法保证调查的连续性和调查设备安全，加之南海地区春季和春夏交季海况较好，因此调查基本是在 5 月和 6 月开展。

2.2.2 调查站位

中沙群岛水动力环境调查分为大面站调查、海床基调查和全航线调查三种方式。

大面站调查：由于中沙群岛海域较大，每年度的大面站调查布设的站位并不完全重合，2019 年航次共开展了 47 个站位的大面站调查，2020 年航次共开展了 34 个站位的大面站调查，2021 年航次共开展了 12 个站位的大面站调查。

海床基调查：2019 年航次共开展了 3 个站位的海床基调查，2020 年航次共开展了 4 个站位的海床基调查（由于调查期间中沙大环礁海域邻国渔船较多，为确保设备安全，2 个航次投放海床基的位置并不相同）。2019 年航次和 2020 年航次中沙大环礁海床基测站信息分别见表 2-1 和表 2-2。

表 2-1　2019 年航次中沙大环礁海床基测站信息

海床基测站	观测时间	观测要素	观测设备型号	平均水深（m）
P1	5-15～6-2	海流、潮位	SV50，XRX-620	32
P3	5-18～6-4	海流、波浪、潮位	AWAC（浪龙），TGR-2050	28
P4	5-16～5-30	海流、潮位	SV50，XRX-620	33

表 2-2　2020 年航次中沙大环礁海床基测站信息

海床基测站	观测时间	观测要素	观测设备型号	平均水深（m）
P1	6-26～7-14	海流、波浪	AWAC（浪龙）	41
P2	6-27～7-25	海流	SV50	49
P3	6-28～7-15	海流	SV50	32
P4	6-26～7-18	海流、波浪	AWAC（浪龙）	42

全航线调查（即在整个调查航行期间连续开展观测）：2019 年、2020 年和 2021 年三个航次调查过程中，另有一艘调查船开展全航次气象观测。

2.2.3 调查设备

大面站的水温、盐度观测采用美国海鸟公司生产的 SBE 17Plus V2 型 CTD（图 2-1），并采用船载绞车在观测站位下放和回收 CTD。由于受到绞车线缆长度以及调查船自身条件的限制，2019 年和 2020 年航次大面站观测下放深度一般控制在 100 m 以内。2021 年航次调查船的绞车线缆长度增加，调查船吨位加大，大面站观测深度可至 150 m。当调查船到达预定站位后，将 CTD 挂载到绞车上，首先将 CTD 放至海表层感温 2 min，然后绞车线缆逐渐下降，完成下降阶段的水体温度、盐度等要素观测（图 2-2）。

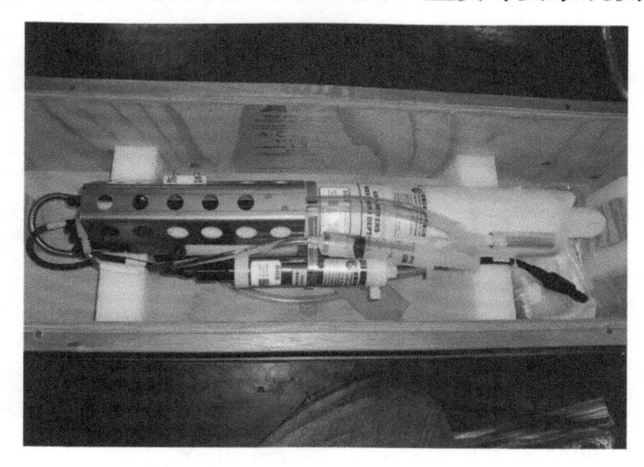

图 2-1　SBE 17Plus V2 型 CTD

图 2-2　CTD 观测现场

海床基测站采用锚系座底观测方式，海床基内置 SV50（图 2-3）或 AWAC（浪龙）（图 2-4），其中 AWAC（浪龙）带有测波功能，在观测海流的同时观测波浪，SV50 仅观测海流。在 2019 年航次观测期间，布置了 1 台 AWAC（浪龙）和 2 台 SV50，将 AWAC（浪龙）放置于水深较浅的测站，将 2 台 SV50 放置于水深较深的测站，并在每个海床基中内置潮位计，同步观测潮位。潮位计采用 RBR 公司生产的 TGR-2050 温深仪，采样频率为 1 Hz，每 10 min 进行一次平均。在 2020 年航次观测期间，布置了 2 台 AWAC（浪龙）和 2 台 SV50。波浪每小时观测 1 次，海流每 10 min 进行一次平均。海床基通过调查船由缆绳下放到投放海域，由于中沙大环礁基本为珊瑚礁底质，为确保海床基在海底的姿态稳定，将海床基下放后由潜水员在水下扶正，以保证海床基中观测设备探头垂直于海面。虽然调查期间为我国传统的休渔时间，中沙群岛海域没有我国渔船，但可见多艘邻国渔船，为确保海床基设备安全，海床基的投放深度均较深，投放深度均大于 30 m。在海床基回收时，调查船行至投放设备海域，通过船载水下释放器甲板单元发出释放信号，带有释放器的海床基随之浮出海面，未装载释放器的海床基则由潜水员携带回收绳索下潜至投放海域，确保设备顺利回收。

图 2-3　内置 SV50 的海床基

图 2-4　内置 AWAC（浪龙）的海床基

气象观测采用中船重工鹏力（南京）大气海洋信息系统有限公司[现称中船鹏力（南京）大气海洋信息系统有限公司]生产的 DJQ-1 型船舶气象仪，获取调查期内的风速和风向数据。船舶气象仪安装在调查船的顶层甲板上，以确保观测数据的可靠性和准确性。风速和风向的观测频率为每 3 s 记录 1 次，连续记录 10 min，并进行平均，将整点时刻前 10 min 的平均风速和风向作为该整点的风速和风向，从调查船出港至调查结束后回港始终开展观测。

2.2.4　调查数据处理方法

水体温度和盐度数据处理：各层水体的温度和盐度采用 CTD 下降时的数据，选取了 2 m 层（表层）、10 m 层、30 m 层、50 m 层、75 m 层和底层的数据，经压力漂移订正、电导率订正和数据处理等质量控制，获得各站水体的温度和盐度。

潮位数据处理：潮位数据每 5 min 进行一次平均，取整点时刻的数据，由于观测区尚无基面数据，因此潮位数据的基面为当地平均海平面。潮位资料采用 Matlab 的 T_tide 软件进行短期调和分析，得出 2019 年航次各海床基测站的潮汐调和常数。

海流和波浪数据处理：对测得的 ADCP 波束速度数据进行质量控制，甄别出有效且合理的波束速度数据（图 2-5）。海流根据每个海床基测站的水深按照规范分层提取出流速和流向数据，应用 T_tide 软件开展海流调和分析后，得出各测站各层次的余流分布。波浪数据经仪器自带软件处理后，统计得出每 20 min 观测时段的波高、周期特征值及波向等数据。波浪要素的计算按照《港口与航道水文规范》（JTS 145—2015）中的规定进行，不同要素之间的公式拟合主要采用最小二乘法。

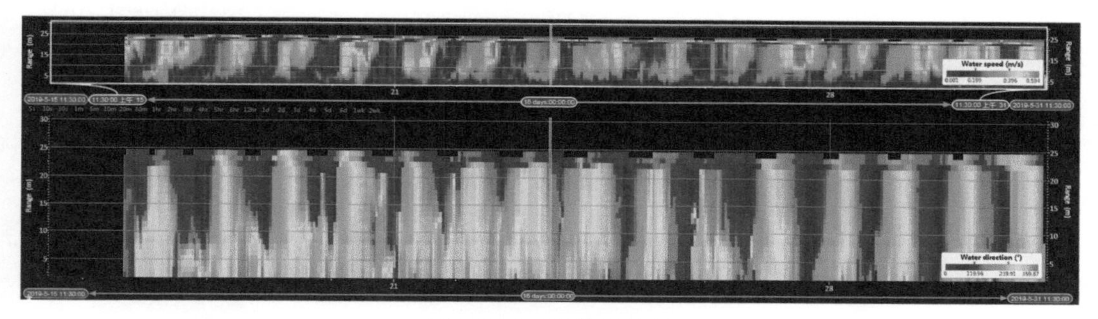

图 2-5　SV50 数据处理

气象数据处理：将整点时刻前 10 min 的平均风速和风向作为该时刻的风速和风向，对 1 h 内的气温和气压数据进行平均。

此外，项目还收集了观测期间美国国家环境预报中心（NCEP）的气候预报系统产品 NCEP-CFSv2 的风场空间分布数据，时间分辨率为 1 h，本书处理成 1 d 平均数据进行绘图[①]。

涡旋数据来源于法国国家空间研究中心（CNES）提供的卫星海洋数据中心（AVISO）涡旋追踪产品 Mesoscale Eddy Trajectory Atlas Product META3.0EXP NRT[②]，该产品从多任务高度计观测数据集提取涡旋信息，提供逐日的全球涡旋位置、类型、速度、半径和相关元数据。本书收集了观测期间的涡旋数据用以分析温跃层变化的原因。

海表热通量数据来源于欧洲中期天气预报中心（ECMWF）最新发布的第五代全球气候再分析数据集 ERA5[③]。该数据集可提供高时空分辨率的温度和辐射等海洋气象数据，本书使用的数据时间分辨率为 1 h，水平分辨率为 0.25°×0.25°，对 2019 年航次和 2020 年航次期间的海表热通量数据进行平均，用于分析两个航次海表温度分布存在差异的原因。

---

① 数据的下载网址为 https://rda.ucar.edu/datasets/ds094.1/index.html#!access。

② 数据的下载网址为 https://www.aviso.altimetry/fr/en/data/products/value-added-products/global-mesoscale-eddy-trajectory-product.html。

③ 数据的下载网址为 https://cds.climate.copernicus.eu/cdsapp#!/dataset/reanalysis-era5-single-levels。

2.3 气象特征

2.3.1 2019～2021年航次气象特征概况

2019年航次气象观测时间为5月11～29日。南海海域受季风控制，5月是季风转换期，从调查期间的实测风速和风向（图2-6）可以看出，5月13日以前调查海域基本受东北偏东风（冬季风）的影响，此后转为夏季风，风向转变为西南或偏南，整个航次期间，中沙大环礁和黄岩岛海域主要受西南风或偏南风控制，风力相对较小，大多在4级风以下。在中沙群岛调查期间，气温基本稳定，平均气温为29.3℃（图2-7）。

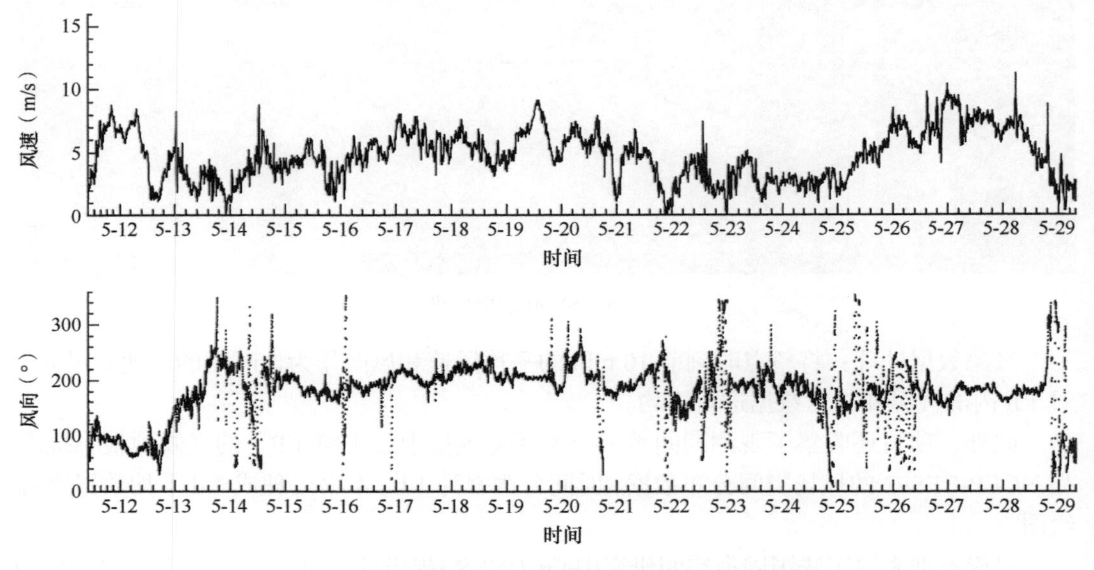

图2-6　2019年航次调查期间风速和风向时间序列图

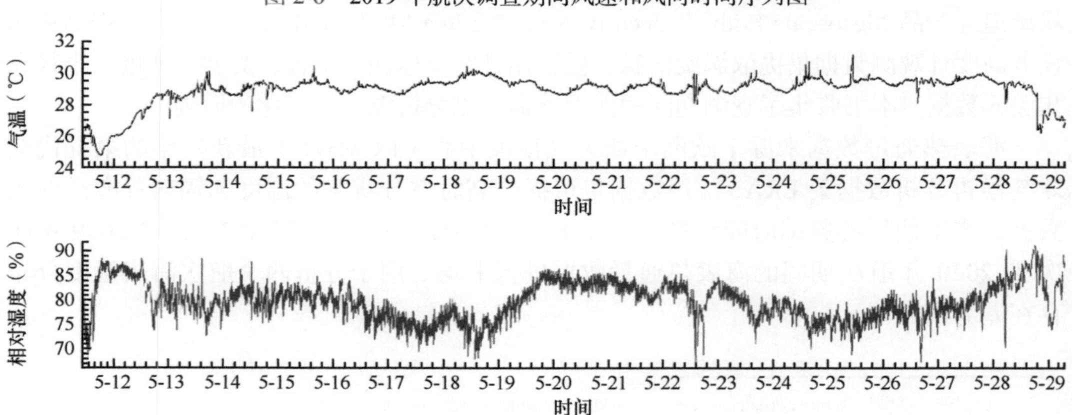

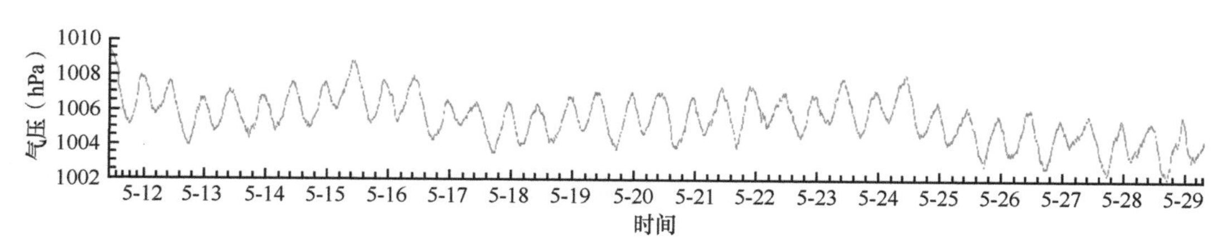

图 2-7　2019 年航次调查期间气温、相对湿度、气压时间序列图

2020 年航次气象观测时间为 2020 年 6 月 20 日至 7 月 6 日。南海海域受季风控制，6～7 月是夏季风盛行期，从调查期间的实测风速和风向（图 2-8）可以看出，该航次调查期间，调查海域主要受西南风的影响，风力大多达到 4 级及以上，6 月 23 日和 6 月 30 日风力达到 6～7 级。在中沙群岛调查期间，气温存在一定波动，平均气温为 29.8℃（图 2-9）高于 2019 年航次调查期间的平均气温。

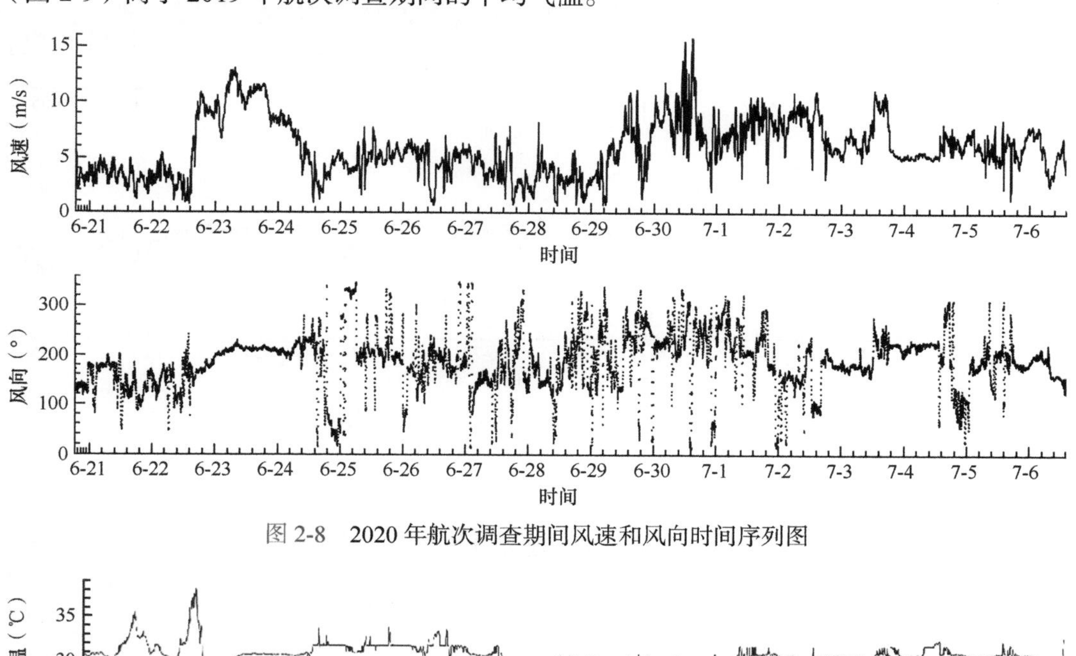

图 2-8　2020 年航次调查期间风速和风向时间序列图

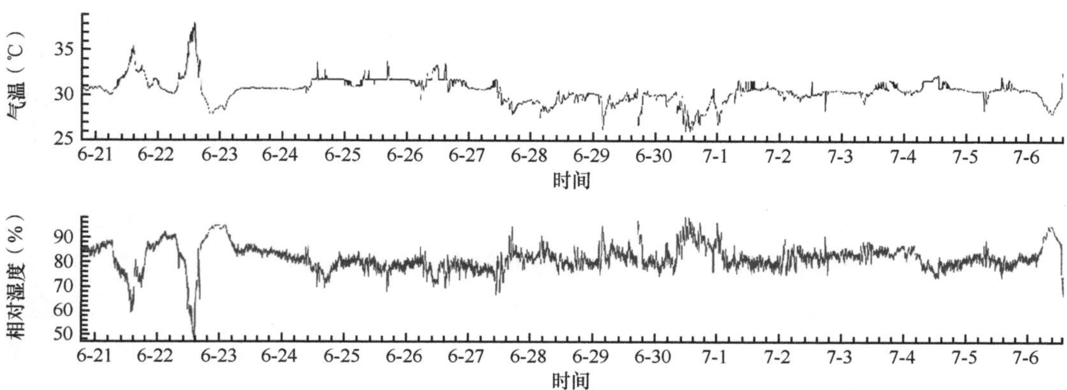

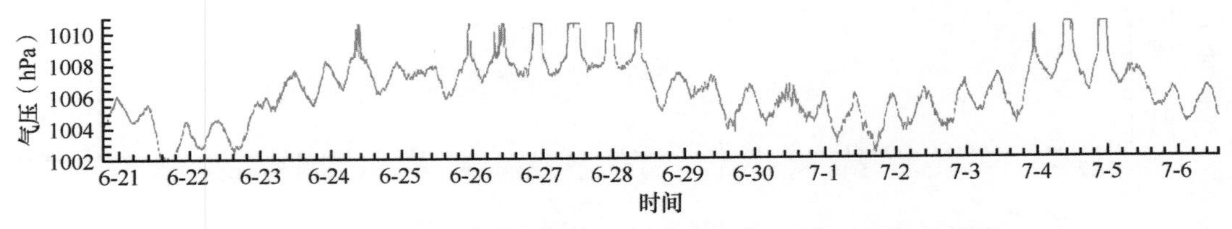

图 2-9　2020 年航次调查期间气温、相对湿度、气压时间序列图

2021 年航次气象调查期间，中沙大环礁风向基本为南向，风速基本在 5 m/s 以上，说明调查期间该海区的夏季风已经爆发（图 2-10）。

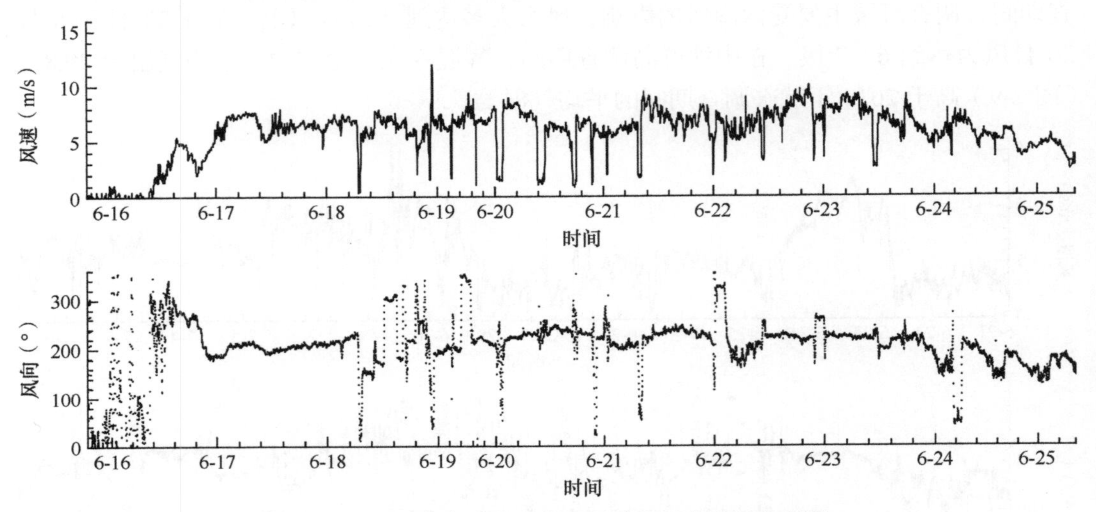

图 2-10　2021 年航次调查期间风速和风向时间序列图

2.3.2　代表季节气象特征分析

南海海域为季风控制海域，一般 5 月是春季风和夏季风转换期，6 月为夏季风爆发期。南海季风转换期的特征为风速波动小，风速高值区位于南海北部，风速为 3.5～5 m/s，除北部湾以东风为主外，南海大部分海域为东北风。南海夏季风爆发后，低层风场从东北风转向为稳定的来自热带的西南风，南海大部分海域以西南风为主，风速高值区位于中南半岛附近海域。由 2019 年航次和 2020 年航次调查期间风速和风向时间序列（图 2-6，图 2-8）可见，中沙大环礁 2019 年 5 月 11 日多为北风，而 2020 年 6 月 21 日已基本为南风所覆盖，且 2019 年 5 月的平均风速小于 2020 年 6 月。因此，2019 年航次调查时段南海基本属于春季风和夏季风转换期，2020 年航次调查时期则为夏季风爆发期。

通过现场实测风场也可看出，2019 年航次调查期间中沙大环礁海域由东北风和偏东风（春季风）转为西南风或南风（夏季风），风力基本在 4 级及以下，具有春季风和夏季风转换期间的特征。2020 年航次调查期间，中沙大环礁海域主要受西南风的影响，风力较 2019 年航次调查期间有所增强，达到 4 级及以上，6 月 23 日和 30 日风力达到 6～7 级，具有夏季风爆发期的特征。因此，2019 年航次和 2020 年航次获取的温度和盐度数据可分别代表中沙大环礁海域春季风和夏季风转换期间和夏季风爆发期的温盐特征。

而由 2021 年的风速和风向分布可见，中沙大环礁海域基本为南向风，风速基本在 5 m/s 以上，这说明调查期间该海区的夏季风已经爆发。

2.4　潮位特征

2.4.1　潮位特征分析

1. 2019 年航次潮位资料处理

根据取得的调查数据，先后对 2019 年和 2020 年两个航次的潮位数据进行滤波处理，并通过同步潮位平均海平面方法，获取各个站位的潮位资料。

2019 年航次调查期间，P1、P3 和 P4 三个测站的潮位特征存在一定差异，最高高潮位分别为 81 cm、64 cm 和 74 cm，最低低潮位分别为–76 cm、–65 cm 和–77 cm，其中 P1 站的最高高潮位最高，P3 站的最高高潮位和最低低潮位最低；平均潮差分别为 89 cm、69 cm 和 98 cm，最大潮差分别为 154 cm、126 cm 和 151 cm，P3 站的潮差最小，P1 站和 P4 站的潮差则较大。P1、P3 和 P4 三个测站的平均涨潮历时分别为 11 h 26 min、10 h 32 min 和 11 h 56 min，平均落潮历时分别为 9 h 4 min、7 h 49 min 和 9 h 18 min，P3 站的涨落潮历时最短（图 2-11，表 2-3，表 2-4）。

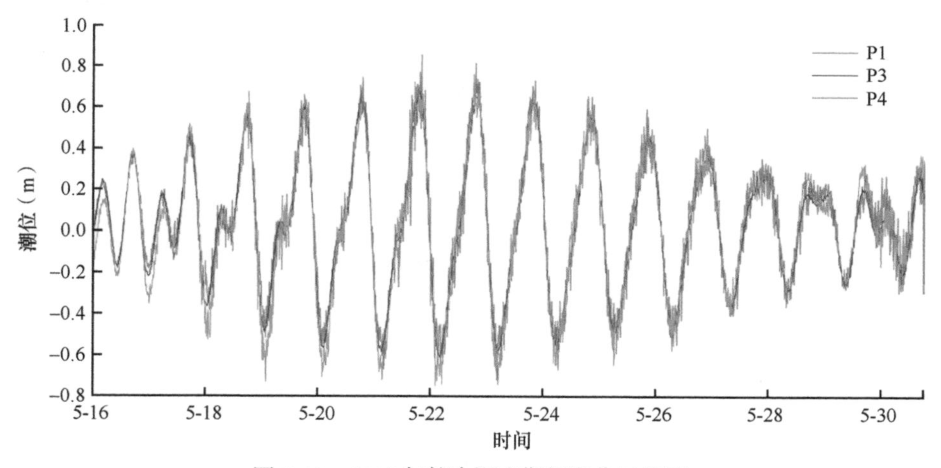

图 2-11　2019 年航次调查期间潮位过程图

表 2-3　2019 年航次三个站位的地理位置

站位	纬度	经度
P01	16°6.585′N	114°43.914′E
P03	15°55.68′N	114°28.859′E
P04	15°37.164′N	113°42.126′E

表 2-4　2019 年航次三个站位的潮位时间序列

站位	起始时间	结束时间	时间分辨率（min）
P01	2019-5-15 13:10	2019-6-3 18:50	10
P03	2019-5-16 8:20	2019-6-4 15:00	10
P04	2019-5-16 15:30	2019-5-31 10:30	10

采用 Savitzky-Golay 滤波方法对三个站位的潮位数据进行滤波处理，将处理后的潮位数据作为最终潮位数据（图 2-12～图 2-14）。

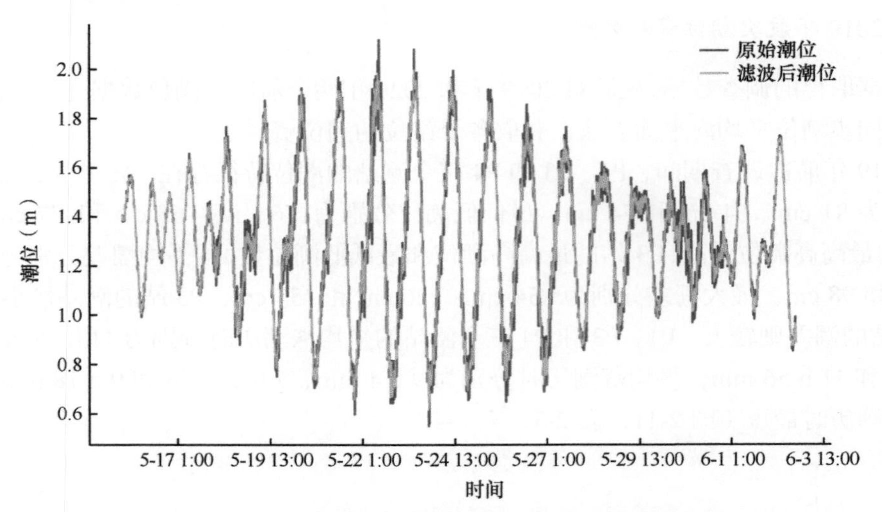

图 2-12　2019 年航次滤波前后 P01 站位的潮位时间序列

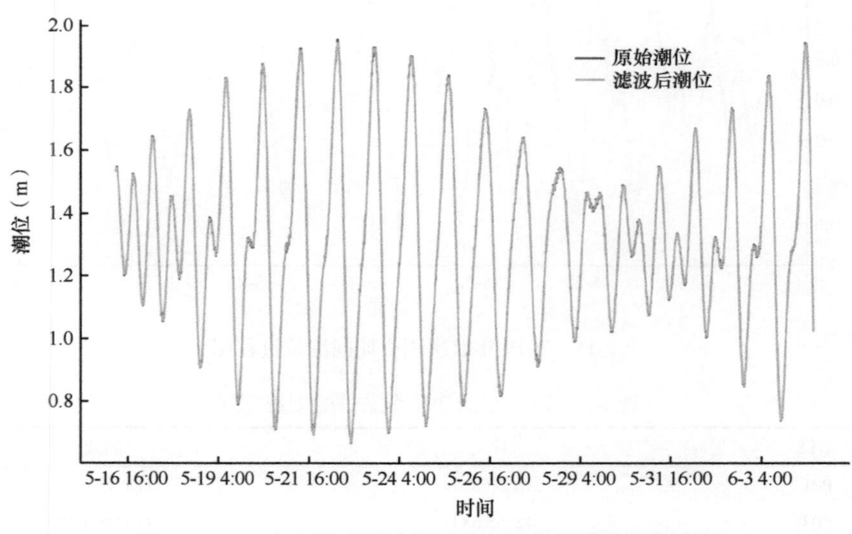

图 2-13　2019 年航次滤波前后 P03 站位的潮位时间序列

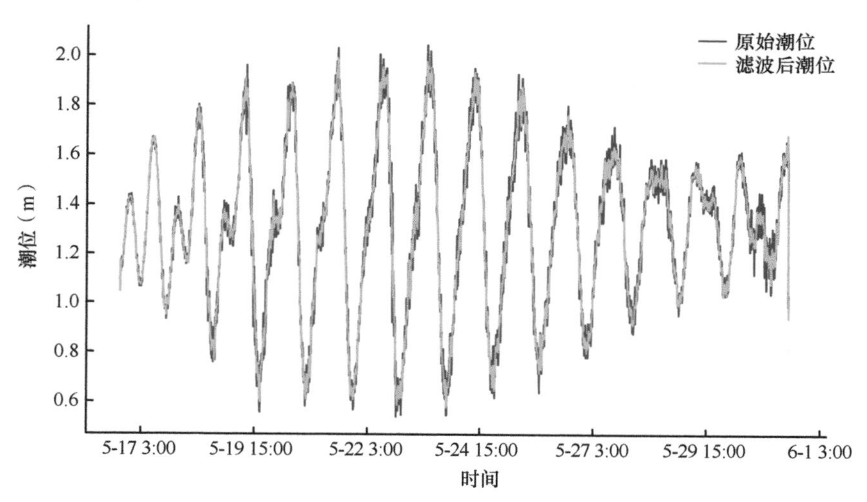

图 2-14　2019 年航次滤波前后 P04 站位的潮位时间序列

2. 2020 年航次潮位资料处理

表 2-5 为 P01、P02、P03 三个站位的地理位置，表 2-6 为三个站位的潮位时间序列。

表 2-5　2020 年航次三个站位的地理位置

站位	纬度	经度
P01	16°11.387′N	114°44.555′E
P02	15°36.866′N	114°24.079′E
P03	15°59.363′N	114°07.353′E

表 2-6　2020 年航次三个站位的潮位时间序列

站位	起始时间	结束时间	时间分辨率（min）
P01	2020-6-27 10:10	2020-7-18 16:20	10
P02	2020-6-27 17:20	2020-7-12 20:20	10
P03	2020-6-28 9:40	2020-7-16 23:00	10

采用 Savitzky-Golay 滤波方法对三个站位的潮位数据进行滤波处理，将处理后的潮位数据作为最终潮位数据（图 2-15～图 2-17）。

通过对中沙大环礁的实际调查和黄岩岛的遥感反演，获取了调查海域的地形地貌数据，并形成了一套高精度的地形图集。结合调查结果，对中沙群岛珊瑚礁自然地理特征进行分析，包括地形变化特点、浅礁的分布、与历史资料对比以及命名情况等，给出了中沙群岛珊瑚礁及黄岩岛的基本特征。

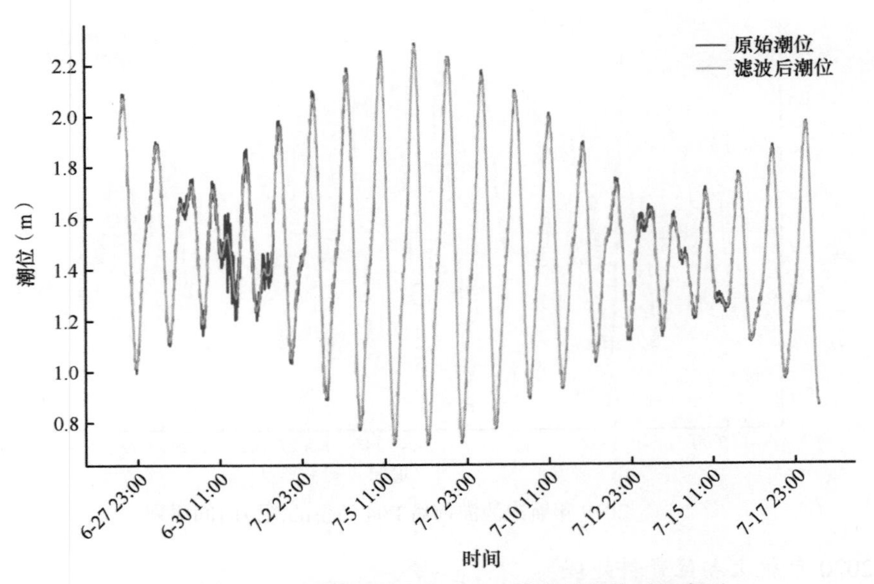

图 2-15　2020 年航次滤波前后 P01 站位的潮位时间序列

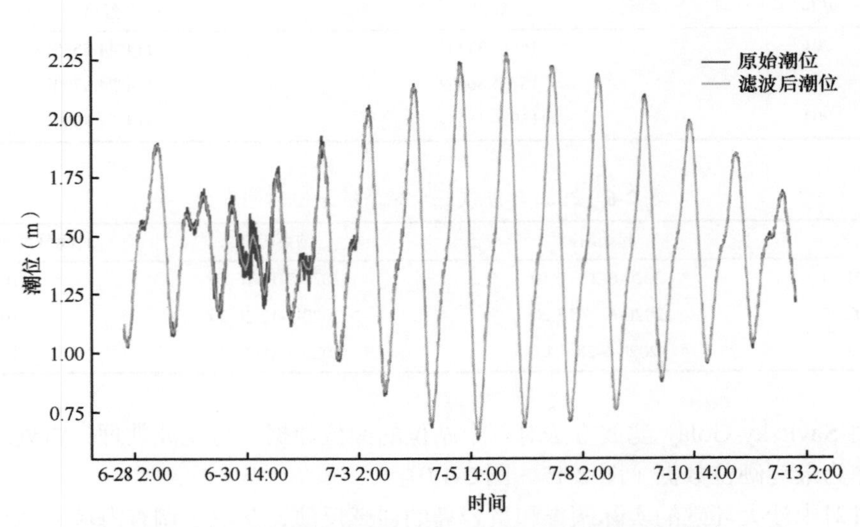

图 2-16　2020 年航次滤波前后 P02 站位的潮位时间序列

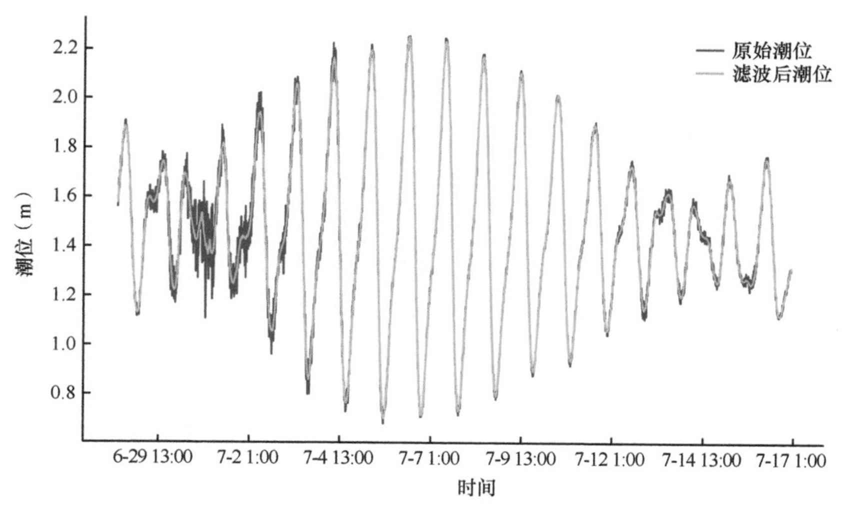

图 2-17　2020 年航次滤波前后 P03 站位的潮位时间序列

2.4.2　调和分析

潮汐调和分析的结果表明，P1、P3 和 P4 三个测站的潮汐特征值分别为 4.54、3.86 和 4.06，P3 站属于不正规全日潮，P1 站和 P4 站属于规则日潮。因此，P1 站和 P4 站的潮汐特征相似，P3 站则略有不同。

在 2019 年 5 月 26 日至 6 月 2 日，P1、P3 和 P4 三个测站的预报潮位结果与观测值出现较大偏差，可能是该时段中尺度涡引起的增减水所致。根据中沙大环礁海域各海床基测站的潮汐特征统计分析结果，潮汐分布存在一定的差异，大环礁边界海域（P1 站和 P4 站）最高高潮位高于大环礁中心区域（P3 站），同时大环礁中心区域（P3 站）的最低低潮位低于大环礁边界海域（P1 站和 P4 站），平均潮差和最大潮差也明显小于大环礁边界海域，大环礁中心区域的平均涨潮和落潮历时也明显比大环礁边界海域短（表 2-7），可见调查期间中沙大环礁海域的水位分布存在不规律性，大环礁边界与大环礁中心的潮汐性质存在一定不同。

表 2-7　2019 年航次海床基测站潮汐特征统计

海床基测站	P1	P3	P4
最高高潮位（cm）	81	64	74
最低低潮位（cm）	–76	–65	–77
平均潮差（cm）	89	69	98
最大潮差（cm）	154	126	151
平均涨潮历时	11 h 26 min	10 h 32 min	11 h 56 min
平均落潮历时	9 h 4 min	7 h 49 min	9 h 18 min

根据潮位短期调和分析，P1 站潮汐性质系数为 3.3，P3 站和 P4 站均为 2.8，属于不正规全日潮。三个测站的 K_1 分潮最大，O_1 分潮略小于 K_1 分潮，M_2 分潮振幅为 13～15 cm，

S_2分潮最小，振幅仅有5～6 cm。总体来看，三个测站各分潮的迟角相差不大，三个测站的主要分潮K_1迟角整体上表现为P1＞P3＞P4，可以看出K_1分潮传播的大致方向是从P4站向P1站传播（表2-8）。

表2-8　2019年航次各测站潮汐调和常数

分潮	P1站		P3站		P4站	
	振幅（cm）	迟角（°）	振幅（cm）	迟角（°）	振幅（cm）	迟角（°）
O_1	25	260	25	260	25	265
K_1	34	301	33	298	36	292
M_2	13	294	15	294	15	306
S_2	5	310	6	312	6	325

2.4.3　潮位预报

通过调和常数预报的潮位与观测值基本一致。但P1、P3和P4三个测站在5月26日至6月2日的预报潮位与观测值出现较大偏差，可能是该时段出现的异常天气状况引起的增减水所致（图2-18～图2-20）。

2.4.4　全球大洋模型准确度分析

FES是基于有限元流体动力模型的同化海潮模型，FES2014是FES系列海潮模型的最新版本。相比于FES2012，FES2014的改进主要体现在：①水动力模型网格数量增加50%，空间分辨率提高到（1/16）°×（1/16）°；②同化数据增加了长期卫星测高数据（T/P、Jason-1、Jason-2、TPNJ1N、ERS-1、ERS-2、Envisat）和实测潮位数据；③更新了地形和岸线；④增加了大气压力的计算分析和若干非线性动力波、长周期波，优化了S_2分潮的计算，可预测34个分潮；⑤通过集成GOT4V10海潮负荷模块增加了海潮负荷效应；⑥更新了原模型波谱构型的正压水流方程（TUGO）。

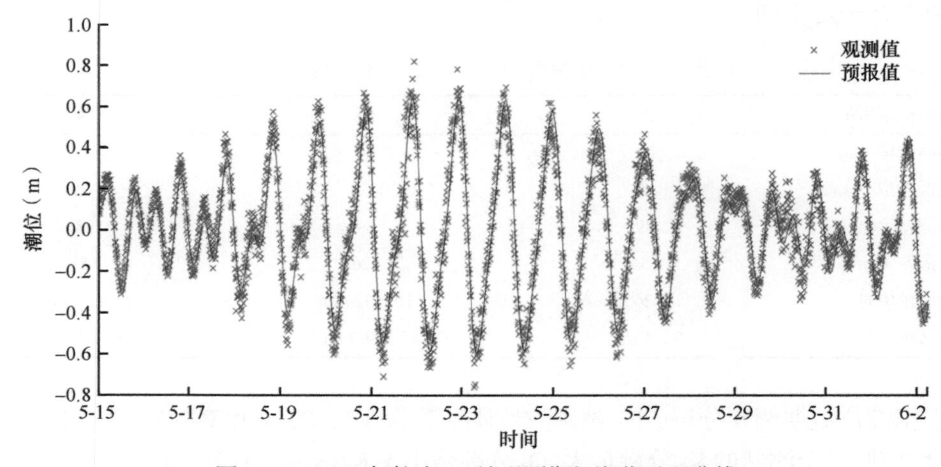

图2-18　2019年航次P1站观测期间潮位过程曲线

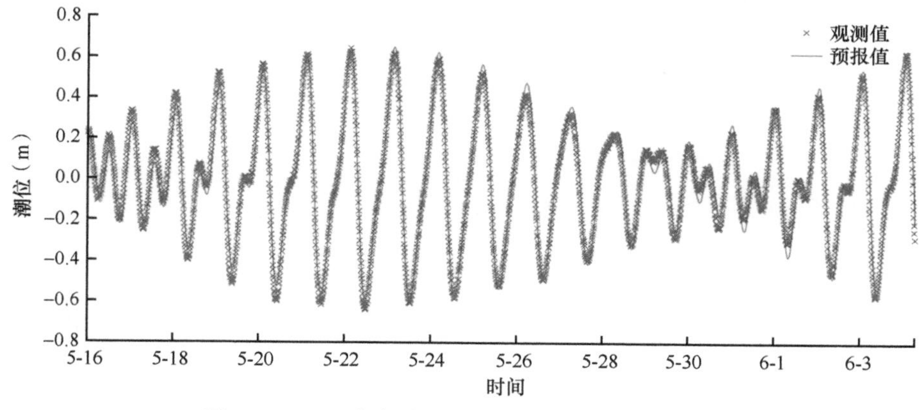

图 2-19 2019 年航次 P3 站观测期间潮位过程曲线

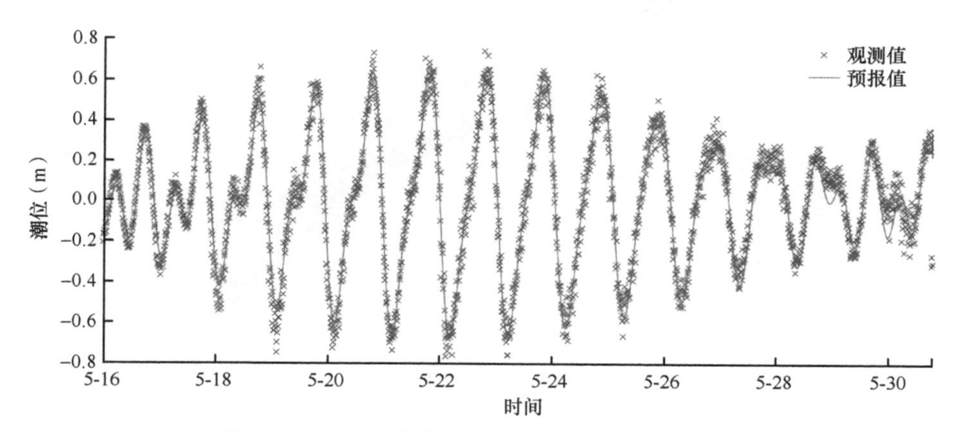

图 2-20 2019 年航次 P4 站观测期间潮位过程曲线

TPXO 模型是美国俄勒冈大学研发的反演同化模型，TPXO8 是其最新版本，以二维正压流体动量方程为基础，并同化 T/P、Jason 卫星高度计资料和验潮站资料而建立，提供全球 8 个主要分潮。

由表 2-9 可见，FES2014 的质量较差，TPXO8 的均方差最小。

表 2-9 各测站全球潮汐模型均方差比较

潮汐模型	P1 站	P3 站	P4 站
DTU10	0.066	0.037	0.051
OSU12	0.063	0.039	0.054
GOT	0.065	0.039	0.050
HAM12	0.065	0.037	0.050
FES2014	0.112	0.097	0.107
TPXO8	0.064	0.035	0.050

2.5 温盐特征

2.5.1 2019 年航次春夏温盐分布特征

1. 水团性质

由 2019 年航次中沙群岛海域温盐点聚图（图 2-21）可看出，各测站间温盐性质变化较大。

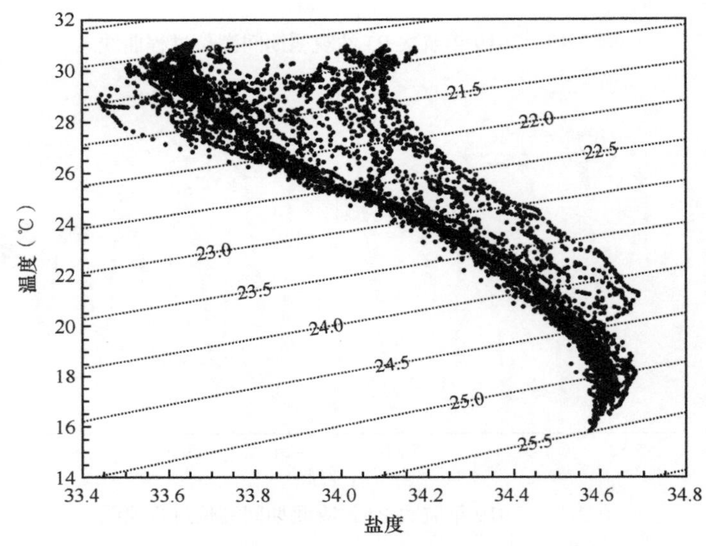

图 2-21　2019 年航次中沙群岛海域温盐点聚图
图中斜线上的数字为“位势密度”

图 2-22 是各站位温度（a）和盐度（b）的垂向分布汇总图，可见表层温度基本一致，但随着深度的增加各站的垂向温度分布差异较大，至底层各站温度分布逐渐趋于一致，各站表层盐度差异较大，随着深度增加，盐度分布逐渐发散，但在–140 m 以深海域，盐度逐渐趋于相同。

2. 水平分布特征

2019 年航次中沙大环礁海域 2 m 层（表层）和 10 m 层温度分布呈现西南高、东北低的特征，中沙大环礁海域向东南至黄岩岛海域温度分布呈递增趋势，黄岩岛邻近海域和中沙大环礁西部海域的温度均略高于其他海域。中沙大环礁和黄岩岛邻近海域表层温度均较高，部分海域超过或等于 30℃，但中沙大环礁海域 10 m 层大部低于 30℃，在 29℃左右，黄岩岛 10 m 层温度仍高于 30℃。从总体来看，中沙大环礁和黄岩岛邻近海域表层和 10 m 层温度分布差异较小，温度最高值和最低值相差未超过 1.5℃。然而，中沙大环礁 30 m 层

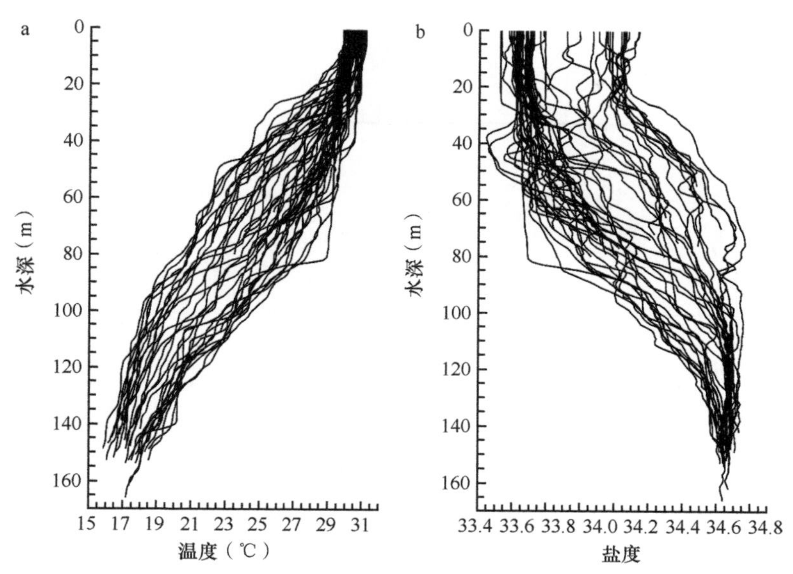

图 2-22　2019 年航次中沙群岛海域大面站温盐垂向剖面分布图

温度分布与表层大致相反，温度高值区和低值区发生转变，呈现西南温度低、东南和东北温度高的特征。此外，30 m 层中沙大环礁西南的温度低值区等温线分布相对密集，并且温度差异较大，可达到 4.5℃；黄岩岛邻近海域 30 m 层温度较 10 m 层有所下降，但大部分海域仍高于 30℃。中沙大环礁 50 m 层温度分布与 30 m 层较为相似，但低值区面积较 30 m 层有所增大，等温线分布较为均匀，温度差异可达 6℃。黄岩岛邻近海域 50 m 层的温度也略有下降，分布特征与 30 m 层类似。中沙大环礁 75 m 层温度分布与表层大致相反，呈现西南低、其他区域高的特征，并且低值区范围显著增大。中沙大环礁底层温度中心高，环礁边缘深水区温度低，最大差异可达近 20℃，黄岩岛邻近海域底层温度明显高于中沙大环礁海域，但其最高温度不超过 29℃，东西两侧温度相对较低。根据调查船的同步气象观测可知，2019 年航次调查期间南海正处于春、夏季过渡时节，中沙大环礁温度分布主要受季风、太阳辐射等因素的影响，大环礁表层与底层温度分布差异较大，底层温度的变化明显受海水深浅的影响，环礁边缘水深大的区域温度较低，环礁内浅水区则温度较高，导致大环礁中心区域垂向温度差异较小，大环礁边缘垂向温度差异较大（图 2-23～图 2-25）。

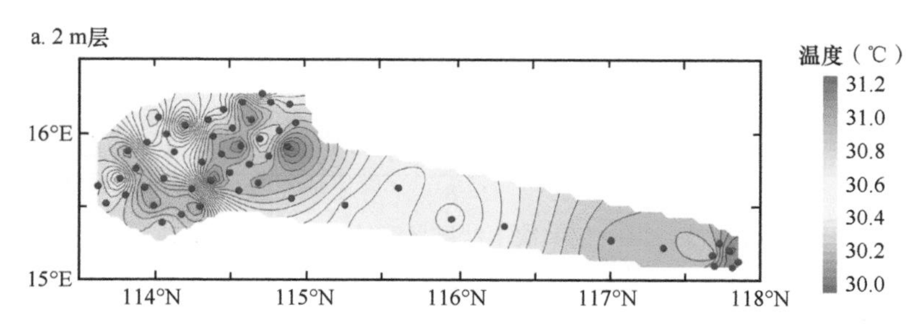

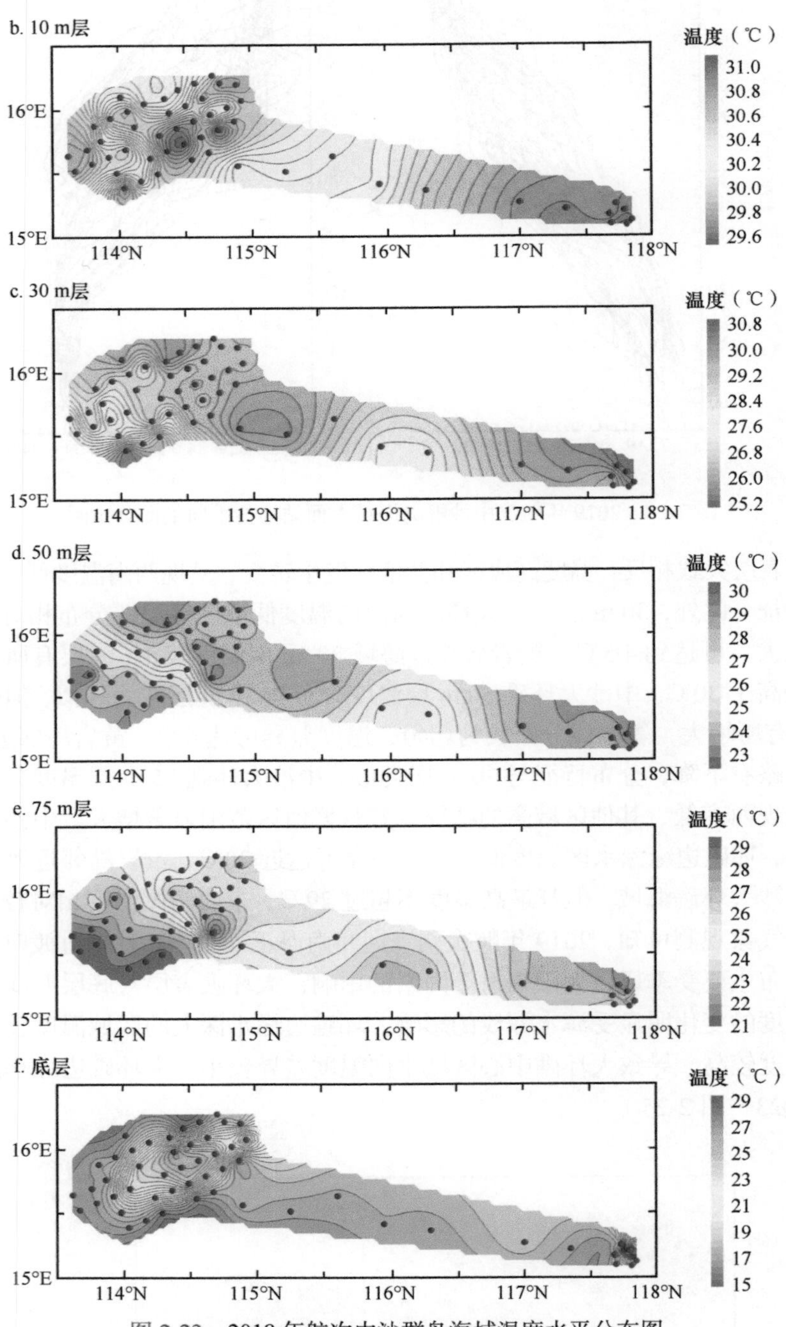

图 2-23　2019 年航次中沙群岛海域温度水平分布图

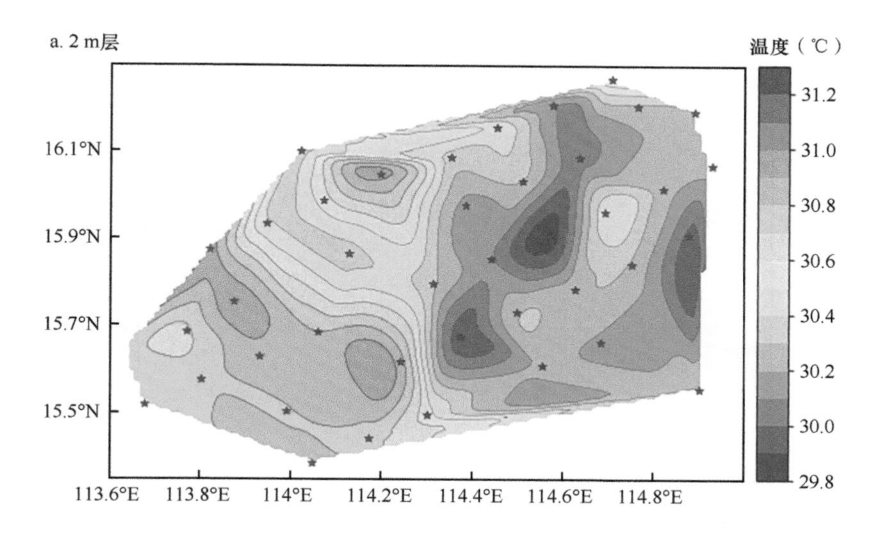
a. 2 m层
温度（℃）
31.2
31.0
30.8
30.6
30.4
30.2
30.0
29.8
16.1°N
15.9°N
15.7°N
15.5°N
113.6°E
113.8°E
114°E
114.2°E
114.4°E
114.6°E
114.8°E

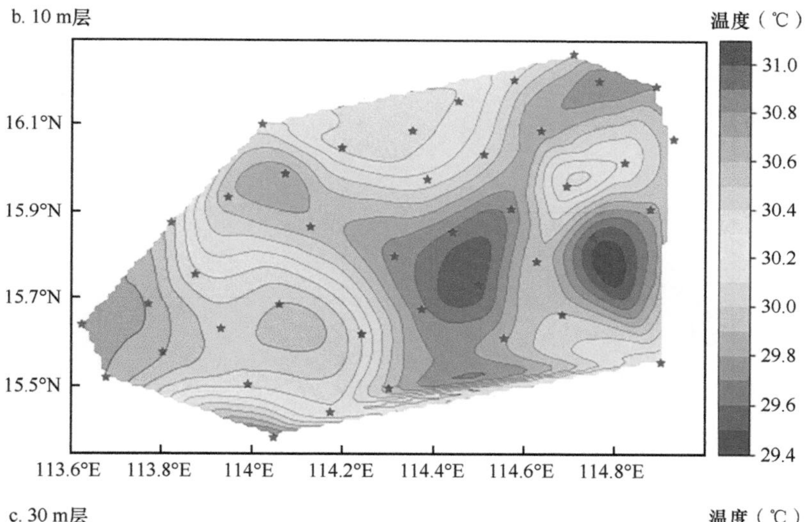
b. 10 m层
温度（℃）
31.0
30.8
30.6
30.4
30.2
30.0
29.8
29.6
29.4
16.1°N
15.9°N
15.7°N
15.5°N
113.6°E
113.8°E
114°E
114.2°E
114.4°E
114.6°E
114.8°E

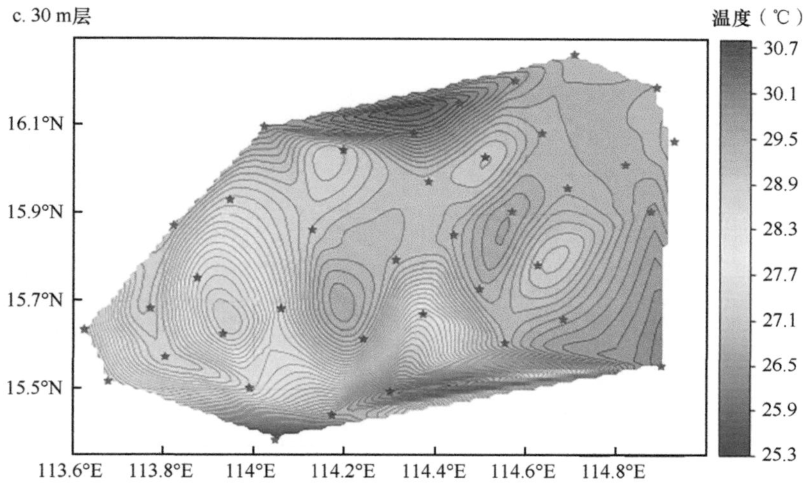
c. 30 m层
温度（℃）
30.7
30.1
29.5
28.9
28.3
27.7
27.1
26.5
25.9
25.3
16.1°N
15.9°N
15.7°N
15.5°N
113.6°E
113.8°E
114°E
114.2°E
114.4°E
114.6°E
114.8°E

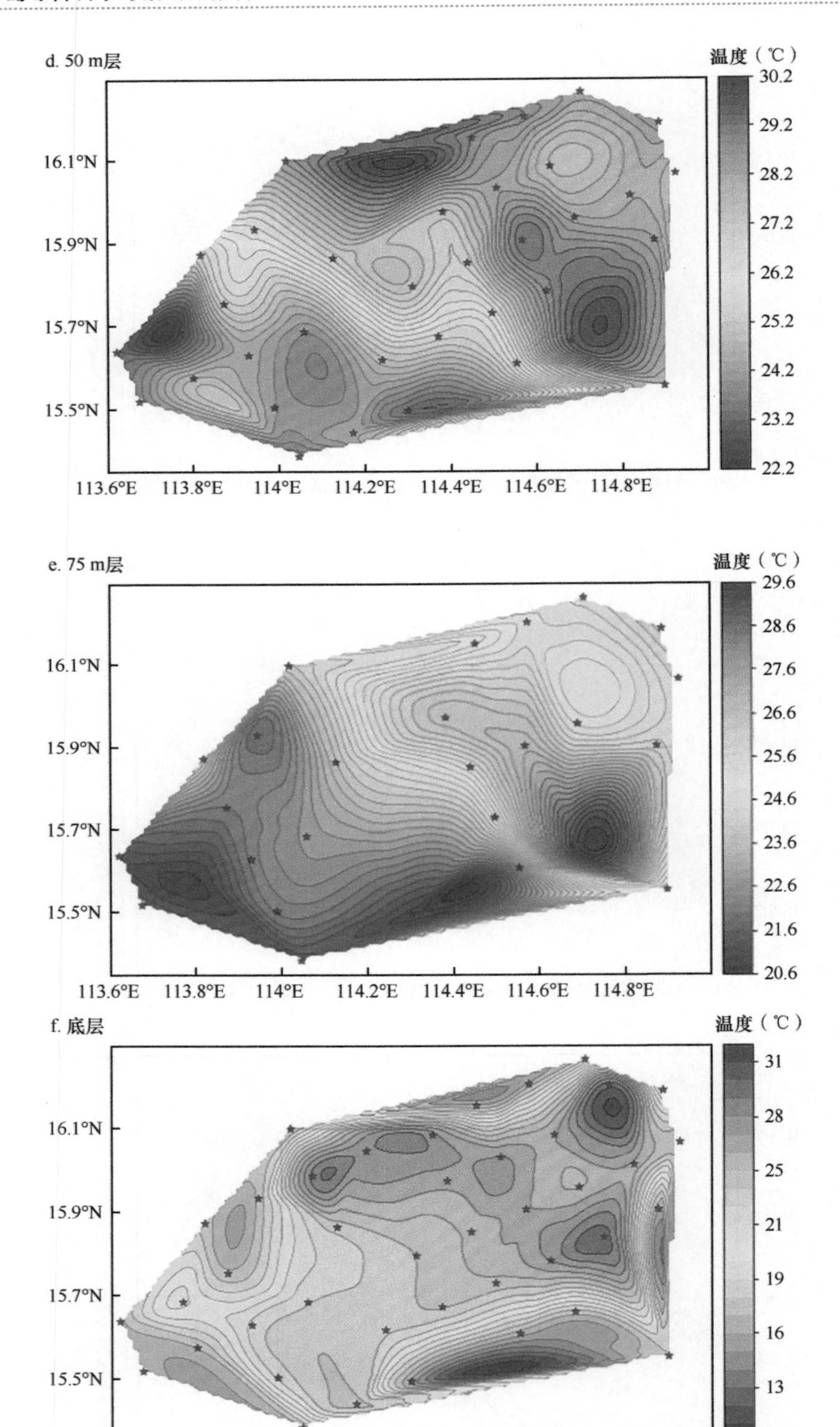

图 2-24 2019 年航次中沙大环礁海域温度水平分布图

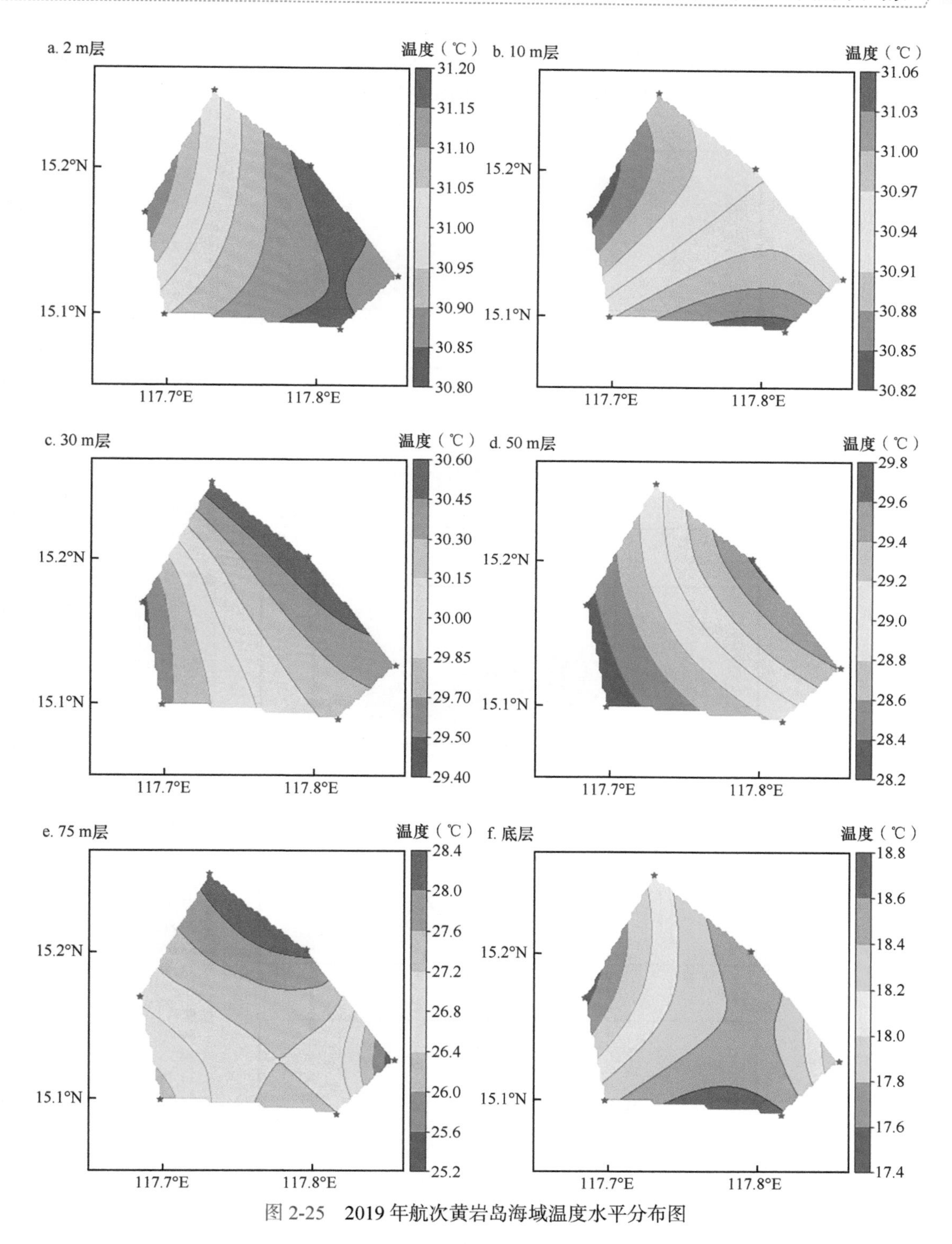

图 2-25　2019 年航次黄岩岛海域温度水平分布图

2019 年航次中沙群岛海域各层盐度分布与表层温度分布类似，总体上呈现自西南向东北递减的趋势；但与表层温度分布不同的是，黄岩岛邻近海域并未出现高盐中心，反而表现为低盐区，并且随深度增加盐度水平结构变化不大。底层盐度同样受地形的影响，由中沙大环礁中心和黄岩岛向四周逐渐升高（图 2-26～图 2-28）。

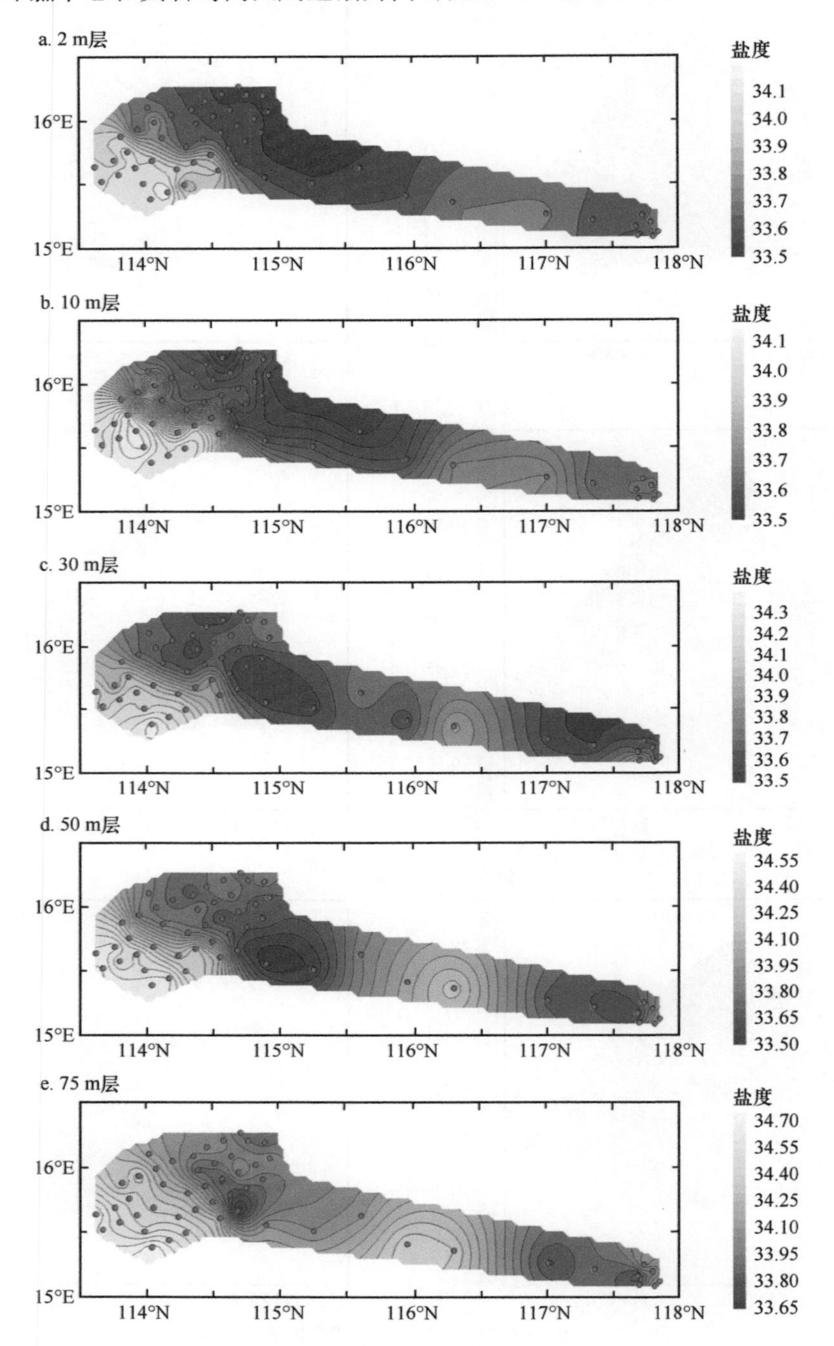

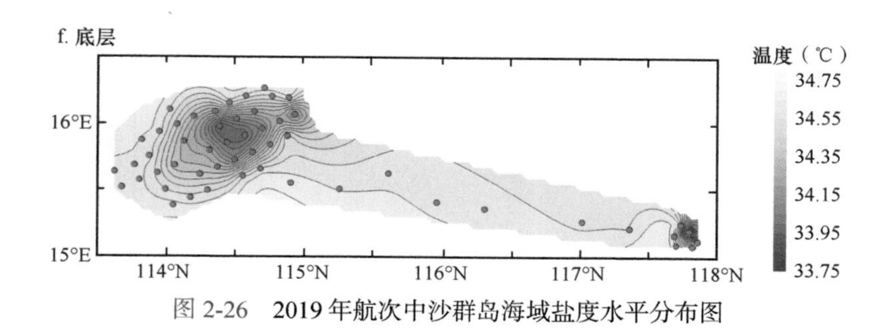

图 2-26　2019 年航次中沙群岛海域盐度水平分布图

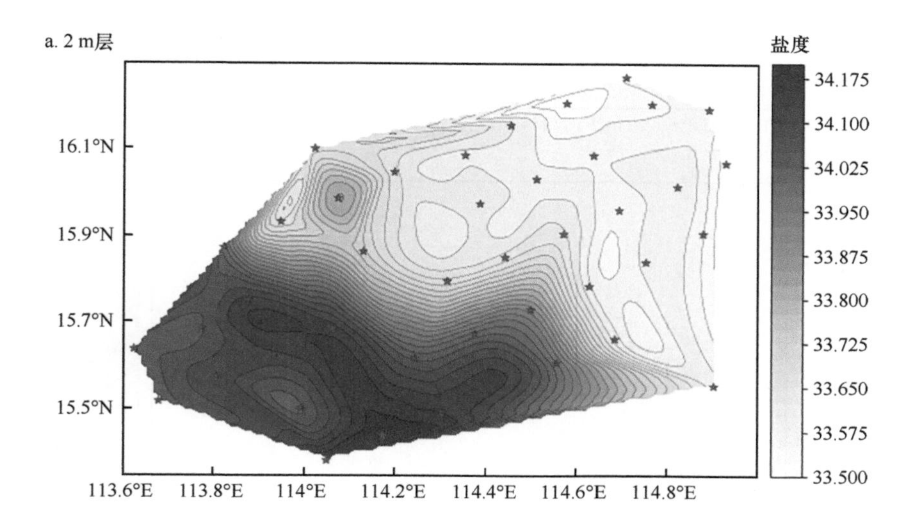

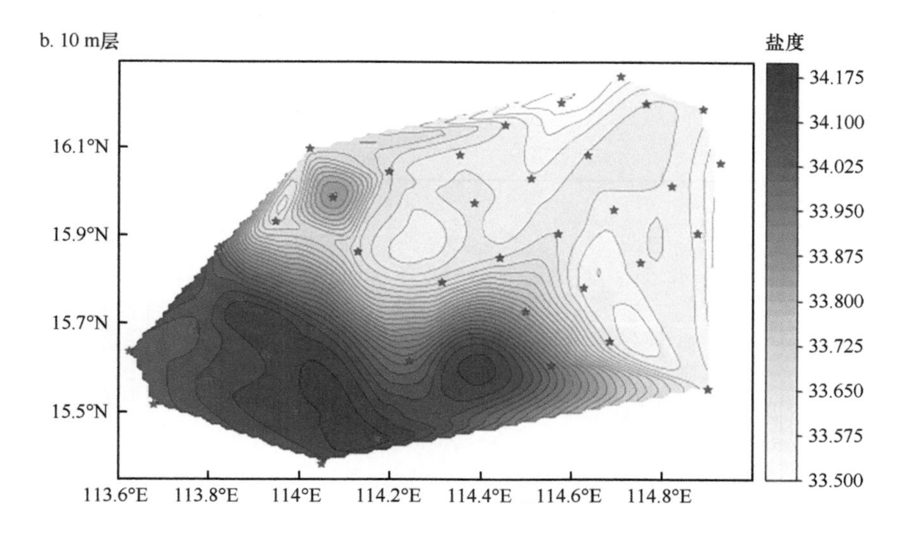

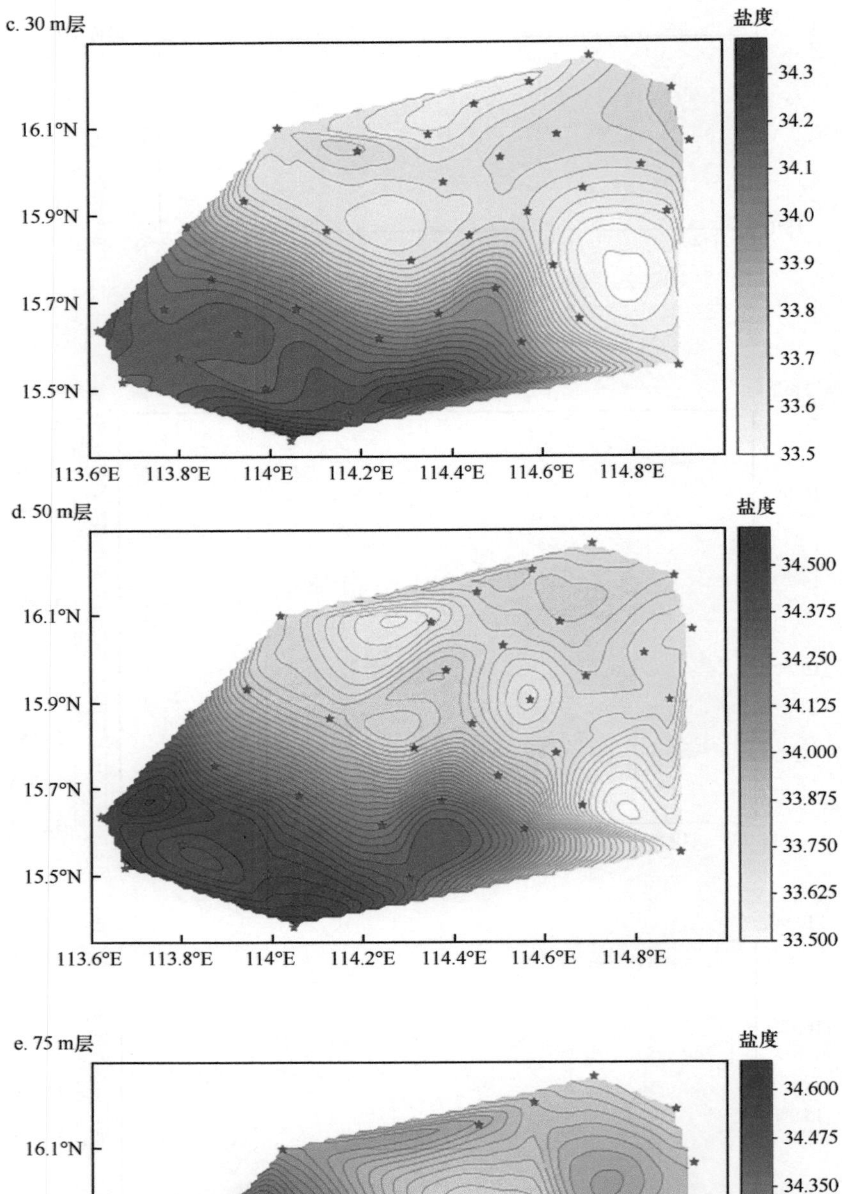
c. 30 m层
盐度
34.3
34.2
34.1
34.0
33.9
33.8
33.7
33.6
33.5
16.1°N
15.9°N
15.7°N
15.5°N
113.6°E
113.8°E
114°E
114.2°E
114.4°E
114.6°E
114.8°E
d. 50 m层
盐度
34.500
34.375
34.250
34.125
34.000
33.875
33.750
33.625
33.500
16.1°N
15.9°N
15.7°N
15.5°N
113.6°E
113.8°E
114°E
114.2°E
114.4°E
114.6°E
114.8°E

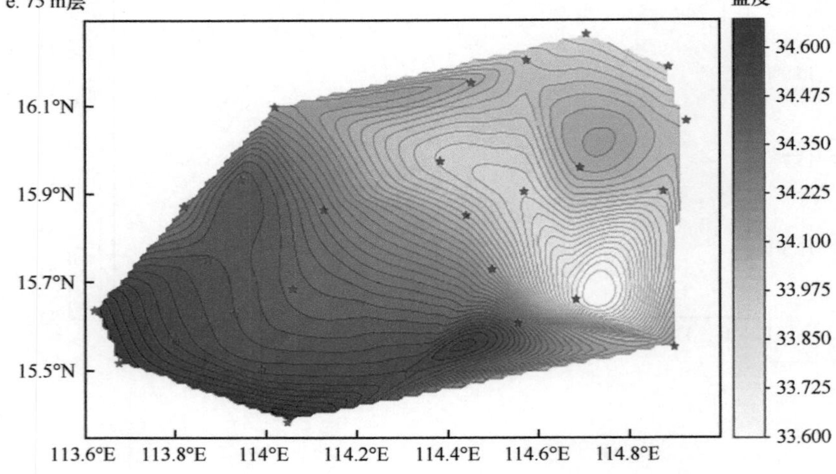
e. 75 m层
盐度
34.600
34.475
34.350
34.225
34.100
33.975
33.850
33.725
33.600
16.1°N
15.9°N
15.7°N
15.5°N
113.6°E
113.8°E
114°E
114.2°E
114.4°E
114.6°E
114.8°E

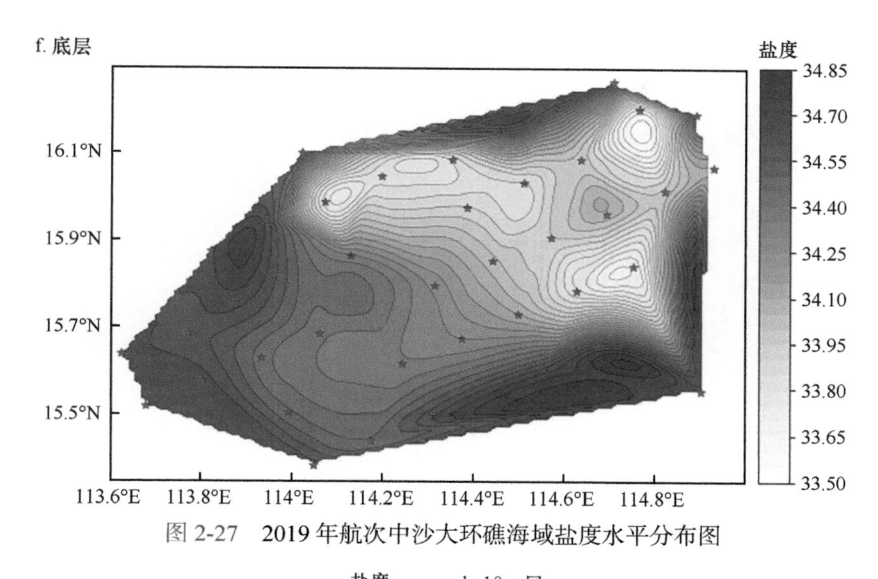

图 2-27　2019 年航次中沙大环礁海域盐度水平分布图

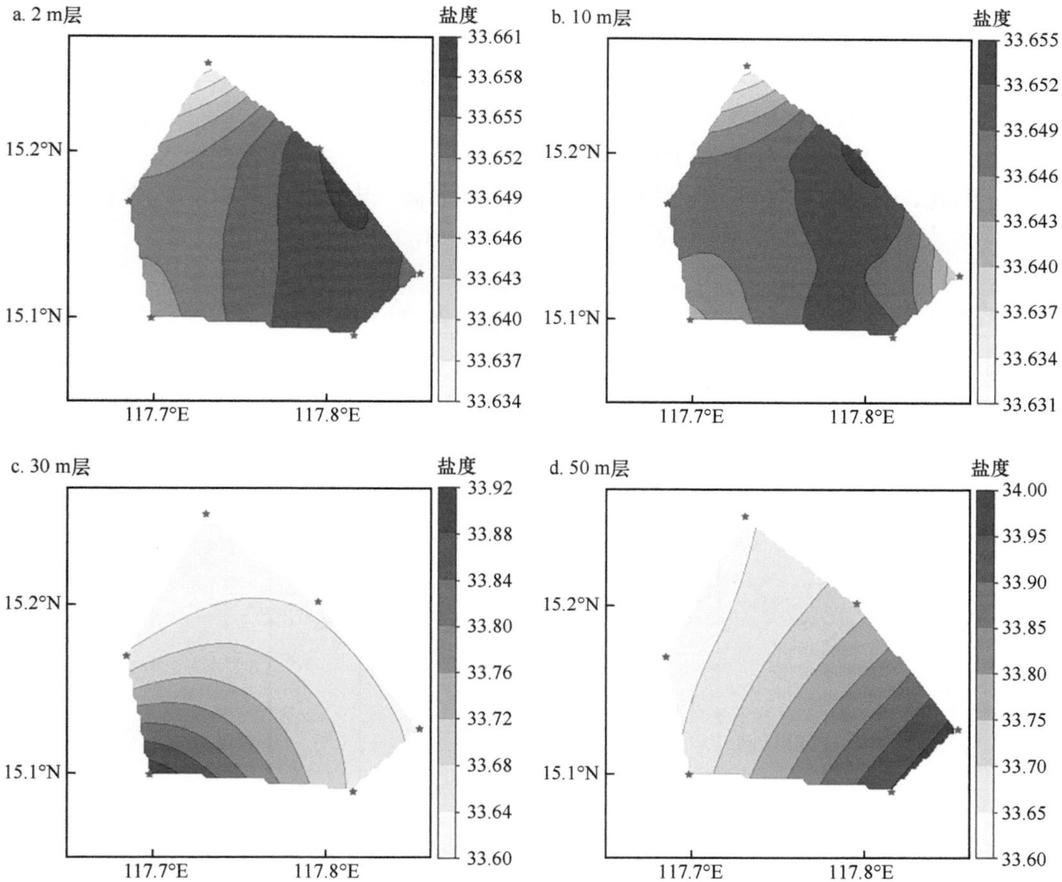

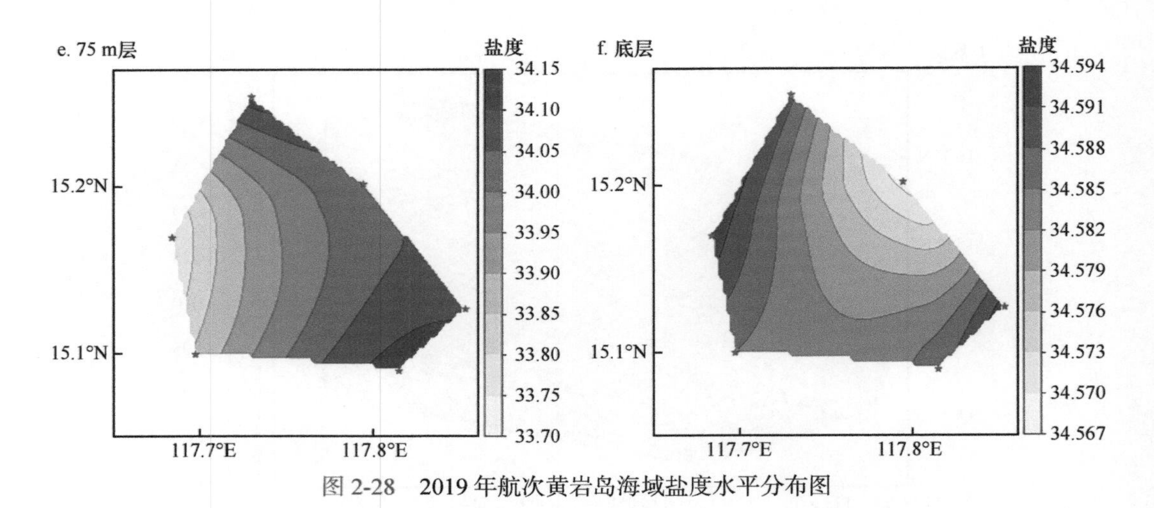

图 2-28 2019 年航次黄岩岛海域盐度水平分布图

3. 剖面分布特征

为进一步分析中沙大环礁海域温盐的垂向分布特征，在中沙大环礁海域选取了一条 SW-NE 走向的断面，可发现在大环礁西南部存在上涌现象，而在大环礁东北部则存在下沉现象。经与 2019 年航次调查期间的涡旋分布对比，发现中沙大环礁西南侧出现气旋涡（除了 5 月 17～20 日），北侧偏西出现反气旋涡（调查期间一直存在），与温盐剖面一致。因此，中尺度涡是该区域呈现温度西南低东北高、盐度西南高东北低的主要原因，导致中沙大环礁西南部形成低温高盐水（图 2-29～图 2-32）。

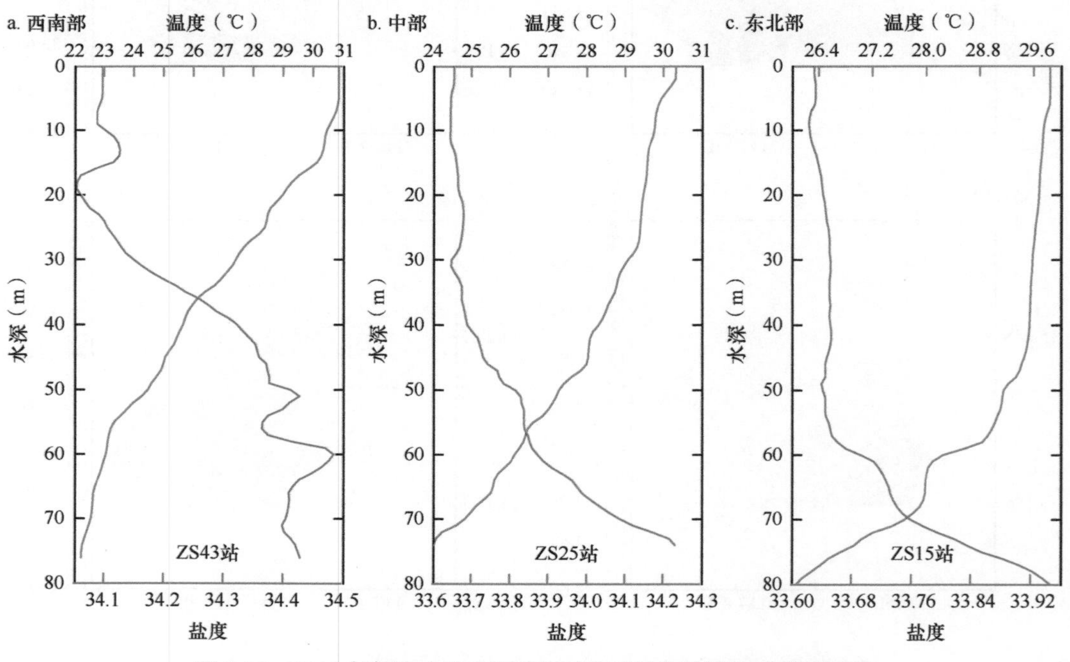

图 2-29 2019 年航次中沙大环礁海域典型站位的温盐垂直剖面图

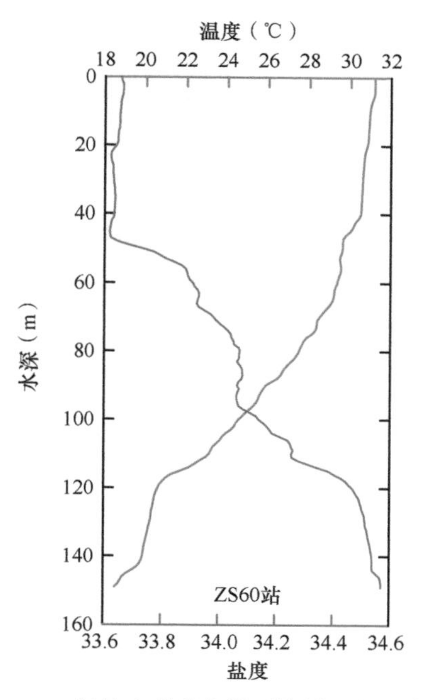

图 2-30　2019年航次黄岩岛附近海域温盐垂直剖面图

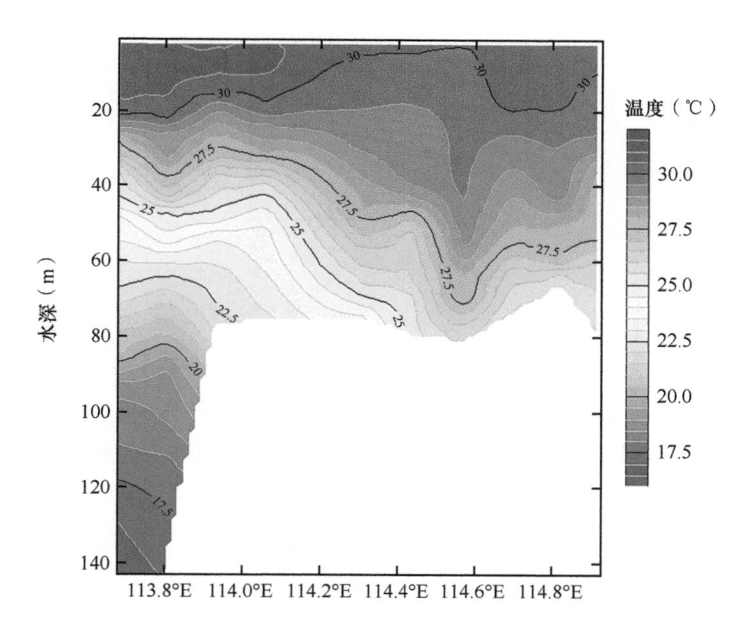

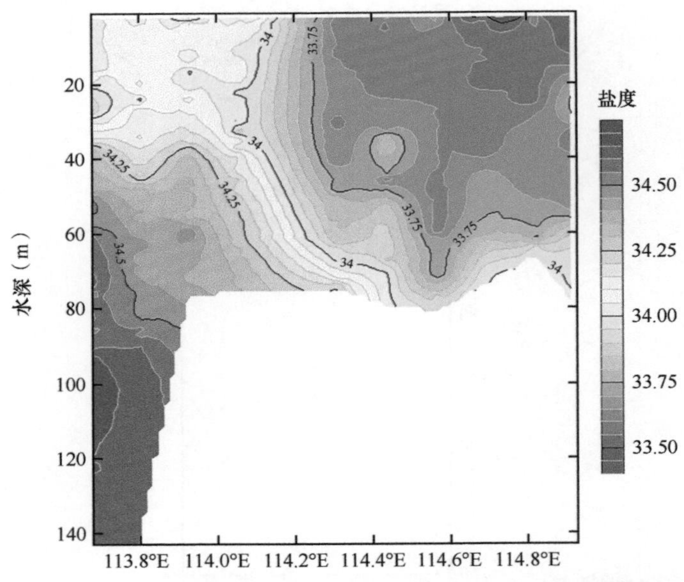

图 2-31　2019 年航次跨中沙大环礁海域的 SW-NE 向温盐断面图

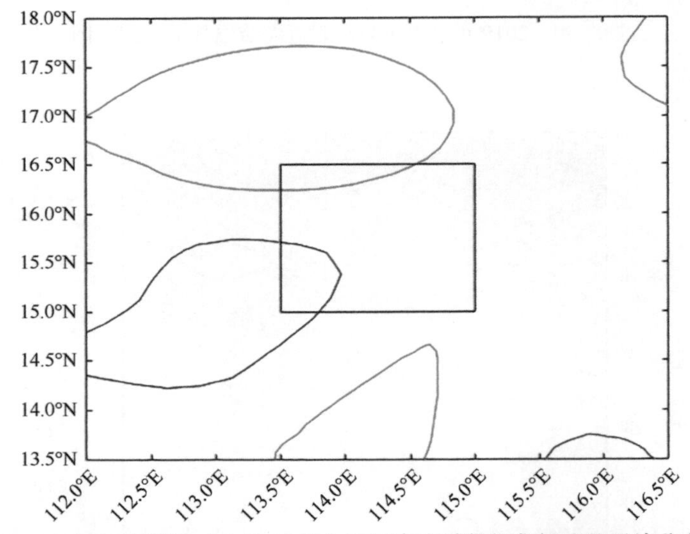

图 2-32　2019 年航次（5 月 15 日）卫星高度计数据集提取的涡旋分布图

黑色方框为中沙大环礁区域，红色曲线为反气旋涡，蓝色曲线为气旋涡

2019 年航次调查期间正值春夏交替，夏季风逐渐爆发，海表风逐渐转为西南风，太阳辐射逐渐增强，表层海水逐渐升温，但由于该时期西南风较弱，搅拌作用不强。在大环礁中央水深较浅的海域，温盐垂直梯度较小，跃层深度一般为 30～70 m；在水深相对较深的环礁边缘海域，受风力搅动影响小，但西南部受气旋涡的影响，跃层较浅，为 20～50 m，东北部受反气旋涡的影响，跃层较深，为 60～80 m。黄岩岛邻近海域跃层深度一般为 45～120 m。

2.5.2　2020年航次夏季温盐分布特征

1. 水团性质

由2020年航次中沙大环礁海域温盐点聚图（图2-33）可见，温盐分布相对均一，与2019年航次的温盐分布存在一定差异。图2-34是各站位温度（a）和盐度（b）的垂向分布汇总图，各站位的表层温度基本一致，随着水深增加，各站温度分布略有发散，各站位表层盐度除个别站位外，基本一致，随着水深的增加，各站位盐度呈发散特征，

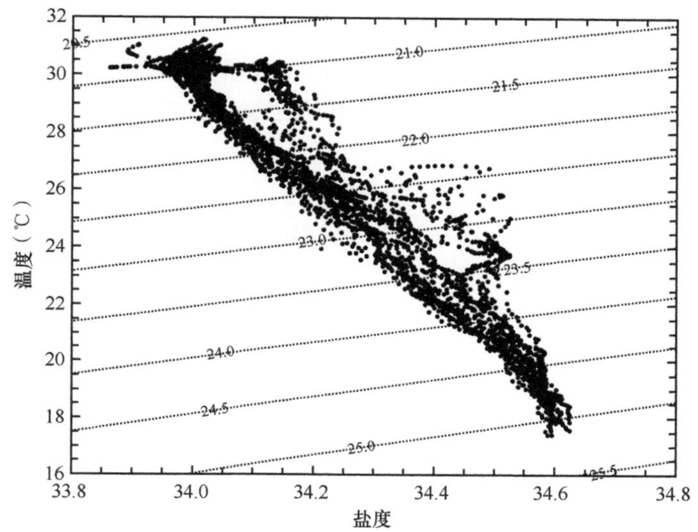

图2-33　2020年航次中沙大环礁海域温盐点聚图

图中斜线上的数字为“位势密度”

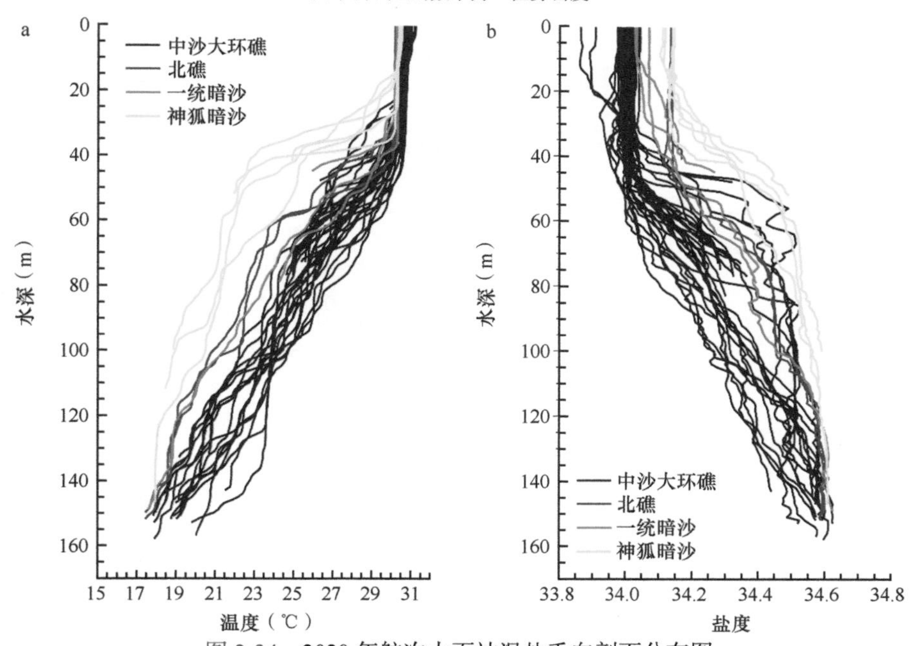

图2-34　2020年航次大面站温盐垂向剖面分布图

在–150 m 以深海域各站位盐度趋向基本相同。

2. 水平分布特征

中沙大环礁海域 2 m 层（表层）和 10 m 层温度水平分布呈现西南低、东北高的趋势，表层和 10 m 层温度均超过 30℃，表层温度存在 2 个高值区，分别位于大环礁东北和北偏西，温度均超过 31℃，温度低值区基本位于大环礁西南，约为 30.2℃，大环礁北部也存在一个较小的低值区。中沙大环礁海域表层等温线分布不均匀，越靠近温度极值，等值线的分布越密集。30 m 层温度分布呈现中部和北部高（均大于 30℃）、西南部低的特征，与 10 m 层相比，温度高值区逐渐向中部扩大，等温线的分布开始呈现环状特征。50 m 层温度分布与 30 m 层差异较大，2 个温度低值区分别位于大环礁西部和南部，2 个温度高值区分别位于西北和东北，最高温和最低温的差异明显增大，达到 3.5℃。至 75 m 层，温度分布变化较大，低值区从西南向东北扩大，高值区位于大环礁东北，面积大幅度缩小。底层温度分布受地形因素的影响较明显，水深大的大环礁边缘区域温度较低，大环礁内温度较高（图 2-35）。

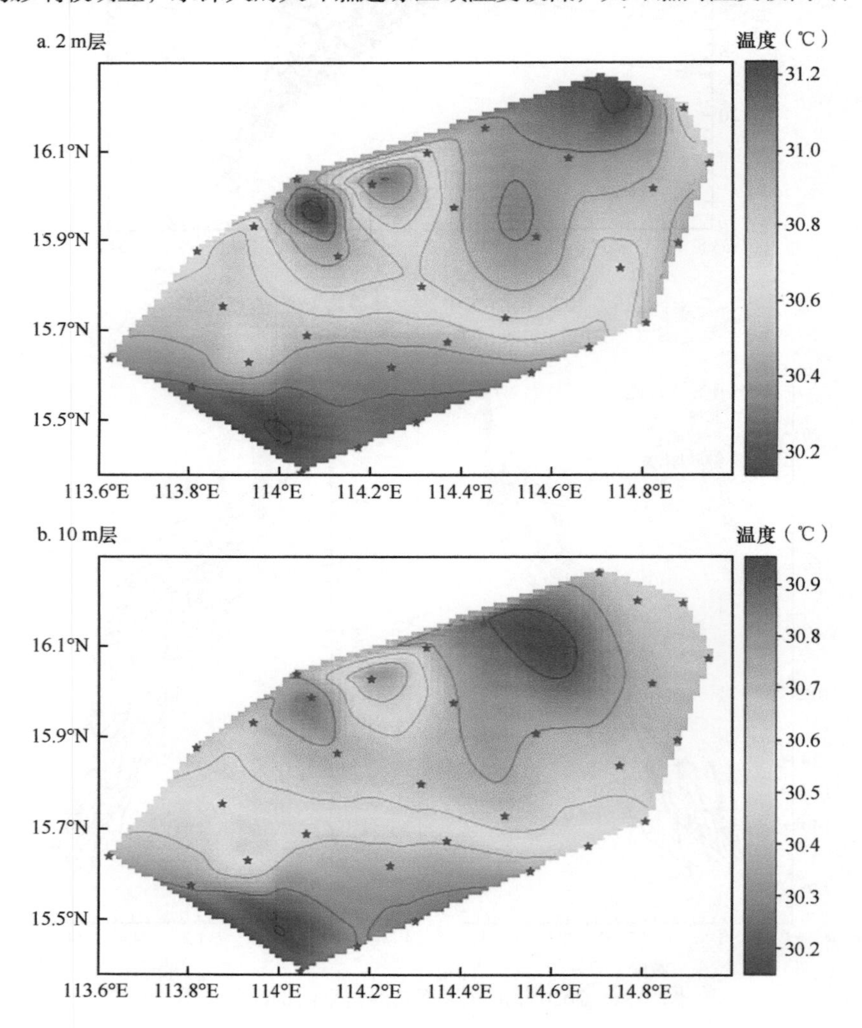

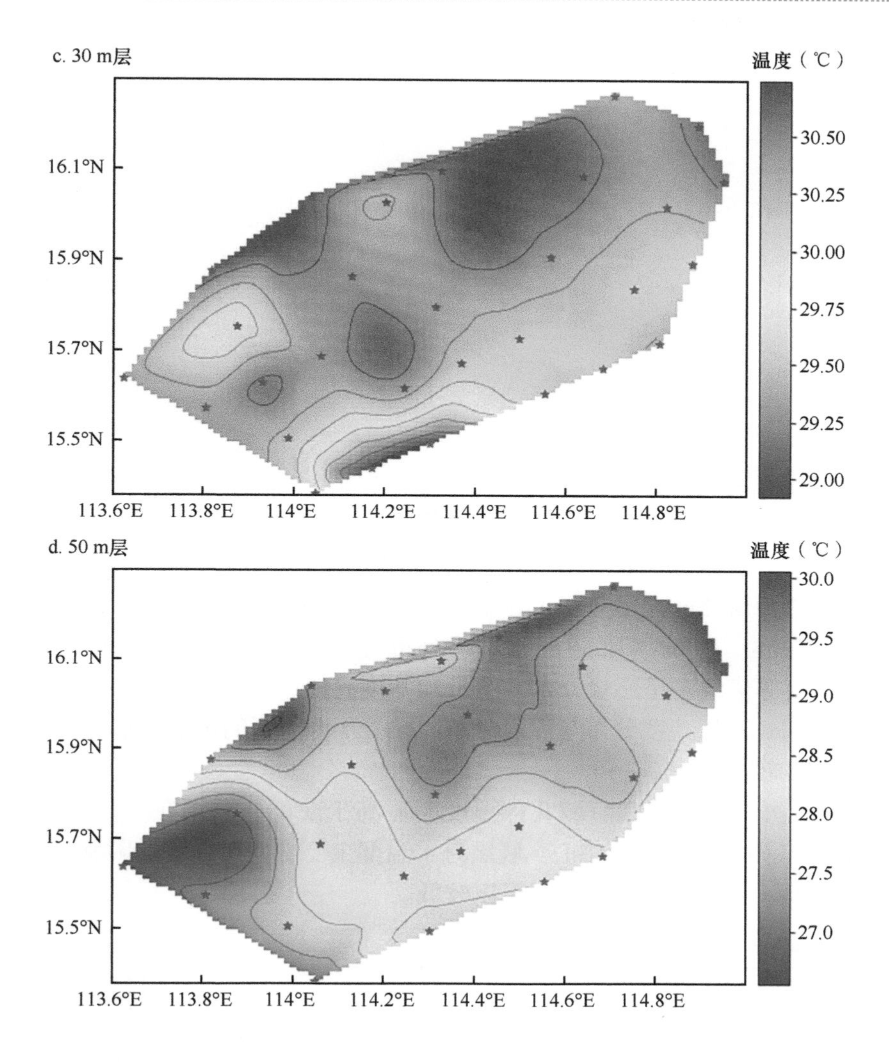
c. 30 m层
温度（℃）
30.50
30.25
30.00
29.75
29.50
29.25
29.00
16.1°N
15.9°N
15.7°N
15.5°N
113.6°E
113.8°E
114°E
114.2°E
114.4°E
114.6°E
114.8°E
d. 50 m层
温度（℃）
30.0
29.5
29.0
28.5
28.0
27.5
27.0
16.1°N
15.9°N
15.7°N
15.5°N
113.6°E
113.8°E
114°E
114.2°E
114.4°E
114.6°E
114.8°E

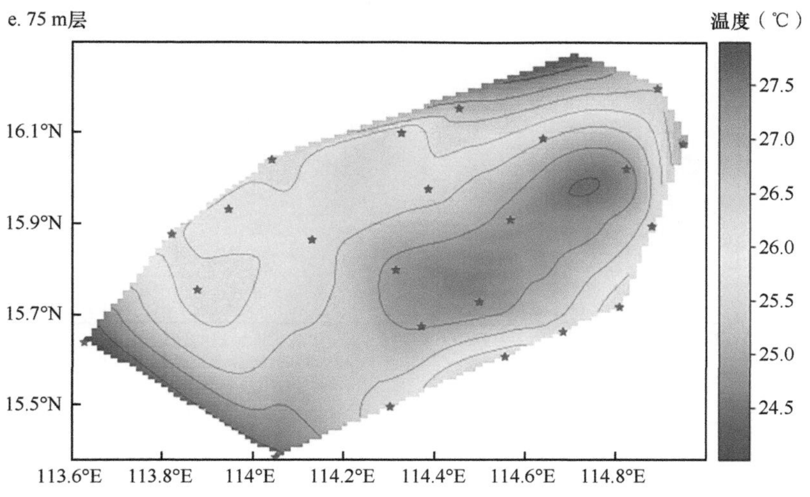
e. 75 m层
温度（℃）
27.5
27.0
26.5
26.0
25.5
25.0
24.5
16.1°N
15.9°N
15.7°N
15.5°N
113.6°E
113.8°E
114°E
114.2°E
114.4°E
114.6°E
114.8°E

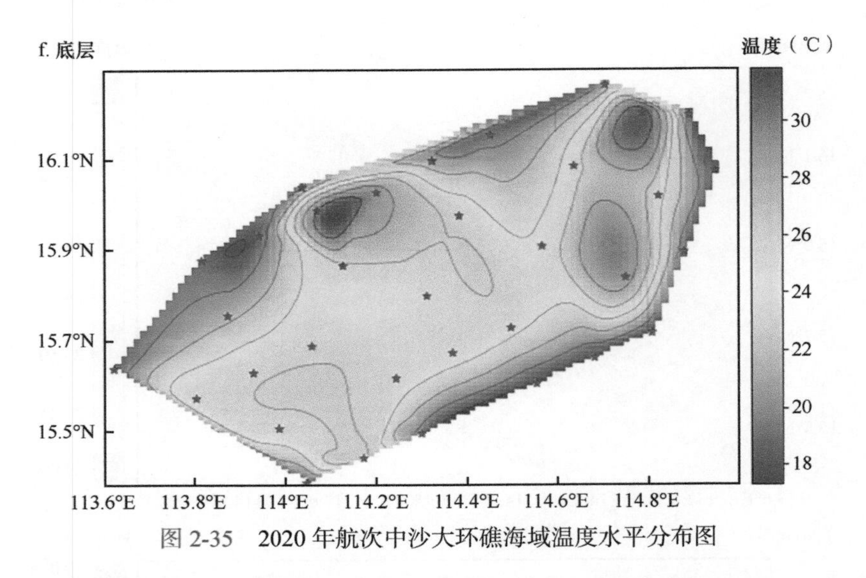

图 2-35 2020 年航次中沙大环礁海域温度水平分布图

中沙大环礁海域 2 m 层（表层）和 10 m 层盐度分布相似，均在 15.9°N、114.6°E 处存在一个低值中心。30 m 层和 50 m 层盐度分布与温度分布变化相反，低值区从东北向西南扩大，盐度等值线多呈环状分布。75 m 层盐度高值区从西南向东北扩大，盐度等值线分布较为均匀。底层盐度分布与温度分布同样受地形因素的影响，水深较浅处盐度较低，较深处盐度较高（图 2-36）。

2020 年航次中沙大环礁海域北部温度明显高于南部，分别在 15.9°N、114°E 和 16.1°N、114.6°E 附近存在高值中心。底层海水温度主要受地形因素的影响，大环礁中部浅水区温度较高，大环礁边缘深水区温度较低。

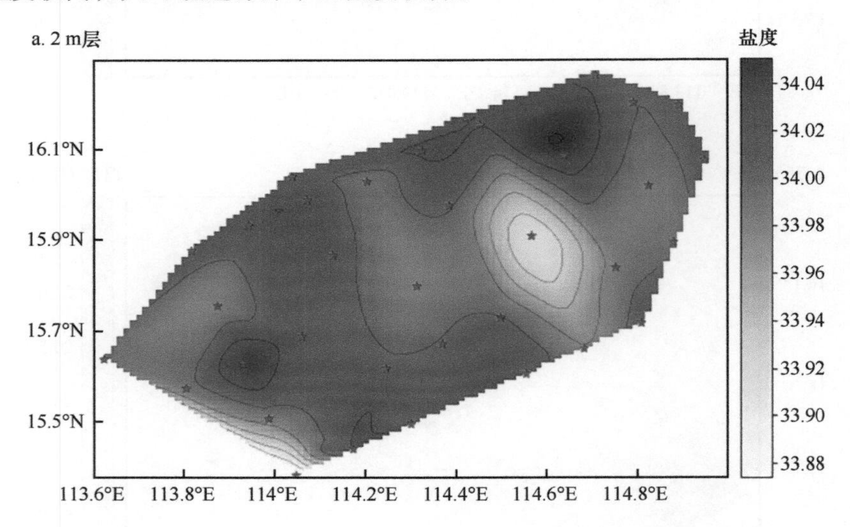

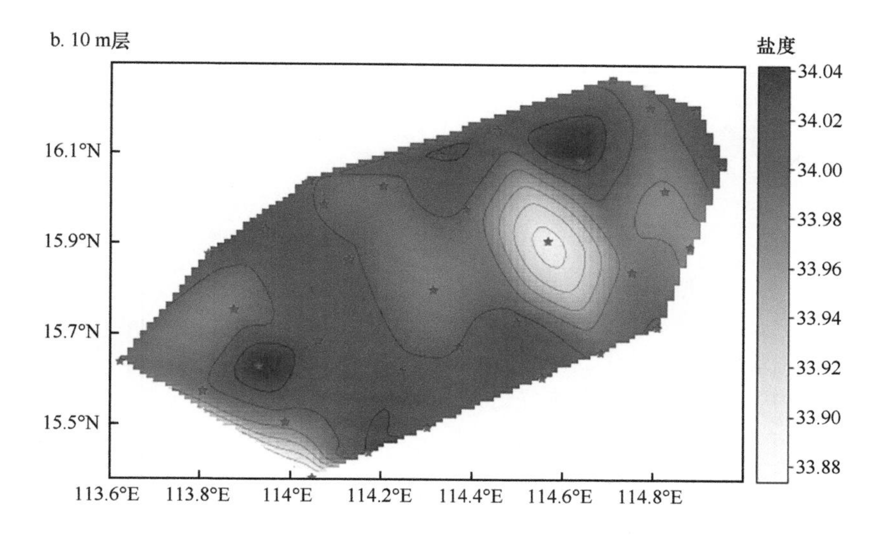
b. 10 m层
盐度
34.04
34.02
34.00
33.98
33.96
33.94
33.92
33.90
33.88
16.1°N
15.9°N
15.7°N
15.5°N
113.6°E
113.8°E
114°E
114.2°E
114.4°E
114.6°E
114.8°E

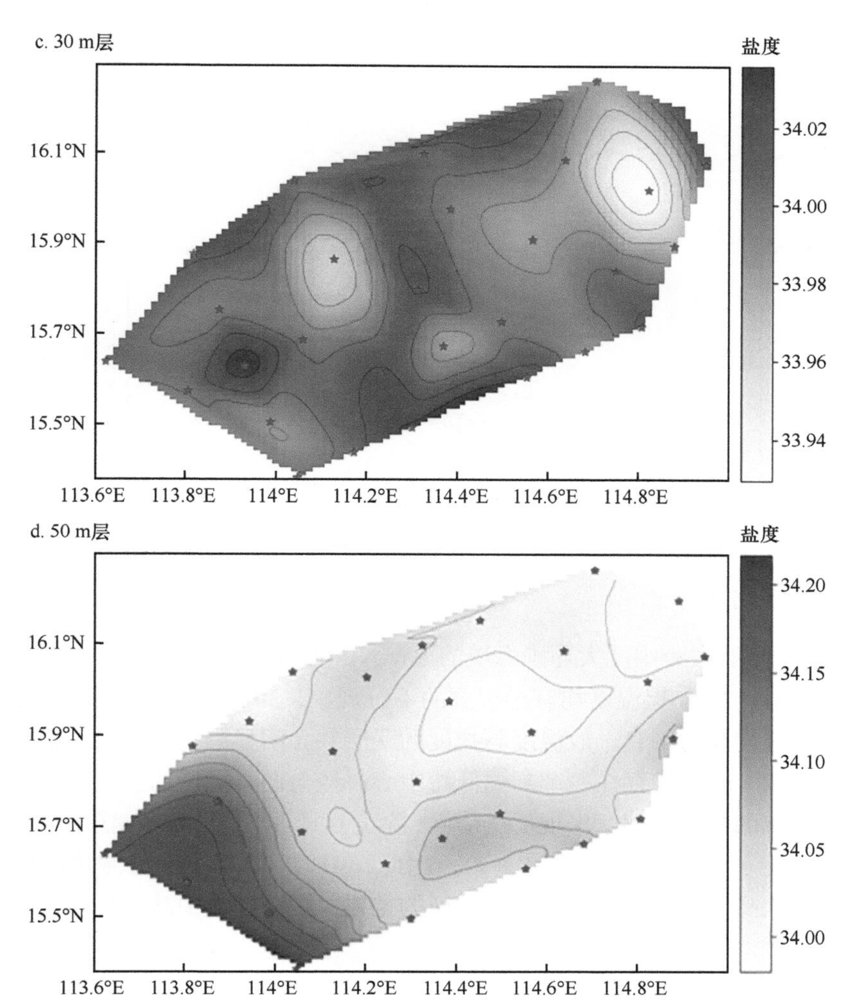
c. 30 m层
盐度
34.02
34.00
33.98
33.96
33.94
16.1°N
15.9°N
15.7°N
15.5°N
113.6°E
113.8°E
114°E
114.2°E
114.4°E
114.6°E
114.8°E
d. 50 m层
盐度
34.20
34.15
34.10
34.05
34.00
16.1°N
15.9°N
15.7°N
15.5°N
113.6°E
113.8°E
114°E
114.2°E
114.4°E
114.6°E
114.8°E

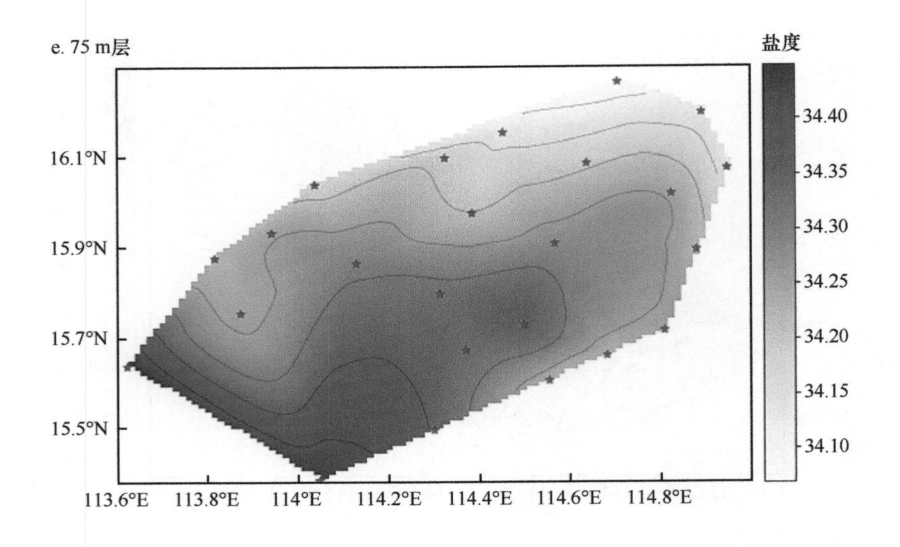

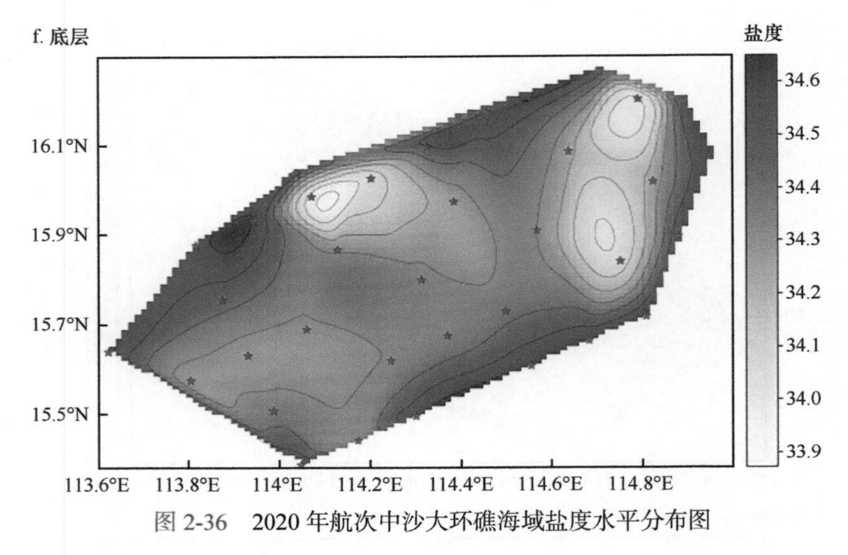

图 2-36　2020 年航次中沙大环礁海域盐度水平分布图

3. 剖面分布特征

根据 2020 年航次跨中沙大环礁海域的 SW-NE 向温盐断面图（图 2-37），在大环礁西南部和东北部，30 m 层温度均有小幅度的下沉现象，30 m 以深除东北部环礁边缘外，等温线和等盐线均较为平直，故温度与盐度的跃层并无明显的异常现象，但在 15.9°N、114.6°E 附近，20 m 以浅存在一个高温低盐中心。经与调查同期的涡旋分布对比，发现中沙大环礁区域的中北部偏东出现反气旋涡（除了 6 月 30 日），南部偏东出现气旋涡（调查期间一直存在），与上层温盐分布一致。因此，中尺度涡可能是导致该区域呈现上层温度西南低东北高、盐度西南高东北低特征的主要原因，即在中沙大环礁东北部形成高温低盐水。

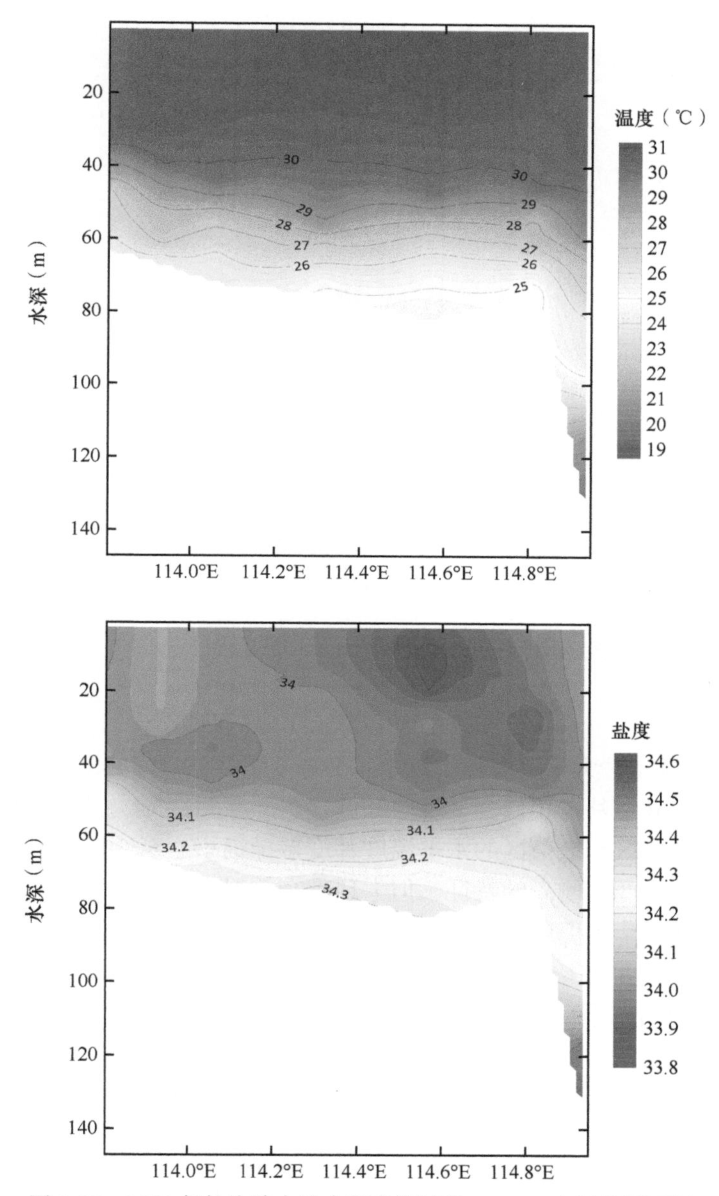

图 2-37　2020 年航次跨中沙大环礁海域的 SW-NE 向温盐断面图

调查时段为南海夏季，太阳辐射逐渐增强，表层海水温度较高，中沙大环礁内由于水深较浅，温度垂直梯度较小。相比于 2019 年航次，西南部由于气旋涡消失，跃层深度增加至 35～70 m；中部由于反气旋涡出现，跃层深度增加至 55～75 m；东北部跃层深度基本不变，为 50～80 m（图 2-38）。

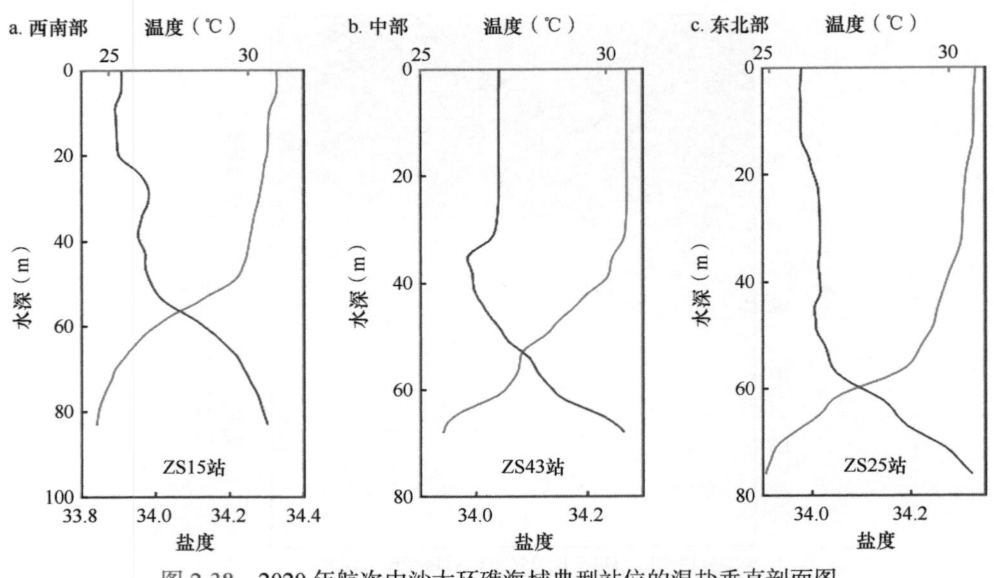

图 2-38　2020 年航次中沙大环礁海域典型站位的温盐垂直剖面图

2.5.3　2021 年航次夏季温盐分布特征

1. 水平分布特征

由 2021 年航次中沙大环礁海域温度水平分布（图 2-39）可见，2 m 层（表层）、10 m 层和 20 m 层温度分布基本相似，呈现西部低、东部高的特征，温度低值区位于大环礁的中部，但温度高值区和低值区的水平温度梯度差异很小。至 30 m 层，温度低值区北移，呈现中间低、东西两侧高的特征，但大环礁东侧温度略高于西侧。至 50 m 层，温度低值区继续北移，南部温度略高于北部，呈现 3 个温度高值区，大环礁西南部的温度相对较低，50 m 层的温度整体上明显低于表层至 30 m 层。至 75 m 层，温度分布完全与表层、10 m 层和 20 m 层相反，呈现西部高、东部低的特征，整体上温度进一步降低。

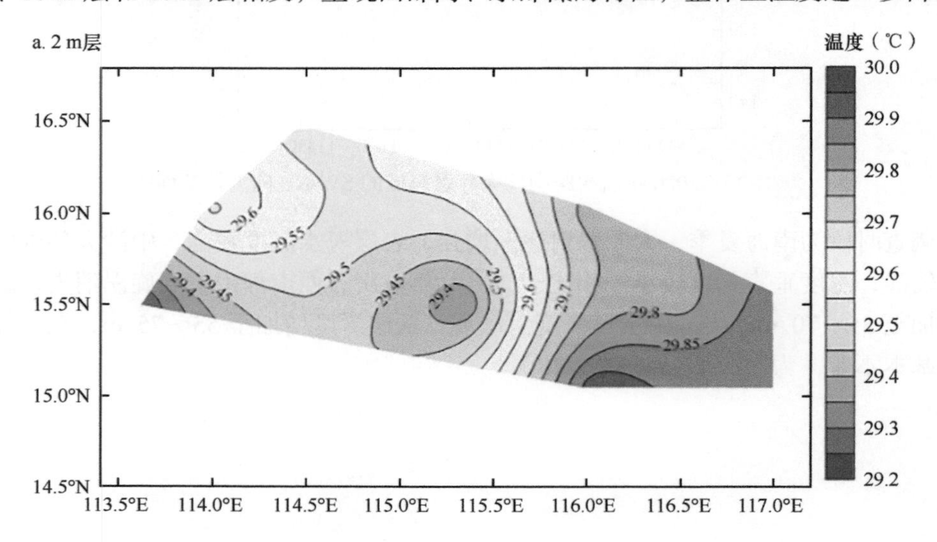

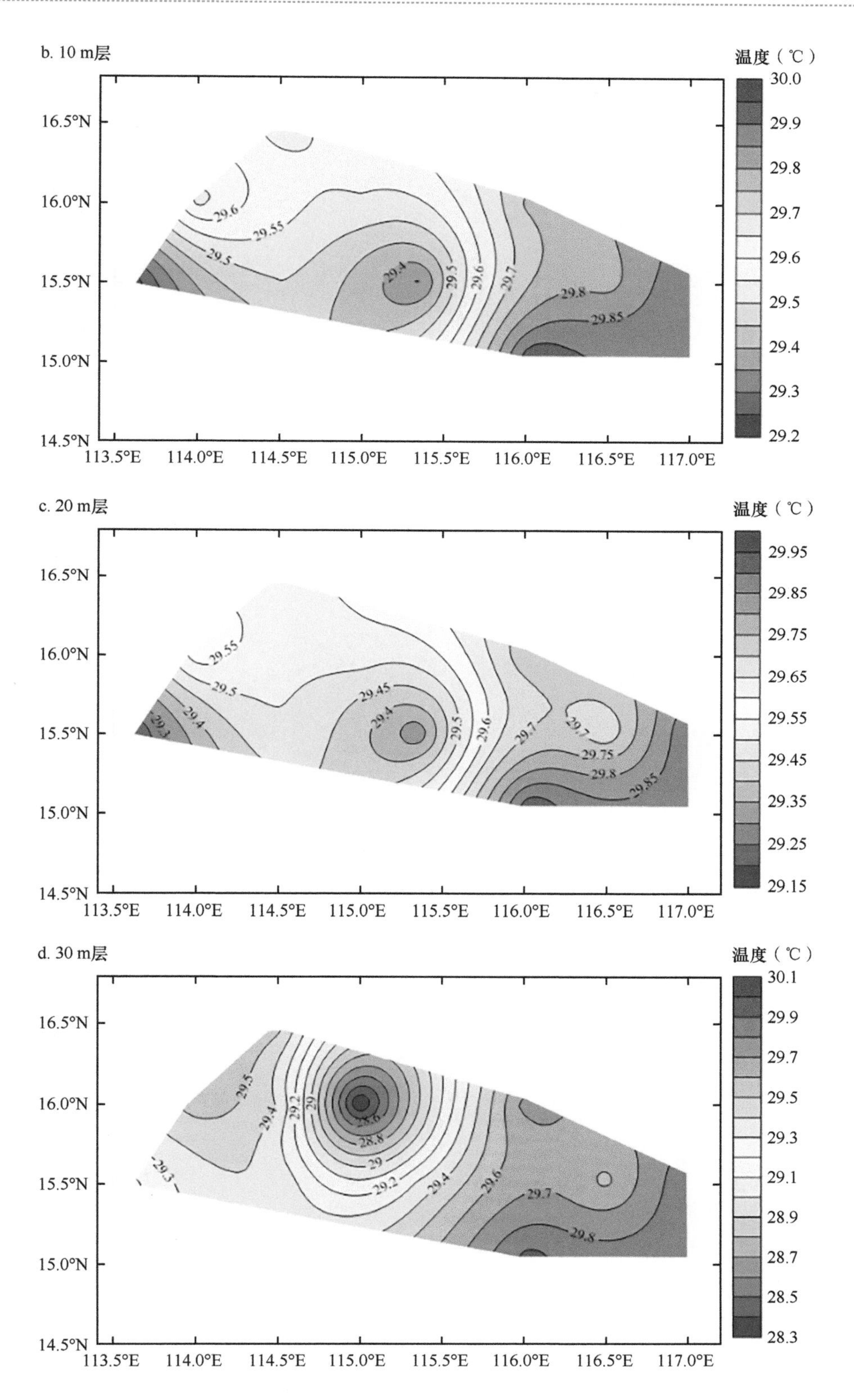
b. 10 m层
温度（℃）
30.0
29.9
29.8
29.7
29.6
29.5
29.4
29.3
29.2
16.5°N
16.0°N
15.5°N
15.0°N
14.5°N
113.5°E
114.0°E
114.5°E
115.0°E
115.5°E
116.0°E
116.5°E
117.0°E
29.6
29.55
29.5
29.4
29.5
29.6
29.7
29.8
29.85
c. 20 m层
温度（℃）
29.95
29.85
29.75
29.65
29.55
29.45
29.35
29.25
29.15
16.5°N
16.0°N
15.5°N
15.0°N
14.5°N
113.5°E
114.0°E
114.5°E
115.0°E
115.5°E
116.0°E
116.5°E
117.0°E
29.55
29.5
29.45
29.4
29.3
29.4
29.5
29.6
29.7
29.7
29.75
29.8
29.85
d. 30 m层
温度（℃）
30.1
29.9
29.7
29.5
29.3
29.1
28.9
28.7
28.5
28.3
16.5°N
16.0°N
15.5°N
15.0°N
14.5°N
113.5°E
114.0°E
114.5°E
115.0°E
115.5°E
116.0°E
116.5°E
117.0°E
29.5
29.4
29.2
29
28.6
28.8
29
29.2
29.3
29.4
29.6
29.7
29.8

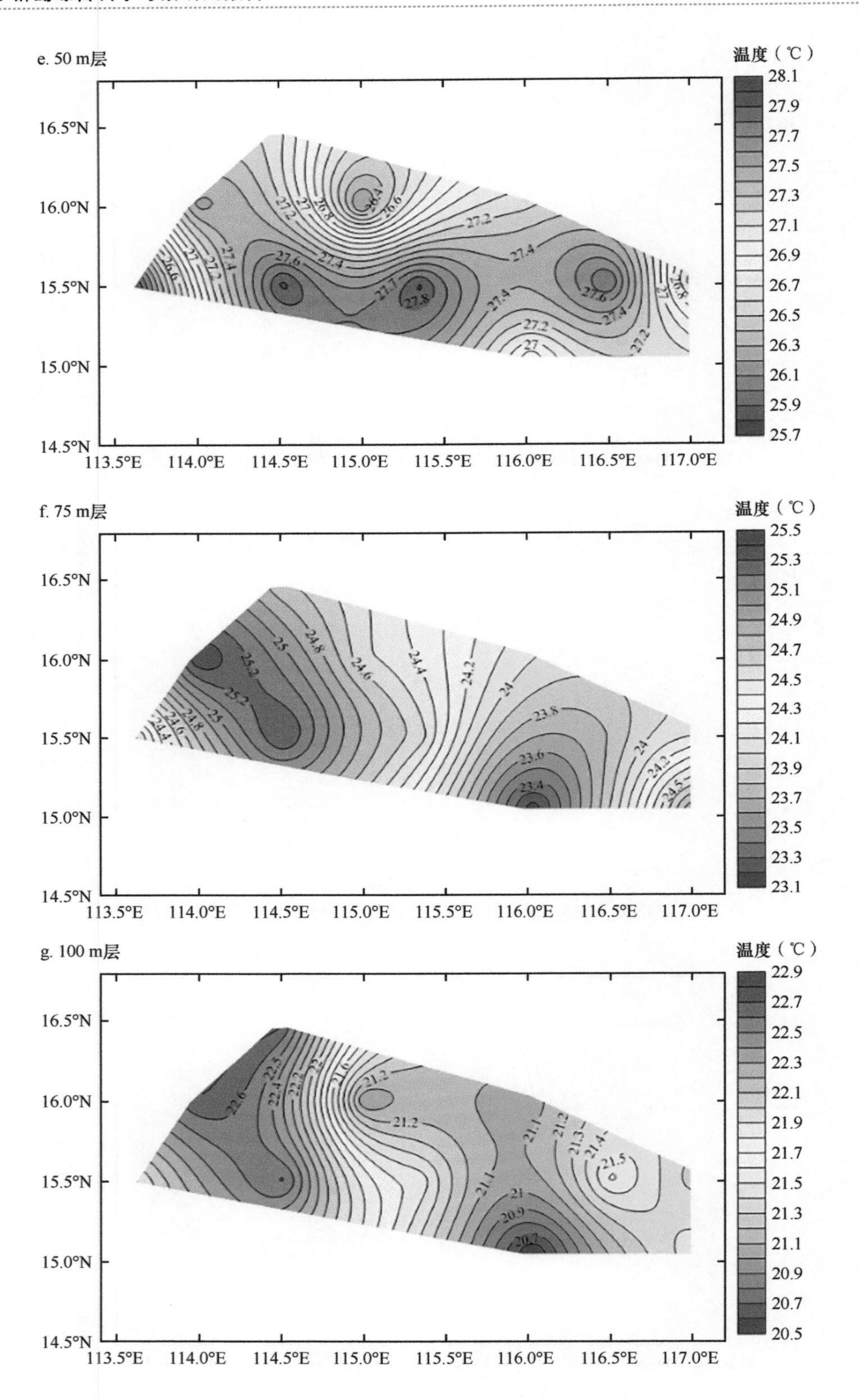
e. 50 m层
温度（℃）
28.1
27.9
27.7
27.5
27.3
27.1
26.9
26.7
26.5
26.3
26.1
25.9
25.7
16.5°N
16.0°N
15.5°N
15.0°N
14.5°N
113.5°E
114.0°E
114.5°E
115.0°E
115.5°E
116.0°E
116.5°E
117.0°E
f. 75 m层
温度（℃）
25.5
25.3
25.1
24.9
24.7
24.5
24.3
24.1
23.9
23.7
23.5
23.3
23.1
g. 100 m层
温度（℃）
22.9
22.7
22.5
22.3
22.1
21.9
21.7
21.5
21.3
21.1
20.9
20.7
20.5

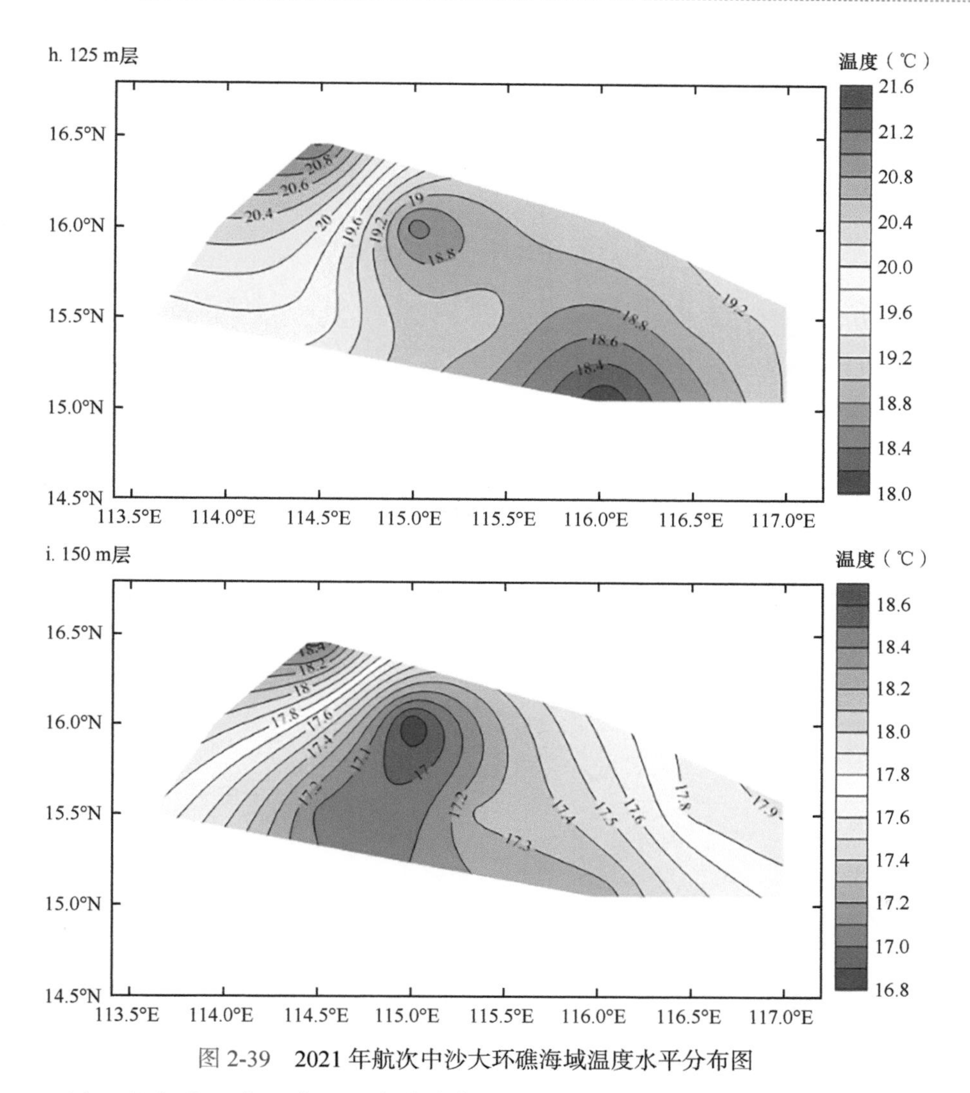

图 2-39　2021 年航次中沙大环礁海域温度水平分布图

至 100 m 层，温度进一步下降，温度分布与 75 m 层相似，但温度低值区的最低温度达到 20.5℃。至 125 m 层，温度低值区的范围向西北扩大，整体上温度继续下降。至 150 m 层，温度低值区的最低温度达到 16.8℃，低值中心位于大环礁中心位置。

2021 年航次中沙大环礁海域盐度水平分布与温度水平分布相似，但盐度水平梯度差异很小，从表层至 150 m 层盐度变化并不大（图 2-40）。

2. 剖面分布特征

2021 年航次的站位多分布于中沙大环礁外侧的深水区，个别站位的水深小于 100 m，其他站位的水深均大于 150 m。选取了代表性站位的温度、盐度等要素的垂向分布作为示例。在夏季风爆发后，中沙大环礁周边水域受太阳辐射的影响，升温较快，浅水区的温盐分布垂向上差异较小，但深水区（100 m 以深）温跃层的深度基本在 40～50 m，温跃层以深水域的温差明显，温跃层以浅水域的温度分布较为均一（图 2-41）。

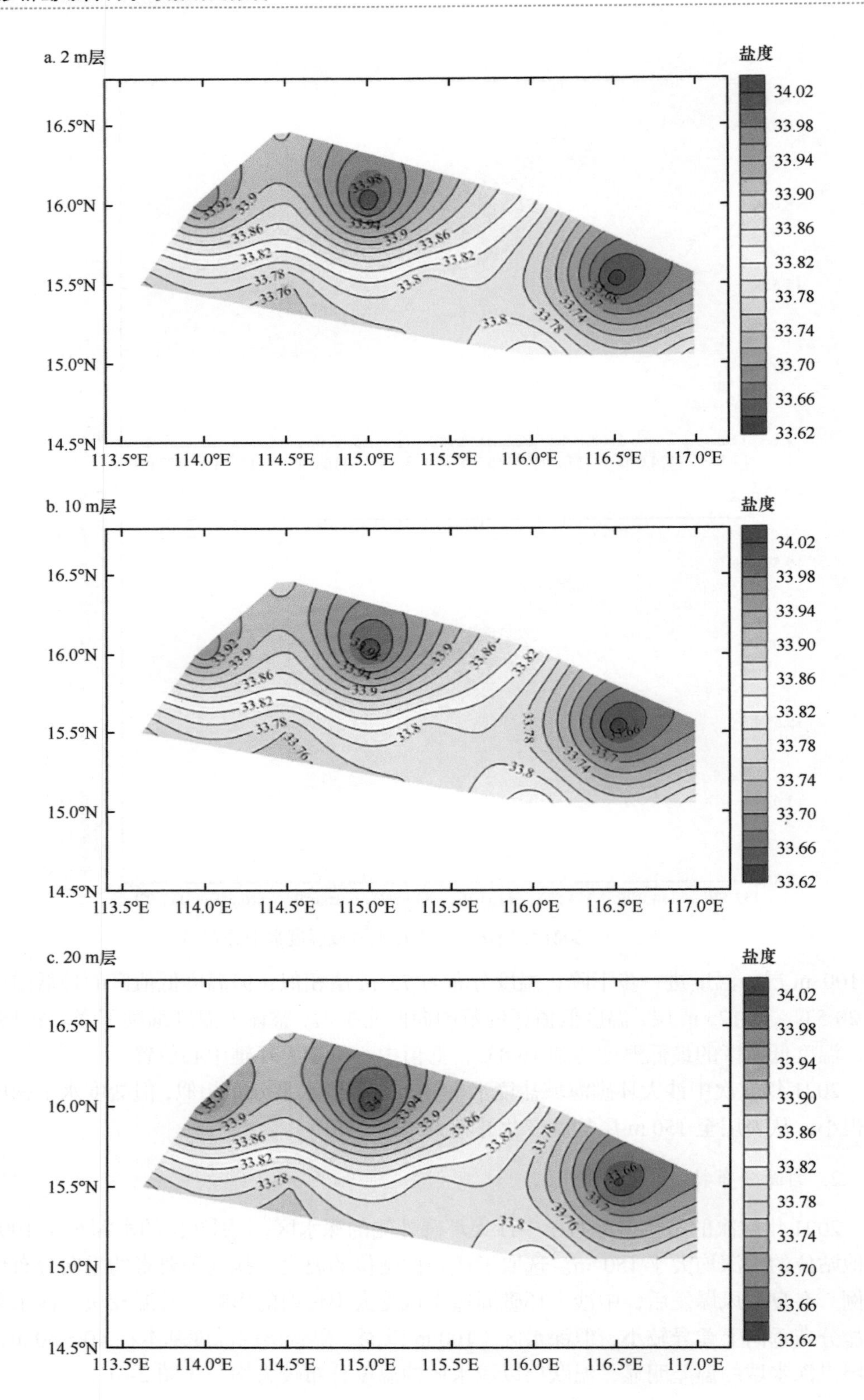
a. 2 m层
盐度
b. 10 m层
盐度
c. 20 m层
盐度
16.5°N
16.0°N
15.5°N
15.0°N
14.5°N
113.5°E
114.0°E
114.5°E
115.0°E
115.5°E
116.0°E
116.5°E
117.0°E
34.02
33.98
33.94
33.90
33.86
33.82
33.78
33.74
33.70
33.66
33.62

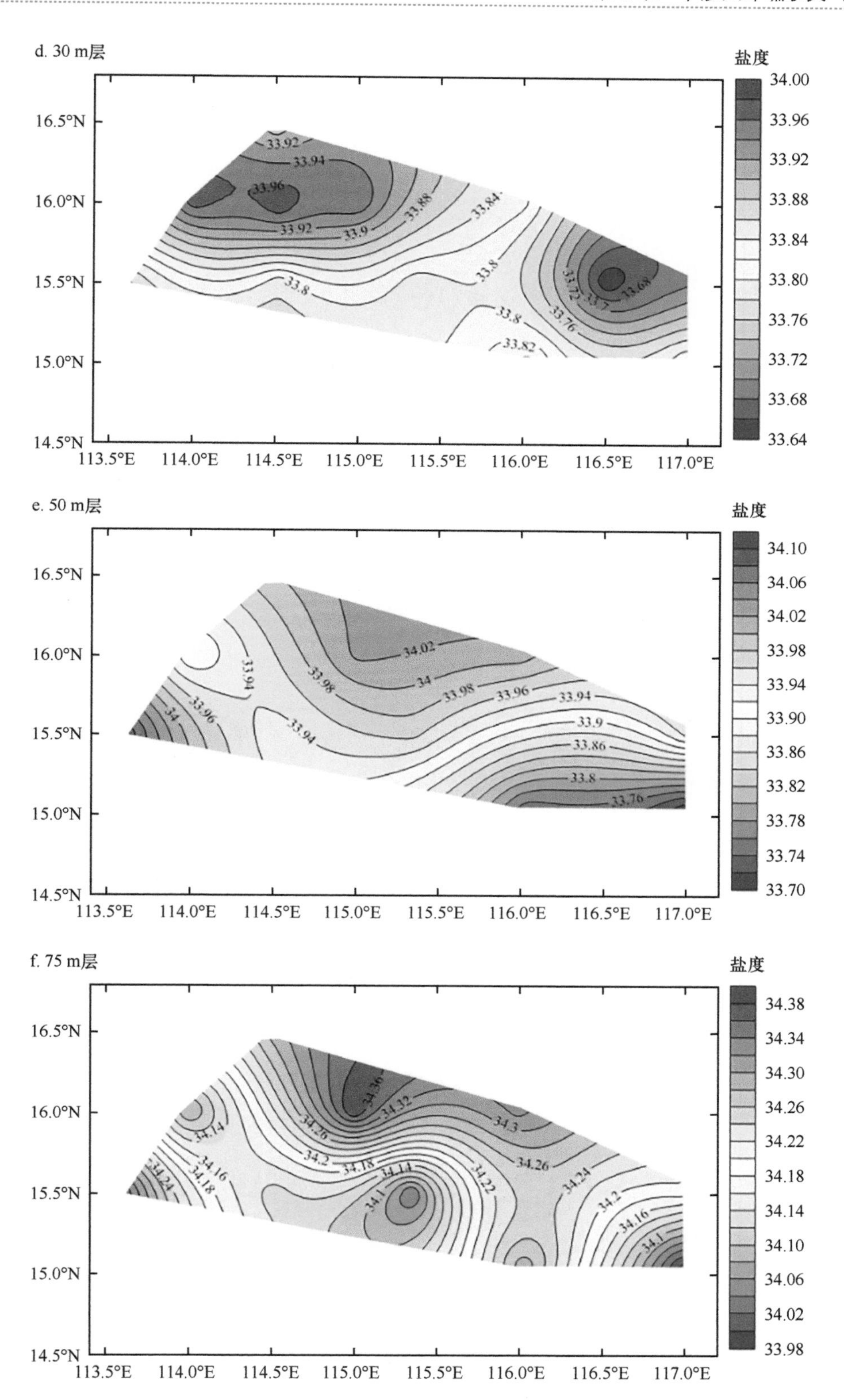
d. 30 m层
盐度
34.00
33.96
33.92
33.88
33.84
33.80
33.76
33.72
33.68
33.64
16.5°N
16.0°N
15.5°N
15.0°N
14.5°N
113.5°E
114.0°E
114.5°E
115.0°E
115.5°E
116.0°E
116.5°E
117.0°E
e. 50 m层
盐度
34.10
34.06
34.02
33.98
33.94
33.90
33.86
33.82
33.78
33.74
33.70
16.5°N
16.0°N
15.5°N
15.0°N
14.5°N
113.5°E
114.0°E
114.5°E
115.0°E
115.5°E
116.0°E
116.5°E
117.0°E
f. 75 m层
盐度
34.38
34.34
34.30
34.26
34.22
34.18
34.14
34.10
34.06
34.02
33.98
16.5°N
16.0°N
15.5°N
15.0°N
14.5°N
113.5°E
114.0°E
114.5°E
115.0°E
115.5°E
116.0°E
116.5°E
117.0°E

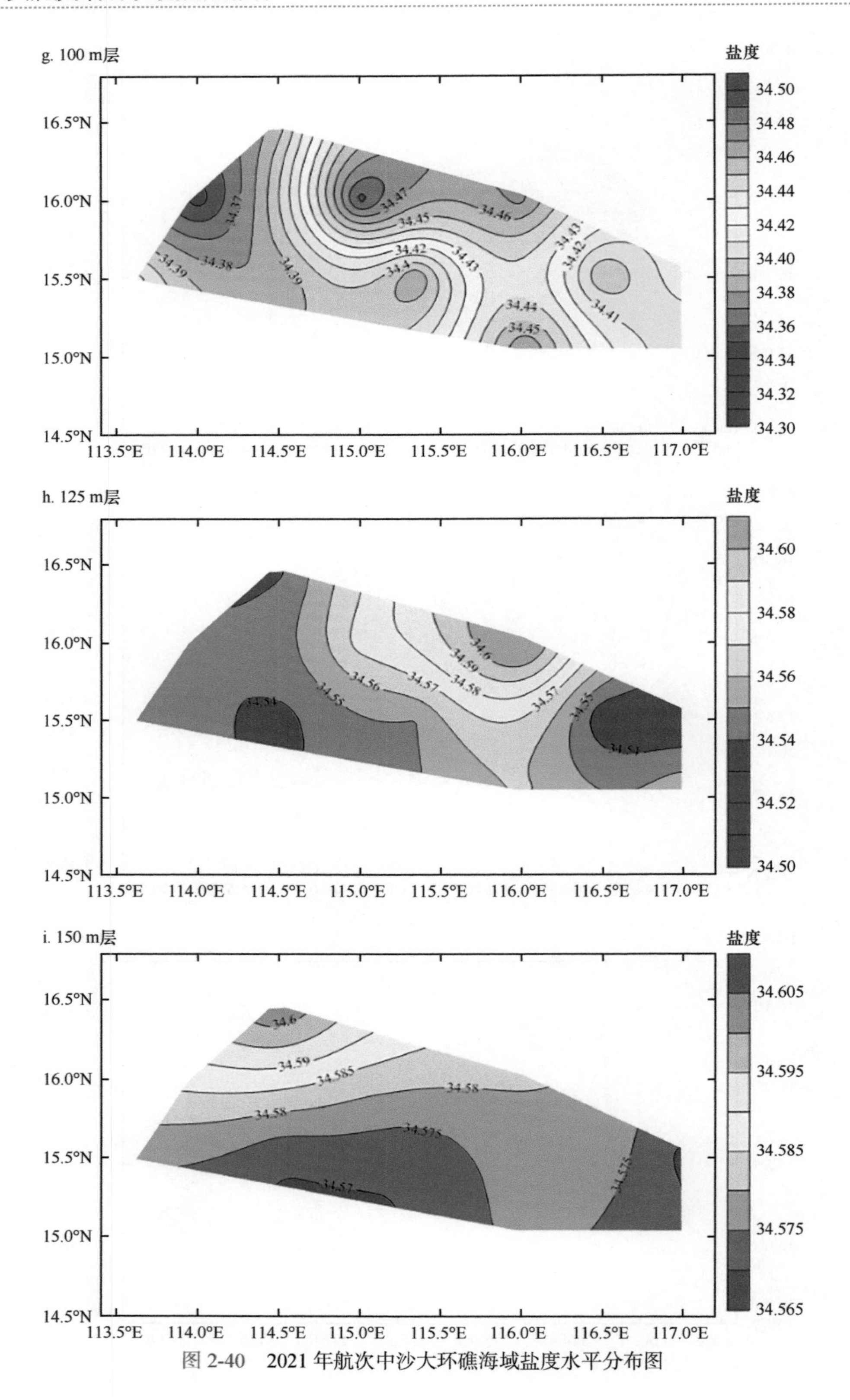

图 2-40　2021 年航次中沙大环礁海域盐度水平分布图

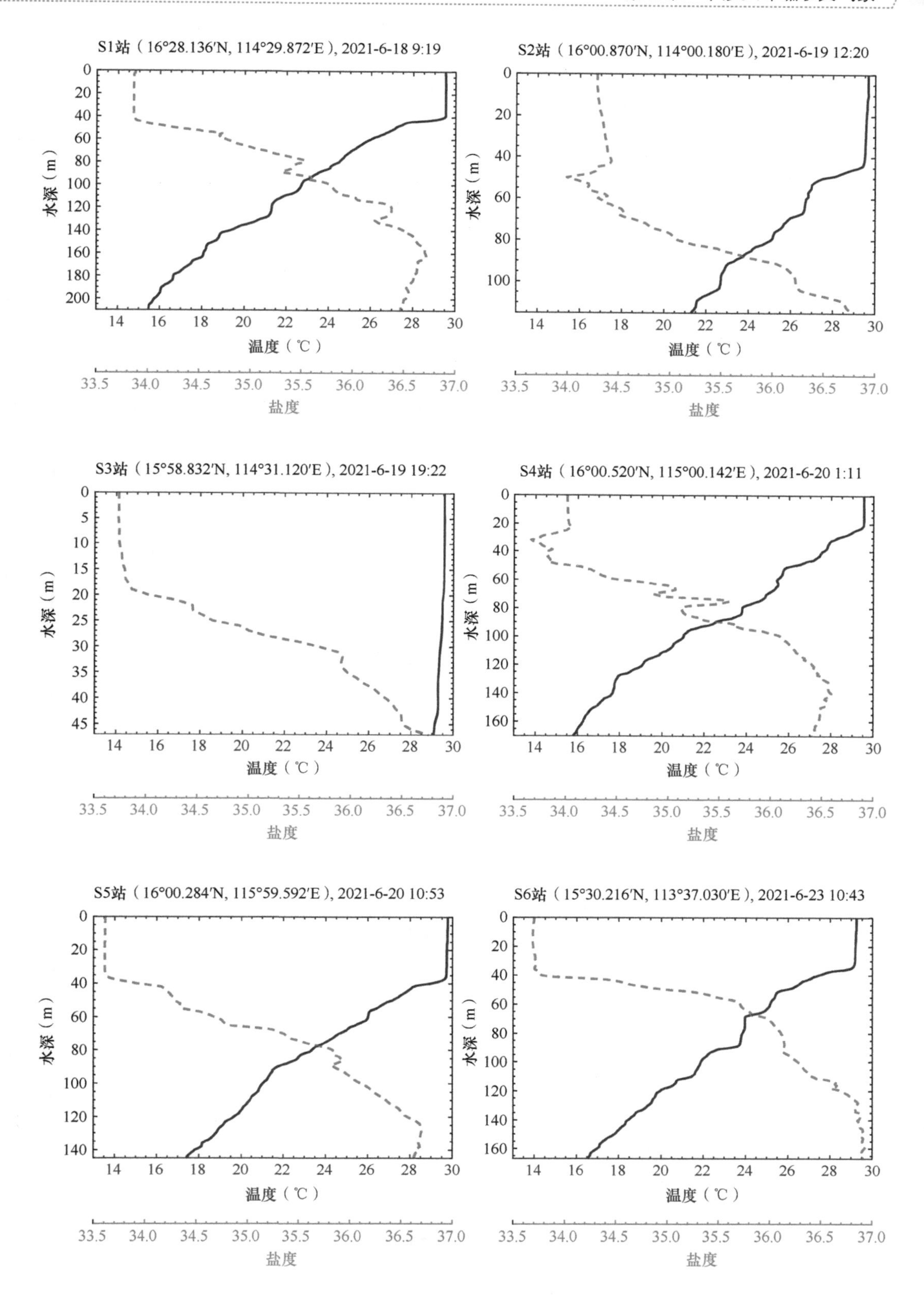
S1站（16°28.136′N, 114°29.872′E）, 2021-6-18 9:19
S2站（16°00.870′N, 114°00.180′E）, 2021-6-19 12:20
S3站（15°58.832′N, 114°31.120′E）, 2021-6-19 19:22
S4站（16°00.520′N, 115°00.142′E）, 2021-6-20 1:11
S5站（16°00.284′N, 115°59.592′E）, 2021-6-20 10:53
S6站（15°30.216′N, 113°37.030′E）, 2021-6-23 10:43
水深（m）
温度（℃）
盐度

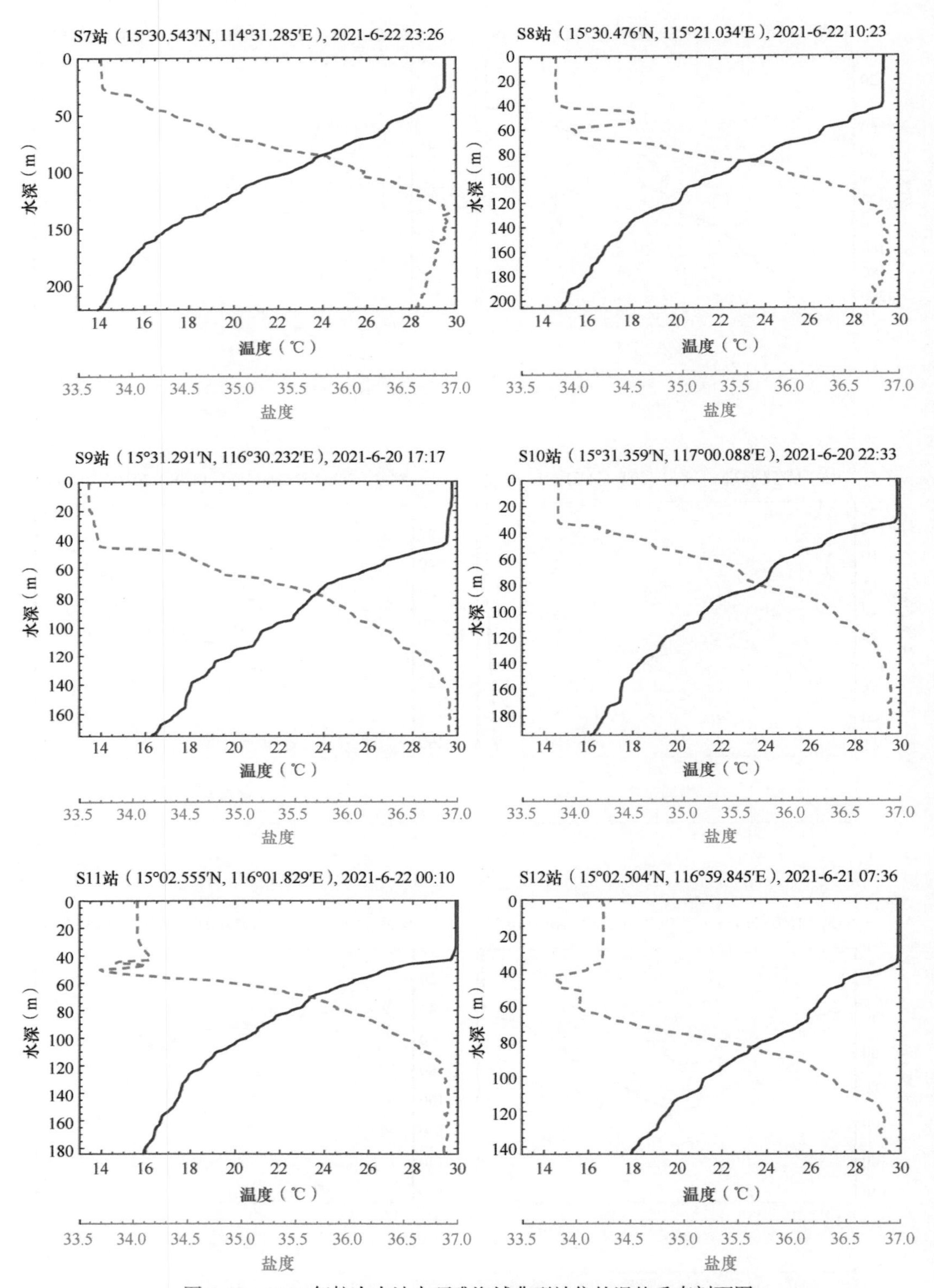

图 2-41　2021 年航次中沙大环礁海域典型站位的温盐垂直剖面图

2.5.4　夏季风爆发前后温盐分布差异

中沙群岛海域 2019 年和 2020 年 2 个航次温度水平和垂向分布均存在较大差异，但由于 2020 年航次没有在黄岩岛附近设置调查站位，因此仅对中沙大环礁海域 2019 年航次和 2020 年航次调查数据开展对比分析。2019 年 5 月中沙大环礁海域从表层至底层各层温度分布差异较大，但 2020 年 6 月从表层至底层各层温度分布较为相似，这说明太阳辐射和风应力对大环礁海域温度变化具有较大的控制作用，同时大环礁海域各层温度对太阳辐射和风应力作用的响应也存在差异。2019 年 5 月中沙大环礁海域表层和 10 m 层温度分布特征为西南高、东北低，而 2020 年 6 月则相反，呈现西南低、东北高的分布特征，表明夏季风爆发后中沙大环礁东北部海域升温较快，其表层温度最高值较 2019 年 5 月高出 0.2℃。2019 年 5 月中沙大环礁海域 10 m 层温度大部分低于 30℃，而 2020 年 6 月则都超过 30℃，表明夏季风爆发后大环礁内浅水区升温较快。2019 年 5 月中沙大环礁海域 30 m 层温度分布与表层相反，温度差异大，可达到 4.5℃，大环礁内温度基本低于 30℃，但 2020 年 6 月 30 m 层温度分布与表层相似，温度差异很小，小于 1.5℃，只是在大环礁西南部温度略低，其他区域温度基本高于 30℃，浅水区垂向混合较好。2019 年 5 月和 2020 年 6 月中沙大环礁海域 50 m 层温度分布趋势较为一致，但 2019 年 5 月温度差异要明显大于 2020 年 6 月，且温度最低值可达 22.2℃，大部分大环礁海域温度均低于 30℃，温度最高值达到 30.2℃，高于 2020 年 6 月大环礁海域 50 m 层最高温度（30℃）。2019 年 5 月和 2020 年 6 月 75 m 层温度均低于 30℃，温度较低区域占据了大环礁大部分海域，但 2020 年 6 月温度最高值要低于 2019 年 5 月，温度高值区的位置也不同，2019 年 5 月温度高值区位于大环礁东南，而 2020 年 6 月温度高值区位于大环礁东北边缘。2019 年 5 月 75 m 层温度差异进一步加大，达到 9℃，而 2020 年 6 月 75 m 层温度差异与 50 m 层基本相同，约为 3℃。2019 年 5 月和 2020 年 6 月大环礁底层温度分布趋势基本相同，但 2019 年 5 月大环礁边缘低温区温度更低，可达到 10℃（位于大环礁南部），而 2020 年 6 月则超过 18℃。因此，2019 年 5 月底层温度水平梯度（约 21℃）远大于 2020 年 6 月底层温度梯度（约 12℃）。

从调查期间平均海表净热通量平面分布（图 2-42）可发现，2019 年 5 月中沙大环礁西南部海洋吸热大于东北部，故表层温度西南高、东北低；2020 年 6～7 月则正好相反，大环礁西南部海洋吸热小于东北部，故表层温度西南低、东北高，与温度平面分布一致。2019 年航次和 2020 年航次观测结果均表明，中沙大环礁海域局部产生了低温高盐水或高温低盐水，通过图 2-43 可见，2019 年 5 月中沙大环礁，西南侧出现气旋涡，西北侧出现反气旋涡，与温盐剖面一致，而 2020 年 6 月中沙大环礁区域的东北侧出现反气旋涡，也与温盐剖面一致，因此中尺度涡是导致其形成的主要原因。2020 年 6～ 7 月西南部气旋涡的消失和中部反气旋涡的出现，导致西南部和中部温跃层深度增加。

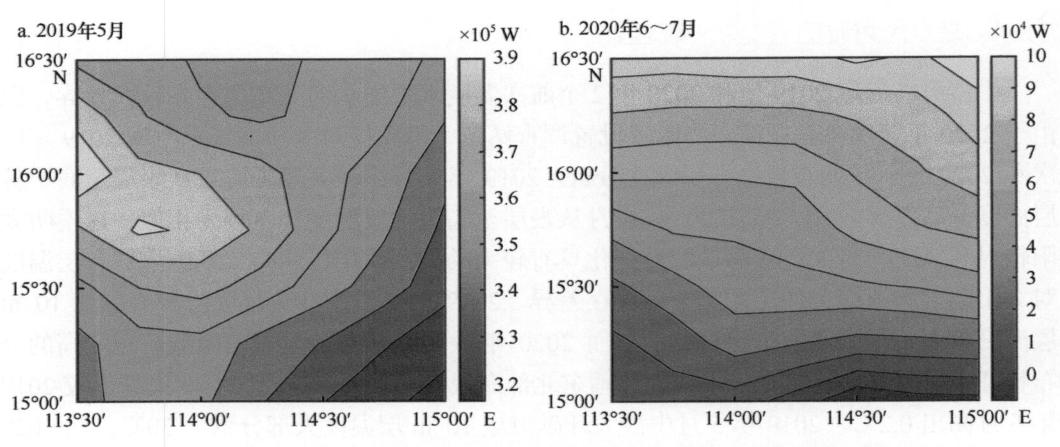

图 2-42 2019 年航次和 2020 年航次调查期间平均海表净热通量平面分布图

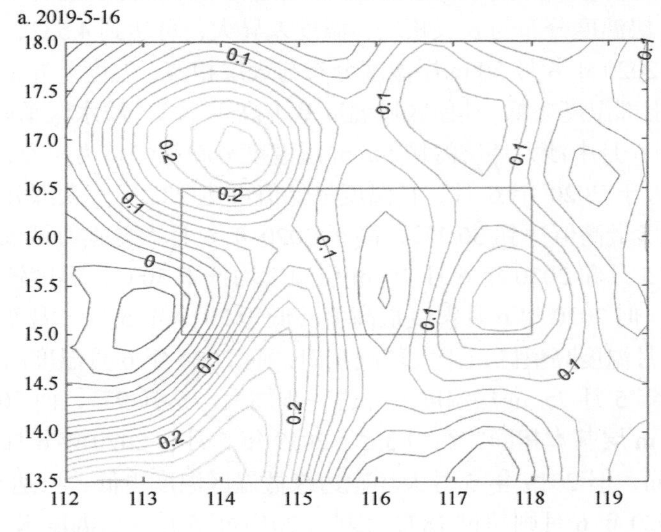

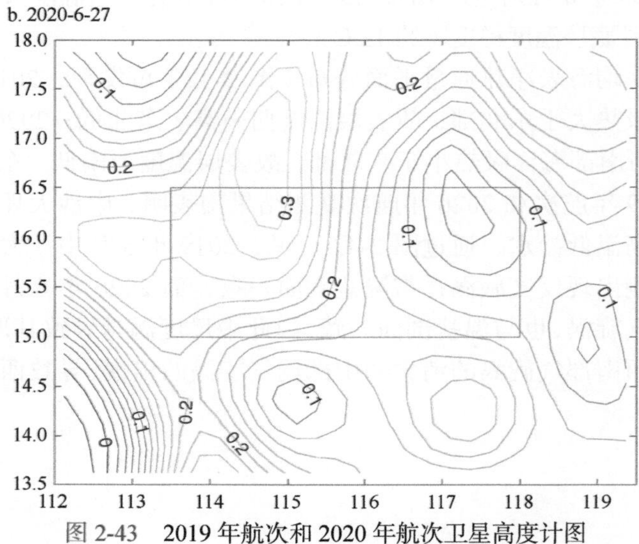

图 2-43 2019 年航次和 2020 年航次卫星高度计图

以往对中沙群岛及其邻近海域小尺度的温盐调查很少，多是从南海春夏季风转换期间大尺度范围的温盐变化角度开展调查或者研究。从南海大尺度范围的历史研究成果来看，中沙大环礁海域基本被南海局地水团控制，受黑潮和其他流系的影响较小。夏季风爆发前后，中沙大环礁海域的表层和次表层温盐结构响应较快，均发生了明显变化，与南海上层水在夏季风爆发后的整体变化特征趋向一致，然而由于中沙大环礁内水深差异大，其响应方式和强弱存在较明显的差异，大环礁内浅水区响应速度快，50 m 以深水域的响应显著滞后，表明南海夏季风对中沙大环礁海域的上层温盐结构具有重要的影响。此外，受中尺度涡影响的中沙大环礁局部海域存在低温高盐水或高温低盐水，并在大环礁区产生垂向上流速切变，进一步加剧了温跃层深度增加，与夏季南海季风爆发后的温盐场调整趋势基本一致。

2.6　海流特征

1. 流速和流向统计

分析了 2019 年航次 P1 和 P4 海床基测站，以及 2020 年航次 P1 至 P4 海床基测站的海流数据，由于实际观测层数较多，仅对部分水层的观测值进行统计。

2019 年航次 P1 站各层最大流速为 24.6～72.7 cm/s，最大流速先随深度增加而增加，在次表层出现最大值后，又随深度增加而减小；各层最大流速为 72.7 cm/s，对应流向为 222°，出现在 8 m 层。各层平均流速为 6.9～24.9 cm/s，平均最大流速出现在 4 m 层，随着水深增加平均流速减小，表层约为底层的 3.6 倍。观测期间出现最多的流向为 SW 向，其次为 W 向，随着水深的增加 W 向频率升高，但同一时刻各层除 4 m 层外，流向基本一致，这说明在 4 m 附近的次表层，存在较强的海流（图 2-44）。

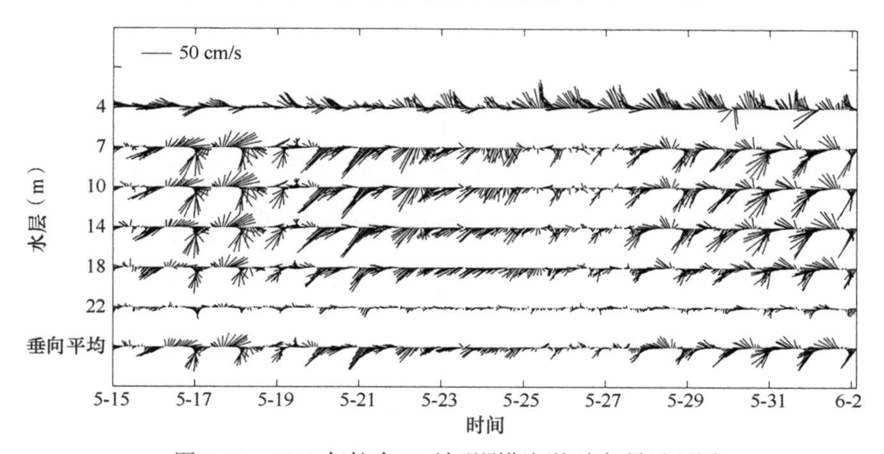

图 2-44　2019 年航次 P1 站观测期间海流矢量过程图

2019 年航次 P4 站各层最大流速为 32.1～72.4 cm/s，最大流速随深度增加而减小；

各层最大流速为 72.4 cm/s，对应流向为 318°，出现在 4 m 层。各层平均流速为 10.5～31.5 cm/s，随深度增加而减小，表层约为底层的 3.0 倍。观测期间，同一时刻各层流向基本一致（图 2-45）。

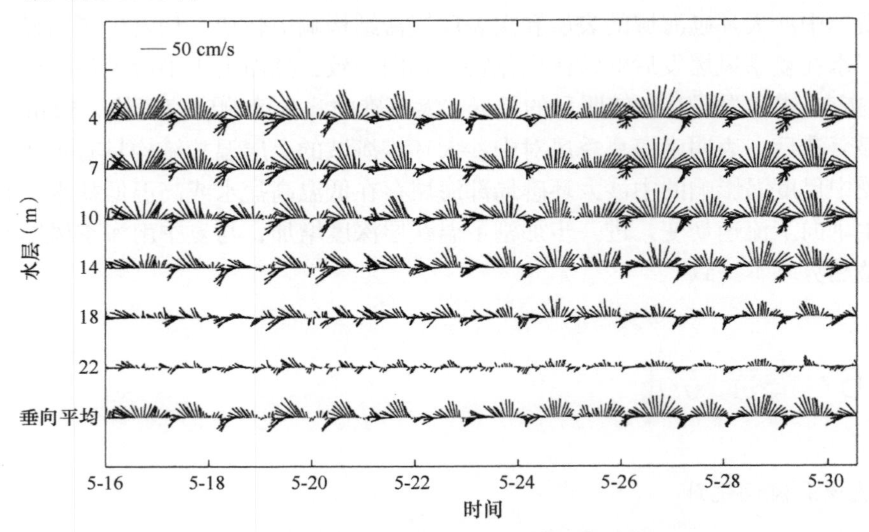

图 2-45　2019 年航次 P4 站观测期间海流矢量过程图

2020 年航次 P1 站各层最大流速为 45.6～89.3 cm/s，各层之间相差不大，上层大于下层；各层最大流速为 89.3 cm/s，对应流向为 182°，出现在 10 m 层。各层平均流速为 17.5～30.0 cm/s，平均最大流速也出现在 10 m 层，随着水深增加平均流速减小，表层约为底层的 1.7 倍。观测期间出现较多的流向为 S 向和 SSW 向，其次为 SW 向，随着水深的增加 S 向和 SSW 向频率升高，但同一时刻各层流向基本一致。从各层次流速和流向看，各层海流具有较明显的涨落潮流特征（图 2-46）。

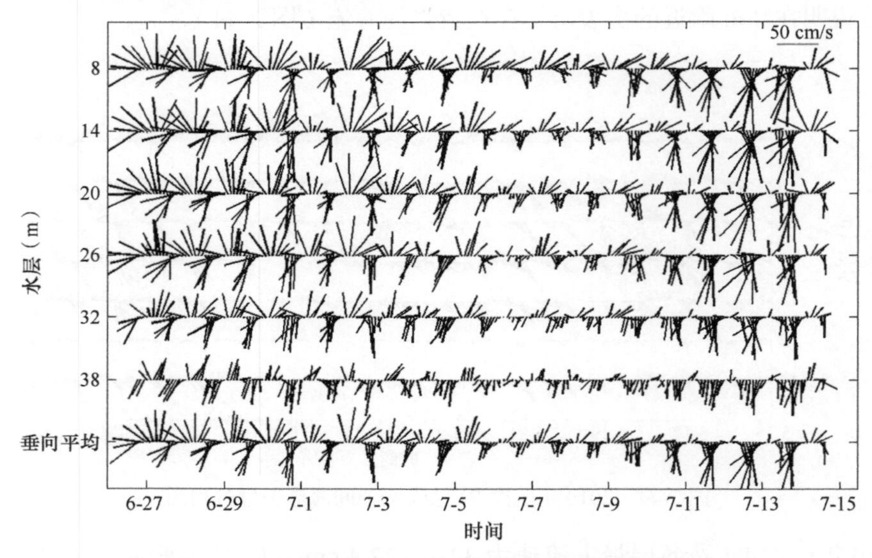

图 2-46　2020 年航次 P1 站观测期间海流矢量过程图

2020年航次P2站各层最大流速为68.1～112.8 cm/s，最大流速在4～6 m层远大于其他层，在6～10 m随深度增加而减小，在10～14 m层略有攀升，在14 m层以下又随深度增加而减小；各层最大流速为112.8 cm/s，对应流向为350°，出现在6 m层。各层平均流速为10.5～61.8 cm/s，与最大流速垂直变化结构类似，平均最大流速出现在4 m层，随着水深增加平均流速先迅速减小，至10 m层后略有增加，后又随深度增加而减小，表层约为底层的5.8倍。观测期间，同一时刻各层除4 m层外，流向基本一致，说明在4 m附近的次表层，存在较强的海流（图2-47）。

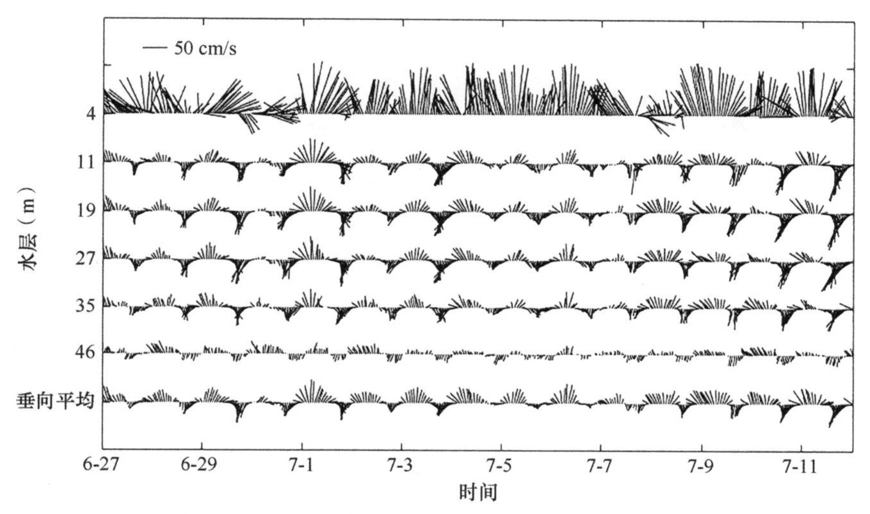

图2-47　2020年航次P2站观测期间海流矢量过程图

2020年航次P3站各层最大流速为22.8～47.7 cm/s，最大流速随深度增加而减小；各层最大流速为47.7 cm/s，对应流向为207°，出现在4 m层。各层平均流速为7.6～17.6 cm/s，随深度增加而减小，表层约为底层的2.3倍。观测期间，同一时刻各层流向基本一致（图2-48）。

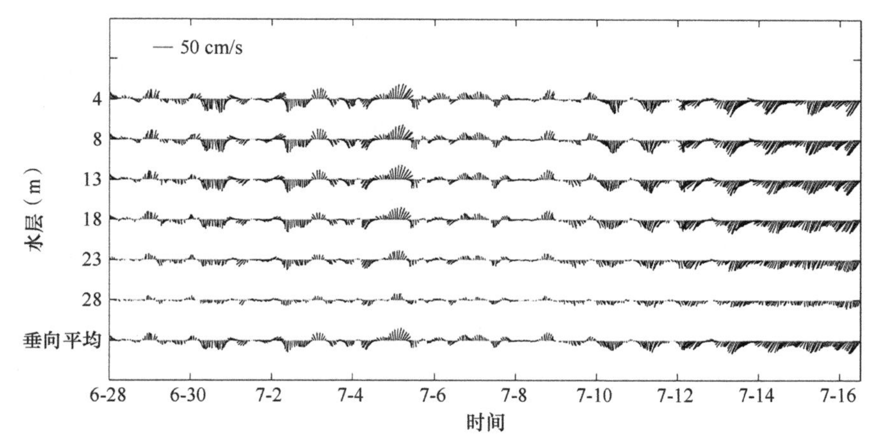

图2-48　2020年航次P3站观测期间海流矢量过程图

2020 年航次 P4 站各层最大流速为 32.9～83.3 cm/s，各层之间相差较大，上层明显大于下层；各层最大流速为 83.3 cm/s，对应流向为 202°，出现在 8 m 层。各层平均流速为 13.6～36.0 cm/s，平均最大流速出现在 10 m 层，随着水深增加平均流速减小，表层约为底层的 2.6 倍。观测期间出现最多的流向为 SSW 向，其次为 S 向，随着水深的增加 SSW 向和 S 向频率降低，整个观测期间，P4 站流向基本集中在 SSE 向至 SW 向，且同一时刻各层流向基本一致（图 2-49）。

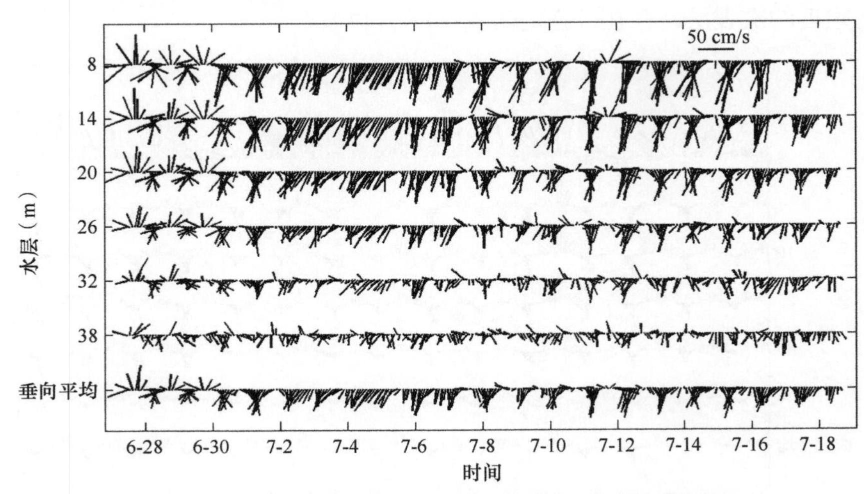

图 2-49　2020 年航次 P4 站观测期间海流矢量过程图

2. 流速和流向联合分布

2019 年航次 P1 站观测期间，4 m 层流向以 W 向至 NW 向出现频率最高，达到 77%，而其他各层 SW 向的海流出现频率最高，S 向和 W 向出现频率次之，这三个方向的海流总出现频率为 65%～75%；随着水深增加，SW 向出现频率略微降低，而 W 向出现频率升高（图 2-50）。

2019 年航次 P4 站观测期间，海流方向出现频率的垂向变化不大，方向集中在 SW、W、NW 和 N 方向，累计出现频率为 67%～87%。4 m 层、7 m 层和 10 m 层的 NE 向出

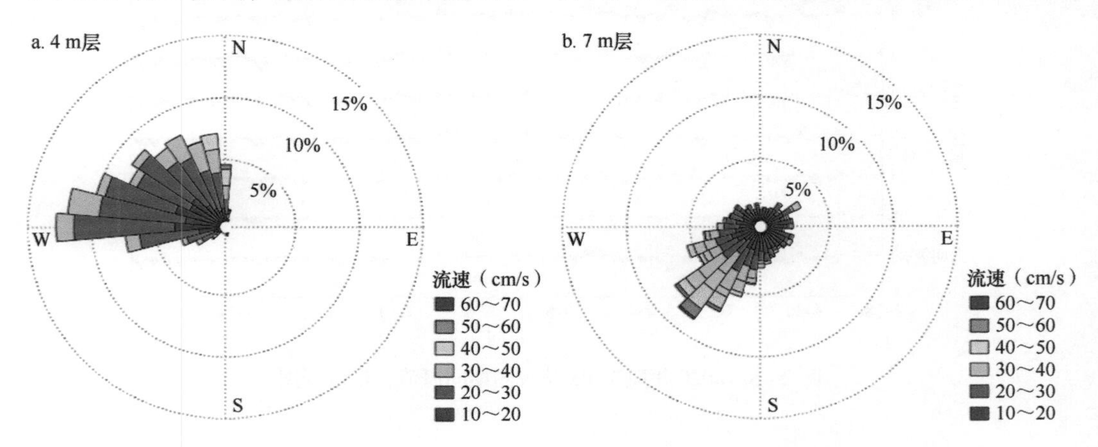

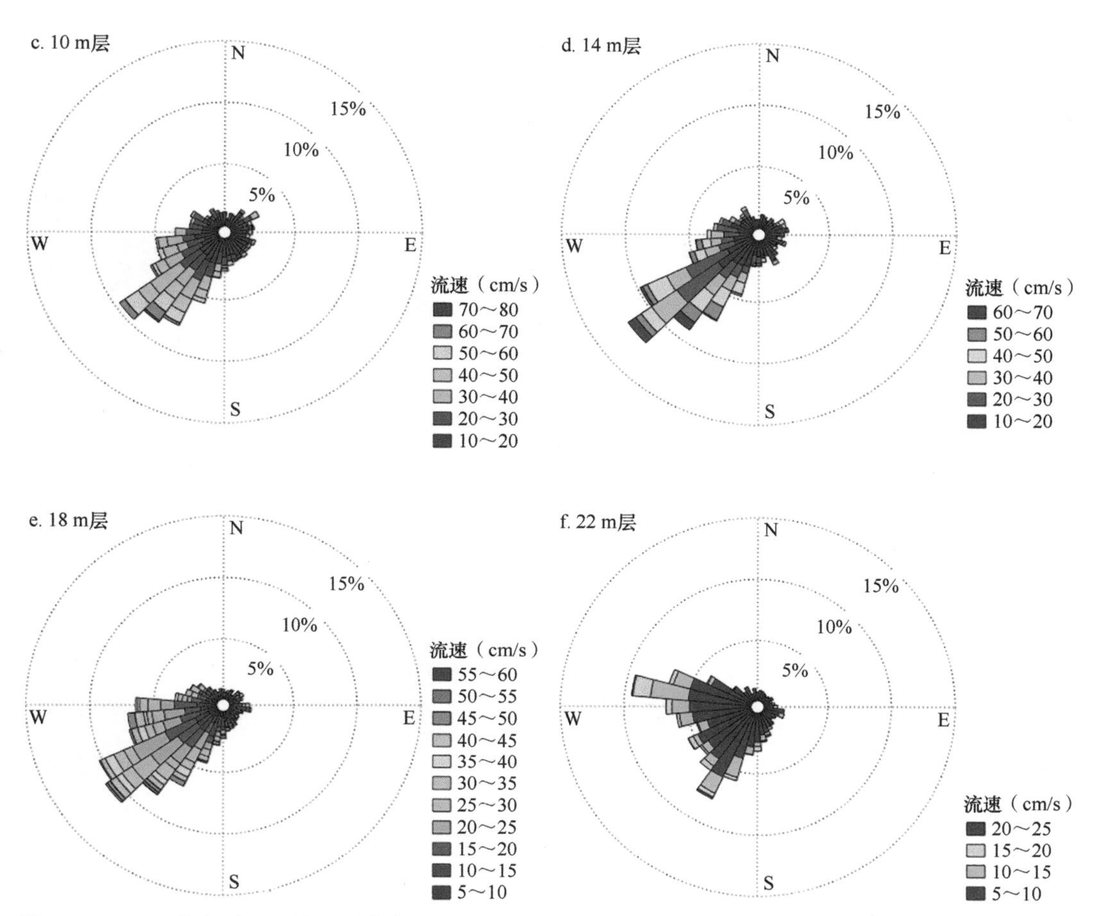

图 2-50　2019 年航次 P1 站观测期间 4 m、7 m、10 m、14 m、18 m、22 m 各层流速与流向联合分布玫瑰图

现频率也较高，分别为 18%、18%和 13%，随水深增加，NE 向的出现频率不断降低，至 22 m 层，NE 向的出现频率仅剩 4%，而 SW 向和 W 向的出现频率升高（图 2-51）。

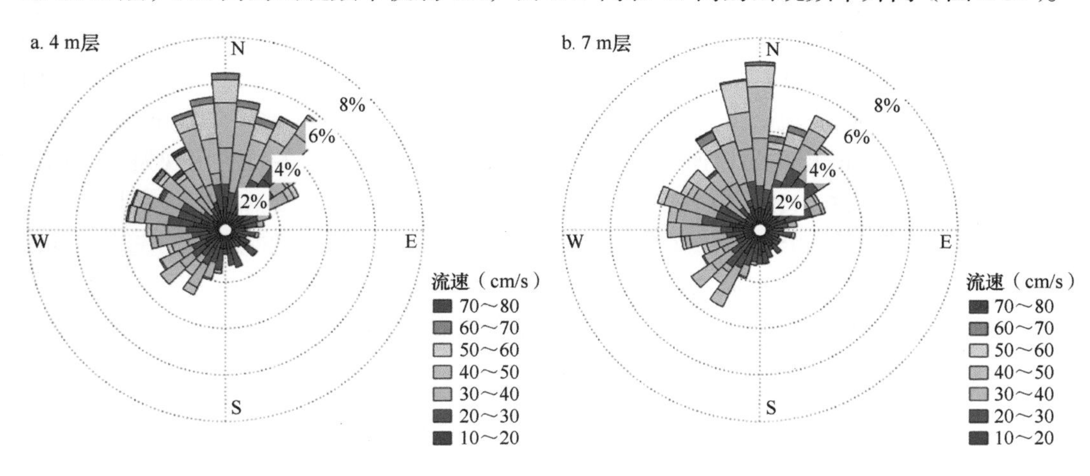

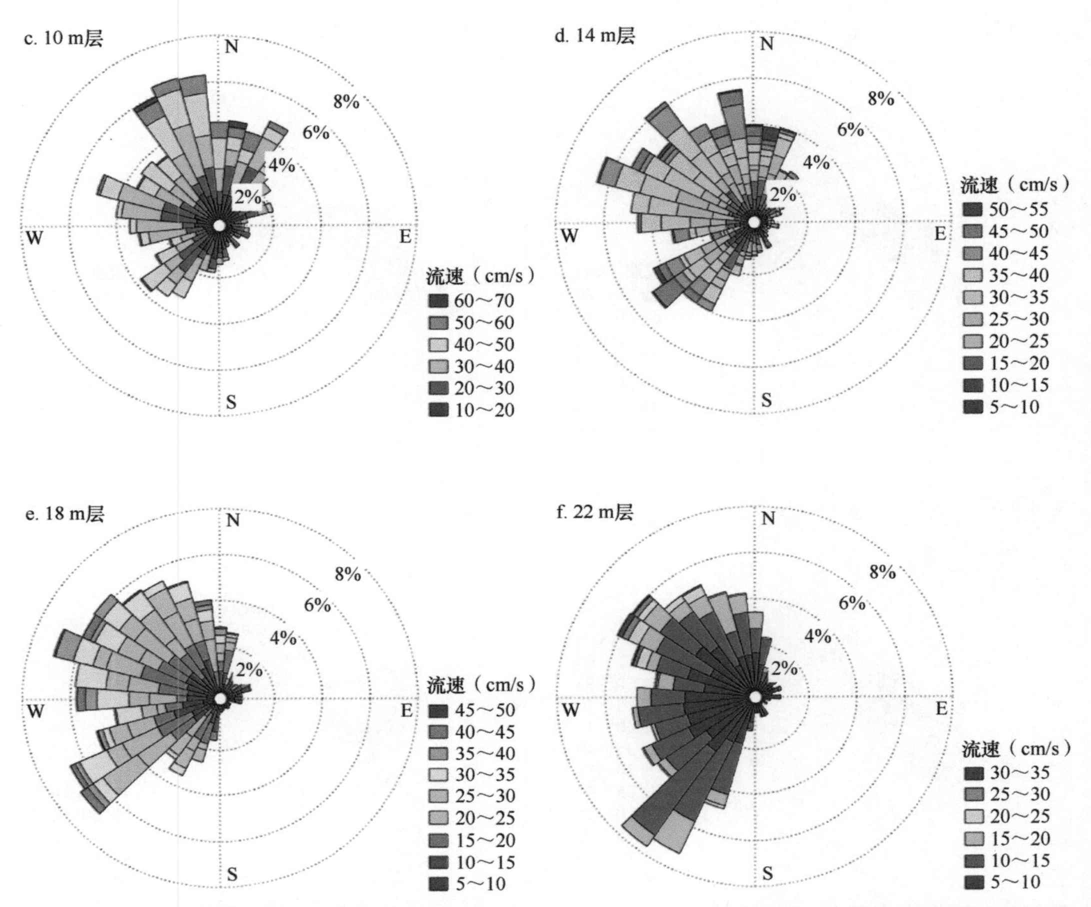

图 2-51　2019 年航次 P4 站观测期间 4 m、7 m、10 m、14 m、18 m、22 m 各层流速与流向联合分布玫瑰图

2020 年航次 P1 站观测期间，海流以 S、SSW、NNE 和 NE 四个方向出现频率最高，这四个方向的海流总出现频率为 40%～65%，在 8 m 层出现频率分别为 13.02%、9.30%、8.37%和 9.30%，在 20 m 层出现频率分别为 15.58%、12.79%、10.47%和 6.98%，在 38 m 层出现频率分别为 23.49%、22.43%、11.86%和 6.98%。随着水深增加，S 向和 SSW 向海流增加，而 NE 向海流减少。P1 站流速与流向联合分布中，14 m 层、20 m 层、26 m 层、32 m 层和 38 m 层均是流速 10～19 cm/s 的出现频率最高，各层的出现频率分别为 24.88%、25.11%、26.51%、30.70%和 40.70%，其次为 20～29 cm/s，出现频率与前者相差不大；8 m 层流速 20～29 cm/s 的出现频率最高，为 24.88%。在各层中超过 70 cm/s 的流速分别占 3.26%、3.49%、2.09%、0%、0%和 0%，在超过 70 cm/s 的流速中，主要为 S 向和 SSW 向海流，从流速与流向联合分布可以看出，较大流速的流向基本集中在 S 向至 SSW 向（图 2-52）。

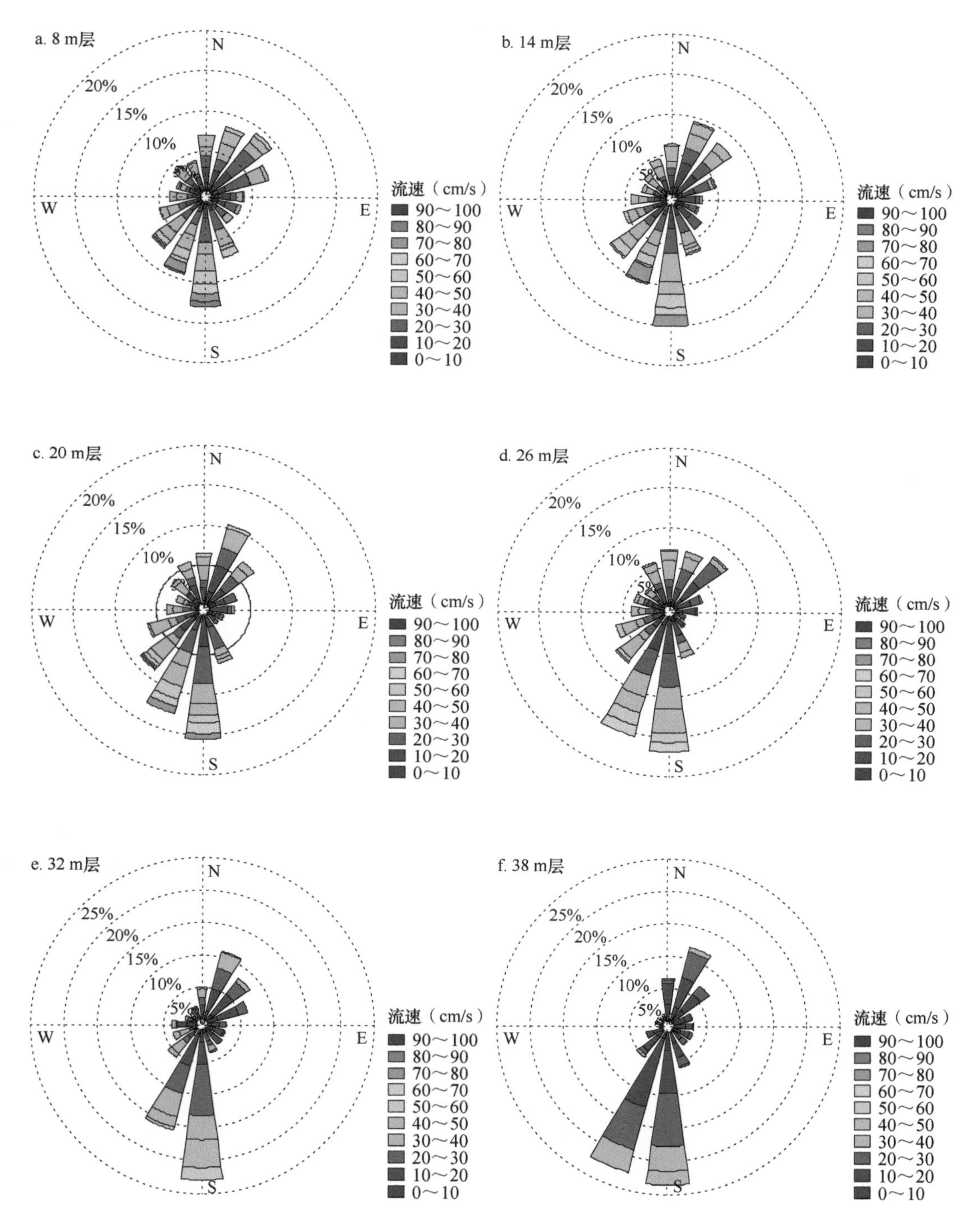

图 2-52　2020 年航次 P1 站观测期间 8 m、14 m、20 m、26 m、32 m、38 m 各层流速与流向联合分布玫瑰图

2020 年航次 P2 站观测期间，4 m 层海流以 N 向和 NW 向出现频率较高，分别为 49% 和 21%，而其他各层方向较为分散，N 向和 S 向的海流出现频率较高，这两个方向的海

流总出现频率为 39%～64%；随着水深增加，N 向和 S 向海流增加，其他方向海流减少，说明 P2 站 4 m 附近的次表层有 N 向余流，而次表层以下表现为潮流性质（图 2-53）。

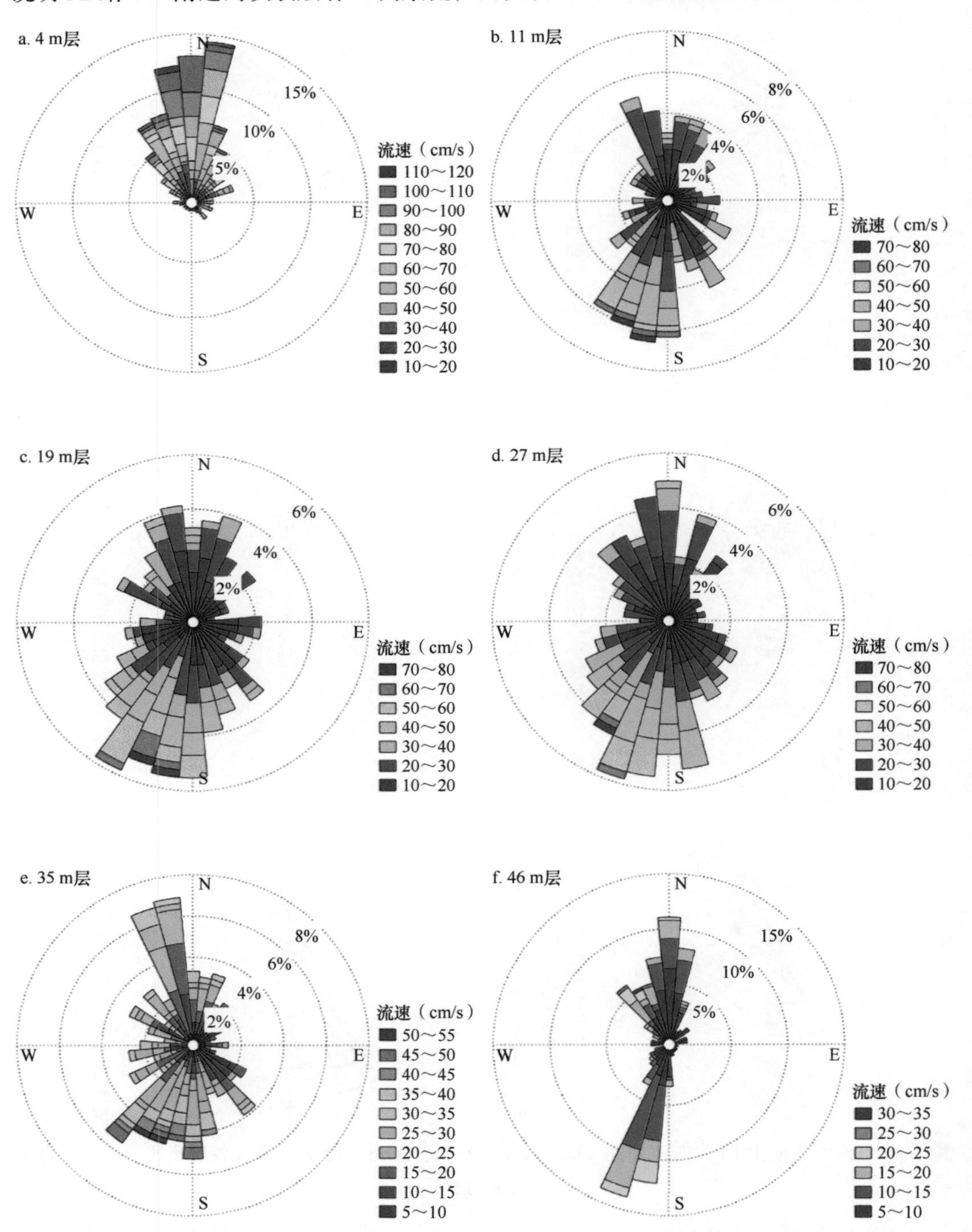

图 2-53　2020 年航次 P2 站观测期间 4 m、11 m、19 m、27 m、35 m、46 m 各层流速与流向联合分布玫瑰图

2020 年航次 P3 站观测期间，海流方向出现频率的垂向变化不大，以 S 向和 SW 向出现频率最高，这两个方向的海流总出现频率为 51%～59%。因为各层海流方向出现频率变化不大，所以考虑垂向平均后，S 向和 SW 向的出现频率分别为 27%和 26%，N 向出现频率为 12%，其他方向出现频率为 5%～8%（图 2-54）。

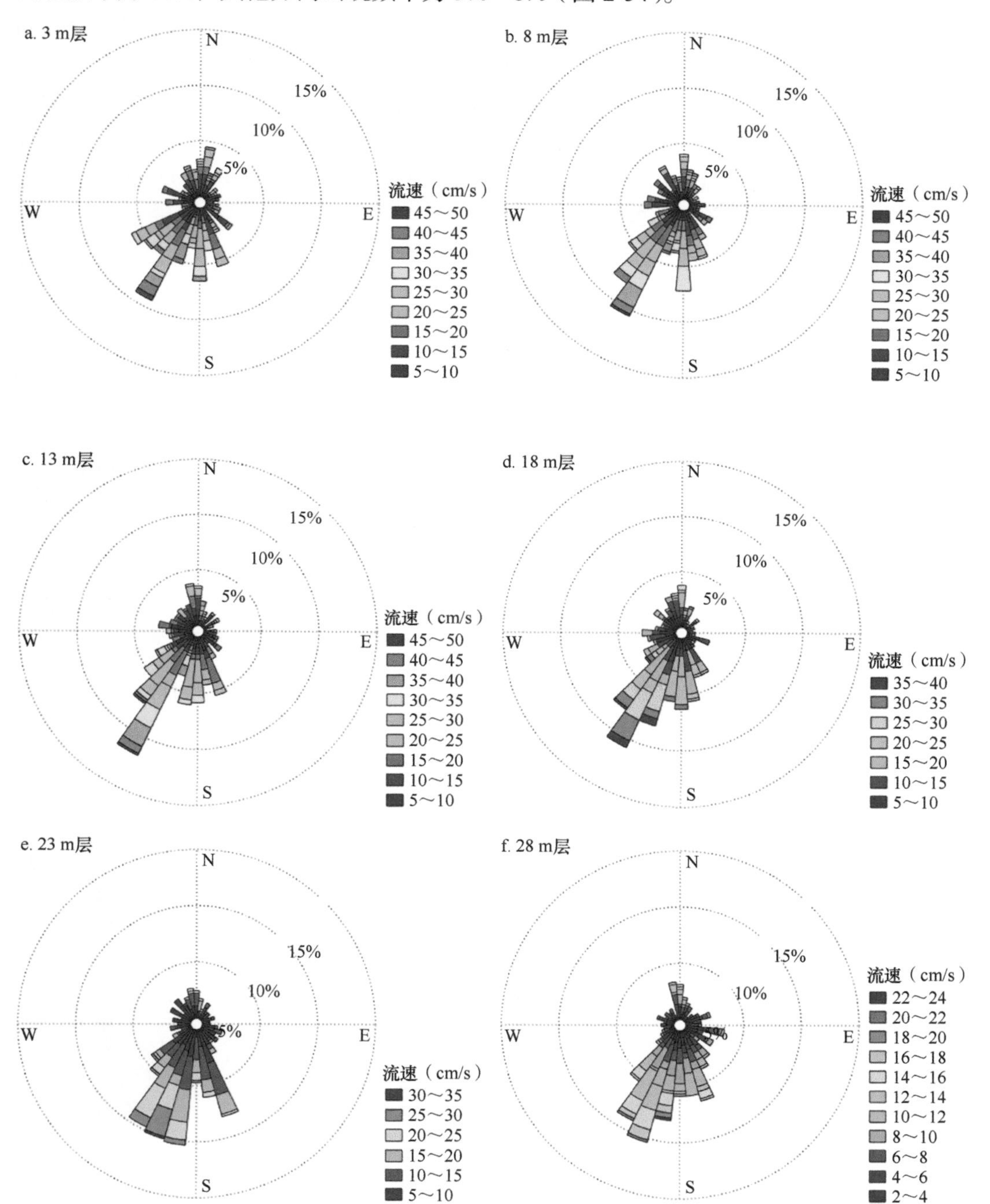

图 2-54　2020 年航次 P3 站观测期间 3 m、8 m、13 m、18 m、23 m、28 m 各层流速与流向联合分布玫瑰图

2020 年航次 P4 站观测期间，海流以 SSW、S、SW 和 SSE 四个方向出现频率最高，这四个方向的海流总出现频率为 50%～70%，在 8 m 层的出现频率分别为 31.40%、20.70%、10.23%和 9.77%，在 20 m 层的出现频率分别为 26.05%、14.65%、14.65%和 10.23%，在 38 m 层的出现频率分别为 13.95%、11.63%、12.56%和 15.12%。随着水深增加，SSW 向和 S 向海流减少，而 SSE 向海流增加。P4 站流速与流向联合分布中，8 m 层和 14 m 层均是流速 30～39 cm/s 的出现频率最高，分别为 22.09%和 25.81%；20 m 和 26 m 层均是流速 20～29 cm/s 的出现频率最高，分别为 34.42%和 36.98%；32 m 和 38 m 层均是流速 10～19 cm/s 的出现频率最高，分别为 46.04%和 60.70%。在各层中超过 60 cm/s 的流速分别占 8.60%、1.16%、0%、0%、0%和 0%，超过 60 cm/s 的流速中，主要为 S 向和 SSW 向海流（图 2-55）。

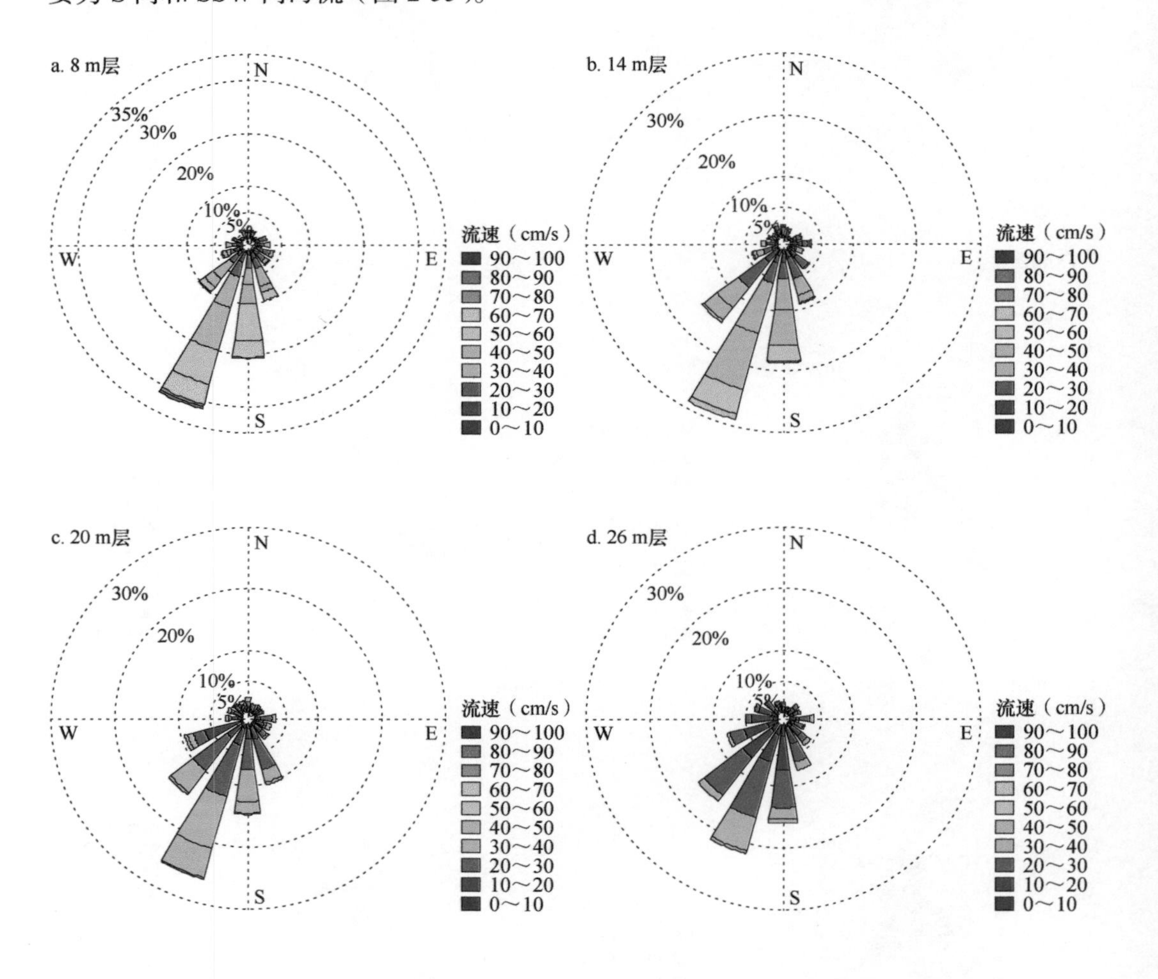

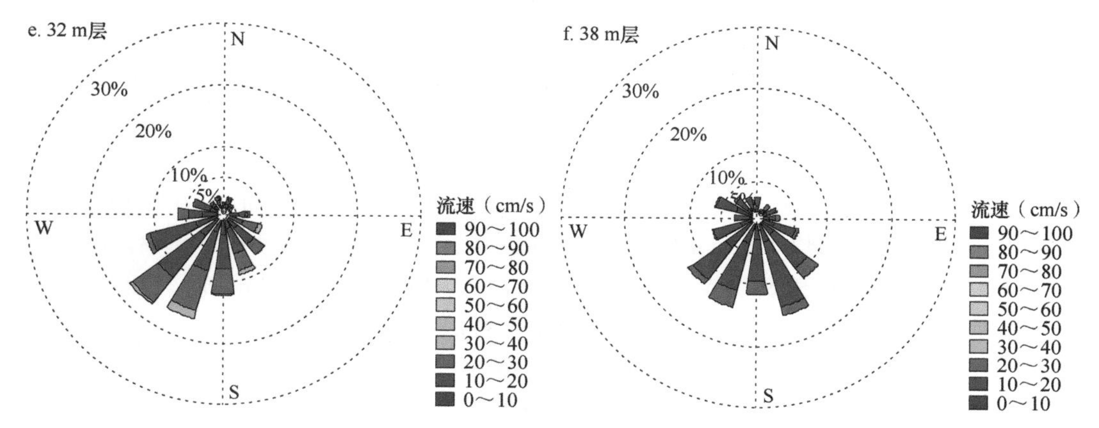

图 2-55 2020 年航次 P4 站观测期间 8 m、14 m、20 m、26 m、32 m、38 m 各层流速与流向联合分布玫瑰图

3. 潮流调和分析

潮流计算采用 T_tide 的潮流调和分析 Matlab 程序包。潮流调和分析可以将不同天文分潮的频率固定，并将实际海水的流动分解成由不同天文分潮的作用引起的流动和非周期性质的余流。只要时间序列足够长，就能够将频率相隔很近的分潮完全分离，得到各个天文分潮的潮流椭圆要素，本书所得各潮流要素是在 95%的置信度下得到的。

2019 年航次 P1 站观测期间各层的主要分潮流中，全日分潮流 K_1 和 O_1 的长半轴最大，最大 K_1 分潮流为 14 cm/s，出现在 12 m 层，最大 O_1 分潮流为 14 cm/s，出现在 8 m 层；M_2 分潮流略小于 K_1 和 O_1 分潮流，S_2 分潮流最小。在垂向上，4 m 层各分潮流均为往复流，22 m 层的各分潮流长半轴均不大，其他层 K_1 和 O_1 分潮流表现为顺时针方向的旋转流性质，M_2 和 S_2 分潮流表现为往复流性质。

2019 年航次 P4 站观测期间各层的主要分潮流中，全日分潮流 K_1 长半轴远大于其他分潮流，表现为顺时针方向的旋转流性质。最大 K_1 分潮流为 28 cm/s，在 4 m 层，随水深增加而减小，至 22 m 层时减小为 7 cm/s。

2020 年航次 P1 站观测期间各层的主要分潮流中，全日分潮流 K_1 和 O_1 的长半轴最大，最大 K_1 分潮流为 29.81 cm/s，出现在 10 m 层，最大 O_1 分潮流为 14.00 cm/s，出现在 8 m 层，其次是 M_2 和 S_2 分潮流，浅水分潮流 M_4 和 MS_4 的量值相对较小。在垂向上，除去个别层次，各层各分潮流随着水深增加长半轴减小。除去个别层次的椭圆率小于 0.3，其余各层各分潮流的椭圆率均大于 0.3，表明潮流以旋转流为主。各层的椭圆率大多数为负数，说明潮流以顺时针旋转性质为主。

2020 年航次 P2 站观测期间各层的主要分潮流中，全日分潮流 K_1 长半轴远大于其他分潮流，表现为顺时针方向的旋转流性质。最大 K_1 分潮流为 27 cm/s，出现在 12～24 m 层。在垂向上，K_1 分潮流长半轴先随水深增加而增加，到 12～24 m 层达到最大，之后随水深增加而减小，至 46 m 层时仅为 11 cm/s。

2020 年航次 P3 站观测期间各层的主要分潮流中，全日分潮流 K_1 长半轴最大，M_2 分潮流次之。K_1 分潮流在 4～12 m 层均为 10 cm/s，后随深度增加而减小。M_2 分潮流在 4～10 m 层均为 7 cm/s，后随深度增加而减小。各分层上各分潮流均为往复流性质。

2020 年航次 P4 站观测期间各层的主要分潮流中，以全日分潮流 K_1 和 O_1 为主，最大 K_1 分潮流为 20.47 cm/s，出现在 8 m 层，最大 O_1 分潮流为 14.79 cm/s，出现在 10 m 层，其次是 M_2 和 S_2 分潮流，浅水分潮流 M_4 和 MS_4 的量值相对较小。在垂向上，各层各分潮流随着水深增加长半轴减小。各层的椭圆率绝对值大部分大于 0.3，表明潮流以旋转流为主；各层的椭圆率大多数为负数，说明潮流以顺时针旋转性质为主。综上所述，2020 年航次观测期间该海域以全日分潮流为主，潮流主要为顺时针旋转流。

4. 余流

余流通常指实测海流中扣除周期性潮流后的剩余部分，它是风海流、密度流、潮汐余流等的综合反映，由热盐效应和风等因素引起，岸线和地形对它也有一定影响。

2019 年航次 P1 站观测期间，各层的余流为 18.4～50.7 cm/s，流向多为偏 SW 向；最大余流流速为 50.7 cm/s，其流向为 278°，出现在 12 m 层。同一时刻，余流随着水深增加先增后减，22 m 层余流减小至 18 cm/s。4 m 层（次表层）的余流与其他层不同，主要为偏 W 向和 NW 向余流。

2019 年航次 P4 站观测期间，各层的余流为 27.1～54.3 cm/s，最大余流流速为 54.3 cm/s，其流向为 44°，出现在 4 m 层。除个别层外，同一时刻各层的余流方向基本一致，流速整体上随水深增加而减小。

2020 年航次 P1 站观测期间，各层的余流为 1.1～35.0 cm/s，流向由 NW 向 SW 转变；最大余流流速为 35.0 cm/s，其流向为 199°，出现在 8 m 层。同一时刻各层的余流相差不大，随着水深增加流速减小。

2020 年航次 P2 站观测期间，各层的余流为 19.1～113.8 cm/s，最大余流流速为 113.8 cm/s，其流向为 347°，出现在 4 m 层。4～6 m 层出现异常大的偏 N 向余流，除 4～8 m 层外，同一时刻各层的余流方向基本一致，流速整体上随水深增加而减小。

2020 年航次 P3 站观测期间，各层的余流为 23.2～45.9 cm/s，最大余流流速为 45.9 cm/s，其流向为 225°，出现在 6 m 层。余流在 4～20 m 层缓慢减小，后快速减小至 28 m 层。同一时刻各层的余流方向基本一致。

2020 年航次 P4 站观测期间，各层的余流为 2.9～41.3 cm/s，整层均为西南偏南向流；最大余流流速为 41.3 cm/s，其流向为 188°，出现在 8 m 层。同一时刻各层的余流流速随着水深增加而减小。

2.7　波浪特征

2.7.1　波浪要素特征分析

1. 波高

2019 年航次 P3 站观测期间，最大波高（H_{max}）、十分之一大波波高（$H_{1/10}$）、三分之一大波波高（$H_{1/3}$）、平均波高（H_{AVE}）的最大值分别为 255 cm、183 cm、150 cm、95 cm，出现在 2019 年 5 月 19 日。观测期间 $H_{1/10}$、$H_{1/3}$、H_{AVE} 的平均值分别为 92 cm、73 cm、45 cm（表 2-10）。观测海区强浪向为 SW 向，次浪向为 NE 向，波浪在 SW 向浪和 NE 向浪之间转换。观测期间平均波高的平均值为 45 cm，对应的平均周期（T_Z）的平均值为 4.0 s，最大值为 5.7 s。

表 2-10　2019 年航次 P3 站观测期间波浪特征统计

观测时间	H_{max} 最大（cm）	H_{max} 对应周期（s）	H_{max} 对应波向（°）	$H_{1/10}$ 最大（cm）	$H_{1/10}$ 平均（cm）	$H_{1/3}$ 最大（cm）	$H_{1/3}$ 平均（cm）	H_{AVE} 最大（cm）	H_{AVE} 平均（cm）	T_Z 最大（s）	T_Z 平均（s）
5-16～6-4	255	6.0	230	183	92	150	73	95	45	5.7	4.0

2020 年航次 P1 站和 P4 站观测期间波浪特征统计见表 2-11。观测期间 P1 站 H_{max}、$H_{1/10}$、$H_{1/3}$、H_{AVE} 的最大值分别为 365 cm、267 cm、210 cm、134 cm，出现在 2020 年 6 月 30 日；P4 站 H_{max}、$H_{1/10}$、$H_{1/3}$、H_{AVE} 的最大值分别为 392 cm、294 cm、230 cm、139 cm，也出现在 2020 年 6 月 30 日。观测期间 P1 站 $H_{1/10}$、$H_{1/3}$、H_{AVE} 的平均值分别为 103 cm、83 cm、53 cm，P4 站的平均值也分别为 103 cm、83 cm、53 cm，两个测站的平均波浪特征值一致。观测期间 P1 站的强浪向为 WSW 向，而 P4 站的为 NNE 向，P1 站波浪主要集中在 W 向至 SW 向，P4 站波浪主要集中在 N 向至 NE 向。观测期间 P1 站和 P4 站平均波高对应的平均周期的平均值分别为 4.1 s、4.2 s，最大值分别为 5.7 s 和 6.0 s。

表 2-11　2020 年航次 P1 站和 P4 站观测期间波浪特征统计

海床基测站	观测时间	H_{max} 最大（cm）	H_{max} 对应周期（s）	H_{max} 对应波向（°）	$H_{1/10}$ 最大（cm）	$H_{1/10}$ 平均（cm）	$H_{1/3}$ 最大（cm）	$H_{1/3}$ 平均（cm）	H_{AVE} 最大（cm）	H_{AVE} 平均（cm）	T_Z 最大（s）	T_Z 平均（s）
P1	6-26～7-14	365	6.0	248	267	103	210	83	134	53	5.7	4.1
P4	6-26～7-18	392	6.0	58	294	103	230	83	139	53	6.0	4.2

2. 周期

2019 年航次 P3 站观测期间 T_Z 最大值为 5.7 s，平均值为 4.0 s。从 P3 站观测期间波浪周期频率统计（表 2-12）可以看出，$T_{1/3}$ 集中在 5.0～6.9 s，频率为 60.61%；$T_{1/3}$ 在 3.0～

6.9 s 的频率最高，达 90%以上。观测期间 7.0～7.9 s 和 8.0～8.9 s 的长周期波浪频率分别为 5.63%、0.43%。其中，$T_{1/3}$ 小于 7.0 s 的短周期波占 93.94%、大于 7.0 s 的长周期波占 6.06%。

表 2-12　2019 年航次 P3 站观测期间波浪周期频率统计（%）

观测时间	$T_{1/3}$（s）						
	2.0～2.9	3.0～3.9	4.0～4.9	5.0～5.9	6.0～6.9	7.0～7.9	8.0～8.9
5-16～6-4	0.22	15.15	17.97	36.15	24.46	5.63	0.43

注：表中数据经过四舍五入，存在舍入误差

2020 年航次 P1 站和 P4 站观测期间波浪周期频率统计见表 2-13。P1 站 $T_{1/3}$ 主要集中在 4.0～5.9 s，频率为 77.68%，在 3.0～5.9 s 频率最高，达 90%以上；P4 站 $T_{1/3}$ 也主要集中在 4.0～5.9 s，频率为 78.63%，在 3.0～5.9 s 频率也最高，达 90%以上。观测期间只有 P4 站出现大于 7.0 s 的长周期波浪，频率为 0.39%。其中 P1 站 $T_{1/3}$ 均小于 7.0 s，P4 站周期小于 7.0 s 的波浪占 99.61%。

表 2-13　2020 年航次 P1 站和 P4 站观测期间波浪周期频率统计（%）

海床基测站	观测时间	$T_{1/3}$（s）					
		2.0～2.9	3.0～3.9	4.0～4.9	5.0～5.9	6.0～6.9	7.0～7.9
P1	6-26～7-14	0.47	14.19	43.26	34.42	7.67	0
P4	6-26～7-18	0	11.76	42.55	36.08	9.22	0.39

注：表中数据经过四舍五入，存在舍入误差

3. 波高与波向的联合分布

波向表征波动相位与能量的传播方向，观测期间波向资料可按 16 个方向进行统计，公式为 $P=i/N\times100\%$。其中，P 为每个方向波浪的出现频率；i 为每个方向波浪的出现次数；N 为统计资料中波浪的出现总次数。将观测期间的波高数据按每 50 cm 的波高级别与按 16 个方向划分的波向进行联合统计，可得出波高与波向联合分布表及对应的波浪玫瑰图。

2019 年航次中沙大环礁观测海区波向主要集中在 SW（常浪向）、NE（次常浪向）、S、SSW、ENE 和 WSW 方向，上述六个方向波浪的出现频率分别为 28.57%、11.90%、8.23%、8.23%、6.93%和 6.93%，占观测期间波浪的 70.79%（表 2-14）。因观测时间属于南海东北季风向西南季风转换期间，浪向主要集中在 SW 和 NE 两个方向，W 向至 N 向浪仅占观测期间的 5.63%，观测海区位于中沙大环礁，波浪受到岛礁的阻碍，NW 向和 SE 向浪较少。由波高与波向联合分布（图 2-56）可知，观测期间海区较大波高主要波向为 S 向至 SW 向，受西南季风影响显著，这从观测期间的实测风场分布可以看出。

表 2-14　2019 年航次 P3 站观测期间波向频率统计（%）

观测时间	方向															
	NNE	NE	ENE	E	ESE	SE	SSE	S	SSW	SW	WSW	W	WNW	NW	NNW	N
5-16～6-4	5.63	11.90	6.93	5.41	4.11	4.98	3.46	8.23	8.23	28.57	6.93	1.08	0.22	1.30	0.65	2.38

注：表中数据经过四舍五入，存在舍入误差

2020 年航次 P1 站观测期间波向主要集中在 WSW（常浪向）、W 和 SW（次常浪向）、WNW、SSW 方向，上述五个方向波浪的出现频率分别为 27.21%、13.95%、13.95%、8.37% 和 6.98%，占观测期间波浪的 70.46%（表 2-15）。P4 站观测期间波向主要集中在 NNE（常浪向）、N 和 NE（次常浪向）、ENE、NW 方向，上述五个方向波浪的出现频率分别为 13.73%、12.55%、12.16%、8.04%和 8.04%，占观测期间波浪的 54.52%。由波高与波向联合分布（图 2-57，图 2-58）可知，P1 站浪向主要集中在 SW 向至 W 向，而 P4 站浪向主要集中在 N 向至 NE 向。两站的常浪向相差 135°左右，可能与两站所在的位置有关系，P1 站位于中沙群岛最南侧，其南侧为深水区，北侧为浅滩；而 P4 站位于中沙群岛北侧，其北侧为深水区，而南侧为浅滩，表明海区波浪方向受地形的影响明显。

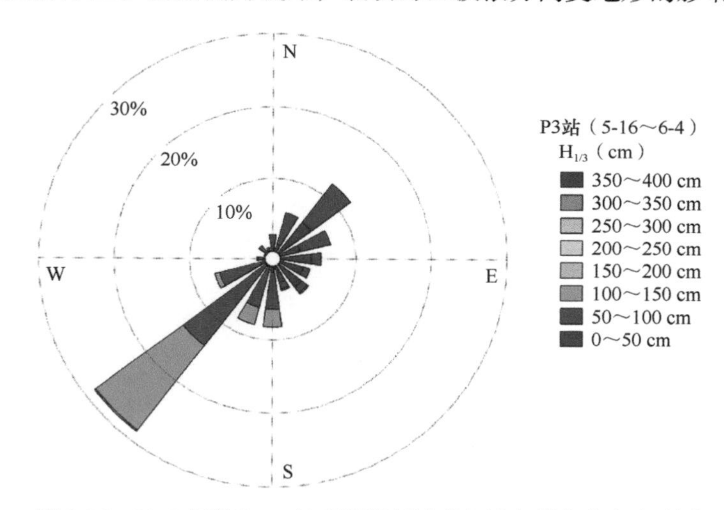

图 2-56　2019 年航次 P3 站观测期间波高与波向联合分布玫瑰图

表 2-15　2020 年航次 P1 站和 P4 站观测期间波向频率统计（%）

海床基测站	观测时间	方向															
		NNE	NE	ENE	E	ESE	SE	SSE	S	SSW	SW	WSW	W	WNW	NW	NNW	N
P1	6-26～7-14	2.56	2.33	0.93	1.40	1.16	1.16	3.49	4.65	6.98	13.95	27.21	13.95	8.37	5.81	3.02	3.02
P4	6-26～7-18	13.73	12.16	8.04	4.90	4.51	2.75	2.75	3.33	2.94	2.94	3.33	4.90	5.49	8.04	7.65	12.55

注：表中数据经过四舍五入，存在舍入误差

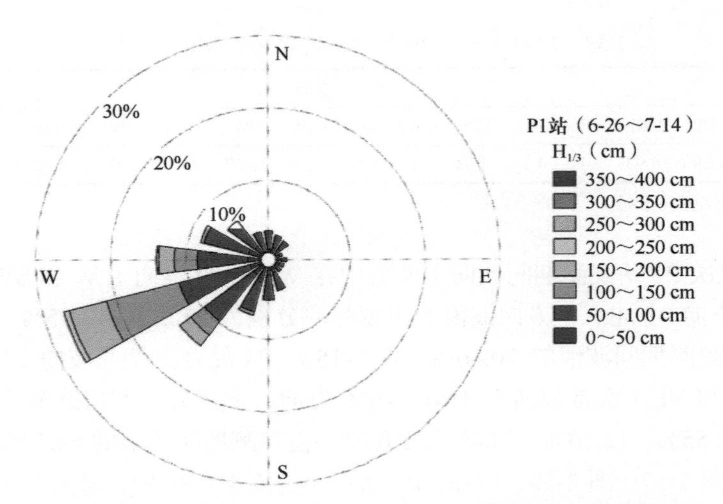

图 2-57　2020 年航次 P1 站观测期间波高与波向联合分布玫瑰图

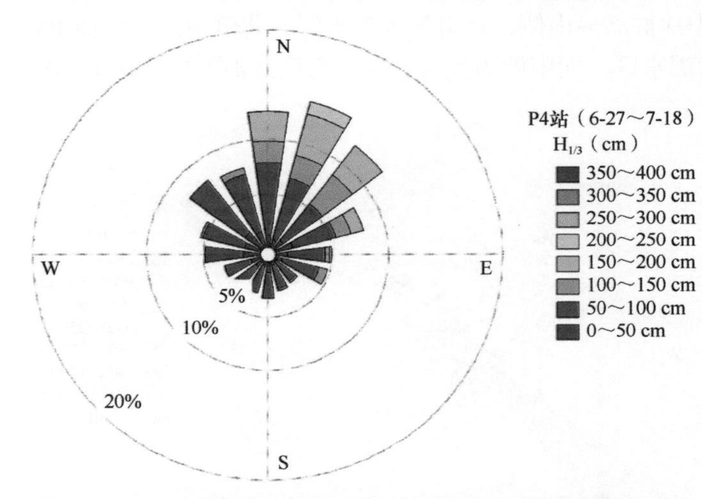

图 2-58　2020 年航次 P4 站观测期间波高与波向联合分布玫瑰图

4. 波高与周期的联合分布

将波高数据按每 50 cm 的波高级别与按 1.0 s 间隔划分的波周期进行联合统计，可得波高与周期联合分布表及对应的散点图。2019 年航次 P3 站观测期间有效波高 $H_{1/3}$ 与对应周期 $T_{1/3}$ 分别集中在 0～149 cm、4.0～6.9 s。其中，有效波高 50～99 cm 与对应周期 5.0～6.9 s 波浪居多，占观测期间的 50%以上，可见观测期间海况相对较好（表 2-16，图 2-59）。

表 2-16　2019 年航次 P3 站观测期间波高与周期联合分布、各周期最大波高与平均波高统计

$H_{1/3}$（cm）	$T_{1/3}$（s）							
	2.0～2.9	3.0～3.9	4.0～4.9	5.0～5.9	6.0～6.9	7.0～7.9	8.0～8.9	累计
≥300								
250～299								
200～249								

续表

$H_{1/3}$（cm）	$T_{1/3}$（s）							
	2.0～2.9	3.0～3.9	4.0～4.9	5.0～5.9	6.0～6.9	7.0～7.9	8.0～8.9	累计
150～199				0.22%				0.22%
100～149			1.73%	16.02%	2.81%			20.56%
50～99		3.90%	12.34%	16.67%	16.02%	4.98%	0.22%	54.11%
0～49	0.22%	11.26%	3.90%	3.25%	5.63%	0.65%	0.22%	25.11%
累计	0.22%	15.15%	17.97%	36.15%	24.46%	5.63%	0.43%	100%
最大波高（cm）	41.0	69.0	124.0	150.0	145.0	99.0	65.0	150.0
平均波高（cm）	41.0	36.8	68.4	93.3	70.1	70.7	56.5	73.0

注：表中数据经过四舍五入，存在舍入误差

2019 年航次 P3 站任务执行期间，中沙大环礁观测海域有效波高 $H_{1/3}$ 在 0～49 cm、50～99 cm、100～149 cm、150～199 cm 的出现频率分别为 25.11%、54.11%、20.56%、0.22%，对应的波周期 $T_{1/3}$ 集中分布在 5.0～6.9 s，比例为 60.61%，其中 5.0～5.9 s 的比例最高，为 36.15%。

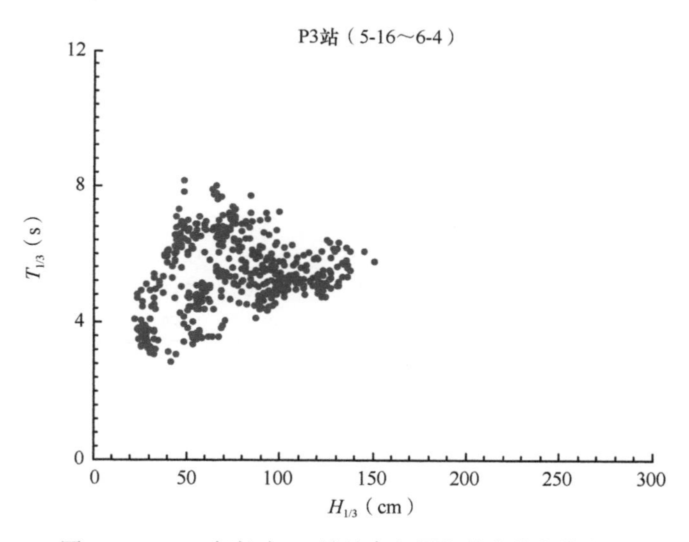

图 2-59　2019 年航次 P3 站波高与周期联合分布散点图

2020 年航次观测期间 P1 站有效波高 $H_{1/3}$ 与对应的波周期 $T_{1/3}$ 分别集中在 0～149 cm、4.0～5.9 s，其中又以 50～99 cm、4.0～4.9 s 的波浪居多。P4 站有效波高 $H_{1/3}$ 与对应的波周期 $T_{1/3}$ 主要集中在 0～99 cm、4.0～5.9 s，其中又以 50～99 cm、4.0～4.9 s 的波浪居多（表 2-17，表 2-18，图 2-60，图 2-61）。

表 2-17 2020 年航次 P1 站波高与周期联合分布、各周期最大波高与平均波高统计

$H_{1/3}$（cm）	$T_{1/3}$（s）										
	0～0.9	1.0～1.9	2.0～2.9	3.0～3.9	4.0～4.9	5.0～5.9	6.0～6.9	7.0～7.9	8.0～8.9	≥9.0	累计
≥300											
250～299											
200～249							0.93%				0.93%
150～199						3.26%	5.81%				9.07%
100～149					0.93%	14.42%	0.93%				16.28%
50～99				10.70%	30.00%	15.81%					56.51%
0～49			0.47%	3.49%	12.33%	0.93%					17.21%
累计			0.47%	14.19%	43.26%	34.42%	7.67%				100%
最大波高(cm)			38.0	73.0	127.0	183.0	210.0				210.0
平均波高(cm)			37.5	51.7	59.1	106.2	170.9				82.7

注：表中数据经过四舍五入，存在舍入误差

表 2-18 2020 年航次 P4 站波高与周期联合分布、各周期最大波高与平均波高统计

$H_{1/3}$（cm）	$T_{1/3}$（s）										
	0～0.9	1.0～1.9	2.0～2.9	3.0～3.9	4.0～4.9	5.0～5.9	6.0～6.9	7.0～7.9	8.0～8.9	≥9.0	累计
≥300											
250～299											
200～249							0.98%	0.20%			1.18%
150～199						4.90%	6.27%	0.20%			11.37%
100～149					0.39%	9.02%	1.96%				11.37%
50～99				8.43%	30.78%	20.39%					59.61%
0～49				3.33%	11.37%	1.76%					16.47%
累计				11.76%	42.55%	36.08%	9.22%	0.39%			100%
最大波高（cm）				80.0	122.0	174.0	230.0	200.0			230.0
平均波高（cm）				54.6	58.1	98.1	165.7	196.0			82.6

注：表中数据经过四舍五入，存在舍入误差

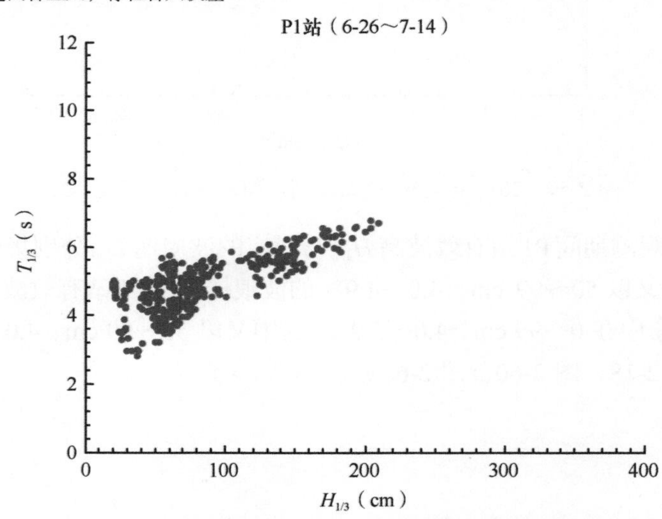

图 2-60 2020 年航次 P1 站波高与周期联合分布散点图

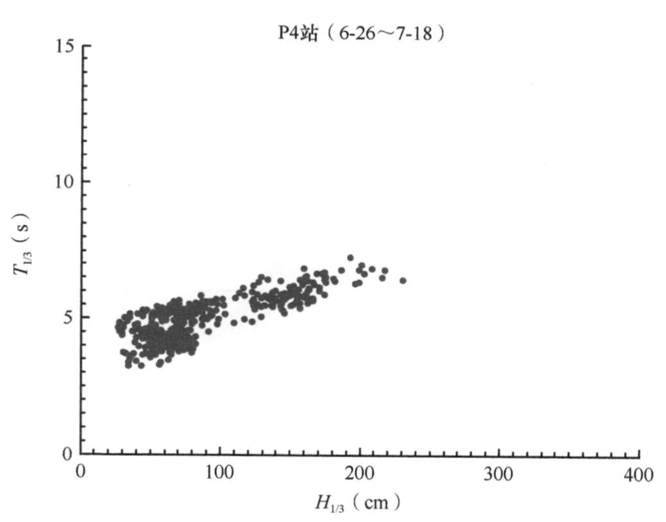

图 2-61　2020 年航次 P4 站波高与周期联合分布散点图

2020 年航次观测期间 P1 站有效波高 $H_{1/3}$ 在 0～49 cm、50～99 cm、100～149 cm、150～199 cm 的出现频率分别为 17.21%、56.51%、16.28%、9.07%；P4 站有效波高 $H_{1/3}$ 的出现频率分别为 16.47%、59.61%、11.37%、11.37%。观测期间 P1 站 $T_{1/3}$ 集中分布在 3.0～5.9 s，占全年的 91.87%，其中 4.0～4.9 s 所占的比例最高，为 43.26%；P4 站 $T_{1/3}$ 集中分布在 3.0～5.9 s，占全年的 90.39%，其中 4.0～4.9 s 所占的比例最高，为 42.55%。

2.7.2　大于设定波高的波及其持续时间

波浪持续时间涉及海上可作业时间或对海上构筑物的破坏强度。2019 年航次取观测期间的 $H_{1/3}$ 资料，统计 $H_{1/3}$ 大于某一界限值的波浪不同持续时间的次数。由表 2-19 可见，观测期间 $H_{1/3}$ 大于等于 50 cm、100 cm、150 cm 的波浪最长持续时间分别为 191 h、60 h 和 1 h。

表 2-19　2019 年航次 P3 站观测期间 $H_{1/3}$ 持续出现分布

时间（h）＼次数＼$H_{1/3}$（cm）	50～100	100～150	150～200
1	3	4	1
2	4	4	0
3	0	2	0
5	0	2	0
8	0	1	0
31	1	0	0
60	0	1	0
113	1	0	0
191	1	0	0
总时数	346	96	1
频率（%）	74.89	20.78	0.22
最大持续时间（h）	191	60	1

2020年航次取观测期间的$H_{1/3}$资料，统计P1站和P4站$H_{1/3}$大于某一界限值的波浪不同持续时间的次数。由表2-20和表2-21可见，P1站观测期间$H_{1/3}$大于等于50 cm、100 cm、150 cm和200 cm的波浪最长持续时间分别为207 h、112 h、23 h和4 h；P4站观测期间$H_{1/3}$大于等于50 cm、100 cm、150 cm和200 cm的波浪最长持续时间分别为249 h、120 h、37 h和3 h。

表2-20　2020年航次P1站观测期间$H_{1/3}$持续出现分布

次数 / $H_{1/3}$(cm) / 时间（h）	50～100	100～150	150～200	200～250
1		1	3	
2	1			
3			2	
4				1
11			1	
17	1			
23			1	
33	1			
97	1			
112		1		
207	1			
总时数	356	113	43	4
频率（%）	82.79	26.28	10.00	0.93
最大持续时间（h）	207	112	23	4

表2-21　2020年航次P4站观测期间$H_{1/3}$持续出现分布

次数 / $H_{1/3}$(cm) / 时间（h）	50～100	100～150	150～200	200～250
1	5		1	
2		1		
3			1	2
4	1			
5			1	
10	1			
18	1		1	
31	1			
37			1	
109	1			
120		1		
249	1			
总时数	426	122	64	6
频率（%）	83.53	23.92	12.55	1.18
最大持续时间（h）	249	120	37	3

本章小结

自然资源部第一海洋研究所和自然资源部南海调查中心分别于2019年、2020年和2021年在中沙群岛海域采用大面站、海床基、走航等观测手段开展了气象和水文多要素综合观测，获取了2019年春夏交季、2020年夏季风爆发期和2021年夏季风爆发后中沙群岛海域的气温、气压、风速、风向、流速、流向、潮位、波高、波长、周期等典型要素数据。

潮位：2019年在中沙大环礁海域布放的3个短期潮位计观测（P1站、P3站、P4站）的数据表明，中沙大环礁中部P3站属于不正规全日潮，大环礁东西两侧的P1站和P4站则属于正规全日潮；P1站和P4站的潮汐特征基本相似，P3站则略有不同，P3站的潮差较小，且涨落潮历时也比P1站和P4站短。

海流：2019年和2020年在中沙大环礁海域分别布放了3个和4个海床基测站，获取了各测站15～24 d的连续海流数据。观测数据表明，中沙大环礁内海流流速整体上呈现自表层向底层减小的趋势，最大流速一般出现在4 m层，最大流速可达到112.8 cm/s，底层流速一般为最大流速的1/6～1/3，多数站位各层次流向基本相同。海流调和分析表明，2019年和2020年航次观测期间中沙大环礁海域海流以全日分潮流K_1和O_1为主，潮流主要为顺时针旋转流；观测期间中沙大环礁海域的余流较大，从表层至底层余流流速减小，除个别层次外，同一时刻的各层余流方向基本一致。

温度和盐度：由于2019年、2020年和2021年航次观测期分别属于中沙群岛海域的春夏交季、夏季风爆发期和夏季风爆发后，因此中沙群岛海域的温度和盐度呈现出不同的差异性。太阳辐射、风应力和中尺度涡对中沙大环礁海域温盐的水平和垂向分布具有较大影响作用。2019年5月中沙大环礁海域各层温度整体上略低于2020年6月和2021年6月，随着水深的增加其差距增大，各层的水平温度梯度均大于2020年6月和2021年6月，跃层深度略大于2020年6月和2021年6月，表明春夏季风转换期间大环礁海域升温并不均匀。夏季风爆发后，中沙大环礁30 m以浅海域响应较快，加之风应力的搅拌作用，大环礁浅水区温度垂向混合较好，温跃层呈现变浅趋势。由于中尺度涡的作用，中沙大环礁温度垂向分布出现上涌或下沉，导致中沙大环礁海域局部产生低温高盐水或高温低盐水，使2019年春夏季风转换期间出现大环礁海域温跃层异常的现象。2020年6～7月中沙大环礁西南部海洋吸热低于东北部，故表层温度西南低、东北高。同时，卫星高度计资料表明，由于中尺度涡的作用，中沙大环礁海域局部产生低温高盐水或高温低盐水，并导致2020年6月中沙大环礁大部分海域的温跃层加深。

波浪：2019年航次P3站的波浪数据表明，中沙大环礁中部海域最大波高最大值为255 cm，平均波高最大值为95 cm，受西南季风的影响，强浪向为SW向，次浪向为NE向，平均周期为4.0 s。2020年航次P1站和P4站的波浪数据表明，中沙大环礁南部和北部的最大波高最大值分别为365 cm和392 cm，平均波高最大值分别为134 cm和139 cm，大环礁东西两侧的平均波高接近，但强浪向差异较大，观测期间P1站的强浪向为WSW向，而P4站的强浪向为NNE向，可能与两站所在的位置有关系，P1站位于中沙群岛最南侧，其南侧为深水区，北侧为浅滩，而P4站位于中沙群岛北侧，其北侧为深水区，南侧为浅滩，表明海区波浪方向受地形的影响明显。

第3章

中沙大环礁中北暗沙近表层沉积特征与沉积环境

3.1 南海珊瑚礁沉积研究概况

珊瑚礁是热带、亚热带浅海区由造礁石珊瑚骨架和生物碎屑组成的具有抗浪性能的海底隆起（张乔民等，2006）。我国南海珊瑚礁面积约为37 935 km^2，占全球珊瑚礁总面积的约5%（王丽荣等，2014），主要分布在南沙群岛、西沙群岛、东沙群岛、中沙群岛、海南岛、台湾岛和华南大陆沿岸等地。地质历史时期以来南海珊瑚礁的形成发育、地质演变和珊瑚礁生态系统的演替一直是国内外珊瑚礁研究的重点方向。自20世纪70年代起，我国先后在西沙群岛和南沙群岛等地开展了珊瑚礁地质钻探和相关研究，初步揭示出南沙群岛珊瑚礁新近纪以来礁相地质演化、古气候和古海平面变化的特征（朱袁智等，1997；赵焕庭等，1992，1995），以及西沙群岛珊瑚礁新近纪以来地层年龄框架、古气候、岩相及沉积相、元素地球化学、有机地球化学、生物礁发育演化及海平面变化过程（张海洋等，2016；朱伟林和谢玉洪，2016；秦国权，1987；何起祥等，1986）。

3.1.1 南海珊瑚礁沉积钻探

1. 南沙群岛

南沙群岛位于南海南部海域，是南海诸岛四大群岛中珊瑚礁最多、分布范围最广的群岛，发育有珊瑚礁灰沙岛、沙洲、暗礁、暗沙和暗滩（海南省地方志办公室，2007）。

相比于西沙群岛，我国在南沙群岛开展的珊瑚礁沉积钻探研究时间要短，钻井数量要少，其中包括永暑礁的 2 口深钻井南永 1 井和南永 2 井，以及浅钻井南永 3 井和南永 4 井等，美济礁的 1 口深钻井南科 1 井，太平岛的 1 口钻井太平岛 1 号井。

我国在南沙群岛最早的珊瑚礁钻探是由中国科学院南海海洋研究所承担的“七五”国家重大科技专项“南沙群岛及其邻近海区综合科学考察”组织的中国科学院南沙综合科学考察队于 1990 年在南沙群岛永暑礁礁坪实施钻探的南永 1 井。该钻井进深 152.07 m，全岩心采样，所属地质时段为早更新世以来。随后深入开展了岩心的地层学、古生物学、礁相沉积学、碳酸盐岩石学、元素地球化学、同位素地质学、放射性地质测年学、古地磁年代学、岩土力学和沉积声学等多学科的试验分析研究，建立了南沙群岛第一个第四纪珊瑚礁地层剖面，系统地阐述了南沙群岛海区第四纪珊瑚礁地质演化、古气候和古海平面的历史（赵焕庭等，1992）。1994 年，由中国科学院南海海洋研究所承担的“八五”国家专项“南沙群岛及其邻近海区综合科学考察”组织的中国科学院南沙综合科学考察队在永暑礁礁坪实施钻探南永 2 井。该钻井进深 413.69 m，全岩心采样，所属地质时段为晚中新世以来。基于南永 2 井岩心生物地层、古地磁、C-14 测年、元素地球化学、矿物组成、岩石特征等综合实验分析，建立了南沙群岛第一个新生代生物礁地层剖面，揭示了晚中新世以来永暑礁生物礁沉积相发育演变和海平面变化的关系以及特殊的沉积事件等（朱袁智等，1997）。遗憾的是，由于条件所限，南永 1 井和南永 2 井都未能穿透珊瑚礁礁体，无法揭示南沙群岛珊瑚礁形成与发育的起始年代。此后 20 余年南沙群岛再没有开展珊瑚礁沉积的深钻和相关研究，仅分别于 1999 年和 2002 年由中国科学院南海海洋研究所承担的“九五”国家科技攻关南沙群岛综合科学考察项目和科技部“十五”社会公益专项组织的中国科学院南沙综合科学考察队在南沙群岛永暑礁小潟湖实施钻探南永 3 井和南永 4 井。南永 3 井位于潟湖水下约 11.47 m，进深 5.90 m，是我国首次获得的完整高分辨率珊瑚礁潟湖沉积岩心，通过年代学、地球化学和古生物学的研究，揭示了晚全新世近 1700 年以来永暑礁海区气候环境变化规律（冯伟民等，2005；赵焕庭等，2000，2004；温孝胜和秦国权，2001；温孝胜等，2001）。南永 4 井位于潟湖水下约 4.3 m，进深 15.4 m，该钻井岩心沉积年代和沉积物粒度的分析揭示出中晚全新世约 4000 cal a BP 以来永暑礁海区发生的强风暴潮事件（Yu et al.，2009，2006；施祺和余克服，2007）。

由中国科学院南海海洋研究所承担的中国科学院战略性先导科技专项（A 类）项目“南海环境变化”于 2018 年在南沙群岛美济礁实施了南科 1 井地质钻探，该钻井进深 2020 m，取心率高达 91%，该钻井首次在南沙群岛穿透珊瑚礁礁体，礁体厚度为 997.7 m（韩雪等，2022；罗云等，2022）。围绕南科 1 井珊瑚礁岩心已开展了一系列的相关研究，获得了重要研究成果。该钻井岩心磁性地层学的分析揭示出美济礁礁体底部的年龄约为 23.34 Ma，岩心沉积速率阶段性变化（Yi et al.，2020）。基于钻井岩心层序地层、地层年代、矿物成分、碳氧同位素、主微量元素分析，识别了美济礁第四纪生物礁碳酸盐岩地层的典型暴露面及其与珊瑚礁发育演化和海平面变化的关系（罗云等，2022）。结合现代造礁石珊瑚骨骼微结构特征，研究确认了钻井岩心中主要造礁石珊瑚属种及其骨骼显微结构的详细特征，确定了石珊瑚化石鉴定的关键指标（Zhao et al.，2021）。通过对钻井白云岩层岩相学、矿物学和 Fe 元素及其同位素地球化学的分析，揭示了美济礁白云岩发育特征和成岩环境及其成因机制（韩雪等，2022）。此外，通过对钻井岩心团簇同位素地球化学的研究，揭示了团簇同位素在碳酸盐岩成岩作用和白云石化过程中的意义（Guo et al.，2021）。

此外，我国早在 1981 年就在南沙群岛最大的天然灰沙岛太平岛开展实施了珊瑚礁沉积钻探，获取了太平岛 1 号井 523.35 m 深的钻孔岩心，并开展了沉积岩心的岩石学、地球化学和年代学的研究（Gong et al.，2003，2005）。岩心研究揭示出太平岛是一个发育于全新世珊瑚礁之上，完全由生物砂屑组成的灰沙岛，生物砂屑厚度可达 9 m，灰沙岛之下珊瑚礁沉积主要包括礁相和潟湖相，全新世和更新世珊瑚礁沉积的界线大致位于 21 m 的沉积间断暴露面，更新世的珊瑚礁发育则存在 4 个沉积间断暴露面，主要受全球海平面变化的控制；全新世珊瑚礁发育始于约 7900 a BP，至全新世中晚期约 4700 a BP 接近海平面，出现珊瑚垂直向上发育的停滞，转而侧向扩张（Gong et al.，2003，2005，2006）。

2. 西沙群岛

西沙群岛位于我国南海中北部海域，是南海诸岛四大群岛中陆地面积最大的群岛，岛屿陆地总面积约 8 km^2，由永乐群岛和宣德群岛组成，包括各类珊瑚礁、灰沙岛、沙洲、暗礁、暗滩 40 多个（陈万利等，2020；王璐等，2017）。近 50 年来，在西沙群岛已先后开展了多次珊瑚礁地质钻探工作，共获得了 7 口珊瑚礁沉积的岩心钻井，其中永兴岛上有 2 口，包括西永 1 井和西永 2 井，永兴岛北侧石岛上有 2 口，包括西石 1 井和西科 1 井，琛航岛上的有 3 口，包括西琛 1 井、琛科 1 井和琛科 2 井。

燃料化学工业部南海石油勘探筹备处和中国科学院南海海洋研究所于 1973～1974 年首次在西沙群岛永兴岛东北部实施完成了西永 1 井的钻探工作，这是西沙群岛第一口钻井，该钻井进深 1384.68 m，礁体厚度为 1251 m（王崇友等，1979）。随后，在地质矿产部青岛海洋研究所组织下，1983～1984 年先后实施完成了西沙群岛琛航岛西琛 1 井（井深 802.17 m）（魏喜等，2007）、石岛西石 1 井（井深 200.63 m）（何起祥等，1986）、永兴岛西永 2 井（井深 600.02 m）（张海洋等，2016）的钻探工作。后续围绕这些钻孔岩心，科研工作者开展了微体古生物学、埋藏学、沉积学、矿物学、岩石学、地球化学、层序地层学的相关分析，揭示了古生物群落演化、碳酸盐沉积作用、成岩作用及沉积相模式、生物礁发育、成礁模式以及古海洋事件，先后出版了《西沙生物礁碳酸盐沉积地质学研究》（张明书等，1989）、《西沙中新世生物地层和藻类的造礁作用与生物礁演变特征》（许红等，1999）和《南海珊瑚礁区沉积学》（王国忠，2001）等专著。

中海石油（中国）有限公司湛江分公司于 2013 年在西沙群岛石岛实施了西科 1 井钻探，该钻井井深 1268.02 m，岩心取心率达 85%以上（刘新宇等，2015，2019）。基于西科 1 井钻孔岩心，开展了沉积地层学、磁性地层学、同位素地层学、古生物学、地球化学、岩石学、储层地质学、古海洋学的研究，明确了西科 1 井的岩性特征、古生物属种类型及组合特征、碳酸盐-生物礁礁滩沉积微相类型和特征、碳酸盐生物礁岩石组构与储集空间特征、成岩作用类型及成岩演化过程，建立了生物地层和年代地层框架、生物礁滩垂向动态沉积模式及其演化模式和白云石化模式，揭示了中新世以来主要造礁生物类型及造礁期，阐明了早中新世至第四纪西沙群岛生物礁古生态环境演化特征及海平面变化，先后发表了多篇研究论文和出版了《南海西科1井碳酸盐岩生物礁储层沉积学·层序地层与沉积环境》（解习农等，2016）、《南海西科1井碳酸盐岩生物礁储层沉积学·年代地层与古海洋环境》（邵磊等，2016）、《南海西科1井碳酸盐岩生物礁储层沉积学·古生物地层》（祝幼华等，2016）、《南海西科 1 井碳酸盐岩生物礁储层沉积学·储层特征与成岩演化》（时志强等，2016）等系列专著。

中国科学院南海海洋研究所承担的科技基础性工作专项“南海中北部珊瑚礁本底调查”于 2013 年在西沙群岛琛航岛实施了珊瑚礁科学钻探工程。项目组在琛航岛东南砾石堤内侧共钻探了2口地质钻井，即琛科1井和琛科2井，钻井进深分别为901.9 m和928.75 m，均钻穿了珊瑚礁礁体进入基岩，两口钻井的礁灰岩厚度分别为886.2 m和873.55 m。但由于珊瑚礁地层破碎，孔洞发育，取心样品长度仅分别为416.62 m和646.79 m，取心率有所不足（朱长歧，2014）。后续围绕琛科 2 井岩心开展了有关珊瑚礁年代、沉积、古生态、珊瑚礁发育以及气候环境变化的研究。根据岩心样品 $^{87}Sr/^{86}Sr$ 比值和古地磁极性反转的年龄提出钻孔岩心的年代学框架，认为琛航岛珊瑚礁发育始于中新世早期（19.6 Ma）（Fan et al.，2020）。基于钻孔上部岩心的铀系测年以及碳氧同位素和地化指标，推测西沙群岛海域近7900 cal a BP以来海平面上升了约13.8 m（覃业曼等，2019），鉴定识别了钻孔岩心全新世以来珊瑚藻种群组成及其指示的水深环境的变化（李银强等，2017），研究分析了钻井岩心中210.5 m厚的白云岩地层的年代、生物、矿物和地化组成以及形成原因（Wang et al.，2018），通过钻孔岩心岩石学特征及其同位素和地化元素的分析，揭示出上新世—更新世约2.6 Ma的东亚季风转变（Jiang et al.，2019a）。

结合钻井岩心沉积间断面、岩石特征和测年结果，南沙群岛永暑礁南永 1 井和南永2井全新统地层井深分别为17.3 m和17.7 m（朱袁智等，1997；赵焕庭等，1992）；美济礁南科1井全新统地层井深约为20.2 m（罗云等，2022）；太平岛珊瑚礁全新世和更新世的沉积间断暴露面界线大致位于21 m，全新世珊瑚礁发育始于约7900 a BP（Gong et al.，2003）。西沙群岛琛航岛西琛1井全新统地层井深约16.9 m，永兴岛西永2井全新统地层井深约17.7 m（张明书等，1989），琛航岛琛科1井全新统地层井深约16.7 m（覃业曼等，2019）。南沙群岛和西沙群岛几口珊瑚礁钻井岩心所揭示的全新世珊瑚礁沉积厚度大致接近，都存在沉积间断面，表明南海海区全新世珊瑚礁的形成与发育具有相似的模式，覆于更新世珊瑚礁之上，随全新世海平面的上升生长发育而成。

3. 中沙群岛

相较于南沙群岛和西沙群岛，中沙群岛珊瑚礁区的现场调查研究相对较少。1975 年3～4 月中国科学院南海海洋研究所两次开展中沙群岛海域的海洋综合科学考察，利用在中沙大环礁采集到的少量表层样品开展了中沙大环礁表层沉积特征的研究（黄金森，1987；刘韶，1987；谢以萱，1980）。2015 年 5～7 月，在国家科技基础性工作专项项目和国家重大科学研究计划项目支持下，中国科学院南海海洋研究所对中沙群岛的黄岩岛进行了生物学、生态学和水文环境调查。但近年来的研究大多侧重于海洋生物和海洋环境等方面（Yu et al.，2019；Lu et al.，2018；王璐等，2017；田永青等，2016；佟飞等，2015），缺少对中沙群岛地形地貌以及珊瑚礁沉积的调查研究，尚未开展过中沙群岛珊瑚礁沉积的钻探工作，中沙群岛珊瑚礁沉积的岩心样品及相关分析仍然是空白，对中沙群岛相关的认识仍局限于20世纪70～80年代的研究成果（黄金森，1987；刘韶，1987；谢以萱，1980），对有关中沙大环礁珊瑚礁沉积地层特征及其沉积环境的认识仍存在不足。

3.1.2 南海珊瑚礁沉积物理力学特性

由于海洋石油和天然气资源、渔业资源的开发及国防建设的需要，南海诸岛珊瑚礁区开展的工程活动日益增多，规模也愈来愈大。珊瑚礁沉积是岛礁工程建设的承载基础，认识珊瑚礁沉积的物理力学性质是开展岛礁建设的前提，故迫切需要开展南海珊瑚礁沉积物理力学性质的调查研究，以满足岛礁工程建设的需求。

珊瑚礁是造礁石珊瑚群体死亡后其残骸经过漫长的地质作用而形成的岩土体，主要由海洋生物遗骸胶结而成，由于海洋生物的孔洞结构及海水水力侵蚀的溶蚀作用，岩石内存在大量孔隙，其性质与陆源岩有很大区别。目前，因为南海珊瑚礁沉积取样、运输困难，所以国内外针对珊瑚礁沉积物理力学特性的研究相对较少。朱长歧等（2014，2015）对西沙群岛和南沙群岛的生物碎屑石灰岩开展了调查研究，揭示了控制其强度的关键参数。Wang 等（2020）对南沙群岛三种不同胶结类型的礁灰岩进行了单轴试验，讨论了其强度间的关系。王新志等（2008）对南沙群岛未成岩的珊瑚礁沉积样品进行了研究，发现珊瑚礁沉积样品的端部表现出明显的应变硬化，在应力-应变曲线中观察到两个峰值，在应变很小的情况下应力迅速达到峰值，推断未成岩的珊瑚礁沉积没有压密段。Liu 等（2021b）对南海某珊瑚礁的微晶骨架礁灰岩进行了三轴压缩试验，研究了其损伤特性并提出了径向损伤变量与径向应变之间的经验关系。孟庆山等（2019）对南沙群岛礁灰岩进行了霍普金森压杆（SHPB）单轴冲击试验，研究了礁灰岩的动力破碎形态和动态力学性能。马林建等（2021）研究了南海不同深度珊瑚礁灰岩的物理力学特性。国外的相关研究中，Elhakim（2015）对在迪拜提取的礁灰岩样品进行了单轴抗压试验，试验结果离散性较大，强度范围为0.13～15.75 MPa，属于软弱和极软弱岩石，在50%无侧限抗压强度（E50）下，完整岩石试样的切线弹性模量约等于 125.7 倍的单轴抗压强度。Palchik（2010）对取自以色列的非均质碳酸盐岩进行了研究，发现其起裂应力为单轴抗压强度的45%～78%，体应变也不同于陆源岩，在达到峰值强度之前观察到连续收缩变形。Pappalardo（2015）对地中海西西里岛的碳酸盐岩进行了单轴压缩试验，分析了单轴抗压强度与孔隙度的关系，试验结果离散性较大。此外，苏理昌（2017）对微型人工岛地下空间开发进行了论述，认为建设岛礁地下空间对海洋资源的开发与可持续发展具有重要意义。而目前关于珊瑚礁沉积的研究仅仅能满足当前的一些地面工程建设需求，而建设岛礁地下工程，就必须研究珊瑚礁沉积的损伤破坏机制。Diederichs 等（2004）建议将裂纹萌生应力作为隧洞掘进过程中大量节理岩体强度的下限，可见岩石损伤机制的研究对于地下空间开发是必不可少的。而南海珊瑚礁沉积的损伤破坏研究仍是空白，相关的研究可为岛礁的地下空间建设提供参考。

声学特性声是珊瑚礁沉积的物理性质之一，能为珊瑚礁沉积物的分类和工程条件评价等提供基础资料，有效地确定珊瑚礁的结构和稳定性，因此珊瑚礁沉积的声学特性研究成果可为珊瑚岛礁工程建设的稳定性评价提供可靠的数据支撑。在过去的五六十年中，国内外有关海底沉积物的声学特性测试和研究主要集中在海底硅质碎屑沉积物，对海洋碳酸盐岩沉积物，尤其是珊瑚礁的声学特性的研究相对较少。主要是由于珊瑚礁分布远离大陆，并且珊瑚礁发育可达上千米，需要开展地质钻探，样品采集困难，因此对珊瑚礁沉积的声学特性及其影响因素的研究仍较薄弱，一定程度上制约了对珊瑚礁沉积声学特性的认识及其在岛礁工程建设中的应用。我国对南海珊瑚礁沉积声学特性的研究始于 20 世纪 90 年代，中国科学院南沙综合科学考察队于 1992 年开展了南沙群岛永暑礁珊瑚礁地质钻探，获取了南永 1 井珊瑚礁沉积岩心，并开展了有关珊瑚礁礁灰岩声学特性的测试和研究（赵焕庭等，1992），其中，孙宗勋和卢博（1999）和李赶先和卢博（2001）分别研究了南永 1 井钻孔 152.08 m 以浅礁灰岩的纵波声速变化规律及其与礁灰岩结构、孔隙度、沉积环境和地质事件等的关系。孙宗勋和卢博（1999）和王新志等（2008）基于珊瑚礁礁坪的浅层工程钻探所获取的岩心，还开展了南沙群岛部分岛礁浅层珊瑚礁沉积的声学特性研究。近年来，在西沙群岛也陆续开展了不同珊瑚岛礁沉积的声学特性测试和研究，包括西沙群岛部分岛礁浅层（＜50 m）钻孔岩心礁灰岩的声学参数和物理力学参数测试和分析，建立了礁灰岩声学特性和物理性质的回归方程，结果表明礁灰岩的声学特性与其物理性质具有密切的关系（杨永康等，2016）。郑坤等（2019）对西沙群岛某岛礁钻井 106.4 m 以浅的岩心样品的测试分析揭示出不同结构类型礁灰岩的弹性波特性，并提出了基于纵波声速的珊瑚礁灰岩质量等级的划分标准，利用声波特性识别礁灰岩结构并划分类型。

可见，针对珊瑚礁沉积物理力学特性的研究主要集中在宏观力学及物理性质上面，并且都是针对南沙群岛和西沙群岛的珊瑚礁沉积，由于取样困难，尚未开展中沙群岛珊瑚礁沉积相关的研究。考虑到珊瑚礁沉积表现出较明显的地域差异性和自身不均匀性，有必要对中沙群岛珊瑚礁沉积的物理力学性质开展调查研究。

3.2　中沙大环礁沉积研究概况

中沙群岛及其邻近海域地处南海中部，覆盖海域面积达 60 多万平方千米，是我国南海诸岛的重要组成部分。中沙群岛包括中沙大环礁与黄岩岛两个环礁系统，以及 30 多个暗滩和暗沙，其中中沙大环礁是中沙群岛的主体部分，也是南海诸岛中最大的环礁。近年来，中沙大已成为“一带一路”倡议的海上通道，在海上安全、资源开发和生态安全方面发挥着重要的作用。中沙大环礁是世界上最重要的珊瑚礁生态系统之一，对海洋生物多样性以及珊瑚的繁育具有重要意义（Tittensor et al.，2010）。作为世界上最大的水下环礁之一，中沙大环礁具有丰富的珊瑚和鱼类资源（Zuo et al.，2015；Morton and Blackmore，2001）。此外，中沙大环礁在南海中央海盆西北边缘，位于海南岛东部台阶式陆坡上，以珊瑚礁堆积为主，具有深厚的碳酸盐岩沉积，对认识中沙群岛乃至南海珊瑚礁形成与发育、地质演变与环境变迁以及珊瑚礁工程地质特性都具有重要意义。

由于中沙大环礁相对偏远的地理位置，整体较大的水深，暗沙和暗滩分布，低潮时没有任何出露，以及复杂多变的天气海况，受自然条件和其他客观条件的限制，近几十年来少有关于中沙大环礁的调查和研究，其中有关中沙大环礁沉积的调查和研究主要集中于20世纪70～80年代，而此后的文献报道中现场调查和研究几乎没有。早期的调查研究仅仅是对中沙大环礁采集到的少量表层样品进行了分析，获得中沙大环礁表层沉积物的一些初步特征，但缺少珊瑚礁沉积地层的钻探取样和岩心样品的分析，以及有关中沙大环礁珊瑚礁沉积地层特征的研究。有关中沙大环礁乃至整个中沙群岛海区珊瑚礁的沉积年代、物质组成、地层结构等基础数据资料极其匮乏，严重制约了对中沙群岛珊瑚礁发育演变的认识和岛礁工程建设的规划，以及对中沙群岛乃至整个南海珊瑚礁发育演化及其气候环境变迁的科学认识，不利于对中沙群岛及其邻近海域行使国家主权，也不利于进一步开发、利用和保护中沙群岛海域。有鉴于此，由中国科学院南海海洋研究所承担的国家科技基础资源调查专项“中沙群岛综合科学考察”课题3“中沙群岛珊瑚礁全新世沉积地层调查”计划通过开展中沙群岛珊瑚礁沉积地层的地质钻探和研究，认识中沙群岛珊瑚礁全新世沉积地层特征，为中沙群岛珊瑚礁基础研究以及岛礁工程建设提供数据资料、样品材料支撑。

3.2.1 中沙大环礁概况

中沙大环礁位于南海中部海域，西沙群岛的东南，面积约为23 500 km^2（Liu et al.，2022；Huang et al.，2020），是中沙群岛的主要组成部分，也是南海诸岛中最大的环礁。中沙大环礁是一个巨大的珊瑚环礁，呈SW-NE走向延伸。中沙大环礁全部隐伏于海平面之下，周边由20座断续环绕分布的暗沙和礁滩组成，水深12～20 m；中部潟湖水深大多为75～85 m，潟湖内分布有6座暗沙；最浅位置位于潟湖中部的漫步暗沙，水深约为9 m；潟湖最大水深位于西南部，水深为109 m（黄金森，1987）。

1. 地形地貌

中沙大环礁坐落于南海西北部大陆坡台阶之上，西面以西沙东海槽为界与西沙群岛分隔，北面以西沙北海槽与大陆坡分隔，东面以中沙群岛东海槽与中央海盆分隔，南面以中沙群岛南海槽与南沙群岛分隔，周边以西沙东海槽、中沙群岛南海槽及海谷与大陆坡和西沙群岛分割。中沙大环礁从外向内可分为礁前斜坡、礁环和潟湖，由礁环往潟湖存在三级阶地。第一级阶地水深15～20 m，为中沙大环礁的暗沙组成的礁环；第二级阶地水深约60 m，为内部潟湖与外海水体交换的通道；第三级阶地分布范围最广，水深约80 m，为整个潟湖底，占环礁总面积的65%以上。此外，受潮流切割作用，中沙大环礁礁体形成数道深切沟槽，水深可达上百米。中沙大环礁西北部礁前斜坡存在一个水深约

350 m 的水下台阶，被称为中沙上台阶，该台阶宽 5～37 km，台阶面地势较平缓，坡度小于 0.4°。此台阶之下礁坡以大于 5°的坡度下降，在水深 2200～2400 m 位置出现大陆坡台阶，被称为中沙下台阶。中沙大环礁东南部地势向东南倾斜，受断层切割，坡度明显大于西北侧礁坡，水下台阶发育不明显，礁坡以 10°～20°的坡度下降，迅速向水深约 4000 m 的中央海盆过渡。

2. 地质构造

中沙大环礁和西沙群岛同处于南海西北陆坡之上，属同一个构造区。中沙地壳为大陆型地壳，地壳厚度为 24～26 km；周边为海槽过渡型地壳，地壳厚度为 16～20 km；以东的中央海盆地壳属大洋型地壳，地壳厚度为 6～10 km。中沙大环礁和西沙群岛所在的南海中部地区断裂构造极为发育，又以北东向和东西向断裂组最为发育，构成了南海中部断裂构造的主体。其中，北东向断裂组是南海中部海区主要构造格架，形成一系列断隆构造，控制了中沙大环礁和西沙群岛地形的发育和分布。此外，南海中部东西向断裂组也十分发育，往往切割北东向断裂组，主要出现在新生代，构成南海中部海区新生代构造的主体。中沙大环礁和西沙群岛周缘的岩石圈断裂、地壳断裂控制了作为中沙大环礁和西沙群岛基座的陆坡台阶面的形状及展布（黎昌，1986；中国科学院南海海洋研究所地质构造研究室，1982）。

中沙大环礁和西沙群岛基底为前寒武纪大陆地块，晚侏罗纪至早白垩纪南海地区发生强烈的断裂活动，南海中央海盆西缘北东向大断裂及其后的西沙北海槽北缘和中央海盆北缘近东西向大断裂的出现或重新强烈活动，引发强烈的拉张，使得西沙群岛和中沙大环礁地区裂离了大陆，形成西沙-中沙断隆，而周边形成西沙北海槽和西沙东海槽。中生代以后西沙-中沙断块长期处于隆起受剥蚀状态，新生代早中新世初期受拉裂作用，西沙-中沙断块出现沉降，被海水所覆盖，西沙-中沙断块形成与生物礁发育，先后经历古近纪的断隆和断陷、早中新世初期的准平原、早中新世晚期至中新世末期的断拗、上新世至第四纪的拉张断阶和海退侵蚀等发展阶段，堆积有上千米的礁灰岩和生物碎屑沉积（黎昌，1986；中国科学院南海海洋研究所地质构造研究室，1982）。大约在中渐新世到中中新世，南海各区块先后从强烈构造活动阶段进入构造相对稳定阶段，自中中新世（约 15 Ma）起南海新构造运动格局基本形成，各大陆边缘盆地在新近纪开始沉积相对稳定，不受断裂构造控制，进入构造稳定的凹陷阶段，而西沙群岛和中沙大环礁区属弱构造活动区（卢丽娟等，2019）。

3. 珊瑚礁沉积

中沙大环礁是在南海区域沉降背景下发育起来的，该海区气候与海水环境以及地形地貌适合造礁珊瑚固着生长，使得中沙大环礁发育巨厚的珊瑚礁并塑造了中沙大环礁。由于缺少钻孔资料，中沙大环礁具体珊瑚礁礁体厚度不得而知。西沙群岛与中沙大环礁共同坐落于大陆坡水下台阶之上，西沙台阶水深为 900～1000 m，西沙群岛几个沉积钻孔都穿透了珊瑚礁礁体，钻孔沉积岩心揭示出西沙群岛珊瑚礁礁体厚度可达 1200 多米，而中沙下台阶水深可达 2000～2400 m，其上的中沙大环礁礁体沉积厚度应当大于西沙群岛珊瑚礁沉积厚度，推测中沙大环礁礁体厚度应在 2000 m 以上（毛树珍和谢以萱，1982；谢以萱，1980）。根据宪法暗沙礁灰岩的 ^{14}C 年代（22 300 cal a BP），以及西沙群岛琛航岛钻孔岩心礁灰岩的 ^{14}C 年代（27 050 cal a BP），推测中沙大环礁上部的珊瑚礁形成时代为晚更新世（黄金森，1987）。

中沙大环礁表层沉积呈现典型的环礁沉积相带，大致可分为四个沉积带，包括礁前塌积带、礁坡珊瑚带、礁核带及礁后（潟湖）带（刘韶，1987；黄金森等，1982）（图 3-1）。礁前塌积带水深 60～400 m，沉积物主要为生物礁块、砾和生物砂屑（粗砂至细砂）组成的松散碎屑堆积物，生物砂屑的粒度随水深加大而变细。礁坡珊瑚带水深 20～60 m，珊瑚藻和造礁石珊瑚生长茂盛，礁体沉积以珊瑚藻固结为主。礁核带为水深 20 m 以浅的暗沙和礁滩组成的礁环，是造礁石珊瑚的主要生长区域，礁体多为以造礁石珊瑚为主的胶结物。礁后（潟湖）带水深 20～85 m，分布有潟湖沉积，属典型的生物碳酸盐沉积。沉积物粒度组分受环礁内缘至潟湖底的水下地形控制，随水深增加，粒度组分由中粗砂逐步过渡为细粉砂。潟湖沉积又可分为两个沉积带，包括礁内缘带和礁底带（中心带）。礁内缘带沉积物生物组分主要为珊瑚、珊瑚藻、瓣鳃类、腹足类以及有孔虫碎屑，粒度组分主要为粗中砂至中细砂；礁底带生物组分以起造礁作用的珊瑚、珊瑚藻为主的碎屑沉积过渡到以有孔虫为主的碎屑沉积，并且有孔虫由底栖类型向浮游类型转变，粒度组分主要为中细砂过渡到细粉砂。

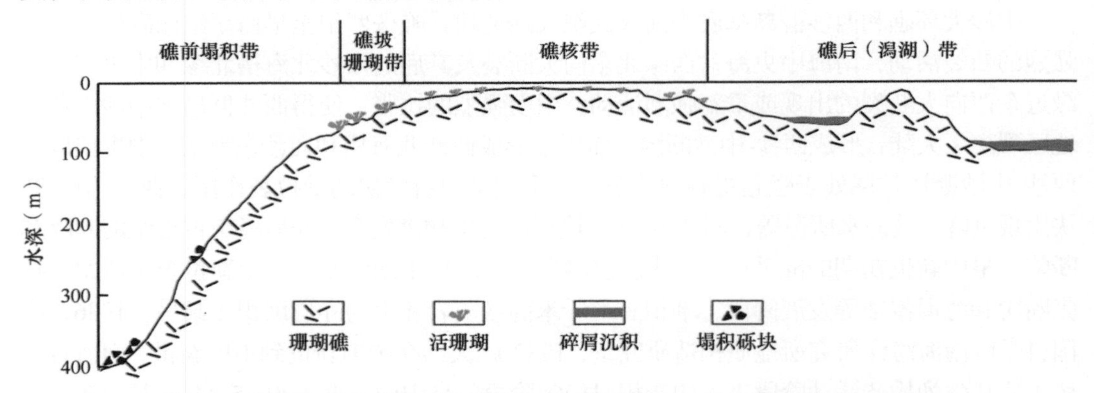

图 3-1　中沙大环礁表层沉积分带（改自黄金森，1987；黄金森等，1982）

4. 珊瑚群落

中沙大环礁造礁石珊瑚群落发育。20 世纪七八十年代的调查发现，中沙大环礁的造礁石珊瑚共有 24 属（聂宝符等，1992；黄金森，1987），包括蜂巢珊瑚属（*Favia*）、刺星珊瑚属（*Cyphastrea*）、同星珊瑚属（*Plesiastrea*）、沙珊瑚属（*Psammocora*）、角蜂巢珊瑚属（*Favites*）、菊花珊瑚属（*Goniastrea*）、小星珊瑚属（*Leptastrea*）、杯形珊瑚属（*Pocillopora*）、真叶珊瑚属（*Euphyllia*）、干星珊瑚属（*Caulastrea*）、刺叶珊瑚属（*Echinophyllia*）、叶状珊瑚属（*Lobophyllia*）、鹿角珊瑚属（*Acropora*）、石芝珊瑚属（*Fungia*）、薄层珊瑚属（*Leptoseris*）、穴孔珊瑚属（*Alveopora*）、蔷薇珊瑚属（*Montipora*）、盔型珊瑚属（*Galaxea*）、排孔珊瑚属（*Seriatopora*）、顶枝珊瑚属（*Acrhelia*）、角孔珊瑚

属（*Goniopora*）、牡丹珊瑚属（*Pavona*）、滨珊瑚属（*Porites*）和星孔珊瑚属（*Astreopora*），还有其他造礁珊瑚 4 属，包括笙珊瑚属（*Tubipora*）、多孔螅属（*Millepora*）、柱星螅属（*Stylaster*）、软珊瑚属（*Alcyonium*），以及非造礁珊瑚 5 属。2015 年中沙大环礁漫步暗沙和中北暗沙珊瑚礁调查发现造礁石珊瑚共 11 属 30 种（佟飞等，2015），相比之前新发现造礁石珊瑚 3 属，包括西沙珊瑚属（*Coeloseris*）、扁脑珊瑚属（*Platygyra*）和假铁星珊瑚属（*Pseudosiderastrea*）。此外，中沙大环礁还生长有其他生物，包括钙藻类的珊瑚藻属（*Corallina*）、仙掌藻属（*Halimeda*）、有孔虫、苔藓虫、软体动物、棘皮动物等（聂宝符等，1992；黄金森，1987）。

3.2.2　中沙大环礁沉积调查计划与实施

国家科技基础资源调查专项“中沙群岛综合科学考察”课题 3“中沙群岛珊瑚礁全新世沉积地层调查”计划通过开展中沙大环礁和黄岩岛珊瑚礁沉积钻探，获取岩心样品，开展珊瑚礁岩心样品的实验测试分析，研究中沙群岛珊瑚礁全新世沉积特征，为中沙群岛珊瑚礁基础研究以及岛礁工程建设提供数据资料、样品材料支撑。该课题包括 4 个方面的内容：①开展中沙大环礁和黄岩岛沉积钻探，获取珊瑚礁沉积、潟湖沉积以及珊瑚骨骼柱状岩心样品；②开展中沙群岛珊瑚礁沉积岩心样品的影像与年代、地球化学测试分析，获取岩心样品的加速器质谱放射性碳-14（AMS C-14）年代、数字影像、地球化学元素和同位素等数据；③开展中沙群岛珊瑚礁沉积岩心样品的物理力学特性测试分析，获取岩心样品的孔隙度、密度、抗压强度等物理力学参数数据；④开展中沙群岛珊瑚礁沉积岩心样品的声学特性测试分析，获取纵波声速、声衰减系数、电阻率等声学-电学参数数据。

根据课题任务书工作安排，2020 年 5 月以搭载航次的方式组织开展了中沙大环礁沉积钻探工作，搭载的调查船为“琼琼海渔 82006”。由于项目计划的黄岩岛调查航次申请一直未获审批，黄岩岛的调查和钻探工作未能开展。此外，受新冠疫情的影响，课题搭载的调查航次推迟了一个多月，导致中沙大环礁现场调查钻探工作的时间安排大幅度缩短，无法按原计划安排现场工作，工作计划做了相应调整，工作区域调整为中沙大环礁西北部的中北暗沙。课题组通过现场水下踏勘和测深，选取了 5 个钻探站位，通过潜水的方式，利用水下钻机开展了水下珊瑚礁沉积钻探，共计实施了 13 个钻孔的岩心钻探工作，均获得了柱状岩心样品。航次结束后，将所有岩心样品运回中国科学院南海海洋研究所，保存于珊瑚礁岩心样品库中。后续根据课题任务安排，开展了岩心样品的整理编录，以及样品的切割、取样，按照课题不同的研究内容，统筹安排开展各项实验测试和数据采集分析。

1. 中北暗沙概况与现场钻探

中北暗沙位于中沙大环礁西北部边缘，呈东西向长条形。中北暗沙北部为水深 350.0 m 的水下台阶，平均水深约 20.0 m。中北暗沙海水温度约为 29.66℃，盐度约为 34.42，pH 约为 7.91，溶解氧含量约为 6.45 mg/dm^3，透明度为 12.5 m（佟飞等，2015）。中北暗沙造礁石珊瑚有 7 种，其中叶状造礁石珊瑚有 3 种，团块状和枝状造礁石珊瑚各有 2 种，主要优势种为鬃棘蔷薇珊瑚（*Montipora hispida*），其余石珊瑚种包括埃氏杯形珊瑚（*Pocillopora eydouxi*）、海绵蔷薇珊瑚（*Montipora spongodes*）、疣状蔷薇珊瑚（*Montipora verrucosa*）、澄黄滨珊瑚（*Porites lutea*）、西沙珊瑚（*Coeloseris mayeri*）和多曲杯形珊瑚（*Pocillopora meandrina*），珊瑚覆盖率为 2.14%～24.64%，珊瑚平均覆盖率约为（7.34±6.05）%，并未出现白化石珊瑚（佟飞等，2015）。

课题 3 的调查航次于 2020 年 5 月开展了中北暗沙珊瑚礁的现场调查和水下珊瑚礁沉积钻探。现场经过水下踏勘和测深，选择了中北暗沙东部一个穹隆式凸起，水深 15～22 m，现场共设置了 5 个站位，利用美国产 Tech 2000 水下钻机开展水下珊瑚礁沉积和大型滨珊瑚骨骼沉积钻探，获取了柱状岩心样品（图 3-2）。现场钻探总计获得 13 个钻孔岩心柱样（图 3-3），岩心样品总长度约为 14.25 m。其中，珊瑚礁沉积钻孔岩心柱样有 5 个（编号：ZBSS-01～ZBSS-05），样品长度为 12～40 cm；珊瑚骨骼沉积钻孔岩心柱样有 8 个，均为滨珊瑚，包括 2 个活体滨珊瑚骨骼沉积钻孔岩心柱样（编号：ZBLC-01、ZBLC-02），样品长度为 150～190 cm，以及 6 个死亡滨珊瑚骨骼沉积钻孔岩心柱样（编号：ZBDC-01～ZBDC-06），样品长度为 61～381 cm。

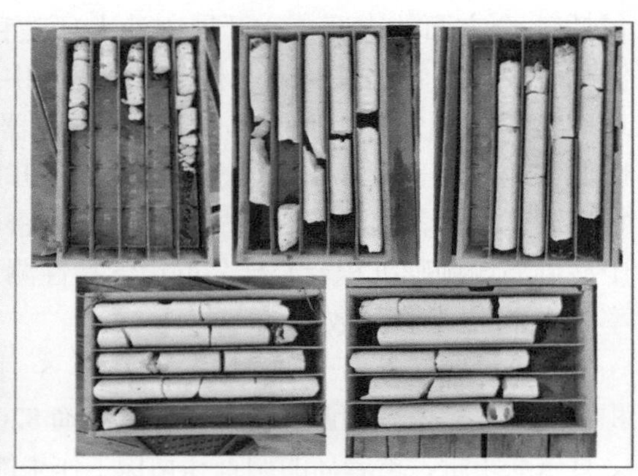

图 3-2　中沙大环礁中北暗沙现场水下钻探及获取的沉积岩心柱样

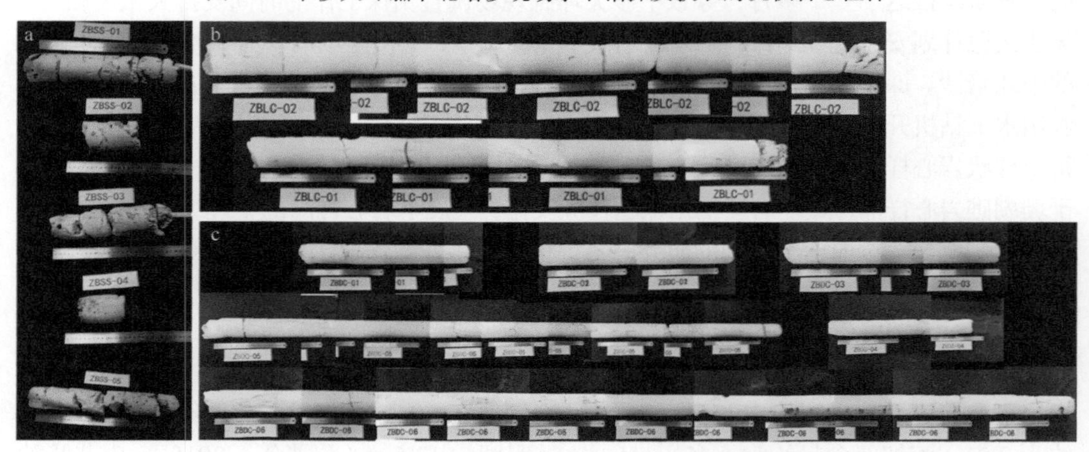

图 3-3　中沙大环礁中北暗沙近表层沉积岩心柱样

a. 珊瑚礁沉积；b. 活体滨珊瑚骨骼沉积；c. 死亡滨珊瑚骨骼沉积

2. 样品处理

根据课题不同研究内容，课题组统筹安排使用岩心样品，开展相关的实验测试分析。其中，选取中沙大环礁近表层珊瑚礁沉积钻孔 ZBSS-01 岩心柱样和活体滨珊瑚骨骼沉积钻孔 ZBLC-01 岩心柱样开展珊瑚礁沉积的年代学、生物学、地球化学、矿物学、岩石学和滨珊瑚骨骼生长率等方面的实验分析。ZBSS-01 岩心柱样长度约为 40 cm，孔径约为 70 mm，ZBLC-01 岩心柱样长度约为 150 cm，孔径约为 80 mm。实验室内分别对两个钻孔岩心柱样沿滨珊瑚骨骼生长轴方向进行纵向切割，获取厚度约为 8 mm 的样片，再根据不同的实验测试内容，进一步切割小的样块或钻取样品粉末。此外，还选取了 ZBSS-01 岩心附近，长度、孔径与其大致相当的近表层珊瑚礁沉积 ZBSS-05 岩心柱样做测年实验，以供对照。

3. 岩心描述

实验室内利用 Dino-lite 体视显微镜对近表层珊瑚礁沉积钻孔 ZBSS-01 岩心柱样和切片样品进行详细观察，利用 HITACHI 医用 X 光机拍摄岩心切片样品的 X 光影像，并利用中国科学院武汉岩土力学研究所岩土力学与工程国家重点实验室的 Zeiss Xradia 410 Versa 计算机断层扫描仪（CT）开展 ZBSS-01 全岩心样品的 CT 扫描成像，获取岩心样品微观结构的 CT 影像。结合岩心样品实物和显微观察以及 CT 影像和 X 光影像，详细描述记录岩心各段样品柱面、切面、顶面和底面的颜色，以及形状、组成物质和结构等特征。

4. AMS C-14 测年

分别从两个近表层珊瑚礁沉积钻孔 ZBSS-01 和 ZBSS-05 岩心柱样的上部和下部新鲜面各采集 1 个小的测年样块，将 4 个样品送至美国贝塔（BETA）实验室进行 AMS C-14 测年分析。样品的实验测试采用加速器质谱仪（AMS）和热红外质谱仪完成，采用利比（Libby）半衰期（5568 年）计算样品的传统 C-14 放射性碳年龄，标样为草酸标样（NIST SRM-4990C）。将 CO_2 用钴催化剂进行氢还原，制成石墨靶后放入加速器质谱仪中完成测试。样品在 800℃以上、100%氧气环境下燃烧释放 CO_2，释放出的 CO_2 先用甲醇/干冰干燥，然后用液氮收集起来进行随后的石墨化反应。为了确保化学系统性，对于参考标准、内部质保样品和背景样品也会进行同样的化学反应。通过测量样品 $^{14}C/^{13}C$ 对比草酸标样的 $^{14}C/^{13}C$ 得出最后结果。年龄数据误差为 1 个标准差，年龄小于 30 cal a BP 的 1 个标准差统一计算到 30 a。样品的原始 C-14 测量年龄经过碳同位素分馏校正，获得校正后的 C-14 年龄（cal a BP），再利用 C-14 年龄校正程序 BetaCal 4.20，并选用 Marine 20 数据库（Heaton et al.，2020），对 C-14 年龄进行海洋碳库校正，获得样品最终的 C-14 校正年龄（cal a BP）和校正日历年龄（cal BC）。

5. 生物组分分析

先采用实物结合体视显微镜对 ZBSS-01 岩心柱样的生物组分进行初步分析，对岩心柱样中珊瑚骨骼形态和结构进行照相和描述记录。此外，按照顶面、底面、横切面和纵切面分别制备不同岩心段样品的磨片用于显微观察。为保证磨片客观真实可靠，制备磨片的岩心样品为对半切割的半圆柱样。本着尽量采集更为全面的沉积岩心磨片的原则，根据半圆柱样的大小，沿着5块半圆柱的顶面、底面、纵切面、横切面等进行相关切割，制成5 cm×2 cm和5 cm×5 cm两种规格的磨片，共计23个磨片。利用中国科学院边缘海与大洋地质重点实验室学科组的莱卡DM2700M型偏光显微镜对各段岩心样品的不同部位磨片进行显微观察，放大倍数为100 μm至2 mm，获取岩心样品的显微影像。通过岩心样品的显微影像，分析岩心中珊瑚骨骼的微结构形态和特征，以及其他生物个体和残片的形态，通过咨询相关专家并参考《中国动物志 腔肠动物门 珊瑚虫纲 石珊瑚目 造礁石珊瑚》（邹仁林，2001）、《南海礁区现代造礁珊瑚类骨骼细结构的研究》（聂宝符等，1991）和 *A Color Guide to the Petrography of Carbonate Rocks: Grains, Textures, Porosity, Diagenesis*（Scholle and Ulmer-Scholle，2003）等，判别造礁石珊瑚和其他生物组分的属种。

6. *矿物组分分析*

在ZBSS-01岩心柱样不同位置挑选了8个样品，利用中国科学院广州地球化学研究所Rigaku MiniFlex-600型X射线衍射仪（XRD）开展岩心样品的碳酸盐矿物组分的测试分析。测试工作电压为40 kV，工作电流为15 mA，扫描范围2θ为3°～80°，狭缝为1 mm，扫描速度为10°/min。测试分析获得了岩心样品碳酸盐矿物的组成与含量。此外，在ZBSS-01岩心样品中按不同位置采集2 cm×1 cm×1 cm的小样块，并且确保测试面为新鲜面，测试前用导电胶将小样块固定于铜片上，放入金属离子溅射仪进行喷金处理，使样品具备导电性能。利用中国科学院边缘海与大洋地质重点实验室的钨丝灯扫描电子显微镜（日立SU3500）开展了岩心样品的显微观测成像以及样品的地化元素分析，选取局部位置（如葡萄状、刀片状、针状区域）进行点、线或者面的矿物成分测试，显微放大倍数为100 μm至2 mm，获取了岩心样品在扫描电镜下的微观形态结构影像和特征点的元素组成。

7. *地球化学元素分析*

ZBSS-01岩心切片样品用浓度为10%的过氧化氢溶液浸泡24 h，以去除有机质，浸泡结束后进行3次超声波清洗，每次时长20 min，后将切片放入40℃的恒温烘箱中烘干，以去除样品中的有机质、盐分以及切割过程中的粉末残留等杂质。利用微型钻机沿着岩心样品生长轴方向按照约0.15 mm的间隔全取样，共计230个粉末样品，用于岩心样品的主量元素以及碳氧同位素的分析测试。利用中国科学院边缘海与大洋地质重点实验室的电感耦合等离子体质谱仪（ICP-MS）进行主量元素Ca、Mg的分析测试。实验过程中运用质量法配置溶液，取10 mg粉末样品稀释40 000倍，用于主量元素的测试。实验获取了岩心样品的主量元素Ca和Mg序列。此外，利用实验室的Thermo Fisher MAT253型稳定同位素比质谱仪进行岩心样品的碳氧同位素分析。实验过程中取约50 μg岩心粉末样品测试分析，获取了岩心样品的碳氧同位素序列。

8. *岩石学分析*

利用中国科学院边缘海与大洋地质重点实验室的莱卡DM2700M型偏光显微镜对

ZBSS-01 岩心柱样磨片的岩石组成、结构、沉积、胶结等岩石特征进行显微观察，并结合岩心描述、生物、矿物和地化组分等特征的分析，获取岩心样品的岩石学特征，并确定岩心岩石类型。

9. 珊瑚生长率分析

对中北暗沙活体滨珊瑚骨骼沉积钻孔 ZBLC-01 岩心柱样沿生长轴方向切取 8 mm 左右的切片样品，清洗晾干后利用 HITACHI 医用 X 光机拍摄，获得等比例的样片 X 光数字影像，经影像处理软件转为灰度影像，并进行拼接，得到完整连续的滨珊瑚骨骼生长带灰度影像。该滨珊瑚骨骼生长带灰度影像呈现清晰的深浅相间的高-低密度条带分布，相邻的一对高-低密度条带构成年生长带，生长带的宽度代表了滨珊瑚骨骼一年的生长量，即珊瑚生长率（cm/a）（施祺等，2012；Lough and Barnes，2000）。沿密度条带清晰的生长轴方向设置截线断面，利用 Matlab 软件提取断面上连续的影像灰度变化序列，其代表了珊瑚骨骼生长密度的波动。由于滨珊瑚骨骼生长存在高低密度交替的年周期变化，即滨珊瑚生长带灰度影像变化序列中存在年周期的成分，采用小波分析提取序列的年周期成分，基于年周期成分相邻的峰值或谷值的间距计算珊瑚年生长率（Helmle et al.，2002），获得连续的滨珊瑚生长率序列。因骨骼岩心样品采自活体滨珊瑚，活体滨珊瑚顶部生长带对应于样品采集当年月份（2020 年 5 月），样品全部生长带年代范围可依生长带逐一推算年份。只考虑完整年生长带，整个岩心样品生长年代为 1855～2019 年。

10. 物理力学试验测试

中北暗沙近表层沉积的物理力学试验测试按照国际岩石力学学会（ISRM）的要求进行。由于近表层珊瑚礁沉积柱样长度和完整性无法满足试验测试要求，只选择完整无破碎的滨珊瑚骨骼沉积钻孔（ZBDC-01、ZBDC-03、ZBDC-04）岩心样品加工成直径为 50 mm、高度为 100 mm 的标准圆柱形试样，共成功制成 15 个标准试样。样品物理力学试验测试参照《水利水电工程岩石试验规程》（SL/T 264—2020），分析的主要物理力学参数包括纵波声速、孔隙度和孔隙结构分布特征、物性成分、饱和密度、干密度、相对密度，岩心的力学参数包括单轴抗压强度。

1）块体密度及孔隙度试验

试验所用到的相关仪器有烘箱、天平、真空饱和器等，具体试验步骤如下。

（1）将滨珊瑚骨骼岩心试样放入烘箱，烘干时间为 24 h，称取干燥时的质量。

（2）将滨珊瑚骨骼岩心试样放入真空饱和器内，注水至水面漫过试件进行真空饱和，抽气时间为 4 h，待到试件表面不再有气泡冒出时结束抽气，置于大气压下静置 4 h，称取饱和质量。

（3）分别计算出干密度和饱和密度，并按照下式计算孔隙度：

$$p = \frac{m_s - m_d}{v} \times 100\% \tag{3-1}$$

式中，m_s为饱和质量（g）；m_d为干质量（g）；v 为标准试样体积（cm^3）；p 为试样孔隙度（%）。

2）相对密度试验

试验采用比重瓶法，所用到的相关仪器有比重瓶、球磨机、烘箱、高精度天平、烧杯、真空抽气桶、筛盘、干燥器、恒温水槽，试验所用试液为纯水，按照相关规程规定的步骤进行试验。

（1）用球磨机将滨珊瑚骨骼岩心试样磨成粉末，通过孔径为 0.25 mm 的筛盘。

（2）将制备好的岩粉置于烘箱，在恒温下烘干，烘干时间不得少于 12 h，然后放入干燥器内冷却至室温。

（3）试验采用纯水作为试液，采用真空抽气法排除气体，真空抽气桶的压力表读数为 100 kPa，抽气至无气泡逸出，抽气时间大于 1 h。

（4）将经过排除气体的试液注入比重瓶至近满，然后置于恒温水槽内使瓶内温度保持稳定，待上部悬液澄清，称量比重瓶及试液的质量。

（5）用四分法取其中两份岩粉，每份岩粉质量为 15 g，加入比重瓶中，然后注入排除气体的试液至近满，塞好瓶塞使多余的试液自瓶塞毛细孔中溢出，然后将瓶外擦干，称量比重瓶、试液和岩粉的总质量。

（6）进行两次平行试验，按下式计算求得珊瑚灰岩的相对密度：

$$\rho_p = \frac{m_d}{m_1 + m_d - m_2}\rho_w \tag{3-2}$$

式中，m_d 为干质量（g）；m_1 为比重瓶和试液的总质量（g）；m_2 为比重瓶、试液和岩粉的总质量（g）；ρ_p 为颗粒相对密度；ρ_w 为试验温度调节下试液相对密度。

3）纵波声速试验

采用 RSM-SY6[C]非金属声波检测仪对滨珊瑚骨骼岩心试样进行纵波声速测试。首先将发射接收换能器对接，直接测读零延时 t_0 为 3.9 μs，采用凡士林作为耦合剂，采用直达波法即直透法对试件进行测量，将换能器布置在试件两端面，并用游标卡尺测量发射换能器与试件接触面中心点到接收换能器与试件接触面中心点之间的距离，为 L=100 mm，测试时对发射和接收换能器施加接触压力，测读纵波或横波在试件中的传播时间 t_p，按照下式计算纵波声速：

$$V_p = \frac{L}{t_p - t_0} \tag{3-3}$$

式中，V_p为纵波声速（m/s）；L 为发射换能器与试件接触面中心点到接收换能器与试件接触面中心点之间的距离（m），精确至 0.001 m；t_p为声波在试件中的传播时间（s），精确至 0.1 μs；t_0为仪器系统的零延时（s），精确至 0.1 μs。

4）单轴压缩试验

对滨珊瑚骨骼岩心试样进行单轴压缩试验，试验设备采用 MTS815.03 电液伺服岩石力学试验系统，加载速率为 1.0×10^{-5} s^{-1}，同时用直线位移传感器（LVDT）和周向位移传感器分别监测样品的轴向和径向应变。

11. 声学-电学试验测试

对中北暗沙近表层珊瑚礁沉积钻孔（ZBSS-01、ZBSS-02、ZBSS-03、ZBSS-04）以及死亡滨珊瑚骨骼沉积钻孔（ZBDC-01、ZBDC-04、ZBDC-05）岩心柱样分别开展了声学和电学参数的试验测试。声学和电学试验测试参照有关规程和规范进行，包括《土工试验方法标准》（GB/T 50123—2019）、《海洋调查规范　第8部分：海洋地质地球物理调查》（GB/T 12763.8—2007）、《海洋调查规范　第5部分：海洋声、光要素调查》（GB/T 12763.5—2007）。样品的声学试验测试仪器为WSD-4数字声波仪，换能器频率为25～250 kHz，能同时获得岩心样品的纵波声速和声衰减系数；样品的电学试验测试仪器为同惠LCR数字电桥TH2830，能获取岩心样品的电阻率。

将岩心样品加工成直径约为65 mm，长度为88～100 mm的试样。声学试验测试中，为了排除沉积物中气泡对声传播特性的影响，将试样内置于压力仓中，采用真空抽气饱和法使岩心样品达到完全饱和状态，利用WSD-4数字声波仪和研制的声学取样测量平台，采用同轴差距衰减测量法进行声学测量，测量频率为25～250 kHz，获得岩心在不同频率下的声学响应信号。

依据标准规范，试验样品声学特性测量采用声透射法。声透射法通过测量声波通过一定距离的沉积物的传播时间来确定其声速，并测量该距离上声能的衰减，确定其衰减系数。基于旅行时间法（TOF）测量声波在样品中的传播时间，结合样品长度计算声速，计算公式为

$$c_{\mathrm{p}} = l / (t - t_{\mathrm{s}}) \tag{3-4}$$

式中，c_{p}为声速；l为样品的长度；t为通过样品的传播时间；t_{s}为测试系统的声波传播迟滞时间。

基于同轴差距衰减测量法测量样品全长状态和分段状态的声波传播能量差（用测量声压表示）及传播路径长度差以计算声衰减系数，计算公式为

$$\alpha = \frac{20\lg(A_1 / A_2)}{l} \tag{3-5}$$

式中，α为声衰减系数；A_1、A_2分别为整段样品和分段样品的声波传播声压；l为分析段样品长度差。根据以上测量分析，可以得到岩心样品在不同频率下的声学特性（声速和声衰减系数）。

岩心样品的电学试验测试中，把柱状样品加工成薄片长条状，测量加工好的样品尺寸。与声学测量类似，在测量开始前，对样品进行水饱和试验，使薄片达到完全饱和状态，将电极夹在薄片的两端，在已经水饱和的湿标本表层涂上一层防水绝缘胶，这样既能防止标本表面导电的影响，又能使水体通过标本没有涂绝缘胶的部分。试验时，将标本整体放入装有中沙群岛海域海水的水槽中，连接同惠LCR数字电桥TH2830，开展岩心薄片的电学测量，获得样品的电阻率参数。

3.3 中北暗沙近表层沉积特征

3.3.1 岩心特征

中北暗沙近表层珊瑚礁沉积钻孔 ZBSS-01 岩心柱样在钻探时自然断裂成 5 段，具体岩心情况自上而下分段描述如下。

1. 第一段岩心柱样

岩心致密坚硬，固结较好，呈灰白色，长度约为 7 cm，为典型珊瑚骨骼，骨骼结构清晰。顶面粗糙，有较密集的生物钻孔，有碎屑胶结。岩心柱面上部 4 cm 孔洞发育，孔径一般不超过 5 mm，其中有一孔径为 3 cm 的孔洞贯穿岩心，多为生物侵蚀孔洞，生物侵蚀或钻孔作用促进了珊瑚骨骼的溶解，部分孔洞呈现溶蚀的痕迹，孔洞内有碎屑沉积胶结，局部呈紫色、褐色，为藻类生长浸染珊瑚骨骼。下部 4～7 cm 有钻孔生物孔洞，呈钉子状参差分布于岩心中，长度为 1～2 cm，横切面多为圆形，孔中无填充物或生物残骸。岩心底面大部分较为光滑，为新鲜珊瑚骨骼面，部分呈现胶结印迹，胶结有粉红色生物残骸颗粒，直径为 1～2 mm（图 3-4）。

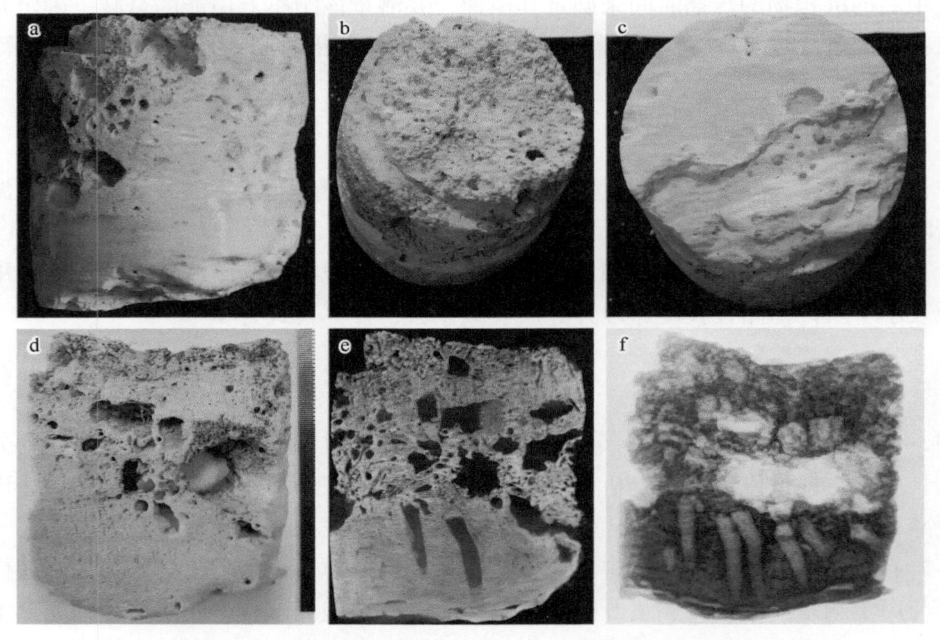

图 3-4　中北暗沙近表层珊瑚礁沉积钻孔 ZBSS-01 第一段岩心柱样及切片照片

a. 侧面；b. 顶面；c. 底面；d. 切片；e. 切片 CT 影像；f. 切片 X 光影像

2. 第二段岩心柱样

岩心致密坚硬，固结较好，呈灰白色，长度约为 9 cm，为典型完整珊瑚骨骼，骨骼结构清晰。顶面有部分胶结印迹，含红色生物残骸颗粒，长度为 3～4 cm；部分显示新鲜珊瑚骨骼面，与第一段底面不整合接触，呈间断面。岩心柱面分布有多个钻孔生物孔洞，呈钉子状，长度为 0.5～2 cm，孔中无填充物或生物残骸。底面大部分为新鲜珊瑚骨骼面，部分显示有碎屑胶结印迹，含多个生物钻孔，个别孔洞有生物残骸（图 3-5）。

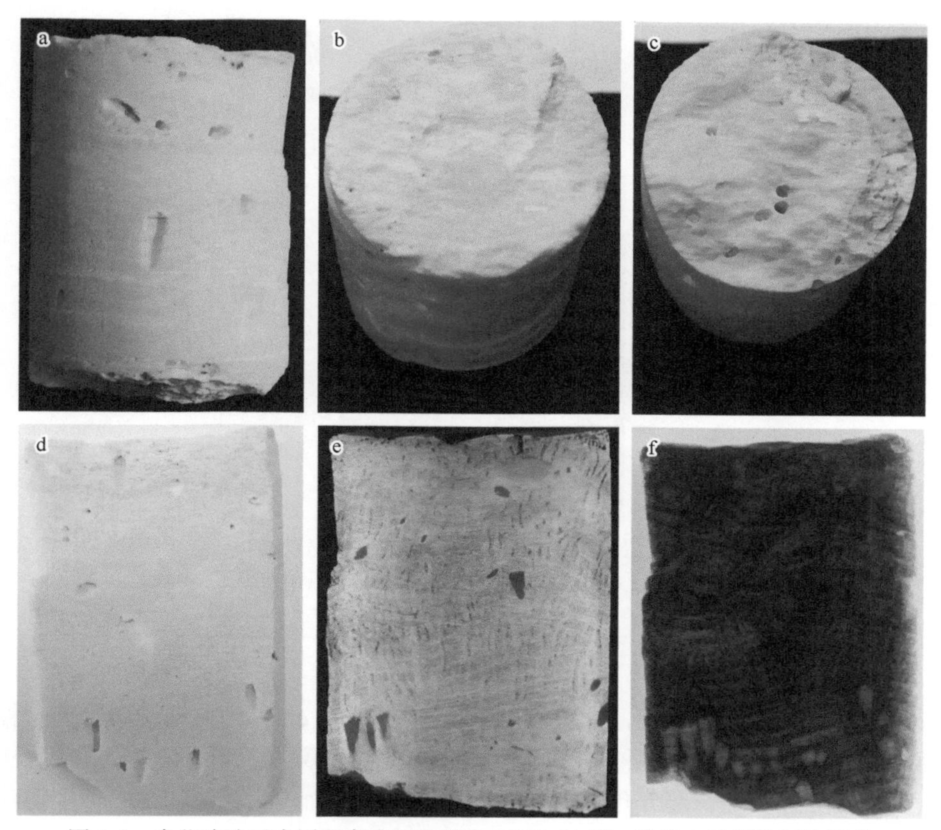

图 3-5　中北暗沙近表层珊瑚礁沉积钻孔 ZBSS-01 第二段岩心柱样及切片照片

a. 侧面；b. 顶面；c. 底面；d. 切片；e. 切片 CT 影像；f. 切片 X 光影像

3. 第三段岩心柱样

岩心致密坚硬，固结较好，呈灰白色，长度约为 7 cm，为典型珊瑚骨骼，骨骼结构清晰。顶面大部分为新鲜珊瑚骨骼面，部分显示有碎屑胶结印迹，含多个生物钻孔，与第二段底面对应，个别孔洞有生物残骸，第三段顶面与第二段底面部分不整合接触。柱面上部 2～4 cm 处存在裂隙间断面，由不同的珊瑚骨骼在不同方向生长叠加形成孔隙，上部为完整珊瑚骨骼，下部为珊瑚骨骼胶结而成，多孔隙，部分孔隙中有碎屑物质沉积充填。底面较为粗糙，含多种生物碎屑颗粒胶结（图 3-6）。

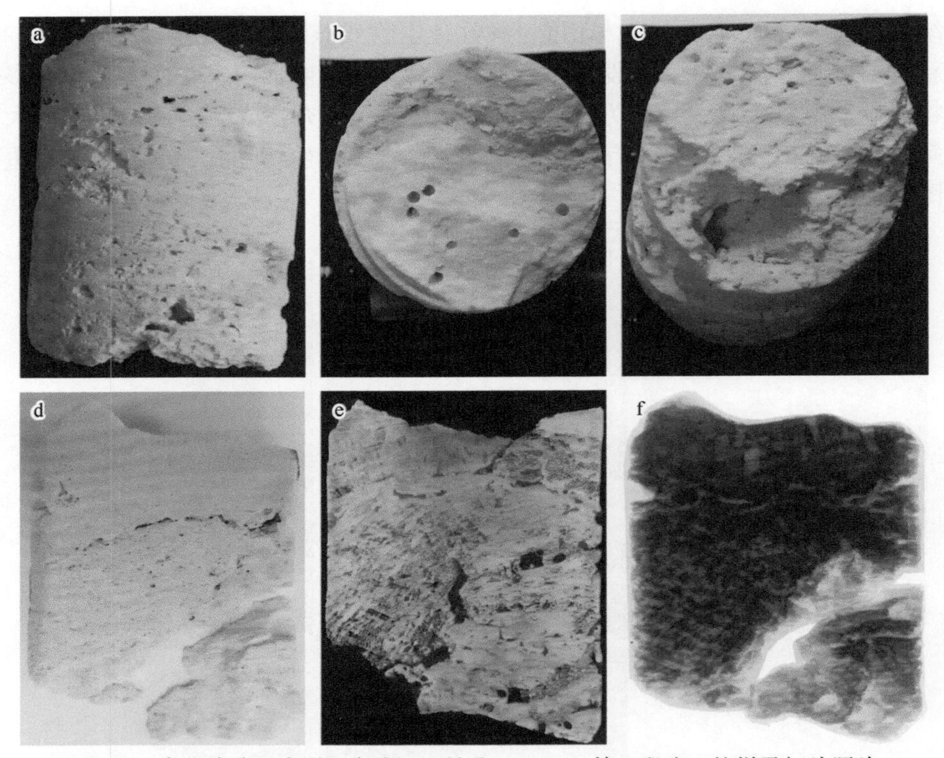

图 3-6 中北暗沙近表层珊瑚礁沉积钻孔 ZBSS-01 第三段岩心柱样及切片照片

a. 侧面；b. 顶面；c. 底面；d. 切片；e. 切片 CT 影像；f. 切片 X 光影像

4. 第四段岩心柱样

岩心致密坚硬，固结较好，呈灰白色，长度约为 5.5 cm，为典型珊瑚骨骼，骨骼结构清晰。顶面较为粗糙，含多种生物碎屑颗粒胶结，与第三段底面不整合接触。柱面分布有较多小孔隙和裂隙，部分孔隙中有沉积物充填。底面较为粗糙，含多种生物碎屑颗粒胶结（图 3-7）。

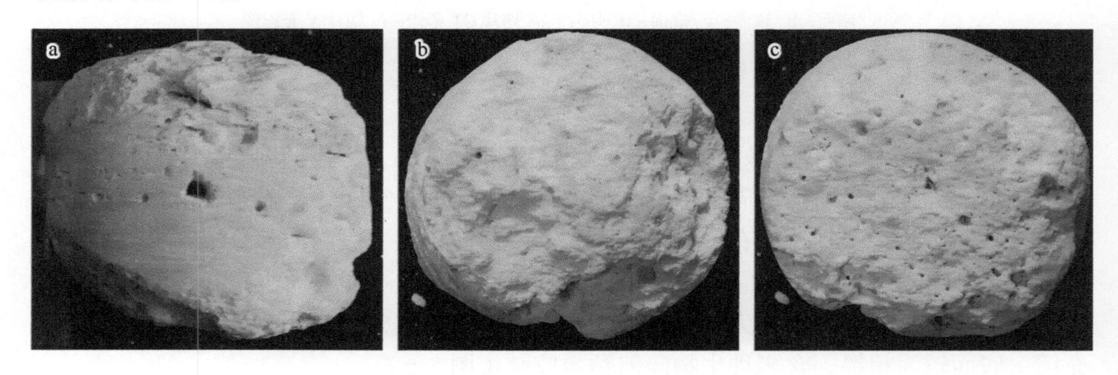

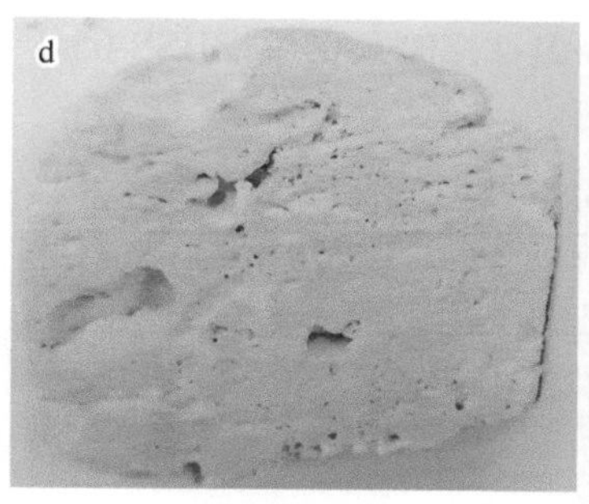

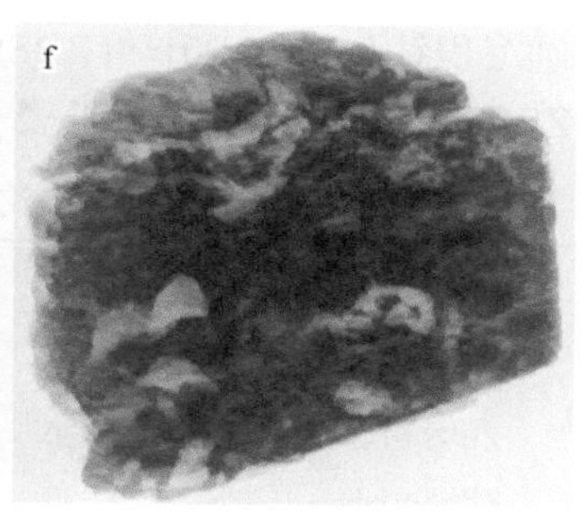

图 3-7 中北暗沙近表层珊瑚礁沉积钻孔 ZBSS-01 第四段岩心柱样及切片照片

a. 侧面；b. 顶面；c. 底面；d. 切片；e. 切片 CT 影像；f. 切片 X 光影像

5. 第五段岩心柱样

岩心致密坚硬，固结较好，呈灰白色，长度为 1.5～3 cm，为典型珊瑚骨骼，骨骼结构清晰。顶面较为粗糙，含多种生物碎屑颗粒胶结，与第四段底面不整合接触。柱面无明显孔隙和钻孔。底面较为粗糙，含多种生物碎屑颗粒胶结（图 3-8）。

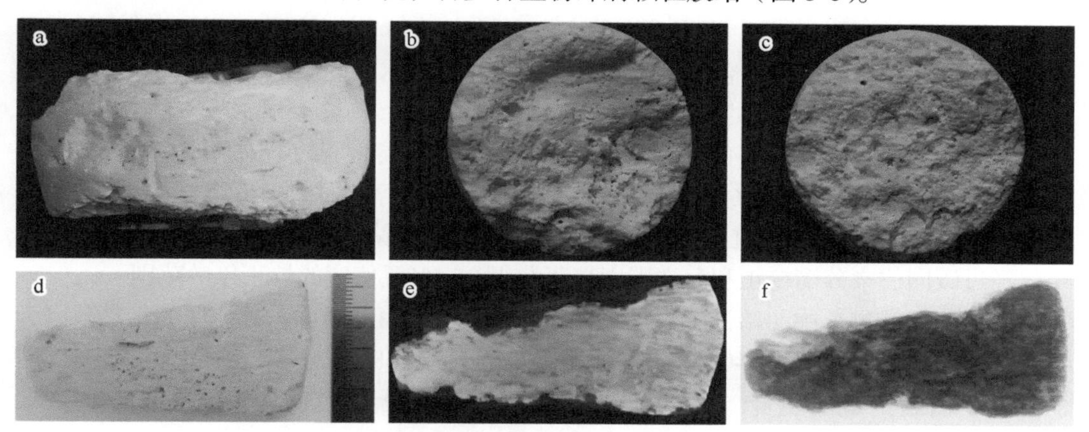

图 3-8 中北暗沙近表层珊瑚礁沉积钻孔 ZBSS-01 第五段岩心柱样及切片照片

a. 侧面；b. 顶面；c. 底面；d. 切片；e. 切片 CT 影像；f. 切片 X 光影像

对比中沙大环礁与南沙群岛和西沙群岛珊瑚环礁和岛礁钻井的顶部岩心记录，发现中北暗沙近表层珊瑚礁沉积与南沙群岛和西沙群岛有着明显不同。其中，南沙群岛永暑礁南永 1 井、美济礁南科 1 井以及西沙群岛琛航岛琛科 2 井岩心显示，近表层珊瑚礁沉积主要是以珊瑚枝块为主的生物砾砂屑松散沉积物；琛航岛西琛 1 井、永兴岛西永 1 井和石岛西科 1 井岩心显示，近表层珊瑚礁沉积主要为生物砂砾屑松散沉积物。而中北暗沙近表层珊瑚礁沉积钻孔 ZBSS-01 岩心柱样显示，近表层珊瑚礁沉积以滨珊瑚骨骼为主，呈现明显的固结成岩特征，与南沙群岛和西沙群岛这些钻井中 16～20 m 深度以下的固结岩石类似，均是由石珊瑚骨骼化石组成。

3.3.2 年代特征

本书对中北暗沙两个钻孔的岩心样品开展了 AMS C-14 测年分析，包括近表层珊瑚礁沉积钻孔 ZBSS-01 和 ZBSS-05 上下部各两个样品(ZBSS-01-1、ZBSS-01-2、ZBSS-05-1、ZBSS-05-2)，测年结果见表 3-1。

表 3-1　中北暗沙近表层珊瑚礁沉积岩心样品的 AMS C-14 测年结果

样号	C-14 测量年龄（a BP）	碳同位素分馏校正年龄（cal a BP）	海洋碳库校正年龄（cal a BP）	海洋碳库校正日历年龄（cal BC）
ZBSS-01-1	3460±30	3870±30	3826～3492	1877～1543
ZBSS-01-2	3780±30	4190±30	4260～3900	2311～1951
ZBSS-05-1	2250±30	2690±30	2352～2055	403～106
ZBSS-05-2	3390±30	3760±30	3680～3374	1731～1425

注：校正年龄置信度为 95.4%；年龄校正软件为 BetaCal 4.20；年龄校正数据库为 MARINE20

包括珊瑚在内的海洋生物碳酸钙骨骼的碳成分来自海水，海洋生物骨骼生长从海水重碳酸盐中吸收无机碳。海洋生物骨骼碳酸钙晶体沉积过程中同时从生物圈中吸收放射性 ^{14}C，可用于 C-14 测年。由于海洋生物骨骼主要由碳酸盐组成，该物质易于溶解，并且可与周边环境进行同位素或化学成分的交换，因此骨骼中 ^{14}C 比率会发生改变，从而影响 C-14 测年结果。此外，海洋碳库效应也会影响 C-14 测年结果，而海洋碳库效应是海洋表层水和深层水缓慢混合的结果。大气和海洋表层水之间碳的交换平衡速率相对较快，而海洋表层水与深层水的碳交换速率却非常缓慢，导致海洋表层水吸入的 CO_2 的 ^{14}C 含量和从深水释放出的 CO_2 的 ^{14}C 含量可能处于放射性碳衰变的不同阶段。研究表明，^{14}C 在大气中的停留时间为 6～10 年，而 ^{14}C 在海洋中的停留时间则可能长达几千年。因此，C-14 测年结果都需要进行年龄校正补偿。中北暗沙钻孔所有样品的原始 C-14 测量年龄经过碳同位素分馏校正和海洋碳库校正获得 95.4%置信度的校正年龄范围。

根据测年结果，中北暗沙近表层珊瑚礁沉积钻孔 ZBSS-01 岩心柱样的年龄范围为 4260～3492 cal a BP，ZBSS-05 岩心柱样的年龄范围为 3680～2055 cal a BP（图 3-9）。两个钻孔的年代有一部分重合，大致表明中北暗沙近表层的珊瑚礁沉积年代为 4300～2000 cal

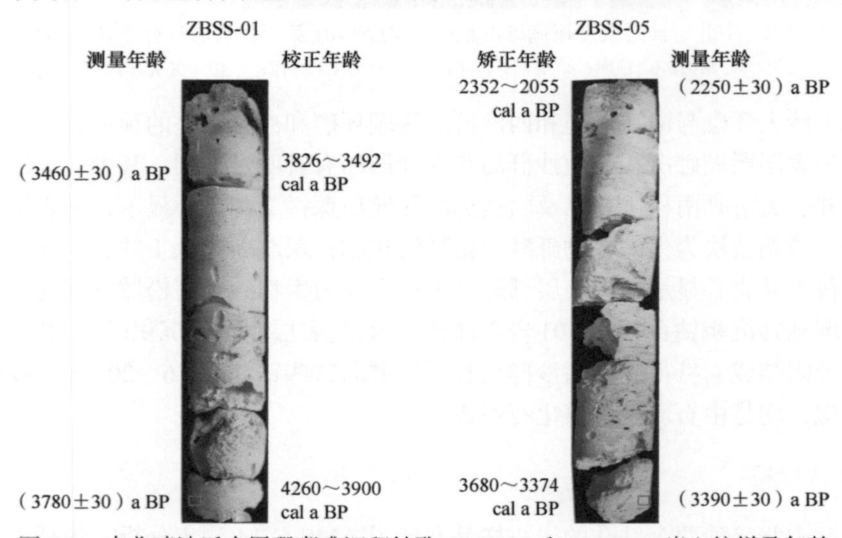

图 3-9　中北暗沙近表层珊瑚礁沉积钻孔 ZBSS-01 和 ZBSS-05 岩心柱样及年龄

a BP，属于晚全新世沉积。根据样品长度和年代计算，两个钻孔的平均沉积速率明显较低，ZBSS-01 约为 0.034 cm/a，ZBSS-05 约为 0.025 cm/a。钻孔沉积可分为几段，均由珊瑚骨骼组成，但并不是连续生长，存在明显的间断面，这几段珊瑚骨骼可能是不同时段生长后死亡堆积，而每段珊瑚骨骼长度仅有几厘米到十几厘米，生长年限不超过十几年。因此，不适合利用沉积深度和沉积速率把钻孔沉积转换为年代。之后有关近表层沉积年代的讨论都是基于整个晚全新世时段展开。

南沙群岛永暑礁南永 1 井上段岩心（0～17.3 m）底部（16.8 m）和上部（3.7 m）样品的 C-14 测年结果显示，该段岩心沉积年代为 7300～3000 cal a BP，为全新世中晚期的沉积（赵焕庭等，1992）。南沙群岛美济礁南科 1 井顶端岩心（0～5.2 m）为人工岛吹填沉积物，上段岩心（5.2～20.2 m）的测年数据显示，沉积年代为 8200～4800 cal a BP，属于全新世早中期（罗云等，2022），但该钻井晚全新世珊瑚礁沉积缺失。西沙群岛琛航岛琛科 2 井上段岩心（0～16.7 m）底部样品的 U-Th 测年结果显示，该段岩心的底部年代为 7900～7500 cal a BP（覃业曼等，2019），表明该岩心属于早全新世以来的沉积，但由于缺少测年分析，该岩心上部晚全新世沉积年代不详。以上三个钻井岩心所揭示的全新世沉积年代范围可与本书中沙大环礁中北暗沙近表层珊瑚礁沉积钻孔 ZBSS-01 岩心的晚全新世年代比对或衔接。

西沙群岛其他几口珊瑚礁钻井上部岩心缺少测年分析，无法详细确定全新世沉积的具体范围，通过岩心的生物、岩性以及同位素等成分的比对，大致推断出上部沉积的时代或年代。西沙群岛石岛西石 1 井岩心上部近 25 m 均为晚更新世沉积，缺失全新世沉积（何起祥等，1986）。石岛西科 1 井岩心上部近 22 m 为晚更新世—全新世沉积，并且根据 $\delta^{13}C$ 同位素曲线与南海沉积及全球主要大洋沉积 $\delta^{13}C$ 同位素曲线的比对，认为该岩心 5 m 处年代约为 14 000 cal a BP，为冰后期以来的沉积，0 m 处年代约为 5000 cal a BP，缺失晚全新世以来的沉积（乔培军等，2015）。永兴岛西永 1 井岩心上部近 20 m 为晚更新世—全新世沉积以及近代沉积（王崇友等，1979）。琛航岛西琛 1 井岩心上部 17 m 也被认为是晚更新世—全新世沉积（张明书等，1997）。

中北暗沙水深约 16 m 处采集到的活体滨珊瑚骨骼 ZBLC-01 岩心样品表层年龄根据采样时间确定为 2020 年，利用 X 光影像统计骨骼年生长带，除岩心底部骨骼生长带纹层紊乱无法计年之外，估算出该滨珊瑚完整年生长带清晰部分的生长年限约为 165 年，生长年代为 1855～2019 年（图 3-10）。根据样品长度和生长年限初步估算，ZBLC-01 岩心样品中活体滨珊瑚平均生长率约为 0.70 cm/a。同纬度西沙群岛永兴岛水深约 6 m 处采集到的活体滨珊瑚骨骼岩心样品生长年限约为 123 年，生长年代为 1885～2007 年（张会领等，2014）。

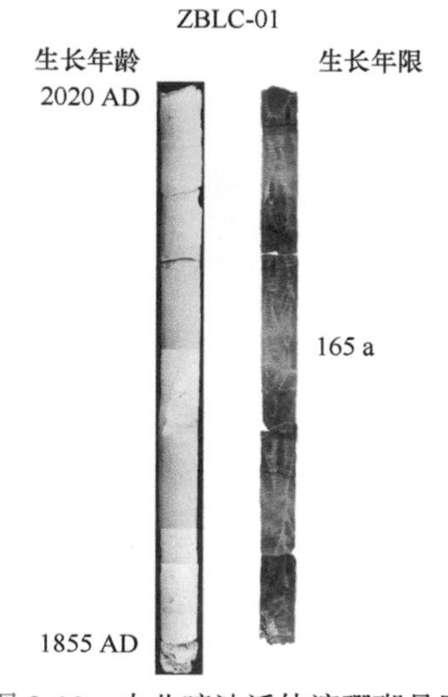

图 3-10　中北暗沙活体滨珊瑚骨骼 ZBLC-01 岩心样品、X 光影像及年代

3.3.3 生物特征

中北暗沙近表层珊瑚礁沉积钻孔 ZBSS-01 岩心主要由生物骨骼、壳体残骸和碎体组成，实物及显微观察发现，钻孔岩心的主体就是造礁石珊瑚骨骼，为主要的造礁生物，其余还包含有少量或零星的有孔虫、棘皮类、珊瑚藻、腕足类和腹足类等其他生物骨骼碎屑，在岩心中都可称之为附礁生物。

1. 造礁石珊瑚

造礁石珊瑚骨骼为珊瑚礁沉积提供了大量的碳酸盐物质，是珊瑚礁最主要的建造者，是珊瑚礁形成与发育过程中重要的造礁生物。自中生代开始出现以来，造礁石珊瑚种属不断增加，到第四纪造礁石珊瑚成为生物礁建造的主体，形成典型的珊瑚礁，整个造礁石珊瑚的种群组成与现代相同。

滨珊瑚属是造礁石珊瑚中重要的种群之一，是南海珊瑚群落中的优势种之一。滨珊瑚多为块状复体珊瑚，也有枝状或皮壳状，能生长上百年，形成高宽达数米的大型块状滨珊瑚，是构成南海珊瑚礁的关键骨架生物。图 3-11 为现代活体澄黄滨珊瑚及其骨骼结构（Zhao et al.，2021）。滨珊瑚单体较小，竖直排列，杯孔多为圆形，直径一般为 0.5～2 mm。滨珊瑚个体的形态单一，发育有隔壁，隔壁的钙化中心呈离散状，显微镜下显示不明显。珊瑚个体中央为轴柱，由隔壁汇合形成；相邻珊瑚个体由体壁相连，体壁组成联结松散，形成较多的孔隙。滨珊瑚个体的轴珊瑚体和辐射珊瑚体不发育，在纵切面上显示不明显，显微影像上呈现规则的网状结构，很难区分滨珊瑚个体，但可以观察到滨珊瑚个体的体壁、轴柱和鳞板，体壁和轴柱较为粗壮，竖直排列，连续性差，鳞板较为纤细，水平发育，连续性较好。

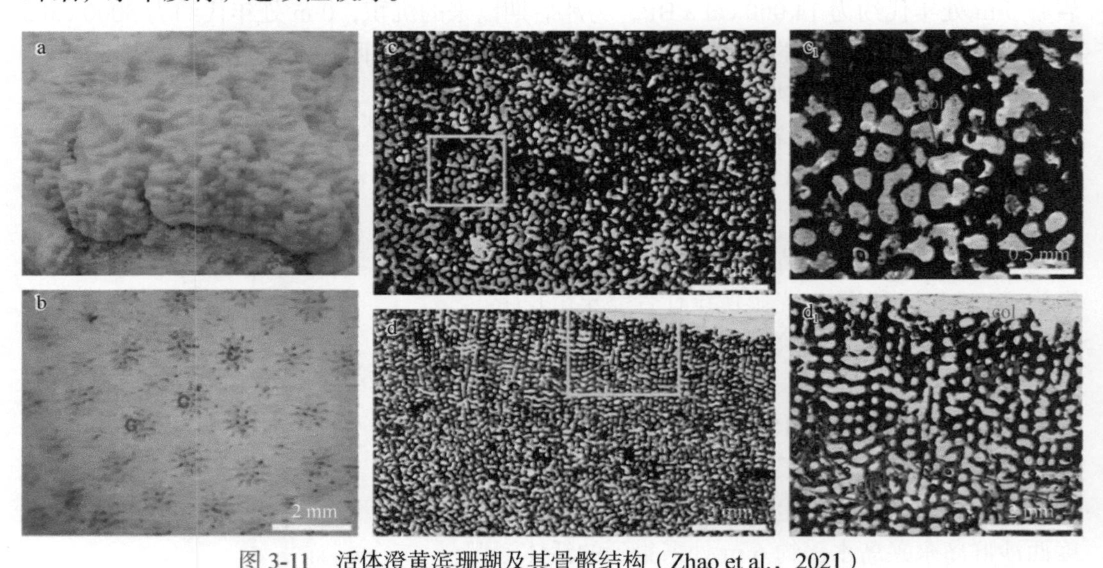

图 3-11　活体澄黄滨珊瑚及其骨骼结构（Zhao et al.，2021）

a. 活体澄黄滨珊瑚；b. 澄黄滨珊瑚宏观骨骼结构（c 表示珊瑚单体）；c. 骨骼横切面；c_1. 骨骼横切面特写（col 表示轴柱）；d. 骨骼纵切面；d_1. 骨骼纵切面特写（dis 表示隔片）

ZBSS-01 岩心各段沉积物中主要组成为造礁石珊瑚骨骼。根据样品标本观察，钻孔沉积中珊瑚属种单一，各层位的珊瑚均鉴定为化石滨珊瑚属（*Porites*）。岩心中滨珊瑚骨骼完整，骨骼结构清晰（图 3-12），呈现格架状原位生长。滨珊瑚是中沙大环礁现代珊瑚群落中重要的造礁珊瑚属种之一（聂宝符等，1992）。

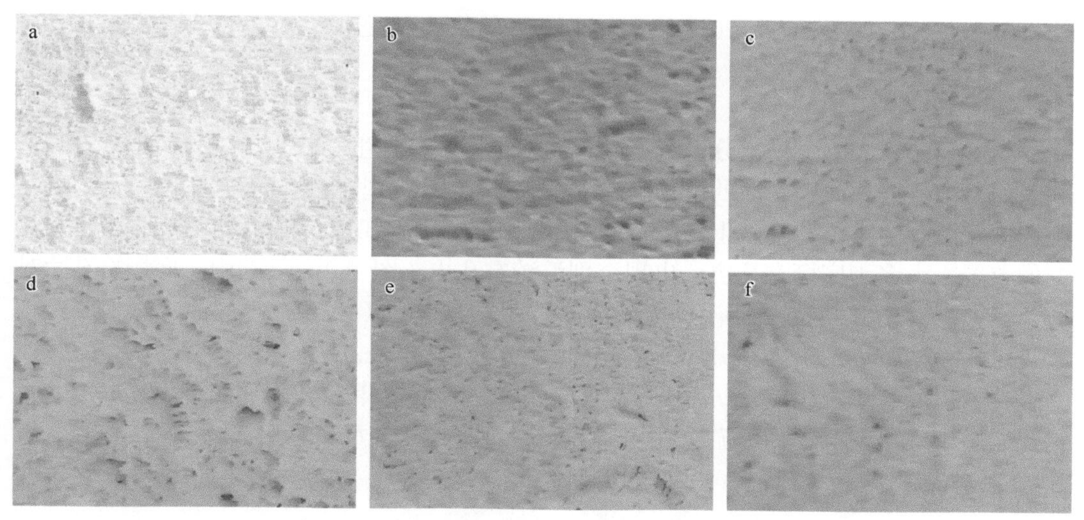

图 3-12　中北暗沙钻孔岩心中滨珊瑚骨骼结构

a. 活体滨珊瑚骨骼沉积钻孔 ZBLC-01 岩心；b～f. 珊瑚礁沉积钻孔 ZBSS-01 岩心各段的滨珊瑚骨骼

ZBSS-01 岩心样品磨片的显微影像显示，滨珊瑚骨骼特征明显（图 3-13）。岩心中滨珊瑚骨骼规则的网状结构清晰，虽然珊瑚单体因隔壁相互连接不易区分，但局部珊瑚单体形态可辨，杯孔直径约为 1 mm。隔壁构造清晰，隔壁之间相互连接形成骨骼格架孔，格架孔形状不一，多呈椭圆形、长条形和方形等。大部分隔壁无明显溶蚀作用，格架孔相互无连通，局部隔壁因破碎或溶蚀作用被破坏，格架孔出现连通现象。部分格架孔内无沉积、无充填，部分格架孔内有泥晶或亮晶充填，局部可见有孔虫或其他生物碎片。

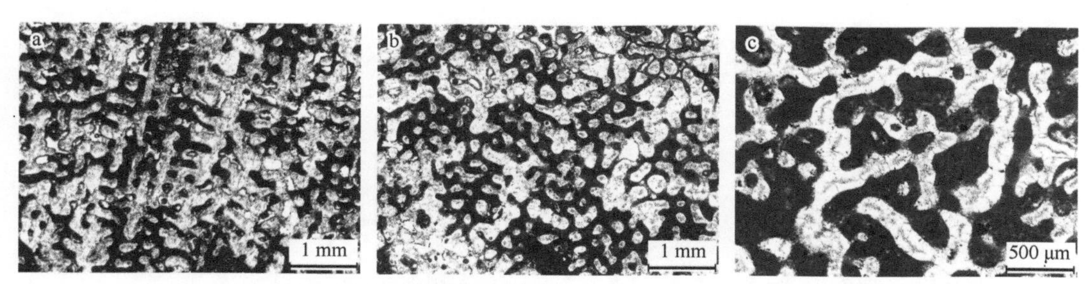

图 3-13　中北暗沙近表层珊瑚礁沉积钻孔 ZBSS-01 岩心样品滨珊瑚骨骼显微结构

a. 纵切面；b. 横切面；c. 横切面局部放大

滨珊瑚能生长成巨大的块体，是构成珊瑚礁主要的骨架珊瑚。滨珊瑚生长的水深范围较大，从潮间带礁坪到水深十几米的礁坡都有生长，但大型滨珊瑚都生长在较大水深区域，在中北暗沙发现的大型滨珊瑚就位于约 16 m 水深处。ZBSS-01 岩心生物组分主要是滨珊瑚骨骼，结合钻孔位置和现代活体滨珊瑚，中北暗沙近表层沉积处于相对较大水深的珊瑚礁沉积环境。滨珊瑚是南海珊瑚群落中的优势种，在南沙群岛和西沙群岛多个珊瑚礁钻井岩心中都有发现，在松散沉积物中以砾块和砾屑形式存在，而在胶结成岩的岩心中主要以团块形式存在，显示出滨珊瑚是南海珊瑚礁沉积的主要骨架珊瑚之一（Zhao et al.，2021；罗威等，2018a；刘新宇等，2015；赵焕庭等，1992；王崇友等，1979）。

2. 有孔虫

ZBSS-01 岩心的生物组分以滨珊瑚骨骼为主体，其他生物较少出现，仅出现在岩心间断面，即各段顶面和底面的生物碎屑沉积胶结物中，这些生物以有孔虫为主。有孔虫是珊瑚礁沉积中重要的附礁生物之一。ZBSS-01 岩心中出现少量有孔虫介壳，根据显微影像鉴定，大多为底栖有孔虫，出现个别浮游有孔虫（图 3-14）。其中，底栖有孔虫种类包括：饼双丘虫（*Amphisorus hemprichii*）、勒夫双盖虫（*Amphistegina lobifera*）、放射双盖虫（*Amphistegina radiata*）、弯曲异盖虫（*Heterostegina curva*）、刺状马刺虫（*Calcarina calcar*），以及编织虫属（*Textularia*）、双玦虫属（*Pyrgo*）和三玦虫属（*Triloculina*）等。钻孔岩心中还出现了一种浮游有孔虫，为斜室拟抱球虫（*Globigerinoides obliquus*）。有

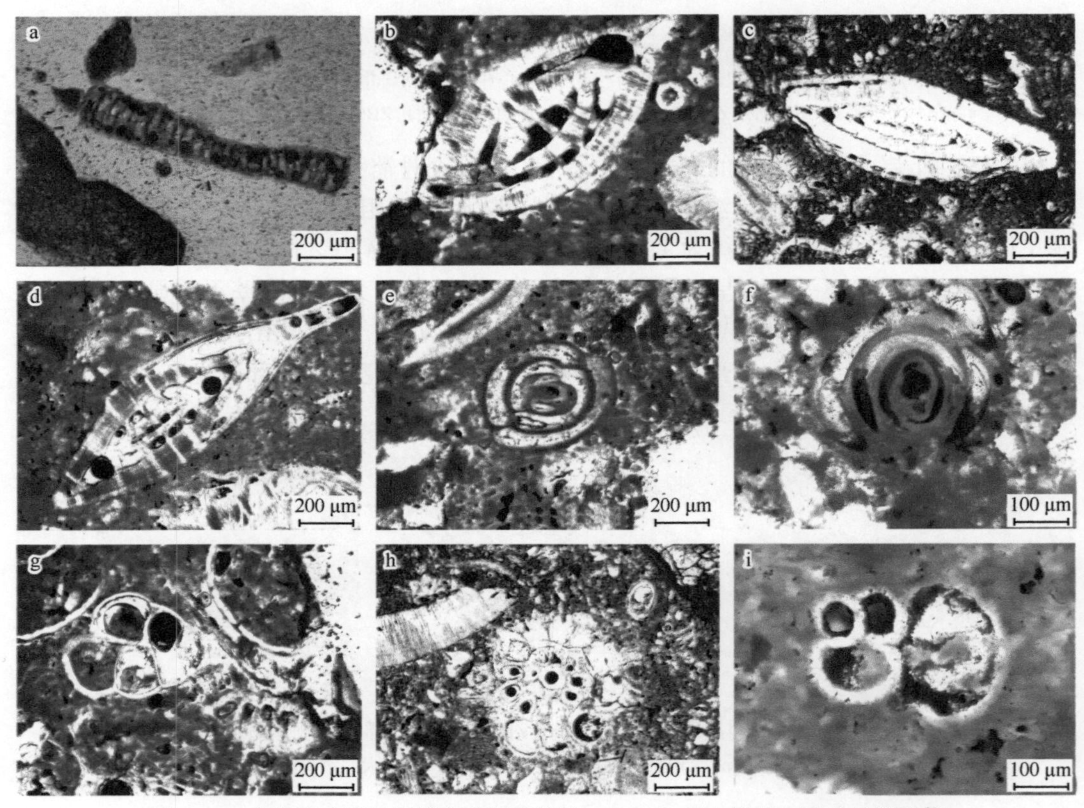

图 3-14　中北暗沙近表层珊瑚礁沉积钻孔 ZBSS-01 岩心样品有孔虫显微影像

底栖有孔虫：a. 饼双丘虫（*Amphisorus hemprichii*）；b. 勒夫双盖虫（*Amphistegina lobifera*）；c. 放射双盖虫（*Amphistegina radiata*）；d. 弯曲异盖虫（*Heterostegina curva*）；e. 双玦虫属（*Pyrgo*）；f. 三玦虫属（*Triloculina*）；g. 编织虫属（*Textularia*）；h. 刺状马刺虫（*Calcarina calcar*）。浮游有孔虫：i. 斜室拟抱球虫（*Globigerinoides obliquus*）

孔虫壳体大多部分形态保存较完好，多为椭圆形、圆形、纺锤形，长轴粒径为0.1～0.5 mm。有孔虫呈现出单环或多环种属，体腔孔清晰，部分有碎屑沉积物充填，个别体腔孔壁及外壳壁常见文石质或方解石质针状胶结物。中北暗沙近表层沉积物中的底栖有孔虫多属热带浅水属种，与南沙群岛和西沙群岛珊瑚礁钻井岩心上部全新世松散沉积物中底栖有孔虫属种类似（吴峰，2019；赵焕庭等，1992；韩春瑞，1989；王崇友等，1979），也与中沙群岛和西沙群岛表层沉积物中的底栖有孔虫组分类似（蔡慧梅和涂霞，1983），包括双丘虫属（*Amphisorus*）、双盖虫属（*Amphistegina*）、异盖虫属（*Heterostegina*）、编织虫属（*Textularia*）、马刺虫属（*Calcarina*）和三玦虫属（*Triloculina*）等。

3. 其他生物

除有孔虫之外，其他生物在岩心的间断碎屑混杂沉积物中也有零星出现，大多呈碎片状，保存不完整，难以确定其属种。图3-15a为皮壳状珊瑚藻的碎片。珊瑚藻是除石珊瑚之外的另一种重要的造礁生物，由于其植物性结构特征很容易被破坏，在沉积物中难以保存。珊瑚藻既可独自造礁，又可缠绕、附着、黏结、包裹珊瑚及其他生物骨骼碎片，固结形成珊瑚藻骨架灰岩或珊瑚藻黏结灰岩。ZBSS-01岩心中珊瑚藻仅零星出现，呈碎片状，皮壳状珊瑚藻具有较强的抗风浪能力，主要生长于坚硬的礁石基底之上。图3-15b为腹足类残体，体壳大部分保存完好，下部有破损，体腔内充填有碎屑沉积物。图3-15c为海绵的碎片，保存有较完好的体壁和房室，房室中无明显充填沉积物。海绵也是一种典型的附礁底栖生物，在地质历史时期也曾是一种重要的造礁生物。此外，钻孔岩心的扫描影像中也出现有海绵骨针残体，显示为单轴骨针（图3-15d）。

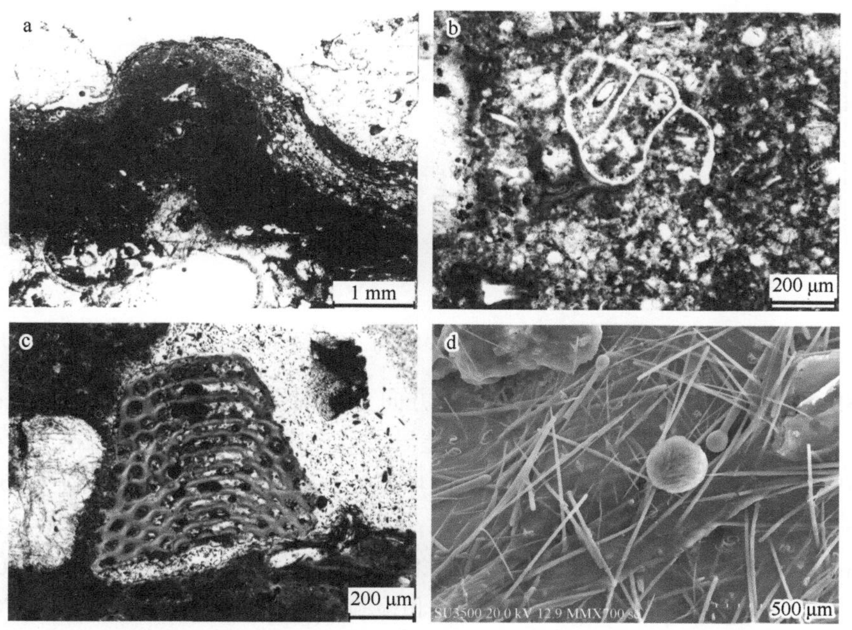

图3-15　中北暗沙近表层珊瑚礁沉积钻孔ZBSS-01岩心样品其他生物显微电镜和扫描影像

a. 珊瑚藻；b. 腹足类；c. 海绵；d. 海绵骨针

3.3.4 地球化学特征

1. 碳氧同位素

利用同位素质谱仪 MAT-253 对中北暗沙近表层珊瑚礁沉积钻孔 ZBSS-01 岩心样品开展了碳氧同位素的测试分析。分析结果显示，钻孔岩心样品中，$\delta^{13}C$ 最小值约为 –1.56‰，最大值约为 4.12‰，平均值约为（0.26±1.04）‰，中值约为 0.05‰；$\delta^{18}O$ 最小值约为–6.96‰，最大值约为 0.52‰，平均值约为（–3.82±1.02）‰，中值约为–3.98‰。样品中 $\delta^{13}C$ 和 $\delta^{18}O$ 的数据分布（图 3-16）显示，$\delta^{13}C$ 数据呈现明显的偏态分布，而 $\delta^{18}O$ 数据则呈现近似正态分布。中北暗沙活体滨珊瑚骨骼沉积钻孔 ZBLC-01 岩心的碳氧同位素中 $\delta^{13}C$ 变化范围为–4.50‰～0.39‰，平均值约为–1.94‰，$\delta^{18}O$ 变化范围为–6.41‰～–4.04‰，平均值约为–5.32‰。中北暗沙近表层珊瑚礁沉积钻孔岩心 $\delta^{13}C$ 和 $\delta^{18}O$ 的范围和平均值都大于现代活体滨珊瑚，可能与沉积过程中成岩作用的改造有关。海水成岩作用以次生文石及高镁方解石沉淀为特征，相比于原生的珊瑚骨骼文石，次生文石和高镁方解石胶结物的 $\delta^{18}O$ 会升高（王瑞等，2017）。

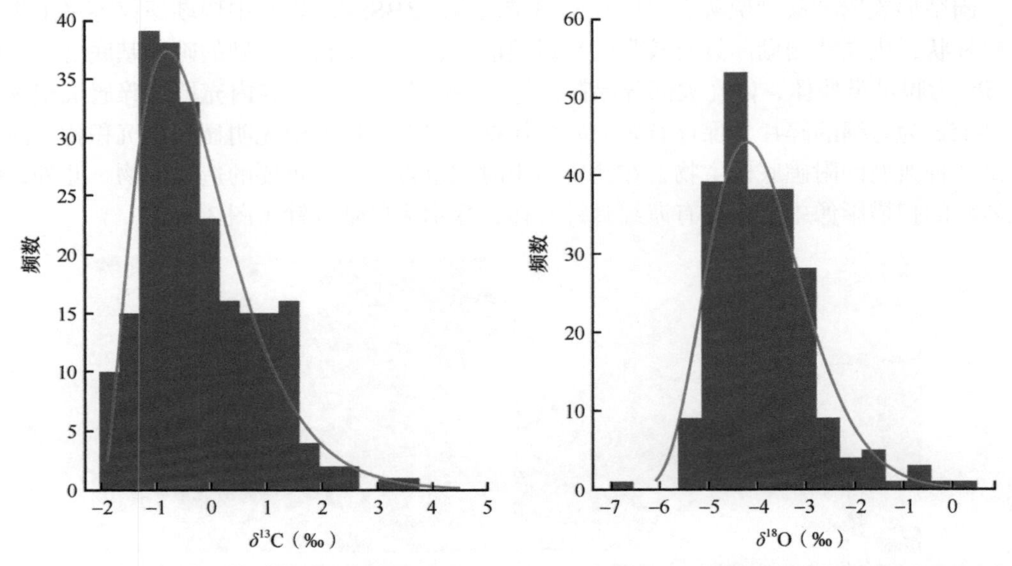

图 3-16 中北暗沙近表层珊瑚礁沉积钻孔 ZBSS-01 岩心样品碳氧同位素数据分布直方图和分布曲线

ZBSS-01 岩心样品碳氧同位素在垂直方向上表现出明显的随深度分段分布的模式（图 3-17），碳氧同位素存在两个岩心段的差异。上部岩心段（0～14.5 cm）$\delta^{13}C$ 的范围为–1.557‰～2.387‰，平均值约为（–0.319±0.569）‰，$\delta^{18}O$ 的范围为–6.959‰～–0.800‰，平均值约为（–4.202±1.086）‰；下部岩心段（14.5～30 cm）$\delta^{13}C$ 的范围为 –1.527‰～4.117‰，平均值约为（0.792±0.82）‰，$\delta^{18}O$ 的范围为–5.546‰～0.516‰，平均值约为（–3.458±1.060）‰。非参数秩和检验结果表明，上下两段岩心 $\delta^{13}C$ 和 $\delta^{18}O$ 的平均值存在显著差异。可以看到，岩心的碳氧同位素存在明显的同相关系，上段岩心的 $\delta^{13}C$ 和 $\delta^{18}O$ 明显都低于下段岩心，可能与后期成岩作用的改造有关。

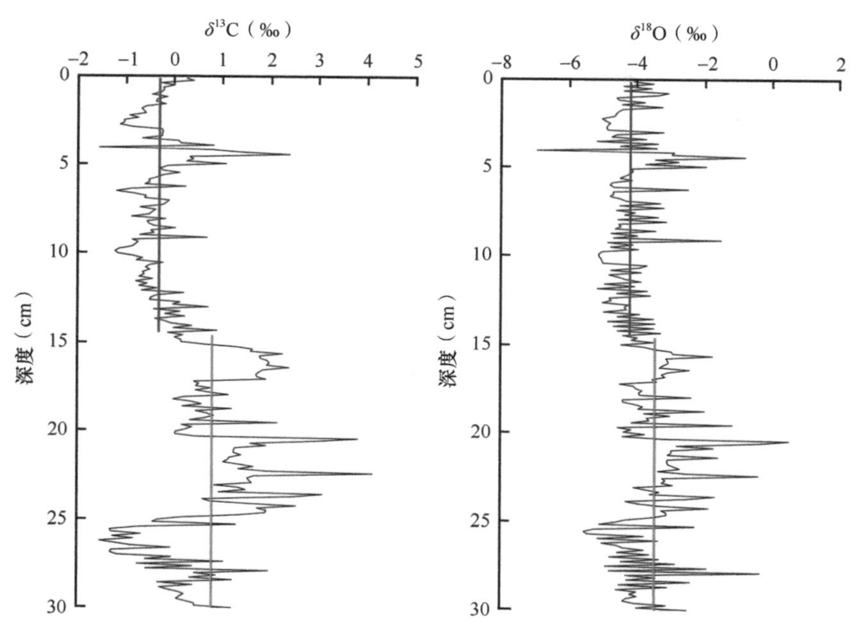

图 3-17　中北暗沙近表层珊瑚礁沉积钻孔 ZBSS-01 岩心碳氧同位素垂直分布

南沙群岛和西沙群岛珊瑚环礁和岛礁钻井岩心的上部晚更新世—全新世阶段显示出碳氧同位素不同的变化特征。西沙群岛石岛西科 1 井岩心 0～23.6 m 的晚更新世—全新世松散生物砂屑沉积物的 δ^{13}C 平均值约为–5.95‰，δ^{18}O 平均值约为–3.11‰；而 23.6 m 以下固结礁灰岩的 δ^{13}C 平均值约为–4.92‰，δ^{18}O 平均值约为–7.20‰（乔培军等，2015）（图 3-18a、b）。琛航岛西琛 1 井岩心 0～17 m 的晚更新世—全新世松散生物砂屑沉积物的 δ^{13}C 变化范围为–0.93‰～1.16‰，平均值约为 0.60‰，δ^{18}O 变化范围为–4.47‰～–3.03‰，平均值约为–3.56‰；而 17 m 以下固结礁灰岩的 δ^{13}C 变化范围为–6.16‰～–0.36‰，平均值约为–2.32‰，δ^{18}O 变化范围约为–8.84‰～–5.30‰，平均值约为–8.13‰（韩春瑞，1989）（图 3-18c、d）。西沙群岛琛航岛琛科 2 井岩心上部（17 m 以浅）的全新世松散珊瑚砾砂屑沉积物的 δ^{13}C 变化范围为–1.055‰～1.805‰，平均值约为 0.537‰，δ^{18}O 变化范围为–5.055‰～–2.096‰，平均值约为–3.463‰；而 17～21 m 的晚更新世固结礁灰岩的 δ^{13}C 变化范围为–5.507‰～–1.914‰，平均值约为–3.024‰，δ^{18}O 变化范围为–8.499‰～–7.258‰，平均值约为–8.088‰（覃业曼等，2019）（图 3-18e、f）。南沙群岛永暑礁南永 1 井 0～17.3 m 的全新世松散珊瑚枝块和生物砾屑沉积物的 δ^{13}C 变化范围为–0.55‰～0.60‰，平均值约为 0.40‰，δ^{18}O 变化范围为–5.24‰～–4.67‰，平均值约为–4.90‰；17.3 m 沉积间断面以下晚更新世固结礁灰岩的 δ^{13}C 变化范围为–5.66‰～–2.29‰，平均值约为–4.22‰，δ^{18}O 变化范围为–8.34‰～–5.55‰，平均值约为–7.19‰（赵焕庭等，1992）（图 3-18g、h）。南沙群岛美济礁南科 1 井岩心第一段（5.2～20.2 m）的全新世松散珊瑚枝块砾屑沉积物的 δ^{13}C 变化范围为–0.43‰～2.30‰，平均值约为 1.15‰，δ^{18}O 变化范围为–4.82‰～–2.34‰，平均值约为–3.38‰；20.2 m 沉积间断面以下晚更新世固结礁灰岩的 δ^{13}C 变化范围为–5.34‰～–1.40‰，平均值约为–3.57‰，δ^{18}O 变化范围为–8.28‰～–7.50‰，平均值约为–7.99‰（罗云等，2022）（图 3-18i、j）。可见，南沙群岛和西沙群岛珊瑚礁钻井上部岩心碳氧同位素大都表现出相似的随深度的同步变化模式，$\delta^{13}C$ 和 $\delta^{18}O$ 呈现明显的两段模式，即上段的松散沉积物具有较高 $\delta^{13}C$ 和 $\delta^{18}O$，而下段的固结礁灰岩则出现 $\delta^{13}C$ 和 $\delta^{18}O$ 的大幅度降低现象。

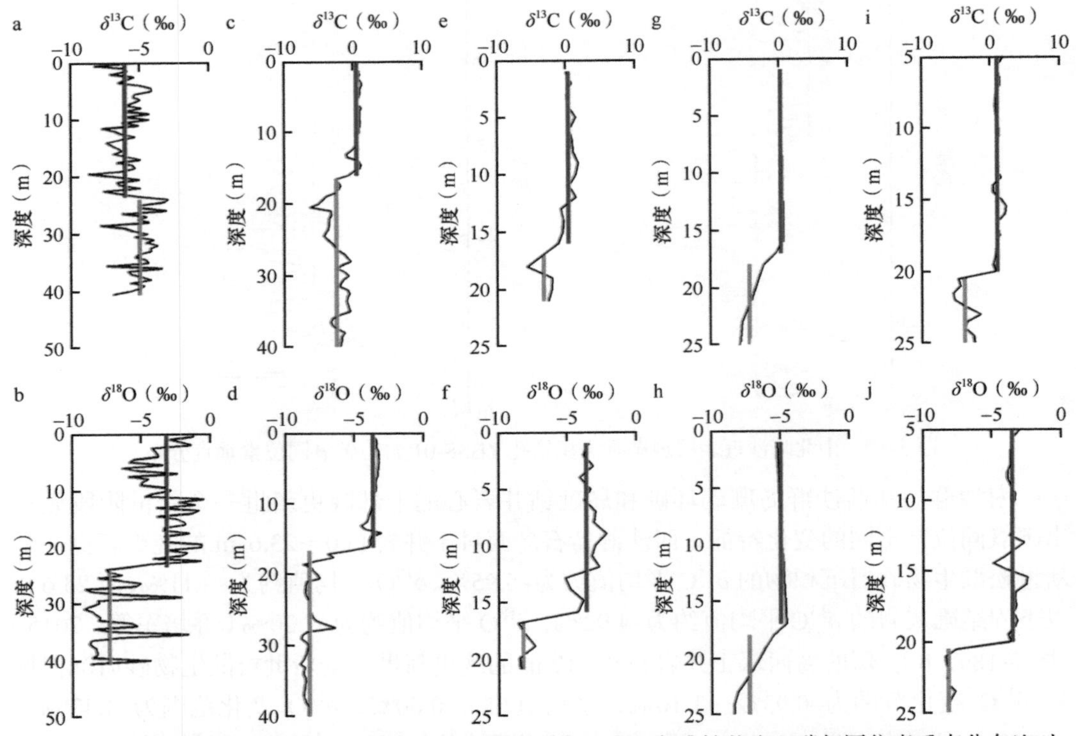

图 3-18 晚更新世—全新世南沙群岛、西沙群岛珊瑚环礁和岛礁钻井岩心碳氧同位素垂直分布比对
a、b. 西沙群岛石岛西科 1 井（乔培军等，2015）；c、d. 西沙群岛琛航岛西琛 1 井（韩春瑞，1989）；e、f. 西沙群岛琛航岛琛科 2 井（覃业曼等，2019）；g、h. 南沙群岛永暑礁南永 1 井（赵焕庭等，1992）；i、j. 南沙群岛美济礁南科 1 井（罗云等，2022）

对于造礁石珊瑚碳酸盐骨骼来说，大气降水的淡水成岩改造作用是很显著的，往往造成碳酸盐骨骼中碳氧同位素组成发生明显改变（Nothdurft and Webb，2009）。大气降水中来自陆地地表和土壤中的溶解 CO_2 与陆生植物有关，陆生植物远低于海水以及生物碳酸盐骨骼和海相碳酸盐岩的 ^{13}C 含量，并且大气降水中的 ^{16}O 含量远高于生物碳酸盐中的 ^{16}O 含量（Buonocunto et al.，2002）。当生物碳酸盐岩出露海面，被大气淡水淋滤改造，使得原生生物文石骨骼溶解，并重新形成次生方解石沉淀结晶，低含量的 ^{13}C 和高含量的 ^{16}O 进入重结晶的次生方解石中，必然导致碳酸盐矿物的 $\delta^{13}C$ 和 $\delta^{18}O$ 明显降低（Mcgregor and Gagan，2003）。南沙群岛南永 1 井、南科 1 井和西沙群岛琛科 2 井全新世松散沉积物和下伏晚更新世固结灰岩之间存在沉积间断面，被认为是晚更新世末次冰期全球海平面下降，珊瑚礁完全出露，珊瑚礁停止发育造成的。岩心的 $\delta^{13}C$ 和 $\delta^{18}O$ 表现出相似的在沉积间断面往下显著降低的变化，与间断面上显著的溶蚀痕迹相对应，表明该时段珊瑚礁已经出露海面，受到大气降水淋滤作用的明显改造，导致 $\delta^{13}C$ 和 $\delta^{18}O$

显著降低；而全新世珊瑚礁重新发育，处于海水环境中，并没有受到大气降水的影响，$\delta^{13}C$ 和 $\delta^{18}O$ 保持较高值（罗云等，2022；覃业曼等，2019；赵焕庭等，1992）。西沙群岛西琛1井和西科1井上部岩心碳氧同位素也都表现出相似的随深度增加显著降低的变化特征，对应于松散沉积物向固结礁灰岩沉积的转变，但在地层时段上笼统地认为是晚更新世—全新世时段，并没有明确的全新世的界线（乔培军等，2015；韩春瑞，1989）。对照南永1井、南科1井和琛科1井，相同的碳氧同位素变化模式和沉积岩性表明，西琛1井和西科1井岩心上部的松散沉积物应为全新世沉积。

中北暗沙 ZBSS-01 岩心的碳氧同位素也表现出两段式的变化模式，但与南沙群岛和西沙群岛珊瑚礁钻井的上部岩心的碳氧同位素两段式变化并不相同。中北暗沙近表层沉积属于晚全新世沉积，也就是说，碳氧同位素的变化属于晚全新世时段，并且都是固结的礁灰岩；而南沙群岛和西沙群岛钻井上部的碳氧同位素变化是发生在全新世松散沉积向晚更新世固结礁灰岩沉积转变的过程中。事实上，中北暗沙近表层礁灰岩沉积的碳氧同位素值与南沙群岛和西沙群岛珊瑚礁钻井的全新世松散沉积物的碳氧同位素值相近，从岩性上看，中北暗沙近表层礁灰岩沉积与南沙群岛和西沙群岛珊瑚礁钻井的晚更新世礁灰岩沉积相似，但碳氧同位素值却明显要高。这表明，虽然中北暗沙近表层沉积发生了成岩作用，造成碳氧同位素发生变化，但变化幅度有限，明显不及大气降水淋滤改造后的珊瑚礁碳氧同位素下降值，与未发生成岩作用的松散沉积物相当，也暗示着中北暗沙近表层沉积在晚全新世一直处于海水环境中，并未出露受到大气降水的影响。

2. Ca、Mg 元素

利用元素分析仪 ICP-MS 对中北暗沙近表层珊瑚礁沉积钻孔 ZBSS-01 岩心样品开展了主量元素 Ca 和 Mg 的测试分析。分析结果显示，钻孔岩心样品中，Ca 最低含量约为 24.37%，最高含量约为 42.06%，平均含量约为（35.51±2.54）%，中值含量约为 35.77%；Mg 最低含量约为 0.006%，最高含量约为 2.58%，平均含量约为（0.61±0.59）%，中值含量约为 0.40%。样品中 Ca、Mg 元素的数据分布（图 3-19）显示，Ca 元素数据呈近似正态分布，而 Mg 元素呈显著的偏态分布。

Ca 和 Mg 都是生物碳酸盐骨骼组成和碳酸盐岩成岩的主要元素，成岩作用很容易造成碳酸盐岩矿物组分的转换，导致 Ca 和 Mg 含量发生显著变化。现代文石质石珊瑚、仙掌藻骨骼等一般表现为 Ca 含量较高（＞37%）、Mg 含量较低（＜0.7%）的特点；高镁方解石质生物如珊瑚藻、棘皮动物、有孔虫等骨骼中 Mg 含量较高，一般大于 1%，Ca 含量稍低，为 27%～36%。中沙大环礁礁环（暗沙）表层沉积物 Ca 含量稍高，Mg 含量较低，Ca 和 Mg 的平均含量分别约为 36.74%和 1.02%，礁环沉积物颗粒粗，砾和粗砂、中砂占 75%，这些沉积物多是 Ca 含量高、Mg 含量低的石珊瑚骨屑，Mg 含量较高的珊瑚藻和有孔虫等生物碎片较少（聂宝符等，1992）。ZBSS-01 岩心主要为滨珊瑚骨骼，整体上平均 Ca 含量要低于文石质珊瑚骨骼，岩心中的珊瑚藻、棘皮动物、有孔虫等骨壳碎屑分布较少，平均 Mg 含量也低于高镁方解石质的生物骨壳。这表明，岩心可能发生了一定程度的成岩作用，影响了岩心 Ca、Mg 元素的组成。

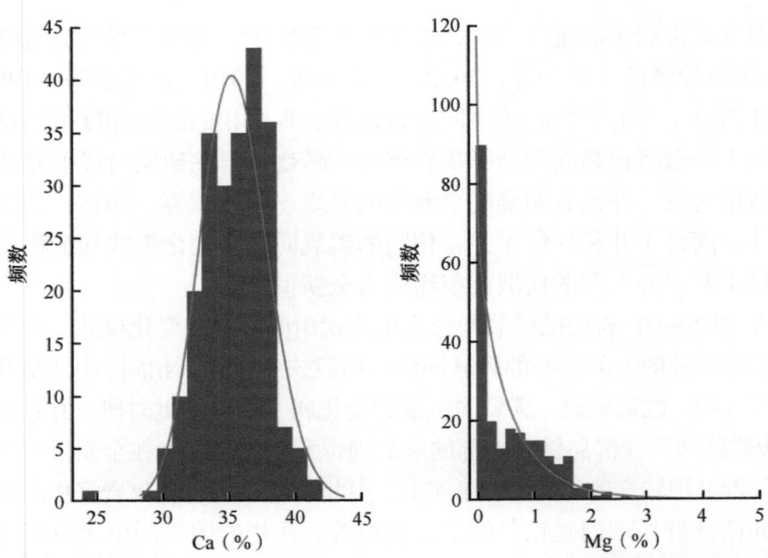

图 3-19 中北暗沙近表层珊瑚礁沉积钻孔 ZBSS-01 岩心样品 Ca、Mg 元素数据分布直方图和分布曲线

与碳氧同位素类似，ZBSS-01 岩心样品 Ca、Mg 元素在垂直方向上也表现出明显的随深度分段分布的模式，Ca、Mg 含量存在两个岩心段的差异（图 3-20）。上部岩心段（0～14 cm）Ca 含量范围为 32.58%～42.06%，平均含量约为（37.23±1.72）%，Mg 含量范围为 0.06%～1.50%，平均含量约为（0.17±0.23）%；下部岩心段（14～30 cm）Ca 含量范围为 24.37%～39.13%，平均含量约为（33.91±2.09）%，Mg 含量范围为 0%～2.49%，平均含量约为（1.01±0.52）%。非参数秩和检验结果表明，上下两段岩心 Ca、Mg 平均

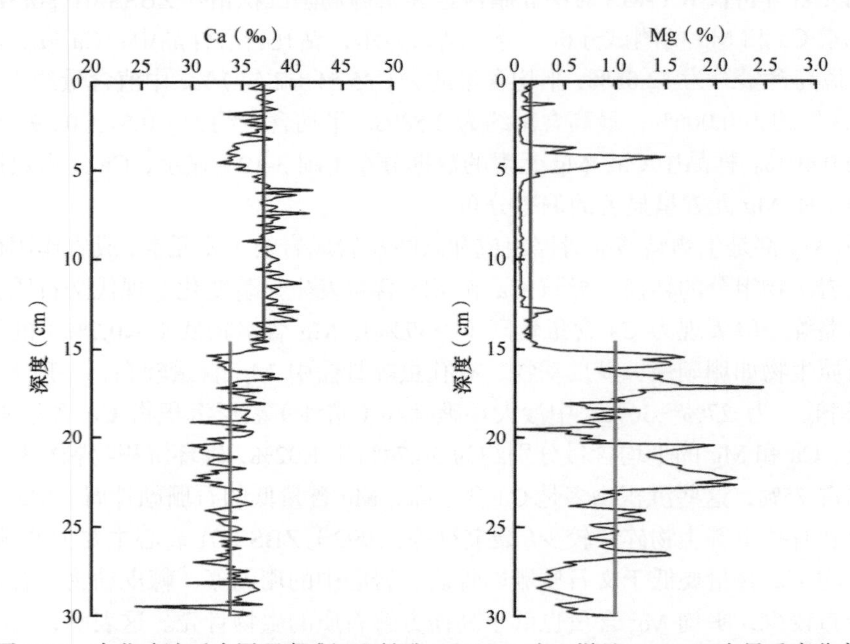

图 3-20 中北暗沙近表层珊瑚礁沉积钻孔 ZBSS-01 岩心样品 Ca、Mg 含量垂直分布

含量存在显著差异。可以看到，岩心的 Ca、Mg 元素存在明显的反相关系，上段岩心的 Ca 含量明显高于下段岩心，而上段岩心的 Mg 含量则明显低于下段岩心。

南沙群岛和西沙群岛珊瑚环礁和岛礁钻井岩心上部的晚更新世—全新世阶段显示出 Ca、Mg 元素不同的变化特征。西沙群岛永兴岛西永 1 井岩心第四系上部珊瑚礁碎屑灰岩的 Ca 平均含量约为 36.05%，Mg 平均含量约为 1.28%；第四系下部珊瑚骨架灰岩的 Ca 平均含量约为 38.45%，Mg 平均含量约为 1.18%（王崇友等，1979）。西沙群岛石岛西科 1 井岩心 0～23.6 m 的晚更新世—全新世松散生物砂屑沉积物 Ca 平均含量约为 37.50%，Mg 平均含量约为 1.74%；而 23.6 m 以下固结礁灰岩的 Ca 平均含量约为 38.80%，Mg 平均含量约为 0.51%（乔培军等，2015）（图 3-21a、b）。南沙群岛永暑礁南永 1 井 0～17.3 m 的全新世松散珊瑚枝块砾屑沉积物的 Ca 含量范围为 36.63%～38.86%，平均含量约为 37.72%，Mg 含量范围为 0.26%～1.90%，平均含量约为 1.19%；17.3 m 沉积间断面以下晚更新世固结礁灰岩的 Ca 含量范围为 39.11%～40.62%，平均含量约为 39.60%，Mg 含量范围为 0.25%～1.20%，平均含量约为 0.69%（赵焕庭等，1992）（图 3-21c、d）。南沙群岛美济礁南科 1 井岩心第一段（5.2～20.2 m）的全新世松散珊瑚枝块砾屑沉积物的 Ca 平均含量约为 36.44%，Mg 平均含量约为 1.75%；20.2 m 沉积间断面以下晚更新世

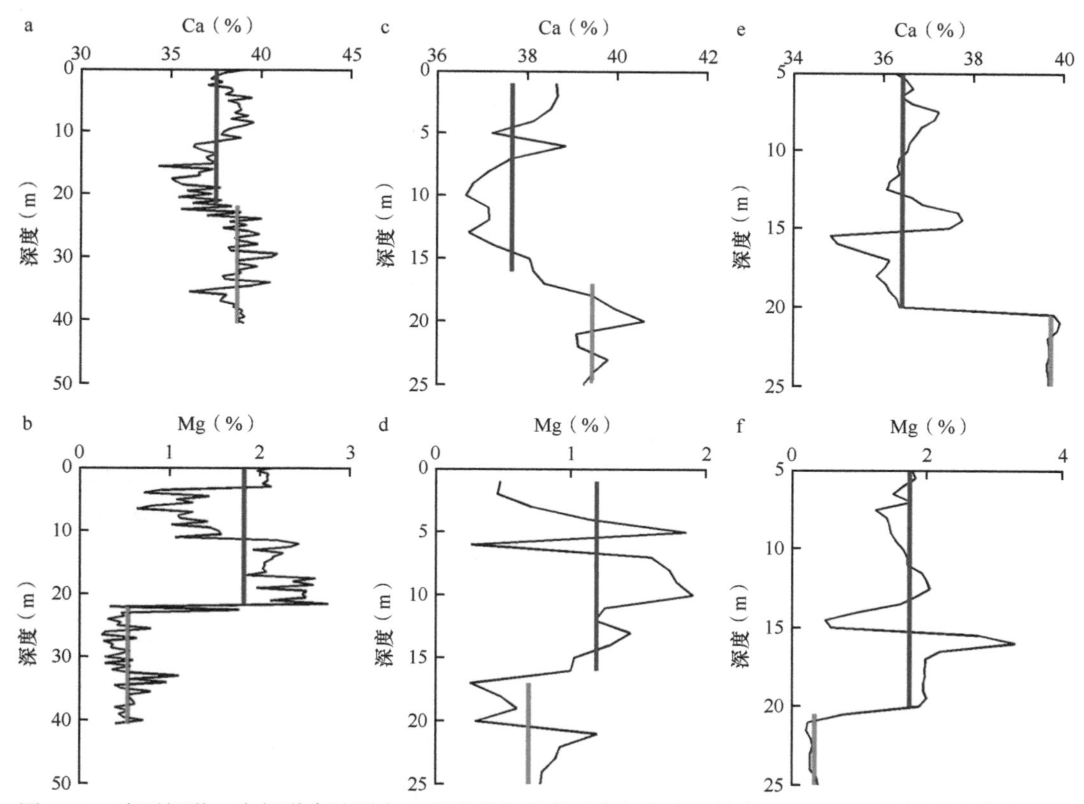

图 3-21　晚更新世—全新世南沙群岛、西沙群岛珊瑚环礁和岛礁钻井岩心 Ca、Mg 含量垂直分布比对

a、b. 西沙群岛石岛西科 1 井（乔培军等，2015）；c、d. 南沙群岛永暑礁南永 1 井（赵焕庭等，1992）；e、f. 南沙群岛美济礁南科 1 井（罗云等，2022）

固结礁灰岩的 Ca 平均含量约为 39.73%，Mg 平均含量约为 0.35%（罗云等，2022）（图 3-21e、f）。可见，南沙群岛和西沙群岛珊瑚礁钻井上部岩心 Ca、Mg 元素都表现出相似的随深度增加的反相变化模式，Ca 和 Mg 含量均呈现明显的两段式，即上段的松散沉积物或碎屑灰岩具有较低的 Ca 含量和较高的 Mg 含量，而其下的固结礁灰岩则具有较高的 Ca 含量和较低的 Mg 含量。

南沙群岛和西沙群岛珊瑚礁钻井岩心中上部全新世松散沉积相对较低的 Ca 含量和较高的 Mg 含量特点对应于珊瑚枝块及其他生物碎屑混杂沉积的特性，Ca 含量与现代文石质珊瑚骨骼一致，沉积物中大量高镁方解石质的珊瑚藻、有孔虫骨壳碎屑提升了 Mg 含量（赵焕庭等，1992），乔培军等（2015）则认为是强烈的大气淋滤作用导致的白云石化作用的影响，造成岩心中 Mg 替代 Ca。钻井岩心中晚更新世礁灰岩较高的 Ca 含量和较低的 Mg 含量特点则对应于以珊瑚骨骼为主要成分的珊瑚骨架灰岩，高镁方解石质生物骨壳碎屑含量低，成岩作用也可能造成高镁方解石向低镁方解石的转化（赵焕庭等，1992；王崇友等，1979）。中北暗沙近表层晚全新世沉积岩心也表现出 Ca 和 Mg 含量的反相分段变化（图 3-21），但完全不同于南沙群岛和西沙群岛珊瑚礁钻井中的全新世沉积的 Ca、Mg 含量变化。中北暗沙近表层沉积上段较高的 Ca 含量和较低的 Mg 含量特点对应于以文石质滨珊瑚骨骼为主，高镁方解石质的其他生物骨壳碎屑含量低的沉积岩性；下段较低的 Ca 含量和较高的 Mg 含量特点则与沉积岩性不一致，表明存在明显的成岩作用的影响。南沙群岛和西沙群岛钻井中全新世松散沉积的 Ca 含量有所降低，但仍高于中北暗沙近表层沉积，Mg 含量也明显高于中北暗沙近表层沉积，这主要是沉积岩性的不同造成。南沙群岛和西沙群岛钻井中晚更新世礁灰岩的 Ca 含量明显高于中北暗沙近表层礁灰岩，而 Mg 含量却相对要低，表明经历更强的成岩作用改造，Mg 元素损失。

3.3.5 矿物特征

珊瑚礁沉积物主要成分为碳酸盐岩的生物骨壳，其中造礁生物和附礁生物骨壳的矿物成分主要是文石和高镁方解石，且高镁方解石质生物骨壳很少（赵焕庭等，1992）。文石质生物骨壳主要是造礁石珊瑚、多孔螅、多数软体动物和仙掌藻等，而高镁方解石质生物骨壳主要有珊瑚藻、底栖有孔虫、棘皮类和苔藓虫等（黄金森等，1982）。文石和高镁方解石是不稳定和亚稳定矿物，在沉积环境变化作用下，易发生新生变形作用，转化为低镁方解石，或被白云石交代。

1. *矿物组分与含量*

利用 XRD 对中北暗沙近表层珊瑚礁沉积钻孔 ZBSS-01 岩心样品开展了矿物分析。分析结果显示，岩心样品的矿物成分单一，以典型的碳酸盐岩矿物为主，主要由文石和方解石两种矿物组成（图 3-22），根据方解石的 XRD 图谱判断，方解石应为高镁方解石。

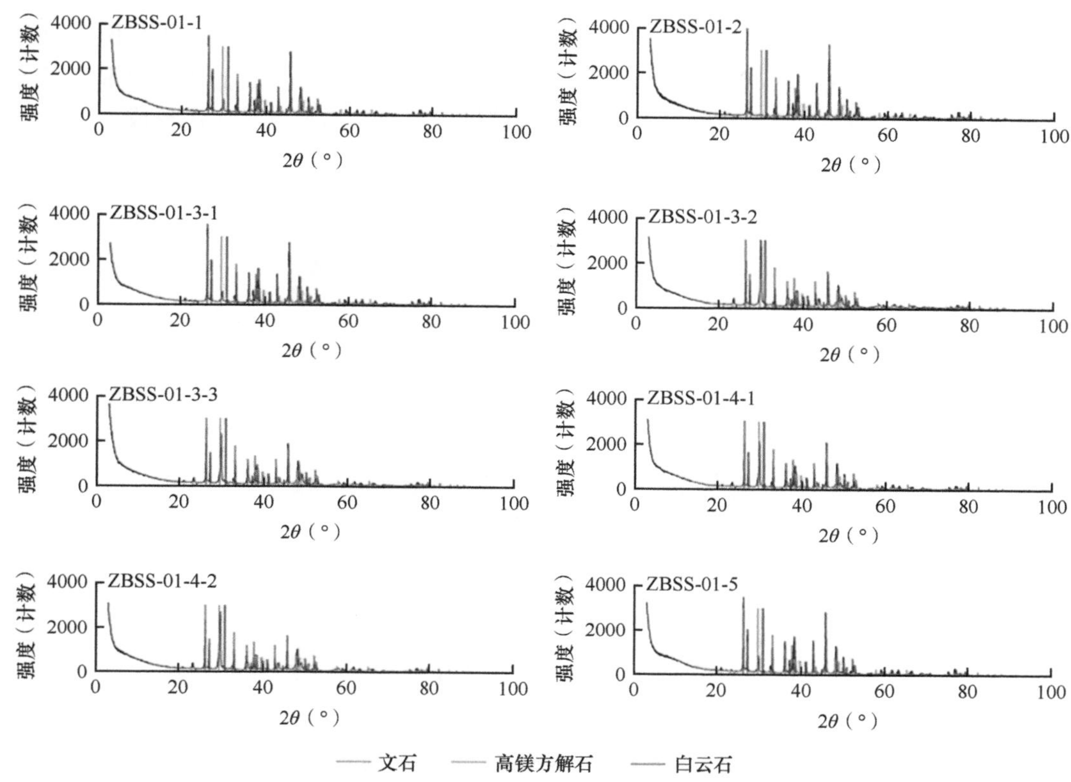

图 3-22　中北暗沙近表层珊瑚礁沉积钻孔 ZBSS-01 岩心样品的碳酸盐矿物 XRD 图谱
XRD 强度单位为计数，代表实验中反射 X 射线的数量

一般 $MgCO_3$ 含量高于 10%的方解石即为高镁方解石，岩心样品的扫描电镜元素定量分析显示，岩心的 $MgCO_3$ 含量大多高于 10%，也表明其为高镁方解石。

ZBSS-01 岩心样品中，文石最低含量约为 38.3%，最高含量约为 97.5%，平均含量约为（61.7±21.4）%，中值含量约为 57.05%；方解石最低含量约为 2.5%，最高含量约为 61.7%，平均含量约为（38.3±21.4）%，中值含量约为 42.95%。岩心样品中两种碳酸盐矿物含量数据分布（图 3-23）显示，文石和高镁方解石含量都呈现明显的偏态分布。

2. 矿物微观特征

造礁石珊瑚主要矿物成分为文石，具有典型的羽榍晶体结构，表现为纤状文石晶体由钙化中心向外呈纤维束状辐射（聂宝符等，1991）。ZBSS-01 岩心滨珊瑚骨骼的扫描电镜影像展现出清晰的羽榍结构（图 3-24），其中，图 3-24b 显示出细长文石晶体从钙化中心点向外生长，呈放射簇状排列，形成展开的纤维状或针状显微结构，图 3-24c 为羽榍结构中的针状文石晶体。

利用扫描电镜对中北暗沙近表层珊瑚礁沉积钻孔 ZBSS-01 岩心滨珊瑚骨骼地化成分进行定量分析（图 3-25）。结果显示，滨珊瑚骨骼羽榍结构不同部位的主要元素为 Ca、C 和 O，矿物组成主要为 $CaCO_3$，表明岩心的滨珊瑚骨骼原生矿物组成主要为文石，并无镁方解石的存在。由图 3-26 可看出，滨珊瑚骨骼隔壁上有羽榍结构线性排列构成的钙化中心和纤状文石晶体，并且在骨骼隔壁外侧还出现明显的纤状文石晶体沉淀垂直定向排列，大小较为均一。文石晶体已部分充填骨骼格架孔，属后期胶结作用形成。

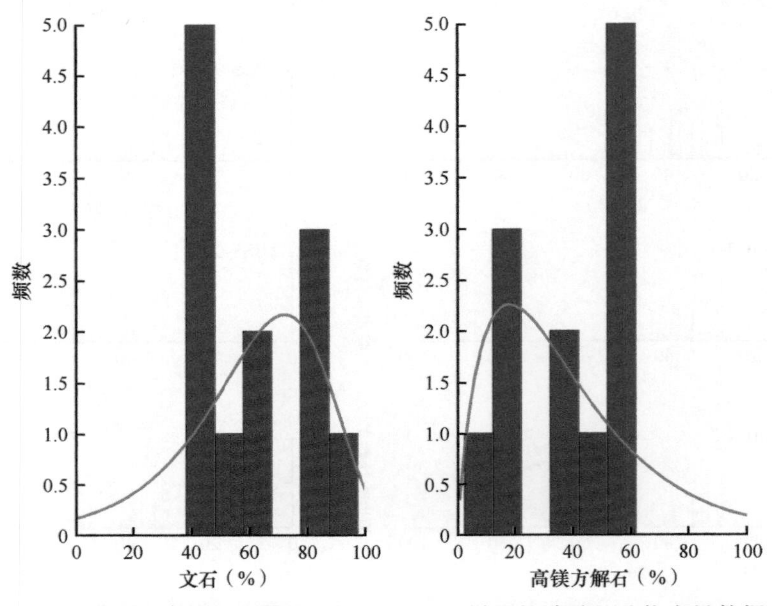

图 3-23　中北暗沙近表层珊瑚礁沉积钻孔 ZBSS-01 岩心样品的碳酸盐矿物含量数据分布直方图和分布曲线

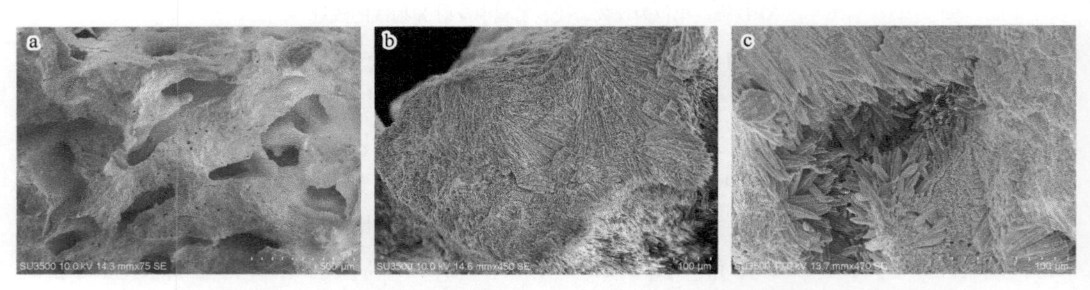

图 3-24　中北暗沙近表层珊瑚礁沉积钻孔 ZBSS-01 岩心滨珊瑚骨骼的扫描电镜影像

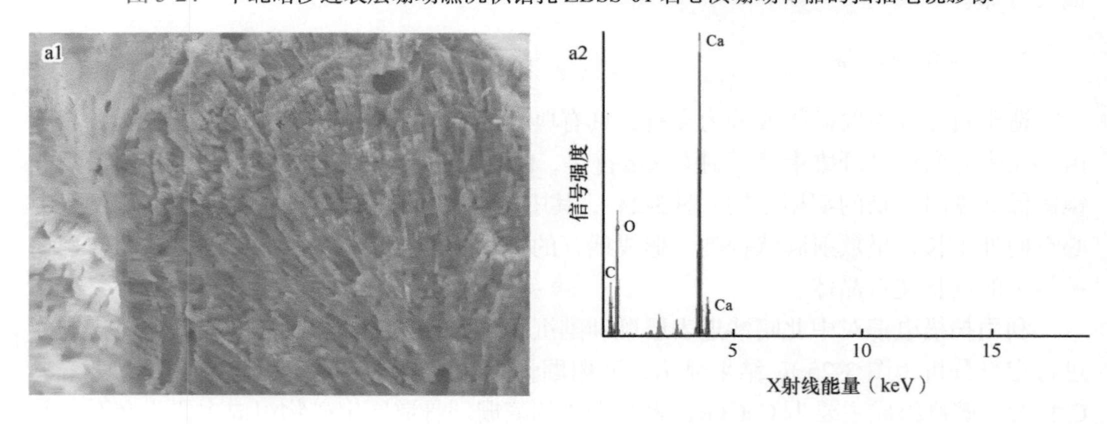

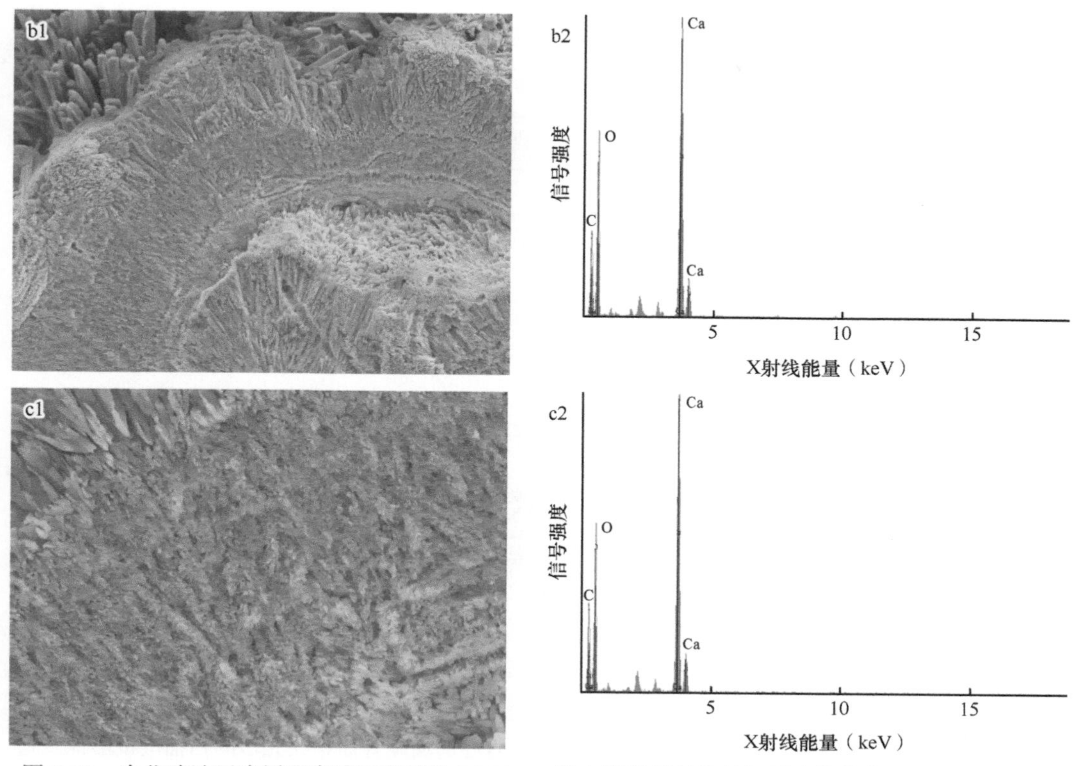

图 3-25　中北暗沙近表层珊瑚礁沉积钻孔 ZBSS-01 岩心滨珊瑚骨骼的扫描电镜影像及地化成分图谱

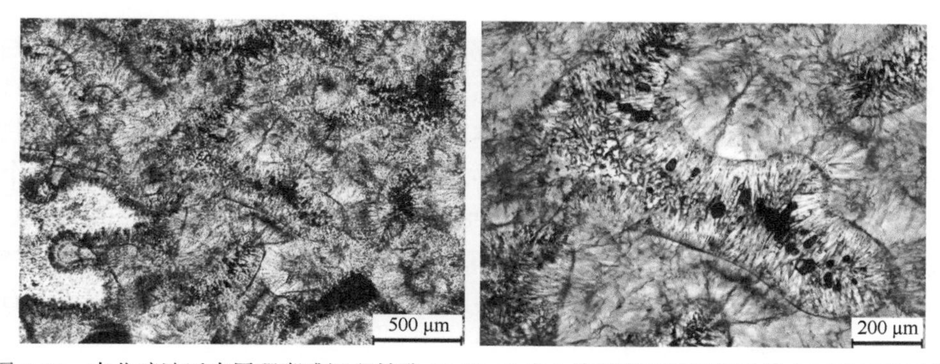

图 3-26　中北暗沙近表层珊瑚礁沉积钻孔 ZBSS-01 岩心滨珊瑚骨骼隔壁胶结文石的显微影像

ZBSS-01 岩心滨珊瑚骨骼中存在明显的生物钻孔，其中部分微钻孔已被沉积物充填（图 3-27 中 1 和 3 位置）。地化分析显示，钻孔充填物的主要元素为 Ca、Mg 和 C、O，矿物组成主要为 $CaCO_3$ 和 $MgCO_3$，其中 $MgCO_3$ 的平均含量约为 20.37%，表明钻孔填充物的矿物主要是高镁方解石，为后期胶结填充形成；而钻孔周边呈现骨骼羽榍结构的纤状文石晶体（图 3-27 中 2 位置），主要元素为 Ca 和 C、O，矿物组成主要为 $CaCO_3$，表明矿物主要是文石。

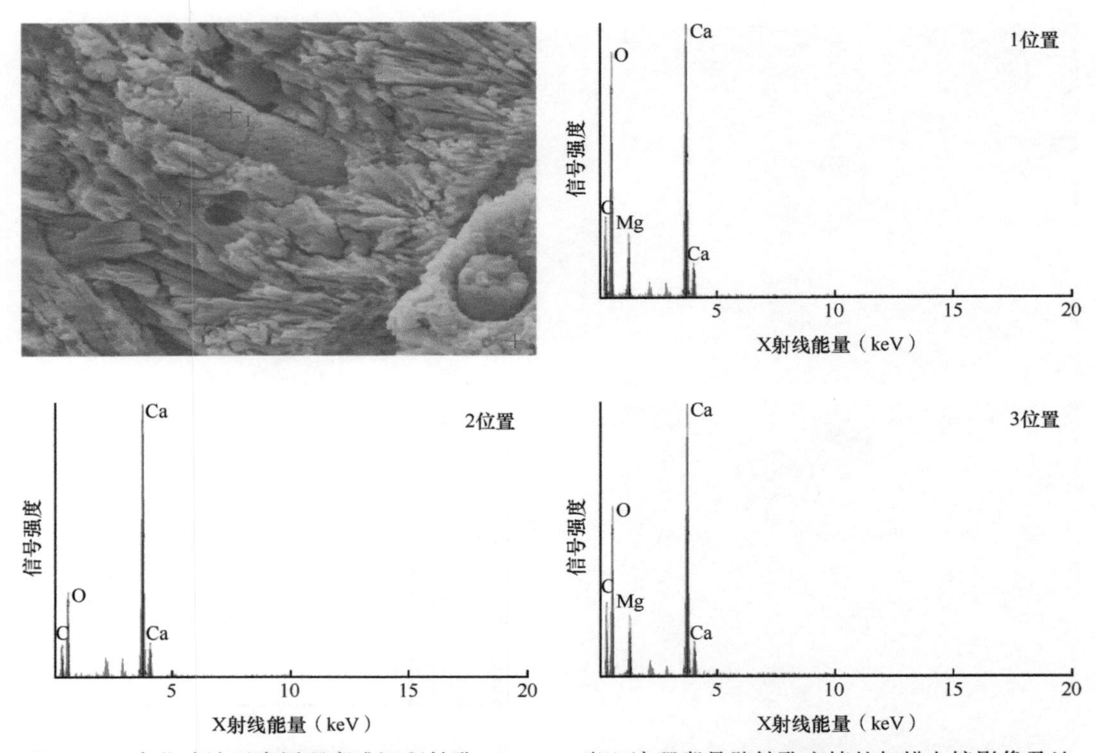

图 3-27 中北暗沙近表层珊瑚礁沉积钻孔 ZBSS-01 岩心滨珊瑚骨骼钻孔充填的扫描电镜影像及地化成分图谱

图 3-28 显示了中北暗沙近表层珊瑚礁沉积钻孔 ZBSS-01 岩心的一个有孔虫扫描电镜影像，基本还保留着可辨认的有孔虫形态，体壳轮廓较为清晰（图 3-28 中 2 位置），但体壳下部已几乎与体腔内充填物融为一体；有孔虫体腔内已完全充填粒状结晶物，体壳内外壁都有叶片状结晶体沉淀排列（图 3-28 中 1 和 3 位置）。体壳和体腔内 3 个位置的元素主要成分为 Ca、Mg、C 和 O（图 3-28 中 1、2、3 位置），矿物组成主要为 $CaCO_3$ 和 $MgCO_3$，其中 $MgCO_3$ 的平均含量约为 16.99%，指示有孔虫体壳和体腔内充填物的矿物成分为高镁方解石。有孔虫体壳可能经历过重结晶改造，而体腔内外高镁方解石应属于后期胶结充填形成。

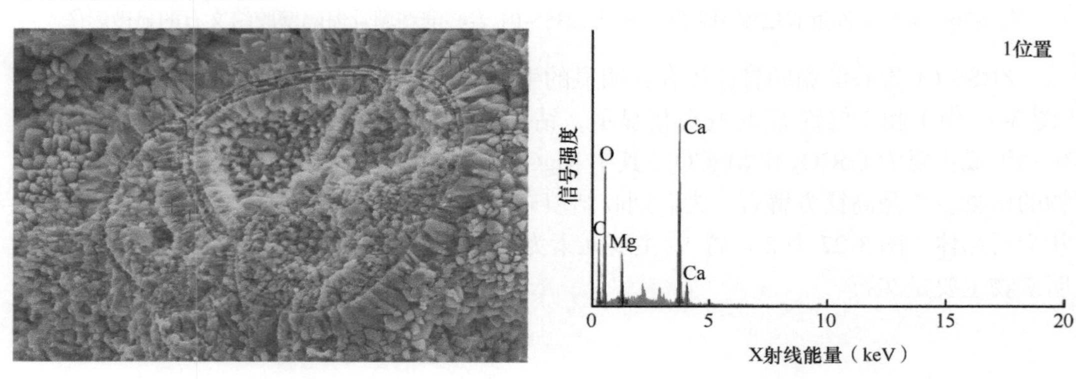

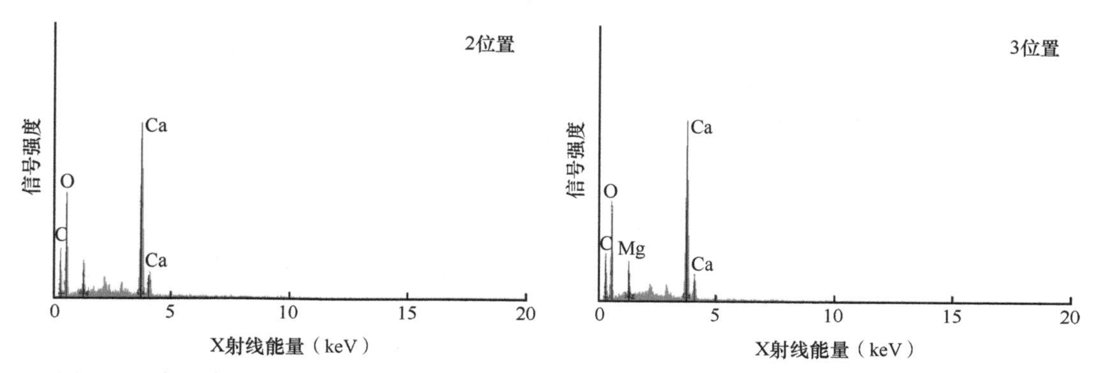

图 3-28 中北暗沙近表层珊瑚礁沉积钻孔 ZBSS-01 岩心的有孔虫扫描电镜影像及地化成分图谱

ZBSS-01 岩心下段胶结作用较强，珊瑚骨骼钙化中心保存相对完整（图 3-29a），无明显溶解现象。骨内孔底部堆积大量凝粒（图 3-29a），形成示顶构造。微晶组构看似均匀（图 3-29a），实则由密集堆积的凝粒、破碎的生物碎屑和暗色的有机物质组成（图 3-29b）。单个凝粒结构直径为 20～40 μm，由致密的微晶核心和放射状排列的微晶体组成（图 3-29c）。暗绿色的细菌/藻类分布其中（图 3-29d）。凝粒和骨内孔壁的微晶包层荧光明亮，有机质含量高（图 3-29e、f）。

扫描电镜下可见骨内孔壁被海绵酸蚀的凹坑，大量凝粒分布其中（图 3-30a）。凝粒由许多纳米级微晶矿物组成，其边缘是放射状排列的菱形晶体（直径约为 2 μm），形成晶簇（图 3-30b）。在凝粒组构里，可见直径为 20 μm 的钙化菌丝（图 3-29c），由外部钙化胶鞘和其中包裹的菌丝体（直径为 4 μm）组成，钙化胶鞘上晶体的直径从里向外逐渐

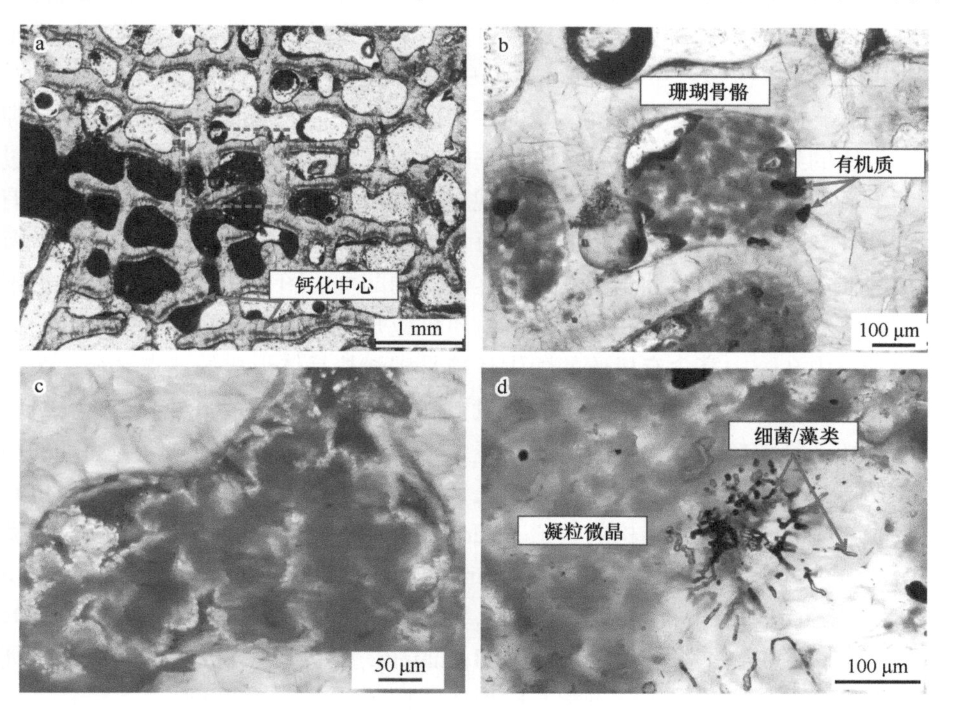

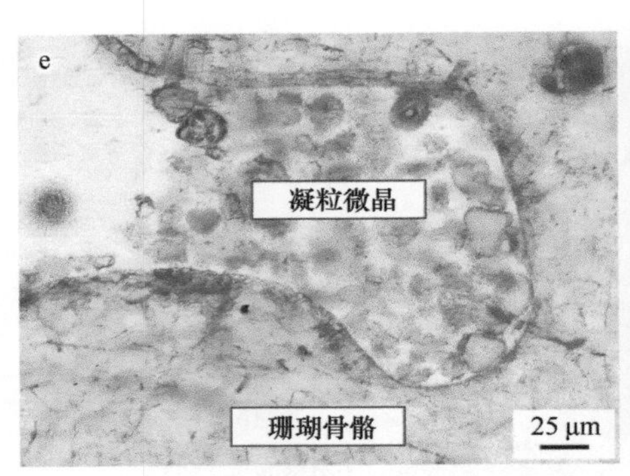

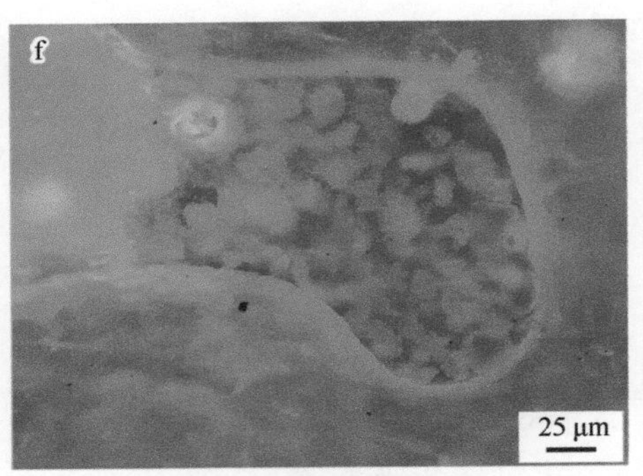

图 3-29　中北暗沙近表层珊瑚礁沉积钻孔 ZBSS-01 岩心高镁方解石凝粒的显微影像

a. 珊瑚骨骼钙化中心连续完整，骨内孔发育大量凝粒微晶（单偏光）；b. 凝粒和周围的有机质；c. 微晶核心和微亮晶边缘（正交偏光）；d. 凝粒组构中的细菌或藻类（单偏光）；e. 凝粒的单偏光照片；f. 凝粒的荧光照片

变大（图 3-30d）。部分破碎的凝粒核心也有相同的钙化菌丝（图 3-30b）。能谱背散射模式显示，凝粒充填处呈现深色，Mg 含量较高，Sr 含量较低（图 3-30e～h）。其中还包裹着一些颜色鲜艳的斑片状文石质生物碎屑。凝粒各元素的质量百分比为 Ca 占 32.8%、O 占 51.4%、C 占 11.1%、Mg 占 4.7%，经计算镁方解石的摩尔百分比约占 20mol%。

此外，激光拉曼结果证实了凝粒和相邻珊瑚骨骼间的矿物差异。珊瑚骨骼在 206 cm^{-1} 检测到明显的文石峰，而在 282 cm^{-1} 未检测到方解石峰。与低镁方解石相比，高镁方解石凝粒的所有峰值明显向右偏移，与 Mg^{2+}取代了碳酸盐晶格中的 Ca^{2+}有关。

高镁方解石凝粒通常形成于 0～15 m 海水环境，多分布在珊瑚骨内孔中（Marshall and Davies，1981），在较低沉积速率的珊瑚礁中广泛分布（Macintyre and Marshall，1988）。正常珊瑚生长率较快，不利于凝粒形成，可能与所需原材料的供应不足有关。活水螅体可以阻止植被、沉积物和悬浮物质进入骨骼中，从而减少骨内孔不同微生物群落的活动。当珊瑚死亡后，许多底栖微生物群落立即在珊瑚表面聚集，从而在珊瑚骨骼内孔隙中形成富含有机质的封闭微环境。凝粒在下段垂向上的减少趋势表明，原材料的运移过程也是自上而下（图 3-28a）。上段顶部并未发现凝粒结构，可能与特殊的生物和环境有关。大量生物钻孔有利于浅表中性 pH 的氧化海水进入，不利于碳酸盐沉淀。此外，海绵分泌的有机酸在珊瑚骨骼中腐蚀出密集的相互连接的凹坑（图 3-30a），酸性环境也不利于碳酸盐沉淀。适度的海底暴露和充足的有机质供应是凝粒形成的必要条件。

珊瑚骨骼内孔隙中富含有机质的隐生环境是碳酸盐晶体形成的热点区域。荧光分析证实，这些区域比文石珊瑚骨架有机质含量更高（图 3-29f），表明凝粒与富有机质流体之间关系密切。凝粒核部的钙化菌丝胶鞘残余（图 3-30b），以及凝粒组构周围的菌藻团块（图 3-29b、d）表明，凝粒的成核和生长都与微生物矿化作用相关。此外，也有珊瑚礁礁前沉积物中有类似凝粒结构的报道（Perry and Hepburn，2008）。凝粒发育的微生物岩中有机质也十分丰富（Riding，1991；Camoin and Montaggioni，1994；Camoin et al.，1999），有钙化蛋白（Reitner，1993；Zankl，1993；Reitner et al.，1995）、多糖（Défarge et al.，1996）和微生物本身（Buczynski and Chafetz，1991）。有机质富集 Ca^{2+}、Mg^{2+}，并提供沉淀位点，最终诱导了镁方解石的形成（Dupraz et al.，2009）。

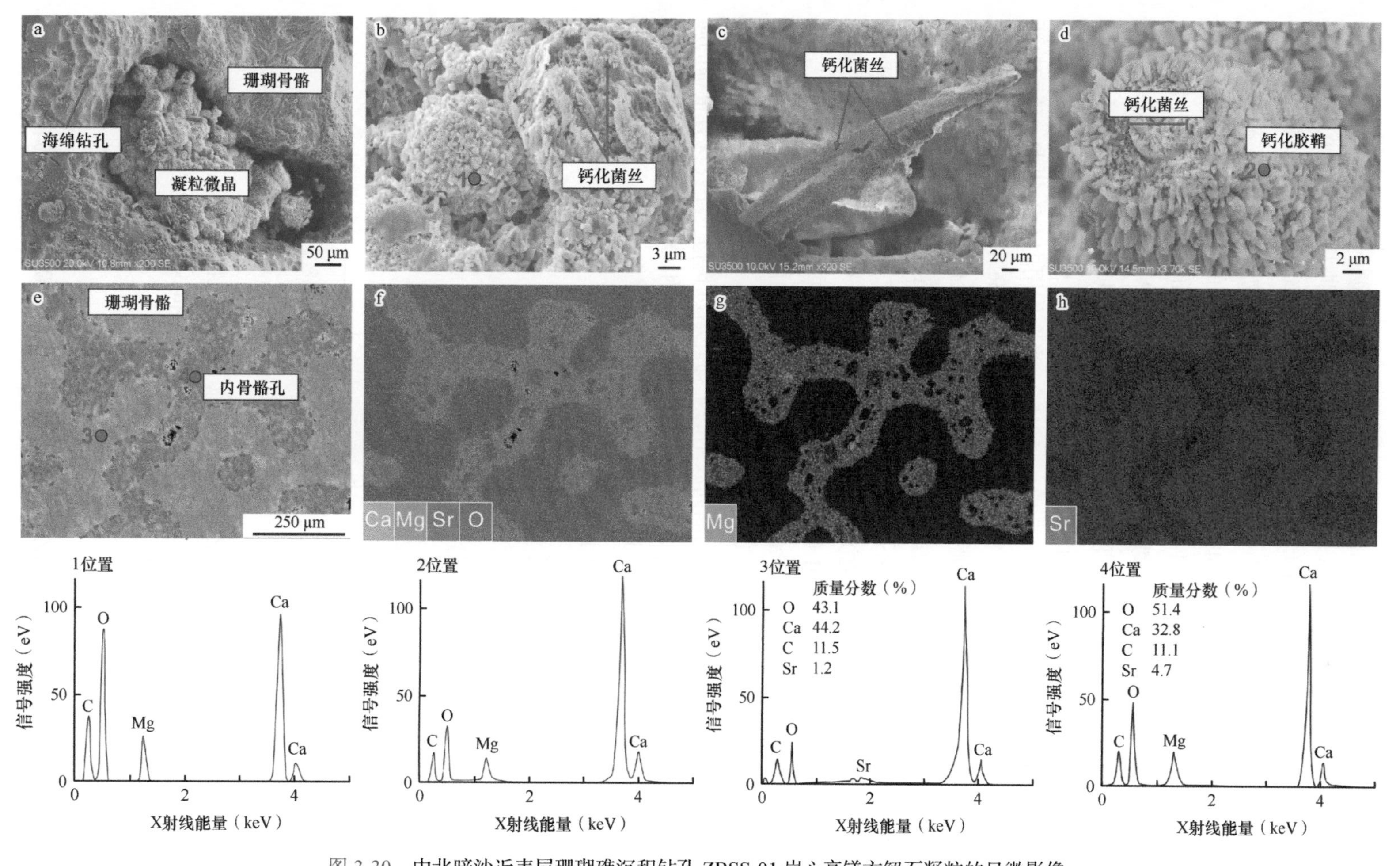

图 3-30　中北暗沙近表层珊瑚礁沉积钻孔 ZBSS-01 岩心高镁方解石凝粒的显微影像

a～d 为二次电子图像，e～h 为背散射图像。a. 骨内孔中堆积的凝粒，凹坑为海绵钻孔（红色箭头）；b. 凝粒，破碎的凝粒核心中发现了钙化菌丝（红色箭头）；c. 凝粒组构中的钙化菌丝；d. 钙化菌丝由放射状排列的菱形晶体和其中包裹的菌丝体组成；e. 珊瑚骨骼和骨内孔隙背散射图像区域；f. 珊瑚骨骼和骨内孔隙 Ca、Mg、Sr 和 O 背散射图像；g. 凝粒充填的骨内孔富 Mg 区背散射图像；h. 骨骼富 Sr 区背散射图像，其中混入文石质生物碎屑（浅色斑块）

碳氧同位素结果表明，光合作用和异养分解作用均参与了凝粒的形成。微区测得凝粒的碳氧同位素变化范围较窄，$\delta^{13}C$ 和 $\delta^{18}O$ 平均值分别为（2.55±0.15）‰和（−1.64±0.25）‰。其碳同位素比值表现出典型的非酶化分馏作用，与活体珊瑚的碳同位素比值存在明显差异，与正常海水中析出的高镁方解石胶结物的 $\delta^{13}C$ 相近（$\delta^{13}C$=2‰～3.87‰，Aissaoui，1988；$\delta^{13}C$=2‰～4‰，Swart，2015）。凝粒的 $\delta^{13}C$ 略低于微生物岩，如塔希提岛镁方解石微生物岩（$\delta^{13}C$ 平均值为 3.37‰，n=41；Camoin et al.，1999；Heindel et al.，2010）、伯利兹堡礁的镁方解石微生物岩（$\delta^{13}C$ 范围为 3.5‰～3.8‰，Gischler et al.，2017）、西西里岛微生物岩（$\delta^{13}C$ 平均值为 3.3‰，Guido et al.，2013）和海博恩岛 Highborne Cay 叠层石（Andres et al.，2006）。凝粒的 $\delta^{18}O$ 为 0‰（Braga et al.，2019），低于硫酸盐还原菌诱导的碳酸盐的 $\delta^{18}O$（Gischler et al.，2017）。光合作用中 CO_2 摄取、硫酸盐还原和有机质降解均可影响碳酸盐中碳氧同位素的变化（Krumbein，1979；Visscher and Stolz，2005）。光合作用优先去除轻碳（^{12}C），导致水中溶解无机碳（DIC）的碳同位素正偏，硫酸盐还原作用正好相反。镁方解石的 $\delta^{13}C$ 较海水高，表明在浅水胶结作用中存在光合分馏作用。当孔隙与海水连通不畅时，$\delta^{13}C$ 的降低与微生物呼吸作用有关（Andres et al.，2006）。热带珊瑚礁的隐生环境沉积物的有机地球化学研究表明，硫酸盐还原菌在碳酸盐的成核过程中起到了重要作用（Gischler et al.，2017）。即使在现代叠层石中，异养过程也可能主导了海相碳酸盐沉淀（Andres et al.，2006）。由缺氧导致的化学梯度的突变有利于异养细菌的代谢，使得 $\delta^{18}O$ 和 $\delta^{13}C$ 偏低。

此外，利用扫描电镜在钻孔岩心间断面胶结的生物碎屑沉积物中还发现有单轴的海绵骨针（图 3-31），其地化成分谱图显示主要的地化元素为 Si 和 O，以及少量的 Ca，表明这些海绵骨针的矿物成分主要为硅质，海绵为典型的硅质海绵。

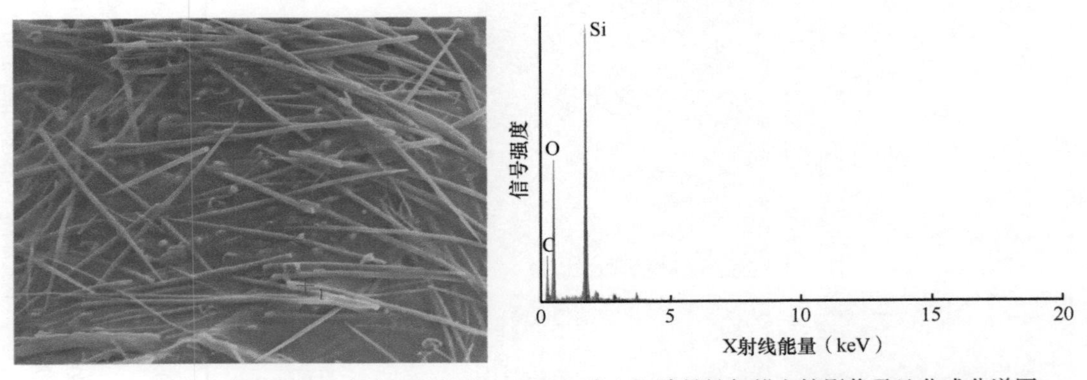

图 3-31　中北暗沙近表层珊瑚礁沉积钻孔 ZBSS-01 岩心海绵骨针扫描电镜影像及地化成分谱图

中北暗沙近表层珊瑚礁沉积钻孔 ZBSS-01 岩心矿物的微观特征表明，滨珊瑚骨骼主要由原生文石组成，但在骨骼隔壁上胶结有次生文石，岩心间断面生物骨壳以及珊瑚骨骼钻孔中都存在充填的次生高镁方解石胶结物。

3. *矿物垂直分布*

中北暗沙近表层珊瑚礁沉积钻孔 ZBSS-01 岩心样品碳酸盐矿物在垂直方向上表现出

明显的随深度分段分布的模式（图 3-32），碳酸盐矿物含量存在两个岩心段的差异。上部岩心段（0～13 cm）文石的含量范围为 85.8%～97.5%，平均含量约为（90.2±6.3）%，高镁方解石的含量范围为 2.5%～14.2%，平均含量约为（9.8±6.3）%；下部岩心段（14～30 cm）文石的含量范围为 42.5%～84.7%，平均含量约为（57.2±16.9）%，高镁方解石的含量范围为 15.3%～57.5%，平均含量约为（42.8±16.9）%。可以看到，岩心的文石和高镁方解石存在明显的反相关系，上段岩心文石含量明显高于下段岩心，而高镁方解石含量则是上段岩心明显低于下段岩心，与 Ca 和 Mg 含量在岩心中的分布规律一致。

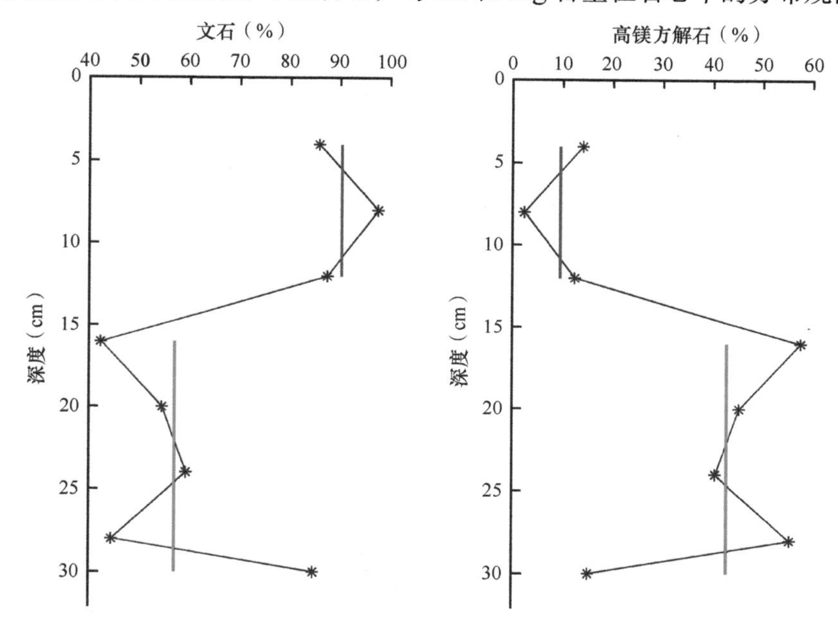

图 3-32　中北暗沙近表层珊瑚礁沉积钻孔 ZBSS-01 岩心碳酸盐矿物含量的垂直分布图

南沙群岛和西沙群岛珊瑚环礁和岛礁钻井岩心的晚更新世—全新世沉积也展现出明显的碳酸盐矿物成分的变化。西沙群岛石岛西科 1 井岩心 0～35.4 m 的晚更新世—全新世松散生物砂屑沉积物和固结礁灰岩的文石含量范围为 3.2%～72.0%，平均含量约为 27.3%，高镁方解石的含量范围为 0%～63.2%，平均含量约为 21.1%，方解石的含量范围为 14.2%～96.5%，平均含量约为 51.6%；35.4 m 以下固结礁灰岩中不含文石和高镁方解石，均为方解石（翟世奎等，2015）（图 3-33a、b）。西沙群岛琛航岛西琛 1 井岩心 17 m 以上的晚更新世—全新世松散生物砂屑沉积物的矿物成分主要为文石，还有少量高镁方解石，文石含量范围为 36.6%～70.9%，平均含量约为 52.5%，高镁方解石含量范围为 0.8%～26.5%，平均含量约为 11.3%；而 17 m 以下固结礁灰岩的矿物成分主要为方解石，还有少量文石，不含高镁方解石，方解石含量范围为 51.9%～99.8%，平均含量约为 90.3%，文石含量范围为 0.2%～48.1%，平均含量约为 9.7%（韩春瑞，1989）（图 3-33c、d）。南沙群岛永暑礁南永 1 井 0～17.3 m 的全新世松散珊瑚枝块砾屑沉积物中文石含量为 34.0%～85.9%，高镁方解石含量为 10.1%～64.4%，方解石含量为 32%～46%；17.3 m 沉积间断面以下晚更新世固结礁灰岩的文石含量为 0%～13%，高镁方解石含量为 0%，方解石含量为 87%～100%（赵焕庭等，1992）（图 3-33e、f）。南沙群岛美济礁南科 1 井岩心第一段（5.2～20.2 m）的全新世松散珊瑚枝块砾屑沉积物的主要矿物则是由文石和高镁方解石组成，文石含量范围为 41%～98%，平均含量约为 67%，高镁方解石含量范围为 5%～55%，平均含量约为 27%；20.2 m 沉积间断面以下晚更新世固结礁灰岩的矿物成分主要是方解石，还有少量的高镁方解石和文石，其中方解石的平均含量超过 95%（罗云等，2022）（图 3-33g、h）。可见，南沙群岛和西沙群岛珊瑚礁钻井上部岩心都存在碳酸盐岩矿物成分含量的显著变化阶段，文石和高镁方解石表现出随深度同步的两段式变化，变化模式与方解石的变化相反，即上段松散沉积物具有较高的文石和高镁方解石含量，而其下的固结礁灰岩则以方解石为主，文石和高镁方解石较少或没有。

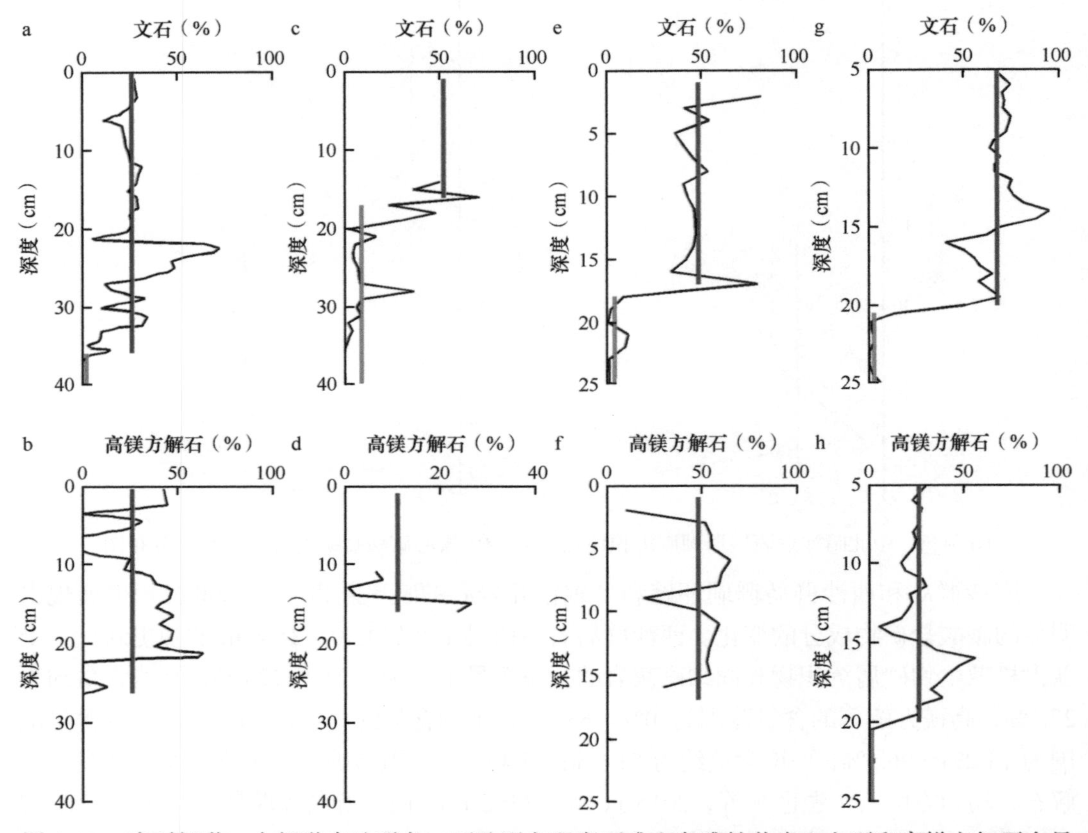

图 3-33　晚更新世—全新世南沙群岛、西沙群岛珊瑚环礁和岛礁钻井岩心文石和高镁方解石含量垂直分布比对

a、b. 西沙群岛石岛西科 1 井（翟世奎等，2015）；c、d. 西沙群岛琛航岛西琛 1 井（韩春瑞，1989）；e、f. 南沙群岛永暑礁南永 1 井（赵焕庭等，1992）；g、h. 南沙群岛美济礁南科 1 井（罗云等，2022）

南沙群岛和西沙群岛珊瑚礁钻井岩心全新世—晚更新世沉积的碳酸盐矿物成分显著的分段式变化，反映出全新世松散沉积以文石质珊瑚骨骼为主，以高镁方解石质珊瑚藻、有孔虫等骨壳碎屑为次的生物源特征，生物骨壳的原始矿物成分未发生明显变化，尚未发生胶结成岩作用；而晚更新世固结的礁灰岩沉积则经历了明显的新生变形成岩作

用，文石质珊瑚骨骼和高镁方解石质的其他生物骨壳大多转化为方解石，末次冰期大气淡水淋滤溶解再沉淀也会形成方解石胶结物，此外，局部少量的文石和高镁方解石为后期的胶结所充填（罗云等，2022；翟世奎等，2015；赵焕庭等，1992）。不同于南沙群岛和西沙群岛珊瑚礁全新世松散沉积物未经成岩改造的原始生物碳酸盐矿物组成，中北暗沙晚全新世近表层固结礁灰岩沉积中相对较低的文石含量和较高的高镁方解石含量，与以滨珊瑚骨骼为主、其他生物骨壳碎屑较少的岩性特征并不对应，显微特征显示，存在明显的胶结成岩作用，岩心中的高镁方解石主要是后期胶结成岩作用形成，生物来源的贡献少，同时也存在后期的文石胶结。与南沙群岛和西沙群岛珊瑚礁晚更新世固结礁灰岩相比，中北暗沙近表层的礁灰岩仍以文石和高镁方解石的胶结成岩作用为主，而南沙群岛和西沙群岛晚更新世礁灰岩则发生明显的方解石交代的新生变形作用。中北暗沙近表层沉积中两段式的文石和高镁方解石含量的变化，显示出下段沉积较上段有更明显的胶结成岩作用。

纤状-针状文石胶结物被看作海水成岩环境的典型岩相学特征标志（Tucker and Wright，1990；James and Choquette，1984）。ZBSS-01 岩心出现明显的纤状-针状文石胶结（图 3-26），相应的滨珊瑚为主的生物组分以及相对较高的碳氧同位素值都反映出晚全新世中北暗沙近表层沉积处于潮下带海水沉积成岩环境。中北暗沙近表层海水成岩环境以胶结作用为主，但也存在一定程度的溶解作用。ZBSS-01 岩心上段存在一些具有溶蚀特征的孔洞，代表了海水环境下海温和 CO_2 分压变化以及生物钻孔共同作用造成的岩心局部的碳酸盐溶解过程。

3.3.6　岩石特征

生物礁碳酸盐岩按照颗粒、基质以及胶结物等组分关联构造的不同划分为不同的类型，并形成了一套广泛应用的基于成因分类的生物礁碳酸盐岩命名系统（Embry and Klovan, 1971），包括骨架灰岩（framestone）、障积灰岩（bafflestone）、黏结灰岩（bindstone）和漂浮岩（floatstone）等。赵焕庭等（1992）采用一套结构-组分的命名方案对南永 1 井岩心进行命名。其中，珊瑚灰岩类似珊瑚骨架灰岩，由珊瑚块体组成，多为滨珊瑚、蜂巢珊瑚和星孔珊瑚等，有时 2 种或 3 种珊瑚叠覆在一起，其间常有薄的珊瑚藻包壳层，是珊瑚礁发育的主体部位，处于向海坡带和外礁坪珊瑚生长带。此外，前人的研究还提出了其他的几种碳酸盐岩名称，事实上几种碳酸盐岩名称一定程度上是可以对应的。

中北暗沙近表层珊瑚礁沉积钻孔 ZBSS-01 岩心显示出生物碳酸盐岩的岩石特性，岩石组分较为单一，以原生滨珊瑚骨架为主，含少量生物碎屑、泥晶和胶结物。参照 Embry 和 Klovan（1971）的碳酸盐岩命名体系，中北暗沙近表层珊瑚礁沉积为典型的珊瑚骨架灰岩（图 3-34a）。除滨珊瑚骨骼外，珊瑚骨架灰岩中还包括骨骼格架孔、多种大小生物钻孔，以及骨架不整合形成的孔洞、孔隙和裂隙。珊瑚骨架灰岩展现出较明显的化学胶结作用，显微影像显示，滨珊瑚骨骼格架孔中既有未充填保留孔隙（图 3-34b），又有胶结充填的纤状文石晶体（图 3-34c）；生物钻孔中则存在粒状高镁方解石胶结充填（图 3-34d）；骨架孔洞和孔隙中则存在其他生物骨壳碎屑沉积充填（图 3-34e），不同岩心段接触的不整合间断面上存在不同生物骨壳碎屑沉积胶结（图 3-34g），其中碎屑沉积物包含有孔虫等多种生物个体和碎片（图 3-34f），胶结物主要为粒状、葡萄状高镁方解石和泥晶，不仅胶结生物碎屑沉积物，还把几段滨珊瑚骨架胶连在一起。

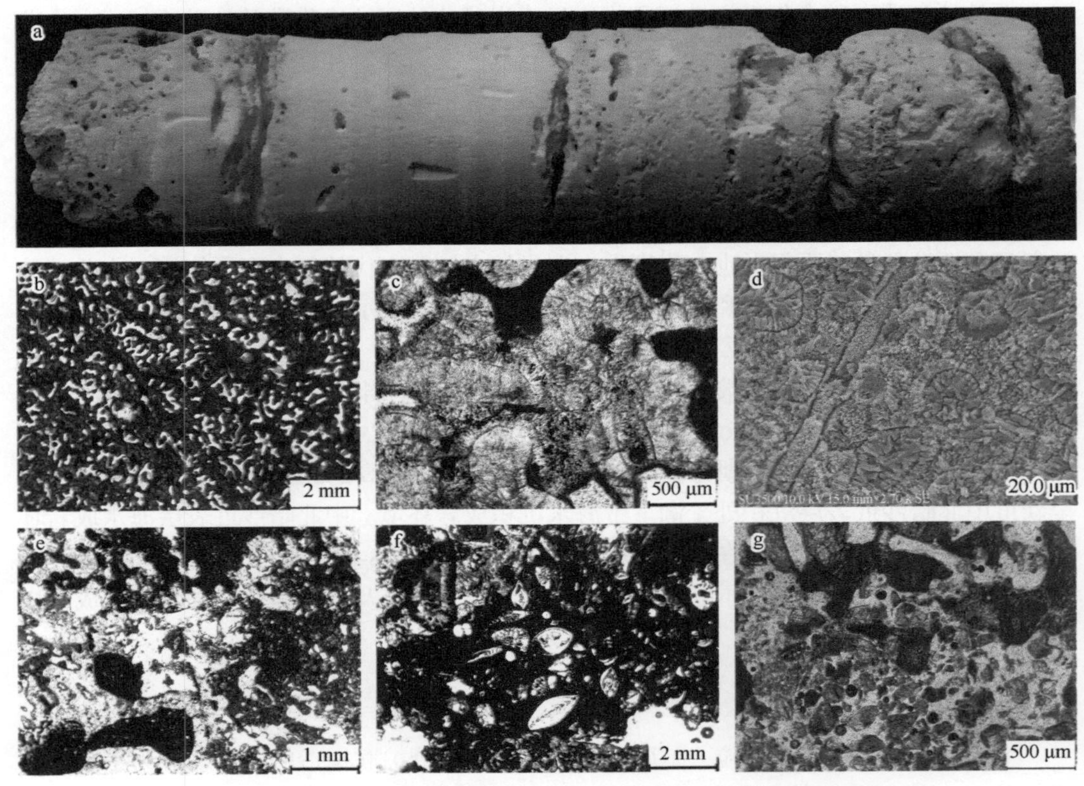

图 3-34　中北暗沙近表层珊瑚礁沉积钻孔 ZBSS-01 岩心珊瑚骨架灰岩

中北暗沙近表层珊瑚礁沉积钻孔 ZBSS-01 岩心中珊瑚骨架灰岩是由至少 5 段滨珊瑚骨骼为主的骨架形成，骨骼之间存在不完全的不整合间断面，间断面上一部分存在其他生物骨壳碎屑的沉积和胶结，而另一部分较为光滑。这表明因环境变化，岩心各段滨珊瑚相继死亡，后又因环境改善而快速恢复生长，珊瑚虫部分附着、黏结在原先死亡的珊瑚骨骼基底再生，珊瑚虫分泌的钙质骨骼与早期死亡的滨珊瑚骨骼牢固地黏结在一起，但钻机的动力很容易就使黏结面断开，且断开面光滑，而没有珊瑚虫附着生长的部分则沉积其他生物碎屑，形成不整合间断面，经过胶结成岩作用，最终形成多段滨珊瑚骨架组成的珊瑚骨架灰岩。可见，中北暗沙近表层珊瑚骨架灰岩的固结成岩过程首先主要表现为不同滨珊瑚骨骼的黏附作用，之后出现不整合间断面上其他生物碎屑沉积和胶结，以及珊瑚骨骼孔洞和格架孔内充填和胶结作用。

珊瑚礁区潮下带海底沉积以碳酸盐矿物胶结为主，包括文石和方解石，通常浅水区胶结物多为高镁方解石和文石，多形成石珊瑚骨骼胶结的珊瑚骨架灰岩，深水区为高镁方解石和低镁方解石，多形成珊瑚藻黏结的骨架灰岩（黄金森等，1982）。中北暗沙近表层沉积主要表现为潮下带海水环境下的胶结成岩作用。钻孔岩心滨珊瑚骨骼沉积的间断面以及岩心孔洞中存在其他生物碎屑沉积物的胶结，矿物分析显示，胶结物主要为高镁方解石晶体；滨珊瑚骨骼中生物钻孔也出现高镁方解石晶体的胶结充填；而滨珊瑚骨骼格架孔中则存在文石晶体的胶结充填。这表明，近表层沉积珊瑚骨架灰岩的成岩作用以高镁方解石和文石晶体胶结和充填作用为主。高镁方解石和文石胶结物来源于海水，热带珊瑚礁区高温高盐海水环境中，珊瑚群落发育，藻类光合作用强，促进了海水中碳酸盐过饱和，促使海水中 $CaCO_3$ 和 $MgCO_3$ 结晶沉淀形成文石和高镁方解石，胶结珊瑚骨骼和其他生物碎屑。珊瑚骨架灰岩一般呈灰白色，受大气降水的淡水淋滤作用影响，珊瑚骨架灰岩多呈淡黄色。中北暗沙近表层珊瑚礁沉积钻孔 ZBSS-01 岩心滨珊瑚骨架灰岩都为灰白色，未出现淡黄色，表明中北暗沙珊瑚礁沉积时并未受到大气淡水的作用。整个钻孔岩心中碳氧同位素并未出现大幅度的降低，表明大气降水的改造作用并不明显。钻孔岩心中滨珊瑚骨架仍以文石为主，未发生文石向方解石的转化作用。因此，中北暗沙珊瑚礁近表层沉积处于早期的海水成岩环境，主要沉积典型的礁核相珊瑚骨架灰岩，构成了中北暗沙珊瑚礁发育的骨架部分，起到珊瑚礁礁体的支撑作用。

南沙群岛和西沙群岛珊瑚环礁和岛礁钻井晚更新世—全新世沉积物岩性不同，经历不同成岩环境的作用。南沙群岛永暑礁南永1井0～17.3 m的全新世沉积物主要由珊瑚枝块和生物骨壳砾屑组成，沉积物松散未胶结，矿物成分以原始的生物骨壳碳酸盐矿物文石和高镁方解石为主，未见后期文石和高镁方解石胶结物和方解石交代物，表明该层位沉积并未发生明显成岩作用；17.3 m沉积间断面以下为晚更新世珊瑚灰岩，等同于珊瑚骨架灰岩，由多种块状珊瑚骨骼叠加组成，该层位发生新生变形和胶结成岩作用，矿物成分发生明显转换，生物骨壳的原生矿物文石和高镁方解石大多转化为方解石，并且还形成方解石胶结物（赵焕庭等，1992）。南沙群岛美济礁南科1井岩心第一段（5.2～20.2 m）的全新世沉积也为松散珊瑚枝块和生物骨壳砾屑沉积物，矿物成分以文石和高镁方解石为主；20.2 m沉积间断面以下晚更新世沉积主要为固结的珊瑚骨架灰岩，成岩作用显著，文石和高镁方解石几乎全部转化为方解石（罗云等，2022）。西沙群岛琛航岛琛科2井岩心上部（17 m以浅）为全新世松散未胶结的珊瑚砾砂屑沉积物；17～21 m的晚更新世沉积已固结成岩（覃业曼等，2019）。琛航岛西琛1井岩心10～17 m的晚更新世—全新世松散生物砂砾屑沉积物中，矿物成分以文石为主，未发生成岩作用；而17 m以下沉积礁格架灰岩，等同于珊瑚骨架灰岩，矿物成分以方解石为主，发生了明显的成岩作用（魏喜等，2007；张明书等，1997；韩春瑞，1989）。西沙群岛石岛西科1井岩心的岩石特征存在不同，其中约23 m之上为生物骨壳砂屑沉积夹生物砂屑灰岩或颗粒灰岩，约23 m之下为生物礁灰岩或骨架灰岩（罗威等，2018a；孙志鹏等，2015）。而翟世奎等（2015）则认为，西科1井岩心35.4 m之上为珊瑚碎屑沉积，未经历明显的成岩改造，以原始生物碳酸盐矿物成分为主，包含文石、高镁方解石和低镁方解石，35.4 m之下岩心经历明显成岩作用，矿物成分均为方解石，未见文石和高镁方解石。西沙群岛永兴岛西永1井岩心显示，第四系上部为珊瑚碎屑灰岩，中下部为造礁灰岩，等同于珊瑚骨架灰岩（王崇友等，1979）。总体来看，钻井岩心反映出南沙群岛和西沙群岛环礁和岛礁全新世主要沉积以珊瑚枝块和生物骨壳砂砾屑为主的松散沉积物，未发生明显成岩作用，晚更新世则主要沉积珊瑚骨架灰岩，经历过明显的胶结和新生变形为主的成岩作用，西沙群岛石岛的晚更新世—全新世可能经历过弱的成岩作用，从而形成了生物碎屑灰岩夹层。

从沉积时代来看，中北暗沙近表层晚全新世沉积珊瑚骨架灰岩，明显不同于南沙群岛和西沙群岛环礁和岛礁全新世松散未胶结的生物砾砂屑沉积物，反而与这两个礁区晚更新世发育的珊瑚骨架灰岩一致。这表明中北暗沙晚全新世存在与南沙群岛和西沙群岛全新世完全不同的沉积环境，中北暗沙晚全新世经历了明显的成岩作用，而南沙群岛和西沙群岛环礁和岛礁则没有。虽然中北暗沙晚全新世沉积的珊瑚骨架灰岩与南沙群岛和西沙群岛晚更新世相似，但从矿物成分来说，中北暗沙晚全新世珊瑚骨架灰岩以原生生物文石和后期胶结高镁方解石为主，而南沙群岛和西沙群岛晚更新世珊瑚骨架灰岩以文石和高镁方解石交代后的方解石为主，表明三地经历的成岩环境不同，中北暗沙近表层沉积属于早期胶结成岩作用。

3.3.7 物理力学特征

1. 基本物理性质

由于中北暗沙近表层珊瑚礁沉积岩心样品长度和完整性不足，无法进行测试样品取样和开展相关物理力学测试分析，仅完成了滨珊瑚骨骼岩心样品的试验测试分析，获得了其基本物理性质。考虑到近表层珊瑚礁沉积主要为较完整的滨珊瑚骨骼沉积形成的滨珊瑚骨架灰岩，其他生物碎屑沉积物较少，因此滨珊瑚骨骼岩心样品的物理性质一定程度上也能指示近表层沉积的滨珊瑚骨架灰岩的物理性质。其中，岩心样品的干密度范围为 1.33～1.47 g/cm^3，平均值为（1.40±0.04）g/cm^3，饱和密度范围为 1.82～1.90 g/cm^3，平均值为（1.85±0.04）g/cm^3，与南沙群岛某岛礁礁坪的礁灰岩密度相近（干密度为 1.09～1.63 g/cm^3，饱和密度为 1.63～2.07 g/cm^3）（王新志等，2008）。岩心样品相对密度为 2.75～2.81，平均值为 2.78±0.03，略大于马尔代夫马累岛和机场岛桥基位置的礁灰岩相对密度（2.65～2.68）、永兴岛的浅层胶结钙质砂相对密度（2.65）和南海某岛礁的块状结构、砾块结构、砾屑结构及砂屑结构礁灰岩岩心相对密度（2.65）（刘海峰等，2018，2020；Liu et al.，2021d）。岩心样品的孔隙度范围为 42.11%～47.33%，平均值为（45.52±1.70）%，比南沙群岛岛礁礁坪礁灰岩的孔隙度（45.04%～55.27%）略小（王新志等，2008）。岩心样品的矿物成分以文石为主，含量达到了 98%以上，其余成分为方解石。岩心样品内部存在许多相互连通的孔隙结构，保留了滨珊瑚骨骼骨架结构，这些孔隙结构极大地影响着渗透性和力学性质。岩心样品的干燥纵波声速范围为 3164.56～3831.42 m/s，饱和纵波声速范围为 3105.59～3846.15 m/s，整体上饱和纵波声速略大于干燥纵波声速。

2. 单轴抗压强度

中北暗沙滨珊瑚骨骼岩心样品的单轴压缩试验结果显示，岩心样品的单轴抗压强度较低，范围为 11.70～19.94 MPa，平均值为（16.34±2.78）MPa，高于胶结成岩的南沙群岛永暑礁和渚碧礁珊瑚礁灰岩的单轴抗压强度（5.04～10.78 MPa）（王新志等，2008），但远低于大多数陆源岩的单轴抗压强度。中北暗沙滨珊瑚骨骼岩心样品和南沙群岛礁灰岩的单轴抗压峰值强度与孔隙度的关系（图 3-35）显示，二者的相关性不明显，并未呈现明显的类似陆源岩石单轴抗压峰值强度随着孔隙度增加而降低的规律。中北暗沙滨珊瑚骨骼岩心样品显现明显不同的强度特性。

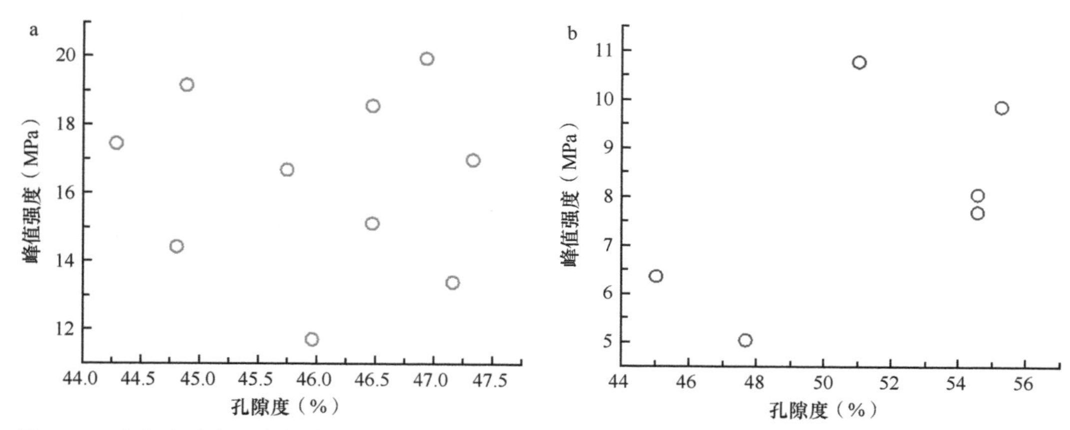

图 3-35　中北暗沙滨珊瑚骨骼岩心样品（a）和南沙群岛珊瑚礁灰岩（b）的单轴抗压峰值强度与孔隙度的关系

上述珊瑚骨骼和珊瑚骨架灰岩抗压强度的特点与珊瑚骨骼和珊瑚骨架灰岩的形成环境及其特殊的孔隙结构密不可分。珊瑚骨骼以及以珊瑚骨骼为主构成的珊瑚骨架灰岩本身的珊瑚骨架结构就存在大量的骨架孔，并且骨架灰岩在其沉积过程中会遭受长期水力溶蚀和生物侵蚀，使其相对于陆源岩石产生了更多的溶蚀孔隙，并且珊瑚骨骼和珊瑚骨架灰岩大多属于原位生长和原位沉积形成，所以在成岩过程中，这些骨架孔和溶蚀孔隙被压缩在内部，形成了小开孔隙，甚至是不与外界连通的封闭孔隙。而目前对岩石孔隙度的测试主要采用真空饱和法，该方法是利用抽气产生的压强把水挤进岩石的孔隙之中计算孔隙度，但仅仅能让水进入岩石中的大开孔隙和少部分小开孔隙，所以该方法针对具有较多的小开孔隙及封闭孔隙的珊瑚骨骼和珊瑚骨架灰岩精度较低，测得的孔隙度偏小。由于封闭孔隙分布不均匀，抗压强度与孔隙度的关系呈现较大的不确定性。对此，本书将岩心样品的颗粒密度与体积的乘积作为总质量，减去干质量，从而计算得到岩心样品的理论孔隙度，计算方法如下：

$$n' = \frac{G_s V - m_d}{G_s V} \times 100\% \tag{3-6}$$

$$n_c = n' - n \tag{3-7}$$

式中，n'表示理论孔隙度；G_s为颗粒密度；V为体积；m_d为干质量；n_c为封闭孔隙度；n为真空饱和法实测孔隙度。计算所得滨珊瑚骨骼岩心样品的封闭孔隙度范围为 0.89%～6.14%，平均值为（3.49±1.48）%；理论孔隙度范围为 47.36%～52.26%，平均值为（47.54±1.65）%。绘制单轴抗压峰值强度与理论孔隙度的关系图（图 3-36），除去个别奇异点，岩心样品的单轴抗压峰值强度与理论孔隙度之间呈现较好的线性关系，随着理论孔隙度增大，峰值强度降低，理论孔隙度与峰值强度的关系对比于试验孔隙度有明显改善。因为在外部荷载的作用下，岩心样品中的封闭孔隙周围会产生应力集中，导致裂纹加速扩展，最终破坏。可见，封闭孔隙对珊瑚块状灰岩强度的影响是不容忽视的。对于同种胶结程度而孔隙度差距不大的礁灰岩，封闭孔隙度计算的精确性依赖于样品颗粒密度和体积的测量。珊瑚块状灰岩是海相生物胶结岩石，内部的溶蚀孔洞及裂隙较陆源岩石更多，分布复杂。除了孔隙度和胶结程度这两个影响因素，珊瑚块状灰岩力学性质与其内部固有损伤的数量、位置和发展方向有着更紧密的关系，这也是珊瑚块状灰岩的试验结果离散性偏大的原因。

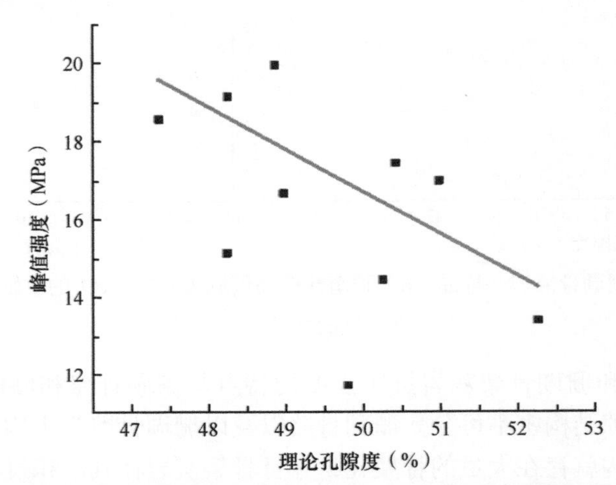

图 3-36　中北暗沙滨珊瑚骨骼岩心样品单轴抗压峰值强度与理论孔隙度的关系

3. 损伤特性和演化

1）起裂应力

正如 Brace 等（1966）和 Paul 和 Brace（1976）所指出，岩石的压缩变形与损伤为高度非线性。国内外科研人员对岩石的压缩变形及破坏进行了诸多研究，得出岩石压缩变形包括五个阶段：①固有裂纹闭合阶段（阶段Ⅰ）；②线弹性变形阶段（阶段Ⅱ）；③裂纹稳定萌生阶段（阶段Ⅲ）；④裂纹不稳定扩展阶段（阶段Ⅳ）；⑤峰后阶段（阶段Ⅴ）。各个阶段之间相应的阈值分别为：阶段Ⅰ和阶段Ⅱ之间为裂纹闭合应力（σ_{cc}）；阶段Ⅱ和阶段Ⅲ之间为起裂应力（σ_{ci}）；阶段Ⅲ和阶段Ⅳ之间为损伤应力（σ_{cd}）；阶段Ⅳ和阶段Ⅴ之间则为峰值应力（σ_{f}）。裂纹闭合应力代表着弹性变形阶段的开始，起裂应力代表着裂纹的萌生，损伤应力代表着岩石开始扩容。关于起裂应力的量测方法较多，周辉等（2014）对不同方法进行了比较，认为裂纹应变模型法计算裂纹起裂强度较为方便准确，又考虑到侧向应变响应法能较好地避免人为主观判断的误差，故将两者结合来分析起裂应力。

Ⅰ）裂纹应变模型法

Martin（1993）最早提出了裂纹应变模型来计算岩石的起裂强度，公式如下：

$$\varepsilon_1^{e}=\frac{1}{E}\left[\sigma_1-\mu\left(\sigma_2+\sigma_3\right)\right] \tag{3-8}$$

$$\varepsilon_2^{e}=\frac{1}{E}\left[\sigma_2-\mu\left(\sigma_1+\sigma_3\right)\right] \tag{3-9}$$

$$\varepsilon_3^{e}=\frac{1}{E}\left[\sigma_3-\mu\left(\sigma_1+\sigma_2\right)\right] \tag{3-10}$$

$$\varepsilon_{v}^{e}=\varepsilon_1+\varepsilon_2+\varepsilon_3=\frac{1-2\mu}{E}\left(\sigma_1+\sigma_2+\sigma_3\right) \tag{3-11}$$

$$\varepsilon_{v}^{c}=\varepsilon_{v}-\frac{1-2\mu}{E}\left(\sigma_1+\sigma_2+\sigma_3\right) \tag{3-12}$$

式中，σ_1、σ_2、σ_3分别代表三个方向的主应力；ε_1、ε_2、ε_3分别代表三个方向的主应变；ε_1^{e}、ε_2^{e}、ε_3^{e}分别代表三个方向的弹性体应变；E、μ分别代表弹性模量和泊松比；ε_{v}、ε_{v}^{c}分别代表体应变和裂纹体应变。

加载初期，在荷载作用下岩石试样固有孔隙被压密，然后进入线弹性变形阶段，其变形可认为是完全弹性变形，此时无裂纹的压缩与扩展，故其裂纹体应变-轴向应变表现为水平段，水平段的起始与末尾端点分别对应闭合应力σ_{cc}和起裂应力σ_{ci}（图 3-37），当轴向应力达到起裂应力时，弹性阶段结束，试样内部裂纹开始萌生与扩展，当应力达到损伤强度时，内部裂纹开始不稳定扩展，试样开始扩容。以试样 D31 的数据为例，轴向应力-体应变曲线的拐点即为岩石扩容点，该点对应的应力即为损伤应力，按照裂纹应变模型法得出的起裂应力和损伤应力分别为 6.88 MPa、15.96 MPa。

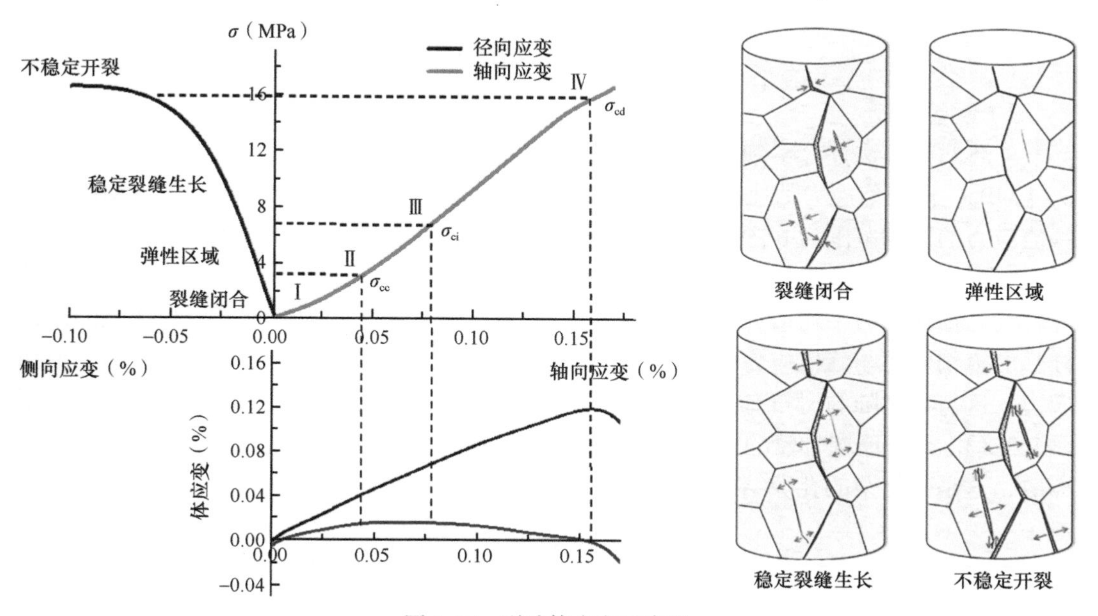

图 3-37　裂隙体应变示意图

Ⅱ）侧向应变响应法

侧向应变响应法（LSR）由 Nicksiar 等（2012）提出，将荷载响应与从不稳定裂纹扩展开始到零应力的线性参考线响应进行比较，评估测量的荷载响应和线性参考线之间的差异（ΔLSR）。将该差异作为轴向应力的函数，最大差异作为裂纹萌生的开始（Nicksiar et al.，2012）。该方法能有效消除主观判断误差，提供较为准确的结果。图 3-38a 为添加了线性参考线的径向应变-应力图，直线与曲线的最终交点为试样扩容点，侧向差异与轴向应力的函数图像如图 3-38b 所示，由此可以得到通过侧向应变响应法计算的起裂应力，约为 6.90 MPa，这比裂纹应变模型法得出的起裂应力略高。因为侧向应变响应法的精确求解建立在取得精确的损伤应力的基础上，而通过扩容曲线得到的损伤应力难免会带有主观误差，所以两种方法有所差异也在情理之中，取其平均值作为最终结果。

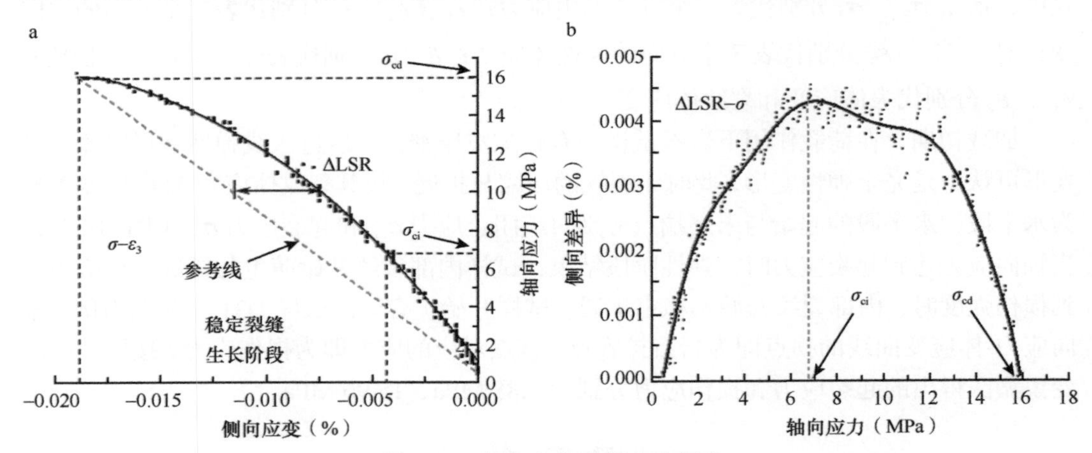

图 3-38　侧向应变响应法示意图

2）起裂机制

上述两种方法计算得到的结果显示，中北暗沙滨珊瑚骨骼的闭合应力范围为 2.06～6.34 MPa，占峰值应力的比例范围为 0.18～0.34。起裂应力范围为 5.69～10.78 MPa，占峰值应力的比例范围为 0.39～0.56。起裂应力平均值为 7.68 MPa，占峰值应力的比例约为 0.47。损伤应力范围为 9.40～19.67 MPa，占峰值应力的比例范围为 0.70～1.00，离散性较大；损伤应力平均值为 15.36 MPa，占峰值应力的比例约为 0.93。值得注意的是，样品的损伤应力与峰值应力极为接近，直到峰值应力都未开始扩容，峰值应力即为损伤应力，这与众多陆源岩石有很大的不同。整理统计其他种类陆源岩石的阈值应力比数据（表 3-2），与滨珊瑚骨骼的损伤数据进行比较，可以看出，珊瑚骨架灰岩的损伤应力较离散，这是由复杂的孔隙结构决定的，起裂应力与大多数的陆源岩石相近。

表 3-2　各类岩石阈值应力比统计表

编号	σ_{cc}/σ_f	σ_{ci}/σ_f	σ_{cd}/σ_f
中北暗沙滨珊瑚骨骼	0.18～0.34	0.39～0.56	0.70～1.00
硅质粉砂岩[a]	0.22～0.37	0.55～0.62	0.92～0.99
花岗岩[b]	—	0.40～0.50	0.70～0.85

续表

编号	σ_{cc}/σ_f	σ_{ci}/σ_f	σ_{cd}/σ_f
粉花岗岩 [c]	0.22～0.24	0.38～0.41	0.71～0.81
青砂岩 [d]	—	0.40～0.43	0.67～0.77
红砂岩 [d]	—	0.44～0.49	0.76～0.80
石灰岩 [b]	—	0.20	0.93
大理岩 [e]	—	0.38	0.83
碳酸钾 [f]	—	0.41	0.53
白云岩 [f]	—	0.73	0.87

注：a 引自张晓平等（2019）；b 引自 Martin 和 Chandler（1994）；c 引自 Eberhardt 等（1998）；d 引自刘泉声等（2018）；e 引自 Fonseka 等（1985）；f 引自 Hatzort 等（1997）

根据弹性力学理论，将总应变看作裂纹应变与弹性应变的和，在 ε_1、ε_3 的基础上分别减去轴向和径向的弹性应变 ε_1^e、ε_3^e，得到轴向和径向的裂纹应变 ε_1^c、ε_3^c，裂纹应变可以反映出压缩过程中试样内部的裂纹发展情况，将轴向和径向裂纹应变看作内部裂纹在这两个方向的投影，将两者对比可以判断裂纹的发展方向。

$$\varepsilon_1^c = \varepsilon_1 - \frac{1}{E}\left[\sigma_1 - \mu\left(\sigma_2 + \sigma_3\right)\right] \tag{3-13}$$

$$\varepsilon_3^c = \varepsilon_3 - \frac{1}{E}\left[\sigma_3 - \mu\left(\sigma_1 + \sigma_2\right)\right] \tag{3-14}$$

裂纹应变随轴向应力的发展过程如图 3-39 所示。在压缩初期，滨珊瑚骨骼的裂纹应变随轴向应力增大而增大，这归因于内部固有裂纹的闭合，显现出明显的压密段，而在南沙群岛的礁灰岩压缩试验中显示的裂纹压密段非常短暂（王新志等，2008）。滨珊瑚骨骼的闭合应力略小于起裂应力，平均值为 4.48 MPa，闭合应力与峰值强度的比值约为 0.27。随着应力的继续增大，到达线弹性变形阶段，轴向裂纹应变保持不变，不过该阶段持续时间很短，明显短于花岗岩的线弹性阶段（朱泽奇等，2007），如图 3-40 所示，

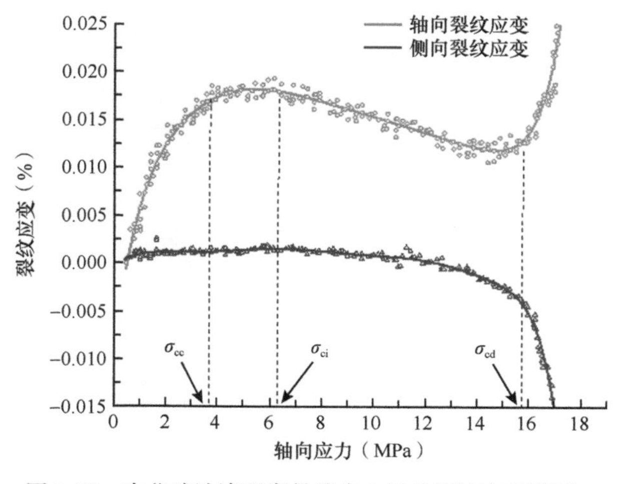

图 3-39　中北暗沙滨珊瑚骨骼岩心样品裂纹应变发展

随后应力水平达到起裂应力，轴向裂纹迅速发展。这可能归因于生物造岩过程中珊瑚骨骼整齐排列而形成的胶结较弱的生长线。生长线是礁灰岩最脆弱的部位，也是礁灰岩与陆源岩在结构上的根本区别之一（图 3-41），脆弱的生长线为珊瑚块状灰岩的轴向裂纹发展提供了诱因，因此只有很短的线弹性阶段。在应力达到起裂应力后，轴向裂纹张开，总轴向应变中包含轴向裂纹张开引起的应变增大量，所以总轴向应变增量小于弹性体应变增量，导致轴向裂纹应变随着应力增大而负向发展，曲线近似线性，表明发展速率几乎不变。而径向裂纹应变在达到起裂应力前基本保持不变，达到起裂强度后，随着应力增大而缓慢减小。从投影的角度可理解为裂纹的发展方向为一偏角，随着应力增大，该偏角由轴向逐渐偏向径向，当应力达到损伤强度后，裂纹不稳定扩展，由于压缩作用，轴向裂纹应变开始急转为正向增加，增加速率逐渐增大，径向裂纹应变急剧增加，变化速率远大于裂纹稳定萌生阶段，表明此时裂纹正在加速扩展，直至破坏。岩样的破坏形式不同于典型陆源岩石沿着最大剪应力面发生剪切破坏，而是沿着生长线发生破裂，形成多个破裂面，完全破坏后为碎条状（图 3-42），是典型的张拉破坏。此外，试验过程中还观察到较多岩石碎片从岩样中剥离、崩出，这是能量积聚，内部损伤部位应力集中产生的结果。

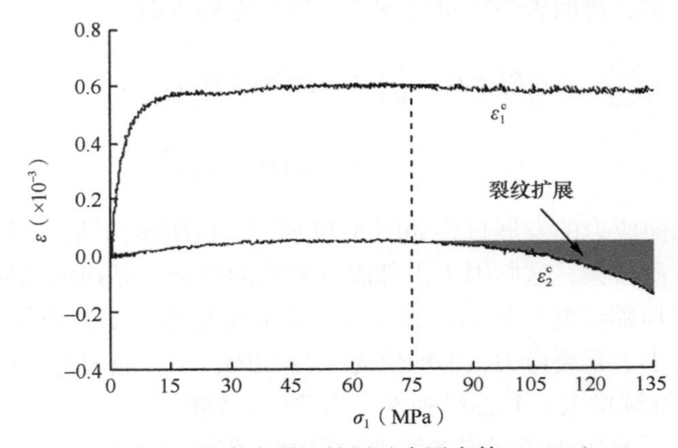

图 3-40　花岗岩裂纹扩展（朱泽奇等，2007）

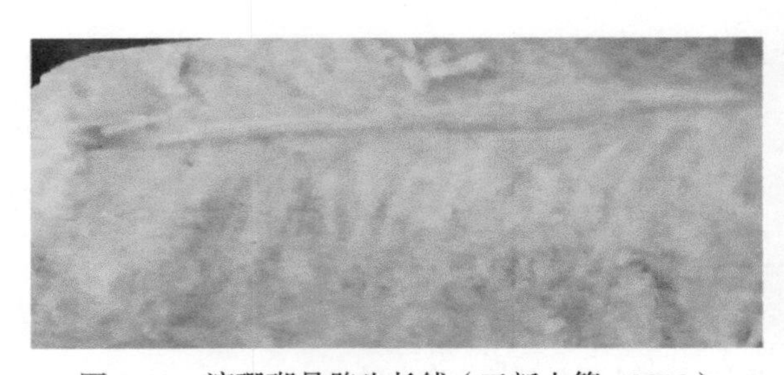

图 3-41　滨珊瑚骨骼生长线（王新志等，2008）

图 3-42　中北暗沙滨珊瑚骨骼岩心样品破碎

3）损伤演化

损伤是指在荷载作用下，岩样内部的裂纹、孔洞扩展产生的不可逆破坏，而损伤变量则是用来描述破坏的发展程度。岩石的破坏过程一直伴随着裂纹的扩展，而裂纹体应变会随着岩石内部损伤程度的发展而变化，这可以很清晰地从裂纹体应变发展曲线（图3-43）看出，故基于裂纹体应变提出一个新损伤变量。

新损伤变量 D 定义如下：

$$D=\left|\frac{\varepsilon_{\mathrm{v}}^{\mathrm{c0}}-\sum\varepsilon_{\mathrm{v}}^{\mathrm{c}}}{\varepsilon_{\mathrm{v}}^{\mathrm{cp}}}\right| \tag{3-15}$$

式中，$\varepsilon_{\mathrm{v}}^{\mathrm{c0}}$ 表示原始状态下岩石的裂纹体应变；$\varepsilon_{\mathrm{v}}^{\mathrm{cp}}$ 表示岩石破坏时的裂纹体应变；$\sum\varepsilon_{\mathrm{v}}^{\mathrm{c}}$ 表示累计的裂纹体应变变化量。

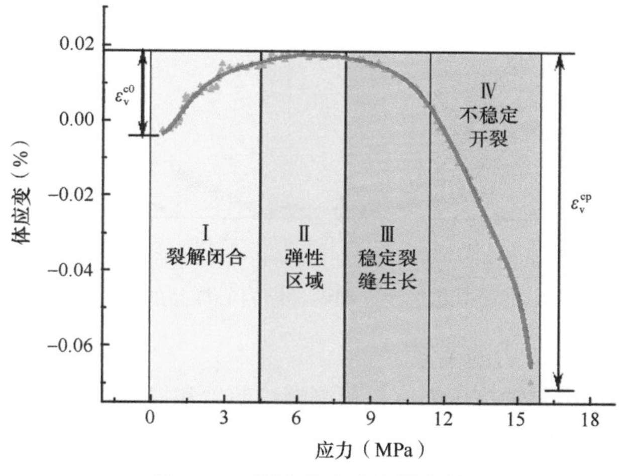

图3-43　裂纹体应变发展曲线

当试样刚开始受到外部荷载时 $\sum\varepsilon_{\mathrm{v}}^{\mathrm{c}}=0$，则岩石新损伤变量的初始条件如下：

$$D=\left|\frac{\varepsilon_{\mathrm{v}}^{\mathrm{c0}}}{\varepsilon_{\mathrm{v}}^{\mathrm{cp}}}\right| \tag{3-16}$$

一般认为，当达到线弹性阶段时，试样内部裂纹完全闭合，内部的原始损伤也随之减少至接近 0。此时 $\sum\varepsilon_{\mathrm{v}}^{\mathrm{c}}=\varepsilon_{\mathrm{v}}^{\mathrm{c0}}$，故此时的损伤变量为 D=0。当达到峰值应力时，$\sum\varepsilon_{\mathrm{v}}^{\mathrm{c}}=\varepsilon_{\mathrm{v}}^{\mathrm{c0}}+\varepsilon_{\mathrm{v}}^{\mathrm{cp}}$，此时的损伤变量为 D=1。

综上所述，新损伤变量可以较好地描述岩石的破坏过程，也可以应用于珊瑚块状灰岩。对于那些达到峰值应力时尚未开始扩容的样品来说，裂纹体应变变化很小，故不用来进行损伤量化。中北暗沙滨珊瑚骨骼岩心样品的损伤变量如图3-44所示，可以看出，初始阶段的损伤变量较大，这说明岩心样品内部有着较多的原始孔隙，损伤变量随着试样被压密而不断减小。到达弹性阶段后，损伤变量的变化较小，接近于 0，说明在弹性阶段只发生了很小的损伤。由于珊瑚块状灰岩的弹性阶段很短，损伤变量接近 0 的阶段也很短。到达起裂应力后，裂纹开始萌生，损伤变量缓慢增大。在裂纹不稳定扩展阶段损伤速率急剧增大，为加速损伤阶段，说明珊瑚块状灰岩的损伤较大程度上发生在裂隙不稳定扩展阶段。由于内部损伤和孔隙结构的复杂性，各个样品的损伤变量发展过程略有差异，但发展规律是相似的。该损伤变量是根据裂纹体应变推导得到的，具有较明确的物理力学意义，应用于离散性较大的珊瑚块状灰岩得到了较为满意的结果，相信本书提出的新损伤变量对今后岩石破坏过程的分析具有一定的指导意义。

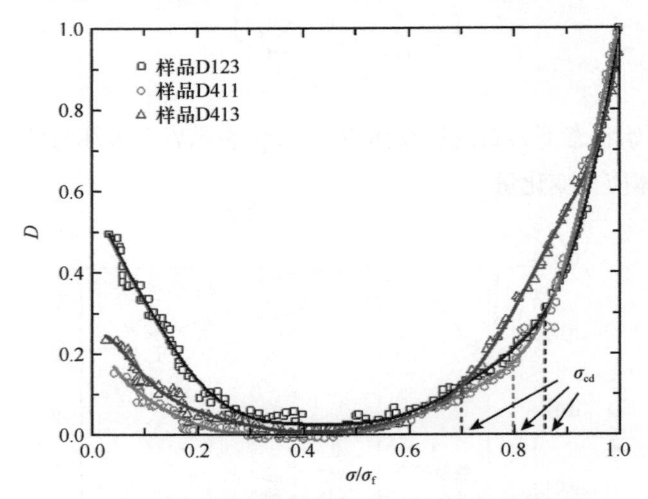

图 3-44　中北暗沙滨珊瑚骨骼岩心样品的损伤变量

4）阈值应力与峰值应力的关系

Pepe 等（2018）提出单轴抗压强度是预测裂纹萌生和损伤应力水平的一个很好的变量，中北暗沙滨珊瑚骨骼岩心样品各阈值应力与峰值应力的关系如图 3-45 所示，闭合应力（σ_{cc}）、起裂应力（σ_{ci}）和损伤应力（σ_{cd}）与峰值应力（σ_f）之间有明显的线性关系，相应的拟合方程为

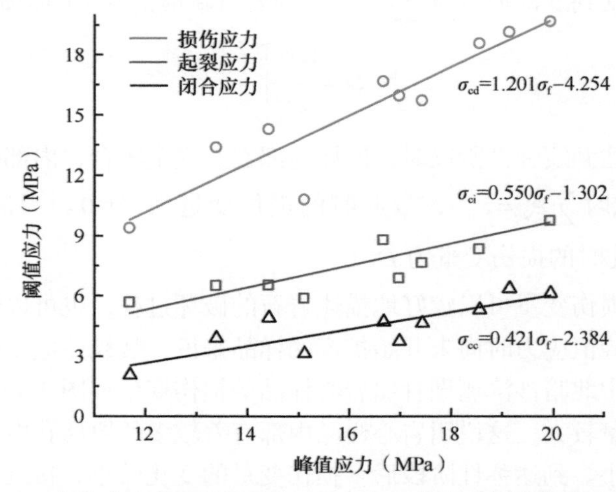

图 3-45　中北暗沙滨珊瑚骨骼岩心样品各阈值应力与峰值应力的关系

$$\sigma_{cc} = 0.421\sigma_{f} - 2.384$$
$$\sigma_{ci} = 0.550\sigma_{f} - 1.302$$
$$\sigma_{cd} = 1.201\sigma_{f} - 4.254$$

3.3.8　声学和电学特征

珊瑚礁是一种特殊的海底碳酸盐沉积物，是造礁石珊瑚群体死亡后其骨骼残骸经过漫长的地质作用而形成，具有独特的物质组成和沉积结构。珊瑚礁沉积物是由脆弱的、形状不规则的、多孔或者空心的珊瑚骨骼碎屑颗粒组成，孔隙结构复杂，密度变化较大。因此，珊瑚礁碳酸盐岩沉积物的声学特性与其他沉积物差异较大，但目前对中沙大环礁珊瑚礁沉积物的声学特性缺失研究。

沉积物纵波声速和声衰减系数是表征沉积物声学性质的主要物性参数。中北暗沙近表层沉积岩心样品的声学试验测试结果显示，珊瑚礁沉积钻孔（ZBSS-02、ZBSS-03 和 ZBSS-04）岩心样品中的主要生物组分为滨珊瑚骨骼化石，其纵波声速与现代滨珊瑚骨骼钻孔（ZBDC-04）岩心样品的纵波声速大致相当，4 个频率（25 kHz、50 kHz、100 kHz、250 kHz）的纵波声速平均值分别为（2829.16±125.92）m/s、（3042.61±116.80）m/s、（3492.56±99.26）m/s 和（3733.48±72.26）m/s，与之前试验测试所获得的南海滨珊瑚骨骼样品不同频率的纵波声速范围（2500～3800 m/s）相当（侯正瑜等，2019）。分析认为，珊瑚礁沉积物中珊瑚骨骼碎屑颗粒接触的胶结作用会增加沉积物的刚度，从而导致纵波声速相对较高。

前人曾对南海西沙群岛和南沙群岛珊瑚礁沉积的礁灰岩开展纵波声速的试验测试，获得不同地点和不同钻孔深度礁灰岩的纵波声速范围（图 3-46）。其中，南沙群岛永暑礁南永 1 井 16～152 m 岩心纵波声速范围为 3800～6100 m/s，平均值为 5044 m/s（赵焕庭等，1992）；永暑礁礁坪点礁近表层（0～0.5 m）沉积岩心纵波声速范围为 2100～3800 m/s，工程地质钻孔岩心（0～15 m）的纵波声速为 3100～4400 m/s（孙宗勋和卢博，1999）；南沙群岛永暑礁和渚碧礁礁坪礁灰岩的纵波声速范围为 2700～3700 m/s（王新志等，2008）；南沙群岛某岛礁钻孔 51.41～886.45 m 的珊瑚礁灰岩 100 kHz 的纵波声速范围为 5104～5958 m/s，平均值为 5375 m/s（田雨杭等，2021）。西沙群岛珊瑚礁钻孔不同类型的珊瑚礁灰岩的纵波声速范围为 3600～6600 m/s（郑坤等，2019）；西沙群岛 50 m 浅钻孔礁灰岩纵波声速范围为 2300～4300 m/s（杨永康等，2016）。中沙大环礁中北暗沙近表层沉积的纵波声速介于南沙群岛和西沙群岛珊瑚礁灰岩的纵波声速之间，与礁坪珊瑚礁沉积的纵波声速相当，明显小于钻孔珊瑚礁沉积的纵波声速。珊瑚礁深钻孔礁灰岩的纵波声速表现出随埋藏深度增大而增大的特点（赵焕庭等，1992；郑坤等，2019），指示沉积物埋藏后的固结压实作用、重结晶和白云石化等成岩作用，对珊瑚礁灰岩的孔隙度和密度产生影响，导致礁灰岩致密坚硬，从而改变珊瑚礁岩心的声学特性，纵波声速明显增大。可见，珊瑚礁沉积的声学特性与珊瑚礁结构特征、珊瑚礁的物理力学性质等关系密切，明显受生物组分、非均匀性、孔隙类型及溶蚀孔洞与裂隙发育的影响和控制。其中，珊瑚礁沉积物中的溶蚀孔洞或孔隙具有较大的各向

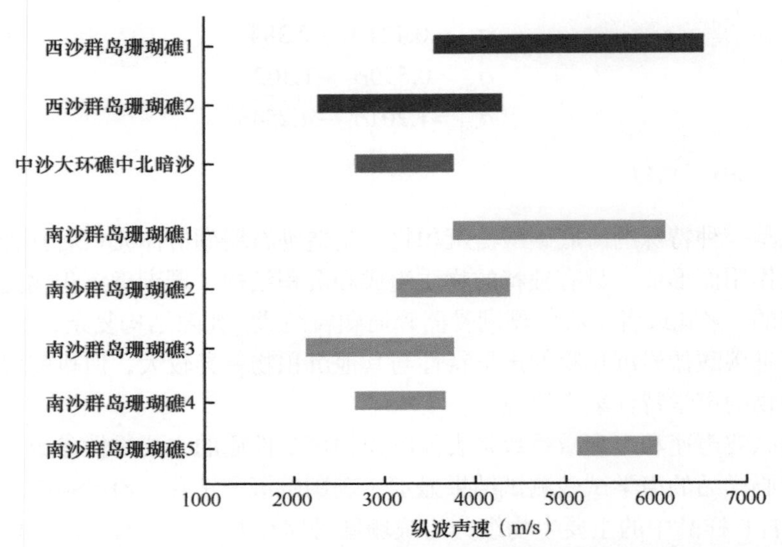

图 3-46　西沙群岛、中沙大环礁和南沙群岛珊瑚礁沉积纵波声速范围比对

西沙群岛珊瑚礁 1 代表钻孔不同类型的珊瑚礁灰岩（郑坤等，2019）；西沙群岛珊瑚礁 2 代表 50 m 浅钻孔礁灰岩（杨永康等，2016）；中沙大环礁中北暗沙代表钻孔 ZBSS-01 岩心；南沙群岛珊瑚礁 1 代表永暑礁南永 1 井 16～152 m 岩心（赵焕庭等，1992）；南沙群岛珊瑚礁 2 代表永暑礁工程地质钻孔岩心（0～15m）（孙宗勋等，1999）；南沙群岛珊瑚礁 3 代表永暑礁礁坪点礁近表层（0～0.5m）沉积岩心（孙宗勋等，1999）；南沙群岛珊瑚礁 4 代表永暑礁和渚碧礁礁坪礁灰岩（王新志等，2008）；南沙群岛珊瑚礁 5 代表某岛礁钻孔 51.41～886.45 m 的珊瑚礁灰岩（田雨航等，2021）

异性，声波传播过程中有较大的传播损失，会导致波速较低，而各向同性的样品波速衰减较小，声速较高。因此，珊瑚礁沉积的声学特性与埋藏深度、结构特征、孔隙类型等密切相关，具体情况需要具体分析。

南沙群岛海域深水区表层硅质碎屑沉积物在 100 kHz 的纵波声速范围为 1421～1579 m/s（侯正瑜等，2013），远低于同频率下中沙大环礁近表层沉积物和南海滨珊瑚骨骼的纵波声速。此外，试验测试发现，玄武岩岩块的纵波声速范围为 4700～6000 m/s（黄世强等，2014），花岗岩的纵波声速范围一般为 4600～5500 m/s，辉绿岩的纵波声速范围为 4900～5500 m/s（孙蒙等，2020），都明显高于珊瑚礁沉积的纵波声速；而泥灰岩的纵波声速范围为 3200～3400 m/s（孙蒙等，2020），与珊瑚礁沉积的纵波声速相当，体现出岩性对纵波声速的重要影响。花岗岩和辉绿岩组成致密，孔隙、裂隙和节理较少，声波传播迅速，具有较高的纵波声速，而泥灰岩或珊瑚礁灰岩多为碎屑沉积，声波传播时间相对较长，相比较而言，其纵波声速较低。

在不同测量频段，沉积物声波具有不同的测量值，这种特性被称为频散特性。基于中北暗沙近表层珊瑚礁沉积和滨珊瑚骨骼岩心样品 4 个频率（25 kHz、50 kHz、100 kHz、250 kHz）的纵波声速数据分布，采用非线性模型拟合获得不同岩心样品最大拟合优度的纵波声速经验方程，并基于不同频率下的声波传播实验，揭示了珊瑚礁岩心的频散特性。从图 3-47 可以发现，中沙大环礁近表层珊瑚礁沉积和滨珊瑚骨骼岩心样品在频率为 25～100 kHz 时，纵波声速变化较快，随着频率的增大纵波声速也快速增大；在频率为 100～250 kHz 时，纵波声速随着频率的增大逐渐平稳后略有减小。这与硅质碎屑沉积物的变化趋势类似（侯正瑜等，2013），硅质碎屑沉积物在高频时，声速基本上不随频率改变，而在中低频时，声速随着频率快速变化，呈现 2 次方或 1/2 次方的规律。南海滨珊瑚骨骼的纵波声速也表现出中低频时随着频率的增大而增大的频散特点（侯正瑜和王勇，2019），类似的纵波声速随频率显著增大的频散特点也出现在其他岩石中，如玄武岩（黄世强等，2014）。

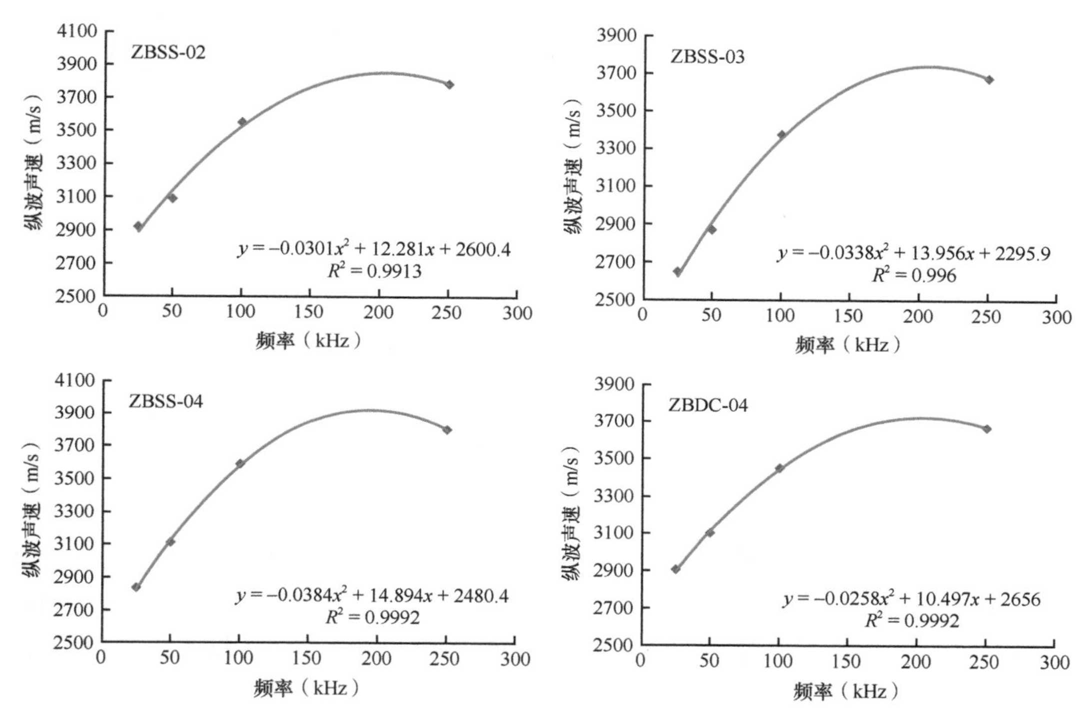

图 3-47　中北暗沙近表层沉积岩心样品的纵波声速频散曲线

声衰减系数的试验测试结果也显示，中北暗沙近表层珊瑚礁沉积岩心样品的声衰减系数与滨珊瑚骨骼岩心样品的声衰减系数大致相当，4 个频率（25 kHz、50 kHz、100 kHz、250 kHz）的声衰减系数为 28～160 dB/m，平均值分别为（89.41±16.26）dB/m、（64.54±37.24）dB/m、（72.77±50.41）dB/m 和（128.11±34.17）dB/m。中北暗沙近表层沉积岩心样品的声衰减系数也表现出频散特性（图 3-48），但各岩心样品表现出不同的特点。近表层珊瑚礁沉积钻孔 ZBSS-02 和 ZBSS-03 岩心样品的声衰减系数具有相似的先降后增的变化趋势，频率为 25～135 kHz 时，声衰减系数减小，频率为 135～250 kHz 时，则增大；而钻孔 ZBSS-04 岩心样品的声衰减系数则呈现非线性增大趋势；ZBDC-04 岩心样品的声衰减系数在频率为 25～100 kHz 时随着频率的增大而快速增大，与声速的变化趋势类似，当频率为 100～250 kHz 时，声衰减系数首先增大，然后缓慢减小，从总体上看基本趋势呈现缓慢增大状态。

已有研究表明，孔隙度和孔隙类型是决定礁灰岩纵波声速的重要因素（Baechle et al.，2005；王新志等，2008；Wang et al.，2015a，2015b）。声波在岩石传播过程中，遇到形

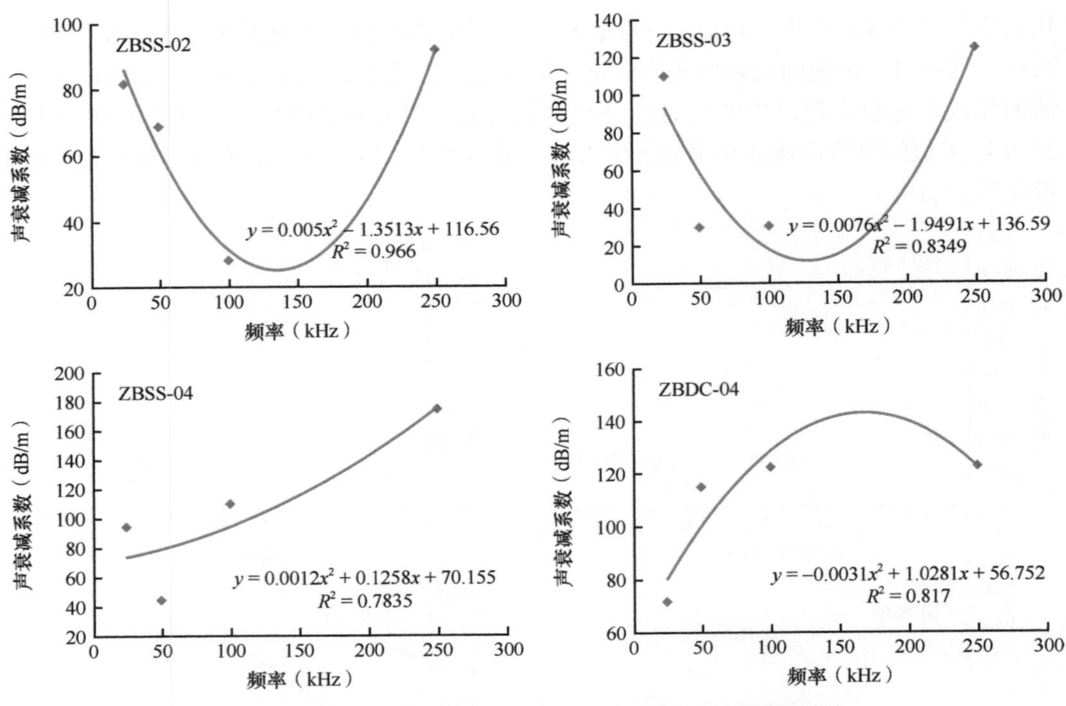

图 3-48　中北暗沙近表层沉积岩心样品的声衰减系数频散曲线

状不规则的孔隙、裂隙和孔洞时会经过多次反射和折射，致使纵波声速降低。有研究发现，珊瑚礁灰岩样品的纵波声速基本随孔隙度减小而增大（田雨杭等，2021），珊瑚礁深钻岩心显示出较低的孔隙度和较高的密度特征，礁灰岩随着埋藏深度的增加，成岩作用和压实作用增强，导致原有沉积的孔隙被充填，从而降低了礁灰岩的孔隙度，致使礁灰岩纵波声速增大。此外，硅质碎屑沉积物的纵波声速随着饱和密度的增大而增大，随着孔隙度的增大而减小，存在孔隙度的临界点，超过临界点后，纵波声速将随着孔隙度的增大而增大（侯正瑜等，2013）。对中北暗沙近表层珊瑚礁沉积和滨珊瑚骨骼岩心样品的纵波声速、声衰减系数分别与饱和密度、孔隙度进行了相关分析，珊瑚礁沉积岩心纵波声速与饱和密度、孔隙度的关系与前人的研究结果存在一定的差异。结果显示，随着饱和密度的增大，中北暗沙近表层珊瑚礁沉积岩心的纵波声速先增大后减小，随着孔隙度的增大，纵波声速也是先增大后减小（图 3-49）。在珊瑚礁沉积物中，由于其特殊的沉积微结构，存在微小内孔隙，其孔隙中可能未充满流体，存在部分空气，使得珊瑚礁岩心的声衰减系数存在较大差异，也使得珊瑚礁岩心的声衰减系数与物理性质的相关性存在不确定性。如图 3-49 所示，随着饱和密度和孔隙度的增大，珊瑚礁岩心的声衰减系数变化较大，难以确定其变化规律，也有可能是本次测试样品有限，需要后续继续增加测试样品，从大数据中得到其变化规律。

电阻率可反映沉积样品的电学特性。试验测试发现，中北暗沙近表层珊瑚礁沉积岩心样品的电阻率明显小于滨珊瑚骨骼岩心样品。珊瑚礁沉积钻孔岩心样品（ZBSS-01）以滨珊瑚骨骼化石为主，其电阻率范围为 0.48～2.63 Ω·m，平均值为（1.06±1.05）Ω·m，

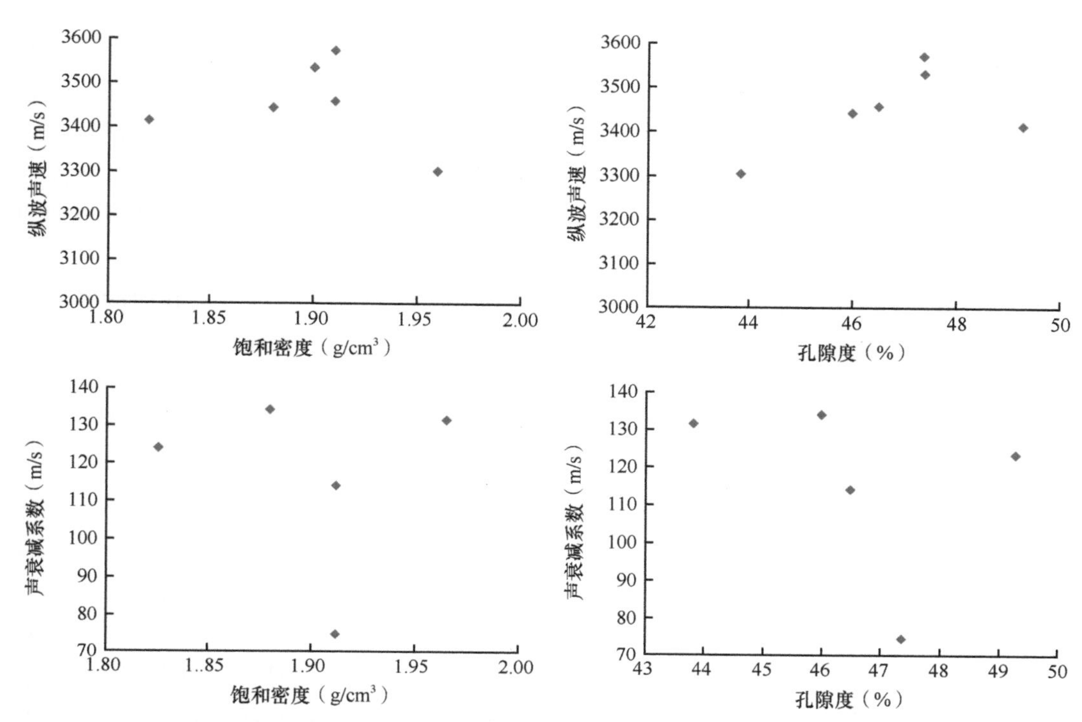

图 3-49　中北暗沙近表层珊瑚礁沉积岩心样品纵波声速、声衰减系数与饱和密度及孔隙度的关系

中值为 0.57Ω·m，各段岩心样品的电阻率差异较大。滨珊瑚骨骼岩心样品（ZBDC-01、ZBDC-05）的电阻率范围为 1.40～2.21 Ω·m，平均值为（1.71±0.43）Ω·m，中值为 1.54 Ω·m。南海珊瑚岛礁浅层（50 m）松散珊瑚碎屑沉积与胶结礁灰岩电阻率的原位测试发现，两者的电阻率差异很小，前者的平均电阻率约为 1.47 Ω·m，后者约为 1.59 Ω·m（崔永圣等，2014）。此外，西沙群岛石岛西科 1 井第四系礁灰岩岩心样品的电阻率范围为 0.39～20.18 Ω·m，平均值约为（7.73±3.05）Ω·m（商志垒等，2015）。可见，中沙大环礁近表层珊瑚礁沉积以及滨珊瑚骨骼岩心样品的电阻率与岛礁浅层珊瑚礁沉积相当，但都显著低于西沙群岛石岛西科 1 井深达 200 m 礁灰岩的电阻率。珊瑚碎屑沉积以及礁灰岩都具有较大的孔隙，电阻率的差异可能一定程度上反映了不同深度珊瑚礁沉积的孔隙度以及胶结程度的差异。

本小节通过对中北暗沙近表层珊瑚礁沉积钻孔 ZBSS-01 岩心开展全方位的岩心观察和试验测试，包括 AMS C-14 测年、生物组分、矿物成分、Ca 和 Mg 主元素、碳氧同位素、岩石等分析，研究中北暗沙近表层沉积的年代、物质组成、结构，揭示其沉积特征和成岩作用，探讨其与南沙群岛和西沙群岛相同时段珊瑚礁沉积的异同。

中北暗沙近表层珊瑚礁沉积钻孔 ZBSS-01 岩心沉积年代为 4200～3500 cal a BP，属于晚全新世阶段；岩心主要由五段滨珊瑚骨骼叠加而成，骨骼之间存在部分间断面，间断面沉积胶结少量其他生物骨壳碎屑，包含有孔虫、珊瑚藻等；岩心的矿物成分主要为文石和高镁方解石，文石主要来源于原生滨珊瑚骨骼文石，骨骼格架孔隙中后期发育纤状-针状文石胶结结晶，而高镁方解石则主要来源于岩心孔隙中的高镁方解石胶结结晶；

岩心的矿物、碳氧同位素和Ca、Mg元素在垂直方向上存在明显的两段式分布模式，上段岩心具有相对较高的文石和Ca含量，以及相对较低的高镁方解石和Mg含量、碳氧同位素值，下段岩心则有相对较高的高镁方解石和Mg含量、碳氧同位素值，以及相对较低的文石和Ca含量。岩心沉积物珊瑚骨骼内孔中发育大量高镁方解石凝粒，蓝藻的光合作用和异养细菌的分解作用诱导了这些凝粒的形成。整个近表层沉积经历过早期的胶结成岩作用，发育珊瑚骨架灰岩，构成了中北暗沙珊瑚礁的骨架主体部分。

中北暗沙晚全新世近表层珊瑚礁骨架灰岩沉积完全不同于南沙群岛和西沙群岛环礁和岛礁全新世松散未胶结的珊瑚枝块和生物砾砂屑沉积，反而与南沙群岛和西沙群岛晚更新世珊瑚骨架灰岩类似，但珊瑚骨架灰岩所经历的成岩作用有明显不同，中北暗沙晚全新世珊瑚骨架灰岩以胶结成岩作用为主，南沙群岛和西沙群岛晚更新世珊瑚骨骼以新生变形作用和胶结作用为主。

通过对ZBDC-01、ZBDC-03和ZBDC-04岩心样品的物理力学参数的试验测试，获得了中北暗沙滨珊瑚骨骼沉积的物理力学特性。滨珊瑚骨骼以文石为主，干密度小，骨架孔隙结构发育，孔隙度可达50%以上。孔隙度与抗压峰值强度的关系较离散，但在考虑了封闭孔隙的作用之后，理论孔隙度与抗压强度之间的线性关系相比于试验孔隙度有所改善。除此之外，珊瑚骨架灰岩的强度还受胶结程度和内部固有损伤的影响，其影响还需要进一步研究。对珊瑚骨架灰岩损伤过程的研究获得了损伤裂纹发展各阶段的应力阈值，其中闭合应力与峰值强度的比值以及起裂应力占峰值应力的比例范围与大多数的陆源岩石相近，损伤应力占峰值应力的比例范围与陆源岩石有很大不同。珊瑚骨骼独有的生长线不仅使得滨珊瑚骨骼破坏后呈现独特的碎条状，还使得压缩过程中轴向裂纹发展迅速，线弹性阶段较短。根据裂纹扩展速率与内部损伤的相关性提出了一种新损伤变量，对珊瑚骨骼的损伤进行量化表征。珊瑚骨骼有较大的原始损伤，损伤较大程度上发生在裂隙不稳定扩展阶段，损伤发展趋势合理。珊瑚骨骼各阈值应力与峰值应力之间有良好的线性相关性。

通过对中沙大环礁中北暗沙近表层珊瑚礁沉积钻孔（ZBSS-01、ZBSS-02、ZBSS-03和ZBSS-04）和滨珊瑚骨骼沉积钻孔（ZBDC-01、ZBDC-04和ZBDC-05）岩心样品的声学和电学特性的初步试验测试，获取了不同频率下中北暗沙近表层沉积的纵波声学特性和电学特性。中北暗沙近表层珊瑚礁沉积岩心样品的纵波声速与滨珊瑚骨骼沉积岩心样品的纵波声速大致相当，介于南沙群岛和西沙群岛珊瑚礁灰岩的纵波声速之间，大致与礁坪珊瑚礁沉积的纵波声速相当，明显小于钻孔珊瑚礁沉积的纵波声速，大于南沙群岛海域深水区表层硅质碎屑沉积物的纵波声速。珊瑚礁沉积的声学特性明显受埋藏深度、结构特征、孔隙类型等的影响和控制。试验测试还揭示出中北暗沙近表层沉积岩心样品纵波声速的频散特征，中低频时纵波声速随着频率的增大而增大，高频时趋于平稳后略有减小，并建立了频散经验方程。中北暗沙近表层珊瑚礁沉积岩心样品的声衰减系数与滨珊瑚骨骼沉积岩心样品的声衰减系数大致相当，但各岩心样品声衰减系数的频散特性表现出不同的特点。中北暗沙近表层沉积岩心样品的纵波声速均表现出随饱和密度和孔隙度的增大先增大后减小的变化关系，而声衰减系数与饱和密度和孔隙度的相关性存在不确定性。中北暗沙近表层珊瑚礁沉积以及滨珊瑚骨骼沉积岩心样品的电阻率与岛礁浅层珊瑚礁沉积相当。中北暗沙近表层沉积的声学和电学特性填补了中沙群岛珊瑚礁沉积声学和电学研究的空白，为中沙群岛珊瑚礁沉积特征研究提供了重要的基础数据支撑。

3.4 中北暗沙近表层沉积环境

3.4.1 晚全新世中北暗沙沉积环境

依据水深和地形，中沙大环礁地貌可划分为礁环、礁前斜坡和潟湖，礁环指的是构成中沙大环礁边缘的暗沙和暗礁，水深是中沙大环礁中最浅的，但也都在水深 10 m 之下，中北暗沙属于中沙大环礁的礁环之一。中沙大环礁的现场调查采集到少量的礁环和礁前斜坡的表层礁块，研究发现各地貌部位的生物群落和表层沉积物存在明显差异（聂宝符等，1992）。中沙大环礁暗沙顶部造礁石珊瑚群落发育，滨珊瑚是主要优势种之一，还有零星的钙质藻类等，表层沉积物也以造礁石珊瑚骨骼为主，含少量其他生物骨骼碎屑堆积，礁块组分主要为固结的造礁石珊瑚骨骼，为典型的造礁石珊瑚骨架灰岩。而礁环以下礁前斜坡主要生长钙质藻类，其中优势种为皮壳状珊瑚藻，表层沉积物主要为珊瑚藻包裹的珊瑚及其他生物碎屑沉积，礁块主要组分为珊瑚藻，呈现不同属种皮壳状珊瑚藻相间生长构成的层状结构，为典型的珊瑚藻骨架灰岩。可见，礁环部位水深相对较浅（小于 60 m），仍适宜造礁石珊瑚生长，形成珊瑚礁骨架，经历成岩作用发育形成珊瑚骨架灰岩，而礁前斜坡水深较大（60 m 以深），已不适宜珊瑚生长，但珊瑚藻生长繁茂。皮壳状珊瑚藻不仅是主要造礁生物，还是礁岩中的主要黏结物，固结生物碎屑物发育形成珊瑚藻骨架灰岩。由于中沙大环礁的顶部水深均大于 10 m，处于波基面之上，容易受到波浪作用，生长较大的块状珊瑚原地沉积构成礁环，而珊瑚及其他生物骨壳碎屑受波浪的搬运，沉积较少。

中北暗沙近表层珊瑚礁沉积钻孔 ZBSS-01 和 ZBSS-05 岩心的 C-14 测年数据表明，沉积时代属于晚全新世 4200～2000 cal a BP。ZBSS-01 岩心生物组分主要为滨珊瑚，滨珊瑚生长水深可达数十米，现代中北暗沙水深 16 m 以下就生长有大型澄黄滨珊瑚。岩心中生物碎屑沉积物包含多种底栖有孔虫，大多属热带浅水种，水深多在十几米以浅。岩心整体的 $\delta^{13}C$、$\delta^{18}O$ 仍然处于海水环境下珊瑚礁沉积物的 $\delta^{13}C$、$\delta^{18}O$ 范围，明显要高于出露珊瑚礁受大气降水改造后沉积物的 $\delta^{13}C$、$\delta^{18}O$，表明沉积物的碳氧同位素并未受到大气降水的改造，整个中北暗沙近表层沉积处于潮下带海底环境，并未有出露。钻孔岩心中滨珊瑚骨骼的生长率与水深约 16 m 的现代活体滨珊瑚骨骼的生长率一致，明显低于西沙群岛永兴岛水深 6 m 的滨珊瑚骨骼的生长率，这也表明近表层沉积的滨珊瑚当时生长的水深也大致在 16 m。

ZBSS-01 岩心的矿物成分以文石为主，其次为高镁方解石，对应于岩心中以滨珊瑚骨骼为主的生物组分（图 3-50），造礁石珊瑚骨骼的主要矿物成分就是文石。岩心中虽然有高镁方解石的存在，但高镁方解石质生物骨壳包括底栖有孔虫、珊瑚藻等只有少量出现，并且主要出现在岩心间断面上，而滨珊瑚骨骼样品中高镁方解石和 Mg 的含量也较高，因此岩心中高镁方解石含量并不反映原生的生物骨壳的高镁方解石贡献。岩心的扫描电镜分析揭示出，岩心中的高镁方解石主要来源是珊瑚骨骼各类孔隙和生物碎屑沉积物中后期高镁方解石的胶结成岩作用。前人的调查研究认为，中沙大环礁暗沙表层礁岩中未发现高镁方解石和文石淀晶胶结物，说明该区海水环境中的胶结作用不活跃。沉积物的固结主要靠生物黏结作用（聂宝符等，1992）。中北暗沙近表层珊瑚礁沉积钻孔 ZBSS-01 岩心的分析显示，近表层沉积存在明显的胶结成岩作用，文石和高镁方解石胶结物都有发现，反而未见有类似珊瑚藻黏结灰岩的存在。文石和高镁方解石均为不稳定和亚稳定矿物，时间和环境的变化会导致二者向低镁方解石转化。岩心样品几乎未出现低镁方解石，原生的文石和后期胶结的高镁方解石都未出现向低镁方解石的转化，这与中北暗沙长期处于潮下带海底环境有关，沉积环境相对稳定，近表层沉积未曾出露海水之上，未受到大气降水淋溶再结晶的改造。

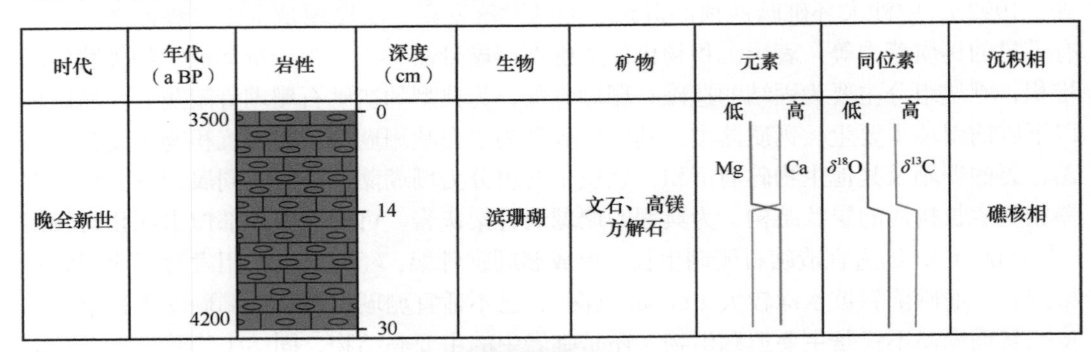

图 3-50　中北暗沙近表层珊瑚礁沉积钻孔 ZBSS-01 岩心晚全新世沉积综合剖面图

ZBSS-01 岩心主要由块状滨珊瑚骨骼组成，有些类似于向海坡相或外礁坪相沉积，但缺少珊瑚藻包壳；岩心组成则明显不同于内礁坪相珊瑚枝块和生物砂砾屑沉积。ZBSS-01 岩心的生物、矿物、地化和岩石等沉积特性都表明，近表层沉积属于潮下带较大水深的沉积环境，明显不同于潮下带浅水的外礁坪和内礁坪沉积环境。此外，岩心位置处于中北暗沙地势凸起的顶部，不同于向海坡的斜坡位置，因此既不适合把中北暗沙近表层沉积称作潮下带浅水礁坪相沉积，也不适合称作潮下带较深水的向海坡相沉积。ZBSS-01 岩心的岩石学特性显示，近表层沉积为典型的珊瑚骨架灰岩，构成了中北暗沙珊瑚礁的主体，岩心中并未出现珊瑚藻黏结骨架灰岩，属于典型的生物礁礁核相沉积，因此把中北暗沙近表层沉积称作礁核相珊瑚骨架灰岩更合适。总之，ZBSS-01 岩心沉积特征揭示出，至少在晚全新世阶段中北暗沙处于潮下带较深水的海底沉积环境，经历过早期成岩作用，近表层沉积发育礁核相珊瑚骨架灰岩。中沙大环礁的礁环由多个水下暗沙组成，这些暗沙是一体的，都处于潮下带海水环境，经历了相似的沉积和成岩过程，因此中北暗沙近表层沉积一定程度上也反映出晚全新世中沙大环礁暗沙近表层的沉积环境。

ZBSS-01 岩心中珊瑚骨架灰岩并不是一块完整的滨珊瑚骨骼，而是由多块生长不连续或部分不连续的滨珊瑚骨骼组成，其间存在生长间断面，间断面沉积胶结其他生物骨壳碎屑物。这反映出晚全新世这一阶段中北暗沙珊瑚礁表面生长的滨珊瑚经历多次死亡和快速恢复的生态现象，也反映出近表层滨珊瑚骨骼原地快速沉积和成岩，表明当时潮下带较深水海底的珊瑚群落生态环境以及沉积环境相对稳定。近表层沉积中胶结成岩作用的存在，也表明水动力环境的长期稳定，有利于滨珊瑚骨骼的胶结，而在内礁坪环境下，存在频繁的波浪潮流搬运堆积，碎屑沉积物不稳定，流动性大，不利用沉积物胶结。

虽然 ZBSS-01 岩心均为滨珊瑚骨骼块组成的珊瑚骨架灰岩，但在矿物组成、碳氧同位素以及 Ca 和 Mg 含量上存在明显的分段变化（图 3-49）。岩心下部高镁方解石和 Mg 含量较高，文石和 Ca 含量较低；而岩心上部则是文石和 Ca 含量较高，高镁方解石和 Mg 含量较低。这表明，岩心下部沉积表现出比上部更强的胶结成岩作用，有更多的高镁方解石在孔隙中胶结充填。碳氧同位素也表现出明显的分段性，岩心上部的 $\delta^{13}C$、$\delta^{18}O$ 略低于下部，但没有体现出受大气降水改造所造成的大幅度下降，这种小幅度的差异可能与岩心上下高镁方解石胶结成岩作用的强弱变化有关。此外，岩心上部 4～5 cm 位置出现 Mg 含量的峰值，对应于 Ca 含量的谷值，表明存在较强的高镁方解石胶结作用，而这一位置正好对应于岩心第一段和第二段的间断面，即滨珊瑚骨骼间断面上其他生物骨壳碎屑沉积物被高镁方解石结晶胶结。在岩心约 19 cm 位置则出现一个 Mg 含量低值，指示相对较弱的高镁方解石胶结。

3.4.2 晚更新世—全新世沉积环境对比

南海多个珊瑚环礁和岛礁沉积钻井岩心的综合研究表明，南沙群岛、西沙群岛至少在第四纪就已经发育成典型的珊瑚礁，珊瑚礁的沉积相带与现今的基本相似。钻井岩心展现出多个沉积相带的交替，存在明显的沉积旋回，指示着礁体沉积环境演变和礁体发育演化。

1. 南沙群岛

南沙群岛永暑礁南永 1 井最上部为全新世沉积（井深 0～17 m），其下为不整合接触的晚更新世沉积（赵焕庭等，1992）（图 3-51）。南永 1 井全新世地层为松散沉积物，以未固结的多属种珊瑚块和珊瑚枝为主，含珊瑚藻、仙掌藻、有孔虫和软体动物等生物碎屑，矿物成分以文石和高镁方解石为主，未见次生文石、高镁方解石和方解石结晶胶结物，表明全新世沉积后未发生成岩变化，该层生物组分和矿物组分与南海现代环礁礁坪类似，主要表现为现代内礁坪相沉积。南永 1 井全新世地层下伏不整合接触地层（17.3～20.1 m）主要由固结的团块状珊瑚灰岩组成，由多种块状珊瑚骨骼叠加组成，皮壳状珊瑚藻发育，含有少量腹足类和有孔虫等，孔隙中充填生物砂屑，为外礁坪相沉积。该层岩心矿物成分以方解石为主，原生生物骨骼的矿物成分（文石、高镁方解石）大多转化为低镁方解石，胶结物也多为结晶方解石，该层顶面有较强烈的溶蚀现象，分布有铁锰质褐色花斑和高镁方解石的胶结充填，表明存在一个较长时间的沉积间断，珊瑚礁暴露在大气环境中，顶面沉积受到大气淡水溶蚀作用。该沉积间断面为晚更新世末次冰期海平面下降造成珊瑚礁发育停止而形成，珊瑚礁出露并暴露在大气环境中。

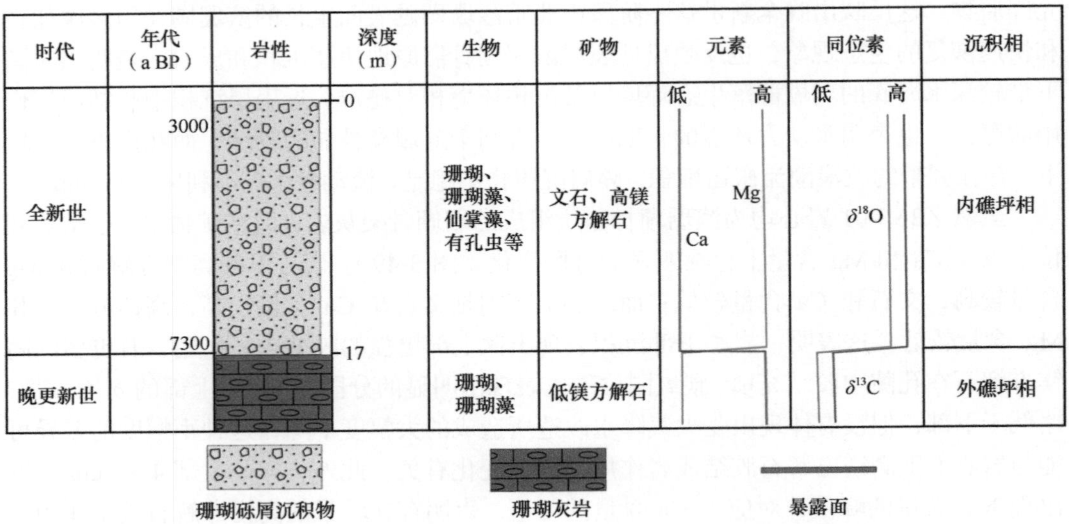

时代	年代（a BP）	岩性	深度（m）	生物	矿物	元素	同位素	沉积相
全新世	3000 7300	珊瑚砾屑沉积物	0 17	珊瑚、珊瑚藻、仙掌藻、有孔虫等	文石、高镁方解石	低 高 Mg Ca	低 高 $\delta^{18}O$	内礁坪相
晚更新世		珊瑚灰岩		珊瑚、珊瑚藻	低镁方解石		$\delta^{13}C$	外礁坪相

珊瑚砾屑沉积物　珊瑚灰岩　暴露面

图 3-51　南沙群岛永暑礁南永 1 井晚更新世—全新世沉积综合剖面图（改自赵焕庭等，1992）

南沙群岛美济礁南科 1 井上部约 20 m 的岩心揭示出晚更新世特别是末次冰期及冰后期美济礁珊瑚礁沉积特征与沉积环境变化（罗云等，2022）（图 3-52）。晚更新世美济礁表现为外礁坪相沉积环境，主要发育固结的珊瑚骨架灰岩，存在生物碎屑和珊瑚藻包壳；后期经历过较强的成岩作用和大气淋滤改造，顶部存在沉积间断的暴露面，分布有

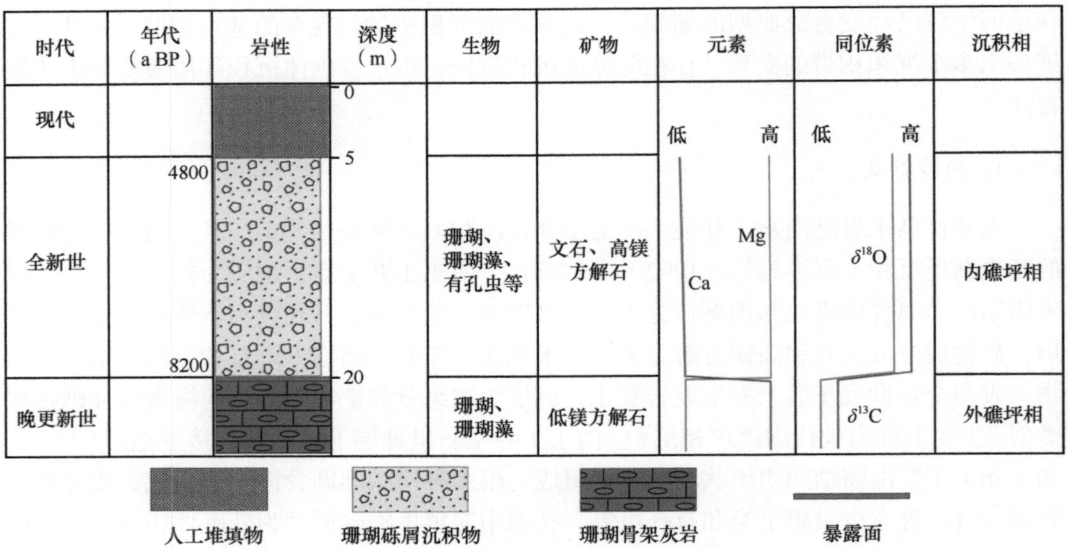

时代	年代（a BP）	岩性	深度（m）	生物	矿物	元素	同位素	沉积相
现代		人工堆填物	0 5			低 高	低 高	
全新世	4800 8200	珊瑚砾屑沉积物	20	珊瑚、珊瑚藻、有孔虫等	文石、高镁方解石	Mg Ca	$\delta^{18}O$	内礁坪相
晚更新世		珊瑚骨架灰岩		珊瑚、珊瑚藻	低镁方解石		$\delta^{13}C$	外礁坪相

人工堆填物　珊瑚砾屑沉积物　珊瑚骨架灰岩　暴露面

图 3-52　南沙群岛美济礁南科 1 井晚更新世—全新世沉积综合剖面图（改自罗云等，2022）

溶蚀孔洞和钙质结核，矿物以低镁方解石为主，大部分高镁方解石和几乎全部文石转化为低镁方解石，$\delta^{13}C$ 和 $\delta^{18}O$ 显著偏负，指示着晚更新世末次冰期低海平面美济礁珊瑚礁的完全出露，遭受风化淋滤侵蚀。美济礁全新世表现为内礁坪相沉积环境，松散的珊瑚枝块和生物砂屑沉积物不整合于下伏的晚更新世珊瑚骨架灰岩之上，未受到明显的成岩作用改造，矿物成分主要为原生生物骨骼和壳体的文石和高镁方解石，$\delta^{13}C$ 和 $\delta^{18}O$ 较晚更新世沉积明显偏正。

南永 1 井和南科 1 井分别位于永暑礁和美济礁现代礁坪位置，钻井岩心所揭示的晚更新世以来珊瑚礁沉积特征和沉积环境极为相似，一定程度上反映出这一时期南沙群岛珊瑚环礁发育较为同步。晚更新世永暑礁和美济礁钻井位置应处于珊瑚礁礁核外礁坪环境，珊瑚群落发育，沉积珊瑚骨架灰岩，末次冰期全球海平面下降，珊瑚礁完全出露，遭受风化侵蚀，形成沉积间断暴露面；冰期后期随着海平面上升，珊瑚群落恢复生长，珊瑚礁重新发育，不断扩张增厚，永暑礁和美济礁钻孔位置处于内礁坪环境，沉积松散珊瑚枝块及砾屑；晚全新世海平面接近现代海平面，钻孔位置的沉积作用减弱。

2. 西沙群岛

西永 1 井位于西沙群岛永兴岛东北角，该钻井岩心上部 150 m 为第四纪沉积，更新统与全新统界线不明显，其中上部为晚更新世以来的珊瑚碎屑灰岩，含少量有孔虫、钙藻、棘皮动物等骨壳碎屑，指示内礁坪相沉积环境，顶部为珊瑚、软体动物、有孔虫、钙藻等骨壳碎屑组成的松散生物砂屑沉积物，含鸟粪层，为近代灰沙岛相沉积（王崇友等，1979）（图 3-53）。

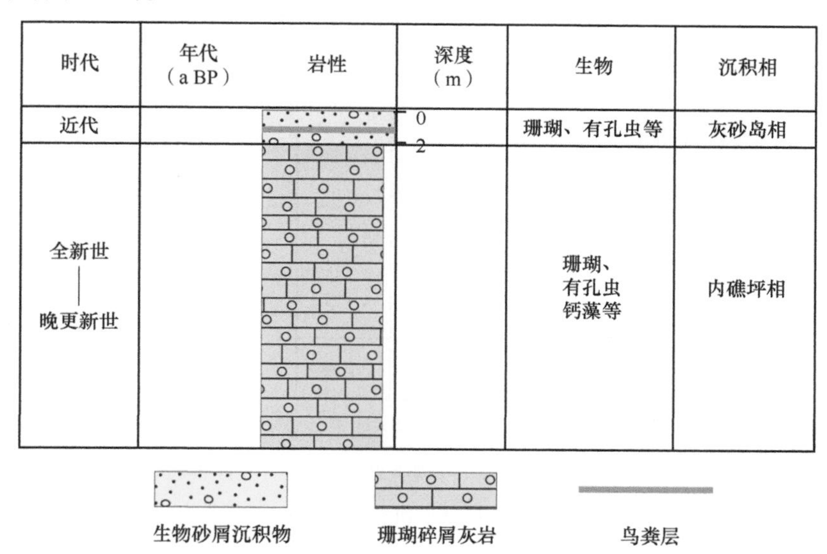

图 3-53　西沙群岛永兴岛西永 1 井晚更新世—全新世沉积综合剖面图（改自王崇友等，1979）

西石 1 井和西科 1 井均位于永兴岛北侧的石岛。西石 1 井岩心 24.86 m 之上是风成生物砂屑灰岩，存在化石土壤层，根据氧同位素曲线对比，判定为晚更新世末次冰期的沉积，全新世沉积缺少；其下由礁格架相骨架灰岩、黏结灰岩、障积灰岩等与礁后相的砂屑灰岩组成，属于末次间冰期的沉积（何起祥等，1986）（图 3-54）。西科 1 井岩心上部 200 余米为第四系乐东组，但未划分出更新统和全系统地层界线，其中上部约 22 m 为生物碎屑砂松散沉积，生物碎屑中少见珊瑚骨屑，钙藻类珊瑚藻骨屑丰富，其他生物骨屑包括有孔虫、棘皮类、软体动物等，属于生屑滩相沉积；约 22 m 以下是以泥粒灰岩夹骨架灰岩为主的生物礁灰岩，包含大量保存完好的珊瑚骨骼化石，含钙藻骨屑，属于礁核相礁骨架至礁顶环境；其间 22 m 处出现沉积间断暴露面，为黄褐色泥质层夹生物碎屑砂沉积（罗威等，2018a，2018b；商志垒等，2015；孙志鹏等，2015；乔培军等，2015；翟世奎等，2015；修淳等，2015）（图 3-55）。乔培军等（2015）利用碳同位素曲线对比认为，西科 1 井岩心 5.0 m 处年龄约为 14 000 cal a BP，0 m 处年龄约为 5000 cal a BP，缺失晚全新世沉积。西科 1 井岩心上部 20 余米的沉积为生物砂屑滩相沉积，受大气淡水的淋滤改造作用强烈，表现出明显的白云石化现象，具有较高的 Mg 含量和 δ^{18}O 以及较低的 δ^{13}C，而在沉积间断面出现明显的突变，之下珊瑚礁相沉积的 Mg 含量和 δ^{18}O 显著降低，而 δ^{13}C 明显升高（乔培军等，2015）。西科 1 井岩心的矿物成分分析表明，35.4 m 是一个重要界线，其上以低镁方解石为主，次为高镁方解石和文石，该段岩心未经历明显的成岩作用，基本保留了生物礁碳酸盐的原生矿物成分；其下未见文石和高镁方解石，均为低镁方解石，岩心经历过显著的成岩改造作用（翟世奎等，2015）。西科 1 井岩心的地化元素分析也表明，Ca、Mg 含量在 35.4 m 处发生明显变化，Mg 含量显著升高（修淳等，2015）。

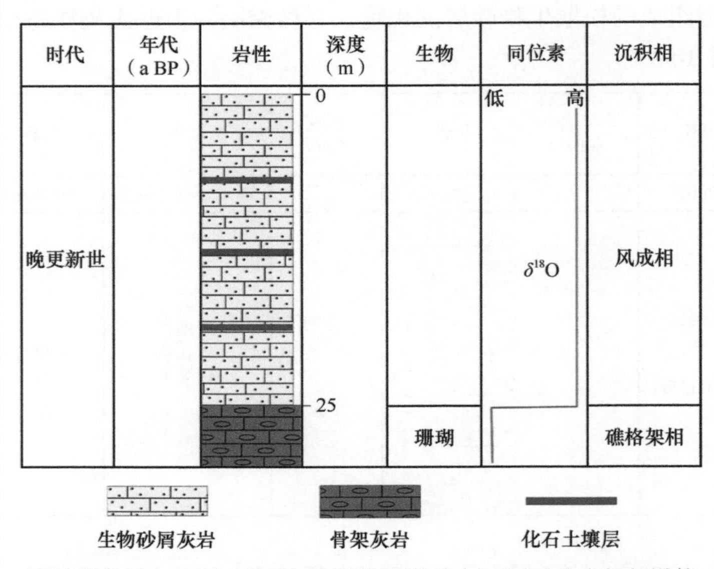

图 3-54　西沙群岛石岛西石 1 井晚更新世沉积综合剖面图（改自何起祥等，1986）

西琛 1 井位于西沙群岛琛航岛西南，第四纪沉积达 200 余米，未划分出更新统和全新统地层界线（图 3-56），上部 0～17 m 为晚更新世—全新世的多种生物骨屑松散沉积物，未发生胶结成岩作用，矿物成分主要为文石，含少量高镁方解石和低镁方解石，δ^{13}C 和 δ^{18}O 较高，其中顶部 10 余米为含多种磷酸盐化生物骨屑的砂砾屑松散沉积，骨壳磨

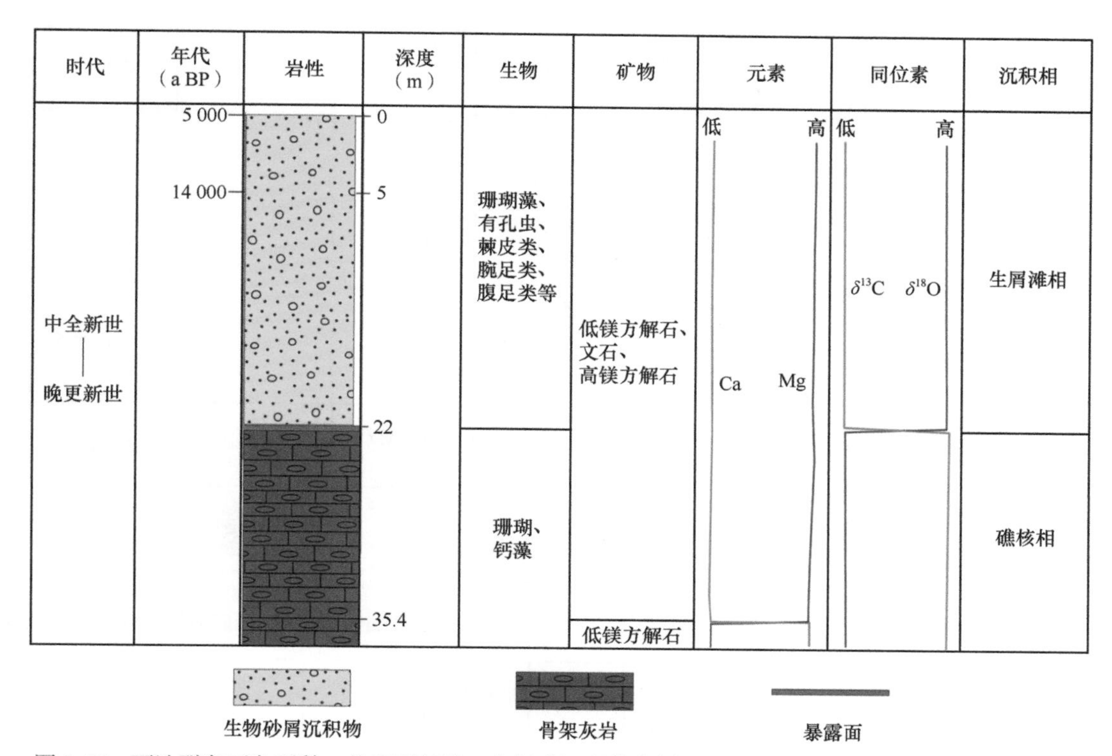

图 3-55　西沙群岛石岛西科 1 井晚更新世—全新世沉积综合剖面图（改自罗威等，2018a，2018b；孙志鹏等，2015；商志垒等，2015；乔培军等，2015；翟世奎等，2015；修淳等，2015）

蚀严重，为灰沙岛相沉积；其下 10～17 m 为多种生物砂屑灰泥夹珊瑚枝块松散沉积，指示礁坪潟湖相沉积环境；17 m 以下以早更新世中期—晚更新世早期以礁格架灰岩为主，夹黏结灰岩，成岩作用显著，矿物成分发生明显转换，主要为低镁方解石，含少量文石，不含高镁方解石，$\delta^{13}C$ 和 $\delta^{18}O$ 较上段显著降低，属于礁格架相沉积（韩春瑞，1989）。不同的是张明书等（1997）认为，12～17 m 沉积的是礁坪和礁坪潟湖相珊瑚骨架灰岩与松散沉积互层，已发生明显的成岩作用，珊瑚骨骼及其他生物文石质骨壳均已转化为低镁方解石（张明书等，1997）。魏喜等（2007）指出，西琛 1 井上部更新世—全新世沉积的顶部为礁后潟湖相松散生物砂砾屑沉积，其下为礁核相礁格架灰岩、藻黏结灰岩。琛科 2 井位于琛航岛东南，其上部 20 余米的岩心为晚更新世末期以来的沉积（Fan et al.，2020；覃业曼等，2019）（图 3-57），其中晚更新世沉积珊瑚骨架灰岩，表现为外礁坪相沉积环境，发生过胶结成岩作用和大气淡水的淋滤改造作用，$\delta^{13}C$ 和 $\delta^{18}O$ 显著偏负。全新世沉积约 17 m，不整合于下伏的晚更新世礁灰岩之上，沉积了以珊瑚骨骼碎屑为主的松散砾屑沉积物，未发生胶结成岩作用，表现为典型的内礁坪相沉积环境，$\delta^{13}C$ 和 $\delta^{18}O$ 较晚更新世礁灰岩明显偏正。结合西琛 1 井和琛科 2 井的沉积特征，推测琛航岛上部 10 余米未发生成岩作用的松散珊瑚砾屑和砂砾屑沉积属于全新世内礁坪相和潟湖相沉积，其下发生明显成岩作用的以珊瑚骨架灰岩为主的地层属于晚更新世外礁坪相沉积。

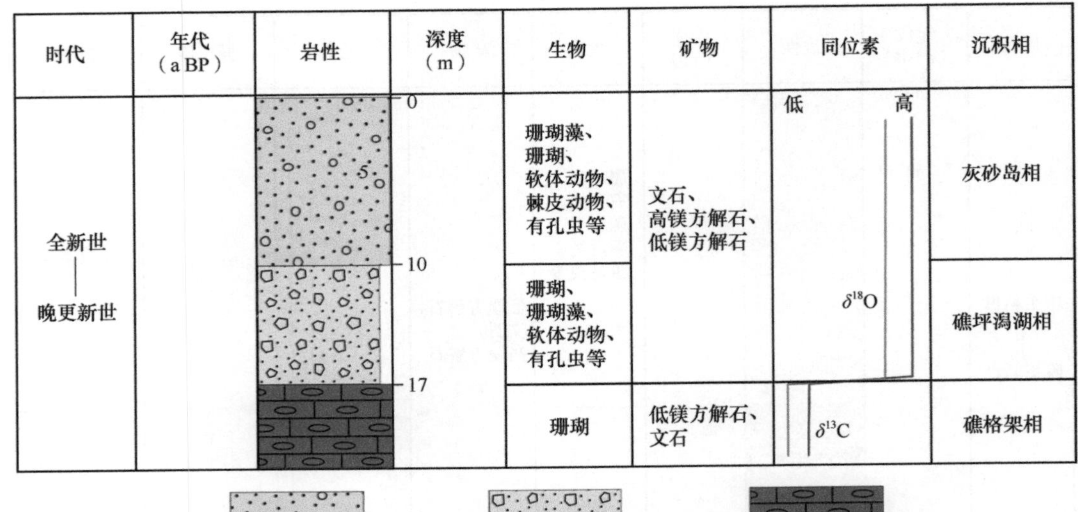

图 3-56 西沙群岛琛航岛西琛 1 井晚更新世—全新世沉积综合剖面图（改自韩春瑞，1989）

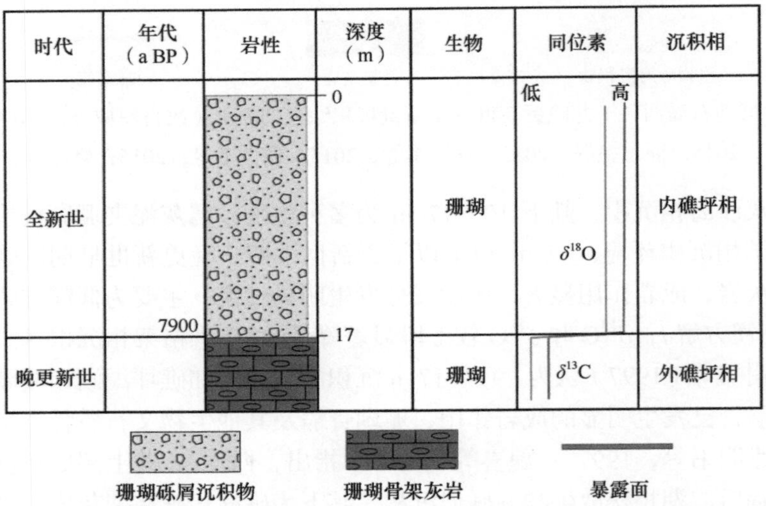

时代	年代（a BP）	岩性	深度（m）	生物	同位素	沉积相
全新世	7900	珊瑚砾屑沉积物	0—17	珊瑚	低—高 $\delta^{18}O$	内礁坪相
晚更新世		珊瑚骨架灰岩	17	珊瑚	$\delta^{13}C$	外礁坪相

珊瑚砾屑沉积物　珊瑚骨架灰岩　暴露面

图 3-57 西沙群岛琛航岛琛科 2 井晚全新世—全新世沉积综合剖面图（改自 Fan et al.，2020；覃业曼等，2019）

可见，晚更新世末次冰期之前，南沙群岛和西沙群岛环礁和岛礁都沉积珊瑚骨架灰岩，含珊瑚藻包覆和生物砂砾屑沉积，指示潮下带浅水外礁坪相沉积（图 3-58），但沉积存在明显的新生变形成岩作用，岩心中的文石和高镁方解石大都发生向低镁方解石的转化，并且顶部后期都经历过末次冰期海平面下降后的出露，遭受过大气降水的淋溶侵蚀。而整个全新世时期，南沙群岛和西沙群岛环礁和岛礁都沉积松散的珊瑚枝块和生物砂砾屑沉积物（图 3-58），未发生胶结成岩作用，也未发生明显的大气降水的淋溶改造作用，指示潮下带浅水内礁坪相沉积环境。

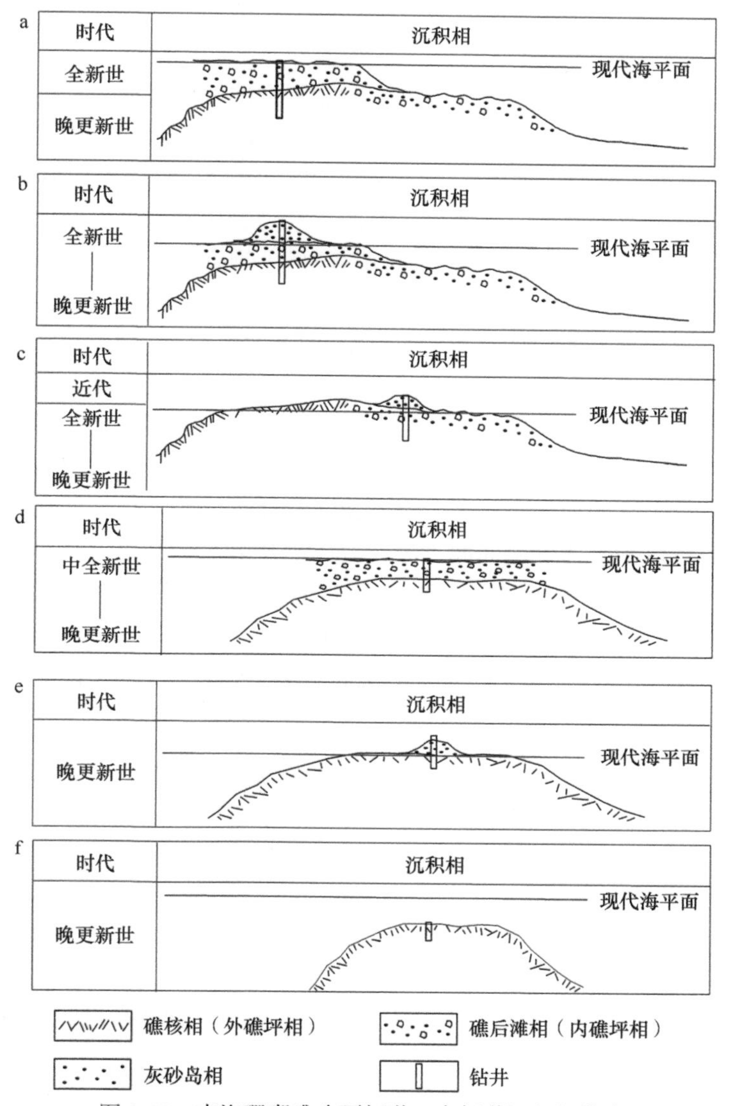

图 3-58　南海珊瑚礁晚更新世—全新世沉积相模式

a. 南沙群岛永暑礁南永 1 井、南沙群岛美济礁南科 1 井、西沙群岛琛航岛琛科 2 井；b. 西沙群岛琛航岛西琛 1 井；c. 西沙群岛永兴岛西永 1 井；d. 西沙群岛石岛西科 1 井；e. 西沙群岛石岛西石 1 井；f. 中沙大环礁中北暗沙钻孔 ZBSS-01

从沉积岩性上来看，中沙大环礁中北暗沙近表层珊瑚礁沉积有些类似南沙群岛和西沙群岛环礁和岛礁晚更新世末次冰期之前的沉积，都经历胶结成岩作用形成了珊瑚骨架灰岩，主要的胶结矿物为高镁方解石和文石，但中北暗沙近表层沉积中并无皮壳状珊瑚礁包覆和生物砂砾屑沉积，也没有经历大气降水的改造作用，更主要的是年代测试表明，中北暗沙近表层沉积属于晚全新世。此外，完全不同于南沙群岛和西沙群岛环礁和岛礁全新世未胶结的松散沉积，晚全新世中北暗沙近表层沉积经历早期胶结成岩作用，发育典型的珊瑚骨架灰岩，骨架为单一的滨珊瑚骨骼，指示至少晚全新世阶段中沙大环礁仍为潮下带相对较深水的礁核相沉积环境（图 3-57）。

3.4.3 生物礁（珊瑚礁）沉积相带

依据生物礁的宏观外形，发育完整的生物礁复合体模式主要包括礁前、礁核和礁后三个沉积相（Tucker and Wright，1990；Henson，1950），又可细分为远侧塌积、近侧塌积、礁斜坡、礁骨架、礁顶、礁坪、礁后砂和潟湖等亚相。罗威等（2018a）基于生物礁复合体模式，通过对西沙群岛石岛西科 1 井的水动力及生物、岩石特征的分析，提出了礁-滩复合体沉积模式，划分出三种沉积环境，包括生物礁相、生屑滩相和潟湖相。其中，生物礁相又称为礁核相，是生物礁礁体生长发育的主体核心部分，通常处于生物礁地势较高的凸起部位，主要由生物骨架灰岩或黏结灰岩组成，岩石则由较完整的原生造礁生物骨架胶结或黏结形成，对生物礁起到坚固和支撑作用。生物礁相又可进一步细分为礁顶相和礁骨架相，礁顶相以珊瑚骨架灰岩、红藻黏结灰岩等沉积为主，包含抗风浪较强的块状珊瑚和壳状钙藻，礁骨架相以珊瑚骨架灰岩、红藻珊瑚骨架灰岩、红藻黏结灰岩等沉积为主，包含丰富的珊瑚、钙藻、有孔虫、软体动物等。生屑滩相细分为礁前滩相和礁后滩相，前者位于礁体外侧向海方向，以生屑灰岩沉积为主，常见红藻、珊瑚、有孔虫、棘皮类骨屑；后者位于礁体内侧，也以生屑灰岩沉积为主，含丰富的珊瑚、钙藻、有孔虫、棘皮类等骨屑，又可分为礁后内侧滩相和礁后外侧滩相（图 3-59）。

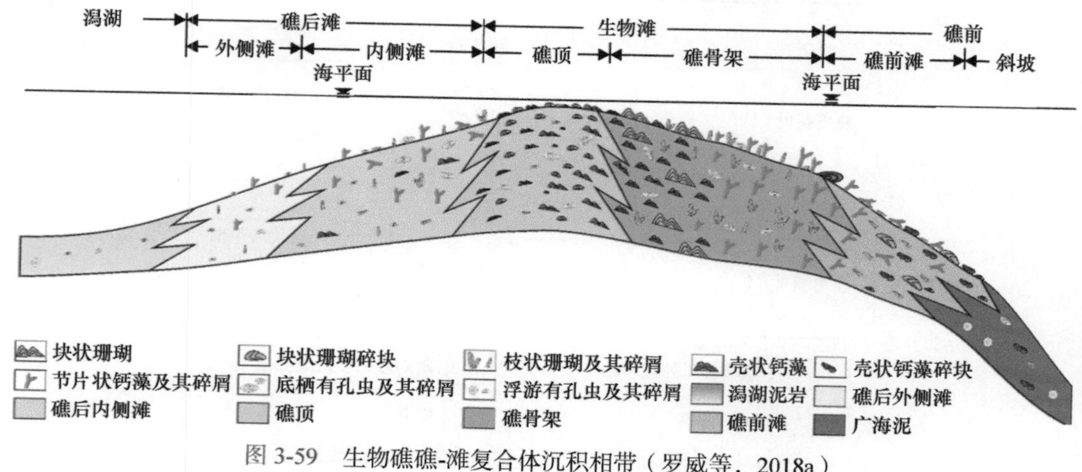

图 3-59　生物礁礁-滩复合体沉积相带（罗威等，2018a）

中国科学院南沙综合科学考察队根据南沙群岛珊瑚环礁的地貌和沉积特征提出了 6 个珊瑚礁沉积相带的划分模式，划分为向海坡相带、外礁坪相带、礁坪凸起相带、内礁坪相带、潟湖坡相带和潟湖盆相带（图 3-60）（聂宝符，1997；赵焕庭等，1992）。向海坡相带为波基面以上至大潮低潮面（水深 30 m 以浅）区域，是波浪作用的高能带，一般环礁南坡为珊瑚礁缘陡坡带，也是珊瑚生长带，造礁珊瑚生长茂盛，活珊瑚覆盖率可达 90%～100%，活珊瑚种类以抗浪性强的大型块状珊瑚为主，主要有滨珊瑚、蜂巢珊瑚、扁脑珊瑚等，以及粗短枝状鹿角珊瑚和杯形珊瑚；环礁北坡则仅有零星珊瑚生长，皮壳状珊瑚藻发育，覆盖整个礁面，相带主要为原生珊瑚骨骼沉积，沟槽处多为珊瑚块枝，含极少量生物砂砾屑沉积。水深 40～400 m 为塌积带，主要堆积礁体上部礁坡和礁坪塌落的珊瑚块，多为珊瑚藻包覆砾块，以及生物砂砾屑；水深大于 400 m 主要为生物细粉砂沉积，生物组分以有孔虫为主。外礁坪相带位于向海坡与礁坪凸起之间，大潮低潮面完全出露，处于波浪和潮流的高能作用带，沟槽发育，生长有大型滨珊瑚、蜂巢珊瑚、杯形珊瑚等块状珊瑚，主要为原生珊瑚骨骼沉积，沟槽堆积有珊瑚块和砾。礁坪凸起相带位于外礁坪与内礁坪之间的凸起部位，为波浪搬运珊瑚砾块堆积形成，高于内外礁坪，低潮面完全出露，无活珊瑚生长，皮壳状珊瑚藻发育，黏结固结珊瑚砾块。内礁坪相带位于礁坪凸起以内，大部分低于平均低潮面，大潮低潮面部分出露，礁坑发育，水动力较弱，水体相对平静，块状和枝状珊瑚均有分布，但个体不大，主要为珊瑚枝块和砾屑砂屑堆积。潟湖坡相带位于礁坪内缘至潟湖盆底边缘的坡面，珊瑚、仙掌藻等发育，主要为生物砂砾和珊瑚断枝。潟湖盆相带位于环礁潟湖底，是生物碎屑的主要堆积区，以中细砂为主。

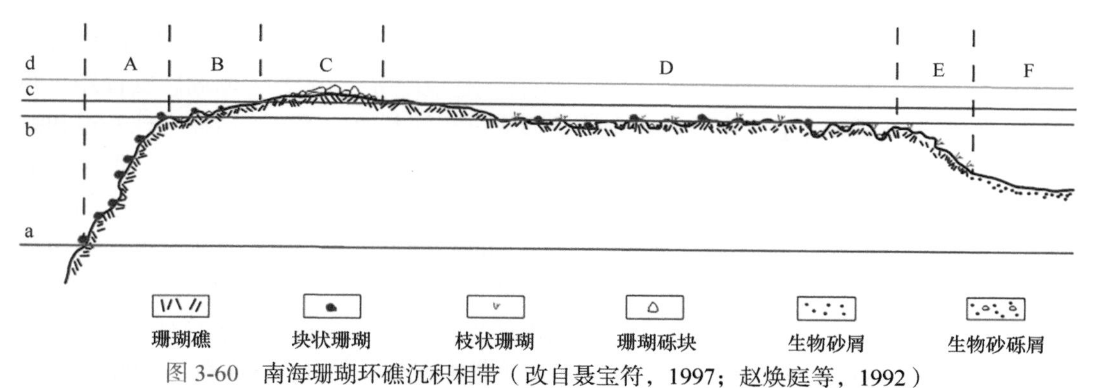

图 3-60　南海珊瑚环礁沉积相带（改自聂宝符，1997；赵焕庭等，1992）

A-向海坡相带；B-外礁坪相带；C-礁坪凸起相带；D-内礁坪相带；E-潟湖坡相带；F-潟湖盆相带；a-波基面；b-大潮低潮面；c-平均低潮面；d-平均高潮面

前人有关南海珊瑚礁沉积模式和沉积环境的分析中，既有生物礁礁-滩复合体模式，又有环礁沉积相带模式，实际上两种模式具有一定的对应关系，生物礁相带可对应于外礁坪相带和向海坡相带上部，礁前滩相带可对应于向海坡相带下部，而礁后滩相带可对应于内礁坪相带和潟湖坡相带。实际上，基于水深和水动力环境强弱的控制，珊瑚礁处于潮下带低潮面与波基面之间的向海坡上部和外礁坪带，是造礁珊瑚生长最适宜的水深范围，水动力强劲，多生长抗浪性强的大型块状珊瑚，以原生珊瑚骨骼沉积为主，经成岩作用易形成珊瑚骨架灰岩，构成珊瑚礁礁体的主体；而位于潮下带浅水区的内礁坪，水深较浅，水动力较弱，珊瑚生长个体不大，受波浪潮流的搬运，沉积块状和枝状珊瑚以及珊瑚和其他生物的砂砾屑，经成岩作用易形成珊瑚砾屑灰岩和生屑灰岩等。位于潮下带的生物碳酸盐沉积物，受大气降水的影响小，构成珊瑚及其他生物碳酸盐骨壳的不稳定文石和高镁方解石均不易发生变化，但海水成岩环境下易形成后生文石和高镁方解石的胶结。而位于潮上带的生物碳酸盐沉积物经常出露于海面，受到大气降水的淋滤改造作用，沉积物中矿物可能发生新生变形作用，文石和高镁方解石易发生向低镁方解石的转化。

3.4.4 全新世南海珊瑚礁发育对海平面变化的响应

珊瑚礁发育对海平面变化非常敏感，根据珊瑚礁加积速率与海平面上升速率的差异，珊瑚礁发育对海平面变化的响应存在三种模式（Davies and Montaggioni，1985；Neumann and Macintyre，1985）：①“保持型”（keep-up），珊瑚礁加积速率大于海平面上升速率，受海平面水位和潮位控制，珊瑚礁向上生长的空间受到限制，但促进了礁坪向外海和潟湖的侧向生长，礁坪横向扩张，潟湖边缘向内收缩，珊瑚礁维持在海面附近；②“追赶型”（catch-up），珊瑚礁加积速率与海平面上升速率相当或略小，珊瑚礁存在向上生长的空间，持续向上生长并进入浅水区，礁坪也随之扩大，珊瑚礁发育保持追赶海平面上升的状态；③“放弃型”（give-up），珊瑚礁加积速率小于海平面上升速率，珊瑚礁与海平面之间的空间不断加大，当水深超过珊瑚群落生长的深度范围，珊瑚死亡，珊瑚群落衰退，珊瑚礁停止发育。

珊瑚礁礁体的发育主要受海平面变化和古气候变化的控制。晚更新世末次冰期海平面大幅度下降，下降幅度可能达到 140 m 左右（赵焕庭等，1992），珊瑚礁发育停止并且完全出露于海平面之上，遭受风化剥蚀，形成沉积间断面。随着冰后期全球升温和海平面上升，珊瑚开始生长，珊瑚礁得以重新开始发育。虽然存在区域性差异，但全新世全球珊瑚礁发育的时间大体一致，多出现于全新世早期，其中全球 54 个珊瑚礁的钻孔资料显示，大致有 65%的全新世珊瑚礁发育在 9000～7000 cal a BP（覃业曼等，2019）。南沙群岛与西沙群岛已有全新世测年数据的钻井资料（南永 1 井、南科 1 井和琛科 2 井）显示，全新世这几个珊瑚礁大致与全球范围内的大多数珊瑚礁的发育起始时间一致，考虑到南海海区新构造运动微弱，地壳较为稳定（赵中贤等，2011；赵焕庭，1998），南海全新世珊瑚礁发育主要受全新世海平面上升的控制。

南沙群岛永暑礁南永 1 井的研究（赵焕庭等，1992）揭示出，约在井深 17.3 m 处存在沉积间断面，对应于约 8000 cal a BP 在永暑礁礁坡发育的水深 20 m 的台阶，指示海平面变化在这一阶段相对停滞（赵焕庭等，1992）。全新世永暑礁珊瑚礁的起始发育时间约为 7300 cal a BP,此时海平面大致在现今海平面之下 17 m 处,至晚全新世约 3000 cal a BP，海平面升至与现代海平面接近（图 3-61）。根据沉积厚度和年龄推算，永暑礁中全新世 7300～3000 cal a BP 平均沉降速率为 6.57 mm/a，晚全新世 3000 cal a BP 以来沉积速率降低至 1.21 mm/a，显著低于中全新世，表明晚全新世海平面变化停顿，已与现代海平面相当，抑制了珊瑚礁向上的发育（赵焕庭等，1992）。南沙群岛美济礁南科 1 井的研究表明，井深约 20 m 处存在暴露面，岩石遭受风化和大气淡水淋滤改造，指示末次冰期低海平面时的珊瑚礁出露（罗云等，2022），可与永暑礁南永 1 井的记录对应。全新世美济礁珊瑚礁的起始发育时间约为 8200 cal a BP，测年范围为 8200～4800 cal a BP，早中全新世沉积厚度约为 15 m，推测珊瑚起始发育时的古水深约为 15 m，这期间平均沉积速率约为 4.4 mm/a（罗云等，2022）。美济礁珊瑚礁起始发育时的水深与永暑礁较为接近，但中全新世珊瑚礁发育的平均沉积速率要低于永暑礁。虽然南科 1 井缺少晚全新世以来的沉积，但大致在 4800 cal a BP 南海海平面已接近现代海平面高度（图

3-61），美济礁珊瑚礁垂向发育停滞，沉积减弱，表现为以侧向生长为主的“保持型”（罗云等，2022）。

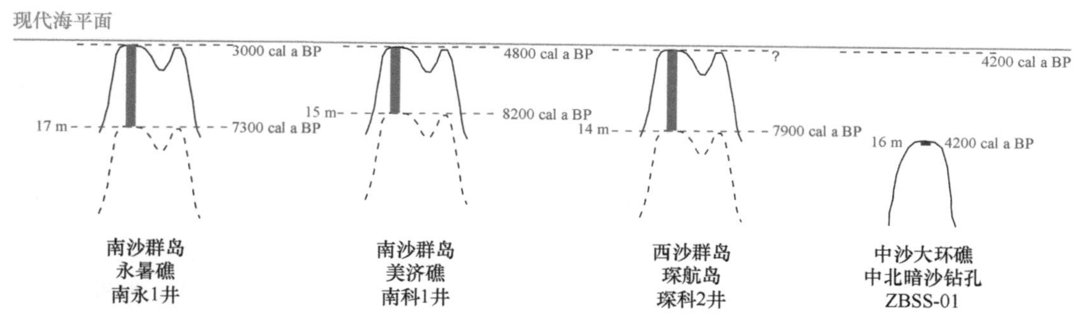

图 3-61　全新世以来南沙群岛永暑礁南永 1 井（改自赵焕庭等，1992）、南沙群岛美济礁南科 1 井（改自罗云等，2022）、西沙群岛琛航岛琛科 2 井（改自覃业曼等，2019）以及中沙大环礁中北暗沙钻孔 ZBSS-01 记录的珊瑚礁发育与海平面变化

西沙群岛琛航岛琛科 2 井的研究显示，琛航岛全新世珊瑚礁起始发育时间为 7900 cal a BP，全新世珊瑚礁沉积厚度约为 16.7 m，考虑到钻孔位置和现代海平面高程，推测琛航岛全新世珊瑚礁发育的起始位置位于现代海平面之下约 14 m，即全新世 7900 cal a BP 以来西沙群岛海区海平面上升了至少 14 m（覃业曼等，2019）。

可见，早中全新世以来随着南海海区海平面持续上升（Xiong et al.，2018；Zong，2004），南沙群岛永暑礁和美济礁以及西沙群岛琛航岛珊瑚礁垂向发育呈现“追赶型”模式；晚全新世海平面变化趋于平缓，与现代海平面相近，珊瑚礁位于海平面附近，垂向发育停滞，转变为以侧向发育为主，呈现“保持型”模式。其中，南沙群岛美济礁和永暑礁在 4200～3000 cal a BP 表现为珊瑚礁发育的“保持型”模式，垂向发育停滞，沉积减弱。由于琛科 2 井上部岩心缺少测年数据，琛航岛晚全新世的沉积不得而知，但根据钻井位置和沉积厚度推断，晚全新世琛航岛珊瑚礁发育大致与南沙群岛永暑礁和美济礁相似，也表现为垂向发育停滞的“保持型”模式。

早期的中沙大环礁调查研究根据中沙大环礁的礁环暗沙与潟湖中点礁暗沙的顶部深度相近推测认为，中沙大环礁是一个沉溺环礁，曾经发育到低潮面，形成过礁坪，而后沉溺（聂宝符等，1992）。但仅从珊瑚礁暗沙的水深分布相近，并不能直接推断中沙大环礁曾经发育形成接近海平面的礁坪。

南沙群岛和西沙群岛环礁和岛礁的多个钻井资料显示，全新世沉积松散未胶结的珊瑚块和生物砂砾屑沉积，指示潮下带浅水区发育的内礁坪，晚全新世内礁坪沉积已接近现代海平面。而晚全新世中北暗沙近表层沉积为胶结成岩的珊瑚骨架灰岩，指示潮下带相对较深水环境下的礁核相沉积，完全不同于南沙群岛和西沙群岛晚全新世接近现代海平面的礁坪相松散沉积。现代中沙大环礁整体上位于约 10 m 以深，其中中北暗沙位于 16 m 以深，考虑到晚全新世南海海区海平面与现代海平面相当，南海海区构造较为稳定，而晚全新世中北暗沙近表层沉积厚度仅近 30 cm，这意味着晚全新世时期中北暗沙礁顶已经大致位于水下 16 m，那么整个中沙大环礁在这一时期就已经属于水下沉溺环礁。

不同于晚全新世南沙群岛和西沙群岛环礁和岛礁发育与海平面变化的“同步型”关系，中沙大环礁一直处于水下，并且落后于海平面的变化，珊瑚礁的发育既不是随海平面上升的“追赶型”模式，也不是跟随海平面相对稳定的“保持型”模式，事实上，也不属于落后于海平面上升导致的珊瑚群落退化，珊瑚礁发育停止的“放弃型”模式。中北暗沙晚全新世已经低于海平面约 16 m，近表层沉积速率极低，仅为 0.34 mm/a，低于南沙群岛和西沙群岛环礁和岛礁晚全新世沉积速率。自晚全新世以来，中北暗沙珊瑚群落仍然发育，但珊瑚生长率较低。中北暗沙乃至整个中沙大环礁的水深保证了珊瑚群落的生长，不至于死亡，但较低的珊瑚生长率导致珊瑚礁沉积速率较低，因此珊瑚礁发育缓慢。据推测，由于早期沉降作用的影响，中沙大环礁一直处于水下，新构造运动稳定后，中沙大环礁珊瑚礁缓慢发育，形成典型的珊瑚礁暗沙，全新世以来的海平面上升并没有影响中沙大环礁珊瑚礁的发育，既没有加速珊瑚礁的发育，也没有导致珊瑚礁发育停止。

基于中北暗沙近表层珊瑚礁沉积钻孔 ZBSS-01 岩心所揭示的晚全新世沉积特征，包括生物组分、矿物成分、碳氧同位素、Ca 和 Mg 含量以及岩石特征，本小节综合分析探讨了中北暗沙晚全新世阶段珊瑚礁沉积环境及其与海平面变化的关系。晚全新世 4200～3500 cal a BP，中北暗沙处于潮下带海底沉积环境，沉积以滨珊瑚骨骼为主的礁核相珊瑚骨架灰岩，构筑了中北暗沙珊瑚礁主体，沉积过程中经历早期胶结成岩作用，发育文石和高镁方解石胶结矿物。晚全新世南海海平面相对稳定，接近现代海平面高程，这一阶段中北暗沙水深接近现代水深，珊瑚礁缓慢发育，维持典型的珊瑚礁暗沙，晚全新世中北暗沙乃至整个中沙大环礁珊瑚礁发育受海水深度的控制，并没有表现出对全新世海平面变化的响应关系。

通过与南沙群岛和西沙群岛环礁和岛礁多个珊瑚礁钻井晚更新世和全新世沉积对比，揭示出中沙大环礁中北暗沙晚全新世沉积完全不同于南沙群岛和西沙群岛。晚更新世末次冰期出露之后，随着冰后期海平面上升，南沙群岛和西沙群岛环礁和岛礁重新生长发育，紧跟全新世海平面上升步伐，处于潮下带浅水内礁坪沉积环境，沉积松散珊瑚枝块和生物砾砂屑沉积物，未发生胶结成岩作用，以原生生物骨壳文石和高镁方解石矿物为主，至晚全新世海平面接近现代海平面，礁坪沉积和珊瑚礁垂向发育减缓，珊瑚礁维持在海平面附近。

3.4.5 中北暗沙滨珊瑚生长率对环境变化的响应

珊瑚礁是拥有高生物多样性和高资源生产力的海洋生态系统，在海岸保护、渔业、旅游业、药物、生物多样性等多方面具有较高的经济价值（Costanza et al.，2014）。当前全球珊瑚礁面临着与自然和人类活动相关的诸多环境变化的威胁（Hughes et al.，2003），严重影响珊瑚礁生态系统的结构、功能和价值。其中，全球气候变暖导致的海温升高和大气 CO_2 浓度增加导致的海洋酸化被认为是造成全球性珊瑚礁生态系统严重退化的关键因素（Hoegh-Guldberg et al.，2007；Hughes et al.，2003）。一般认为，海温的快速异常升高所形成的热胁迫，破坏了珊瑚与虫黄藻的共生关系，造成珊瑚白化，珊瑚生长减缓（Hoegh-Guldberg，1999）；随着海温的持续升高，珊瑚白化的频率和强度也不断加大，导致珊瑚死亡，引起珊瑚群落衰退乃至毁灭（Sully et al.，2019；Hughes et al.，2018；Hoegh-Guldberg et al.，2007；Hoegh-Guldberg，2005）。未来全球变暖背景下珊瑚礁生态系统命运将如何？是否真的面临灭绝？这就有赖于珊瑚生长历史及其对海温变化响应关系的认识和理解。

研究发现，近几十年来世界范围内多个珊瑚礁区珊瑚生长率急剧下降，包括澳大利亚东部的大堡礁（GBR）（Carricart-Ganivet et al.，2012；De'ath et al.，2009；Cooper et al.，2008）、东南亚的泰国-马来西亚半岛（Tanzil et al.，2009，2013）、红海中部（Cantin et al.，2010）、东太平洋的巴拿马沿岸（Manzello，2010）和加勒比海（Carricart-Ganivet et al.，2012；Bak et al.，2009）。这些礁区珊瑚生长率下降的主要原因都与海水升温有关，海温升高超过了珊瑚生长的最适宜温度，限制了珊瑚生长（Tanzil et al.，2009，2013；Carricart-Ganivet et al.，2012；Cantin et al.，2010）。悲观的预测认为，全球珊瑚生长和珊瑚礁发育预计将在未来停滞，珊瑚礁生态系统将严重退化，甚至灭绝（Hoegh-Guldberg et al.，2007）。但近百年来珊瑚生长并未显示出下降的趋势；相反，不少礁区珊瑚生长率呈现显著上升的趋势，与海温的百年增长趋势呈正相关关系（Cooper et al.，2012；Bessat and Buigues，2001；聂宝符等，1999；Lough and Barnes，1997；Nie et al.，1997）。从百年趋势上来看，海温的升高反而促进了珊瑚的生长。可见，珊瑚生长及其与海温的关系存在时间尺度上的差异。此外，珊瑚生长历史还表现出明显的区域性差异（Yan et al.，2019；Cooper et al.，2012）。因此，珊瑚生长的时空差异影响着对珊瑚生长与海温变化响应关系以及未来珊瑚生长预测的认识。

南海海区珊瑚礁广泛分布，近几十年来，国内学者对南海不同珊瑚礁区开展了珊瑚生长及其与海温变化关系的研究。其中包括两个方面的主要进展：一是基于现代滨珊瑚生长率与海温显著的线性正相关关系，建立了珊瑚生长率温度计，定量重建了南海不同海区过去不同时段的海温变化历史（陶士臣等，2021；林丽芳等，2018；张会领等，2014；黄博津等，2013；Nie et al.，1997）；二是基于南海不同珊瑚礁区百余年珊瑚生长与海温变化的关系，揭示出南海珊瑚生长与海温变化的非线性响应关系以及区域性差异（Yan et al.，2019；施祺等，2012）。以上有关珊瑚生长的研究涉及的南海珊瑚礁区包括华南大陆沿岸、海南岛、黄岩岛、西沙群岛和南沙群岛不同岛礁，中沙大环礁仍然是空白。2020年中沙大环礁现场调查中，在中北暗沙发现有大型活体澄黄滨珊瑚（*Porites lutea*）生长，通过水下钻探获取滨珊瑚骨骼沉积钻孔 ZBLC-01 岩心柱样。本小节将利用该岩心样品开展滨珊瑚生长率的分析，揭示中北暗沙礁区 100 多年来滨珊瑚的生长历史与变化规律，并与同处于南海中部相近纬度的西沙群岛永兴岛礁区滨珊瑚生长历史进行对比，探讨中北暗沙与永兴岛珊瑚生长的区域性差异，以及对海温变化的响应关系。

1. 现代滨珊瑚生长对海温变化的响应

滨珊瑚是印度洋-太平洋（Cooper et al.，2008）和南海（邹仁林，2001）珊瑚群落中的优势珊瑚种类，具有良好的代表性，广泛用于珊瑚生长历史以及环境响应和古气候重建研究。滨珊瑚生长带影像呈现清晰的深浅相间的高-低密度条带分布，相邻的一对高-低密度条带构成年生长带，年生长带的宽度代表珊瑚骨骼一年的生长量，即珊瑚生长率（施祺等，2012；Lough and Barnes，2000）。中北暗沙滨珊瑚骨骼沉积钻孔 ZBLC-01 岩心柱样长约 150 cm，利用其样片的 X 光影像提取沿生长方向连续的灰度序列，经年周期成分的提取计算获得钻孔岩心连续的滨珊瑚生长率序列（图 3-62a）。因为骨骼岩心样品采自活体滨珊瑚，而活体滨珊瑚顶部生长带对应于样品采集当年月份（2020 年 5 月），所以样品全部生长带年代范围可依生长带逐一推算。只考虑完整年生长带，整个岩心样品生长年代为 1855～2019 年。

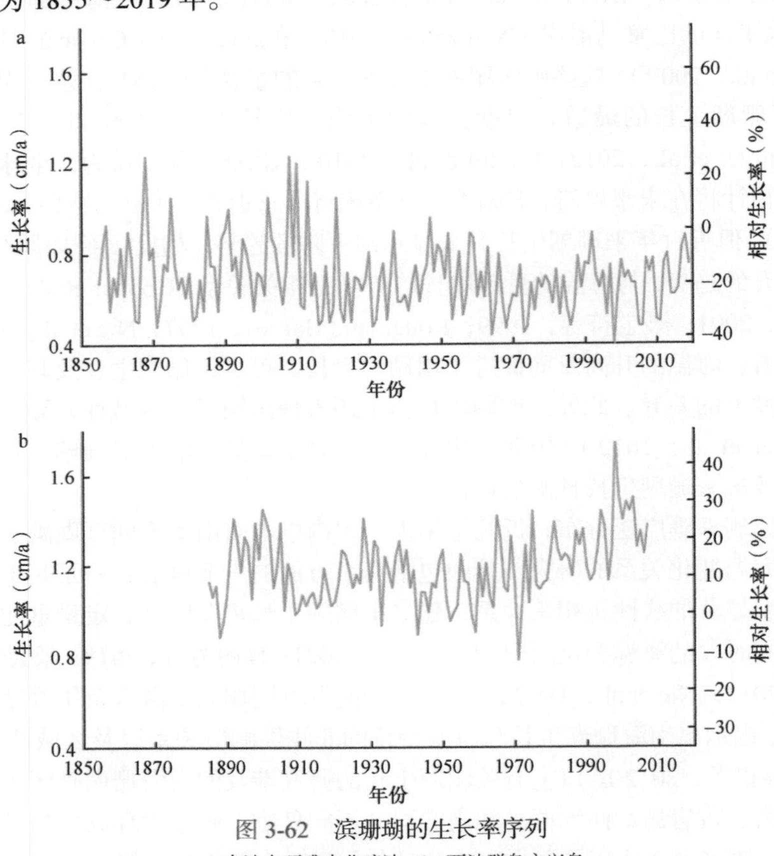

图 3-62　滨珊瑚的生长率序列

a. 中沙大环礁中北暗沙；b. 西沙群岛永兴岛

中沙大环礁与西沙群岛纬度相近，同位于南海中部，因此本书引用文献中西沙群岛永兴岛的滨珊瑚骨骼生长率序列（1885～2007 年）（张会领等，2014）（图 3-62b），开展两个礁区滨珊瑚生长历史的对比研究。为了对比两个礁区的珊瑚生长率变化，通过计算珊瑚相对生长率，珊瑚相对生长率（%）=（各年珊瑚生长率–多年平均珊瑚生长率）/多年平均珊瑚生长率×100%（Yan et al.，2019；Cooper et al.，2012），指示珊瑚生长率相对百分比变化，以去除珊瑚个体生长差异造成的影响。由于珊瑚骨骼显微结构的差异、年生长带纹层的紊乱和年密度带划分的误差，以及缺乏综合多序列的样品交叉定年，很难避免珊瑚生长率的年代偏差（Lough and Barnes，1997）。因此，本书不探讨珊瑚生长率的年际变化，而只探讨珊瑚生长率变化的长期线性趋势和年代际波动。本书采用线性和非线性拟合的方法（Yan et al.，2019；Cooper et al.，2012；施祺等，2012；De'ath et al.，2009），利用R语言中的广义线性模型（generalized linear model，GLM），分析中北暗沙和永兴岛滨珊瑚相对生长率序列和海表温度（SST）序列100多年变化的线性趋势和年代际非线性波动，以及滨珊瑚相对生长率与SST分别在线性趋势和年代际波动上的响应关系。

中沙大环礁中北暗沙滨珊瑚生长率序列有165年，滨珊瑚平均生长率为（0.70±0.16）cm/a，最高生长率为1.23 cm/a，最低生长率为0.40 cm/a；西沙群岛永兴岛滨珊瑚生长率序列为123年，滨珊瑚平均生长率为（1.19±0.16）cm/a，最高生长率为1.77 cm/a，最低生长率为0.78 cm/a。中北暗沙滨珊瑚的平均生长率、最高生长率和最低生长率都显著低于永兴岛滨珊瑚，其中平均生长率低了约41%，表明两个礁区虽然处于相近的纬度，但滨珊瑚的生长存在明显的区域性差别。

中沙大环礁中北暗沙岩心样品采自水深16 m礁环上的滨珊瑚，而西沙群岛永兴岛岩心样品采自水深6 m礁坡上的滨珊瑚（张会领等，2014），水深的差异可能是两个礁区滨珊瑚生长率存在差别的主要原因。大量研究发现，珊瑚生长率随水深的增加而降低，主要与光照强度随水深衰减有关，随着深度的增加，光照强度逐渐降低，珊瑚共生虫黄藻的光合作用能力也逐渐减弱，光合作用驱动的珊瑚钙化能力下降，导致珊瑚生长率下降（Lough and Cooper，2011）。通常研究中的珊瑚岩心样品采自水深10 m以浅，该水深处于珊瑚生长的最佳深度范围内，珊瑚生长不受深度和光照的影响（Lough and Cantin，2014）。除了光照，海温和盐度也是影响珊瑚生长的重要环境因素（聂宝符，1997），水深增加可能造成海温和盐度的变化，从而影响珊瑚生长。研究发现，南海海温在水深0～30 m变化很小，30 m以浅月平均海温随水深的降率约为0.009℃/m，30 m以深海温才开始明显下降（樊博文等，2018）；而南海100 m以浅月平均盐度随深度的增率约为0.01 m^{-1}（牛明星，2018）。按16 m水深估算，南海月平均海温下降约0.14℃，月平均盐度增加约0.16，该水深范围内海温和盐度的变化幅度较小。这表明中北暗沙采样位置的水深并不会造成海温和盐度的显著变化，也就是说，中北暗沙水深对滨珊瑚生长的影响很可能体现在光照强度的变化，而不是海温和盐度的变化。因此，永兴岛滨珊瑚生长并未受到水深的影响，而中北暗沙由于水深较大，光强减弱，滨珊瑚生长受到限制，生长率要明显低于永兴岛。

对中北暗沙和永兴岛滨珊瑚的相对生长率序列分别进行线性拟合，获得100多年以来两个礁区滨珊瑚的相对生长率线性趋势（图3-63）。其中，中北暗沙滨珊瑚相对生长率100多年来呈现显著的线性下降趋势（R=0.20，p<0.01），其间滨珊瑚相对生长率下降15.4个百分点，滨珊瑚相对生长率的下降速率为9.4%/100 a；永兴岛滨珊瑚相对生长率100多年来呈现显著的线性上升趋势（R=0.29，p<0.001），其间滨珊瑚相对生长率上升13.3个百分点，滨珊瑚相对生长率的上升速率为10.9%/100 a，表现出明显的区域性差异。此外，非线性拟合结果显示，两个礁区滨珊瑚相对生长率在过去100多年还表现出显著的年代际波动（中北暗沙：R=0.31，p<0.001；永兴岛：R=0.58，p<0.0001）（图3-64）。其中，中北暗沙滨珊瑚相对生长率的年代际波动周期为25～50年，滨珊瑚相对

生长率最大的年代际增长出现在 2004～2019 年，增幅达到 22.4%，相对生长率最大的年代际下降出现在 1902～1929 年，降幅达到 24.0%；永兴岛滨珊瑚相对生长率的年代际波动周期为 35～60 年，滨珊瑚相对生长率最大的年代际增长出现在 1885～1897 年，增幅达到 26.8%，相对生长率最大的年代际下降出现在 1897～1915 年，降幅达到 22.3%。两个礁区滨珊瑚相对生长率的年代际波动具有一定的阶段对应性，呈现显著的正相关关系（R=0.55，p<0.001）。

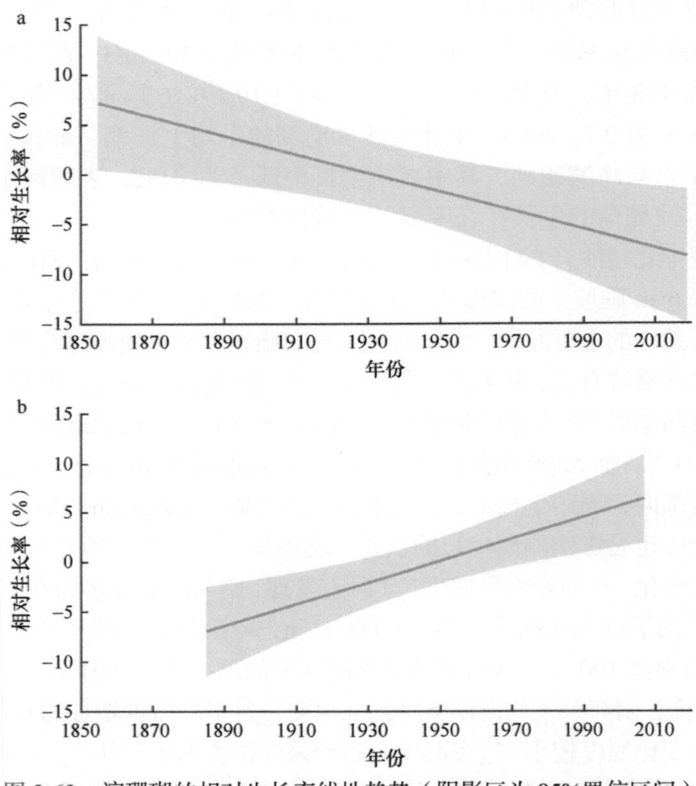

图 3-63　滨珊瑚的相对生长率线性趋势（阴影区为 95%置信区间）

a. 中沙大环礁中北暗沙；b. 西沙群岛永兴岛

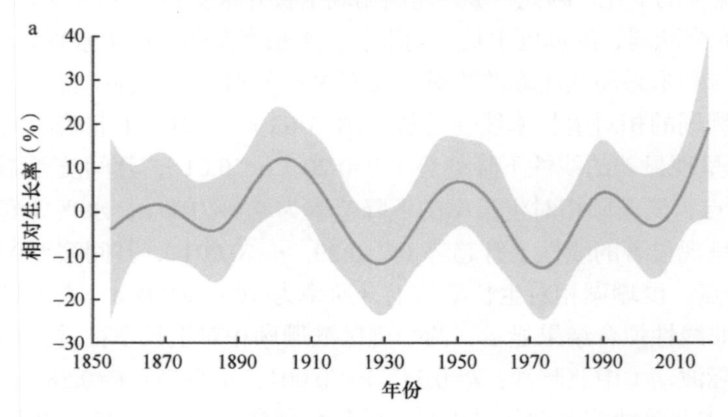

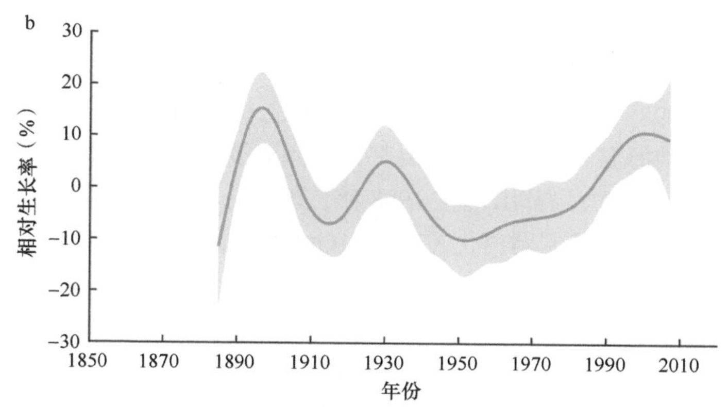

图 3-64　滨珊瑚的相对生长率年代际波动（阴影区为 95%置信区间）

a. 中沙大环礁中北暗沙；b. 西沙群岛永兴岛

由于中沙大环礁附近海域缺少长期现场观测的海温资料，本书选择英国哈德利中心（Hadley Center）提供的 1°×1°网格全球海温数据集 HadISST（https://www.metoffice.gov.uk/hadobs/hadisst/）（Rayner et al.，2003），从中提取中沙大环礁中北暗沙和西沙群岛永兴岛所在海区 1870 年以来的月平均海温数据，计算获取两个礁区的年均海温变化序列（图 3-65）。过去 150 年（1870～2019 年），中沙大环礁中北暗沙多年平均海温为

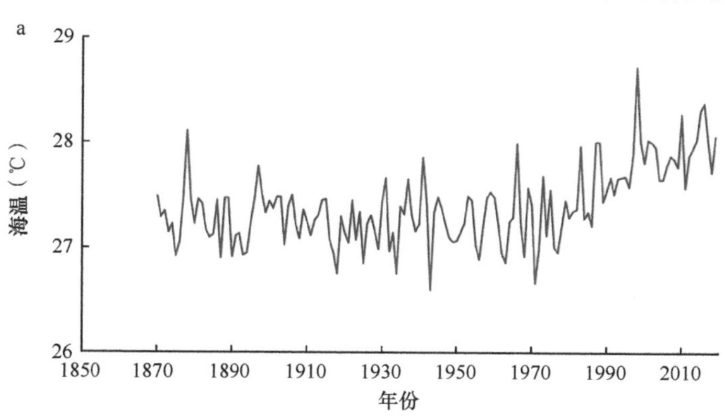

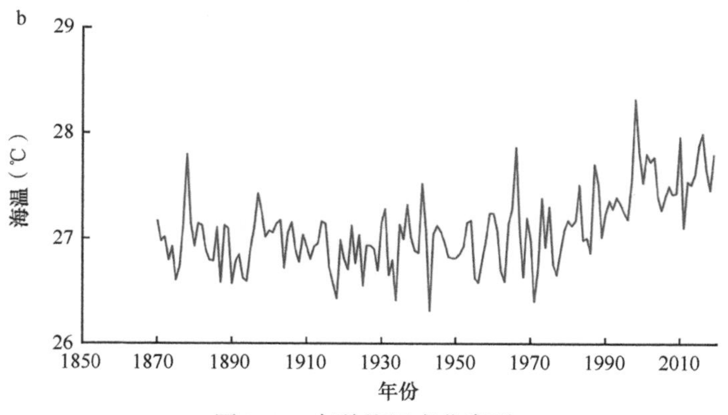

图 3-65　年均海温变化序列

a. 中沙大环礁中北暗沙；b. 西沙群岛永兴岛

（27.4±0.37）℃，最高年均海温为28.73℃，出现在1998年，最低年均海温为26.59℃，出现在1943年；西沙群岛永兴岛多年平均海温为（27.09±0.36）℃，最高年均海温为28.33℃，出现在1998年，最低年均海温为26.31℃，出现在1943年。中北暗沙的多年平均海温、最高年均海温和最低年均海温都较永兴岛要高，分别高出0.31℃、0.40℃、0.28℃，两地的最高年均海温都出现在1998年，该年份对应着强厄尔尼诺（El Niño）事件，造成全球多个珊瑚礁区珊瑚白化（Hoegh-Guldberg，1999）。

海温的线性拟合结果显示，100多年来两个礁区的海温都表现出显著的线性升高趋势（中北暗沙：R=0.51，p<0.001；永兴岛：R=0.52，p<0.001）（图3-66），并且两个礁区海温的升温速率一致，均为0.43℃/100 a。可见，两个礁区100多年来海温的升温变化同步，海温的增幅均为0.64℃。非线性拟合结果显示，在过去100多年两个礁区海温也存在显著的年代际波动（中北暗沙：R=0.59，p<0.0001；永兴岛：R=0.55，p<0.0001）（图3-67）。其中，中北暗沙海温年代际波动周期为20～40年，海温最大的年代际升温出现在1975～2000年，增幅达到约0.53℃，海温最大的年代际降温出现在1898～1924年，降幅达到约0.29℃；永兴岛海温的年代际波动周期为25～40年，海温最大的年代际升温出现在1977～1999年，增幅达到约0.49℃，海温最大的年代际降温出现在1898～1924年，降幅达到约0.29℃。两个礁区海温的年代际波动具有几乎同步的阶段对应性，呈现显著的正相关关系（R=0.99，p<0.000 01）。

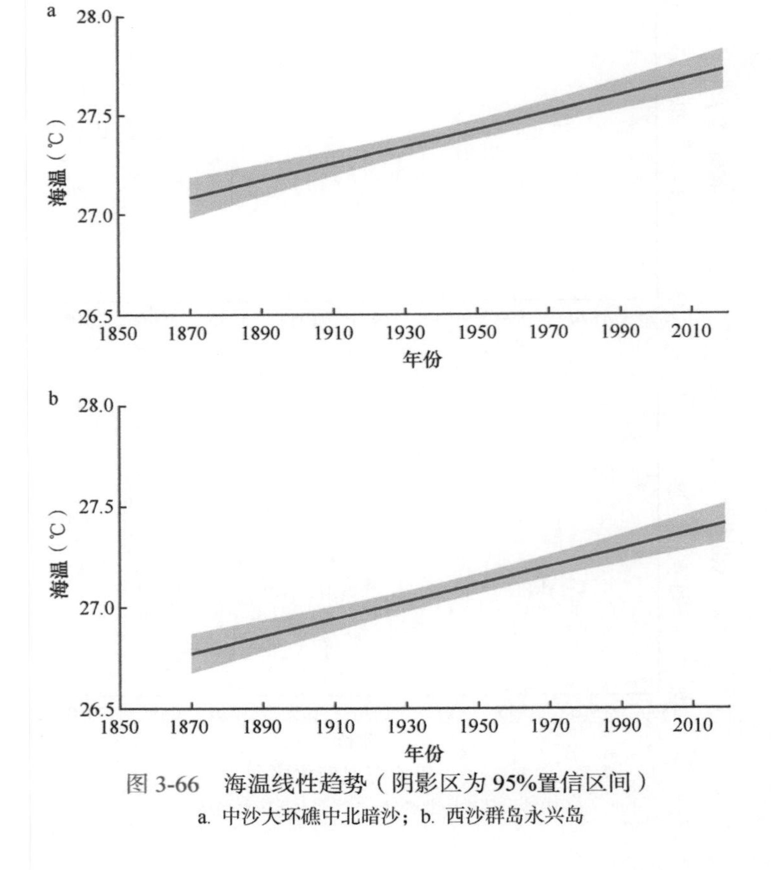

图3-66　海温线性趋势（阴影区为95%置信区间）

a. 中沙大环礁中北暗沙；b. 西沙群岛永兴岛

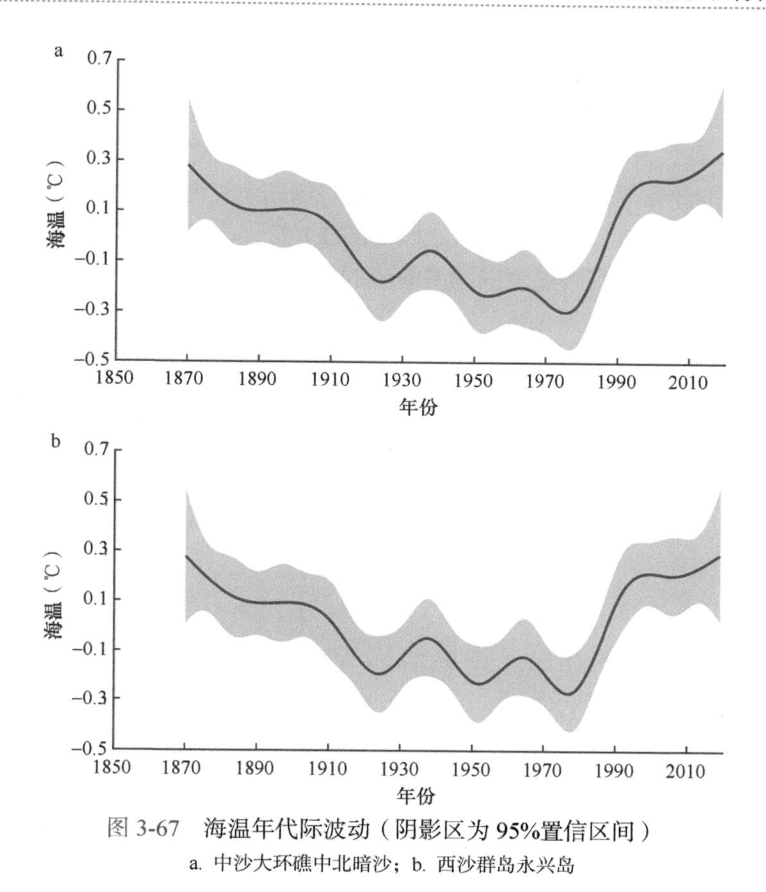

图 3-67 海温年代际波动（阴影区为 95%置信区间）

a. 中沙大环礁中北暗沙；b. 西沙群岛永兴岛

100 多年来中沙大环礁中北暗沙滨珊瑚相对生长率与海温变化呈现相反的线性趋势，滨珊瑚相对生长率呈现下降趋势，而海温呈现升高趋势，过去 100 多年中北暗沙滨珊瑚相对生长率随海温的变率约为–21.9%/℃，即海温每升高 1℃，滨珊瑚相对生长率降低约 21.9%。与之相反，西沙群岛永兴岛 100 多年来滨珊瑚相对生长率与海温变化表现出一致的线性趋势，滨珊瑚相对生长率和海温变化都呈现上升趋势，滨珊瑚相对生长率随海温的变率约为 25.3%/℃，即海温每升高 1℃，滨珊瑚相对生长率升高约 25.3%。两个礁区滨珊瑚相对生长率线性趋势表现出与海温相反的对应关系，表明虽然同处于南海中部纬度相近区域，但两个礁区滨珊瑚相对生长率有着完全不同的对海温的响应关系。

海温是珊瑚生长的关键控制因素之一，一般认为珊瑚生长存在适宜的海温范围（聂宝符，1997），超过适宜海温，珊瑚的组织生物量（Fitt et al.，2000）和能量储备（Anthony et al.，2007）相关的生理过程，以及其与虫黄藻的共生关系（Hoegh-Guldberg，1999）就会受到影响，直接造成珊瑚生长的衰退。中北暗沙和永兴岛滨珊瑚相对生长率与海温线性趋势的拟合分析发现，过去 100 多年两个礁区滨珊瑚相对生长率与海温存在显著的非线性响应关系（R=0.89，p<0.000 01）（图 3-68a），大致以 27.25℃为海温临界值，滨珊瑚有最大相对生长率，当海温低于该温度时，珊瑚相对生长率随海温的升高而上升；而当海温超过该温度时，珊瑚相对生长率随海温的继续升高反而降低。这样一种响应关

系符合珊瑚生长存在适宜温度的认知。国际上多个珊瑚礁区的研究也报告了相似的珊瑚生长对海温的非线性响应关系（Tanzil et al.，2013；Cantin et al.，2010；Cooper et al.，2008；Worum et al.，2007；Marshall and Clode，2004），发现不同物种珊瑚生长具有不同的适宜温度范围和临界值，最适宜海温的高低与珊瑚生长海域的多年平均海温有关。过去 100 多年中北暗沙多年平均海温为（27.4±0.37）℃，已经高于适宜海温的临界值，滨珊瑚生长已经受到超出适宜海温范围的高海温的限制，滨珊瑚生长率呈现下降趋势。而永兴岛多年平均海温为（27.09±0.36）℃，仍低于适宜海温的临界值，滨珊瑚生长仍处于适宜海温范围，生长率呈现上升趋势。两个礁区滨珊瑚生长趋势的不同由南海海温的空间分布差异造成。南海海温存在明显的空间分布梯度，从近岸到远海海温表现出西北-东南向的增大趋势，与海陆的空间分布以及近岸上升流的影响有关（Yan et al.，2019）。因此，虽然中北暗沙和永兴岛纬度相近，但受南海海温空间分布的影响，中北暗沙的多年平均海温要高于永兴岛，在相同的升温幅度下，中北暗沙海温更早超过珊瑚生长的适宜海温。

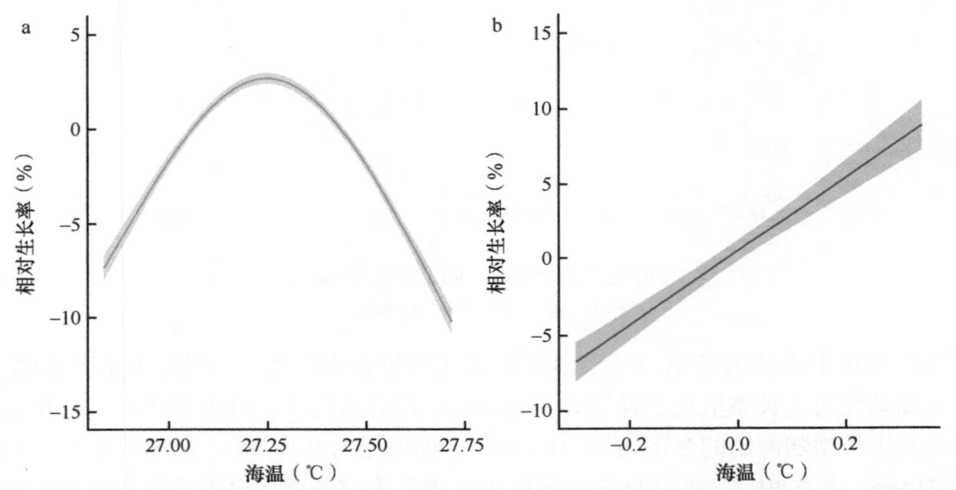

图 3-68　中沙大环礁中北暗沙和西沙群岛永兴岛滨珊瑚生长率与海温的响应关系（阴影区为95%置信区间）

a. 线性趋势响应；b. 年代际波动响应

过去 100 多年中沙大环礁中北暗沙和西沙群岛永兴岛滨珊瑚相对生长率以及海温都呈现年代际波动（图 3-64，图 3-67），两个礁区滨珊瑚相对生长率与海温的年代际波动存在一定正相关关系（中北暗沙：R=0.48，p＜0.0001；永兴岛：R=0.62，p＜0.0001）。两个礁区滨珊瑚相对生长率随海温的年代际变率分别约为 18.3%/℃（中北暗沙）和 37.4%/℃（永兴岛）。可见，在年代际尺度上，两个礁区滨珊瑚表现出相同的与海温的响应关系，永兴岛的滨珊瑚相对生长率随海温的年代际变率要大于中北暗沙。年代际滨珊瑚相对生长率与海温的拟合分析发现，过去 100 多年两个礁区滨珊瑚相对生长率与海温在年代际尺度上存在显著的线性正相关关系（R=0.58，p＜0.0001）（图 3-68b），即两个礁区年代际滨珊瑚相对生长率随年代际海温的升高而上升。过去 100 多年中北暗沙海温的年代际波动范围为–0.30～0.35℃，要大于永兴岛–0.27～0.22℃的海温年代际波动范围。过去 100 多年两个礁区海温的年代际波动幅度有限，年代际的增温有助于滨珊瑚生长。

Yan 等（2019）对南海多个珊瑚礁区滨珊瑚相对生长率的综合研究发现，受海温空间分布的影响，过去 100 多年南海滨珊瑚生长存在明显的区域性差异，其中，西沙群岛礁区滨珊瑚相对生长率仍保持上升趋势，而黄岩岛-南沙群岛礁区滨珊瑚相对生长率则呈现下降趋势。这种区域性差异遵循滨珊瑚生长受适宜海温范围限制的规律。由于之前缺少中沙大环礁的现场采样和分析，一直以来对中沙大环礁珊瑚生长的状况并不清楚，而本书正好弥补了中沙大环礁珊瑚生长研究的空白。过去 100 多年中北暗沙滨珊瑚相对生长率的下降趋势与黄岩岛-南沙群岛礁区的一致，这表明随着海温的持续升高，中北暗沙与黄岩岛-南沙群岛类似，已经处于高于滨珊瑚生长适宜海温范围的环境，滨珊瑚的生长已经受到限制并不断减缓。未来随着海温的持续升高，中沙大环礁滨珊瑚生长将会面临持续衰退的风险。针对未来两种 CO_2 排放情景（RCP 4.5、RCP 8.5）下南海海温变化的模拟预测认为，南海海温将分别上升 1℃和 3℃（谭红建等，2016）。根据海温的这两种升幅预测以及过去 100 多年中北暗沙滨珊瑚相对生长率线性趋势随海温的变率推算，中北暗沙滨珊瑚相对生长率将有可能继续下降 21.9%（RCP 4.5）乃至 65.7%（RCP 8.5）。整个南海珊瑚礁区未来珊瑚生长衰退的趋势将会更加显著和普遍（Yan et al., 2019）。国际上甚至有多个珊瑚礁区（泰国-马来西亚半岛、大堡礁、加勒比海和红海）的研究预测认为，22 世纪中期珊瑚生长将会停止（Tanzil et al., 2013；Carricart-Ganivet et al., 2012；Cantin et al., 2010）。在全球变暖的背景下，持续升高的海温已经严重制约了珊瑚生长和珊瑚礁发展，中沙大环礁乃至整个南海珊瑚礁都难以独善其身。

2. 化石滨珊瑚生长对海平面变化的响应

中北暗沙近表层珊瑚礁沉积钻孔 ZBSS-01 岩心主要为由滨珊瑚骨骼组成的珊瑚骨骼灰岩，显示出滨珊瑚清晰的骨骼生长带。利用灰度分析方法提取钻孔 ZBSS-01 珊瑚骨架灰岩中滨珊瑚的骨骼生长率，可与中北暗沙活体滨珊瑚骨骼沉积钻孔 ZBLC-01 岩心分析获得的现代滨珊瑚生长率，以及西沙群岛永兴岛现代滨珊瑚生长率（张会领等，2014）进行比对（图 3-69）。珊瑚骨架灰岩中滨珊瑚生长率最低值约为 0.42 cm/a，最高值约为 0.98 cm/a，平均值约为（0.66±0.15）cm/a。珊瑚骨架灰岩中滨珊瑚平均生长率与 ZBLC-01 岩心现代滨珊瑚平均生长率[（0.70±0.16）cm/a]接近，但都明显低于永兴岛现代滨珊瑚平均生长率[（1.19±0.16）cm/a]。

前文已分析，中北暗沙较大的水深（约 16 m）使得水下光照强度减小，造成珊瑚共生虫黄藻光合作用减弱，导致滨珊瑚生长率降低，明显低于永兴岛较小水深（约 6 m）的现代滨珊瑚生长率。中北暗沙近表层沉积的珊瑚骨架灰岩中滨珊瑚平均生长率与现代滨珊瑚平均生长率大致相当，珊瑚骨架灰岩年代属于晚全新世，这表明在晚全新世时期中北暗沙已处于较大水深环境，大致与现代水深接近，滨珊瑚生长相对较缓慢。

本小节通过对一个连续生长的活体滨珊瑚岩心样品进行生长率分析和研究，揭示了中沙大环礁中北暗沙 165 年来滨珊瑚生长的历史和变化规律，并结合西沙群岛永兴岛的滨珊瑚相对生长率，探讨了两个礁区滨珊瑚相对生长率与海温变化的响应关系。自晚全

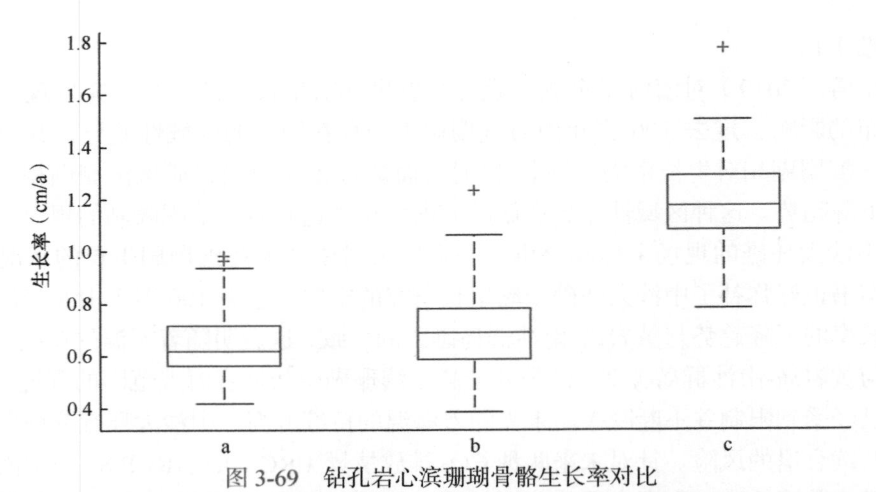

图 3-69　钻孔岩心滨珊瑚骨骼生长率对比

a. 中沙大环礁中北暗沙近表层珊瑚礁沉积钻孔 ZBSS-01 岩心；b. 中沙大环礁中北暗沙活体滨珊瑚骨骼沉积钻孔 ZBLC-01 岩心；c. 西沙群岛永兴岛活体滨珊瑚骨骼沉积岩心

新世以来，中北暗沙滨珊瑚一直处于较大水深环境，滨珊瑚相对生长率相对较低。过去 100 多年来，中北暗沙滨珊瑚相对生长率呈现线性降低趋势，而永兴岛滨珊瑚相对生长率则呈现线性升高趋势，但两个礁区滨珊瑚相对生长率都表现出年代际的波动。在长期变化趋势上，滨珊瑚相对生长率与海温之间存在非线性响应关系，而在年代际波动尺度上，滨珊瑚相对生长率与海温之间存在线性正相关的响应关系。随着全球变暖，未来海温持续升高，中北暗沙滨珊瑚相对生长率的下降趋势将会进一步加剧。中北暗沙滨珊瑚与现代滨珊瑚平均生长率大致相当，表明晚全新世时期中北暗沙处于与现代接近的水深环境。

本书首次在中沙大环礁中北暗沙获得了生长上百年的活体滨珊瑚样品，滨珊瑚的相对生长率及其对海温变化的响应为认识中沙大环礁珊瑚生长的历史，以及预测珊瑚未来生长的趋势奠定了重要的基础。珊瑚骨骼生长是一个典型的生物过程，珊瑚的生长及其对气候环境变化的响应可能存在个体差异。单个地点和单个珊瑚样品的生长率更多地是反映局地和个体珊瑚的生长特征，对于较大范围海区珊瑚生长的变化及其对气候环境的响应则需要多个地点的多个珊瑚样品的集成才具有更广泛的区域代表性（Yan et al.，2019；Lough and Cantin，2014；Tanzil et al.，2013；Cooper et al.，2012；De'ath et al.，2009；Lough and Barnes，1997）。基于本书的研究，未来需要在中沙大环礁多个暗沙区获取尽可能多的珊瑚样品，通过多样品的集成研究进一步完善对中沙大环礁珊瑚生长历史及其对气候环境变化响应的认识，以及对未来珊瑚生长趋势的预测和评估。

本章小结

基于中沙大环礁中北暗沙水深 16 m 钻探获取到的近表层珊瑚礁沉积和滨珊瑚骨骼

沉积岩心样品，分别开展了沉积年代、岩心组成（包括生物组分、地球化学元素和同位素、矿物成分）、岩石特征和滨珊瑚骨骼生长率的试验分析，以及物理力学和声学-电学试验测试，揭示了中北暗沙近表层的沉积特征，探讨了晚全新世以来中北暗沙沉积环境演变，并开展了与南沙群岛和西沙群岛珊瑚环礁和岛礁沉积的比对和讨论，获得以下主要结论。

（1）中北暗沙近表层珊瑚礁沉积年代为4200～3500 cal a BP，属于晚全新世阶段。岩心主要组成为滨珊瑚骨骼，骨骼间断面沉积胶结少量有孔虫、珊瑚藻等其他生物骨壳碎屑。岩心的主要矿物成分为文石和高镁方解石，文石主要来源于原生滨珊瑚骨骼，骨骼格架孔隙中后期发育纤状-针状文石胶结物，而高镁方解石则主要存在于岩心孔隙中的高镁方解石胶结物。岩心的碳酸盐矿物、同位素和主量元素含量在垂直方向上存在明显的两段式分布模式，上段岩心具有相对较高的文石和Ca含量，以及相对较低的高镁方解石和Mg含量、碳氧同位素值；下段岩心则有相对较高的高镁方解石和Mg含量、碳氧同位素值，以及相对较低的文石和Ca含量。整个钻孔岩心为珊瑚骨架灰岩，构成了中北暗沙珊瑚礁的骨架主体部分。

（2）中北暗沙滨珊瑚骨骼岩心样品干密度小，孔隙度较大，试验孔隙度与抗压强度的关系较离散，理论孔隙度与抗压强度存在线性关系。样品的闭合应力与峰值强度的比值以及起裂应力占峰值应力的比例范围均与陆源岩石相近；损伤应力占峰值应力的比例范围与陆源岩石差别较大。样品在被压缩破坏后呈现独特的碎条状，中轴向裂纹发展迅速，线弹性阶段较短，有较大的原始损伤，损伤累积较大程度上发生在裂纹不稳定扩展阶段，损伤应力与峰值应力之间存在较好的线性相关关系。

（3）中北暗沙近表层沉积岩心样品的纵波声速大致与南海岛礁礁坪礁灰岩的纵波声速相当，但明显小于珊瑚礁深钻岩心礁灰岩的纵波声速，大于南沙群岛海域深水区表层硅质碎屑沉积物的纵波声速。岩心样品纵波声速表现出随着频率增大而增大的频散特性，还表现出随饱和密度和孔隙度增大先增大后减小的变化关系。中北暗沙近表层沉积岩心样品的电阻率与南海岛礁浅层珊瑚礁沉积相当。

（4）中北暗沙晚全新世珊瑚礁沉积完全不同于南沙群岛和西沙群岛珊瑚环礁和岛礁的全新世沉积。南沙群岛和西沙群岛全新世处于潮下带浅水内礁坪沉积环境，沉积松散珊瑚枝块和生物砾砂屑沉积物，未发生胶结成岩作用，以原生生物骨壳文石和高镁方解石矿物为主，至晚全新世礁坪沉积减缓。中北暗沙晚全新世处于潮下带海底沉积环境，沉积以滨珊瑚骨骼为主的礁核相珊瑚骨架灰岩，构成了中北暗沙珊瑚礁主体，沉积速率较小，沉积过程中经历早期胶结成岩作用，发育文石和高镁方解石胶结矿物。

（5）随着冰后期海平面上升，南沙群岛和西沙群岛珊瑚环礁和岛礁重新生长，在垂向上发展，至晚全新世海平面接近现代海平面，礁坪沉积和珊瑚礁垂向发育减缓，珊瑚礁维持在海平面附近。中沙大环礁珊瑚礁发育受到海水深度的控制，未表现出对全新世海平面变化的响应关系，晚全新世阶段中北暗沙位于水下约16 m，珊瑚礁缓慢发育，维持典型的水下沉溺暗沙。

（6）165 年以来中北暗沙活体滨珊瑚有较低的骨骼相对生长率，与晚全新世近表层珊瑚骨架灰岩中的滨珊瑚相对生长率相当。过去100多年来，滨珊瑚相对生长率呈现线性降低趋势和年代际的波动。结合西沙群岛永兴岛百余年来滨珊瑚的相对生长率记录，在长期变化趋势上滨珊瑚相对生长率与海温之间表现为非线性响应关系，而在年代际波动尺度上，滨珊瑚相对生长率与海温之间存在线性正相关的响应关系。未来海温持续升高，将会进一步加剧中沙大环礁滨珊瑚相对生长率的下降趋势。中北暗沙晚全新世化石滨珊瑚相对生长率与现代滨珊瑚平均相对生长率大致相当，表明当时中北暗沙与现代水深环境较为接近。

中北暗沙近表层沉积岩心样品是国内首次在中沙大环礁获得的珊瑚礁沉积和珊瑚骨骼沉积岩心样品。本书基于传统成熟的研究方法和试验技术手段开展了沉积岩心样品的综合试验分析和试验测试，揭示出中北暗沙近表层沉积的年代属于晚全新世，处于潮下带海底沉积成岩环境，发育礁核相珊瑚骨架灰岩，不同于全新世南沙群岛和西沙群岛珊瑚环礁和岛礁内礁坪相的松散未成岩的珊瑚砾砂屑沉积。这是有关中沙大环礁暗沙近表层沉积特征和沉积环境全新的认识，为今后深入开展中沙大环礁沉积特征和沉积环境演化以及礁体发育的调查研究奠定了关键的年代和沉积基础。

中沙群岛综合考察专项设置了多个课题任务，有关中沙大环礁的沉积调查只是课题任务之一。受限于项目经费，课题层面只能利用已有的水下钻机设备通过潜水方式尝试开展较大水深（16 m）的珊瑚礁钻探。实际作业过程中发现，由于水深过大，水下钻机动力不足，潜水作业时间短，加之珊瑚礁成岩作用明显，岩石胶结过硬，无法钻取更长的岩心样品。此外，受新冠疫情的影响，课题组搭载的调查航次推迟，致使中沙大环礁的现场作业时间安排大幅度缩短，加之现场天气海况恶劣，影响现场水下钻探工作，只能在中北暗沙开展钻探采样，没能在其他多个暗沙开展钻探工作获得更多地点的样品。所获得的中北暗沙钻孔样品长度有限，年代也只属于晚全新世短时段，有关中沙大环礁珊瑚礁发育与沉积环境的研究也只能局限于中北暗沙晚全新世近表层的沉积。

中沙大环礁和南沙群岛、西沙群岛一样，都是发育在南海大陆坡之上的，但南沙群岛和西沙群岛最终发育成以环礁、岛礁为主体的珊瑚礁，而中沙大环礁则是以暗沙、暗滩为主的水下沉溺珊瑚礁，可能经历了与南沙群岛、西沙群岛多数珊瑚礁不同的沉积环境和发育过程，但目前对中沙大环礁珊瑚礁沉积特征、礁体发育与沉积环境演化仍知之甚少，而开展中沙大环礁珊瑚礁沉积钻探和研究是揭示中沙大环礁发育演化历史的关键途径。本书有关中北暗沙晚全新世近表层沉积的研究仅仅是管中窥豹，未来寄希望于新的项目支撑，采用中大型钻井平台，开展中沙大环礁多个暗沙的沉积钻探，获取更长的岩心样品，深入研究全新世乃至更长时间尺度中沙大环礁沉积礁核相发育及其对冰期-间冰期气候旋回以及海平面变化的响应过程。

第 4 章

中沙群岛及其邻近海域水体和沉积物理化环境调查

中沙群岛位于南海中央海盆西北边缘，主要由中沙大环礁和黄岩岛组成。其地理位置极为重要，位于南海的重要航道附近，具有战略意义。中沙群岛及其邻近海域的海洋环境多种多样，拥有丰富的生态资源，如壮观的珊瑚礁、海底峡谷、海草床和多种海洋生物，包括各种鱼类、珊瑚、贝类、海龟等。这些生态系统对于维持南海地区的生物多样性和生态平衡至关重要，也对渔业和生态旅游业具有巨大的经济潜力。气候方面，中沙群岛地处热带海洋气候区域，气温相对较高，湿度较大，夏季炎热多雨，冬季气温较为温和，这种气候条件对于该地区的生态系统和生物适应起到了重要作用。在人类活动方面，中沙群岛及其邻近海域存在渔业活动、科学研究站以及气象观测站等。然而，该地区也因领土争端和主权争议而备受关注，这些争议可能对地区的环境和发展产生影响。

因此，中沙群岛及其邻近海域的理化环境在多个方面都具有特殊性，包括地理位置、海洋环境、气候、生态系统和人类活动等，保护和维护该区域的环境，同时解决相关争议，是中国及周边国家在南海地区合作与治理的重要议题之一。

4.1 历史调查概况

我国对南海海域的考察有较为悠久的历史，自 20 世纪 50 年代以来开展了数十次不同区域的综合考察。例如，1955 年开展了“广东省西沙、南沙渔业调查”；1958～1960

年开展了“全国海洋综合调查”；1973～1977 年开展了“南海中西沙群岛及附近海域综合调查”；1974～1978 年开展了“南海中部海区综合调查”；1984～2009 年开展了“南沙群岛及其邻近海区综合调查”。调查内容包括海洋地质、海底地貌、沉积、海洋气象、水文、海水化学、海洋生物和岛礁地貌等。这些调查研究积累了相关海区的理化环境、生物生态、地质等历史资料，为进一步开展深入研究奠定了重要基础。

21 世纪以来，我国加大了对海洋战略资源的投入，海洋科学考察的相关技术和方法日趋完善，南海科考的频次也逐渐增多。例如，2000 年开展了南海中部温、盐和环流的特征考察；2002 年对中沙群岛周边岛礁永兴岛的生态与环境状况进行了考察；2003～2005 年连续 3 年对中沙大环礁鱼类资源开展了科学考察；2004 年开始实施“我国近海海洋综合调查与评价专项”（简称“908 专项”），对中沙群岛周边岛礁活珊瑚的种类和覆盖率进行了系统的定量考察；2008 年以来，国家科技支撑计划项目、中国科学院重大专项、海南省重大项目等支持每年对中沙群岛周边岛礁开展考察；2013 年起，以国家自然科学基金委员会南海北部地球物理共享航次为契机，西沙-中沙群岛海域科学考察进入常态化阶段；2014 年通过中层拖网与水声学技术对中沙群岛及其邻近海域的渔业资源进行了科学考察，还对中北暗沙和漫步暗沙进行了石珊瑚考察；2015～2016 年进行了中沙群岛造礁石珊瑚的多样性调查；2015 年 5～7 月，在国家科技基础性工作专项项目和国家重大科学研究计划项目支持下，对中沙群岛的黄岩岛海域进行了较详细的生物生态和水环境考察；2015～2017 年采用灯光罩网与水声学技术相结合，对中沙群岛及其邻近海域的渔业资源进行了考察等。这些考察研究的开展初步揭示了中沙群岛的渔业资源、珊瑚多样性、水环境和温盐特征等基本信息，但是这些考察资料仍然不够完善，数据过于零碎，未成系统。在西沙群岛和南沙群岛的综合考察已进入常态化，但在中沙群岛及其邻近海域针对性的综合考察研究仍未全面开展。

4.1.1 海水环境历史考察数据

2014 年 3 月，中国水产科学研究院南海水产研究所对南海中部的实测盐-温-深（conductivity-temperature-depth，CTD）考察数据进行分析，发现在中沙群岛北部的上层海域存在低温高盐水团，水团中心区域表层（0～5 m）最低温度为 25.07℃，比周边区域至少低 1℃；盐度为 34.11，比周边区域至少高 0.74。该水团在水平上的影响范围约为 1°×1.5°，垂直可影响至 30 m 深，持续时间约为 13 d（田永青等，2016）。佟飞等（2015）于 2014 年 6 月对中沙群岛漫步暗沙与中北暗沙造礁石珊瑚进行了考察，漫步暗沙考察站位于中沙大环礁浅湖中部，平均水深约 18.0 m，是中沙群岛海域最浅的暗沙，透明度为 12.0 m，底层水温为 29.72℃，盐度为 34.66，pH 为 7.91，溶解氧含量为 6.31 mg/dm^3；中北暗沙考察站位于中沙大环礁北部边缘，平均水深约 20.0 m，透明度为 12.5 m，底层水温为 29.66℃，盐度为 34.42，pH 为 7.91，溶解氧含量为 6.45 mg/dm^3。对于重金属和有机污染物，国内机构也已进行了不同程度的调查和研究。广西大学相关研究团队于 2015 年夏季对中沙群岛的黄岩岛和中沙群岛周边岛礁永兴岛、七连屿、东岛、浪花礁、北礁、华光礁、盘石屿、玉琢礁 9 个岛礁区进行了综合科学考察，重点研究了重金属在岛礁区海水中的分布情况（王璐等，2017）。结果表明，中沙群岛、中沙群岛周边岛礁海域的 9 个岛礁区海水中铜、铅、锌、镉、铬、砷[①]等重金属的平均质量浓度分别为 1.309 μg/L、1.702 μg/L、2.831 μg/L、0.056 μg/L、0.204 μg/L 和 0.272 μg/L，整体水平较低，仅部分站位的铅质量浓度高于国家一类海水水质标准。重金属含量水平分布大致呈现岛礁区东部高于西部的特点，环礁潟湖与礁坡的重金属含量有一定差异，礁坡水体的铜、铅、锌、镉含量均高于潟湖，仅砷含量低于潟湖，这种差异可能与潟湖水体相对封闭有关。影响中沙群岛、中沙群岛周边岛礁海水重金属分布的环境因子主要包括陆源输入、大气沉降、环流等，其中陆源输入主要影响锌含量，大气沉降对铅含量作用明显，环流影响局部重金属分布。王璐等（2017）采用权重修正内梅罗污染指数进行水质综合评价，得出中沙群岛、中沙群岛周边岛礁总体上处于较清洁水平，海水重金属含量未达到影响珊瑚生长的水平，但铜元素对珊瑚的生长可能存在潜在危害。2015 年夏季，广西大学相关研究团队对 2 个离岸珊瑚礁区（中沙大环礁和黄岩岛）的表层海水进行了分析，发现仅有两种抗生素（脱水红霉素和罗红霉素）在黄岩岛表层海水中检出，总浓度为 0.23 ng/L，这也是对中沙群岛海水中抗生素浓度的首次报道（Zhang et al.，2018）。截至 2019 年年底，尚未见关于持久性有机污染物和微塑料在中沙群岛及其邻近海域的报道。

4.1.2　沉积物环境历史考察数据

据张江勇等（2011）报道，中沙群岛北部海域（16°～20°N，114°～116°E）表层沉积物碳酸钙含量变化范围为 1.3%～87.8%，平均值为 25.6%，其含量具有随水深增大而降低的趋势。中沙群岛北海岭碳酸钙含量 40%等值线水深范围为 2500～3900 m，北部陆坡碳酸钙含量 20%等值线水深范围为 2180～3515 m，碳酸钙含量 10%等值线水深变化相对较小，在 16.0°～17.5°N 和 17.5°～20°N 平均水深分别约为 4009 m 和 3551 m。研究区域碳酸钙溶跃面可能位于水深约 3000 m 处。18°N 以北相较以南区域的陆源物质稀释作用更强，且二者之间陆源物质稀释强度的差异随水深从 2000 m 至 3000 m 逐渐减小，在水深超过 3000 m 后基本保持不变。

实践证明，只有准确获知全面、系统的中沙群岛及其邻近海域的理化环境特征，方能帮助建成中沙群岛综合数据共享与服务平台，为评估和解析其海洋生态系统健康状况，开展环境保护及合理利用生物资源提供理论依据。

目前，对中沙群岛及其邻近海域理化环境仍缺乏了解，尚需深入开展调查研究，尤其是中沙群岛及其邻近海域水体和沉积物化学环境要素的系统考察，以利于全面掌握中沙群岛及其邻近海域理化环境的分布特征与规律。

4.2　现场调查概况

根据项目的总体安排，收集并系统整理了有关中沙群岛及其邻近海域水体和沉积物理

① 砷（As）为非金属，鉴于其化合物具有金属性，本书将其归入重金属一并讨论。

化环境的文献资料，认识和了解中沙群岛及其邻近海域的海洋科学考察研究历史情况及进展；开展了海水、沉积物样品采集，考察分析该海域的化学要素、环境质量现状，并进行环境质量判断与风险评估；建立了环境化学数据库。本书主要从以下四方面展开研究。

（1）中沙群岛水体环境化学要素分析：对中沙群岛礁盘以外开阔海域开展海水、沉积物样品采集和分析，获取调查区域的相关环境化学要素，描述各要素的分布特征，了解其时空变化。

（2）珊瑚礁小尺度水体环境质量评估：对中沙群岛潟湖区水域开展海水、沉积物样品采集和分析，获取调查区域的相关环境化学要素，描述各要素的分布特征，了解其时空变化，筛选关键变量因子。考察参数同开阔水域一致。

（3）环境质量现状与风险评估：基于调查海域海水、沉积物的环境数据，评价其环境质量现状，并评估其风险，为岛礁生态环境保护提供科学依据。

（4）环境化学要素的数据集成、数据库构建与应用：对获取的数据进行汇总、分析及整理，通过数据质量控制，确保数据的可靠性，构建完整的环境化学要素数据库。优化数据存储方法以及数据管理技术，提高数据管理的整体性能和系统的可靠性。

4.2.1 调查技术路线

收集与整理中沙群岛及其邻近海域水体和沉积物理化环境历史资料；开展该海域水体、沉积物理化参数考察；基于现场观测和样品室内分析两个方面的数据，认识该海域水体和沉积物理化参数的时空分布特征与规律，明晰其关键理化调控因子；完成调查报告、数据集及相关图件（图 4-1）。

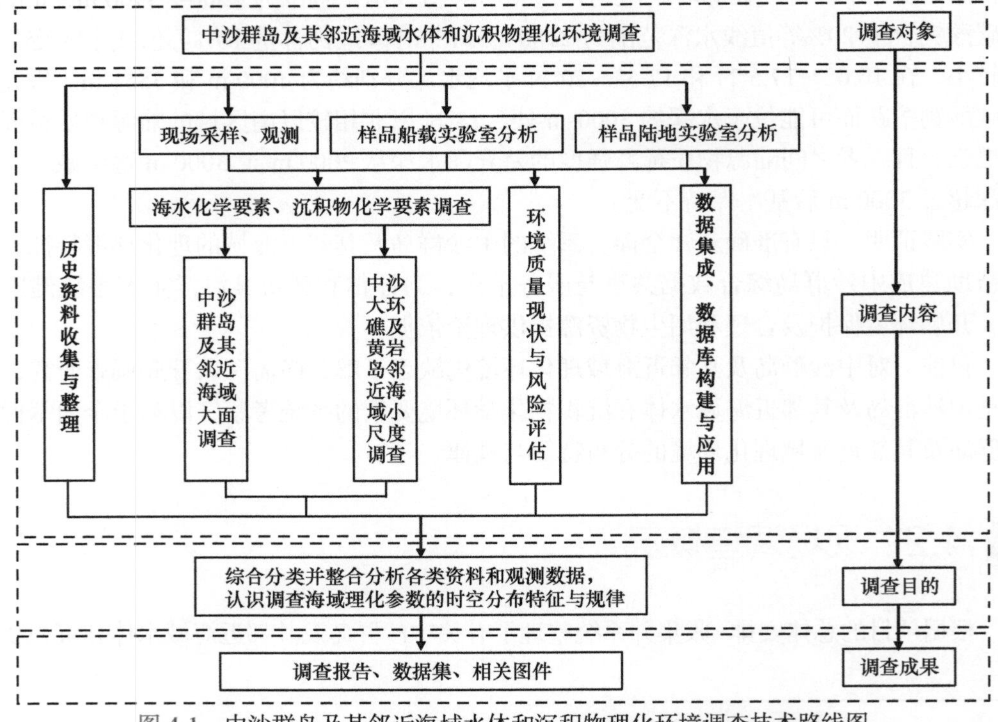

图 4-1 中沙群岛及其邻近海域水体和沉积物理化环境调查技术路线图

4.2.2　调查海域与站位布设

海域调查包括两部分：其一，涵盖整个中沙大环礁至黄岩岛的大面观测；其二，小部分中沙群岛邻近海域的大面观测。站位依照《海洋调查规范 第 4 部分：海水化学要素调查》（GB/T 12763.4—2007）中的方法和要求进行布设，对中沙群岛及其邻近海域水体和沉积物理化环境要素进行现场采样、分析，执行时间为 2019～2021 年，即项目统一安排的 3 个航次考察，具体情况如下所述。

1. 第一年度（2019 年）综合科学考察航次

2019 年 5 月搭载满载约 500 t 的“粤湛渔科 10”轮执行中沙群岛综合科学考察航次，进行海水和沉积物采样。采样站位包括：①实际完成 53 个站位的海水采样，其中包括中沙大环礁海域 41 个站位、黄岩岛海域（北岩海域）6 个站位和中沙大环礁至北岩海域航线 7 个站位；②实际完成中沙大环礁海域 14 个站位的沉积物潜水采样。具体采样站位见表 4-1、表 4-2、图 4-2～图 4-5。

表 4-1　2019 年中沙群岛及其邻近海域海水采样站位信息

序号	采样日期	站位编号	纬度（°N）	经度（°E）
1	2019-05-13	ZS-05	16.20	114.76
2	2019-05-13	ZS-06	16.27	114.71
3	2019-05-14	ZS-01	16.19	114.89
4	2019-05-14	ZS-02	16.07	114.93
5	2019-05-15	ZS-03	15.91	114.88
6	2019-05-15	ZS-04	16.02	114.82
7	2019-05-16	ZS-07	16.21	114.58
8	2019-05-16	ZS-08	16.09	114.64
9	2019-05-16	ZS-09	15.96	114.69
10	2019-05-16	ZS-10	15.84	114.75
11	2019-05-16	ZS-13	15.66	114.68
12	2019-05-16	ZS-14	15.79	114.62
13	2019-05-17	ZS-12	15.56	114.90
14	2019-05-17	ZS-51	15.51	115.26
15	2019-05-17	ZS-52	15.63	115.61
16	2019-05-17	ZS-53	15.41	115.96
17	2019-05-17	ZS-54	15.36	116.31
18	2019-05-18	ZS-56	15.27	117.01
19	2019-05-18	ZS-57	15.22	117.36
20	2019-05-18	ZS-58	15.17	117.68
21	2019-05-18	ZS-59	15.25	117.73
22	2019-05-18	ZS-60	15.20	117.80
23	2019-05-18	ZS-61	15.13	117.85
24	2019-05-18	ZS-62	15.09	117.82

续表

序号	采样日期	站位编号	纬度（°N）	经度（°E）
25	2019-05-18	ZS-63	15.10	117.70
26	2019-05-20	ZS-15	15.91	114.57
27	2019-05-20	ZS-16	16.03	114.51
28	2019-05-20	ZS-17	16.16	114.45
29	2019-05-20	ZS-18	16.09	114.35
30	2019-05-21	ZS-19	15.98	114.38
31	2019-05-21	ZS-20	15.85	114.44
32	2019-05-21	ZS-21	15.73	114.50
33	2019-05-21	ZS-22	15.61	114.55
34	2019-05-22	ZS-24	15.67	114.37
35	2019-05-22	ZS-25	15.80	114.31
36	2019-05-22	ZS-27	16.05	114.20
37	2019-05-22	ZS-30	15.99	114.07
38	2019-05-23	ZS-29	16.10	114.02
39	2019-05-23	ZS-31	15.87	114.13
40	2019-05-23	ZS-33	15.62	114.24
41	2019-05-23	ZS-40	15.93	113.94
42	2019-05-24	ZS-34	15.50	114.30
43	2019-05-24	ZS-36	15.44	114.17
44	2019-05-24	ZS-44	15.51	113.99
45	2019-05-24	ZS-45	15.39	114.05
46	2019-05-25	ZS-38	15.69	114.06
47	2019-05-25	ZS-41	15.88	113.82
48	2019-05-25	ZS-42	15.76	113.87
49	2019-05-25	ZS-43	15.63	113.93
50	2019-05-26	ZS-47	15.69	113.77
51	2019-05-26	ZS-48	15.58	113.80
52	2019-05-26	ZS-49	15.64	113.62
53	2019-05-26	ZS-50	15.52	113.68

表 4-2　2019 年中沙群岛及其邻近海域沉积物采样站位信息

序号	采样日期	站位编号	纬度（°N）	经度（°E）
1	2019-05-14	ZS-05L-B	114.73	16.20
2	2019-05-16	ZS-10-B	114.65	15.92
3	2019-05-20	ZS-15	114.57	15.91
4	2019-05-20	ZS-19-B	114.48	15.92
5	2019-05-21	ZS-22	114.55	15.61
6	2019-05-22	ZS-23-B	114.46	15.60
7	2019-05-22	ZS-25-B	114.23	15.84
8	2019-05-23	ZS-27	114.20	16.05

续表

序号	采样日期	站位编号	纬度（°N）	经度（°E）
9	2019-05-23	ZS-30-B	114.08	16.00
10	2019-05-24	ZS-33-B	114.25	15.55
11	2019-05-25	ZS-42	113.87	15.76
12	2019-05-25	ZS-44-B	114.00	15.45
13	2019-05-26	ZS-47	113.77	15.69
14	2019-05-26	ZS-48-B	113.70	15.62

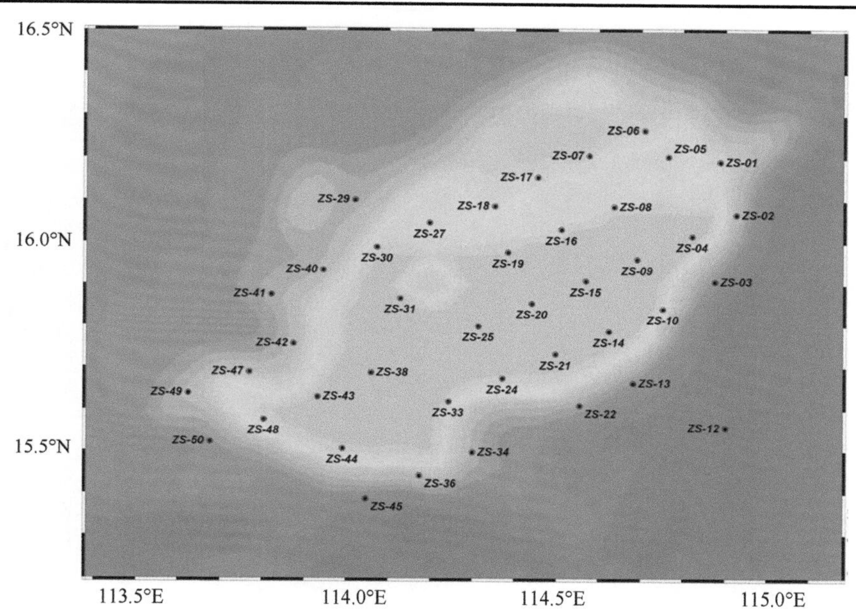

图 4-2　2019 年中沙大环礁海域海水采样站位图

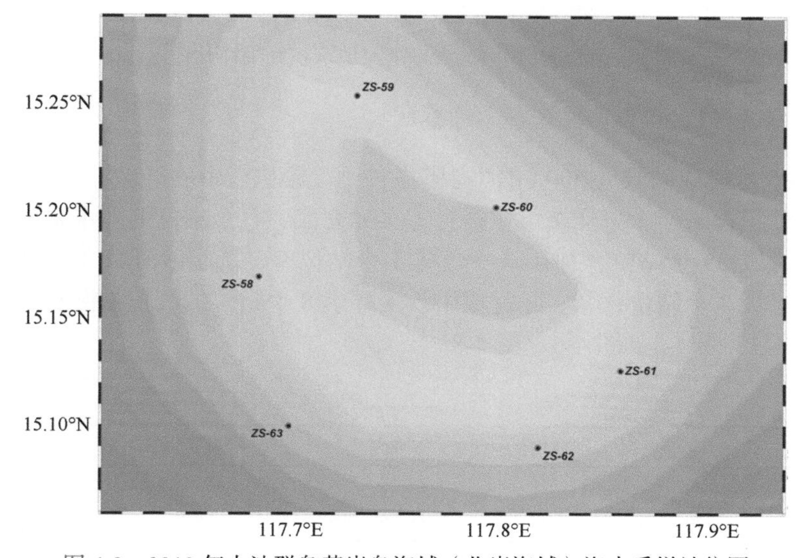

图 4-3　2019 年中沙群岛黄岩岛海域（北岩海域）海水采样站位图

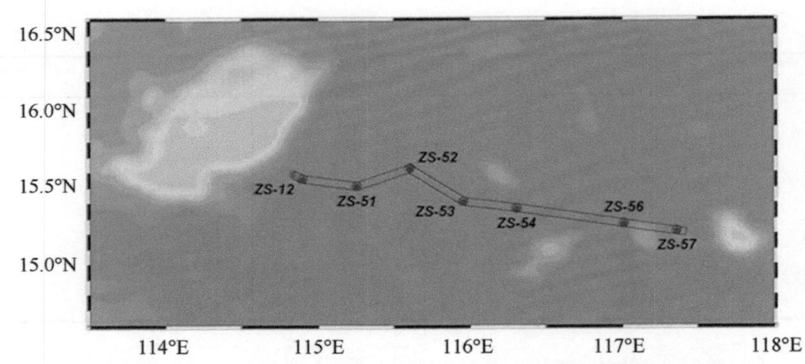

图 4-4　2019 年中沙大环礁至北岩海域航线海水采样站位图

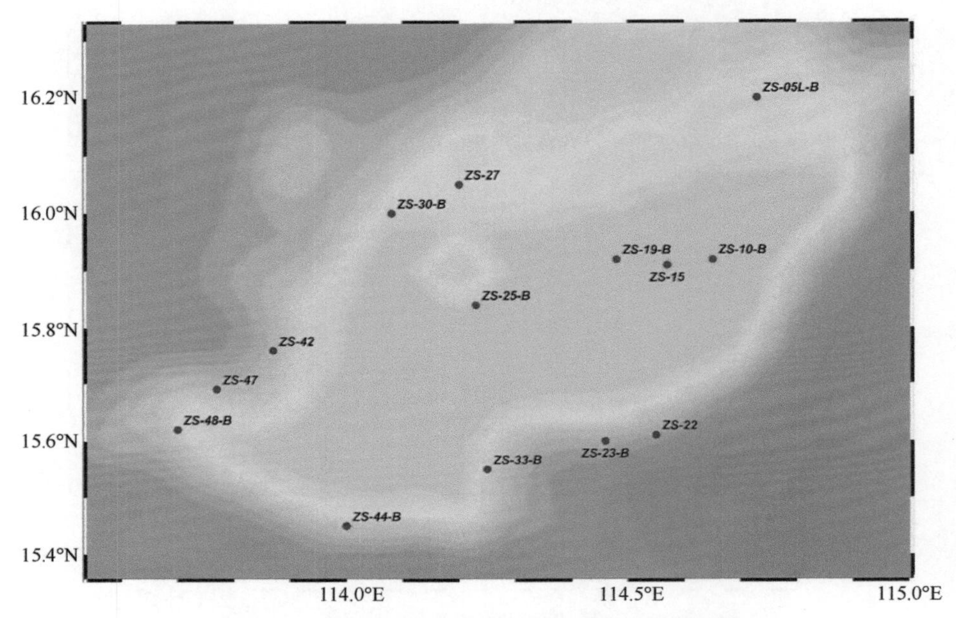

图 4-5　2019 年中沙大环礁海域沉积物采样站位图

2. 第二年度（2020 年）综合科学考察航次

2020 年 6 月搭载满载近 500 t 的“粤湛渔科 10”轮执行中沙群岛综合科学考察航次，进行海水和沉积物采样。采样站位包括：①实际完成 44 个站位的海水采样，其中包括中沙大环礁海域 35 个站位、神狐暗沙海域 3 个站位、一统暗沙海域 3 个站位、中沙群岛周边岛礁海域 3 个站位；②实际完成中沙大环礁 8 个站位的沉积物潜水采样。具体采样站位见表 4-3、表 4-4、图 4-6～图 4-8。

表 4-3　2020 年中沙群岛及其邻近海域海水采样站位信息

序号	采样日期	站位编号	纬度（°N）	经度（°E）
1	2020-06-24	ZS-05	16.20	114.79
2	2020-06-24	ZS-06	16.27	114.71

续表

序号	采样日期	站位编号	纬度（°N）	经度（°E）
3	2020-06-25	ZS-01	16.20	114.89
4	2020-06-25	ZS-02	16.08	114.95
5	2020-06-25	ZS-03	15.90	114.88
6	2020-06-25	ZS-04	16.02	114.82
7	2020-06-25	ZS-11	15.72	114.81
8	2020-06-26	ZS-08	16.09	114.64
9	2020-06-26	ZS-10	15.84	114.75
10	2020-06-26	ZS-15	15.91	114.57
11	2020-06-26	ZS-17	16.16	114.45
12	2020-06-27	ZS-13	15.66	114.68
13	2020-06-27	ZS-18	16.10	114.33
14	2020-06-27	ZS-19	15.98	114.38
15	2020-06-27	ZS-21	15.73	114.50
16	2020-06-27	ZS-25	15.80	114.31
17	2020-06-28	ZS-22	15.61	114.55
18	2020-06-28	ZS-24	15.68	114.37
19	2020-06-28	ZS-29	16.04	114.04
20	2020-06-28	ZS-30	15.99	114.07
21	2020-06-28	ZS-31	15.87	114.13
22	2020-06-29	ZS-33	15.62	114.24
23	2020-06-29	ZS-38	15.69	114.06
24	2020-06-29	ZS-40	15.93	113.94
25	2020-06-29	ZS-41	15.88	113.82
26	2020-06-29	ZS-42	15.76	113.87
27	2020-06-29	ZS-43	15.63	113.93
28	2020-06-30	ZS-34	15.50	114.30
29	2020-06-30	ZS-36	15.44	114.17
30	2020-06-30	ZS-45	15.39	114.05
31	2020-07-01	ZS-27	16.03	114.20
32	2020-07-01	ZS-44	15.51	113.99
33	2020-07-01	ZS-47	15.58	113.80
34	2020-07-01	ZS-49	15.64	113.62
35	2020-07-01	ZS-50	15.52	115.68
36	2020-07-03	XS-01	17.11	111.58
37	2020-07-03	XS-02	17.11	111.55
38	2020-07-03	XS-03	17.14	111.53
39	2020-07-04	YT-01	19.15	113.92
40	2020-07-04	YT-02	19.18	113.89
41	2020-07-04	YT-03	19.16	113.89

续表

序号	采样日期	站位编号	纬度（°N）	经度（°E）
42	2020-07-05	SH-01	19.51	113.11
43	2020-07-05	SH-03	19.53	113.08
44	2020-07-05	SH-04	19.55	113.03

表 4-4　2020 年中沙群岛及其邻近海域沉积物采样站位信息

序号	采样日期	站位编号	纬度（°N）	经度（°E）
1	2020-06-24	ZS231	16.22	114.79
2	2020-06-25	ZS232	16.04	114.92
3	2020-06-26	ZS233	15.89	114.79
4	2020-06-27	ZS234	16.06	114.28
5	2020-06-29	ZS236	15.84	113.91
6	2020-07-03	ZS241	17.12	111.54
7	2020-07-04	ZS242	19.18	113.89
8	2020-07-05	ZS244	19.53	113.07

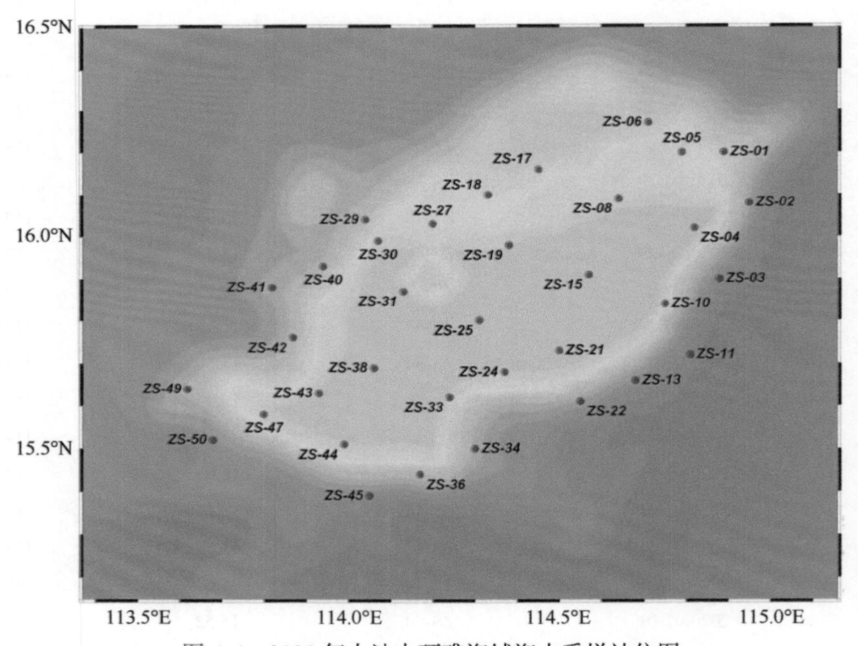

图 4-6　2020 年中沙大环礁海域海水采样站位图

3. 第三年度（2021 年）综合科学考察航次

2021 年 6 月搭载满载约 500 t 的“粤湛渔科 10”轮执行中沙群岛综合科学考察补充航次，实际完成 5 个站位的海水采样，其中包括中沙大环礁海域 3 个站位、神狐暗沙 1 个站位、一统暗沙 1 个站位（YT 站位进行两次采样）。具体采样站位见表 4-5 和图 4-9。

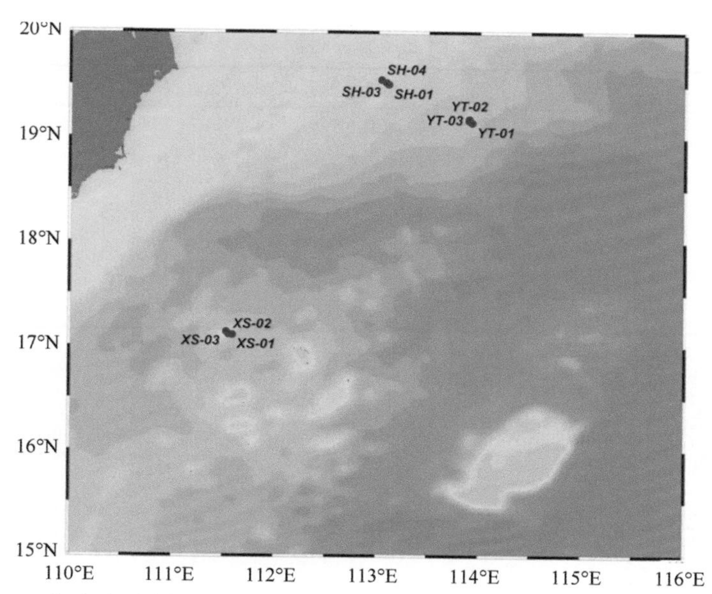

图 4-7　2020 年中沙群岛神狐暗沙、一统暗沙、中沙群岛周边岛礁海域海水采样站位图

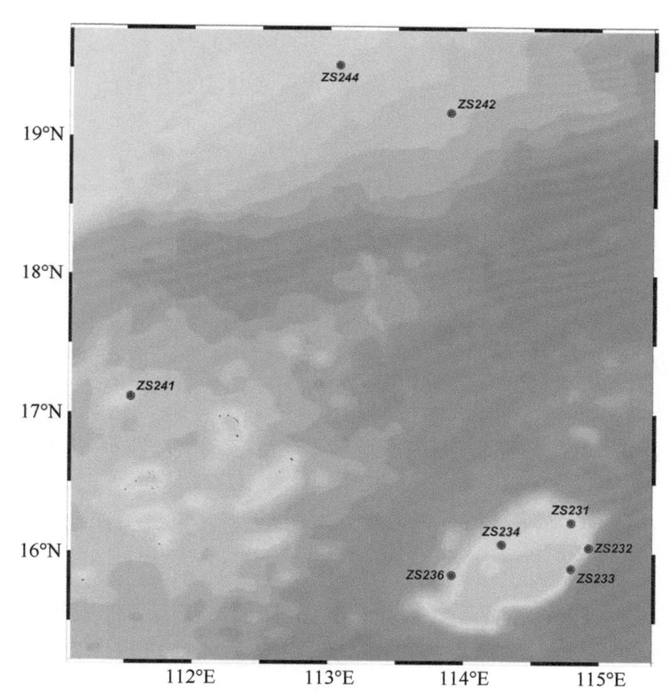

图 4-8　2020 年中沙大环礁、神狐暗沙、一统暗沙、中沙群岛周边岛礁海域沉积物采样站位图

表 4-5　2021 年中沙群岛及其邻近海域海水采样站位信息

序号	采样日期	站位编号	纬度（°N）	经度（°E）
1	2021-06-03	SH-02	19.54	113.07
2	2021-06-04	YT	19.17	113.89
3	2021-06-05	YT	19.17	113.89
4	2021-06-07	ZS-01	19.49	113.85
5	2021-06-08	ZS-02	19.86	114.42
6	2021-06-09	ZS-03	19.08	114.33

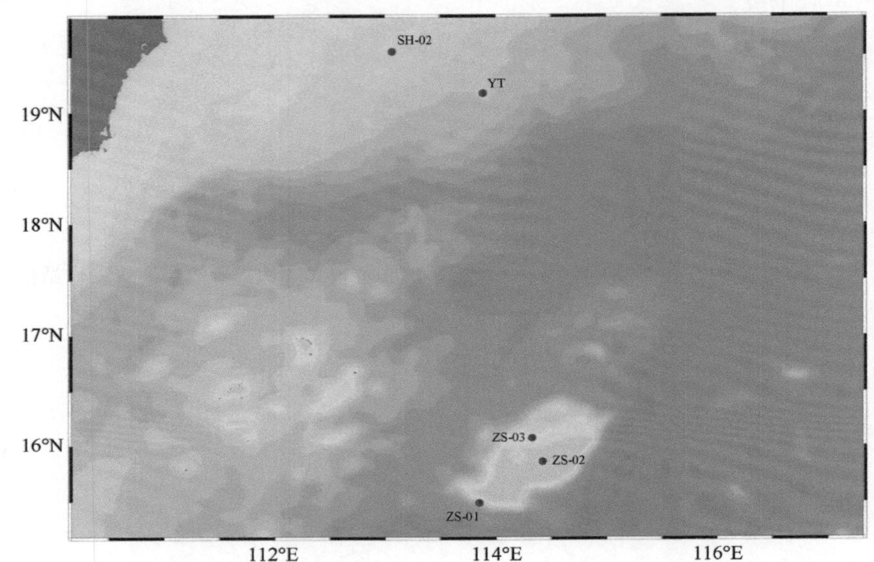

图 4-9　2021 年中沙大环礁、神狐暗沙、一统暗沙海域海水采样站位图

4.2.3　调查参数

海水理化环境参数包括：温度、盐度、pH、总碱度、叶绿素 a、营养盐（亚硝酸盐、硝酸盐、铵盐、活性磷酸盐、活性硅酸盐）、溶解氧、六氟化硫、氯氟烃-12、溶解无机碳、溶解有机碳、颗粒有机碳、颗粒有机氮、持久性有机污染物、微塑料，共 19 个要素。

沉积物理化环境参数包括：粒度、含水率、硫化物、总有机碳、重金属、微塑料，共 6 个要素。

海水理化要素的水样使用尼斯金（Niskin）采样器采集，水样采集顺序为：氯氟烃-12、溶解氧、溶解无机碳、pH、其他参数。样品采集和前处理过程中注意避免每一项耗材、仪器的沾污。温度、盐度利用 YSI 水质分析仪现场测试获得，溶解氧利用碘量法在现场直接滴定测试，其他参数经过前处理（如需要）后适当保存，带回岸上实验室分析。

沉积物理化要素的样品通过潜水采集，经过前处理（如需要）后适当保存，带回岸上实验室分析。

所有化学要素的分析分别按《海洋监测规范 第 4 部分：海水分析》（GB 17378.4—

2007）、《海洋监测规范 第 5 部分：沉积物分析》（GB 17378.5—2007）、《海水中 16 种多环芳烃的测定 气相色谱-质谱法》（GB/T 26411—2010）、《吹扫捕集-气相色谱法同时测定海水中的氟氯烃和六氟化硫》（蔡明刚等，2016）、《海洋微塑料监测技术规程（试行）》（海环字〔2016〕13 号）、《海水水质标准》（GB 3097—1997）等执行（表 4-6）。在此基础上，部分参数根据仪器适当调整分析测试方法。

表 4-6　2019 年海洋理化调查参数分析方法或仪器及其规范性文件

环境介质	参数	分析方法或仪器	规范性文件
海水	溶解氧	碘量法	《海洋监测规范 第 4 部分：海水分析》（GB 17378.4—2007）、《海水中 16 种多环芳烃的测定 气相色谱-质谱法》（GB/T 26411—2010）、《吹扫捕集-气相色谱法同时测定海水中的氟氯烃和六氟化硫》、《海洋微塑料监测技术规程（试行）》（海环字〔2016〕13 号）、《海水水质标准》（GB 3097— 1997）
	pH	pH 计法	
	总碱度	pH 法	
	叶绿素 a	分光光度法	
	亚硝酸盐	萘乙二胺分光光度法	
	硝酸盐	锌镉还原比色法	
	铵盐	次溴酸盐氧化法	
	活性磷酸盐	磷钼蓝分光光度法	
	活性硅酸盐	硅钼黄法	
	六氟化硫、氯氟烃-12	吹扫捕集-气相色谱法	
	溶解无机碳	总溶解无机碳分析仪	
	溶解有机碳	总有机碳分析仪	
	颗粒有机碳	元素分析仪	
	颗粒有机氮	元素分析仪	
	持久性有机污染物	气象色谱-质谱法	
	微塑料	显微傅里叶变换红外光谱仪	
沉积物	粒度	激光粒度分析仪	《海洋监测规范 第 5 部分：沉积物分析》（GB 17378.5—2007）、《海洋微塑料监测技术规程（试行）》（海环字〔2016〕13 号）
	含水率	重量法	
	硫化物	亚甲基蓝分光光度法	
	总有机碳	重铬酸钾氧化-还原容量法	
	重金属	原子荧光法（砷、汞）、电感耦合等离子体质谱法（镉、镍、铜、锌、硒[①]、铬、铅）	
	微塑料	傅里叶变换红外显微光谱仪	

2019 年中沙群岛及其邻近海域科学考察航次（简称“2019 年航次”）共获取 23 600 个理化要素数据，具体如下：海水常规理化要素的实测与传感器数据共 11 469 个，包括温度、盐度、pH、总碱度、叶绿素 a、营养盐（亚硝酸盐、硝酸盐、铵盐、活性磷酸盐、活性硅酸盐）、溶解氧、六氟化硫、氯氟烃-12、溶解无机碳、溶解有机碳、颗粒有机碳等；海水多环芳烃数据共 11 025 个，包括萘、苊烯、苊、芴、菲、蒽、荧蒽、芘、苯并(a)蒽、䓛、苯并(b)荧蒽、苯并(k)荧蒽、苯并(a)芘、茚苯(1,2,3-cd)芘、二苯并(a,h)蒽、苯并(ghi)苝、甲基萘、甲基菲、二甲基萘、三甲基萘、四氯间二甲苯、六氯苯、苯并(e)芘、苯并(j)荧蒽、联苯、二苯并噻吩、苝、惹烯等物质；海水微塑料数据共 510 个；沉积物

① 硒（Se）为非金属，鉴于其化合物具有金属性，本书将其归入重金属一并讨论。

常规理化要素数据共 196 个，包括含水率、硫化物、总有机碳、粒度等；沉积物污染物数据共 400 个，包括重金属数据 140 个、微塑料数据 260 个。

2020 年中沙群岛及其邻近海域科学考察航次（简称“2020 年航次”）共获取 21 146 个理化要素数据，具体如下：海水常规理化要素的实测与传感器数据共 4410 个，包括温度、盐度、pH、总碱度、叶绿素 a、营养盐（亚硝酸盐、硝酸盐、铵盐、活性磷酸盐、活性硅酸盐）、溶解氧、六氟化硫、氯氟烃-12、溶解无机碳、溶解有机碳、颗粒有机碳等；海水多环芳烃数据共 15 540 个，包括萘、苊烯、苊、芴、菲、蒽、荧蒽、芘、苯并(a)蒽、䓛、苯并(b)荧蒽、苯并(k)荧蒽、苯并(a)芘、茚苯(1,2,3-cd)芘、二苯并(a,h)蒽、苯并(ghi)苝、甲基萘、甲基菲、二甲基萘、三甲基萘、四氯间二甲苯、六氯苯、苯并(e)芘、苯并(j)荧蒽、联苯、二苯并噻吩、苝、惹烯等物质；海水微塑料数据共 884 个；沉积物常规理化要素数据共 128 个，包括含水率、硫化物、总有机碳、粒度等；沉积物污染物数据共 184 个，包括重金属数据 80 个、微塑料数据 104 个。

2021 年中沙群岛及其邻近海域科学考察航次（简称“2021 年航次”）共获取 3147 个理化要素数据，具体如下：海水常规理化要素的实测与传感器数据共 405 个，包括温度、盐度、叶绿素 a、营养盐（亚硝酸盐、硝酸盐、铵盐、活性磷酸盐、活性硅酸盐）、溶解无机碳、颗粒有机碳等；海水多环芳烃数据共 2520 个，包括萘、苊烯、苊、芴、菲、蒽、荧蒽、芘、苯并(a)蒽、䓛、苯并(b)荧蒽、苯并(k)荧蒽、苯并(a)芘、茚苯(1,2,3-cd)芘、二苯并(a,h)蒽、苯并(ghi)苝、甲基萘、甲基菲、二甲基萘、三甲基萘、四氯间二甲苯、六氯苯、苯并(e)芘、苯并(j)荧蒽、联苯、二苯并噻吩、苝、惹烯等物质；海水微塑料数据共 118 个；沉积物常规理化要素数据共 5 个，包括含水率、硫化物、总有机碳、粒度等；微塑料数据共 99 个。

4.2.4 质量保证与质量控制

全过程做好质量保证与质量控制，确保监测数据的准确性。

“质量保证”是获取准确数据的必备条件，包括监测人员、仪器设备、实验室环境、分析方法、试剂与标准物质、实验室管理制度。根据中沙群岛及其邻近海域水体和沉积物理化环境调查工作的内容与要求，参考以往的野外考察经验，对采样技术、分析方法、技术队伍、仪器设备、实验室环境和实验室分析进行质量保证。

“质量控制”指监控分析数据质量的措施。根据中沙群岛及其邻近海域水体和沉积物理化环境调查工作的内容与要求，质量控制工作始终贯穿采样至测定的全过程，包括样品采集、样品预处理、样品储存与运输、样品分析测定以及数据的处理与储存。在整个项目实施过程中，严格按照国家相关标准关于质量控制的要求，开展航次前检查、航次中采样的质量控制，具体执行如下。

（1）航次前检查的质量控制：每个航次出发之前，要求现场测定需要制作工作曲线的项目在实验室内必须完成标准工作曲线的制作、平行线测定和内控样测定，以检查工作曲线的线性相关、精密度和准确度。在调查船启航之前，再次要求制作工作曲线，确保航行中试剂、仪器设备和实验室环境符合项目要求。

（2）航次中采样的质量控制：每个航次航行过程中，要求每批水样测定时，必须同时做标准样和标准添加回收实验，以确定分析结果的准确度；要求每批测试样品必须取10%～15%的样品做多样平行测定，以检验分析结果的精密度；对运回陆地实验室测定的项目，对其准确度和精密度的要求与现场测定的一样。

“中沙群岛及邻近海域水体理化环境调查”是国家科技基础资源调查专项“中沙群岛综合科学考察”的课题之一，通过资料收集和现场考察，对中沙群岛及其邻近海域水体、沉积物理化环境要素进行全面调查和分析。

4.3　水体理化环境要素分布特征

4.3.1　海水理化要素分布特征

1. 温度

海水温度是认识和研究海洋生物及地球物理化学过程的一个关键参数，海洋学上一般以摄氏度（℃）表示，作为表示海水热力状况的物理量。太阳辐射和海洋大气热交换是影响海水温度的两个主要因素，海流对局部海区的海水温度也有明显的影响。

地球表面所获得的太阳辐射热量受地球形状的影响，从赤道向两极递减。在开阔海洋中，表层海水等温线的分布大致与纬线圈平行，整体上从低纬度向高纬度递减，在近岸区域受海流等的影响，等温线向南北方向移动。海水表面温度受季节影响、纬度制约以及洋流性质的影响。海水温度的垂直分布一般是随深度的增大而降低，并呈现出季节性变化。海洋深处受太阳辐射和表层热量的传导，对流影响较小，1000 m 以下的海水温度迅速降至一定值并几乎不再变化。世界海洋的海水温度变化一般为–2～30℃，其中年平均海水温度超过 20℃的区域占整个海洋面积的一半以上。观测表明，海水温度日变化很小，并在特定的深度存在温跃层。

海水温度是海洋水文状况中最重要的因子之一，研究、掌握其时空分布及变化规律是海洋学的重要内容，对于海上捕捞、水产养殖及海洋污染物迁移转化等都有重要意义，对气象、航海和水声等学科也很重要。

2019 年航次进行了 53 个站位的海水温度样品采集，采样层位分别为表层（0～5 m）、15 m、20 m、25 m、50 m、65 m、70 m、75 m、80 m、100 m 和 150 m。实际获得样品 278 个，获取数据 274 个。

2020 年航次进行了 44 个站位的海水温度样品采集，采样层位分别为表层（0～5 m）、10 m、20 m、25 m、40～45 m、50 m、60 m、70～85 m、100 m 和 150 m。实际获得样品 245 个，获取数据 239 个。

2021 年航次进行了 5 个站位的海水温度样品采集，采样层位分别为表层（0～2 m）、5 m、10 m 和 20 m，其中在神狐暗沙每隔 3 h 进行取样，共获取 9 个时刻的样品，其他 4 个站位每隔 3 h 取样，分别获取 8 个时刻的样品。实际获得样品 164 个，获取数据 164 个。

2019～2021 年各航次中沙群岛及其邻近海域海水温度的变化见表 4-7。

表 4-7　2019～2021 年各航次中沙群岛及其邻近海域不同层位的海水温度变化

层位（m）	温度（℃）					
	2019 年		2020 年		2021 年	
	范围	平均值	范围	平均值	范围	平均值
0～5	29.52～31.57	30.48	30.13～31.30	30.61	29.50～31.60	30.25
10	/	/	30.17～31.03	30.64	29.00～30.60	30.09
15～20	28.36～29.58	29.22	30.14～30.80	30.45	28.10～30.40	29.51
25	26.23～30.87	29.55	30.03～30.80	30.39	/	/
40～45	/	/	23.13～30.40	29.11	/	/
50	22.70～29.94	27.21	22.45～30.21	27.78	/	/
60	/	/	25.55～29.18	27.40	/	/
65	25.75～27.66	26.71	/	/	/	/
70～85	21.42～29.12	25.62	21.56～26.89	25.25	/	/
100	18.39～25.38	21.84	20.58～24.65	23.21	/	/
150	15.95～19.17	17.55	17.30～21.74	18.99	/	/
全部层位	15.95～31.57	26.28	17.30～31.30	27.53	28.10～31.60	30.02

注：“/”表示未获取样品或数据

1）2019 年航次观测结果

Ⅰ）各层位平面分布

i）中沙大环礁海域

2019 年航次中沙大环礁海域各层位海水温度的平面分布见图 4-10，表层的温度呈现自东北向西南升高的趋势，而 25～150 m 各层的温度则明显呈现自东北向西南降低的趋势，温度分布主要受洋流、季风、太阳辐射等因素的影响，表层与底层温度水平分布差异较大，底层水温的变化明显受海水深浅的影响。

ii）中沙群岛北岩海域

2019 年航次中沙群岛北岩海域各层位海水温度的平面分布见图 4-11，表层至 100 m 层各层位的温度呈现自东北向西南降低的趋势，而 150 m 层呈现自东北向西南升高的趋势。

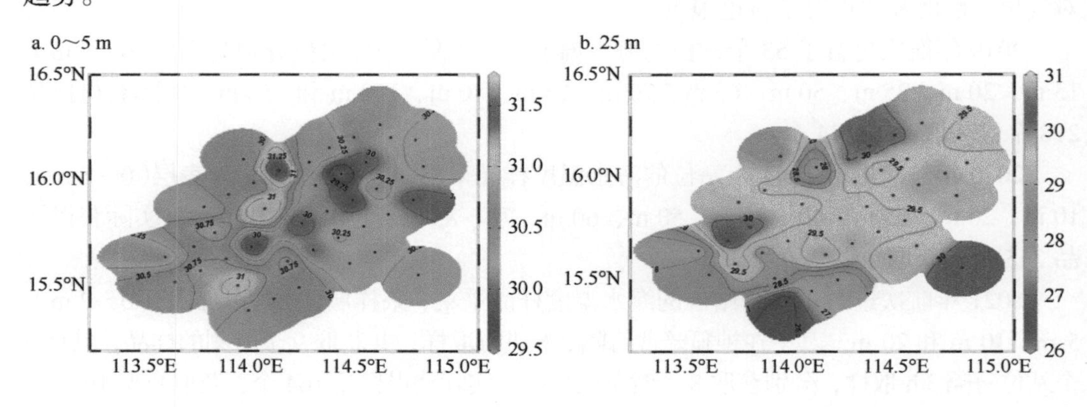

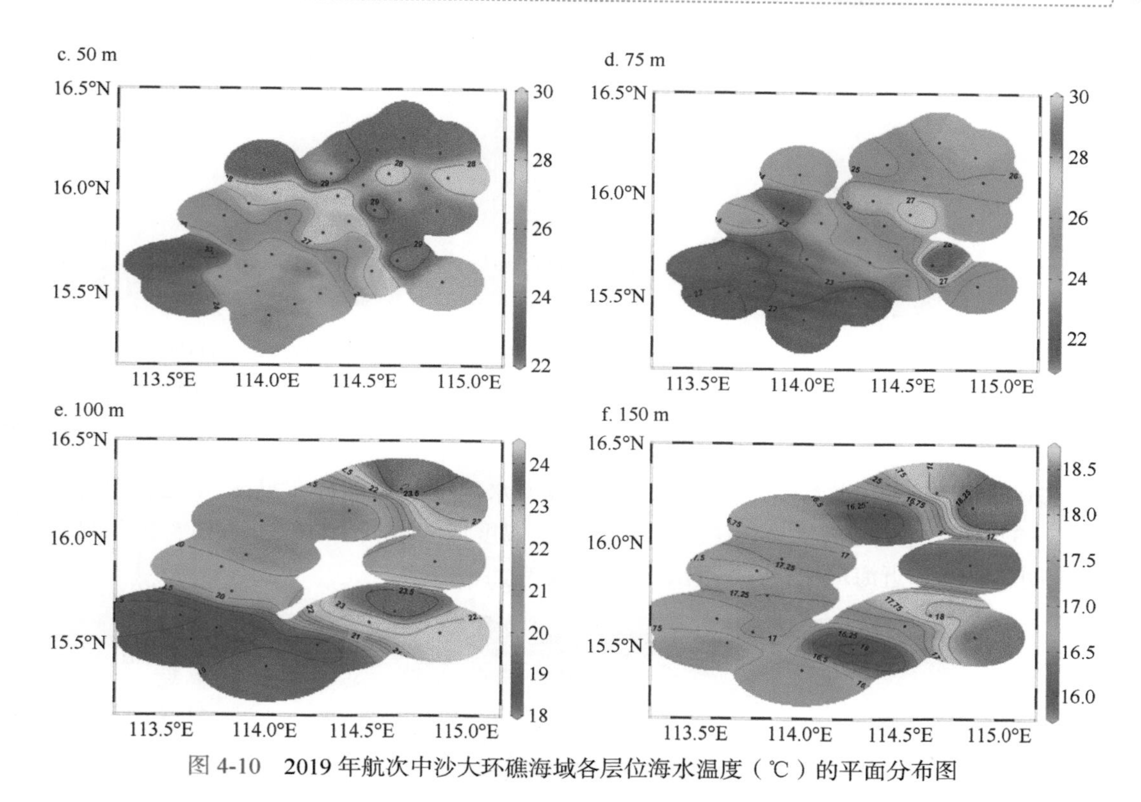

图 4-10　2019 年航次中沙大环礁海域各层位海水温度（℃）的平面分布图

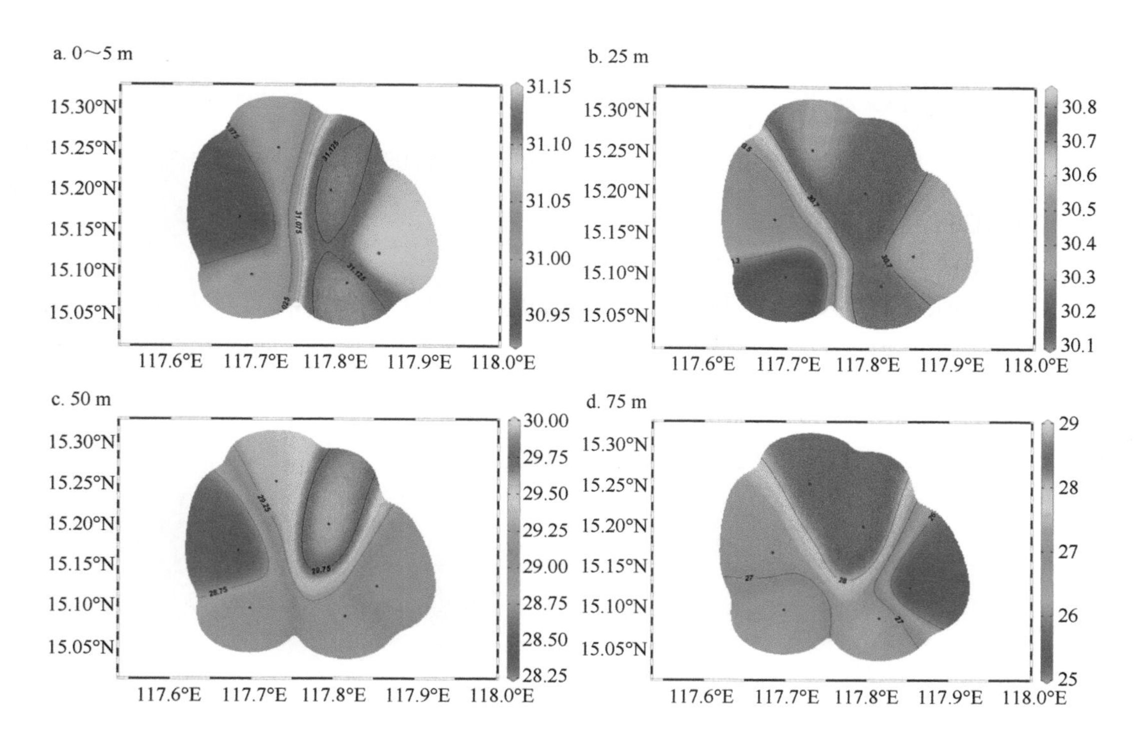

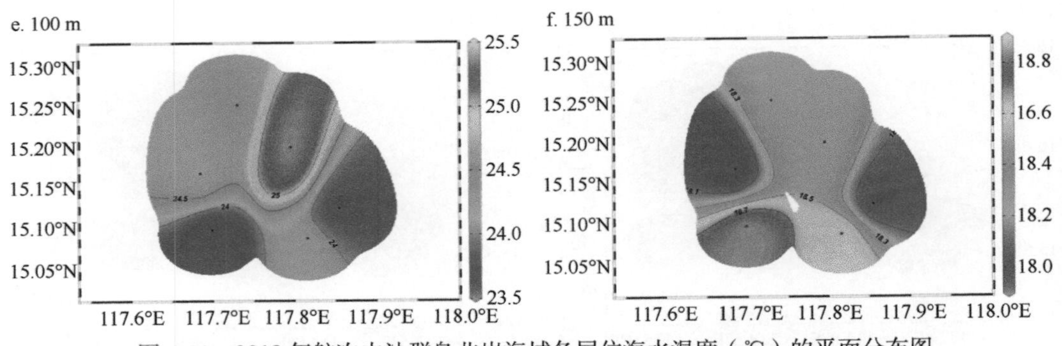

图 4-11　2019 年航次中沙群岛北岩海域各层位海水温度（℃）的平面分布图

Ⅱ）断面分布

2019 年航次中沙大环礁至北岩海域航线海水温度的断面分布见图 4-12，温度为 15.0～32.5℃，总体上表现为表层温度高、底层温度低的特点。116.0°～116.5°E 海域的温度明显高于邻近海域，存在高温海水上涌现象。

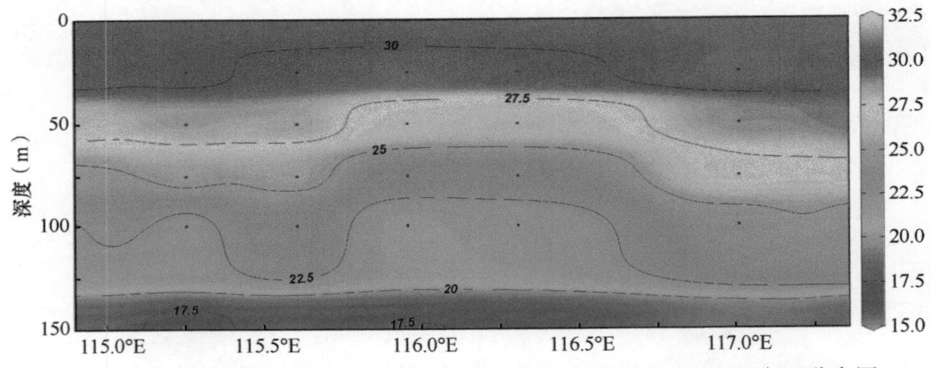

图 4-12　2019 年航次中沙大环礁至北岩海域航线海水温度（℃）的断面分布图

2）2020 年航次观测结果

Ⅰ）中沙大环礁海域

2020 年航次中沙大环礁海域各层位海水温度的平面分布见图 4-13，表层至 25 m 层各层位的温度分布较为均匀，而 45～85 m 各层位的温度呈现由东北向西南降低的趋势，100 m 层和 150 m 层与表层至 25 m 层的温度分布相似，但存在相对低值区。

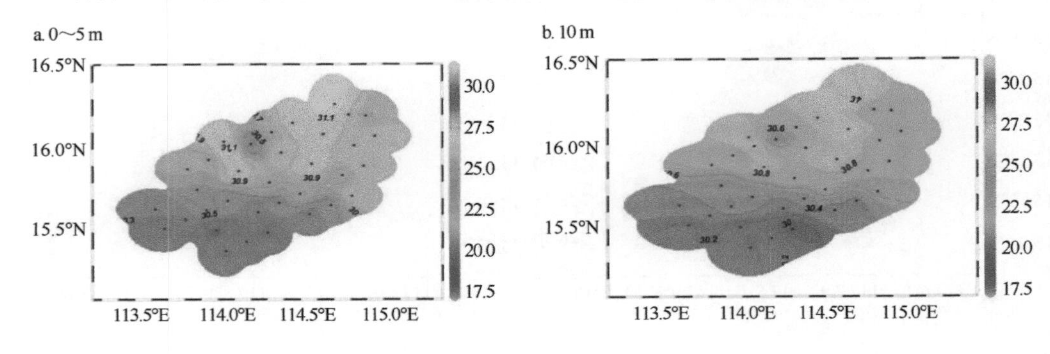

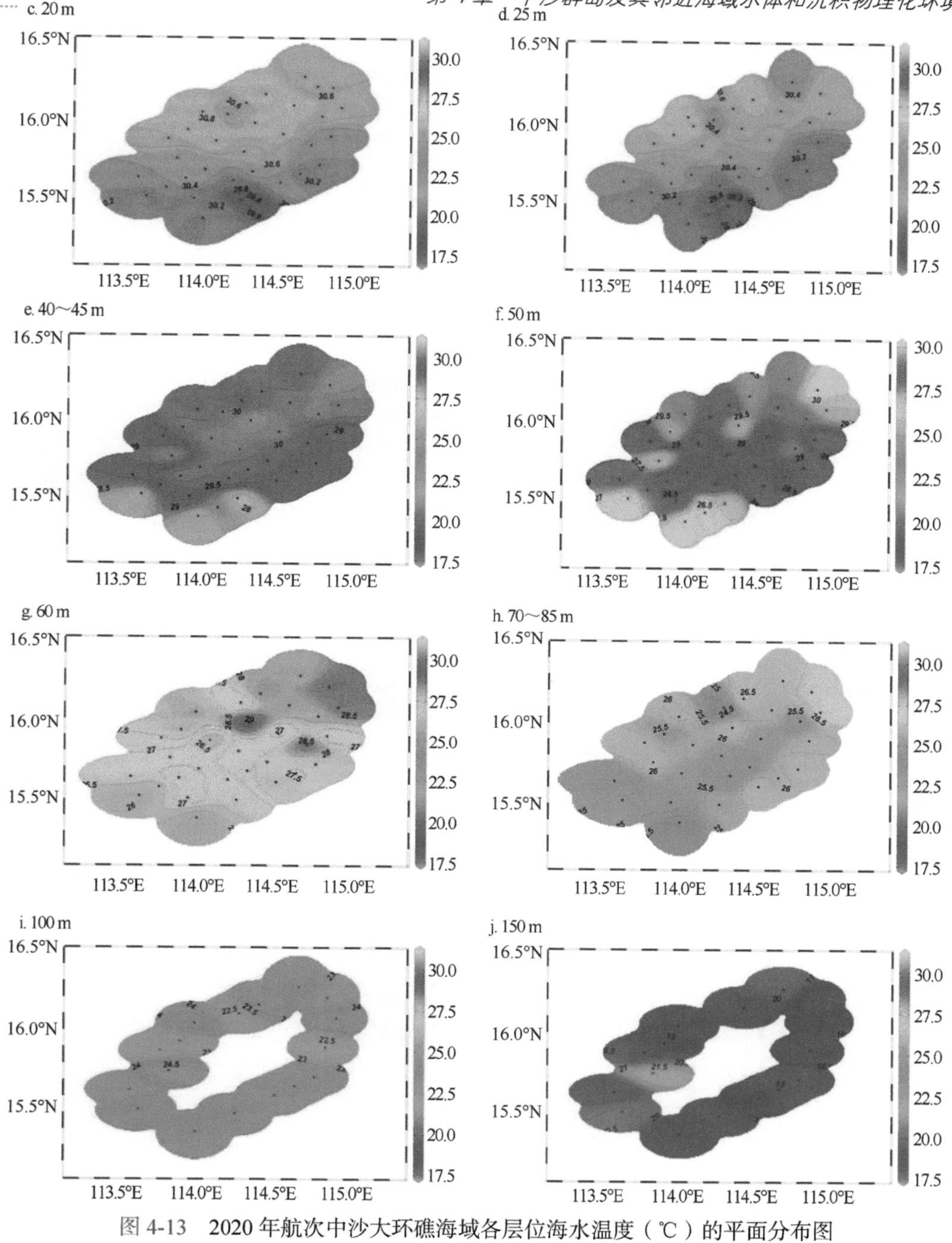

图 4-13　2020 年航次中沙大环礁海域各层位海水温度（℃）的平面分布图

Ⅱ）中沙群岛神狐暗沙、一统暗沙和中沙群岛周边岛礁海域

2020 年航次中沙群岛神狐暗沙、一统暗沙和中沙群岛周边岛礁海域各层位海水温度的平面分布分别见图 4-14～图 4-16。神狐暗沙海域各层位温度呈现自西北向东南升高的趋势。一统暗沙海域各层位温度呈现自东北向西南降低的趋势。中沙群岛周边岛礁海域 50～100 m 层温度分布与神狐暗沙海域相似，呈现自西北向东南升高的趋势，而表层至

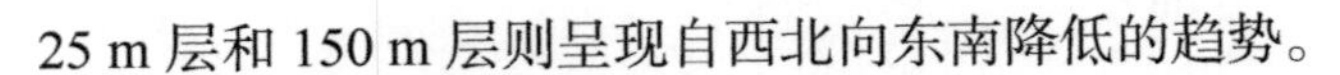

25 m 层和 150 m 层则呈现自西北向东南降低的趋势。

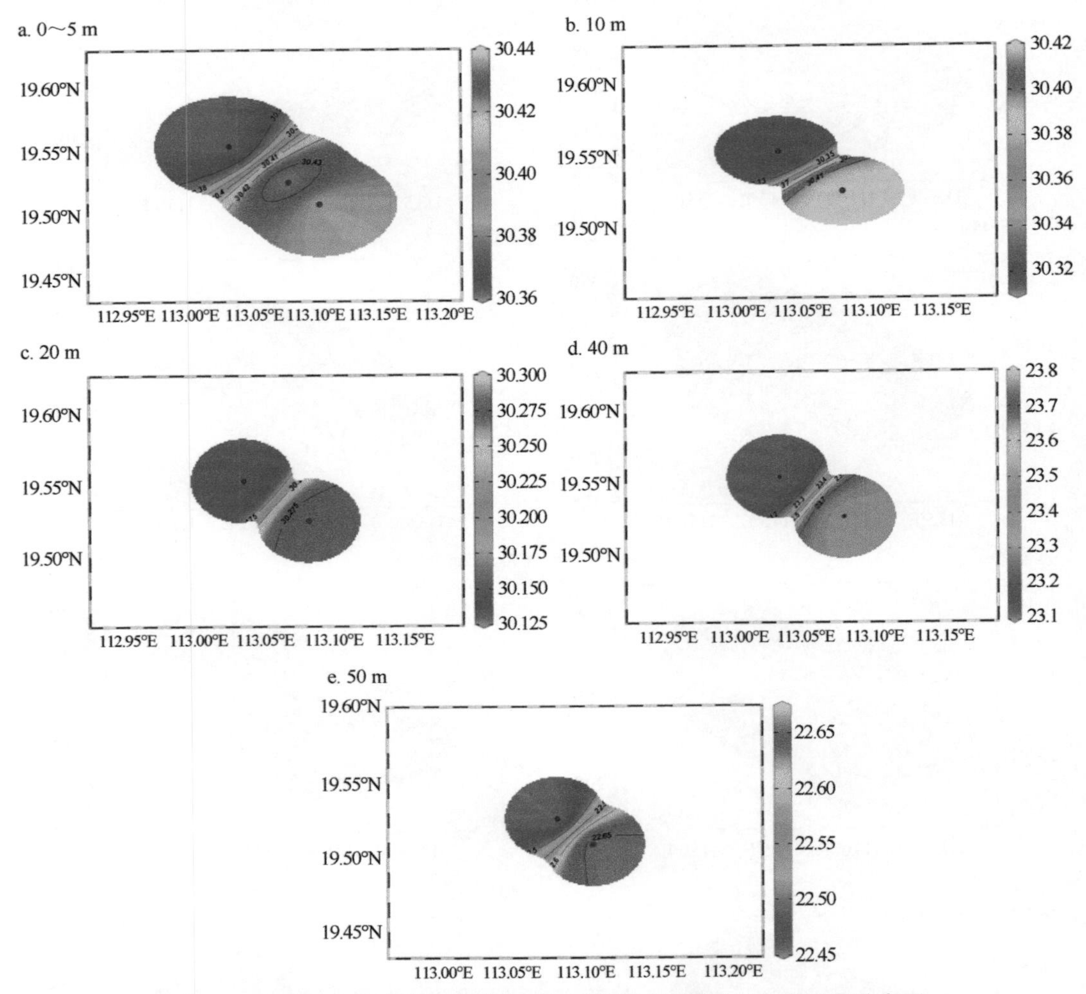

图 4-14 2020 年航次神狐暗沙海域各层位海水温度（℃）的平面分布图

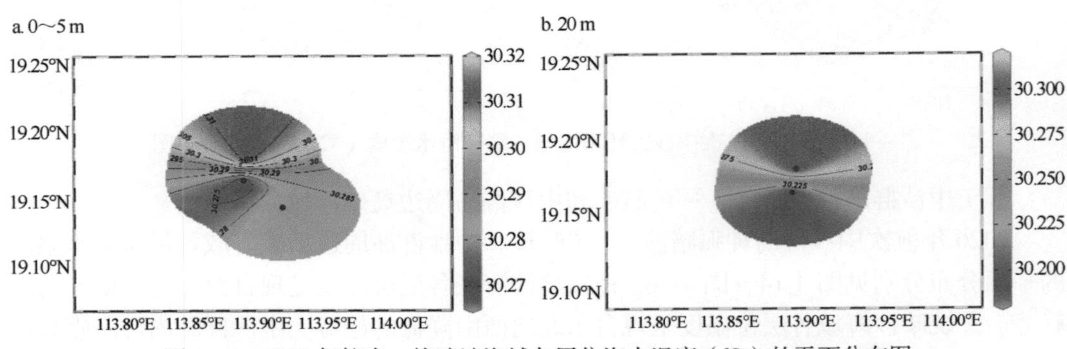

图 4-15 2020 年航次一统暗沙海域各层位海水温度（℃）的平面分布图

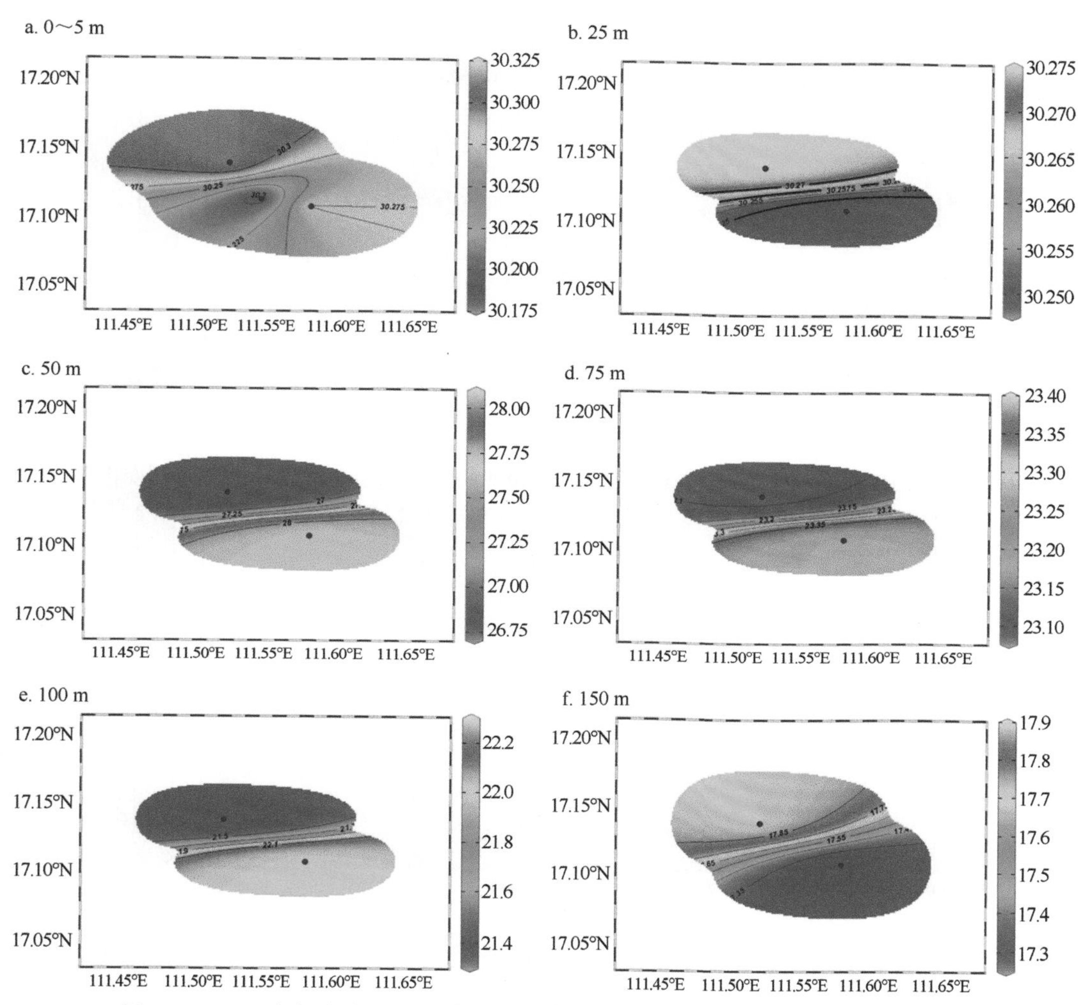

图 4-16　2020 年航次中沙群岛周边岛礁海域各层位海水温度（℃）的平面分布图

3）2021 年航次观测结果

Ⅰ）中沙大环礁海域

2021 年航次中沙大环礁海域 ZS-01 站位各层位海水温度的时间序列变化见图 4-17。该站位不同水深及不同采样时刻的温度为 29.50～30.90℃，平均值为 30.36℃，总体上表现为表层温度高、底层温度低的特点，对于不同采样时刻，温度最高值出现在 12:00～15:00 的表层（0～5 m），温度最低值出现在 12:00 的底层。

2021 年航次中沙大环礁海域 ZS-02 站位不同水深及不同采样时刻的温度为 29.50～30.50℃（图 4-18），平均值为 29.97℃，总体上表现为白天温度高、夜晚温度低的特点，对于不同采样时刻，温度最高值出现在 12:00 的 0～10 m 层，温度最低值出现在 0:00 的表层。

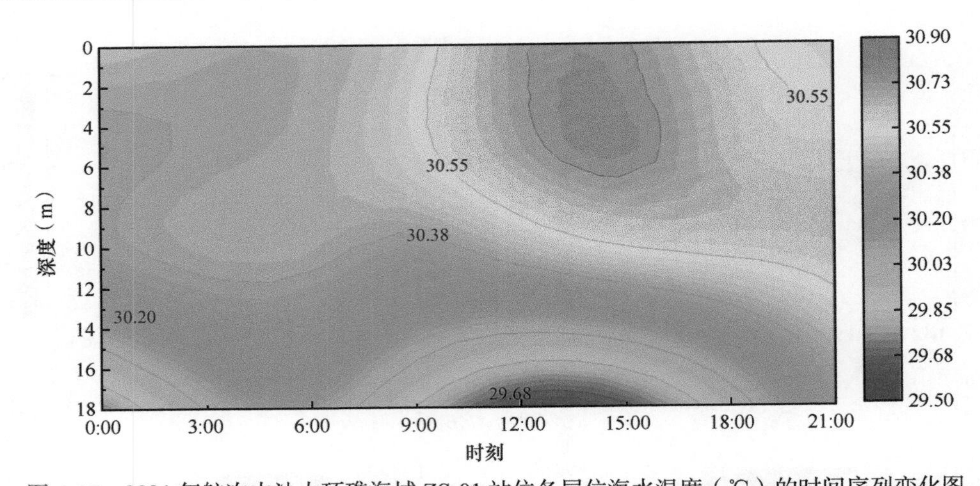

图 4-17　2021 年航次中沙大环礁海域 ZS-01 站位各层位海水温度（℃）的时间序列变化图

图 4-18　2021 年航次中沙大环礁海域 ZS-02 站位各层位海水温度（℃）的时间序列变化图

2021 年航次中沙大环礁海域 ZS-03 站位不同水深及不同采样时刻的温度为 28.10℃～30.20℃（图 4-19），平均值为 29.74℃，总体上表现为表层温度高、底层温度

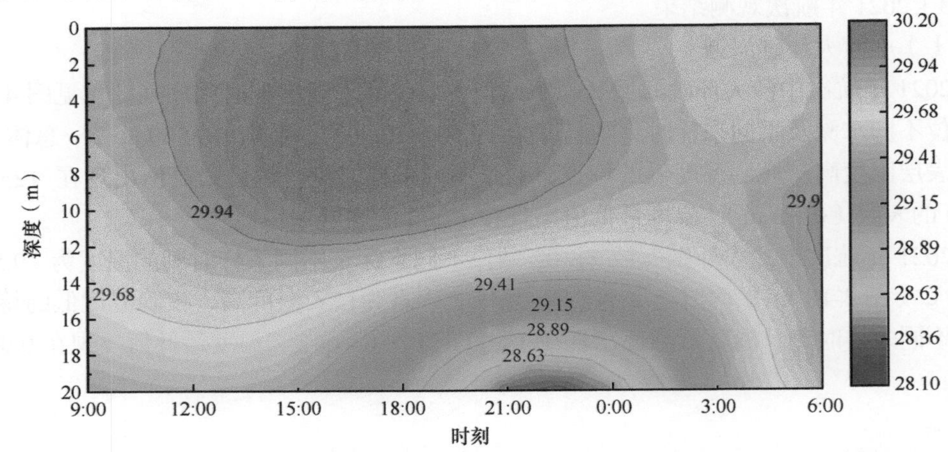

图 4-19　2021 年航次中沙大环礁海域 ZS-03 站位各层位海水温度（℃）的时间序列变化图

低的特点，对于不同采样时刻，温度最高值出现在15:00～18:00的0～10 m层，温度最低值出现在21:00的底层。

Ⅱ）神狐暗沙海域

2021年航次神狐暗沙海域不同水深及不同采样时刻的温度为28.60℃～31.60℃（图4-20），平均值为30.13℃，总体上表现为表层温度高、底层温度低的特点，对于不同采样时刻，温度最高值出现在12:00～15:00的表层，温度最低值出现在9:00的底层。

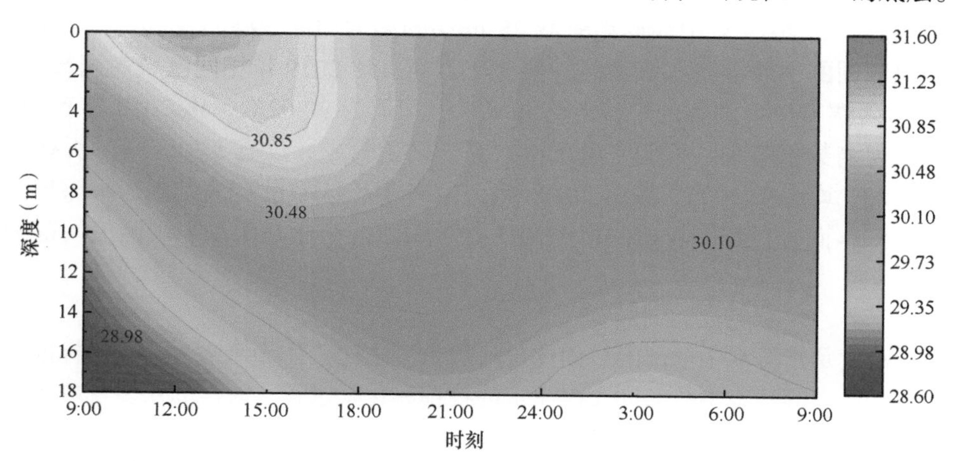

图4-20　2021年航次神狐暗沙海域海水温度（℃）的时间序列变化图

Ⅲ）一统暗沙海域

2021年航次一统暗沙海域不同水深及不同采样时刻的温度为28.80～30.50℃（图4-21），平均值为29.87℃，总体上表现为表层温度高、底层温度低的特点，对于不同采样时刻，温度最高值出现在18:00～21:00及12:00～15:00的表层（0～5 m），温度最低值出现在18:00及12:00的底层。

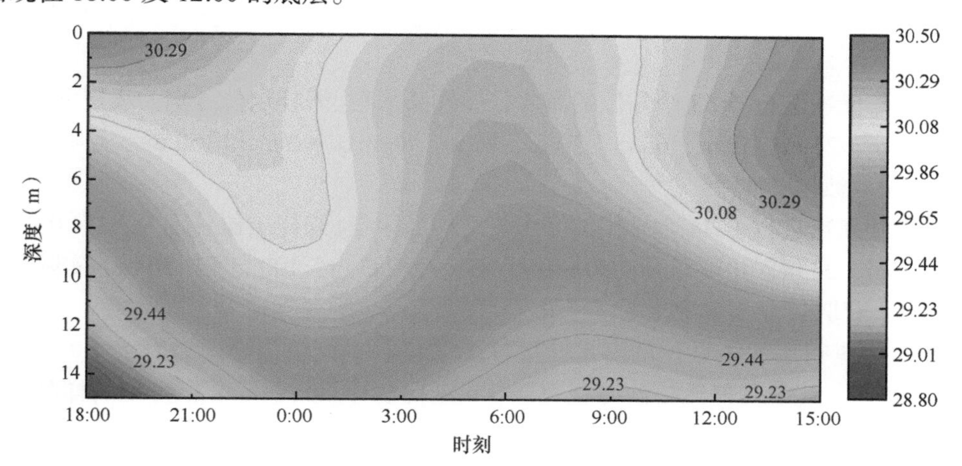

图4-21　2021年航次一统暗沙海域海水温度（℃）的时间序列变化图

目前关于中沙群岛海域水质参数的观测数据非常有限。中国水产科学研究院南海水产研究所研究团队于2014年3月通过分析在南海中部实测的CTD调查数据发现，在中沙群岛北部的上层海域存在一个低温高盐水团。调查区域表层（5 m层）最低核心温度为25.07℃，比周边站位至少低1℃（田永青等，2016），与本调查观测到的中沙群岛海域水温均值26.26℃接近。佟飞等（2015）于2014年6月对中沙群岛中北暗沙与漫步暗沙海区造礁石珊瑚进行了调查，漫步暗沙的调查站位位于中沙大环礁浅湖中部，平均水深为18.0 m，是中沙群岛海域最浅的暗沙，底层水温为29.72℃，与本调查中观测到的2019年中沙群岛海域25 m层的温度均值29.55℃接近。2020年航次调查中观测到的中沙群岛海域水温均值为27.53℃，比2019年相同区域观测数据略高。2021年航次调查中观测到的中沙群岛海域水温均值为30.02℃，比2019年和2020年相同区域观测数据略高，可能是由于本次采样站位较少，仅有5个，同时所有采样站位水深较浅，均小于20 m，按照2019年和2020年该区域的观测结果，水深越大，水温越低。整体而言，本调查所测得的温度处于中沙群岛近几年以来观测值的范围内。

2. 盐度

海水盐度是指海水中全部溶解固体与海水重量之比，作为海水含盐量的标度之一，其与温度和压力等基本参数共同支撑海水的物理和化学过程。海洋的众多现象、过程与盐度相关，因此了解盐度的分布和变化规律，在海洋科学上占有重要的地位。

全球海域的表层海水因受不同程度蒸发、降水、结冰、融冰和陆地径流的影响，盐度分布不均。两极附近、赤道区和受陆地径流影响的海区，盐度比较低；在20°N和20°S附近海区，盐度则比较高。深层海水的盐度变化较小，主要受环流和湍流混合等物理过程所控制。根据盐度分布的特征，可以鉴别水团和了解其运动状况。在研究海水中离子间的相互作用及平衡关系，探索元素在海水中迁移的规律和测定溶于海水中的某些成分时，都要考虑盐度的影响。此外，因实际工作中往往难以在现场直接且准确地测定海水的密度，可通过测定盐度、温度和压力，进而根据海水状态方程式计算密度。

2019年航次进行了53个站位的海水盐度样品采集，采样层位分别为表层（0～5 m）、15 m、20 m、25 m、50 m、65 m、70 m、75 m、80 m、100 m和150 m。实际获得样品278个，获取数据274个。

2020年航次进行了44个站位的海水盐度样品采集，采样层位分别为表层（0～5 m）、10 m、20 m、25 m、40～45 m、50 m、60 m、70～85 m、100 m和150 m。实际获得样品245个，获取数据239个。

2021年进行了5个站位的海水盐度样品采集，采样层位分别为表层（0～5 m）、10 m和20 m，其中在神狐暗沙海域每隔3 h进行取样，共获取9个时刻的样品；其他4个站位每隔3 h取样，分别获取8个时刻的样品。实际获得样品164个，获取数据164个。

2019～2021年各航次中沙群岛及其邻近海域不同层位的海水盐度变化见表4-8。

表 4-8　2019～2021 年各航次中沙群岛及其邻近海域不同层位的海水盐度变化

层位（m）	盐度					
	2019 年		2020 年		2021 年	
	范围	平均值	范围	平均值	范围	平均值
0～5	29.48～34.75	33.79	33.60～34.32	34.08	33.80～34.28	34.10
10	/	/	34.00～34.27	34.12	33.83～34.31	34.10
15～20	33.82～33.89	33.85	33.99～34.23	34.11	33.62～34.26	34.11
25	33.71～35.65	34.05	34.01～34.24	34.11	/	/
40～45	/	/	34.04～35.41	34.20	/	/
50	33.68～35.34	34.17	33.74～35.40	34.35	/	/
60	/	/	34.12～35.28	34.41	/	/
65	33.96～34.23	34.10	/	/	/	/
70～85	33.83～35.09	34.33	34.20～34.91	34.40	/	/
100	34.30～35.61	34.65	33.85～34.61	34.43	/	/
150	34.67～35.17	34.78	34.46～35.01	34.66	/	/
全部层位	29.48～35.65	34.22	33.60～35.41	34.27	33.62～34.31	34.10

注：“/”表示未获取样品或数据

1）2019 年航次观测结果

Ⅰ）各层位平面分布

i）中沙大环礁海域

2019 年航次中沙大环礁海域各层位海水盐度的平面分布见图 4-22，150 m 层呈现自

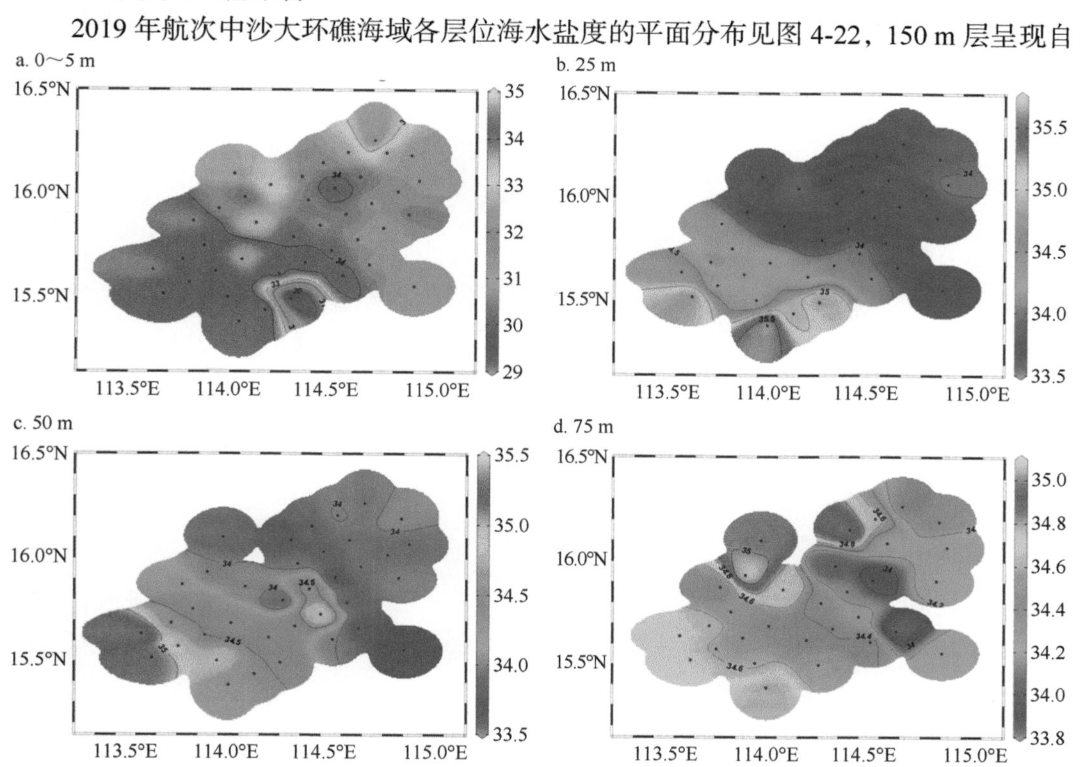

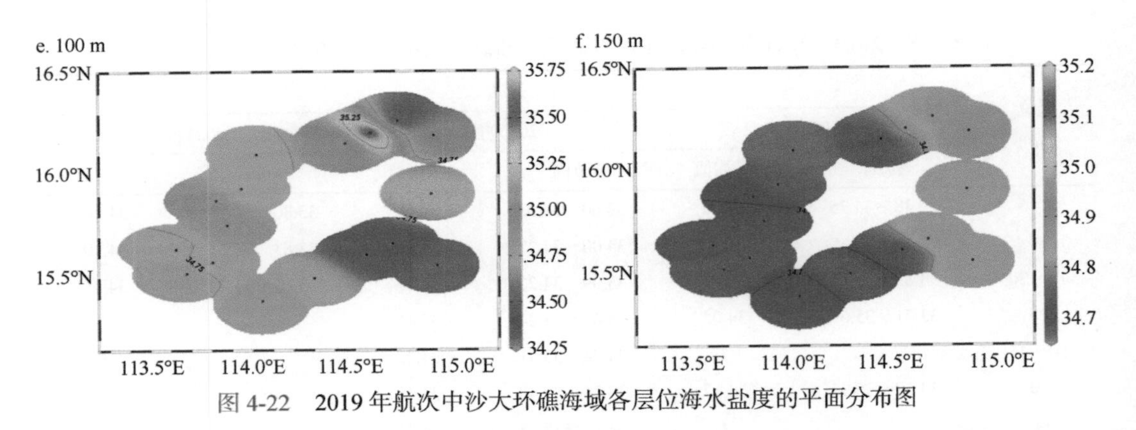

图 4-22　2019 年航次中沙大环礁海域各层位海水盐度的平面分布图

西南向东北升高的趋势，而表层至 100 m 层各层位的盐度则明显呈现自西南向东北降低的趋势，并且随深度增加盐度水平结构变化不大，底层盐度同样受地形的影响。

ii）中沙群岛北岩海域

2019 年航次中沙群岛北岩海域各层位海水盐度的平面分布见图 4-23。表层盐度在西北海域存在高值区，在西南海域存在低值区。25 m 层盐度在西南海域存在高值区，在东部海域存在低值区。50 m 层和 100 m 层盐度分布相似，呈现自南向北降低的趋势。75 m 层和 150 m 层盐度分布相似，呈现自东向西降低的趋势。

Ⅱ）断面分布

2019 年航次中沙大环礁至北岩海域航线海水盐度的断面分布见图 4-24，盐度为 33.6～34.8，总体上呈现表层低、底层高的特征。116.0°～116.5°E 海域存在高盐水上涌现象，该处盐度高于邻近海域。

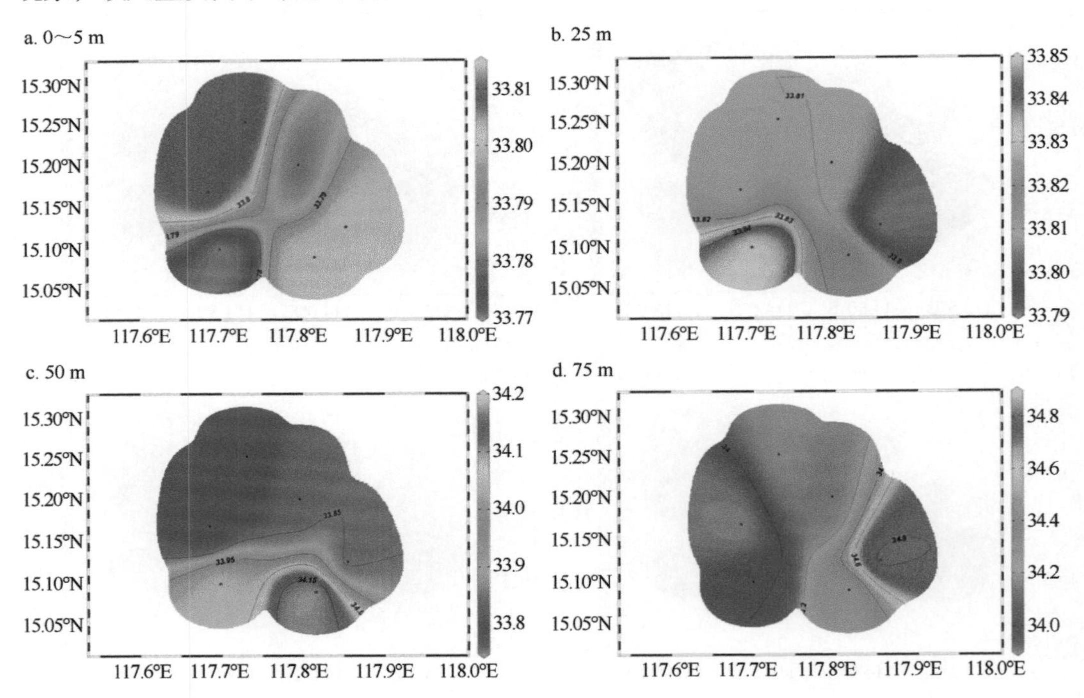

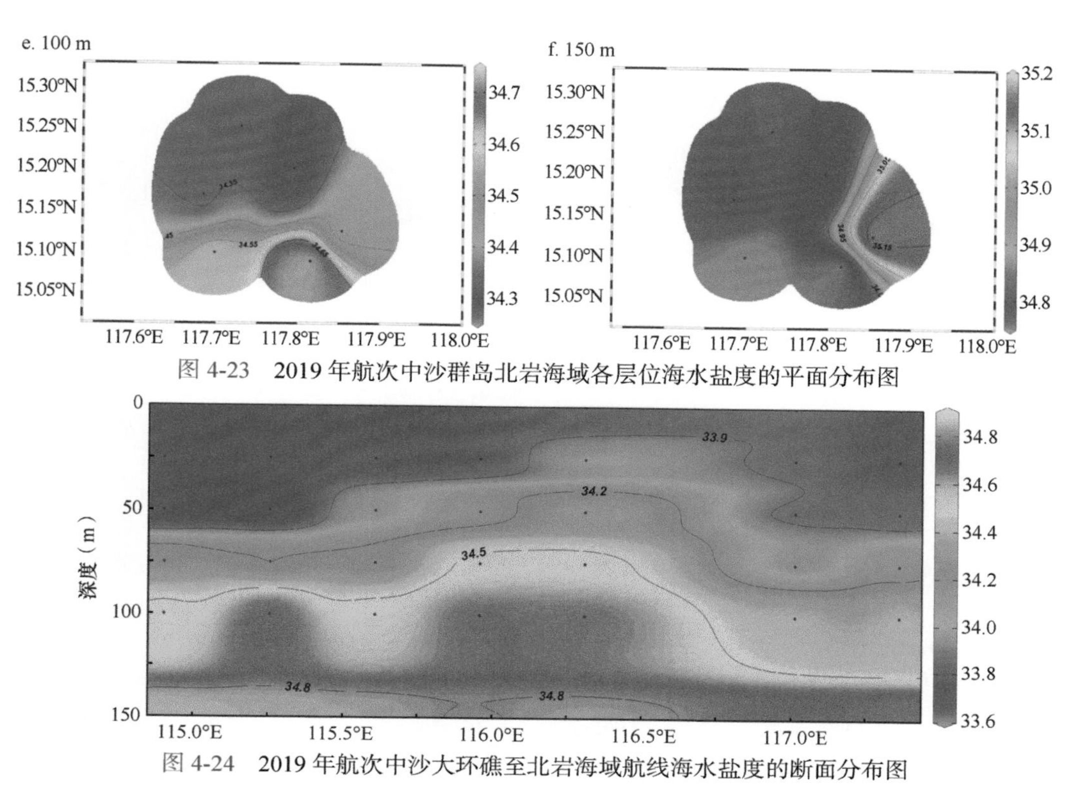

图 4-23　2019 年航次中沙群岛北岩海域各层位海水盐度的平面分布图

图 4-24　2019 年航次中沙大环礁至北岩海域航线海水盐度的断面分布图

2）2020 年航次观测结果

Ⅰ）各层位平面分布

i）中沙大环礁海域

2020 年航次中沙大环礁海域各层位海水盐度的平面分布见图 4-25，40 m 以上各层位

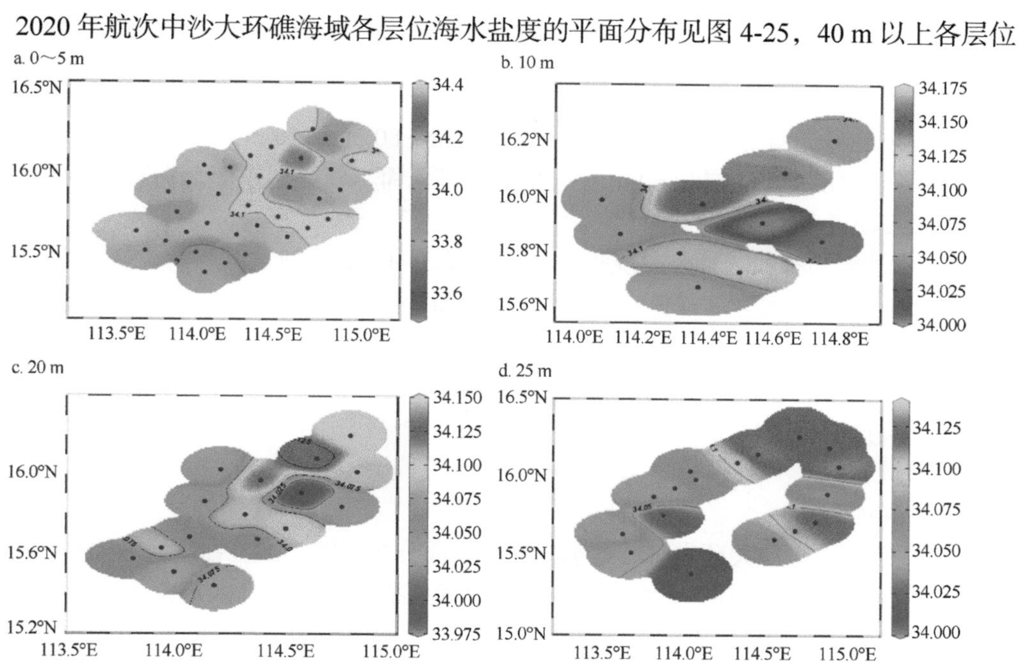

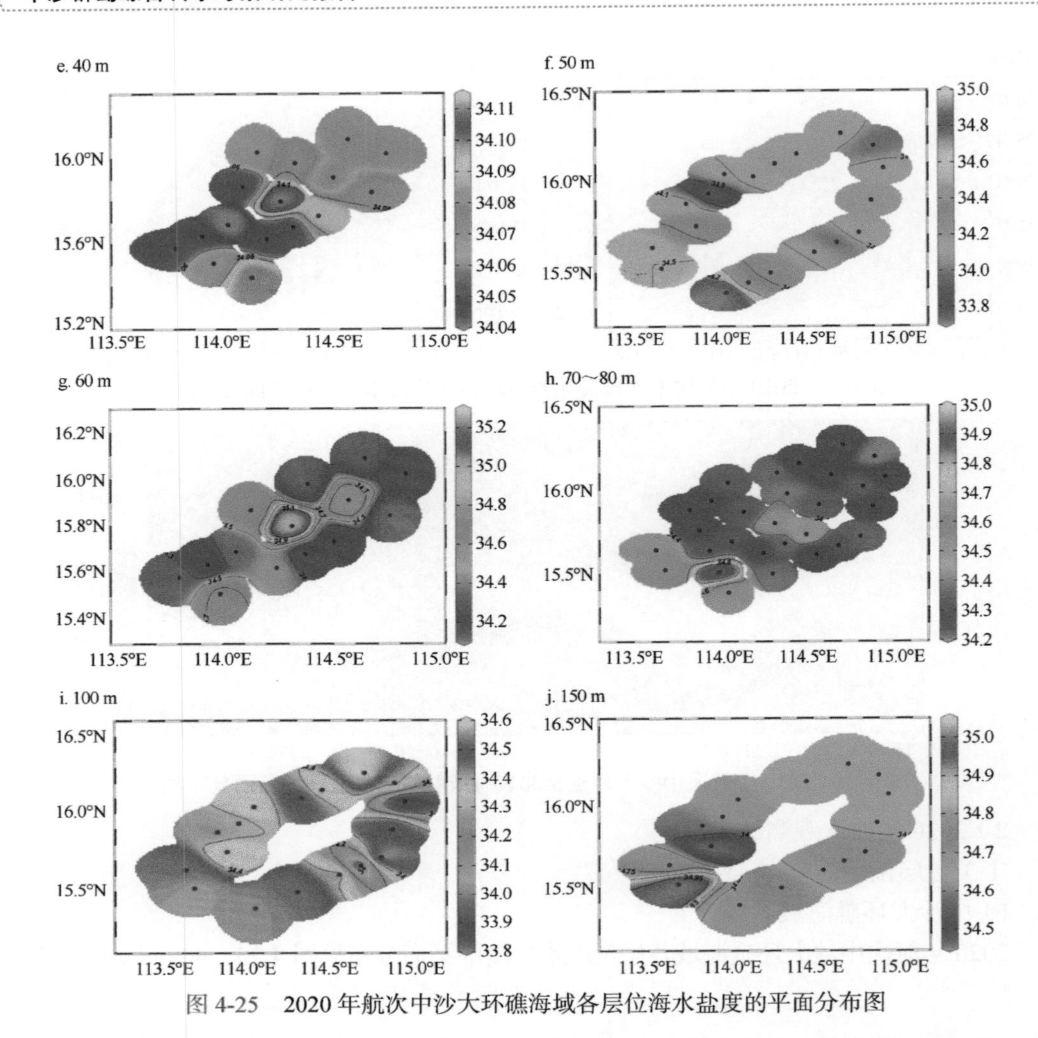

图 4-25　2020 年航次中沙大环礁海域各层位海水盐度的平面分布图

盐度呈现东北高、西南低的分布特征，50 m、70～80 m、150 m 各层位呈现东北低、西南高的分布特征，40 m 层和 60 m 层中部盐度高，而 100 m 层东部个别站位盐度低，其他区域盐度略高。

ii）中沙群岛神狐暗沙、一统暗沙和中沙群岛周边岛礁海域

2020 年航次中沙群岛神狐暗沙、一统暗沙和中沙群岛周边岛礁海域各层位海水盐度的平面分布分别见图 4-26～图 4-28。神狐暗沙海域表层至 40 m 层各层位盐度呈现自西北向东南降低的趋势，而 50 m 层则呈现自西北向东南升高的趋势。一统暗沙海域表层至 10 m 层盐度呈现自北向南降低的趋势。中沙群岛周边岛礁海域各层位盐度分布与神狐暗沙海域相似。

Ⅱ）断面分布

2020 年航次中沙大环礁海域海水盐度的断面分布见图 4-29，盐度为 33.75～35.01，总体上呈现表层低、底层高的特征。ZS-45 站位存在高盐水上涌的现象，该处盐度高于相邻海域。

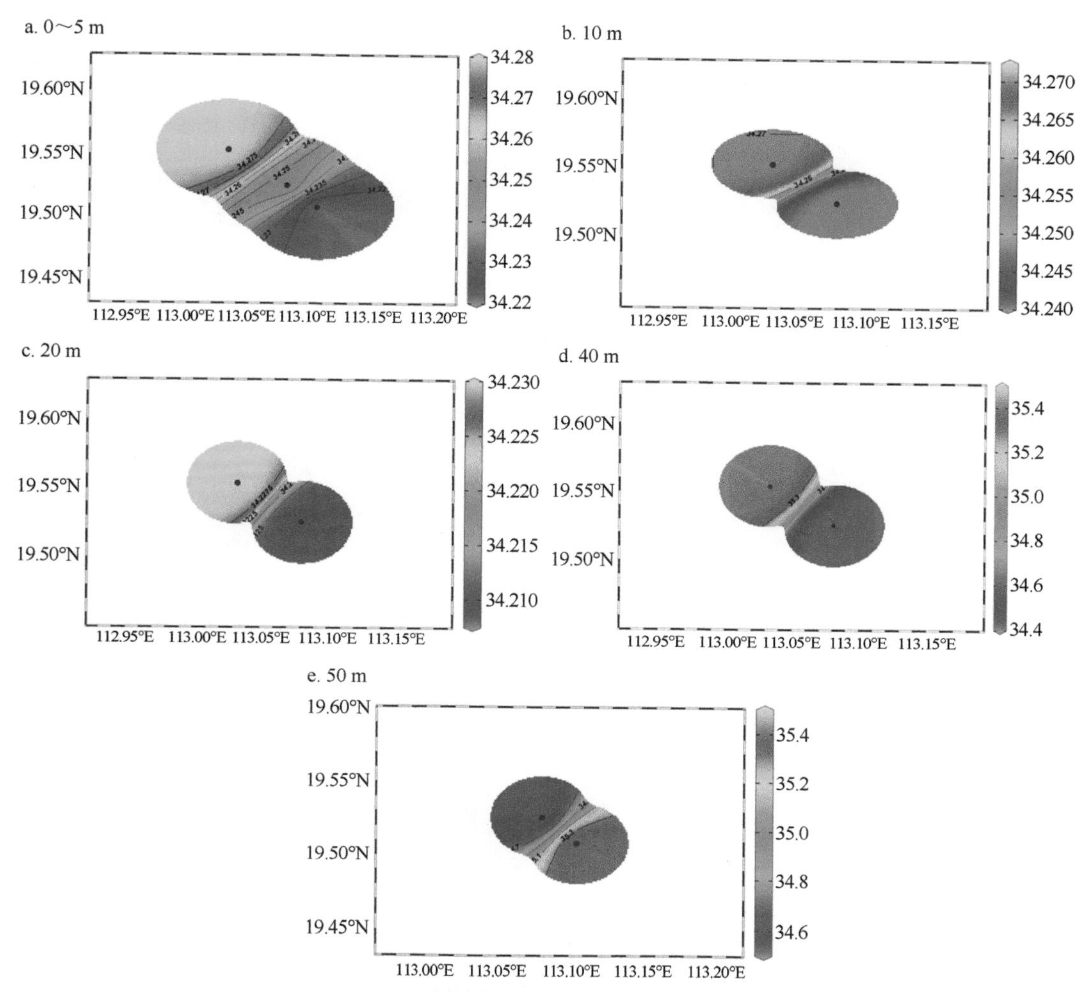

图 4-26　2020 年航次神狐暗沙海域各层位海水盐度的平面分布图

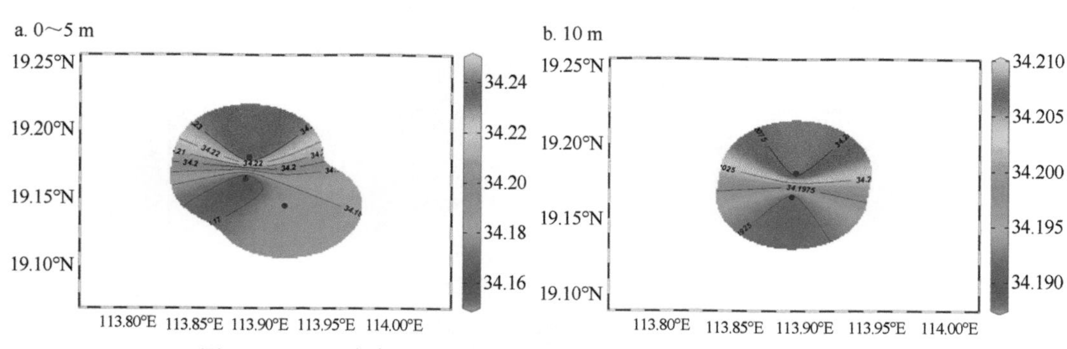

图 4-27　2020 年航次一统暗沙海域各层位海水盐度的平面分布图

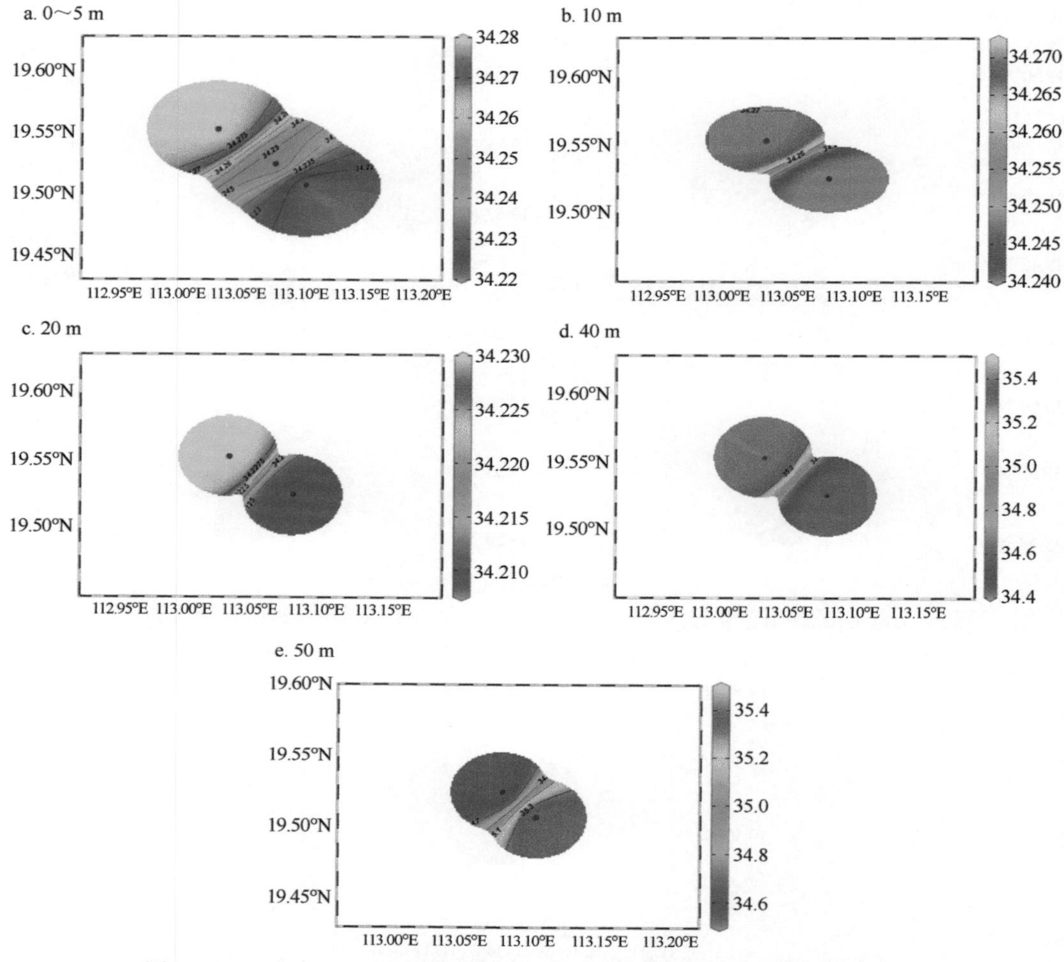

图 4-28　2020 年航次中沙群岛周边岛礁海域各层位海水盐度的平面分布图

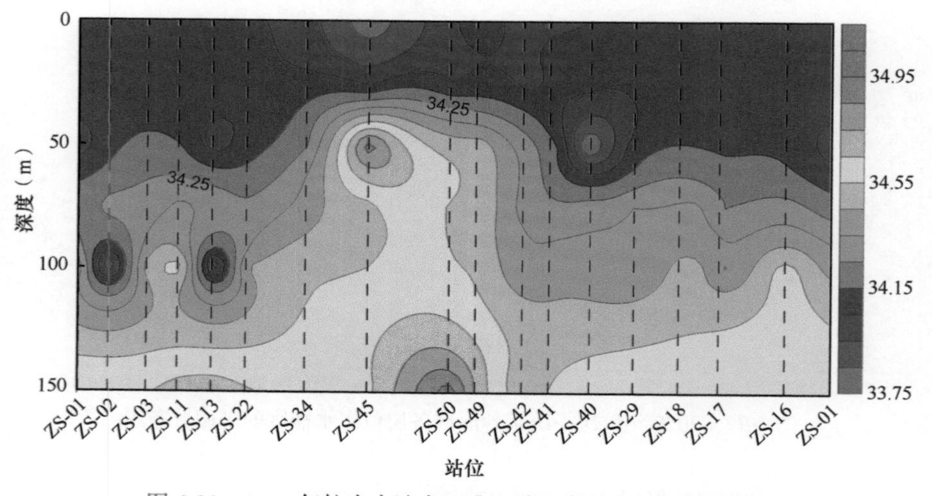

图 4-29　2020 年航次中沙大环礁海域海水盐度的断面分布图

3）2021 年航次观测结果

Ⅰ）中沙大环礁海域

2021 年航次中沙大环礁海域 ZS-01 站位海水盐度为 33.92～34.01，平均值为 33.96，盐度分布较为均匀，随时间或水深变化不明显（图 4-30）。

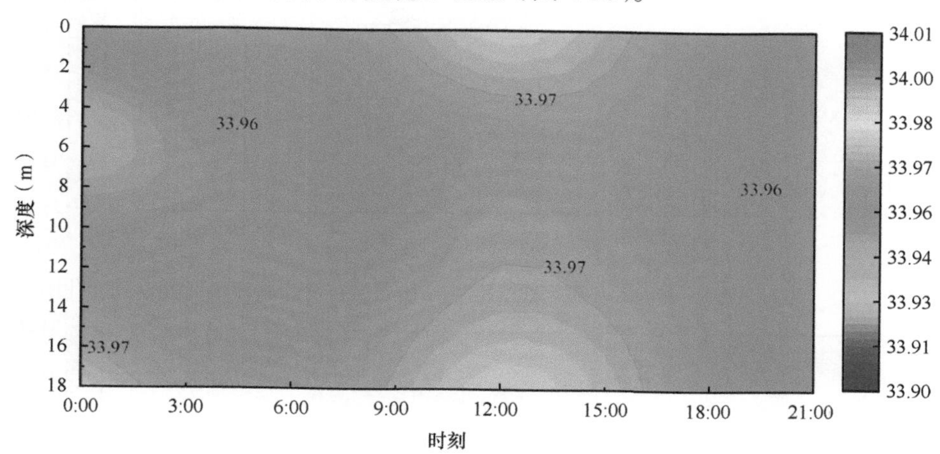

图 4-30　2021 年航次中沙大环礁海域 ZS-01 站位各层位海水盐度的时间序列变化图

2021 年航次中沙大环礁海域 ZS-02 站位海水盐度为 33.62～34.18，平均值为 34.01，总体上盐度呈现 9:00～18:00 底层盐度高、表层盐度低的特征，盐度最高值出现在 12:00 的底层，最低值出现在 0:00 的底层（图 4-31）。

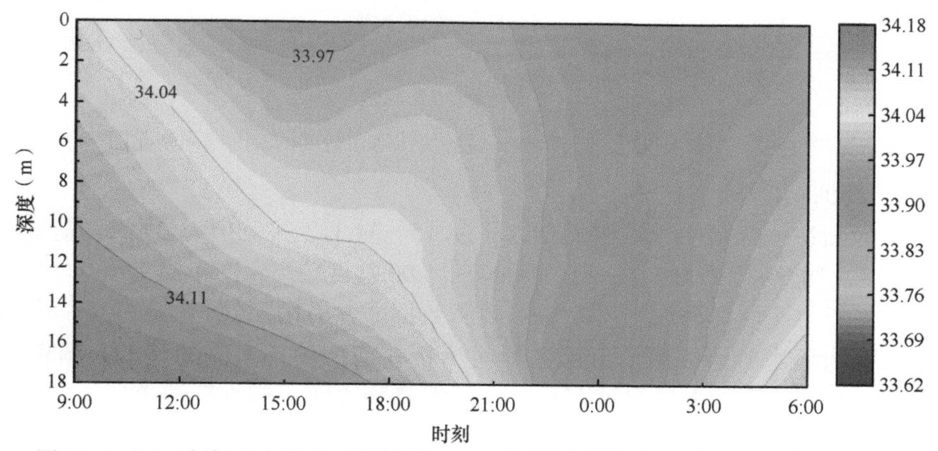

图 4-31　2021 年航次中沙大环礁海域 ZS-02 站位各层位海水盐度的时间序列变化图

2021 年航次中沙大环礁海域 ZS-03 站位海水盐度为 33.80～34.28，平均值为 34.14，总体上盐度呈现 0:00～6:00 盐度高、其他时段盐度低的特征（图 4-32）。

Ⅱ）神狐暗沙海域

2021 年航次神狐暗沙海域不同水深及不同采样时刻的盐度为 33.85～34.26，平均值为 34.17。对于不同采样时刻，盐度最低值出现在 9:00 的 10 m 层和 0:00 的 5 m 层，其他采样时刻和层位的盐度变化不大（图 4-33）。

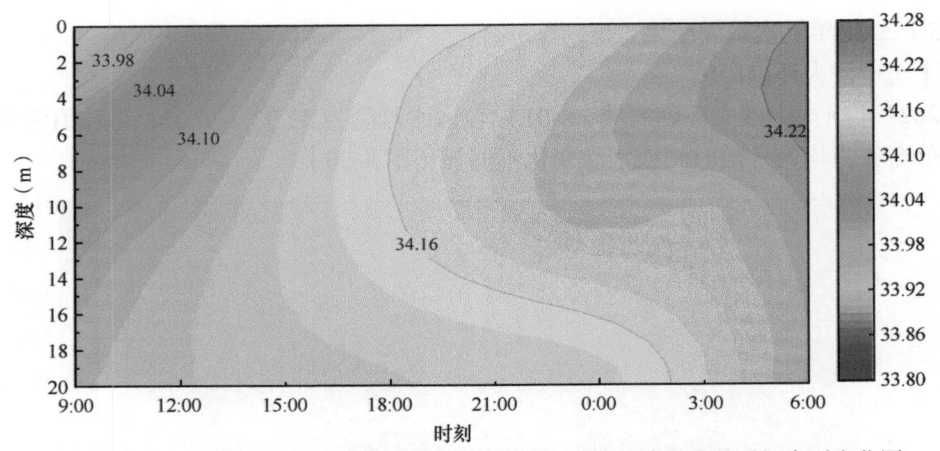

图 4-32　2021 年航次中沙大环礁海域 ZS-03 站位各层位海水盐度的时间序列变化图

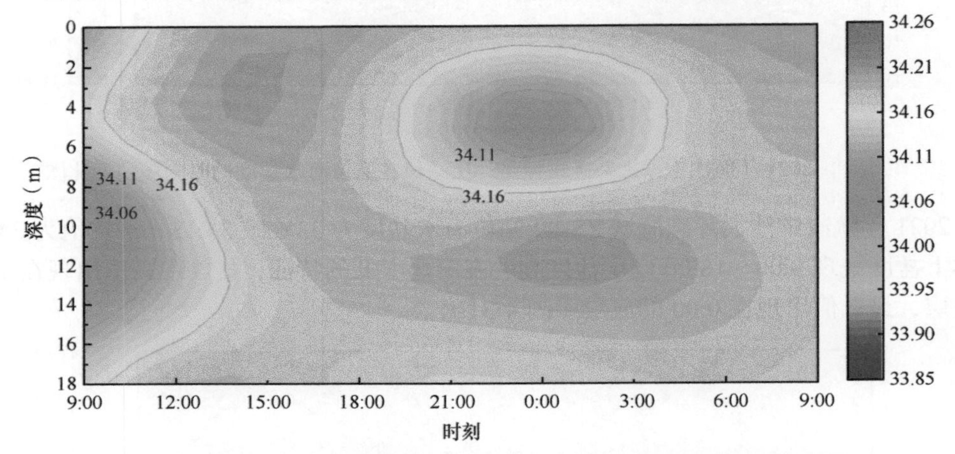

图 4-33　2021 年航次神狐暗沙海域各层位海水盐度的时间序列变化图

Ⅲ）一统暗沙海域

2021 年航次一统暗沙海域海水盐度为 34.15～34.31，平均值为 34.22。盐度随时间的变化明显，18:00 至 3:00 盐度较低，9:00～15:00 盐度较高（图 4-34）。

目前关于中沙群岛海域水质参数的观测数据非常有限。2014 年 3 月，中国水产科学研究院南海水产研究所研究团队通过分析在南海中部实测的 CTD 调查数据发现，在中沙群岛北部的上层海域存在一个低温高盐水团。调查区域表层（5 m 层）核心盐度为 34.11，比周边站位至少高 0.74（田永青等，2016），与本调查观测到的 0～5 m 层盐度均值 33.79 接近。佟飞等（2015）于 2014 年 6 月对中沙群岛中北暗沙与漫步暗沙造礁石珊瑚进行了调查，漫步暗沙调查站位位于中沙大环礁浅湖中部，平均水深为 18.0 m，是中沙群岛海域最浅的暗沙，盐度为 34.66，与 2019 年调查观测到的中沙群岛海域 25 m 层盐度均值 34.05 接近。2020 年航次调查观测到的中沙群岛海域盐度均值为 34.27，与 2019 年相同区域观测到的盐度均值 34.22 接近。2021 年调查观测到的中沙群岛海域盐度均值为 34.10，与 2019 年（34.22）和 2020 年（34.27）相同区域观测到的盐度均值接近。整体而言，所测得的盐度处于中沙群岛海域近几年以来观测值的范围内。

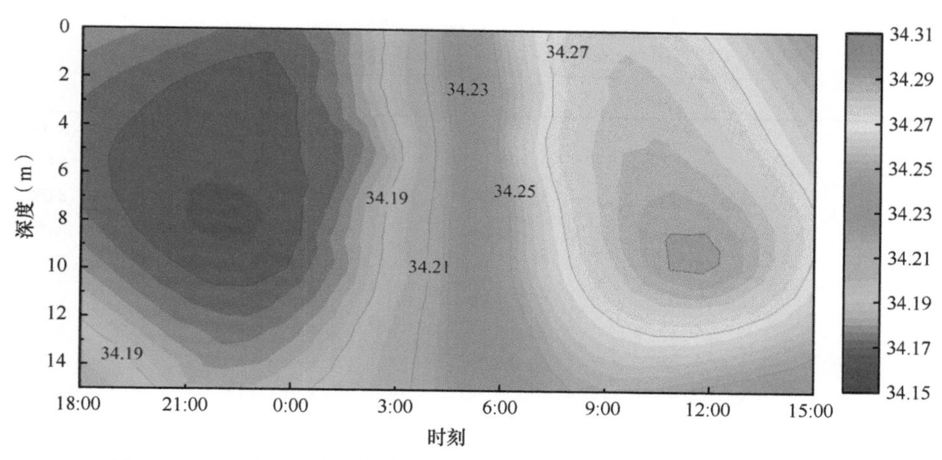

图 4-34 2021 年航次一统暗沙海域各层位海水盐度的时间序列变化图

3. pH

pH 是海水中氢离子活度的度量，是影响生物栖息环境的主要因素之一，对调节海洋生物体内的酸碱平衡、渗透压等极为重要，对海-气交换过程也有重要影响。海水的正常 pH 范围为 7.3～8.6，其大小变化主要与海水的二氧化碳浓度有关，主要由二氧化碳-碳酸盐平衡体系调控。

海洋生物的光合作用和呼吸作用、各种有机物质和无机物质的氧化还原作用及难溶碳酸盐的沉淀溶解过程均会影响海水的 pH，并导致海水的 pH 有比较明显的分布规律。一般地，海水温度升高或者浮游植物进行光合作用都会使二氧化碳减少，引起 pH 升高；生物的呼吸作用或有机物分解产生二氧化碳，会使 pH 降低。由于天然海水具有一定的缓冲能力，其 pH 变化幅度比较小。但沿岸海水由于受工业废水的影响，其 pH 往往变动较大，甚至超出正常 pH 范围。海水 pH 是海水环境的一个重要因子，直接影响大多数元素在海水中的存在形式。它对元素在海洋中的地球化学行为和迁移过程以及海洋生产力都有一定的影响，因此海水 pH 的测定对海洋生物生态、海洋污染、海水腐蚀和海洋沉积等问题的研究都具有一定的意义，是海洋化学和海洋生物学研究的重要参数之一。

2019 年航次进行了 53 个站位的海水 pH 样品采集，采集层位分别为表层（0～5 m）、15 m、20 m、25 m、30 m、50 m、65 m、70 m、75 m、100 m、150 m。实际获得样品 278 个，获取数据 274 个。

2020 年航次进行了 44 个站位的海水 pH 样品采集，层位分别为表层（0～5 m）、10 m、20 m、25 m、40～45 m、50 m、60 m、70～85 m、100 m、150 m。实际获得样品 245 个，获取数据 239 个。

2019 年和 2020 年 2 个航次中沙群岛及其邻近海域不同层位的海水 pH 变化见表 4-9。

表 4-9　2019 年和 2020 年 2 个航次中沙群岛及其邻近海域不同层位的海水 pH 变化

层位（m）	pH			
	2019 年		2020 年	
	范围	平均值	范围	平均值
0～5	7.95～8.33	8.15	7.91～8.14	8.03
10	/	/	8.03～8.14	8.09
15～20	8.20～8.33	8.25	8.03～8.14	8.09
25	8.15～8.38	8.25	8.04～8.13	8.09
40～45	/	/	8.04～8.15	8.10
50	8.17～8.37	8.26	8.06～8.14	8.10
60	/	/	8.05～8.14	8.10
65	8.24～8.27	8.26	/	/
70～85	8.17～8.30	8.25	8.01～8.13	8.09
100	8.09～8.25	8.18	7.98～8.13	8.06
150	8.00～8.16	8.06	7.89～8.02	7.94
全部层位	7.95～8.38	8.22	7.89～8.15	8.07

注：“/”表示未获取样品或数据

1）2019 年航次观测结果

Ⅰ）各层位平面分布

i）中沙大环礁海域

2019 年航次中沙大环礁海域各层位海水 pH 的平面分布见图 4-35，整体上表现为西高东低的趋势，随着深度的增加，pH 先升高后降低。

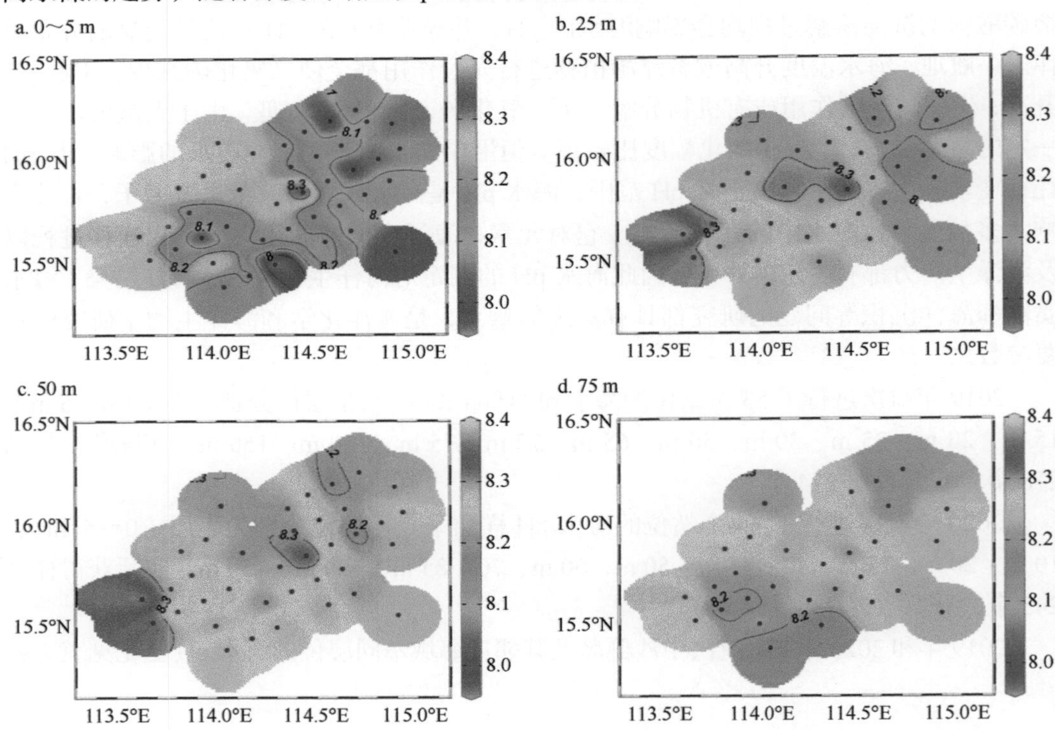

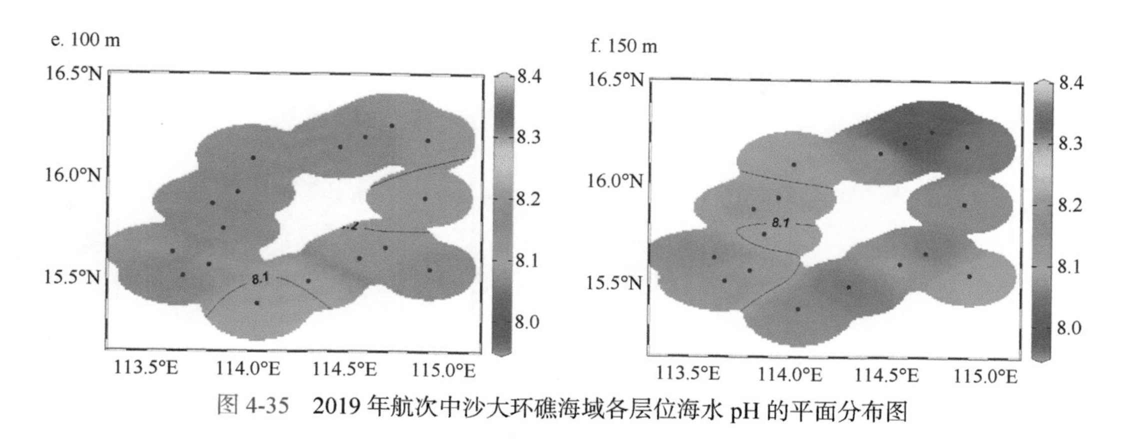

图 4-35　2019 年航次中沙大环礁海域各层位海水 pH 的平面分布图

ii）中沙群岛北岩海域

2019 年航次中沙群岛北岩海域各层位海水 pH 的平面分布见图 4-36，随着深度的增加，pH 先升高后降低，在 50～75 m，pH 较高。

Ⅱ）断面分布

2019 年航次中沙大环礁至北岩海域航线海水 pH 的断面分布见图 4-37，pH 随着深度的增加先升高后降低，在 50 m 附近有最高值。

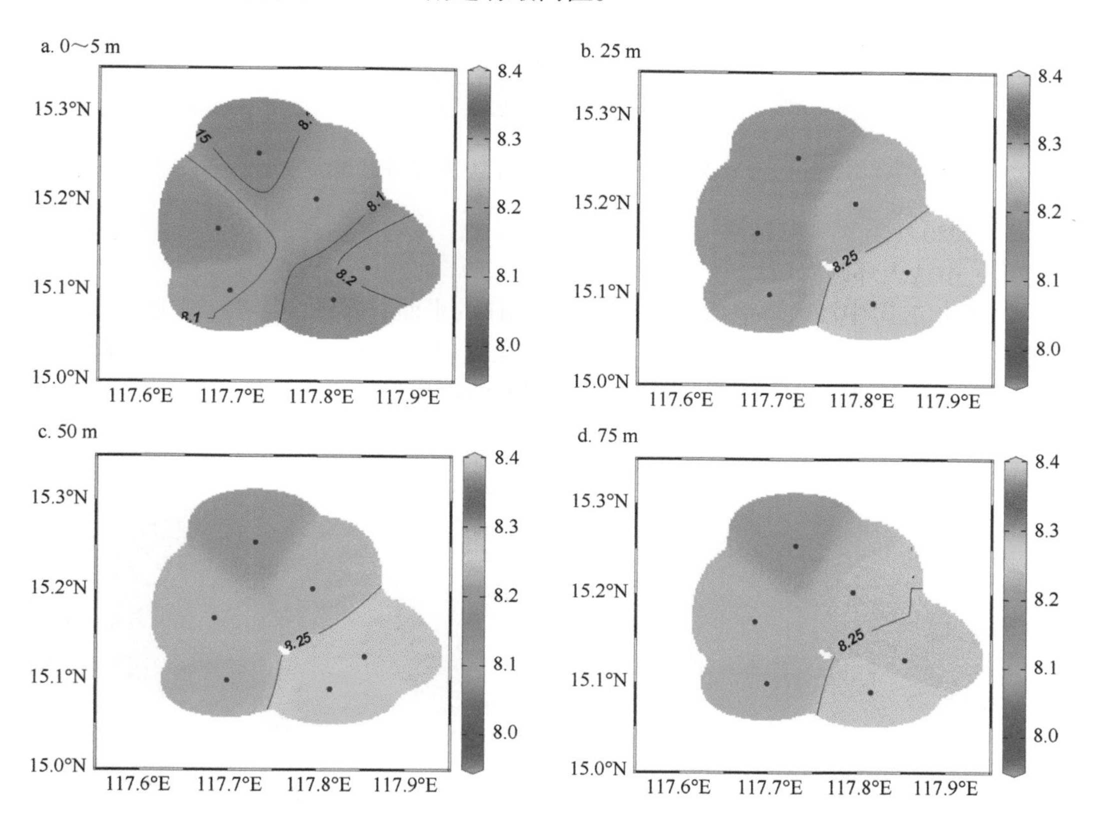

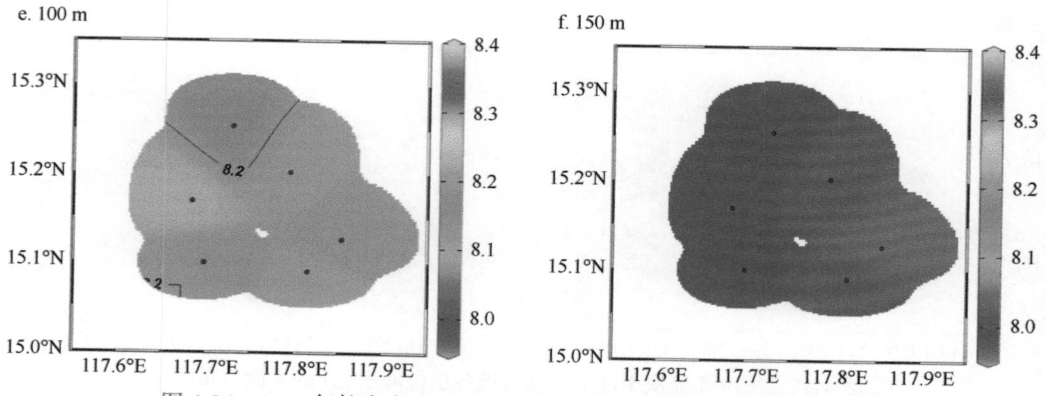

图 4-36 2019 年航次中沙群岛北岩海域各层位海水 pH 的平面分布图

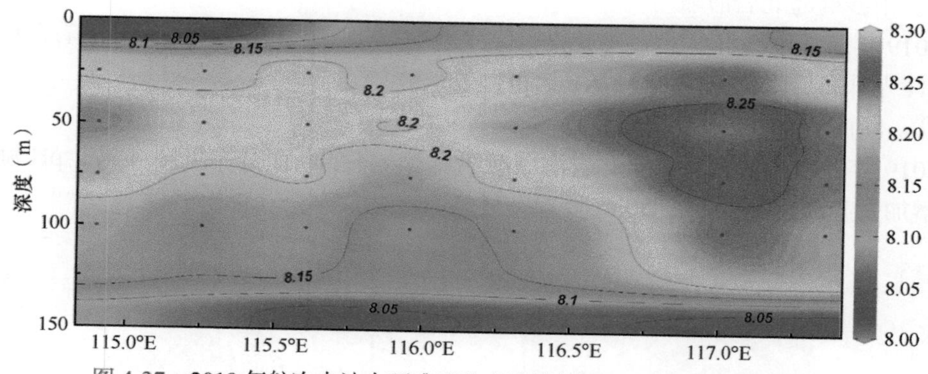

图 4-37 2019 年航次中沙大环礁至北岩海域航线海水 pH 的断面分布图

2）2020 年航次观测结果

Ⅰ）中沙大环礁海域

2020 年航次中沙大环礁海域各层位海水 pH 的平面分布见图 4-38。表层（0～5 m）总体上表现为中沙大环礁四周高、中部低的特征；25～100 m 层位整体上表现为西南高、东北低的趋势。垂直方向上，pH 随着深度的增加先升高后降低。

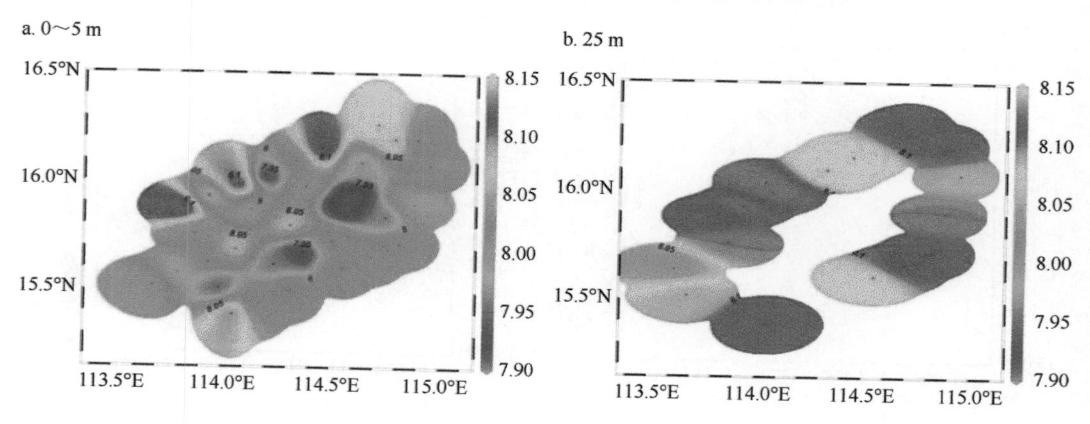

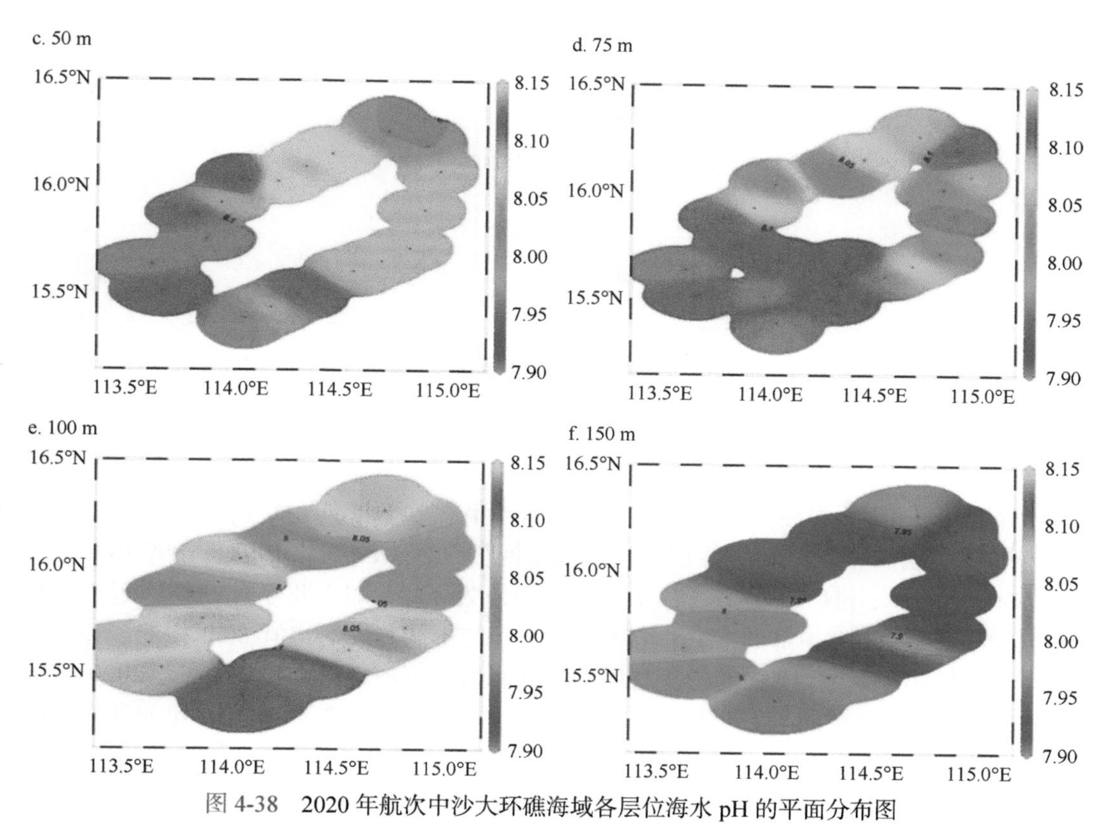

图 4-38　2020 年航次中沙大环礁海域各层位海水 pH 的平面分布图

Ⅱ）中沙群岛周边岛礁海域

2020 年航次中沙群岛周边岛礁海域各层位海水 pH 的平面分布见图 4-39。在 0～50 m，

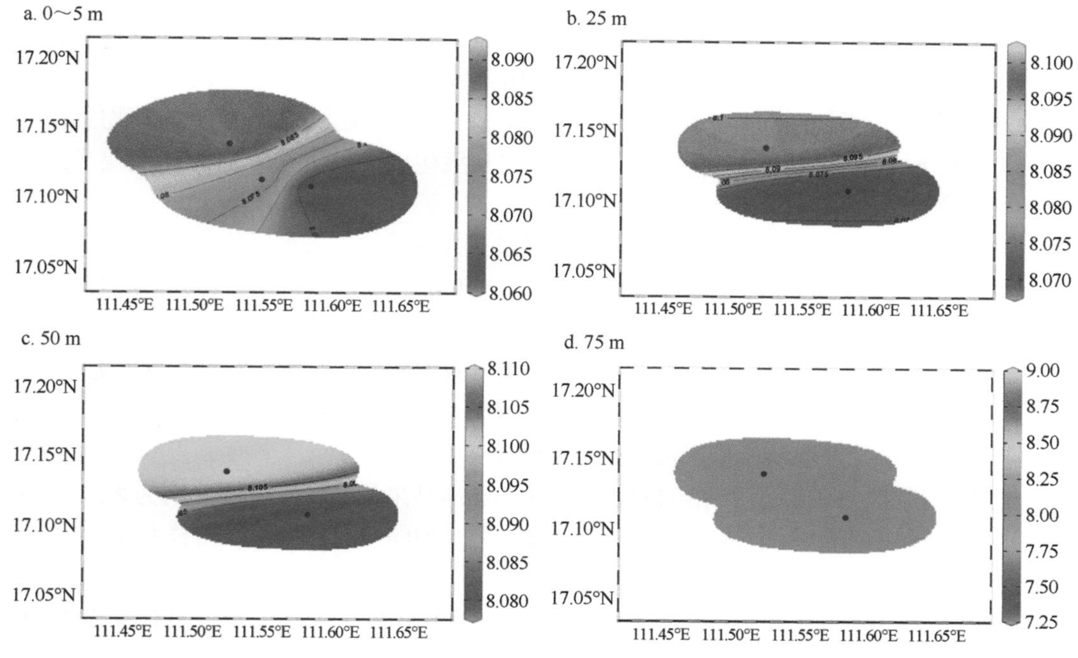

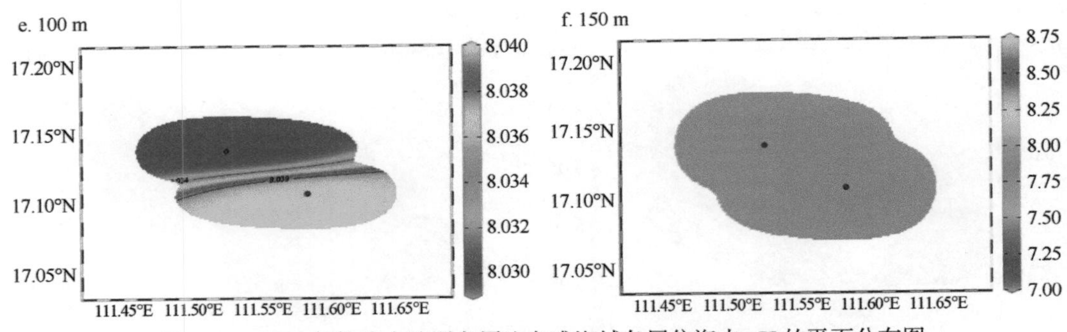

图 4-39　2020 年航次中沙群岛周边岛礁海域各层位海水 pH 的平面分布图

海水 pH 呈现西北高、东南低的趋势。100 m 水层则表现为北低南高的相反特征，75 m 与 150 m 水层的 pH 无明显差异。

对于南海 pH 的观测由来已久，1975～1984 年对南海北部断面 10 年的观测结果显示，pH 表层稍高（＞8.20），深层逐渐降低（柯东胜等，1990）。1998～1999 年对整个南海的调查显示，pH 范围为 8.18～8.45，平均值为 8.28（刘小涯等，2005）。近年来有研究表明，夏季南海中部的 pH 平均值为 8.21，与本调查中的均值 8.22 相近。整体而言，本调查所测得的 pH 在南海长久以来的观测值范围内，处于正常水平。2020 年中沙群岛及其邻近海域的 pH 范围为 7.89～8.15，平均值为 8.07，与 2019 年的观测数据相比，略有降低。

2019 年中沙群岛及其邻近海域的 pH 范围为 7.95～8.38，平均值为 8.22，根据《海水水质标准》（GB 3097—1997），全部符合第一类水质标准。

4. 叶绿素 a

海水叶绿素 a 是浮游植物和初级生产力的重要表征，对海洋生态系统及其变化具有指示作用。海洋中的浮游植物通过光合作用生成有机物，为海洋中的生物提供生存的物质基础。海洋中的鱼类、虾类等水产品，每年为全球提供 20%以上的动物蛋白，通过海洋叶绿素 a 含量的测算，可以确定海洋初级生产力的大小，对海洋渔业产出具有指导意义。

2019 年航次完成了 53 个站位的海水叶绿素 a 样品采集，采集层位分别为表层（0～5 m）、10 m、15 m、20 m、25 m、50 m、65 m、70 m、75 m、80 m、100 m 和 150 m。实际获得样品 267 个，获取高于检出限的数据 267 个。

2020 年航次完成了 44 个站位的海水叶绿素 a 样品采集，采集层位分别为表层（0～5 m）、10 m、20 m、25 m、40～45 m、50 m、60 m、70～85 m、100 m 和 150 m。实际获得样品 245 个，获取高于检出限的数据 211 个。

2021 年航次完成了 5 个站位的海水叶绿素 a 样品采集，采集层位分别为表层（0～5 m）、10 m 和 20 m，每个站位分别每天获取 4 个时刻的样品。实际获得样品 77 个，获取高于检出限的数据 77 个。

2019～2021 年各航次中沙群岛及其邻近海域不同层位的叶绿素 a 含量变化见表 4-10。

表 4-10　2019～2021 年各航次中沙群岛及其邻近海域不同层位的叶绿素 a 含量变化

层位（m）	叶绿素 a 含量(μg/L)					
	2019 年		2020 年		2021 年	
	范围	平均值	范围	平均值	范围	平均值
0～5	0.030～0.242	0.107	0.003～0.205	0.060	0.029～0.535	0.086
10	0.087～0.125	0.108	0.059～0.220	0.140	0.029～0.141	0.072
15～20	0.130～0.270	0.191	0.002～0.243	0.081	0.028～0.129	0.069
25	0.031～0.279	0.144	0.003～0.178	0.062	/	/
40～45	/	/	0.039～0.234	0.089	/	/
50	0.030～0.704	0.301	0.032～0.441	0.163	/	/
60	/	/	0.090～0.432	0.188	/	/
65	0.424～0.457	0.441	/	/	/	/
70～85	0.177～1.033	0.454	0.049～0.839	0.281	/	/
100	0.033～0.799	0.332	0.092～0.483	0.234	/	/
150	0.029～0.237	0.098	0.029～0.377	0.111	/	/
全部层位	0.030～1.033	0.238	0.002～0.839	0.139	0.028～0.535	0.079

注：“/”表示未获取样品或数据

1）2019 年航次观测结果

Ⅰ）各层位平面分布

i）中沙大环礁海域

2019 年航次中沙大环礁海域各层位叶绿素 a 含量的平面分布见图 4-40，整体上

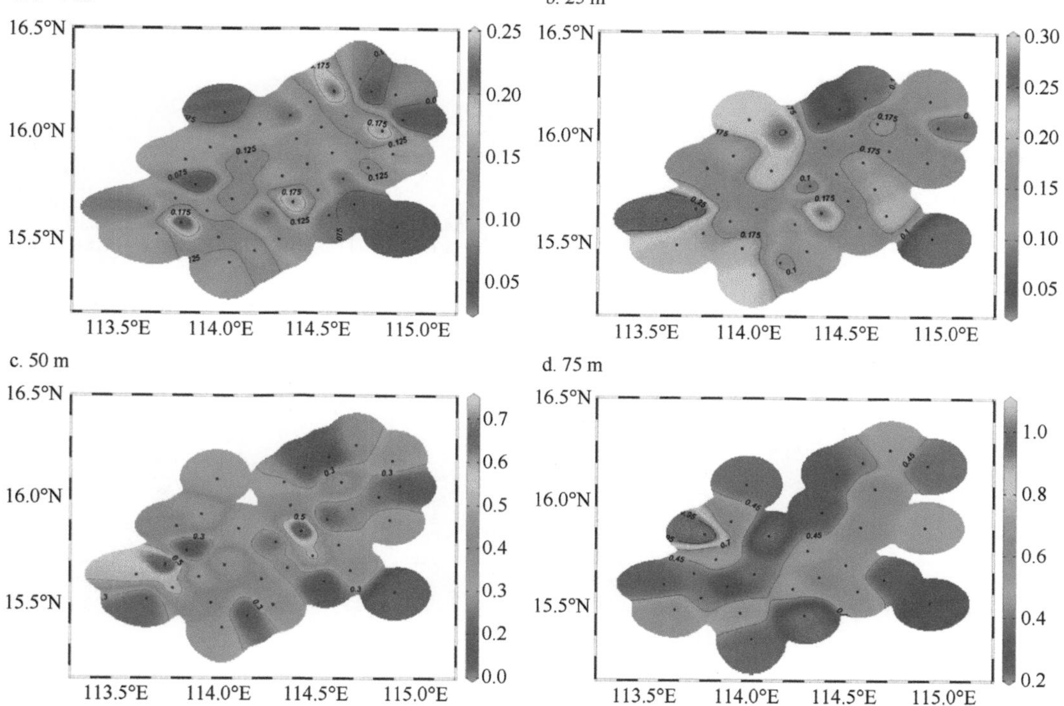

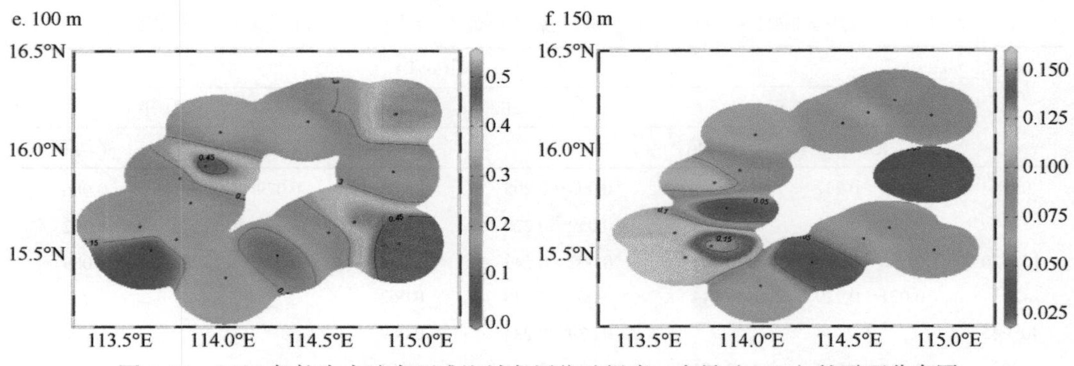

图 4-40　2019 年航次中沙大环礁海域各层位叶绿素 a 含量（μg/L）的平面分布图

变化趋势并不明显，在 50 m 层，西侧叶绿素 a 含量较高，而在 100 m 层，东侧叶绿素 a 含量较高。

ii）中沙群岛北岩海域

2019 年航次中沙群岛北岩海域各层位叶绿素 a 含量的平面分布见图 4-41，整体而言，东南侧比西北侧叶绿素 a 含量高。

Ⅱ）断面分布

2019 年航次中沙大环礁至北岩海域航线叶绿素 a 含量的断面分布见图 4-42。叶绿素 a 含量高值区集中在 100 m 附近。

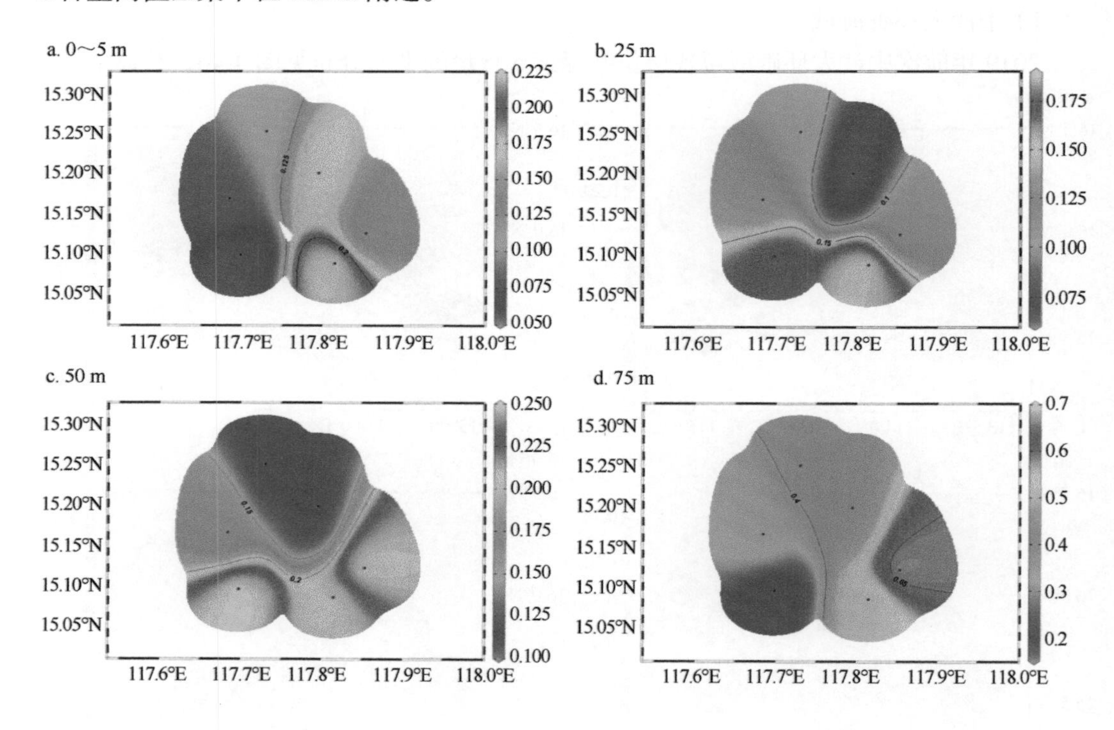

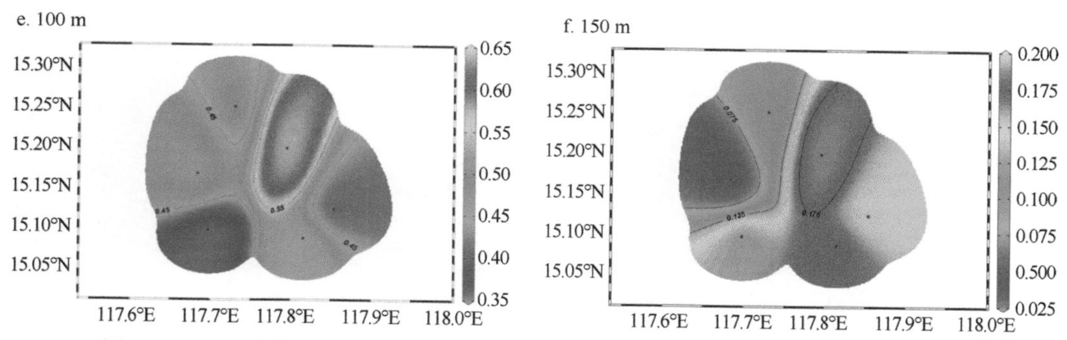

图 4-41　2019 年航次中沙群岛北岩海域各层位叶绿素 a 含量（μg/L）的平面分布图

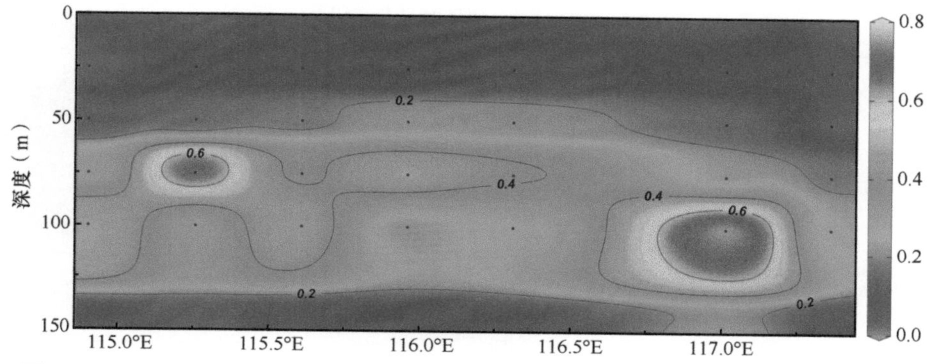

图 4-42　2019 年航次中沙大环礁至北岩海域航线叶绿素 a 含量（μg/L）的断面分布图

2）2020 年航次观测结果

Ⅰ）中沙大环礁海域

2020 年航次中沙大环礁海域各层位叶绿素 a 含量的平面分布见图 4-43。整体在 100 m 层，有最大叶绿素 a 含量，少部分站位为 75 m 层。

Ⅱ）中沙群岛神狐暗沙、一统暗沙和中沙群岛周边岛礁海域

2020 年航次中沙群岛神狐暗沙、一统暗沙和中沙群岛周边岛礁海域各层位叶绿素 a 含量的平面分布分别见图 4-44～图 4-46。在神狐暗沙海域，随着深度的增加，叶绿素 a 含量分布趋势变化并不明显，整体上呈现西北低、东南高的特点（图 4-44）。在一统暗

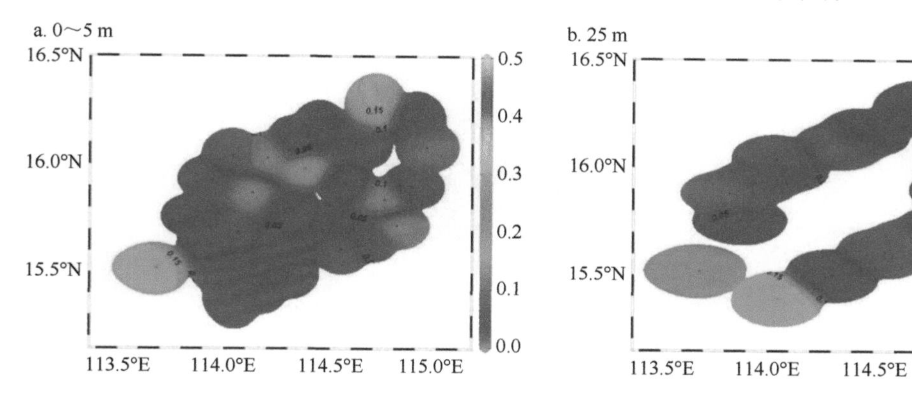

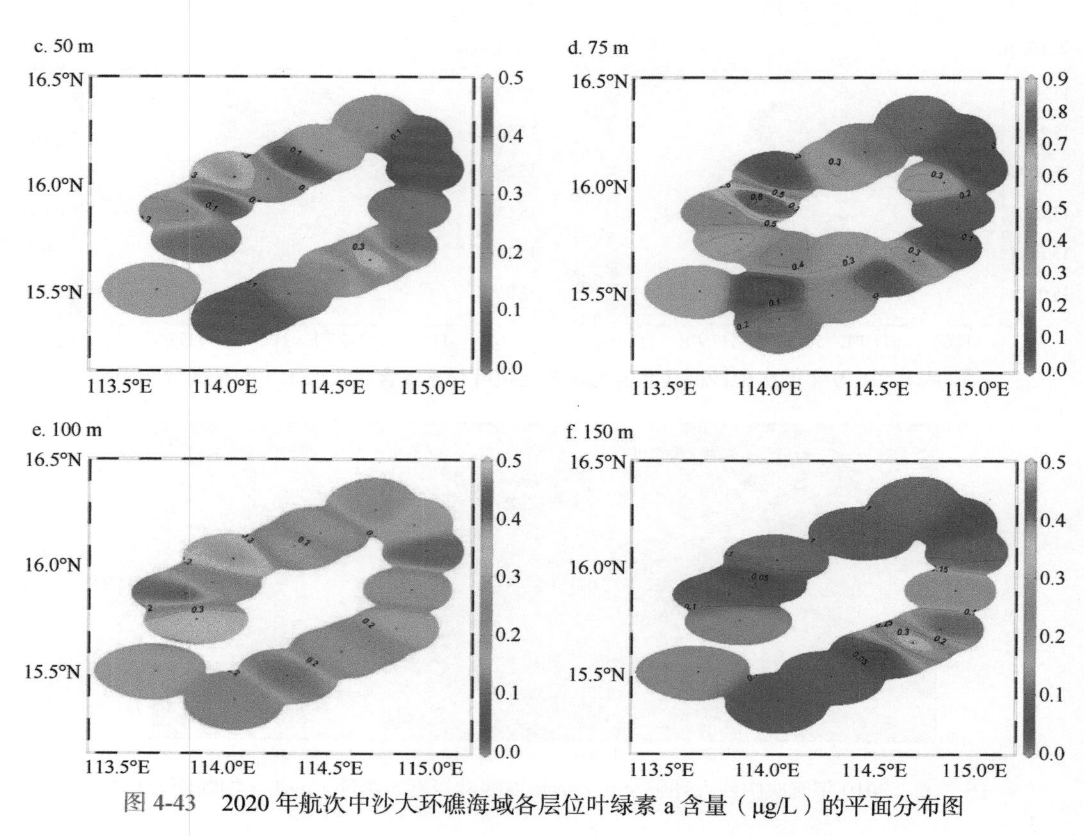

图 4-43　2020 年航次中沙大环礁海域各层位叶绿素 a 含量（μg/L）的平面分布图

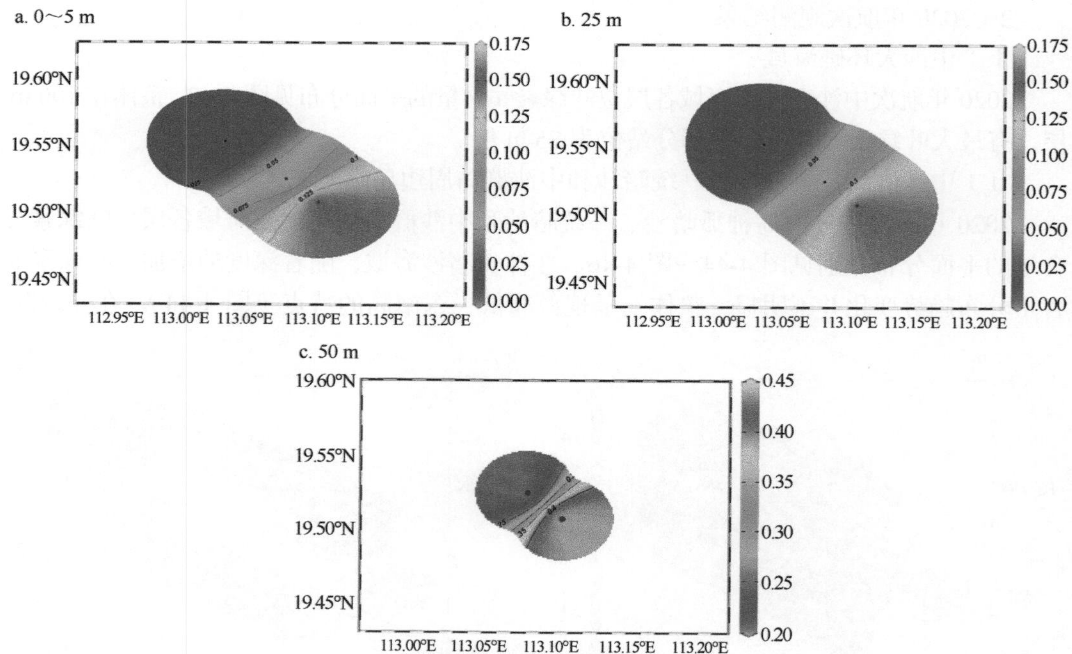

图 4-44　2020 年航次神狐暗沙海域各层位叶绿素 a 含量（μg/L）的平面分布图

沙海域，叶绿素 a 含量呈现北侧更高的特点（图 4-45）。而在中沙群岛周边岛礁海域，0～5 m 层位叶绿素 a 含量分布呈现中部高并向四周递减的趋势；25～100 m 层位叶绿素 a 含量分布均呈现南高北低的特征；150 m 层位则呈现相反的分布特征；垂直方向上叶绿素 a 含量整体先上升后下降，75 m 层为叶绿素 a 含量最高层（图 4-46）。

3）2021 年航次观测结果

Ⅰ）中沙大环礁海域

2021 年航次中沙大环礁海域 ZS-01 站位各层位叶绿素 a 含量的时间序列变化见图 4-47。该站位的叶绿素 a 含量为 0.028～0.141 μg/L，平均值为 0.062 μg/L。叶绿素 a 含量最高值出现在 18:00 的 10 m 层，最低值出现在 6:00 的底层，总体上呈现 12:00～18:00 叶绿素 a 含量高、其他采样时刻含量低的特征。

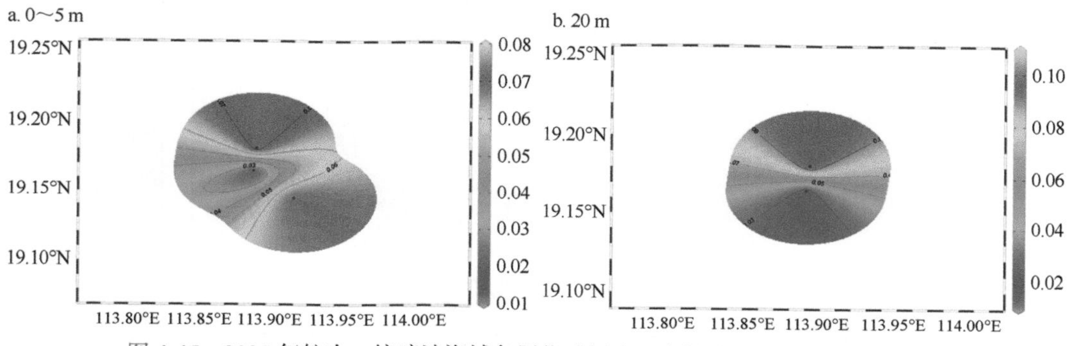

图 4-45　2020 年航次一统暗沙海域各层位叶绿素 a 含量（μg/L）的平面分布图

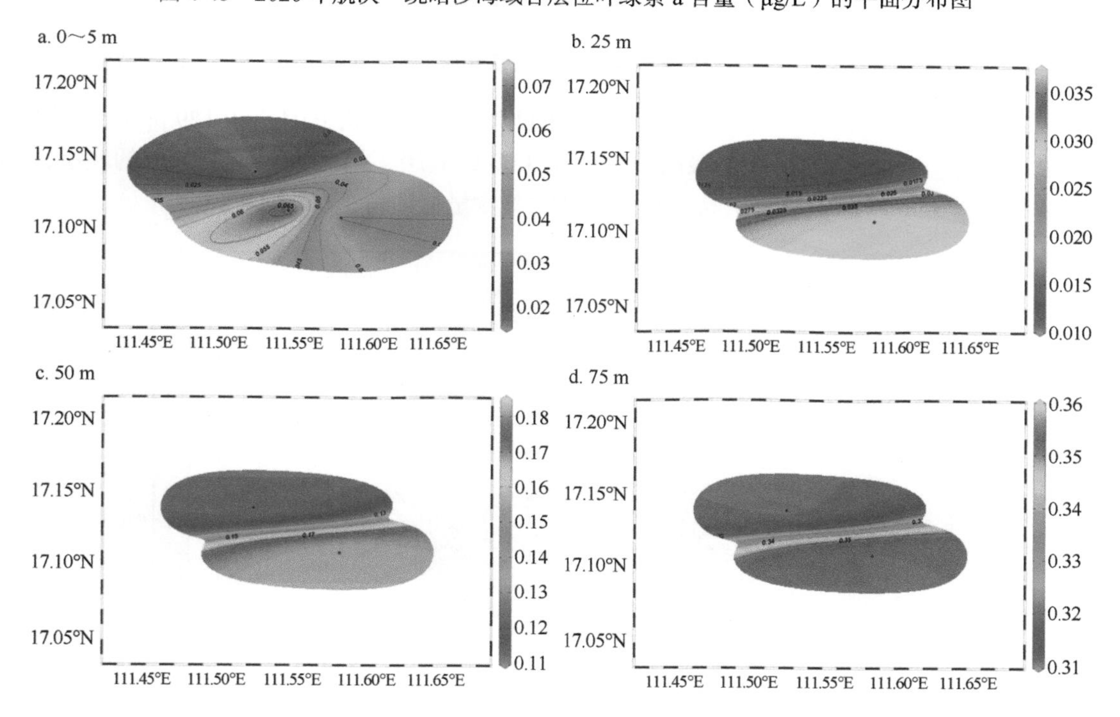

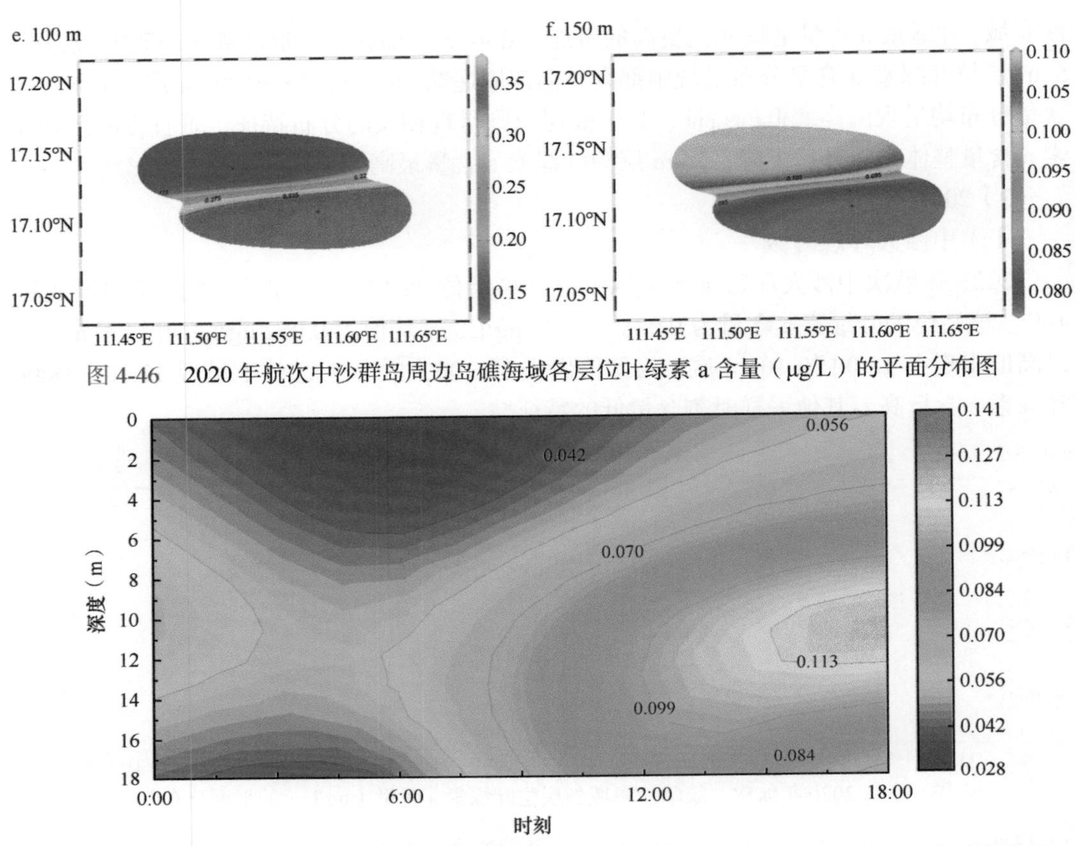

图 4-46 2020 年航次中沙群岛周边岛礁海域各层位叶绿素 a 含量（μg/L）的平面分布图

图 4-47 2021 年航次中沙大环礁海域 ZS-01 站位各层位叶绿素 a 含量（μg/L）的时间序列变化图

2021 年航次中沙大环礁海域 ZS-02 站位的叶绿素 a 含量为 0.041～0.129 μg/L，平均值为 0.080 μg/L。叶绿素 a 含量最高值出现在 3:00 的底层，最低值出现在 9:00 的底层，总体上呈现 3:00 叶绿素 a 含量高、其他采样时刻含量低的特征（图 4-48）。

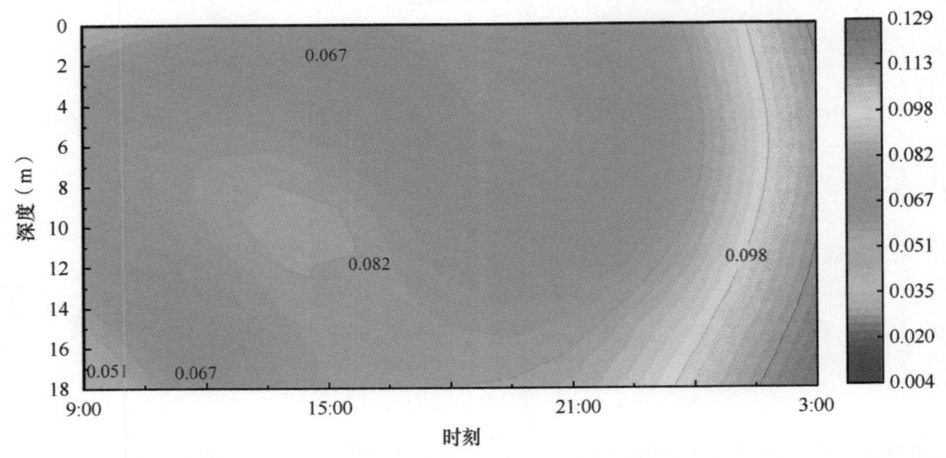

图 4-48 2021 年航次中沙大环礁海域 ZS-02 站位各层位叶绿素 a 含量（μg/L）的时间序列变化图

2021 年航次中沙大环礁海域 ZS-03 站位的叶绿素 a 含量为 0.030～0.535 μg/L，平均值为 0.079 μg/L，总体上呈现 18:00 的表层（0～5 m）叶绿素 a 含量高、其他采样时刻含量低的特征（图 4-49）。

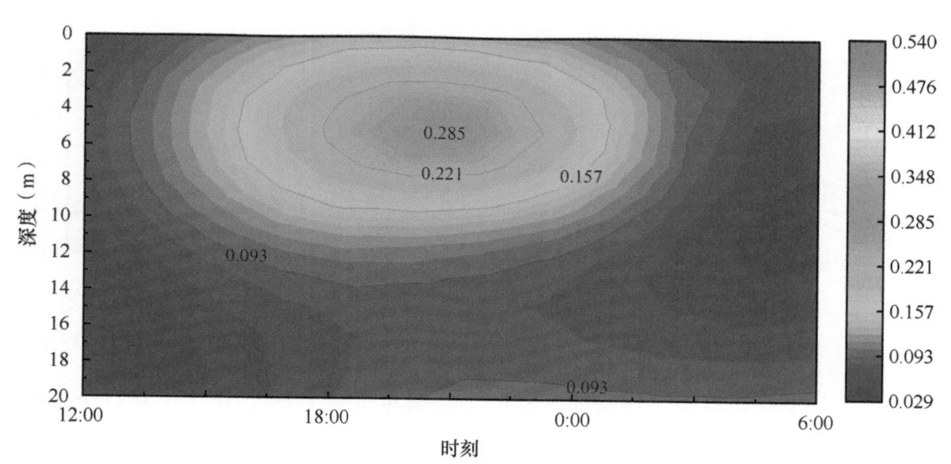

图 4-49　2021 年航次中沙大环礁海域 ZS-03 站位各层位叶绿素 a 含量（μg/L）的时间序列变化图

Ⅱ）神狐暗沙海域

2021 年航次神狐暗沙海域的叶绿素 a 含量为 0.029～0.117 μg/L，平均值为 0.070 μg/L。叶绿素 a 含量最高值出现在 3:00 的表层，最低值出现在 21:00 的 10 m 层，总体上呈现观测时间内大部分水层的叶绿素 a 含量较低的特征（图 4-50）。

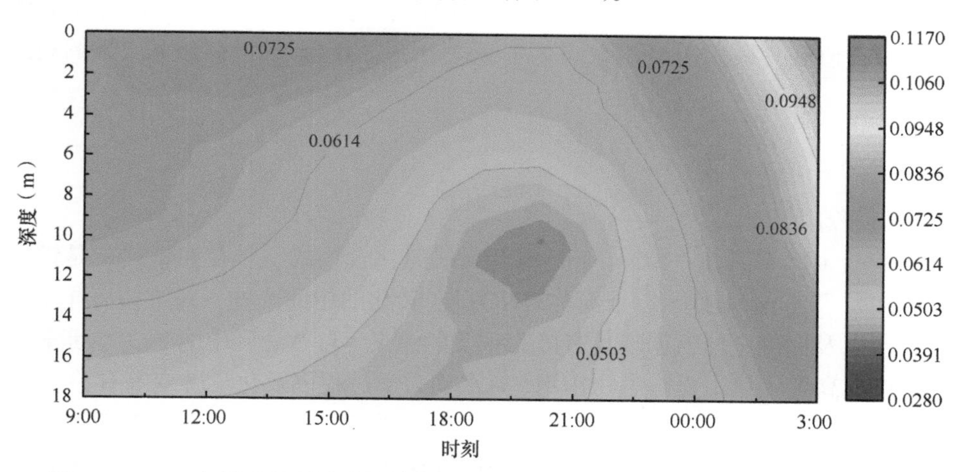

图 4-50　2021 年航次神狐暗沙海域各层位叶绿素 a 含量（μg/L）的时间序列变化图

Ⅲ）一统暗沙海域

2021 年航次一统暗沙海域的叶绿素 a 含量为 0.035～0.111 μg/L，平均值为 0.071 μg/L。叶绿素 a 含量最高值出现在 21:00 的表层，最低值出现在 21:00 的 10 m 层，总体上呈现表层叶绿素 a 含量高、底层含量低的特征（图 4-51）。

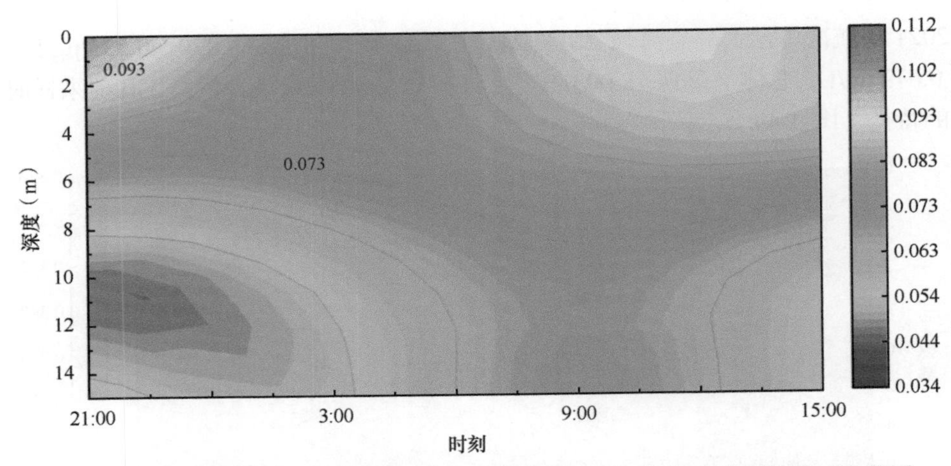

图 4-51　2021 年航次一统暗沙海域各层位叶绿素 a 含量（μg/L）的时间序列变化图

目前关于中沙群岛海域叶绿素 a 含量的观测数据非常有限。1983 年 9 月至 1984 年 12 月，国家海洋局第三海洋研究所对南海中部海域进行了叶绿素 a 分布调查，发现 0～50 m 层叶绿素 a 含量随深度增大稍有上升，平均值范围为 0.09～0.14 μg/L，50～100 m 层平均值范围为 0.10～0.32 μg/L（陈兴群等，1989），低于 2019 年调查结果（0.11～0.30 μg/L 和 0.30～0.54 μg/L）和 2020 年调查结果（0.003～0.441 μg/L 和 0.090～0.839 μg/L）。2014 年 7～8 月，中国水产科学研究院南海水产研究所研究团队通过分析在南海中部实测的 CTD 调查数据发现，南海中部海域叶绿素 a 含量垂直分布呈现先升高后降低的趋势，30～70 m 层出现叶绿素 a 含量高值区（于杰等，2016），与本调查在 50～100 m 层观测到叶绿素 a 含量高值区一致。整体而言，中沙群岛海域近 30 年以来叶绿素 a 含量的观测值有上升趋势。

5. 营养盐

1）亚硝酸盐

亚硝酸盐（以下简称“NO_2^-”）是溶解无机氮化合物的一种存在形式，是铵盐（以下简称“NH_4^+”）向硝酸盐（以下简称“NO_3^-”）转化的中间产物，对维持海洋生物体内的代谢平衡以及促进全球氮循环具有极为重要的意义。自然海区中的 NO_2^- 含量较低（约 0.2 mg/L），其高低变化主要与生物作用、海水动力学过程以及化学转变等有关。一般地，NH_4^+ 可以通过氧化还原反应生成 NO_2^-，或以 NO_3^- 为底物，经紫外辐射光分解生成。在上升流活跃的海域，NO_2^- 主要从深层海水中得到补偿。海洋生物（细菌和浮游植物）对 NO_2^- 的直接吸收利用或生物的厌氧氨氧化过程均会降低水体中的 NO_2^- 含量。海水 NO_2^- 含量是海洋环境中的一个重要因子，直接影响生物的分布区域以及海洋氮环境的稳定。它对元素在海洋中的化学反应和迁移行为以及海洋生产力具有一定的影响。因此，海水 NO_2^- 含量的监测对海域生产力状况的评价、海洋污染的判断以及氮素地球化学行为的模拟具有重要的参考依据。

2019 年航次完成了 53 个站位的海水 NO_2^- 样品采集，采集层位分别为表层（0～5 m）、

10 m、20 m、25 m、30 m、50 m、65 m、70 m、75 m、80 m、100 m、150 m。实际获得样品 278 个，获取高于检出限的数据 263 个。

2020 年航次完成了 44 个站位的海水 NO_2^- 样品采集，采集层位分别为表层（0～5 m）、10 m、20 m、25 m、40 m、50 m、60 m、65 m、70 m、75 m、80 m、85 m、100 m、130 m、150 m。实际获得样品 188 个，获取高于检出限的数据 188 个。

2021 年航次进行了 5 个站位的海水 NO_2^- 样品采集，采集层位分别为表层（0～5 m）、10 m、15 m、20 m。实际获得样品 20 个，获取高于检出限的数据 20 个。

2019～2021 年各航次中沙群岛及其邻近海域不同层位 NO_2^- 含量的变化见表 4-11。

表 4-11　2019～2021 年各航次中沙群岛及其邻近海域不同层位 NO_2^- 含量的变化

层位（m）	NO_2^- 含量（μmol/L）					
	2019 年		2020 年		2021 年	
	范围	平均值	范围	平均值	范围	平均值
0～5	0.004～0.111	0.038	0.053～0.064	0.059	0.02～0.08	0.05
10	0.011～0.050	0.029	0.055～0.061	0.058	0.04～0.26	0.11
15	/	/	/	/	0.06	0.06
20	0.032～0.046	0.039	0.054～0.062	0.058	0.03～0.06	0.05
25	0.007～0.196	0.045	0.053～0.078	0.059	/	/
30	0.064	0.064	/	/	/	/
40	/	/	0.047～0.062	0.058	/	/
50	0.007～0.157	0.047	0.055～0.108	0.062	/	/
60	/	/	0.056～0.062	0.059	/	/
65	0.043～0.050	0.046	0.061	0.061	/	/
70	0.061～0.136	0.098	0.055～0.062	0.058	/	/
75	0.025～0.400	0.118	0.054～0.066	0.060	/	/
80	0.054～0.118	0.080	0.053～0.081	0.068	/	/
85	/	/	0.066	0.066	/	/
100	0.043～0.336	0.147	0.058～0.123	0.072	/	/
130	/	/	0.066	0.066	/	/
150	0.029～0.139	0.059	0.059～0.075	0.063	/	/
全部层位	0.004～0.400	0.070	0.047～0.123	0.061	0.02～0.26	0.06

注：“/”表示未获取样品或数据

Ⅰ）2019 年航次观测结果

i）各层位平面分布

a）中沙大环礁海域

2019 年航次中沙大环礁海域各层位 NO_2^- 含量的平面分布见图 4-52。随着深度的增加，NO_2^- 含量先升高后降低，在 75～100 m 层，有最高含量。

b）中沙群岛北岩海域

2019 年航次中沙群岛北岩海域各层位 NO_2^- 含量的平面分布见图 4-53。NO_2^- 含量随着深度的增加而发生变化，在 100 m 层有最高含量。

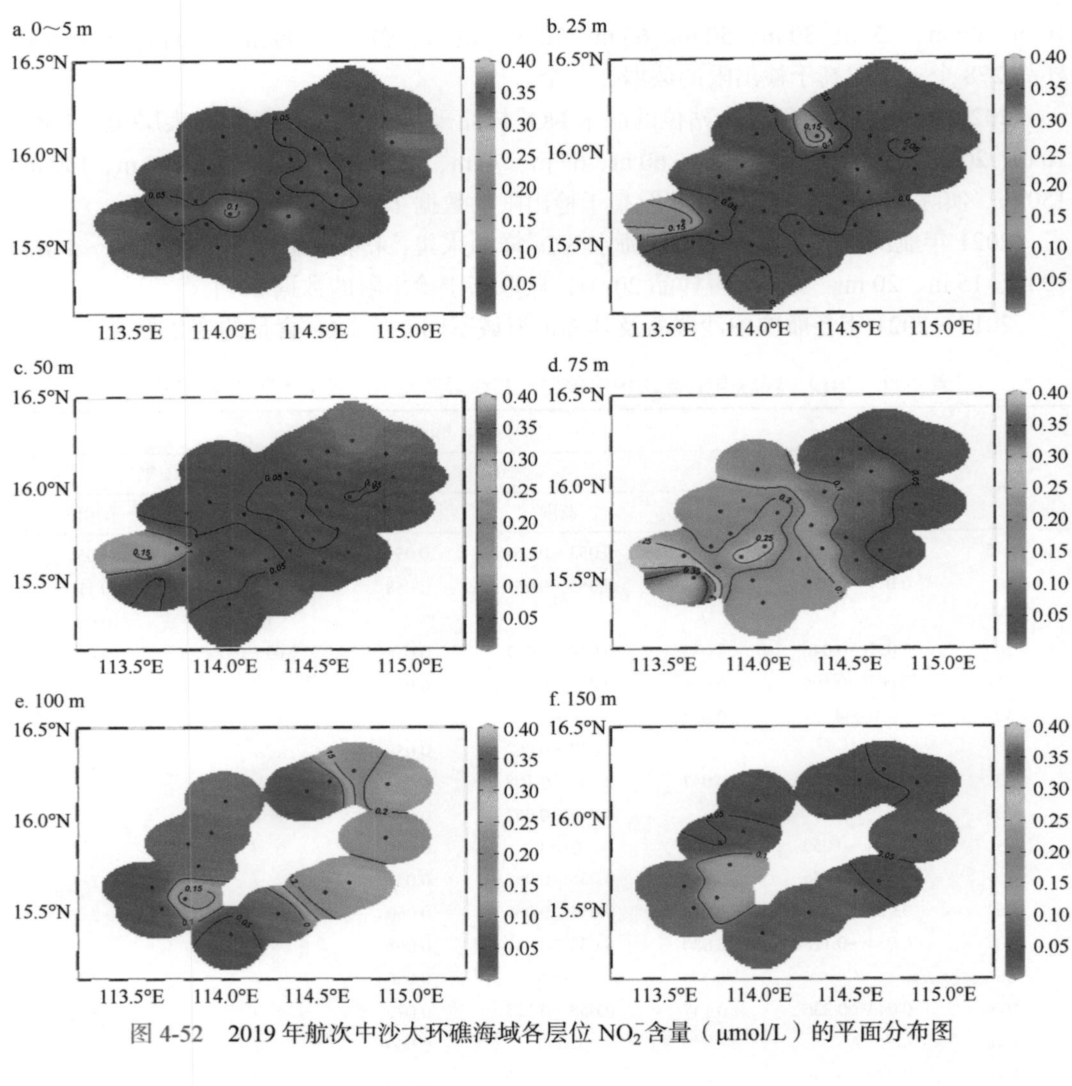

图 4-52　2019 年航次中沙大环礁海域各层位 NO_2^- 含量（μmol/L）的平面分布图

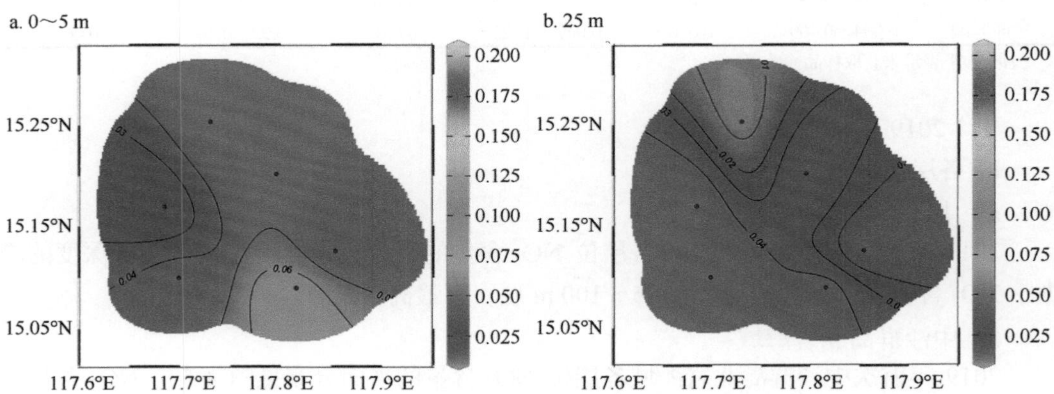

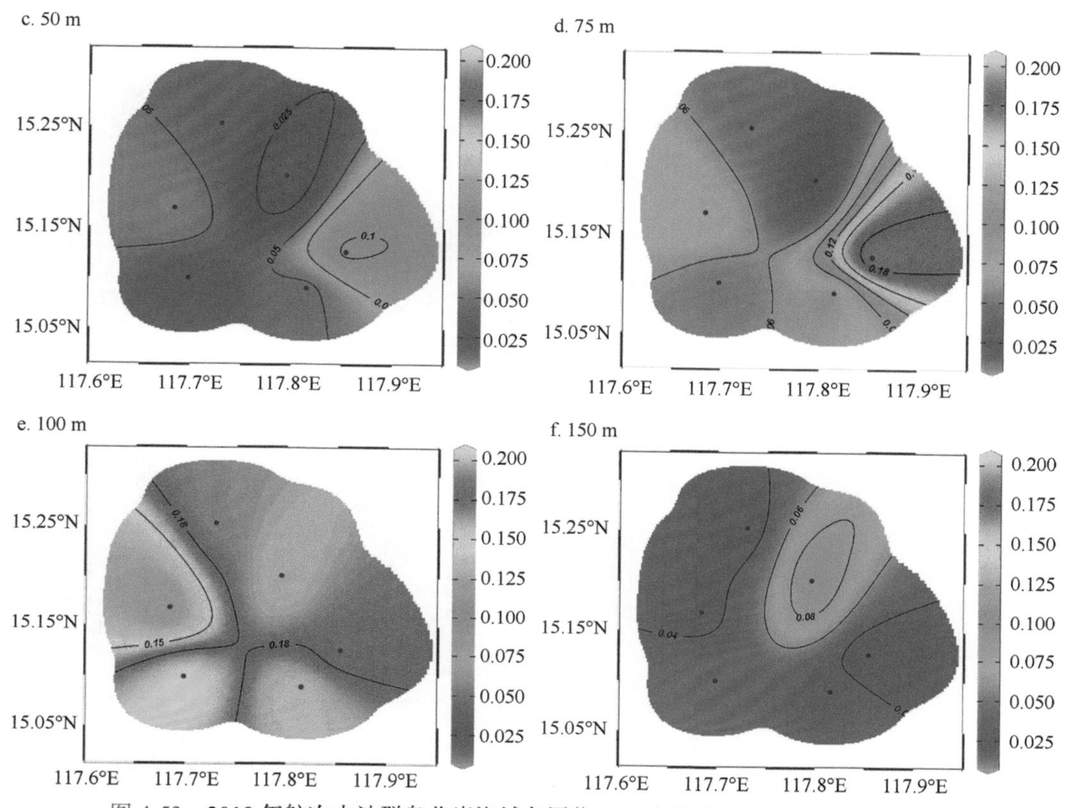

图 4-53　2019 年航次中沙群岛北岩海域各层位 NO_2^- 含量（μmol/L）的平面分布图

ii）断面分布

2019 年航次中沙大环礁至北岩海域航线 NO_2^- 含量的断面分布见图 4-54，在 100 m 层有最高 NO_2^- 含量。

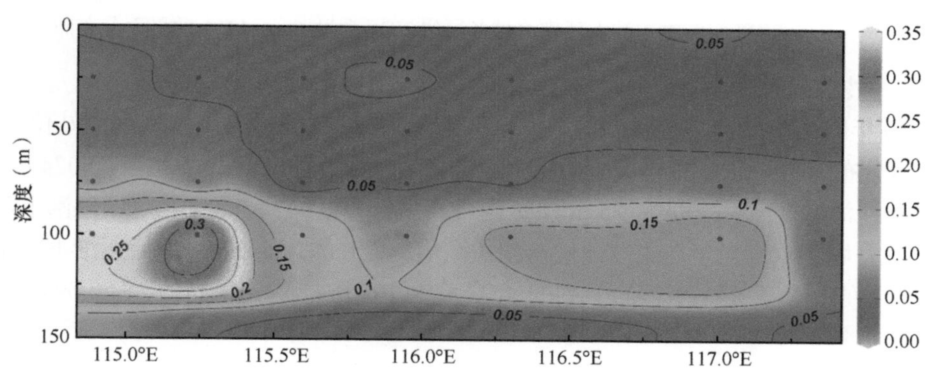

图 4-54　2019 年航次中沙大环礁至北岩海域航线 NO_2^- 含量（μmol/L）的断面分布图

Ⅱ）2020 年航次观测结果

i）中沙大环礁海域

2020 年航次中沙大环礁海域各层位 NO_2^- 含量的平面分布见图 4-55。整体上 NO_2^- 含量偏低，在 100 m 层有最高 NO_2^- 含量。

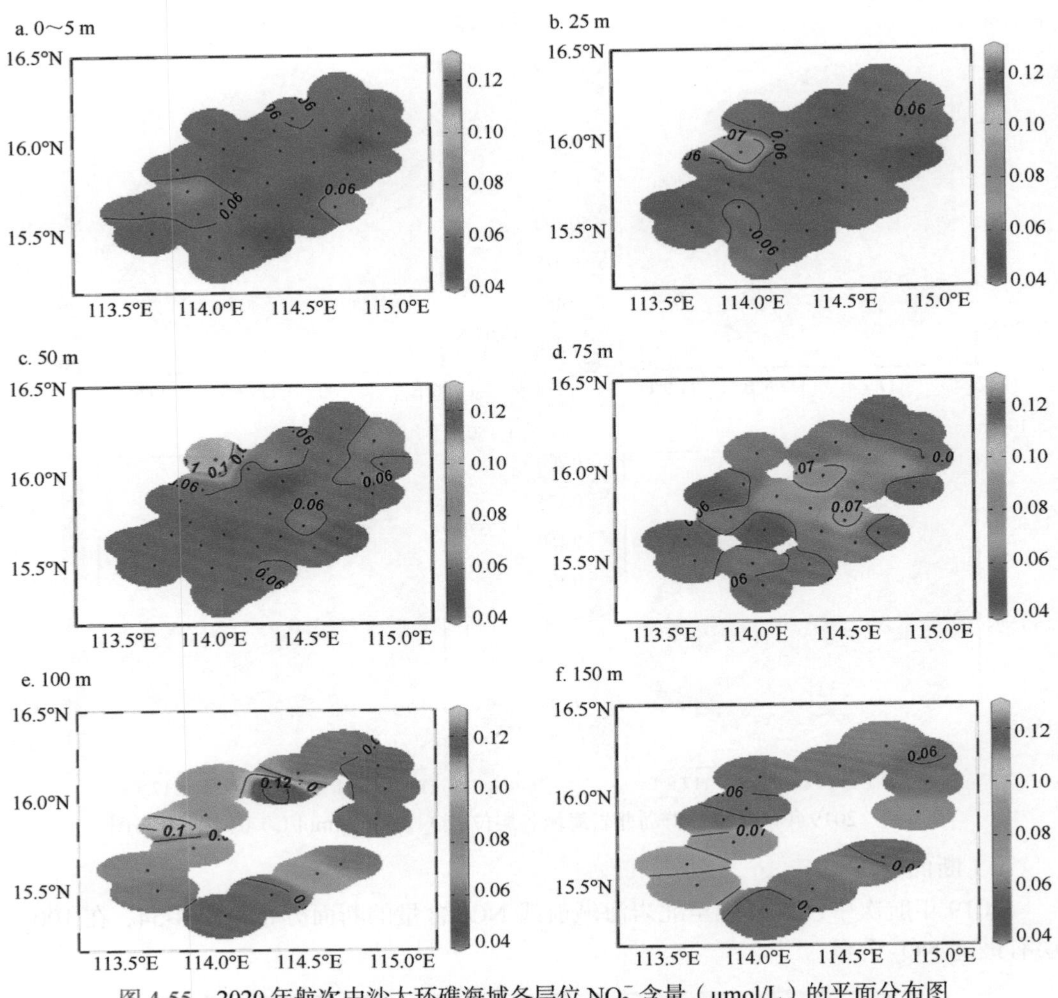

图 4-55　2020 年航次中沙大环礁海域各层位 NO_2^- 含量（μmol/L）的平面分布图

ii）中沙群岛神狐暗沙、一统暗沙和中沙群岛周边岛礁海域

2020 年航次中沙群岛神狐暗沙、一统暗沙和中沙群岛周边岛礁海域观测站位 NO_2^- 含量的垂直分布见图 4-56。在 0～45 m 层，NO_2^- 含量变化不大且相近，为 0.054～0.074 μmol/L。在神狐暗沙海域，NO_2^- 含量在 75 m 层达到最高值，为 0.083 μmol/L，之后逐渐下降；在一统暗沙海域，NO_2^- 含量在 100 m 层达到最高值，为 0.071 μmol/L，之后逐渐下降至接近表层含量；在中沙群岛周边岛礁海域，NO_2^- 含量在 100 m 层达到最高值，为 0.091 μmol/L，之后逐渐下降。

Ⅲ）2021 年航次观测结果

2021 年航次中沙群岛及其邻近海域观测站位 NO_2^- 含量的垂直分布见图 4-57。神狐暗沙海域 SH-02 站位、中沙大环礁海域 ZS-01 和 ZS-02 站位的所有调查层位 NO_2^- 含量变化不大且相近，为 0.030～0.070 μmol/L。一统暗沙海域 YT 站位和中沙大环礁海域 ZS-03 站位 NO_2^- 含量均在 10 m 层达到最高值，分别为 0.15 μmol/L 和 0.26 μmol/L，之后逐渐

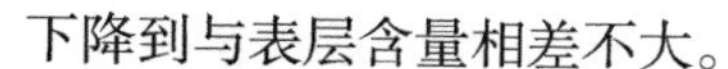
下降到与表层含量相差不大。

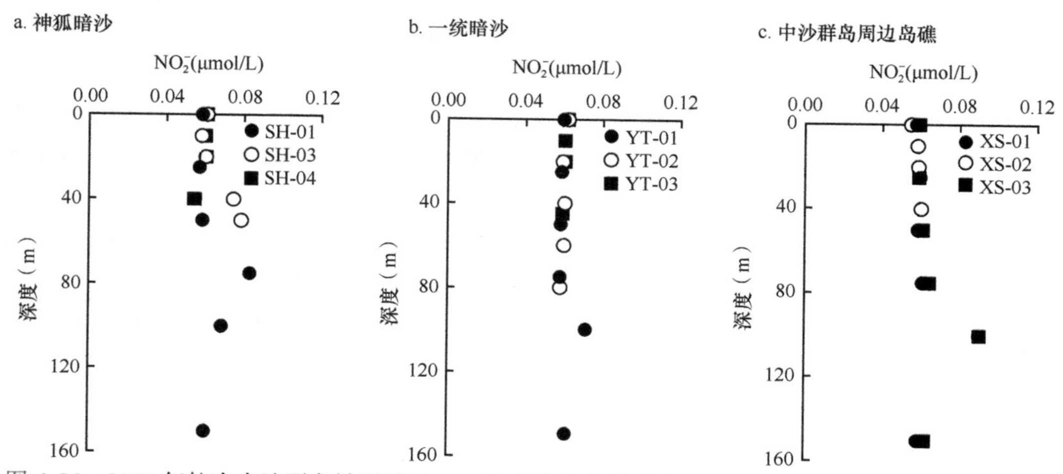

图 4-56　2020 年航次中沙群岛神狐暗沙、一统暗沙和中沙群岛周边岛礁海域观测站位 NO_2^- 含量的垂直分布图

通过对比 2019～2021 年 3 个航次的考察结果发现，3 年的平均 NO_2^- 含量均为 0.060～0.070 μmol/L。表层 NO_2^- 含量相对较低，随着深度增加，NO_2^- 含量在 50～100 m 层出现最高值，之后随着深度增加逐渐降低。这说明中沙群岛及其邻近海域这 3 年来的 NO_2^- 含量受人类活动或气候变化的影响较弱。通过对比前人在南海其他岛礁的研究（林洪瑛和韩舞鹰，2001；龙爱民等，2006；杨建斌等，2020）发现，3 个航次考察的 NO_2^- 含量均位于南海历史所获得的观测值的范围内，表明调查海域的水质状况较好。

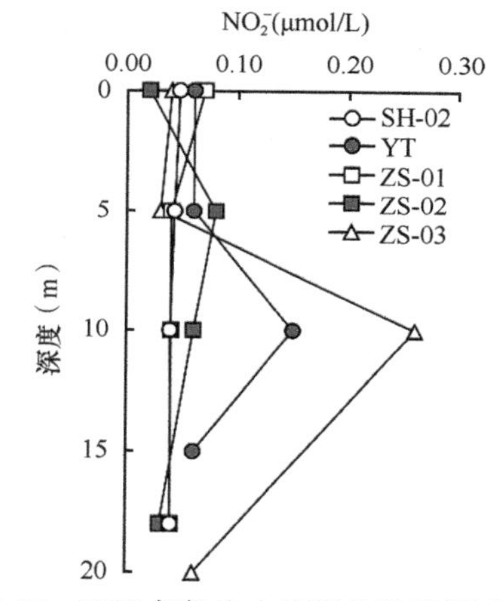

图 4-57　2021 年航次中沙群岛及其邻近海域观测站位 NO_2^- 含量的垂直分布图

2）硝酸盐

NO_3^- 作为海洋氮循环中的一员，其含量的高低对周边乃至全球氮循环的进程具有重要影响。同时，NO_3^- 也是海洋初级生产力的限制因素之一，维持着海洋生态系统能量流动和物质循环的稳定。大洋各个区域间 NO_3^- 含量并不总是恒定的，受到各种因素的影响。沿岸海域由于陆源河流输入和人类活动的影响，容易在近岸区域形成富营养化，导致海水中存在大量的 NO_3^- 等营养物质，而与此相对，在外海区域，人类活动则没有那么强烈，NO_3^- 含量一般不高。此外，固氮生物的固氮作用能将大气中的分子氮转换成自身物质，经排泄后被微生物分解返回到海洋中，形成再生氮，维持环境中氮含量的稳定。再者，上升流活跃的区域可以由深层营养盐补偿表层氮源的不足。NO_3^- 含量是海水化学分析中的一个重要参数，对于评估海洋生态系统生产力的高低、海洋氮素的迁移与转化以及海洋污染具有重要意义。

2019年航次完成了53个站位的海水NO_3^-样品采集，采集层位分别为表层（0～5 m）、10 m、15 m、20 m、25 m、30 m、50 m、65 m、70 m、75 m、80 m、100 m和150 m。实际获得样品278个，获取高于检出限的数据256个。

2020年航次完成了44个站位的海水NO_3^-样品采集，采集层位分别为表层（0～5 m）、10 m、20 m、25 m、40 m、50 m、60 m、65 m、70 m、75 m、80 m、85 m、100 m、130 m和150 m。实际获得样品188个，获取高于检出限的数据80个。

2021年航次完成了5个站位的海水NO_3^-样品采集，采集层位分别为表层（0～5 m）、10 m、15 m和20 m。实际获得样品20个，获取高于检出限的数据20个。

2019～2021年各航次中沙群岛及其邻近海域不同层位NO_3^-含量的变化见表4-12。

表4-12　2019～2021年各航次中沙群岛及其邻近海域不同层位NO_3^-含量的变化

层位（m）	NO_3^-含量（μmol/L）					
	2019年		2020年		2021年	
	范围	平均值	范围	平均值	范围	平均值
0～5	0.021～0.575	0.263	0.069～0.921	0.353	0.12～0.81	0.33
10	0.179～0.454	0.274	0.042～0.601	0.223	0.08～1.10	0.53
15	0.207	0.207	/	/	0.15	0.15
20	0.100～0.454	0.277	0.055～0.481	0.243	0.27～0.52	0.35
25	0.014～25.893	0.795	0.135～0.555	0.248	/	/
30	0.257	0.257	/	/	/	/
40	/	/	0.115～0.901	0.368	/	/
50	0.018～1.764	0.332	0.022～0.588	0.248	/	/
60	/	/	0.075～1.420	0.552	/	/
65	0.218～0.421	0.320	0.475	0.475	/	/
70	0.507	0.507	0.608	0.608	/	/
75	0.004～8.568	1.678	0.035～0.848	0.314	/	/
80	0.118～0.196	0.149	0.528～1.434	0.958	/	/
85	/	/	0.082	0.082	/	/
100	0.05～17.664	6.294	0.002～3.424	0.786	/	/
130	/	/	4.590	4.590	/	/
150	14.693～26.004	20.644	0.728～10.509	6.762	/	/
全部层位	0.004～26.004	3.620	0.002～10.509	1.695	0.08～1.10	0.38

注：“/”表示未获取样品或数据

Ⅰ）2019年航次观测结果

ⅰ）各层位平面分布

a）中沙大环礁海域

2019年航次中沙大环礁海域各层位NO_3^-含量的平面分布见图4-58。表层（0～5 m），NO_3^-含量最高值出现在大环礁的西部区域，整体呈现由西向东递减的趋势；25 m层，NO_3^-含量表现为中沙大环礁北部区域高、逐渐向周边递减的趋势，与表层相比，其存在

一个 NO_3^- 含量高值区；50～100 m 层，总体上表现为中沙大环礁西部区域高、逐渐向东部递减的趋势；150 m 层，总体上表现为中沙大环礁东部和南部区域高、逐渐向周边递减的趋势，与 100 m 层位的变化趋势相反，但整体 NO_3^- 含量有较大程度增加。

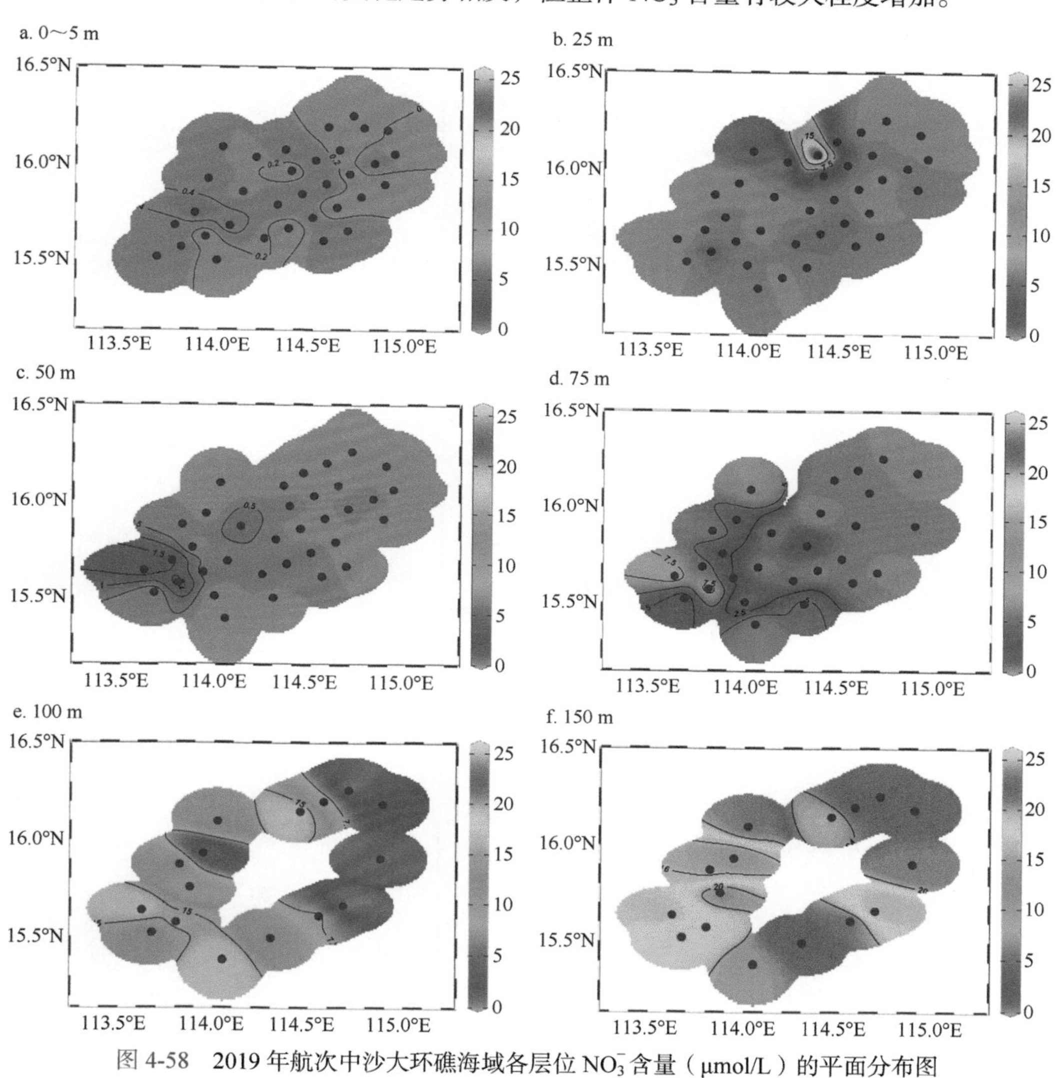

图 4-58　2019 年航次中沙大环礁海域各层位 NO_3^- 含量（μmol/L）的平面分布图

b）中沙群岛北岩海域

2019 年航次中沙群岛北岩海域各层位 NO_3^- 含量的平面分布见图 4-59。NO_3^- 含量在 150 m 层有最高值，大部分为 15～25 μmol/L。

ii）断面分布

2019 年航次中沙大环礁至北岩海域航线 NO_3^- 含量的断面分布见图 4-60，NO_3^- 含量在底层最高。

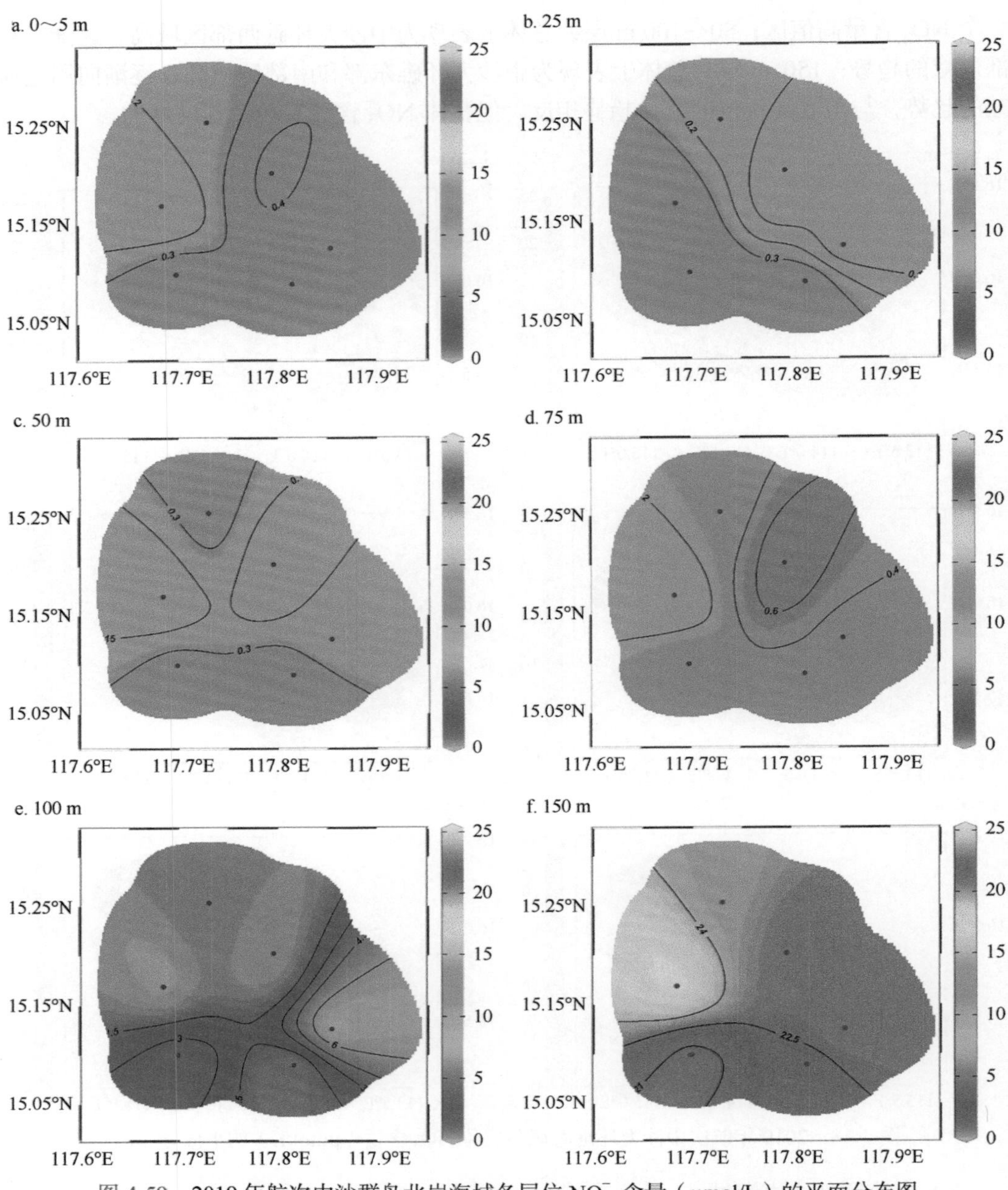

图 4-59 2019 年航次中沙群岛北岩海域各层位 NO_3^- 含量（μmol/L）的平面分布图

Ⅱ）2020 年航次观测结果

i）中沙大环礁海域

2020 年航次中沙大环礁海域各层位 NO_3^- 含量的平面分布见图 4-61，NO_3^- 含量东北部高于西南部，随着深度的增加而升高。

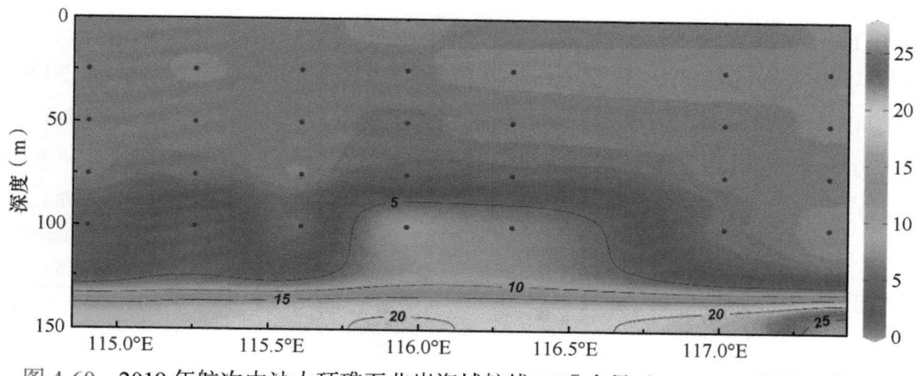

图 4-60　2019 年航次中沙大环礁至北岩海域航线 NO_3^- 含量（μmol/L）的断面分布图

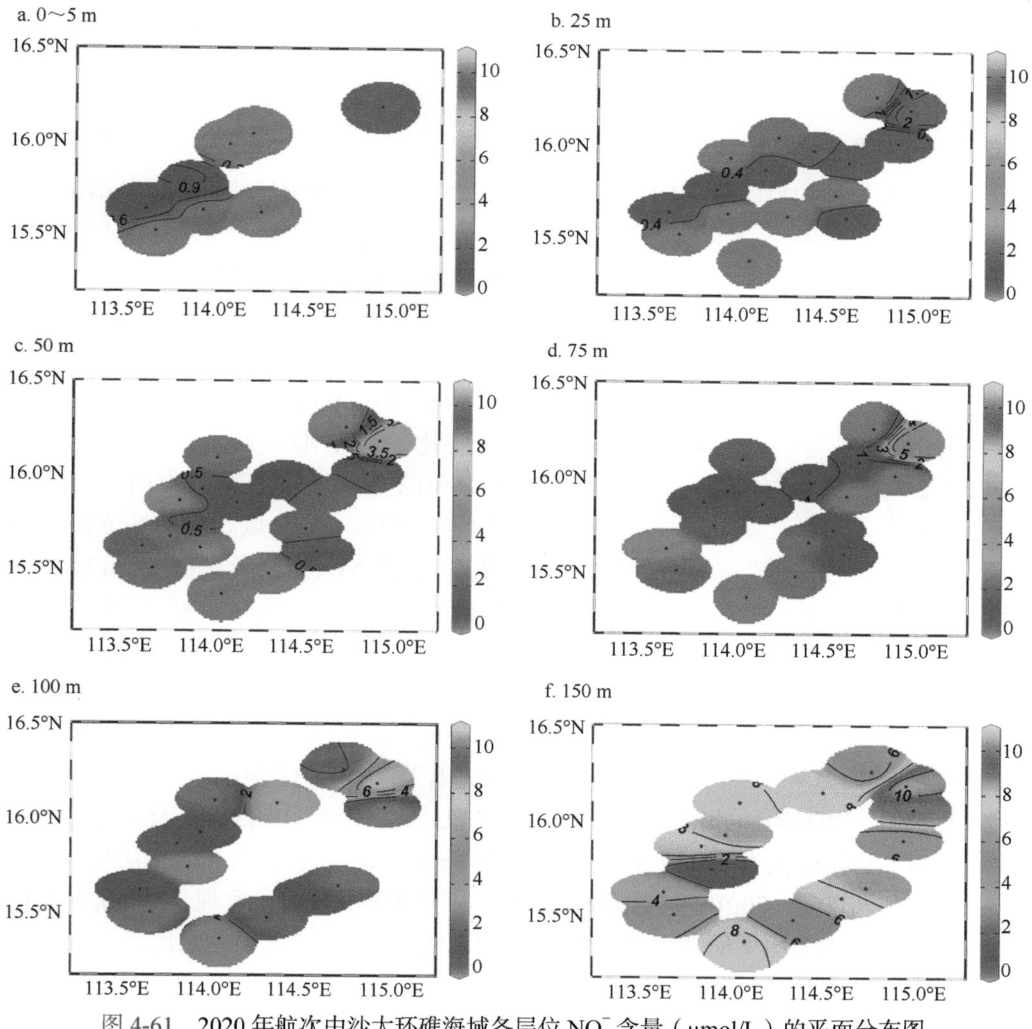

图 4-61　2020 年航次中沙大环礁海域各层位 NO_3^- 含量（μmol/L）的平面分布图

ii）中沙群岛神狐暗沙、一统暗沙和中沙群岛周边岛礁海域

2020 年航次中沙群岛一统暗沙和中沙群岛周边岛礁海域 0～100 m 层 NO_3^- 含量偏低，为 0.049～6.621 μmol/L；随着深度增加，NO_3^- 含量升高，在 150 m 层增加到最高值。神狐暗沙海域 0～75 m 层 NO_3^- 含量偏低，随着深度增加 NO_3^- 含量升高（图 4-62）。

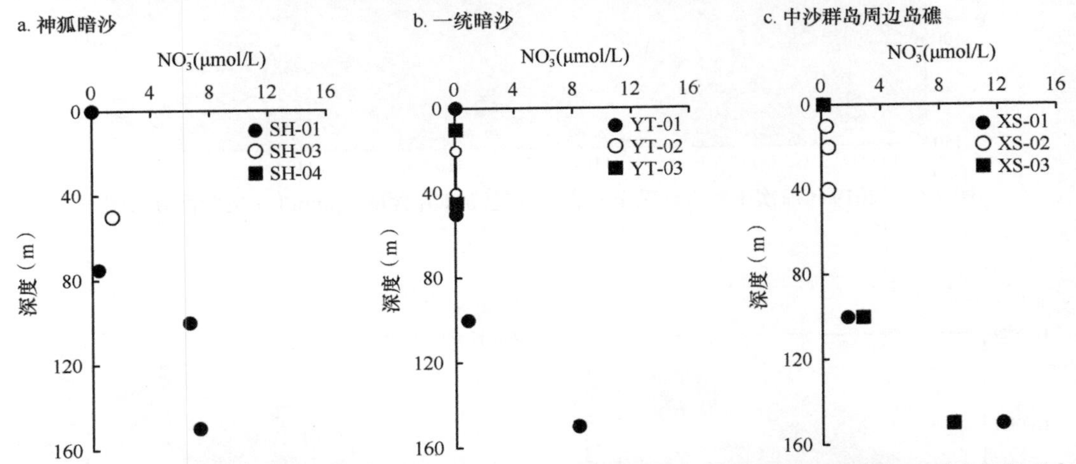

图 4-62　2020 年航次中沙群岛神狐暗沙、一统暗沙和中沙群岛周边岛礁海域观测站位 NO_3^- 含量的垂直分布图

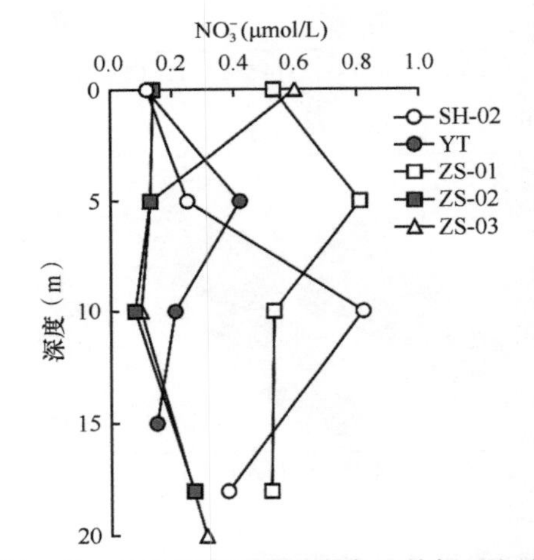

图 4-63　2021 年航次中沙群岛及其邻近海域观测站位 NO_3^- 含量的垂直分布图

Ⅲ）2021 年航次观测结果

2021 年航次中沙群岛及其邻近海域观测站位 NO_3^- 含量的垂直分布见图 4-63。除表层外，中沙大环礁海域 ZS-02 和 ZS-03 站位 NO_3^- 含量的垂直变化趋势基本一致。中沙大环礁海域 ZS-01 站位的 NO_3^- 含量在垂直方向上较其他海域整体偏高。神狐暗沙海域 SH-02 站位和一统暗沙海域 YT 站位 NO_3^- 含量分别在 10 m 层和 5 m 层达到最高值，之后随深度增加而降低。

通过对比 2019～2021 年 3 个航次的考察结果发现，2020 年平均 NO_3^- 含量与 2019 年相比较低，且最高值下降了 50%，这可能与 2019 年出现深层海水抬升有关。3 年的考察结果中，表层 NO_3^- 含量相近且较低，但随着深度增加，在 150 m 层出现最高值，说明中沙群岛及其邻近海域这 3 年来的 NO_3^- 含量受人类活动或气候变化的影响较弱。通过对比前人在南海其他岛礁的研究（林洪瑛和韩舞鹰，2001；龙爱民等，2006；刘纪勇等，2017）发现，3 个航次考察的 NO_3^- 含量均处于南海历史所获得的观测值的范围内，表明调查海域的水质状况较好。

3）铵盐

NH_4^+ 是水体中无机氮的一种存在形式，能被海洋生物直接吸收用于自身代谢活动，

但在高含量条件下，则会对生物产生毒害作用。其他环境因子如温度、pH 等能改变 NH_4^+ 给海洋动物带来的不利影响。海洋中 NH_4^+ 含量的高低受到多种因素的耦合作用。通常，近岸海域的氮源主要来源于入海河流输入和人类活动产生的含氮物质，外海海域的氮源主要与含氮有机物的生物降解、海-气交换以及上升流的输入有关。此外，固氮蓝藻可以将水体中的分子氮转变成 NH_4^+，其中一部分被浮游植物直接吸收利用，另外一部分则通过细菌的硝化作用转变为 NO_2^- 和 NO_3^-，与此过程相反，铵盐也可以通过厌氧氨氧化作用转变成分子氮，减少水体中储存的氮。NH_4^+ 含量是海洋环境化学分析中的一个重要参数，其高低变化关系着海洋生物的生产代谢活动以及氮素在环境中的化学行为和迁移过程。因此，海水 NH_4^+ 含量的监测对海洋生物的生态分布特征、氮素演变的动态变化以及环境污染等相关问题的研究具有一定的指导意义。

2019 年航次完成了 53 个站位的海水 NH_4^+ 样品采集，采集层位分别为表层（0～5 m）、10 m、20 m、25 m、30 m、50 m、65 m、70 m、75 m、80 m、100 m 和 150 m。实际获得样品 278 个，获取高于检出限的数据 263 个。

2020 年航次完成了 44 个站位的海水 NH_4^+ 样品采集，采集层位分别为表层（0～5 m）、10 m、20 m、25 m、40 m、50 m、60 m、65 m、70 m、75 m、80 m、85 m、100 m、130 m 和 150 m。实际获得样品 188 个，获取高于检出限的数据 188 个。

2021 年航次完成了 5 个站位的海水 NH_4^+ 样品采集，采集层位分别为表层（0～5 m）、10 m、15 m 和 20 m。实际获得样品 20 个，获取高于检出限的数据 20 个。

2019～2021 年各航次中沙群岛及其邻近海域不同层位 NH_4^+ 含量的变化见表 4-13。

表 4-13　2019～2021 年各航次中沙群岛及其邻近海域不同层位 NH_4^+ 含量的变化

层位（m）	NH_4^+ 含量（μmol/L）					
	2019 年		2020 年		2021 年	
	范围	平均值	范围	平均值	范围	平均值
0～5	0.321～4.561	1.220	0.131～0.936	0.367	0.21～0.57	0.38
10	0.450～1.479	0.865	0.098～0.589	0.380	0.08～0.85	0.51
15	/	/	/	/	0.45	0.45
20	0.686～0.739	0.713	0.245～0.522	0.333	0.33～0.78	0.44
25	0.289～11.971	1.504	0.123～1.960	0.413	/	/
30	2.721	2.721	/	/	/	/
40	/	/	0.182～1.154	0.471	/	/
50	0.457～3.182	1.526	0.103～1.032	0.404	/	/
60	/	/	0.239～0.602	0.390	/	/
65	0.882～1.196	1.039	0.380	0.380	/	/
70	0.586～0.871	0.729	0.216～0.346	0.281	/	/
75	0.532～3.643	1.558	0.132～0.781	0.377	/	/
80	0.461～1.632	1.014	0.253～1.318	0.606	/	/
85	/	/	0.320	0.320	/	/
100	0.561～5.968	1.743	0.172～0.936	0.425	/	/
130	/	/	0.351	0.351	/	/
150	0.546～5.596	2.202	0.078～0.884	0.362	/	/
全部层位	0.289～11.971	1.544	0.078～1.960	0.395	0.08～0.85	0.44

注：“/”表示未获取样品或数据

Ⅰ）2019 年航次观测结果

i）各层位平面分布

a）中沙大环礁海域

2019 年航次中沙大环礁海域各层位 NH_4^+ 含量的平面分布见图 4-64。NH_4^+ 含量整体不高，在 150 m 层西南侧高于东北侧。

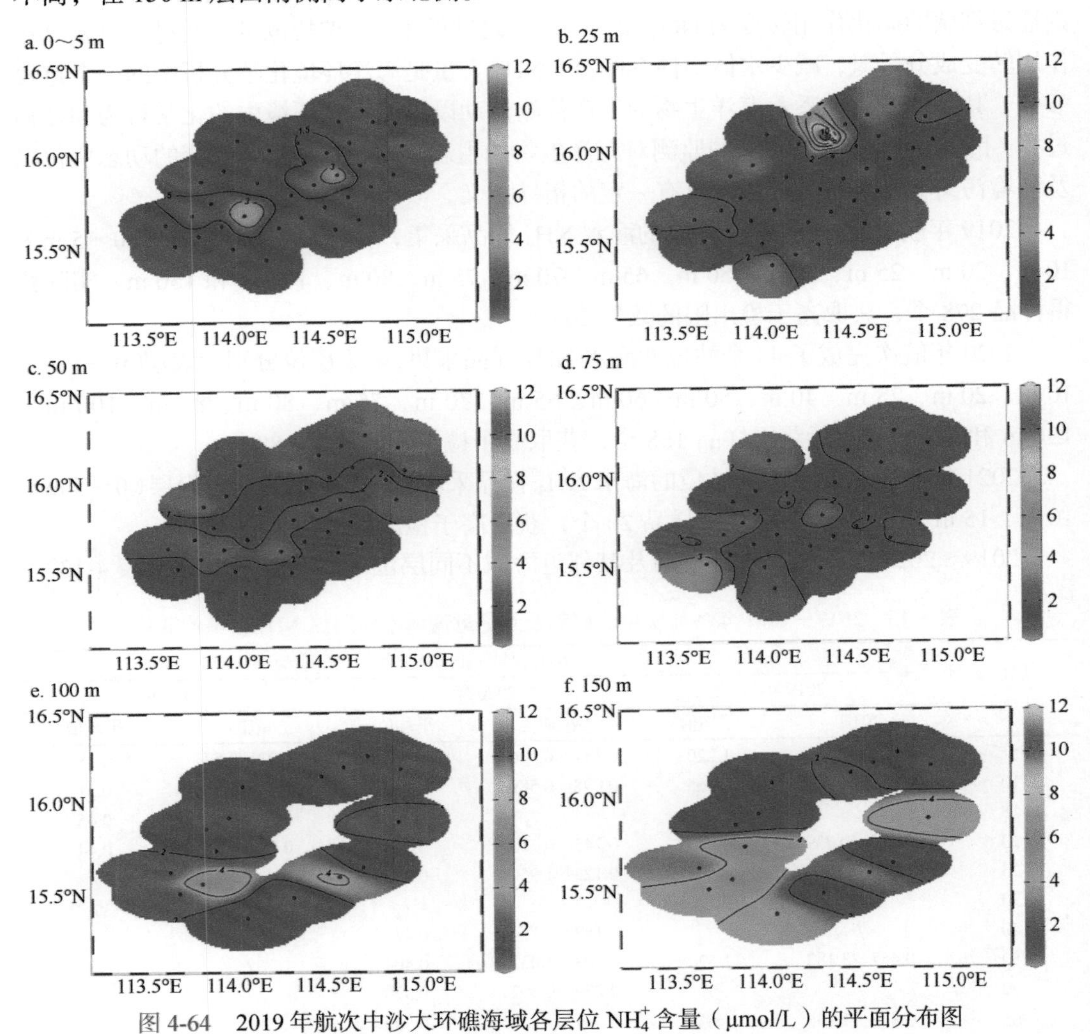

图 4-64　2019 年航次中沙大环礁海域各层位 NH_4^+ 含量（μmol/L）的平面分布图

b）中沙群岛北岩海域

2019 年航次中沙群岛北岩海域各层位 NH_4^+ 含量的平面分布见图 4-65。在 75 m 层 NH_4^+ 含量最高，其中东南侧最高。

ii）断面分布

2019 年航次中沙大环礁至北岩海域航线 NH_4^+ 含量的断面分布见图 4-66。在 115°E 海域附近，NH_4^+ 含量最高。

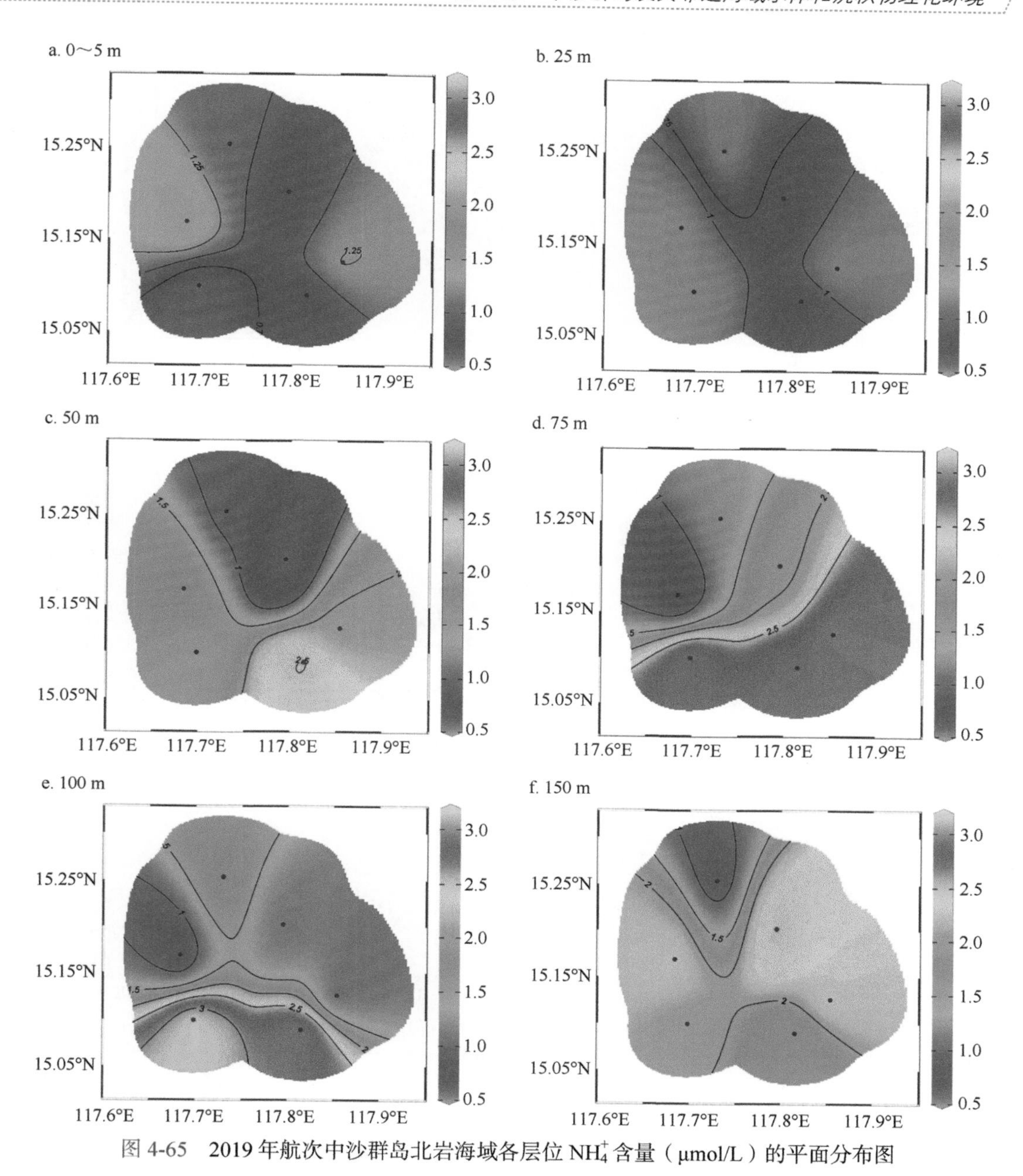

图 4-65　2019 年航次中沙群岛北岩海域各层位 NH_4^+ 含量（μmol/L）的平面分布图

Ⅱ）2020 年航次观测结果

i）中沙大环礁海域

2020 年航次中沙大环礁海域各层位 NH_4^+ 含量的平面分布如图 4-67 所示。NH_4^+ 含量整体较低，在 25 m 层，北部有 NH_4^+ 高含量区域。

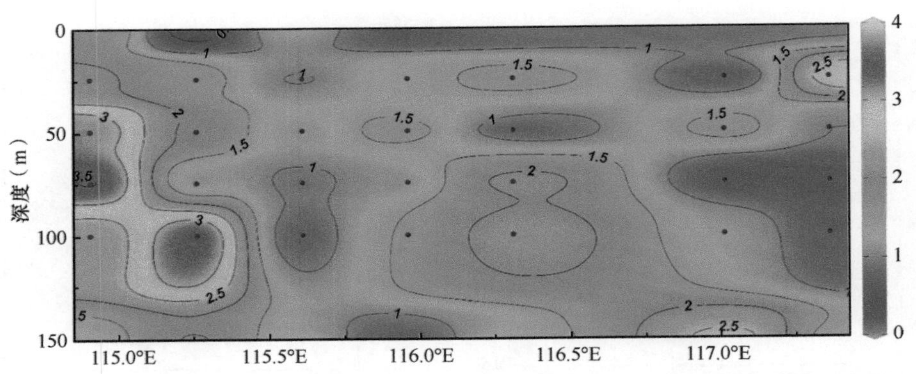

图 4-66　2019 年航次中沙大环礁至北岩海域航线 NH_4^+ 含量（μmol/L）的断面分布图

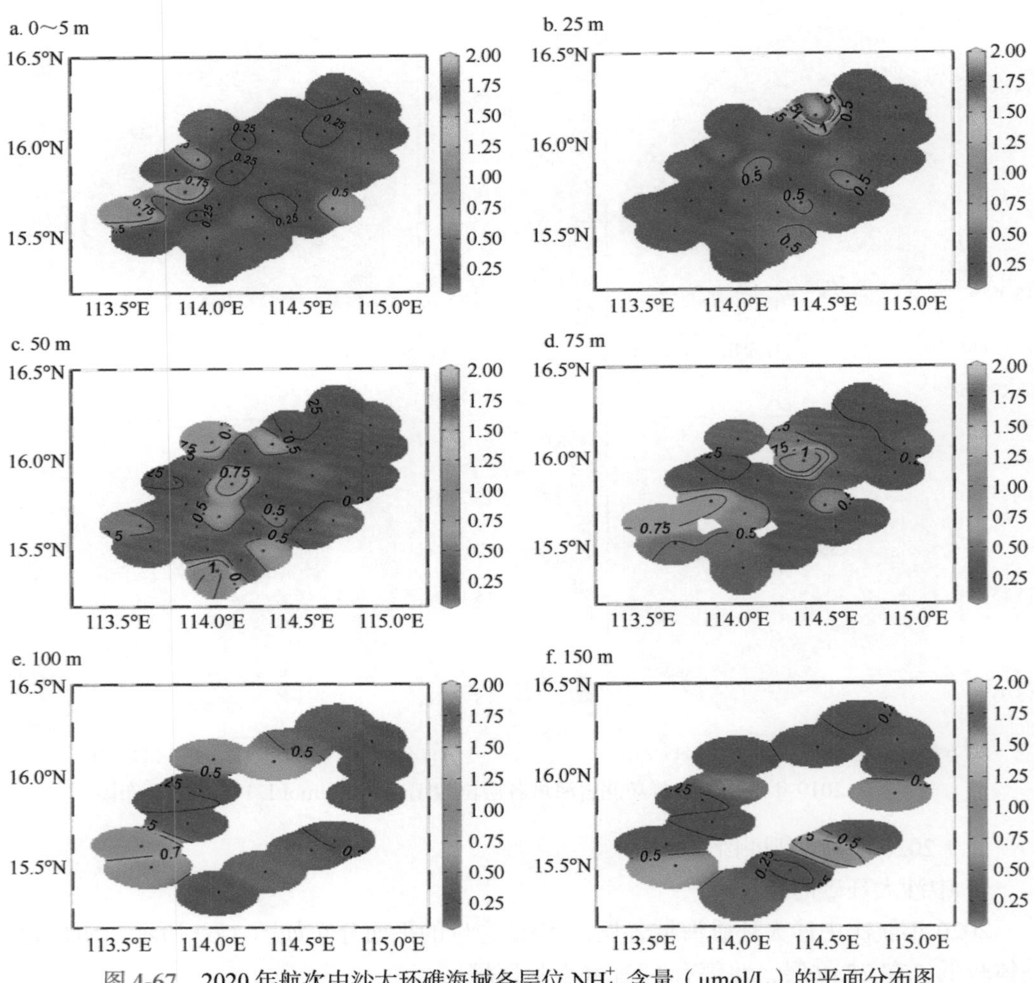

图 4-67　2020 年航次中沙大环礁海域各层位 NH_4^+ 含量（μmol/L）的平面分布图

ⅱ）中沙群岛神狐暗沙、一统暗沙和中沙群岛周边岛礁海域

2020 年航次中沙群岛神狐暗沙海域 NH_4^+ 含量为 0.180～0.699 μmol/L，最高值出现在 50 m 层，整体变化趋势经过两次降低、升高过程。一统暗沙海域 NH_4^+ 含量为 0.22～0.36 μmol/L，整体变化趋势不明显。中沙群岛周边岛礁海域 NH_4^+ 含量为 0.161～0.406 μmol/L，整体变化趋势和一统暗沙海域相似（图 4-68）。

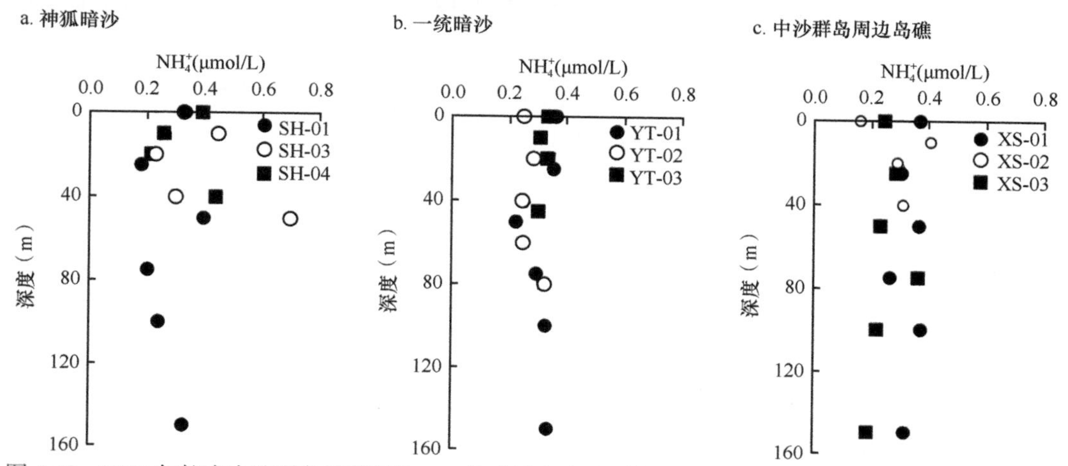

图 4-68　2020 年航次中沙群岛神狐暗沙、一统暗沙和中沙群岛周边岛礁海域观测站位 NH_4^+含量的垂直分布图

Ⅲ）2021 年航次观测结果

2021 年航次中沙群岛及其邻近海域观测站位 NH_4^+ 含量的垂直分布如图 4-69 所示。神狐暗沙海域 SH-02 站位和中沙大环礁海域 ZS-02 站位 NH_4^+ 含量在垂直方向上变化不大；一统暗沙海域 YT 站位 NH_4^+ 含量达到最高值，为 0.850 μmol/L，而中沙大环礁海域 ZS-03 站位 NH_4^+ 含量则在 10 m 层达到最低值，为 0.080 μmol/L。

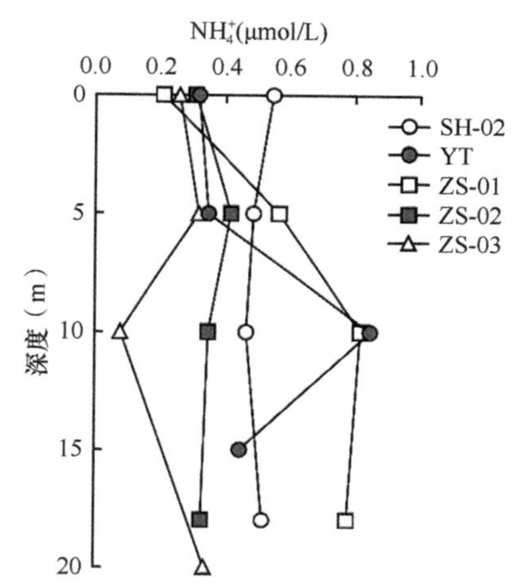

图 4-69　2021 年航次中沙群岛及其邻近海域观测站位 NH_4^+ 含量的垂直分布图

通过对比 2019～2021 年 3 个航次的考察结果发现，2020 年平均 NH_4^+ 含量与 2019 年相比较低，且最高值相差较大，但均出现在 25 m 层。在 3 个航次考察中，表层 NH_4^+ 含量相近且较低，但随着深度增加，在 25 m 层出现最高值，之后随着深度增加，NH_4^+ 含量逐渐降低至与表层相近的含量范围。这说明中沙群岛及其邻近海域这 3 年来的 NH_4^+ 含量相对稳定，受人类活动或气候变化的影响较弱。通过对比前人在南海其他岛礁的研究（林洪瑛和韩舞鹰，2001；龙爱民等，2006；刘纪勇等，2017）发现，3 个航次考察的 NH_4^+ 含量均位于南海历史所获得的观测值的范围内，表明调查海域的水质状况较好。

4）活性磷酸盐

活性磷酸盐（以下简称“PO_4^{3-}”）是磷在水体中的一种存在形式，是海洋生物生产

代谢活动中的必备元素之一，对海洋初级生产力的形成、物种分布以及生态系统构建极为重要。近岸海区的PO_4^{3-}主要来源于入海河流输入和人类活动产生的含磷物质，这将导致近岸海域出现极为严重的富营养化现象。在外海海域，水体中的PO_4^{3-}主要来自上升流输入以及含磷有机物的生物降解。浮游植物吸收水体中的PO_4^{3-}维持自身生命活动的正常进行以及生态系统能量流动的稳定。由于生物的吸收利用以及PO_4^{3-}的沉积作用，各个海域的PO_4^{3-}含量存在较大差异。在贫营养海域（高硝酸盐低磷），磷通常会成为限制海洋初级生产力的重要因素。因此，PO_4^{3-}含量的测定对海洋PO_4^{3-}的动态变化、海洋生态系统的健康状态以及海洋污染等问题的研究具有一定的指导意义。

2019年航次完成了53个站位的海水PO_4^{3-}样品采集，采集层位分别为表层（0～5 m）、10 m、15 m、20 m、25 m、30 m、50 m、65 m、70 m、75 m、80 m、100 m和150 m。实际获得样品278个，获取高于检出限的数据263个。

2020年航次完成了44个站位的海水PO_4^{3-}样品采集，采集层位分别为表层（0～5 m）、10 m、20 m、25 m、40 m、50 m、60 m、65 m、70 m、75 m、80 m、85 m、100 m、130 m和150 m。实际获得样品188个，获取高于检出限的数据188个。

2021年航次完成了5个站位的海水PO_4^{3-}样品采集，采集层位分别为表层（0～5 m）、10 m、15 m和20 m。实际获得样品20个，获取高于检出限的数据20个。

2019～2021年各航次中沙群岛及其邻近海域不同层位PO_4^{3-}含量的变化见表4-14。

表4-14　2019～2021年各航次中沙群岛及其邻近海域不同层位PO_4^{3}含量的变化

层位（m）	PO_4^{3}含量（μmol/L）					
	2019年		2020年		2021年	
	范围	平均值	范围	平均值	范围	平均值
0～5	0.324～0.611	0.451	0.222～0.561	0.393	0.04～0.21	0.11
10	0.403～3.087	1.299	0.215～0.524	0.400	0.04～0.20	0.12
15	0.435	0.435	/	/	0.25	0.25
20	0.374～0.452	0.413	0.084～0.509	0.381	0.01～0.18	0.12
25	0.281～3.01	0.531	0.038～0.518	0.355	/	/
30	0.708	0.708	/	/	/	/
40	/	/	0.308～0.559	0.417	/	/
50	0.337～1.637	0.522	0.232～0.522	0.391	/	/
60	/	/	0.357～0.621	0.460	/	/
65	0.440～0.463	0.452	0.508	0.508	/	/
70	0.482～0.669	0.576	0.281～0.524	0.402	/	/
75	0.442～1.416	0.716	0.237～0.553	0.421	/	/
80	0.456～0.539	0.491	0.370～0.622	0.533	/	/
85	/	/	0.462	0.462	/	/
100	0.421～2.796	1.202	0.308～0.859	0.495	/	/
130	/	/	0.997	0.997	/	/
150	2.035～4.226	2.725	0.539～1.701	1.256	/	/
全部层位	0.281～4.226	0.871	0.038～1.701	0.485	0.01～0.25	0.12

注："/"表示未获取样品或数据

Ⅰ）2019 年航次观测结果

ⅰ）各层位平面分布

a）中沙大环礁海域平面分布

2019 年航次中沙大环礁海域各层位 PO_4^{3-} 含量的平面分布见图 4-70。随着深度的增加，PO_4^{3-} 含量升高，在 150 m 层 PO_4^{3-} 含量最高。

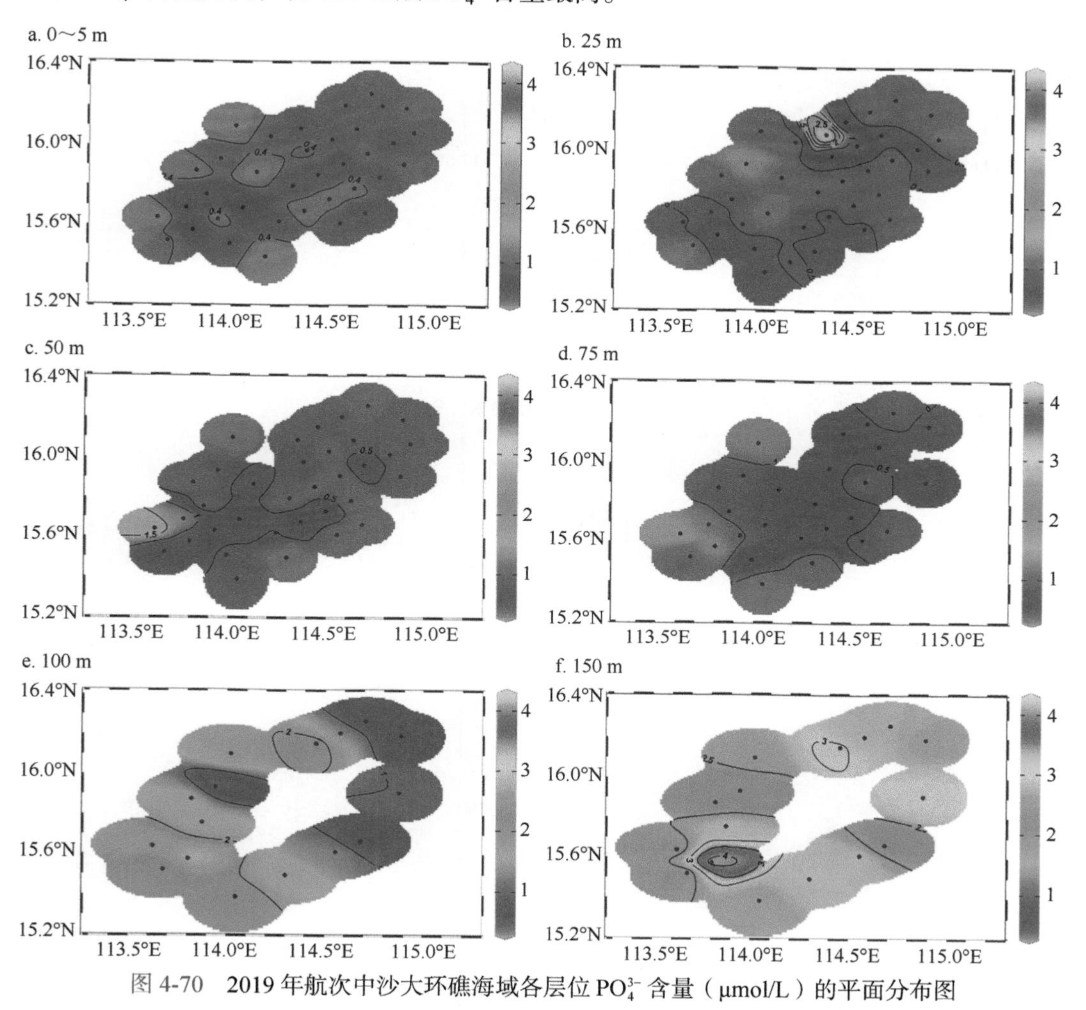

图 4-70 2019 年航次中沙大环礁海域各层位 PO_4^{3-} 含量（μmol/L）的平面分布图

b）中沙群岛北岩海域平面分布

2019 年航次中沙群岛北岩海域各层位 PO_4^{3-} 含量的平面分布见图 4-71。随着深度的增加，PO_4^{3-} 含量升高，在 150 m 层 PO_4^{3-} 含量最高。

ⅱ）断面分布

2019 年航次中沙大环礁至北岩海域航线 PO_4^{3-} 含量的断面分布见图 4-72，随着深度的增加，PO_4^{3-} 含量升高，在 150 m 层 PO_4^{3-} 含量最高。

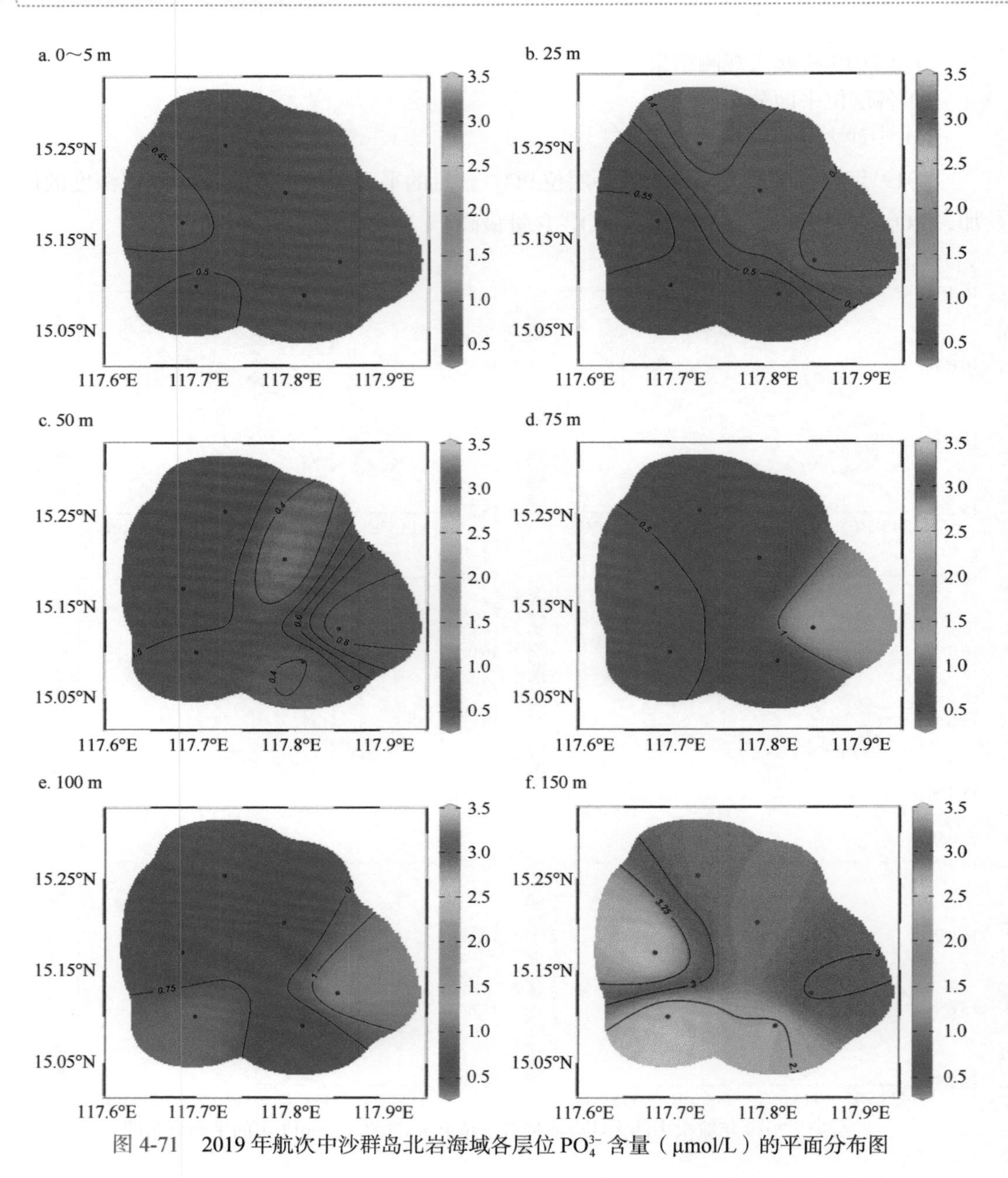

图 4-71　2019 年航次中沙群岛北岩海域各层位 PO_4^{3-} 含量（μmol/L）的平面分布图

Ⅱ）2020 年航次观测结果

i）中沙大环礁海域

2020 年航次中沙大环礁海域各层位 PO_4^{3-} 含量的平面分布见图 4-73。随着深度的增加，PO_4^{3-} 含量升高，在 150 m 层 PO_4^{3-} 含量最高。

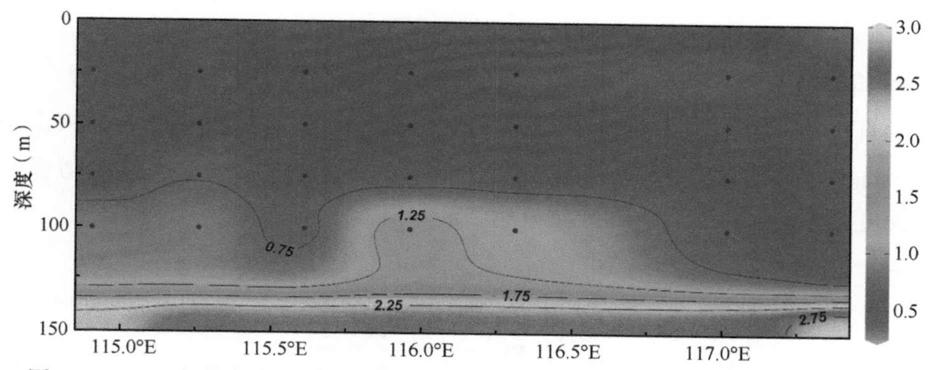

图 4-72　2019 年航次中沙大环礁至北岩海域航线 PO_4^{3-} 含量（μmol/L）的断面分布图

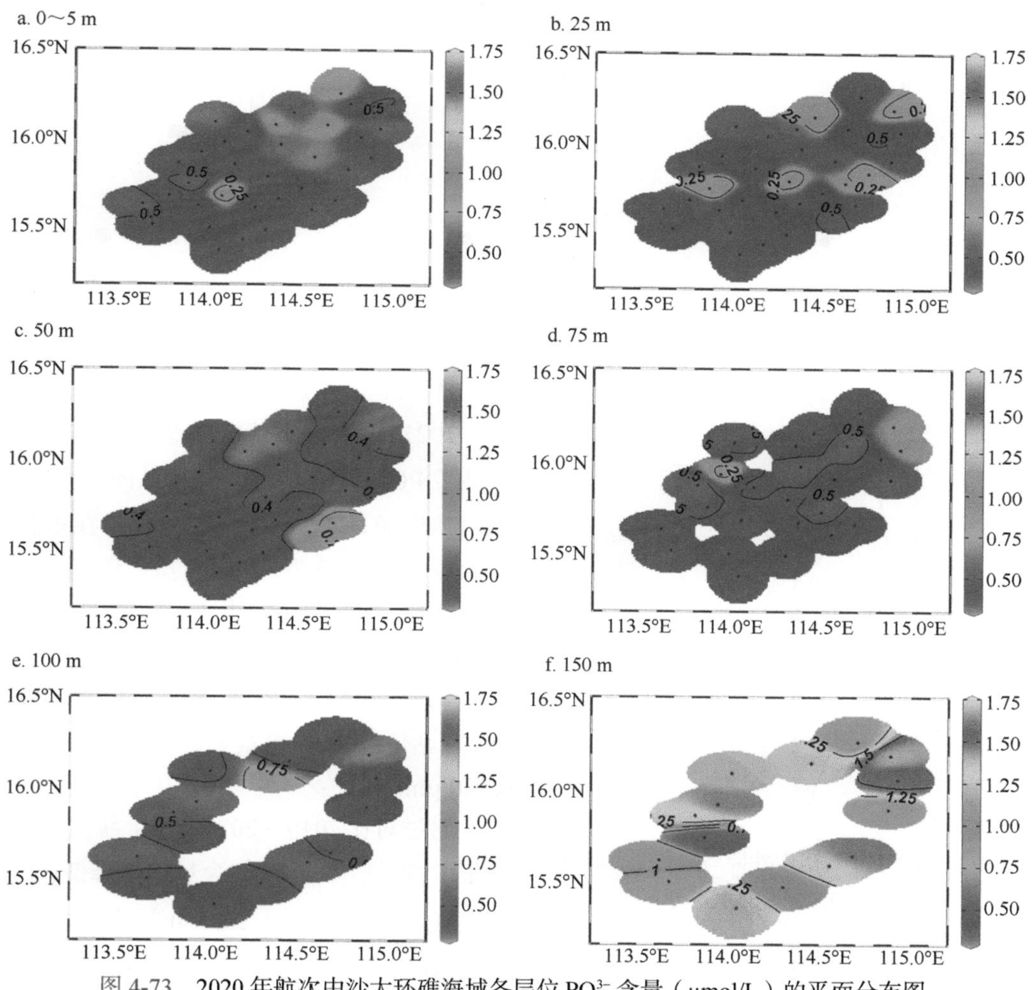

图 4-73　2020 年航次中沙大环礁海域各层位 PO_4^{3-} 含量（μmol/L）的平面分布图

ii）中沙群岛神狐暗沙、一统暗沙和中沙群岛周边岛礁海域

2020 年航次中沙群岛神狐暗沙、一统暗沙和中沙群岛周边岛礁海域观测站位 PO_4^{3-} 含量的垂直分布见图 4-74。一统暗沙、神狐暗沙和中沙群岛周边岛礁海域的 PO_4^{3-} 含量在表层至 80 m 层位之间相近且变化不大，为 0.17～0.61 μmol/L。在 80 m 层位以深，PO_4^{3-} 含量随深度增加而升高，在 150 m 层位达到最高值。

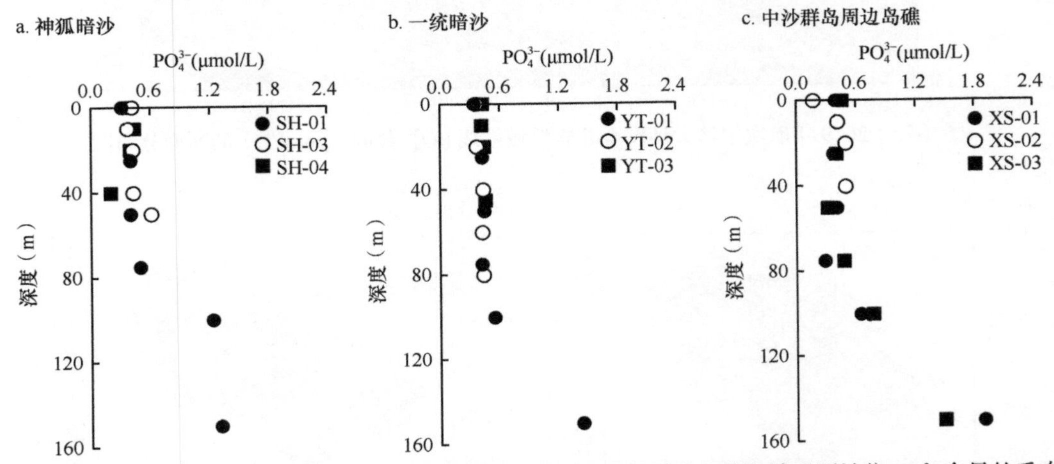

图 4-74 2020 年航次中沙群岛神狐暗沙、一统暗沙和中沙群岛周边岛礁海域观测站位 PO_4^{3-} 含量的垂直分布图

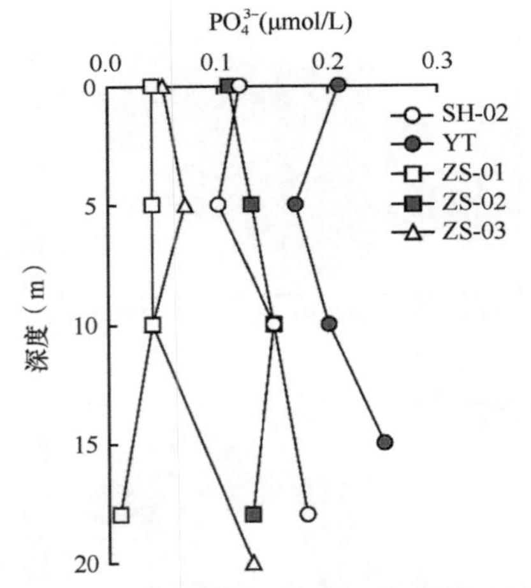

图 4-75 2021 年航次中沙群岛及其邻近海域观测站位 PO_4^{3-} 含量的垂直分布图

Ⅲ）2021 年航次观测结果

2021 年航次中沙群岛及其邻近海域观测站位 PO_4^{3-} 含量的垂直分布见图 4-75。一统暗沙海域 YT 站位的 PO_4^{3-} 含量在垂直方向上较邻近海域整体偏高，在 0.2 μmol/L 左右波动。除底层外，中沙大环礁海域 ZS-01 和 ZS-03 站位的 PO_4^{3-} 含量大体相近。神狐暗沙海域 SH-02 站位和中沙大环礁海域 ZS-02 站位的 PO_4^{3-} 含量大体相近，为 0.100～0.150 μmol/L。

通过对比 2019～2021 年 3 个航次的考察结果发现，整体上 PO_4^{3-} 含量逐年降低，最高值出现在 150 m 层。2021 年近表层 PO_4^{3-} 含量偏低可能与底层珊瑚礁的利用有关。2019 年和 2020 年近表层的 PO_4^{3-} 含量相近，这说明中沙群岛及其邻近海域这 3 年来的 PO_4^{3-} 含量相对稳定，受人类活动或气候变化的影响较弱，主要与 25～30 m 层的珊瑚礁生命活动有关。通过对比前人在南海其他岛礁的研究（龙爱民等，2006；袁梁英和戴民汉，2008；杨建斌等，2020）发现，3 个航次考察

的 PO_4^{3-} 含量均位于南海历史所获得的观测值的范围内，表明调查海域的水质状况较好。

根据《海水水质标准》（GB 3097—1997）（表 4-15），水质标准中的活性磷酸盐含量以 mg/L 为单位计量，在评价过程中需要先将调查数据用公式进行转换，具体如下：

$$c(\mathrm{P}) = 31\times10^{-3}\times c(\mathrm{PO_4^{3-}-P}) \tag{4-1}$$

式中，$c(\mathrm{P})$为活性磷酸盐含量（mg/L）；$c(\mathrm{PO_4^{3-}-P})$ 为水样中磷酸盐的含量（μmol/L）。

表 4-15　《海水水质标准》（GB 3097—1997）的活性磷酸盐水质划分　（单位：mg/L）

水质分类	第一类	第二类	第三类	第四类
活性磷酸盐≤（以 P 计）	0.015	0.030		0.045

根据上述分析，2019 年中沙群岛及其邻近海域活性磷酸盐含量的整体范围为 0.009～0.131 mg/L，平均值为 0.027 mg/L，其中大环礁表层、北岩海域表层至 100 m 层以及断面表层至 75 m 层均符合第一类或第二类和第三类水质标准，并且随着深度增加，各层位的活性磷酸盐含量超过第四类水质划分标准。2020 年中沙群岛及其邻近海域活性磷酸盐含量的整体范围为 0.001～0.053 mg/L，平均值为 0.015 mg/L，其中大环礁表层至 100 m 层符合第一类水质标准，并且随着深度增加，各层位的活性磷酸盐含量超过第四类水质划分标准。2021 年中沙群岛及其邻近海域活性磷酸盐含量的整体范围为 0.0003～0.008 mg/L，平均值为 0.004 mg/L，本次所有调查站位均符合第一类水质划分标准。

5）活性硅酸盐

活性硅酸盐（以下简称“SiO_3^{2-}”）是硅在水体中的一种存在形式，是海洋浮游植物硅藻生长所必需的营养物质之一，对维持海洋初级生产力、海洋生物的生理代谢能力以及海洋环境硅循环具有极为重要的意义。当海水的 pH 为 7.8～8.3 时，部分溶解态硅会以 $H_3SiO_4^-$ 的形式存在，这将降低水体中的 SiO_3^{2-} 含量，不利于硅藻吸收利用。海水 SiO_3^{2-} 含量是海洋环境调查中的一个重要因子，通过影响生物对硅的可利用性，间接影响生态系统的稳定。它对元素在海洋中的化学和迁移行为以及海洋生产力具有一定的影响。因此，海水 SiO_3^{2-} 含量的监测对于评价海域生产能力状况以及生物地球化学行为具有重要的意义。

2019 年航次完成了 53 个站位的海水 SiO_3^{2-} 样品采集，采集层位分别为表层（0～5 m）、10 m、15 m、20 m、25 m、30 m、50 m、65 m、70 m、75 m、80 m、100 m 和 150 m。实际获得样品 278 个，获取高于检出限的数据 263 个。

2020 年航次完成了 44 个站位的海水 SiO_3^{2-} 样品采集，采集层位分别为表层（0～5 m）、10 m、20 m、25 m、40 m、50 m、60 m、65 m、70 m、75 m、80 m、85 m、100 m、130 m 和 150 m。实际获得样品 188 个，获取高于检出限的数据 188 个。

2021 年航次完成了 5 个站位的海水 SiO_3^{2-} 样品采集，采集层位分别为表层（0～5 m）、10 m、15 m 和 20 m。实际获得样品 20 个，获取高于检出限的数据 20 个。

2019～2021 年各航次中沙群岛及其邻近海域不同层位 SiO_3^{2-} 含量的变化见表 4-16。

表 4-16　2019～2021 年各航次中沙群岛及其邻近海域不同层位 SiO_3^{2-} 含量的变化

层位（m）	SiO_3^{2-} 含量（μmol/L）					
	2019 年		2020 年		2021 年	
	范围	平均值	范围	平均值	范围	平均值
0～5	3.429～34.632	5.857	2.397～23.574	5.288	0.96～1.78	1.52
10	4.107～4.600	4.338	3.013～5.476	3.822	0.85～1.83	1.51
15	3.854	3.854	/	/	1.58	1.58
20	3.470～4.188	3.829	3.048～9.083	4.551	1.50～1.80	1.70
25	2.732～35.802	7.441	2.754～23.702	6.179	/	/
30	5.063	5.063	/	/	/	/
40	/	/	3.387～15.358	6.055	/	/
50	3.157～35.691	6.562	3.202～19.273	7.237	/	/
60	/	/	3.353～18.109	6.138	/	/
65	3.827～7.398	5.613	4.901	4.901	/	/
70	4.920～5.271	5.096	3.937～5.297	4.617	/	/
75	3.391～38.568	9.173	3.453～16.286	5.99	/	/
80	4.129～5.179	4.775	2.925～25.593	11.919	/	/
85	/	/	4.232	4.232	/	/
100	3.571～18.761	10.222	3.611～25.006	7.455	/	/
130	/	/	13.484	13.484	/	/
150	15.248～49.700	23.726	9.239～25.993	16.844	/	/
全部层位	2.732～49.700	9.234	2.397～25.993	6.925	0.85～1.83	1.55

注：“/”表示未获取样品或数据

Ⅰ）2019 年航次观测结果

i）各层位平面分布

a）中沙大环礁海域

2019 年航次中沙大环礁海域各层位 SiO_3^{2-} 含量的平面分布见图 4-76。0～75 m 层 SiO_3^{2-} 含量无显著差异，75 m 层以深 SiO_3^{2-} 含量逐渐升高，在 150 m 层的南侧出现最高值。

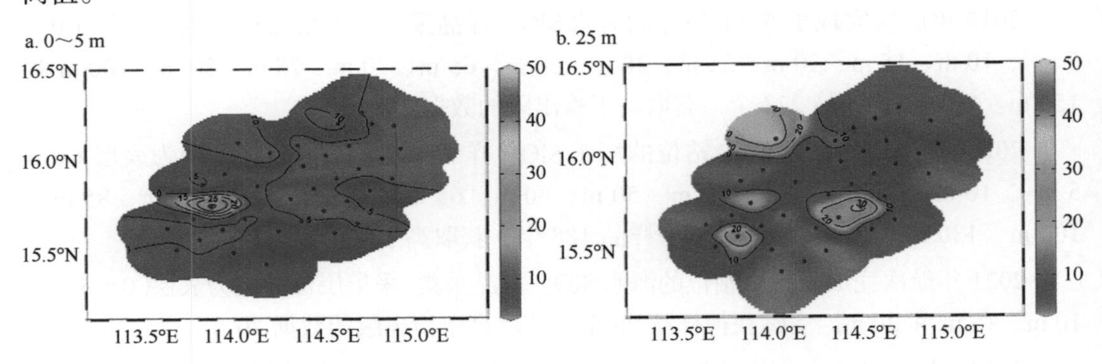

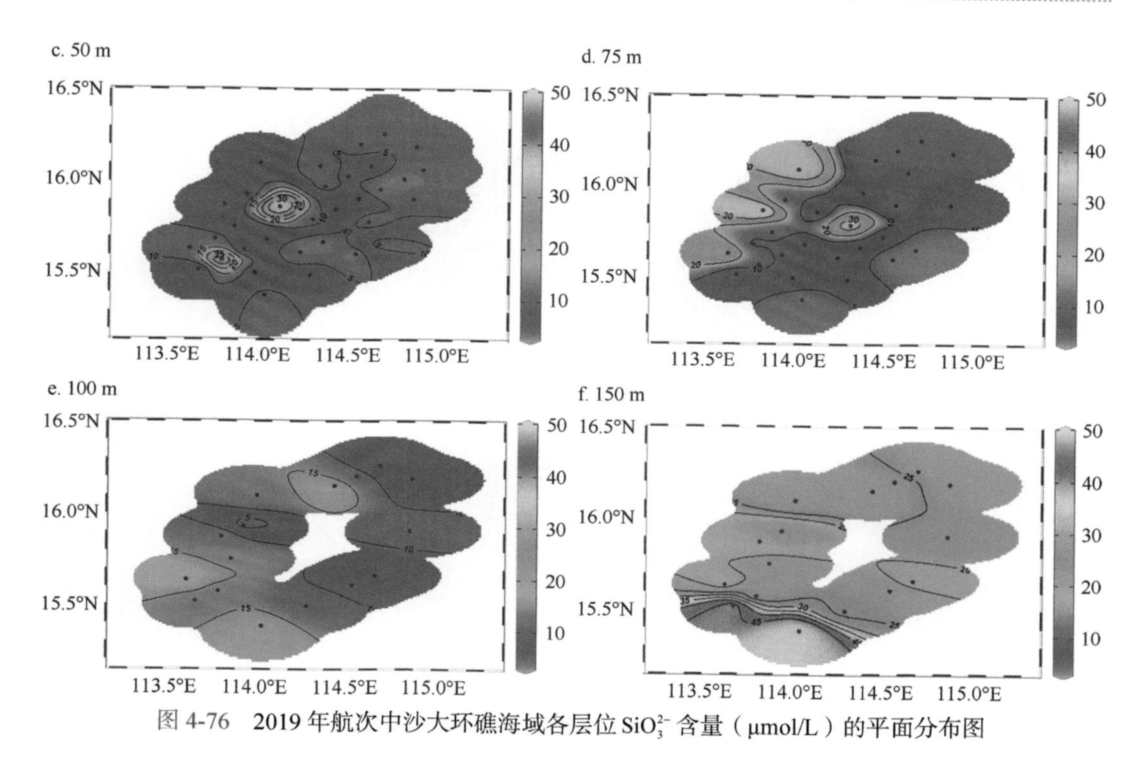

图 4-76　2019 年航次中沙大环礁海域各层位 SiO_3^{2-} 含量（μmol/L）的平面分布图

b）中沙群岛北岩海域

2019 年航次中沙群岛北岩海域各层位 SiO_3^{2-} 含量的平面分布见图 4-77。0～75 m 层的 SiO_3^{2-} 含量较低且无显著差异，SiO_3^{2-} 含量从 100 m 层开始升高趋势逐渐明显，且在东西两侧尤为显著。

ii）断面分布

2019 年航次中沙大环礁至北岩海域航线 SiO_3^{2-} 含量的断面分布见图 4-78。从 130 m 层起，SiO_3^{2-} 含量随深度的增加而急剧升高。

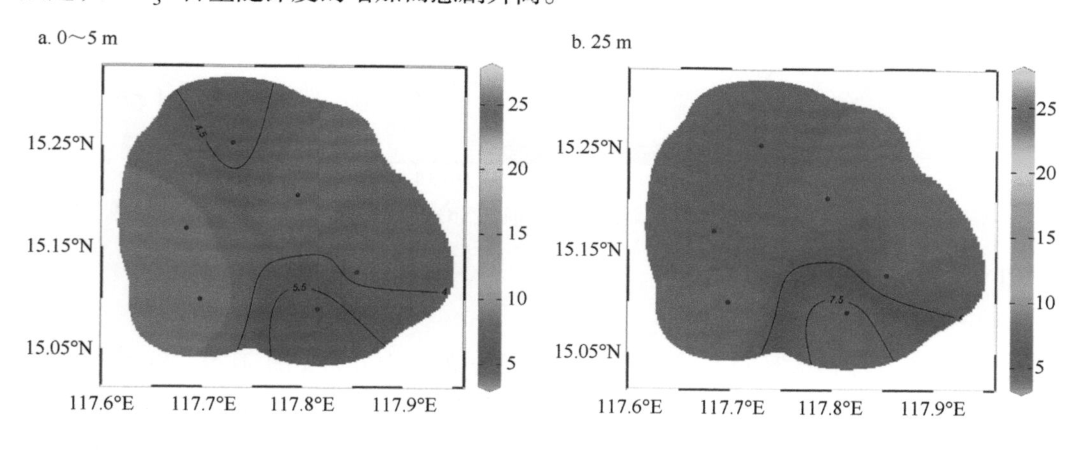

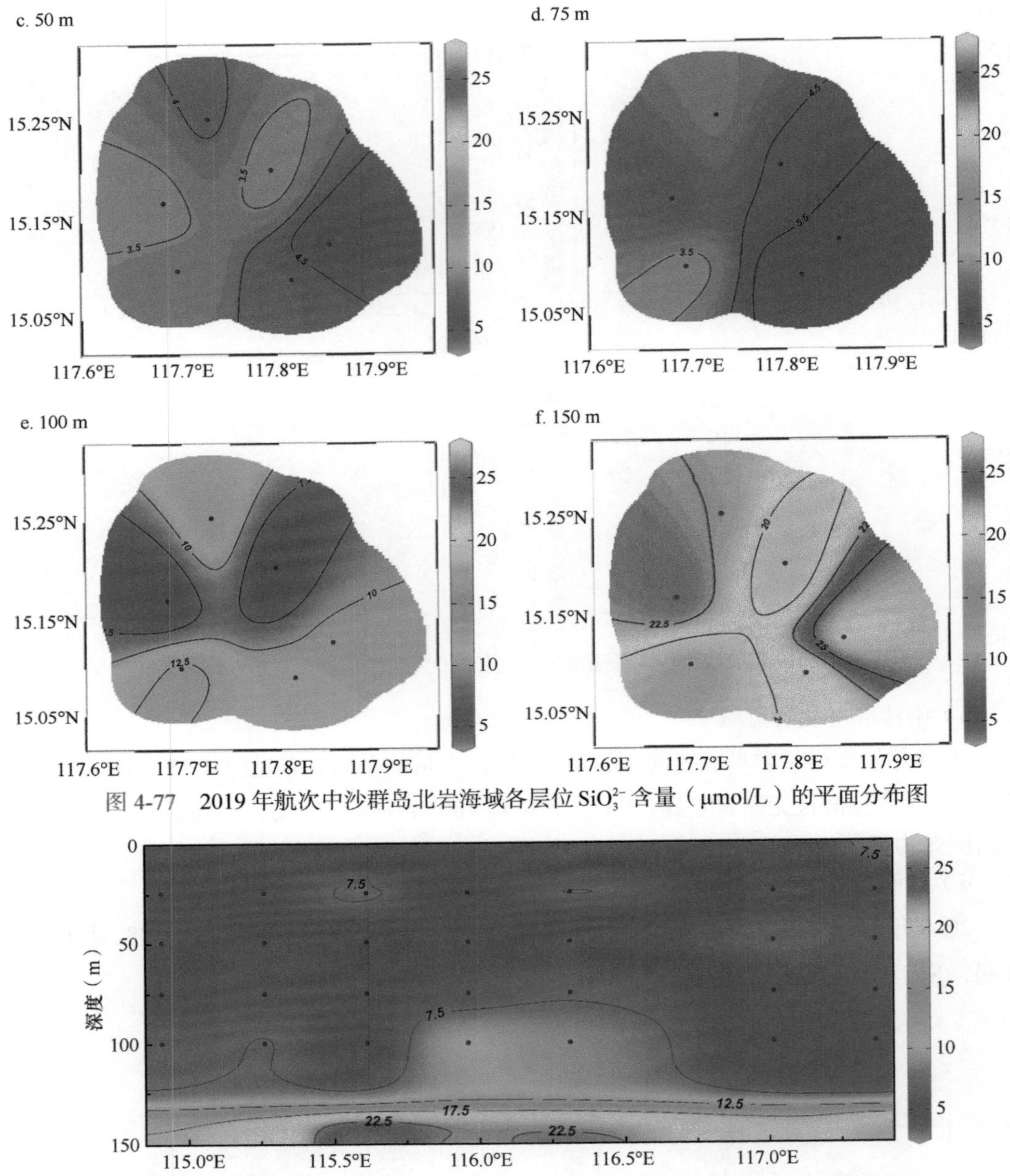

图 4-77　2019 年航次中沙群岛北岩海域各层位 SiO_3^{2-} 含量（μmol/L）的平面分布图

图 4-78　2019 年航次中沙大环礁至北岩海域航线 SiO_3^{2-} 含量（μmol/L）的断面分布图

Ⅱ）2020 年航次观测结果

i）中沙大环礁海域

2020 年航次中沙大环礁海域各层位 SiO_3^{2-} 含量的平面分布见图 4-79。SiO_3^{2-} 含量在 0～5 m 层的西侧出现最高值，在 25 m 层的东侧有最高值，在 50 m 层的西侧和中心位置有较高值、西北方向有最高值，在 75 m 层的中心位置出现最高值，100 m 层和 150 m 层的最高值分别出现在北侧和东北侧。

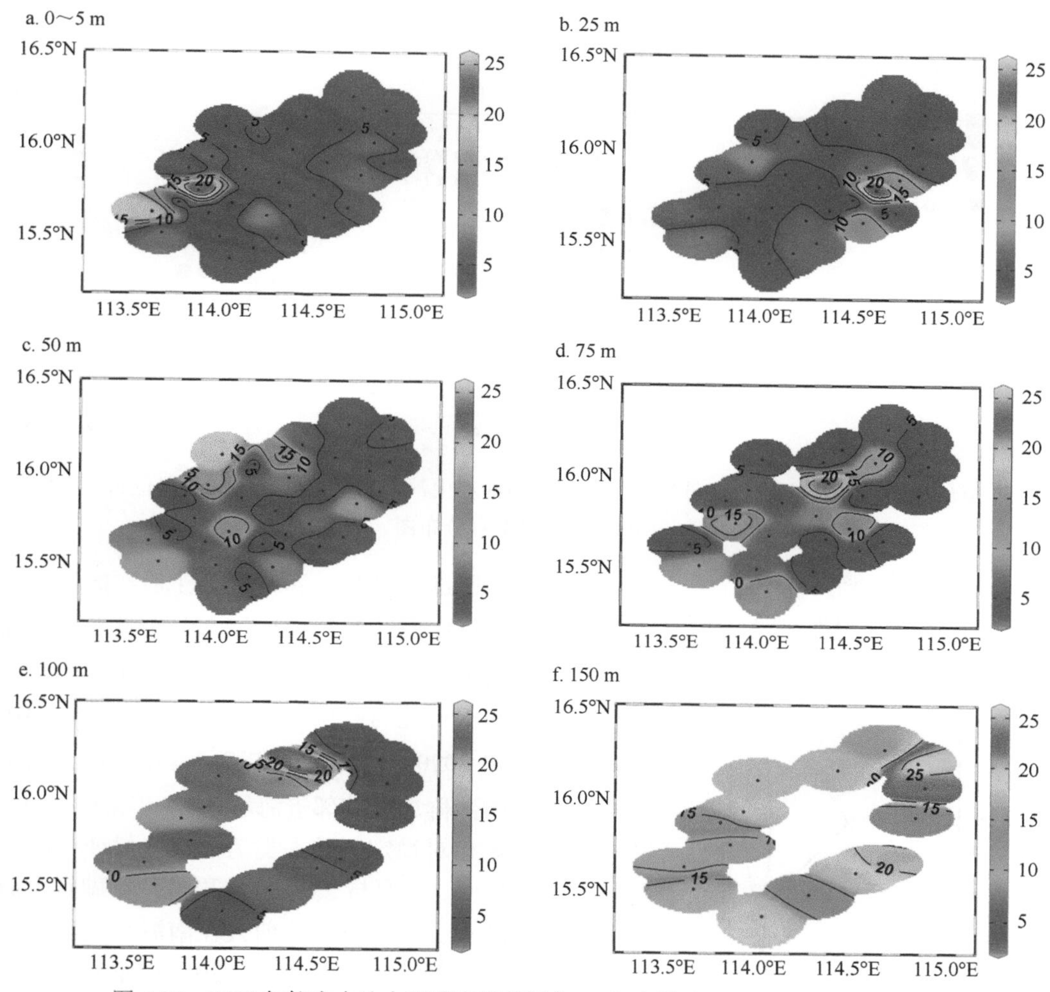

图 4-79　2020 年航次中沙大环礁海域各层位 SiO_3^{2-} 含量（μmol/L）的平面分布图

ii）中沙群岛神狐暗沙、一统暗沙和中沙群岛周边岛礁海域

由图 4-80 可见，2020 年航次中沙群岛神狐暗沙、一统暗沙和中沙群岛周边岛礁海域的 SiO_3^{2-} 含量在表层至 45 m 层相近且变化不大，为 2.459～4.729 μmol/L；在 45 m 层以深，SiO_3^{2-} 含量随深度增加而升高，在 150 m 层达到最高值。

Ⅲ）2021 年航次观测结果

2021 年航次中沙群岛及其邻近海域各层位的 SiO_3^{2-} 含量整体变化不大，为 1.50～1.70 μmol/L；一统暗沙海域 YT 站位和中沙大环礁海域 ZS-01 站位分别在 10 m 和 5 m 出现最低值，分别为 0.85 μmol/L 和 0.96 μmol/L。（图 4-81）。

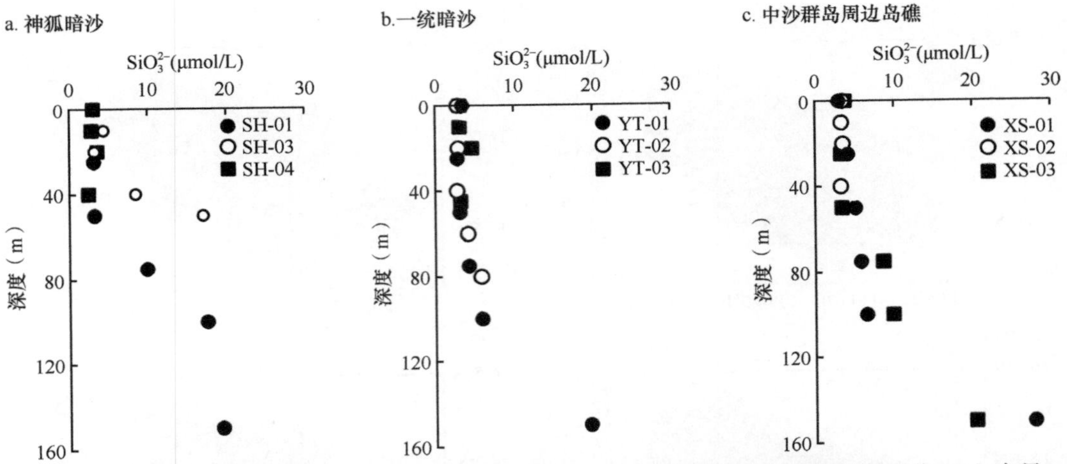

图 4-80　2020 年航次中沙群岛神狐暗沙、一统暗沙和中沙群岛周边岛礁海域各层位 SiO$_3^{2-}$ 含量（μmol/L）的垂直分布图

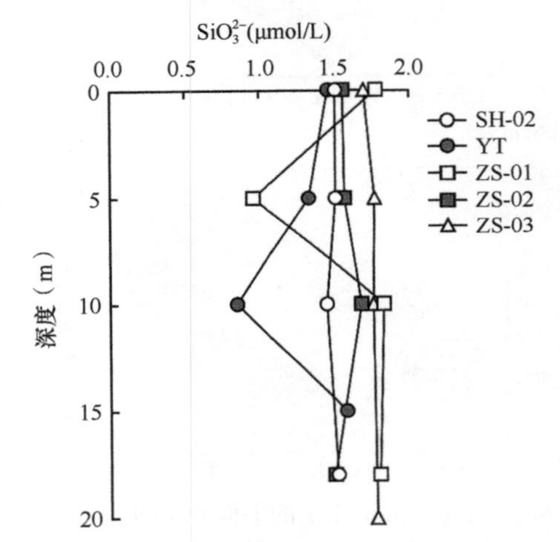

图 4-81　2021 年航次中沙群岛及其邻近海域各层位 SiO$_3^{2-}$ 含量的垂直分布图

通过对 2019～2021 年 3 个航次的调查结果进行比较发现，SiO$_3^{2-}$ 含量逐年降低，最高值出现在 150 m 层位。2021 年近表层 SiO$_3^{2-}$ 含量偏低可能与底层珊瑚礁的利用有关。2019 年和 2020 年近表层的 SiO$_3^{2-}$ 含量相近，这说明中沙群岛及其邻近海域这 3 年来的 SiO$_3^{2-}$ 含量相对稳定，受人类活动或气候变化的影响较弱，主要与 25～30 m 层位的珊瑚礁生命活动有关。通过对比前人在南海其他岛礁的研究（林洪瑛和韩舞鹰，2001；龙爱民等，2006；杨建斌等，2020）发现，3 次调查的 SiO$_3^{2-}$ 含量均位于南海历史所获得的观测值的范围内，表明调查海域的水质状况较好。

4.3.2 海水溶解性气体

1. 溶解氧

溶解氧（dissolved oxygen，DO）是水体中需氧生物生命活动的必备物质之一，对于海洋生物的分布和群落构建具有极为重要的影响。海水正常的 DO 含量范围为 8～10 mg/L，其高低变化主要受水体中微生物代谢过程所调控。由于海水表层与大气不断进行气体交换，表层的 DO 含量较高；随着水深的增加以及海气交互作用的减弱，水体中的 DO 含量逐渐降低，在某一深度水层达到极小值，接着又缓慢升高。由于全球气候变化和人类活动的影响，水体中的 DO 含量逐渐降低，在某一临界点形成低氧区（＜2 mg/L），并且随着时间推移，低氧区的范围逐渐扩大，并且出现频率逐渐上升，这将严重危害水体中需氧生物的正常生理活动，进而破坏生态系统的稳定。因此，对于水体 DO 含量的测定有助于了解海洋低氧区的动态变化和发生机制以及 DO 含量变动对海洋生物生态的影响，对海洋化学和海洋生物学具有重要的意义。

2019 年航次完成了 53 个站位的海水 DO 样品采集，采集层位分别为表层（0～5 m）、10 m、15 m、20 m、25 m、30 m、50 m、65 m、70 m、75 m、80 m、100 m 和 150 m。实际获得样品 278 个，获取有效数据 256 个。

2020 年航次完成了 44 个站位的海水 DO 样品采集，采集层位分别为表层（0～5 m）、10 m、20 m、25 m、40 m、50 m、60 m、65 m、70 m、75 m、80 m、85 m、100 m、130 m、150 m。实际获得样品 188 个，获取有效数据 188 个。

2019 年和 2020 年 2 个航次中沙群岛及其邻近海域各层位 DO 含量的变化见表 4-17。

表 4-17　2019 年和 2020 年 2 个航次中沙群岛及其邻近海域各层位 DO 含量的变化

层位（m）	DO 含量（mg/L）			
	2019 年		2020 年	
	范围	平均值	范围	平均值
0～5	6.17～6.44	6.31	6.32～6.60	6.41
10	6.19～6.37	6.29	6.19～6.36	6.32
15	6.47	6.47	/	/
20	6.36	6.36	6.13～6.33	6.28
25	6.12～6.54	6.28	6.21～6.38	6.29
30	6.24	6.24	/	/
40	/	/	6.15～6.60	6.29
50	6.17～6.83	6.48	6.27～6.83	6.52
60	/	/	6.32～6.70	6.55
65	6.46	6.46	6.63	6.63
70	6.23～6.32	6.27	6.57～6.69	6.63
75	5.46～6.71	6.30	6.22～6.92	6.68
80	6.31～6.54	6.40	6.36～6.51	6.43
85	/	/	6.51	6.51
100	4.63～6.53	5.72	5.40～6.82	6.21
130	/	/	5.15	5.15
150	3.80～5.11	4.50	4.36～5.46	4.78
全部层位	3.80～6.83	6.06	4.36～6.95	6.27

注："/" 表示未获取样品或数据

1）2019 年航次观测结果

Ⅰ）各层位平面分布

i）中沙大环礁海域

2019 年航次中沙大环礁海域各层位 DO 含量的平面分布见图 4-82。DO 含量整体上呈现随深度增加先升高后降低的趋势，在 50 m 层 DO 含量达到最高值，随后开始迅速降低。

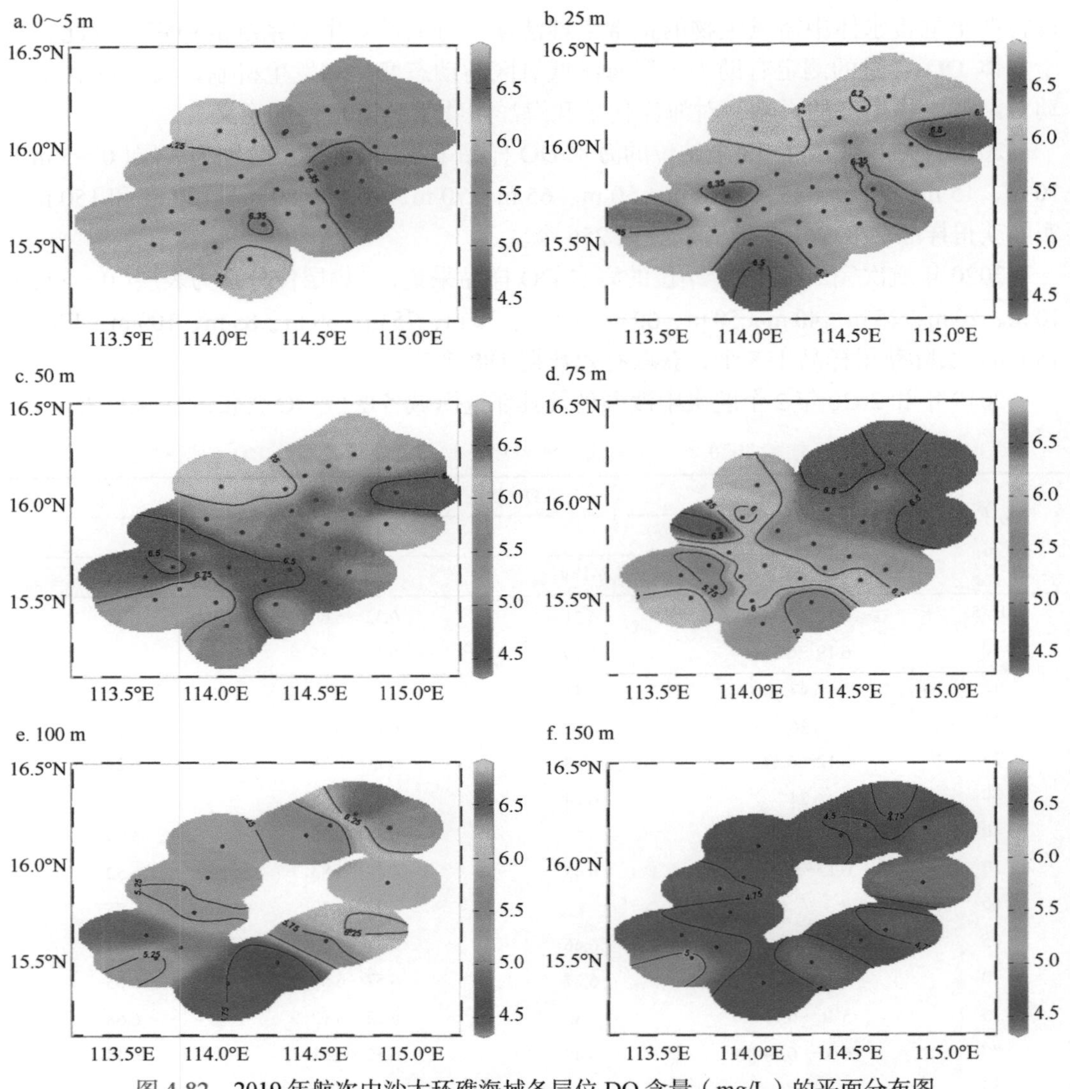

图 4-82 2019 年航次中沙大环礁海域各层位 DO 含量（mg/L）的平面分布图

ii）中沙群岛北岩海域

2019 年航次中沙群岛北岩海域各层位 DO 含量的平面分布见图 4-83。DO 含量在 0～75 m 有微弱的升高趋势，在 75 m 层达到最高值后迅速降低。

Ⅱ）断面分布

2019 年航次中沙大环礁至北岩海域航线 DO 含量的断面分布见图 4-84。DO 含量在 50 m 层和 100 m 层之间有最高值，在 0～50 m 呈现升高趋势，自 100 m 层以下有降低趋势，并且在 130 m 层以下降低趋势尤其显著。

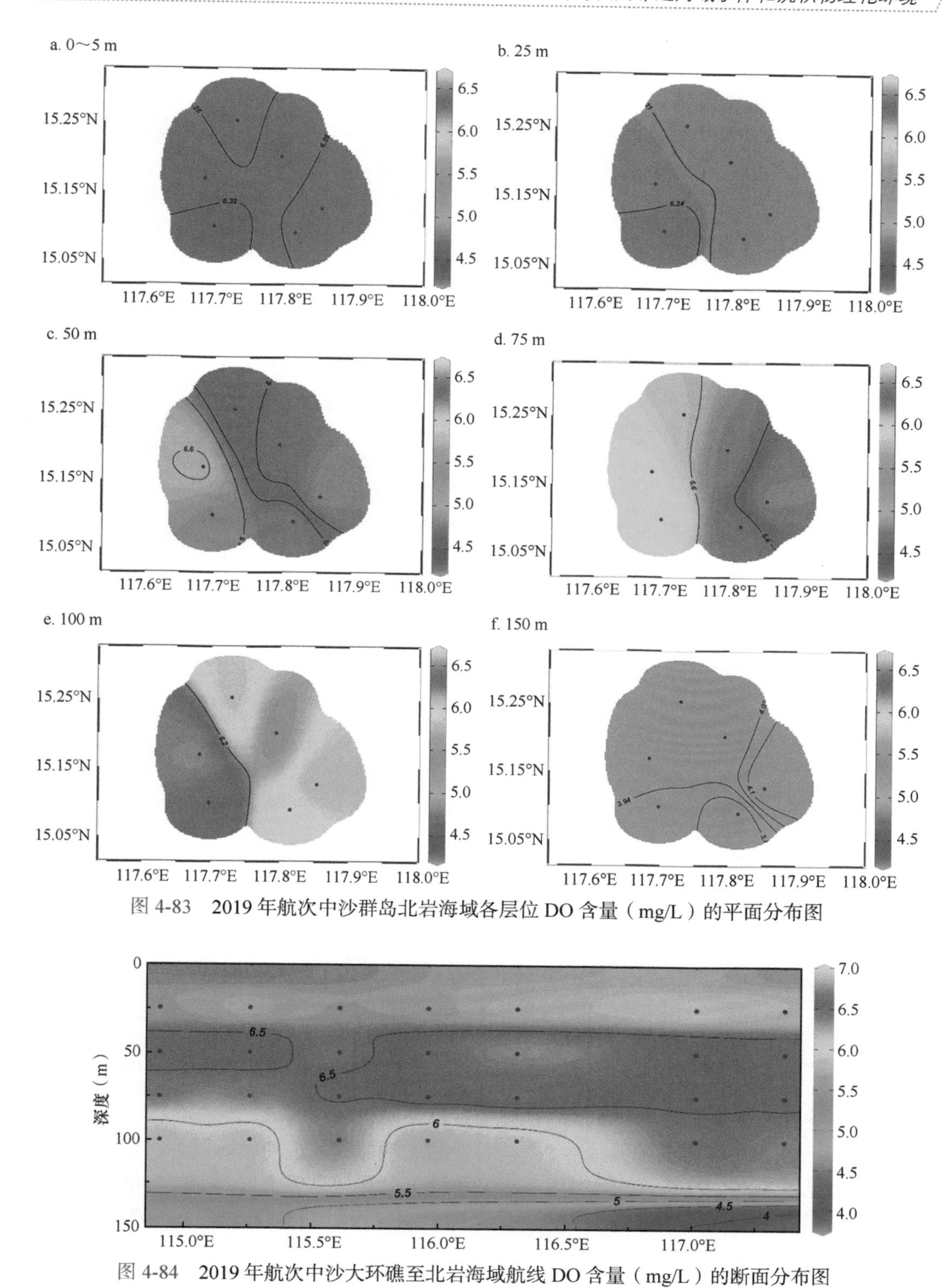

图 4-83　2019 年航次中沙群岛北岩海域各层位 DO 含量（mg/L）的平面分布图

图 4-84　2019 年航次中沙大环礁至北岩海域航线 DO 含量（mg/L）的断面分布图

2）2020 年航次观测结果

Ⅰ）中沙大环礁海域

2020 年航次中沙大环礁海域各层位 DO 含量平面分布见图 4-85。DO 含量在 0～75 m 有微弱的升高趋势，在 75 m 层达到最高值后迅速降低。

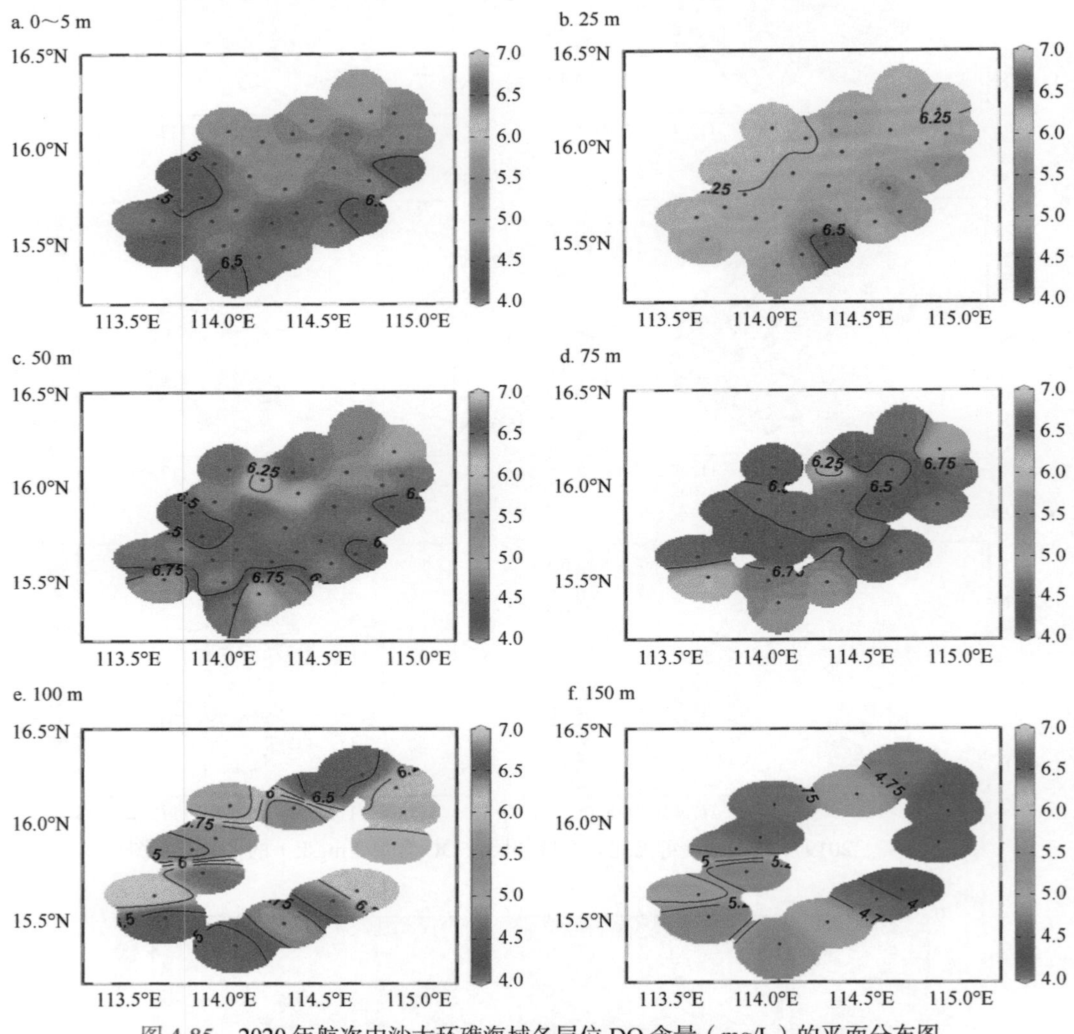

图 4-85　2020 年航次中沙大环礁海域各层位 DO 含量（mg/L）的平面分布图

Ⅱ）中沙群岛神狐暗沙、一统暗沙和中沙群岛周边岛礁海域

2020 年航次中沙群岛神狐暗沙、一统暗沙和中沙群岛周边岛礁海域各层位 DO 含量垂直分布见图 4-86。神狐暗沙、一统暗沙和中沙群岛周边岛礁海域的 DO 含量在表层至 40 m 层变化不大，为 6.00～6.42 mg/L；之后随着深度增加，DO 含量逐渐升高，在 45～80 m 层达到最高值，然后随着深度增加而逐渐降低。

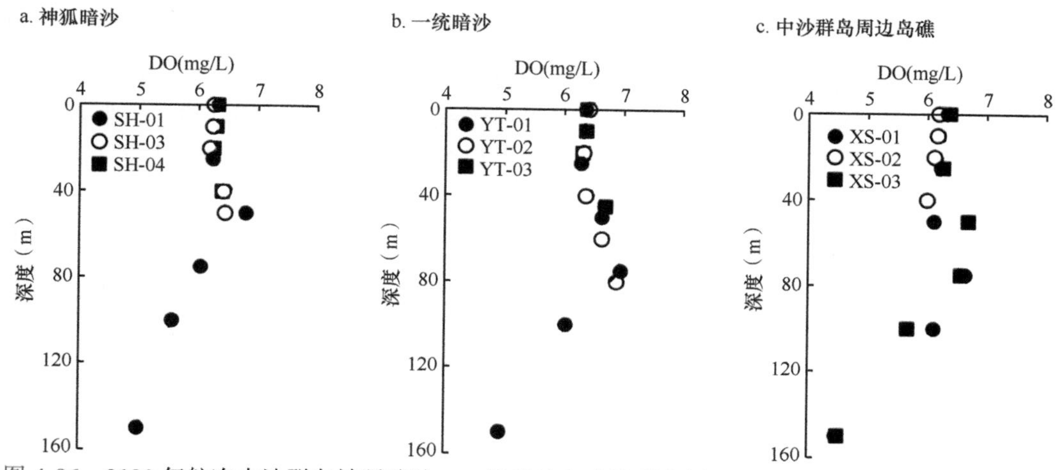

图 4-86 2020 年航次中沙群岛神狐暗沙、一统暗沙和中沙群岛周边岛礁海域各层位 DO 含量的垂直分布图

通过对比2019年和2020年2个航次的考察结果发现，2年的平均DO含量均在6.00 mg/L左右波动。表层 DO 含量相对偏高，但随着深度增加，DO 含量逐渐降低，说明中沙群岛及其邻近海域符合大洋水体 DO 含量随深度变化的特征。通过对比前人在南海其他岛礁的研究（龙爱民等，2006；刘纪勇等，2017）发现，2 个航次考察的 DO 含量均位于南海历史所获得的观测值的范围内，表明调查海域的水质状况较好。

根据《海水水质标准》（GB 3097—1997），海水 DO 含量分类标准值见表 4-18。根据上述分析，2019 年航次中沙群岛及其邻近海域 DO 含量的整体范围为 3.80～6.83 mg/L，平均值为 6.06 mg/L，其中大环礁海域表层至 50 m 层、北岩海域表层至 100 m 层以及断面表层至 100 m 层均符合第一类或第二类水质标准，并且随着深度增加，各个层位的 DO 含量从符合第一类或第二类水质标准转变成符合第三类或第四类水质标准。

表 4-18 《海水水质标准》（GB 3097—1997）的 DO 水质划分 （单位：mg/L）

水质分类	第一类	第二类	第三类	第四类
DO＞	6	5	4	3

2. 六氟化硫

六氟化硫（sulfur hexafluoride，SF_6）是一种无色、无味、无毒且不可燃的气体，于 20 世纪 50 年代早期开始工业化生产，由于具有良好的绝缘性能和灭弧性能，SF_6 被广泛应用于电子工业领域。SF_6 的大气来源全部为人为排放，它不属于蒙特利尔议定书规定的臭氧消耗物质，因此其大气含量仍在持续升高。由于 SF_6 具有化学惰性和非常低的降解速率，其在大气中的寿命长达 3200 年（Ravishankara et al.，1993）。除了进入大气，SF_6 也可通过海-气交换过程进入海洋（Wanninkhof et al.，2009），其海水溶解度会受到季节变化、上升流、混合及海冰覆盖等因素的影响。然而，SF_6 在海水中的含量非常低，量级为 fmol/L（fmol=10^{-15} mol）。

当 SF_6 被用作瞬态示踪剂时，可用于新近通风且含量在检出限之上的上层水团。

基于获得的 SF_6 数据，可以开展海域水团传输过程的示踪研究，再进一步估算人为碳含量，确定人为碳在相关海域的分布特征，进而探讨研究区域人为碳的储藏变化及水团传输过程对边缘海碳循环的影响，其结果对于我国及邻近海域的环流、气候环境及生态系统变化研究具有重要的科学意义，也可以为我国边缘海生物地球化学研究提供重要依据和佐证。

2019 年航次完成了 53 个站位的海水 SF_6 样品采集，采集层位分别为表层（0～5 m）、10 m、20 m、25 m、50 m、65 m、70 m、75 m、80 m、100 m 和 150 m。实际获得样品 278 个，获取有效数据 204 个。

2020 年航次完成了 44 个站位的海水 SF_6 样品采集，采集层位分别为表层（0～5 m）、10 m、20 m、25 m、40 m、50 m、60 m、75 m、100 m 和 150 m。实际获得样品 245 个，获取有效数据 215 个。

2019 年和 2020 年 2 个航次中沙群岛及其邻近海域各层位 SF_6 含量的变化见表 4-19。

表 4-19　2019 年和 2020 年 2 个航次中沙群岛及其邻近海域 SF_6 含量的变化

层位（m）	SF_6 含量（fmol/L）			
	2019 年		2020 年	
	范围	平均值	范围	平均值
0～5	3.326	3.326	0.944～2.918	2.005
10	1.191～2.130	1.661	1.493～2.060	1.771
20	1.855	1.855	0.804～2.422	1.478
25	0.950～4.263	2.237	0.867～3.920	1.705
40	/	/	0.897～1.705	1.374
50	1.394～4.585	2.254	0.997～2.488	1.483
60	/	/	0.944～2.083	1.601
65	1.496～1.610	1.553	/	/
70	0.315～1.409	0.862	/	/
75	1.201～3.127	2.120	0.778～2.465	1.446
80	1.659～2.034	1.834	/	/
100	0.950～3.254	2.214	0.583～2.454	1.475
150	0.315～3.078	1.866	0.200～2.206	1.033
全部层位	0.315～4.585	2.135	0.200～3.920	1.558

注：“/” 表示未获取样品或数据

1）2019 年航次观测结果

Ⅰ）各层位平面分布

i）中沙大环礁海域

2019 年航次中沙大环礁海域各层位 SF_6 含量的平面分布见图 4-87。各层位 SF_6 含量的差异并不显著，整体上呈现下降趋势，在 50 m 层的东侧有最高值。

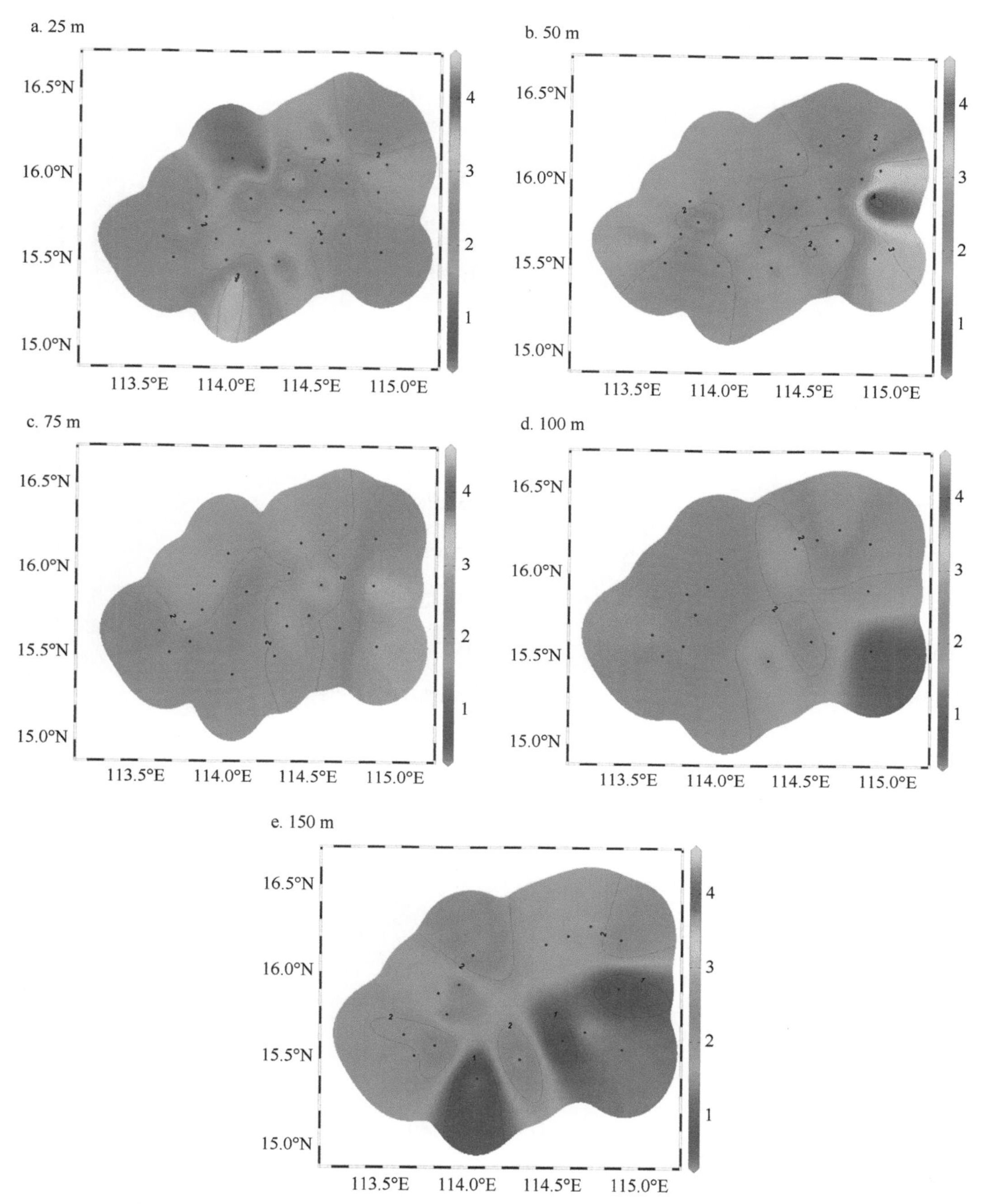

图 4-87　2019 年航次中沙大环礁海域各层位 SF_6 含量（fmol/L）的平面分布图

ii）中沙群岛北岩海域

2019 年航次中沙群岛北岩海域各层位 SF_6 含量的平面分布见图 4-88。SF_6 含量由浅到深呈现降低趋势，在 25 m 层东南侧有最高值，50 m 层最高值出现在东侧，75 m 层北侧出现最低值，100 m 层的东侧较西侧更低，150 m 层的东南侧有最低值。

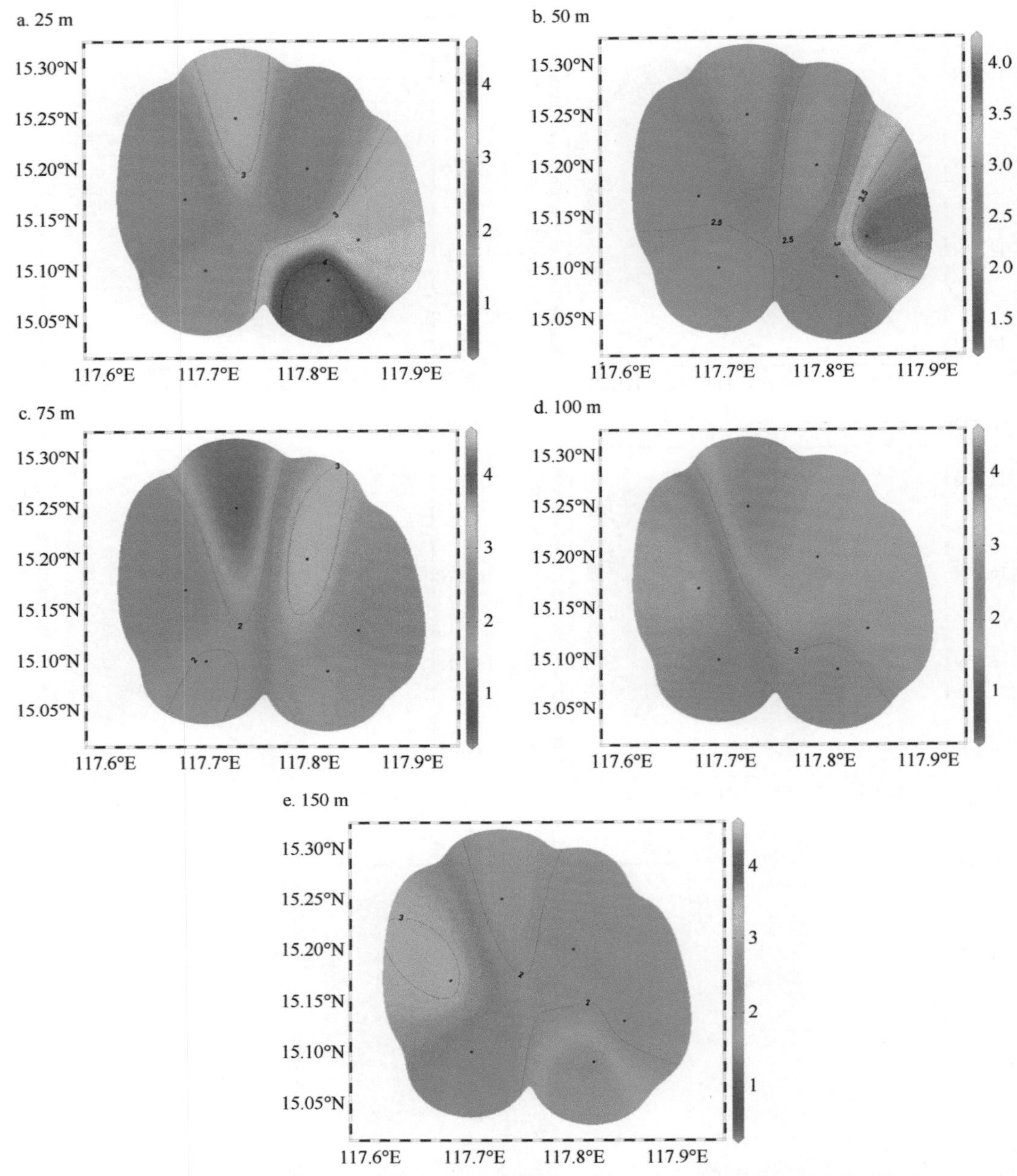

图 4-88　2019 年航次中沙群岛北岩海域各层位 SF_6 含量（fmol/L）的平面分布图

Ⅱ）断面分布

2019 年航次中沙大环礁至北岩海域航线 SF_6 含量的断面分布见图 4-89。SF_6 含量整体上随深度增加而降低，并且西低而东高。

2）2020 年航次观测结果

2020 年航次中沙大环礁海域各层位 SF_6 含量的平面分布见图 4-90，整体上随深度增加 SF_6 含量降低。

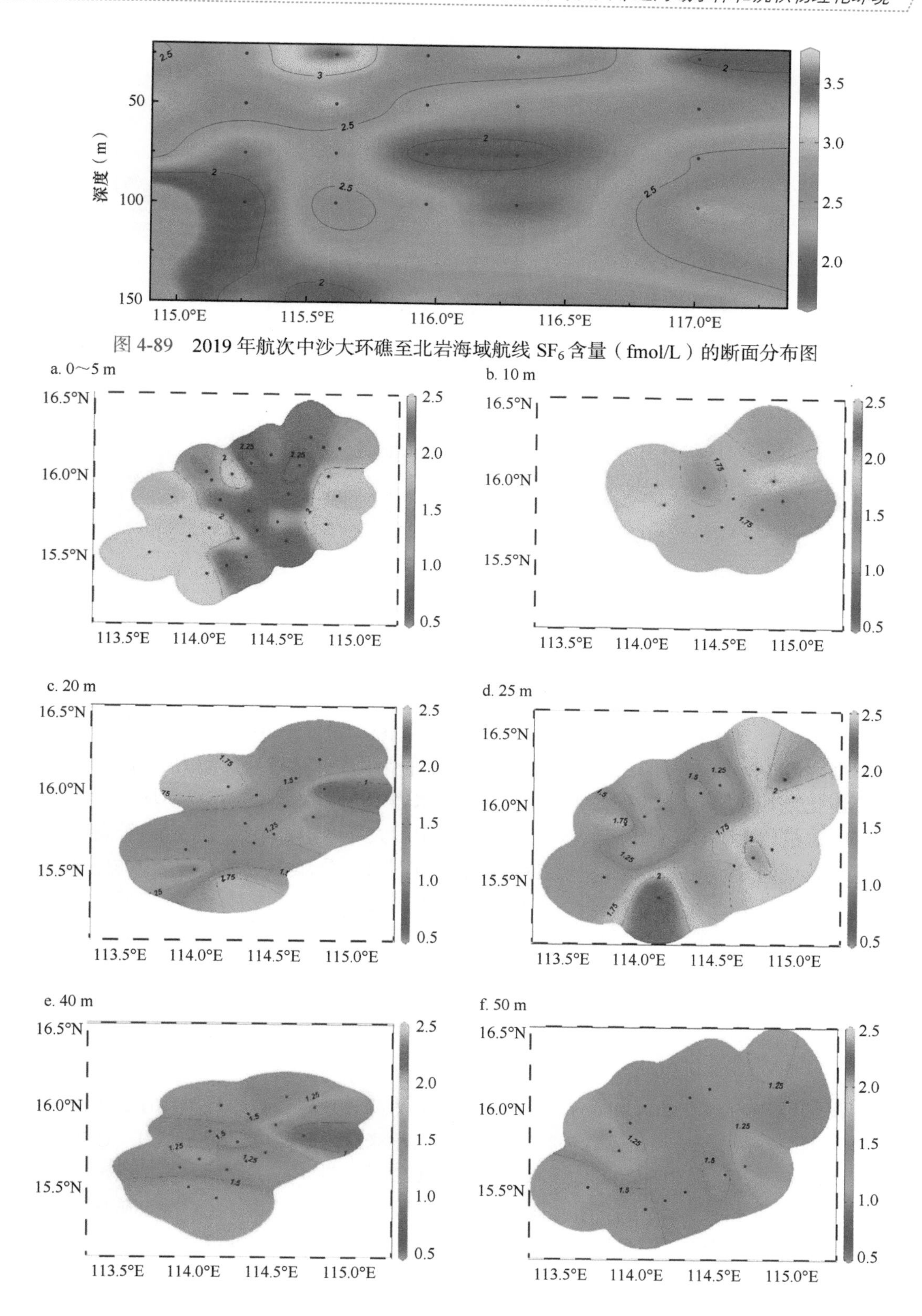

图 4-89　2019 年航次中沙大环礁至北岩海域航线 SF_6 含量（fmol/L）的断面分布图

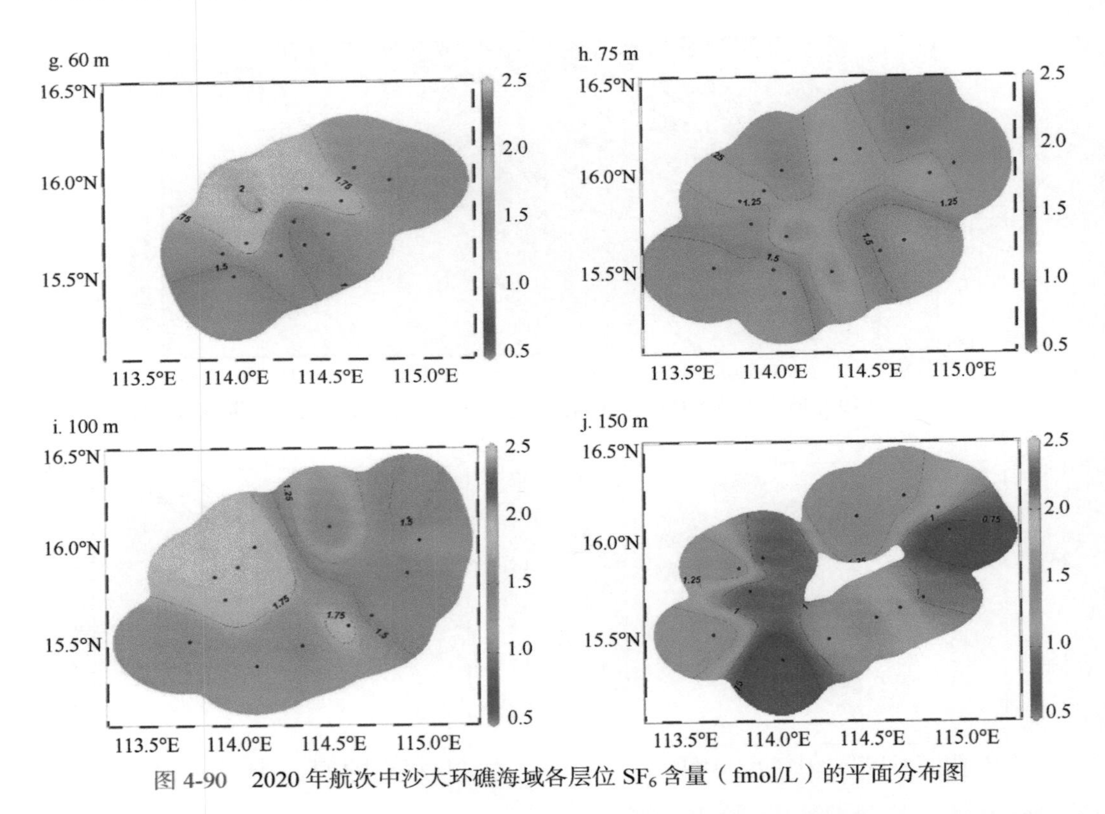

图 4-90　2020 年航次中沙大环礁海域各层位 SF_6 含量（fmol/L）的平面分布图

通过对比 2019 年和 2020 年 2 个航次的考察结果发现，2 年各层位的 SF_6 含量平均值为 1.000～4.200 fmol/L，且 2019 年表层 SF_6 含量相对 2020 年要高，这可能与两次采样时海表 SF_6 饱和含量不一致有关。SF_6 含量分布受温度、盐度及其动力学过程的影响，但温度仍是其表层分布的主导因素。南海表层水体中 SF_6 含量的分布较不均匀，部分区域 SF_6 含量与大气并未达到饱和平衡，出现了中沙大环礁中心位置 SF_6 含量较高，而两侧相对较低的分布情况；在 100 m 混合层深度范围内，受海-气交换过程的影响，SF_6 含量仍然存在高值，直至 150 m 层，SF_6 含量出现显著降低。总体而言，受海域水深的限制，SF_6 含量的分布相对均匀，且随深度的增加有所降低，与前人在南海海域的研究发现（Tanhua et al.，2004；黄鹏，2016；邓恒祥，2018）相比，2019 年和 2020 年 2 个航次的调查结果均与历史所获得的观测值的分布特征相似。

3. 氯氟烃-12

氯氟烃（chlorofluorocarbons，CFCs）主要是人工合成的卤代烷烃类物质，来源于工业生产的制冷剂、发泡剂、清洁剂，几乎没有自然来源。CFCs 包括 CFC-11（CCl_3F）、CFC-12（CCl_2F_2）、CFC-113（CCl_2FCClF_2）及 CCl_4 等。其中，CFC-12 较为稳定[17]，因此可作为大部分海洋水团的化学示踪剂，浓度量级为 pmol/kg。由于 CFCs 会破坏大气臭氧层，联合国于 1987 年通过了关于消耗臭氧层物质的蒙特利尔议定书，意在减少和逐步停止臭氧消耗物质的生产。由于该议定书的生效，大气中 CFCs 含量增加的趋势逐渐放缓，于 2000 年左右达到最高值，随后开始下降。虽然大气中 CFCs 含量的下降使得 CFCs 无法再用于新生成水团示踪，但它们在中深层海洋通风过程研究中的作用仍然很大。CFCs 作为一类具有化学惰性的瞬态示踪剂，已被广泛应用于大洋环流、水团生成、通风等诸多海洋过程的研究（Schneider et al.，2012；Stöven，2015），其时间尺度信息还可用于估算一些重要的海洋生物地球化学过程速率和参量，如反硝化速率、有机物再矿化速率、表观耗氧速率以及人为碳储量等。其中，估算人为碳储量是 CFCs 在生物地球化学研究中最重要的应用之一。

2019 年航次完成了 53 个站位的海水 CFC-12 样品采集，采集层位分别为表层（0～5 m）、10 m、20 m、25 m、50 m、65 m、70 m、75 m、80 m、100 m 和 150 m。实际获得样品 278 个，获取有效数据 204 个。

2020 年航次完成了 44 个站位的海水 CFC-12 样品采集，采集层位分别为表层（0～5 m）、10 m、20 m、25 m、40 m、50 m、60 m、75 m、100 m 和 150 m。实际获得样品 245 个，获取有效数据 215 个。

2019 年和 2020 年 2 个航次中沙群岛及其邻近海域 CFC-12 含量的变化见表 4-20。

表 4-20　2019 年和 2020 年 2 个航次中沙群岛及其邻近海域 CFC-12 含量的变化

层位（m）	CFC-12 含量（pmol/L）			
	2019 年		2020 年	
	范围	平均值	范围	平均值
0～5	1.201	1.201	0.640～1.632	1.084
10	1.110～1.271	1.190	0.747～1.988	1.015
20	1.229	1.229	0.613～1.355	0.983
25	0.841～1.899	1.281	0.777～2.149	1.232
40	/	/	0.686～1.662	1.042
50	0.875～1.869	1.268	0.754～1.634	1.114
60	/	/	0.701～1.263	0.981
65	1.156～1.248	1.202	/	/
70	0.967～1.118	1.042	/	/
75	0.876～1.896	1.309	0.486～1.928	1.228
80	1.180～1.411	1.309	/	/
100	0.958～1.998	1.323	0.731～1.585	1.090
150	0.975～3.509	1.465	0.783～2.321	1.180
全部层位	0.841～3.509	1.310	0.486～2.321	1.099

注：“/” 表示未获取样品或数据

1）2019 年航次观测结果

Ⅰ）各层位平面分布

i）中沙大环礁海域

2019 年航次中沙大环礁海域各层位 CFC-12 含量的平面分布见图 4-91。整体上随着深度增加，CFC-12 含量呈现先降低后升高的趋势，东侧区域尤甚。

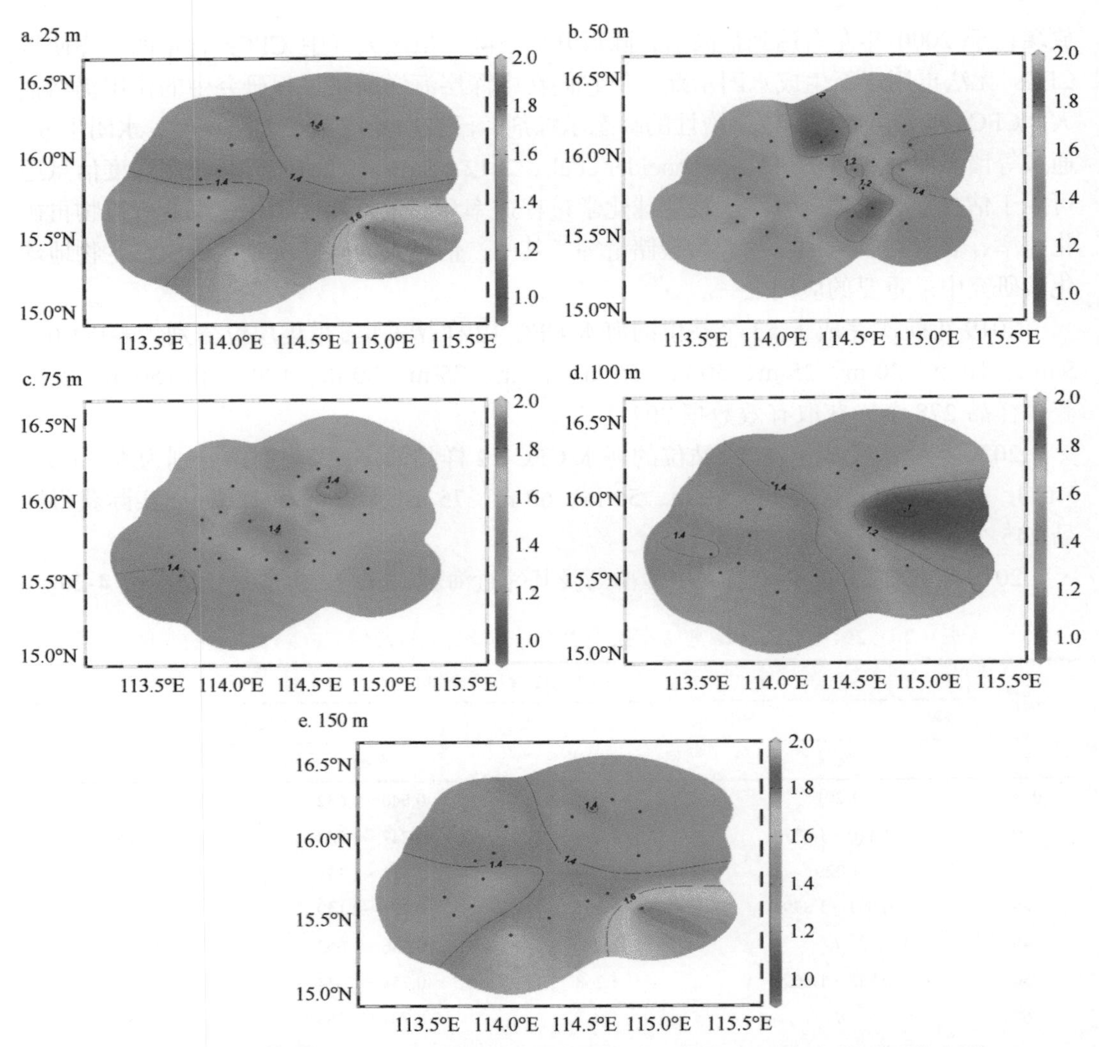

图 4-91　2019 年航次中沙大环礁海域各层位 CFC-12 含量（pmol/L）的平面分布图

ii）中沙群岛北岩海域

2019 年航次中沙群岛北岩海域各层位 CFC-12 含量的平面分布见图 4-92。在 75 m 以浅，CFC-12 含量无显著差异，自 100 m 以深南侧 CFC-12 含量有较明显的升高趋势。

Ⅱ）断面分布

2019 年航次中沙大环礁至北岩海域航线 CFC-12 含量的断面分布见图 4-93。CFC-12 含量在靠近北岩海域出现极大值，各个层位的极小值基本出现在中间海盆区。该断面整体上体现一定程度的层化现象。

2）2020 年航次观测结果

2020 年航次中沙大环礁海域各层位 CFC-12 含量的平面分布见图 4-94。在 60 m 以浅 CFC-12 含量无显著差异，在 75 m 层北侧和西侧出现高值，在深层随着深度增加 CFC-12 含量缓慢降低。

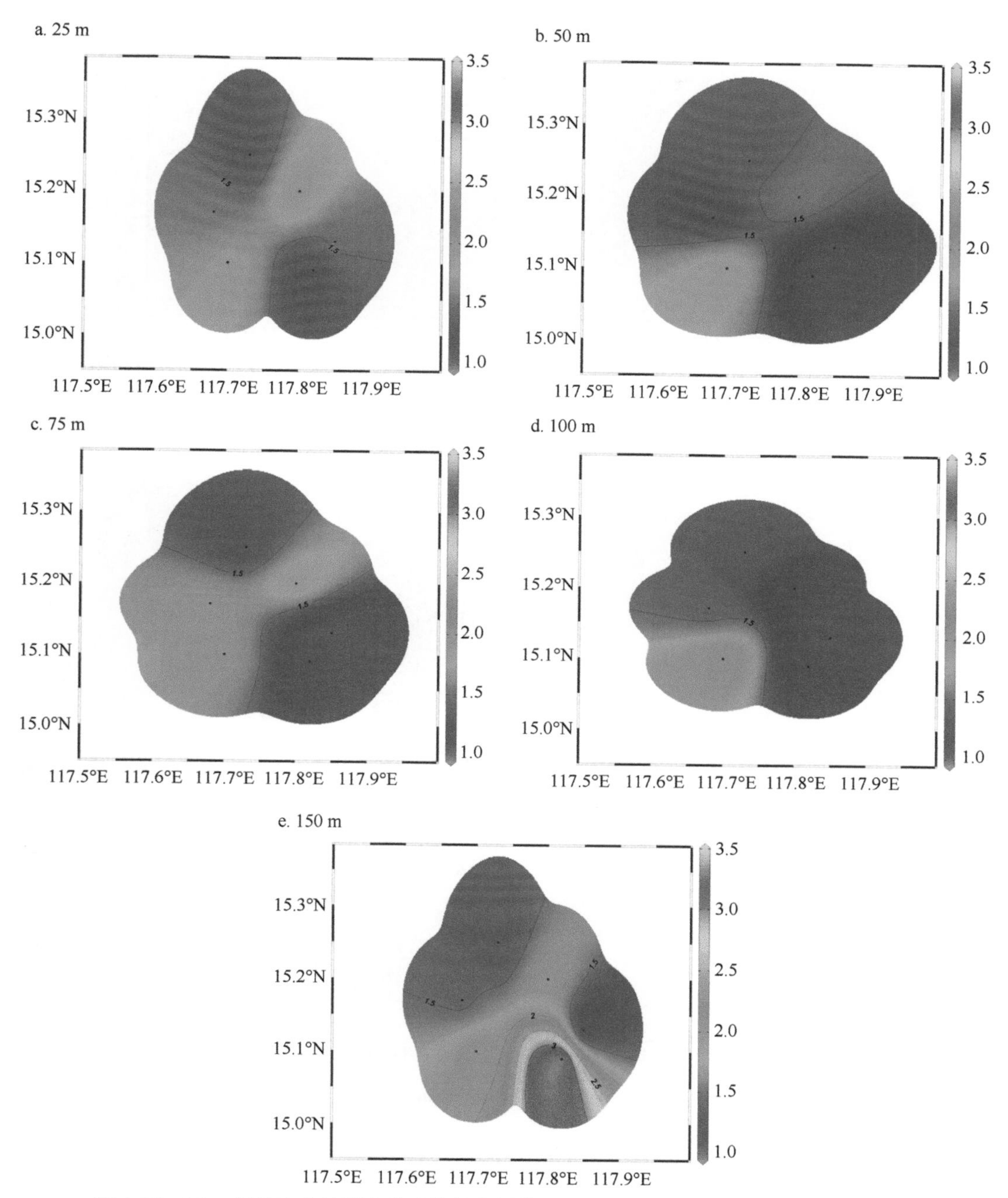

图 4-92　2019 年航次中沙群岛北岩海域各层位 CFC-12 含量（pmol/L）的平面分布图

通过对比 2019 年和 2020 年 2 个航次的考察结果发现，2 年各层位的 CFC-12 含量平均值为 0.9～3.5 pmol/L，且 2019 年表层 CFC-12 含量相对 2020 年要高，这可能与两次采样时海表 CFC-12 饱和含量不一致有关。在 60 m 以浅，CFC-12 含量受海-气交换过程的影响显著，分布较均匀，无明显趋势。但在 2020 年出现了 75～100 m 的 CFC-12 含量比表层高的特点，即次表层含量高于表层含量，这一特征主要受近年来 CFC-12 的大气

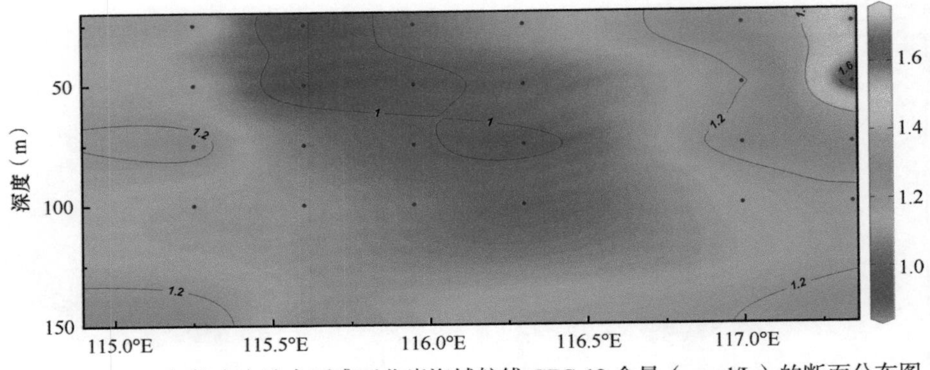

图 4-93 2019 年航次中沙大环礁至北岩海域航线 CFC-12 含量（pmol/L）的断面分布图

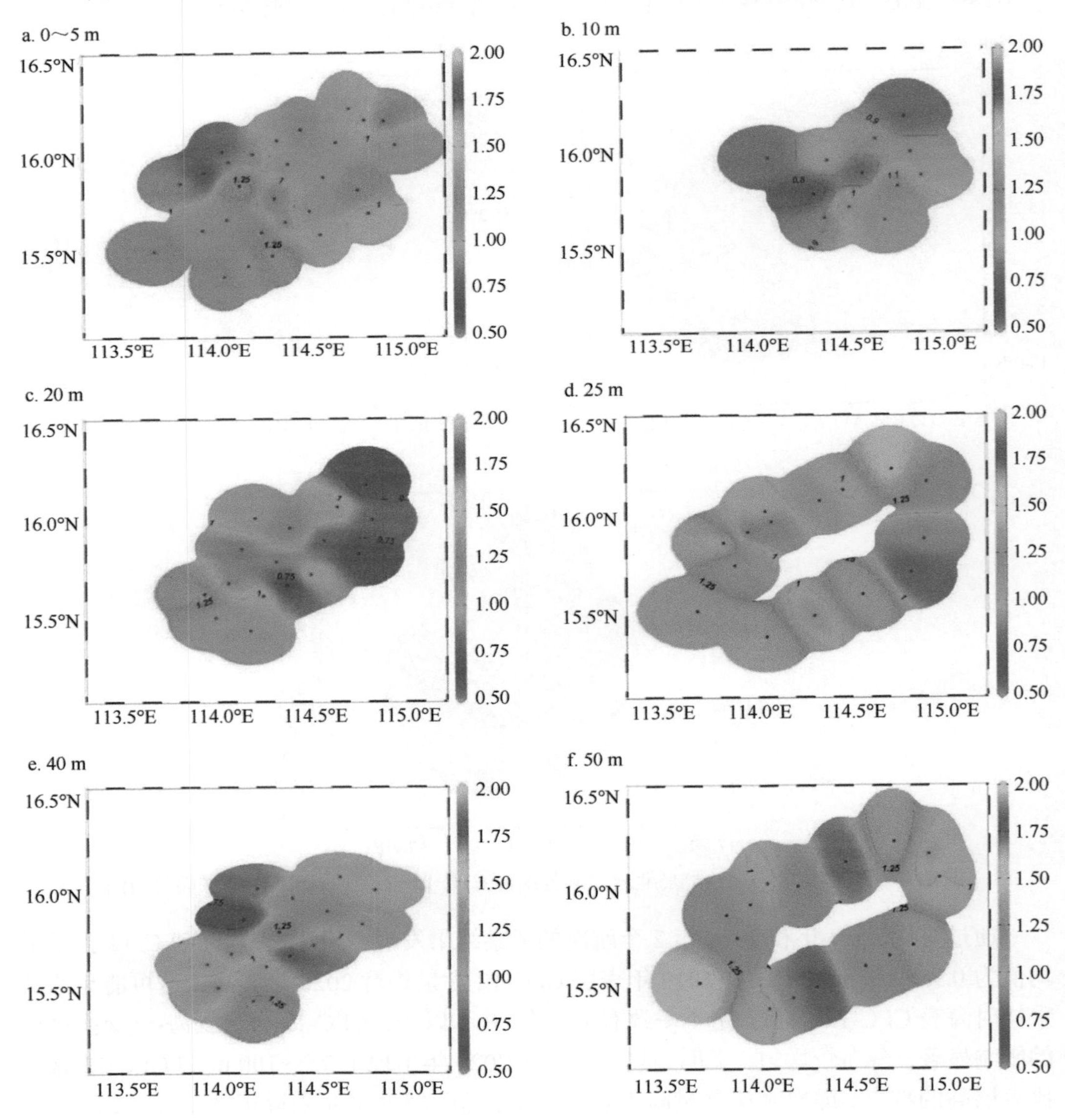

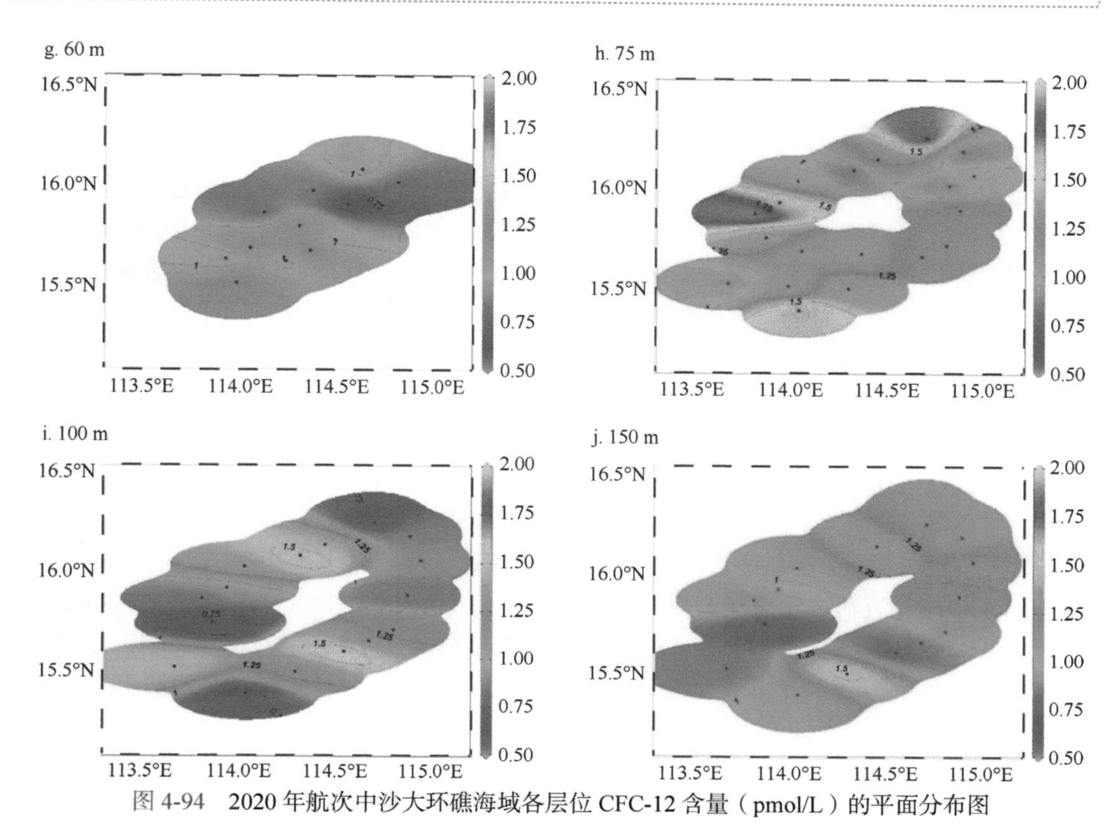

图 4-94　2020 年航次中沙大环礁海域各层位 CFC-12 含量（pmol/L）的平面分布图

历史含量降低以及水体的通风过程的影响。总体而言，CFC-12 含量的分布随深度的变化较为不规律，且在次表层出现了 CFC-12 含量高值，这很可能与西太平洋海水的输入有关。

在南海表层水体中（＜30 m），CFC-12 含量约为 23.2 pmol/L，基本与大气 CFC-12 含量达到饱和平衡。不同区域 CFC-12 含量垂直分布的差异表明其具有明显的区域分布特征。1500 m 以深水体的 CFC-12 含量已经接近检出限（约 0.02 pmol/L）。整体而言，在混合层以深，CFC-12 含量随深度增加而降低，但是在西太平洋、吕宋海峡和南海之间存在一些差异。在表层水体下方（＞100 m），吕宋海峡水体的 CFC-12 含量明显高于南海水体，但低于西太平洋水体。

吕宋海峡是连接南海和西太平洋唯一的深层通道，它的宽度和深度允许西太平洋水体和南海水体进行自由交换。西太平洋的 CFC-12 含量垂直梯度明显大于南海北部和南海南部，而混合层以下南海北部 CFC-12 含量又相对高于南海南部。南海北部 CFC-12 的渗透深度约为 1400 m，也大于南海南部（约 1000 m）。整体而言，沿吕宋海峡断面 CFC-12 含量的空间分布呈现显著的东西差异和南海南北部小幅度的变化。CFC-12 含量的分布趋势与南海整体的环流模式相吻合（You et al.，2005）。通过比较西太平洋和南海北部的 CFC-12 含量，邓恒祥（2018）发现除了混合层的上层数百米，CFC-12 高含量的水体通过吕宋海峡进入南海，即吕宋海峡是一个过渡区域。值得注意的是，在次表层以下，南海水体的 CFC-12 含量分布比西太平洋更加均匀。这与南海北部较强烈的垂直混合和向上平流过程有关，表明混合对南海环流结构和水团性质具有重要影响。

4.3.3 海水碳相关的其他要素

1. 溶解有机碳

海洋溶解有机碳（dissolved organic carbon，DOC）在操作上的一般定义为：通过一定孔径玻璃纤维滤膜（0.70 μm）或银滤膜（0.45 μm）后海水所含有机物中碳的数量。海水中 DOC 的组成非常复杂，是不同数量和组分的多种物质的混合物，包括氨基酸、核苷、碳水化合物、油脂类、芳香烃、非芳香烃和大分子量腐殖酸等。目前能够确定组分的海洋有机物只占 10%～20%，因此海洋有机物的含量一般笼统地用有机碳的含量来表示。作为海洋中重要的碳储库，DOC 的碳储量为 6.8×10^{17}～7.0×10^{17} g C（Williams and Druffel，1987），仅次于总无机碳库（380×10^{17} g C）（Falkowski et al.，2000）。

海洋上层有 10%～30%的 DOC 以大分子量物质（或胶体）的形式存在，这部分 DOC 伴随生物新陈代谢过程而快速循环（包括其产生和转化、消耗），滞留于海洋次表层和深层的另一部分 DOC 生物活性较低，随大洋环流在千年尺度上循环（Barber，1968）。此外，DOC 的垂直输送是海洋去除大气中 CO_2 的一个重要机制（Steinberg et al.，2002），同时，DOC 也作为微生物异养活动的主要食物来源（Hansell and Carlson，2002）。因此，DOC 在海洋碳循环过程中起着至关重要的作用，了解其形成和去除机制是待解决的全球碳循环难题之一。总的来说，海洋 DOC 的产生、迁移、转化与循环等过程都相当复杂，是当今海洋化学研究的薄弱环节之一，这使 DOC 在海洋碳循环中的作用机制与调控因子研究在过去几十年中进展缓慢（Steinberg et al.，2002），而获取准确的 DOC 时空分布是了解 DOC 迁移、转化机制的前提条件。

2019 年航次完成了 53 个站位的海水 DOC 样品采集，采集层位分别为表层（0～5 m）、10 m、20 m、25 m、50 m、65 m、75 m、100 m 和 150 m。实际获得样品 120 个，获取有效数据 120 个。

2020 年航次完成了 44 个站位的海水 DOC 样品采集，采集层位分别为表层（0～5 m）、20 m、25 m、40 m、50 m、75 m、80 m、100 m、130 m 和 150 m。实际获得样品 199 个，获取有效数据 199 个。

2021 年航次完成了 5 个站位的海水 DOC 样品采集，采集层位分别为表层（0～5 m）、10 m 和 15～20 m。实际获得样品 36 个，获取有效数据 36 个。

2019～2021 年各航次中沙群岛及其邻近海域不同层位 DOC 含量的变化见表 4-21。

表 4-21　2019～2021 年各航次中沙群岛及其邻近海域不同层位 DOC 含量的变化

层位（m）	DOC 含量（μmol/L）					
	2019 年		2020 年		2021 年	
	范围	平均值	范围	平均值	范围	平均值
0～5	65.0～209.2	144.3	51.4～495.4	155.1	134.8～318.1	194.48
10	122.0～165.7	143.8	/	/	128.2～308.6	210.9
15～20	174.2	174.2	59.9～774.9	315.2	72.2～232.5	181.4
25	64.4～212.8	125.6	58.0～496.6	166.5	/	/
40	/	/	53.5～114.3	70.3	/	/

续表

层位（m）	DOC 含量（μmol/L）					
	2019 年		2020 年		2021 年	
	范围	平均值	范围	平均值	范围	平均值
50	65.7～212.7	122.4	49.0～403.9	162.3	/	/
65	147.8	147.8	/	/	/	/
75	62.8～191.8	133.2	55.6～457.8	119.5	/	/
80	/	/	73.3～379.3	252.1	/	/
100	117.6～246.2	183.2	55.8～361.8	130.4	/	/
130	/	/	60.489	60.489	/	/
150	57.0～152.6	123.7	43.1～421.8	95.8	/	/
全部层位	57.0～246.2	134.1	43.1～774.9	144.9	72.2～318.1	195.3

注："/" 表示未获取样品或数据

1）2019 年航次观测结果

Ⅰ）各层位平面分布

i）中沙大环礁海域

2019 年航次中沙大环礁海域各层位 DOC 含量的平面分布见图 4-95。整个海域随着深度增加 DOC 含量呈现复杂的变化趋势，DOC 含量在表层（0～5 m）西侧出现最高值，在 25 m 层东北侧出现最高值，在 100 m 层急剧升高并在北侧有最高值，在 150 m 层又

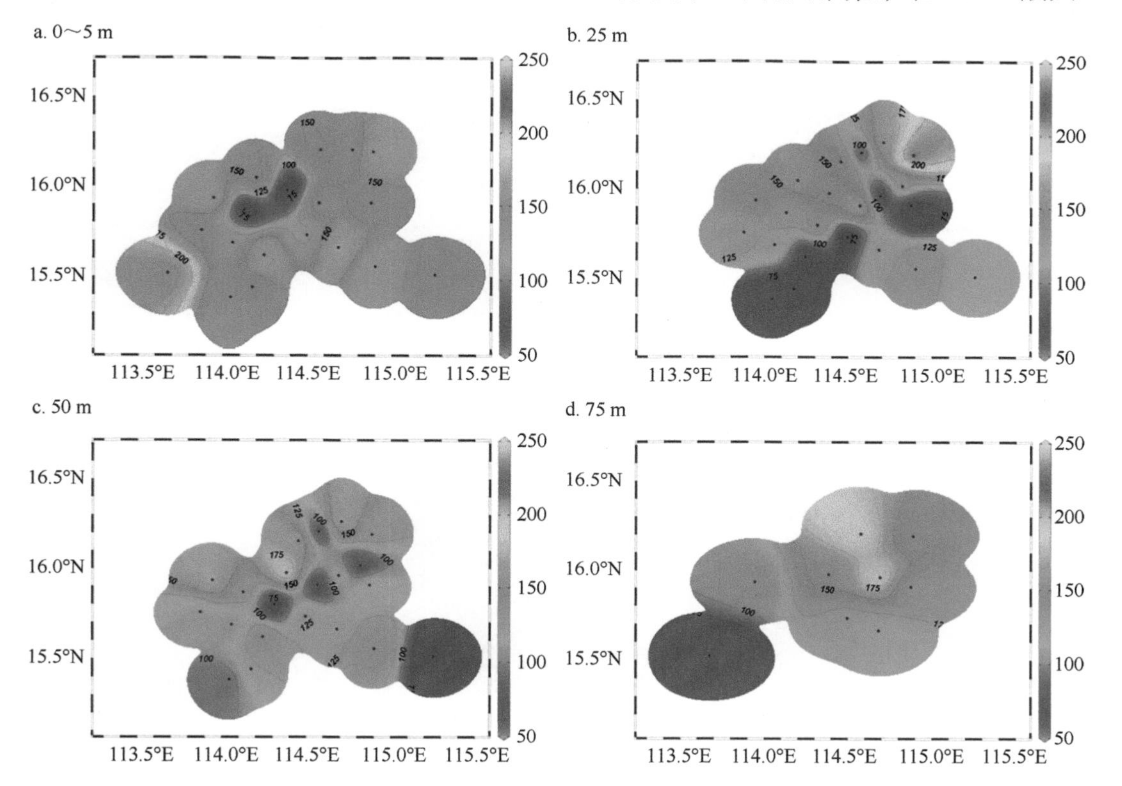

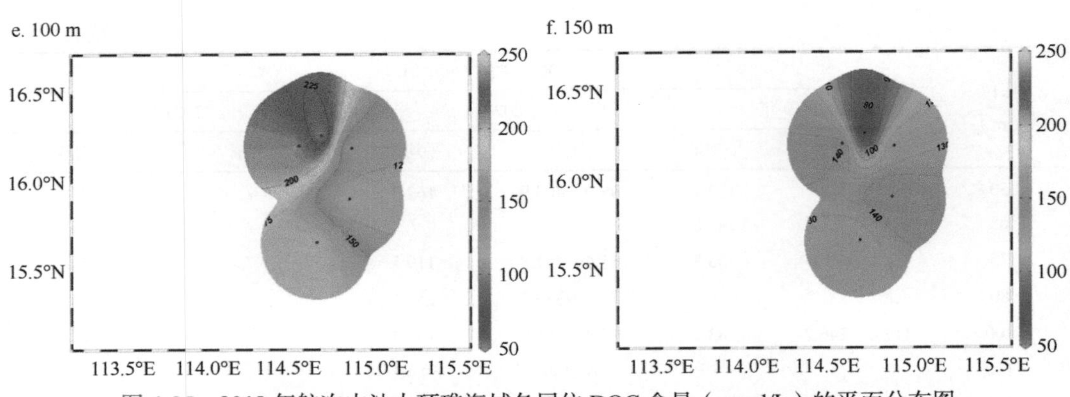

图 4-95　2019 年航次中沙大环礁海域各层位 DOC 含量（μmol/L）的平面分布图

降低并在北侧有最低值。

ii）中沙群岛北岩海域

2019 年航次中沙群岛北岩海域各层位 DOC 含量的平面分布见图 4-96。DOC 含量在表层（0～5 m）呈现西高东低的趋势，在 25 m 层北侧较高，在 50 m 层西侧较高。

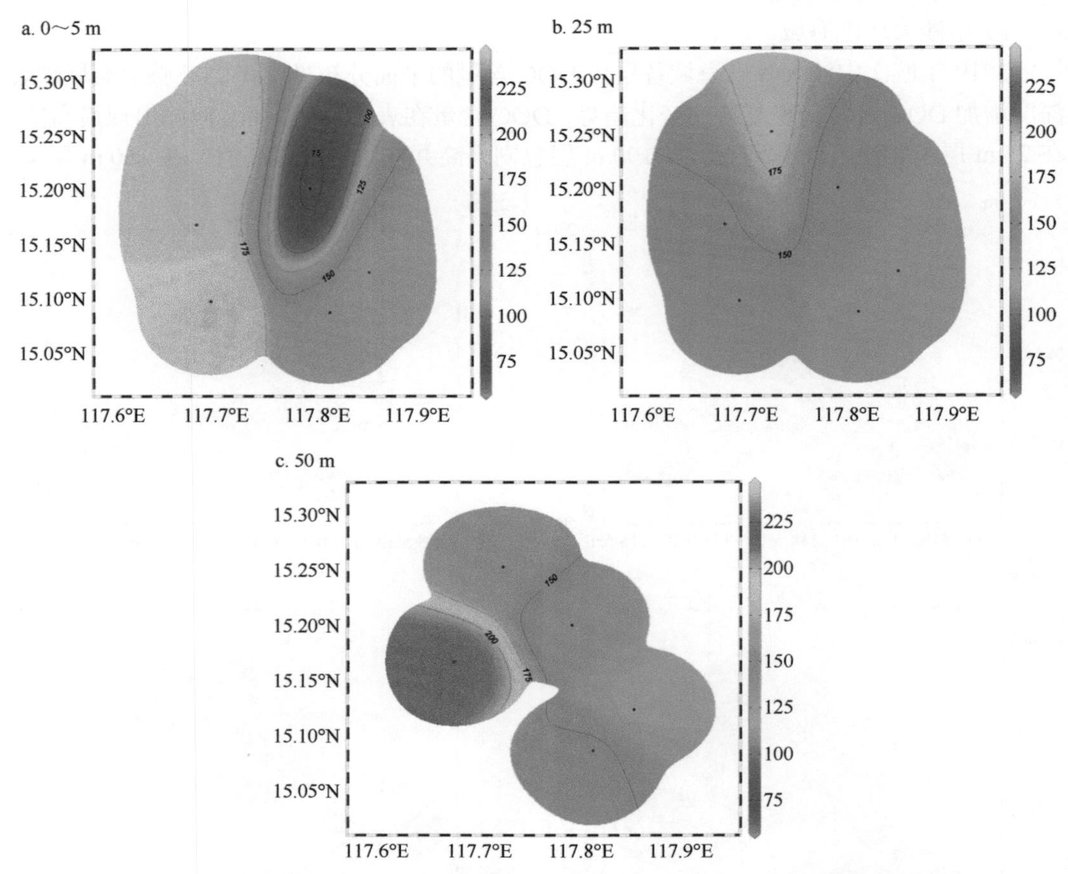

图 4-96　2019 年航次中沙群岛北岩海域各层位 DOC 含量（μmol/L）的平面分布图

Ⅱ）断面分布

2019 年航次中沙大环礁至北岩海域航线 DOC 含量的断面分布见图 4-97，随着深度增加而降低。

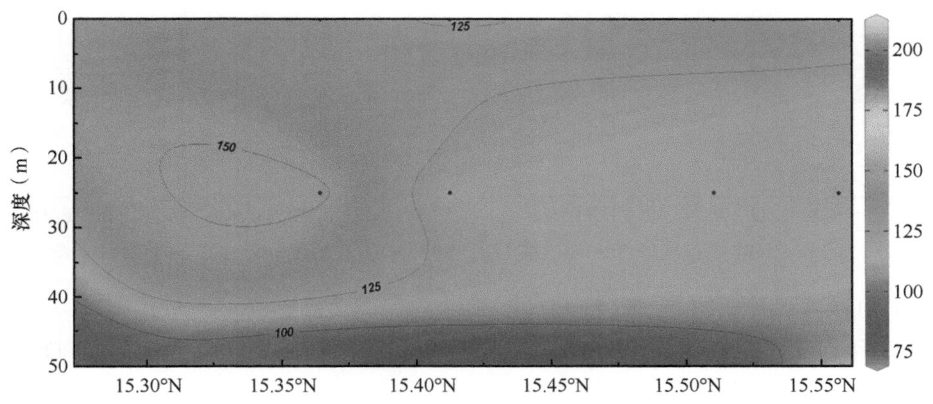

图 4-97　2019 年航次中沙大环礁至北岩海域航线 DOC 含量（μmol/L）的断面分布图

2）2020 年航次观测结果

Ⅰ）中沙大环礁海域

2020 年航次中沙大环礁海域各层位 DOC 含量的平面分布见图 4-98。各层位 DOC 含量无明显差异，在表层东北侧有最高值。

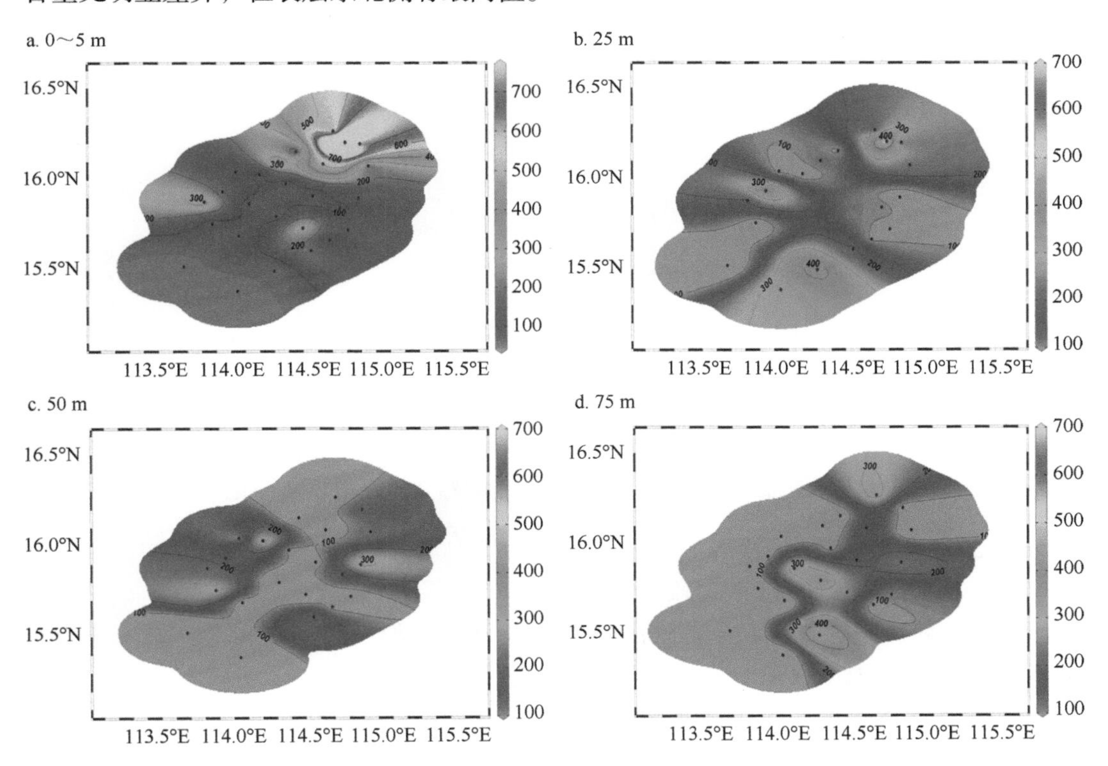

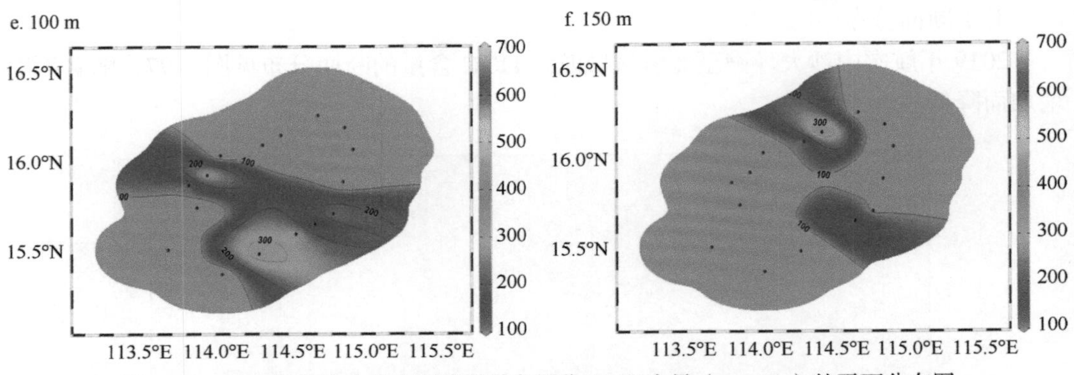

图 4-98　2020 年航次中沙大环礁海域各层位 DOC 含量（μmol/L）的平面分布图

Ⅱ）中沙群岛神狐暗沙、一统暗沙和中沙群岛周边岛礁海域

2020 年航次中沙群岛神狐暗沙、一统暗沙和中沙群岛周边岛礁海域的 DOC 含量在表层至 50 m 层总体趋势是随深度的增加而降低，为 51.5～316.5 mg/L。随着深度增加，神狐暗沙和一统暗沙海域的 DOC 含量逐渐升高，在 100 m 层达到最高值，然后随深度增加而逐渐降低；中沙群岛周边岛礁海域的 DOC 含量整体随深度增加而逐渐降低（图 4-99）。

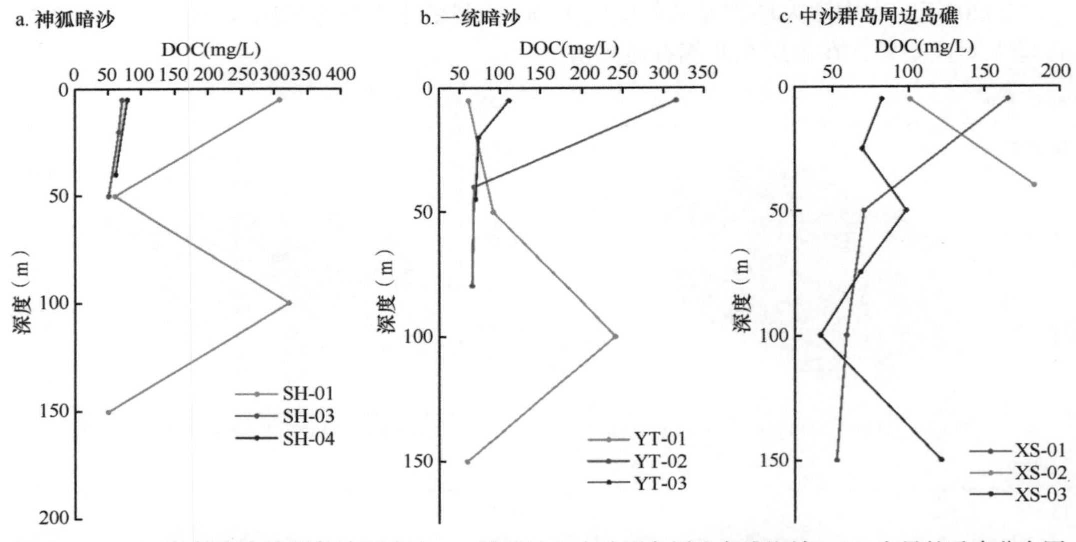

图 4-99　2020 年航次中沙群岛神狐暗沙、一统暗沙和中沙群岛周边岛礁海域 DOC 含量的垂直分布图

3）2021 年航次观测结果

Ⅰ）中沙大环礁海域上午时段平面分布

2021 年航次中沙大环礁海域上午（9:00～12:00）时段各层位 DOC 含量的平面分布见图 4-100，最高值出现在中部，随深度增加先升高后降低。

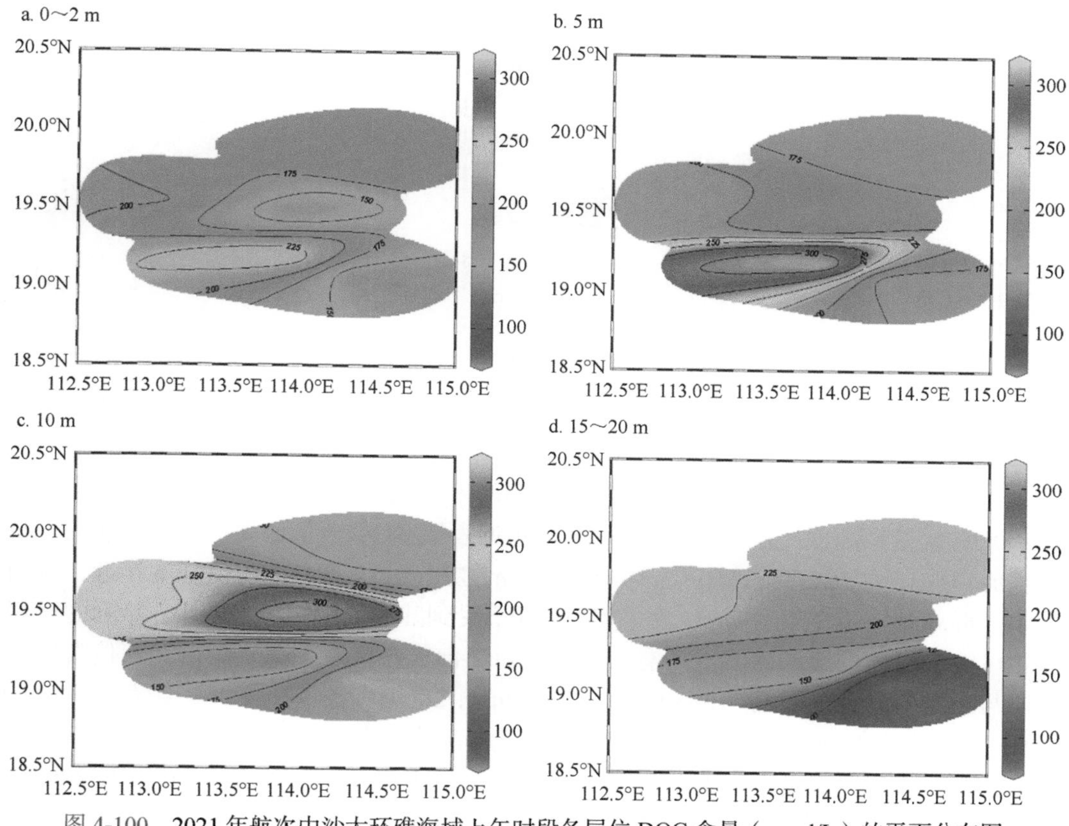

图 4-100　2021 年航次中沙大环礁海域上午时段各层位 DOC 含量（μmol/L）的平面分布图

Ⅱ）中沙大环礁海域晚上时段平面分布

2021 年航次中沙大环礁海域晚上（18:00～24:00）时段各层位 DOC 含量的平面分布见图 4-101。DOC 含量在 0～5 m 降低，在 5 m 以深逐渐升高，并在 15～20 m 层的西南侧有最高值。

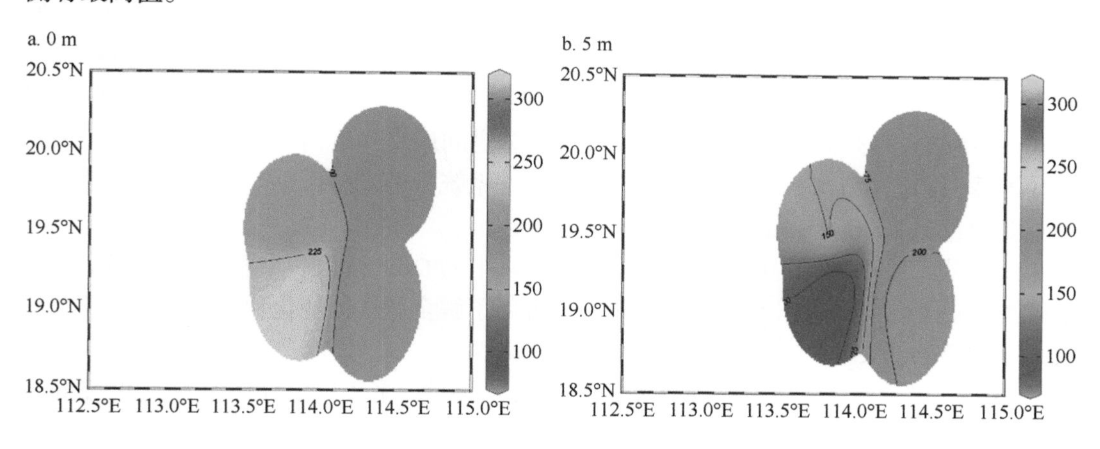

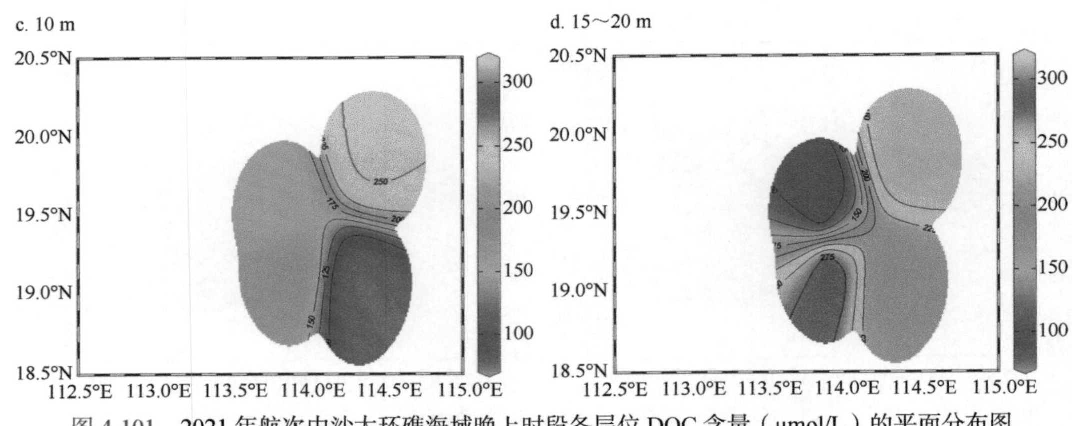

图 4-101　2021 年航次中沙大环礁海域晚上时段各层位 DOC 含量（μmol/L）的平面分布图

通过对比 2019～2021 年 3 个航次的考察结果发现，3 年内 DOC 含量先升高后降低，DOC 含量最高值出现在 20 m 层。2020 年近表层 DOC 含量偏高可能与较强的生物过程的释放有关。2019～2021 年表层到 150 m 层的 DOC 含量平均值基本接近，说明在中沙群岛海域这 3 年的 DOC 含量较为稳定，受到陆源的影响可能较小，年际的微弱变化可能与当地的珊瑚礁等活动有关。通过对比前人在南海北部、中部和其他海域对表层与断面的分布等研究（Bussmann and Kattner，2000；李骁麟，2003；商荣宁，2011）发现，本调查中 DOC 含量范围小于渤海和黄海，高值分布广泛，没有集中在某个区域，断面分布趋势相似，也是由表层至底层逐渐降低，但本调查中 DOC 含量范围（66.5～176.9 μmol/L）比南海北部陆架大。

2. *溶解无机碳*

海洋溶解无机碳（dissolved inorganic carbon，DIC）是海水中各种无机碳酸盐（CO_3^{2-}）、碳酸氢盐（HCO_3^-）、碳酸（H_2CO_3）及二氧化碳气体（CO_2）的总和。海水中溶解的 CO_2 是海洋中自养生物合成有机物质的碳素来源。海-气系统中大于 98%（物质的量分数，下同）的碳以 DIC 的形式存在于海洋中（Zeebe and Wolf-Gladrow，2001），其中约有 90%的 DIC 以 HCO_3^- 的形式存在，另外超过 9%为 CO_3^{2-} 形式，仅有不到 1%以 CO_2 和 H_2CO_3 的形式存在。DIC 的各主要成分之间通过一系列热力学平衡构成所谓的 CO_2 体系，在缓冲海水 pH、指示发生在海洋生态系统中的光合作用与呼吸作用方面扮演着重要角色（Amiotte Suchet and Probst，1995）。

DIC 是海洋 CO_2 系统的重要参数，测定海水中的 DIC 含量并明确其存在形式，对于了解海洋对 CO_2 的吸收、转化和迁移过程，进而了解全球气候变化和碳的全球循环都具有十分重要的意义。

2019 年航次完成了 53 个站位的海水 DIC 样品采集，采集层位分别为表层（0～5 m）、10 m、20 m、25 m、50 m、65 m、70 m、75 m、80 m、100 m 和 150 m。实际获得样品 191 个，获取有效数据 191 个。

2020 年航次完成了 44 个站位的海水 DIC 样品采集，采集层位分别为表层（0～5 m）、

10 m、20 m、25 m、40 m、45 m、50 m、60 m、75 m、80 m、85 m、100 m 和 150 m。实际获得样品 199 个，获取有效数据 199 个。

2019 年和 2020 年 2 个航次中沙群岛及其邻近海域不同层位 DIC 含量的变化见表 4-22。

表 4-22　2019 年和 2020 年 2 个航次中沙群岛及其邻近海域不同层位 DIC 含量的变化

层位（m）	DIC 含量（μmol/L）			
	2019 年		2020 年	
	范围	平均值	范围	平均值
0～5	1973.8～2018.1	1996.0	1577.7～2270.0	1939.3
10	1982.5～1985.1	1983.8	1487.3～1939.7	1841.3
20	1596.2～1985.1	1791.3	1731.4～1971.8	1925.6
25	1950.2～2146.5	1984.8	1374.4～1978.6	1897.0
40	/	/	1378.3～1966.1	1843.6
45	/	/	1631.7～2286.1	1958.9
50	1640.5～2072.9	1991.1	1535.1～2330.2	1914.0
60	/	/	1835.0～1982.5	1937.8
65	2021.3	2021.3	/	/
70	1659.9～2011.8	1835.9	/	/
75	1622.1～2088.0	2017.8	1444.8～2315.6	2000.4
80	2011.1～2028.6	2022.4	1430.4～1975.2	1859.8
85	/	/	2318.8	2318.8
100	1995.7～2128.2	2077.1	1477.9～2326.4	1945.9
150	2067.8～2160.9	2140.1	1448.5～2436.0	2033.9
全部层位	1596.2～2160.9	2021.9	1374.4～2436.0	1937.1

注：“/”表示未获取样品或数据

1）2019 年航次观测结果

Ⅰ）各层位平面分布

i）中沙大环礁海域

2019 年航次中沙大环礁海域各层位 DIC 含量的平面分布见图 4-102。随着深度增加 DIC 含量升高，西侧升高趋势更为明显。

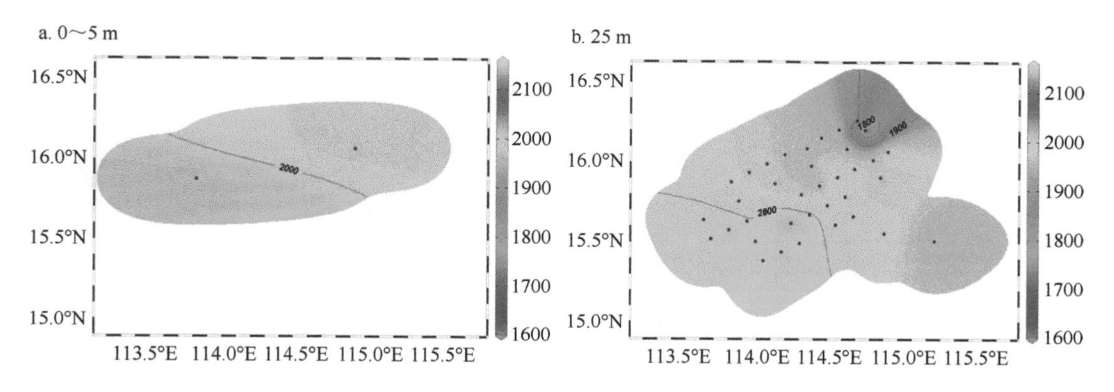

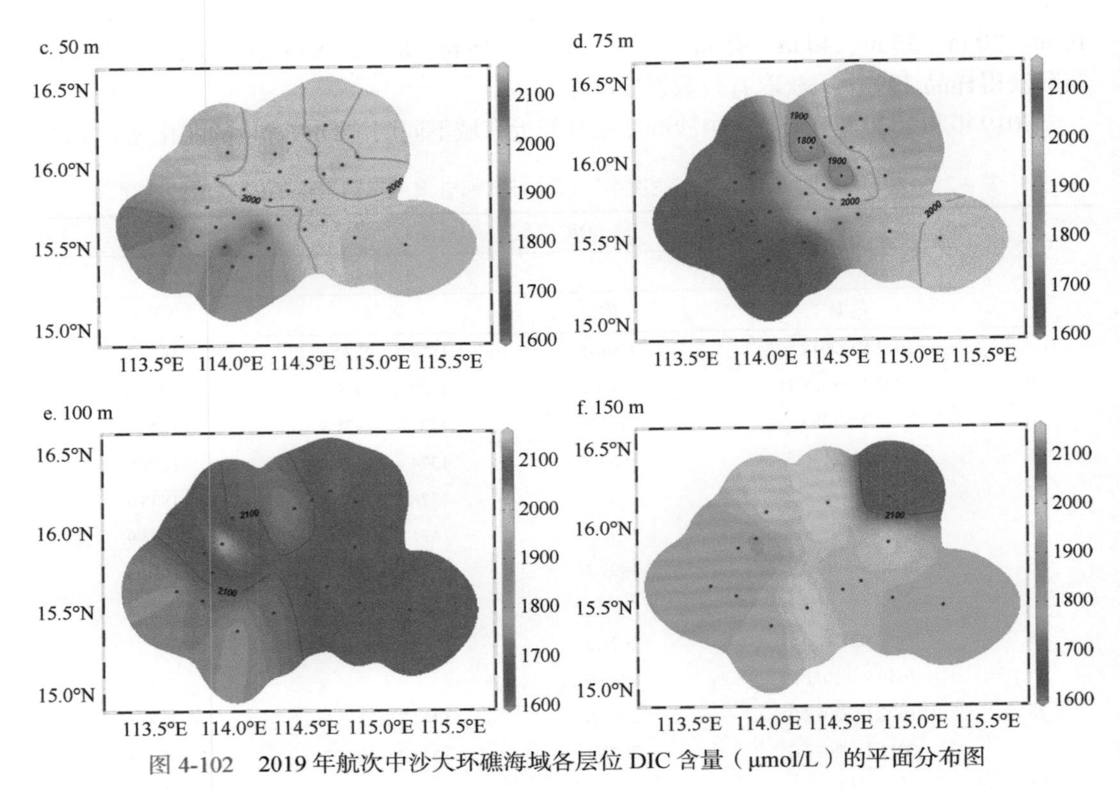

图 4-102 2019 年航次中沙大环礁海域各层位 DIC 含量（μmol/L）的平面分布图

ii）中沙群岛北岩海域

2019 年航次中沙群岛北岩海域各层位 DIC 含量的平面分布见图 4-103。总体而言，DIC 含量随深度增加而升高。

Ⅱ）断面分布

2019 年航次中沙大环礁海域各层位 DIC 含量的断面分布见图 4-104，随深度增加 DIC 含量呈现上升趋势。

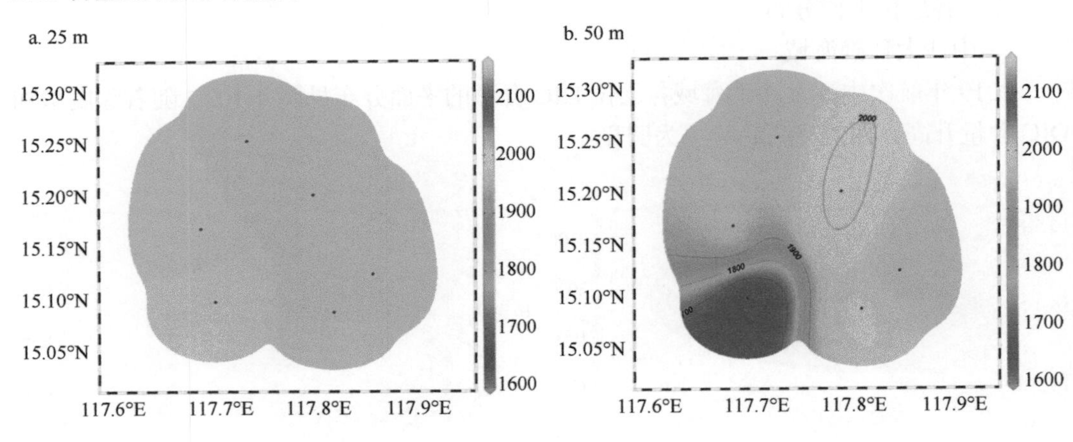

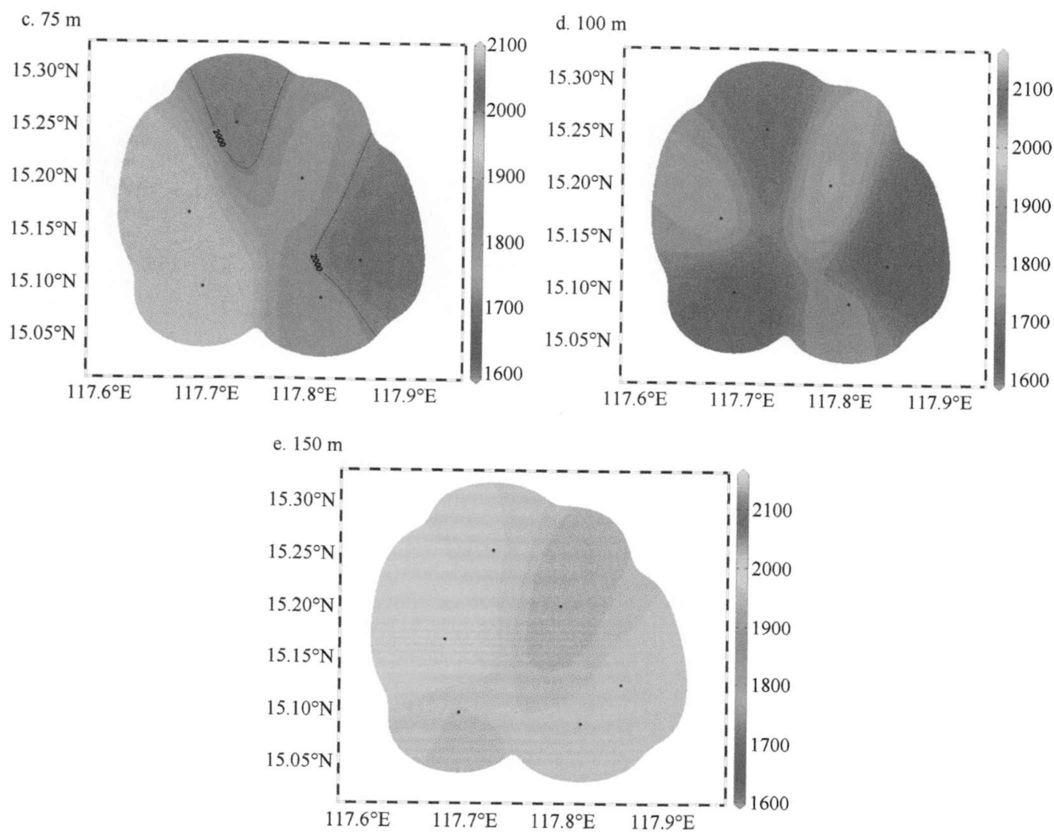

图 4-103　2019 年航次中沙群岛北岩海域各层位 DIC 含量（μmol/L）的平面分布图

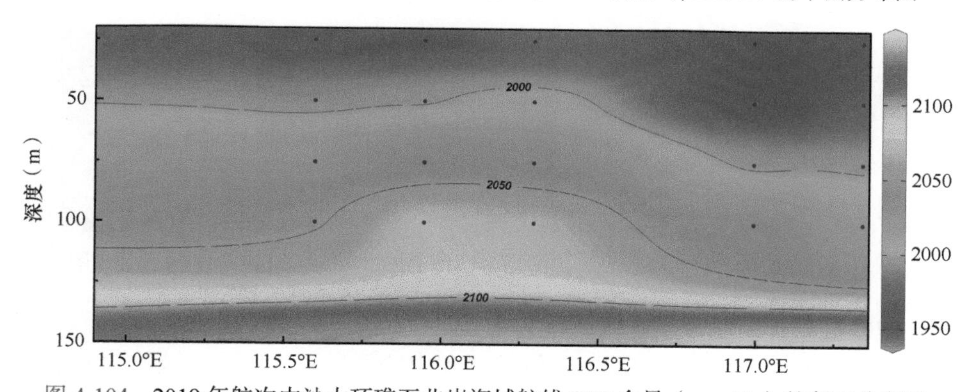

图 4-104　2019 年航次中沙大环礁至北岩海域航线 DIC 含量（μmol/L）的断面分布图

2）2020 年航次观测结果

Ⅰ）中沙大环礁海域

2020 年航次中沙大环礁海域各层位 DIC 含量的平面分布见图 4-105。DIC 含量在各层位无显著差异，25 m 层东侧、150 m 层西侧有最低值，50 m 层西侧有最高值。

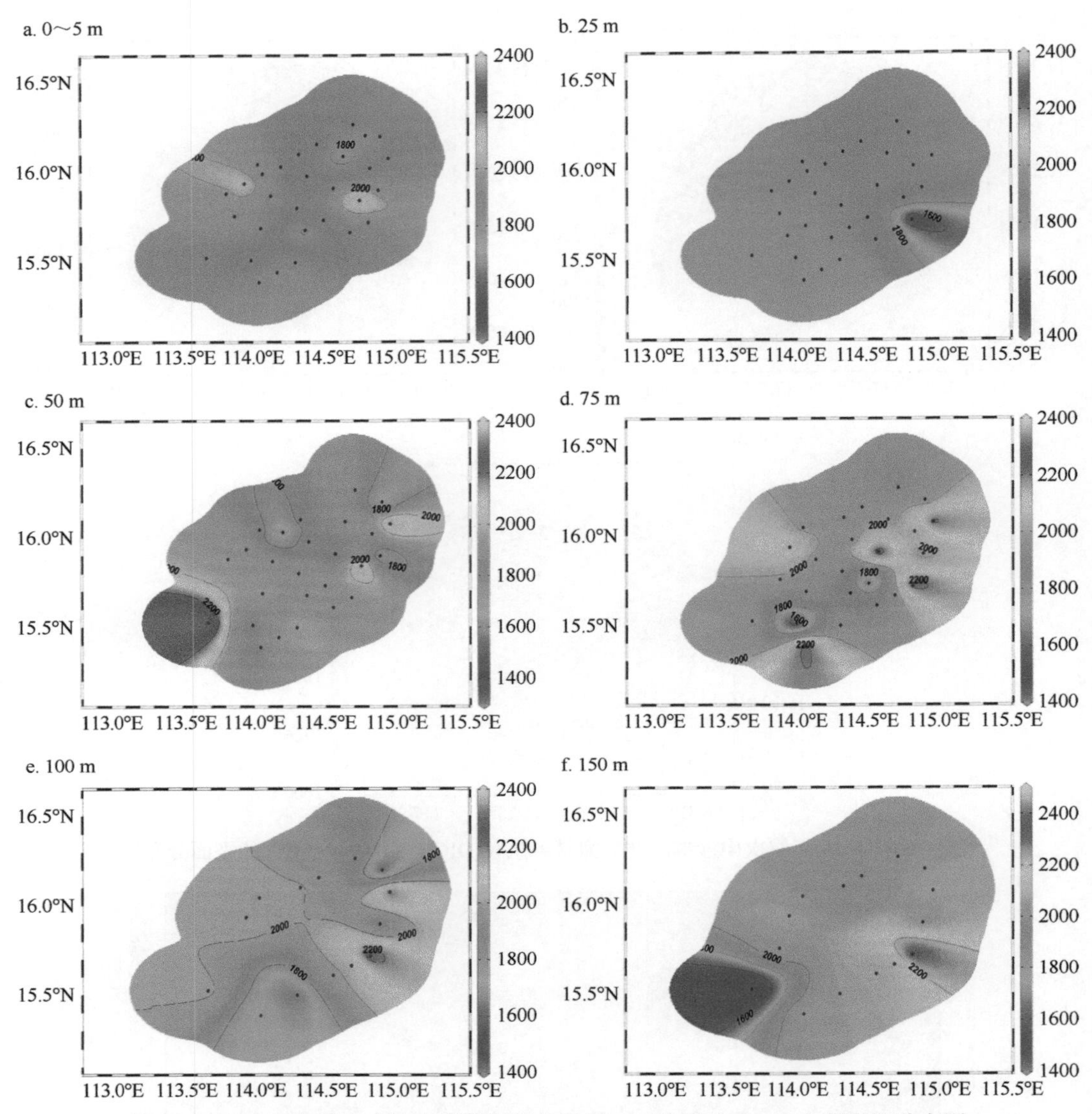

图 4-105　2020 年航次中沙大环礁海域各层位 DIC 含量（μmol/L）的平面分布图

Ⅱ）中沙群岛神狐暗沙、一统暗沙和中沙群岛周边岛礁海域

2020 年航次中沙群岛神狐暗沙、一统暗沙和中沙群岛周边岛礁海域的 DIC 含量在表层至 40 m 层基本保持不变，分别为 1937.6～1944.0 μmol/L、1928.6～1968.0μmol/L、1964.4～1964.8 μmol/L；之后随着深度增加，DIC 含量基本呈现升高趋势，但升高趋势较小（图 4-106）。

通过对比 2019 年和 2020 年 2 个航次的考察结果发现，DIC 含量接近，只有微小的变化，这说明中沙群岛及其邻近海域这 2 年来的 DIC 含量相对稳定，受人类活动或气候变化的影响较弱，主要与 25～30 m 层的珊瑚礁生命活动有关。

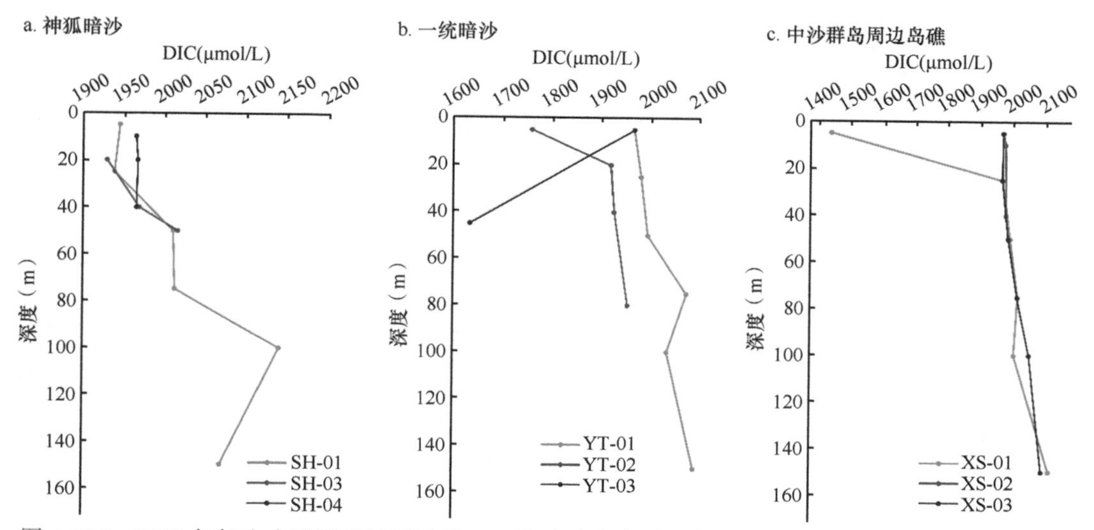

图 4-106　2020 年航次中沙群岛神狐暗沙、一统暗沙和中沙群岛周边岛礁海域各层位 DIC 含量的垂直分布图

DIC 含量是 CO_2 系统的重要参数，因此对 DIC 含量的研究较为广泛。通过对比前人在南海北部以及其他海域表层与垂直分布上 DIC 含量的研究（赵敏等，2011；黄道建等，2012；高学鲁等，2009）发现，2 个航次的考察结果位于南海历史所获得的观测值的范围内。在垂直分布上，可以发现 DIC 含量随深度的增加而升高。这是因为海水中 CO_2 体系各组分的垂直变化规律是海水中发生的生物、物理、化学等过程综合作用的结果。

3. 颗粒有机碳

海洋颗粒有机碳（particulate organic carbon，POC）一般是指海洋中直径大于 0.45 μm 的有机碳，包括海洋中有生命和无生命的悬浮颗粒和沉积物颗粒（张正斌，2004）。POC 在碳循环和海洋生态系统中发挥着重要作用，碳由溶解态转化为颗粒态，然后发生沉降的过程，主要以 POC 的形式来完成。POC 占海洋有机碳总量的 10%左右，是食物链中重要的物质基础，与生物的生命过程、初级生产力等密切相关，是评价海区生产力的一个重要参数（刘占飞等，2000），同时它还是海水碳固化和迁移输出的主要形式，因此了解海水中的 POC 含量和分布是进行碳循环研究的一项重要内容（金海燕等，2005）。

在全球碳循环的研究中，核心问题包括评判海洋是大气 CO_2 源还是汇。上层水体的 POC 输出通量表征海洋的固碳能力。若得出海区的上层水体 POC 输出通量，再结合海气界面 CO_2 的通量数据，即可解决这一问题。因此，海区的 POC 输出通量反映了海洋对于大气 CO_2 的调控能力。陆架边缘海面积只占全球海洋的 7%，但是初级生产力却占全球海洋的 14%～30%，有机埋藏甚至占全球海洋的 80%（Gattuso et al.，1998）。近岸的陆架区相对于大洋而言，有着更高的初级生产力。越来越多的研究表明，陆架边缘海在全球海洋碳循环中扮演着一个相当重要的角色，陆架边缘海的上层水体中可能有着比开阔大洋更高的 POC 输出通量（Tsunogai et al.，1999；Frankignoulle et al.，2001）。因此，针对西太平洋最大的边缘海南海，POC 输出通量的研究在全球海洋碳循环以及全球海洋气候变化的研究中有着重要的意义。

2019 年航次完成了 53 个站位的海水 POC 样品采集，采集层位分别为表层（0～5 m）、10 m、20 m、25 m、50 m、65 m、75 m、100 m 和 150 m。实际获得样品 133 个，获取有效数据 133 个。

2020 年航次完成了 44 个站位的海水 POC 样品采集，采集层位分别为表层（0～5 m）、10 m、20 m、25 m、40 m、45 m、50 m、75 m、80 m、85 m、100 m 和 150 m。实际获得样品 199 个，获取有效数据 199 个。

2021 年航次完成了 5 个站位的海水 POC 样品采集，采集层位分别为表层（0～5 m）、10 m 和 15～20 m，时间分为上午（9:00～12:00）和晚上（18:00～24:00）两个时段。实际获得样品 36 个，获取有效数据 36 个。

2019～2021 年各航次中沙群岛及其邻近海域不同层位 POC 含量的变化见表 4-23 和表 4-24。

表 4-23　2019 年和 2020 年 2 个航次中沙群岛及其邻近海域不同层位 POC 含量的变化

层位（m）	POC 含量（mg/L）			
	2019 年		2020 年	
	范围	平均值	范围	平均值
0～5	0.045～0.162	0.073	0.021～0.068	0.039
10	0.055～0.132	0.106	0.022～0.039	0.028
20	0.137	0.137	0.028～0.080	0.050
25	0.044～0.109	0.071	0.013～0.087	0.041
40	/	/	0.016～0.055	0.037
45	/	/	0.027～0.039	0.033
50	0.001～0.124	0.076	0.023～0.137	0.049
65	0.066	0.066	/	/
75	0.044～0.134	0.081	0.009～0.100	0.040
80	/	/	0.037～0.039	0.038
85	/	/	0.050	0.050
100	0.047～0.162	0.093	0.017～0.071	0.047
150	0.061～0.211	0.106	0.019～0.145	0.050
全部层位	0.001～0.211	0.077	0.009～0.145	0.043

注：“/”表示未获取样品或数据

表 4-24　2021 年航次中沙群岛及其邻近海域不同层位 POC 含量的变化

时段	层位（m）	POC 含量（mg/L）	
		范围	平均值
上午（9:00～12:00）	0～5	0.001～0.119	0.072
	10	0.076～0.217	0.126
	15～20	0.064～0.141	0.091
	全部层位	0.001～0.217	0.090

续表

时段	层位（m）	POC 含量（mg/L）	
		范围	平均值
晚上（18:00～24:00）	0～5	0.075～0.129	0.105
	10	0.044～0.132	0.099
	15～20	0.001～0.106	0.067
	全部层位	0.001～0.132	0.094

1）2019 年航次观测结果

Ⅰ）各层位平面分布

i）中沙大环礁海域

2019 年航次中沙大环礁海域各层位 POC 含量的平面分布见图 4-107。在 75 m 以浅 POC 含量无显著差异，自 100 m 以下北侧区域 POC 含量有升高趋势，在 150 m 层有最高值。

ii）中沙群岛北岩海域

2019 年航次中沙群岛北岩海域各层位 POC 含量的平面分布见图 4-108，POC 含量在南侧区域呈现先升高后降低的趋势。

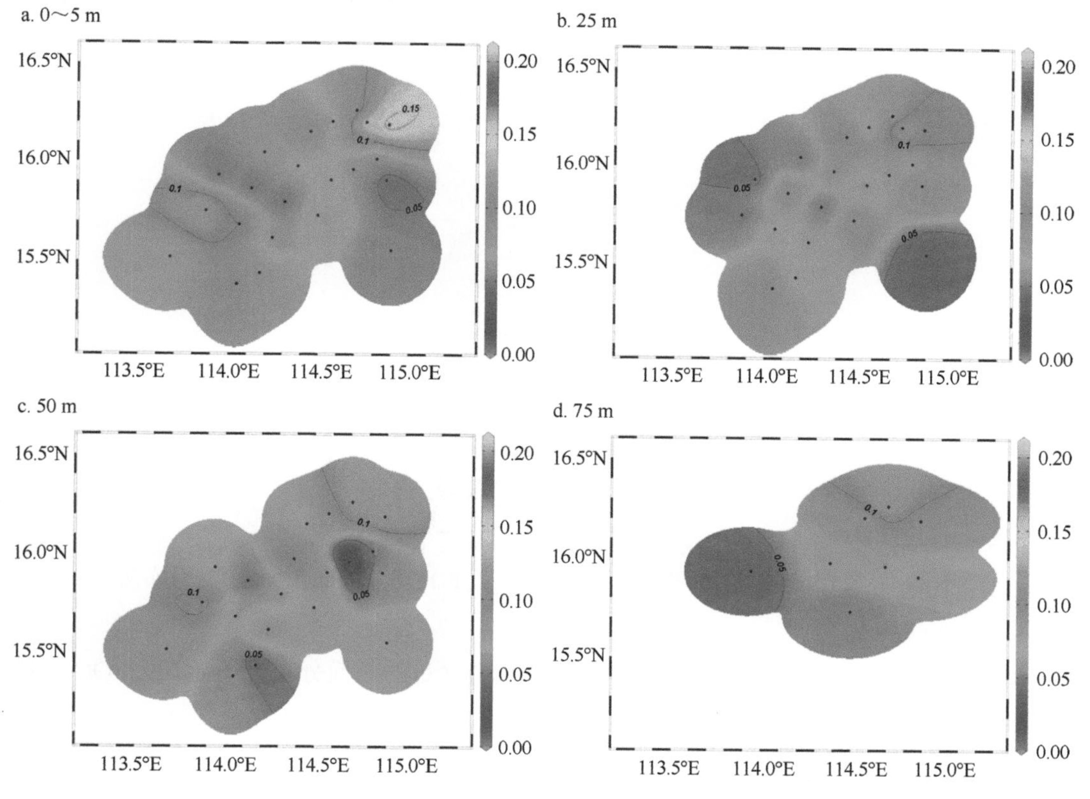

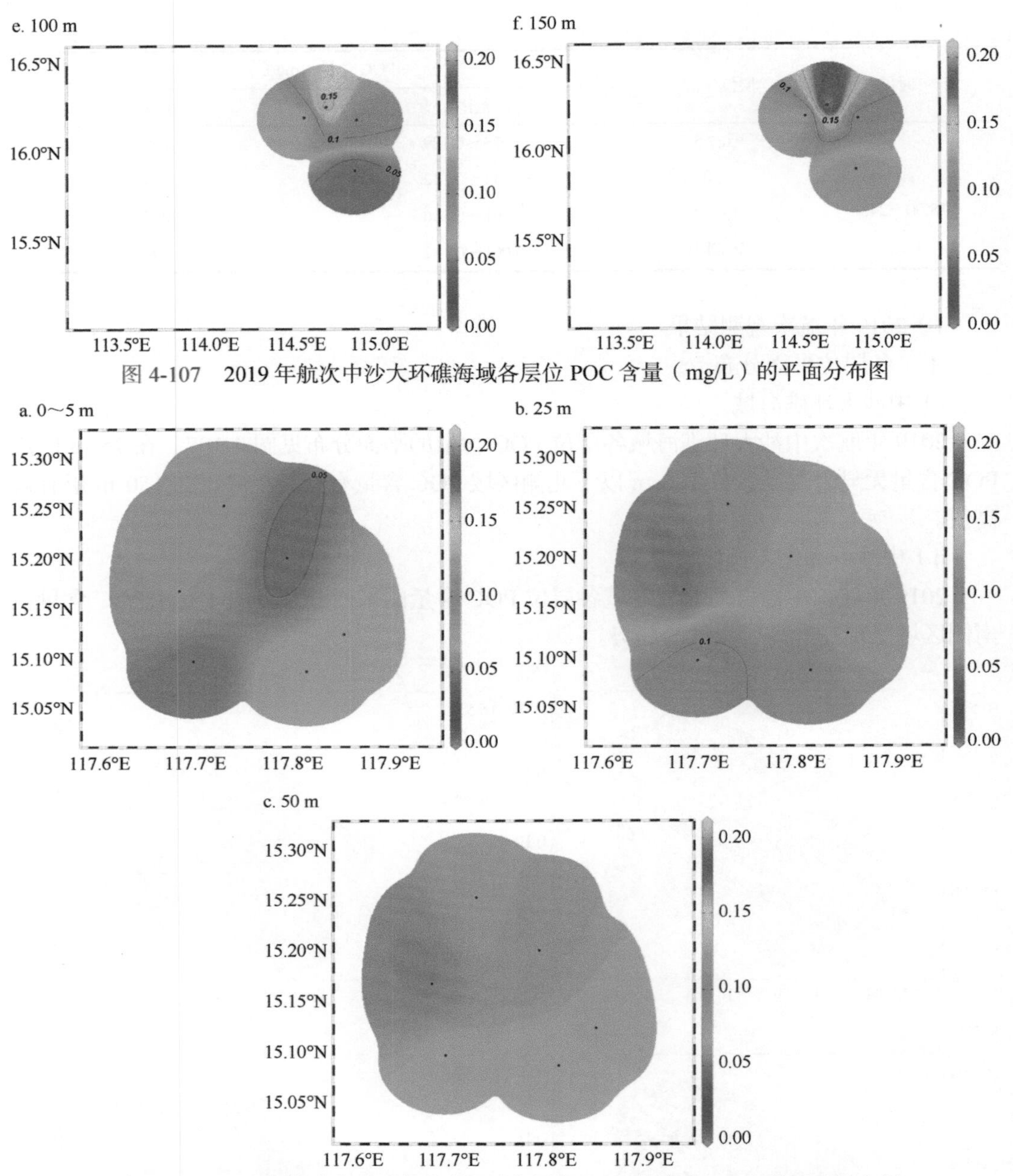

图 4-107　2019 年航次中沙大环礁海域各层位 POC 含量（mg/L）的平面分布图

图 4-108　2019 年航次中沙群岛北岩海域各层位 POC 含量（mg/L）的平面分布图

Ⅱ）断面分布

2019 年航次中沙大环礁至北岩海域航线 POC 含量的断面分布见图 4-109。POC 含量随着深度增加而升高，并且自西向东升高。

2）2020 年航次观测结果

Ⅰ）中沙大环礁海域平面分布

2020 年航次中沙大环礁海域各层位 POC 含量的平面分布见图 4-110。在西北侧区域

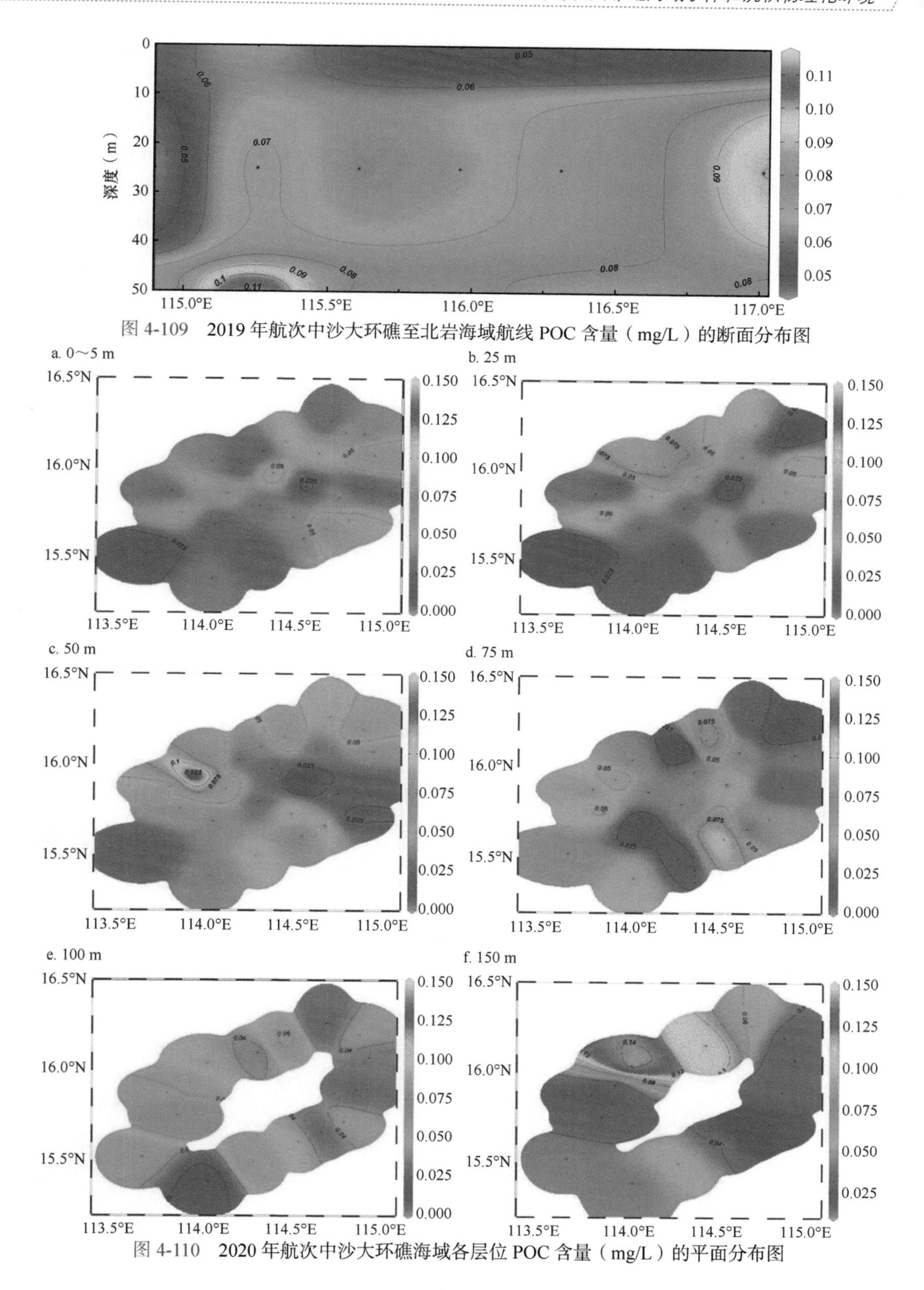

图 4-109 2019 年航次中沙大环礁至北岩海域航线 POC 含量（mg/L）的断面分布图

图 4-110 2020 年航次中沙大环礁海域各层位 POC 含量（mg/L）的平面分布图

随着深度增加，POC 含量呈现升高—降低—升高趋势，在 150 m 层有最高值，其他区域无显著差异。

Ⅱ）中沙群岛神狐暗沙、一统暗沙和中沙群岛周边岛礁海域垂直分布

由图 4-111 可见，2020 年航次一统暗沙海域的 POC 含量在表层至 100 m 层随着深度的增加先降低后升高，YT-01 站位随着深度到达 150 m 又降低；神狐暗沙和中沙群岛周边岛礁海域的 POC 含量在表层至 40 m 层基本保持不变，之后随着深度增加，POC 含量逐渐升高，但升高的趋势较小。

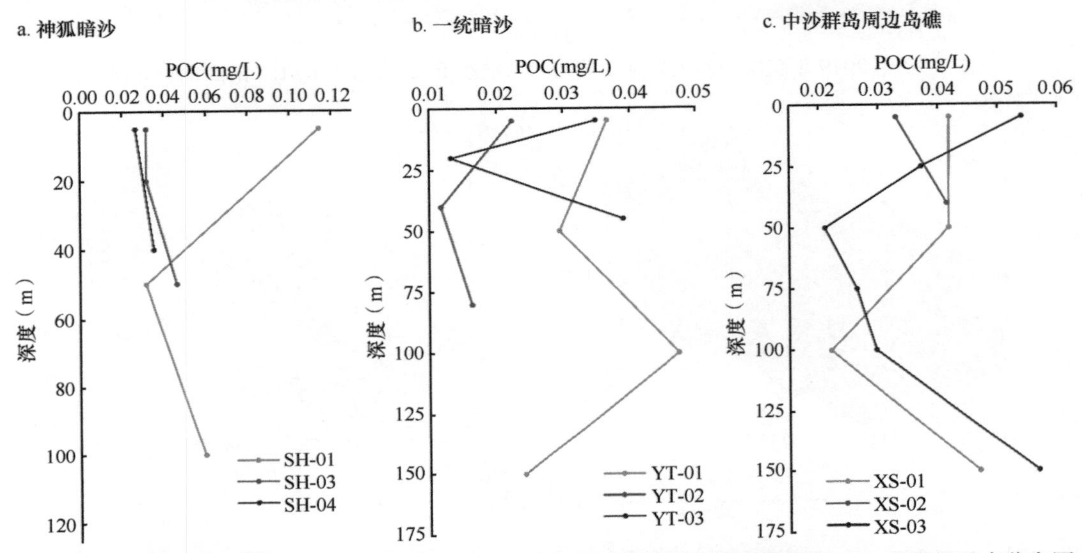

图 4-111　2020 年航次中沙群岛神狐暗沙、一统暗沙和中沙群岛周边岛礁海域 POC 含量的垂直分布图

3）2021 年航次观测结果

Ⅰ）中沙大环礁海域上午时段的平面分布

2021 年航次中沙大环礁海域上午时段不同层位 POC 含量的平面分布见图 4-112。随着深度增加，POC 含量呈现先升高后降低的趋势，在 10 m 层有最高值。

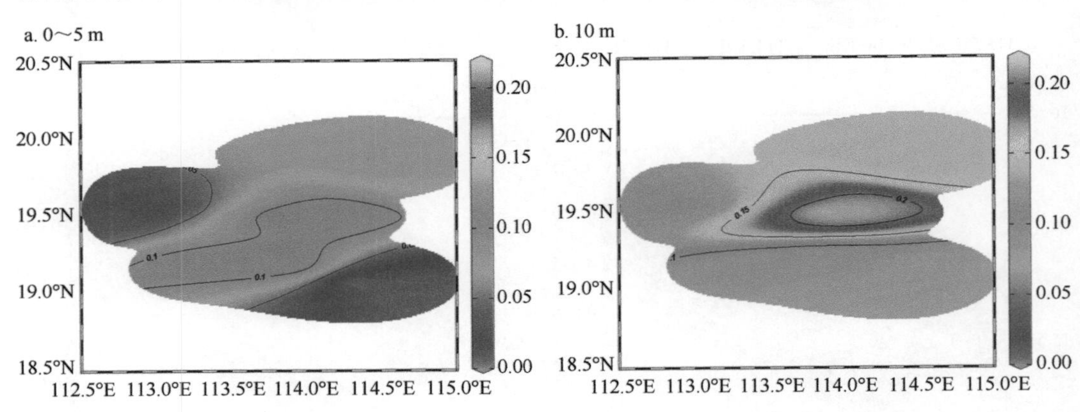

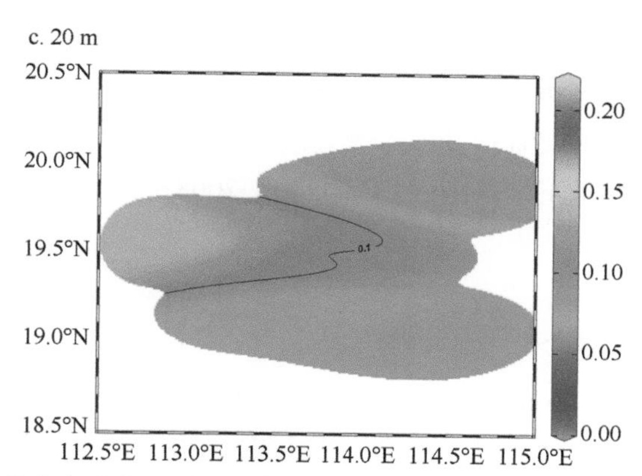

图 4-112　2021 年航次中沙大环礁海域上午时段不同层位 POC 含量（mg/L）的平面分布图

Ⅱ）中沙大环礁海域晚上时段的平面分布

2021 年中沙大环礁海域晚上时段不同层位 POC 含量的平面分布见图 4-113，随着深度增加 POC 含量降低。

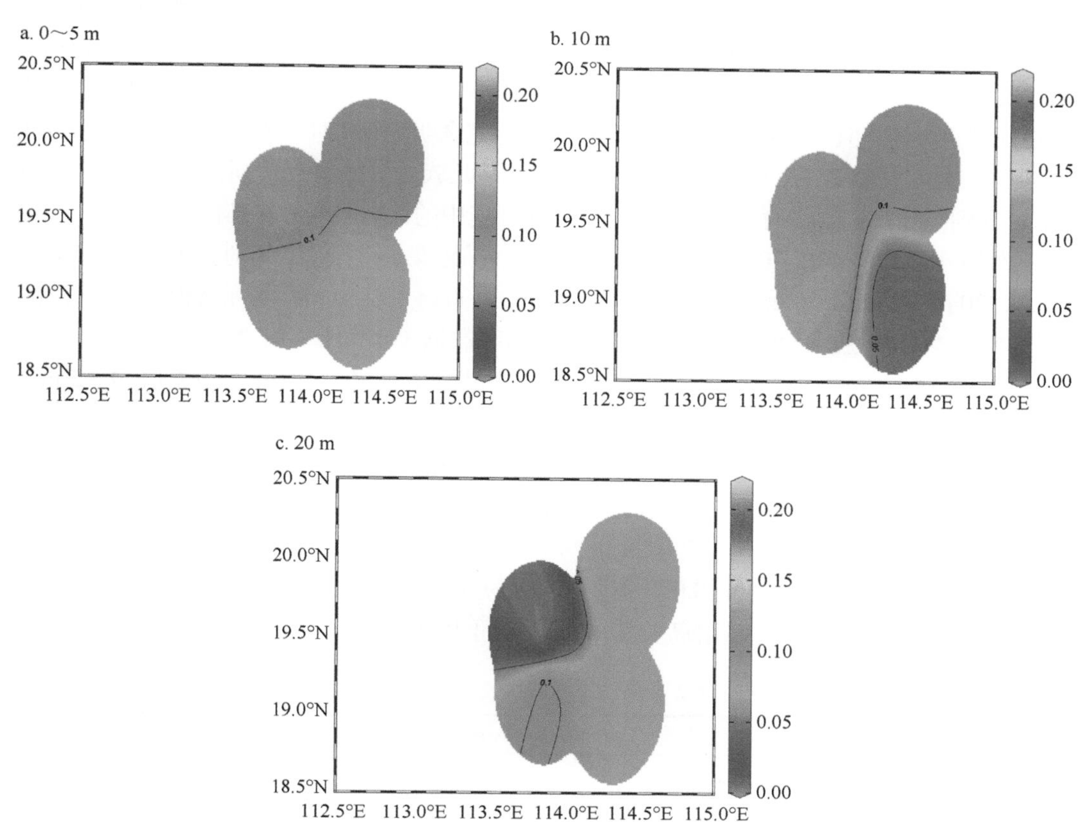

图 4-113　2021 年航次中沙大环礁海域晚上时段不同层位 POC 含量（mg/L）的平面分布图

通过对比 2019～2021 年 3 个航次的考察结果发现，3 年内 POC 含量有逐年降低的趋势，最高值出现在 20 m 层。这 3 年的 POC 含量年际观测值均接近，表明中沙群岛海域这 3 年来的 POC 含量相对稳定。与近年来前人对河口水体 POC 含量的报道（梁翠翠，2015）比较，河口区域水体 POC 含量高于本调查，表明中沙群岛海域受人类活动或气候变化的影响较弱；与近年来南海和其他海域表层水体 POC 含量的研究比较，各调查研究结果存在差异性，但均处于正常范围内（Cai et al.，2008；魏建伟等，2007；尹衡，2018）。

4.3.4 海水污染要素

1. 多环芳烃

多环芳烃（polycyclic aromatic hydrocarbons，PAHs）是指具有高毒性、持久性、半挥发性和生物蓄积性的天然或人工合成的稠环类有机污染物，能够通过多种环境介质进行长距离迁移，其对生态环境和人类健康的不良影响具有长期残留性、隐蔽性和滞后性等特点（余刚等，2001）。

PAHs 的半挥发性使其可通过大气长距离传输，导致"全球蒸馏"和"蚱蜢跳"效应（Wania and Mackay，1996），因此在人类活动少的极地区域和大洋环境中均有 PAHs 的存在，其已在全球海洋环境中广泛分布。由于海洋环境中 PAHs 化学成分复杂、量微、测试难度大，长期以来人们对海洋 PAHs 的污染来源及其毒害效应的认识不足。PAHs 具有"致癌、致畸、致突变"效应和内分泌干扰效应，在海洋环境中可经生物积累和生物放大，对高营养级生物造成严重危害，但 PAHs 的毒性机制现在并不是完全明确，其对人体造成的伤害一般并不是某一种或某一族 PAHs 单独作用的结果，而是某几族 PAHs 相互协同作用的结果，因而 PAHs 受到国际社会的普遍关注，加强其在海洋环境中的污染研究势在必行。

2019 年航次完成了 30 个站位的海水 PAHs 样品采集，采集层位分别为表层（0～5 m）、10 m、20 m、25 m、50 m、65 m、75 m、80 m、100 m 和 150 m。实际获得样品 121 个，获取单体 PAHs 数据 8640 个，各层位的含量加和数据（ΣPAHs）有 93 个。

2020 年航次完成了 35 个站位的海水 PAHs 样品采集，采集层位分别为表层（0～5 m）、10 m、20 m、25 m、40 m、50 m、75 m、80 m、100 m 和 150 m。实际获得样品 119 个，获取单体 PAHs 数据 8211 个，各层位的含量加和数据（ΣPAHs）有 119 个。

2021 年航次完成了 5 个站位的海水 PAHs 样品采集，采集层位分别为表层（0～5 m）、10 m 和 15～20 m，时间分为上午和晚上两个时段。实际获得样品 36 个，获取单体 PAHs 数据 3276 个，各层位的含量加和数据（ΣPAHs）有 93 个。

2019～2021 年各航次中沙群岛及其邻近海域不同层位 ΣPAHs 的变化见表 4-25 和表 4-26。

表 4-25 2019 年和 2020 年 2 个航次中沙群岛及其邻近海域不同层位 ΣPAHs 的变化

层位（m）	ΣPAHs（ng/L）			
	2019 年		2020 年	
	范围	平均值	范围	平均值
0～5	0.68～22.69	8.62	38.20～241.07	151.46
10	8.19～13.20	10.70	55.26～157.61	103.94
20	11.63	11.63	116.12～170.74	143.43
25	0.38～43.56	10.76	33.12～221.44	148.80

续表

层位（m）	ΣPAHs（ng/L）			
	2019 年		2020 年	
	范围	平均值	范围	平均值
40	/	/	109.86～268.61	154.37
50	0.22～17.59	8.49	31.48～260.02	130.81
65	9.20	9.20	/	/
75	1.20～21.76	8.63	27.92～256.21	159.85
80	8.22～8.30	8.26	114.56～156.98	138.61
100	4.05～9.22	6.03	106.39～235.38	159.41
150	6.65～17.10	10.61	37.25～239.12	142.73
全部层位	0.22～43.56	9.29	27.92～268.61	148.80

注："/" 表示未获取样品或数据

表 4-26　2021 年航次中沙群岛及其邻近海域不同层位 ΣPAHs 的变化

时段	层位（m）	ΣPAHs（ng/L）	
		范围	平均值
上午（9:00～12:00）	0～5	12.21～62.76	35.45
	10	14.06～68.97	32.64
	15～20	14.04～64.66	35.80
	全部层位	12.21～68.97	34.84
晚上（18:00～24:00）	0～5	15.86～42.90	23.74
	10	21.70～44.20	29.58
	15～20	12.14～32.91	23.78
	全部层位	12.14～44.20	25.21

1）2019 年航次观测结果

Ⅰ）各层位平面分布

i）中沙大环礁海域

2019 年航次中沙大环礁海域各层位 ΣPAHs 的平面分布见图 4-114，PAHs 呈现自西

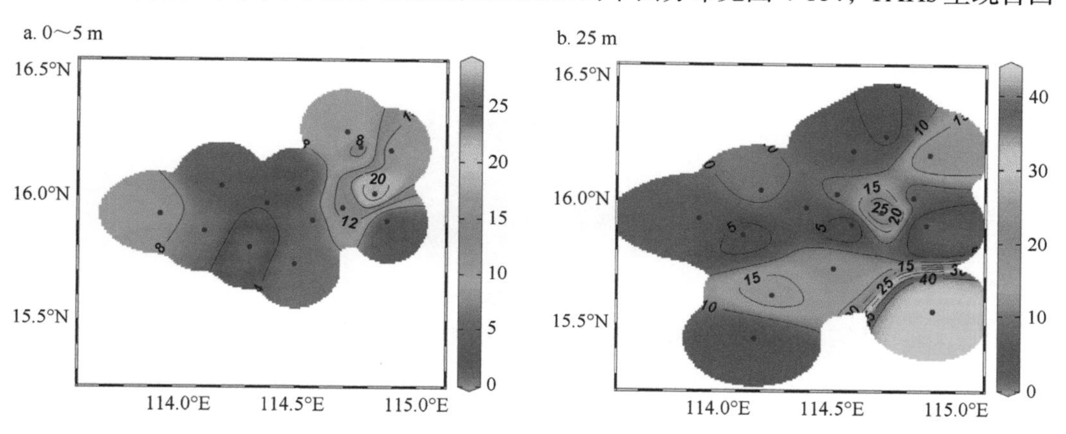

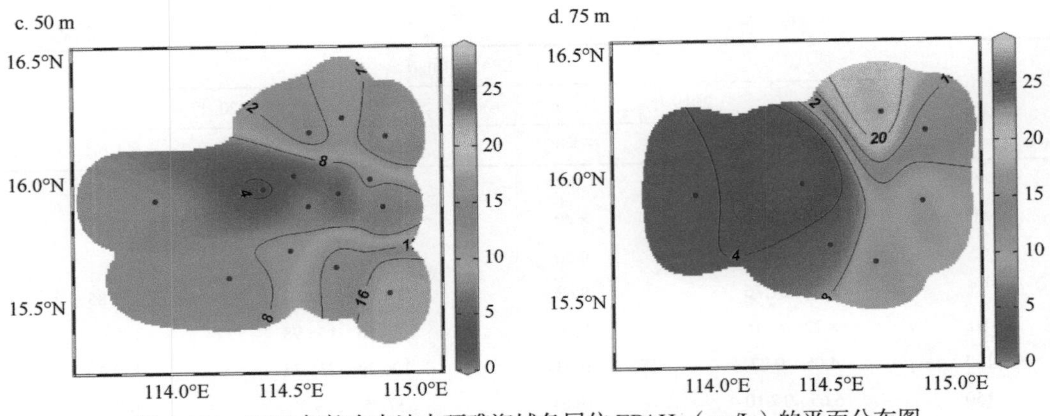

图 4-114　2019 年航次中沙大环礁海域各层位 ΣPAHs（ng/L）的平面分布图

向东升高的趋势。

ii）中沙群岛北岩海域

2019 年航次中沙群岛北岩海域各层位 ΣPAHs 的平面分布见图 4-115。表层水体 PAHs 在北部和中部较高，向东西两侧降低，深层水体 PAHs 则呈现由西南向东北方向降低的趋势。

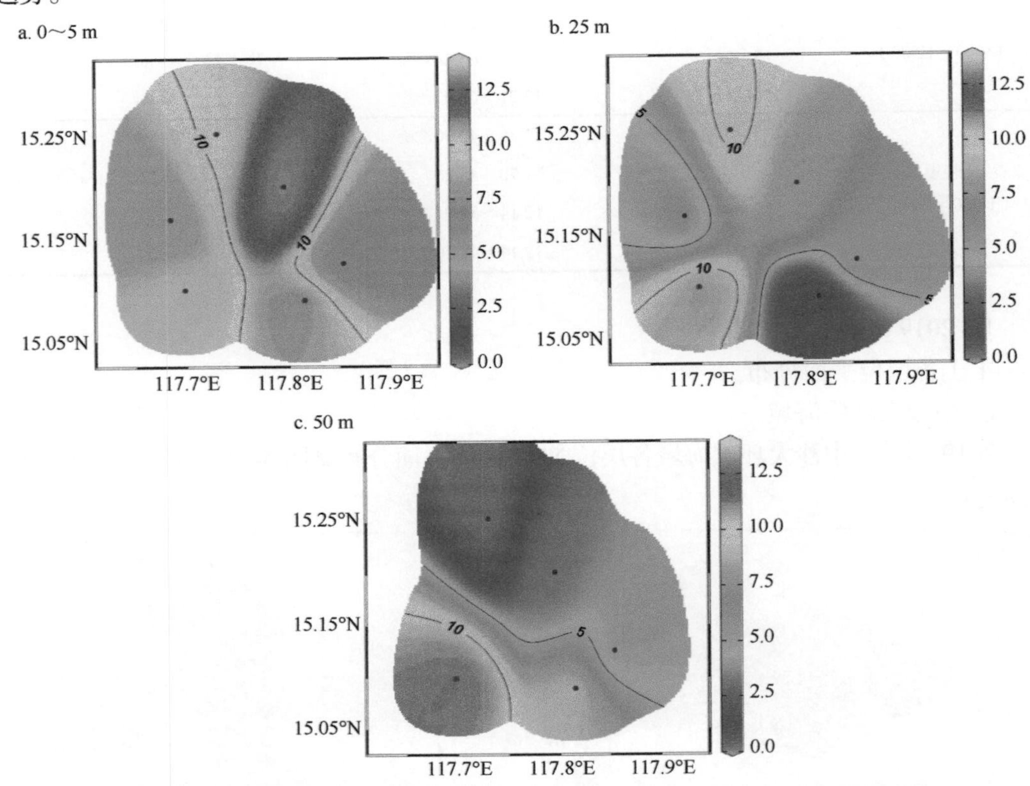

图 4-115　2019 年航次中沙群岛北岩海域各层位 ΣPAHs（ng/L）的平面分布图

Ⅱ）断面分布

由图 4-116 可见，2019 年中沙大环礁至北岩海域航线 ΣPAHs 的断面分布明显地被分为两个区域，靠近中沙大环礁一端 ΣPAHs 具有明显的高值，而在中间海盆区域 ΣPAHs 明显较低且分布均匀，至靠近北岩海域略有升高。猜测可能受航道的影响较多，导致 PAHs 在中沙大环礁附近累积。

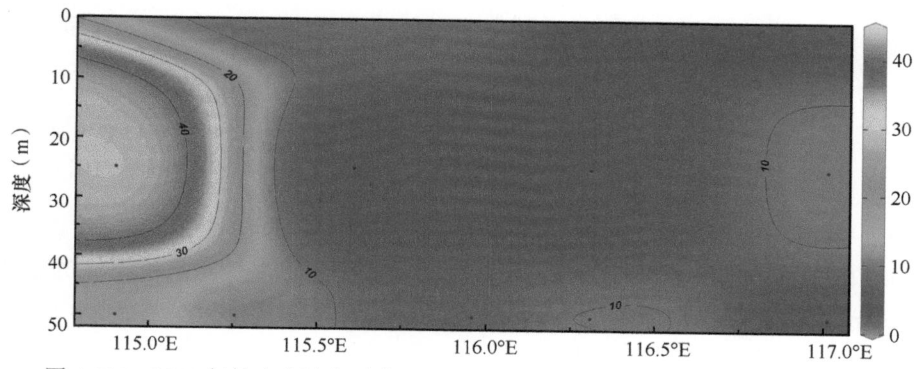

图 4-116　2019 年航次中沙大环礁至北岩海域航线 ΣPAHs（ng/L）的断面分布图

2）2020 年航次观测结果

Ⅰ）中沙大环礁海域

2020 年航次中沙大环礁海域各层位 ΣPAHs 的平面分布见图 4-117。中沙大环礁海域 ΣPAHs 分布上差距不大，各个水层都在西侧出现低值，有向东逐渐递增的趋势。

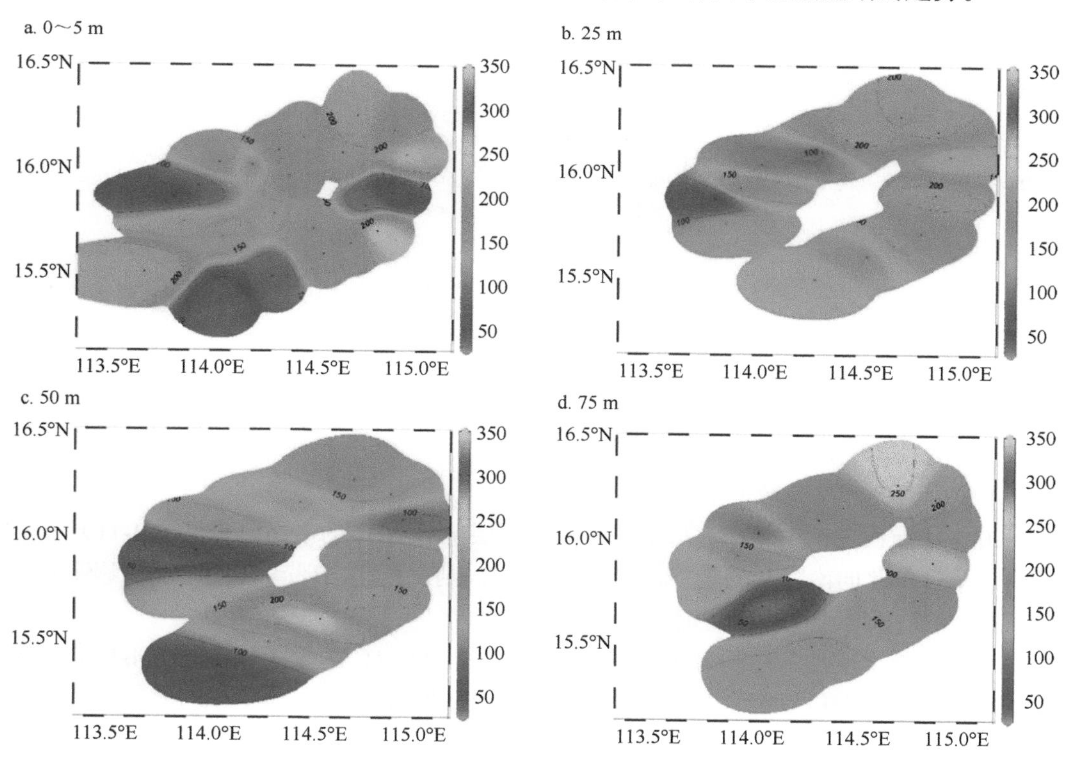

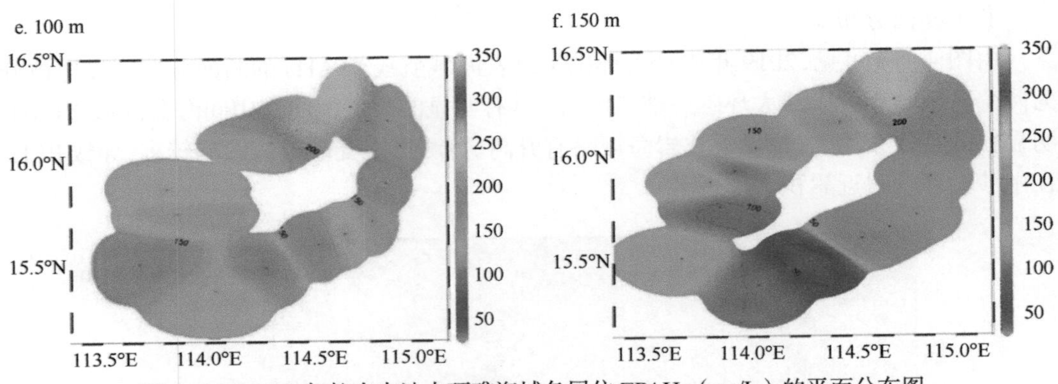

图 4-117　2020 年航次中沙大环礁海域各层位 ΣPAHs（ng/L）的平面分布图

Ⅱ）中沙群岛神狐暗沙、一统暗沙和中沙群岛周边岛礁海域

图 4-118 显示，中沙群岛神狐暗沙、一统暗沙和中沙群岛周边岛礁海域的 ΣPAHs 在表层至 50 m 层变化趋势复杂，三个海域的 ΣPAHs 变化范围均较大。在 50 m 层至 150 m 层，神狐暗沙和中沙群岛周边岛礁海域垂向的变化不明显；相反，一统暗沙海域 ΣPAHs 在 50 m 层至 150 m 层随着深度增加先升高后降低。

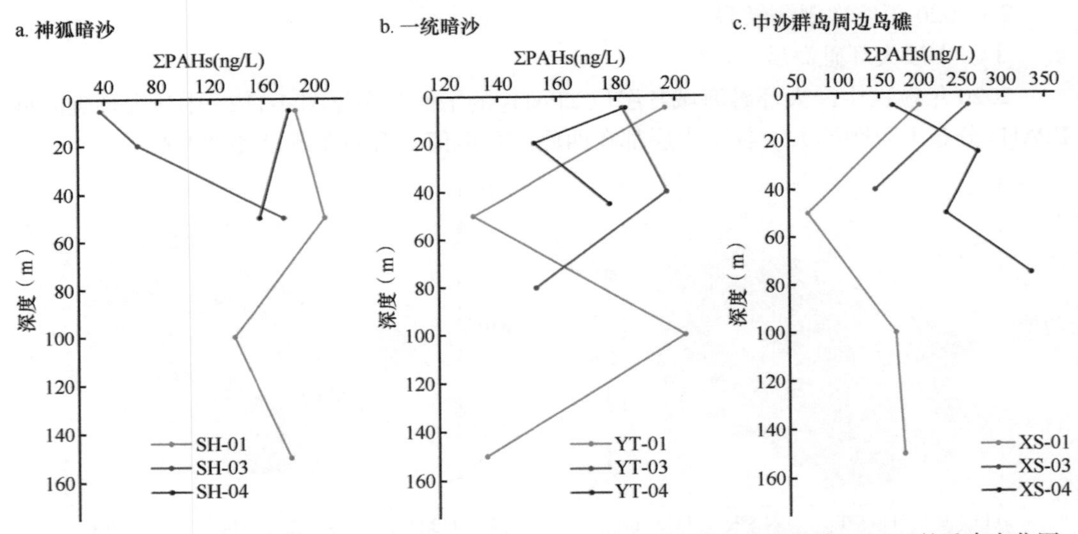

图 4-118　2020 年航次中沙群岛神狐暗沙、一统暗沙和中沙群岛周边岛礁海域 ΣPAHs 的垂直变化图

3）2021 年航次观测结果

Ⅰ）中沙大环礁海域上午时段平面分布

2021 年航次中沙大环礁海域上午时段不同层位 ΣPAHs 的平面分布见图 4-119。表层 ΣPAHs 呈现从北向南降低的趋势，中深层 ΣPAHs 则在西侧出现高值，向东侧逐渐降低。

Ⅱ）中沙大环礁海域晚上时段平面分布

2021 年航次中沙大环礁海域晚上时段不同层位 ΣPAHs 的平面分布见图 4-120。大环礁海域晚上 PAHs 在西南侧出现高值，向东北侧逐渐降低。

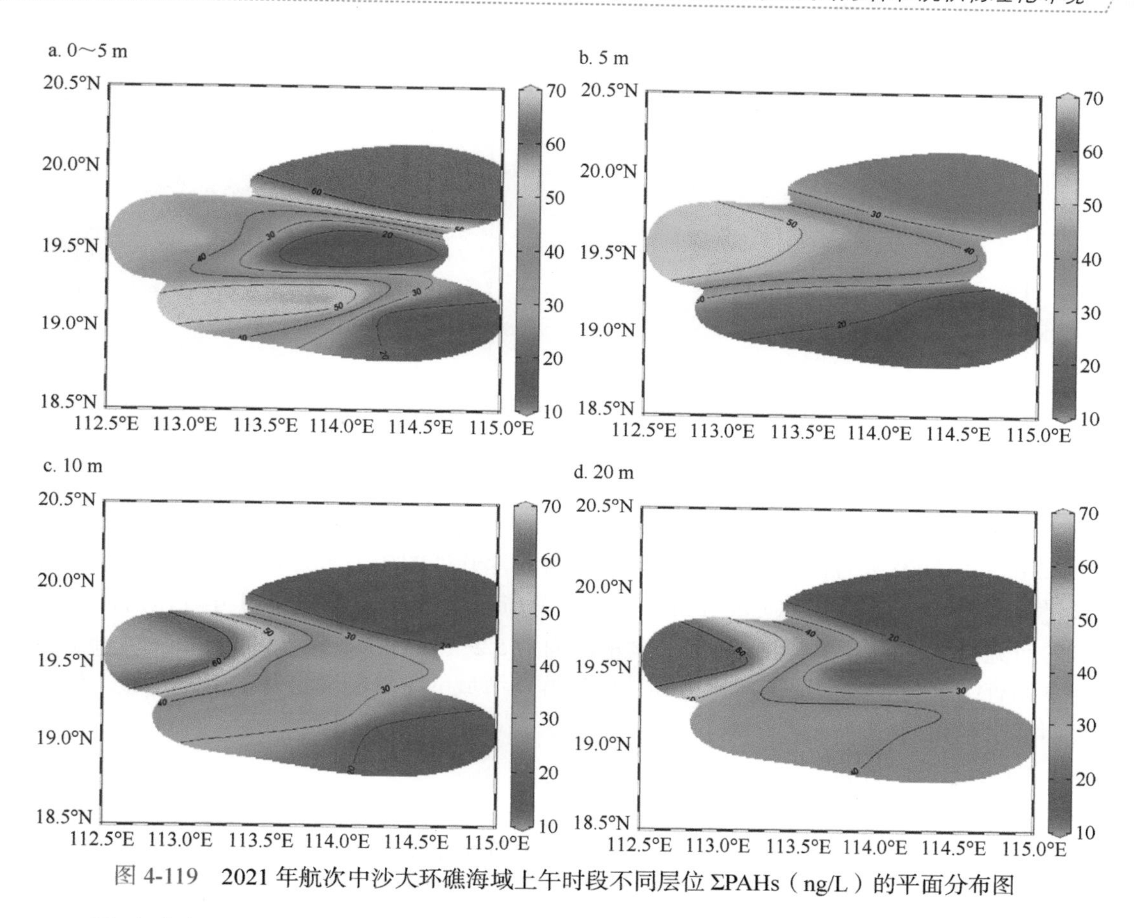

图 4-119　2021 年航次中沙大环礁海域上午时段不同层位 ΣPAHs（ng/L）的平面分布图

通过对比 2019～2021 年 3 个航次的考察结果发现，在中沙大环礁海域，这 3 年表层 ΣPAHs 平均值为 8.62～151.46 ng/L，25 m 层 ΣPAHs 平均值为 10.76～148.8 ng/L，50 m 层和 75 m 层 ΣPAHs 平均值为 8.56～130.81 ng/L。通过这 3 年的比较可知，在中沙大环礁海域，2020 年的 ΣPAHs 平均值＞2021 年的 ΣPAHs 平均值＞2019 年的 ΣPAHs 平均值。在 2020 年，75 m 层的 ΣPAHs 平均值出现最高值 159.85 ng/L。

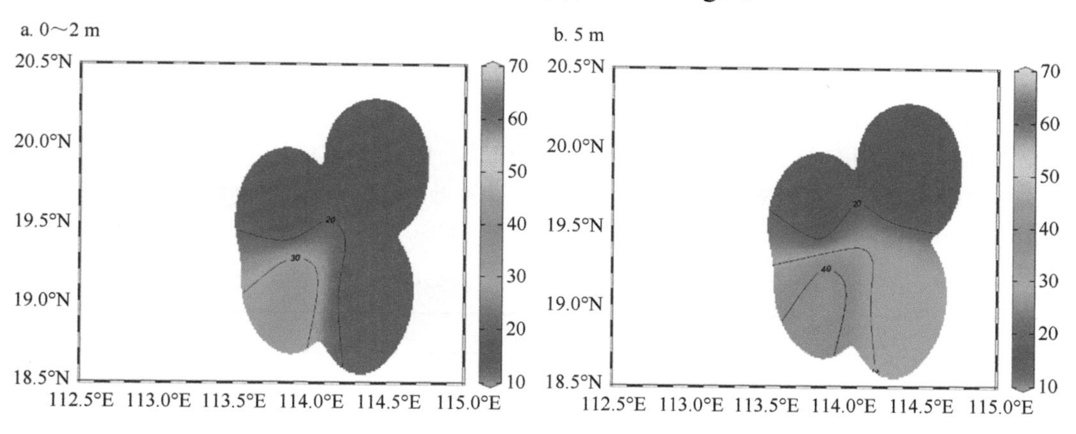

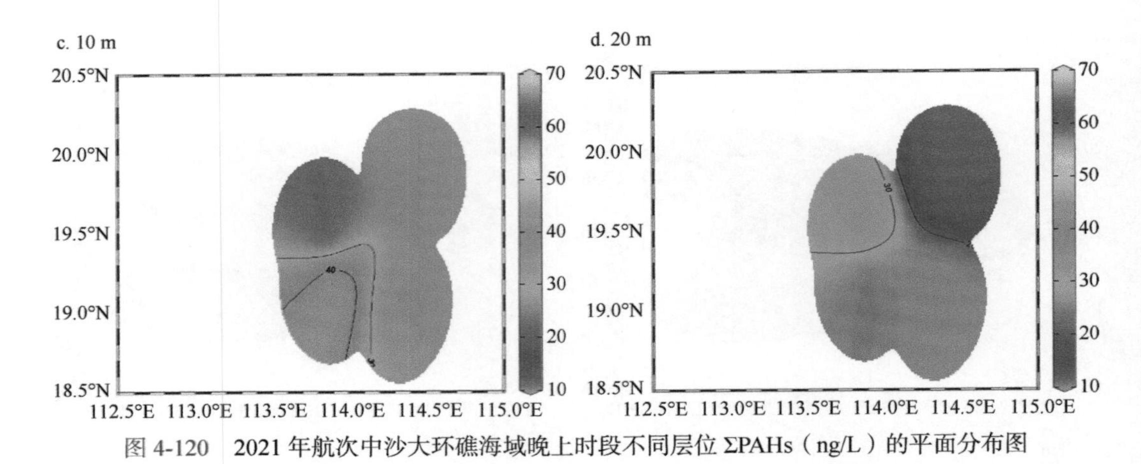

图 4-120 2021 年航次中沙大环礁海域晚上时段不同层位 ΣPAHs（ng/L）的平面分布图

2020 年在南海北部开展的海水 PAHs 研究表明，PAHs 含量范围为 15.9～184 ng/L（Luo et al.，2008），且夏季高于春季。在南海北部开展的相关研究表明，15 种 PAHs 的含量范围为 1.6～14 ng/L（Cai et al.，2018a）。Liu 等（2021c）于 2014 年在南海西部开展的研究显示，陆架区 9 种 PAHs 的含量范围为 5.2～37 ng/L，海盆区为 3.2～24 ng/L。将本调查结果与上述报道值对比可知，中沙群岛海域的 PAHs 含量低于南海北部，与南海西部水平相当。

4）生态风险评价

Ⅰ）评价方法

风险商值（risk quotient，RQ）普遍被用于评价水生生物的化学潜在生态风险（Wang et al.，2014），风险水平通过 PAHs 单体进行计算，具体如下：

$$RQ = C_{PAHs} / C_{QV} \quad (4\text{-}2)$$

$$RQ_{NCs} = C_{PAHs} / C_{QV(NCs)} \quad (4\text{-}3)$$

$$RQ_{MPCs} = C_{PAHs} / C_{QV(MPCs)} \quad (4\text{-}4)$$

式中，RQ_{NCs} 为最低风险商值；RQ_{MPCs} 为最高风险商值；C_{PAHs} 为介质中某种 PAHs 的质量浓度（ng/L）；C_{QV} 为该介质相应的 PAHs 风险标准值；$C_{QV(NCs)}$ 为最低风险标准值（ng/L）；$C_{QV(MPCs)}$ 为最高风险标准值（ng/L）（Kalf et al.，1997）。

Ⅱ）评价标准

$RQ_{NCs}<1$ 为极低风险，$RQ_{NCs}\geq1$ 为中等风险；$RQ_{MPCs}<1$ 为中等风险，$RQ_{MPCs}\geq1$ 为高风险。$RQ_{\sum PAHs}$（16 种 PAHs 风险商值）为 16 种 PAHs 单体的 RQ 之和（曹治国等，2010），ΣPAHs 的风险等级见表 4-27。

表 4-27 ΣPAHs 的风险分级

风险分级	$RQ_{\sum PAHs(NCs)}$	$RQ_{\sum PAHs(MPCs)}$
极低风险	0～1	
低风险	≥1 且＜800	=0
中等风险 1	≥800	=0

续表

风险分级	$RQ_{\sum PAHs(NCs)}$	$RQ_{\sum PAHs(MPCs)}$
中等风险 2	＜800	≥1
高风险	≥800	≥1

Ⅲ）评价结果

本书选择美国国家环境保护局（United States Environmental Protection Agency，US EPA）优先控制名录中的 16 种 PAHs 单体进行了生态风险评价。RQ 仅能够用于评价 10 种 PAHs 的生态风险，即萘、菲、蒽、荧蒽、苯并(a)蒽、䓛、苯并(k)荧蒽、苯并(a)芘、茚并(1,2,3-cd)芘、苯并(g,h,i)芘，为了评价其他 6 种 PAHs 的生态风险，即苊、二氢苊、芴、芘、苯并(b)荧蒽、二苯并(a,h)蒽，采用毒性当量因子法（TEF）来推断其 RQ_{NCs} 和 RQ_{MPCs}。其中，苊、二氢苊、芴和芘采用蒽的标准值，苯并(b)荧蒽采用苯并(a)蒽的标准值，二苯并(a,h)蒽采用苯并(a)芘的标准值。本书对 2020 年航次 35 个站位表层采集的 16 种 PAHs 进行了 RQ_{NCs} 和 RQ_{MPCs} 的计算。2020 年航次中沙大环礁海域 35 个站位表层海水的 RQ_{MPCs}＜1 且 RQ_{NCs}≥1，表明 2020 年航次所采集的 24 个站位表层海水中的 PAHs 均为中等风险，并且中沙大环礁海域表层海水中芴对生态风险 RQ_{NCs} 的贡献最大，平均达到 18.05%，其次是苯并(a)蒽，达到 15.00%，虽然萘在 16 种 PAHs 单体中是含量水平最高的，但其对生态风险 RQ_{NCs} 的贡献相对较小，平均达到 11.12%（表 4-28）。

2. 微塑料

废弃塑料经过太阳辐射或波浪等作用，直径往往小于 1 cm 甚至更小，并且在长期的物理、化学、生物等作用下会分解成微小的塑料碎片或颗粒。通常将粒径小于 5 mm 的塑料颗粒或碎片定义为微塑料。进入环境中的微塑料由于粒径小、密度低，能够在风力、河流、洋流等外力下进行迁移。微塑料已在全球水体、沉积物、生物体检出，尤其是在人类生产活动密集的港口及河流入海口、海岸带等地区（Cai et al.，2018b；Huang et al.，2019；Nie et al.，2019；Tan et al.，2020）。

同时，微塑料尺寸较小、比表面积大、疏水性强，是众多疏水性有机污染物和重金属的理想载体。微塑料易被浮游生物和鱼类等误食，长期滞留于生物体内，对其消化、神经、代谢等系统产生不同程度的危害，并在食物链发生转移和富集，对生态环境安全构成潜在威胁。近年来，微塑料污染成为科学家和政府关注的重点环境问题。2019 年，第四届联合国环境大会通过最新"海洋塑料垃圾与微塑料"专项决议，首次将一次性塑料污染列为重点防治领域，鼓励各国从全生命周期角度消除微塑料的环境影响。联合国环境规划署（UNEP）亦曾连续在三届联合国环境大会发布报告中强调，微塑料污染这一全球性环境问题亟待进一步研究（UNEP，2014，2015，2017）。

2019 年航次完成了 15 个站位的表层（0～5 m）海水微塑料样品采集。实际获得样品 53 个，获取有效数据 360 个。

表 4-28　2020 年航次中沙大环礁海域 24 个站位表层海水中 PAHs 的 RQ_{NCs}

PAHs	C_{QV} (NCs)	RQ_{NCs}																							
		ZS-05	ZS-01	ZS-02	ZS-03	ZS-06	ZS-08	ZS-10	ZS-11	ZS-13	ZS-17	ZS-18	ZS-19	ZS-21	ZS-22	ZS-25	ZS-27	ZS-29	ZS-34	ZS-38	ZS-40	ZS-41	ZS-42	ZS-45	ZS-50
萘	12	5.14	5.51	6.43	0.87	6.04	4.76	1.19	6.18	3.15	3.61	4.88	3.22	2.66	3.94	2.79	2.52	5.10	1.13	3.89	1.12	1.50	3.43	0.92	4.94
二氢苊	0.7	2.06	2.22	2.07	2.61	1.97	2.00	2.36	2.59	1.48	3.57	2.20	2.73	2.31	1.38	2.30	3.42	1.60	1.87	1.97	0.81	0.60	1.56	0.87	4.78
苊	0.7	2.42	3.19	3.63	4.12	3.58	4.14	2.66	5.80	3.57	4.25	3.57	4.27	3.92	4.38	5.25	5.13	3.78	3.81	4.10	0.94	1.02	2.93	1.46	9.68
芴	0.7	3.01	4.80	5.11	0.00	5.10	8.51	3.07	7.62	8.11	5.12	5.42	7.95	4.40	9.05	7.08	9.77	5.99	6.73	6.21	3.01	1.59	5.83	2.68	18.39
菲	3	2.66	2.91	3.14	0.59	3.33	6.24	1.55	6.49	7.14	4.61	4.68	5.45	3.96	8.27	5.51	2.80	3.76	4.17	5.18	0.70	1.30	3.36	1.24	5.69
蒽	0.7	1.00	1.09	0.98	2.57	1.16	2.21	0.85	1.19	1.25	1.37	1.21	1.81	1.00	1.78	1.66	0.66	0.86	2.08	1.51	2.80	0.38	1.09	0.42	2.70
荧蒽	3	0.25	0.22	0.34	0.00	0.33	0.68	0.00	0.56	1.13	0.80	0.59	0.72	0.57	1.07	0.69	0.36	0.40	0.73	0.78	0.10	0.22	0.72	0.19	0.58
芘	0.7	1.06	0.00	1.53	1.54	1.30	1.58	0.00	1.66	2.12	2.26	1.40	1.43	2.24	1.87	1.39	1.15	1.12	2.61	2.02	0.00	0.00	2.37	0.00	1.29
苯并(a)蒽	0.1	4.09	0.00	11.10	12.28	13.08	5.66	0.00	0.00	6.15	6.00	11.64	8.67	10.71	5.83	8.93	4.30	0.00	9.36	3.38	5.77	0.00	2.78	2.66	4.17
䓛	3.4	0.16	0.03	0.31	0.00	0.25	0.26	0.00	0.02	0.17	0.26	0.31	0.05	0.15	0.10	0.13	0.17	0.08	0.36	0.05	0.78	0.05	0.06	0.00	0.19
苯并(b)荧蒽	0.1	2.53	1.20	12.01	20.97	3.69	1.92	0.00	2.80	1.49	6.21	4.05	1.55	16.26	2.22	0.00	0.00	0.00	6.12	0.00	0.00	1.08	1.09	0.00	7.82
苯并(k)荧蒽	0.4	0.00	0.00	0.00	0.00	0.00	0.00	0.00	0.00	2.01	3.47	2.62	0.00	10.14	0.00	0.00	6.00	0.00	1.94	0.00	0.00	0.00	0.00	0.00	6.04
苯并(a)芘	0.5	0.00	0.00	1.74	2.24	0.00	0.00	0.00	0.00	0.00	0.00	0.00	0.89	1.92	0.00	0.00	0.00	0.00	0.00	1.32	0.00	0.00	1.15	0.00	2.14
茚并(1,2,3-cd)芘	0.5	0.00	0.00	0.00	0.00	0.00	0.00	0.00	0.00	0.25	0.00	0.00	0.00	5.26	0.00	0.00	0.00	0.00	0.00	0.00	0.00	0.00	4.29	0.00	0.00
二苯并(a,h)蒽	0.4	0.00	0.00	3.35	0.00	0.00	0.00	0.00	0.00	0.00	0.00	0.00	0.00	0.00	2.79	0.00	0.00	0.00	0.00	0.00	0.00	0.00	0.00	0.00	0.00
苯并(g,h,i)苝	0.3	0.00	0.00	0.00	0.00	0.00	0.00	0.00	0.00	0.00	0.00	0.17	0.00	34.16	0.00	0.00	0.00	0.00	0.00	0.00	0.00	0.19	22.24	0.00	0.00
∑PAHs		24.37	21.18	51.75	47.79	39.84	37.95	11.68	34.91	38.02	41.52	42.75	38.73	99.65	42.67	35.73	36.27	22.70	40.88	30.41	16.03	7.92	52.89	10.44	68.41

表 4-29　2020 年航次中沙大环礁海域 35 个站位表层海水中 PAHs 的 RQ_{MPCs}

PAHs	C_{QV}（MPCs）	RQ_{MPCs}																							
		ZS-05	ZS-01	ZS-02	ZS-03	ZS-06	ZS-08	ZS-10	ZS-11	ZS-13	ZS-17	ZS-18	ZS-19	ZS-21	ZS-22	ZS-25	ZS-27	ZS-29	ZS-34	ZS-38	ZS-40	ZS-41	ZS-42	ZS-45	ZS-50
萘	12	0.05	0.06	0.06	0.01	0.06	0.05	0.01	0.06	0.03	0.04	0.05	0.03	0.03	0.04	0.03	0.03	0.05	0.01	0.04	0.01	0.02	0.03	0.01	0.05
二氢苊	0.7	0.02	0.02	0.02	0.03	0.02	0.02	0.02	0.03	0.01	0.04	0.02	0.03	0.02	0.01	0.02	0.03	0.02	0.02	0.02	0.01	0.01	0.02	0.01	0.05
苊	0.7	0.02	0.03	0.04	0.04	0.04	0.04	0.03	0.06	0.04	0.04	0.04	0.04	0.04	0.04	0.05	0.05	0.04	0.04	0.04	0.01	0.01	0.03	0.01	0.10
芴	0.7	0.03	0.05	0.05	0.00	0.05	0.09	0.03	0.08	0.08	0.05	0.05	0.08	0.04	0.09	0.07	0.10	0.06	0.07	0.06	0.03	0.02	0.06	0.03	0.18
菲	3	0.03	0.03	0.03	0.01	0.03	0.06	0.02	0.06	0.07	0.05	0.05	0.05	0.04	0.08	0.06	0.03	0.04	0.04	0.05	0.01	0.01	0.03	0.01	0.06
蒽	0.7	0.01	0.01	0.01	0.03	0.01	0.02	0.01	0.01	0.01	0.01	0.01	0.02	0.01	0.02	0.02	0.01	0.01	0.02	0.02	0.03	0.00	0.01	0.00	0.03
荧蒽	3	0.00	0.00	0.00	0.00	0.00	0.01	0.00	0.01	0.01	0.01	0.01	0.01	0.01	0.01	0.01	0.00	0.00	0.01	0.01	0.00	0.00	0.01	0.00	0.01
芘	0.7	0.01	0.00	0.02	0.02	0.01	0.02	0.00	0.02	0.02	0.02	0.01	0.01	0.02	0.02	0.01	0.01	0.01	0.03	0.02	0.00	0.00	0.02	0.00	0.01
苯并(a)蒽	0.1	0.04	0.00	0.11	0.12	0.13	0.06	0.00	0.00	0.06	0.06	0.12	0.09	0.11	0.06	0.09	0.04	0.00	0.09	0.03	0.06	0.00	0.03	0.03	0.04
䓛	3.4	0.00	0.00	0.00	0.00	0.00	0.00	0.00	0.00	0.00	0.00	0.00	0.00	0.00	0.00	0.00	0.00	0.00	0.00	0.00	0.01	0.00	0.00	0.00	0.00
苯并(b)荧蒽	0.1	0.03	0.01	0.12	0.21	0.04	0.02	0.00	0.03	0.01	0.06	0.04	0.02	0.16	0.02	0.00	0.00	0.00	0.06	0.00	0.00	0.01	0.01	0.00	0.08
苯并(k)荧蒽	0.4	0.00	0.00	0.00	0.00	0.00	0.00	0.00	0.00	0.02	0.03	0.03	0.00	0.10	0.00	0.00	0.06	0.00	0.02	0.00	0.00	0.00	0.00	0.00	0.06
苯并(a)芘	0.5	0.00	0.00	0.02	0.02	0.00	0.00	0.00	0.00	0.00	0.00	0.00	0.01	0.02	0.00	0.00	0.00	0.00	0.00	0.01	0.00	0.00	0.01	0.00	0.02
茚并(1,2,3-cd)芘	50	0.00	0.00	0.00	0.00	0.00	0.00	0.00	0.00	0.00	0.00	0.00	0.00	0.05	0.00	0.00	0.00	0.00	0.00	0.00	0.00	0.00	0.04	0.00	0.00
二苯并(a,h)蒽	40	0.00	0.00	0.03	0.00	0.00	0.00	0.00	0.00	0.00	0.00	0.00	0.00	0.00	0.03	0.00	0.00	0.00	0.00	0.00	0.00	0.00	0.00	0.00	0.00
苯并(g,h,i)苝	30	0.00	0.00	0.00	0.00	0.00	0.00	0.00	0.00	0.00	0.00	0.00	0.00	0.34	0.00	0.00	0.00	0.00	0.00	0.00	0.00	0.00	0.22	0.00	0.00
∑PAHs		0.24	0.21	0.52	0.48	0.40	0.38	0.12	0.35	0.38	0.42	0.43	0.39	0.99	0.43	0.36	0.36	0.23	0.41	0.30	0.16	0.08	0.53	0.10	0.68

2020年航次完成了26个站位的表层（0～5 m）海水微塑料样品采集。实际获得样品35个，获取有效数据546个。

2021年航次完成了6个站位的表层（0～5 m）海水微塑料样品采集，其中，中沙大环礁海域有3个站位，每个站位分别取4个时刻的样品；神狐暗沙和一统暗沙海域各有1个站位，每个站位分别取2个时刻的样品。实际获得样品16个，获取有效数据118个。

2019～2021年各航次中沙群岛及其邻近海域表层海水微塑料考察结果统计见表4-30～表4-32。

表4-30　2019年航次中沙群岛及其邻近海域表层海水微塑料考察结果统计表

站位	微塑料检出个数	微塑料丰度（items/m^3）
ZS-01	4	66.67
ZS-03	1	16.67
ZS-05	2	33.33
ZS-06	2	33.33
ZS-07	3	50.00
ZS-12	1	16.67
ZS-13	3	50.00
ZS-21	1	16.67
ZS-27	1	16.67
ZS-31	2	33.33
ZS-34	1	16.67
ZS-41	1	16.67
ZS-49	2	33.33
ZS-56	1	16.67
ZS-61	1	16.67

表4-31　2020年航次中沙群岛及其邻近海域表层海水微塑料考察结果统计表

站位	微塑料检出个数	微塑料丰度（items/m^3）
ZS-01	10	100.00
ZS-02	4	40.00
ZS-03	3	30.00
ZS-04	4	40.00
ZS-05	3	30.00
ZS-06	6	60.00
ZS-08	3	30.00
ZS-10	4	40.00
ZS-11	2	20.00
ZS-13	7	70.00
ZS-15	10	10.00
ZS-17	30	30.00

续表

站位	微塑料检出个数	微塑料丰度（items/m³）
ZS-18	11	110.00
ZS-19	16	160.00
ZS-21	9	90.00
ZS-22	6	60.00
ZS-24	2	20.00
ZS-25	3	30.00
ZS-27	0	n.d.
ZS-29	5	50.00
ZS-30	3	30.00
ZS-31	3	30.00
ZS-33	0	n.d.
ZS-34	0	n.d.
ZS-36	3	30.00
ZS-38	0	n.d.
ZS-40	1	10.00
ZS-41	2	20.00
ZS-42	4	40.00
ZS-43	5	50.00
ZS-44	0	n.d.
ZS-45	0	n.d.
ZS-47	0	n.d.
ZS-49	0	n.d.
ZS-50	0	n.d.

注："n.d."表示未检出

表 4-32　2021 年航次中沙群岛神狐暗沙、一统暗沙和中沙群岛周边岛礁海域表层海水微塑料考察结果统计表

站位	采样时刻	微塑料检出个数	丰度（items/m³）
ZS-01-1	0:00	0	n.d.
ZS-01-3	6:00	2	20.00
ZS-01-5	12:00	0	n.d.
ZS-01-7	18:00	1	10.00
ZS-02-1	9:00	0	n.d.
ZS-02-3	15:00	0	n.d.
ZS-02-5	21:00	0	n.d.
ZS-02-7	3:00	0	n.d.
ZS-03-2	12:00	2	20.00
ZS-03-4	18:00	0	n.d.
ZS-03-6	0:00	0	n.d.
ZS-03-8	6:00	0	n.d.
SH-02-1	9:00	6	60.00

续表

站位	采样时刻	微塑料检出个数	丰度（items/m^3）
SH-02-5	21:00	4	40.00
YT-4	3:00	1	10.00
YT-6	9:00	0	n.d.

注：“n.d.”表示未检出

1）2019 年航次观测结果

Ⅰ）中沙大环礁海域

中沙大环礁海域表层（0～5 m）海水中共有 15 个站位有微塑料检出，微塑料丰度为 16.67～66.67 items/m^3，平均值为 28.89 items/m^3。除了中沙大环礁内部个别站位微塑料丰度高于 40 items/m^3，总体上大部分海域微塑料丰度较低（图 4-121）。

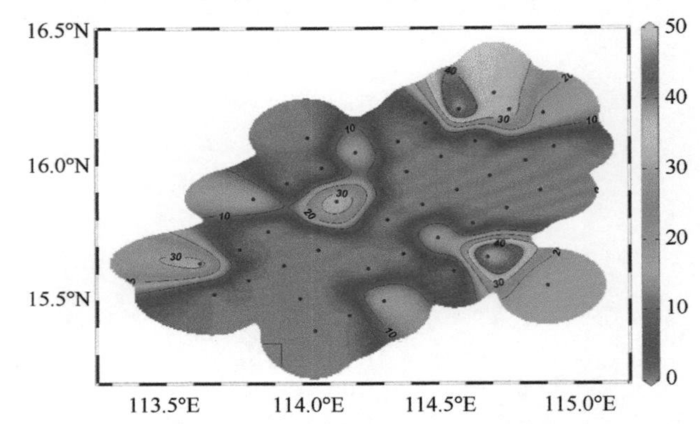

图 4-121　2019 年航次中沙大环礁海域表层微塑料丰度（items/m^3）的水平分布图

Ⅱ）中沙群岛北岩海域

2019 年航次中沙群岛北岩海域表层（0～5 m）海水中仅在 ZS-61 站位有微塑料检出，丰度为 16.67 items/m^3，说明该海域总体上微塑料丰度很低（图 4-122）。

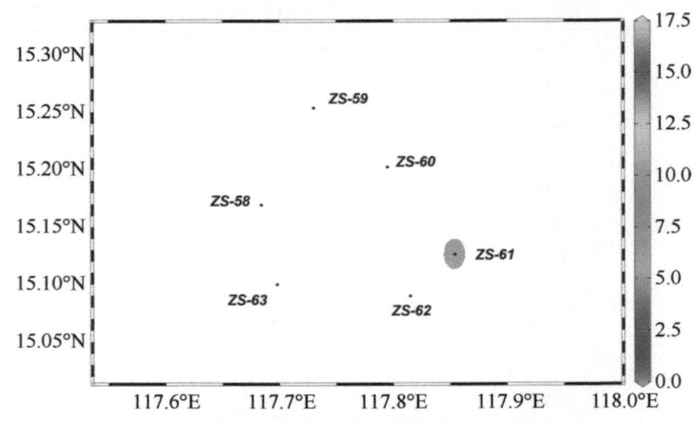

图 4-122　2019 年航次中沙群岛北岩海域表层微塑料丰度（items/m^3）的平面分布图

2）2020 年航次观测结果

2020 年航次中沙大环礁海域表层（0～5 m）海水中共有 26 个站位有微塑料检出，微塑料丰度为 10.00～160.00 items/m^3，平均值为 47.33 items/m^3。除了中沙大环礁内部个别站位微塑料丰度高于 100 items/m^3，总体上大部分海域微塑料丰度较低（图 4-123）。

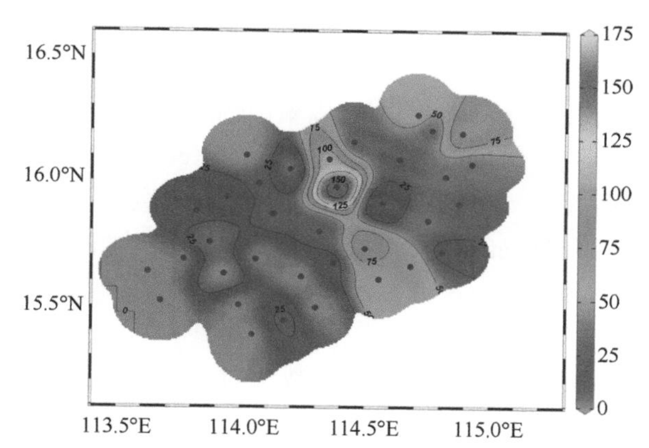

图 4-123　2020 年航次中沙大环礁海域表层微塑料丰度（items/m^3）的平面分布图

3）2021 年航次观测结果

采集的 16 个海水样品中共有 6 个样品有微塑料检出，微塑料丰度为 10.00～60.00 items/m^3，平均值为 26.67 items/m^3。除了神狐暗沙海域 SH-02 站位微塑料丰度高于 20.00 items/m^3，总体上大部分海域微塑料丰度较低，同一站位在不同采样时刻表层微塑料丰度有明显差异（图 4-124）。

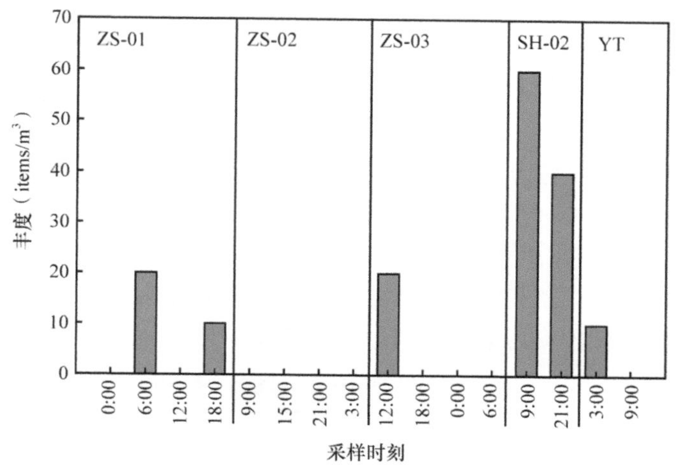

图 4-124　2021 年航次中沙大环礁海域及神狐暗沙、一统暗沙表层微塑料丰度垂直分布图

目前关于中沙群岛海域微塑料的观测数据非常有限。通过对比 2019～2021 年 3 个航次的考察结果发现，在中沙大环礁海域，2019 年表层（0～5 m）海水中微塑料丰度为 16.67～66.67 items/m^3，平均值为 28.89 items/m^3；2020 年表层（0～5 m）海水微塑料丰度为 10.00～160.00 items/m^3，平均值为 47.33 items/m^3；2021 年微塑料丰度为 10.00～60.00

items/m^3，平均值为 26.67 items/m^3。其中，2019 年与 2021 年中沙大环礁海域表层海水的微塑料丰度总体接近，略低于 2020 年中沙大环礁海域表层海水的微塑料丰度。总体上中沙群岛海域微塑料丰度较低。

与已发表的研究相比，2021 年中沙群岛海域表层海水的微塑料丰度远低于南海海域渚碧礁（1400.00～8100.00 items/m^3）和南薰礁（1250.00～3200.00 items/m^3）周围表层海水的微塑料丰度，不同研究区域的微塑料种类也不同，中沙群岛海域以聚对苯二甲酸乙二醇酯（PET）为主，而渚碧礁周围海域以聚丙烯（PP）和聚酰胺（PA）为主，南薰礁以聚氯乙烯（PVC）为主（Huang et al.，2019；Nie et al.，2019）。中沙群岛表层海水的微塑料丰度也明显低于 2017 年春季厦门大学调查的南海海域的微塑料丰度（2569±1770）items/m^3（Cai et al.，2018b），但是高于南沙群岛无人岛礁的微塑料丰度[（0.056±0.036）items/m^3]（Tan et al.，2020）。

4）生态风险评价

分别采用污染负荷指数法和生态风险指数法对中沙群岛海域表层海水的微塑料进行风险评价。

Ⅰ）污染负荷指数法

污染负荷指数法（pollution load index，PLI）通过综合各个单一采样点指数求出区域指数，不仅可以反映独立采样点的污染物污染程度，还可以对某一区域的整体污染状况进行综合评价，直观地体现区域内所包含的污染物的贡献程度。目前在土壤重金属污染研究方面有很成熟的应用，计算公式如下：

$$\mathrm{CF} = C / C_0 \tag{4-5}$$

$$\mathrm{PLI}_n = \sqrt{\mathrm{CF}} \tag{4-6}$$

$$\mathrm{PLI}_{\mathrm{zone}} = \sqrt[n]{\mathrm{PLI}_1 \times \mathrm{PLI}_2 \times \mathrm{PLI}_3 \times \cdots \times \mathrm{PLI}_N} \tag{4-7}$$

式中，CF 为微塑料的污染系数；C 为微塑料在某个站位的实测丰度；C_0 为微塑料丰度的参考值；PLI_n 为单一站位 n 的微塑料污染负荷指数；N 为站位个数；$\mathrm{PLI}_{\mathrm{zone}}$ 为区域内微塑料污染负荷指数。

关于参考值 C_0 的选择，目前学术上争议较多，此处选择 Everaert 等（2018）利用数学模型估算出的水体中微塑料的安全丰度（即对生物体无效应丰度）6650 items/m^3。基于污染负荷指数法的微塑料污染负荷划分标准如表 4-33 所示。

表 4-33 微塑料污染负荷划分标准

PLI	<1	1～2	>2
污染程度	轻微污染	中等污染	极强污染

根据污染负荷指数法进行计算，2019 年航次整个中沙群岛海域和 15 个站位微塑料污染负荷指数均小于 1（表 4-34），说明该航次中沙群岛海域微塑料污染程度为轻微。

2020 年航次整个中沙群岛海域和 26 个站位微塑料污染负荷指数均小于 1(表 4-35)，说明该航次中沙群岛海域微塑料污染程度为轻微。

表 4-34　2019 年航次中沙群岛海域微塑料污染负荷指数及污染程度

站位	PLI	污染程度
ZS-01	0.10	轻微污染
ZS-03	0.05	轻微污染
ZS-05	0.07	轻微污染
ZS-06	0.07	轻微污染
ZS-07	0.09	轻微污染
ZS-12	0.05	轻微污染
ZS-13	0.09	轻微污染
ZS-21	0.05	轻微污染
ZS-27	0.05	轻微污染
ZS-31	0.07	轻微污染
ZS-34	0.05	轻微污染
ZS-41	0.05	轻微污染
ZS-49	0.07	轻微污染
ZS-56	0.05	轻微污染
ZS-61	0.05	轻微污染
全部站位	0.06	轻微污染

表 4-35　2020 年航次中沙群岛海域微塑料污染负荷指数及污染程度

站位	PLI	污染程度
ZS-01	0.02	轻微污染
ZS-02	0.01	轻微污染
ZS-03	0.00	轻微污染
ZS-04	0.01	轻微污染
ZS-05	0.00	轻微污染
ZS-06	0.01	轻微污染
ZS-08	0.00	轻微污染
ZS-10	0.01	轻微污染
ZS-11	0.00	轻微污染
ZS-13	0.01	轻微污染
ZS-15	0.00	轻微污染
ZS-17	0.00	轻微污染
ZS-18	0.02	轻微污染
ZS-19	0.02	轻微污染
ZS-21	0.01	轻微污染
ZS-22	0.01	轻微污染
ZS-24	0.00	轻微污染
ZS-25	0.00	轻微污染
ZS-29	0.01	轻微污染
ZS-30	0.00	轻微污染

续表

站位	PLI	污染程度
ZS-31	0.00	轻微污染
ZS-36	0.00	轻微污染
ZS-40	0.00	轻微污染
ZS-41	0.00	轻微污染
ZS-42	0.01	轻微污染
ZS-43	0.01	轻微污染
全部站位	0.00	轻微污染

2021 年航次整个中沙群岛海域和 6 个站位微塑料污染负荷指数均小于 1（表 4-36），说明该航次中沙群岛海域微塑料污染程度为轻微。

表 4-36　2021 年航次中沙群岛海域微塑料污染负荷指数及污染程度

站位	PLI	污染程度
ZS-01-1	0.00	轻微污染
ZS-01-3	0.05	轻微污染
ZS-01-5	0.00	轻微污染
ZS-01-7	0.04	轻微污染
ZS-02-1	0.00	轻微污染
ZS-02-3	0.00	轻微污染
ZS-02-5	0.00	轻微污染
ZS-02-7	0.00	轻微污染
ZS-03-2	0.05	轻微污染
ZS-03-4	0.00	轻微污染
ZS-03-6	0.00	轻微污染
ZS-03-8	0.00	轻微污染
SH-01-1	0.09	轻微污染
SH-01-5	0.08	轻微污染
YT-4	0.04	轻微污染
YT-6	0.00	轻微污染
全部站位	0.00	轻微污染

Ⅱ）生态风险指数法

生态风险指数法不仅考虑到某一特定沉积环境下各种污染物对环境的影响，还充分反映出环境中多种污染物的综合效应，定量划分出潜在生态风险等级，因而是评价沉积物潜在生态风险的重要方法之一。目前该方法被广泛应用于重金属污染研究中。目前没有专门针对微塑料生态风险研究设计的计算方式，因此本书在生态风险指数法的基础上改进，计算公式如下。

（1）微塑料污染指数：

$$C_{\mathrm{f}}^{i} = C^{i} / C_{\mathrm{r}}^{i} \tag{4-8}$$

（2）单个微塑料多聚物的生态毒性响应因子：

$$T_{\mathrm{r}}^{i} = P^{i} / C^{i} \times S_{i} \tag{4-9}$$

（3）单个微塑料多聚物的潜在生态风险指数：

$$E_{\mathrm{r}}^{i} = T_{\mathrm{r}}^{i} / C_{\mathrm{f}}^{i} \tag{4-10}$$

（4）多种微塑料多聚物的生态风险指数：

$$\mathrm{RI} = \sum_{i=1}^{n} E_{\mathrm{r}}^{i} \tag{4-11}$$

式中，C_{f}^{i} 为微塑料污染指数；C^{i} 为微塑料实测丰度；C_{r}^{i} 为微塑料丰度标准参考值，此处选择 Everaert 等（2018）利用数学模型估算出的表层水体中微塑料的安全丰度（即对生物体无效应丰度）6650 particles/m^3；S_i 为微塑料多聚物 i 的危害指数；P^i 为微塑料多聚物 i 的丰度；T_{r}^{i} 为微塑料多聚物 i 的生态毒性响应因子，即微塑料多聚物 i 占总量的百分比与该微塑料多聚物危害指数的乘积；E_{r}^{i} 为微塑料多聚物 i 的潜在生态风险指数；n 为样品中含有的微塑料多聚物种类数。

Lithner 等（2011）基于欧盟《物质和混合物（配制品）的分类、标签和包装法规》（Classification, labeling and packaging regulation, CLP regulation）中的化学品危险类别，建立了一种塑料化学品危险等级排序模型，对微塑料聚合物的化学毒性进行分级并进行初步评价，因为中沙群岛海域检出微塑料均为 PET，所以本书仅把 PET 的危害系数列入表 4-37。本书将该模型评价各微塑料多聚物的分数定义为微塑料多聚物危害指数 S_i，微塑料生态风险等级如表 4-38 所示。

表 4-37 微塑料多聚物单体主要用途和评分

微塑料多聚物	简称	单体	主要用途	危害指数 S_i
聚对苯二甲酸乙二醇酯	PET	对苯二甲酸与乙二醇	广泛应用于包装、电子电器、医疗卫生、建筑、汽车等领域	4
聚丙烯	PP	丙烯	应用于食品包装	1
聚酰胺	PA	己二酸	应用于轴承、汽车等领域	47
聚乙烯	PE	乙烯	应用于玩具、瓶、水管、家居用品等	11

表 4-38 微塑料生态风险等级

生态风险指数	<10	10～100	100～1000	>1000
微塑料生态风险等级	Ⅰ	Ⅱ	Ⅲ	Ⅳ

根据生态风险指数法进行计算，2019 年航次中沙群岛海域 15 个检出微塑料的站位，其微塑料多聚物的生态风险指数均小于 10（表 4-39），说明 2019 年航次中沙群岛海域微

塑料生态风险等级为Ⅰ级。

表 4-39　2019 年航次中沙群岛海域微塑料多聚物的生态风险指数

站位	微塑料多聚物的生态风险指数	站位	微塑料多聚物的生态风险指数
ZS-01	0.04	ZS-27	0.01
ZS-03	0.01	ZS-31	0.02
ZS-05	0.02	ZS-34	0.01
ZS-06	0.02	ZS-41	0.01
ZS-07	0.03	ZS-49	0.02
ZS-12	0.01	ZS-56	0.01
ZS-13	0.03	ZS-61	0.01
ZS-21	0.01		

根据生态风险指数法进行计算，2020 年航次中沙群岛海域 26 个检出微塑料的站位，其微塑料多聚物的生态风险指数均小于 10（表 4-40），说明 2020 年航次中沙群岛海域微塑料生态风险等级为Ⅰ级。

表 4-40　2020 年航次中沙群岛海域微塑料多聚物的生态风险指数

站位	微塑料多聚物的生态风险指数	站位	微塑料多聚物的生态风险指数
ZS-01	0.03	ZS-19	0.10
ZS-02	0.02	ZS-21	0.05
ZS-03	0.02	ZS-22	0.06
ZS-04	0.02	ZS-24	0.01
ZS-05	0.02	ZS-25	0.02
ZS-06	0.14	ZS-29	0.03
ZS-08	0.02	ZS-30	0.02
ZS-10	0.02	ZS-31	0.02
ZS-11	0.01	ZS-36	0.02
ZS-13	0.07	ZS-40	0.01
ZS-15	0.01	ZS-41	0.01
ZS-17	0.02	ZS-42	0.02
ZS-18	0.07	ZS-43	0.01

根据生态风险指数法进行计算，2021 年航次中沙群岛海域 6 个检出微塑料的站位，其微塑料多聚物的生态风险指数均小于 10（表 4-41），说明 2021 年航次中沙群岛海域微塑料生态风险等级为Ⅰ级。

表 4-41　2021 年航次中沙群岛海域微塑料多聚物的生态风险指数

站位	微塑料多聚物的生态风险指数	站位	微塑料多聚物的生态风险指数
ZS-01-1	0.00	ZS-03-2	0.01
ZS-01-3	0.01	ZS-03-4	0.00
ZS-01-5	0.00	ZS-03-6	0.00
ZS-01-7	0.01	ZS-03-8	0.00
ZS-02-1	0.00	SH-01-1	0.04
ZS-02-3	0.00	SH-01-5	0.02
ZS-02-5	0.00	YT-4	0.01
ZS-02-7	0.00	YT-6	0.00

4.4　沉积物理化环境要素分布特征

4.4.1　沉积物常规要素

1. 粒度

沉积物粒度是海洋沉积物分析的重要指标之一，通过对沉积物粒度的分析，可以判断搬运介质的性质及其能量条件、明确搬运方式以及沉积作用形式、区分沉积类型，进而还原沉积时的沉积动力、气候以及环境信息，为沉积相和沉积环境的判定提供依据。地球表层的水圈、大气圈、岩石圈和生物圈之间存在各种相互作用，其中地壳表层的岩石在经过复杂的地质作用之后形成三种性质不同的风化产物，分别为碎屑残留物质、新生成的矿物以及溶解物质（朱筱敏，2008）。绝大部分碎屑物质会在水流、风和冰川等地质营力的作用下进入搬运状态向其他地方转移；在搬运和沉积作用过程中，碎屑物质之间、碎屑物质与搬运介质之间以及碎屑物质与沉积环境之间会发生各种相互作用，导致碎屑物质在成分、形状、粒度等方面发生重大变化。海洋是水流搬运碎屑物质的最终沉积场所。海洋中，除水流搬运来的碎屑物质以外，还会有风、冰川等携带来的碎屑物质，以及海底构造运动、火山活动等形成的碎屑物质。所有这些碎屑物质在最终稳定之前，都会在波浪、潮汐和海流等的作用下，经过一系列的搬运和再沉积过程。因此，海洋沉积物的粒度中蕴含有十分可观的环境变化信息。

2019 年航次完成了 8 个站位的沉积物粒度样品采集，采集层位为表层（0～5 cm）。实际获得样品 8 个，获取有效数据 8 个。

2020 年航次完成了 8 个站位的沉积物粒度样品采集，采集层位为表层（0～5 cm）。实际获得样品 8 个，获取有效数据 8 个。

2019 年航次和 2020 年航次中沙群岛及其邻近海域沉积物粒度分析结果分别见表 4-42 和表 4-43。

表 4-42 2019 年航次中沙群岛及其邻近海域沉积物粒度分析结果

要素		量值范围（%）	平均值（%）
砾	中砾（8 000～64 000 μm）	0.59～23.92	10.89
	细砾（2 000～8 000 μm）	0.87～27.63	11.79
砂	粗砂（500～2 000 μm）	41.27～75.43	64.50
	中砂（250～500 μm）	6.29～22.16	11.61
	细砂（63～250 μm）	0.38～3.02	1.15
粉砂	粉砂（4～63 μm）	0.02～0.21	0.06

表 4-43 2020 年航次中沙群岛及其邻近海域沉积物粒度分析结果

要素		量值范围（%）	平均值（%）
砾	细砾（2000～8000 μm）	18.62～68.98	35.57
砂	粗砂（500～2000 μm）	27.96～72.76	52.805
	中砂（250～500 μm）	0.43～3.92	2.22
	细砂（63～250 μm）	0.42～19.37	4.434
粉砂	粗粉砂（32～63 μm）	0.22～0.65	0.38
	中粉砂（16～32 μm）	0.22～0.64	0.36
	细粉砂（4～16 μm）	0.54～1.28	0.81
黏土	粗黏土（1～4 μm）	0.42～1.23	0.69
	细黏土（<1 μm）	0.22～0.63	0.35

1）2019 年航次观测结果

2019 年航次中沙群岛海域沉积物砾质占比较低，为 1.46%～51.55%，平均值为 22.68%，无粗砾，中砾为 0.59%～23.92%，平均值为 10.89%，细砾为 0.87%～27.63%，平均值为 11.79%；砂质占比最高，为 48.43%～98.51%，平均值为 77.26%，其中，粗砂为 41.27%～75.43%，中砂为 7.96%～22.16%，细砂为 0.38%～3.02%,，平均值分别为 64.50%、11.61%、1.15%；粉砂占比最低，为 0.02%～0.21%，平均值为 0.06%。沉积物粒度的分布特点是西部和西北部站位砾质含量高，而东部和东南部站位砂质含量尤其高，采样海域粉砂含量极低（图 4-125）。

2）2020 年航次观测结果

2020 年航次中沙群岛海域沉积物砾质占比较高，为 18.62%～68.98%，平均值为 35.57%，无粗砾和中砾，全部为细砾；砂质占比最高，为 28.81%～78.85%，平均值为 59.45%，其中粗砂为 27.96%～72.76%，中砂为 0.43%～3.92%，细砂为 0.42%～19.37%，平均值分别为 54.55%、2.27%、5.02%；粉砂占比较低，为 1.16%～2.56%，平均值为 1.55%，其中粗粉砂为 0.22%～0.65%，中粉砂为 0.22%～0.64%，细粉砂为 0.54%～1.28%，平均值分别为 0.38%、0.36%、0.81%；黏土占比最低，为 0.64%～1.86%，平均值为 1.04%，其中粗黏土为 0.42%～1.23%，细黏土为 0.22%～0.63%，平均值分别为 0.69%、0.35%。沉积物粒度的分布特点是东北部站位砾质含量高，而西部和南部站位砂质含量尤其高（图 4-126）。

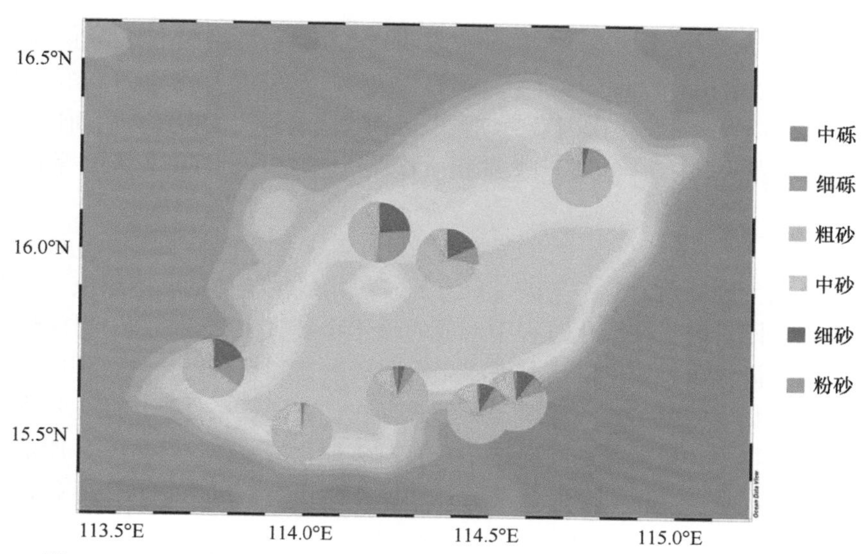

图 4-125　2019 年航次中沙群岛海域沉积物粒度百分含量（%）平面分布图

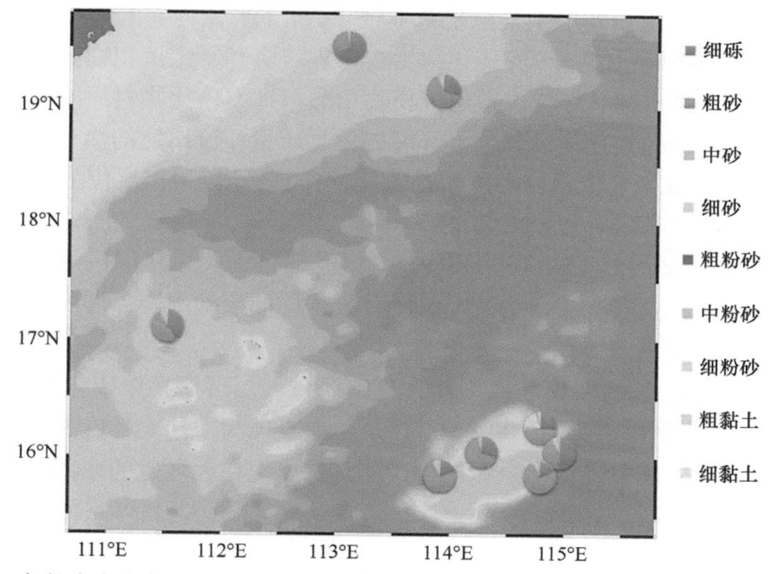

图 4-126　2020 年航次中沙大环礁、一统暗沙、神狐暗沙和西沙群岛北礁海域沉积物粒度百分含量（%）平面分布图

通过对比 2019 年和 2020 年 2 个航次的考察结果发现，在中沙大环礁海域，2019 年航次和 2020 年航次沉积物砾质占比平均值由 22.68%增加到 35.57%；细砾占比平均值为 11.79%～35.57%；整体上无粗砾，砂质占比最高，平均值为 28.81%～98.51%，总体上占比顺序为粗砂＞中砂＞细砂；粉砂占比次之，平均值为 0.06%～1.55%，总体上占比顺序为细粉砂＞粗粉砂＞中粉砂；黏土占比最低（1.04%），总体上占比顺序为粗黏土＞细黏土。总的来说，沉积物粒度的分布特点是北部站位砾质含量高，而南部站位砂质含量高。

李亮等（2017）对南海宣德海域的研究表明，沉积物粒度组成主要是砾、砂，总体较粗，粉砂及黏土含量相对较低，砾含量平均为15.09%，砂含量平均为71.04%，对比来看，与本次调查结果较为接近。考虑因素为细颗粒沉积物随着洋流的搬运作用而进入，珊瑚碎屑砂以及生物贝壳的自然沉降形成较大的粗质颗粒，还有潮汐的冲刷和搬运等造成的影响。

2. 硫化物

硫是重要的生源要素之一，与碳、氢、氮、氧构成生物体的基本组成。自然界中硫主要储存于岩石圈。岩石在风化过程中形成的硫化物易氧化成硫酸盐，可溶性硫酸盐由河流携带入海。海洋沉积物中的硫是海水中颗粒硫酸盐和有机硫化物沉积的结果。在富氧条件下，沉积物中的硫主要以硫酸盐的形式存在；在缺氧条件下，硫化物含量急剧升高。在缺氧沉积物中，硫酸盐的还原作用是有机碳硫化的主要途径之一，所消耗的有机碳占有机碳氧化总量的50%以上，硫酸盐的还原作用对有机碳氧化并产生硫化物是沉积物中硫循环的开始。硫酸盐还原作用产生的硫化物通常可划分为酸可挥发硫化物和黄铁矿硫化物。酸可挥发硫化物一般多存在于现代沉积中，是硫酸盐中的硫向黄铁矿硫转化的不稳定中间产物。沉积物中主要以硫化亚铁（FeS）形式存在的酸可挥发硫化物在控制硫化物在沉积物-间隙水的分配、硫化物生物毒理效应和制定沉积物质量基准等方面都起着重要的作用。自 1984 年首次报道沉积物中酸可挥发硫化物对镉的生物有效性的强烈影响后，沉积物中的硫化物已成为水环境硫化物质量评价研究的热点。

2019 年航次完成了 8 个站位的沉积物硫化物样品采集，采集层位为表层（0～5 cm）。实际获得样品 8 个，获取有效数据 8 个。

2020 年航次完成了 8 个站位的沉积物硫化物样品采集，采集层位为表层（0～5 cm）。实际获得样品 8 个，获取有效数据 8 个。所有数据均低于检出限，即所有样品均未测出硫化物。

由表 4-44 可见，2019 年航次中沙大环礁海域表层沉积物中硫化物含量为 5.10×10^{-6}～30.41×10^{-6}，平均值为 12.09×10^{-6}，总体上表现为中沙大环礁海域东部和西南部高、中间低的特征，其中沉积物中硫化物最高含量出现在大环礁的东部，整体上呈现由南向北降低的趋势（图 4-127）。

表 4-44 2019 年航次中沙群岛及其邻近海域沉积物中硫化物含量的调查结果统计表

站位	湿样含水率（%）	硫化物含量（$\times10^{-6}$）
ZS-05L-B	14.06	7.03
ZS-10-B	28.08	30.41
ZS-19-B	21.36	6.15
ZS-23-B	21.36	5.10
ZS-30-B	16.23	7.58
ZS-33-B	16.21	8.28
ZS-44-B	22.34	19.89
ZS-48-B	24.01	12.28

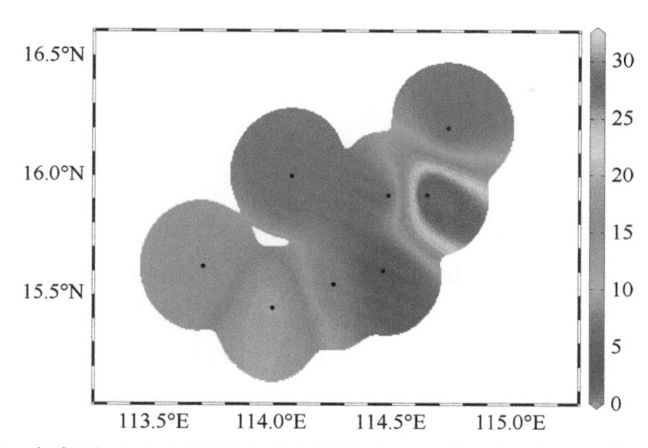

图 4-127　2019 年航次中沙大环礁海域沉积物中硫化物含量（$\times10^{-6}$）的平面分布图

通过对比 2019 年和 2020 年 2 个航次的考察结果发现，在 2020 年航次 8 个站位的表层沉积物中未检出硫化物，相较于 2019 年骤然下降，这可能与该水域硫酸盐还原菌的还原性因水温等环境因素减弱有关。

对于南海沉积物中硫化物的观测已有多年历史，甘居利等（2001）对南海北部陆架区表层沉积物进行测定，结果表明 28 个样品的硫化物含量为 3.30×10^{-6}～42.20×10^{-6}，平均值为 12.10×10^{-6}，空间分布大致呈现近岸高于离岸、离岸略高于远岸的规律，东西方向的分布特点是粤西海域＞海南岛以东（15.30×10^{-6}）＞台湾浅滩（9.40×10^{-6}）≈粤东海域（8.70×10^{-6}）≈珠江口海域（8.60×10^{-6}）。2002 年 5 月在珠江河口区的考察结果表明，硫化物含量为 94.90×10^{-6}～306.00×10^{-6}，平均含量为 220.00×10^{-6}，表明部分区域已有部分污染（甘居利等，2008）。与前人对南海沉积物中硫化物含量的研究对比，2019 年和 2020 年 2 个航次的考察结果均处于正常范围内。

根据《海洋沉积物质量》(GB 18668—2002)，沉积物中硫化物分类标准见表 4-45。2019 年航次中沙群岛及其邻近海域沉积物中硫化物含量的整体范围为 5.10×10^{-6}～30.41×10^{-6}，平均值为 12.09×10^{-6}，全部符合第一类沉积物质量标准，达标率为 100%。

表 4-45　《海洋沉积物质量》(GB 18668—2002）中沉积物中硫化物分类标准

项目	指标		
	第一类	第二类	第三类
硫化物含量（$\times10^{-6}$）≤	300.00	500.00	600.00

采用单因子指数评价方法对沉积物中硫化物进行评价，具体如下：

$$I_S = M_S / S_S \tag{4-12}$$

式中，I_S 为硫化物单因子标准指数；M_S 为硫化物含量实测值；S_S 为标准中的硫化物一类标准值（300.00）。

计算得 2019 年航次中沙群岛及其邻近海域 I_S 的整体范围为 0.02～0.10，平均值为 0.04。总体来说，在 2019 年航次对中沙群岛及其邻近海域所完成的考察中，所有站位的表层沉积物中硫化物含量均符合国家第一类沉积物质量标准，表明该海域水体的沉积物情况良好。

3. 总有机碳

海洋沉积物中的有机物质记录了丰富的陆海环境信息，可以较好地反映和评价人类活动对海洋环境的影响程度（Graham et al.，2001；李亮等，2017）。因此，研究沉积物中的总有机碳（total organic carbon，TOC）对海洋环境保护具有重要意义。海洋沉积物中的有机物质指陆源有机物和海洋生物产生的有机物质在沉积、成岩过程中未被矿化的残留有机物质，包括生物代谢活动及其生物化学过程所产生的有机物质，以及人工合成的有机物质。有机物质含量等于 TOC 含量的 1.83 倍。沉积物中有机物质在缺氧条件下将发生厌气分解产生有机酸和二氧化碳、甲烷、氨等还原气体，并向上迁移进入水体中，从而消耗水体中的溶解氧。海洋沉积物中有机碳一方面来源于生物体代谢产物和生化过程产物，另一方面来源于陆源河流的输入，世界河流每年输入 3.0×10^{14} g C，大气中有机物也可通过降水进入海洋。

2019 年航次完成了 14 个站位的沉积物 TOC 样品采集，采集层位为表层（0～5 cm）。实际获得样品 14 个，获取有效数据 14 个。

2020 年航次完成了 8 个站位的沉积物 TOC 样品采集，采集层位为表层（0～5 cm）。实际获得样品 8 个，获取有效数据 8 个。

2021 年航次完成了 5 个站位的沉积物 TOC 样品采集，采集层位为表层（0～5 cm）。实际获得样品 5 个，获取有效数据 5 个。

2019～2021 年各航次中沙群岛及其邻近海域沉积物中 TOC 含量的分析结果见表 4-46。

表 4-46　2019～2021 年各航次中沙群岛及其邻近海域沉积物中 TOC 含量的分析结果（%）

2019 年		2020 年		2021 年	
站位	TOC 含量	站位	TOC 含量	站位	TOC 含量
ZS-05L-B	0.543	ZS231	0.119	SH-02	0.139
ZS-10-B	0.028	ZS232	n.d.	YT	0.162
ZS-15	0.732	ZS233	0.107	ZS-01	0.108
ZS-19-B	0.738	ZS234	0.106	ZS-02	0.083
ZS-22	0.739	ZS236	0.133	ZS-03	0.122
ZS-23-B	n.d.	ZS241	0.435	/	/
ZS-26-B	1.102	ZS242	n.d.	/	/
ZS-27	1.297	ZS244	0.428	/	/
ZS-30-B	n.d.	/	/	/	/
ZS-33-B	1.081	/	/	/	/
ZS-42	1.000	/	/	/	/
ZS-44-B	0.965	/	/	/	/
ZS-47	0.885	/	/	/	/
ZS-48-B	n.d.	/	/	/	/

注："n.d." 表示低于检出限或未检出；"/" 表示未获取样品或数据

1）2019 年航次观测结果

2019 年航次中沙大环礁海域沉积物中高于检出限的 TOC 的含量范围为 0.028%～1.297%，平均值为 0.828%，其分布特点是西高东低，位于中沙大环礁西北部的站位 TOC 含量都较高（图 4-128）。

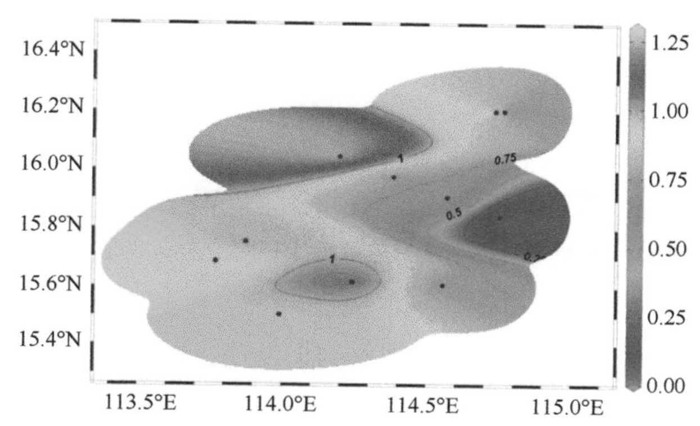

图 4-128　2019 年航次中沙大环礁海域沉积物中 TOC 含量（%）的平面分布图

2）2020 年航次观测结果

2020 年航次中沙群岛及其邻近海域沉积物中高于检出限的 TOC 的含量范围为 0.106%～0.435%，平均值为 0.166%，其分布特点是神狐暗沙、一统暗沙和中沙群岛周边岛礁海域的站位 TOC 含量较高，中沙大环礁海域的站位 TOC 含量均较低（图 4-129）。

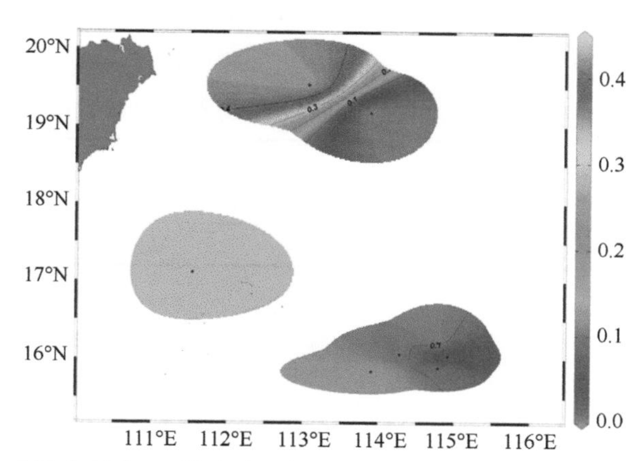

图 4-129　2020 年航次中沙大环礁、一统暗沙、神狐暗沙和西沙群岛北礁海域与中沙群岛周边岛礁海域沉积物中 TOC 含量（%）的平面分布图

3）2021 年航次观测结果

2021 年航次中沙群岛及其邻近海域沉积物中 TOC 含量的平面分布如图 4-130 所示，TOC 含量范围为 0.083%～0.162%，平均值为 0.123%，其分布特点是神狐暗沙、一统暗沙海域的站位 TOC 含量较高，中沙大环礁海域的站位 TOC 含量均较低。

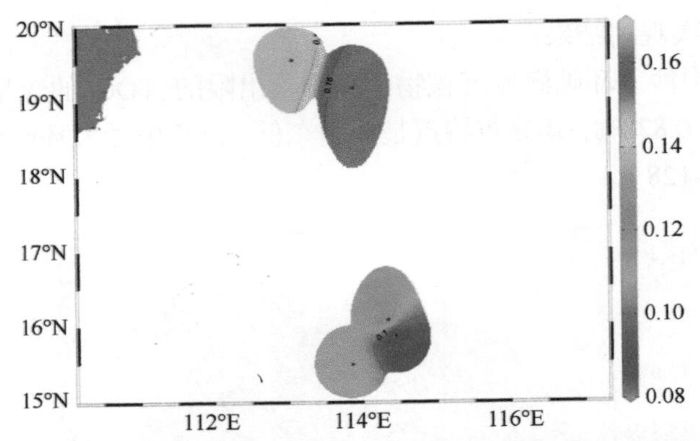

图 4-130 2021 年航次中沙大环礁、一统暗沙、神狐暗沙和西沙群岛北礁海域沉积物中 TOC 含量（%）的平面分布图

通过对比 2019～2021 年 3 个航次的考察结果发现，TOC 含量平均值逐年降低，这可能是由于当前全球气候变暖效应造成的物理及生物变化削弱了海洋吸收 CO_2 的能力。通过对比前人在南海其他岛礁的研究（高学鲁，2008；许昆明，2010）发现，2019 年航次中沙群岛海域 TOC 含量总体上处于中等水平；2020 年航次与 2021 年航次中沙群岛海域 TOC 含量均处于较低水平。这 3 年的 TOC 含量低值明显低于其他海域，高值居中，这与水体中生物有机体的沉积作用及沉积物中微生物的分解作用，以及人类活动具有一定相关性。

4）环境质量评价

根据《海洋沉积物质量》(GB 18668—2002)，沉积物 TOC 质量标准划分见表 4-47。总体而言，考察海域 2019～2021 年的 TOC 含量最高值为1.297%，全部符合第一类沉积物质量标准，达标率为 100%。

表 4-47 《海洋沉积物质量》(GB 18668—2002) 的沉积物 TOC 质量标准划分

项目	指标		
	第一类	第二类	第三类
TOC 含量（%）≤	2.0	3.0	4.0

4.4.2 沉积物污染要素

1. 重金属

在环境中，重金属因其毒性、难降解性、生物累积效应等特性，被认为是最有害的污染物之一。海洋中重金属的来源包括自然来源和人为来源，经各种途径进入海域，长期滞留其中，并在海洋环境中发生一系列物理、化学及生物等迁移、转化过程，其中大部分会在海湾、河口等近岸沉积聚集，并逐渐转移到悬浮颗粒物和底层沉积物中。一般而言，通过工业排放、径流输入等途径进入水环境的重金属，绝大部分迅速地通过悬浮物的吸附、沉降转移至沉积物中。

沉积物被认为是重金属等环境污染物的源和汇。沉积物中的重金属具有潜在的、长期的危害性，一方面，其十分有可能受到扰动，从而再悬浮与溶出并对环境造成二次污染；另一方面，沉积物中不断积累的重金属会对底栖生物或是依靠沉积物生存的生物产生毒害作用，其毒性通过食物链富集和传递，对水体生物和人体健康有较大的负面影响，严重影响海洋生态系统的结构和功能以及人类的健康。总之，海洋沉积物中的重金属不仅会危害海洋环境，降低初级生产力，还对海洋生物具有累积和放大等生物毒性效应。沉积物中重金属的化学行为和生态效应复杂，其易与有机物质和硫化物通过表面吸附、阳离子交换反应和螯合反应，形成金属有机络合物与金属硫化物沉淀，进而从水体中移除。沉积物中重金属的含量由于这些累积作用往往比相应水相中的含量要高，且表现出较强的分布规律，对环境存在着难于治理的潜在危害。因此，沉积物中重金属的研究调查对于环境资源保护与开发利用、区域环境评价及经济发展都具有重要的意义。

2019 年航次完成了 8 个站位的沉积物重金属样品采集，采集层位为表层（0～5 cm）。实际获得样品 8 个，获取有效数据 32 个。

2020 年航次完成了 8 个站位的沉积物重金属样品采集，采集层位为表层（0～5 cm）。实际获得样品 8 个，获取有效数据 45 个。

2019 年和 2020 年 2 个航次中沙群岛及其邻近海域沉积物中重金属含量的分析结果见表 4-48。

表 4-48　2019 年和 2020 年 2 个航次中沙群岛及其邻近海域沉积物中重金属含量的分析结果（$\times 10^{-6}$）

重金属	2019 年		2020 年	
	范围	平均值	范围	平均值
铜（Cu）	0.155～0.632	0.418	/	/
锌（Zn）	4.601～18.819	9.049	/	/
镉（Cd）	0.008～0.097	0.035	/	/
铬（Cr）	/	/	1.522～2.455	1.996
镍（Ni）	/	/	0.378～0.624	0.496
砷（As）	/	/	0.436～0.595	0.502
硒（Se）	/	/	0.052～0.152	0.103
铅（Pb）	0.187～1.362	0.505	0.247～0.587	0.366
汞（Hg）	/	/	0.001～0.004	0.002
总含量	4.951～20.911	10.008	2.895～4.094	3.440

注：“/” 表示未获取样品或数据

1）2019 年航次观测结果

2019 年航次中沙大环礁海域沉积物中重金属含量的平面分布见图 4-131。整体上所有重金属含量均呈现西南高、东北低的特点，具有由东向西逐渐升高的态势，其中 Pb 含量呈现出一定的阶梯状分布。

2）2020 年航次观测结果

2020 年航次中沙大环礁海域沉积物中重金属含量的平面分布见图 4-132。整体上所有重金属含量均呈现中部和西部高、东部低的特点，具有由东向西逐渐升高的态势。

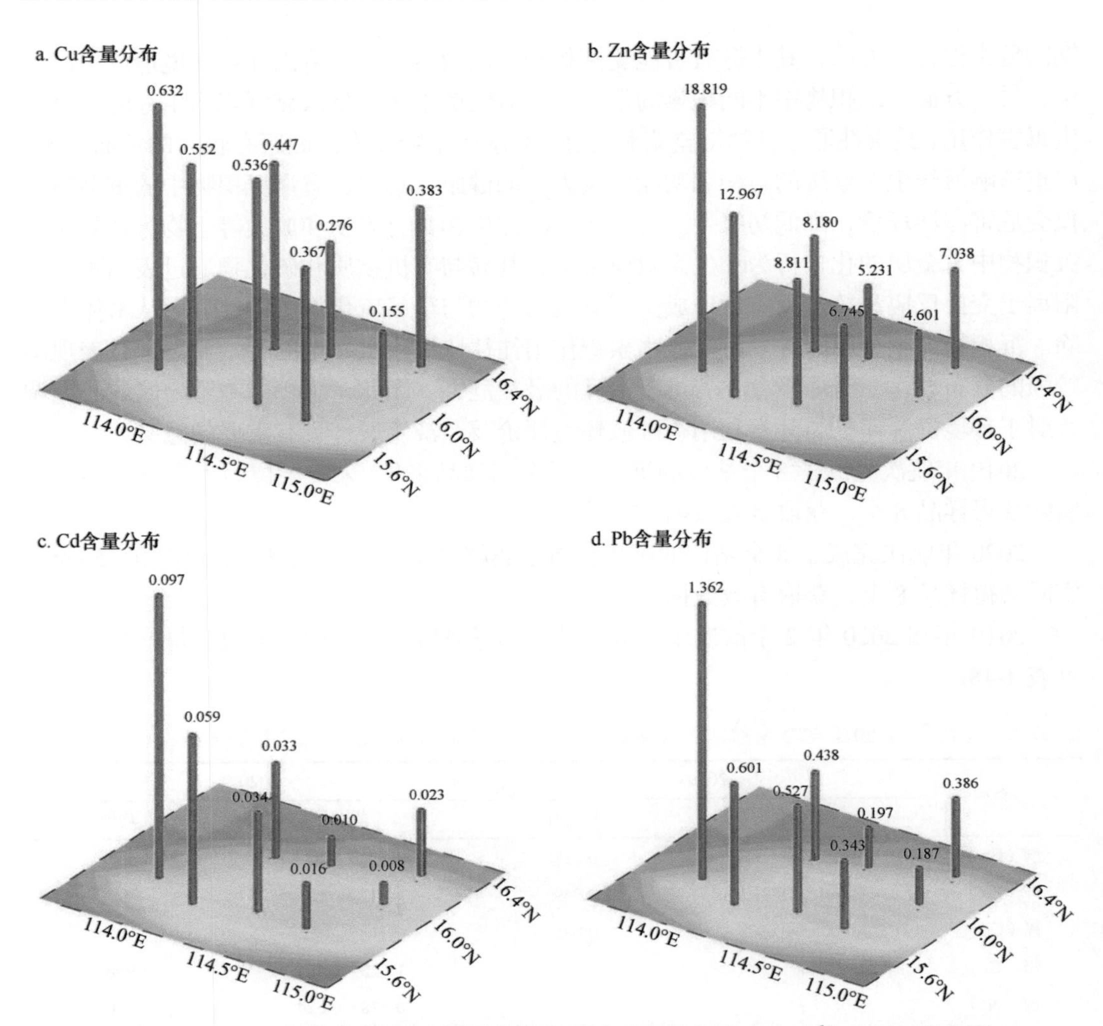

图 4-131　2019 年航次中沙大环礁海域沉积物中重金属含量（$\times10^{-6}$）的平面分布图

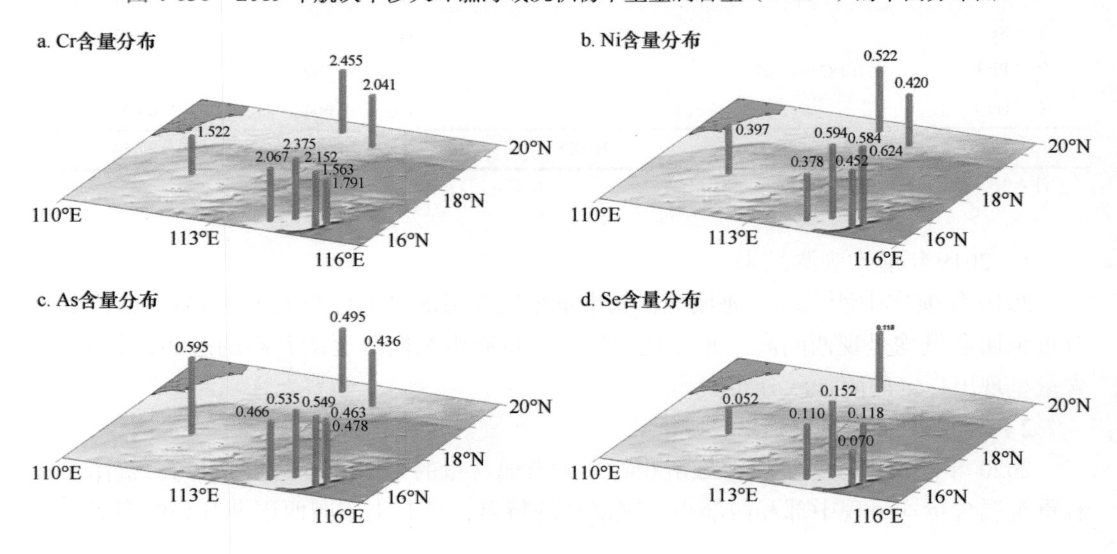

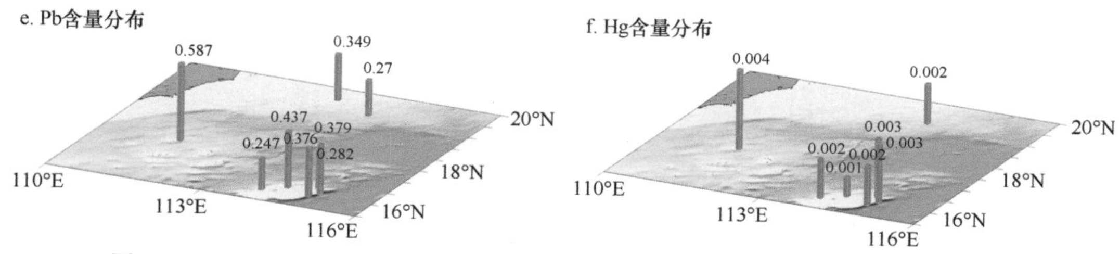

图 4-132　2020 年航次中沙大环礁海域沉积物中重金属含量（$\times10^{-6}$）的平面分布图

通过对比 2019 年和 2020 年 2 个航次的考察结果发现，2019 年航次所测定的表层沉积物中重金属含量之间均正相关，且相关性都很高；2020 年航次所测定的表层沉积物中重金属含量之间相关性不大，且差异较大。通过与其他海域表层沉积物中重金属含量的对比（Liu et al.，2015；Zhao et al.，2017；卢霞等，2020；曲宝晓等，2020）发现，中沙群岛及其邻近海域表层沉积物中重金属含量处于较低水平，这可能是由于调查海域受一些工矿企业排放重金属污染物的影响较小。

3）环境质量评价

根据《海洋沉积物质量》（GB 18668—2002），重金属质量标准划分见表 4-49。总体而言，考察海域 2019 年沉积物中的铜、锌、镉、铅均符合国家海洋沉积物质量第一类标准；2020 年沉积物中的铬、砷、铅、汞均符合国家海洋沉积物质量第一类标准，表明考察海域沉积环境良好，未受到重金属污染。

表 4-49　《海洋沉积物质量》（GB 18668—2002）的重金属质量标准划分

重金属参数	第一类	第二类	第三类
铜（$\times10^{-6}$）≤	35.0	100.0	200.0
锌（$\times10^{-6}$）≤	150.0	350.0	600.0
镉（$\times10^{-6}$）≤	0.5	1.5	5.0
砷（$\times10^{-6}$）≤	20.0	65.0	93.0
铬（$\times10^{-6}$）≤	80.0	150.0	270.0
铅（$\times10^{-6}$）≤	60.0	130.0	250.0
汞（$\times10^{-6}$）≤	0.2	0.5	1.0

2. *微塑料*

2019 年航次完成了 8 个站位的沉积物微塑料样品采集，采集层位为表层（0～5 cm）。实际获得样品 8 个，获取数据 240 个，但基本处于未检出状态，即未检出微塑料。

2020 年航次完成了 4 个站位的沉积物微塑料样品采集，采集层位为表层（0～5 cm）。实际获得样品 4 个，获取有效数据 56 个，其丰度范围为 5.00～15.00 items/kg。

2021 年航次完成了 5 个站位的沉积物微塑料样品采集，采集层位为表层（0～5 cm）。实际获得样品 5 个，获取有效数据 99 个，其丰度范围为 10.00～27.00 items/kg。

1）2020 年航次观测结果

2020 年航次中沙群岛及其邻近海域表层沉积物中微塑料丰度的平面分布见图 4-133。

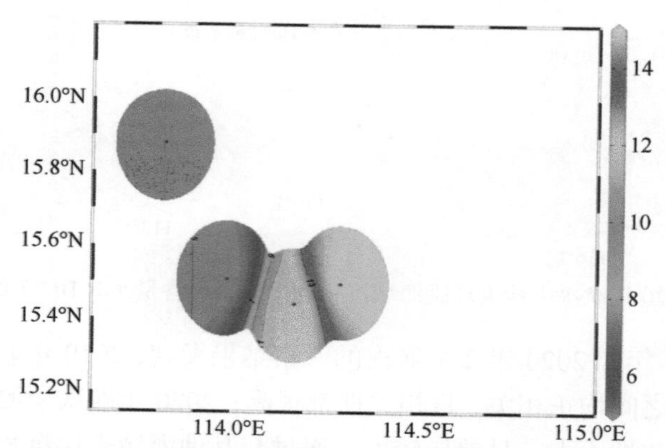

图 4-133 2020 年航次中沙群岛及其邻近海域表层沉积物中微塑料丰度（items/kg）的平面分布图

2）2021 年航次观测结果

2021 年航次中沙群岛及其邻近海域表层沉积物中微塑料丰度的分布见图 4-134。

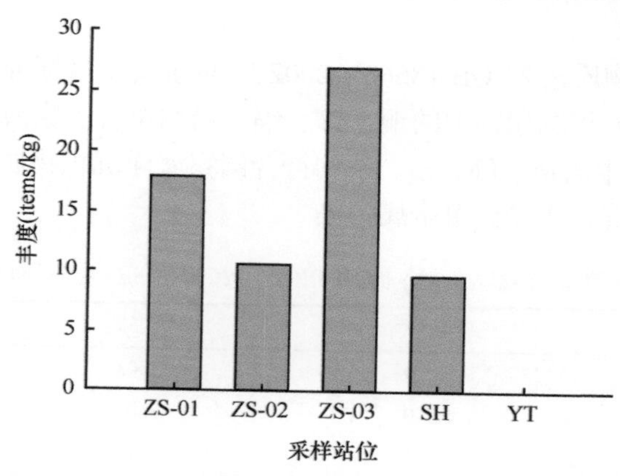

图 4-134 2021 年航次中沙群岛及其邻近海域表层沉积物中微塑料丰度（items/kg）的分布图

通过对比 2019～2021 年 3 个航次的考察结果发现，2019 年沉积物中未检出微塑料，2021 年沉积物中微塑料的丰度为 10.00～27.00 items/kg，比 2020 年沉积物中微塑料的丰度（5.00～15.00 items/kg）略高，远低于中沙群岛周边岛礁（60.00～610.00 items/kg）、南沙群岛（40.00～100.00 items/kg）、涠洲岛（60.00～90.00 items/kg）和三亚鹿回头（50.00～530.00 items/kg）等地沉积物中微塑料的丰度（Zhang et al.，2019）。

2019～2020 年中沙群岛及其邻近海域的海水沉积物总体上属于良好状态，其以砂质珊瑚砂为主，常规理化参数如硫化物、TOC、重金属基本均符合国家海洋沉积物质量的第一类标准。所调查站位中微塑料丰度均处于较低水平，污染生态风险等级较低。

4.4.3 2019～2020 年沉积理化环境调查小结

通过对比 2019 年和 2020 年 2 个航次的考察结果发现，中沙大环礁海域 2019 年和 2020 年表层沉积物中砾质占比平均值由 22.68%增加到 35.57%；细砾占比平均值为 11.79%～35.37%；整体上无粗砾，砂质占比最高，平均值为 28.81%～98.51%，总体上占比顺序为粗砂＞中砂＞细粗砂＞极细砂；粉砂占比次之，平均值为 0.06%～1.55%，总体上占比顺序为细粉砂＞粗粉砂＞中粉砂＞细砂；黏土占比最低（1.04%），总体上占比顺序为粗黏土＞细黏土。总的来说，沉积物粒度的分布特点是北部站位砾质含量高，而南部站位砂质含量高。总体而言，本课题考察所测得的粒度与其邻近海域的历史观测数据没有明显差别，但受潮汐的冲刷和搬运以及珊瑚碎屑砂等自然沉降的影响。

仅在 2019 年航次中沙群岛及其邻近海域表层沉积物中检出硫化物，含量范围为 5.10×10^{-6}～30.41×10^{-6}，平均值为 12.09×10^{-6}，所测得的硫化物含量较低，主要是由于所获沉积物多为粗砂，少有泥质沉积物，对硫化物的吸附能力较弱。该值与南海北部陆架区表层沉积物历史观测数据相近。所有站位沉积物中的硫化物均符合国家第一类沉积物质量标准，表明该海域水体的沉积物情况良好。

从 2019 年和 2021 年各航次中沙群岛及其邻近海域考察结果发现，表层沉积物中的 TOC 含量逐年降低。2019 年航次所有站位的 TOC 含量范围为 0.028%～1.297%，平均值为 0.828%；2020 年航次所有站位的 TOC 含量范围为 0.106%～0.435%，平均值为 0.166%；2021 年航次所有站位的 TOC 含量范围为 0.083%～0.162%，平均值为 0.123%。该值与其邻近海域的历史观测数据没有明显差别，受水体中生物有机体的沉积作用、沉积物中微生物的分解作用及人类活动的影响而波动。监测海区的 TOC 含量较低，低于海洋沉积物质量标准规定的第一类沉积物中 TOC 含量上限。

从 2019 年和 2020 年 2 个航次中沙群岛及其邻近海域考察结果发现，2019 年航次表层沉积物中的重金属含量高于 2020 年。2019 年航次所有站位的总重金属含量范围为 4.951×10^{-6}～20.911×10^{-6}，平均值为 10.008×10^{-6}，平面分布总体上呈现西南高、东北低的阶梯状趋势。2020 年航次所有站位的总重金属含量范围为 2.895×10^{-6}～4.094×10^{-6}，平均值为 3.440×10^{-6}，所测定的重金属含量之间相互呈强正相关关系。通过与其他海域表层沉积物的对比，中沙群岛及其邻近海域表层沉积物的重金属含量处于较低水平。采用单因子方法对该区域重金属含量进行评价，考察海域 2019 年所测得的铜、锌、镉、铅和 2020 年所测得的铬、砷、铅、汞均符合国家海洋沉积物质量第一类标准，表明考察海域沉积环境良好，未受到重金属污染。

从 2019～2021 年各航次中沙群岛及其邻近海域考察结果发现，3 年来表层沉积物中的微塑料丰度水平逐年升高。2019 年航次所有站位的微塑料基本处于未检出状态；2020 年航次所有站位的微塑料丰度范围为 5.00～15.00 items/kg；2021 年航次所有站位的微塑料丰度范围为 10.00～27.00 items/kg。与已发表的研究相比，中沙群岛及其邻近海域表层沉积物中的微塑料丰度远低于中沙群岛周边岛礁（60.00～610.00 items/kg）、南沙群岛（40.00～100.00 items/kg）、涠洲岛（60.00～90.00 items/kg）和三亚鹿回头（50.00～530.00 items/kg）等地沉积物中微塑料的丰度。

本章小结

1. 中沙群岛及其邻近海域海水要素

2019～2021 年中沙群岛及其邻近海域的海水水质总体上属于良好状态。其常规理化参数如温度、盐度、pH 以及叶绿素 a、亚硝酸盐、硝酸盐、铵盐、活性磷酸盐、活性硅酸盐、溶解氧、溶解有机碳、溶解无机碳、颗粒有机碳等的含量基本处于中沙群岛近几年以来邻近海域的观测值范围内，大多符合洁净水质的要求。六氟化硫和氯氟烃-12 的含量均处于较低水平，分布趋势与南海整体的环流模式相吻合。有机污染物如多环芳烃和微塑料的含量均处于较低水平，表层海水的微塑料污染生态风险等级为Ⅰ级。

1）水质常规理化要素

3 年来的温度波动不大，其平均值分别为 26.28℃、27.53℃和 30.02℃，垂直方向上随水深增加而降低；3 年来的盐度几乎没有波动，其平均值分别为 34.22、34.27 和 34.10；与 2019 年相比，pH 在 2020 年有所降低，分别为 8.22 和 8.07，所有站位的 pH 均符合国家第一类海水水质和清洁水质标准，表明该海域水体的酸碱度情况良好。然而，随着全球碳排放的逐年增加，海洋吸收 CO_2 增多，中沙群岛及其邻近海域面临海水酸化的潜在风险。3 年来的叶绿素 a 含量波动不大，平均值分别为 0.238 μg/L、0.139 μg/L 和 0.079 μg/L，但中沙群岛海域近 30 年以来叶绿素 a 含量的观测值有上升趋势。3 年来的亚硝酸盐、硝酸盐、铵盐、活性磷酸盐和活性硅酸盐的含量存在一定的波动，垂直方向上大多在 100～150 m 出现极大值，与叶绿素 a 含量最高值层相匹配，同时也以生物过程为主导，受生物碎屑和排泄物的含氮物质的细菌硝化作用或磷酸盐矿物颗粒的影响。总体而言，本课题考察所测得的温度、盐度以及叶绿素 a、营养盐等的含量位于南海历史所获得的观测值范围内。

2）海水溶解性气体要素

2019 年与 2020 年相比，溶解氧含量波动不大，平均值分别为 6.06 mg/L 和 6.27 mg/L，但受周边海域水文动力学过程的影响而波动，垂直方向上均呈现溶解氧含量随水深增加而降低的趋势，尤其是在 100 m 以深迅速下降，其中，大环礁表层至 50 m 层、北岩海域表层至 100 m 层以及断面表层至 100 m 层均符合第一类或第二类水质标准，并且随着深度增加，各个层位的溶解氧含量从符合第一类或第二类水质标准转变为符合第三类或第四类水质标准。六氟化硫含量在 2019 年与 2020 年有所差异，平均值分别为 2.135 fmol/L 和 1.558 fmol/L，可能与两次采样时表层六氟化硫饱和含量不一致有关，其受温度、盐度及其动力学过程的影响，其中上升流和降水都会导致上层水体六氟化硫含量偏低，因此越南东部沿岸上升流对其具有重要影响。2019 年的氯氟烃-12 含量略高于 2020 年，平均值分别为 1.310 pmol/L 和 1.099 pmol/L，总体而言，氯氟烃-12 的分布趋势与南海整体的环流模式相吻合。

3）海水其他碳相关要素

3年来的溶解有机碳含量呈现上升趋势，平均值分别为134.1 μmol/L、144.9 μmol/L和195.3 μmol/L，垂直方向上不存在明显的极大值或极小值，溶解有机碳含量整体上高于南海北部，低于渤海和黄海海域，受陆源输入和沿岸流影响小而分布广泛，没有集中在某个区域，呈现中间海盆区低、逐渐向大环礁边缘和北岩海域升高的态势。溶解无机碳含量在2019年和2020年的水平分布上均波动不大，垂直分布上随深度的增加而升高，平均值分别为2021.9 μmol/L和1937.1 μmol/L，可能是海水中CO_2体系各组分发生的生物、物理、化学等过程综合作用的结果。3年来的颗粒有机碳含量水平分布上波动不大，垂直方向上从表层至次表层（0～50 m）呈现升高的趋势，平均值分别为0.077 mg/L、0.043 mg/L和0.092 mg/L，其垂直分布说明南海次表层中叶绿素a含量逐渐升高对其产生了强烈影响。总体而言，本课题考察所测得的溶解有机碳、溶解无机碳和颗粒有机碳含量处于中沙群岛近几年以来观测值的范围内。

4）海水污染要素

2019年航次和2021年航次考察的多环芳烃含量在水平分布上相近，而2020年航次考察的多环芳烃含量则有明显的升高趋势，相似的是，3年来垂直方向上的多环芳烃含量从表层至次表层（0～75 m）呈现升高的趋势，在50～75 m出现极大值，3年来的平均值分别为9.29 ng/L、148.80 ng/L和30.03 ng/L，通过风险商值评价生态风险可知，2019年和2021年中沙大环礁海域海水中的多环芳烃均为低风险，而2020年为中等风险。3年来表层海水中的微塑料丰度波动不大，其平均值分别为28.89 items/m^3、47.33 items/m^3和26.67 items/m^3，呈现东部高、西部低的分布特征，生态风险评价结果表明，中沙群岛海域表层海水的微塑料污染生态风险等级为Ⅰ级。

2. 中沙群岛及其邻近海域沉积物要素

2019～2020年中沙群岛及其邻近海域的沉积物总体上属于良好状态，其以砂质珊瑚砂为主，常规理化参数如硫化物、TOC、重金属基本均符合国家海洋沉积物质量的第一类标准。所调查站位中微塑料丰度均处于较低水平，污染生态风险等级较低。

1）沉积物常规要素

中沙大环礁海域2019年和2020年表层沉积物中各组分占比总体为粗砂＞中砂＞细砂，其中砾质占比平均值由22.68%增加到35.57%，总体而言，其分布特点是北部站位砾质含量高、南部站位砂质含量高，受潮汐的冲刷和搬运以及珊瑚碎屑砂等自然沉降的影响。仅在2019年中沙群岛及其邻近海域表层沉积物中检出硫化物，其平均值为12.09×10^{-6}，所测得硫化物含量较低，主要是由于所获沉积物多为粗砂，少有泥质沉积物，对硫化物的吸附能力较弱。该值符合国家第一类沉积物质量标准，表明该海域水体的沉积物情况良好。3年来的TOC含量逐年降低，平均值分别为0.828%、0.166%和0.123%，受水体中生物有机体的沉积作用及沉积物中微生物的分解作用及人类活动的影响而波动，监测海区的TOC含量较低，低于海洋沉积物质量标准规定的第一类沉积物中TOC含量上限。

2）沉积物污染要素

考察结果显示，2019 年的重金属含量高于 2020 年，平均值分别为 10.008×10^{-6} 和 3.440×10^{-6}，其含量处于较低水平，2019 年所测得的铜、锌、镉、铅和 2020 年所测得的铬、砷、铅、汞均符合国家海洋沉积物质量第一类标准，表明考察海域沉积环境良好，未受到重金属污染。3 年来微塑料丰度水平逐年升高，2019～2021 年各航次检出范围分别为未检出、5.00～15.00 items/kg 和 10.00～27.00 items/kg，其丰度远低于中沙群岛周边岛礁（60.00～610.00 items/kg）、南沙群岛（40.00～100.00 items/kg）、涠洲岛（60.00～90.00 items/kg）和三亚鹿回头（50.00～530.00 items/kg）等地沉积物中微塑料的丰度，表明沉积物受微塑料的影响相对较小。

第5章

中沙群岛及其邻近海域海洋生物资源

中沙群岛及其邻近海域独特的地理位置、复杂的气候特征和多变的生态环境，孕育了丰富的生物多样性，是重要的海洋生物资源宝库（国家水产总局南海水产研究所西、南、中沙群岛渔业资源调查组，1978；傅亮，2014；李永振等，2007）。中沙群岛以造礁珊瑚为核心的珊瑚礁生态系统具有极高的初级生产力、快速的物质循环和丰富的生物物种多样性，是生物地球化学循环的重要组成部分，同时也是十分关键的海洋生命支持系统（单之蔷和吴立新，2013；国家海洋局，1988；中国科学院南海海洋研究所，1978；赵焕庭等，2017a）。在当前人类活动加剧、全球变暖和海洋酸化的大背景下，开展中沙群岛及其邻近海域综合调查，对认识和预测中沙群岛生态系统演替具有重要的科学意义。该海域生物资源综合数据信息的完善，也可为后期海洋工程建设的论证和实施提供必要的基础数据和技术支撑。

目前，中沙群岛及其邻近海域的综合调查资料仍较匮乏。以往几十年间我国对南海及其诸岛开展了连续的综合科学考察，受诸多客观因素的影响，调查多数集中于南沙群岛和中沙群岛周边岛礁（中国科学院南海海洋研究所，1978；赵焕庭等，2017b），对中沙群岛及其邻近海域的综合性调查研究尚少。中沙群岛及其邻近海域为数不多的调查主要集中在基本地貌、表层沉积、温盐分布和渔业资源方面（佟飞等，2015；鄢全树等，2007；聂宝符等，1992；黄磊和高红芳，2012；孙典荣等，2006），而生物多样性方面的研究仍存在很多不足。随着我国对海洋主权维护和区域海洋经济发展的加强，已有数据的系统性、完整性、覆盖度和精细程度远远不能满足现阶段科学研究及国土安全战略的需求。

国家科技基础资源调查专项“中沙群岛综合科学考察”项目对中沙群岛及其邻近海域开展了综合科学考察，系统掌握该海域自然本底数据，获取全面的、多层次的海洋信息资源。项目从基础生物生产力-浮游生物-渔业资源的生产过程、数量分布和多样性等方面出发，初步摸清了中沙群岛及其邻近海域细菌、海草、微微型浮游植物、浮游植物、浮游动物、游泳生物及其补充群体（鱼卵和仔稚鱼、头足类幼体、甲壳类幼体）等生物资源现状，掌握了该海域生物资源的数量分布、利用状况和多样性时空变化特征，为科学规划生物资源保护与管理，维系岛礁生态系统的安全和稳定发展提供了基础数据和科技支撑。

5.1 浮游植物生物量分布特征

浮游植物是海洋生态系统中最重要的初级生产者，对海洋固碳和固氮具有重要意义。据估算，浮游植物通过光合作用吸收 CO_2 的量约占全球 CO_2 年产量的 30%，浮游植物产生有机碳的总量是高等植物的 7 倍左右（Falkowski，2012）。浮游植物在碳、氮、磷、硫等元素的主要生物地球化学循环中起着重要作用。浮游植物是海洋牧食食物链和微食物环的基础环节，是影响海洋生态系统能量流动、物质循环、生物资源的基础。浮游植物的群落结构和生态功能对海洋生态系统稳定性，以及海洋的碳汇效率和储碳能力至关重要。叶绿素（包括叶绿素 a、叶绿素 b、叶绿素 c）为浮游植物主要的光合色素，其中叶绿素 a 存在于所有浮游植物细胞中，因此被用于表征浮游植物的生物量（Boyer et al.，2009）以及分析浮游植物生物量的时空分布特征。根据叶绿素 a 含量水平和分布情况，可分析浮游植物生态状况对海洋水动力过程的响应，如海洋气旋将引起水体叶绿素 a 含量的明显变化（He et al.，2019），还可判断海洋生态系统的稳定性，如赤潮暴发时叶绿素 a 含量快速升高（He et al.，2013）。

广阔的南海海域蕴含着丰富的自然资源，岛礁众多，岛礁及邻近海域独特而复杂的生境为该区域各类群海洋生物的高生物多样性奠定了基础。中沙群岛海域地处南海腹地，而我国对该海域的综合考察为数甚少，缺乏系统性和完整性，无法满足当前发展的要求。为了全面了解中沙群岛海洋生态系统结构和稳定性，对中沙群岛海域的海岛、暗礁周围水体的浮游植物生物量分布特征进行了调查，为分析浮游动物和游泳生物的生物量与分布特征，以及全面评估该海域生物资源状况提供科学依据。

5.1.1 中沙大环礁和黄岩岛海域浮游植物生物量

2019 年对中沙大环礁、黄岩岛海域进行了科学考察，站位布设如图 5-1 所示。依据站位水深，并结合透明度和《海洋调查规范 第 2 部分：海洋水文观测》（GB/T 12763.2—2007）中的分层方式进行了分层采水，其中表层海水采集深度约为 0.5 m，底层海水采集深度为海底以上 0.5～1.0 m。采集水样经 0.7 μm 孔的径膜过滤，收集滤膜，经过萃取后使用荧光仪测定叶绿素 a 含量（Parsons et al.，1984）。

2019 年中沙大环礁和黄岩岛海域表层水体叶绿素 a 含量（表征浮游植物生物量）观测结果显示，叶绿素 a 含量为 0.03～0.25 mg/m^3，平均值为（0.12±0.05）mg/m^3（图 5-2）。中沙大环礁和黄岩岛海域，以及两地之间连接水域表层水体叶绿素 a 含量分布差异不明显。

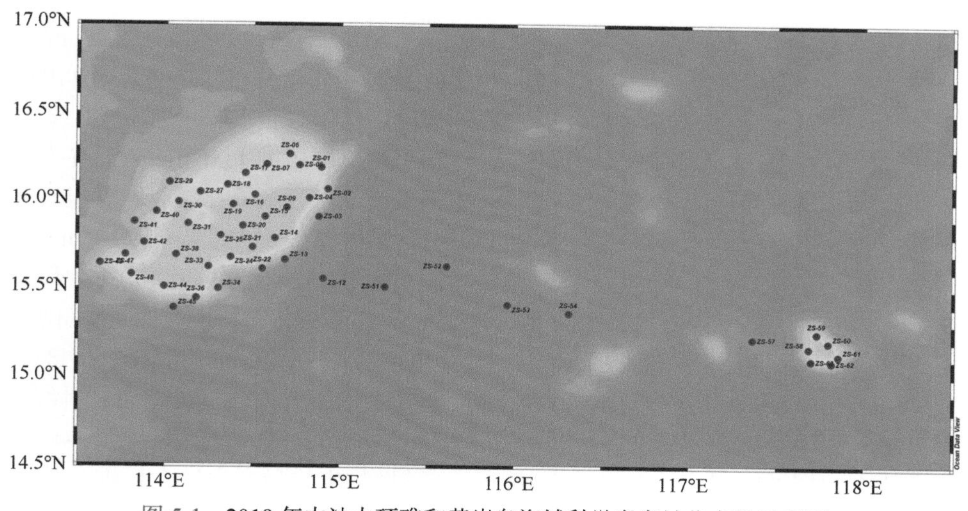

图 5-1 2019 年中沙大环礁和黄岩岛海域科学考察站位布设示意图

其中黄岩岛海域表层水体叶绿素 a 含量相对较高，范围为 0.10～0.24 mg/m^3，平均值为（0.14±0.05）mg/m^3；中沙大环礁海域表层水体叶绿素 a 含量范围为 0.03～0.25 mg/m^3，平均值为（0.11±0.06）mg/m^3；而两地之间连接水域表层水体叶绿素 a 含量相对较低，平均值为（0.11±0.01）mg/m^3。

2019 年中沙大环礁海域表层水体叶绿素 a 含量高值区主要分布在东北部及中东部区域，其中中部偏东水域出现较大的叶绿素 a 含量高值区，叶绿素 a 含量平均值超过 0.20 mg/m^3。在中沙大环礁西部及西部偏北水域表层水体叶绿素 a 含量较低，平均值低于 0.05 mg/m^3。黄岩岛海域叶绿素 a 含量分布的区域差异不大，在西部及东南部略高（图 5-2）。

2019 年中沙大环礁海域 25 m 层水体叶绿素 a 含量分布特征与表层相似，高值区主要分布于大环礁中部偏东北水域，叶绿素 a 含量平均值超过 0.30 mg/m^3；大环礁西部及西北部水域叶绿素 a 含量普遍较低，平均值低于 0.10 mg/m^3。黄岩岛海域 25 m 层水体叶绿素 a 含量分布特征为西南部略高于东北部，西南部平均值高于 0.18 mg/m^3。整体上中沙大环礁海域 25 m 层水体叶绿素 a 含量略高于黄岩岛海域（图 5-3）。

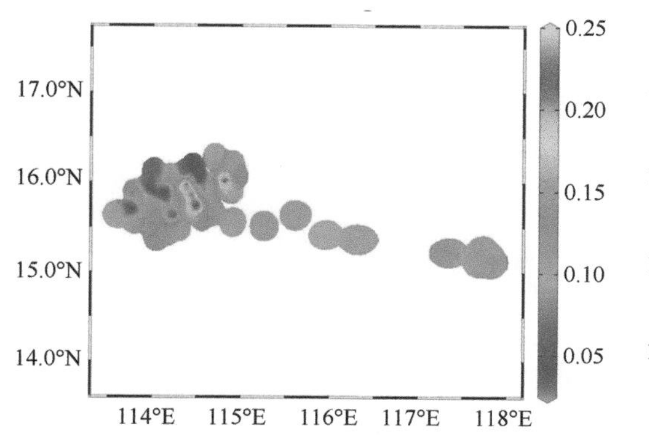

图 5-2 2019 年中沙大环礁及黄岩岛海域表层水体叶绿素 a 含量（mg/m^3）的平面分布图

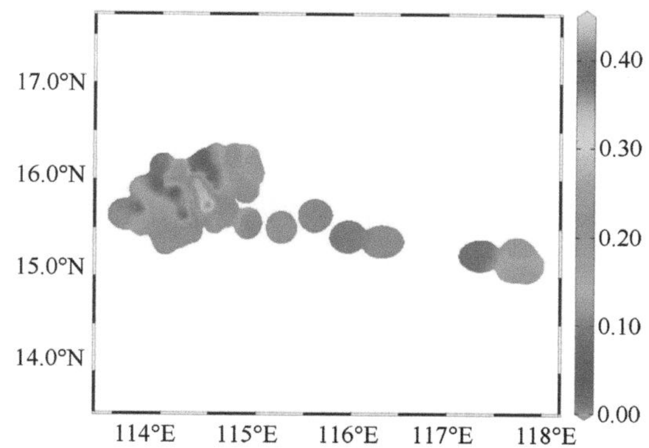

图 5-3 2019 年中沙大环礁及黄岩岛海域 25 m 层水体叶绿素 a 含量（mg/m^3）的平面分布图

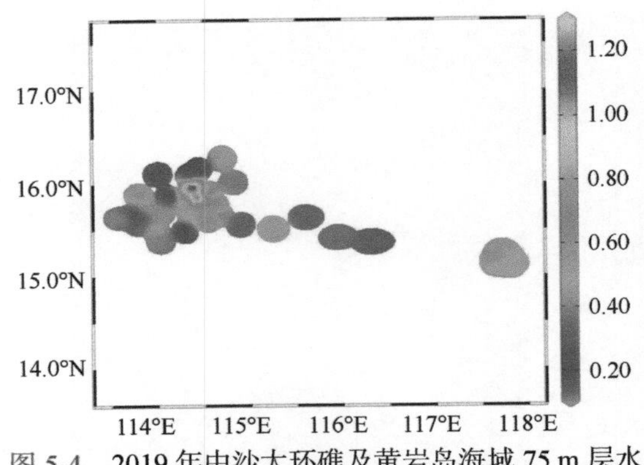

图 5-4　2019 年中沙大环礁及黄岩岛海域 75 m 层水体叶绿素 a 含量（mg/m^3）的平面分布图

2019 年中沙大环礁海域 75 m 层水体叶绿素 a 含量分布的高值区同样出现于大环礁中部偏东北水域，该区域叶绿素 a 含量平均值可超过 1.00 mg/m^3；在大环礁北部及南部部分水域叶绿素 a 含量较低，部分区域叶绿素 a 含量低于 0.30 mg/m^3。黄岩岛海域 75 m 层水体叶绿素 a 含量分布特征与 25 m 层分布特征类似，为东南部略高于西北部，东南部平均值高于 0.48 mg/m^3。整体上中沙大环礁海域 75 m 层叶绿素 a 含量分布与黄岩岛海域接近（图 5-4）。

综合所有水层的叶绿素 a 含量分布特征，浮游植物生物量在中沙大环礁及其邻近海域水体中的分布规律主要受水深影响，浮游植物生物量高值区主要分布在 75 m 层；微微型浮游植物的生物量和总生物量的关系最密切，表明微微型浮游植物是主要贡献者。0～25 m 和 50～75 m 的分析结果表明，浮游植物生物量的分布可能主要与硅酸盐含量相关；大环礁边缘礁坪或礁坡属于造礁石珊瑚分布的主要区域，而浮游植物高生物量站位主要位于中沙大环礁边缘区域，表明该区域生物密度和生物多样性较高（图 5-5）。

总体而言，中沙大环礁海域叶绿素 a 含量的垂直分布特征呈现上层（0～25 m）水体低、深层（50～75 m）水体高的特点。东北部水深较浅的区域，0～25 m 水深叶绿素 a 含量的垂直分布没有明显差异，实际与深水区上层水体的垂直分布规律接近，大部分站位上层水体的叶绿素 a 含量为 0.10～0.20 mg/m^3，25 m 层水体的叶绿素 a 含量略高于表层水体，少数站位表层的叶绿素 a 含量高于 25 m 层。而在深水区，深层（50～75 m）水体的叶绿素 a 含量显著高于上层水体，其中 75 m 层水体的叶绿素 a 含量普遍高于同站位其他水层。

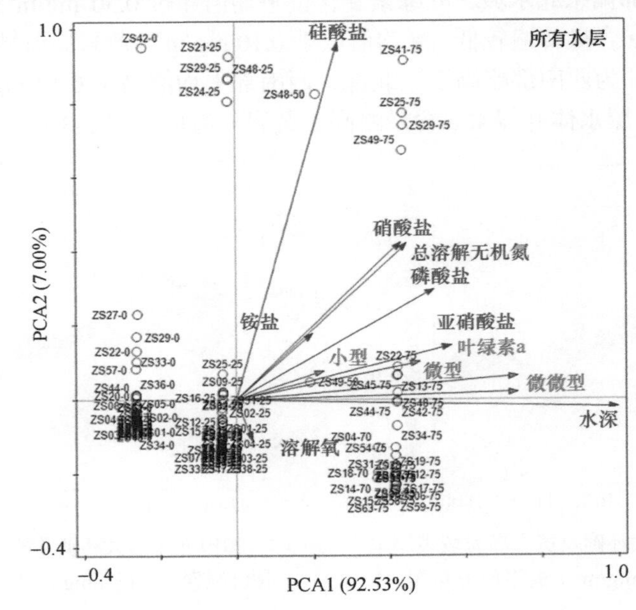

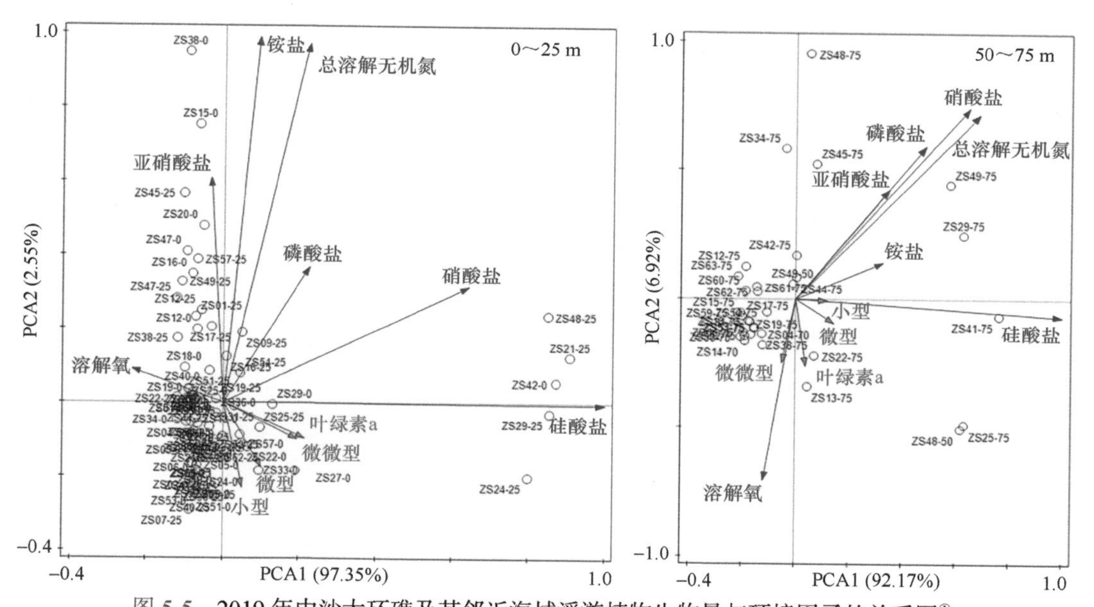

图 5-5　2019 年中沙大环礁及其邻近海域浮游植物生物量与环境因子的关系图①

图中小型表示小型浮游植物叶绿素 a；微型表示微型浮游植物叶绿素 a；微微型表示微微型浮游植物叶绿素 a

中沙大环礁区、黄岩岛区、外海深水区 3 个区域表层水体的叶绿素 a 含量分布无明显差异，平均值均为 0.11 mg/m³ 左右。25～75 m 层岛礁区叶绿素 a 含量明显高于外海深水区，其中 25 m 层中沙大环礁区叶绿素 a 含量平均值最高，为 0.17 mg/m³，黄岩岛区则为 0.15 mg/m³，而外海深水区 25 m 层的分布水平与表层接近，为 0.12 mg/m³；在 75 m 层，中沙大环礁区与黄岩岛区叶绿素 a 含量分布水平一致，平均值均为 0.47 mg/m³，高于外海深水区的 0.36 mg/m³。

5.1.2　中沙大环礁及周围暗沙和西沙群岛北礁海域浮游植物生物量

在以往对中沙大环礁现场调查的基础上，2020 年除了继续对中沙大环礁进行观测，还对 2 处暗沙（神狐暗沙和一统暗沙）及西沙群岛北礁进行现场采样调查（图 5-6），测定并分析浮游植物生物量的分布特征，样品收集和测定方法同 5.1.1 小节。

2020 年调查海域表层水体叶绿素 a 含量为 0.079～0.34 mg/m³，平均值为（0.15±0.06）mg/m³（图 5-7）。总体上，西沙群岛北礁叶绿素 a 含量最高，为（0.17±0.09）mg/m³；一统暗沙叶绿素 a 含量为（0.16±0.07）mg/m³，神狐暗沙叶绿素 a 含量为（0.11±0.01）mg/m³，中沙大环礁叶绿素 a 含量为（0.15±0.06）mg/m³。中沙大环礁海域表层水体叶绿素 a 含量西侧高于东侧，在东北端和西南端分别出现最高值（0.34 mg/m³）和次高值（0.27 mg/m³），在东侧出现最低值（0.08 mg/m³）。

2020 年调查海域 25 m 层水体叶绿素 a 含量平面分布差异不及表层明显（图 5-8）。中沙大环礁 25 m 层水体叶绿素 a 含量范围为 0.09～0.51 mg/m³，平均值为（0.16±0.08）mg/m³，略高于其他区域；中沙大环礁 25 m 层水体叶绿素 a 含量平面分布与表层一致，在东北端和

① 空心圆形代表样品的站位和水深，例如 ZS41-75 表示 ZS41 站位的 75 m 深水层，本书余同。

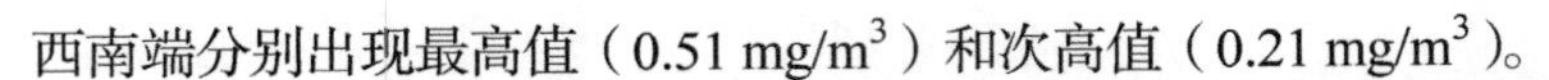

西南端分别出现最高值（0.51 mg/m^3）和次高值（0.21 mg/m^3）。

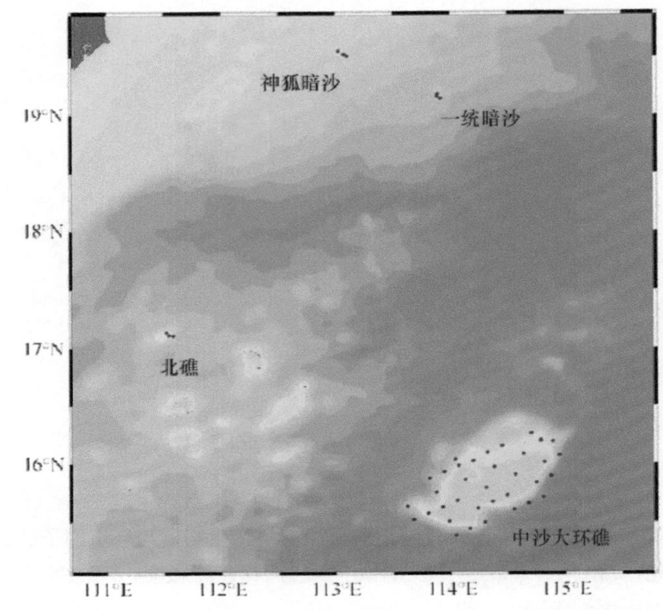

图 5-6　2020 年中沙大环礁、一统暗沙、神狐暗沙和西沙群岛北礁海域科学考察站位布设示意图

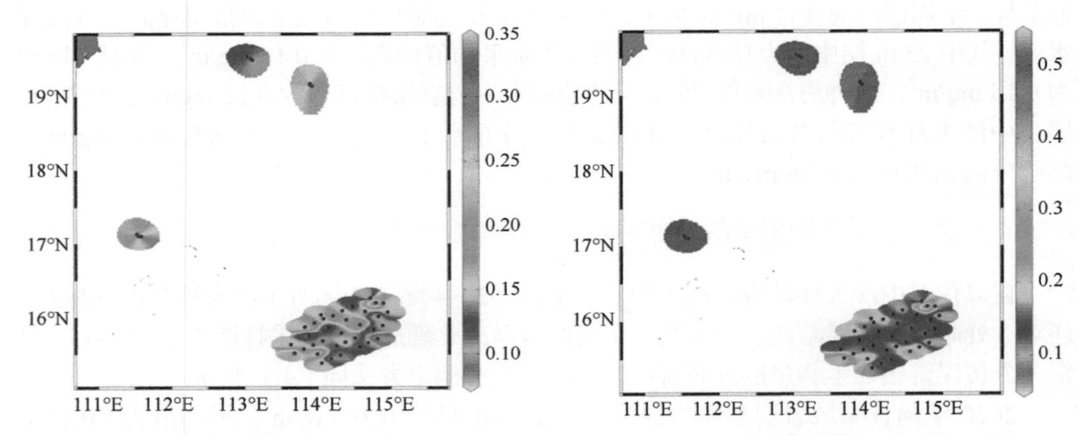

图 5-7　2020 年调查海域表层水体叶绿素 a 含量（mg/m^3）的平面分布图

图 5-8　2020 年调查海域 25 m 层水体叶绿素 a 含量（mg/m^3）的平面分布图

2020 年调查海域 75 m 层水体叶绿素 a 含量范围为 0.22～1.09 mg/m^3，平均值为（0.54±0.21）mg/m^3，其平面分布与表层和 25 m 层均有所差异（图 5-9）。中沙大环礁海域叶绿素 a 含量高于其他海域，且大环礁内叶绿素 a 含量高于外部，最高达到 1.09 mg/m^3。

2020 年中沙大环礁、一统暗沙、神狐暗沙和西沙群岛北礁海域不同水层浮游植物生物量与环境因子的关系表明，浮游植物生物量在上层（表层和 25 m 层）水体差异较大，20 m 层或 25 m 层的叶绿素 a 主要指向 PCA1 轴的正向，与水深矢量轴一致，其他环境因子对浮游植物生物量的影响较小；但在 40～75 m 和 100～150 m，叶绿素 a 含量随水深变化不如上层水体明显，并且在 40～75 m，随着营养盐含量升高，浮游植物生物量也显著增加（图 5-10）。

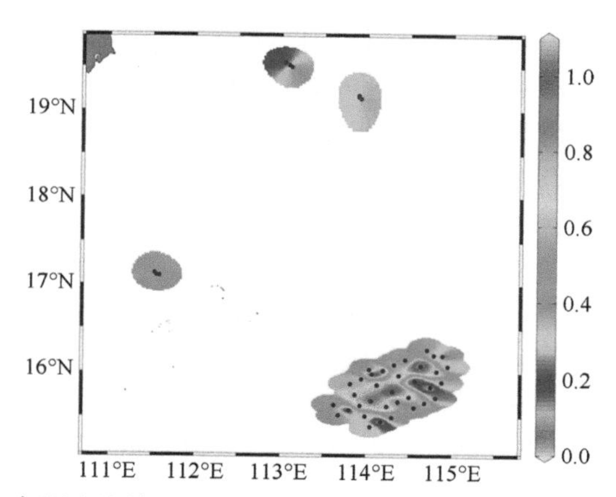

图 5-9　2020 年调查海域 75 m 层水体叶绿素 a 含量（mg/m³）的平面分布图

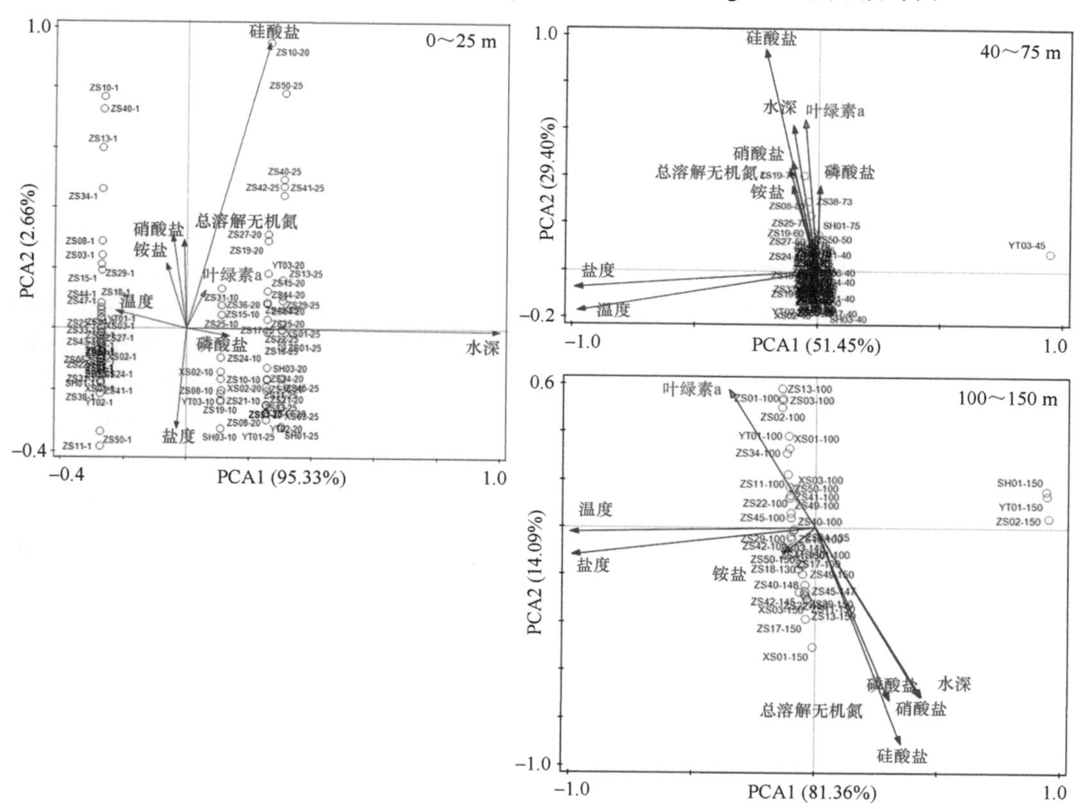

图 5-10　2020 年中沙大环礁、一统暗沙、神狐暗沙和西沙群岛北礁海域浮游植物生物量与环境因子的关系图

总体上，调查海域叶绿素 a 含量的垂直分布特征呈现上层（0～25 m）水体低、深层（50～75 m）水体高的特点；叶绿素 a 含量最高值一般出现在 75 m 层。不同海域叶绿素 a

含量垂直分布也存在一定的特点。其中，中沙大环礁海域叶绿素 a 含量垂直分布变化较大，0～25 m 层均为西侧高于东侧，外侧高于内侧；但在 50～75 m 层叶绿素 a 含量分布趋势相反，呈现外侧低于内侧的特征。西沙群岛北礁和一统暗沙海域的叶绿素 a 含量均呈现表层和深层高、次表层低的垂直分布趋势，而神狐暗沙海域的叶绿素 a 含量则呈现表层和次表层低、深层高的趋势。

通过 2019 年夏季和 2020 年夏季两个航次调查，分析了中沙大环礁、黄岩岛、周围暗沙及西沙群岛北礁的海洋浮游植物生物量的分布特征。总体来看，中沙大环礁和各岛礁周围海域浮游植物生物量的垂直分布特征呈现上层（0～25 m）水体低、深层（50～75 m）水体高的特点，且下层（25～75 m）水体浮游植物生物量在中沙大环礁和黄岩岛周围海域明显高于外海深水区。不同岛礁的浮游植物生物量分布存在差异，中沙大环礁海域浮游植物生物量垂直分布差异较大，0～25 m 层与 50～75 m 层分布趋势相反；西沙群岛北礁和一统暗沙海域均呈现表层和深层高、次表层低的垂直分布趋势；神狐暗沙海域则呈现表层和次表层低、深层高的分布趋势。

5.2 浮游生物生产力分布特征

海洋初级生产力是决定海洋渔业资源潜在产量的最重要因素，是碳在无机和有机储库间循环的最重要环节，也是海洋生态系统能流和物流分析中的重要指标。在之前的调查分析中，通过测定叶绿素 a 含量表征调查海域浮游植物的生物量，一般来说，浮游植物现存量与初级生产力成正比，依据叶绿素 a 含量，按照一定的同化速率可推测同一海区的初级生产力，但该估算过程也受到环境条件等各类因素的影响，而通过同位素示踪法可直接测定浮游生物初级生产过程积累有机碳的效率。浮游生物初级生产过程以浮游植物光合固碳为主，还包括浮游细菌的次级生产过程，浮游异养细菌可以吸收水体中的溶解有机碳，将其转化为颗粒有机碳，并向高营养层传递，在微食物环中起到关键作用。在开阔海域常出现上层海水贫营养状况，导致浮游生物光合作用受营养盐限制，然而生物固氮过程可将氮气转化为生物可利用氮，并向海洋提供新氮，为光合作用提供了可利用的营养盐，固氮过程对海洋生产力的作用不容忽视。综上，本节拟通过同位素示踪等方法，从初级生产力、细菌生产力和生物固氮三个方面对中沙群岛海域浮游生物基础生产过程进行评估，为摸清中沙群岛及其邻近海域生态系统基础营养级能量传递过程和生态功能特征提供数据基础。

5.2.1 2019 年中沙大环礁海域浮游生物生产力

2019 年对中沙大环礁及其周围海域进行现场采样调查，测定并分析浮游植物初级生产力和细菌生产力的分布特征，采样站位包含于浮游植物生物量采样站位（图 5-1）。该调查采用 ^{14}C 示踪法对光合固碳速率进行测定，采用 ^{3}H 示踪法对细菌生产力进行测定。主要采样和测定过程参考《海洋调查规范　第 6 部分：海洋生物调查》（GB/T

12763.6—2007）。

1. 固碳速率分布特征

限于现场观测试验条件，基于 ^{14}C 示踪法仅对 2019 年中沙大环礁海域部分站位水体的固碳速率进行了测定。结果显示，中沙大环礁海域表层水体固碳速率范围为 0.99～2.20 mg C/（m^3·h），平均值为（1.47±0.38）mg C/（m^3·h）。固碳速率高值区出现在中沙大环礁东北角，其固碳速率超过 2.00 mg C/（m^3·h）；低值区主要分布在中沙大环礁西部。在真光层深度范围内，采集样品并分析了中沙大环礁不同区域 25 m 层的水体固碳速率。结果表明，25 m 层水体固碳速率为 0.70～1.44 mg C/（m^3·h），平均值为（1.05±0.30）mg C/（m^3·h），浮游植物固碳速率受到抑制，其固碳速率均低于同站位的表层水体固碳速率（图 5-11）。

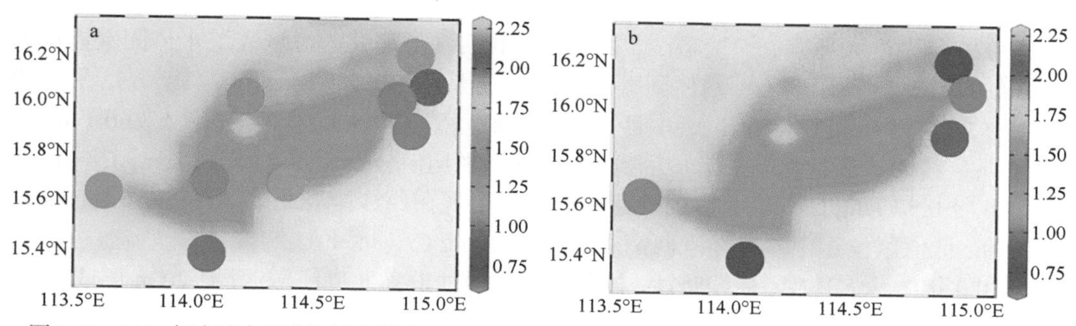

图 5-11　2019 年中沙大环礁海域表层（a）和 25 m 层（b）水体固碳速率[mg C/（m^3·h）]的平面分布图

2. 细菌生产力分布特征

基于 ^3H 示踪法估算 2019 年中沙大环礁海域表层水体细菌生产力分布，如图 5-12 所示。限于现场观测试验条件，仅对部分站位进行了测定，细菌生产力范围为 0.36～1.06 mg C/（m^3·h），平均值为（0.57±0.24）mg C/（m^3·h）。结果表明，表层水体细菌生产力高值区与固碳速率高值区的分布基本一致，高值区分布于大环礁东北部，最高值超过 1.00 mg C/（m^3·h）；细菌生产力整体分布特征也与固碳速率分布特征基本一致。为了与固碳速率研究分析保持一致，同样采集样品并分析了中沙大环礁海域 25 m 层不同站位的细菌生产力。结果表明，中沙大环礁 25 m 层水体细菌生产力范围为 0.25～0.53 mg C/（m^3·h），平均值为（0.42±0.12）mg C/（m^3·h），除了中沙大环礁最南端的 ZS45 站位 25 m 层细菌生产力略高于表层，其他站位 25 m 层细菌生产力低于同站位的表层。25 m 层细菌生产力相对于表层细菌生产力的比值平均为 0.74。

5.2.2　2020 年中沙大环礁及周围暗沙和西沙群岛北礁海域浮游生物生产力

2020 年 6 月继续对中沙大环礁进行现场观测，此外还对一统暗沙、神狐暗沙和西沙群岛北礁海域进行了现场采样调查，测定并分析了浮游植物初级生产力和细菌生产力的分布特征，采样站位与浮游植物生物量采样站位一致（图 5-1），样品收集和测定方法与 5.2.1 小节一致。

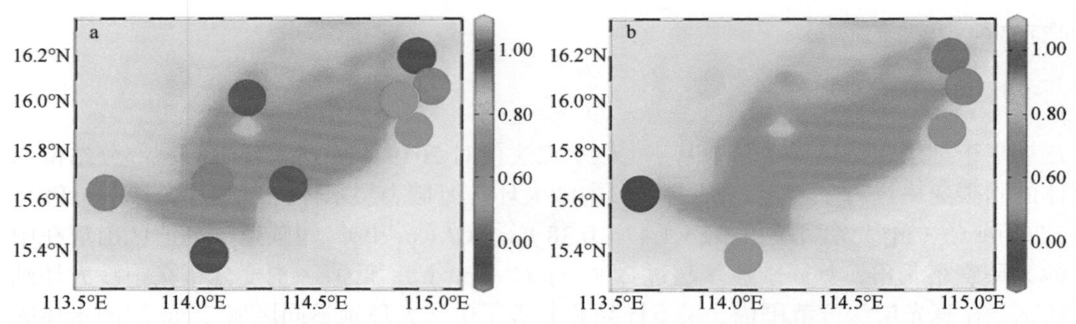

图 5-12　2019 年中沙大环礁海域表层（a）和 25 m 层（b）水体细菌生产力[mg C/（m³·h）]的平面分布图

1. 固碳速率分布特征

2020 年中沙大环礁、一统暗沙、神狐暗沙和西沙群岛北礁海域表层水体固碳速率平面分布如图 5-13 所示。表层水体固碳速率变化范围为 0.16～5.85 mg C/（m³·h），平均值为（1.53±0.86）mg C/（m³·h）；中沙大环礁海域固碳速率平均值为（1.42±0.60）mg C/（m³·h）；一统暗沙和神狐暗沙海域固碳速率相近，平均值分别为（1.21±0.12）mg C/（m³·h）和（1.67±0.57）mg C/（m³·h）。固碳速率高值区出现在西沙群岛北礁，最高为 5.85 mg C/（m³·h）；低值区位于中沙大环礁西南端，为 0.16 mg C/（m³·h）。

2020 年中沙大环礁、一统暗沙、神狐暗沙和西沙群岛北礁海域深层（20 m 层或 25 m 层）水体固碳速率为 0.05～4.04 mg C/（m³·h），平均值为（1.06±0.69）mg C/（m³·h）（图 5-14）。固碳速率高值区出现在神狐暗沙[4.04 mg C/（m³·h）]；低值区位于中沙大环礁，为 0.05 mg C/（m³·h）。中沙大环礁海域固碳速率较低，平均值为（1.01±0.55）mg C/（m³·h）；仅在大环礁东北端有相对较高的固碳速率，为 2.63 mg C/（m³·h）。

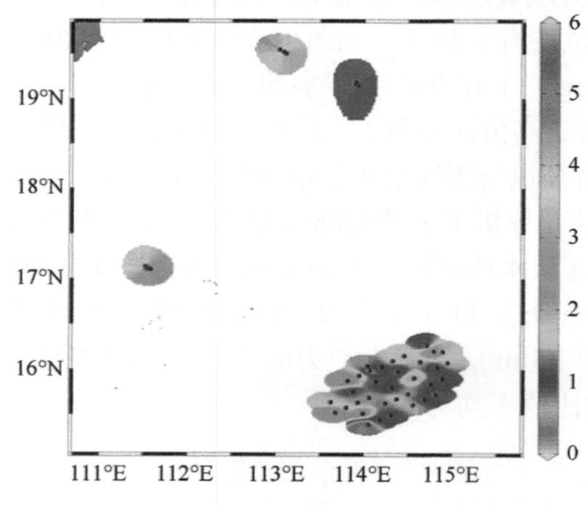

图 5-13　2020 年调查海域表层水体固碳速率[mg C/（m³·h）]的平面分布图

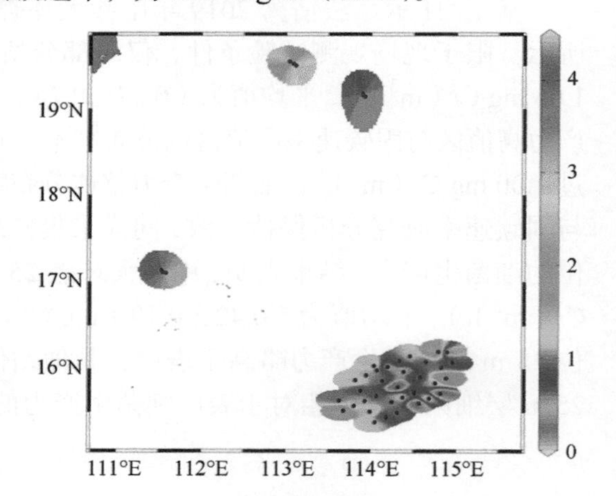

图 5-14　2020 年调查海域深层（20 m 层或 25 m 层）水体固碳速率[mg C/（m³·h）]的平面分布图

整体上看，2020 年调查海域水柱的平均固碳速率为（1.30±0.82）mg C/（m³·h），固碳速率在表层和深层的平面分布趋势一致，但在深层受到抑制，其速率明显低于表层。

对不同水层的浮游植物固碳速率和环境因子进行分析，结果显示固碳速率在表层和次表层（20 m 层或 25 m 层）存在差异，水深是影响固碳速率分布的主要因素，而营养盐的影响相对较弱，表明随水深变化的光照强度很可能是影响固碳速率最主要的因素。对表层和次表层分别进行分析，表层固碳速率与浮游植物生物量（用叶绿素 a 含量表征）几乎一致，与磷酸盐有一定相关性；次表层的固碳速率与浮游植物生物量依然正相关，但相关性不如表层强，磷酸盐依然对固碳速率有一定程度的影响（图 5-15）。

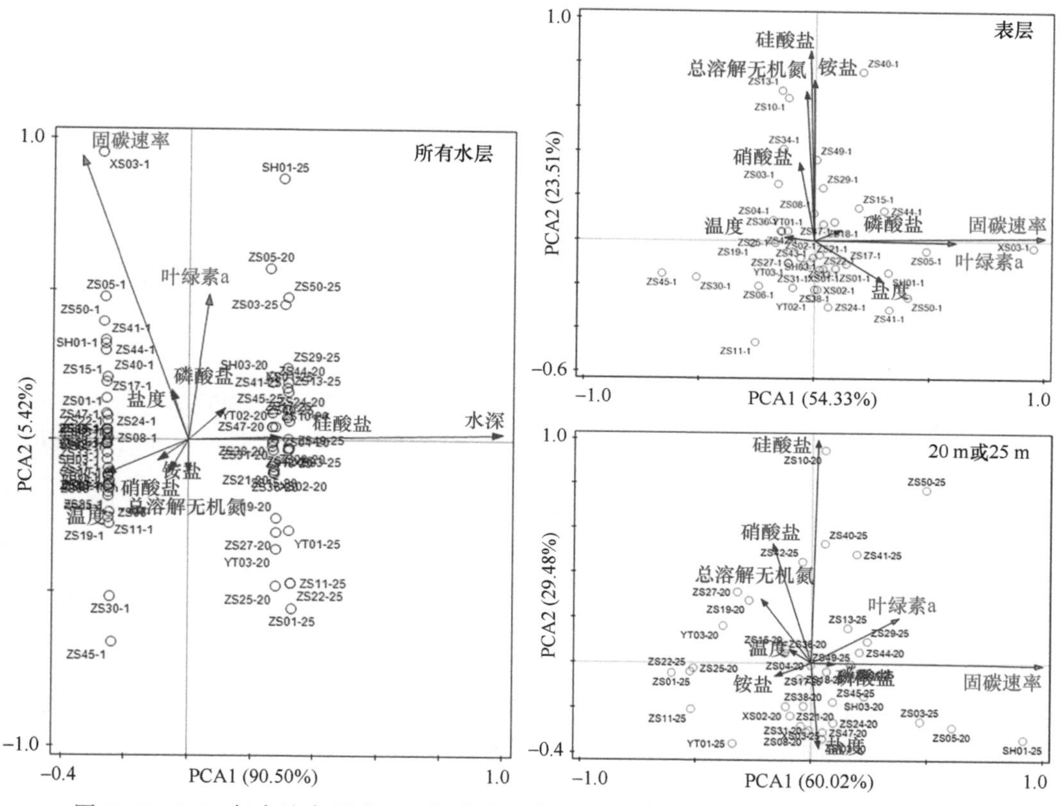

图 5-15　2020 年中沙大环礁、一统暗沙、神狐暗沙和西沙群岛北礁海域的固碳速率与环境因子的关系图

2. 细菌生产力分布特征

基于 ^{3}H 示踪法分析结果，2020 年中沙大环礁、一统暗沙、神狐暗沙和西沙群岛北礁海域表层水体细菌生产力的平面分布如图 5-16 所示。表层水体细菌生产力的分布趋势和固碳速率基本一致，变化范围为 0.08～0.86 mg C/（$m^3·h$），平均值为（0.35±0.22）mg C/（$m^3·h$）。细菌生产力最高值出现在西沙群岛北礁，为 0.86 mg C/（$m^3·h$）；一统暗沙和神狐暗沙海域细菌生产力最高值分别为 0.54 mg C/（$m^3·h$）和 0.46 mg C/（$m^3·h$）；中沙大环礁海域细菌生产力较低，平均值为（0.23±0.14）mg C/（$m^3·h$）。

2020年中沙大环礁、一统暗沙、神狐暗沙和西沙群岛北礁海域深层（70 m层或75 m层）水体细菌生产力范围为0.09～1.09 mg C/(m³·h)，平均值为(0.43±0.28)mg C/(m³·h)，与表层平面分布趋势基本一致（图5-17）。细菌生产力最高值出现于中沙大环礁西侧，为1.09 mg C/（m³·h）；次高值位于西沙群岛北礁，为0.911 mg C/（m³·h）。一统暗沙和神狐暗沙的细菌生产力平均值分别为（0.33±0.05）mg C/（m³·h）和（0.42±0.15）mg C/（m³·h）。

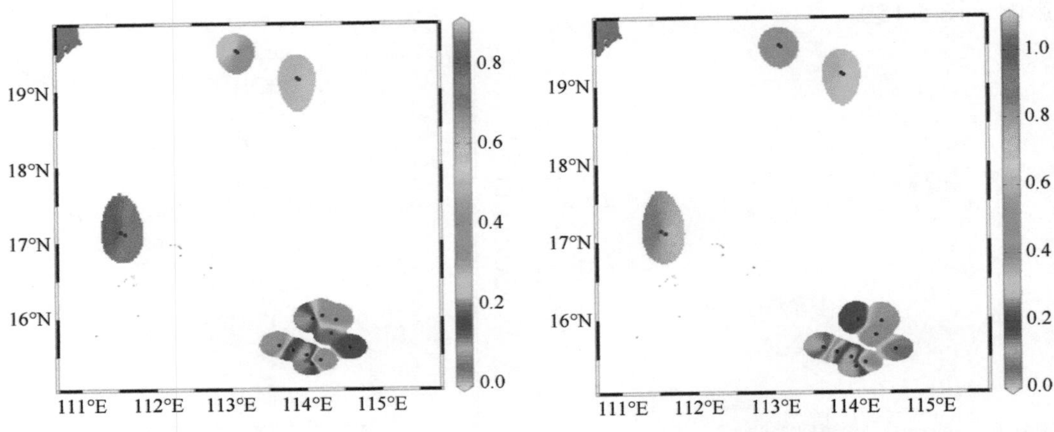

图5-16　2020年调查海域表层水体细菌生产力[mg C/（m³·h）]的平面分布图

图5-17　2020年调查海域深层（70 m层或75 m层）水体细菌生产力[mg C/（m³·h）]的平面分布图

整体上看，2020年调查海域的平均细菌生产力为（0.39±0.26）mg C/（m³·h），表层和深层的细菌生产力平面分布趋势相似，且与固碳速率平面分布趋势基本一致，但与固碳速率不同的是，细菌生产力深层高于表层。

3. 固氮速率分布特征

海洋固氮生物可以将氮气转化为生物可利用氮，这一过程称为生物固氮。在贫营养环境中，生物固氮固定的氮是上层海洋新氮的重要来源，可以有效缓解上层海洋的氮限制，促进光合固碳和CO_2的净吸收，对海洋碳氮循环具有重要意义（李志红等，2021）。本调查采用乙炔还原法测定海洋浮游生物固氮速率（凌娟等，2010）。

在2020年的现场调查中，共计调查27个站位的浮游生物固氮速率。使用浮游生物拖网采集真光层浮游生物，在甲板上进行原位乙炔还原反应，通过气相色谱法测定固氮活性，并按R=3（系数R为乙烯生成速率/固氮速率）换算成固氮速率（表5-1）。中沙大环礁海域浮游生物固氮活性分布表明，固氮速率在大环礁东南侧和西北侧较高（图5-18）。相比一统暗沙、神狐暗沙和西沙群岛北礁，中沙大环礁海域浮游生物平均固氮活性更高（图5-19）。中沙大环礁海域浮游生物平均固氮速率为9.27 nmol N_2/（h·m²），按面积约6700 km²外推，中沙大环礁海域浮游生物固氮贡献约为1490 mol N_2/d。本调查为中沙群岛海域浮游生物固氮研究提供了基础数据。

表 5-1　乙炔还原法测定各站位固氮活性及固氮速率

站位编号	采样深度（m）	固氮活性[nmol C_2H_4/（h·m^2）]	固氮速率[nmol N_2/（h·m^2）]
ZS-01	150	12.38±1.28	4.13±0.43
ZS-03	150	102.52±40.75	34.17±13.58
ZS-04	70	17.97±0.62	5.99±0.21
ZS-05	20	19.61±1.70	6.54±0.57
ZS-06	150	15.07±1.94	5.02±0.65
ZS-08	75	20.72±0.95	6.91±0.32
ZS-10	45	18.12±2.65	6.04±0.88
ZS-13	150	19.61±1.70	6.54±0.57
ZS-15	75	15.07±1.94	5.02±0.65
ZS-17	150	20.72±0.95	6.91±0.32
ZS-19	75	19.62±0.82	6.54±0.27
ZS-21	75	18.09±1.74	6.03±0.58
ZS-24	75	20.55±1.87	6.85±0.62
ZS-25	70	17.81±2.39	5.94±0.80
ZS-29	150	103.04±16.72	34.35±5.57
ZS-31	75	15.51±1.57	5.17±0.52
ZS-33	65	11.36±1.81	3.79±0.60
ZS-34	150	11.77±0.98	3.92±0.33
ZS-38	75	17.84±2.34	5.95±0.78
ZS-40	150	21.82±1.21	7.27±0.40
ZS-42	150	108.95±44.20	36.32±14.73
ZS-44	65	8.62±0.83	2.87±0.28
ZS-47	65	12.38±1.28	4.13±0.43
ZS-49	150	18.12±2.65	6.04±0.88
神狐暗沙	150	19.62±0.82	6.54±0.27
西沙群岛北礁	150	18.09±1.74	6.03±0.58
一统暗沙	150	20.55±1.87	6.85±0.62

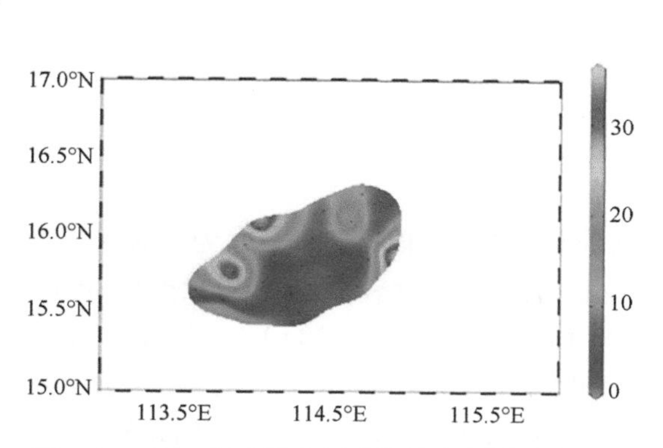

图 5-18　2020 年中沙大环礁海域真光层浮游生物固氮速率[nmol N_2/（h·m^2）]的平面分布图

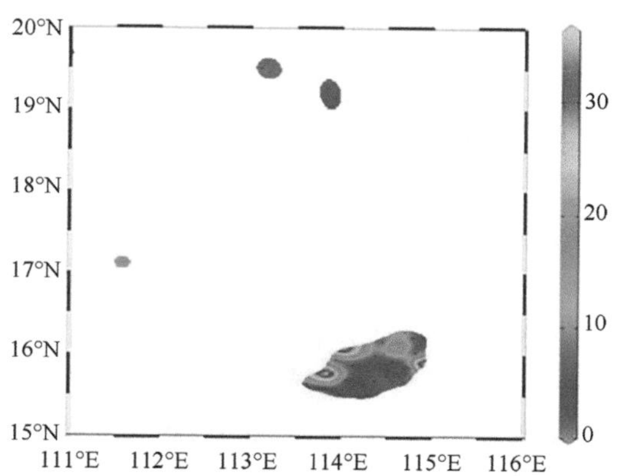

图 5-19　2020 年中沙大环礁、一统暗沙、神狐暗沙和西沙群岛北礁海域真光层浮游生物固氮速率[nmol N_2/（h·m^2）]的平面分布图

通过2019年夏季和2020年夏季两个航次调查，分析了中沙大环礁、黄岩岛、一统暗沙、神狐暗沙和西沙群岛北礁海域的海洋浮游植物固碳速率、细菌生产力和浮游生物固氮速率的分布特征。总体来看，固碳速率和细菌生产力平面分布趋势一致；在垂直分布上，固碳速率呈现表层水体高、下层（25 m层）水体低的分布特点，而细菌生产力的垂直变化相对不明显；真光层水体固氮速率和固碳速率平面分布趋势一致，中沙大环礁的平均固氮活性相比一统暗沙、神狐暗沙和西沙群岛北礁较高，表层水体平均固碳速率和细菌生产力在西沙群岛北礁高于中沙大环礁和其他调查海域。

5.3 不同类群浮游生物分布特征

浮游植物可以贡献全球一半以上的初级生产力，是营养传递的基础，同时在气候调节、碳封存和产生氧气等方面起着重要作用（McQuatters-Gollop et al.，2011）。浮游动物在食物网中具有重要功能，如消费者、生产者和捕食者，同时也是许多鱼类、珊瑚和无脊椎动物的饵料，对海洋物质循环和垂直输送通量具有重要影响。浮游生物同时也是污染、水质和富营养化的指示生物，因此研究浮游生物群落结构对于理解营养结构和珊瑚礁区生态系统健康状况具有重要意义。过去，对中沙群岛附近海域浮游生物的研究比较缺乏（Li et al.，2018；Ke et al.，2018）。

基于中沙群岛综合科学考察航次（2019年5月和2020年6月两个航次），对中沙群岛及其邻近海域进行了浮游生物调查，主要包括浮游植物和浮游动物，其中浮游植物分为微微型浮游植物和网采浮游植物。对于微微型浮游植物，用多聚甲醛固定（1%），运回实验室利用流式细胞仪进行检测；对于网采浮游植物，采用鲁哥氏溶液（1%～2%）固定，浓缩后用显微镜检测。浮游动物采用垂直拖网采样，水深大于150 m时，从150 m拖至表层；水深小于150 m时，从底拖至表层，样品用甲醛溶液固定，在实验室利用显微镜或解剖镜检测分析。

5.3.1 微微型浮游植物

1. 平面分布特征

1）2019年5月航次

2019年5月航次中沙大环礁和黄岩岛海域表层聚球藻平均丰度为（10 827±11 095）cells/ml，中沙大环礁东北部海域（Z1～Z18）丰度较高[（14 232±13 083）cells/ml]，黄岩岛海域丰度较低[（5836±2886）cells/ml]（图5-20a）。底层/150 m层聚球藻平均丰度为（10 511±12 096）cells/ml，中沙大环礁东北部海域丰度较高[（16 645±17 213）cells/ml]，黄岩岛海域丰度较低[（4354±2886）cells/ml]（图5-20b）。

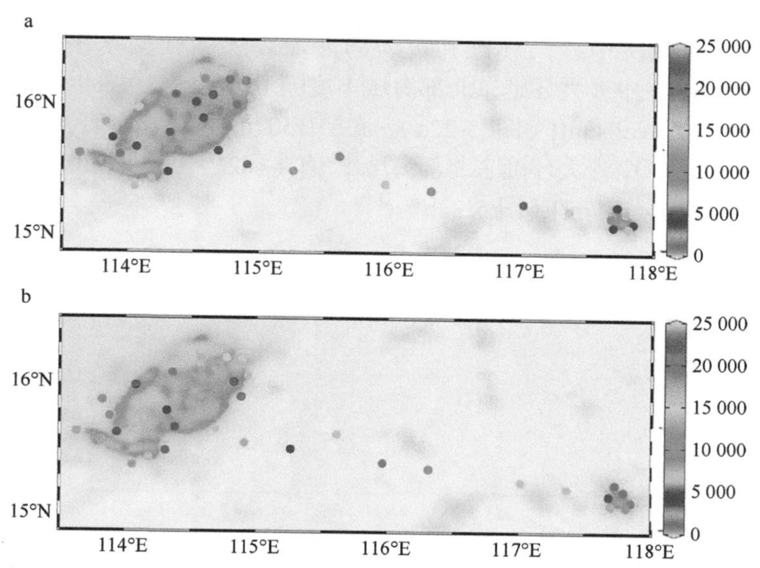

图 5-20　2019 年 5 月航次中沙大环礁和黄岩岛海域表层（a）和底层/150 m 层（b）聚球藻（Syn）丰度（cells/ml）的平面分布图

2019 年 5 月航次中沙大环礁和黄岩岛海域表层原绿球藻平均丰度为（9 196±12 624）cells/ml，黄岩岛海域丰度较高[（20 101±16 825）cells/ml]，中沙大环礁海域丰度明显较低[（6047±714）cells/ml]，中沙大环礁西南（Z24～Z49）和东北区域差别不大（图 5-21a）。底层/150 m 层原绿球藻平均丰度为（11 498±18 639）cells/ml，黄岩岛海域丰度较高[（29 262±30 603）cells/ml]，中沙大环礁海域丰度明显较低[（6509±9748）cells/ml]，西南和东北区域差别不大（图 5-21b）。

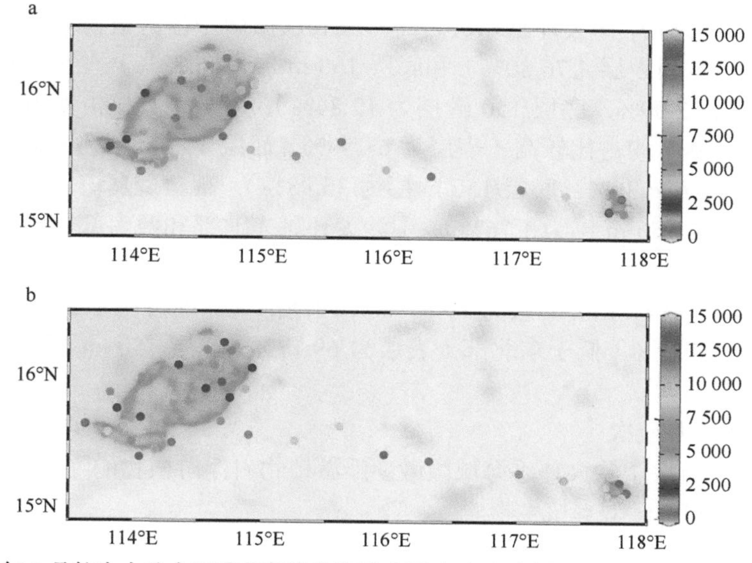

图 5-21　2019 年 5 月航次中沙大环礁和黄岩岛海域表层（a）和底层/150 m 层（b）原绿球藻（Pro）丰度（cells/ml）的平面分布图

2019 年 5 月航次中沙大环礁和黄岩岛海域表层微微型真核生物平均丰度为（418±814）cells/ml，中沙大环礁东北部海域丰度[（616±1253）cells/ml]高于西南部海域丰度[（181±169）cells/ml]（图 5-22a）。底层/150 m 层微微型真核生物平均丰度为（339±657）cells/ml，中沙大环礁东北部海域丰度[（162±1040）cells/ml]低于西南部海域丰度[（226±217）cells/ml]（图 5-22b）。

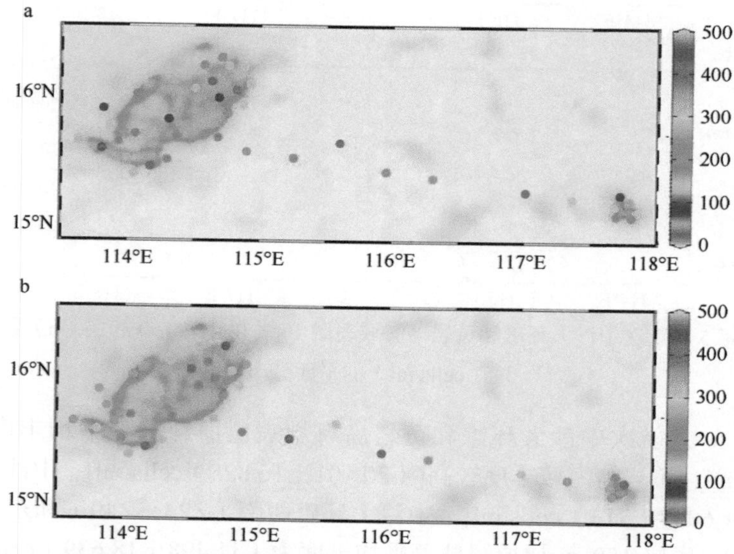

图 5-22　2019 年 5 月航次中沙大环礁和黄岩岛海域表层（a）和底层/150 m 层（b）微微型真核生物丰度（cells/ml）的平面分布图

2019 年 5 月航次中沙大环礁和黄岩岛海域表层微微型浮游植物丰度的组成方面，黄岩岛海域原绿球藻表层（76.80%）和底层/150 m 层（86.29%）占比均较高，其次为聚球藻（表层为 22.09%，底层/150 m 层为 12.84%），微微型真核生物占比最低；中沙大环礁海域聚球藻平均占比较高（表层为 61.50%，底层/150 m 层为 62.26%），其次为原绿球藻（表层为 36.30%，底层/150 m 层为 35.98%），微微型真核生物占比最低（表层为 2.20%，底层/150 m 层为 1.76%）。中沙大环礁东北部和西南部丰度组成上存在明显差异，西南部原绿球藻占比（表层为 44.76%，底层/150 m 层为 52.44%）高于东北部（表层为 27.84%，底层/150 m 层为 19.53%），西南部聚球藻占比（表层为 53.96%，底层/150 m 层为 46.22%）低于东北部（表层为 69.17%，底层/150 m 层为 62.26%）（图 5-23～图 5-26）。

2）2020 年 6 月航次

2020 年 6 月航次中沙大环礁海域微微型浮游植物占浮游植物的绝大部分，主要有聚球藻、原绿球藻和微微型真核生物。

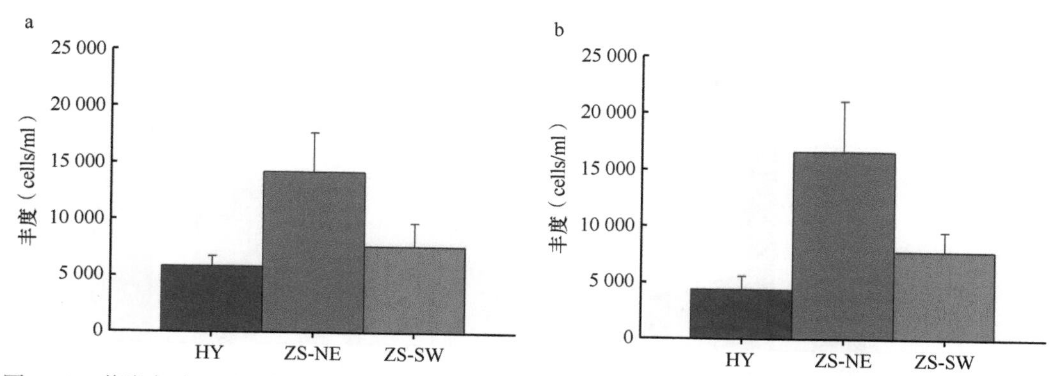

图 5-23 黄岩岛（HY）、中沙群岛东北部（ZS-NE）和中沙群岛西南部（ZS-SW）海域表层（a）和底层/150 m 层（b）聚球藻（Syn）的分布图

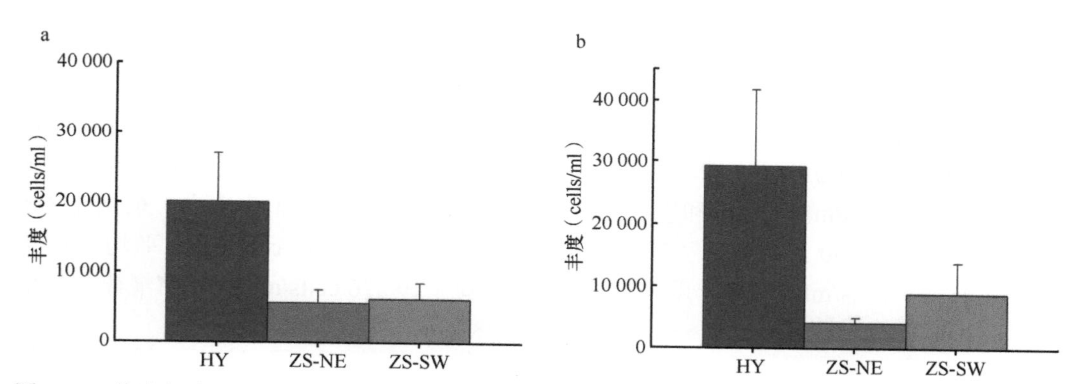

图 5-24 黄岩岛（HY）、中沙群岛东北部（ZS-NE）和中沙群岛西南部（ZS-SW）海域表层（a）和底层/150 m 层（b）原绿球藻（Pro）的分布图

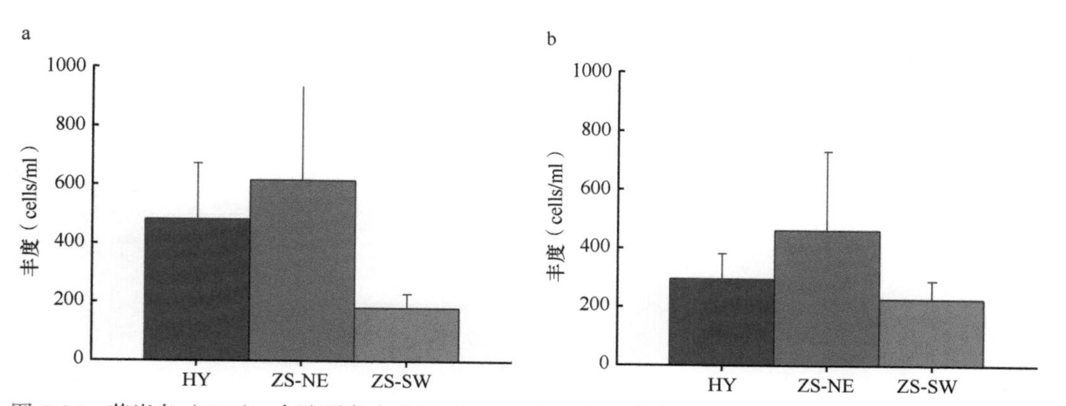

图 5-25 黄岩岛（HY）、中沙群岛东北部（ZS-NE）和中沙群岛西南部（ZS-SW）海域表层（a）和底层/150 m 层（b）微微型真核生物的分布图

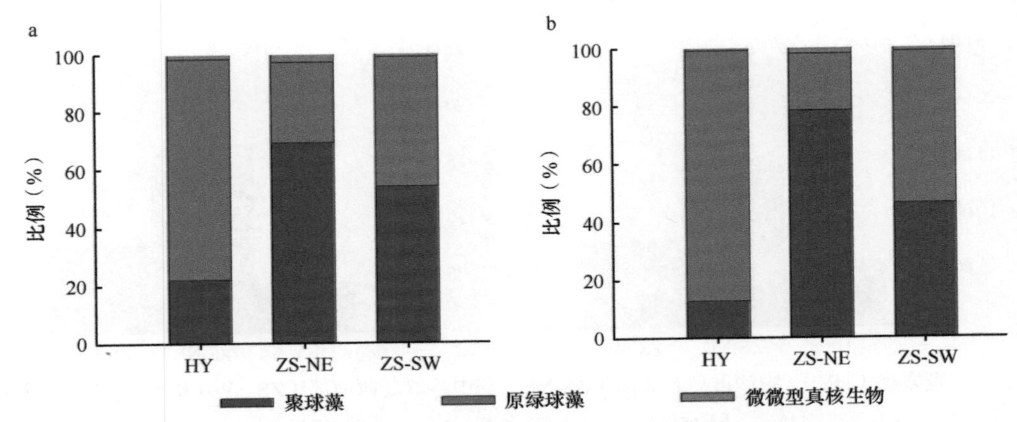

图 5-26 黄岩岛（HY）、中沙群岛东北部（ZS-NE）和中沙群岛西南部（ZS-SW）海域表层（a）和底层/150 m 层（b）微微型浮游植物的比例

对于聚球藻（图 5-27），表层丰度范围为 25～67 410 cells/ml，平均丰度为（4 290±10 570）cells/ml，丰度较高的站位位于大环礁的边缘，最高丰度出现在 ZS05 站位（67 410 cells/ml），东北部区域丰度低于西南部区域。对于 25 m 层，聚球藻丰度范围为 125～111 250 cells/ml，平均丰度为（8 744±23 187）cells/ml，最高丰度出现在 ZS06 站位（111 250 cells/ml），中部和边缘区域丰度最高，西南部区域丰度次之，东北部区域丰度最低。对于 50 m 层，聚球藻丰度范围为 571～19 536 cells/ml，平均丰度为（5148±4895）cells/ml，最高丰度出现在 ZS20 站位（19 536 cells/ml），分布规律与其他

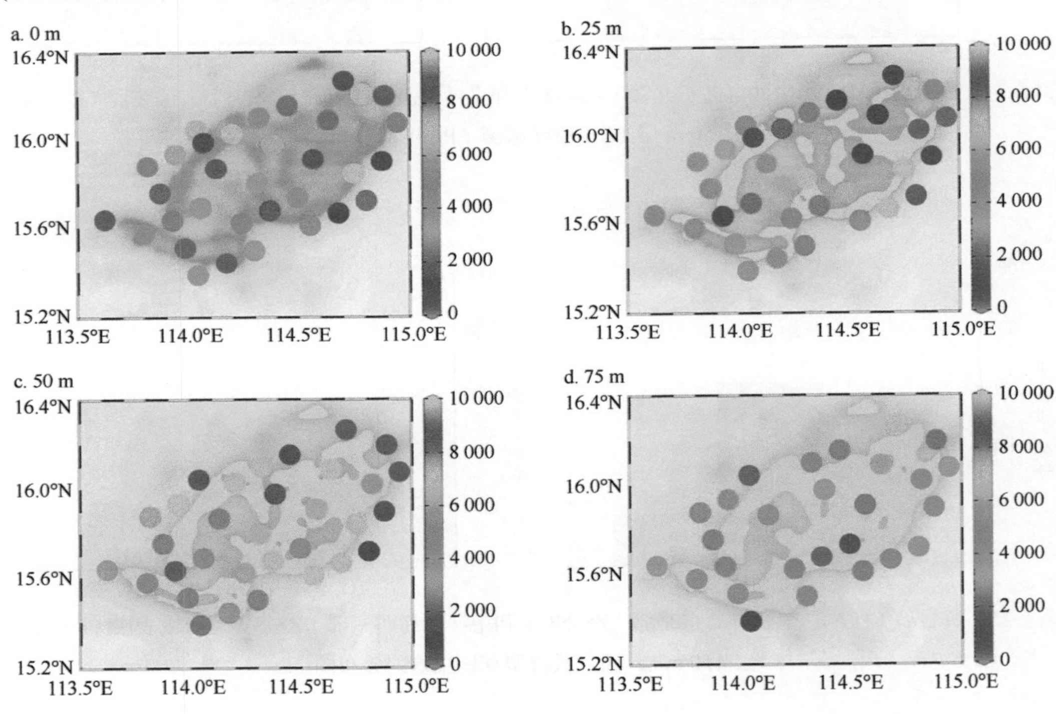

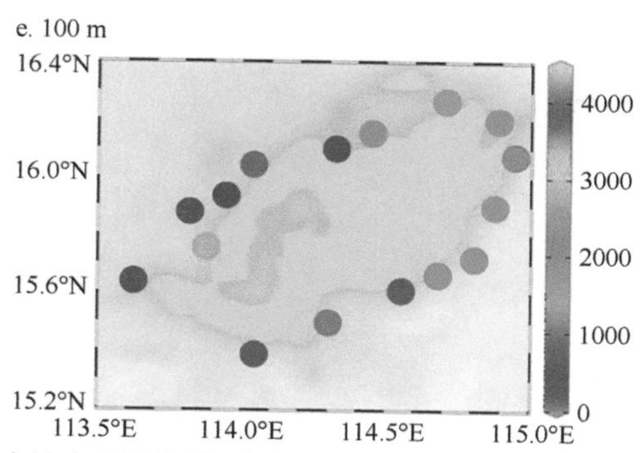

图 5-27　2020 年 6 月航次中沙大环礁海域不同水深（0 m、25 m、50 m、75 m 和 100 m）聚球藻（Syn）丰度（cells/ml）的平面分布图

层相似，中部和边缘区域丰度最高，西南部区域丰度次之，东北部区域丰度最低。对于 75 m 层，丰度范围为 36～18 250 cells/ml，平均丰度为（3845±3448）cells/ml，最高丰度出现在 ZS09 站位（18 250 cells/ml）。对于 100 m 层，丰度范围为 161～4339 cells/ml，平均丰度为（1184±1079）cells/ml，最高丰度出现在 ZS46 站位（4339 cells/ml）。

对于原绿球藻（图 5-28），其主要分布在 50 m 层以下，表层和 25 m 层少有分布，50 m 层大环礁内部个别站位最高丰度达 1200 cells/ml。对于 75 m 层，丰度范围为 0～62 429 cells/ml，平均丰度为（18 938±22 863）cells/ml，丰度较高的站位位于大环礁内部，最高丰度出现在 ZS21 站位（62 429 cells/ml），其他区域丰度明显较低。对于 100 m 层，丰度范围为 0～70 143 cells/ml，平均丰度为（30 902±22 618）cells/ml，丰度较高的站位位于大环礁内部，最高丰度出现在 ZS15 站位（70 143 cells/ml），西南部区域丰度明显高于其他区域。

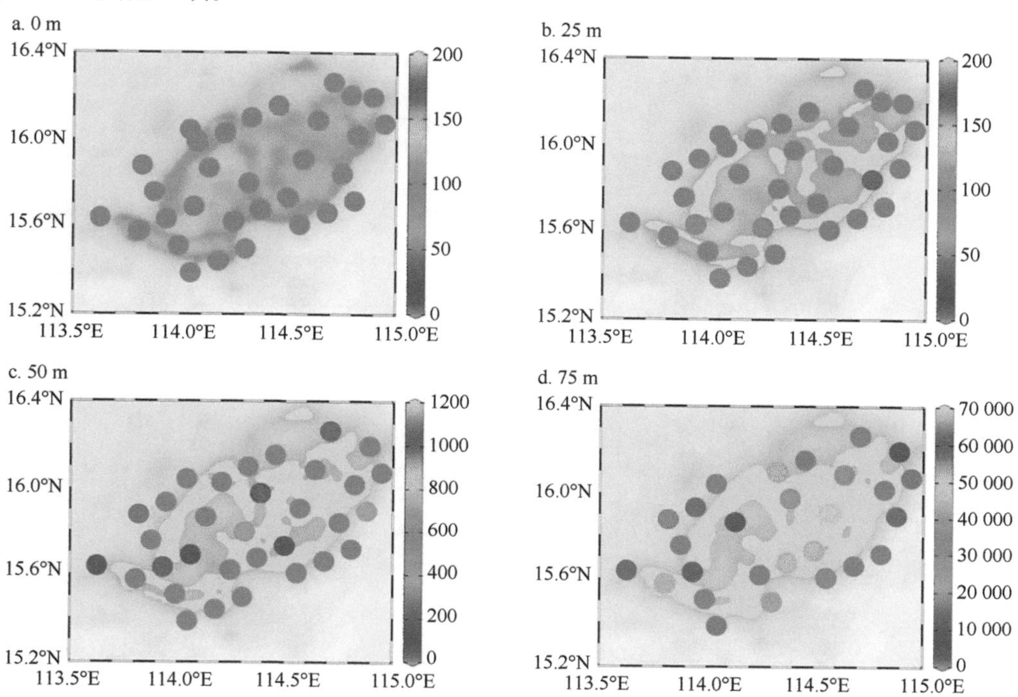

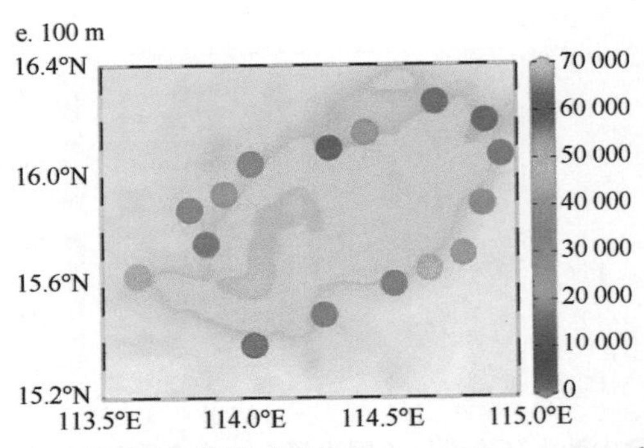

图 5-28　2020 年 6 月航次中沙大环礁海域不同水深（0 m、25 m、50 m、75 m 和 100 m）原绿球藻（Pro）丰度（cells/ml）的平面分布图

对于微微型真核生物（图 5-29），表层丰度范围为 107～1125 cells/ml，平均丰度为（393±221）cells/ml，丰度较高的站位位于大环礁的边缘，最高丰度出现在 ZS05 站位（1125 cells/ml），丰度高值区主要在西南部区域。对于 25 m 层，丰度范围为 125～1946 cells/ml，平均丰度为（630±470）cells/ml，丰度较高的站位位于大环礁的边缘，最高丰度出现在 ZS43 站位（1946 cells/ml）。对于 50 m 层，丰度范围为 125～3446 cells/ml，平均丰度为（932±873）cells/ml，丰度较高的站位位于大环礁的中部区域，最高丰度出现在 ZS29 站位（3446 cells/ml）。对于 75 m 层，丰度范围为 125～4946 cells/ml，平均丰度为（1577±1384）cells/ml，丰度较高的站位位于大环礁的中部区域，最高丰度出现在 ZS09 站位（4946 cells/ml）。对于 100 m 层，丰度范围为 250～3732 cells/ml，平均丰度为（1178±800）cells/ml，最高丰度出现在 ZS46 站位（3732 cells/ml）。

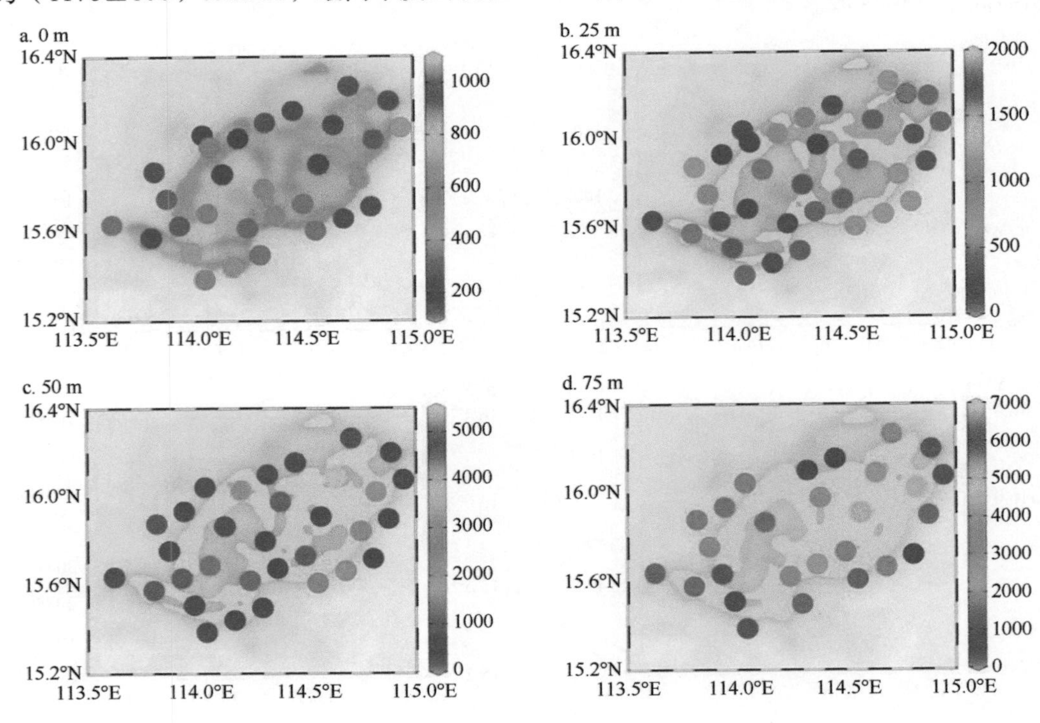

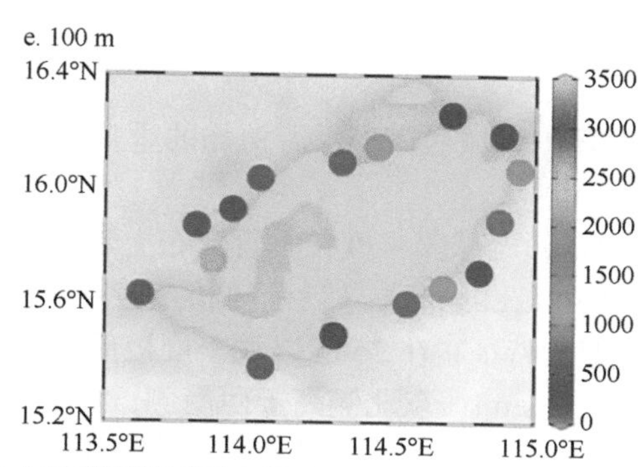

图 5-29　2020 年 6 月航次中沙大环礁海域不同水深（0 m、25 m、50 m、75 m 和 100 m）微微型真核生物丰度（cells/ml）的平面分布图

对于水柱积分丰度，聚球藻在东北区域的水柱积分丰度高于西南区域，和微微型真核生物的分布类似，但原绿球藻水柱积分丰度则呈现西南区域较高、东北区域边缘站位较低的特征（图 5-30）。

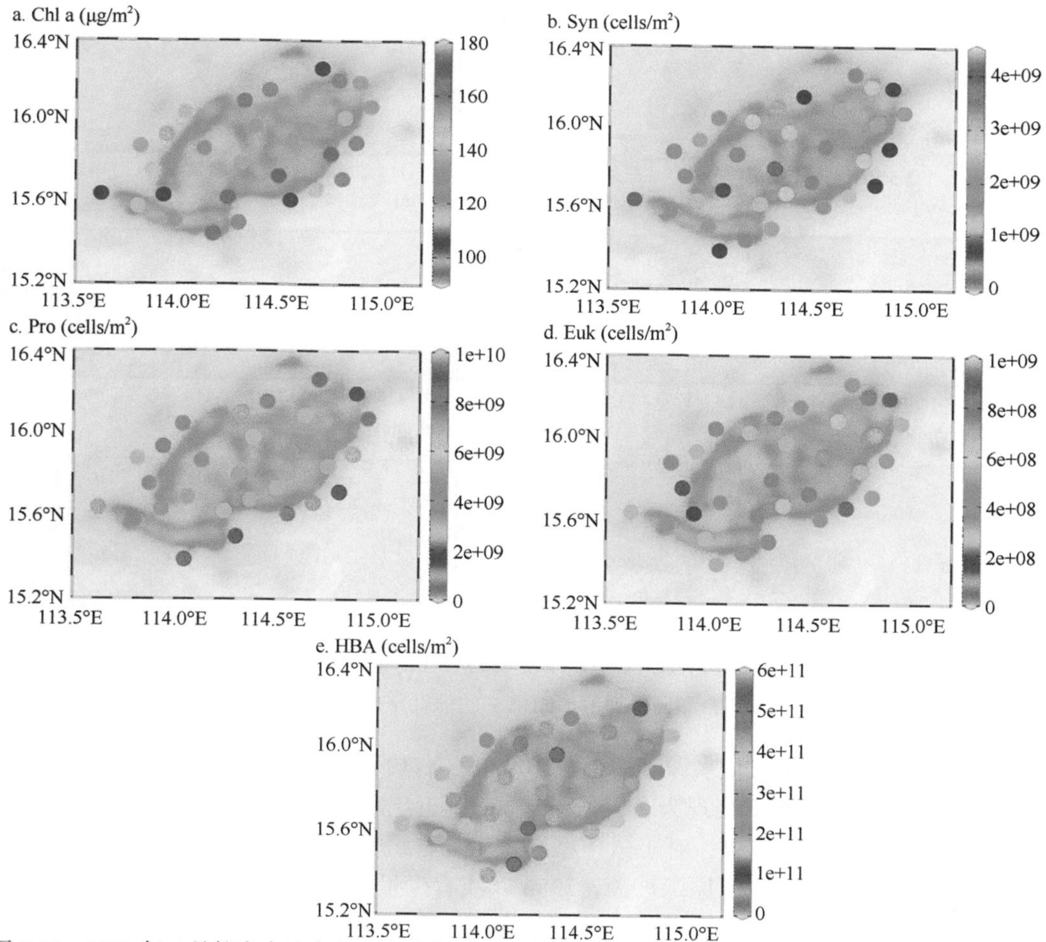

图 5-30　2020 年 6 月航次中沙大环礁海域表层叶绿素 a（Chl a）、聚球藻（Syn）、原绿球藻（Pro）、微微型真核生物和异养细菌（HBA）水柱积分丰度的平面分布图

2. 数量垂直分布特征

2020 年 6 月中沙大环礁海域微微型浮游植物的垂直分布见图 5-31～图 5-35，分别以穿过大环礁的 5 条断面为例。

对于断面 1（图 5-31），聚球藻丰度在垂直分布上表现为表层低，50 m 附近出现最高值（最高丰度可达 12 500 cells/ml），然后降低的趋势，东北侧高于西南侧；对于微微型真核生物，也具有相似的特征，在 75 m 以浅丰度极低，75～100 m 或近底部出现最高值，最高丰度可达 4000 cells/ml，东北侧高于西南侧；对于原绿球藻，50 m 以浅基本无分布，在 75～100 m 或近底部出现最高丰度，最高丰度可达 70 000 cells/ml，东北侧丰度最高，西南侧较浅站位在 100 m 出现次高值。

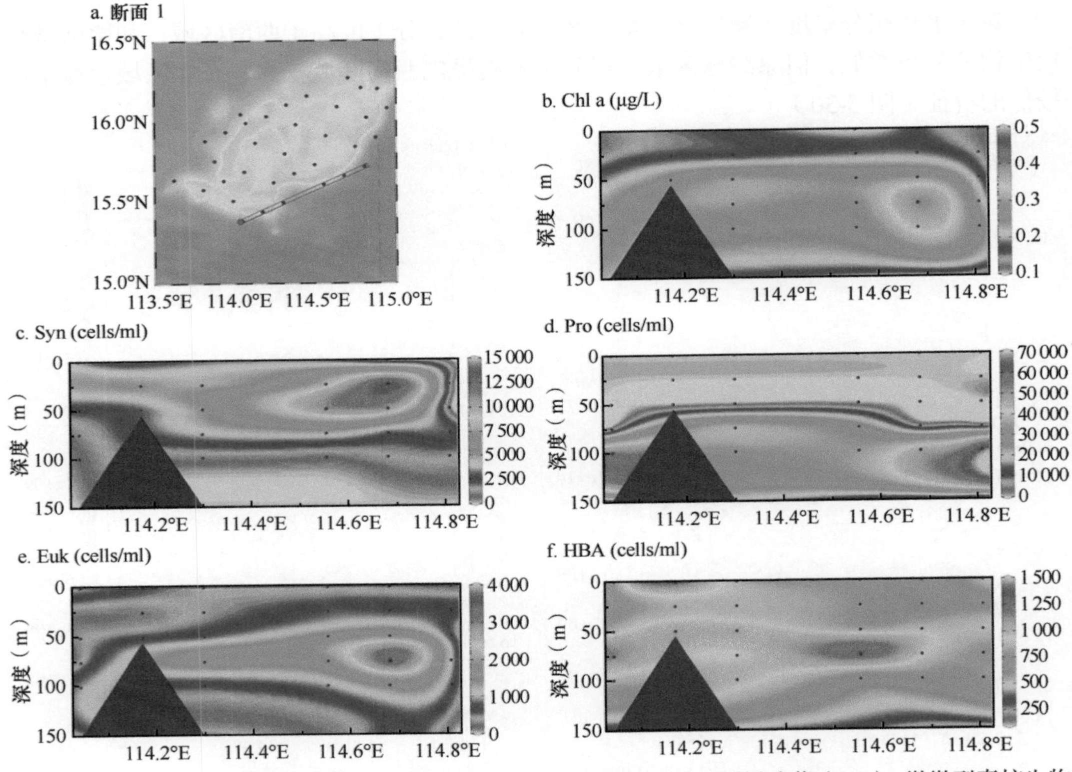

图 5-31　2020 年 6 月航次断面 1 叶绿素 a（Chl a）、聚球藻（Syn）、原绿球藻（Pro）、微微型真核生物和异养细菌（HBA）的垂直分布图

对于断面 2（图 5-32），水深基本上在 100 m 左右（除了 ZS03 站位水深大于 150 m），聚球藻丰度在垂直分布上表现为表层低，50 m 附近出现最高值（最高丰度可达 16 286 cells/ml），然后降低的趋势；对于微微型真核生物，最高丰度基本上在底部出现，大环礁内部站位丰度最高；对于原绿球藻，75 m 以浅有少量分布，大环礁内部站位都是底部出现最高丰度（70 000 cells/ml）。

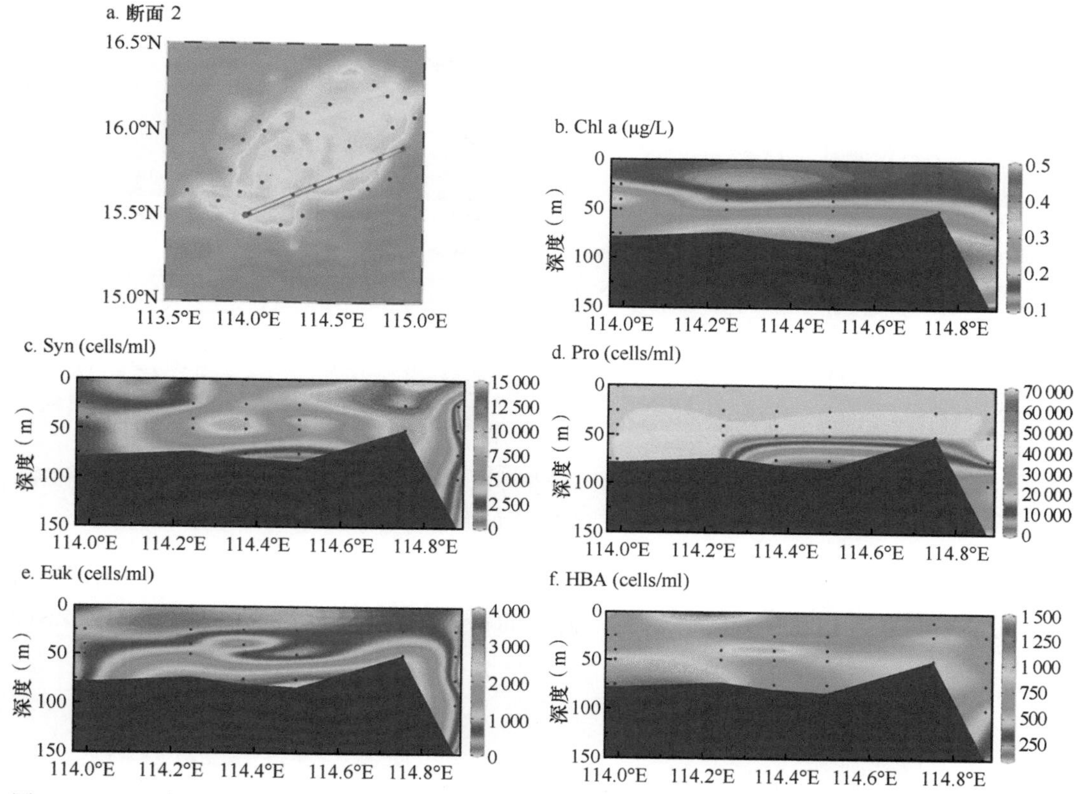

图 5-32　2020 年 6 月航次断面 2 叶绿素 a（Chla）、聚球藻（Syn）、原绿球藻（Pro）、微微型真核生物和异养细菌（HBA）的垂直分布图

对于断面 3（图 5-33），与断面 2 相似，水深基本上在 100 m 左右（除了 ZS02 站位水深大于 150 m），聚球藻丰度在垂直分布上表现为表层低，50～75 m 出现最高值（最高丰度可达 7500 cells/ml），然后降低的趋势；对于微微型真核生物，最高丰度基本上在底部出现，大环礁内部站位丰度最高；对于原绿球藻，75 m 以浅有少量分布，大环礁内部站位都是底部出现最高丰度（60 000 cells/ml）。

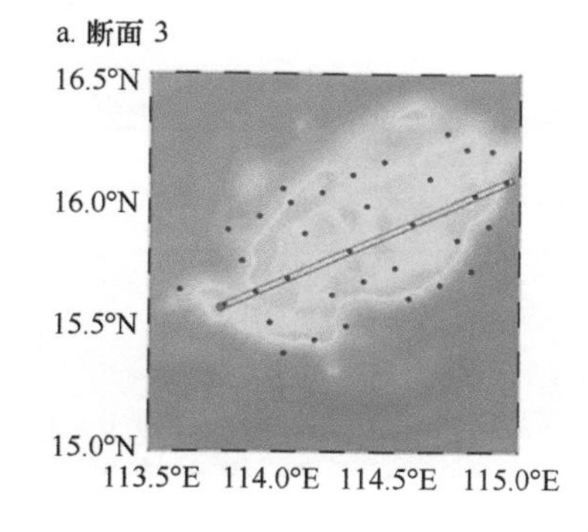

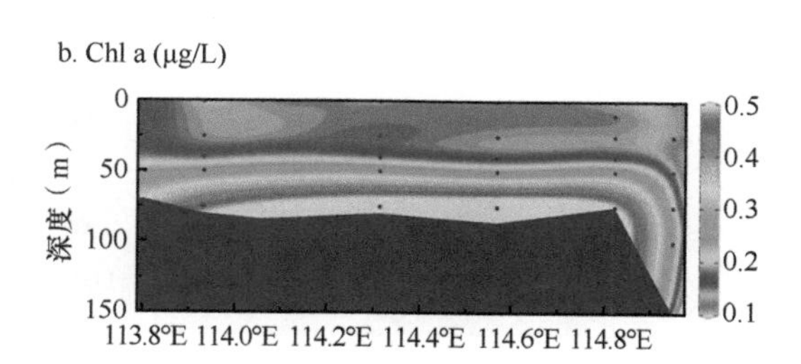

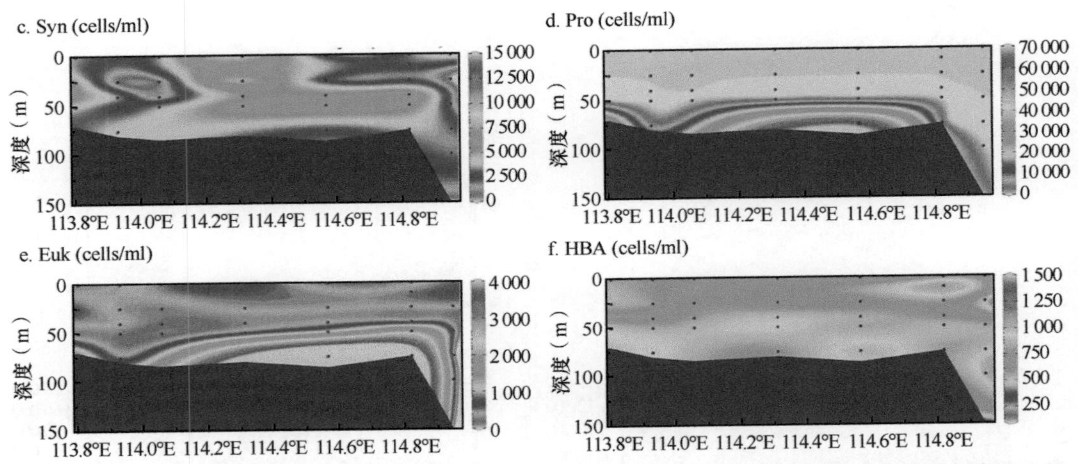

图 5-33　2020 年 6 月航次断面 3 叶绿素（Chl a）、聚球藻（Syn）、原绿球藻（Pro）、微微型真核生物和异养细菌（HBA）的垂直分布图

对于断面 4（图 5-34），聚球藻丰度在垂直分布上表现为表层低，50～75 m 出现最高值（最高丰度可达 15 000 cells/ml），然后降低的趋势，最高丰度出现在大环礁中部 ZS19

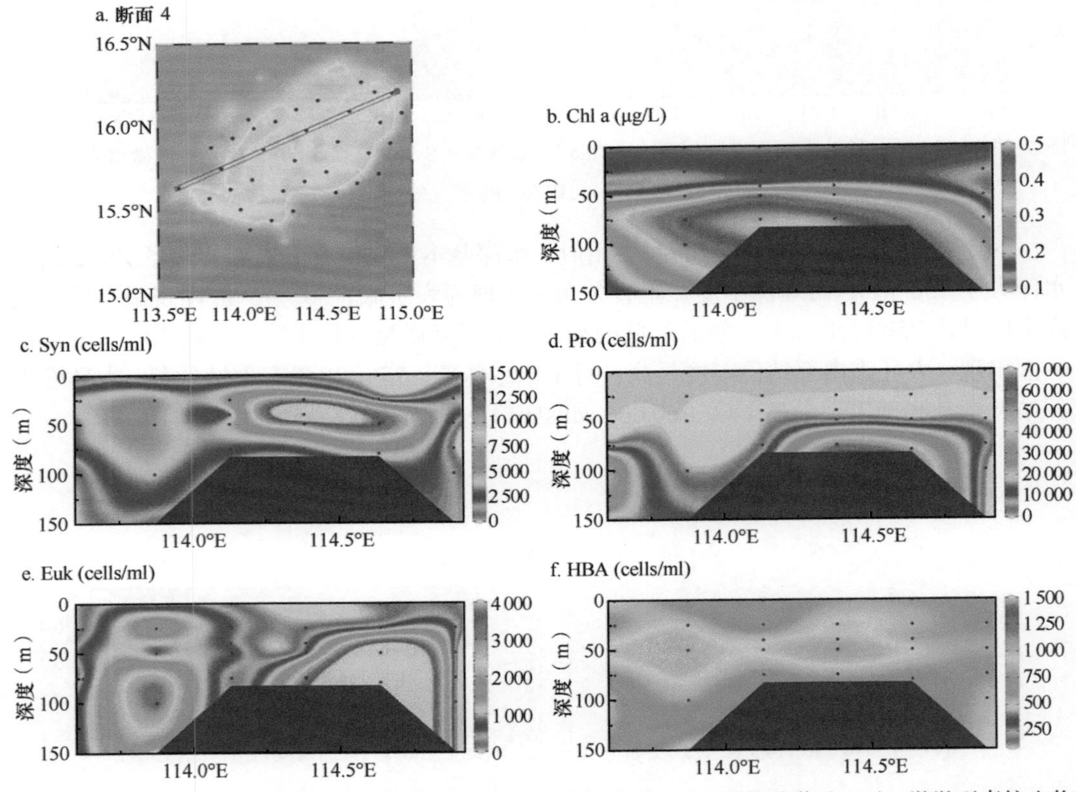

图 5-34　2020 年 6 月航次断面 4 叶绿素 a（Chl a）、聚球藻（Syn）、原绿球藻（Pro）、微微型真核生物和异养细菌（HBA）的垂直分布图

站位的 50 m 层，大环礁两侧丰度较低；在大环礁内部 ZS19 和 ZS08 站位，微微型真核生物都在底部出现高值，而西南侧的 ZS42 站位 100 m 层出现最高丰度（4000 cells/ml）；对于原绿球藻，75 m 以浅分布较少，最高丰度（60 000 cells/ml）出现在大环礁内部的底层。

对于断面 5（图 5-35），聚球藻丰度在垂直分布上表现为表层低，50～75 m 出现最高值（最高丰度可达 12 500 cells/ml），然后降低的趋势，大环礁内部较浅站位丰度较高；对于微微型真核生物，其分布规律与聚球藻类似，都在 50～75 m 出现最高值；对于原绿球藻，75 m 以浅分布较少，大环礁内部站位都是底部出现最高丰度（40 000 cells/ml）。

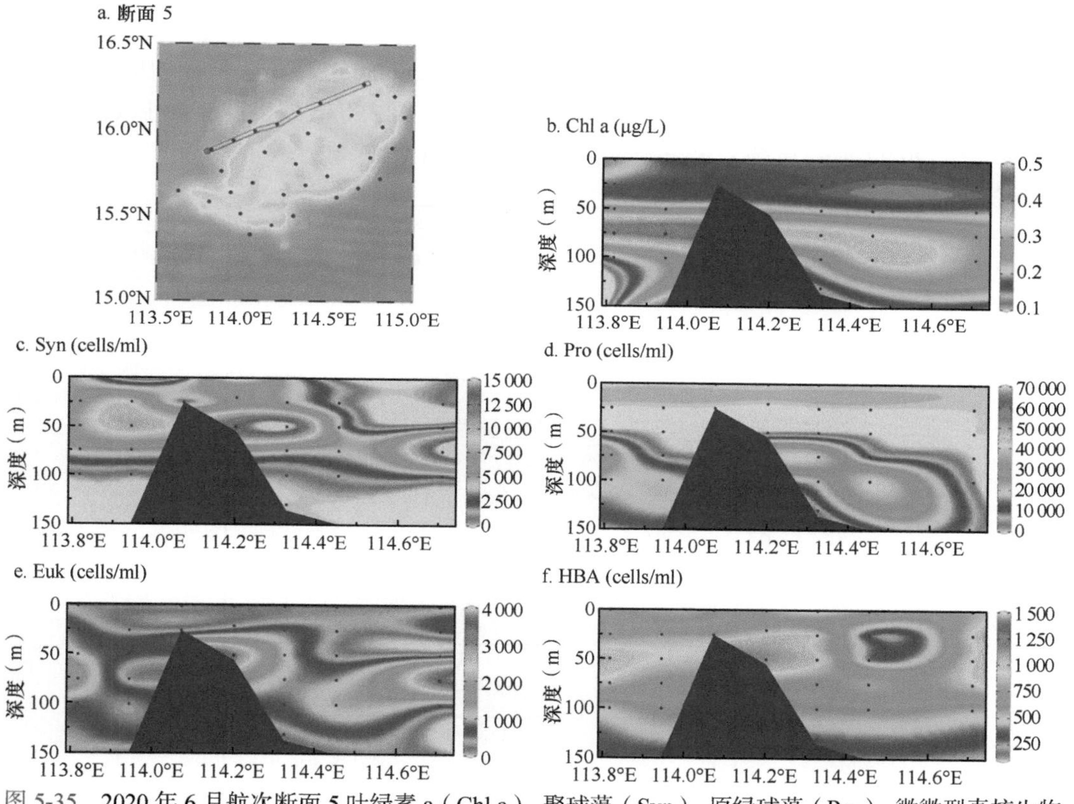

图 5-35 2020 年 6 月航次断面 5 叶绿素 a（Chl a）、聚球藻（Syn）、原绿球藻（Pro）、微微型真核生物和异养细菌（HBA）的垂直分布图

3. 与环境因子的关系

所有层次综合分析，发现原绿球藻丰度与采样层次明显正相关，与温度负相关，与盐度相关性不大，这也符合原绿球藻在垂直方向上的分布特征，一般在大环礁内部在低温的底部出现最高值；而对于聚球藻而言，其丰度与盐度负相关，与其他营养盐关系不大（图 5-36a）。

对于表层，聚球藻丰度与盐度明显负相关，这与在平面分布上聚球藻丰度在东北侧和西南侧明显不一致的结果相符，表明表层受到动力过程的影响而出现盐度的差异，可能影响聚球藻的分布；微微型真核生物与硝酸盐明显正相关，与温度负相关（图 5-36b）。

对于 75 m 层，原绿球藻丰度与磷酸盐和硅酸盐明显正相关，而聚球藻与温度正相关，与盐度负相关（图 5-36c）。

进一步对 75 m 层微微型浮游植物分布与无机营养盐进行广义加性模型（GAM）分析，发现原绿球藻和微微型真核生物与磷酸盐正相关，聚球藻与磷酸盐无相关关系；只有微微型真核生物与硅酸盐正相关；聚球藻和微微型真核生物与溶解无机氮正相关，而原绿球藻与溶解无机氮负相关（图 5-37）。

5.3.2 浮游植物

1. 分布特征

2019 年 5 月航次采集浮游植物丰度范围为 170～2600 cells/L；表层和中层都以甲藻为主（77.53%，61.66%），硅藻次之（19.92%，34.30%）；底层 150 m 层以硅藻为主（68.12%），甲藻次之（29.77%）；蓝藻零星出现（1.29%～16%）（图 5-38）。

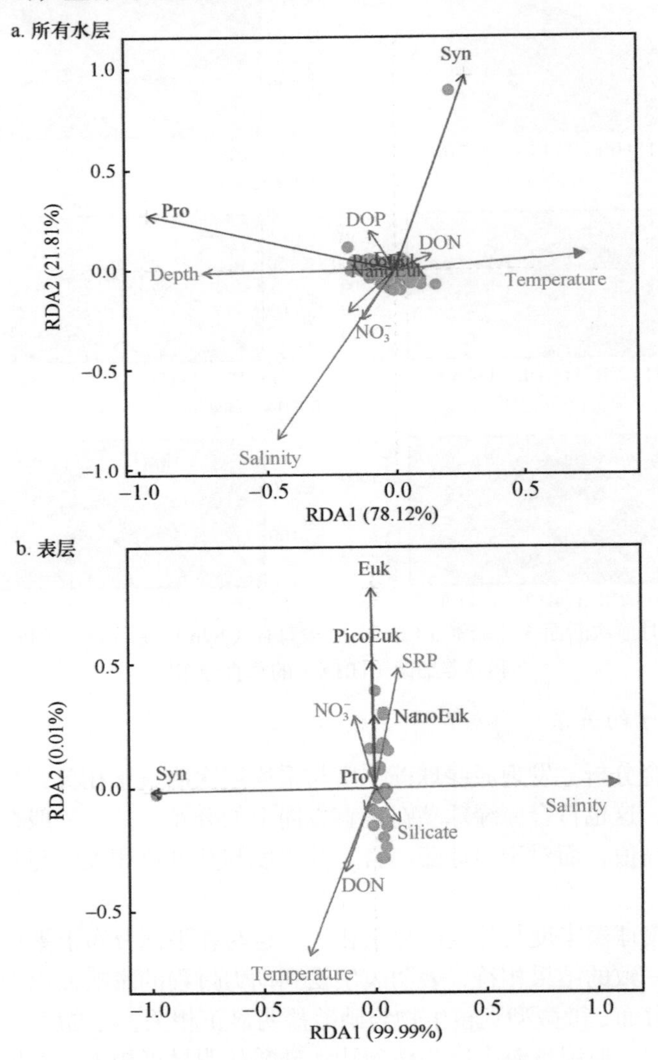

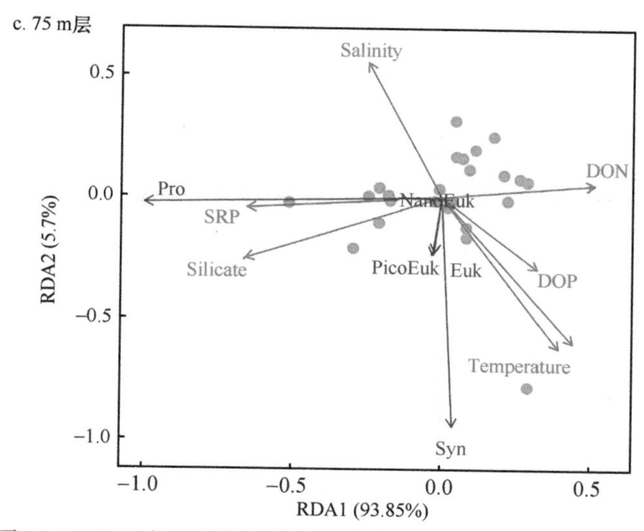

图 5-36　2020 年 6 月航次微微型浮游植物与环境因子的关系图

Syn-聚球藻；Pro-原绿球藻；Euk-真核生物；Depth-水深；Temperature-温度；Salinity-盐度；NO_3^--硝酸盐；SRP-磷酸盐；Silicate-硅酸盐；DON-溶解有机氮；DOP-溶解有机磷；NanoEuk 微型真核生物；PicoEuk 微微型真核生物

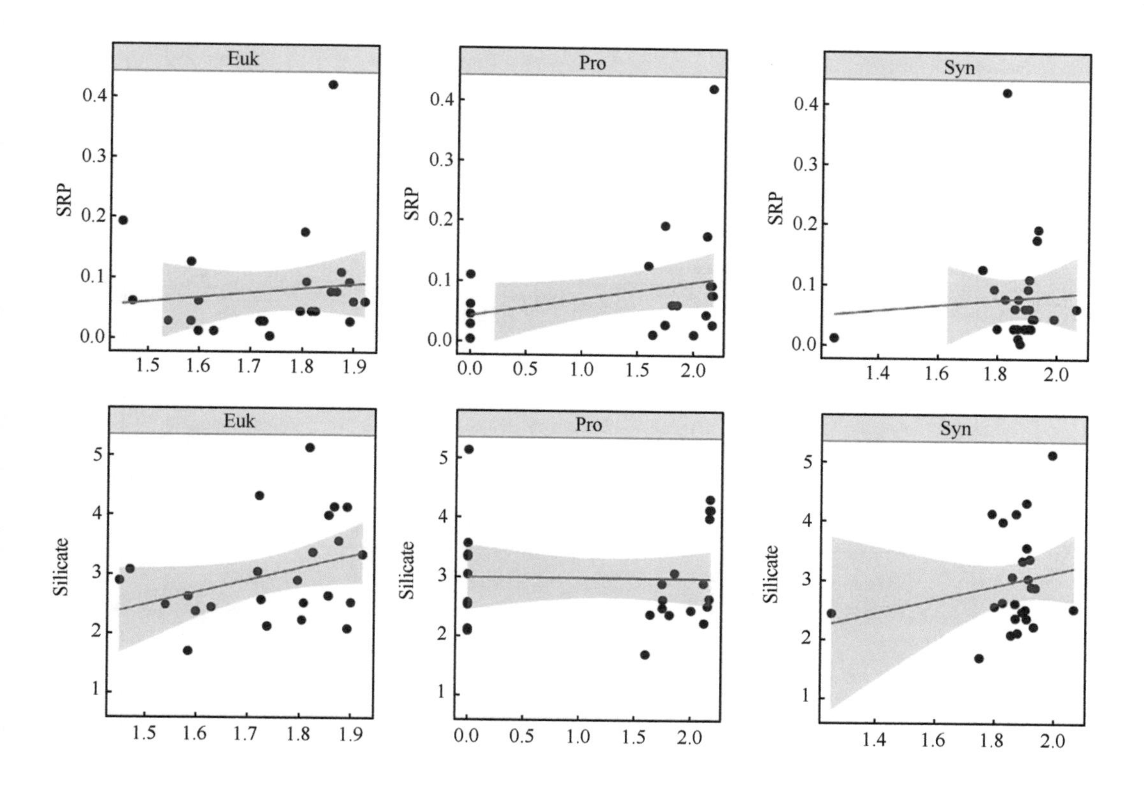

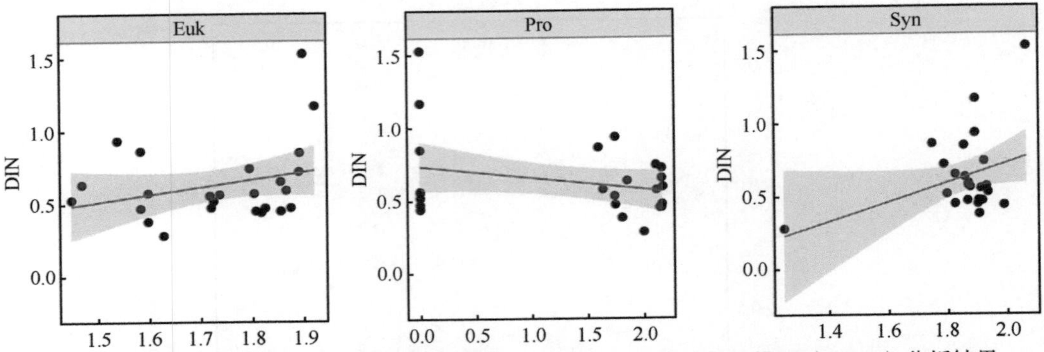

图 5-37　2020 年 6 月航次微微型浮游植物与无机营养盐的广义加性模型（GAM）分析结果

Syn-聚球藻；Pro-原绿球藻；Euk-真核生物；SRP-磷酸盐；Silicate-硅酸盐；DIN-溶解无机氮

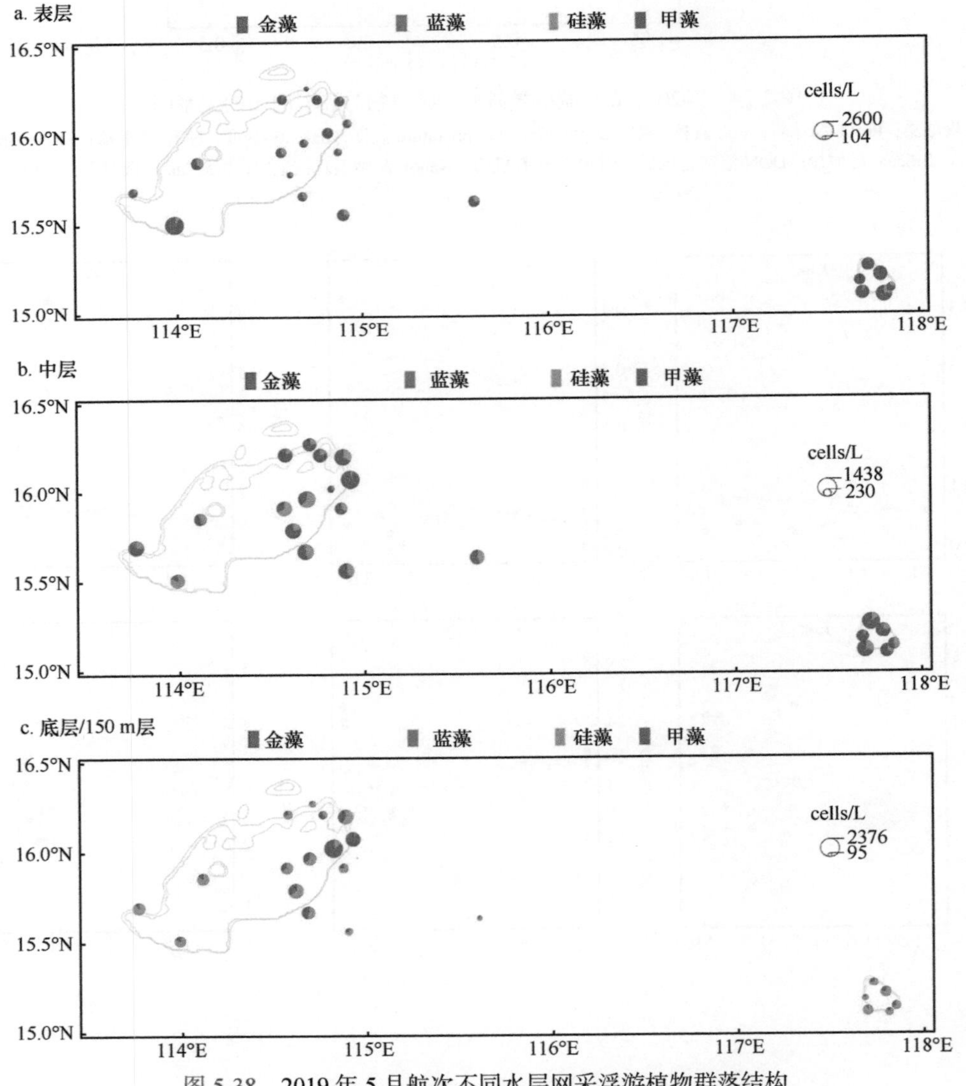

图 5-38　2019 年 5 月航次不同水层网采浮游植物群落结构

2019 年 5 月航次表层网采浮游植物优势种为锥状斯氏藻（30%）、裸甲藻（17%）；中层优势种为裸甲藻（18%）、锥状斯氏藻（13%）和环沟藻（9%）；底层 150 m 层优势种为针杆藻（11%）、菱形藻（9%）和裸甲藻（8%）（图 5-39）。

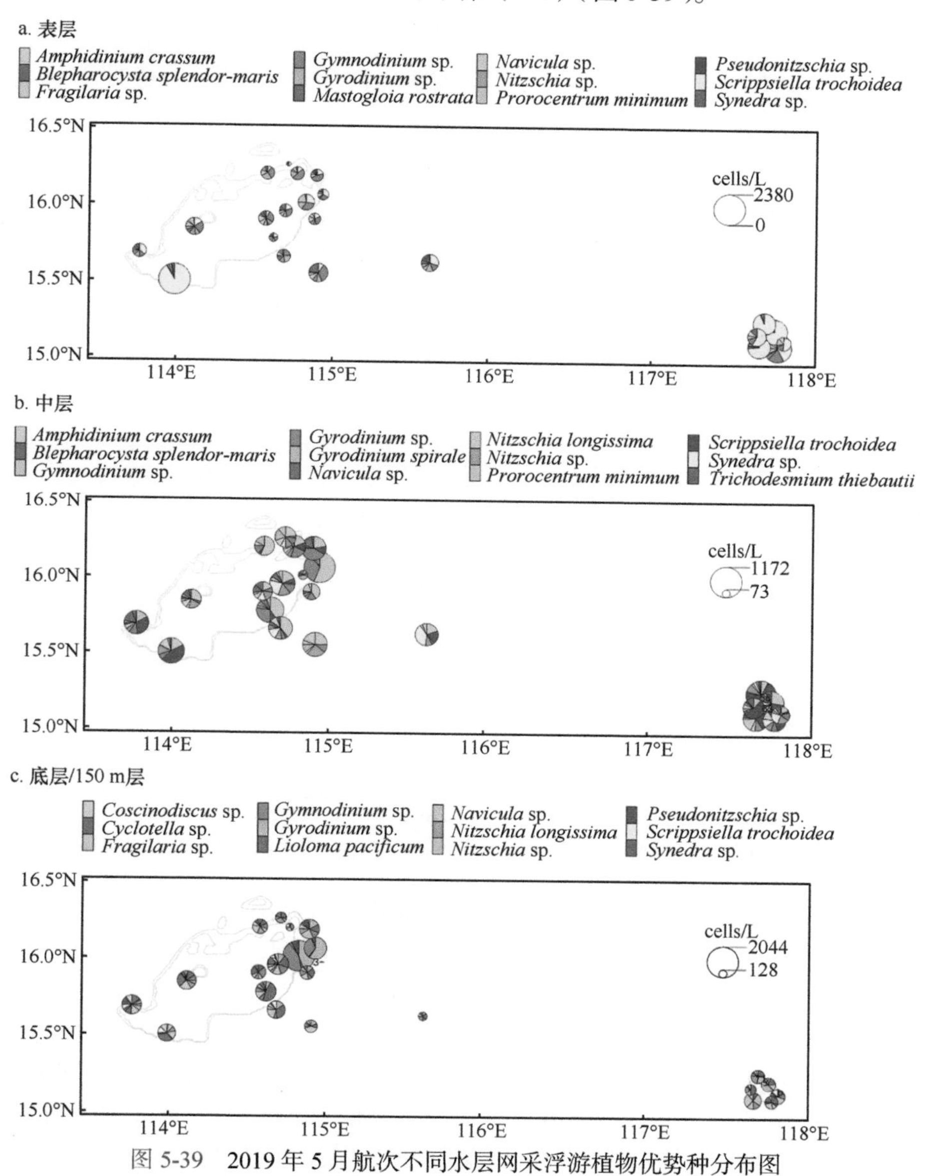

图 5-39　2019 年 5 月航次不同水层网采浮游植物优势种分布图

锥状斯氏藻（*Scrippsiella trochoidea*）；裸甲藻（*Gymnodinium* sp.）；环沟藻（*Gyrodinium* sp.）；菱形藻（*Nitzschia* sp.）；针杆藻（*Synedra* sp.）；舟形藻（*Navicula* sp.）；微小原甲藻（*Prorocentrum minimum*）；厚前沟藻（*Amphidinium crassum*）；长菱形藻（*Nitzschia longissima*）；脆杆藻（*Fragilaria* sp.）；螺旋环沟藻（*Gyrodinium spirale*）；美丽眼球藻（*Blepharocysta splendor-maris*）；嘴状胸隔藻（*Mastogloia rostrata*）；铁氏束毛藻（*Trichodesmium thiebautii*）；小环藻（*Cyclotella* sp.）；具圆筛藻（*Coscinodiscus* sp.）；太平洋泥生藻（*Lioloma pacificum*）

从生物多样性上看，表层、中层和底层/150 m 层三个层次都呈现中沙大环礁海域多样性高于黄岩岛海域的特征，且中沙大环礁东北海域多样性高于其他区域（图5-40）。

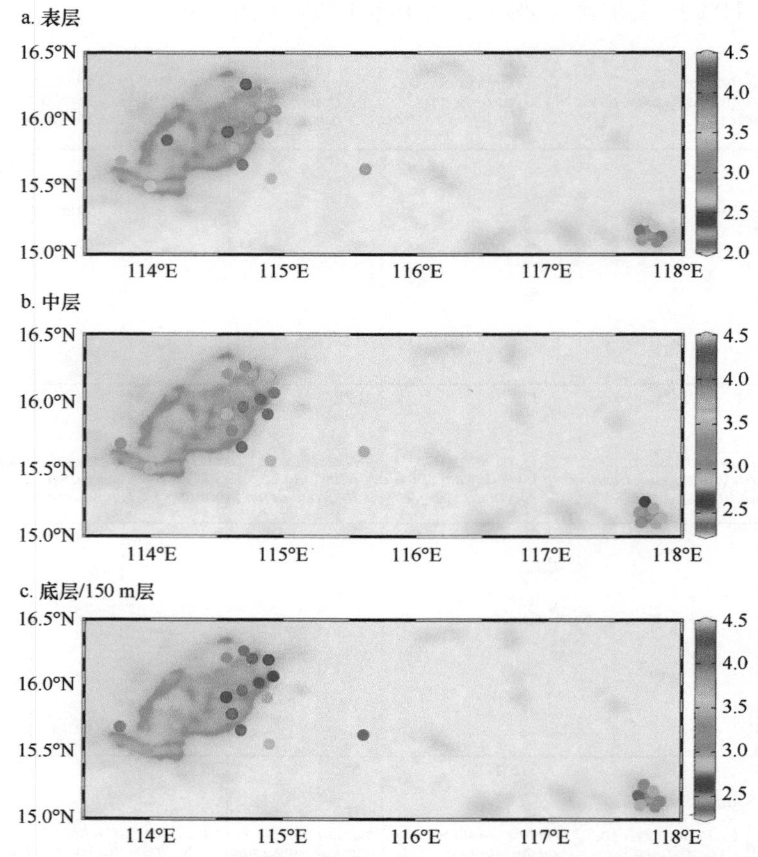

图 5-40　2019 年 5 月航次不同水层采集浮游植物香农-维纳多样性指数的平面分布图

根据采集浮游植物群落结构，对表层、中层和底层/150 m 层三个层次进行聚类分析。如图 5-41 所示，表层浮游植物群落分布具有明显的区域特征，可以分为大环礁边缘区域、大环礁中部区域、大环礁东北区域和近黄岩岛区域。

对于表层，甲藻占比较高，包括锥状斯氏藻（29%）、裸甲藻（15%）和环沟藻（6%）等。其中，近黄岩岛区域锥状斯氏藻占比显著高于其他几个区域，平均占比为（63.8±20）%，高于大环礁边缘区域（21%）、大环礁东北区域（11%）和大环礁中部区域（7%）。而大环礁东北区域则出现占比较高的裸甲藻，可达 28%，近黄岩岛区域占比最低（7%）。

对于中层，甲藻占比较高，包括裸甲藻（17%）、锥状斯氏藻（14%）和环沟藻（9%）等。基于采集浮游植物群落结构的聚类表明，站位间聚类较为零散，没有明显的空间分布差异（图 5-42）。

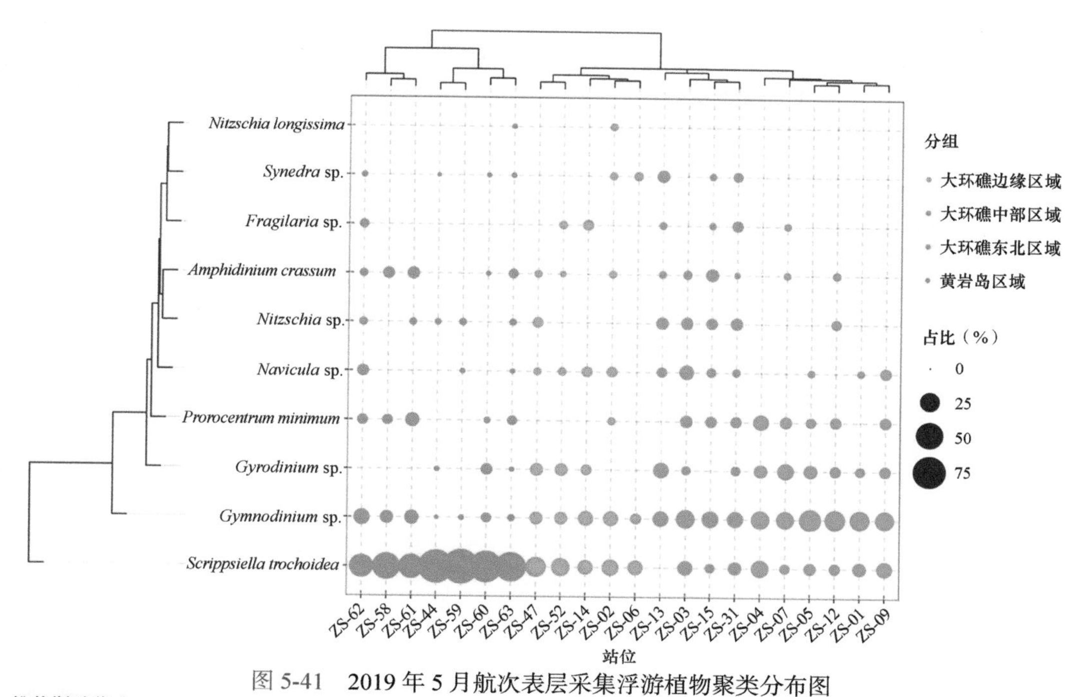

图 5-41　2019 年 5 月航次表层采集浮游植物聚类分布图

锥状斯氏藻（*Scrippsiella trochoidea*）；裸甲藻（*Gymnodinium* sp.）；环沟藻（*Gyrodinium* sp.）；菱形藻（*Nitzschia* sp.）；针杆藻（*Synedra* sp.）；舟形藻（*Navicula* sp.）；微小原甲藻（*Prorocentrum minimum*）；厚前沟藻（*Amphidinium crassum*）；长菱形藻（*Nitzschia longissima*）；脆杆藻（*Fragilaria* sp.）

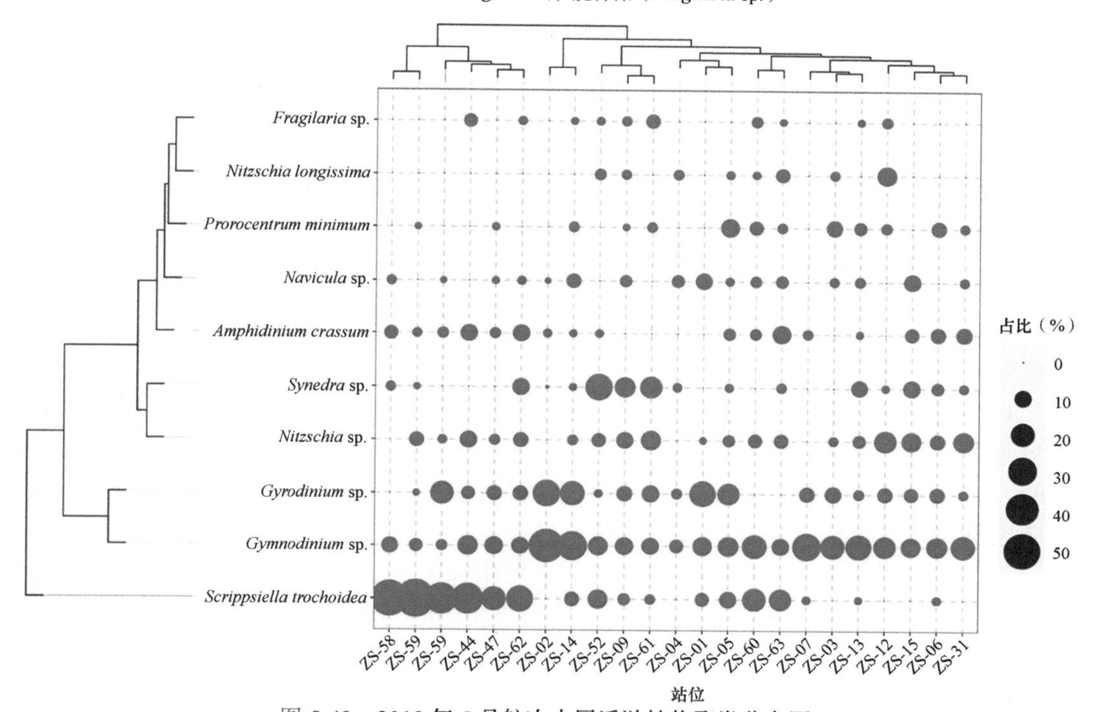

图 5-42　2019 年 5 月航次中层浮游植物聚类分布图

锥状斯氏藻（*Scrippsiella trochoidea*）；裸甲藻（*Gymnodinium* sp.）；环沟藻（*Gyrodinium* sp.）；菱形藻（*Nitzschia* sp.）；针杆藻（*Synedra* sp.）；舟形藻（*Navicula* sp.）；微小原甲藻（*Prorocentrum minimum*）；厚前沟藻（*Amphidinium crassum*）；长菱形藻（*Nitzschia longissima*）；脆杆藻（*Fragilaria* sp.）

对于底层/150 m 层，总体上硅藻占比较高，包括针杆藻（14%）、舟形藻（10%）和裸甲藻（8%）等。基于浮游植物群落结构的聚类分析结果表明，站位间聚类较为零散，没有明显的空间分布差异（图 5-43）。

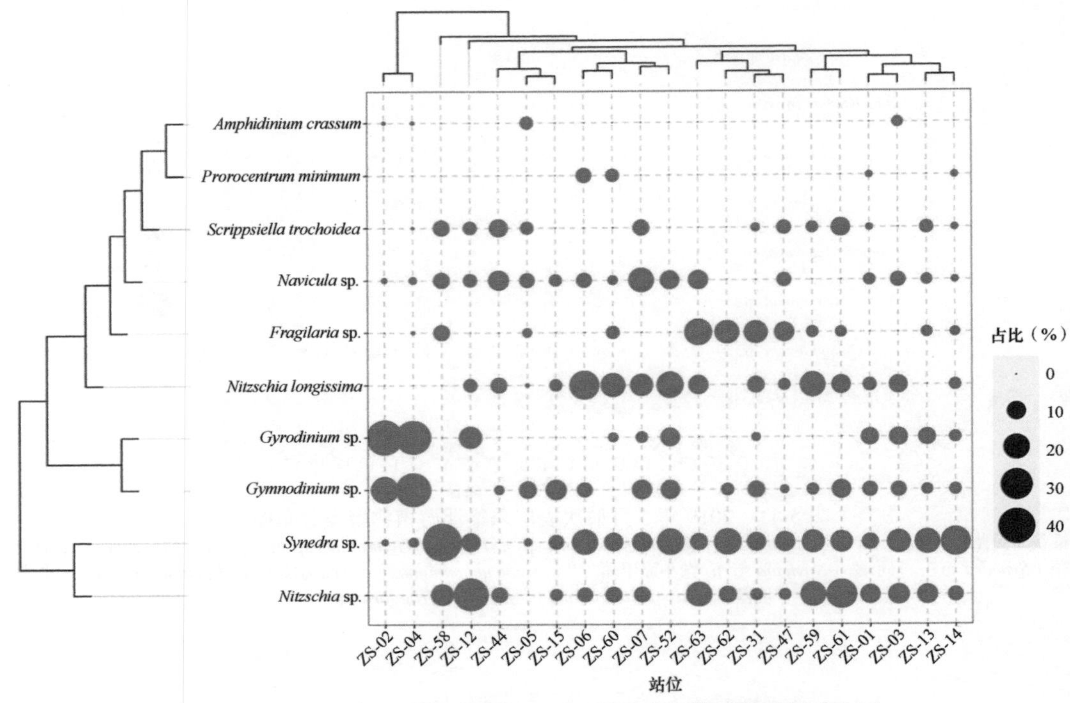

图 5-43　2019 年 5 月航次底层/150 m 层采集浮游植物聚类分布图

锥状斯氏藻（*Scrippsiella trochoidea*）；裸甲藻（*Gymnodinium* sp.）；环沟藻（*Gyrodinium* sp.）；菱形藻（*Nitzschia* sp.）；针杆藻（*Synedra* sp.）；舟形藻（*Navicula* sp.）；微小原甲藻（*Prorocentrum minimum*）；厚前沟藻（*Amphidinium crassum*）；长菱形藻（*Nitzschia longissima*）；脆杆藻（*Fragilaria* sp.）

2. 与环境因子的关系

分别对全部水层、表层、中层和底层/150 m 层的采集浮游植物与环境因子进行了聚类分析（图 5-44）。

对于全部水层聚类，锥状斯氏藻、裸甲藻和环沟藻分别与温度呈显著正相关关系，而与水深呈负相关关系，且与无机氮和硅酸盐呈弱的负相关关系，这与其分布具有明显的一致性，如锥状斯氏藻主要分布在寡营养且温度较高的上层。对于表层聚类，锥状斯氏藻与温度呈显著正相关关系，与亚硝酸盐、盐度和氮磷比也呈正相关关系，且与硅酸盐呈负相关关系；裸甲藻与硅酸盐呈负相关关系。对于中层聚类，锥状斯氏藻与盐度呈正相关关系；裸甲藻和环沟藻与温度呈正相关关系，与硝酸盐呈负相关关系。对于底层/150 m 层聚类，裸甲藻和环沟藻与温度呈正相关关系，与硅酸盐、氮磷比和盐度呈负相关关系；舟形藻和针杆藻与亚硝酸盐呈正相关关系。

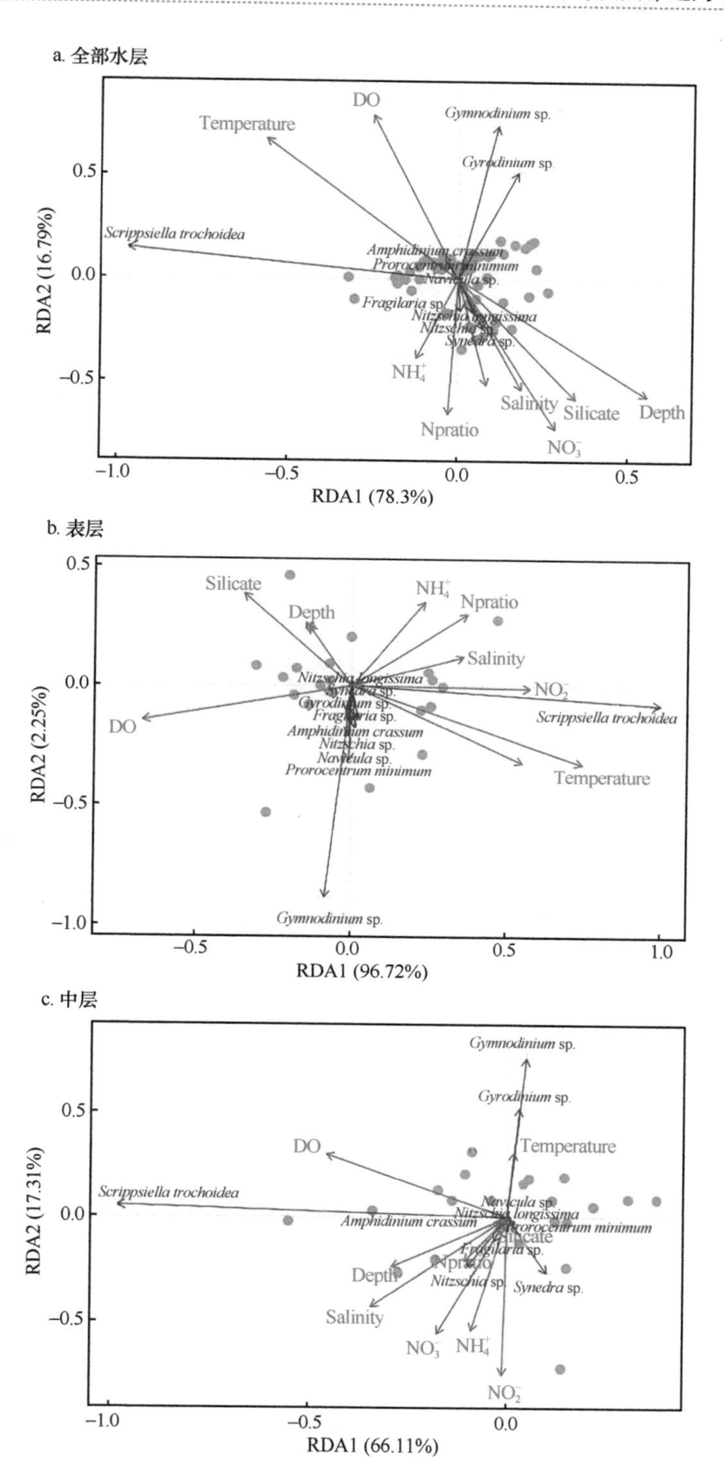
a. 全部水层
DO
Temperature
Gymnodinium sp.
Gyrodinium sp.
Scrippsiella trochoidea
Amphidinium crassum
Prorocentrum minimum
Navicula sp.
Fragilaria sp.
Nitzschia longissima
Nitzschia sp.
Synedra sp.
NH$_4^+$
Salinity
Silicate
Depth
Npratio
NO$_3^-$
RDA2 (16.79%)
RDA1 (78.3%)
b. 表层
Silicate
Depth
NH$_4^+$
Npratio
Salinity
NO$_2^-$
Scrippsiella trochoidea
Temperature
DO
Nitzschia longissima
Synedra sp.
Gyrodinium sp.
Fragilaria sp.
Amphidinium crassum
Nitzschia sp.
Navicula sp.
Prorocentrum minimum
Gymnodinium sp.
RDA2 (2.25%)
RDA1 (96.72%)
c. 中层
Gymnodinium sp.
Gyrodinium sp.
Temperature
DO
Scrippsiella trochoidea
Navicula sp.
Nitzschia longissima
Amphidinium crassum
Prorocentrum minimum
Silicate
Fragilaria sp.
Npratio
Depth
Nitzschia sp.
Synedra sp.
Salinity
NO$_3^-$
NH$_4^+$
NO$_2^-$
RDA2 (17.31%)
RDA1 (66.11%)

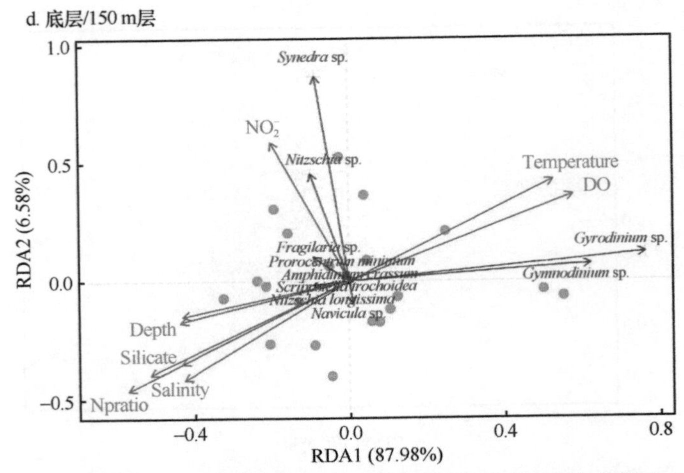

图 5-44　2019 年 5 月航次采集浮游植物与环境因子关系的冗余分析（RDA）图

Depth-水深；Temperature-温度；Salinity-盐度；NO_3^--硝酸盐；NO_2^--亚硝酸盐；NH_4^+-铵盐；Silicate-硅酸盐；SRP-磷酸盐；Npratio-氮磷比；DO-溶解氧。锥状斯氏藻（*Scrippsiella trochoidea*）；裸甲藻（*Gymnodinium* sp.）；环沟藻（*Gyrodinium* sp.）；菱形藻（*Nitzschia* sp.）；针杆藻（*Synedra* sp.）；舟形藻（*Navicula* sp.）；微小原甲藻（*Prorocentrum minimum*）；厚前沟藻（*Amphidinium crassum*）；长菱形藻（*Nitzschia longissima*）；脆杆藻（*Fragilaria* sp.）

5.3.3　浮游动物

1. 分布特征

2019 年 5 月航次浮游动物（网具孔径为 330 μm）共鉴定出 13 类 429 种，总丰度范围为 182～617 ind/m^3，桡足类、毛颚类、有尾类和水母类为主要优势种，其中桡足类占比为 54%～78%。中沙大环礁浮游动物丰度高于黄岩岛，其中大环礁内水深小于 100 m 的区域丰度最高（图 5-45）。

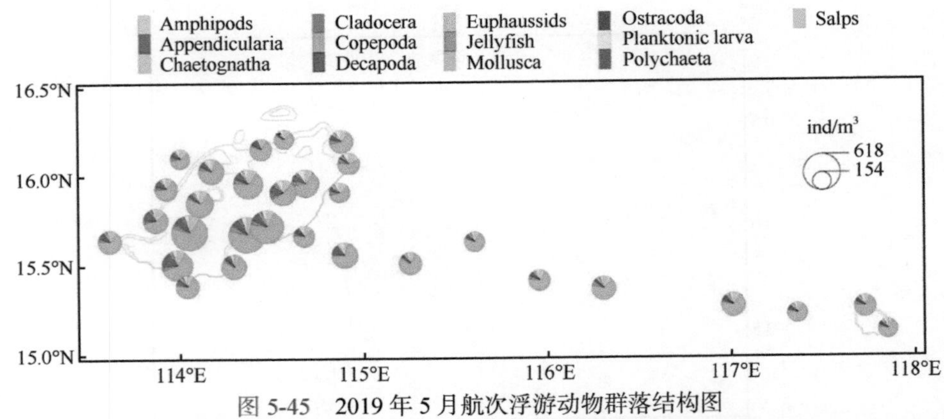

图 5-45　2019 年 5 月航次浮游动物群落结构图

Chaetognatha-毛颚类；Copepoda-桡足类；Jellyfish-水母类；Cladocera-枝角类；Mollusca-浮游软体类；Appendicularia-有尾类；Ostracoda-介形类；Amphipods-端足类；Salps-海樽类；Decapoda-十足类；Euphaussids-磷虾类；Polychaeta-多毛类；Planktonic larva-浮游幼体

2019 年 5 月航次浮游动物主要优势种为拟长腹剑水蚤（12%）、丽隆水蚤（11%）、肥胖软箭虫（11%）、长尾基齿哲水蚤（10%）和小纺锤水蚤（9%）（图 5-46）。

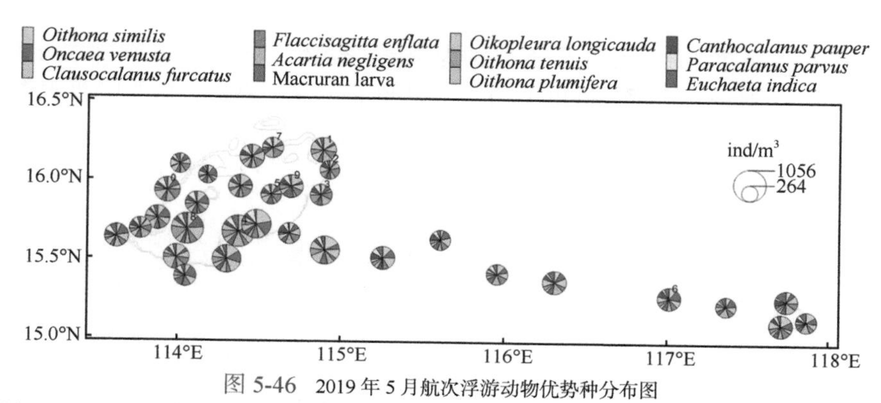

图 5-46　2019 年 5 月航次浮游动物优势种分布图

拟长腹剑水蚤（*Oithona similis*）；丽隆水蚤（*Oncaea venusta*）；长尾基齿哲水蚤（*Clausocalanus furcatus*）；肥胖软箭虫（*Flaccisagitta enflata*）；小纺锤水蚤（*Acartia negligens*）；长尾类幼体（Macruran larva）；长尾住囊虫（*Oikopleura longicauda*）；瘦长腹剑水蚤（*Oithona tenuis*）；羽长腹剑水蚤（*Oithona plumifera*）；微刺哲水蚤（*Canthocalanus pauper*）；小拟哲水蚤（*Paracalanus parvus*）；印度真刺水蚤（*Euchaeta indica*）

2019 年 5 月航次黄岩岛邻近海域浮游动物生物多样性高于中沙大环礁海域，中沙大环礁外海域生物多样性高于内部（图 5-47）。

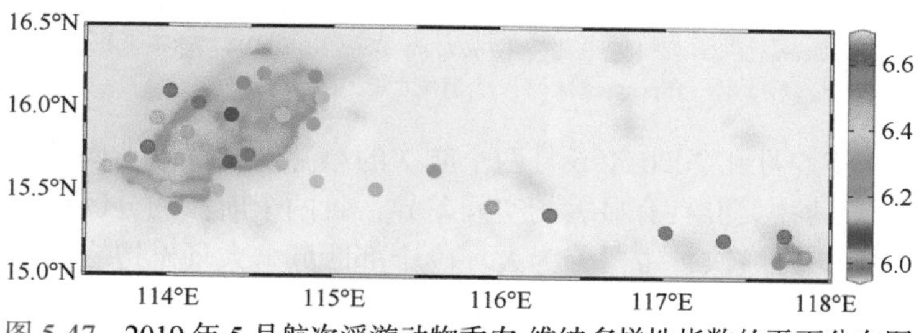

图 5-47　2019 年 5 月航次浮游动物香农-维纳多样性指数的平面分布图

2020 年 6 月航次浮游动物（网具孔径为 330 μm）共鉴定出 13 类 380 种，总丰度范围为 48～799 ind/m³，平均丰度为（232±133）ind/m³，桡足类、毛颚类、有尾类和水母类为主要优势类群（图 5-48）。其中，桡足类占比为 50%，毛颚类占比为 29%。中沙大环礁东北部区域丰度整体偏高。

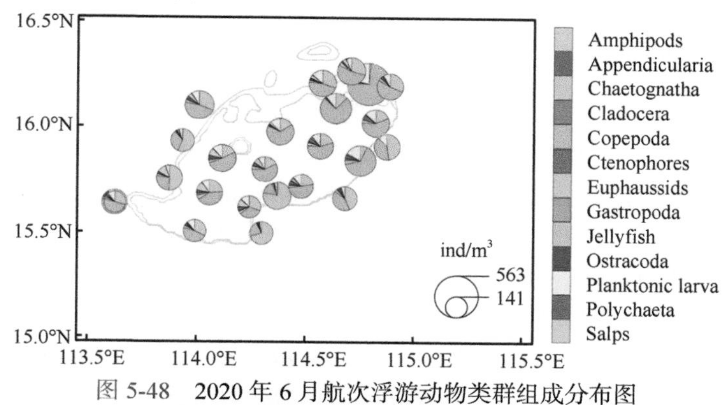

图 5-48　2020 年 6 月航次浮游动物类群组成分布图

Chaetognatha-毛颚类；Copepoda-桡足类；Jellyfish-水母类；Cladocera-枝角类；Appendicularia-有尾类；Ostracoda-介形类；Amphipods-端足类；Salps-海樽类；Euphaussids-磷虾类；Polychaeta-多毛类；Planktonic larva-浮游幼体；腹足类 Gastropoda；栉水母类 Ctenophores

2020 年 6 月航次浮游动物主要优势种为长尾类幼体（15%）、微刺哲水蚤（13%）、拟长腹剑水蚤（12%）、肥胖软箭虫（10%）、小纺锤水蚤（8%）、微驼隆哲水蚤（8%）、长尾基齿哲水蚤（6%）；黄岩岛邻近海域物种多样性高于中沙大环礁，中沙大环礁外海域生物多样性高于内部（图 5-49）。

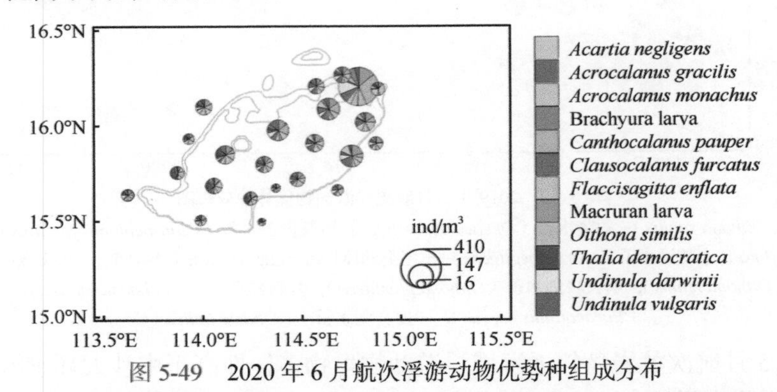

图 5-49　2020 年 6 月航次浮游动物优势种组成分布

长尾类幼体（Macruran larva）；微刺哲水蚤（*Canthocalanus pauper*）；拟长腹剑水蚤（*Oithona similis*）；肥胖软箭虫（*Flaccisagitta enflata*）；小纺锤水蚤（*Acartia negligens*）；微驼隆哲水蚤（*Acrocalanus gracilis*）；达氏波水蚤（*Undinula darwinii*）；长尾基齿哲水蚤（*Clausocalanus furcatus*）；双尾萨利亚纽鳃樽（*Thalia democratica*）；单隆哲水蚤（*Acrocalanus monachus*）；短尾类幼体（Brachyura larva）；普通波水蚤（*Undinula vulgaris*）

分别对 2019 年 5 月和 2020 年 6 月两个航次的浮游动物群落结构进行聚类分析，发现两个航次的浮游动物类群具有显著的空间差异，且两个航次的分区域大致相似。

对于 2019 年 5 月航次，主要分为大环礁中部区域、大环礁边缘区域、大环礁西南区域、大环礁东北区域和近黄岩岛区域。大环礁东北区域和近黄岩岛区域浮游动物丰度整体较高，而大环礁西南区域则较低（图 5-50）。

对于 2020 年 6 月航次，主要分为大环礁边缘区域、大环礁中部区域、大环礁西南区域和大环礁东北区域，大环礁东北区域浮游动物整体丰度较高，而大环礁西南区域丰度则较低，尤其以微刺哲水蚤（*Canthocalanus pauper*）、达氏波水蚤（*Undinula darwinii*）和长尾类幼体（Macruran larva）最为明显（图 5-51）。

2. 与环境因子的关系

对 2019 年 5 月航次和 2020 年 6 月航次的浮游动物群落结构与环境因子进行聚类分析，环境因子主要包括温度、盐度、采样站位底层深度、营养盐和叶绿素 a。

对于 2019 年 5 月航次，拟长腹剑水蚤（*Oithona similis*）与叶绿素 a 呈显著正相关关系，与底层深度呈显著负相关关系，与温度和盐度无明显关系（图 5-52）。

对于 2020 年 6 月航次，微刺哲水蚤（*Canthocalanus pauper*）与叶绿素 a 呈显著正相关关系，与聚球藻和微微型真核生物丰度呈正相关关系，暗示浮游动物可能主要以聚球藻和微微型真核生物为食；微驼隆哲水蚤（*Acrocalanus gracilis*）、长尾类幼体（Macruran larva）、单隆哲水蚤（*Acrocalanus monachus*）等与温度和 DIN 呈正相关关系（图 5-53）。

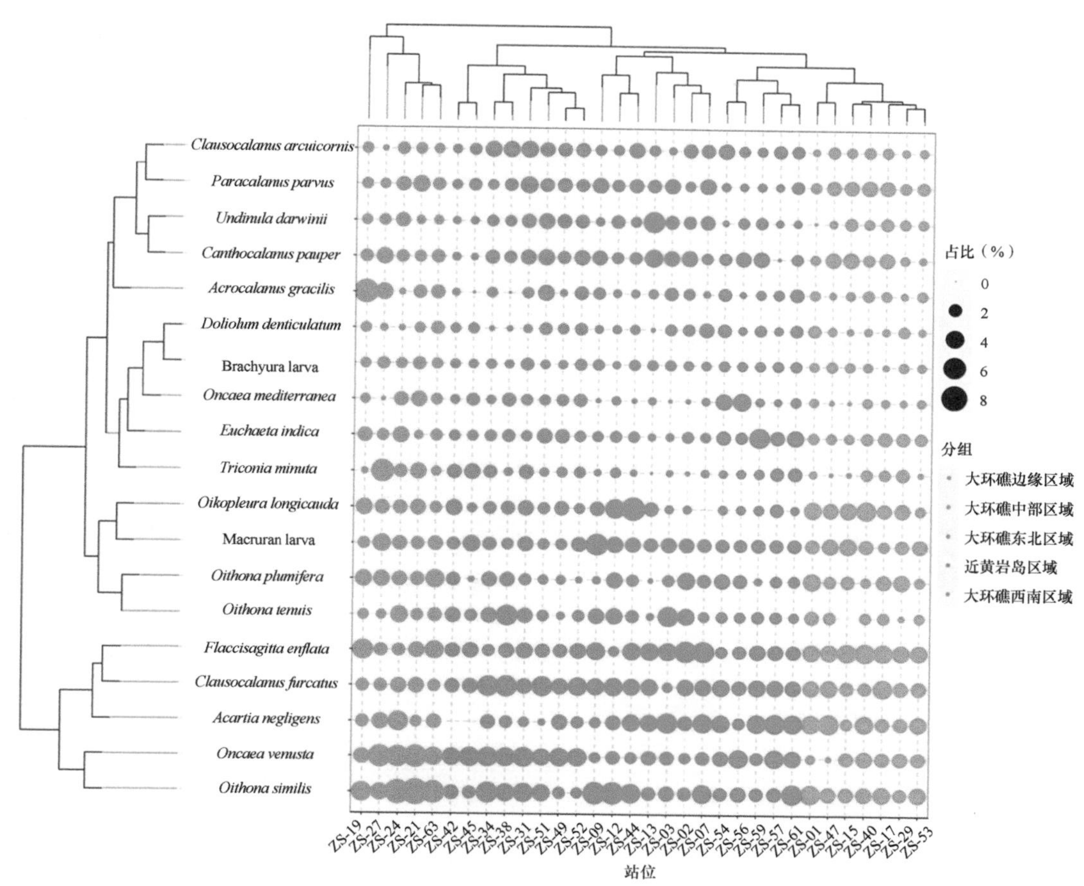

图 5-50　2019 年 5 月航次浮游动物分布聚类图

丽隆水蚤（*Oncaea venusta*）；长尾基齿哲水蚤（*Clausocalanus furcatus*）；小纺锤水蚤（*Acartia negligens*）；长尾住囊虫（*Oikopleura longicauda*）；瘦长腹剑水蚤（*Oithona tenuis*）；小拟哲水蚤（*Paracalanus parvus*）；羽长腹剑水蚤（*Oithona plumifera*）；微刺哲水蚤（*Canthocalanus pauper*）；弓角基齿哲水蚤（*Clausocalanus arcuicornis*）；印度真刺水蚤（*Euchaeta indica*）；达氏波水蚤（*Undinula darwinii*）；微驼隆哲水蚤（*Acrocalanus gracilis*）；小齿海樽（*Doliolum denticulatum*）；短尾类幼体（Brachyura larva）；等刺隆水蚤（*Oncaea mediterranea*）；小三锥水蚤（*Triconia minuta*）；长尾类幼体（Macruran larva）；肥胖软箭虫（*Flaccisagitta enflata*）；拟长腹剑水蚤（*Oithona similis*）

5.3.4　小结

2019 年 5 月和 2020 年 6 月中沙群岛综合科学考察对中沙群岛及其邻近海域进行了浮游生物调查，主要包括浮游植物、浮游动物，其中浮游植物分为微微型浮游植物和网采浮游植物。

表层微微型浮游植物丰度的组成上，黄岩岛海域原绿球藻占比较高，其次为聚球藻，微微型真核生物占比最低。从总体上看，中沙大环礁海域聚球藻平均占比最高，其次为原绿球藻，微微型真核生物占比最低。中沙大环礁东北部和西南部丰度组成上存在明显差异，西南部原绿球藻占比高于东北部，西南部聚球藻占比低于东北部。对于水柱积分丰度，聚球藻在东北区域高于西南区域，和微微型真核生物的分布类似，但原绿球藻水柱积

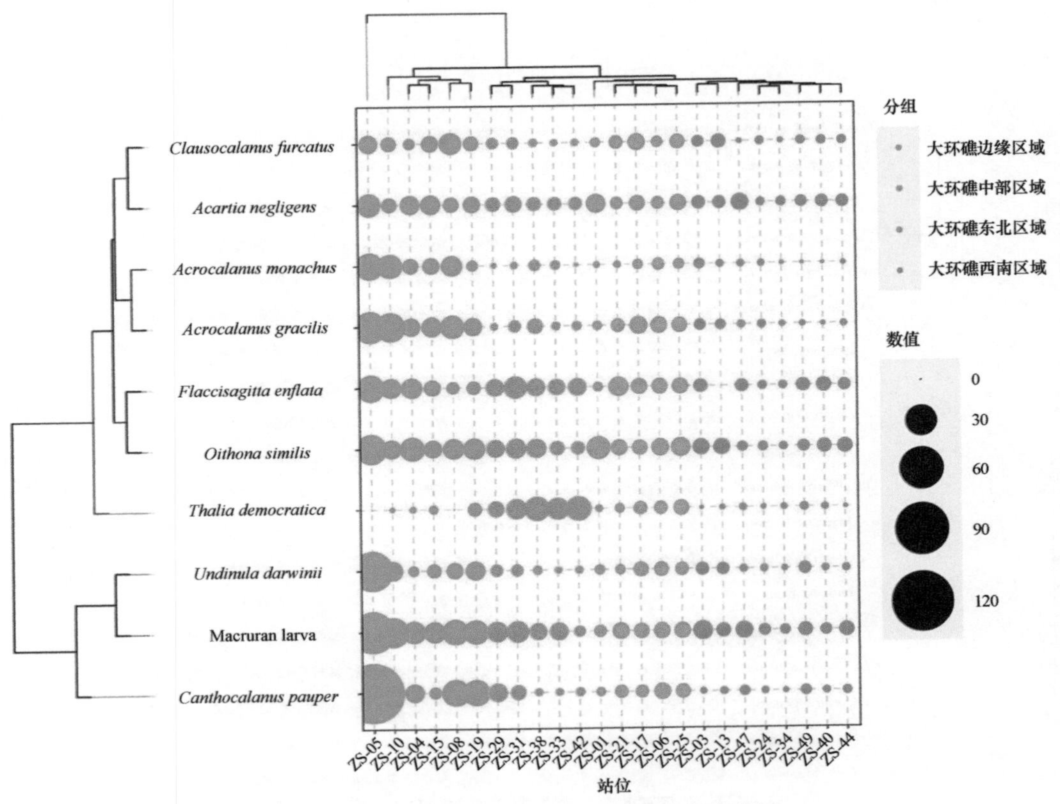

图 5-51 2020 年 6 月航次浮游动物分布聚类图

长尾类幼体（Macruran larva）；微刺哲水蚤（*Canthocalanus pauper*）；拟长腹剑水蚤（*Oithona similis*）；肥胖软箭虫（*Flaccisagitta enflata*）；小纺锤水蚤（*Acartia negligens*）；微驼隆哲水蚤（*Acrocalanus gracilis*）；达氏波水蚤（*Undinula darwinii*）；长尾基齿哲水蚤（*Clausocalanus furcatus*）；双尾萨利亚纽鳃樽（*Thalia democratica*）；单隆哲水蚤（*Acrocalanus monachus*）

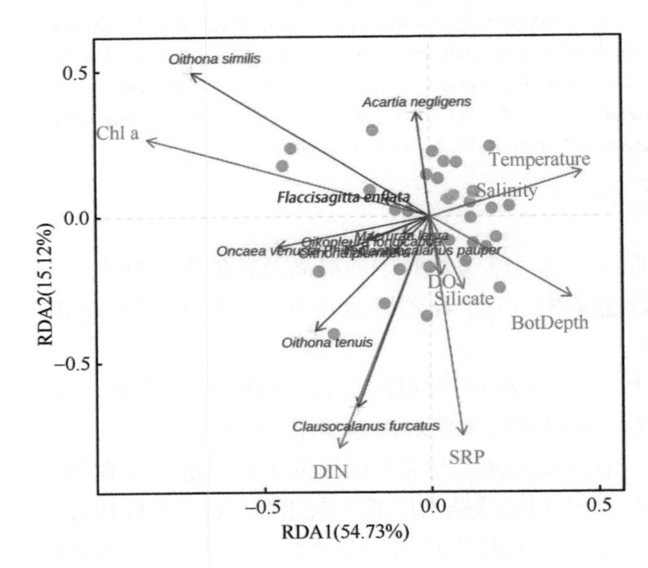

图 5-52 2019 年 6 月航次浮游动物与环境因子的关系图

Temperature-温度；Salinity-盐度；Chl a-叶绿素 a；DIN-溶解无机氮；SRP-磷酸盐；Silicate-硅酸盐；BotDepth 底层深度；DO-溶解氧。拟长腹剑水蚤（*Oithona similis*）；丽隆水蚤（*Oncaea venusta*）；长尾基齿哲水蚤（*Clausocalanus furcatus*）；肥胖软箭虫（*Flaccisagitta enflata*）；小纺锤水蚤（*Acartia negligens*）；长尾住囊虫（*Oikopleura longicauda*）；瘦长腹剑水蚤（*Oithona tenuis*）；小拟哲水蚤（*Paracalanus parvus*）；羽长腹剑水蚤（*Oithona plumifera*）；微刺哲水蚤（*Canthocalanus pauper*）；弓角基齿哲水蚤（*Clausocalanus arcuicornis*）；印度真刺水蚤（*Euchaeta indica*）

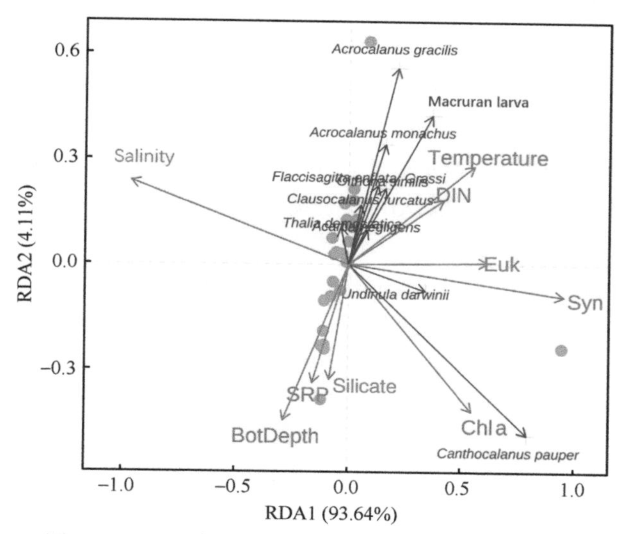

图 5-53 2020 年 6 月浮游动物与环境因子的关系图

Temperature-温度；Salinity-盐度；Chl a-叶绿素 a；DIN-溶解无机氮；SRP-磷酸盐；Silicate-硅酸盐；BotDepth-深度；Syn-聚球藻；Euk-真核生物。长尾类幼体（Macruran larva）；微刺哲水蚤（*Canthocalanus pauper*）；拟长腹剑水蚤（*Oithona similis*）；肥胖软箭虫（*Flaccisagitta enflata*）；小纺锤水蚤（*Acartia negligens*）；微驼隆哲水蚤（*Acrocalanus gracilis*）；达氏波水蚤（*Undinula darwinii*）；长尾基齿哲水蚤（*Clausocalanus furcatus*）；双尾萨利亚纽鳃樽（*Thalia democratica*）；单隆哲水蚤（*Acrocalanus monachus*）

分丰度则呈现西南区域较低、东北区域边缘站位较高的特征。所有水层综合冗余分析表明，原绿球藻丰度与采样层次呈明显正相关关系，与温度呈负相关关系，与盐度相关性不大，这也符合原绿球藻在垂直方向的分布特征，一般在大环礁内部在低温的底部出现最高丰度；而对于聚球藻而言，其丰度与盐度呈负相关关系，与其他营养盐关系不大。

对于网采浮游植物，2019 年 5 月航次网采浮游植物丰度范围为 170～2600 cells/L；表层和中层都以甲藻为主，硅藻次之；底层 150 m 层以硅藻为主，甲藻次之；蓝藻零星出现。表层优势种为锥状斯氏藻、裸甲藻；中层优势种为裸甲藻、锥状斯氏藻和环沟藻；底层 150 m 层优势种为针杆藻、菱形藻和裸甲藻。从生物多样性上看，表层、中层和底层/150 m 层三个层次都呈现中沙大环礁海域多样性高于黄岩岛海域的特征，且中沙大环礁西南区域多样性高于其他区域。根据浮游植物群落结构，对表层、中层和底层/150 m 层三个层次进行聚类分析，发现表层分布具有明显的区域特征，可以分为大环礁边缘区域、大环礁中部区域、大环礁东北区域和近黄岩岛区域。其中，表层和中层近黄岩岛区域锥状斯氏藻占比显著高于其他几个区域，而大环礁东部区域则出现较高占比的裸甲藻，近黄岩岛区域占比最低；对于底层/150 m 层，总体上硅藻占比较高，包括针杆藻、舟形藻和裸甲藻。基于浮游植物群落结构的聚类分析表明，站位间聚类较为零散，没有明显的空间分布差异。分别对全部水层、表层、中层和底层/150 m 层的浮游植物群落与环境因子进行聚类分析。对于全部水层聚类，锥状斯氏藻、裸甲藻和环沟藻分别与温度呈显著正相关关系，而与水深呈负相关关系，且与无机氮和硅酸盐呈弱的负相关关系，这与其分布具有明显的一致性，即锥状斯氏藻主要分布在寡营养且温度较高的上层。

对于浮游动物，桡足类、毛颚类、有尾类和水母类为主要优势种。其中，桡足类占比为 54%～78%。中沙大环礁海域浮游动物丰度高于黄岩岛海域，且大环礁内水深小于 100 m 的区域丰度最高，主要优势种为拟长腹剑水蚤、丽隆水蚤、肥胖软箭虫、长尾基齿哲水蚤和小纺锤水蚤。黄岩岛邻近海域生物多样性高于中沙大环礁海域，中沙大环礁外海域生物多样性高于内部。分别对 2019 年 5 月和 2020 年 6 月两个航次的浮游动物群落结构进行聚类分析，发现两个航次的浮游动物类群具有显著的空间差异，且两个航次分区域大致相似，主要分为大环礁边缘区域、大环礁中部区域、大环礁西南区域、大环礁东北区域和近黄岩岛区域。大环礁东北区域和近黄岩岛区域浮游动物丰度整体较高，而大环礁西南区域则较低。基于冗余分析，拟长腹剑水蚤（*Oithona similis*）与叶绿素 a 呈显著正相关关系，与底层深度呈显著负相关关系，与温度和盐度无明显关系；微刺哲水蚤（*Canthocalanus pauper*）与叶绿素 a 呈显著正相关关系，与聚球藻和微微型真核生物丰度呈正相关关系，暗示浮游动物可能主要以聚球藻和微微型真核生物为食；微驼隆哲水蚤（*Acrocalanus gracilis*）、长尾类幼体（Macruran larva）、单隆哲水蚤（*Acrocalanus monachus*）等与温度和 DIN 呈正相关关系。

5.4 海草分布特征

海草床生态系统是沿岸海域中生产力极高的生态系统，尽管海草床面积占海洋面积的不足 0.2%，但却贡献了 12%的海洋净生态系统生产力（Duarte and Chiscano，1999）。海草床具有重要的生态服务功能，如碳储功能（“蓝碳”）（Fourqurean et al.，2012），为近海鱼类生物提供食物来源及栖息场所，增加生物多样性（Heck Jr et al.，2003），净化水质，降低人类及海洋生物患病风险（Lamb et al.，2017），固定海底底质和保护海岸等（Hemminga and Duarte，2000）。由于海草床具有固定底质和保护海岸的能力，其在岛礁的分布可以有效地抑制侵蚀作用对岛礁的影响，同时为众多海洋生物提供栖息地，可形成生物多样性丰富的沿岸特色生态系统，因此，海草床在岛礁的分布调查受到广泛重视。

基于我国海草分布的特点，可将海草分布区划分为两个大区：黄渤海海草分布区和南海海草分布区，其中以我国南海海草资源最为丰富，在广西、广东、香港、台湾、福建、海南沿岸均有广泛报道（郑凤英等，2013）。然而，关于我国远海岛礁海草床的分布，仍报道较少，仅有关于中沙群岛周边岛礁沿岸海域海草的分布信息（Jiang et al.，2019）。由于缺乏相关调查，关于中沙大环礁和黄岩岛区域的海草分布，仅在 Li 等（2018）的研究中，提到过黄岩岛区域有海草分布，其分布种类、面积、覆盖度等数据仍不清楚。

2019 年 5 月和 2020 年 6 月，为获取中沙大环礁及黄岩岛海域海草的分布情况，对该海域开展了相关资源调查，包括对海草种类、面积和覆盖度等数据的获取。现场采用浮潜和潜水等多种方式进行观测，分别在中沙大环礁和黄岩岛东北海域发现大量海草碎屑。在中沙大环礁海域 10 个站位发现了海草碎屑，从获得的海草碎屑来看，主要海草种类包括泰来草（*Thalassia hemprichii*）和圆叶丝粉草（*Cymodocea rotundata*）两种（图 5-54）。但由于中沙大环礁水深较深，水流较急，尚未在中沙大环礁底部可视范围内发现海草，无法获得海草的具体位置和大概面积。

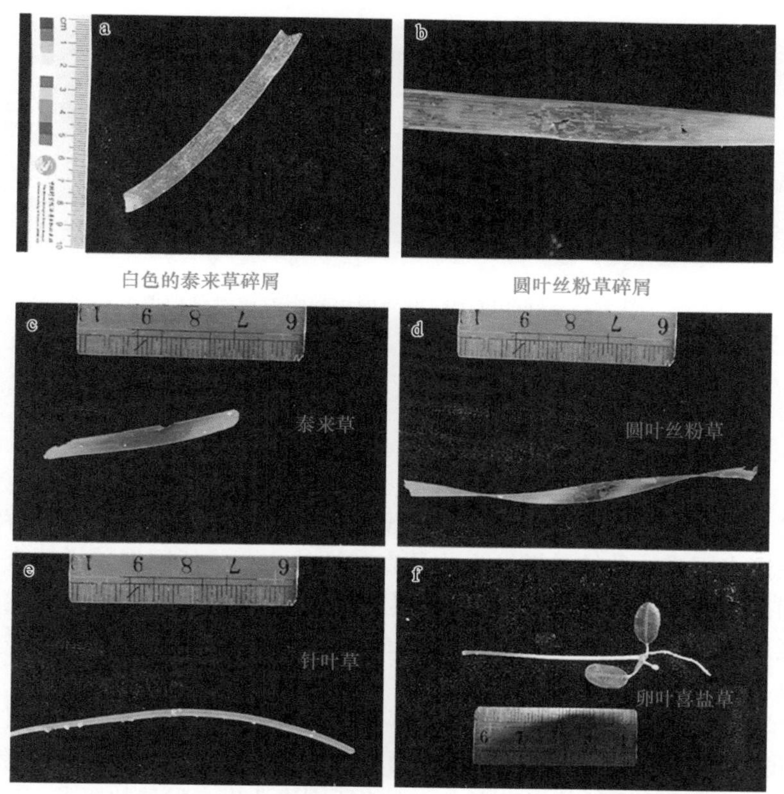

图 5-54　中沙大环礁中部和西南部海域发现的海草碎屑（a、b）及黄岩岛海域采集的海草碎屑（c～f）

在黄岩岛东北海域（ZS-61 和 ZS-62 站位）采集到丰富的海草碎屑，海草碎屑表明黄岩岛至少有泰来草、圆叶丝粉草、卵叶喜盐草（*Halophila ovalis*）和针叶草（*Syringodium isoetifolium*）4 种海草，可以判断黄岩岛应有大量的海草分布。在黄岩岛海域，由于航次作业许可问题，无法进行潜水观测，未能获得该海域海草的面积、覆盖度和密度等具体数据。在同纬度中沙群岛周边岛礁海域进行海草调查，发现主要海草种类也为泰来草、圆叶丝粉草、卵叶喜盐草和针叶草（图 5-55），这与在黄岩岛海域所观察到的海草碎屑种类一致，这也从侧面支持了黄岩岛海域分布有这 4 种海草。

图 5-55 同纬度中沙群岛周边岛礁海域海草种类

5.5 游泳生物分布特征

受气候、海流、生物习性、渔业工程设施等因素的影响，深水海域游泳生物调查与评估存在诸多困难。传统的游泳生物调查与评估主要依托网捕采样调查，然而任何网具对于捕捞对象都具有一定选择性，并且网捕采样通常会对调查水域生物资源及鱼类栖息环境造成一定的破坏，其应用范围通常受水域生态环境和海底地形（岛礁）等条件的约束。

目前声学评估法作为一种新兴的生态评估手段正不断被推广应用。与传统的调查方法相比，声学方法更加便捷、高效，采样面积大，更适应于大水面渔业资源评估，且对游泳生物资源与水域生境的破坏程度小，更能适应渔业生态发展的要求，应用前景十分广阔。渔业声学评估法自 20 世纪 80 年代被引入我国，现已广泛应用于我国海洋渔业资源的评估，如黄线狭鳕（*Theragra chalcogramma*）渔业资源声学评估（唐启升等，1995）、南海北部海域重要经济鱼类资源声学评估（陈国宝等，2005）、南沙群岛南部陆架海域渔业资源声学评估（张俊等，2015）等。

为推动我国南海外海鸢乌贼等大洋性渔业资源的合理利用，近年来我国综合采用多种手段对南海鸢乌贼等大洋性渔业资源开展了系统调查。例如，杨权等（2013）开展了基于灯光罩网法的南海鸢乌贼声学评估技术研究；张俊等（2014）开展了南海鸢乌贼水声学测量和评估相关技术研究；王欢欢等（2019）通过绳系法研究了鸢乌贼目标强度。基于以上诸多研究，我国初步建立了南海大洋性渔业资源的声学-灯光罩网评估技术，该技术已成为我国南海大洋性渔业资源评估的基本方法。然而，由于声学在我国南海大洋性渔业资源中的应用时间较短，资料积累和技术储备仍较薄弱。因此，调查综合采用声学走航探测、声学原位观测及灯光罩网生物样本采集多种方法，系统评估中沙群岛海域游泳生物组成、个体大小及空间分布特征，并且由点、线到面，进一步对比分析中沙群岛岛礁海域与其周边海域游泳生物的空间异质特征及其昼夜迁移规律。

2021 年 6 月 16～26 日，采用声学走航探测与声学原位观测方法，并结合灯光罩网采集游泳生物样本，对中沙大环礁及其周边海域游泳生物进行现场调查，根据调查结果综合评估游泳生物密度、个体大小组成及空间分布等基本特征。中沙大环礁及其周边海域游泳生物调查站位、声学走航路线及调查方法见图 5-56 和表 5-2。

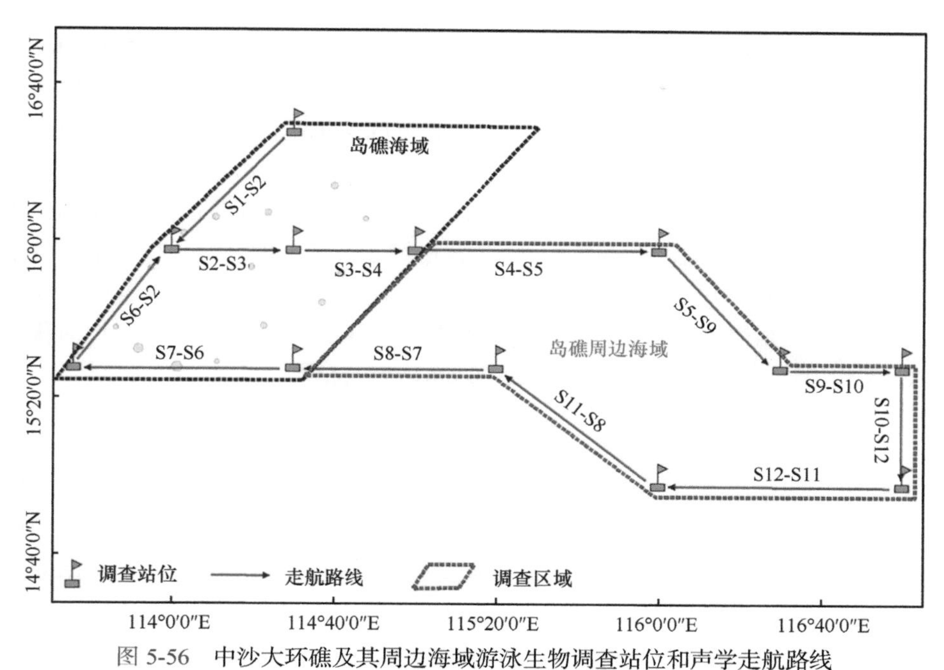

图 5-56　中沙大环礁及其周边海域游泳生物调查站位和声学走航路线

表 5-2　中沙大环礁及其周边海域游泳生物调查站位及调查方法

站位[①]	纬度	经度	调查方法
S1	16°30′N	114°30′E	声学原位观测、灯光罩网
S2	16°N	114°E	声学原位观测
S3	16°N	114°30′E	声学原位观测
S4	16°N	115°E	声学原位观测
S5	16°N	116°E	声学原位观测
S6	15°30′N	113°36′E	声学原位观测
S7	15°30′N	114°30′E	声学原位观测
S8	15°30′N	115°20′E	声学原位观测
S9	15°30′N	116°30′E	声学原位观测
S10	15°30′N	117°E	声学原位观测、灯光罩网
S11	15°N	116°E	声学原位观测、灯光罩网
S12	15°N	117°E	声学原位观测

声学走航探测方面，声学走航路线的设计主要参照 Simmonds 和 Maclennan（2005），共设置了 12 个声学走航断面，鱼探仪换能器通过导流罩固定于船体右舷外侧且不与船体接触，吃水深度约 1.5 m。声学走航速度控制在 4～8 kn，各断面航行时间为 4～15 h，累计航行时间约 95 h，整体上覆盖了一昼夜 24 个不同时段。共 12 个声学原位观测站位（表 5-2），各站位观测时长为 1～10 h，共计约 40 h，整体上覆盖了一昼夜 24 个不同时段。渔业声学数据的采集主要利用 Simrad EK80 宽频鱼探仪（90～170 kHz）。声学数据的处理与分析主要参照 Echoview 标准资源量评估水声学数据处理技术手册和大湖渔业

① 2021 年站位编号、位置与其他年份不同。

声学调查标准操作流程完成。同时，基于目标强度（TS）单体回波映像，利用 Echoview8.0 软件中的单体检测模块，可获得调查水域回波单体目标强度大小和频率组成特征。

依托杂渔具渔船“琼三亚渔 72107”以灯光罩网采集游泳生物样本，以辅助声学回波映像的识别与回波积分分配。受天气、海况、船况等因素的影响，仅在 S1、S10 和 S11 站位开展了灯光罩网采样工作。罩网沉子纲长为 350 m，网衣拉直高度为 80 m，作业深度约 100 m。各站位开灯时间约为 2 h，亮灯数量约 360 个。生物学数据包括：各站位渔获样品均进行现场分类并计数取样，数量少于 50 尾的物种全部取样。若单一物种渔获数量大于 50 尾，则根据其大小组成特点按比例随机取样，并测量记录每种渔获物的长度（体长/叉长/胴长）和质量，体长精确至 1 cm，质量精确至 1 g。

调查海域游泳生物优势种类组成分析主要基于相对重要性指数（IRI），IRI≥500 为优势种，100≤IRI＜500 为常见种，10≤IRI＜100 为一般种，IRI＜10 为少见种。

对游泳生物资源密度进行评估，以 1 h 间隔作为基本积分单元（EDSU）。根据距离的远近，以 S1 站位灯光罩网渔获物组成作为 S1、S2、S3、S4、S7 和 S6 声学原位观测站位及 S1-S2、S2-S3、S3-S4、S7-S6 和 S6-S2 声学走航断面 10～100 m 层声学回波积分分配的主要依据；以 S10 和 S11 站位灯光罩网渔获物组成作为 S5、S9、S10、S11、S12 和 S8 声学原位观测站位及 S4-S5、S5-S9、S9-S10、S10-S12、S12-S11、S11-S8 和 S8-S7 声学走航断面 10～100 m 层声学回波积分分配的主要依据。

基于中沙群岛海域地理环境特征，将 12 个声学走航断面和 12 个声学原位观测站位分成岛礁海域和岛礁周边海域两个小组（图 5-56），从而由点、线尺度转变为面上尺度，从渔业资源密度、个体大小组成与声学反向散射截面单位面积回波积分值三个不同层面分析调查海域游泳生物资源区域特征。

本书依据调查期间中沙群岛海域日出至日落时间，以 5:00～19:00 为白天，以 19:00 至次日 5:00 为夜晚，分析声学走航断面和声学原位观测站位 10～100 m 层渔业资源昼夜异质特征。

5.5.1 游泳生物种类组成

1. 物种数

灯光罩网渔获物分析结果表明，中沙群岛海域共采集并记录鱼类 13 种，隶属于 4 目 9 科 12 属。头足类有 2 种，分别为鸢乌贼和菱鳍乌贼。S1、S10 和 S11 站位分别捕获游泳生物 8 种、8 种和 10 种，各站位渔获物种类组成如表 5-3 所示。其中，鸢乌贼、长体圆鲹和少鳍方头鲳的出现频率较高，3 个站位均有捕获。

表 5-3　灯光罩网渔获物种类组成与分类地位

种名	分类			站位		
	目	科	属	S1	S10	S11
鸢乌贼 *Sthenoteuthis oualaniensis*	枪形目	柔鱼科	鸢乌贼属	+	+	+
菱鳍乌贼 *Thysanoteuthis rhombus*	乌贼目	菱鳍乌贼科	菱鳍乌贼属		+	+
南沙虹灯鱼 *Bolinichthys nanshanensis*	灯笼鱼目	灯笼鱼科	虹灯鱼属		+	
锯鳞鱼 *Myrispristis* sp.	金眼鲷目	鳂科	锯鳞鱼属			+
颌圆鲹 *Decapterus lajang*	鲈形目	鲹科	圆鲹属	+		+

续表

种名	分类			站位		
	目	科	属	S1	S10	S11
长体圆鲹 *Decapterus macrosoma*	鲈形目	鲹科	圆鲹属	+	+	+
直线若鲹 *Carangoides orthogrammus*	鲈形目	鲹科	若鲹属			+
脂眼凹肩鲹 *Selar crumenophthalmus*	鲈形目	鲹科	凹肩鲹属			+
日本乌鲂 *Brama japonica*	鲈形目	乌鲂科	乌鲂属	+	+	
多鳞霞蝶鱼 *Hemitaurichthys polylepis*	鲈形目	蝴蝶鱼科	霞蝶鱼属		+	
刺尾鱼 *Acanthurus* sp.	鲈形目	刺尾鱼科	刺尾鱼属	+		
鲣 *Katsuwonus pelamis*	鲈形目	鲭科	鲣属	+		+
黄鳍金枪鱼 *Thunnus albacares*	鲈形目	鲭科	金枪鱼属	+	+	
少鳍方头鲳 *Cubiceps pauciradiatus*	鲈形目	双鳍鲳科	方头鲳属	+	+	+
花鳍兔头鲀 *Lagocephalus oceanicus*	鲀形目	鲀科	兔头鲀属			+

注："+"表示对应站位出现

2. 渔获量

调查共捕获游泳生物137.186 kg，渔获尾数为3112尾。其中，S1站位渔获量最高，为90.333 kg，渔获尾数为1299尾；S11站位渔获量最低，仅6.849 kg，渔获尾数为172尾；S10站位渔获量为40.004 kg，渔获尾数为1641尾。

根据渔获物组成分析结果，调查海域头足类渔获量为106.22 kg，占总渔获量的77.4%；鱼类为30.97 kg，占22.6%。头足类渔获尾数为2081尾，占渔获总尾数的66.9%；鱼类为1031尾，占33.1%。

调查海域游泳生物渔获量组成见表5-4，鸢乌贼渔获量最高，为104.5 kg（2076尾），主要分布在S1站位；其次为少鳍方头鲳，为19.187 kg（914尾），主要分布在S10站位。

表5-4　调查海域游泳生物渔获量组成

种类	渔获量（kg）			数量（尾）		
	S1	S10	S11	S1	S10	S11
鸢乌贼 *Sthenoteuthis oualaniensis*	**80**	20	4.5	**1212**	714	150
菱鳍乌贼 *Thysanoteuthis rhombus*		0.413	1.305		3	2
刺尾鱼 *Acanthurus* sp.	0.043			4		
颌圆鲹 *Decapterus lajang*	5.208		0.382	39		6
花鳍兔头鲀 *Lagocephalus oceanicus*			0.011			1
黄鳍金枪鱼 *Thunnus albacares*	2.472	0.108		19	1	
鲣 *Katsuwonus pelamis*	2.284		0.122	17		1
锯鳞鱼 *Myrispristis* sp.			0.007			2
南沙虹灯鱼 *Bolinichthys nanshanensis*		0.008			1	
日本乌鲂 *Brama japonica*	0.158	0.389		1	13	
多鳞霞蝶鱼 *Hemitaurichthys polylepis*		0.021			1	
少鳍方头鲳 *Cubiceps pauciradiatus*	0.105	**19**	0.082	5	**905**	4
长体圆鲹 *Decapterus macrosoma*	0.063	0.065	0.113	2	3	4
脂眼凹肩鲹 *Selar crumenophthalmus*			0.027			1
直线若鲹 *Carangoides orthogrammus*			0.3			1

3. 优势种

根据调查海域游泳生物相对重要性指数（IRI）计算结果（表 5-5），灯光罩网渔获物优势种为鸢乌贼和少鳍方头鲳，常见种主要有颌圆鲹、黄鳍金枪鱼和鲣，刺尾鱼、花鳍兔头鲀、锯鳞鱼、南沙虹灯鱼、多鳞霞蝶鱼、脂眼凹肩鲹和直线若鲹为少见种。

表 5-5 调查海域游泳生物相对重要性指数（IRI）计算结果

种类	体重（%）	尾数（%）	频率（%）	IRI	分类
鸢乌贼 *Sthenoteuthis oualaniensis*	76.17	66.71	100	14 288.12	优势种
菱鳍乌贼 *Thysanoteuthis rhombus*	1.25	0.16	66.7	94.20	一般种
刺尾鱼 *Acanthurus* sp.	0.03	0.13	33.3	5.33	少见种
颌圆鲹 *Decapterus lajang*	4.07	1.45	66.7	368.04	常见种
花鳍兔头鲀 *Lagocephalus oceanicus*	0.01	0.03	33.3	1.34	少见种
黄鳍金枪鱼 *Thunnus albacares*	1.88	0.64	66.7	168.22	常见种
鲣 *Katsuwonus pelamis*	1.75	0.58	66.7	155.48	常见种
锯鳞鱼 *Myrispristis* sp.	0.01	0.06	33.3	2.31	少见种
南沙虹灯鱼 *Bolinichthys nanshanensis*	0.01	0.03	33.3	1.27	少见种
日本乌鲂 *Brama japonica*	0.40	0.45	66.7	56.57	一般种
多鳞霞蝶鱼 *Hemitaurichthys polylepis*	0.02	0.03	33.3	1.58	少见种
少鳍方头鲳 *Cubiceps pauciradiatus*	13.99	29.37	100	4 335.59	优势种
长体圆鲹 *Decapterus macrosoma*	0.18	0.29	100	46.49	一般种
脂眼凹肩鲹 *Selar crumenophthalmus*	0.02	0.03	33.3	1.73	少见种
直线若鲹 *Carangoides orthogrammus*	0.22	0.03	33.3	8.36	少见种

5.5.2 游泳生物分布特征

调查海域游泳生物的密度、大小组成及其时空分布特征主要依据声学走航探测和声学原位观测的结果进行分析；体长/胴长分布、体重分布、雌雄比例、性成熟度分布、摄食强度分布和种群分布等分布特征主要依据灯光罩网渔获物结果进行分析。

1. 数量分布

1）游泳生物密度组成与分布

Ⅰ）声学走航探测结果

参照多种类海洋渔业资源声学评估法，利用声学走航探测，以邻近站位灯光罩网渔获组成作为基本声学取样单元回波积分分配的主要依据。声学走航探测区域 10～100 m 层游泳生物声学评估结果显示，调查期间该海域各类游泳生物平均尾数密度和平均生物量密度分别为 614 011 ind/n mile^2 和 24 343 kg/n mile^2。

如图 5-57 所示，调查期间各断面游泳生物尾数密度差异较大。其中，S2-S3 断面平均尾数密度约为 1 501 311 ind/n mile^2，明显高于其他断面。S9-S10、S10-S12、S4-S5 和 S5-S9 断面平均尾数密度相对较高，分别为 1 198 388 ind/n mile^2、1 002 740 ind/n mile^2、899 566 ind/n mile^2 和 642 035 ind/n mile^2。其他断面平均尾数密度较为接近，为 101 277～

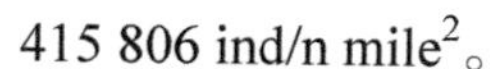
415 806 ind/n mile²。

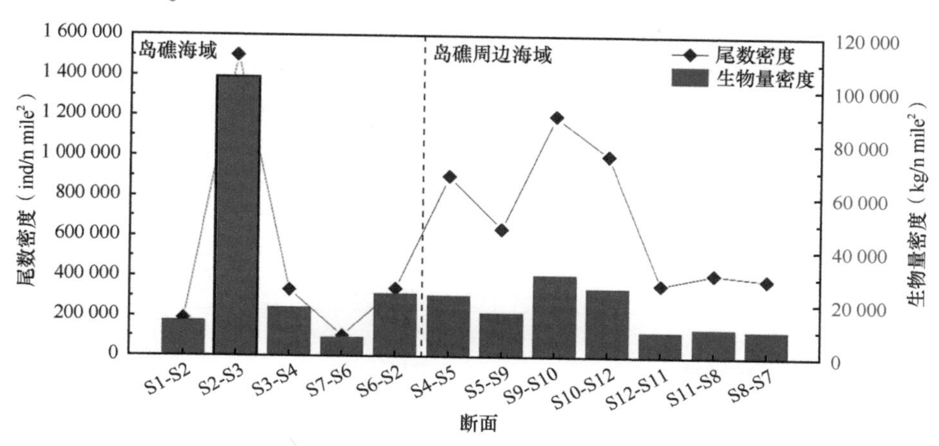

图 5-57　声学走航断面游泳生物密度

S2-S3 断面平均生物量密度约为 104 425 kg/n mile²，在声学走航调查期间，该断面探测到生物集群现象，导致其资源量明显高于其他断面（图 5-58）。除 S2-S3 断面外，其他各断面平均生物量密度差异较小，平均生物量密度为 7 044～30 692 kg/n mile²。

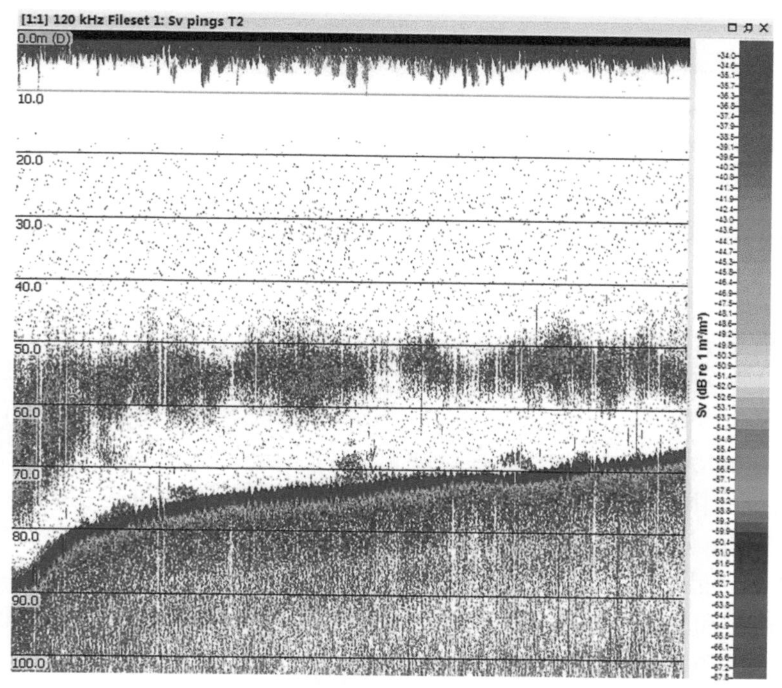

图 5-58　调查海域 S2-S3 断面生物集群现象声学影像

岛礁海域各断面（S1-S2、S2-S3、S3-S4、S7-S6、S6-S2）游泳生物尾数密度与生物量密度的变化基本一致，而岛礁周边海域各断面（S4-S5、S5-S9、S9-S10、S10-S12、S12-S11、S11-S8、S8-S7）游泳生物尾数密度的变化幅度明显大于生物量密度的变化幅度，表明岛礁周边海域各游泳生物个体相对较小。

如表 5-6 所示，调查海域鸢乌贼和少鳍方头鲳的资源密度明显高于其他种类。其中，鸢乌贼平均尾数密度为 327 648 ind/n mile^2，占总资源尾数密度的 60.80%；平均生物量密度为 13 566 kg/n mile^2，占总资源生物量密度的 69.20%。少鳍方头鲳平均尾数密度为 190 728 ind/n mile^2，占总资源尾数密度的 35.39%；平均生物量密度为 4010 kg/ n mile^2，占总资源生物量密度的 20.45%。

表 5-6　声学走航探测区域各种类游泳生物平均资源密度

种类	尾数密度（ind/n mile^2）	生物量密度（kg/n mile^2）
刺尾鱼 *Acanthurus* sp.	1 432	24
花鳍兔头鲀 *Lagocephalus oceanicus*	351	4
黄鳍金枪鱼 *Thunnus albacares*	2 527	290
鲣 *Katsuwonus pelamis*	2 290	274
锯鳞鱼 *Myrispristis* sp.	351	1
菱鳍乌贼 *Thysanoteuthis rhombus*	1 638	564
南沙虹灯鱼 *Bolinichthys nanshanensis*	351	3
日本乌鲂 *Brama japonica*	2 856	103
少鳍方头鲳 *Cubiceps pauciradiatus*	190 728	4 010
颌圆鲹 *Decapterus lajang*	5 976	595
多鳞霞蝶鱼 *Hemitaurichthys polylepis*	351	7
鸢乌贼 *Sthenoteuthis oualaniensis*	327 648	13 566
长体圆鲹 *Decapterus macrosoma*	1 715	49
脂眼凹肩鲹 *Selar crumenophthalmus*	351	9
直线若鲹 *Carangoides orthogrammus*	351	105

Ⅱ）声学原位观测结果

参照多种类海洋渔业资源声学评估法，以邻近站位灯光罩网渔获组成作为基本声学取样单元回波积分分配的主要依据。声学原位观测站位 10～100 m 层渔业资源声学评估结果显示，调查期间该海域游泳生物平均尾数密度和生物量密度分别为 750 420 ind/n mile^2 和 32 466 kg/n mile^2，调查海域声学原位观测站位游泳生物密度如图 5-59 所示。

游泳生物平均尾数密度 S10 站位最高，约为 2 813 278 ind/n mile^2；S1 和 S11 站位分列第二位、第三位，分别为 1 184 479 ind/n mile^2 和 932 511 ind/n mile^2。游泳生物平均生物量密度则是 S1 站位最高，为 82 388 kg/n mile^2；S10 和 S7 站位分列第二位、第三位，分别为 72 051 kg/n mile^2 和 50 627 kg/n mile^2。S3、S4 和 S2 站位也较高，分别为 38 348 kg/n mile^2、37 874 kg/n mile^2 和 32 393 kg/n mile^2。

调查海域声学原位观测游泳生物平均资源密度如表 5-7 所示。

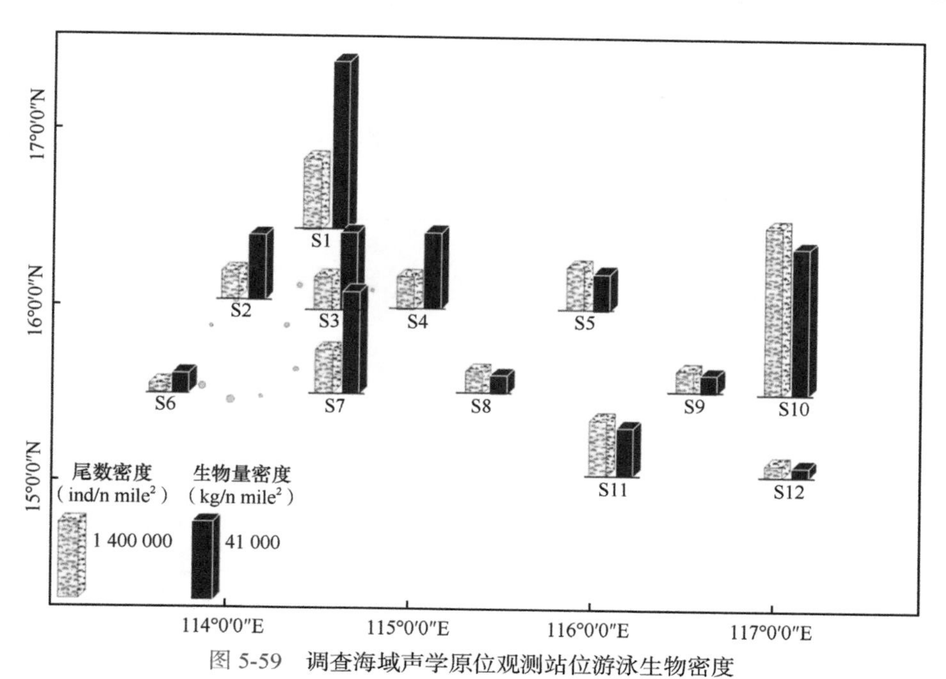

图 5-59　调查海域声学原位观测站位游泳生物密度

表 5-7　调查海域声学原位观测游泳生物平均资源密度

种类	尾数密度（ind/n mile^2）	生物量密度（kg/n mile^2）
刺尾鱼 *Acanthurus* sp.	975	21
花鲭兔头鲀 *Lagocephalus oceanicus*	289	3
黄鳍金枪鱼 *Thunnus albacares*	4 738	610
鲣 *Katsuwonus pelamis*	4 281	570
锯鳞鱼 *Myrispristis* sp.	289	1
菱鳍乌贼 *Thysanoteuthis rhombus*	1 347	463
南沙虹灯鱼 *Bolinichthys nanshanensis*	289	2
日本乌鲂 *Brama japonica*	3 707	142
少鳍方头鲳 *Cubiceps pauciradiatus*	242 363	5 094
颌圆鲹 *Decapterus lajang*	10 729	1 271
多鳞霞蝶鱼 *Hemitaurichthys polylepis*	289	6
鸢乌贼 *Sthenoteuthis oualaniensis*	513 583	25 184
长体圆鲹 *Decapterus macrosoma*	1 614	45
脂眼凹肩鲹 *Selar crumenophthalmus*	289	8
直线若鲹 *Carangoides orthogrammus*	289	87

调查海域鸢乌贼资源最为丰富，平均尾数密度和平均生物量密度分别为 513 583 ind/n mile^2 和 25 184 kg/n mile^2，分别占总量的 65.42%和 75.16%。其次为少鳍方头鲳，平均尾数密度和平均生物量密度分别为 242 363 ind/n mile^2 和 5094 kg/n mile^2，分别占总量的 30.87%和 15.20%。此外，颌圆鲹平均尾数密度和平均生物量密度也较高，分别为 10 729 ind/n mile^2 和 1271 kg/n mile^2，分别占总量的 1.37%和 3.79%。

2）优势种密度分布

Ⅰ）声学原位观测结果

调查海域优势种鸢乌贼、少鳍方头鲳和颌圆鲹尾数密度在各声学原位观测站位的分布如图 5-60 所示。

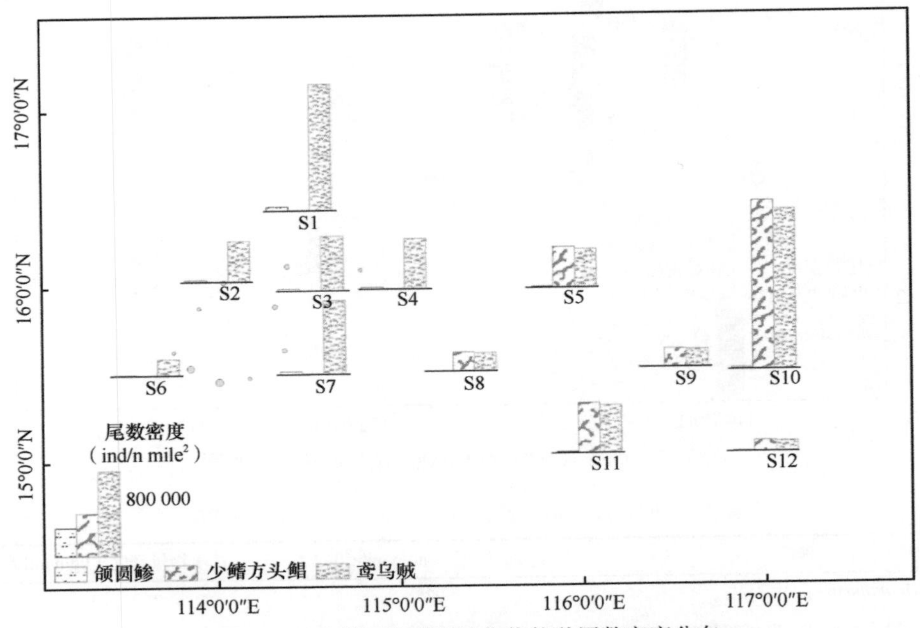

图 5-60　声学原位观测站位优势种尾数密度分布

鸢乌贼广泛分布于 S1～S12 站位，而少鳍方头鲳主要分布于岛礁周边海域（S5、S8 和 S9～S12 站位），颌圆鲹主要分布于岛礁海域（S1～S4、S6 和 S7 站位）。其中，S10 站位鸢乌贼尾数密度最高，为 1 511 652 ind/n mile^2；S1 和 S7 站位鸢乌贼尾数密度相对较高，分别为 1 198 664 ind/n mile^2 和 695 215 ind/n mile^2。S10 站位少鳍方头鲳尾数密度为 1 590 311 ind/n mile^2，明显高于其他站位。S1 和 S7 站位颌圆鲹尾数密度相对较高，分别为 38 542 ind/n mile^2 和 22 354 ind/n mile^2。

调查海域优势种鸢乌贼、少鳍方头鲳和颌圆鲹生物量密度在各声学原位观测站位的分布如图 5-61 所示。

鸢乌贼广泛分布于 S1～S12 站位；少鳍方头鲳主要分布于岛礁周边海域（S5、S8 和 S9～S12 站位）；颌圆鲹主要分布于岛礁海域（S1～S4、S6 和 S7 站位）。其中，鸢乌贼生物量密度在 S1 站位最高，为 79 112 kg/n mile^2，S7 和 S10 站位分列第二位、第三位，分别为 45 884 kg/n mile^2 和 42 326 kg/n mile^2；少鳍方头鲳生物量密度在 S10 站位明显高于其他站位，为 33 397 kg/n mile^2；颌圆鲹在 S1 和 S7 站位相对较高，分别为 5165 kg/n mile^2 和 2995 kg/n mile^2。

Ⅱ）声学走航探测结果

调查海域优势种鸢乌贼密度空间分布如图 5-62 和图 5-63 所示。整体而言，鸢乌贼密度空间分布不均匀，尾数密度为 13 488～3 940 748 ind/n mile^2。其中，S2-S3 断面平均尾数密度最高，为 1 348 867 ind/n mile^2；S7-S6 断面鸢乌贼平均尾数密度最低，为 97 037 ind/n mile^2；其他断面鸢乌贼平均尾数密度差异较小。

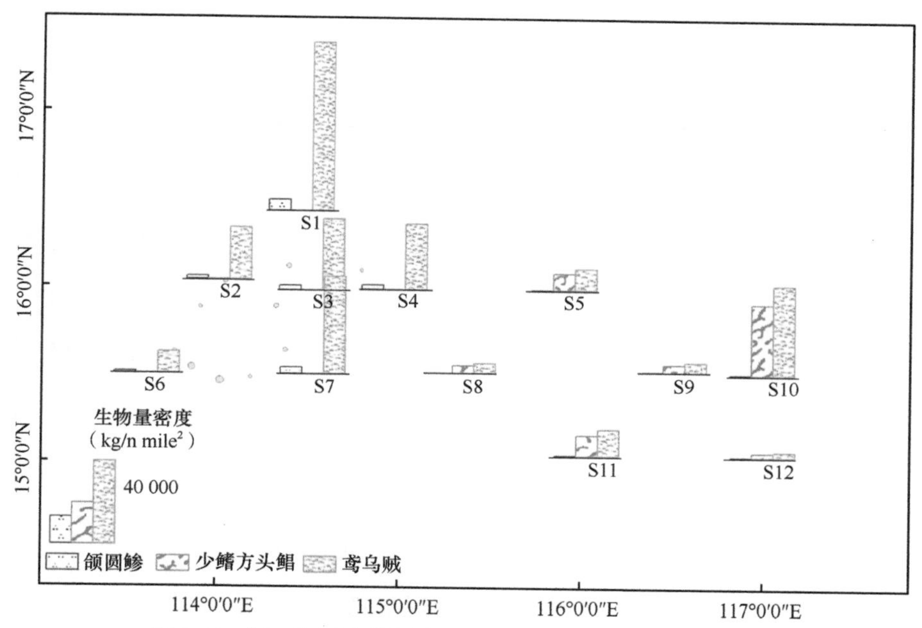

图 5-61　调查海域声学原位观测站位优势种生物量密度分布

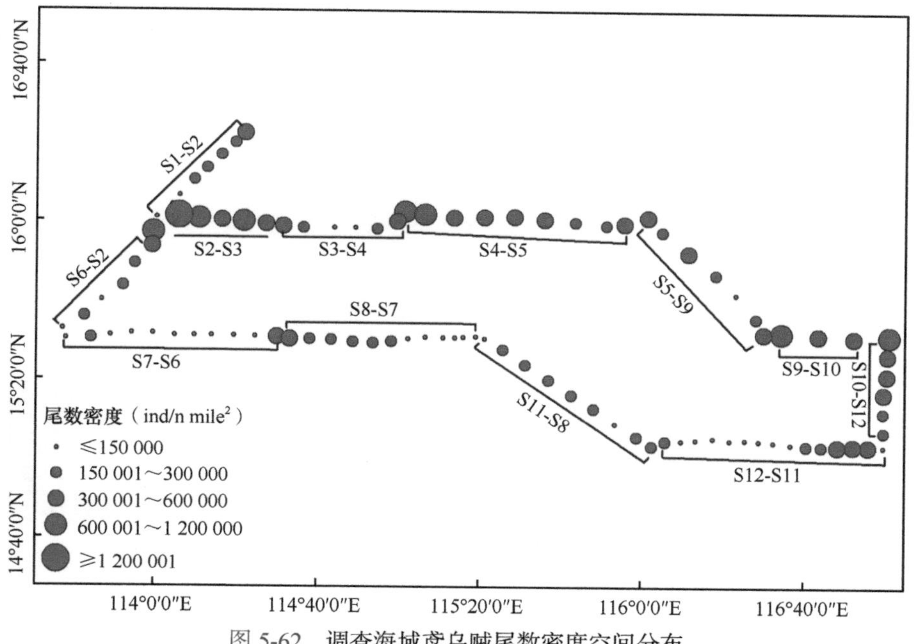

图 5-62　调查海域鸢乌贼尾数密度空间分布

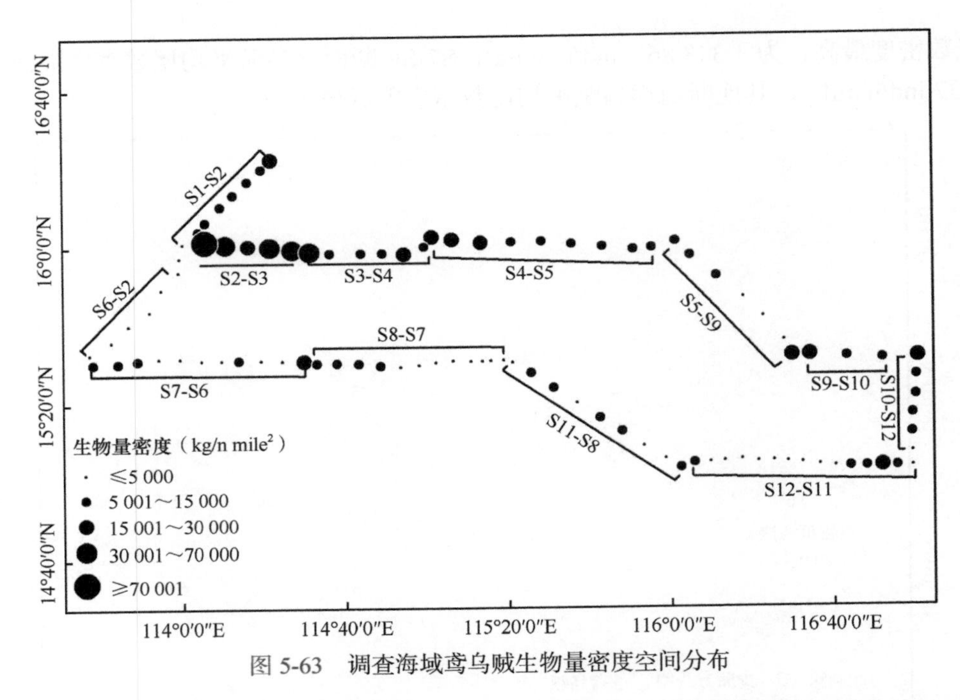

图 5-63 调查海域鸢乌贼生物量密度空间分布

岛礁海域鸢乌贼生物量密度的空间分布呈现东北部高、西南部低的特征。鸢乌贼生物量密度为 27～260 089 kg/n mile^2。大环礁北侧的 S2-S3 断面鸢乌贼平均生物量密度最高，为 89 025 kg/n mile^2；S6-S2 断面鸢乌贼平均生物量密度最低，为 68 kg/n mile^2。

少鳍方头鲳空间分布（图 5-64，图 5-65）与鸢乌贼空间分布截然不同。调查期间

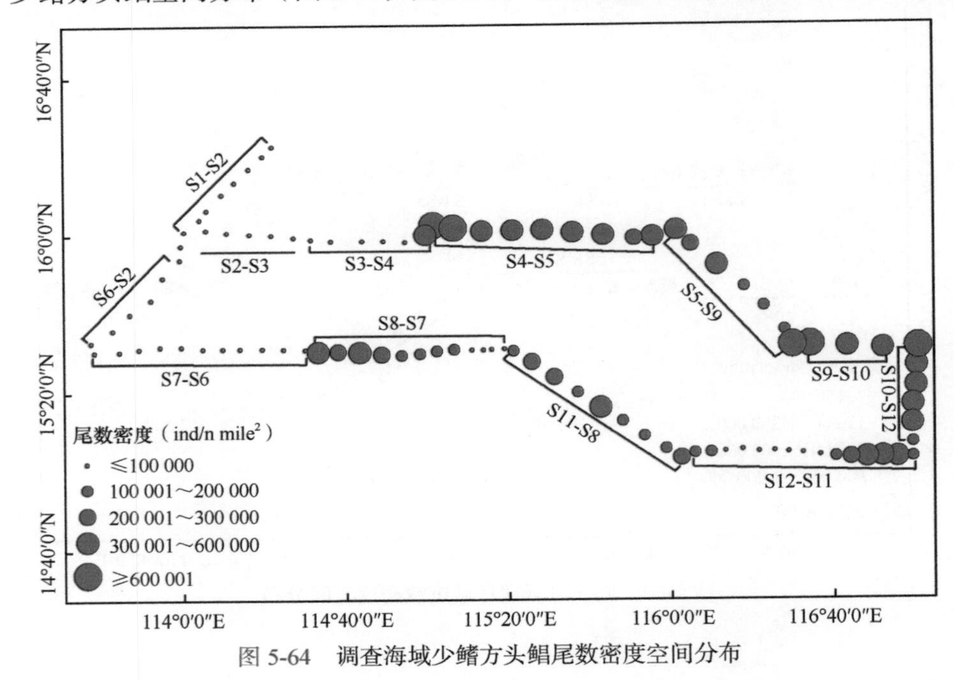

图 5-64 调查海域少鳍方头鲳尾数密度空间分布

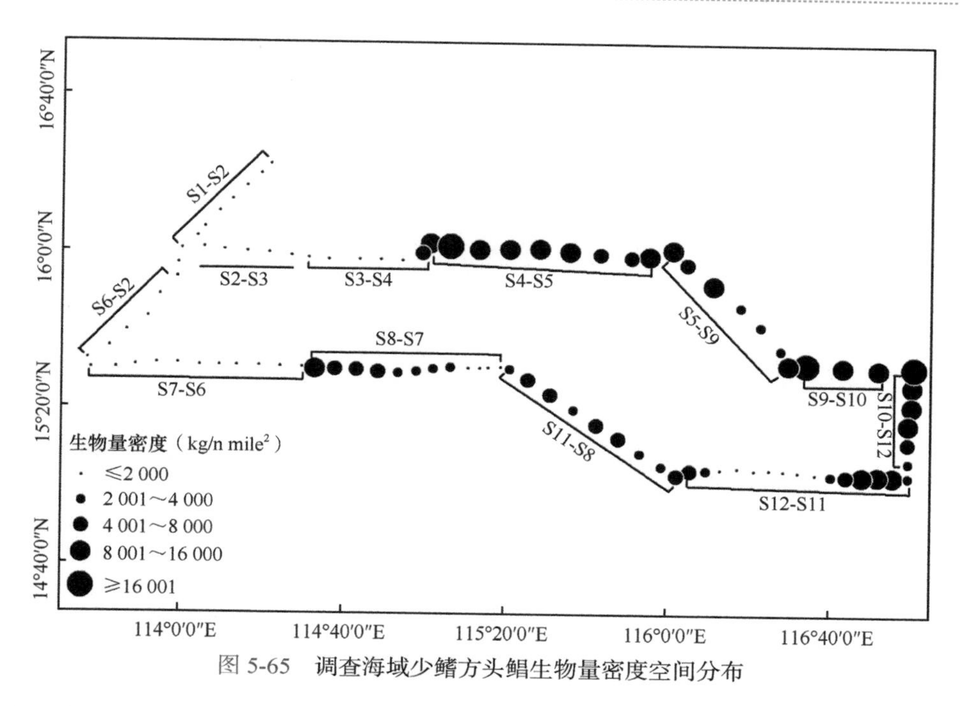

图 5-65　调查海域少鳍方头鲳生物量密度空间分布

少鳍方头鲳主要分布于岛礁周边海域，平均尾数密度和平均生物量密度分别为 348 794 ind/n mile^2 和 7325 kg/n mile^2，而岛礁海域少鳍方头鲳平均尾数密度和平均生物量密度仅分别为 12 275 ind/n mile^2 和 271 kg/n mile^2。由于少鳍方头鲳幼鱼多以群体形式生活，因而其评估结果受抽样频次的影响较大。受天气、海况、网具等诸多因素的影响，仅进行了 3 次生物学采样，故少鳍方头鲳资源评估的结果可能存在一定偏差。

2. 个体大小分布

1）声学走航探测结果

根据声学走航探测断面 0～100 m 层单回波检测（SED）结果，各个断面共检出回波单体数为 113 691 个，目标强度（TS）为–65～–27.78 dB，平均目标强度为–56.58 dB。若以 5 dB 作为基本分组单元，则调查海域回波单体目标强度可大致分为–65～–60 dB、–60～–55 dB、–55～–50 dB、–50～–45 dB、–45～–40 dB、–40～–35 dB、–35～–30 dB 和–30～–25 dB 共 8 个小组，各小组占比如图 5-66 所示。

调查期间，中沙群岛海域声学走航断面各类游泳生物以目标强度为–65～–55 dB 的个体为主，约占总个体数量的 64.5%；其次为目标强度为–55～–45 dB 的个体，约占 32.3%；目标强度为–45～–35 dB 的个体约占 3.0%；目标强度为–35～–25 dB 的个体仅占 0.1%[①]。

根据 Foote（1987）提出的目标强度与体长转化经验公式，–65～–55 dB 对应微型个体，–55～–45 dB 对应小型个体，–45～–35 dB 对应中型个体，–35～–25 dB 对应大型个体。调查海域声学走航断面平均目标强度与个体大小组成如表 5-8 所示。

① 本书百分比之和不等于 100%是因为数据进行过舍入修改。

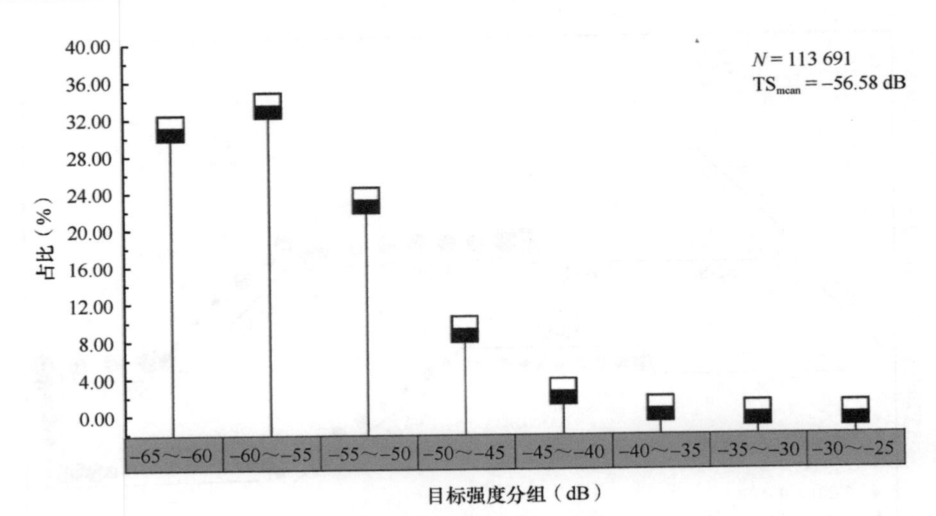

图 5-66 声学走航探测区域回波单体大小组成

表 5-8 调查海域声学走航断面平均目标强度与个体大小组成

断面	平均 TS（dB）	个体大小组成（%）			
		微型个体	小型个体	中型个体	大型个体
S1-S2	–52.10	33.72	53.00	13.25	0.03
S2-S3	–56.56	64.87	32.43	2.60	0.10
S3-S4	–54.68	50.01	44.89	5.04	0.06
S4-S5	–56.79	64.29	35.04	0.59	0.08
S5-S9	–59.36	81.79	17.89	0.30	0.02
S6-S2	–57.67	72.46	25.85	1.65	0.04
S7-S6	–56.88	70.52	23.89	4.80	0.79
S8-S7	–58.21	76.04	23.34	0.60	0.02
S9-S10	–57.10	70.80	27.33	1.81	0.06
S10-S12	–56.79	62.40	37.10	0.48	0.02
S11-S8	–56.56	62.82	35.15	1.91	0.12
S12-S11	–57.98	76.34	23.04	0.61	0.01

整体上，调查海域各断面均以微型个体和小型个体为主，微型个体在总回波单体中占比为 33.72%～81.79%，小型个体在总回波单体中占比为 17.89%～53.00%；各断面平均目标强度为–59.4～–52.1 dB。其中，大环礁西北部的 S1-S2 断面平均目标强度较大，小型个体与中型个体占比明显高于其他断面，分别占回波单体总数的 53.00%和 13.25%。

2）声学原位观测结果

根据调查海域声学原位观测站位 0～100 m 层单回波检测（SED）结果，调查期间 S1～S12 站位共检出回波单体数为 101 545 个，目标强度为–65～–25.41 dB，平均目标强度为–56.27 dB。以 5 dB 作为基本分组单元，则调查海域回波单体目标强度可大致分为–65～–60 dB、–60～–55 dB、–55～–50 dB、–50～–45 dB、–45～–40 dB、–40～–35 dB、–35～–30 dB 和–30～–25 dB 共 8 个小组，各小组占比如图 5-67 所示。

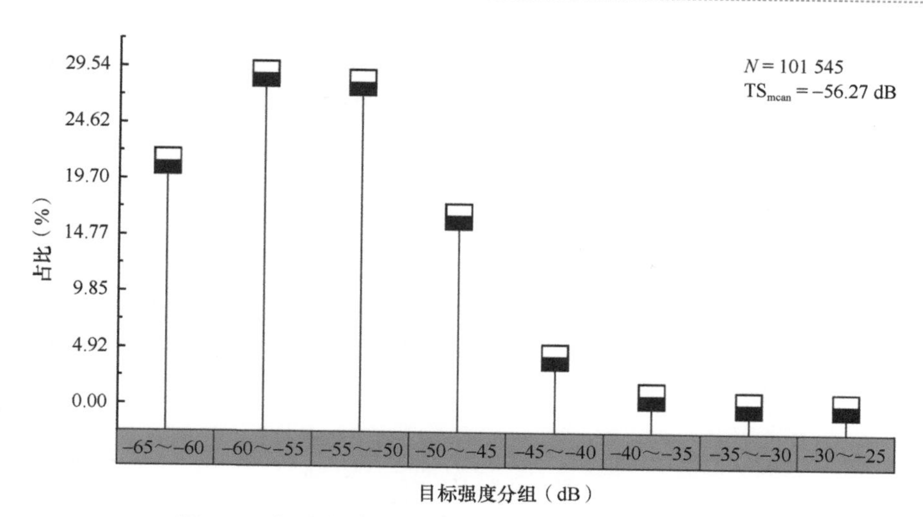

图 5-67　调查海域声学原位观测站位回波单体大小组成

调查期间声学原位观测站位各类游泳生物以目标强度为−65～−45 dB 的个体为主，约占总个体数量的 94.80%；目标强度为−45～−35 dB 的个体约占 5.09%；目标强度为−35～−25 dB 的个体仅占 0.11%。

根据 Foote（1987）提出的目标强度与体长转化经验公式，−65～−55 dB 对应微型个体，−55～−45 dB 对应小型个体，−45～−35 dB 对应中型个体，−35～−25 dB 对应大型个体。调查海域声学原位观测站位平均目标强度与个体大小组成如表 5-9 所示。

表 5-9　调查海域声学原位观测站位平均目标强度与个体大小组成

站位	平均 TS（dB）	个体大小组成（%）			
		微型个体	小型个体	中型个体	大型个体
S1	−53.4	42.61	47.66	9.62	0.11
S2	−53.6	35.88	61.64	2.47	0.01
S3	−51.9	33.33	54.43	11.77	0.47
S4	−55.6	54.98	43.42	1.46	0.14
S5	−59.2	89.38	9.25	1.06	0.31
S6	−59.5	88.21	11.34	0.45	0
S7	−57.8	75.18	24.26	0.54	0.02
S8	−56.4	54.07	45.88	0.05	0
S9	−57.2	66.88	33.03	0.09	0
S10	−55.5	54.38	42.28	3.14	0.2
S11	−56.9	68.20	29.86	1.67	0.27
S12	−58.3	80.36	19.22	0.42	0

整体上，各站位以微型个体和小型个体为主，微型个体在总回波单体中占比为 33.33%～89.38%，小型个体在总回波单体中占比为 9.25%～61.64%；各站位平均目标强度为−59.5～−51.9 dB。其中，S5 和 S6 站位微型个体占比极高，分别占回波单体总数的

89.38%和 88.21%，其平均目标强度相对较小，分别为–59.2 dB 和–59.5 dB。S1、S2 和 S3 站位中型个体占比较高，分别占总回波单体数的 9.62%、2.47%和 11.77%，因而其平均目标强度相对较大，分别为–53.4 dB、–53.6 dB 和–51.9 dB。

3. 体长/胴长分布

1）游泳生物的体长/胴长

如表 5-10 所示，调查海域灯光罩网采获游泳生物个体的平均体长/胴长范围为 4.75～25.5 cm，整体上以小型个体为主。其中，最大个体（颌圆鲹）体长为 29.2 cm，最小个体（锯鳞鱼）体长仅 4.7 cm。

表 5-10 调查海域游泳生物体长/胴长分布

种类	S1 站位 *R*，*M*（cm）	S10 站位 *R*，*M*（cm）	S11 站位 *R*，*M*（cm）
鸢乌贼 *Sthenoteuthis oualaniensis*	9～15.5，11.9	7.3～15.8，9	6.5～13.5，9.3
菱鳍乌贼 *Thysanoteuthis rhombus*		13～15.8，14.4	24.5～26.5，25.5
刺尾鱼 *Acanthurus* sp.	4.9～5.5，5.2		
颌圆鲹 *Decapterus lajang*	14.3～29.2，21.7		17.4～17.6，17.5
花鳍兔头鲀 *Lagocephalus oceanicus*			6.5，6.5
黄鳍金枪鱼 *Thunnus albacares*	18～22.5，19.9	18.8，18.8	
鲣 *Katsuwonus pelamis*	19.8～24.8，21		19.2，19.2
锯鳞鱼 *Myrispristis* sp.			4.7～4.8，4.75
南沙虹灯鱼 *Bolinichthys nanshanensis*		7.2，7.2	
日本乌鲂 *Brama japonica*	18.4，18.4	8.2～13.7，9.7	
多鳞霞蝶鱼 *Hemitaurichthys polylepis*		7.2，7.2	
少鳍方头鲳 *Cubiceps pauciradiatus*	10.6～12，11.3	9.8～12.3，11	10.3～10.6，10.45
长体圆鲹 *Decapterus macrosoma*	13.2～14.3，13.75	10.2～13.3，11.75	12.8～13.8，13.3
脂眼凹肩鲹 *Selar crumenophthalmus*			12.4，12.4
直线若鲹 *Carangoides orthogrammus*			24.6，24.6

注：*R* 表示体长/胴长范围；*M* 表示平均值

S1 站位鸢乌贼个体胴长为 9～15.5 cm，平均胴长为 11.9 cm，以中型群（有发光器）为主；S10 和 S11 站位鸢乌贼个体胴长为 6.5～15.8 cm，平均胴长为 9.1 cm，以微型群（无发光器）为主。

2）优势种的体长/胴长

Ⅰ）鸢乌贼

以随机抽样的方式，分别从 S1、S10 和 S11 站位灯光罩网渔获物中采集鸢乌贼样本 50 尾，共计 150 尾，分析该海域鸢乌贼的胴长分布。结果显示（图 5-68），该海域鸢乌贼胴长为 6.5～15.8 cm，平均胴长约为 10 cm，优势种为 8～9 cm 的个体，占鸢乌贼总样本量的 35.3%。

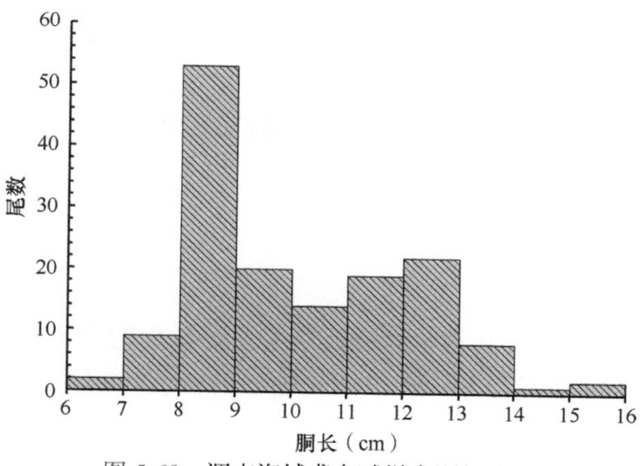

图 5-68　调查海域鸢乌贼样本胴长分布

调查海域鸢乌贼样本胴长分布与方差分析如图 5-69 所示。S1 站位鸢乌贼胴长分布较均匀，最大胴长为 15.5 cm，最小胴长为 9 cm，平均胴长为 11.9 cm，中位数胴长为 11.8 cm；S10 站位鸢乌贼胴长分布极不均匀，最大胴长为 15.8 cm，最小胴长为 7.3 cm，平均胴长为 9 cm，中位数胴长为 8.5 cm，整体上以小型个体为主；S11 站位鸢乌贼最大胴长为 13.5 cm，最小胴长为 6.5 cm，平均胴长为 9.3 cm，中位数胴长为 8.9 cm，整体上分布不均匀，小型个体占比较高。

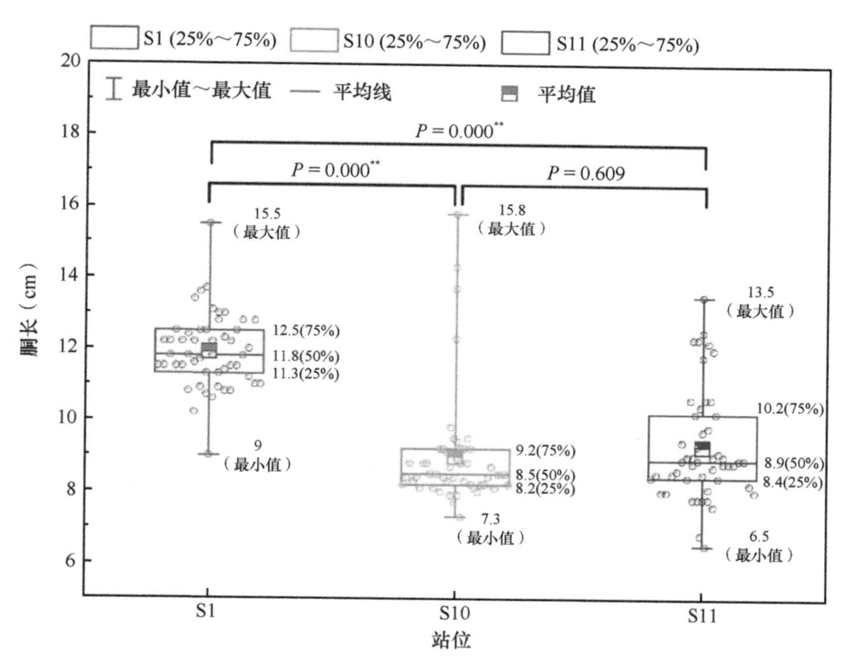

图 5-69　调查海域鸢乌贼样本胴长分布与方差分析

**表示差异极显著

单因素方差分析结果显示，不同站位鸢乌贼胴长存在显著差异（P=0.000，F=62.423）。Tukey HSD 多重比较结果显示，S1 站位鸢乌贼样本胴长显著大于 S10 和 S11 站位

（P=0.000），而 S10 和 S11 站位鸢乌贼胴长差异不显著（P=0.609）。

Ⅱ）少鳍方头鲳

少鳍方头鲳主要为 S10 站位渔获物中的优势种，其体长分布范围较窄，集中在 9.8～12.3 cm，平均体长约为 11 cm。

4. 体重分布

1）游泳生物体重分布

如表 5-11 所示，中沙群岛海域灯光罩网采获游泳生物个体平均体重范围为 3.5～652.5 g，整体上以小型个体为主。最大个体为菱鳍乌贼，体重约 735 g；最小个体为锯鳞鱼，体重仅 3 g。

表 5-11　调查海域游泳生物体重分布

种类	S1 站位 *R*，*M*（g）	S10 站位 *R*，*M*（g）	S11 站位 *R*，*M*（g）
鸢乌贼 *Sthenoteuthis oualaniensis*	22～148，66	15～150，28	7～108，30
菱鳍乌贼 *Thysanoteuthis rhombus*		125～150，137.5	570～735，652.5
刺尾鱼 *Acanthurus* sp.	10～12，11		
颌圆鲹 *Decapterus lajang*	32～315，134		60～71，65.5
花鳍兔头鲀 *Lagocephalus oceanicus*			11，11
黄鳍金枪鱼 *Thunnus albacares*	95～202，130	108，108	
鲣 *Katsuwonus pelamis*	108～251，134		122，122
锯鳞鱼 *Myrispristis* sp.			3～4，3.5
南沙虹灯鱼 *Bolinichthys nanshanensis*		8，8	
日本乌鲂 *Brama japonica*	158，158	19～76，30	
多鳞霞蝶鱼 *Hemitaurichthys polylepis*		21，21	
少鳍方头鲳 *Cubiceps pauciradiatus*	22～28，25	11～27，21	16～18，17
长体圆鲹 *Decapterus macrosoma*	28～35，31.5	12～30，21	28～29，28.5
脂眼凹肩鲹 *Selar crumenophthalmus*			27，27
直线若鲹 *Carangoides orthogrammus*			300，300

注：*R* 表示体重范围；*M* 表示平均值

S1 站位鸢乌贼个体体重为 22～148 g，平均体重为 66 g；S10 和 S11 站位鸢乌贼个体体重为 7～150 g，平均体重分别为 28 g 和 30 g，明显小于 S1 站位。

2）优势种的体重分布

Ⅰ）鸢乌贼

根据鸢乌贼样本体重抽样调查结果（图 5-70），该海域鸢乌贼体重为 7～150 g，平均体重约为 41.25 g，优势群体为 10～30 g 的个体，占鸢乌贼总样本量的 52.67%。

调查海域鸢乌贼样本体重分布与方差分析如图 5-71 所示。S1 站位鸢乌贼体重分布较均匀，最大体重为 148 g，最小体重为 22 g，平均体重为 66 g，中位数体重为 64 g；S10 站位鸢乌贼体重分布极不均匀，最大体重为 150 g，最小体重为 15 g，平均体重为 28 g，中位数体重为 20 g，整体上以小型个体为主；S11 站位鸢乌贼最大体重为 108 g，最小体重为 7 g，平均体重为 30 g，中位数体重为 22.5 g，整体上分布不均匀，小型个体占比较高。

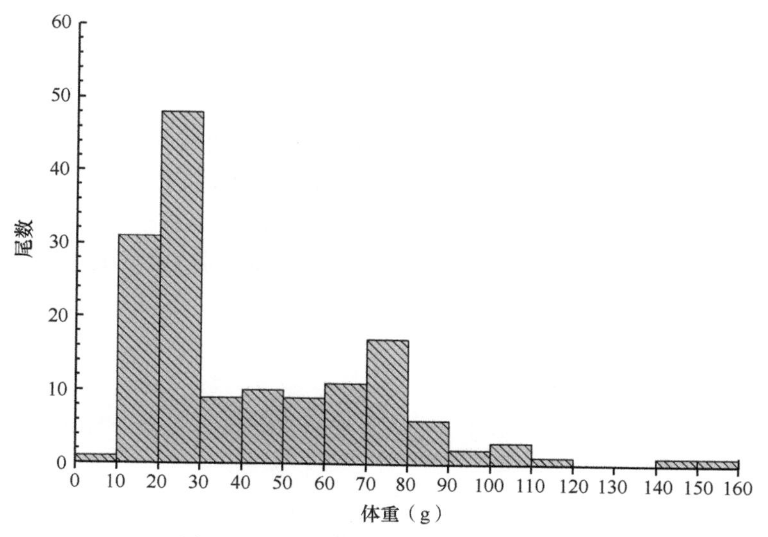

图 5-70　调查海域鸢乌贼样本体重分布

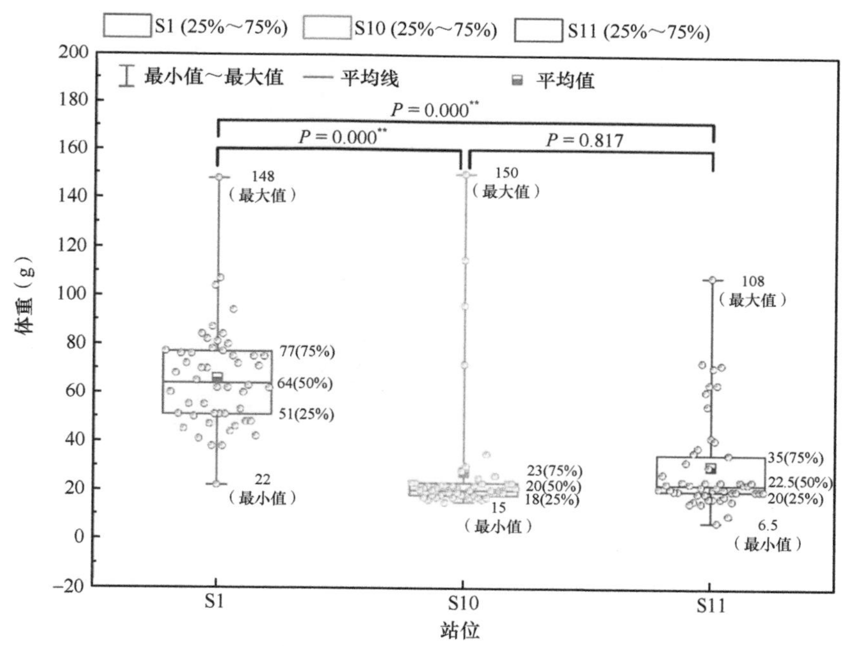

图 5-71　调查海域鸢乌贼样本体重分布与方差分析

**表示差异极显著

单因素方差分析结果显示，不同站位鸢乌贼体重存在显著差异（P=0.000，F=45.221）。Tukey HSD 多重比较结果显示，S1 站位鸢乌贼样本体重均显著大于 S10 和 S11 站位（均 P=0.000），而 S10 和 S11 站位鸢乌贼体重差异不显著（P=0.817）。

II）少鳍方头鲳

S10 站位渔获物中的优势种为少鳍方头鲳，其体重主要为 11～27 g，平均体重为 21 g，优势群体主要为 17～25 g 的个体，约占总样本数量的 76%。

5. 雌雄比例

根据鸢乌贼样本现场解剖结果，S1 站位 50 尾样本中雌雄个体分别为 22 尾和 28 尾；S10 站位雌雄个体分别为 21 尾和 29 尾；S11 站位雌雄个体分别为 14 尾和 36 尾。整体而言，调查海域鸢乌贼雌雄比例不均匀，雌性个体仅占样本总量的 38%。

根据少鳍方头鲳现场解剖结果，S10 站位雌雄个体分别为 26 尾和 24 尾，可见少鳍方头鲳雌雄比例较均衡。

6. 性成熟度分布

参照性成熟度判定方法（附录 I），分别对采获的鸢乌贼和少鳍方头鲳性成熟度进行分析。

调查海域鸢乌贼样本性成熟度分布如图 5-72 所示。鸢乌贼样品性成熟度主要处于III期，占总样本数量的 46.7%；其次为II期和I期，分别占总样本数量的 23.3%和 17.3%；IV期样本仅占总样本数量的 12.7%。

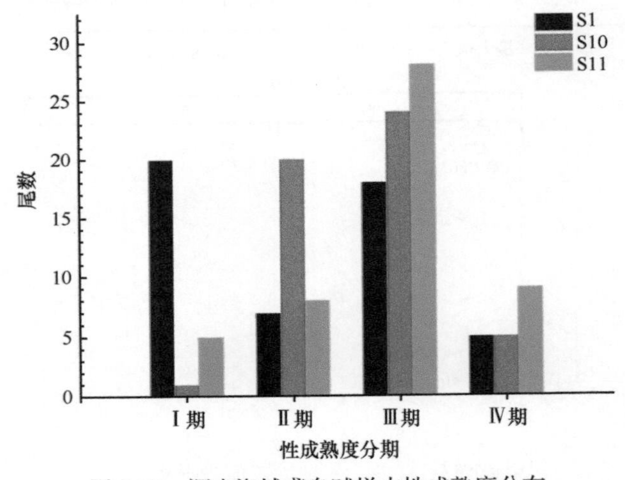

图 5-72 调查海域鸢乌贼样本性成熟度分布

S1 站位鸢乌贼性成熟度主要处于I期和III期，约占总样本数量的 76%；S10 站位鸢乌贼性成熟度主要处于III期和II期，约占总样本数量的 88%；S11 站位鸢乌贼性成熟度主要处于III期，约占总样本数量的 56%。上述结果表明，调查期间该海域鸢乌贼主要处于性成熟早中期。

调查海域少鳍方头鲳性成熟度主要处于II期和III期，分别约占总样本数量的 74%和 26%。调查期间该海域少鳍方头鲳主要处于性成熟早中期，可能为同一世代群体。

7. 摄食强度分布

参照胃含物摄食等级划分方法（附录Ⅱ），分别对采获的鸢乌贼和少鳍方头鲳摄食强度进行分析。

调查海域鸢乌贼样本胃含物摄食等级见图 5-73。鸢乌贼样本胃含物摄食等级主要处于 2 级和 3 级，占总样本数量的 74%；胃含物摄食等级处于 4 级的鸢乌贼样本占总样本数量的 18.7%，1 级和 0 级的鸢乌贼样本数量累计仅占总样本数量的 7.3%。

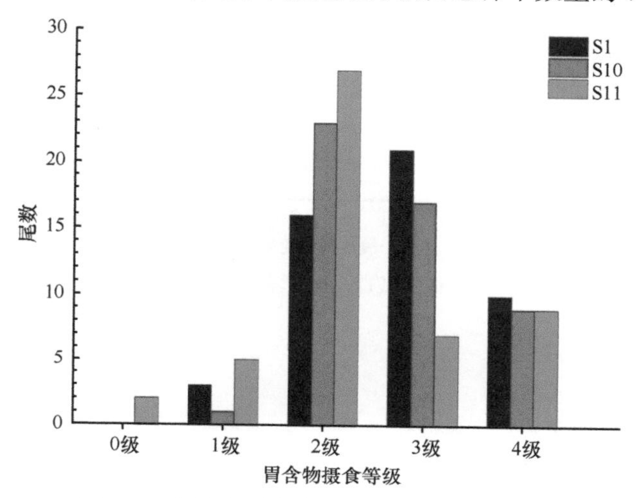

图 5-73　调查海域鸢乌贼样本胃含物摄食等级

S1 站位鸢乌贼样本胃含物摄食等级主要处于 2 级和 3 级,约占总样本数量的 74%；S10 站位鸢乌贼样本胃含物摄食等级主要处于 2 级和 3 级，约占总样本数量的 80%；S11 站位鸢乌贼样本胃含物摄食等级主要处于 2 级，约占总样本数量的 54%。综上可知，该海域鸢乌贼样本胃含物摄食等级处于中高水平，表明调查期间该海域鸢乌贼饵料较充裕。

调查海域少鳍方头鲳样本胃含物摄食等级主要处于 0 级和 2 级，占总样本数量的 88%；处于 4 级的占总样本数量的 10%；处于 1 级的仅占总样本数量的 2%。调查期间该海域少鳍方头鲳样本胃含物摄食等级处于中低水平，表明该海域少鳍方头鲳饵料较贫乏。

8. 种群分布

南海鸢乌贼由微型群和中型群组成。调查海域鸢乌贼形态数据判别分析结果如图 5-74 所示，依据胴长、体重等形态数据区分鸢乌贼中型群与微型群的成功率高达 92%。

调查海域灯光罩网采样站位鸢乌贼体重与胴长的关系见图 5-75。结果显示，S1 站位鸢乌贼主要为中型群，占比达 90%，微型群占比为 10%；S10 站位鸢乌贼主要为微型群，占比为 92%，中型群占比为 8%；S11 站位鸢乌贼微型群占比为 82%，中型群占比为 18%。

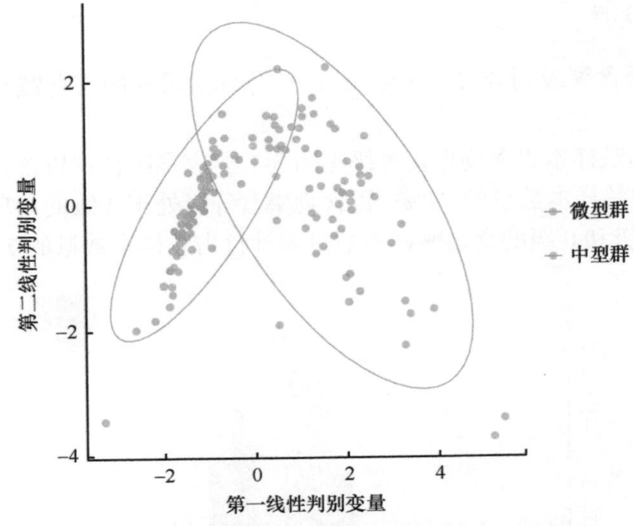

图 5-74 调查海域鸢乌贼形态数据判别分析结果

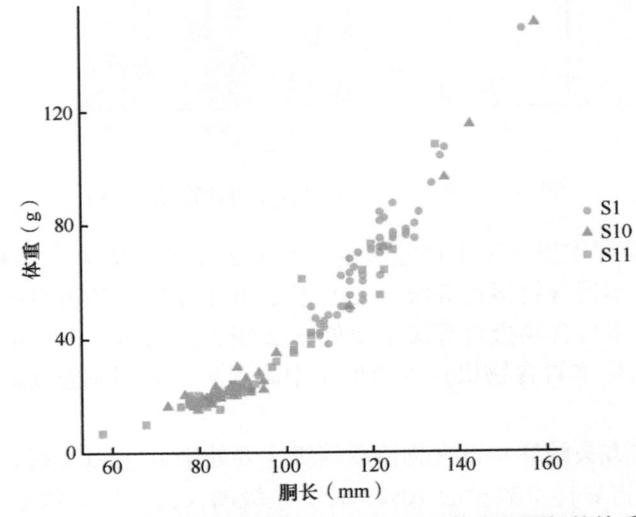

图 5-75 调查海域灯光罩网采样站位鸢乌贼体重与胴长的关系图

9. 垂直分布

若不考虑各水层游泳生物种类组成差异，则各水层游泳生物资源密度一般与该水层声学反向散射截面（NASC）呈正相关关系。调查未开展分层采样，并不了解各水层游泳生物种类组成。因此，各水层游泳生物资源密度主要通过 NASC 分析。

垂直方向上，以 10 m 为基本分组单元，声学走航探测区域 10～100 m 各层 NASC 差异较小，为 0.56～1.60 $m^2/n\ mile^2$（图 5-76）。其中，10～20 m 层 NASC 最小，该结果可能与声学走航探测过程中海洋生物对船舶的逃避行为有关。90～100 m 层 NASC 最大，且不同断面之间差异较大（SD=3.39），该结果主要受 S2-S3 断面探测到的海洋生物集群现象的影响。

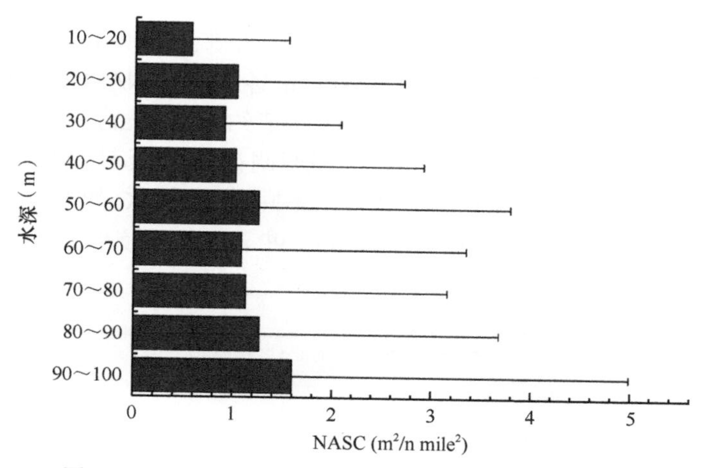

图 5-76　调查海域声学走航探测区域 NASC 的垂直分布

调查海域声学走航断面各水层 NASC 的分布如图 5-77 所示。其中，大环礁中西部的 S2-S3 断面平均 NASC 为 71.76 $m^2/n\ mile^2$，明显大于其他断面，该结果与各站位渔业资源密度空间分布基本一致。因此，在垂直方向上以 NASC 代表各水层渔业资源密度是合理的。

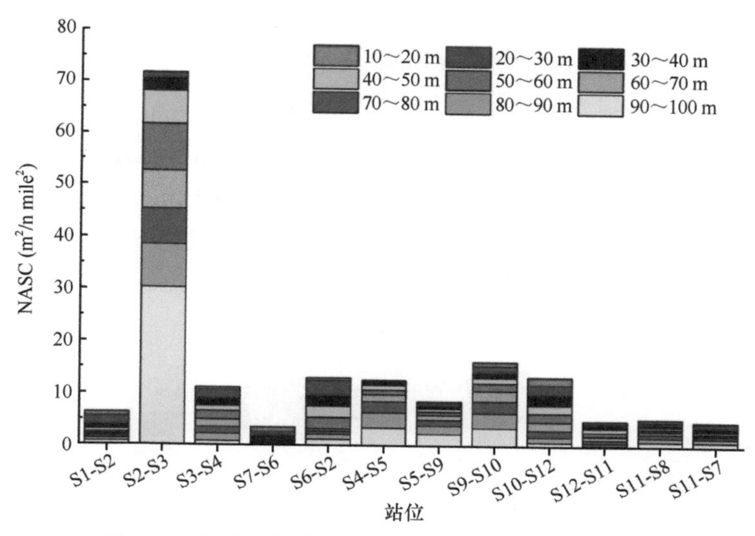

图 5-77　调查海域声学走航断面各水层 NASC 的分布

不同断面平均 NASC 在各水层存在较大差异。其中，除岛礁的 S2-S3 断面外，岛礁周边北部的 S4-S5、S5-S9 和 S9-S10 断面 90～100 m 层 NASC 相对较大；岛礁海域和黄岩岛附近海域的 S1-S2、S3-S4、S6-S2 和 S10-S12 断面 20～30 m 层 NASC 相对较大；其他断面 NASC 在各水层的分布较均匀。

若不考虑各水层游泳生物种类组成差异，则各水层游泳生物资源密度一般与该水层 NASC 呈正相关关系。调查未开展分层采样，并不了解各水层游泳生物种类组成。因此，各水层游泳生物资源密度主要通过 NASC 分析。

调查海域声学原位观测站位 NASC 的垂直分布如图 5-78 所示，垂直方向上以 10 m 为基本分组单元，声学原位观测站位 10～100 m 各层平均 NASC 为 0.65～6.96 m^2/n $mile^2$。其中，10～50 m 层 NASC 相对较大，平均值约为 3.07 m^2/n $mile^2$；而 50～100 m 层 NASC 较小，平均值约为 0.86 m^2/n $mile^2$，说明调查期间该海域游泳生物主要分布在中上水层（10～50 m）。此外，各水层误差线表示不同站位 NASC 的差异，中上水层（10～50 m）NASC 空间差异较大，而中下水层（50～90 m）差异较小。

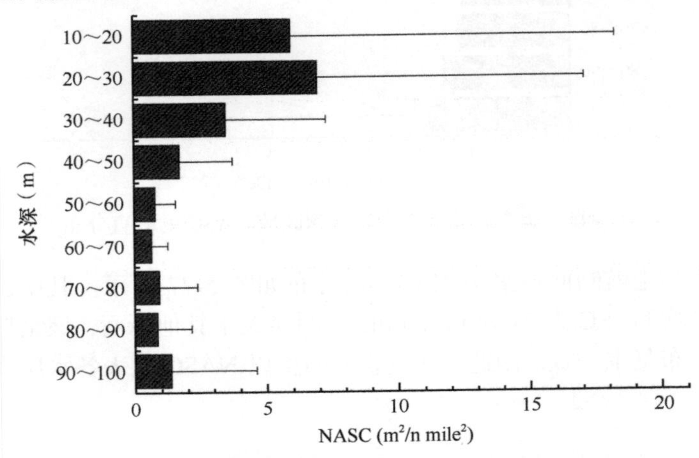

图 5-78 调查海域声学原位观测站位 NASC 的垂直分布

调查海域声学原位观测站位各水层 NASC 的分布如图 5-79 所示。其中，S10 和 S1 站位 NASC 相对较大，分别为 43.09 m^2/n $mile^2$ 和 42.35 m^2/n $mile^2$；其次为 S7、S3、S4、S2 和 S11 站位，分别为 24.56 m^2/n $mile^2$、18.17 m^2/n $mile^2$、16.73 m^2/n $mile^2$、13.32 m^2/n $mile^2$ 和 12.75 m^2/n $mile^2$。该结果与各站位游泳生物密度空间分布基本一致。因此，在垂直方向上以 NASC 代表各水层渔业资源密度是合理的。

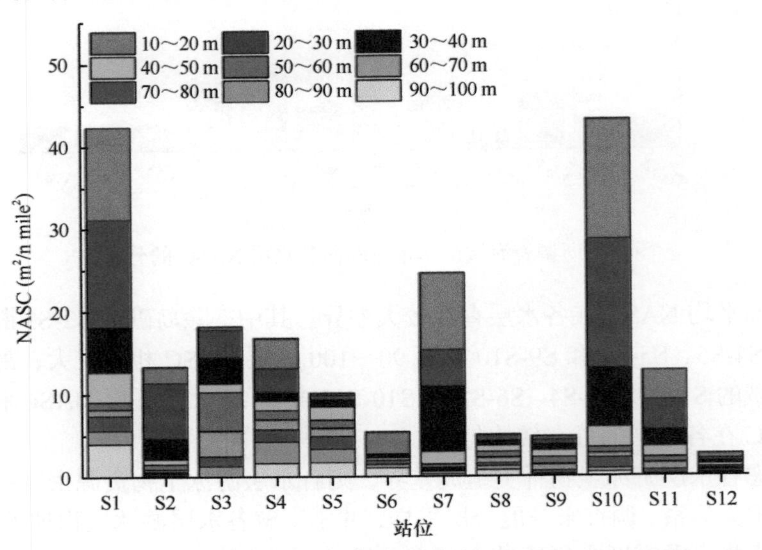

图 5-79 调查海域声学原位观测站位各水层 NASC 的分布

分析结果表明，不同站位 NASC 在各水层存在明显差异。其中，水深较深的 S1、S7、S10 和 S11 站位 10～50 m 层 NASC 相对较大，说明该区域游泳生物主要分布在中上水层；其他站位 NASC 在不同水层未表现出明显的分布特征。

10. 区域分布

调查海域声学走航探测区域游泳生物密度和平均目标强度空间差异如表 5-12 所示。

表 5-12　调查海域声学走航探测区域游泳生物密度和平均目标强度空间差异

区域	尾数密度（ind/n mile^2）	生物量密度（kg /n mile^2）	平均目标强度（dB）
岛礁海域	492 248	33 290	–55.58
岛礁周边海域	700 984	17 953	–57.54
t 检验	t=–0.799	t = 0.839	t = 2.071
显著性水平 0.05	P = 0.443	P = 0.446	P = 0.065

岛礁海域渔业资源平均尾数密度（492 248 ind/n mile^2）小于岛礁周边海域（700 984 ind /n mile^2），但二者差异不显著（P=0.443）；而岛礁海域渔业资源平均生物量密度（33 290 kg /n mile^2）大于岛礁周边海域（17 953 kg/n mile^2），二者差异同样不显著（P=0.446），但说明岛礁海域游泳生物个体相对较大。

调查海域声学走航探测区域各类游泳生物个体大小空间差异如图 5-80 所示。调查海域 10～100 m 层均以微型个体和小型个体为主。岛礁海域微型个体和小型个体分别占总回波单体数的 54.62%和 38.49%；岛礁周边海域微型个体和小型个体所占比重分别为 70.49%和 28.65%。此外，岛礁海域中型个体所占比重为 6.69%，明显高于中型个体在岛礁周边海域所占比重（0.82%）；岛礁海域大型个体所占比重亦高于岛礁周边海域。综上所述，岛礁海域大型个体、中型个体、小型个体所占比重均高于岛礁周边海域。因此，岛礁海域回波单体平均目标强度（–55.58 dB）大于岛礁周边海域（–57.54 dB），但差异不显著（P=0.065）。

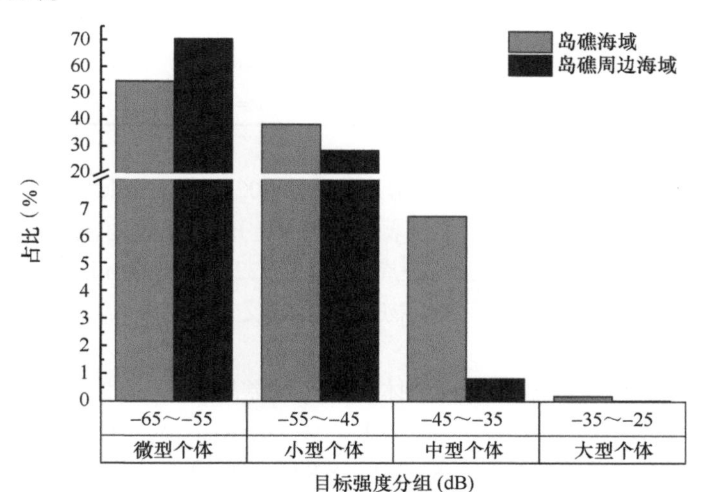

图 5-80　调查海域声学走航探测区域各类游泳生物个体大小空间差异

垂直方向上，岛礁海域 10～100 m 各层 NASC 为 0.58～6.68 m^2/n mile^2，区域平均值为 2.35 m^2/n mile^2。岛礁周边海域各层 NASC 为 0.59～1.81 m^2/n mile^2，区域平均值为 1.05 m^2/n mile^2。岛礁及其周边海域 NASC 在垂直方向上表现出类似的特征，各水层整体上分布较均匀，随水深的增大 NASC 呈上升趋势（图 5-81）。此外，除了 10～20 m，岛礁海域各层 NASC 均大于岛礁周边海域，但区域整体差异并不显著（P=0.412）。

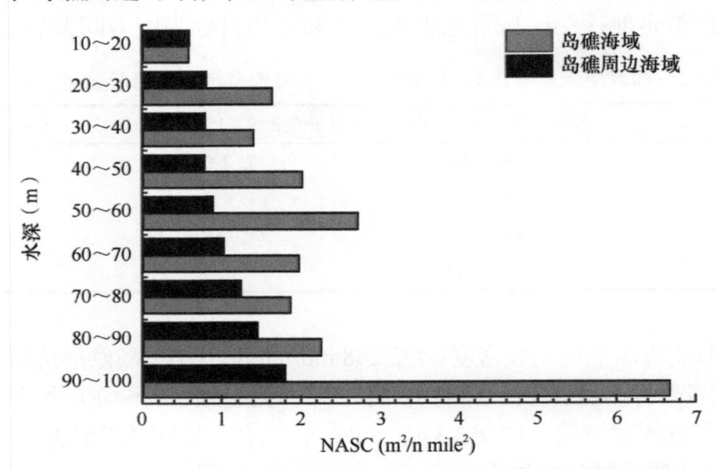

图 5-81　调查海域声学走航探测区域不同水层 NASC 的垂直分布

1）资源密度

基于中沙群岛海域的地理环境特征，将 12 个声学原位观测站位分成岛礁海域调查站位（S1～S4、S6 和 S7）和岛礁周边海域调查站位（S8～S12 和 S5）两组。调查海域游泳生物资源密度和平均目标强度区域差异如表 5-13 所示。

表 5-13　调查海域声学原位观测游泳生物资源密度和平均目标强度区域差异

海域	尾数密度（ind/n mile^2）	生物量密度（kg/n mile^2）	平均目标强度（dB）
岛礁海域	602 902	41 935	–55.28
岛礁周边海域	897 938	22 997	–57.26
t 检验	t = 0.698	t = 1.341	t = 1.519
显著性水平 0.05	P = 0.501	P = 0.210	P = 0.160

岛礁海域各类游泳生物平均尾数密度（602 902 ind/n mile^2）小于岛礁周边海域（897 938 ind/n mile^2），但二者差异不显著（P=0.501）；而岛礁海域各类游泳生物平均生物量密度（41 935 kg/n mile^2）大于岛礁周边海域（22 997 kg/n mile^2），但二者差异也不显著（P=0.210），说明岛礁海域游泳生物个体相对较大。

2）个体大小组成

调查海域声学原位观测游泳生物个体大小区域差异如图 5-82 所示。调查发现，岛礁海域和岛礁周边海域 10～100 m 层均以微型个体和小型个体为主。岛礁海域微型个体和小型个体分别占总回波单体数的 44.84%和 48.82%；岛礁周边海域微型个体和小型个体所占比重分别为 64.20%和 33.65%。此外，岛礁海域中型个体所占比重为 6.26%，明显高于中型个体在岛礁周边海域所占比重（1.96%）。与岛礁周边海域相比，岛礁海域中型个体、小型个体所占比重相对较高，因而岛礁海域回波单体平均目标强度（–55.28 dB）大于岛礁周边海域（–57.26 dB），但差异不显著（P=0.160），该结果进一步证实了上述结论。

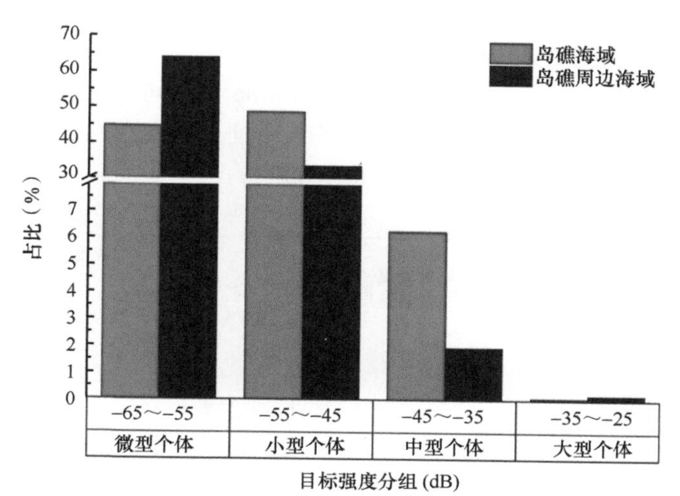

图 5-82　调查海域声学原位观测游泳生物个体大小区域差异

3）垂直分布

调查海域声学原位观测不同水层 NASC 的垂直分布见图 5-83。岛礁海域 10～100 m 层 NASC 为 0.90～5.11 $m^2/n\ mile^2$，平均值为 2.01 $m^2/n\ mile^2$；岛礁周边海域 10～100 m 层 NASC 为 0.50～3.54 $m^2/n\ mile^2$，平均值为 1.31 $m^2/n\ mile^2$。岛礁海域各层 NASC 均大于岛礁周边海域，但整体上差异并不显著（P=0.404）。岛礁海域和岛礁周边海域各层 NASC 均以中上水层（10～40 m）相对较高。

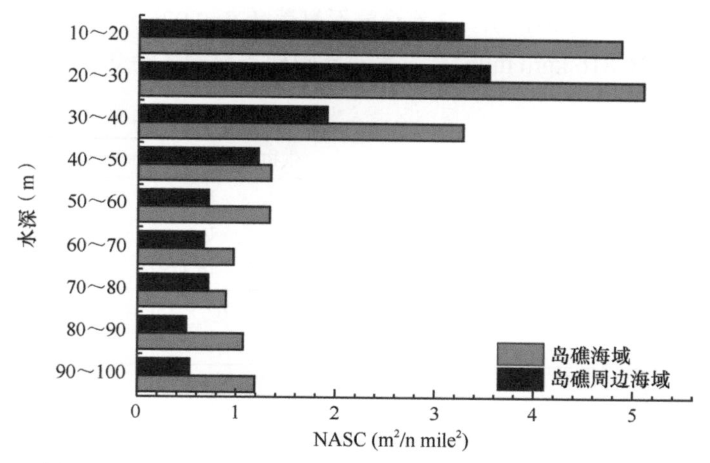

图 5-83　调查海域声学原位观测不同水层 NASC 的垂直分布

11. 昼夜分布

1）声学走航探测结果

Ⅰ）资源密度

调查海域声学走航探测区域不同时间渔业资源密度变化如图 5-84 所示。除 13:00 外，其余各时段平均尾数密度差异较小。各时段平均尾数密度为 253 202～870 377 ind/n mile^2，13:00 平均尾数密度有最大值，为 1 235 662 ind/n mile^2。不同时段渔业资源生物量密度与尾数密度变化特征基本一致，在 13:00 平均生物量密度有最大值，为 74 856 kg/n mile^2，其余各时段平均生物量密度为 7 913～34 557 kg/n mile^2。

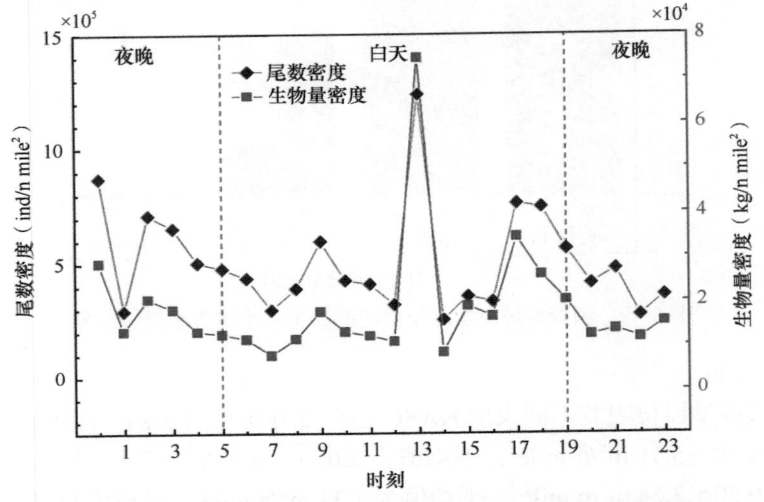

图 5-84 调查海域声学走航探测区域不同时间渔业资源密度变化

声学走航探测区域，白天和夜晚不同时段平均渔业资源密度分别为 502 347 ind/n mile^2 和 511 483 ind/n mile^2（表 5-14），二者差异不显著（P=0.926）；平均生物量密度分别为 19 844 kg/n mile^2 和 16 816 kg/n mile^2，二者差异同样不显著（P=0.601）。

表 5-14 调查海域声学走航探测区域渔业资源密度和平均目标强度昼夜差异

时段	尾数密度（ind/n mile^2）	生物量密度（kg/n mile^2）	平均目标强度（dB）
白天-有 S2-S3	502 347	19 844	−57.98
夜晚	511 483	16 816	−55.48
白天-无 S2-S3	441 654	15 325	−57.99
t 检验	t_1=−0.094	t_1 = 0.530	t_1=−7.031
	t_2=−0.984	t_2=−0.550	t_2=−6.989
显著性水平 0.05	P_1 = 0.926	P_1 = 0.601	P_1 = 0.000**
	P_2 = 0.336	P_2 = 0.588	P_2 = 0.000**

S2-S3 断面声学探测的时间是 13:00，属于白天时段，其间该区域探测到生物集群现象，从而使白天时段渔业资源密度评估结果大幅度增大。本调查中，若剔除 S2-S3 断面

渔业资源评估结果，声学走航探测区域白天时段渔业资源尾数密度和生物量密度分别为 441 654 ind/n $mile^2$ 和 15 325 kg/n $mile^2$，则夜晚渔业资源尾数密度与生物量密度均大于白天，但昼夜差异依然不显著（P = 0.336 和 P =0.588）。

Ⅱ）个体大小组成

调查海域声学走航探测区域各类游泳生物个体大小昼夜差异如图 5-85 所示。白天和夜晚声学走航探测区域回波单体均以微型个体和小型个体为主。白天，微型个体和小型个体在总回波单体中所占比重分别为 75.36%和 22.97%；夜晚微型个体和小型个体在总回波单体中所占比重分别为 55.99%和 39.74%。夜晚，微型个体在总回波单体中所占比重明显低于白天，该结果可能与微型个体在夜晚迁移至 10 m 以上水层相关，而该水层被排除在声学探测的范围之外。夜晚，中型个体和小型个体所占比重略有增大，该结果可能与部分白天隐匿于 100 m 以下水层的中小型个体在夜晚迁移至 100 m 以上水层觅食相关。

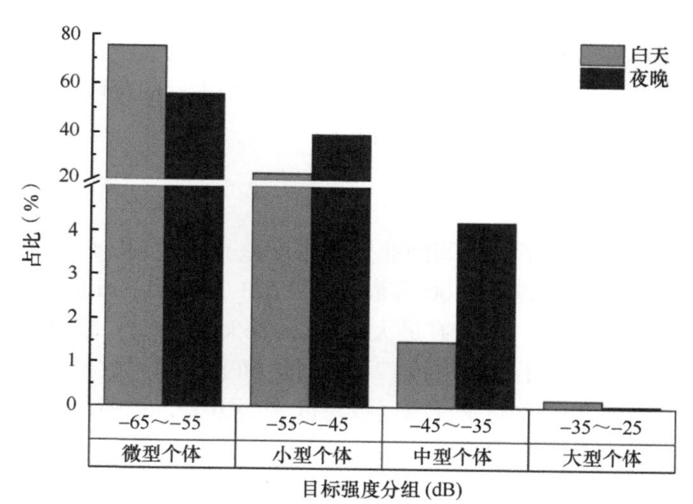

图 5-85　调查海域声学走航探测区域各类游泳生物个体大小昼夜差异

综上可知，声学走航探测区域 10～100 m 层各类游泳生物平均目标强度夜晚明显大于白天（P=0.000），分别为−55.48 dB 和−57.98 dB。此外，在剔除 S2-S3 断面单回波数据的条件下，白天时段声学走航探测区域平均目标强度为−57.99 dB，与夜晚声学走航探测区域平均目标强度差异仍显著（P=0.000），表明调查海域游泳生物夜间上浮现象较为明显，大个体游泳生物会夜间上浮至 10～100 m 层。

Ⅲ）垂直分布

调查海域声学走航探测区域 NASC 昼夜分布如图 5-86 所示，白天时段各层 NASC 为 0.30～1.75 m^2/n $mile^2$，平均值为 1.11 m^2/n $mile^2$，各层 NASC 随水深的增加大致呈增大的趋势。夜晚时段各层 NASC 为 0.72～1.45 m^2/n $mile^2$，平均值为 1.07 m^2/n $mile^2$，10～40 m 层 NASC 相对较大。

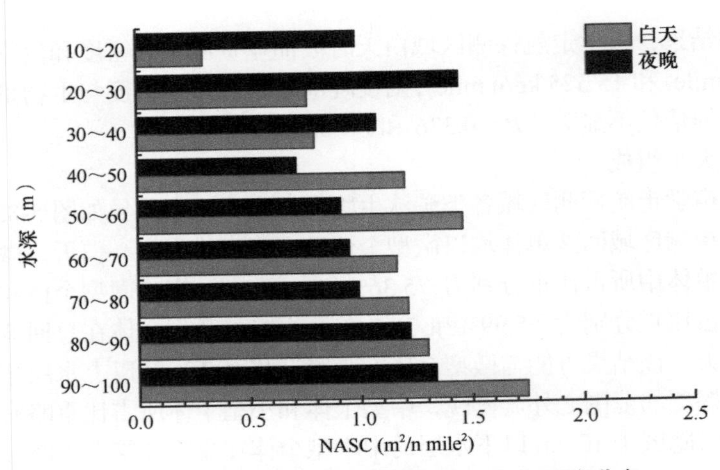

图 5-86 调查海域声学走航探测区域 NASC 昼夜分布

整体而言，白天和夜晚不同时段声学走航探测区域 NASC 差异较小，各层分布较均匀，但白天主要分布于 20～100 m 层，并沿水深逐渐增大；而夜晚主要分布于 10～40 m 层，40～50 m 层最小，之后沿水深逐渐增大。

2）声学原位观测结果

Ⅰ）资源密度

调查海域声学原位观测不同时间渔业资源密度差异较大（图 5-87），尾数密度在 5:00 有最小值 175 807 ind/n mile^2，在 19:00 有最大值 2 621 285 ind/n mile^2；生物量密度在 8:00 有最小值 8355 kg/n mile^2，在 19:00 有最大值 182 326 kg/n mile^2。整体上白天时段渔业资源尾数密度与生物量密度低于夜晚时段。不同时段渔业资源尾数密度与生物量密度动态变化特征基本一致，但在夜晚渔业资源尾数密度变幅更大，说明夜晚时段渔业资源的动态变化主要归因于小型个体的增减。

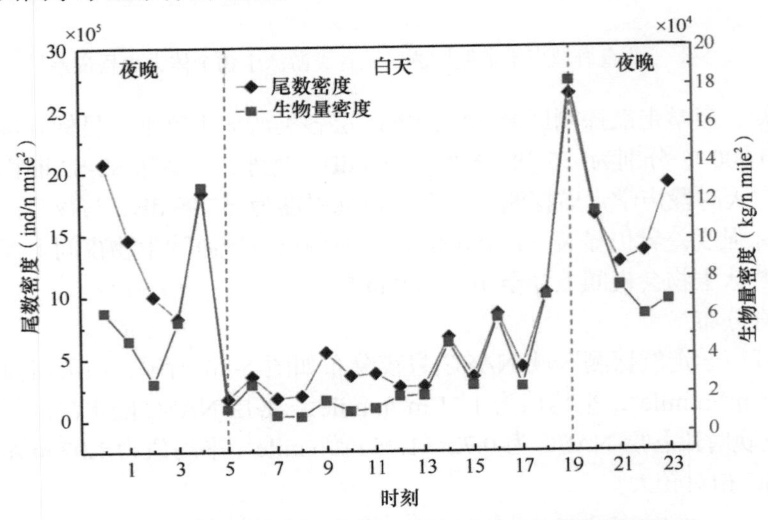

图 5-87 调查海域声学原位观测不同时间渔业资源密度变化

调查海域游泳生物密度和平均目标强度昼夜差异如表 5-15 所示。夜晚和白天游泳生物平均尾数密度分别为 1 598 124 ind/n mile^2 和 434 227 ind/n mile^2，夜晚约为白天的 3.68 倍。夜晚和白天游泳生物平均生物量密度分别为 82 302 kg/n mile^2 和 25 592 kg/n mile^2，夜晚约为白天的 3.22 倍。独立样本 t 检验结果表明，调查海域平均渔业资源尾数密度和生物量密度在白天与夜晚不同时段均存在显著差异（P=0.000；P=0.004）。因此，昼夜差异是影响特定水层渔业资源声学评估结果的重要因素之一。

表 5-15　调查海域游泳生物密度和平均目标强度昼夜差异

时段	尾数密度（ind/n mile^2）	生物量密度（kg/n mile^2）	平均目标强度（dB）
白天	434 227	25 592	−56.34
夜晚	1 598 124	82 302	−54.01
t 检验	t=−6.399	t=−3.655	t=−2.943
显著性水平 0.05	P = 0.000	P = 0.004	P = 0.011

Ⅱ）个体大小组成

调查海域声学原位观测游泳生物个体大小昼夜差异如图 5-88 所示。不论白天还是夜晚，调查海域 10～100 m 层以微型个体和小型个体为主。白天，微型个体和小型个体累计占总回波单体数的98.27%；夜晚，微型个体和小型个体累计占总回波单体数的 92.71%。

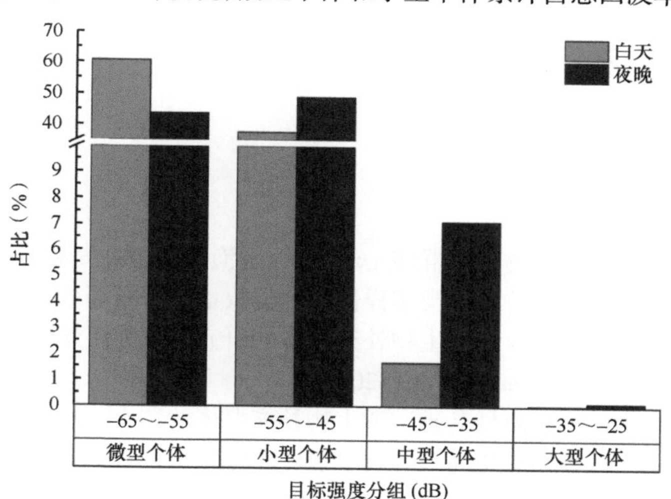

图 5-88　调查海域声学原位观测游泳生物个体大小昼夜差异

夜晚，微型个体所占比重略低于其在白天总回波单体中所占比重，该结果可能与微型个体在夜晚迁移至 10 m 以上水层相关，而该水层被排除在声学探测的范围之外。

夜晚，中型个体和小型个体所占比重略有增大，该结果可能与部分白天隐匿于 100 m 以下水层的中小型个体在夜晚迁移至 100 m 以上水层觅食相关。

整体上，不同时段夜晚和白天调查海域回波单体平均目标强度分别为−54.01 dB 和−56.34 dB。独立样本 t 检验结果表明（表 5-15），调查海域平均目标强度在白天和夜晚不同时段均存在显著差异（P=0.011）。

Ⅲ）垂直分布

调查海域声学原位观测 NASC 昼夜分布如图 5-89 所示。不同水层 NASC 分布不均匀，且昼夜差异较大。夜晚，各层 NASC 为 0.77～13.73 m^2/n $mile^2$。其中，10～40 m 层 NASC 明显大于其他层，约占 10～100 m 层 NASC 的 83.42%。白天，各层 NASC 为 0.47～2.68 m^2/n $mile^2$，整体差异较小。其中，10～40 m 层 NASC 仅占 10～100 m 层 NASC 的 48.43%，说明声学原位观测各类游泳生物在白天有明显向下迁移的趋势。

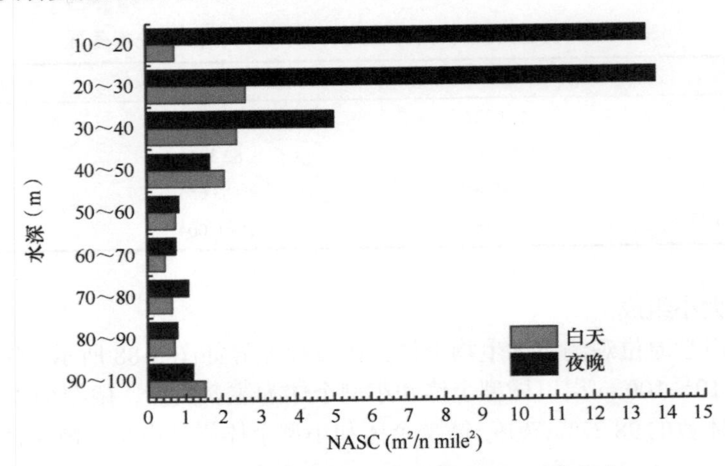

图 5-89 调查海域声学原位观测 NASC 昼夜分布

5.6 游泳生物补充群体

早期生长阶段的游泳生物补充群体（幼体），是渔业资源补充和可持续利用的基础。开展南海岛礁游泳生物补充群体种类多样性、种类数量和分布等调查研究，是渔业资源可持续利用的重要基础工作。游泳生物补充群体的研究，可为海洋渔业管理和海洋生态环境保护提供重要依据（Almany et al.，2017）。

我国对于南海中沙群岛海域岛礁游泳生物补充群体的调查相对较少。1975～1979 年在南海中沙群岛、中沙群岛周边岛礁开展了鱼卵和仔稚鱼调查，并对金枪鱼类、深海鱼类及不少岛礁种类的鱼卵、仔稚鱼进行了较详细的报道（陈真然，1979）。岛礁海域游泳生物种类繁多，由于地理位置、调查方式和技术手段的限制，许多种类依然未被人们所了解。此外，游泳生物补充群体的个体小、各生长阶段形态差异大、种间形态区分困难，传统形态分析难以确定种类，导致该海域乃至南海岛礁渔业生物补充群体的种类组成及形态特征等基础信息十分欠缺。迄今为止，尚未见我国对中沙群岛岛礁海域游泳生物补充群体的专题调查报道。因缺乏游泳生物补充群体的基础信息，对中沙群岛岛礁生境作为南海海洋渔业生物重要产卵场、育幼场、觅食场和庇护所的功能认知明显不足。生物种类基因组序列信息数据库的不断完善，为岛礁海域游泳生物补充群体的种类鉴定和形态信息积累提供了有利条件。

基于中沙群岛综合科学考察航次（2019 年 5 月、2020 年 6 月和 2021 年 6 月），对中沙群岛及其邻近海域进行了游泳生物补充群体调查，主要包括鱼卵和仔稚鱼、头足类幼体和甲壳类幼体。以线粒体条形码和形态分析相结合的方法准确鉴定样品种类。游泳生物补充群体样品的采集方式与浮游动物相同，样品采获后以 95%乙醇现场固定。体视显微镜下挑出鱼卵、仔稚鱼、头足类幼体和甲壳类幼体样品进行分类。

鱼卵、仔稚鱼样品参考侯刚和张辉（2021）、张仁斋等（1985）、万瑞景和张仁斋（2016）、Leis 和 Carson-Ewart（2000）、Leis（1983）的研究进行初步的分类。提取分类后的样品组织基因组，使用聚合酶链式反应（PCR）扩增线粒体细胞色素 c 第Ⅰ亚基约 650 bp 的目的片段序列，使用 BioEdit 软件对序列进行对齐和编辑。将测序获得的序列结果与 NCBI（https://www.ncbi.nlm.nih.gov/）及 BOLD systems（http://www.boldsystems.org/）数据库进行同源比对。甲壳类幼体序列使用自动条码间隙识别模型（ABGD）和广义混合 Yule 溯祖模型（GMYC）来推测 COI 基因数据集假定的物种界线。利用 Mrmodeltest 2.3 软件对序列数据进行 Akaike 信息准则（AIC）最适核苷酸替代模型筛选，在 MrBayes v3.12 软件中构建贝叶斯系统树。

5.6.1　鱼卵和仔稚鱼

1. 种类组成

1）2019 年 5 月航次

2019 年 5 月航次对中沙群岛及其邻近海域进行了鱼卵和仔稚鱼样品采集，站位布设见图 5-90。

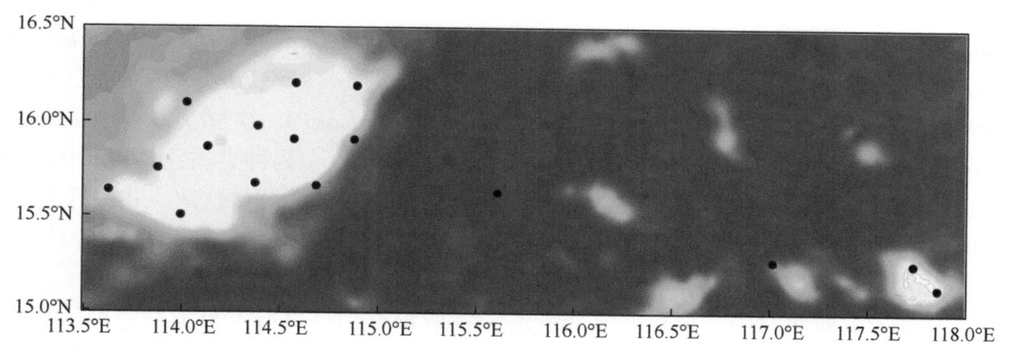

图 5-90　2019 年 5 月航次中沙群岛及其邻近海域鱼类补充群体采集站位布设

经形态学分类与线粒体细胞色素 c 第Ⅰ亚基约 650 bp 片段的 PCR 扩增及测序验证，2019 年 5 月航次中沙群岛及其邻近海域鱼类补充群体样品共鉴定 82 种，分属于 12 目 42 科；其中 67 种鉴定至种水平，8 种鉴定至属水平，6 种鉴定至科水平，1 种鉴定至目水平。其中，鲈形目种类最多，为 50 种；灯笼鱼目次之，为 12 种；巨口鱼目和鲀形目分别为 4 种和 3 种；颌针鱼目、金眼鲷目、鳕形目、鲑形目和奇金眼鲷目均为 2 种；其他目均为 1 种。科水平上，灯笼鱼科种类最多，为 11 种；鲹科和虾虎鱼科均为 5 种；隆头鱼科和鲭科均为 4 种。

鱼卵共鉴定39种，分属于8目23科。其中，37种鉴定至种水平，2种鉴定至属水平。目水平上鲈形目种类最多，为29种；鲑形目次之，为3种；科水平上隆头鱼科种类最多，为4种；鲹科、笛鲷科、刺尾鱼科和鲭科均为3种。

仔稚鱼共鉴定66种，分属于11目35科。其中，52种鉴定至种水平，7种鉴定至属水平，6种鉴定至科水平，1种鉴定至目水平。鲈形目种类最多，为37种；灯笼鱼目次之，为11种；巨口鱼目和鲀形目分别为4种和3种。科水平上隆头鱼科种类最多，为11种；虾虎鱼科为5种，鲹科和鲭科均为4种，隆头鱼科为3种。

2019年5月航次，中沙群岛及其邻近海域鱼类补充群体种类主要由礁栖鱼类、大洋性中上层鱼类和深海鱼类等类型组成。该海域鱼类补充群体种类组成丰富、多样性水平较高，但采获种类多为中小型鱼类，未采获大型金枪鱼等高营养级大中型鱼类的鱼卵仔稚鱼样品。

2）2020年6月航次

2020年6月航次对中沙大环礁、一统暗沙、神狐暗沙和西沙群岛北礁海域进行了鱼卵和仔稚鱼样品的采集。仔稚鱼共鉴定122种，分属于15目46科。其中，鲈形目种类最多，为72种；其次是灯笼鱼目，为18种；仙女鱼目为6种，鲑形目和金眼鲷目分别为5种，其余各目种类均较少。科水平上灯笼鱼科种类最多，为18种，虾虎鱼科为15种，雀鲷科为8种，隆头鱼科和鲭科各为7种，鲔科为5种，刺尾鱼科和鲹科各为4种，合齿鱼科、钻光鱼科和天竺鲷科各为3种，其余各科种类均较少。总体来看，采获的仔稚鱼种类以礁栖鱼类为主，其次为深海鱼类，大洋性中上层鱼类位居第三。

仔稚鱼的主要种类（个体占比＞1.50%）为粉红雀鱼（*Paracheilinus carpenteri*）、细鳞圆鲹（*Decapterus macarellus*）、扁舵鲣（*Auxis thazard*）、带底灯鱼（*Benthosema fibulatum*）、康德锯鳞鱼（*Myripristis kuntee*）、镶带笛鲷（*Lutjanus viridis*）、鲔（*Euthynnus affinis*）、串光鱼（*Vinciguerria* sp.）、宽额短额鲆（*Engyprosopon latifrons*）、史奎氏暗澳鮨（*Rabaulichthys squirei*）、李氏眶灯鱼（*Diaphus richardsoni*）、少鳍方头鲳（*Cubiceps pauciradiatus*）和银灰半棱鳀（*Encrasicholina punctifer*）等，主要种类占比情况见图5-91。其中，粉红雀鱼个体数量最多，占总个体数量的4.80%；细鳞圆鲹次之，占总个体数量的4.04%；扁舵鲣居第三位，占总个体数量的3.20%。

3）2021年6月航次

2021年6月航次对中沙群岛及其邻近海域选取重点站位进行了鱼类补充群体样品采集，共鉴定89种，分属于13目47科。其中，鱼卵为38种，分属于8目22科；仔稚鱼为68种，分属于13目38科。其中，鲈形目种类最多，为49种；其次是灯笼鱼目，为10种；巨口鱼目为7种，仙女鱼目为5种，鳗鲡目为4种，金眼鲷目为3种，其余各目种类均较少。科水平上灯笼鱼科种类最多，为9种，鲭科为8种，笛鲷科为6种，鲹科和虾虎鱼科各为5种，刺尾鱼科为4种，隆头鱼科和合齿鱼科各为3种，其余各科种类均较少。

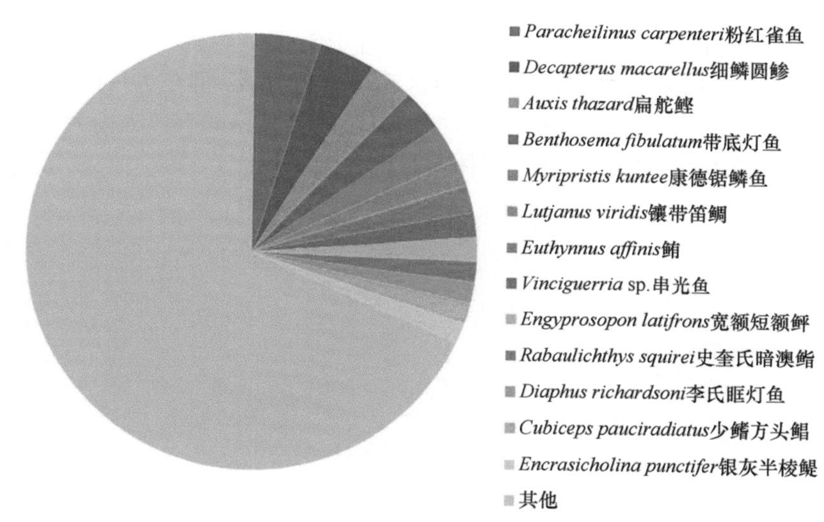

图 5-91　2020 年 6 月航次中沙群岛及其邻近海域鱼类补充群体主要种类占比情况

2. 主要种类

1）2019 年 5 月航次

鱼类补充群体的主要种类（个体占比＞2.50%）为粉红雀鱼、扁舵鲣、东方狐鲣（*Sarda orientalis*）、史奎氏暗澳鮨、丽鹦鹉（*Cirrhilabrus exquisitus*）、细鳞圆鲹、蓝边鹦鹉（*Cirrhilabrus cyanopleura*）、串光鱼、带底灯鱼、蛇鲭（*Gempylus serpens*）、射狗母鱼（*Synodus jaculum*）和斑绯鲤（*Upeneus guttatus*）等，主要种类占比情况见图 5-92。其中，粉红雀鱼个体数量最多，占总个体数量的 6.91%；扁舵鲣次之，占总个体数量的 6.25%；东方狐鲣和史奎氏暗澳鮨各占总个体数量的 5.76%。

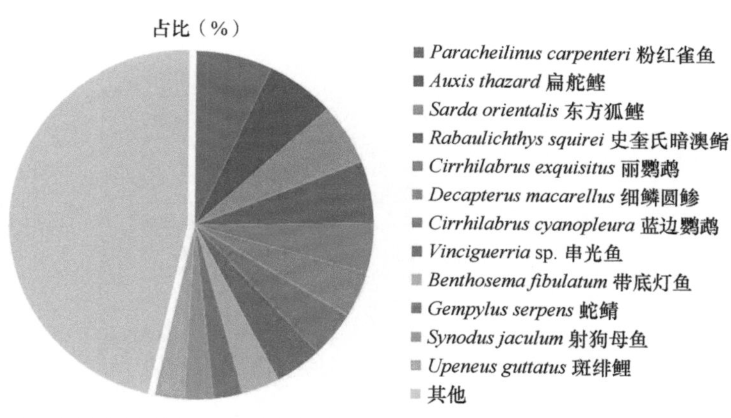

图 5-92　2019 年 5 月航次中沙群岛及其邻近海域鱼类补充群体主要种类占比情况

2019 年 5 月航次中沙群岛及其邻近海域鱼类补充群体主要种类在各站位的分布见图 5-93。东方狐鲣和扁舵鲣等小型金枪鱼类，以及史奎氏暗澳鮨、丽鹦鹉、蓝边鹦鹉和粉红雀鱼等礁栖鱼类均主要分布于大环礁的中部和西南部；斑绯鲤（礁栖鱼类）则主要分布于大环礁的东部和中部；粉红雀鱼（礁栖鱼类）、射狗母鱼（礁栖鱼类）和细鳞圆鲹

（中上层鱼类）在大环礁的三个区域都有分布；上述种类在深海区和黄岩岛海域分布较少。深海种类串光鱼和蛇鲭主要分布于深海区和黄岩岛海域，但在大环礁海域也有分布，表明不同栖息类型鱼类的补充群体在中沙群岛海域的分布格局有较大差异，但大环礁海域是中沙群岛海域不同类型鱼类补充群体共存的主要海域。

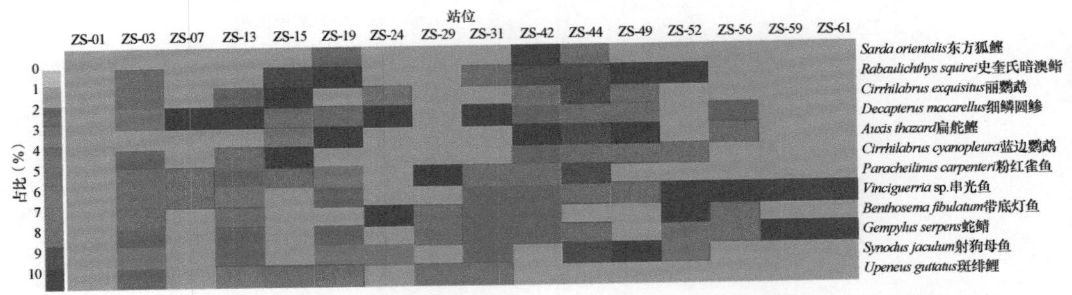

图 5-93　2019 年 5 月航次中沙群岛及其邻近海域鱼类补充群体主要种类在各站位的分布

大环礁东北部区域站位 1 采获的样品数量较少，且主要种类均较少，可能与其位于主礁盘外缘的地理位置、水文条件或环境因子有关，具体原因还需结合环境数据进行深入分析。

2）2020 年 6 月航次

2020 年 6 月航次中沙群岛及其邻近海域鱼卵和仔稚鱼的调查站位及个体密度分布见图 5-94。鱼类补充群体个体密度变化范围为 145.82～2814.77 ind/1000 m^3。其中，中沙大环礁海域的个体密度为（814.02±675.24）ind/1000 m^3。鱼类补充群体的密度高值区主要分布于大环礁中部区域，西沙群岛北礁的个体密度相对较低，神狐暗沙与一统暗沙海域的个体密度相近。

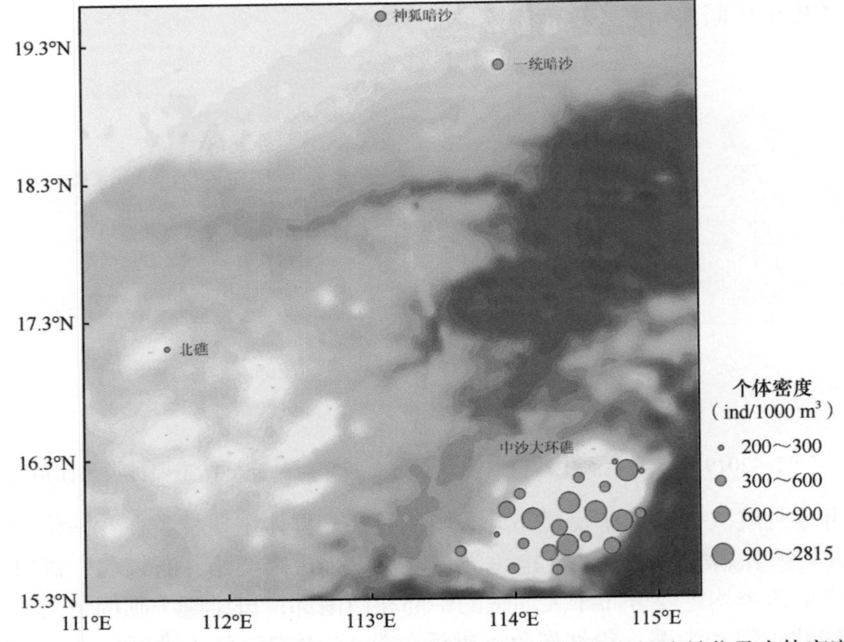

图 5-94　2020 年 6 月航次中沙群岛及其邻近海域鱼卵和仔稚鱼的调查站位及个体密度分布

3）2021 年 6 月航次

2021 年 6 月航次中沙群岛及其邻近海域鱼卵和仔稚鱼调查站位及个体密度分布见图 5-95。个体密度变化范围为 12.73～1001.04 ind/1000 m^3。鱼类补充群体的密度高值区主要分布于大环礁内部及邻近海域，低值区主要位于大环礁及黄岩岛之间邻近黄岩岛区域。个体密度分布大致呈现从大环礁至黄岩岛海域逐渐降低的变化趋势。

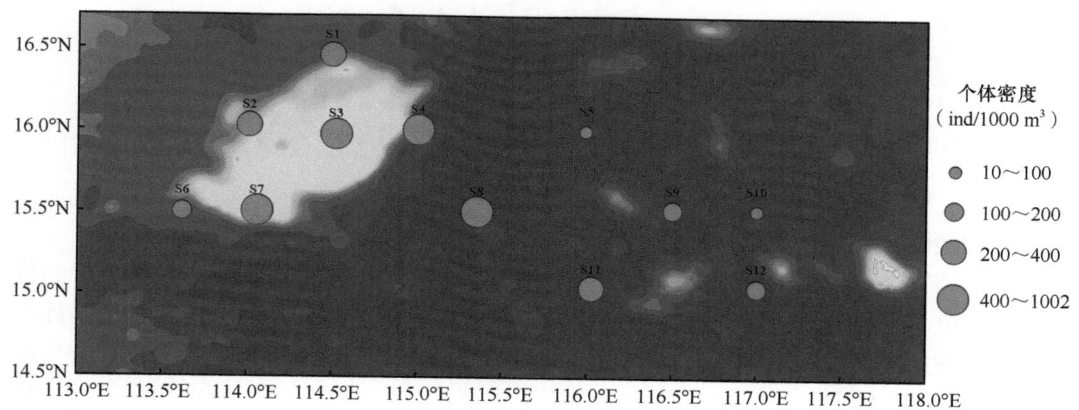

图 5-95　2021 年 6 月航次中沙群岛及其邻近海域鱼卵和仔稚鱼的调查站位及个体密度分布

3. 群落结构

1）2019 年 5 月航次

2019 年 5 月航次中沙群岛及其邻近海域鱼类补充群体群落结构多维标度分析（MDS）结果及站位分布见图 5-96。站位的离散程度与站位空间距离大小的对应性较好；大环礁、深海区和黄岩岛海域间群落区分明显，深海区与黄岩岛海域的种类组成和群落相似。大环礁海域的鱼类补充群体可分为东北部、中部和西南部 3 个群落，其中中部和西南部群落的站位间结构差异较小，而东北部群落的站位间结构差异较大，与深海区的群落更相似。

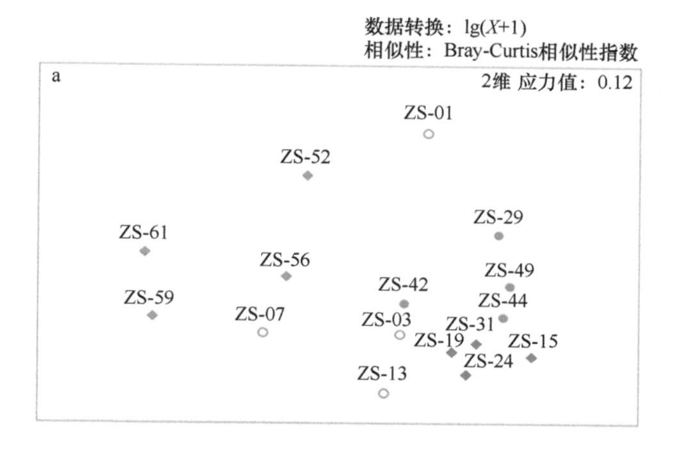

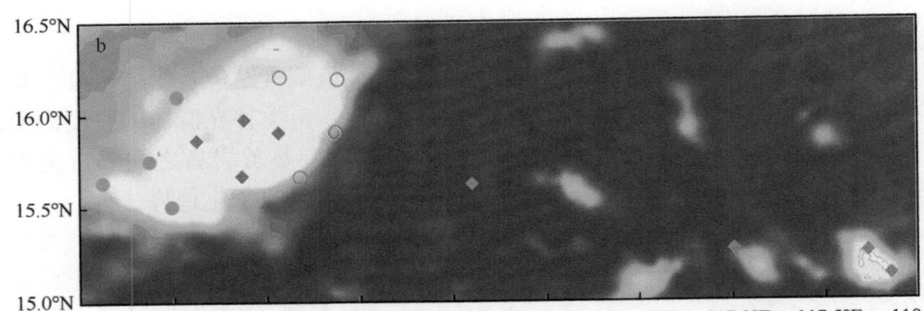

图 5-96 2019 年 5 月航次中沙群岛及其邻近海域鱼类补充群体群落结构多维标度分析（MDS）结果（a）及站位分布（b）

2）2020 年 6 月航次

2020 年 6 月航次中沙群岛及其邻近海域仔稚鱼的群落结构分析结果见图 5-97。站位的离散程度与站位空间距离大小的对应性较好；大环礁海域的仔稚鱼群落与神狐暗沙、北礁和一统暗沙的仔稚鱼群落区分明显，大环礁海域群落还可按地理位置大致划分为东北部、西南部和中部 3 个群落，其中东北部和中部站位聚集较紧密，西南部站位较为离散。神狐暗沙、北礁和一统暗沙的群落与大环礁西南部的群落更为相似，而与大环礁东北部的群落差异较大。

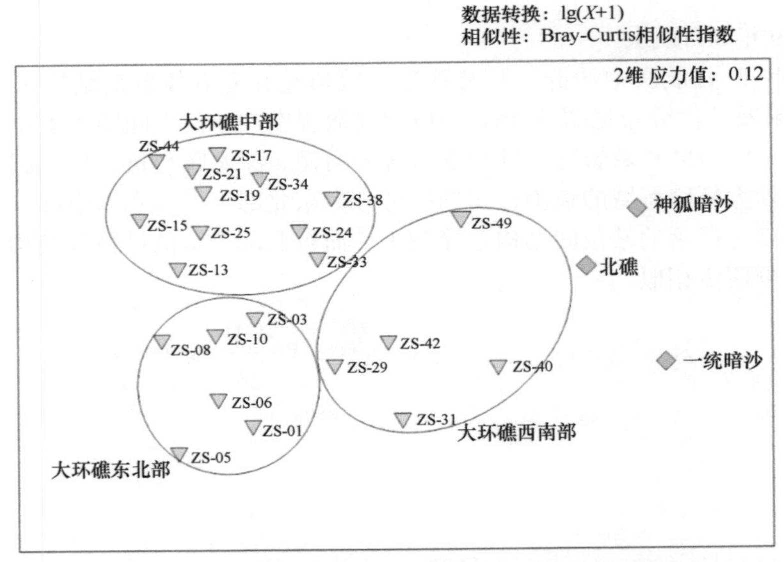

图 5-97 2020 年 6 月航次中沙群岛及其邻近海域仔稚鱼的群落结构分析结果

3）2021 年 6 月航次

2021 年 6 月航次中沙群岛及其邻近海域鱼类补充群体群落结构分析结果见图 5-98。站位的散布与站位空间分布的对应性较好；但站位的离散程度较高，站位间的群落差异度较大；大环礁及其邻近海域站位的群落较为相似，与远离大环礁的深海站位群落区分明显。

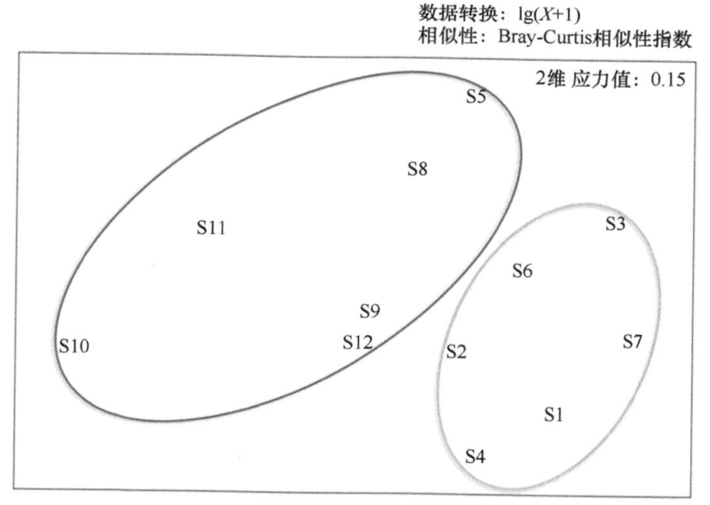

图 5-98　2021 年 6 月航次中沙群岛及其邻近海域鱼类补充群体群落结构分析结果

5.6.2　头足类幼体

1. 种类组成

2019 年 5 月航次采获的头足类幼体种类有鸢乌贼、瓦尔迪瓦纺锤乌贼（*Liocranchia valdiviae*）、莱氏拟乌贼（*Sepioteuthis lessoniana*）、长尾乌贼（*Joubiniteuthis portieri*）和开眼亚目。

2021 年 6 月航次采获的头足类幼体种类有鸢乌贼、瓦尔迪瓦纺锤乌贼、莱氏拟乌贼、菱鳍乌贼、安达曼钩腕乌贼（*Abralia andamanica*）和小钩腕乌贼（*Abraliopsis* sp.）。

2. 分布特征

2019 年 5 月航次鸢乌贼是采获头足类幼体的主要种类，占总个体数量的 62.50%。头足类幼体样品除大环礁内的 7 站位、15 站位和 31 站位以及黄岩岛海域的 59 站位和 61 站位未采获外，多数站位均有采获（图 5-99）。头足类幼体的个体密度高值区主要分布于大环礁南部边缘及邻近的深海海域，在大环礁内部区域个体数量较少。

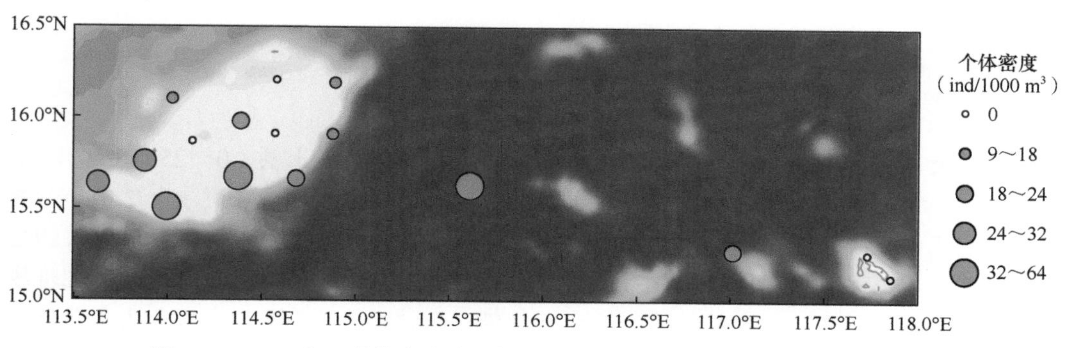

图 5-99　2019 年 5 月航次中沙群岛及其邻近海域头足类幼体个体密度分布

2021 年 6 月航次头足类幼体样品在所有站位均可采获，但数量均较少（图 5-100）。安达曼钩腕乌贼是采获头足类幼体的主要种类，均为卵样品，占总个体数量的 46.15%。仔稚鱼样品中鸢乌贼最多，占总仔稚鱼个体数量的 50.00%。

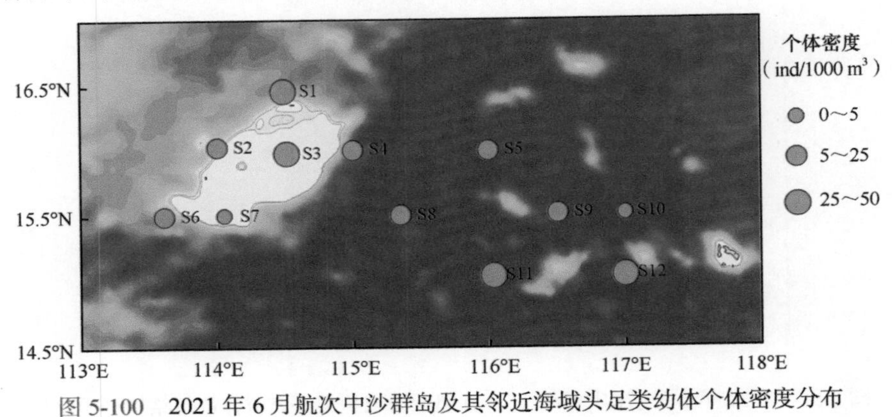

图 5-100　2021 年 6 月航次中沙群岛及其邻近海域头足类幼体个体密度分布

5.6.3　甲壳类幼体

2019 年 5 月航次在中沙大环礁以及黄岩岛附近海域采集 21 个站位的甲壳类幼体。样品分析共获得 108 条中沙群岛甲壳类幼体序列，GMYC 将 108 条序列划分为 70 个似然实体，ABGD 将 COI 序列集划分为 68 种（置信区间 65～72）。在 NCBI 数据库中进行 BLAST 同源比对，其中 55 条序列在 NCBI 中比对到同源序列，确认为 27 种幼体，贝叶斯系统树见图 5-101。

中沙群岛及其邻近海域甲壳类幼体分布情况如图 5-102 所示。中沙群岛西部和东南部的甲壳类幼体物种数量较多，而东北部和南部的甲壳类幼体物种数量较少。除站位 ZS-01 外，所有调查点均采获十足目幼体；端足类幼体仅在中沙群岛边缘被发现；哲水蚤目幼体仅在西部区域出现；磷虾类幼体主要分布在中沙大环礁外缘及大环礁与黄岩岛之间的海域。

本章小结

1. 浮游植物数量

中沙大环礁和各岛礁周围浮游植物生物量的垂直分布呈现上层（0～25 m）水体低、深层（50～75 m）水体高的特点，且下层（25～75 m）水体生物量在中沙大环礁和黄岩岛周围明显高于外海深水区。不同岛礁的生物量分布存在差异，中沙大环礁浮游植物生物量垂直分布差异较大，0～25 m 与 50～75 m 分布趋势相反；西沙群岛北礁和一统暗沙均呈现表层和深层高、次表层低的垂直分布趋势；而神狐暗沙则呈现表层和次表层低、深层高的趋势。

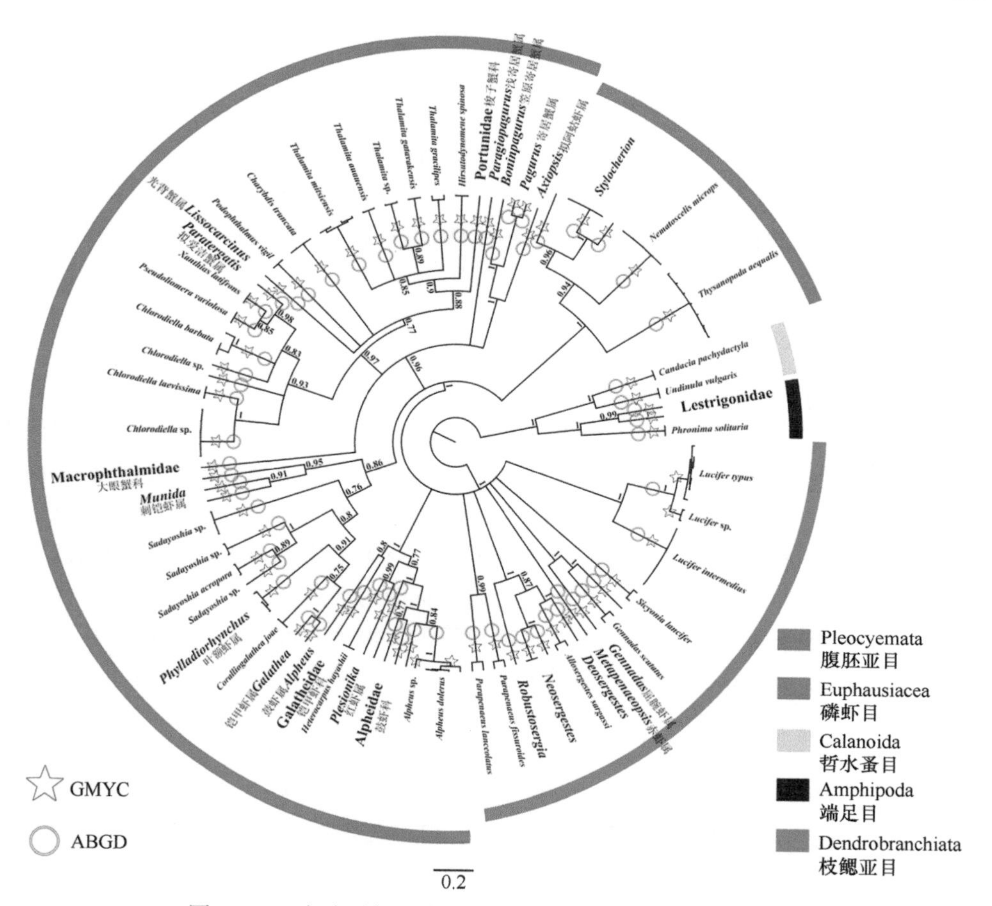

图 5-101　中沙群岛及其邻近海域甲壳类幼体贝叶斯系统树

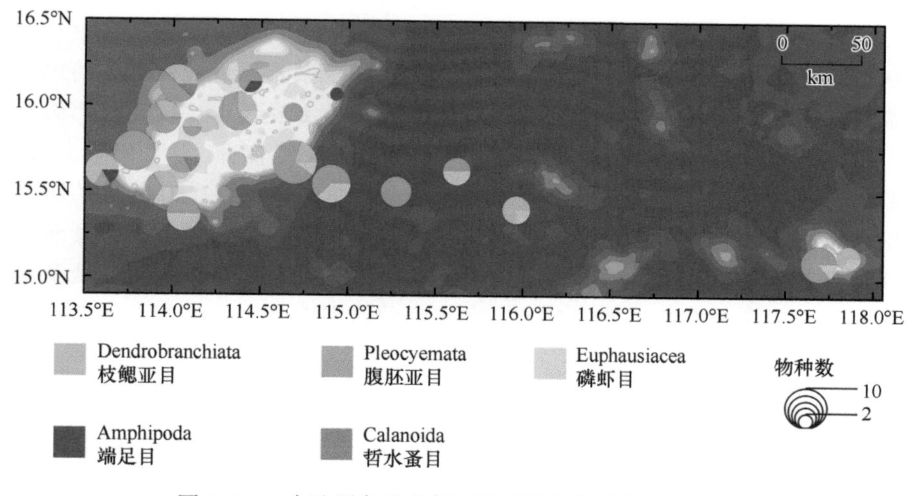

图 5-102　中沙群岛及其邻近海域甲壳类幼体分布情况

2. 浮游生物生产力

浮游生物生产力方面，固碳速率和细菌生产力平面分布趋势一致；在垂直分布上，固碳速率呈现表层水体高、下层（25 m）水体低的分布特点，而细菌生产力的垂直变化相对不明显；真光层水体固氮速率和固碳速率平面分布趋势一致，中沙大环礁的平均生物固氮活性相比西沙群岛北礁、一统暗沙和神狐暗沙较高，表层水体平均固碳速率和细菌生产力在西沙群岛北礁高于中沙大环礁和其他调查海域。

3. 微微型浮游植物

浮游生物方面，在表层微微型浮游植物丰度的组成上，黄岩岛海域原绿球藻占比最高，其次为聚球藻，微微型真核生物占比最低。总体来看，中沙大环礁海域聚球藻平均占比最高，其次为原绿球藻，微微型真核生物占比最低。中沙大环礁东北部和西南部丰度组成上存在明显差异，西南部原绿球藻占比高于东北部，西南部聚球藻占比低于东北部。对于水柱积分丰度，聚球藻在东北区域水柱积分丰度高于西南区域，和微微型真核生物的分布类似，但原绿球藻水柱积分丰度则呈现西南区域较低、东北区域边缘站位较高的特征。原绿球藻丰度与采样层次明显正相关，与温度负相关，符合原绿球藻在垂直方向的分布特征；而聚球藻与盐度负相关。

4. 网采浮游植物

网采浮游植物丰度范围为 170～2600 cells/L；水体表层和中层都以甲藻为主，硅藻次之；底层以硅藻为主，甲藻次之；蓝藻零星出现。表层优势种为锥状斯氏藻、裸甲藻；中层优势种为裸甲藻、锥状斯氏藻和环沟藻；底层优势种为针杆藻、菱形藻和裸甲藻。从生物多样性上看，三个层次都出现中沙大环礁多样性高于黄岩岛区域的特征，且中沙大环礁西南区域多样性高于其他区域。根据浮游植物群落结构，对表层、中层和底层/150 m 层三个层次进行聚类分析，发现表层分布具有明显的区域特征，可以分为大环礁边缘区域、大环礁中部区域、大环礁东北区域和近黄岩岛区域。其中，表层和中层近黄岩岛区域锥状斯氏藻比例显著高于其他几个区域，而大环礁东北区域则出现较高比例的裸甲藻，近黄岩岛区域比例最低；对于底层/150 m 层，总体上硅藻占比较高，比例较高的为针杆藻、舟形藻属和裸甲藻。基于浮游植物群落结构的聚类表明，站位间聚类较为零散，没有明显的空间分布差异。分别对全部水层、表层、中层和底层/150 m 层的浮游植物群落与环境因子进行聚类分析，对于全部水层聚类，发现锥状斯氏藻、裸甲藻和环沟藻分别与温度呈显著正相关关系，而与深度呈负相关关系，且与无机氮和硅酸盐呈弱的负相关关系，这与其分布具有明显的一致性，即甲藻锥状斯氏藻主要分布在寡营养且温度较高的上层。

5. 浮游动物

中沙群岛及其邻近海域浮游动物以桡足类、毛颚类、有尾类和水母类为主要优势种类。其中，桡足类占比为 54%～78%。中沙大环礁海域浮游动物丰度高于黄岩岛海域，其中中沙大环礁内水深小于 100 m 的区域丰度最高。主要优势种为拟长腹剑水蚤、丽隆水蚤、肥胖箭虫、长尾基齿哲水蚤和小纺锤水蚤。黄岩岛邻近海域物种多样性高于中沙大环礁，中沙大环礁外海域生物多样性高于内部。浮游动物群落结构聚类分析发现，2019年5月航次和2020年6月航次浮游动物类群空间差异显著，区域分类大致相似，主要分为大环礁边缘区域、大环礁西南区域、大环礁中部区域、大环礁东北区域和近黄岩岛区域。大环礁东北区域和近黄岩岛区域浮游动物丰度整体较高，而大环礁西南区域则较低。冗余分析发现，拟长腹剑水蚤与叶绿素a显著正相关，与站位水深显著负相关；短角长腹剑水蚤与温度和盐度负相关；微刺哲水蚤与叶绿素a显著正相关，与聚球藻和微微型真核生物丰度正相关，暗示浮游动物可能主要以聚球藻和微微型真核生物为食；微驼隆哲水蚤、长尾类幼体、单隆哲水蚤等与温度和DIN正相关。

6. 海草

通过浮潜和潜水等多种方式对中沙大环礁和黄岩岛周围海域海草种类及分布情况进行观测，在中沙大环礁周围发现泰来草和圆叶丝粉草的碎屑，在黄岩岛东北海域发现丰富的泰来草、圆叶丝粉草、卵叶喜盐草和针叶草的碎屑，推测黄岩岛应有大量海草分布。

7. 游泳生物

中沙群岛海域调查共捕获各类游泳生物15种，渔获种类个体小型化特征明显，优势种为鸢乌贼和少鳍方头鲳。调查期间鸢乌贼饵料较充裕，主要处于性成熟早中期，以雄性个体为主，大个体主要分布于岛礁海域；少鳍方头鲳也主要处于性成熟早中期，雌雄比例较均衡，但饵料较贫乏。中沙群岛岛礁海域及周边岛礁海域游泳生物均以小型个体和微型个体为主，主要分布在10～50 m中上水层，而岛礁海域游泳生物个体相对较大。

据声学走航探测，游泳生物平均尾数密度和平均生物量密度分别为614 011 ind/n mile^{2}和24 343 kg/n mile^2。岛礁海域游泳生物平均尾数密度和平均生物量密度分别为492 248 ind/n mile^{2}和33 290 kg/n mile^2；岛礁周边海域平均尾数密度和平均生物量密度分别为700 984 ind/n mile^{2}和17 953 kg/n mile^2。据声学原位观测，游泳生物平均尾数密度和平均生物量密度分别为750 420 ind/n mile^{2}和32 466 kg/n mile^2。岛礁海域游泳生物平均尾数密度和平均生物量密度分别为602 902 ind/n mile^{2}和41 935 kg/n mile^2；而岛礁周边海域平均尾数密度和平均生物量密度分别为897 938 ind/n mile^{2}和22 997 kg/n mile^2。

中沙群岛海域游泳生物白天和夜晚均以微型个体和小型个体为主。据声学走航探测，中沙群岛海域游泳生物白天和夜晚平均尾数密度分别为502 347 ind/n mile^{2}和511 483 ind/n mile^2，平均生物量密度分别为19 844 kg/n mile^{2}和16 816 kg/n mile^2，昼夜差异不显著。据声学原位观测，白天和夜晚平均尾数密度分别为434 227 ind/n mile^{2}和1 598 124 ind/n mile^2，平均生物量密度分别为25 592 kg/n mile^{2}和82 302 kg/n mile^2，夜晚显著高于白天。中沙群岛海域夜晚海洋生物向上层水域迁移特征明显，昼夜差异是影响特定水层游泳生物资源声学评估结果的重要因素之一，船舶扰动所引起的海洋生物逃避效应会对声学评估结果产生一定程度的影响，但其对海洋礁栖生物的行为影响是有限或瞬时的。

8. 游泳生物补充群体

游泳生物补充群体方面，2019 年 5 月、2020 年 6 月和 2021 年 6 月 3 个航次分别鉴定鱼卵和仔稚鱼 82 种、122 种和 89 种。中沙群岛及其邻近海域鱼类补充群体种类主要由礁栖鱼类、大洋性中上层鱼类和深海鱼类等类型组成。中沙群岛海域种类组成丰富、多样性水平较高，但采获种类多属中小型鱼类。

2019 年 5 月航次鱼卵和仔稚鱼以粉红雀鱼、扁舵鲣、东方狐鲣和史奎氏暗澳鲐等为主要优势种；东方狐鲣和扁舵鲣等小型金枪鱼类，以及史奎氏暗澳鲐、丽鹦鹉、蓝边鹦鹉和粉红雀鱼等礁栖鱼类主要分布于大环礁的中部和西南部区域；斑绯鲤（礁栖鱼类）则主要分布于大环礁的东部和中部；粉红雀鱼（礁栖鱼类）、射狗母鱼（礁栖鱼类）和细鳞圆鲹（中上层鱼类）在大环礁的三个区域都有分布；上述种类在深海区和黄岩岛海域分布较少。深海种类串光鱼和蛇鲭主要分布于深海区和黄岩岛海域，但在大环礁海域也有分布，表明不同栖息类型鱼类的补充群体在中沙群岛海域的分布格局有较大差异，但大环礁海域是中沙群岛海域不同类型鱼类补充群体共存的主要海域。群落结构分析结果显示，大环礁、深海区和黄岩岛海域间群落区分明显，深海区与黄岩岛海域的种类组成和群落相似。大环礁海域的鱼类补充群体可分为东北部、中部和西南部 3 个群落，中部和西南部群落的站位结构差异较小，而东北部群落的站位间结构差异较大，与深海区的群落更相似。

2020 年 6 月鱼卵和仔稚鱼的密度高值区主要分布于大环礁中部区域，西沙群岛北礁的个体密度相对较低，神狐暗沙与一统暗沙海域的个体密度相近。群落结构分析表明，大环礁仔稚鱼群落与神狐暗沙、北礁和一统暗沙的仔稚鱼群落区分明显，大环礁海域群落还可按地理位置大致划分为东北部、西南部和中部 3 个群落，其中东北部和中部站位聚集较紧密，西南部站位较为离散；神狐暗沙、北礁和一统暗沙的群落与大环礁西南部的群落更为相似，而与大环礁东北部的群落差异较大。2021 年 6 月鱼卵和仔稚鱼个体密度高值区主要分布于大环礁内部及邻近海域，低值区主要位于大环礁及黄岩岛间邻近黄岩岛区域，且个体密度分布大致呈现从大环礁至黄岩岛逐渐降低的变化趋势。群落结构分析结果显示，采样站位间的群落差异度较大；大环礁及其邻近海域站位的群落较为相似，与远离大环礁的深海站位群落区分明显。

2019 年 5 月和 2021 年 6 月航次分别采获头足类幼体 5 种和 6 种，主要优势种为鸢乌贼。2019 年头足类幼体的分布范围较广，但个体数量均较少。数量高值区主要分布于大环礁南部边缘及邻近的深海海域，在大环礁内部区域较少。2021 年 6 月航次头足类幼体在所有站位均可采获，但数量也较少。主要种类为安达曼钩腕乌贼，且均为卵样品；仔稚鱼以鸢乌贼最多。

2019 年 5 月航次中沙大环礁以及黄岩岛附近的 21 个站位样品分析共获得 108 条中沙群岛甲壳类幼体序列，55 条序列在 NCBI 中比对到同源序列，但最终确认的仅有 27 种幼体，表明中沙群岛海域甲壳类生物的许多种类尚未被人们所认知。中沙群岛西部和东南部的甲壳类幼体物种数量较多，而东北部和南部的甲壳类幼体物种数量较少。十足目幼体分布最为广泛，除大环礁北部的一个站位外，所有站位均采获。端足类幼体仅在中沙群岛边缘被发现，哲水蚤目幼体仅在西部区域出现，磷虾类幼体主要分布在中沙大环礁外缘及大环礁与黄岩岛之间的区域。

第6章

中沙群岛珊瑚礁生态系统结构及生物多样性

6.1 南海诸岛珊瑚礁生态系统概况

6.1.1 南海诸岛珊瑚礁生态系统

珊瑚礁生态系统具有极高的生物多样性。造礁石珊瑚被认为是珊瑚礁生态系统中的基石，其丰富的生境和复杂的结构为珊瑚礁生态系统中生物多样性的维持和健康提供了保障。然而，在当前全球环境变化和人类活动的持续影响下，全球范围内的珊瑚礁正面临巨大威胁，部分海域的珊瑚礁已经出现严重退化。珊瑚礁在造岛、固礁、护渔、防护岛岸流失等诸多方面具有重要的作用，依托珊瑚礁构建的岛礁生态系统更是无与伦比的海洋战略资源和寸土寸金的海洋国土。南海面积约 350 万 km^2，发育有东沙、西沙、中沙和南沙四大群岛，已定名岛礁达 310 个，它们大多属于深海台地型珊瑚礁。东沙群岛位于南海北部大陆坡海域，周缘海水最浅，仅 350 m 左右；西沙群岛位于南海西北部大陆坡海域，周缘水深超过 1200 m；中沙群岛-南沙群岛周缘海域水深更是超过 2000 m。

西沙群岛珊瑚礁历经 2000 万年发育历史，是南海四大群岛自然成因陆域面积最大的群岛，属于退积型珊瑚礁，共发现石珊瑚 173 种（黄晖，2018）。西沙群岛出露海面的岛、礁、滩、沙共计 41 座，形成的陆地面积较大，宜居环礁也最多。

东沙群岛呈指环状，发育有一个环礁及干出的海岛——东沙岛。相较于其他 3 个群岛，东沙群岛珊瑚礁沉积厚度最小，面积也最小。迄今为止，中国学者共在东沙群岛海域记录了 573 种珊瑚，包括 285 种六放珊瑚和 288 种八放珊瑚（戴昌凤和秦启翔，2017）。

中沙群岛是南海四大群岛位置居中靠北的群岛，古称红毛浅。其中，中沙大环礁是南海两大巨型环礁之一，在环礁礁盘上发育了 20 多个暗沙，全部隐没于海面之下。中沙大环礁珊瑚大量发育，生物量非常高，邻近海域还是南海重要的渔场。

南沙群岛面积巨大，其中礼乐滩大环礁是南海两大巨型环礁之一，面积达 7000 km^2，造礁珊瑚星罗棋布，珊瑚礁生物多样性极高。

6.1.2　中沙群岛珊瑚礁生态系统与生物多样性

纵观南海全盘，中沙群岛及其邻近海域地处南海中部，位居大陆与南海诸岛海上畅通的重要枢纽位置。中沙群岛及其邻近海域是全球最为重要的海上能源通道之一，并且其蕴藏着丰富的生物资源和油气资源，中沙群岛海域俨然已成为制约周边区域经济发展的命脉。在以往几十年间对南海诸岛的科学考察过程中，相较于对南沙群岛、西沙群岛多次开展的调查研究，对中沙群岛及其邻近海域的综合性调查研究十分欠缺。中沙群岛以造礁珊瑚为核心的珊瑚礁生态系统具有极高的初级生产力、快速的物质循环和丰富的生物物种多样性，是地球生物化学循环的重要组成部分，同时也是十分关键的海洋生命支持系统。早期，我国多次开展南海中部海区包括中沙群岛的考察，但相较于西沙群岛、南沙群岛的综合调查，对中沙群岛及其邻近海域的调查及资料储备是非常薄弱的，现存的资料虽然非常珍贵但尚不完整，也不够集中。近年来，我国诸多涉海科研单位也多次对中沙群岛海域进行不同层面的科学考察，但系统性数据资料仍然不够完善。

所幸的是，近年来我国对于海洋资源的实地调查日益重视，在南海诸岛地域经济管理方面等也是空前的。2017 年，十九大报告明确指出“南海岛礁建设积极推进”，这既肯定了之前的南沙吹填岛礁工程对维护南海安全、促进区域经济发展发挥了巨大的作用，又对南海诸岛进一步实施海洋资源开发与生态文明建设指明了方向，对于开展和实施中沙群岛及其邻近海域的综合科学考察是一个非常好的机遇。中沙群岛及其邻近海域因其独特的地理位置、复杂的气候特征、多变的生态环境，孕育了丰富的生物多样性，成为重要的海洋生物资源宝库。中沙群岛在南海中央海盆西北边缘，位于海南岛东部台阶式陆坡上，以珊瑚礁地貌为主，表层具有深厚的珊瑚岩沉积。由于地理位置与地貌结构的特殊性，中沙群岛及其邻近海域的综合科学考察对认识珊瑚礁地形地质演变和珊瑚礁生态系统演替具有重要意义。

6.1.3　中沙群岛珊瑚礁生态系统

我国对南海海域的调查有比较悠久的历史，自 20 世纪 50 年代以来开展了数十次不同区域的综合调查，积累了相关海区的地质、地貌、水文动力、资源和生态等调查历史资料。主要调查工作有：1955 年开展的“广东省西沙、南沙渔业调查”；1958～1960

年开展的“全国海洋综合调查”；1973～1977 年开展的“南海中、西沙群岛及附近海域综合调查”；1974～1978 年开展的“南海中部海区综合调查”；1984～2009 年开展的“南沙群岛及其邻近海区综合调查”。其中，1973～1977 年开展的“南海中、西沙群岛及附近海域综合调查”共进行了 11 个航次，是规模较大、较系统的一次调查研究，调查几乎遍及中沙群岛周边岛礁的每一个岛礁，并多次穿越中沙群岛，登上黄岩岛，穿过南沙群岛北侧，调查项目包括海洋地质、海底地貌、沉积、海洋气象、水文、海水化学、海洋生物和岛礁地貌等。尽管如此，限于当时航次或调查条件等诸多因素，许多资料虽然非常珍贵但并不完整，且调查多集中于中沙群岛周边岛礁。本项目是综合科学考察，涉及水文动力、地质地貌、理化环境、珊瑚礁生态、生物地理与遗传进化、生物多样性、生物资源、渔业资源等方面。中沙群岛都是珊瑚礁，造礁石珊瑚是其主要建构者和框架生物。造礁石珊瑚全部被列入《濒危野生动植物物种国际贸易公约》（CITES）的附录二及《国家重点保护野生动物名录》。

近年来有了一些对中沙群岛造礁石珊瑚的群落结构和与生物多样性相关的定量调查工作，如 2014 年中国水产科学研究院南海水产研究所在中北暗沙和漫步暗沙进行了 2 个站位的调查（佟飞等，2015）；2015 年 5～7 月，在国家科技基础性工作专项项目和国家重大科学研究计划项目资质支持下，中国科学院南海海洋研究所对中沙群岛的黄岩岛海域进行了较详细的生物生态调查和水环境调查，包括在黄岩岛进行了造礁石珊瑚采样（王璐等，2017；潘子良，2017；Liang et al.，2021）。

中国科学院南海海洋研究所承担国家科技基础资源调查专项“中沙群岛综合科学考察”项目，其中课题六总体研究目标是系统查清中沙群岛造礁石珊瑚的生物多样性现状，结合遥感分析技术，明确中沙群岛珊瑚礁造礁石珊瑚的分布和分带规律；获取中沙群岛珊瑚礁底栖生物的种类组成、分类地位及多样性图谱特征；弄清中沙群岛珊瑚礁关键生物类群，建立礁栖生物多样性数据库；构建珊瑚礁生态系统结构模型，评估该区域生态系统健康水平。

6.2　中沙群岛造礁石珊瑚多样性

6.2.1　调查方法

通过在中沙群岛设置调查站位，参照《珊瑚礁生态监测技术规程》（HY/T 082—2005）、“我国近海海洋综合调查与评价专项”的珊瑚礁调查规程和国际上通用的调查方法，调查造礁石珊瑚的生物多样性现状与分布规律。具体调查的内容有：造礁石珊瑚的种类、覆盖率、死亡率、病敌害情况和底质类型等。具体操作由有资质的调查人员采用水肺潜水，在调查站位选择合适的水深设置 1 条或 2 条调查断面。每条断面长 60 m，每条断面布设 3 条样线，每条样线长 10 m。各断面不重复，断面分布应覆盖整个调查区域，尽量均匀。沿水下布设的样带进行水下照相和水下录像，回到实验室进行造礁石珊瑚现状的定量分析。

6.2.2 调查航次汇总

中国科学院南海海洋研究所承担国家科技基础资源调查专项“中沙群岛综合科学考察”项目，租用湛江“粤湛渔科调10”号船，在中沙群岛海域开展了2019年、2020年和2021年3个珊瑚礁生态系统结构及生物多样性野外调查航次。本项目调查的造礁石珊瑚部分，通过2019～2021年3个航次共36个站位的调查，查清了中沙群岛造礁石珊瑚的生物多样性现状及其分布规律，基本实现了项目任务书计划的目标。

2019年航次于5月11日从湛江出发，5月13日到达中沙群岛海域开始调查工作，5月27日完成外业调查任务开始返航，5月29日回到湛江调顺岛码头。合计完成了15个站位的造礁石珊瑚水下现状调查外业工作。

2020年航次于6月22日离开湛江港，6月24日到达中沙群岛并开始珊瑚礁造礁石珊瑚现状调查，7月5日完成外业调查任务回航，7月6日回到湛江港。实际工作从2020年6月24日至7月5日共12天合计完成了中沙群岛13个站位的造礁石珊瑚水下现状调查外业工作。

2021年航次于6月2日离开湛江港，6月3日到达神狐暗沙并开始珊瑚礁造礁石珊瑚现状调查，6月4日到达一统暗沙、6月6日到达中沙大环礁，6月11日基本完成了外业调查任务，由于海南岛至西沙群岛等大片海域出现热带低压（6月11日发展为热带风暴“小熊”），调查船于6月11日紧急回航，6月12日安全回到湛江港。2021年航次共11天合计完成8个站位的造礁石珊瑚水下现状调查外业工作。

6.2.3 调查站位设置

造礁石珊瑚现状调查完成了36个站位的调查。调查日期、水深、经纬度等见表6-1。

表6-1 造礁石珊瑚调查完成的站位表

站位编号	自编站位	调查日期	水深（m）	纬度	经度
ZS101	2S	2019-5-14	20	16°04.851′N	114°53.365′E
ZS102	5L	2019-5-14	17	16°12.166′N	114°44.084′E
ZS103	8L	2019-5-15	21	16°12.964′N	114°47.502′E
ZS104	5S	2019-5-15	14	16°12.983′N	114°47.497′E
ZS106	13S	2019-5-17	18	15°42.212′N	114°40.988′E
ZS107	10L2	2019-5-20	20	15°55.281′N	114°38.738′E
ZS108	15L	2019-5-20	16	16°04.435′N	114°24.759′E
ZS109	19L	2019-5-21	15	15°54.996′N	114°28.977′E
ZS110	23L	2019-5-22	19	15°36.155′N	114°27.727′E
ZS111	25L	2019-5-22	16	15°50.161′N	114°13.787′E
ZS112	30S	2019-5-23	18	15°59.918′N	114°04.528′E
ZS113	33S	2019-5-24	23	15°32.709′N	114°15.043′E

续表

站位编号	自编站位	调查日期	水深（m）	纬度	经度
ZS114	44S	2019-5-25	23	15°26.835′N	113°59.721′E
ZS115	42S	2019-5-26	24	15°47.031′N	113°54.137′E
ZS116	48S	2019-5-26	26	15°37.252′N	113°42.186′E
ZS201	31	2020-6-24	15	16°13.191′N	114°47.191′E
ZS202	32	2020-6-25	47～30	16°02.460′N	114°55.204′E
ZS203	33	2020-6-26	20	15°53.175′N	114°47.496′E
ZS204	34	2020-6-27	20	16°03.715′N	114°16.870′E
ZS205	35	2020-6-28	21	15°36.862′N	114°24.442′E
ZS206	36	2020-6-29	23	15°50.347′N	113°54.406′E
ZS207	37	2020-6-30	21	15°26.544′N	114°09.517′E
ZS208	38	2020-7-1	19	15°57.951′N	114°20.315′E
BJ209m10	41	2020-7-3	20，10	17°06.916′N	111°32.461′E
BJ209m20	42	2020-7-4	15	19°10.560′N	113°53.290′E
ZS212h	43	2020-7-4	14	19°10.278′N	113°53.333′E
ZS212v	44	2020-7-5	17	19°31.924′N	113°04.178′E
ZS213v	45	2020-7-5	21	19°32.652′N	113°04.214′E
ZS301		2021-6-3	18	19°32.047′N	113°04.711′E
ZS302		2021-6-3	17	19°32.142′N	113°04.546′E
ZS303		2021-6-4	19	19°32.120′N	113°04.828′E
ZS304		2021-6-5	17	19°10.176′N	113°53.866′E
ZS305		2021-6-7	21	15°29.532′N	113°51.128′E
ZS306		2021-6-8	18	15°51.708′N	114°25.415′E
ZS307		2021-6-9	22	16°04.404′N	114°19.777′E
ZS308		2021-6-10	22	16°04.401′N	114°19.699′E

6.2.4 分布与覆盖度

2019～2021年各航次的调查发现，中沙群岛珊瑚礁的造礁石珊瑚总体状况良好。珊瑚礁底质类型与覆盖率组成见表6-2。中沙群岛的活造礁石珊瑚平均覆盖率为41.71%，其他生物平均覆盖率为9.63%，沙质底平均覆盖率为3.56%，早期死亡珊瑚平均覆盖率为42.29%，部分死亡珊瑚平均覆盖率为0.81%，白化珊瑚平均覆盖率为0.42%，近期死亡珊瑚平均覆盖率为1.57%。

中沙大环礁的活造礁石珊瑚平均覆盖率为44.10%，其他生物平均覆盖率为5.73%，沙质底平均覆盖率为3.50%（沙质底主要出现在ZS116站位，该站位最深，达26 m），早期死亡珊瑚平均覆盖率为43.27%，近期死亡珊瑚平均覆盖率为2.06%，白化珊瑚平均覆盖率为0.53%，部分死亡珊瑚平均覆盖率为0.81%。其他生物中，软珊瑚（主要分布

表 6-2 珊瑚礁底质类型与覆盖率组成（%）

区域	站位	活造礁石珊瑚	其他生物	沙质底	早期死亡珊瑚	部分死亡珊瑚	白化珊瑚	近期死亡珊瑚
中沙大环礁外围	ZS101	66.50	5.17	0.00	27.50	0.50	0.33	0.00
	ZS102	20.67	36.33	0.67	42.33	0.00	0.00	0.00
	ZS104	49.50	2.50	0.00	47.33	0.50	0.17	0.00
	ZS106	66.33	2.83	1.17	28.00	0.00	1.67	0.00
	ZS108	23.17	1.50	2.00	70.00	1.33	2.00	0.00
	ZS110	30.50	2.50	3.00	62.67	1.33	0.00	0.00
	ZS112	31.83	2.67	1.17	64.33	0.00	0.00	0.00
	ZS113	40.17	4.33	1.83	53.67	0.00	0.00	0.00
	ZS114	50.50	1.00	5.33	43.17	0.00	0.00	0.00
	ZS115	56.83	2.67	3.17	37.33	0.00	0.00	0.00
	ZS116	35.33	7.50	27.33	29.83	0.00	0.00	0.00
	ZS201	60.67	5.67	0.00	31.33	0.50	1.83	0.00
	ZS203	41.83	11.83	0.00	45.67	0.67	0.00	0.00
	ZS204	0.50	2.00	1.83	49.17	1.00	2.83	42.67
	ZS205	17.00	7.67	0.00	69.50	0.83	1.33	3.67
	ZS206	53.67	4.83	2.67	38.67	0.17	0.00	0.00
	ZS207	51.00	3.00	1.33	43.67	1.00	0.00	0.00
	ZS307	22.67	3.67	19.67	53.17	0.67	0.17	0.00
中沙大环礁外围平均		39.61	6.07	4.03	46.60	0.46	0.59	2.65
中沙大环礁内	ZS103	57.50	10.33	1.67	28.00	2.50	0.00	0.00
	ZS107	64.67	6.00	0.67	26.00	2.67	0.00	0.00
	ZS109	68.67	2.67	0.17	28.17	0.33	0.00	0.00
	ZS111	80.00	0.33	5.17	14.00	0.50	0.00	0.00
	ZS208	28.17	3.50	0.67	61.83	4.17	1.67	0.00
中沙大环礁内平均		59.80	4.57	1.67	31.60	2.03	0.33	0.00
中沙大环礁平均		44.10	5.73	3.50	43.27	0.81	0.53	2.06
一统暗沙	ZS212h	36.33	39.67	3.67	19.83	0.50	0.00	0.00
	ZS212v	36.50	48.67	0.00	13.17	1.67	0.00	0.00
	ZS304	32.50	46.83	3.50	17.17	0.00	0.00	0.00
一统暗沙平均		35.11	45.06	2.39	16.72	0.72	0.00	0.00
神狐暗沙	ZS213v	41.00	0.17	1.17	57.67	0.00	0.00	0.00
	ZS213h	45.67	16.33	1.50	32.83	3.67	0.00	0.00
	ZS301	25.67	3.17	4.17	66.67	0.00	0.33	0.00
	ZS302	20.67	0.17	12.33	66.83	0.00	0.00	0.00
神狐暗沙平均		33.25	4.96	4.79	56.00	0.92	0.08	0.00
中沙群岛平均		41.71	9.63	3.56	42.29	0.81	0.42	1.57
西沙群岛北礁	BJ209m10	33.50	19.50	0.00	41.67	4.83	0.50	0.00
	BJ209m20	38.33	25.17	0.00	36.50	0.00	0.00	0.00
西沙群岛北礁平均		35.92	22.33	0.00	39.08	2.42	0.25	0.00
总平均		41.34	10.43	3.34	42.09	0.92	0.41	1.47

注：表中数据经过四舍五入，存在舍入误差。西沙群岛北礁只是在 2020 年航次开展了调查，仅作为参照

在 ZS102、ZS103 站位）平均覆盖率约为 3%、海绵平均覆盖率约为 2%，还有一些柳珊瑚、褐藻、绿藻、棘皮动物等少量组分。统计发现，中沙大环礁外围比中沙大环礁内的活造礁石珊瑚平均覆盖率要低，分别为 39.61%和 59.80%，其原因有待分析研究。

另外，2020 年、2021 年航次对中沙群岛的一统暗沙和神狐暗沙也进行了调查，发现神狐暗沙对比一统暗沙来说，各方面都与中沙大环礁更加类似一些，活造礁石珊瑚平均覆盖率为 33.25%，其他生物平均覆盖率为 4.96%，沙质底平均覆盖率为 4.79%，早期死亡珊瑚平均覆盖率为 56.00%，近期死亡珊瑚极少，白化珊瑚平均覆盖率为 0.08%，部分死亡珊瑚平均覆盖率为 0.92%。但是一统暗沙与中沙群岛其他岛礁和西沙群岛都很不一样，主要表现在有大量的仙掌藻，活造礁石珊瑚平均覆盖率为 35.11%，其他生物平均覆盖率为 45.06%，沙质底平均覆盖率为 2.39%，早期死亡珊瑚平均覆盖率为 16.72%，近期死亡珊瑚和白化珊瑚极少，部分死亡珊瑚平均覆盖率为 0.72%，其他生物中，主要是仙掌藻，覆盖率为 40%以上，其原因有待分析研究。

中沙大环礁内的活造礁石珊瑚平均覆盖率为 59.80%，明显高于中沙大环礁外围的 39.61%。对于造礁石珊瑚覆盖率的定量分布情况，以往仅见佟飞等（2015）报道的 2014 年中沙大环礁中北暗沙与漫步暗沙海区的造礁石珊瑚覆盖率：中北暗沙活珊瑚覆盖率为 7.3%，漫步暗沙活珊瑚覆盖率为 53.8%。本调查记录的中北暗沙（ZS108 站位）与漫步暗沙（ZS109 站位）海区的活造礁石珊瑚覆盖率分别为 23.17%和 68.67%。

6.2.5 物种多样性

造礁石珊瑚是珊瑚礁的主要建造者，也是我们重点关注的类群。调查共记录造礁石珊瑚 14 科 183 种，其中中沙群岛记录 14 科 179 种。

本书记录 2019～2021 年 3 个航次在中沙大环礁、神狐暗沙、一统暗沙所记录的造礁石珊瑚种类。造礁石珊瑚是指珊瑚虫纲石珊瑚目的种类，主要参照《中国动物志 腔肠动物门 珊瑚虫纲 石珊瑚目 造礁石珊瑚》，同时参考 Veron（2000）、陈乃观等（2005）、戴昌凤和洪圣雯（2009）的研究。这里所用分类体系根据《中国造礁石珊瑚分类厘定》。

以往对中沙群岛造礁石珊瑚种类的报道较少，沈寿彭（1982）、刘韶（1987）提到一些记录的造礁石珊瑚种类。黄金森（1987）报道了中沙大环礁有造礁石珊瑚 16 属（没有列出种），邹仁林（1995）、潘子良（2017）分别记录了黄岩岛造礁石珊瑚 46 种和 64 种；佟飞等（2015）报道了中北暗沙 7 种造礁石珊瑚，主要优势种为鬃棘蔷薇珊瑚（*Montipora hispida*）；漫步暗沙有 30 种造礁石珊瑚，主要优势种为埃氏杯形珊瑚（*Pocillopora eydouxi*）。

本书记录的 183 种造礁石珊瑚分属于 14 科，包括鹿角珊瑚科 53 种、杯形珊瑚科 9 种、滨珊瑚科 14 种、菌珊瑚科 8 种、裸肋珊瑚科 62 种、铁星珊瑚科 5 种、褶叶珊瑚科 1 种、多孔螅科 1 种、木珊瑚科 3 种、枇杷珊瑚科 1 种、丁香珊瑚科 2 种、石芝珊瑚科 10 种、苍珊瑚科 1 种、叶状珊瑚科 13 种。造礁石珊瑚种数及其分布和造礁石珊瑚主要优势种及其分布分别见表 6-3 和表 6-4。

表 6-3 造礁石珊瑚种数及其分布

区域	造礁石珊瑚种数
西沙群岛北礁	61
中沙大环礁	171
一统暗沙	53
神狐暗沙	71
中沙群岛合计	179
总计	183

表 6-4 造礁石珊瑚主要优势种及其分布

区域	主要优势种
中沙大环礁外围	澄黄滨珊瑚、疣状杯形珊瑚、埃氏杯形珊瑚、团块滨珊瑚
中沙大环礁内	疣状杯形珊瑚、埃氏杯形珊瑚、美丽鹿角珊瑚、澄黄滨珊瑚、皱纹厚丝珊瑚
西沙群岛北礁	皱纹厚丝珊瑚、地衣滨珊瑚、脉状蔷薇珊瑚、团块滨珊瑚、澄黄滨珊瑚、五边角蜂巢珊瑚
一统暗沙	五边角蜂巢珊瑚、埃氏杯形珊瑚、日本刺星珊瑚、滨珊瑚、疣状杯形珊瑚
神狐暗沙	疣状杯形珊瑚、日本刺星珊瑚、埃氏杯形珊瑚、中华扁脑珊瑚、澄黄滨珊瑚

中沙大环礁造礁石珊瑚的主要类群是杯形珊瑚科、鹿角珊瑚科和滨珊瑚科，除了中沙大环礁内属于大体正常的情况，其他区域鹿角珊瑚科种类偏少，可能是这些年长棘海星暴发时有发生，2020 年航次和 2021 年航次都发现在中沙大环礁有长棘海星暴发，但是没有以前的调查资料。而作为对照参考的西沙群岛北礁经历了 2007～2009 年的长棘海星暴发以后，还在恢复过程中。长棘海星（*Acanthaster planci*）主要以造礁石珊瑚为食，大量长棘海星会使健康的珊瑚礁生态系统遭受灭顶之灾。长棘海星在我国主要分布在中沙群岛、海南岛、台湾岛等珊瑚礁海域。20 世纪 60 年代澳大利亚大堡礁长棘海星大规模暴发以来才引起高度重视。世界上很多珊瑚礁海域都有过长棘海星暴发的报道。

在本调查的 2020 年航次和 2021 年航次中，均在中沙大环礁海域发现部分区域有大规模长棘海星暴发，并导致了珊瑚大量白化死亡。

2020 年航次发现中沙群岛北边缘中部的鲁班暗沙有大规模长棘海星暴发，很多长棘海星正在吃珊瑚，那里的绝大部分珊瑚已经被长棘海星摄食，且已经死亡。长棘海星密度大约为 500 个/hm^2，随后在中沙群岛南边缘中部的安定连礁也发现珊瑚被长棘海星破坏，很大一部分珊瑚已经死亡。

2021 年航次发现中沙大环礁西南的排波暗沙有大规模长棘海星暴发（图 6-1），经过 3 个 10 m^2 的样框调查统计，发现这里的长棘海星密度达到 20 000～30 000 个/hm^2。随后，调查团队在中沙大环礁中部的乐西暗沙也发现那里的珊瑚不久前被长棘海星吃过，很大一部分珊瑚已经死亡。而在鲁班暗沙附近的中北暗沙调查中，未发现大量长棘海星，但是明显可见该区域的珊瑚近期被长棘海星吃过。

图 6-1　2021 年中沙大环礁排波暗沙长棘海星暴发

6.2.6　优势造礁石珊瑚生物名片

1. 澄黄滨珊瑚（*Porites lutea*）

澄黄滨珊瑚（图 6-2）隶属于滨珊瑚科（Poritidae）滨珊瑚属（*Porites*），群体生活，群体形态呈团块形、半球形或钟形，表面常有不规则的块状突起，往往形成直径达数米的大群体；群体常呈棕黄色或奶油色，浅水生境时颜色较为鲜亮。珊瑚杯呈多边形，杯浅且壁薄，直径为 1.0～1.5 mm；共有 5 个高的围栅瓣，背直接隔片短且不形成围栅瓣，侧隔片边缘的围栅瓣最大，腹直接隔片呈三联式，仅有一个围栅瓣；轴柱发育良好，有 5 个桡骨突和围栅瓣相连。澄黄滨珊瑚广泛分布于印度-太平洋海区，生于各种珊瑚礁生境，如潟湖、礁后区和岸礁等。其在 IUCN 红色名录中的评价等级为 least concern（无危）。

图 6-2　澄黄滨珊瑚（*Porites lutea*）

2. 团块滨珊瑚（*Porites lobata*）

团块滨珊瑚（图 6-3）隶属于滨珊瑚科（Poritidae）滨珊瑚属（*Porites*）。群体生活，群体形态呈团块形或半球形，表面通常光滑，但偶尔也形成丘状或柱状突起；群体常呈棕黄色、奶油色、蓝色、亮紫色或绿色，浅水生境时颜色较为鲜亮；珊瑚杯呈多边形，直径为 1.5 mm，每个隔片上边缘有两个小齿；隔片内缘共有 8 个发育不良的小围栅瓣，3 个腹直接隔片边缘游离，各有一个围栅瓣；轴柱发育良好，有 5 个桡骨突和围栅瓣相连。团块滨珊瑚广泛分布于印度-太平洋海区，多生于潟湖、礁后区和岸礁。其在 IUCN 红色名录中的评价等级为 near threatened（近危）。

图 6-3 团块滨珊瑚（*Porites lobata*）

3. 埃氏杯形珊瑚（*Pocillopora eydouxi*）

埃氏杯形珊瑚（图 6-4）隶属于杯形珊瑚科（Pocilloporidae）杯形珊瑚属（*Pocillopora*）。群体生活，群体形态呈分枝状，为粗壮、直立向上的分枝，群体直径常大于 1 m，而且可形成大片的单种群；群体颜色多呈绿色、棕色或浅粉色。群体分枝主枝末端接近圆柱形，末端变宽变扁；分枝表面有密集且均匀分布的疣状突起，分枝末端通常少疣突；分枝末端的珊瑚杯呈圆形，无内部结构发育，再往下的珊瑚杯多内有复杂的微细结构，如

图 6-4 埃氏杯形珊瑚（*Pocillopora eydouxi*）

隔片和刺状轴柱，珊瑚杯壁周围多小刺。埃氏杯形珊瑚广泛分布于印度-太平洋海区，可见于多种珊瑚礁生境，尤其是海流或风浪强劲的礁前区。其在 IUCN 红色名录中的评价等级为 near threatened（近危）。

4. 美丽鹿角珊瑚（*Acropora muricata*）

美丽鹿角珊瑚（图 6-5）隶属于鹿角珊瑚科（Acroporidae）鹿角珊瑚属（*Acropora*）。群体呈分枝状，分枝末端变细，颜色为棕色、奶油色、绿色、棕黄色。轴珊瑚杯外周直径为 1.5～3 mm，第一轮隔片长达 1/2 内半径，第二轮隔片长达 1/3 内半径；辐射珊瑚杯大小均一或变化较大，管状或紧贴管状，开口圆形到倾斜圆形，第一轮隔片长达 1/2 内半径，第二轮隔片呈刺状；杯壁为沟槽状珊瑚肋或整齐分布的小刺，杯间共骨网状，上点缀有小刺。*Acropora formosa* 是该种珊瑚的同物异名，由于美丽鹿角珊瑚的中文学名被广泛使用，拉丁名 *Acropora formosa* 作为同物异名处理，但保留其中文学名。美丽鹿角珊瑚广泛分布于印度-太平洋海区，多生于礁坡和潟湖。其在 IUCN 红色名录中的评价等级为 near threatened（近危）。

图 6-5 美丽鹿角珊瑚（*Acropora muricata*）

5. 穗枝鹿角珊瑚（*Acropora secale*）

穗枝鹿角珊瑚隶属于鹿角珊瑚科（Acroporidae）鹿角珊瑚属（*Acropora*）。群体生活，群体形态呈灌丛状或伞房状，由中央或边缘固着于基底上（图 6-6）；群体颜色多变，为奶油色、黄色、棕色或蓝色；群体分枝逐渐变细，直径为 7～20 mm，长可达 7 cm；分枝上的珊瑚杯可分为轴珊瑚杯与辐射珊瑚杯，其中轴珊瑚杯呈紫色或黄色，第一轮隔片长达 3/4 内半径，第二轮隔片部分发育，约为 1/3 内半径，外周直径为 1.4～3.3 mm；辐射珊瑚杯稍拥挤，或者为长管状，开口圆形或鼻形，或者为短鼻形，两种形态常各自成竖列分布，自上而下辐射珊瑚杯逐渐变大，第一轮隔片长达 1/3 内半径；珊瑚杯壁为致密的小刺，共骨网状，上有均匀分布的小刺。穗枝鹿角珊瑚广泛分布于印度-太平洋海区，可见于多种珊瑚礁生境。其在 IUCN 红色名录中的评价等级为 near threatened（近危）。

图 6-6　穗枝鹿角珊瑚（*Acropora secale*）

造礁石珊瑚是珊瑚礁的主要建造者，本项目调查共在中沙群岛海域记录到造礁石珊瑚 14 科 179 种，中沙群岛的活造礁石珊瑚平均覆盖率为 41.71%，其中中沙大环礁的活造礁石珊瑚平均覆盖率为 44.10%，中沙群岛珊瑚礁的造礁石珊瑚总体健康状况良好。值得格外关注的是，2020 年航次和 2021 年航次均在中沙大环礁海域发现部分区域有大规模长棘海星暴发，并导致了珊瑚大量白化死亡，该现象需要在后续的调查任务中持续进行观测，密切关注该区域长棘海星的种群状况，避免生态灾害的发生。

6.3　中沙群岛珊瑚礁鱼类多样性

6.3.1　珊瑚礁鱼类调查研究背景

中沙大环礁珊瑚大量发育，生物量非常高，附近海域营养盐分丰富，是南海重要的渔场。珊瑚礁生态系统包含了地球上最多样的鱼类群落，有 6000～8000 种鱼类生活在珊瑚礁生境中，其为 25%的海洋鱼类提供了栖息、觅食和繁殖场所。

珊瑚礁鱼类通常是指生活在珊瑚礁中或与珊瑚礁有密切关系的鱼类，不是严格的鱼类分类学概念。珊瑚礁鱼类经过长期进化已经形成许多特殊的表型来适应珊瑚礁环境，其丰富多变的体表颜色、外观形态、生活习性等都非常引人注目。珊瑚礁鱼类作为珊瑚礁生态系统中一个重要的组成部分，在稳定和平衡珊瑚礁生态系统中发挥重要的调控作用。千姿百态的珊瑚礁鱼类在珊瑚礁中占据着不同的生态位置，发挥着多样的生态功能，其也通过摄食行为对食物链中不同营养等级的生物起到一定的调节控制作用。丰富多样的珊瑚礁鱼类不仅在维持生态平衡和物种多样性中发挥重要的生态价值，还具有名贵物种养殖、观赏资源开发等与人类的民生、食品安全紧密相关的经济价值。因此，阐明中沙群岛珊瑚礁生态系统中鱼类群落的组成结构和生态功能，对于南海珊瑚礁生态系统的综合评价及合理开发利用具有重要意义。

鱼类等游泳生物是岛礁生态系统中的重要组成群落，由于其大范围的活动能力，在进行小尺度的生态系统健康评价时，往往难以将鱼类等游泳生物纳入精细化评价指标，但鱼类在珊瑚礁本身生态功能的维持，以及岛际生态系统连通性等方面仍有重要的指示作用。对于珊瑚岛礁而言，健康的珊瑚礁生态系统往往支撑着很高的生物多样性水平，其中鱼类物种多样性与珊瑚物种多样性之间呈正相关关系。珊瑚礁鱼类食性广泛，是珊瑚礁生态系统中复杂食物网的多营养级成员。珊瑚礁生态系统的退化，会导致鱼类物种多样性降低、高营养级鱼类缺失、鱼类生活史周期变短、死亡率增加、生物量密度降低等现象。鱼类群落的衰退也会对珊瑚礁生态系统具有负面作用。例如，大型海藻会与珊瑚竞争生长空间，草食性鱼类却能控制大型海藻的过度生长。相反，如果草食性鱼类缺失，珊瑚因生长速度慢就会在与大型海藻的竞争中而逐渐衰退、死亡，甚至完全消失。通过研究珊瑚礁鱼类群落结构，可以了解鱼类群落对生态系统变化的响应，为生态系统关键种保护与抚育策略评价，以及生物资源的合理利用提供基础。

6.3.2　珊瑚礁鱼类资源调查方法和内容

调查团队在中沙群岛海域通过流刺网、潜水、垂钓等方法获得了翔实充分的调查资料，初步明确了中沙群岛海域的鱼类多样性现状。首先对采集获得的生物样本进行整理和分类工作，通过比对形态学图谱初步对样本进行形态学的分类鉴定，然后通过 DNA 提取、生物条形码序列的扩增以及数据库比对进一步对样本进行精确的分子生物学鉴定。

6.3.3　珊瑚礁鱼类物种多样性

共计在 13 个站位获得鱼类样品近千份，目前已通过比对形态学图谱和扩增 COI 序列完成了物种鉴定，共包含 26 属，其中鲈形目鱼类在数量上占优势（表 6-5）。

表 6-5　中沙群岛海域珊瑚礁栖鱼类的多样性（部分）

样本编号	中文名	拉丁名	GenBank 相似度
ZS-01	尾斑棘鳞鱼	*Sargocentron caudimaculatum*	100
ZS-02	四带笛鲷	*Lutjanus kasmira*	100
ZS-03	大鳞锯鳞鱼	*Myripristis berndti*	100
ZS-04	黑带棘鳍鱼	*Sargocentron rubrum*	100
ZS-05	大鳞锯鳞鱼	*Myripristis berndti*	100
ZS-06	尾纹九棘鲈	*Cephalopholis urodeta*	99.85
ZS-07	尾斑棘鳞鱼	*Sargocentron caudimaculatum*	99.85
ZS-08	四带笛鲷	*Lutjanus kasmira*	100
ZS-09	大斑刺鲀	*Diodon liturosus*	100
ZS-10	宽尾颌针	*Platybelone argalus*	91.3
ZS-11	宽尾颌针	*Platybelone argalus*	91.3
ZS-12	尾斑棘鳞鱼	*Sargocentron caudimaculatum*	99.85
ZS-13	尾纹九棘鲈	*Cephalopholis urodeta*	100

续表

样本编号	中文名	拉丁名	GenBank 相似度
ZS-14	宽尾颌针	*Platybelone argalus*	91.3
ZS-15	黑边角鳞鲀	*Melichthys vidua*	100
ZS-16	红鳃裸颊鲷	*Lethrinus rubrioperculatus*	100
ZS-17	榄色叉尾鲷	*Aphareus furca*	100
ZS-18	尾斑棘鳞鱼	*Sargocentron caudimaculatum*	100
ZS-19	尾纹九棘鲈	*Cephalopholis urodeta*	100
ZS-20	南非多耙颌针鱼	*Petalichthys capensis*	100
ZS-21	康德锯鳞鱼	*Myripristis kuntee*	100
ZS-22	四带笛鲷	*Lutjanus kasmira*	100
ZS-23	黑边石斑鱼	*Epinephelus fasciatus*	100
ZS-24	侧牙鲈	*Variola louti*	99.85
ZS-25	尾斑棘鳞鱼	*Sargocentron caudimaculatum*	100
ZS-26	半带裸颊鲷	*Lethrinus semicinctus*	100
ZS-28	黑双带小丑鱼	*Amphiprion sebae*	100
ZS-29	尾斑棘鳞鱼	*Sargocentron caudimaculatum*	100
ZS-30	大鳞锯鳞鱼	*Myripristis berndti*	100
ZS-31	红鳃裸颊鲷	*Lethrinus rubrioperculatus*	100
ZS-32	红鳃裸颊鲷	*Lethrinus rubrioperculatus*	100
ZS-33	尾纹九棘鲈	*Cephalopholis urodeta*	100
ZS-34	尾纹九棘鲈	*Cephalopholis urodeta*	99.85
ZS-35	尾纹九棘鲈	*Cephalopholis urodeta*	100
ZS-36	黑边角鳞鲀	*Melichthys vidua*	100
ZS-37	尾纹九棘鲈	*Cephalopholis urodeta*	100
ZS-38	红鳃裸颊鲷	*Lethrinus rubrioperculatus*	98.37
ZS-39	南非多耙颌针鱼	*Petalichthys capensis*	99.37
ZS-40	南非多耙颌针鱼	*Petalichthys capensis*	99.37
ZS-41	南非多耙颌针鱼	*Petalichthys capensis*	99.37
ZS-42	南非多耙颌针鱼	*Petalichthys capensis*	99.37
ZS-43	黑边角鳞鲀	*Melichthys vidua*	100
ZS-44	四带笛鲷	*Lutjanus kasmira*	100
ZS-45	波纹钩鳞鲀	*Balistapus undulatus*	100
ZS-47	四带笛鲷	*Lutjanus kasmira*	99.85
ZS-48	尾纹九棘鲈	*Cephalopholis urodeta*	100
ZS-49	金带齿颌鲷	*Gnathodentex aureolineatus*	100
ZS-50	金带齿颌鲷	*Gnathodentex aureolineatus*	100
ZS-51	金带齿颌鲷	*Gnathodentex aureolineatus*	100
ZS-52	金带齿颌鲷	*Gnathodentex aureolineatus*	100
ZS-53	黑边角鳞鲀	*Melichthys vidua*	100
ZS-54	金带齿颌鲷	*Gnathodentex aureolineatus*	100

续表

样本编号	中文名	拉丁名	GenBank 相似度
ZS-55	蓝带眶棘鲈	*Scolopsis xenochrous*	99.85
ZS-56	单带尖唇鱼	*Oxycheilinus unifasciatus*	99.85
ZS-57	金带齿颌鲷	*Gnathodentex aureolineatus*	100
ZS-58	日本鬼鲉	*Inimicus japonicus*	100
ZS-59	黑边角鳞鲀	*Melichthys vidua*	100
ZS-60	黄鳍多棘鳞鲀	*Sufflamen chrysopterus*	100
ZS-61	金带齿颌鲷	*Gnathodentex aureolineatus*	100
ZS-62	尾纹九棘鲈	*Cephalopholis urodeta*	99.69
ZS-63	四带笛鲷	*Lutjanus kasmira*	100
ZS-64	暗鳍魣	*Sphyraena qenie*	100
ZS-65	五线叶虾虎	*Gobiodon quinquestrigatus*	88.94
ZS-66	蓝短鳍笛鲷	*Aprion virescens*	100
ZS-67	黑边角鳞鲀	*Melichthys vidua*	100
ZS-68	单带尖唇鱼	*Oxycheilinus unifasciatus*	99.85
ZS-69	角鳞鲀	*Melichthys niger*	100
ZS-70	黄鳍多棘鳞鲀	*Sufflamen chrysopterus*	100
ZS-71	黑边角鳞鲀	*Melichthys vidua*	100
ZS-72	尾纹九棘鲈	*Cephalopholis urodeta*	100
ZS-73	半带裸颊鲷	*Lethrinus semicinctus*	100
ZS-74	大鳞锯鳞鱼	*Myripristis berndti*	100
ZS-75	大鳞锯鳞鱼	*Myripristis berndti*	100
ZS-76	红牙鳞鲀	*Odonus niger*	100
ZS-77	单带尖唇鱼	*Oxycheilinus unifasciatus*	100
ZS-78	黑边角鳞鲀	*Melichthys vidua*	100
ZS-79	黑带棘鳍鱼	*Sargocentron rubrum*	100
ZS-80	大鳞锯鳞鱼	*Myripristis berndti*	100
ZS-81	黑边角鳞鲀	*Melichthys vidua*	100
ZS-82	尾斑棘鳞鱼	*Sargocentron caudimaculatum*	100
ZS-83	尾纹九棘鲈	*Cephalopholis urodeta*	100
ZS-84	红牙鳞鲀	*Odonus niger*	99.69
ZS-85	大鳞锯鳞鱼	*Myripristis berndti*	100
ZS-87	蓝短鳍笛鲷	*Aprion virescens*	100
ZS-88	蓝短鳍笛鲷	*Aprion virescens*	100
ZS-89	尾斑棘鳞鱼	*Sargocentron caudimaculatum*	99.69
ZS-90	多带副绯鲤	*Parupeneus multifasciatus*	100
ZS-91	蓝短鳍笛鲷	*Aprion virescens*	100
ZS-92	尾斑棘鳞鱼	*Sargocentron caudimaculatum*	100
ZS-93	黑边角鳞鲀	*Melichthys vidua*	99.85
ZS-94	尾纹九棘鲈	*Cephalopholis urodeta*	100

续表

样本编号	中文名	拉丁名	GenBank 相似度
ZS-95	尾纹九棘鲈	*Cephalopholis urodeta*	100
ZS-96	尾纹九棘鲈	*Cephalopholis urodeta*	100
ZS-97	尾斑棘鳞鱼	*Sargocentron caudimaculatum*	100
ZS-98	孟加拉笛鲷	*Lutjanus bengalensis*	100
ZS-99	蛇鲭	*Gempylus serpens*	100
ZS-100	红鳃裸颊鲷	*Lethrinus rubrioperculatus*	100
ZS-101	红牙鳞鲀	*Odonus niger*	100
ZS-102	半带裸颊鲷	*Lethrinus semicinctus*	100
ZS-103	缰纹多棘鳞鲀	*Sufflamen fraenatus*	99.69
ZS-104	圆口副绯鲤	*Parupeneus cyclostomus*	99.85
ZS-105	尾纹九棘鲈	*Cephalopholis urodeta*	100
ZS-106	云纹矶塘鳢	*Eviota nebulosa*	86.42
ZS-107	角鳞鲀	*Melichthys niger*	100
ZS-108	金带齿颌鲷	*Gnathodentex aureolineatus*	100
ZS-109	尾纹九棘鲈	*Cephalopholis urodeta*	99.85
ZS-110	金带齿颌鲷	*Gnathodentex aureolineatus*	100
ZS-111	四带笛鲷	*Lutjanus kasmira*	100
ZS-112	四带笛鲷	*Lutjanus kasmira*	100
ZS-113	南非多耙颌针鱼	*Petalichthys capensis*	100
ZS-114	单带尖唇鱼	*Oxycheilinus unifasciatus*	100
ZS-115	尾纹九棘鲈	*Cephalopholis urodeta*	100
ZS-116	尾纹九棘鲈	*Cephalopholis urodeta*	100
ZS-117	红鳃裸颊鲷	*Lethrinus rubrioperculatus*	99.85
ZS-118	蓝短鳍笛鲷	*Aprion virescens*	100
ZS-119	蓝短鳍笛鲷	*Aprion virescens*	100
ZS-120	蓝短鳍笛鲷	*Aprion virescens*	100
ZS-121	孟加拉笛鲷	*Lutjanus bengalensis*	100
ZS-122	缰纹多棘鳞鲀	*Sufflamen fraenatus*	99.69
ZS-123	四带笛鲷	*Lutjanus kasmira*	100
ZS-125	四带笛鲷	*Lutjanus kasmira*	100
ZS-126	金带齿颌鲷	*Gnathodentex aureolineatus*	100
ZS-127	角鳞鲀	*Melichthys niger*	100
ZS-128	红牙鳞鲀	*Odonus niger*	99.85
ZS-129	四带笛鲷	*Lutjanus kasmira*	100
ZS-130	四带笛鲷	*Lutjanus kasmira*	100
ZS-131	黑边角鳞鲀	*Melichthys vidua*	100
ZS-132	四带笛鲷	*Lutjanus kasmira*	100
ZS-133	四带笛鲷	*Lutjanus kasmira*	100
ZS-134	四带笛鲷	*Lutjanus kasmira*	100

续表

样本编号	中文名	拉丁名	GenBank 相似度
ZS-135	榄色叉尾鲷	*Aphareus furca*	100
ZS-136	四带笛鲷	*Lutjanus kasmira*	100
ZS-137	四带笛鲷	*Lutjanus kasmira*	100
ZS-138	四带笛鲷	*Lutjanus kasmira*	100

6.3.4　典型珊瑚礁栖鱼类物种名片

1. 蛇鲭（*Gempylus serpens*）

蛇鲭（图 6-7）隶属于蛇鲭科（Gempylidae）蛇鲭属（*Gempylus*），体极为延长而侧扁，背、腹轮廓平直，尾柄无棱脊；体长约为体高的 16 倍。头尖窄而侧扁。吻尖突。口裂大，平直；下颌突出于上颌；上下颌具大小不一的犬齿。侧线二条，上侧线沿着背鳍基部，下侧线位于体侧中央。第一背鳍具棘 XXVIII-XXXII；第二背鳍硬棘数 I，软条数 11～14，离鳍数 5～7；臀鳍硬棘数 III，软条数 10～13，离鳍数 5～7；腹鳍小，硬棘数 I，软条数 3；尾鳍深叉。体一致为带明亮光泽的黑褐色。近海大洋性中表层洄游鱼种，一般栖息深度为 0～200 m，可栖息于更深海域。独游性。成鱼于夜间迁移至表层，仔鱼及幼鱼则于日间停留于表层。以鲱和鳀等小型鱼类、甲壳类及乌贼等为食。

图 6-7　蛇鲭（*Gempylus serpens*）
图片来源：https://fishesofaustralia.net.au/home/species/2529

2. 暗鳍魣（*Sphyraena qenie*）

暗鳍魣（图 6-8）隶属于魣科（Sphyraenidae）魣属（*Sphyraena*）。体延长，略侧扁，

图 6-8　暗鳍魣（*Sphyraena qenie*）
图片来源：https://flickriver.com/photos/brianmayes/28244754309/

呈亚圆柱形。头长而吻尖突。口裂大，宽平；下颌突出于上颌；上颌骨末端及眼前缘的下方；上下颌及腭骨均具尖锐且大小不一的犬状齿，锄骨无齿。无鳃耙。体被小圆鳞；侧线鳞数 120～130。具两个背鳍，彼此分离甚远；第二背鳍末端不延长；腹鳍起点位于背鳍起点之前；胸鳍略短，末端几达背鳍起点的下方；尾鳍于幼鱼时为深叉形，成鱼时则呈双凹形。体背部呈青灰蓝色，腹部呈白色；体侧具许多延伸至腹部的暗色横带，上半部横带倾斜，下半部则几垂直。尾鳍一致为暗色，余鳍皆为灰黑色。以前所记载的黑鳍金梭鱼（*Sphyraena nigripinnis*）为该种的同种异名。广泛分布于印度-太平洋海区，由红海、非洲东南部海域至墨西哥、巴拿马海域，北至日本南部海域，南至新喀里多尼亚海域。中国台湾周围海域亦均有分布。主要栖息于大洋较近岸的礁区、内湾、潟湖区或河口，成群于日间活动，无固定的栖所。肉食性，以礁区的鱼类及头足类为食。

3. 真丝金䱵（*Cirrhitichthys falco*）

真丝金䱵（图 6-9）隶属于䱵科（Cirrhitidae）金䱵属（*Cirrhitichthys*）。体延长而呈长椭圆形；头背部于眼上方略凹；体背隆起，腹缘近平直。吻略钝。眼中大，近头背缘。前鳃盖骨后缘具强锯齿，鳃盖骨后缘具棘。上下颌齿细小，锄骨齿及腭骨齿皆存在。体被圆鳞，眼眶间隔具鳞，侧线鳞数 42～45。背鳍单一，硬棘部及软条部间具缺刻，硬棘部的鳍膜末端呈簇须状，硬棘数 X，软条数 12，第 1 软条延长，但不呈丝状；臀鳍硬棘数 III，软条数 6；胸鳍最长的鳍条末端达臀鳍起点。体呈灰白色至淡褐色，腹部较淡，体侧具 5 条红褐色至暗褐色的横带，前 2 条为小斑点组成，后 3 条为大斑点组成，皆延伸至背鳍；头部眼下方另具 2 条红褐色斜带；吻部亦具 1 条褐色斜带。各鳍呈淡色，背鳍及尾鳍具红褐色斑点。分布于西太平洋，由菲律宾至萨摩亚，北至琉球群岛及小笠原群岛，南至澳大利亚大堡礁及新喀里多尼亚等沿海。中国台湾各地沿海及离岛的珊瑚礁区可见其踪迹。主要栖息于珊瑚繁盛的区域；通常喜欢停栖于珊瑚枝头的基部，伺机捕食猎物。以甲壳类或小型鱼类为食。行一夫多妻制，且在日落后产卵。

图 6-9　真丝金䱵（*Cirrhitichthys falco*）
图片来源：https://www.fishncorals.com/shop/fauna-marina/pesci-marini/cirrhitidae/cirrhitichthys-falco/

4. 尖头金䱵（*Cirrhitichthys oxycephalus*）

尖头金䱵（图 6-10）隶属于䱵科（Cirrhitidae）金䱵属（*Cirrhitichthys*）。体延长而呈长椭圆形；头背部近于平耳；体背隆起，腹缘近平直。吻略钝。眼中大，近头背缘。前鳃盖骨后缘具强锯齿，鳃盖骨后缘具棘。上下颌齿细小，锄骨齿及腭骨齿皆存在。体被圆鳞，眼眶间隔具鳞，侧线鳞数 41～45。背鳍单一，硬棘部及软条部间具缺刻，硬棘部的鳍膜末端呈簇须状，硬棘数 X，软条数 12，第 1 软条延长，但不呈丝状；臀鳍硬棘数 III，软条数 6；胸鳍最长的鳍条末端仅达肛门。体呈灰白色至淡褐色，腹部较淡，头部及体侧散布着大小规则排列的红褐色至暗褐色横斑；头部眼下方另具2条红褐色点斑状斜带；吻部亦具1条红褐色点斑状斜带。各鳍呈淡色，背鳍及尾鳍具红褐色斑点。广泛分布于印度-太平洋的热带沿岸海域。主要栖息于沿海岩礁、向海的珊瑚礁区域或潮流经过的礁盘上；通常喜欢停栖于珊瑚枝头上面、里面或下面，伺机捕食猎物。以甲壳类或小型鱼类为食。

图 6-10　尖头金䱵（*Cirrhitichthys oxycephalus*）

图片来源：https://www.inaturalist.org/photos/103834287

5. 副䱵（*Paracirrhites arcatus*）

副䱵（图 6-11）隶属于䱵科（Cirrhitidae）副䱵属（*Paracirrhites*）。体延长而呈长椭圆形；头背部微呈弧形；体背略隆起，腹缘弧形。吻钝。眼中大，近头背缘。前鳃盖骨后缘具强锯齿，鳃盖骨后缘具棘。上下颌齿呈带状，外列齿呈犬状；锄骨具齿，腭骨齿则无。体被圆鳞；眼眶间隔具鳞；吻部无鳞；颊部与主鳃盖被鳞；侧线鳞数45～50。背鳍单一，硬棘部及软条部间具缺刻，硬棘部的鳍膜末端呈单一须状，硬棘数X，软条数11，第1软条延长如丝；臀鳍硬棘数III，软条数6；胸鳍最长的鳍条末端仅达腹鳍后缘；

图 6-11　副䱵（*Paracirrhites arcatus*）

尾鳍呈弧形。体一致为淡灰褐色至橙红色，腹部较淡；眼后具一黄色、粉红色及白色相间的“U”形斑；间鳃盖另具3条镶红边的黄色斜带，斜带间则为浅蓝色。各鳍呈橙黄色。分布于印度-太平洋海区，自东非海域至夏威夷群岛、莱恩群岛，北至日本南部海域，南至澳大利亚、拉帕岛。中国台湾南部海域有分布。主要栖息于潟湖及面海的珊瑚礁区域。通常喜欢停栖于珊瑚枝头上面、里面或下面，伺机捕食猎物。以虾及螃蟹等甲壳类或小型鱼类为食。

6. 黑带鳞鳍梅鲷（*Pterocaesio tile*）

黑带鳞鳍梅鲷（图6-12）隶属于梅鲷科（Caesionidae）鳞鳍梅鲷属（*Pterocaesio*）。体呈长纺锤形，标准体长为体高的3.8～4.4倍。口小，端位；上颌骨具有伸缩性，且多少被眶前骨所掩盖；前上颌骨具2个指状突起；上下颌前方具一细齿，锄骨无齿。体被中小型栉鳞，背鳍及臀鳍基底上方一半的区域均被鳞；侧线完全且平直，仅于尾柄前稍弯曲，侧线鳞数68～74。背鳍硬棘数X-XII，软条数20～21；臀鳍硬棘数III，软条数12。体背呈蓝绿色，腹面呈粉红色，体侧沿侧线有一黑褐色纵带直行至尾柄背部，并与尾鳍上叶的黑色纵带相连。各鳍呈红色，尾鳍下叶亦有黑色纵带。在分类上仍有歧见，Nelson（1994）将其置于笛鲷科（Lutjanidae）的梅鲷亚科（Caesioninae）。分布于印度-西太平洋的热带海域，西起非洲东岸，东至马克萨斯群岛，北至日本海域，南迄新喀里多尼亚海域。主要栖息于沿岸潟湖或礁石区陡坡外围清澈海域，性喜大群洄游于礁区的中层水域，游泳速度快且时间持久。属日行性鱼类，昼间在水层间觅食浮游动物，夜间则于礁体间具有遮蔽性的地方休息。

图6-12　黑带鳞鳍梅鲷（*Pterocaesio tile*）

图片来源：http://www.ryanphotographic.com/caesionidae.htm

7. 三点阿波鱼（*Apolemichthys trimaculatus*）

三点阿波鱼（图6-13）隶属于刺盖鱼科（Pomacanthidae）阿波鱼属（*Apolemichthys*）。体呈椭圆形；头部背面至吻部轮廓成直线。前眼眶骨的前缘中部无缺刻，无强棘；后缘不游离，亦无锯齿，下缘凸具强锯齿，盖住上颌一部分。间鳃盖骨无强棘；前鳃盖后缘具细锯齿，强棘无深沟。上颌齿强。体被中大型鳞，颊部被不规则小鳞；侧线终止于背鳍软条后下方。背鳍连续，硬棘数 XIV，软条数 16～18；臀鳍硬棘数 III，软条数 17～19。体一致为黄色，头顶与鳃盖上方各有一瞳孔大小的镶金黄色边的淡青色眼斑。臀鳍具一宽黑带。分布于印度-西太平洋海区，西起东非海域，东至萨摩亚海域，北至日本南部海域，南至澳大利亚海域。栖息于潟湖及面海的珊瑚礁靠近珊瑚的水域。多半单独活动或成小群活动。主要以海绵动物及被囊动物为食。

图 6-13　三点阿波鱼
（*Apolemichthys trimaculatus*）

8. 珠蝴蝶鱼（*Chaetodon kleinii*）

珠蝴蝶鱼（图 6-14）隶属于蝴蝶鱼科（Chaetodontidae）蝴蝶鱼属（*Chaetodon*）。体高而呈卵圆形，头部上方轮廓平直。吻尖，但不延长为管状。前鼻孔具鼻瓣。前鳃盖缘具细锯齿，鳃盖膜与峡部相连。两颌齿细尖密列，上下颌齿4～6列。体被中型鳞片，侧线向上陡升至背鳍第 IX-X 棘下方而下降至背鳍基底末缘下方。背鳍单一，硬棘数 XII-XIII，软条数 24～27（通常为 XII，25～26）；臀鳍硬棘数 III，软条数 20～21。体呈淡黄色，吻端呈暗色；体侧于背鳍硬棘前部及后部的下方各具有一条不明显的暗色带；头部黑色眼带略窄于眼径，在眼上下方约等宽，且向后延伸达腹鳍前缘。背鳍及臀鳍软条部后部具黑纹及白色缘，腹鳍黑色，胸鳍淡色，尾鳍黄色而具黑缘。分布于印度-太平洋海区，西起红海、东非海域，东至夏威夷群岛及萨摩亚群岛，北至日本南部海域，南至澳大利亚海域。中国台湾各地岩礁及珊瑚礁海域皆可见其踪迹。栖息于较深的潟湖、海峡及面海的珊瑚礁区。常被发现漫游于有沙的珊瑚礁底部或礁盘上。杂食性，以小型无脊椎动物、珊瑚虫、浮游动物及藻类碎片为食。

图 6-14　珠蝴蝶鱼（*Chaetodon kleinii*）

9. 新月蝴蝶鱼（*Chaetodon lunula*）

新月蝴蝶鱼（图 6-15）隶属于蝴蝶鱼科（Chaetodontidae）蝴蝶鱼属（*Chaetodon*）。背棘数 10～14，背鳍软条数 20～25，臀棘数 3，臀鳍软条数 17～20，体呈黄色至黄褐色，头部有黑色眼带，仅延伸至鳃盖缘，眼带后方另具一宽白带，尾柄至背鳍鳍条部基底有一黑色狭带。尾鳍呈黄色，末端有白缘。通常成对或成小群出现在潟湖或向

图 6-15　新月蝴蝶鱼（*Chaetodon lunula*）
图片来源：https://www.akvarieboden.net/products/raccoon-chaetodon-lunula-5-7cm

海礁的礁平台，也可发现于深度超过 30 m 的水域，幼鱼出现在礁滩内的岩石和潮池中，夜间活动品种。成鱼主要以裸鳃类动物、管虫触手和其他底栖无脊椎动物为食，也以海藻和珊瑚虫为食。在中沙群岛生活于 20 m 以深的珊瑚礁中。主要分布于印度-太平洋海区：东非海域至夏威夷群岛、马克萨斯群岛，北至日本南部海域，南至豪勋爵岛和拉帕岛。还分布于大西洋东南部海区：伦敦东部海域，南非海域。在我国西沙群岛、南沙群岛、中沙群岛海域均有发现。

10. 斑带蝴蝶鱼（*Chaetodon punctatofasciatus*）

斑带蝴蝶鱼（图 6-16）隶属于蝴蝶鱼科（Chaetodontidae）蝴蝶鱼属（*Chaetodon*）。体高而呈卵圆形，头部上方轮廓平直。吻尖，但不延长为管状。前鼻孔具鼻瓣。前鳃盖缘具细锯齿，鳃盖膜与峡部相连。两颌齿细尖密列，上下颌齿各具 6～7 列。体被中型鳞片，圆形至稍角形；侧线向上陡升至背鳍第 IX-X 棘下方而下降至背鳍基底末缘下方。背鳍单一，硬棘数 XIII，软条数 23～25；臀鳍硬棘数 III，软条数 18。体呈柠檬色，腹部为淡黄色；体侧各鳞片具一暗点，接近鳍部的暗点较小；体侧上半部另外约有 7 条暗色横带；头部具窄于眼径的镶黑边及白边的金黄色眼带；颈背呈黑色；尾柄呈橘色。背鳍、臀鳍具金黄色缘，内侧则有黑线纹；胸鳍、腹鳍呈淡黄色；尾鳍基部呈黄色，中间具一黑色带，后端淡色。分布于印度-太平洋海区，由印度洋的圣诞岛至莱恩群岛，北至日本海域，南至澳大利亚大堡礁。中国台湾各地岩礁及珊瑚礁海域皆可见其踪迹。栖息于珊瑚聚集区、清澈的潟湖及面海的礁区，也常栖息于礁盘的外围。通常成鱼成对生活。杂食性，以小型无脊椎动物、珊瑚虫及藻类碎片为食。

图 6-16　斑带蝴蝶鱼（*Chaetodon punctatofasciatus*）
图片来源：https://sbike.cn/y/huwenhudieyu/

11. 斜纹蝴蝶鱼（*Chaetodon vagabundus*）

斜纹蝴蝶鱼（图 6-17）隶属于蝴蝶鱼科（Chaetodontidae）蝴蝶鱼属（*Chaetodon*）。体高而呈卵圆形；头部上方轮廓平直，鼻区处凹陷。吻中短而尖。前鼻孔具鼻瓣。前鳃盖缘具细锯齿，鳃盖膜与峡部相连。两颌齿细尖密列，上下颌齿各具 7～9 列。体被中型鳞片，角形至菱形；侧线向上陡升至背鳍第 VIII-IX 棘下方而下降至背鳍基底末缘下方。背鳍单一，硬棘数 XII，软条数 24～26；臀鳍硬棘数 III，软条数 19～20。体呈淡色，后部呈黄色；体侧前方 6 条斜走纹与后方 10 余条斜走纹成直角相交；体侧自背鳍软条部前

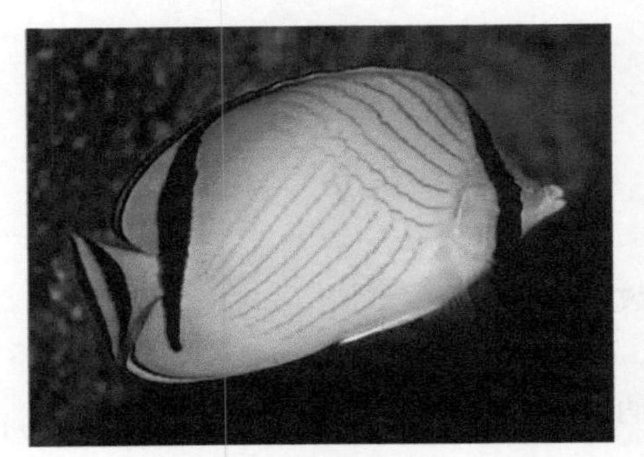

图 6-17　斜纹蝴蝶鱼（*Chaetodon vagabundus*）
图片来源：https://www.inaturalist.org/photos/82324464

方经尾柄至臀鳍中部具黑色弧状带；头部具约等于眼径的黑眼带，仅向下延伸至鳃盖缘。背鳍、臀鳍呈黄色，后缘具 1 条黑色带；尾鳍呈黄色，后缘具 1～2 条黑色带；余鳍呈淡色或微黄色。分布于印度-太平洋海区。栖息于礁盘区、清澈的潟湖及面海的珊瑚礁区，亦可生活于河口区。通常成对生活。主要以藻类、珊瑚虫、甲壳类及蠕虫为食。具有强烈的领域性。

12. 黄蝴蝶鱼（*Chaetodon xanthurus*）

黄蝴蝶鱼（图 6-18）隶属于蝴蝶鱼科（Chaetodontidae）蝴蝶鱼属（*Chaetodon*）。体高而呈椭圆形；头部上方轮廓略平直，颈部略突，鼻区处凹陷。吻尖，略突出。前鼻孔具鼻瓣。前鳃盖缘具细锯齿；鳃盖膜与峡部相连。上下颌齿各具 7～8 列。体被大型鳞片，菱形；侧线向上陡升至背鳍第 IX-X 棘下方而下降至背鳍基底末缘下方。背鳍单一，硬棘数 XIII，软条数 22；臀鳍硬棘数 III，软条数 16～17。体呈灰蓝色或较淡色，头部上半部为较暗色；体侧鳞片的边缘为暗色，形成网状的体纹；颈部具一镶白边的马蹄形黑斑；自背鳍第 6～7 软条下方向下延伸至臀鳍后角具一橙色新月形横带；头部具远窄于眼径的镶白边黑眼带，向下延伸至鳃盖缘。各鳍呈灰色至白色；尾鳍后部具镶淡色边的橙色带，末缘为淡色。主要栖息于鹿角珊瑚周围，通常发现单独或成对于 15 m 以下的水域活动。分布于西太平洋，自日本至印度尼西亚海域。中国台湾南部、东部海域以及兰屿、小琉球等离岛也有分布。

图 6-18　黄蝴蝶鱼（*Chaetodon xanthurus*）
图片来源：https://www.pecesmarinosycorales.com/chaetodon-xanthurus/

13. 黄镊口鱼（*Forcipiger flavissimus*）

黄镊口鱼（图 6-19）隶属于蝴蝶鱼科（Chaetodontidae）镊口鱼属（*Forcipiger*）。体甚侧扁而高，略呈卵圆形或菱形。吻部极为延长而成一管状，体高为其长度的 1.6～2.1 倍。前鳃盖角缘宽圆。体被小鳞片，侧线完全，达尾鳍基部，高弧形。背鳍棘数 XII，第 II 棘长于第 III 棘的 1/2，软条数 22～24；臀鳍棘数 III，软条数 17～18。体呈黄色；自眼下缘及背鳍基部及胸鳍基部的头背部呈黑褐色，吻部上缘亦呈黑褐色，其余头部、吻下缘、胸部及腹部呈银白带蓝色。背鳍、腹鳍及臀鳍呈黄色；背鳍、臀鳍软条部具淡蓝色缘；臀鳍软条部后上缘具眼斑；胸鳍及尾鳍为淡色。分布于印度-太平洋海区，西起红海、东非海域，东至夏威夷群岛及伊斯特群岛，北至日本南部海

图 6-19　黄镊口鱼（*Forcipiger flavissimus*）

域，南至豪勋爵岛；东太平洋由墨西哥海域至加拉帕戈斯群岛。主要栖息于面海的礁区，偶见于潟湖礁区。单独或小群生活。杂食性，取食对象广泛，举凡缝穴中的底栖小生物、鱼卵、水螅体及棘皮动物的管足等。

14. 马夫鱼（*Heniochus acuminatus*）

图 6-20 马夫鱼（*Heniochus acuminatus*）
图片来源：https://www.aquaportail.com/fiche-poisson-639-heniochus-acuminatus.html

马夫鱼（图 6-20）隶属于蝴蝶鱼科（Chaetodontidae）马夫鱼属（*Heniochus*）。体甚侧扁，背缘高而隆起，略呈三角形。头短小。吻尖突而不呈管状。前鼻孔后缘具鼻瓣。上下颌约等长，两颌齿细尖。体被中大弱栉鳞，头部、胸部与鳍具小鳞，吻端无鳞。背鳍连续，硬棘数 XI-XII，软条数 24～27，第 IV 棘特别延长；臀鳍硬棘数 III，软条数 17～19。体呈银白色，体侧具 2 条黑色横带，第一条黑色横带自背鳍起点下方延伸至腹鳍，第二条黑色横带则自背鳍第 VI-VIII 硬棘向下延伸至臀鳍后部；头顶呈灰黑色；两眼间具黑色眼带；吻部背面呈灰黑色。背鳍软条部及尾鳍呈黄色；胸鳍基部及腹鳍呈黑色。分布于印度-太平洋海区，西起东非海域及波斯湾，东至社会群岛，北至日本南部海域，南至豪勋爵岛。主要栖息在礁区海域，但也常见到出没在河口半淡咸水域。幼鱼出现在较浅水域，多半单独活动。成鱼则常成对或成群盘旋在珊瑚礁上、潟湖区或外礁陡坡上数米处捕食浮游动物，有时会啄食礁壁上的附着生物。

15. 条斑胡椒鲷（*Plectorhinchus vittatus*）

条斑胡椒鲷（图 6-21）隶属于仿石鲈科（Haemulidae）胡椒鲷属（*Plectorhinchus*）。体延长而侧扁，背缘隆起呈弧形，腹缘圆。头中大，背面隆起。吻短钝而唇厚，随着成

图 6-21 条斑胡椒鲷（*Plectorhinchus vittatus*）

长而肿大。口小，端位，上颌突出于下颌；颌齿呈多行不规则细小尖锥齿。颐部具6孔，但无纵沟亦无须。鳃耙细短，第一鳃弓鳃耙数（7～10）+1+（17～20）。体被细小弱栉鳞，侧线完全，侧线鳞数56～60。背鳍单一，中间缺刻不明显，无前向棘，硬棘数XIII，软条数 19～20；臀鳍基底短，鳍条数 III+7；尾鳍略内凹或几近截平。体呈灰白色，体侧共有6条由吻端至体后部的暗褐色宽纵带，而腹部的纵带较窄。各鳍呈淡黄色至淡白色，背鳍、臀鳍和尾鳍散布黑褐色的斑点；胸鳍基部具黑褐色斑；腹鳍外侧呈鲜黄色，内侧呈淡白色，基部呈红色。幼鱼体及各鳍呈褐色，有大型白色斑块散布其中。以前所记载的条纹石鲈（*Plectorhinchus lineatus*）为该种的误鉴。分布于印度-太平洋海区，西起非洲东岸，东至萨摩亚群岛，北达日本海域，南迄新喀里多尼亚海域。主要栖息于向海的珊瑚礁区域。属于夜行性动物，主要以小虾、小鱼、蠕虫及无脊椎动物等为食。

16. 四带笛鲷（*Lutjanus kasmira*）

四带笛鲷（图6-22）隶属于笛鲷科（Lutjanidae）笛鲷属（*Lutjanus*）。体呈长椭圆形，背缘呈弧状弯曲。两眼间隔平坦。上下颌两侧具尖齿，外列齿较大；上颌前端具大犬齿2～4颗；下颌前端则为排列疏松的圆锥齿；锄骨、腭骨均具绒毛状齿；舌面无齿。体被中大栉鳞，颊部及鳃盖具多列鳞；背鳍、臀鳍和尾鳍基部大部分亦被细鳞；侧线上方的鳞片斜向后背缘排列，下方的鳞片则与体轴平行。背鳍软硬鳍条部间无深刻；臀鳍基底短而与背鳍软条部相对；背鳍硬棘数X，软条数14～15；臀鳍硬棘数III，软条数7～8；胸鳍长，末端达臀鳍起点；尾鳍内凹。体鲜黄色，腹部微红；体侧具4条蓝色纵带，且在第2条至第3条蓝带间具一不明显的黑点；腹面有小蓝点排列而成的细纵带。各鳍呈黄色，背鳍与尾鳍具黑缘。该种极易与孟加拉笛鲷（*Lutjanus bengalensis*）混淆，主要差别在于后者腹部无蓝色细纵带、背鳍硬棘数为 XI 及背鳍与尾鳍无黑缘。主要栖息于沿岸礁区、潟湖区或独立礁区，栖息深度为3～150 m，有些地方可发现于水深180～265 m处。白天常可见大群体于珊瑚结构的礁区、洞穴或残骸周遭水域活动，稚鱼则栖息于海草床周围的片礁区。以底栖的鱼、虾、螃蟹、甲壳类的口足目、软体动物的头足类以及浮游性的甲壳动物等为食。广泛分布于印度-太平洋海区。

图6-22　四带笛鲷（*Lutjanus kasmira*）

17. 金带齿颌鲷（*Gnathodentex aureolineatus*）

金带齿颌鲷（图6-23）隶属于裸颊鲷科（Lethrinidae）齿颌鲷属（*Gnathodentex*）。

体延长而呈长椭圆形。吻尖。眼大。口端位；两颌具犬齿及绒毛状齿，下颌犬齿向外；上颌骨上缘具锯齿。颊部具鳞4～6列；胸鳍基部内侧不具鳞；侧线鳞数68～74；侧线上鳞列数5。背鳍单一，不具深刻，硬棘数X，软条数10；臀鳍硬棘数III，软条数8～9；胸鳍软条数15；尾鳍深分叉，两叶先端尖锐。体背呈暗红褐色，具数条银色窄纵纹；下方体侧呈银色至灰色，有若干金黄色至橘褐色纵线；尾柄背部近背鳍后方数软条的基底有一大形黄斑。各鳍呈淡红色或透明。群居性鱼种，常常成群巡游在潟湖礁石平台或向海珊瑚礁的上缘区，较少落单行动。是夜行性的动物，白天缓缓或静止地栖息在珊瑚丛上，晚上则游到珊瑚礁外围寻找底栖性的小章鱼、乌贼、小型鱼类、虾蟹类等为食。分布于印度-太平洋海区，西起非洲东岸，东至土阿莫土群岛，北至日本南部海域，南迄澳大利亚海域。

图6-23 金带齿颌鲷（*Gnathodentex aureolineatus*）

18. 圆口副绯鲤（*Parupeneus cyclostomus*）

圆口副绯鲤（图6-24）隶属于羊鱼科（Mullidae）副绯鲤属（*Parupeneus*）。体延长而稍侧扁，呈长纺锤形。头稍大；口小；吻长而钝尖；上颌仅达吻部的中央处；上下颌均具单列齿，齿中大，较钝，排列较疏；锄骨与腭骨无齿。具颏须一对，极长达鳃盖后缘之后，甚至几达腹鳍基部。前鳃盖骨后缘平滑；鳃盖骨具二短棘；鳃膜与峡部分离；鳃耙数（6～7）+（22～26）。体被弱栉鳞，易脱落，腹鳍基部具一腋鳞，眼前无鳞；侧线鳞数27～28，上侧线管呈树枝状。背鳍两个，彼此分离；胸鳍软条数15～17（通常

图6-24 圆口副绯鲤（*Parupeneus cyclostomus*）

图片来源：https://reeflifesurvey.com/species/parupeneus-cyclostomus/

为 16）；尾鳍呈叉尾形。体色具二型：一为灰黄色，各鳞片具蓝色斑点，尾柄具黄色鞍状斑，眼下方具多条不规则的蓝纹，各鳍与颏须皆为黄褐色，第二背鳍和臀鳍具蓝色斜纹，尾鳍具蓝色平行纹；一为黄化种，体一致为黄色，尾柄具亮黄色鞍状斑，眼下方具多条不规则的蓝纹。广泛分布于印度-太平洋海区，西起红海，东到夏威夷群岛、马克萨斯群岛及土阿莫土群岛，北起琉球群岛，南至新喀里多尼亚及拉帕岛。主要栖息于沿岸珊瑚礁、岩礁区、潟湖区或内湾的沙质海底或海藻床。幼鱼成群在砂质地或软泥地活动，成鱼则单独活动，以其颐须探索泥地中潜藏的甲壳类、软体动物及多毛类等，再挖掘觅食。

19. 多带副绯鲤（*Parupeneus multifasciatus*）

多带副绯鲤（图 6-25）隶属于羊鱼科（Mullidae）副绯鲤属（*Parupeneus*）。体延长而稍侧扁，呈长纺锤形。头稍大；口小；吻长而钝尖；上颌仅达吻部的中央，后缘为斜向弯曲；上下颌均具单列齿，齿中大，较钝，排列较疏；锄骨与腭骨无齿。具颏须一对，末端达眼眶后方。前鳃盖骨后缘平滑；鳃盖骨具二短棘；鳃膜与峡部分离；鳃耙数（5～7）+（18～21）。体被弱栉鳞，易脱落，腹鳍基部具一腋鳞，眼前无鳞；侧线鳞数 28～30，上侧线管呈树枝状。背鳍两个，彼此分离；第二背鳍最后软条特长；胸鳍软条数 15～17（通常为 16）；尾鳍呈叉尾形。体呈淡灰色至棕红色；吻部至眼后有一短纵带；第二背鳍基及其鳍后呈黑色，末缘及臀鳍膜上有黄色纵带斑纹。体侧具 5 条横带，第一条在第一背鳍前方体侧，第二条在第一背鳍下方体侧，第三条较窄，在第一与第二背鳍间，第四条在第二背鳍下方体侧，第五条在尾柄侧方。以前所记载的三带海绯鲤（*Parupeneus trifasciatus*）为该种的同种异名。广泛分布于印度-太平洋海区，西起印度洋的圣诞岛，东到夏威夷群岛、马克萨斯群岛及土阿莫土群岛，北起琉球群岛，南至豪勋爵岛及拉帕岛。主要栖息于珊瑚礁外缘的砂地，或者是碎礁地上，利用胡须来探索在砂泥底质上活动的底栖生物，如甲壳类、软体动物、鱼类及蠕虫等。

图 6-25　多带副绯鲤（*Parupeneus multifasciatus*）

20. 尾纹九棘鲈（*Cephalopholis urodeta*）

尾纹九棘鲈（图 6-26）隶属于鮨科（Serranidae）九棘鲈属（*Cephalopholis*）。体长，呈椭圆形，侧扁，标准体长为体高的 2.7～3.3 倍。头背部斜直，眶间区平坦。眼小，短于吻长。口大；上颌稍能活动，可向前伸出，末端延伸至眼后缘下方；上下颌前端具小犬齿，下颌内侧齿尖锐，排列不规则，可向内倒状；锄骨和腭骨具绒毛状齿。前鳃盖缘

图 6-26 尾纹九棘鲈（*Cephalopholis urodeta*）

圆，具微锯齿缘平滑；下鳃盖及间鳃盖平滑。体被细小栉鳞；侧线鳞孔数 54～68；纵列鳞数 88～108。背鳍连续，硬棘数 IX，软条数 14～16；臀鳍硬棘数 III，软条数 9；腹鳍腹位，末端不及肛门开口；胸鳍呈圆形，中央的鳍条长于上下方的鳍条，且长于腹鳍，但约略等长于后眼眶长；尾鳍呈圆形。体呈深红色至红褐色，后方较暗；头部具许多细小橘红色点及不规则的红褐色斑；体侧有时具细小淡斑及 6 条不显著的不规则横带。背鳍及臀鳍软条部具许多细小橘红色点，鳍膜具橘色缘；腹鳍呈橘红色且具蓝色缘；尾鳍具 2 条淡色斜带，斜带间具许多淡色斑点，斜带外为红色而具白色缘。分布于印度-太平洋的热带及亚热带海域。西起非洲东岸，东至法属波利尼西亚海域，北自日本南部海域，南迄澳大利亚大堡礁。栖息于水深 1～60 m 的潟湖礁石区及浅外礁斜坡处等水域。主要以鱼类及甲壳类为食。

21. 黑边石斑鱼（*Epinephelus fasciatus*）

图 6-27 黑边石斑鱼（*Epinephelus fasciatus*）

黑边石斑鱼（图 6-27）隶属于鮨科（Serranidae）石斑鱼属（*Epinephelus*）。体长，呈椭圆形，侧扁而粗壮，标准体长为体高的 2.8～3.3 倍。头背部斜直，眶间区微凸。眼小，短于吻长。口大；上下颌前端具小犬齿或无，两侧齿细尖，下颌 2～4 列。鳃耙数（6～8）+（15～17）。前鳃盖骨后缘具锯齿，下缘光滑。鳃盖骨后缘具 3 扁棘。体被细小栉鳞；侧线鳞孔数 49～75，纵列鳞数 92～135。背鳍鳍棘部与软条部相连，无缺刻，硬棘数 XI，软条数 15～17；臀鳍硬棘数 III 枚，软条数 8；腹鳍腹位，末端延伸不及肛门开口；胸鳍呈圆形，中央的鳍条长于上下方的鳍条，且长于腹鳍，但短于后眼眶长；尾鳍呈圆形。体呈浅橘红色，具有 6 条深红色横带；背鳍硬棘间膜的先端具黑色的三角形斑；棘的顶端处，有时具淡黄色或白色斑；背鳍软条部、臀鳍、尾鳍有时具淡黄色的后缘。主要栖息于水深 4～160 m 的潟湖、内湾区及沿岸礁石区或石砾区海域。以螃蟹、虾及小鱼为食。广泛分布于印度-太平洋海区。西起非洲东岸，东至中太平洋各岛屿，北自日本、韩国海域，南迄澳大利亚、豪勋爵岛等。

22. 大口线塘鳢（*Nemateleotris magnifica*）

大口线塘鳢（图 6-28）隶属于凹尾塘鳢科（Ptereleotridae）线塘鳢属（*Nemateleotris*）。背鳍 VI-I，28～30；臀鳍 I，28～30；胸鳍 19～20；腹鳍 I，4；体细长而侧扁；眼大而位于头前部背缘；头颈部具一低颈脊；吻短而吻端钝；口裂大而开于吻端下缘，呈斜位；

左右鳃膜下端与喉部连合；第一背鳍棘延长如丝状；第二背鳍与臀鳍后缘尖；尾鳍后缘为圆形；体背侧呈黄色，腹侧呈白色，第二背鳍与臀鳍后缘具黑色线的红带，尾鳍呈红色而上下叶具黑色缘及黑线。生活在水深 6～70 m 海域，穴居于礁石区或砾石堆中。生性胆小，常栖息在洞穴上方约 30 cm 的水层中。肉食性，以浮游动物或小型无脊椎动物为食。分布于印度-太平洋热带海域。

图 6-28　大口线塘鳢（*Nemateleotris magnifica*）

图片来源：https://www.inaturalist.org/photos/99908730

23. 日本刺尾鱼（*Acanthurus japonicus*）

日本刺尾鱼（图 6-29）隶属于刺尾鱼科（Acanthuridae）刺尾鱼属（*Acanthurus*）。体呈椭圆形而侧扁。头小，头背部轮廓不特别凸出。口小，端位，上下颌各具一列扁平齿，齿固定不可动，齿缘具缺刻。背鳍及臀鳍硬棘尖锐，分别具 XI 棘及 III 棘，各鳍条皆不延长；胸鳍近三角形；尾鳍近截形或内凹。体色一致为黑褐色，但越往后部体色略偏黄；眼睛下缘具一白色宽斜带，向下斜走至上颌；下颌另具半月形白环斑。背鳍及臀鳍为黑色，基底各具 1 条鲜黄色带纹，向后渐宽；背鳍软条部另具 1 条宽鲜橘色纹；奇鳍皆具蓝色缘；尾鳍为淡灰白色，前端具白色宽横带，后接黄色窄横带，上下叶缘为淡蓝色；胸鳍基部为黄色，余为灰黑色；尾柄为黄褐色，棘沟缘为鲜黄色，而尾棘柄亦为鲜黄色。以前所记载的黑刺尾鲷（*Acanthurus nigricans*）幼鱼实为该种的误鉴。主要栖息于清澈而面海的潟湖及礁区，幼鱼则活动于表层至水深 3 m 处。以藻类为食。分布于印度-西太平洋海区，包括苏门答腊岛、菲律宾群岛、琉球群岛等水域。

图 6-29　日本刺尾鱼（*Acanthurus japonicus*）

24. 栉齿刺尾鱼（*Ctenochaetus striatus*）

栉齿刺尾鱼（图 6-30）隶属于刺尾鱼科（Acanthuridae）栉齿刺尾鱼属（*Ctenochaetus*）。体呈椭圆形而侧扁，尾柄部有一尖锐而尖头向前的矢状棘。头小，头背部轮廓不特别凸出。口小，端位，上下颌各具刷毛状细长齿，齿可活动，齿端膨大呈扁平状。背鳍及臀鳍硬棘尖锐，分别具 VIII 棘及 III 棘，各鳍条皆不延长；胸鳍近三角形；尾鳍内凹。体被细栉鳞，沿背鳍及臀鳍基底有密集小鳞。体呈暗褐色，体侧有许多蓝色波状纵线，背鳍、臀鳍鳍膜约有 5 条纵线，头部及颈部则散布橙黄色小点；眼的前下方有丫字形的白色斑

图 6-30　栉齿刺尾鱼（*Ctenochaetus striatus*）

纹。成鱼背鳍或臀鳍的后端基部均无黑点，幼鱼的背鳍后端基部则有黑点。栖息于珊瑚礁区或岩岸礁海域，栖息深度在 30 m 以内，常与同种或不同种鱼类共游。一般以蓝绿藻或硅藻等藻类或浮游生物等为食物。广泛分布于印度-太平洋水域，西起红海、非洲东部，东至土阿莫土群岛，北至日本海域，南至澳大利亚大堡礁及拉帕岛。

25. 角镰鱼（*Zanclus cornutus*）

角镰鱼（图 6-31）隶属于镰鱼科（Zanclidae）镰鱼属（*Zanclus*）。体极侧扁而高。口小；齿细长呈刷毛状，多为厚唇所盖住。吻突出。成鱼眼前具一短棘。尾柄无棘。背鳍硬棘延长如丝状。体呈白色至黄色；头部在眼前缘至胸鳍基部后具极宽的黑横带区；体后端另具 1 个黑横带区，区后具 1 条细白横带；吻上方具 1 个三角形且镶黑斑的黄斑；吻背部呈黑色；眼上方具两条白纹；胸鳍基部下方具 1 个环状白纹。腹鳍及尾鳍呈黑色，具白色缘。主要栖息于潟湖、礁台、清澈的珊瑚礁区或岩礁区，栖息深度为 3～182 m。经常被发现成小群优游于礁区。主要以小型带壳的动物为食。广泛分布于印度-太平洋及东太平洋海区，自非洲东部到墨西哥海域，北至日本南部海域及夏威夷群岛，南到豪勋爵岛及拉帕岛。

图 6-31 角镰鱼（*Zanclus cornutus*）
图片来源：https://www.zoochat.com/community/media/moorish-idol-zanclus-cornutus.434196/

26. 杂色尖嘴鱼（*Gomphosus varius*）

杂色尖嘴鱼（图 6-32）隶属于隆头鱼科（Labridae）尖嘴鱼属（*Gomphosus*）。体呈长形；头尖；吻凸出成管状且随鱼体增大而渐延长。鳃膜与峡部相连。上颌长于下颌；上下颌具一列齿，上颌前方具 2 个犬齿。体被大鳞，腹鳍具鞘鳞；侧线连续。D. VIII，13～14；A. II-III，10-13；L. l.26-30；背鳍棘明显较软条短；腹鳍呈尖形；尾鳍幼鱼呈圆形，成鱼呈截形，上下缘或延长。幼鱼呈蓝绿色；体侧有 2 条黑纵带，吻较不突出；雄鱼呈深蓝色，各鳍呈淡绿色，尾鳍具新月形纹；雌鱼体前部呈淡褐色，后部呈深褐色；上颌较下颌色深，眼前后有成列黑斑；奇鳍色深；胸鳍有横斑；尾鳍后缘呈白色；每一鳞片具一暗斑纹。主要栖息于被珊瑚礁围绕起来的环礁、向海的礁坡区以及潟湖礁区，水深约 1.3 m，常常可以看到可爱的小鱼三五成群在珊瑚礁区上层水域游动，而美丽的成鱼，则在礁区四周活动。经常利用其长吻捕食藏身岩礁缝隙的小虾、小鱼、小海星和软体动物等。分布于印度-太平洋海区，由科科斯群岛到夏威夷群岛、马克萨斯群岛及土阿莫土群岛，北至琉球群岛与台湾岛海域，南至豪勋爵岛及拉帕岛等。

图 6-32 杂色尖嘴鱼（*Gomphosus varius*）
图片来源：https://reeflifesurvey.com/species/gomphosus-varius/

27. 克氏双锯鱼（*Amphiprion clarkii*）

克氏双锯鱼（图 6-33）隶属于雀鲷科（Pomacentridae）双锯鱼属（*Amphiprion*）。背棘数 10，背鳍软条数 15～16，臀棘数 2，臀鳍软条数 13～14，成鱼体呈黑色或黄褐色，体侧具 3 条白色宽横带，第一条位于头部，横越眼部，第二条位于背鳍至胸鳍内侧，第三条位于背鳍软条部至臀鳍基底。成体栖息于潟湖和外礁坡，通常与几条幼体共享一个或多个海葵，幼体也会单独生活在珊瑚礁浅水区的海葵内。杂食性、卵生、一夫一妻制。产椭圆形的黏性卵在硬质基底上。在中沙群岛生活于 20 m 以深的珊瑚礁区。广泛分布于印度-西太平洋海域的珊瑚礁区，在我国西沙群岛、南沙群岛、中沙群岛均有发现。

图 6-33　克氏双锯鱼（*Amphiprion clarkii*）

28. 王子雀鲷（*Pomacentrus vaiuli*）

王子雀鲷（图 6-34）隶属于雀鲷科（Pomacentridae）雀鲷属（*Pomacentrus*）。背棘数 13，背鳍软条数 15～16，臀棘数 2，臀鳍软条数 15～16，体侧扁，呈卵圆形。成鱼呈淡黄紫色，鳞片均具深紫色边缘，背鳍末端具黑斑，鳃盖后上方具一小绿斑。生活于

图 6-34　王子雀鲷（*Pomacentrus vaiuli*）

潟湖和向海礁混合珊瑚与碎石的区域，从低浪涌区到深度 40 m 的范围，独居。杂食性，以丝状藻及小型无脊椎动物为主。在中沙群岛生活于 20 m 以深的珊瑚礁区。分布于太平洋海区，从马鲁古群岛到萨摩亚群岛，北至伊豆群岛，南至东印度洋和新喀里多尼亚的罗利浅滩。在我国西沙群岛、南沙群岛、中沙群岛均有分布。

29. 波纹钩鳞鲀（*Balistapus undulatus*）

波纹钩鳞鲀（图 6-35）隶属于鳞鲀科（Balistidae）钩鳞鲀属（*Balistapus*）。体稍延长，呈长椭圆形，尾柄短，宽高约略等长，每边各有 6 个极强大的前倾棘，成两列排列。口端位；上下颌齿为具缺刻的楔形齿，呈白色。眼中大，侧位而高，眼前无深沟。除口缘唇部无鳞外，全被大型骨质鳞片。背鳍两个，基底相接近，第一背鳍位于鳃孔上方，第 I 棘粗大，第 II 棘则细长，第 III 棘较发达，明显超出棘基部深沟甚多；背鳍及臀鳍软条呈弧形；腹鳍棘短，呈扁形，上有粒状突起；胸鳍呈短圆形；尾鳍呈圆形。体呈深绿色或深褐色，具许多斜向后下方的橘黄线，幼鱼及雌鱼的吻部及体侧均有，但雄鱼吻部的弧线消失，体侧呈波浪纹状。第一背鳍为深绿色或深褐色，其他各鳍为橘色，尾柄有一大圆黑斑。主要栖息于珊瑚繁盛的较深潟湖区及向海礁区，一般被发现于水深 50 m 以内的水域，通常独自在礁盘上的水层活动，独立生活，具强烈领域性。以底栖生物为食，包括藻类、海绵、被囊动物、小型甲壳类、软体动物、小型鱼类等。分布于印度-太平洋海区，西起红海、非洲东岸，东至土阿莫土群岛、马克萨斯群岛及莱恩群岛，北至日本南部海域，南至澳大利亚大堡礁及新喀里多尼亚海域。

图 6-35　波纹钩鳞鲀（*Balistapus undulatus*）

30. 黑边角鳞鲀（*Melichthys vidua*）

黑边角鳞鲀（图 6-36）隶属于鳞鲀科（Balistidae）角鳞鲀属（*Melichthys*）。体稍延长，呈长椭圆形，尾柄短。口端位，齿白色，无缺刻，至少最前齿为门牙状。眼前有一深沟。除口缘唇部无鳞外，全被骨质鳞片；颊部亦全被鳞；鳃裂后有大型骨质鳞片；尾柄鳞片无小棘列。背鳍两个，基底相接近，第一背鳍位于鳃孔上方，第 I 棘粗大，第 II 棘则细长，第 III 棘极小，不明显；背鳍及臀鳍软条截平，前端较后端高，向后渐减；尾鳍截平。体呈深褐色或黑色；背鳍与臀鳍软条部呈白色，具黑边；尾鳍基部呈白色，后半部呈粉红色；胸鳍呈黄色。主要栖息于向海礁区，一般被发现于水深 60 m 内的水域，通常在有洋流流经且珊瑚繁盛的水域活动。主要以海藻及碎屑为食，

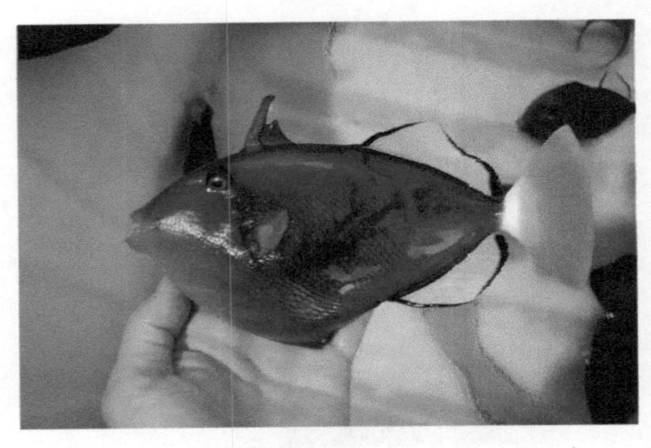

图 6-36　黑边角鳞鲀（*Melichthys vidua*）

有时亦捕食海绵、甲壳类、章鱼及鱼类。分布于印度-太平洋海区，西起红海、非洲东岸，东至土阿莫土群岛及马克萨斯群岛，北至日本南部海域，南至澳大利亚大堡礁及新喀里多尼亚海域。

31. 红牙鳞鲀（*Odonus niger*）

红牙鳞鲀（图 6-37）隶属于鳞鲀科（Balistidae）红牙鳞鲀属（*Odonus*）。体稍延长，呈长椭圆形，尾柄短。口稍上位，齿呈红色，上颌有一对极长的犬齿。眼前有一深沟。除口缘唇部无鳞外，全被骨质鳞片；颊部亦全被鳞；鳃裂后有大型骨质鳞片；尾柄鳞片具小棘列。背鳍两个，基底相接近，第一背鳍位于鳃孔上方，第 I 棘粗大，第 II 棘则细长，第 III 棘明显；背鳍及臀鳍软条前端较长，向后渐短；尾鳍呈弯月形，上下叶延长为丝状。体一致为蓝黑色；头部颜色较浅，带少许绿色；吻缘为蓝色，有蓝纹自吻部延伸至眼部。主要栖息于受洋流冲刷的向海礁区，一般被发现于水深 40 m 内的水域，通常随动物性浮游生物而做觅食迁移，尤其是海绵幼体；幼鱼则生活于片礁区或礁石洞穴。分布于印度-太平洋海区，西起红海、非洲东岸，东至社会群岛及马克萨斯群岛，北至日本南部海域，南至澳大利亚大堡礁及新喀里多尼亚海域。

图 6-37　红牙鳞鲀（*Odonus niger*）

图片来源：http://reefaquarium.altervista.org/odonus-niger/

32. 宽尾颌针（*Platybelone argalus*）

宽尾颌针（图 6-38）隶属于颌针科（Belonidae）宽尾颌针属（*Platybelone*）。体略纵扁，截面呈五角形，体宽大于体高；尾柄强度纵扁，尾柄宽为尾柄高的 1.9 倍，有带鳞的侧隆起稜，此稜延续至尾鳍中央部软条的半长。两颌突出如喙，下颌长于上颌；无锄骨。鳃耙存在，细小，短而尖。体被细鳞，侧线沿腹缘纵走，经尾柄隆起稜的下方达尾鳍基底。背鳍与臀鳍对在，前者基底较短；背鳍起点在臀鳍第 4～6 软条基底的上方；尾鳍开叉，下叶略长于上叶。体背呈蓝绿色，体侧呈银白色。大洋性鱼类，通常巡游于

图 6-38　宽尾颌针（*Platybelone argalus*）

图片来源：https://fishesofaustralia.net.au/home/species/2091

岛屿四周的表层或礁区上层。性情凶猛，主要以小型鱼类为食。分布于印度-西太平洋海区，由非洲东岸至密克罗尼西亚海域，北至日本南部海域，南至澳大利亚海域等。

33. 斑点裸胸鳝（*Gymnothorax meleagris*）

斑点裸胸鳝（图 6-39）隶属于海鳝科（Muraenidae）裸胸鳝属（*Gymnothorax*）。体延长而呈圆柱状，尾部侧扁。上颌、下颌尖长，略呈勾状；上颌齿有三列。脊椎骨数 126～128。口内皮肤为白色，体底色为深棕色略带紫色，其上满布深褐色边的小黄白点，该圆点大小不会随个体增长而明显变大，但会增多。鳃孔为黑色，尾端为白色。主要栖息于珊瑚礁茂盛的潟湖或沿岸礁区。食欲旺盛，成长迅速；性情凶猛，以鱼类为主食，偶食甲壳类。分布于印度-太平洋海区，西起红海、东非海岸，东至马克萨斯群岛，北至日本海域，南至澳大利亚及豪勋爵岛等海域。

图 6-39　斑点裸胸鳝（*Gymnothorax meleagris*）
图片来源：https://www.inaturalist.org/photos/109522815

6.3.5　典型珊瑚礁栖鱼类的种群连通性研究

中沙大环礁海域位于南海海盆中部，中沙群岛附近海域是重要的渔场，因此中沙大环礁海域可能是幼体补充的重要来源，同时也是生物扩散的重要“跳板”。在本调查中，研究团队选取在南海岛礁广泛分布的波纹钩鳞鲀和黑边角鳞鲀作为研究对象，采集获得了这两个物种在不同岛礁分布的地理种群样本。通过扩增 cytb 等分子标记，明确了这两个物种不同种群的遗传多样性。通过收集整理这两种鱼类的物种分布信息，分别构建了它们的物种分布模型，通过 BayesAss 当代基因流的分析，发现中沙群岛与西沙群岛、南

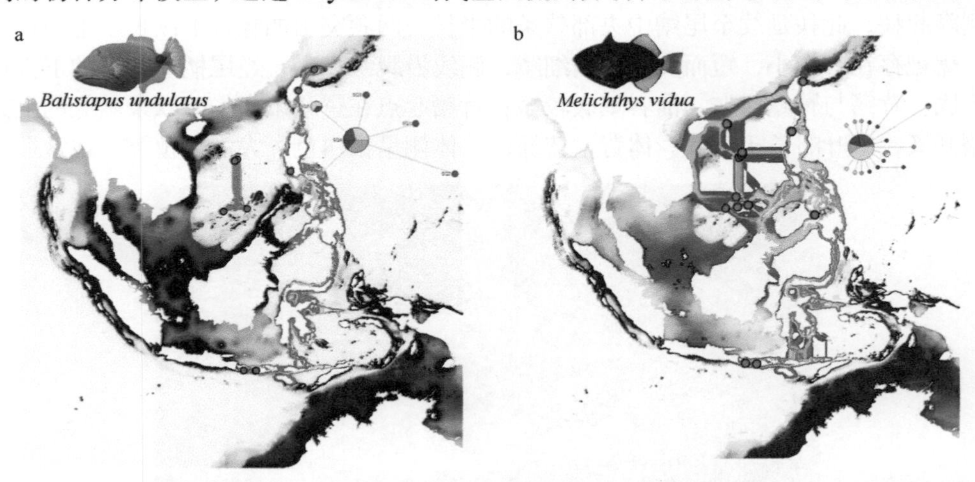

图 6-40　基于物种分布模型和遗传标记构建的波纹钩鳞鲀（a）和黑边角鳞鲀（b）的种群连通与扩散模型

沙群岛海域的个体之间存在明显的连通与扩散趋势（图 6-40），因此明确了中沙群岛海域作为这些典型珊瑚礁鱼类种群迁移扩散的“跳板”，在物种的遗传多样性维持和种群连通方面发挥了重要作用。

本项目共计在中沙群岛海域 13 个站位获得鱼类样品近千份，目前已通过比对形态学图谱和扩增相关基因序列完成了物种鉴定，共包含 26 属。结果显示，中沙群岛海域鱼类种群结构相对稳定，食物网络关系和群落结构稳定，种群间基因交流较频繁，连通性较好，并且中沙群岛海域作为南海岛礁鱼类物种的重要“跳板”，在种群基因交流和物种多样性维持方面发挥着重要作用。

6.4　中沙群岛珊瑚礁底栖生物资源

6.4.1　样本采集与处理

在中沙群岛海域各航次中，通过小艇搭载潜水员抵达采集站位，水肺潜水采集各类群珊瑚礁生物样品（图 6-41），带回科学考察船实验室进行处理。

图 6-41　中沙群岛海域潜水采集底栖大型生物工作照

大部分底栖无脊椎动物藏匿于珊瑚缝隙中，需采集部分珊瑚礁分枝并敲碎后收集其中的生物样品，不同类群生物样品需分拣，按照 1 个物种 1 个编号的原则分装并迅速拍摄原色数码照片（图 6-42）。每号样品都加入采集标签并做好采集信息记录，以对照物种鉴定信息。样品用 75%以上浓度的乙醇溶液固定或用液氮保存，航次结束后运送至实验室进行鉴定分析。

6.4.2　样本鉴定

各类群样品由中国科学院海洋研究所、暨南大学等的分类学专家进行专业鉴定并统计分析结果，目前主要涉及甲壳、棘皮、苔藓、软体动物和底栖甲藻等类群。选取已鉴定样品中个体数量较多的物种，测定其 DNA 条形码序列（如甲壳动物的 COI 片段等）。

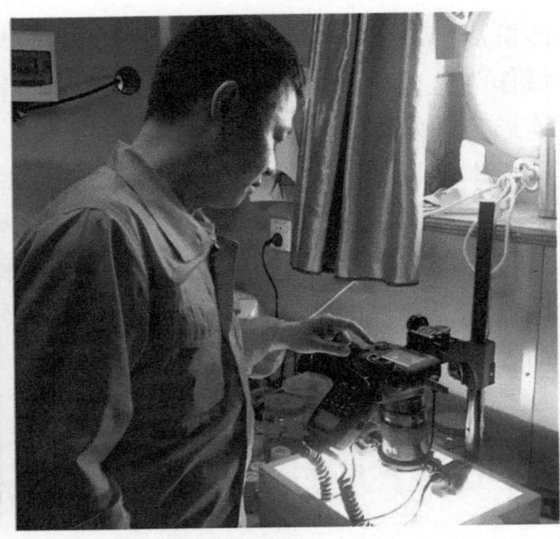

图 6-42 采集上岸后的待分拣样品及拍摄原色照片工作照

6.4.3 采集样本统计

2019～2021 年共执行 3 个礁栖生物采集航次，采集甲壳动物、棘皮动物、软体动物、苔藓动物、底栖甲藻等样品共计 267 号 434 个体。其中，2019 年航次采集 140 号 208 个体，2020 年航次采集 53 号 70 个体，2021 年航次采集 74 号 156 个体。2019 年航次中沙大环礁海域采集最全面。2020 年航次站位中加入了西沙群岛北礁及神狐暗沙和一统暗沙，2021 年航次加入了神狐暗沙和一统暗沙。2019～2021 年各航次采样站位信息如表 6-6 所示。采样站位深度范围为 10～47 m，多数为 20 m 左右。

表 6-6 2019～2021 年各航次采样站位信息

站号	调查日期	纬度	经度	水深（m）
ZS101	2019-5-14	16°04.851′N	114°53.365′E	20
ZS102	2019-5-14	16°12.166′N	114°44.084′E	17
ZS103	2019-5-15	16°12.964′N	114°47.502′E	21
ZS104	2019-5-15	16°12.983′N	114°47.497′E	14
ZS105	2019-5-16	15°52.936′N	114°41.173′E	17
ZS106	2019-5-17	15°42.212′N	114°40.988′E	18
ZS107	2019-5-20	15°55.281′N	114°38.738′E	20
ZS108	2019-5-20	16°04.435′N	114°24.759′E	16
ZS109	2019-5-21	15°54.996′N	114°28.977′E	15
ZS110	2019-5-22	15°36.155′N	114°27.727′E	19
ZS111	2019-5-22	15°50.161′N	114°13.787′E	16
ZS112	2019-5-23	15°59.918′N	114°04.528′E	18
ZS113	2019-5-24	15°32.709′N	114°15.043′E	23
ZS114	2019-5-25	15°26.835′N	113°59.721′E	23
ZS115	2019-5-26	15°47.031′N	113°54.137′E	24
ZS116	2019-5-26	15°37.252′N	113°42.186′E	26

续表

站号	调查日期	纬度	经度	水深（m）
ZS231	2020-6-24	16°13.191′N	114°47.191′E	15
ZS232	2020-6-25	16°02.460′N	114°55.204′E	47～30
ZS233	2020-6-26	15°53.175′N	114°47.496′E	20
ZS234	2020-6-27	16°03.715′N	114°16.870′E	20
ZS235	2020-6-28	15°36.862′N	114°24.442′E	21
ZS236	2020-6-29	15°50.347′N	113°54.406′E	23
ZS237	2020-6-30	15°26.544′N	114°09.517′E	21
ZS238	2020-7-1	15°57.951′N	114°20.315′E	19
ZS241	2020-7-3	17°06.916′N	111°32.461′E	10～20
ZS242	2020-7-4	19°10.560′N	113°53.290′E	15
ZS243	2020-7-4	19°10.278′N	113°53.333′E	14
ZS244	2020-7-5	19°31.924′N	113°04.178′E	17
ZS245	2020-7-5	19°32.652′N	113°04.214′E	21
ZS301	2021-6-3	19°32.047′N	113°04.711′E	18
ZS302	2021-6-3	19°32.142′N	113°04.546′E	17
ZS303	2021-6-4	19°32.120′N	113°04.828′E	19
ZS304	2021-6-5	19°10.176′N	113°53.866′E	17
ZS305	2021-6-7	15°29.532′N	113°51.128′E	21
ZS306	2021-6-8	15°51.708′N	114°25.415′E	18
ZS307	2021-6-9	16°04.404′N	114°19.777′E	22
ZS308	2021-6-10	16°04.401′N	114°19.699′E	22

1. 礁栖生物样品鉴定信息

中沙群岛珊瑚礁常见生物类群为甲壳动物中的鼓虾、真虾、蟹类，棘皮动物中的蛇尾、海星，以及软体动物中的腹足类等，已鉴定物种名录见表 6-7，此外，还发现蟹类 6 新记录种和腹足类 1 新记录种（表 6-8）。

表 6-7　已鉴定物种名录

中文名	拉丁名	类群
尖腿鼓虾	*Alpheus acutofemoratus* Dana，1852	甲壳
短足鼓虾	*Alpheus brevipes* Stimpson，1860	甲壳
突额鼓虾	*Alpheus frontalis* H.Milne Edwards，1837	甲壳
纤细鼓虾	*Alpheus gracilis* Heller，1861	甲壳
珊瑚鼓虾	*Alpheus lottini* Guérin，1829	甲壳
短刺鼓虾	*Alpheus microstylus*（Spence Bata，1888）	甲壳
光鼓虾	*Alpheus splendidus* Coutière，1897	甲壳
夏威夷角钩虾	*Ceradocus hawaiensis* Barnard，1955	甲壳
刺拟钩岩虾	*Harpiliopsis spinigera*（Ortmann，1890）	甲壳

续表

中文名	拉丁名	类群
杯形珊瑚钩岩虾	*Harpilius consobrinus* De Man，1902	甲壳
海南白钩虾	*Leucothoe hainanensis* Ren，2012	甲壳
钩细身钩虾	*Maera hamigera* Haswell，1880	甲壳
安波岩虾	*Periclimenes amboinensis*（De Man，1888）	甲壳
共栖岩虾	*Periclimenes commensalis* Borradaile，1915	甲壳
细指岩虾	*Periclimenes digitalis* Kemp，1922	甲壳
无刺岩虾	*Periclimenes inornatus* Kemp，1922	甲壳
混乱岩虾	*Periclimenes perturbans* Brace，1978	甲壳
帝近钩岩虾	*Philarius imperialis*（Kubo，1940）	甲壳
幂河合鼓虾	*Synalpheus charon*（Heller，1861）	甲壳
次新合鼓虾	*Synalpheus paraneomeris* Coutière, 1905	甲壳
瘤掌合鼓虾	*Synalpheus tumidomanus*（Paulson，1875）	甲壳
扭指合鼓虾	*Synalpheus streptodactylus* Coutière，1905	甲壳
关岛硬壳寄居蟹	*Calcinus guamensis* Wooster，1984	甲壳
红指硬壳寄居蟹	*Calcinus minutus* Buitendijk，1937	甲壳
莫氏硬壳寄居蟹	*Calcinus morgani* Rahayu & Forest，1999	甲壳
瓦氏硬壳寄居蟹	*Calcinus vachoni* Forest，1958	甲壳
兔足真寄居蟹	*Dardanus lagopodes*（Forskål，1775）	甲壳
高山花瓣蟹	*Liomera monticulosa*（A. Milne-Edwards，1873）	甲壳
美丽假花瓣蟹	*Pseudoliomera speciosa*（Dana，1852）	甲壳
光滑绿蟹	*Chlorodiella laevissima*（Dana，1852）	甲壳
四叶波纹蟹	*Cymo quadrilobatus* Miers，1884	甲壳
痘粒假花瓣蟹	*Pseudoliomera variolosa*（Borradaile，1902）	甲壳
粗甲裂颚蟹	*Schizophrys aspera*（H. Milne-Edwards 1834）	甲壳
幽暗梯形蟹	*Trapezia septata* Dana，1852	甲壳
红点梯形蟹	*Trapezia guttata* Rüppell ,1830	甲壳
三带刺蛇尾	*Ophiothrix trilineata* Lütken，1869	棘皮
辐蛇尾	*Ophiactis savignyi*（Müller & Troschel，1842）	棘皮
短腕栉蛇尾	*Ophiocoma brevipes* Peters，1851	棘皮
黑栉蛇尾	*Ophiocoma erinaceus* Müller & Troschel，1842	棘皮
画栉蛇尾	*Ophiocoma pica* Müller & Troschel，1842	棘皮
小栉蛇尾	*Ophiocomella sexradia*（Duncan，1887）	棘皮
蜒蛇尾	*Ophionereis dubia* （Müller & Troschel，1842）	棘皮
长棘海星	*Acanthaster planci*（Linnaeus，1758）	棘皮
齿棘皮海燕	*Disasterina odontacantha* Liao，1980	棘皮
吕宋棘海星	*Echinaster luzonicus*（Gray，1840）	棘皮
费氏纳多海星	*Nardoa frianti* Koehler，1910	棘皮

续表

中文名	拉丁名	类群
面包海星	*Culcita novaeguineae* Müller & Troschel，1842	棘皮
独角粗胞苔虫	*Scrupocellaria unicornis* Liu，1980	苔藓
哈氏艳苔虫	*Puellina*（*Cribrilaria*）*harmeri*（Ristedt，1985）	苔藓
粒壁托孔苔虫	*Thalamoporella granulata* Levinsen，1909	苔藓
褶白蚶	*Acar plicata*（Dillwyn,1817）	软体
坚星螺	*Astralium petrosum*（Martyn，1784）	软体
血斑蛙螺	*Bursa cruentata*（Sowerby，1835）	软体
伊力多彩海牛	*Chromodoris elisabethina* Bergh，1877	软体
花玛瑙芋螺	*Conus achatinus* Gmelin，1791	软体
唇珊瑚螺	*Coralliophila madreporara* Sowerby，1824	软体
肉色宝贝	*Cypraea carneola* Linnaeus，1758	软体
四射孔蝛	*Diodora quadriradiata*（Reeve，1850）	软体
球核果螺	*Drupa rubusidaeus* Röding，1798	软体
角小核果螺	*Drupella cornus*（Röding，1798）	软体
紫眼球贝	*Erosaria poraria*（Linnaeus，1758）	软体
斑鸠牙螺	*Euplica turturina*（Lamarck，1822）	软体
水字螺	*Lambis chiragra*（Linnaeus，1758）	软体
宝石银山黧豆螺	*Leucozonia smaragdulus*（Linnaeus，1758）	软体
洛库胀脉螺	*Liotina loculosa*（Gould，1859）	软体
背苔鳃	*Notobryon wardi* Odhner，1936	软体
鸽螺	*Peristernia nassatula*（Lamarck，1822）	软体
丘凸叶海牛	*Phyllidiella pustulosa* Cuvier，1804	软体
黄口荔枝螺	*Thais luteostoma*（Holten，1803）	软体
罕氏三口螺	*Triphora hungerfordi*（Sowerby，1914）	软体
金口蝾螺	*Turbo chrysostomus* Linnaeus，1758	软体
黑海菇螺	*Coriocella nigra* Blainville，1824	软体

表 6-8　航次采集样品中发现的中国海域新记录物种

物种	拉丁名
仿银杏蟹属（扇蟹科）	*Actaeodes consobrinus*（A. Milne-Edwards，1873）
近爱洁蟹属（扇蟹科）	*Atergatopsis obesa*（A. Milne-Edwards，1865）
近扇蟹属（扇蟹科）	*Xanthias latifrons*（de Man，1887）
互敬蟹属（卧蜘蛛蟹科）	*Hyastenus* cf. *brockii* de Man，1887
单角蟹属（卧蜘蛛蟹科）	*Menaethius orientalis*（T. Sakai，1969）
毛刺蟹属（毛刺蟹科）	*Pilumnus* cf. *neglectus* Balss，1933
三口螺科	*Viriola abbotti* Baker & Spicer，1935

2. 礁栖生物图集

海洋底栖甲藻是生活在海洋基底表面或沉积物中以及大型海藻和悬浮颗粒物质表面的一个重要的甲藻生态类群，广泛分布于世界各大海域。海洋底栖甲藻不同于浮游甲藻的特殊生态属性，其对海洋环境净化具有重要意义，既是极具开发前景的海洋药物资源，又因不少种类具有毒素而成为有害藻华研究的重要方面。

2019～2021 年各航次采集的礁栖生物大部分已拍摄原色数码照片（图 6-43），目前已有 10 G 以上数千张照片。此外，本调查共在中沙大环礁 13 个站位采集样品，获得超过 50 个固定样品，超过 50 瓶活样样品。2019 年分离建立底栖甲藻 79 株（表 6-9），涵盖底栖甲藻的五大重要属，其中冈比亚藻属（*Gambierdiscus*）15 株、蛎甲藻属（*Ostreopsis*）11 株、原甲藻属（*Prorocentrum*）25 株、库里亚藻属（*Coolia*）21 株和前沟藻属（*Amphidinium*）7 株。2020 年航次共在中沙群岛海域（中沙大环礁、神狐暗沙、一统暗沙）获得 9 个站位共计 24 个固定样品，从中分离建立底栖甲藻 95 个单克隆株系（表 6-10），已鉴定至种水平的有 71 株，涵盖底栖甲藻的五大重要属，其中冈比亚藻属（*Gambierdiscus*）11 株 3 个种类、蛎甲藻属（*Ostreopsis*）5 株 1 个种类、原甲藻属（*Prorocentrum*）25 株 8 个种类、库里亚藻属（*Coolia*）13 株 4 个种类和前沟藻属（*Amphidinium*）21 株 6 个种类。

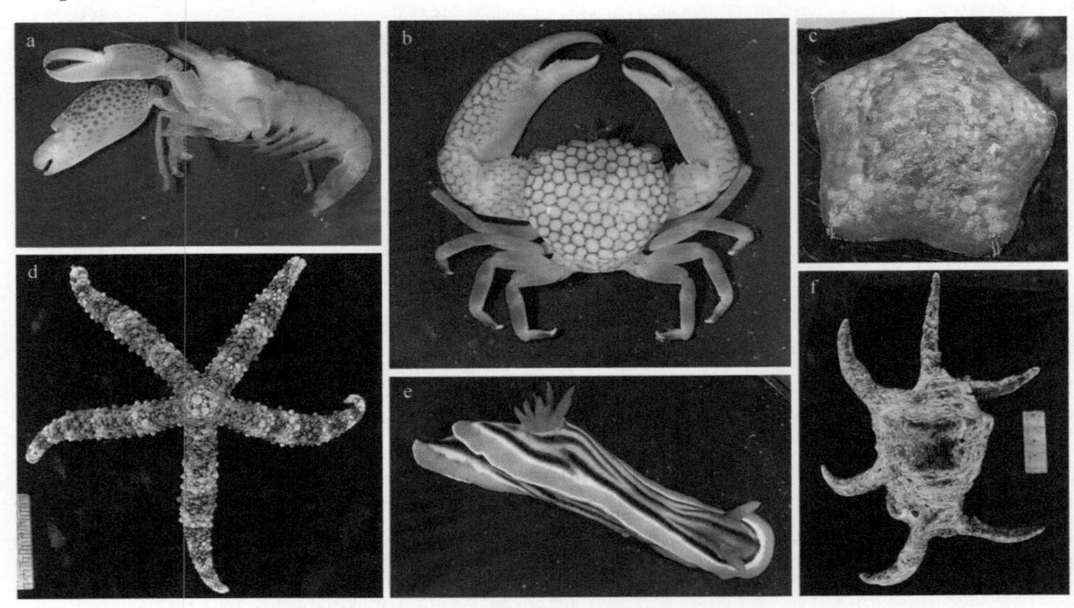

图 6-43　中沙群岛海域典型珊瑚礁底栖生物

a. 珊瑚鼓虾；b. 幽暗梯形蟹；c. 面包海星；d. 费氏纳多海星；e. 伊力多彩海牛；f. 水字螺

表 6-9　中沙群岛海域采集鉴定的底栖甲藻株系汇总（2019 年航次）

株系	属
ZS04	
ZSA1	*Amphidinium*
ZSA2	*Coolia*
ZSA3	
ZSA4	*Coolia*
ZSA5	
ZSA8	*Ostreopsis*
ZSA9	*Gambierdiscus*
ZSA10	*Prorocentrum*
ZSA11	*Coolia*
ZSA12	
ZS10	
ZSC1	*Prorocentrum*
ZSC2	*Gambierdiscus*
ZS20	
ZSE1	*Ostreopsis*
ZSE2	*Ostreopsis*
ZSE3	
ZSE4	*Gambierdiscus*
ZSE5	*Gambierdiscus*
ZS20+	
ZSF1	*Coolia*
ZSF2	*Prorocentrum*
ZSF3	*Prorocentrum*
ZSF4	*Prorocentrum*
ZSF5	*Prorocentrum*
ZSF6	*Prorocentrum*
ZSF7	*Prorocentrum*
ZSF9	*Amphidinium*
ZSF10	*Coolia*
ZSF11	*Amphidinium*
ZS42+	
ZSL2	*Coolia*
ZSL3	*Coolia*
ZSL4	*Prorocentrum*
ZS05	
ZSB3	*Ostreopsis*
ZSB4	*Ostreopsis*
ZSB5	
ZSB6	*Prorocentrum*
ZSB7	*Coolia*
ZSB8	
ZSB9	*Gambierdiscus*
ZSB10	
ZSB11	*Gambierdiscus*
ZSB12	*Gambierdiscus*
ZSB13	*Gambierdiscus*
ZSB14	*Coolia*
ZSB16	*Amphidinium*
ZSB17	*Coolia*
ZSB18	*Prorocentrum*
ZS23+	
ZSG1	*Prorocentrum*
ZSG2	*Prorocentrum*
ZS26+	
ZSH1	
ZSH2	*Prorocentrum*
ZSH3	*Prorocentrum*
ZSH4	*Prorocentrum*
ZSH6	
ZSH7	*Gambierdiscus*
ZS15	
ZSM2	*Amphidinium*
ZSM3	*Prorocentrum*
ZSM4	*Coolia*
ZSM5	*Prorocentrum*
ZSM6	*Prorocentrum*
ZSM7	*Prorocentrum*
ZSM8	*Prorocentrum*
ZS02	
ZSN1	*Prorocentrum*
ZS18	
ZSD1	*Gambierdiscus*
ZSD2	*Amphidinium*
ZSD3	*Ostreopsis*
ZSD4	
ZSD5	*Ostreopsis*
ZSD6	*Gambierdiscus*
ZSD7	*Ostreopsis*
ZSD8	
ZSD10	*Ostreopsis*
ZSD11	*Ostreopsis*
ZSD12	
ZSD13	
ZSD14	*Gambierdiscus*
ZSD15	*Coolia*
ZSD16	*Coolia*
ZSD17	*Coolia*
ZSD18	*Coolia*
ZSD19	*Prorocentrum*
ZSD20	*Coolia*
ZSD21	*Gambierdiscus*
ZSD22	*Prorocentrum*
ZSD23	*Gambierdiscus*
ZSD24	
ZSD25	*Gambierdiscus*
ZS33+	
ZSJ1	*Prorocentrum*
ZSJ2	*Ostreopsis*
ZSJ3	
ZS30+	
ZSI1	*Coolia*
ZSI2	*Coolia*
ZSI3	*Coolia*
ZSI4	*Coolia*
ZSI5	*Amphidinium*
ZSI6	*Coolia*

表 6-10 中沙群岛海域采集鉴定的底栖甲藻株系汇总（2020 年航次）

株系	种类
ZS27	
ZS118	
ZS121	*Amphidinium operculatum*
ZS122	*Ostreopsis ovata*
ZS127	*Amphidinium operculatum*
ZS128	*Prorocentrum lima*
ZS130	*Amphidinium carterae*
ZS133	*Amphidinium massartii*
ZS134	
ZS230	*Gambierdiscus polynesiensis*
ZS241	*Gambierdiscus polynesiensis*
ZS242	*Prorocentrum* cf. *sculptile*
ZS244	
ZS245	*Coolia canariensis*
ZS247	*Amphidinium operculatum*
ZS249	*Amphidinium operculatum*
ZS250	*Coolia canariensis*
ZS251	*Prorocentrum emarginatum*
ZS05	
ZS201	*Amphidinium massartii*
ZS203	
ZS601	*Coolia palmyensis*
ZS602	*Coolia tropicalis*
ZS604	*Prorocentrum lima*
ZS606	*Amphidinium* cf. *theodorei*
ZS609	*Prorocentrum* cf. *mexicanum*
ZS615	*Prorocentrum* cf. *sculptile*
ZS619	*Coolia tropicalis*
ZS620	
ZS622	
ZS38	
ZS303	*Prorocentrum lima*
ZS304	*Prorocentrum lima*
ZS307	*Amphidinium massartii*
ZS310	
ZS311	*Prorocentrum* cf. *sulptile*
ZS313	
ZS10+	
ZS635	*Gambierdiscus* sp.
ZS639	*Prorocentrum* cf. *sculptile*
ZS641	*Coolia palmyrensis*
2S5643	*Coolia palmyrensis*
ZS221	*Prorocentrum* cf. *sculptile*
25222	*Amphidinium* sp.
ZS224	
ZS02+	
ZS101	*Gambierdiscus pacificus*
ZS102	*Prorocentrum lima*
25103	*Amphidinium* sp.
ZS105	*Prorocentrum lima*
ZS106	*Prorocentrum reticulatum*
ZS41+	
ZS401	
ZS402	
ZS403	*Amphidinium* sp.
ZS405	*Prorocentrum rhathymum*
ZS406	*Amphidinium thermaeum*
ZS413	*Amphidinium operculatum*
ZS414	*Coolia malayensis*
ZS423	*Prorocentrum lima*
ZS425	*Coolia canariensis*
ZS434	
ZS435	
ZS436	*Prorocentrum hoffmannianum*
YTAS（一统暗沙）	
2S501	*Amphidinium massartii*
2S502	*Gambierdiscus polynesiensis*
ZS503	
ZS506	
ZS510	*Amphidinium operculaturm*
ZS512	*Amphidinium massartii*
ZS513	*Amphidinium massartii*
ZS516	*Prorocentrum lima*
ZS517	
SHAS（神狐暗沙）	
ZS701	*Amphidinium operculatum*
ZS705	*Ostreopsis ovata*
ZS711	*Gambierdiscus* sp.
ZS715	*Amphidinium operculatum*
25716	*Amphidinium operculatum*
25717	*Ostreopsis ovata*
25718	*Ostreopsis ovata*
ZS719	
ZS720	*Gambierdiscus* sp.
ZS721	*Gambierdiscus* sp.
25722	*Gambierdiscus polynesiensis*
ZS724	
25726	*Coolia canariensis*
ZS727	*Ostreopsis ovata*
ZS73	
ZS731	*Gambierdiscus pacificus*
25734	*Prorocentrum lima*
ZS735	*Gambierdiscus polynesiensis*
ZS74	*Coolia malayensis*
XSBJ（西沙群岛北礁）	
6XS1	*Prorocentrum rhathymum*
6XS11	
6XS15	
6XS2	
6XS3	*Prorocentrum lima*
6XS6	*Prorocentrum* cf. *emarginatum*
6XS7	
6XS8	*Coolia palmyrensis*
6XS9	
6XS1	*Prorocentrum rhathymum*
6XS11	
6XS15	
6XS2	
6XS3	*Prorocentrum lima*
6X56	*Prorocentrum* cf. *emarginatum*
6XS7	
6XS8	*Coolia palmyrensis*
6XS9	

综上，通过航次调查采样与实验室鉴定分析，共在中沙群岛海域采集样本 120 余份，获得底栖甲藻 174 个株系，涵盖底栖甲藻的五大重要属（*Gambierdiscus*、*Ostreopsis*、*Prorocentrum*、*Coolia*、*Amphidinium*）（图 6-44～图 6-47）。

图 6-44　中沙群岛海域鉴定的 *Ostreopsis* 属底栖甲藻显微镜及电镜观察

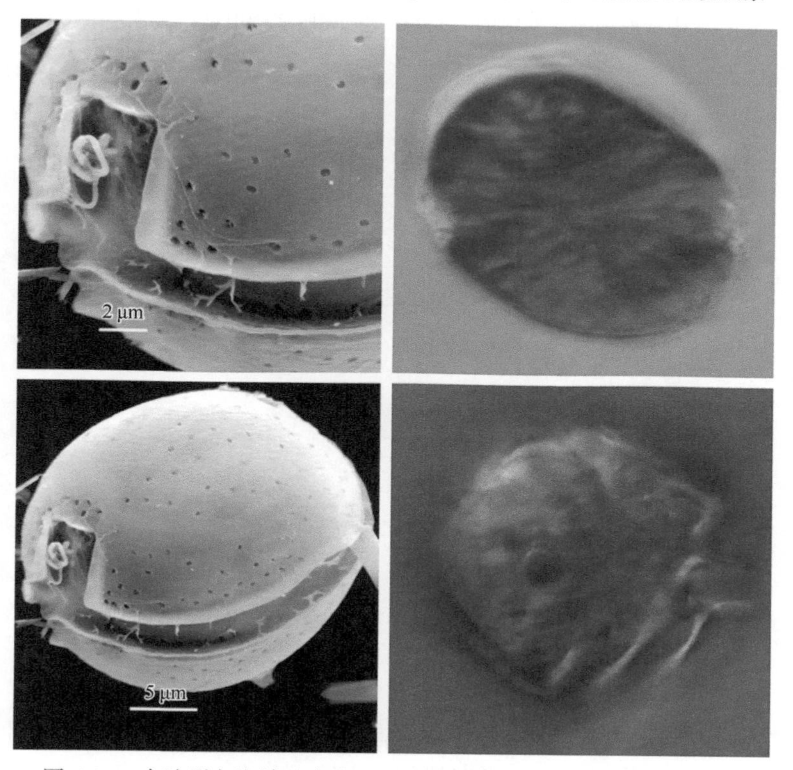

图 6-45　中沙群岛海域鉴定的 *Coolia* 属底栖甲藻显微镜及电镜观察

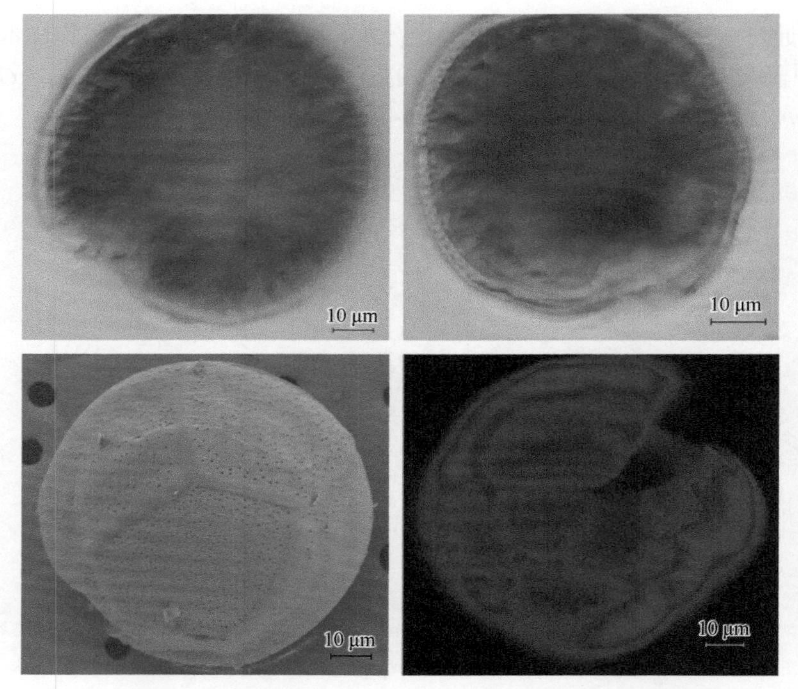

图 6-46　中沙群岛海域鉴定的 *Gambierdiscus* 属底栖甲藻显微镜及电镜观察

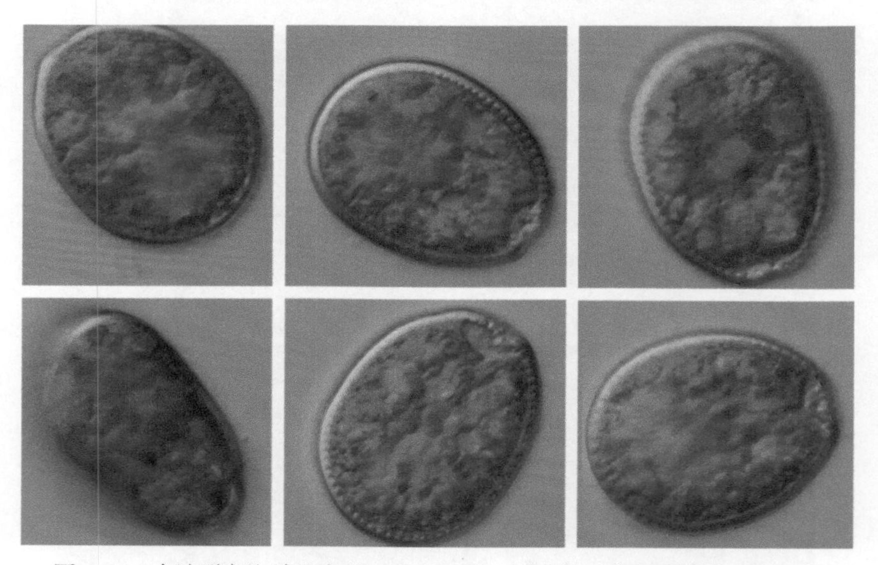

图 6-47　中沙群岛海域鉴定的 *Prorocentrum* 属底栖甲藻显微镜及电镜观察

3. 中沙群岛礁栖生物名片及图谱

根据航次收集样品的鉴定结果及历史文献资料，编撰各物种的生物名片信息，包括物种拉丁名、中文名、分类阶元、形态特征、生境、分布、DNA 条形码、保护等级、生态照片或标本照片等。

1）珊瑚鼓虾（*Alpheus lottini*）

珊瑚鼓虾（图6-48）隶属于鼓虾科（Alpheidae）鼓虾属（*Alpheus*）。额角呈长三角形，末端尖锐，呈刺状，伸至或稍超过第一触角柄第1节末端，背面稍平扁，无脊，向后渐宽，两侧有深纵沟，向后延伸至眼罩基部。第一触角柄第1节约与第2节等长，第2节长约为宽的2倍，第3节长约为第2节长的3/5；柄刺发达，尖细，约伸至第2节中部。第二触角鳞片宽大，侧刺显著超过第一触角柄末端；鳞片略短，亦超过第一触角柄末端；基节腹缘侧刺尖锐，短于柄刺或约与柄刺末端相齐。第三颚足各节比例为10∶2∶5；第1节与第2节下缘具刺，上缘末端具刚毛。大螯侧扁，光滑，无沟无脊，长约为宽的2.5倍，雄性指节约为掌长的1/2，末端钝圆；雌性指节约为掌长的2/5；长节内下缘具4～6刺，上缘和内下缘末端突出。小螯约与大螯等长，螯长约为宽的3倍，掌部内侧在指关节基部有一钝齿，指节约与掌等长，末端弯曲，闭合时与不动指交叉，两指切缘薄而锐；长节上缘末端钝尖，内下缘有4～5小刺。第二步足腕节粗短，各节比例为5∶3∶2∶2∶4。第三步足粗壮，座节具1刺；长节宽，无刺；腕节上下缘末端突出；掌节下缘具7刺，其中末端2刺并列；指节粗，钝，侧扁，构造特殊，内面有粗纵脊延至末端，末端下面有柔软的几丁质。尾节长约为前宽的2倍，约为后宽的3.5倍，前对背刺在3/8处，后对在5/8处，后缘稍圆。广泛分布于印度-西太平洋海区。在印度洋，西至非洲东岸莫桑比克海域、红海，东至印度尼西亚海域；在太平洋，东至北美洲加利福尼亚湾，南至新西兰海域，北至中国海南岛和日本南部海域。栖息深度为0～60 m，与杯形珊瑚共生，如*Pocillopora damicornis*。

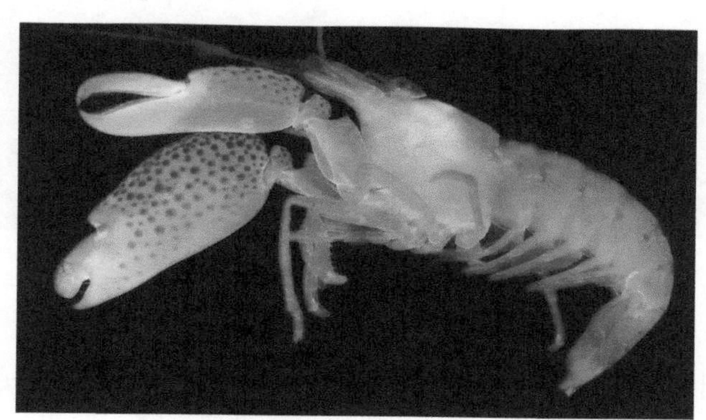

图6-48　珊瑚鼓虾（*Alpheus lottini*）

2）突额鼓虾（*Alpheus frontalis*）

突额鼓虾（图6-49）隶属于鼓虾科（Alpheidae）鼓虾属（*Alpheus*）。头胸甲前缘两眼之间延伸为一个板状突出，前缘成拱形，该突出上有圆的背脊延伸至眼基部；眼罩膨胀，形成深的侧沟。第一触角柄第1节的1/2被头胸甲前缘的突出覆盖，第1节可见部分约为第2节长的1/2，第2节长约为宽的3倍，第3节约为第2节长的1/2；柄刺圆，无齿，至第1节约1/2处。第二触角鳞片侧刺强壮，末端稍向内侧弯，约至第一触角柄末端；鳞片较宽，约至第3节中部；柄腕超过第一触角柄末端；基节腹缘侧刺细小。第三颚足粗壮，各节比例为10∶3∶7，第2节宽大于长，第3节扁平，下缘呈刀状，上缘较厚，上下缘皆具长毛，下缘的毛较密集。大螯近圆柱形，无沟，长约为宽的 2.5 倍，指约为掌长的 1/2，指节末端弯曲，闭合时超过固定指末端；螯背面有小的乳头状突起，腹面光滑；长节内下缘具小的不规则齿和长刚毛，末端不突出。雄性小螯粗壮，长约为宽的 3 倍，指约与掌等长，掌扁平，边缘圆，掌上缘脊的一侧有一纵凹陷，掌部散布刚毛，指节的关节咬合处与掌的垂直轴成 45°角；指节扩大，花瓣状，上脊末端有一尖锐弯曲的齿，齿延伸至指节的对面形成一“V”形的脊，齿的末端有尖锐的切割缘，指节的圆形边缘有成列的短而硬的毛发，固定指近端稍扩大，向末趋细形成弯曲的末端齿，内侧面有沟来容纳指节内侧面的脊，掌部下缘有长刚毛；长节与大螯相似。雌性小螯较小，掌部呈圆柱形，指细长，约为掌长的 1/2，向末端趋细。第二步足腕节各节比例为 12∶5∶3∶3∶5。第三步足座节具 1 刺；长节无刺；腕节下缘具 2～4 小刺，末端具一尖齿，上缘末端为一钝齿；掌节下缘具 9 刺，其中末端 2 刺并列；指节简单，弯曲。尾节长约为前宽的 2.2 倍，约为后宽的 2.5 倍，前对背刺约在 1/2 处，后对约在 2/3 处，后缘圆。尾肢外肢关节直，无圆齿。分布区从东非到社会群岛，横穿印度-西太平洋。栖息深度 0～200 m，多见于浅潮下带，在多孔的石头或者死珊瑚下，生活在由丝状藻类组成的柔软的网状管中，尤其是棕绿色的颤藻属（*Oscillatoria*）和棕红色的仙菜属（*Ceramium*），透过海藻网分离出一片片海藻来觅食。

图 6-49 突额鼓虾（*Alpheus frontalis*）

3）短足鼓虾（*Alpheus brevipes*）

短足鼓虾（图 6-50）隶属于鼓虾科（Alpheidae）鼓虾属（*Alpheus*）。额缘平截，稍向前突出。额角短小，呈三角形，稍超出额缘。额脊低，窄，仅伸至眼基部，侧沟很宽而浅，近额缘处形成宽的平坦小区。眼罩稍膨凸，前端稍钝尖，内侧形成垂直的脊，为额脊侧沟的外缘。第一触角柄第 1 节很短，外露部分约等长于或稍短于第 3 节，柄刺短小而尖，稍超过第 1 节中部，不到 3/4 处；第 2 节长约为宽的 2 倍，为第 1 节长度的 2 倍。第二触角鳞片侧刺很粗壮，伸至第一触角柄末端附近，鳞片宽大，伸至第一触角柄第 3 节中部附近；基节腹面无侧刺；柄腕粗大，显著超过第一触角柄和第二触角鳞片侧刺末端。大螯长约为宽的 2.6 倍，呈圆筒状，掌部无明显的缺刻或沟，末部稍窄；不动指基部宽；末端钝尖；指节短，末端膨凸，宽圆；长节内下缘无活刺，末端及上缘末端无齿或突出叶。小螯雌雄同形，纤细，向末趋窄，指节很短而窄，末端尖，不宽展，长度仅为螯长的 1/3，为掌长的 1/2；长节无齿或刺。第二步足腕节各节比例为 18∶19∶7∶

8∶13。第三步足粗壮，座节具 1 刺，长节宽短，长约为宽的 3 倍，下缘末端形成强大的尖齿；腕节下缘无活刺，末端形成尖刺；掌节宽短，下缘约有 6 根刺；指节粗短，弯曲，单爪。尾节长约为前宽的 2.1 倍，约为后宽的 2.8 倍；前对背刺约在 1/3 处稍前，后对背刺约在 2/3 处稍前。尾肢内肢外缘后半及末缘有小活刺 20 个左右，后缘刺较小，侧缘刺自前向后逐渐增大。主要分布在西太平洋珊瑚礁海域，栖息深度为 0～12 m。

图 6-50　短足鼓虾（*Alpheus brevipes*）

4）隐秘扫帚虾（*Saron neglectus*）

隐秘扫帚虾（图 6-51）隶属于藻虾科（Hippolytidae）扫帚虾属（*Saron*）。额角背缘具 7 齿，其中后 3 齿着生于头胸甲之上；腹缘着生 5 齿；额角长于头胸甲的长度，雄性个体相对更长。头胸甲着生发达的触角刺和颊刺，同时具鳃甲刺；头胸甲背缘以及腹部背缘着生许多簇的羽状毛发。双层眼眶，眼大，眼点明显，眼角膜短于眼柄。腹部第四、第五腹节侧甲后下缘尖锐刺状；第六腹节侧后角具一个三角状活动薄板；尾节背缘具两对活动刺，末缘具三小二大五个刺。第一触角柄基节大于末两节之和，第三节背缘末端具一尖锐三角刺，其尖端接近第二触角鳞片中点；第一触角柄刺明显超出触角柄第二节。第二触角鳞片长约为宽的 4 倍，侧缘刺远远超出内侧薄片部分。第三颚足未延伸至触角鳞片末端，倒数第三节末端具两个强壮突起，外肢发达，末节具 6～8 个角质刺。前四对步足具上肢及关节鳃。第一步足具明显的性别差异，成熟雄性个体第一步足异常强壮，指节超出第二触角鳞片末缘，螯长，长度约为腕节的 2.2 倍，掌节发达；雌性个体第一步足正常，延伸至第二触角鳞片中点附近，螯的长度约为腕节的 1.4 倍。第二步足稍稍超出第二触角鳞片末缘，腕节分为 9～13 亚节。后三对步足构造近似，长节末端侧缘均

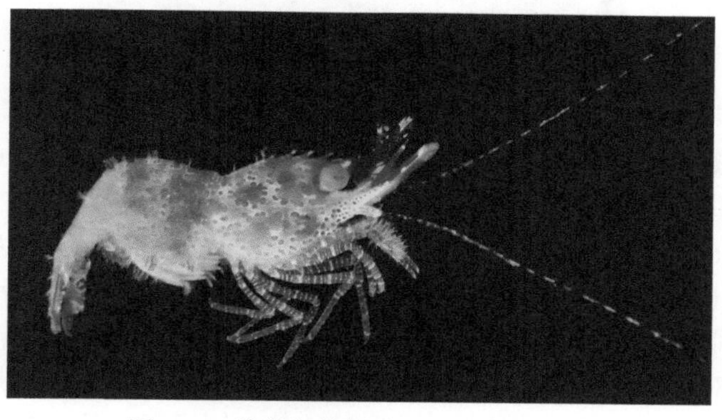

图 6-51　隐秘扫帚虾（*Saron neglectus*）

仅具一尖刺，指节呈双爪状，腹缘具 3～4 个小刺，掌节腹缘具一列小刺 8～10 个。雄性个体第二腹肢内肢上的雄性附肢长度约为内附肢的一半。在印度-西太平洋海域广泛分布，温热带海域浅水珊瑚礁区域较多见。

5）杯形珊瑚钩岩虾（*Harpilius consobrinus*）

杯形珊瑚钩岩虾（图 6-52）隶属于长臂虾科（Palaemonidae）钩岩虾属（*Harpilius*）。头胸甲和腹部侧面体表光滑无麻点。杯形珊瑚钩岩虾额角略呈波浪形，近水平，很少伸过第二触角鳞片，齿式 1+6-7/1-3，最后背齿与其余各齿不明显分离，位于肝刺上方或稍前。头胸甲无眼上齿或眼后刺，肝刺不明显大于触角刺，位于后者后下方，不伸过头胸甲前缘；眼眶下角钝，非卵圆形。第三腹节背板无侧扁的背突；尾节前背刺位于尾节长度中央线上或稍后。眼角膜呈半球形，无拱突。第一触角柄基节具 1 个端侧刺；第二触角鳞片长约为宽的 3.3 倍，侧缘稍呈波浪形弯曲，端侧齿明显伸过鳞片末端。第四胸节腹板具一细的中突。第一步足约整个螯伸过第二触角鳞片，螯指切缘非梳状；第二步足螯指约为或稍长于掌部的 2/3，腕节短于掌部的 1/2，约为其端部直径的 1.3 倍，无端刺，长节折缘具端齿；第三步足指节非双爪状，折缘波形弯曲，末端 3/4 强内弯，掌节折缘无刺，不分亚节。最大眼眶后头胸甲长约 4.6 mm。分布范围包括海南岛、西印度洋、泰国、印度尼西亚和澳大利亚大堡礁。与石珊瑚杯形珊瑚属（*Pocillopora*）共栖。

图 6-52　杯形珊瑚钩岩虾（*Harpilius consobrinus*）

6）细指岩虾（*Periclimenes digitalis*）

细指岩虾（图 6-53）隶属于长臂虾科（Palaemonidae）岩虾属（*Periclimenes*）。鉴别特征为头胸甲和腹部侧面体表光滑无麻点。背缘水平，通常略伸过第二触角鳞片，有时不伸过，齿式 2+6-9/1-2，最后背齿与其余各齿略分离，位于肝刺上方之后。头胸甲无眼上齿，偶尔在眼上刺位置具小凸起，肝刺不明显大于触角刺，位于后者后下方，不伸过头胸甲前缘；眼眶下角非卵圆形。腹部第三背板无侧扁突起；第六腹节约为第五腹节的 1.5 倍；尾节 2 对背刺分别位于尾节前后半部。眼角膜呈半球形，无拱突。第一触角柄基节具 1 个端侧刺；第二触角鳞片长约为宽的 3 倍，侧缘直或轻微内凹，端侧齿伸过鳞片末端。第四胸节腹板无细的中突。第一步足腕节端半部伸过第二触角鳞片末端，螯指切缘非梳状；第二步足螯指为掌部的 2/3～3/4，腕节稍长于掌部，约为其端部直径的 9 倍，无端刺，长节折缘端齿小而尖；第三步足指节细长，简单，非双爪状，折缘均匀内凹，掌节折缘无刺，不分亚节；第五步足掌节端半部伸过第二触角鳞片末端。最大眼眶后头胸甲长约 4 mm。主要分布于西太平洋岩礁海域。

图 6-53　细指岩虾（*Periclimenes digitalis*）

7）光滑绿蟹（*Chlorodiella laevissima*）

光滑绿蟹（图 6-54）隶属于扇蟹科（Xanthidae）绿蟹属（*Chlorodiella*）。头胸甲呈六角形，稍隆起，表面完全光滑，不具任何分区的痕迹。额缘较平直，中部具一极浅的缺刻，把额分成 2 宽叶。前侧缘除外眼窝角外具 4 齿。螯足不对称，二指末端呈匙状。步足纤细，长节前缘具锯齿，指节长，后缘具锐齿列及长刚毛列。生活在沿岸到近海珊瑚礁中，深度为 0～124 m。与珊瑚兼性共生，杂食性，主要取食藻类，在珊瑚礁中数量丰富，可能在食物网中扮演着重要角色。分布于西太平洋。

8）红斑梯形蟹（*Trapezia rufopunctata*）

红斑梯形蟹（图 6-55）隶属于梯形蟹科（Trapeziidae）梯形蟹属（*Trapezia*）。头胸甲一般宽大于长，光滑不分区，与螯足、步足同布满鲜红色大圆斑。额突出，分成明显

图 6-54　光滑绿蟹（*Chlorodiella laevissima*）

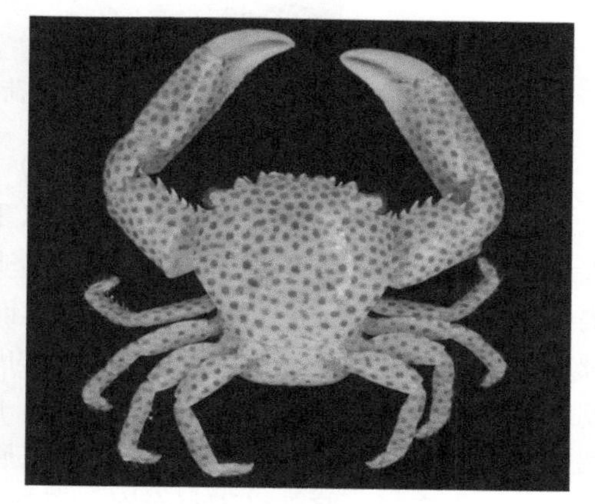

图 6-55　红斑梯形蟹（*Trapezia rufopunctata*）

4 叶。头胸甲侧缘中部具一齿，两螯不对称，掌节背缘圆钝，外侧面光滑，腹缘具颗粒或钝锯齿。步足腕节背缘及掌、指节具刚毛。在珊瑚中雌雄成对存在，雄性会在雌性蜕壳后与之进行交配，全年均有发现雌性抱卵。栖息于浅海珊瑚礁中，与分枝状造礁珊瑚共栖。觅食珊瑚礁上的多种藻类和沉积物，抵御捕食珊瑚的物种如棘冠海星等，是珊瑚礁生态系统中一类重要的消费者和分解者，也是重要的护礁生物之一。广泛分布于印度-西太平洋热带海域，从非洲东岸至日本海域及夏威夷群岛。我国西沙群岛、中沙群岛和台湾海域有分布。

9）鹅茗荷（*Lepas anserifera*）

鹅茗荷（图 6-56）隶属于茗荷科（Lepadidae）茗荷属（*Lepas*）。体壳白色坚实，由五片壳板所组成，有明显的辐射纹路和生长线；头状部长 10～30 mm，略扁平较宽，呈三角形。楯板、背板的表面一般具浅放射沟，并有与壳顶成同心圆的稀疏的细沟相交织。峰板的背缘一般呈锯齿状或平滑，它的底部叉状突起较尖。楯板的开闭缘呈显著弓形突出，左右两楯板的内面具有壳顶齿，右侧的比左侧的为强。外皮在壳板周围部分呈黄红色，尤以壳口的边缘更为显著。柄部比头状部短，长约 10 mm，圆柱状，紫褐色。鞭状突在第一蔓足的足基有 3 个或 4 个，在其下部的体侧有 1 个。尾突平滑，顶端有尖的爪状突。软体部分呈污白色，蔓足、口器、尾附肢等常呈褐紫色。常栖息于浮木、绳子或其他能漂浮于海面的物体表面。广泛分布于印度洋、太平洋、大西洋等热带和温带海域。在中沙群岛附近海域有发现。

图 6-56 鹅茗荷（*Lepas anserifera*）

10）金口蝾螺（*Turbo chrysostomus*）

金口蝾螺（图 6-57）隶属于蝾螺科（Turbinidae）蝾螺属（*Turbo*）。壳体中型，呈圆锥形，壳高 54 mm，壳宽 48 mm，壳质坚厚，周缘膨突。整个壳体呈灰白色，有少许深褐色块斑。螺层 6 层，壳顶尖突，螺层具许多环行的肋径一致的中肋，由细薄鳞片组成，螺旋部最大螺层和体螺层中部与偏下方的肋上长出一些中空的短棘突，共约 4 行，棘突朝上，以体螺层中部者较大。底面隆突，肋条变粗，靠近内缘者更粗，结构与壳面同。螺轴平滑，轴唇向下略伸，质地变厚；外唇有缺刻，口缘外方为浅黄色，内方为金黄色，内壁光滑有亮泽。脐部已不复存在，无脐孔。厣外呈橘黄色，近边缘处色浓，中央部略暗，外方具细旋纹。暖水性，生活于热带珊瑚礁海域。分布于印度-西太平洋等。在中沙群岛的采捕水深为 10～30 m。

11）紫眼球贝（*Erosaria poraria*）

紫眼球贝（图 6-58）隶属于宝贝科（Cypraeidae）眼球贝属（*Erosaria*）。贝壳小型，壳长约 20 mm，呈卵圆形，壳质厚。贝壳背部为褐色，具密集的白色斑点，白色斑点周缘呈淡紫色；贝壳周缘及腹面呈紫色。两唇具细长的齿列。常栖息于浅海珊瑚礁间。为印度-西太平洋暖水种，在中国见于台湾海域和南海。

图 6-57 金口蝾螺（*Turbo chrysostomus*）

图 6-58 紫眼球贝（*Erosaria poraria*）

12）鸽螺（*Peristernia nassatula*）

鸽螺（图 6-59）隶属于细带螺科（Fasciolariidae）鸽螺属（*Peristernia*）。贝壳中等大小，长约 30 mm，壳质厚，坚硬。螺层约 8 层，其中胚壳约 2 层。螺旋部尖，约占整个壳长的 1/3，体螺层膨大。壳面粗糙，具发达的纵肋以及粗细不等的螺肋，纵肋在各螺层中部呈瘤状突起。壳面呈橘黄色，瘤状突起呈灰白色，壳口内部呈紫色。外唇内部具齿列，轴唇上具 2 个或 3 个弱的褶襞状突起；前水管沟呈短的半管状。栖息于浅海珊瑚礁间。印度-西太平洋暖水种，在中国见于台湾海域和南海。

图 6-59 鸽螺（*Peristernia nassatula*）

13）独角粗胞苔虫（*Scrupocellaria unicornis*）

独角粗胞苔虫（图 6-60）隶属于环管苔虫科（Candidae）粗胞苔虫属（*Scrupocellaria*）。群体直立，较纤细，双分歧树枝状，分枝不繁茂。分枝由两列个虫交互排列而成，借枝背面振鞭体上的根室分出的附根附着在基质上。个虫细长形，前膜中等大小，卵圆形，约占个虫前区 1/2。口盖端位，半圆形，宽大于长。隐壁细狭，仅呈位于始端边缘的半圆形狭条，表面光滑，内缘无锯齿。刺盖团扇形，着生于前膜内侧中部偏始端的裸壁上。通常分枝始端的刺盖较大，末端个虫的刺盖较小。端刺较粗壮，非受孕个虫端刺 6 根：中央顶刺 1 根，外刺 3 根，内刺 2 根；受孕个虫无中央顶刺。3 根外刺中最靠近始端的一根均呈鹿角状。前鸟头体中等大小，附于个虫始端裸壁紧贴相邻个虫前膜区内缘的地方，吻和颚骨均呈三角形，大多数个虫无前鸟头体，但位于分枝分歧处的轴个虫均有前鸟头体。无侧鸟头体。振鞭体中等大小，隐藏于个虫基面。根室大小不均，附根粗细不一。周振鞭体单一。卵胞口上型，球状，前表面鼓凸，具许多小孔和放射线。几丁质关节横切分枝处个虫的始端裸壁和前膜的始端部分。有性繁殖和无性出芽繁殖共存。附着在珊瑚等基质上，属于护礁生物。在中国分布于南海。

图 6-60　独角粗胞苔虫（*Scrupocellaria unicornis*）（标尺每格 1 mm）

14）短腕栉蛇尾（*Ophiocoma brevipes*）

短腕栉蛇尾（图 6-61）隶属于栉蛇尾科（Ophiocomidae）栉蛇尾属（*Ophiocoma*）。盘直径为 7～10 mm，盘上盖密集的一层小圆颗粒，辐盾亦被颗粒掩盖。腹面间辐部全部盖有颗粒。口盾大，长卵形。口棘 5 个，相连成行，在颚顶和齿棘相遇。腕棘在基部起首 5 节为 5 个，在以后的 30 节均为 4 个。盘色浅淡，常混以黄色或绿色，但无明显的花样；腕色也浅淡，但常有不很明显的横带。雌雄异体，生殖腺在盘内间辐部，开口于生殖囊。性细胞通过生殖裂口排到海水中，体外受精。生活于珊瑚礁，很少裸露，多生活于波浪很激烈的区域，多钻在翻不动的死亡珊瑚下面或缝隙内。主要从悬浮物或沉积物中捕捉微小颗粒为食。广泛分布于印度-西太平洋海域，在中国西沙群岛、中沙群岛、海南岛南部和台湾海域都有分布。

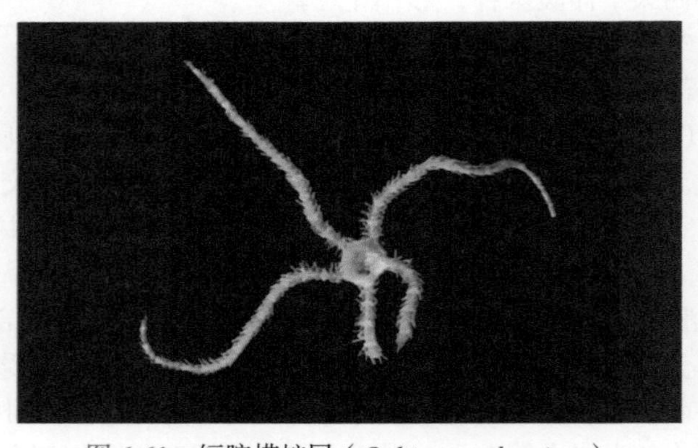

图 6-61　短腕栉蛇尾（*Ophiocoma brevipes*）

15）费氏纳多海星（*Nardoa frianti*）

费氏纳多海星（图 6-62）隶属于蛇海星科（Ophidiasteridae）纳多海星属（*Nardoa*）。体盘小，腕 5 个，细长呈圆筒状。腕的反口面骨板不规则排列，缘板不明显。体表密布颗粒，盘和腕上密布大小不同，近半球状的瘤，瘤表面的颗粒体较大。反口面与口面均有皮鳃分布。生活时体呈橙红色，腕上有较深的橙红色斑块。雌雄异体，体外受精。生活在水深 5～10 m 的珊瑚礁区。多为夜行性，白天会躲在岩石下方。以岩礁上的小型无脊椎动物为食，是珊瑚礁生态系统中重要的一类消费者和分解者。分布于印度-西太平洋，中国台湾海域、西沙群岛和中沙群岛都有分布。

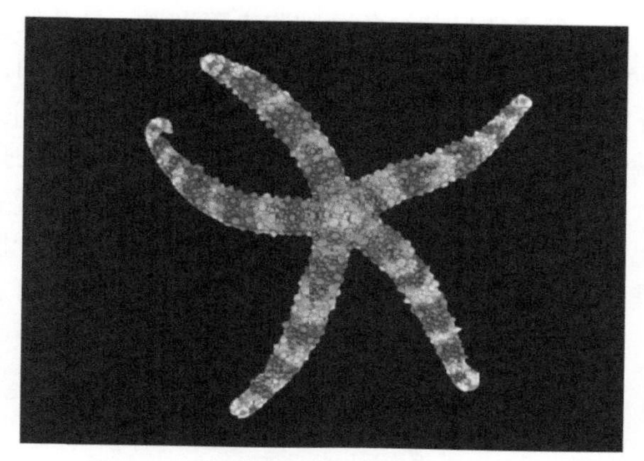

图 6-62　费氏纳多海星（*Nardoa frianti*）

16）加那利甲藻（*Coolia canariensis*）

加那利甲藻（图 6-63）隶属于梨甲藻科（Pyrocystaceae）库里亚藻属（*Coolia*）。细胞长 25.28～36.34 μm[（30.93±2.46）μm]，宽 23.53～33.53 μm[（25.51±2.93）μm]，长宽比为 1.24～1.60（1.42±0.09）。细胞呈球形，由上下锥部组成。色素体呈黄棕色。光镜下能明显看见横沟。电镜下上下锥部由数块板片组成，表面有凹陷，壳面分散排列着小孔。上锥部由 7 块沟前板、3 块顶板和 1 块顶孔板组成。顶孔板在沟前板和顶板之

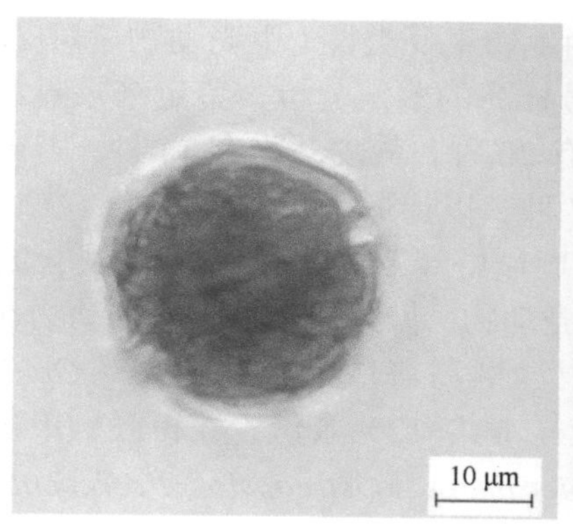

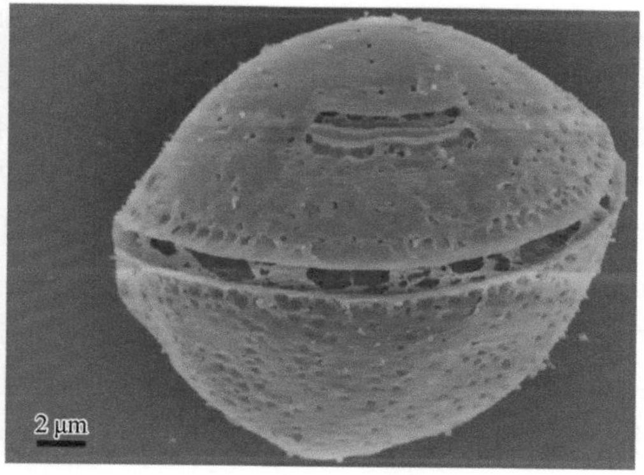

图 6-63　加那利甲藻（*Coolia canariensis*）

间，呈椭圆形。顶孔呈狭长形，顶孔下侧有一排凹陷，凹陷下端是一排圆孔。横纵沟较深，靠近横纵沟的板片边缘围绕着一圈圆形孔。生活环境为海水，主要附着生长在大型海藻、大型海草等有机质表面，以及珊瑚礁、砂石等基底表面。广泛分布于世界各地热带及亚热带海域。在中沙大环礁中的大型海藻、珊瑚礁和砂石基底等表面均有发现。

17）利马原甲藻（*Prorocentrum lima*）

利马原甲藻（图 6-64）隶属于原甲藻科（Prorocentraceae）原甲藻属（*Prorocentrum*）。细胞长 34.39～41.17 μm[（38.27±1.68）μm]，宽 21.36～29.65 μm[（25.29±1.69）μm]，长宽比为 1.34～1.68（1.45±0.07）。细胞呈卵圆形，前端尖，后端宽。细胞中间有一个大而明显的圆形蛋白核，色素体呈黄绿色。细胞表面光滑，具分散排列的圆形孔或肾形孔，每个甲片孔数 56～71 个[（63±7.16）个]。壳面中央无孔排列，称为无孔区。壳面边缘具围绕一圈整齐的圆形孔，孔数 46～58 个[（50.33±6.66）个]。左右甲片连接处通常光滑无突出。前端鞭毛区向内凹陷成浅“V”形，鞭毛区有鞭毛孔和附属孔两个孔，鞭毛孔大于附属孔，由 8 块板片组成。生活环境为海水，主要附着生长在大型海藻、大型海草等有机质表面，以及珊瑚礁、砂石等基底表面。广泛分布于世界各地热带及亚热带海域。中沙大环礁中的大型海藻、珊瑚礁、砂石基底等表面均有发现。

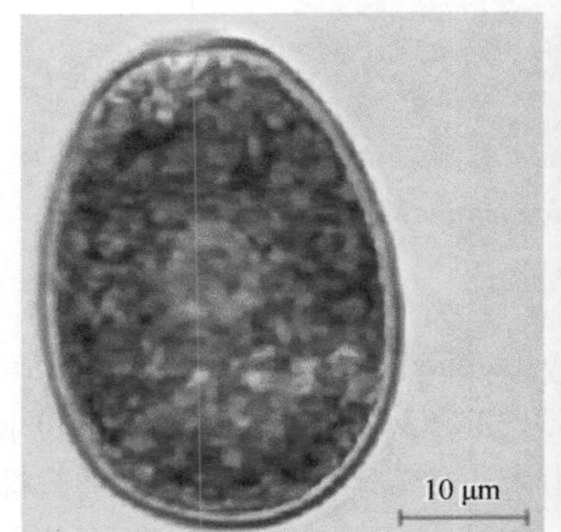

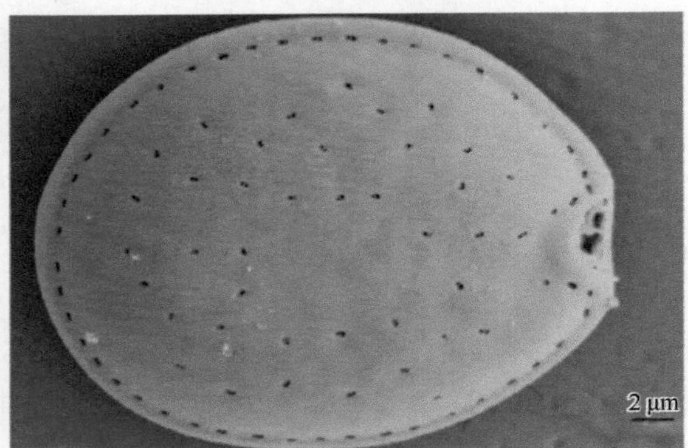

图 6-64 利马原甲藻（*Prorocentrum lima*）

研究完成了中沙群岛海域航次珊瑚礁底栖生物主要类群（甲壳动物、棘皮动物、软体动物、苔藓动物、底栖甲藻等）300 余号样品的鉴定分析，鉴定结果显示甲壳动物最为丰富，有 75 种，其次为软体动物，有 20 种，棘皮动物有 14 种，苔藓动物有 3 种。甲壳动物中蟹类物种约占 2/3，达 47 种，以梯形蟹和扇蟹占优；鼓虾有 11 种，生物量仅次于蟹类，其中最常见的为珊瑚鼓虾（*Alpheus lottini*）及合鼓虾属（*Synalpheus*）。软体动物物种多样性仅次于甲壳动物，但数量较少。棘皮动物在珊瑚礁环境中广泛分布，其中蛇尾占比最高，中沙群岛海域三带刺蛇尾（*Ophiothrix trilineata*）最常见。在中沙群岛海域采集甲藻样本共 120 余份，获得底栖甲藻 174 个株系，涵盖底栖甲藻的五大重要属（*Gambierdiscus*、*Ostreopsis*、*Prorocentrum*、*Coolia*、*Amphidinium*）。

6.5　中沙群岛礁栖微生物资源调查

6.5.1　研究方法

1. 样品采集、现场收集和显微镜观察

在中沙群岛及其海域采集沉积物样品，分为柱状样（–80℃保存）、瓶装样[室温，泥水混合样（1∶2）]和无菌袋装样（–80℃保存）。对瓶装样在现场进行磁收集（磁铁的 S 极朝向瓶壁，位于水沉积物界面上方 1 cm 左右，30 min 之后用枪头吸取磁铁吸附处 1 ml 左右的磁收集样品置入离心管中）；随后吸取 20～30 μl 的磁收集样品，利用悬滴法（图 6-65），在外加磁场条件下进行显微镜观察拍照录像，并对趋磁细菌（magnetotactic bacteria，MTB）进行计数。对 MTB 丰度较高的样品利用 RT 法（“Race-Track”法）进行再次纯化收集。纯化后的样品直接滴定在 200 目铜网上，自然干燥后保存在干燥箱内，带回实验室进行透射电镜观察。

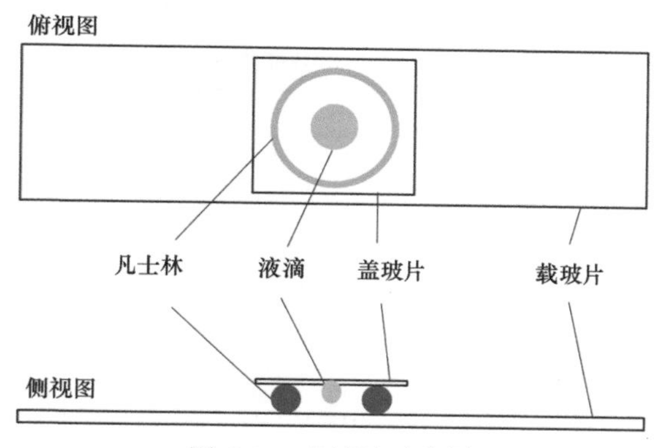

图 6-65　悬滴法示意图

2. 电镜观察

带回实验室的铜网，在透射电镜（HITACHI H8100，115 kV）下进行菌体和磁小体的形态、大小和数目，以及磁小体链的排列方式等特征的观察。带回实验室的样品经观察和纯化收集，再经固定、脱水、醋酸异戊酯置换后，临界点干燥，喷金，置于扫描电镜（HITACHI S-3400 N，5 kV）下对菌体外部形态进行观察。

3. 趋磁细菌 16S rRNA 基因系统进化分析

瓶装样品在实验室进行磁收集和 RT 收集，通过显微操作平台对趋磁细菌进行单细胞挑取，挑取的细菌利用全基因组扩增试剂盒 REPLI-g Single Cell Kit（cat#150343；QIAGEN，德国），通过多重置换扩增（multiple displacement amplification，MDA）方法对获取的 MTB 进行 DNA 放大扩增，以获取的 DNA 作为模板，进行克隆转化测序，获得 16S rRNA 基因序列，在 NCBI 网站上进行比对，选取合适的参考序列，利用 MEGA

（Molecular Evolutionary Genetics Analysis）程序进行系统进化树分析。

4. 沉积物中微生物多样性分析

冷冻保存的沉积物利用十六烷基三甲基溴化铵法（CTAB）进行 DNA 提取，DNA 样品送交诺禾致源科技股份有限公司进行 16S rRNA 基因高通量测序分析，获取中沙群岛及其邻近海域沉积物中细菌的种群结构和多样性。

6.5.2 研究结果

1. 沉积物样品采集信息

2019 年航次人工采集中沙大环礁 13 个站位的沉积物样品共 159 份，其中柱状样 40 份、瓶装样和袋装样分别 72 份和 47 份。2020 年航次共采集了 9 个站位的 114 份沉积物样品，包括 6 个中沙大环礁站位、1 个西沙群岛北礁站位（ZS238）、1 个一统暗沙站位（ZS242）及 1 个神狐暗沙站位（ZS244）。在 114 份沉积物样品中，瓶装样有 88 份，袋装样有 26 袋。2021 年执行了一次补充航次，共采集获取 5 个站位的 49 份沉积物样品。各航次采样站位信息见表 6-11。采样站位深度为 10～47 m，多数为 20 m。

表 6-11 2019～2021 年各航次采样站位信息

年份	站位	纬度	经度	水深（m）	区域
2019	ZS101	16°04.851′N	114°53.365′E	20	中沙大环礁
	ZS104	16°12.983′N	114°47.497′E	14	
	ZS105	15°52.936′N	114°41.173′E	17	
	ZS107	15°55.281′N	114°38.738′E	20	
	ZS108	16°04.435′N	114°24.759′E	16	
	ZS109	15°54.996′N	114°28.977′E	15	
	ZS110	15°36.155′N	114°27.727′E	19	
	ZS111	15°50.161′N	114°13.787′E	16	
	ZS112	15°59.918′N	114°04.528′E	18	
	ZS113	15°32.709′N	114°15.043′E	23	
	ZS114	15°26.835′N	113°59.721′E	23	
	ZS115	15°47.031′N	113°54.137′E	24	
	ZS116	15°37.252′N	113°42.186′E	26	
2020	ZS231	16°13.191′N	114°47.191′E	15	
	ZS232	16°02.460′N	114°55.204′E	30～47	
	ZS233	15°53.175N′	114°47.496′E	20	
	ZS234	16°03.715′N	114°16.870′E	20	
	ZS236	15°50.347′N	113°54.400′E	23	
	ZS238	15°57.951′N	114°20.315′E	19	
	ZS241	17°06.916′N	111°32.461′E	10～20	西沙群岛北礁
	ZS242	19°10.560′N	113°53.29′E	15	一统暗沙
	ZS244	19°31.924′N	113°04.178′E	17	神狐暗沙

续表

年份	站位	纬度	经度	水深（m）	区域
2021	ZS301	19°32.047′N	113°04.711′E	18	西沙群岛北礁
	ZS304	19°10.176′N	113°53.866′E	17	一统暗沙
	ZS305	15°29.532′N	113°51.128′E	21	中沙大环礁
	ZS306	15°51.708′N	114°25.415′E	18	
	ZS307	16°04.404′N	114°19.777′E	22	

2. 光学显微镜观察

采样现场对样品进行了磁收集和显微镜观察，其中 8 个站位都有趋磁细菌的存在，发现中沙群岛珊瑚礁沉积物中趋磁细菌多样性较丰富，可观察到球形、螺旋状以及多细胞结构的趋磁细菌，另外还发现趋磁的原生动物（图 6-66）。2020 年航次，对获得的瓶装样避光保存，带回实验室后进行磁收集并进行显微镜观察，发现仅有 3 个站位（ZS234、ZS238、ZS242）有趋磁细菌存在，绝大多数趋磁细菌为球形与卵球形，也有菠萝型多细胞趋磁原核生物（MMPs，MMPs）存在。此外，在 ZS234 和 ZS242（一统暗沙）两个站位还发现了一类特殊的黑褐色的较大的球形趋磁细菌（黑莓型）。趋磁细

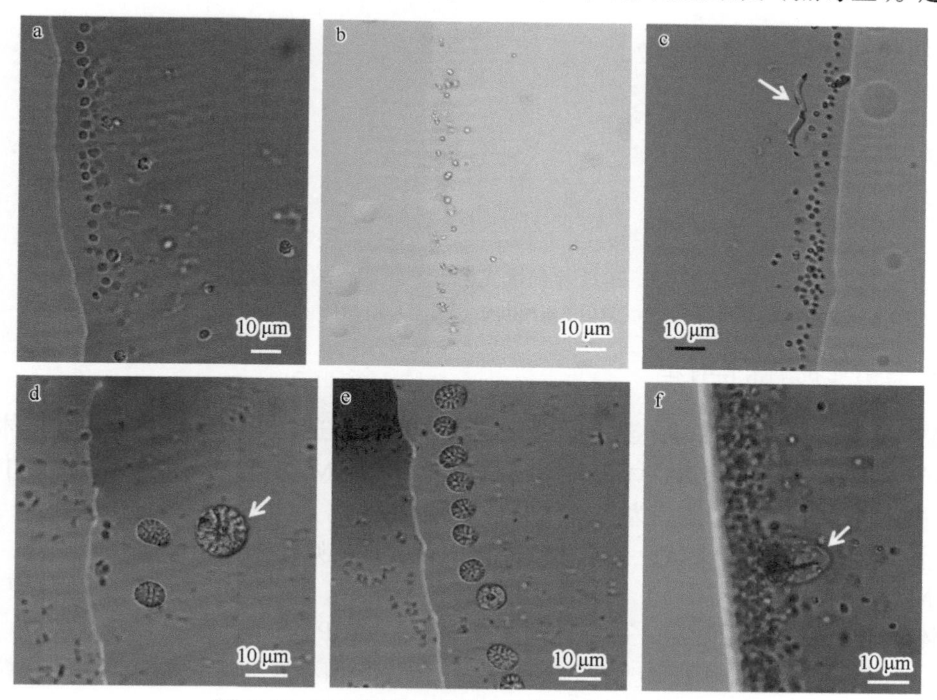

图 6-66 2019 年航次光镜下不同形态的趋磁生物

a. 球形 MTB；b. 球形 MTB；c. 螺旋状 MTB；d. 桑葚型 MMPs（箭头所指）；e. 菠萝型 MMPs；f. 趋磁鞭毛虫（箭头所指）

菌的丰度可达 10^2～10^4 个/cm^3，以趋南型（south -seeking）为主（图 6-67）。补充航次中观察到的优势趋磁细菌多数与第一次和第二次类似，以多细胞和球形的趋磁细菌居多（图 6-68）。

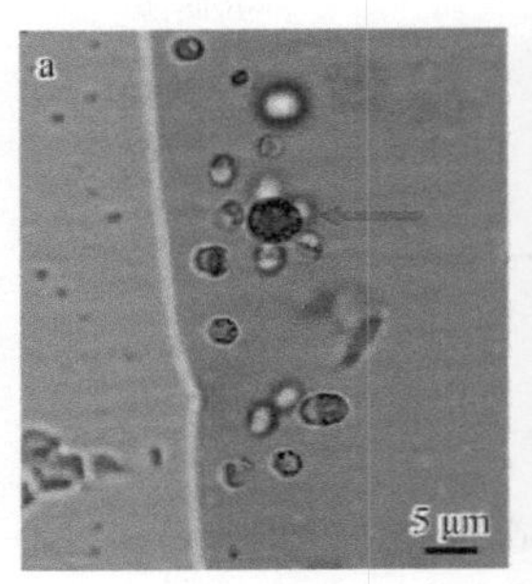

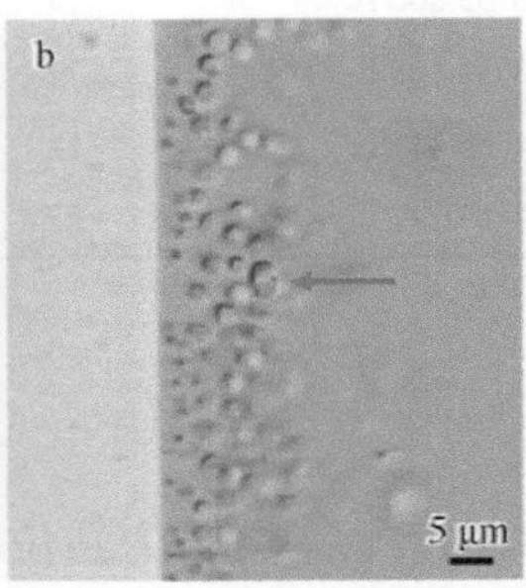

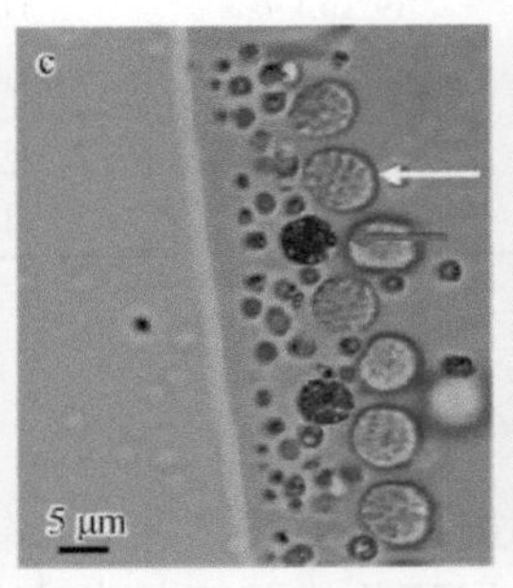

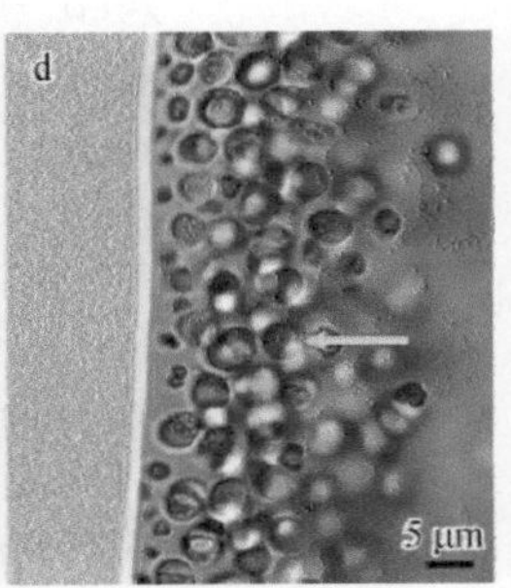

图 6-67 2020 年航次光镜下不同形态的趋磁生物

a. 球形 MTB 和黑莓型 MTB；b. 卵球形 MTB；c. 菠萝型 MMPs（白色箭头所指）和黑莓型 MTB（红色箭头）；d. 球形 MTB

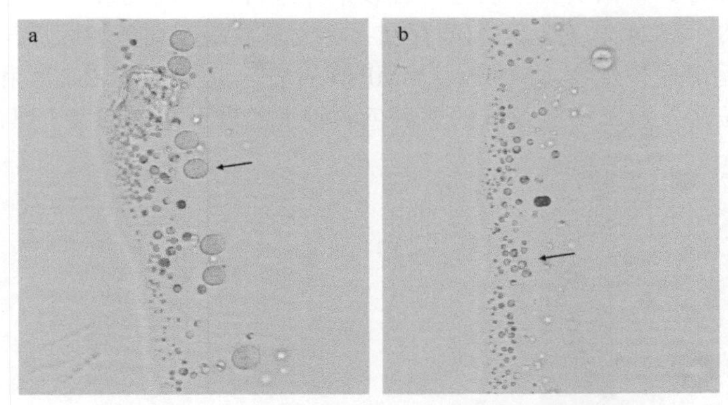

图 6-68 2021 年航次光镜下不同形态的趋磁生物

a. 菠萝型 MMPs（黑色箭头所指）；b. 优势球形 MTB（黑色箭头所指）

3. 透射电镜下菌体特征

磁收集后的样品经过 RT 纯化收集后，滴铜网，在透射电镜下进一步观察菌体的形态特征，也发现不同形态的 MTB（图 6-69），以球形 MTB 和 MMPs 为主，其中球形 MTB 鞭毛簇生，磁小体链多为两条，形态多为棱柱形；另外还有少见的柄状趋磁细菌，磁小体数量少，为子弹头状；杆状 MTB 体内包含无规则排列的子弹头状磁小体；卵球形的 MTB 包含三条磁小体链，磁小体为棱柱体。此外，图 6-69b 中有疑似趋磁鞭毛虫，磁小体位于前端，六条短链，磁小体呈子弹头状。MMPs 有桑葚型和菠萝型两类。桑葚型 MMPs 具周生鞭毛，内部包含两种形态（子弹头状和不规则形状）的磁小体颗粒，颗粒分布成簇，不呈链状排列（图 6-70）。菠萝型 MMPs 同样具周生鞭毛，但其内部的磁小体颗粒只有子弹头状，且呈链状排列（图 6-71）。

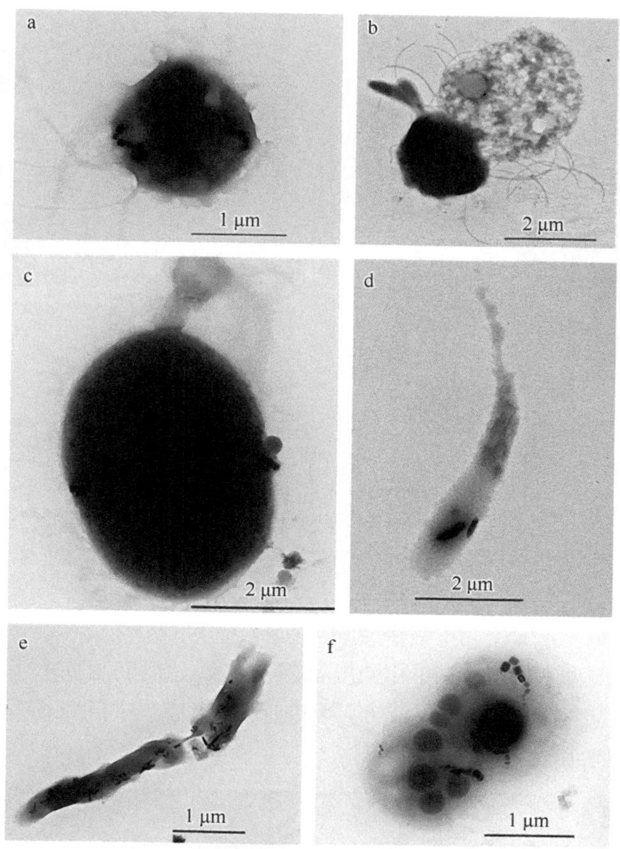

图 6-69　透射电镜下不同形态的趋磁生物

a、c. 球形 MTB；b. 疑似趋磁鞭毛虫；d. 柄形 MTB；e. 杆状 MTB；f. 卵球形 MTB

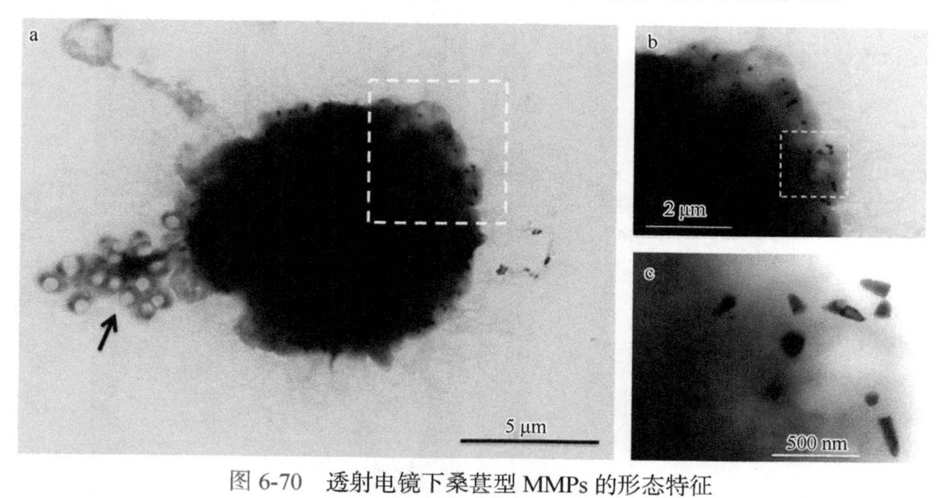

图 6-70　透射电镜下桑葚型 MMPs 的形态特征

a. 桑葚型 MMPs（其中部分细胞从整体脱落，箭头所指）；b. 桑葚型 MMPs 局部放大（图 a 中白色框放大）；c. 桑葚型 MMPs 中的磁小体（图 b 中白色框放大）

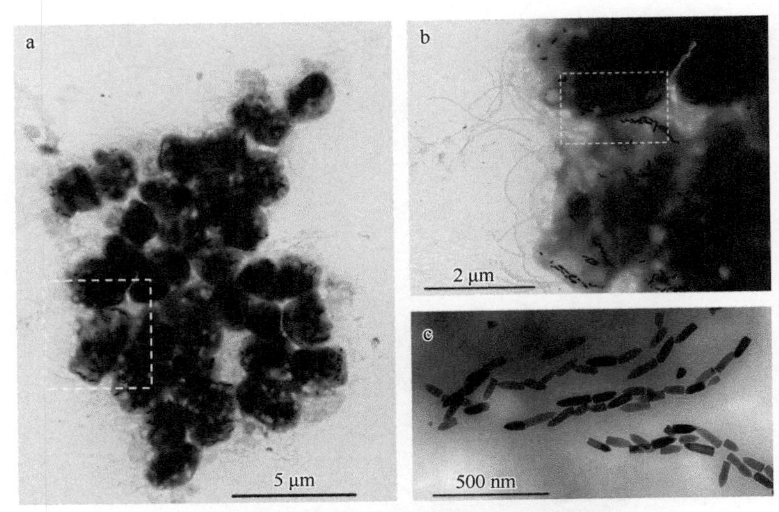

图 6-71 透射电镜下菠萝型 MMPs 的形态特征

a. 菠萝型 MMPs；b. 菠萝型 MMPs 的局部放大（图 a 中白色框放大）；c. 菠萝型 MMPs 中的磁小体（图 b 中白色框放大）

4. 扫描电镜下菌体的特征

一统暗沙的菠萝型 MMPs 丰度和纯度都较高，处理后对其进行扫描电镜观察，发现该站位的菠萝型 MMPs 细胞由 5 层或 6 层细胞排列组成，中间细胞呈长方形，整个生物体由 80～100 个细胞组成（图 6-72）。

图 6-72 扫描电镜下菠萝型 MMPs 的形态特征

5. 趋磁细菌多样性分析

磁收集纯化之后的样品经显微操作，构建 16S rRNA 基因克隆文库，获得的序列经 GenBank 中的 BLAST 比对，获得 19 个与 MTB 相关的分类操作单元(OUTs)，其中 YD-1 和 GB-1 最相近的序列都为未培养的原核生物克隆 SP-3（Uncultured prokaryote clone SP-3）(MH013389.1)，相似性分别为 93.80%和 98.30%，暗示了 YD-1 为新属新种，KE-21 与未培养的 δ 变形菌克隆 mmp2-21（Uncultured delta proteobacterium clone mmp2-21）序列最近，相似性为 96.92%。其他 16 条序列与已知的 GenBank 中的序列相似性为 92.96%～98.01%（表 6-12），暗示了此环境中蕴含丰富的趋磁细菌物种，具有丰富的多样性。构建系统进化树发现 OTUs 分属于变形菌门 δ-变形菌纲和 η-变形菌纲。其中，δ-变形菌纲共发现 3 种，2 种为菠萝型 MMPs（YD-1 和 GB-1），1 种为桑葚型 MMPs（KE-21），其他均属于 η-变形菌纲（图 6-73）。

表 6-12　中沙群岛及其邻近海域沉积物中趋磁细菌 OTUs 序列在 NCBI 数据库中的 BLAST 比对结果

OTU 编号	最相近序列	检索号	相似性（%）
NA-9	Uncultured *Magnetococcus* sp. clone DMHC-8 16S ribosomal RNA gene	MN396585.1	96.72
BL-6	Uncultured *Magnetotactic coccus* partial 16S rRNA gene, clone CF24	AJ863157.1	97.74
AL-1	Uncultured *Magnetococcus* sp. clone 17 16S ribosomal RNA gene	EU780677.1	94.27
AL-36	Uncultured *Magnetococcus* sp. clone DMHC-8 16S ribosomal RNA gene	MN396585.1	94.26
AL-35	*Magnetic coccus* small subunit rRNA gene, strain pa11	Y13212.1	94.54
NA-5	Magnetic bacterium small subunit rRNA gene, strain rj53	Y13208.1	98.01
NB-16	Magnetic bacterium small subunit rRNA gene, strain rj516	Y13209.1	97.94
NA-30	Uncultured *Magnetococcus* sp. clone QOCT186 16S ribosomal RNA gene	KR029489.1	94.61
NA-33	Uncultured *Magnetococcus* sp. clone SHHC-1 16S ribosomal RNA gene	KY302295.1	94.14
NA-20	Uncultured *Magnetococcus* sp. clone MRG-58 16S ribosomal RNA gene	KM099206.1	93.65
KE-35	Uncultured bacterium clone XCQD5-9 16S ribosomal RNA gene	KM083488.1	96.11
AL-42	Uncultured *Magnetococcus* sp. clone MRG-141 16S ribosomal RNA gene	KM099218.1	94.47
AL-11	Uncultured *Magnetococcus* sp. clone 1-9 16S ribosomal RNA gene	JF421220.1	93.01
NA-6	Uncultured *Magnetococcus* sp. clone 1-9 16S ribosomal RNA gene	JF421220.1	93.46
NA-26	*Magnetic coccus* small subunit rRNA gene, strain pa11	Y13212.1	93.18
NA-2	Uncultured *Magnetococcus* sp. clone OTU3 16S ribosomal RNA gene	MF099874.1	92.96
KE-21	Uncultured delta proteobacterium clone mmp2-21 16S ribosomal RNA gene	HQ857737.1	96.92
YD-1	Uncultured prokaryote clone SP-3 16S ribosomal RNA gene	MH013389.1	93.80
GB-1	Uncultured prokaryote clone SP-3 16S ribosomal RNA gene	MH013389.1	98.30

6. 礁栖微生物群落多样性

对中沙大环礁 13 个站位的沉积物 DNA 进行了 Illumina NovaSeq 测序，下机数据进行拼接和质控，再进行嵌合体过滤，得到可用于后续分析的有效数据。中沙大环礁海域珊瑚礁样品测序信息统计见表 6-13。共计获得有效序列数 758 419 条，每个样品的有效序列数从 45 679 条到 68 286 条，序列平均长度接近，为 413 bp 左右。在 97%序列相似

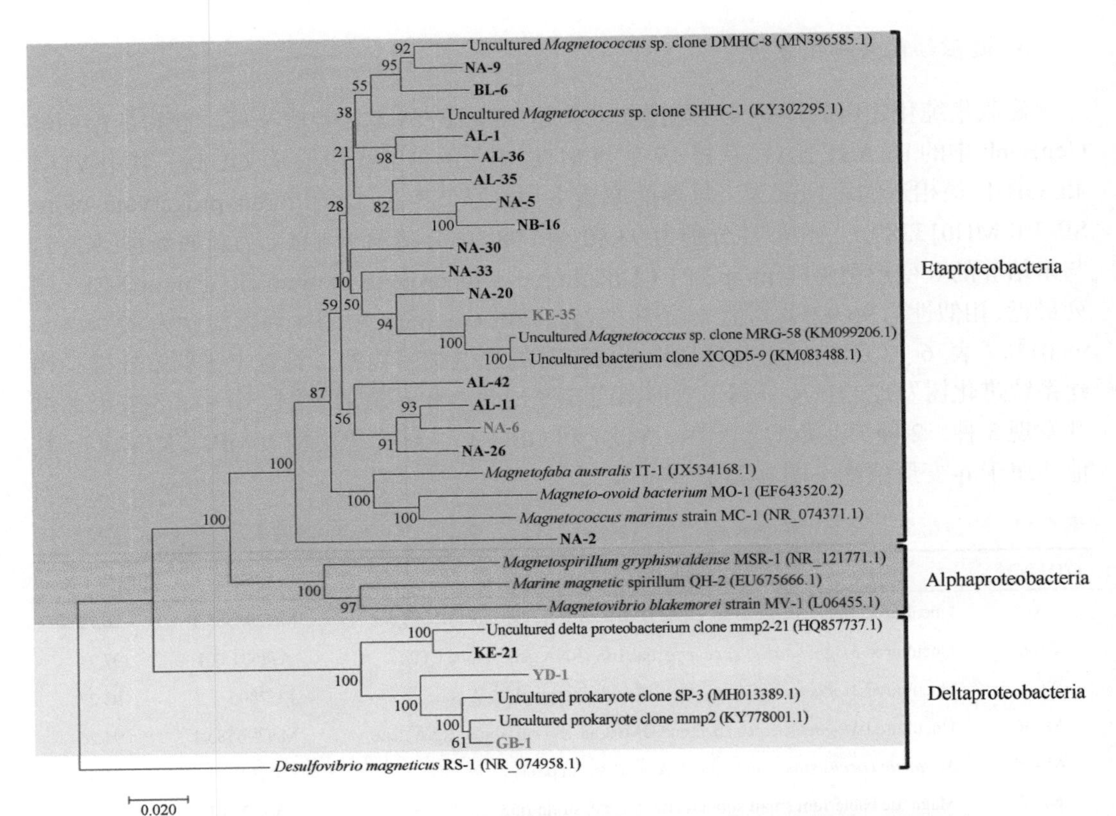

图 6-73 中沙群岛及其邻近海域沉积物中趋磁细菌 16S rRNA 基因系统进化树

黑体部分为本调查获得，其中红色黑体代表丰度高的序列

表 6-13 中沙大环礁海域珊瑚礁样品测序信息统计

站位	原始序列条数	有效序列条数	碱基数量（nt）	序列平均长度（bp）	OTUs 数量
ZS101	77 647	67 028	27 940 593	417	4 305
ZS104	63 096	52 462	21 826 668	416	3 452
ZS105	57 484	45 679	18 802 203	412	3 312
ZS107	60 136	51 665	20 927 144	405	3 169
ZS108	61 575	49 341	20 495 214	415	3 245
ZS109	79 647	67 284	27 579 675	410	2 641
ZS110	63 791	57 949	23 924 923	413	3 655
ZS111	73 815	63 559	26 257 619	413	3 420
ZS112	55 898	47 374	19 526 813	412	3 743
ZS113	77 546	66 092	27 856 466	421	3 131
ZS114	67 077	60 793	25 506 318	420	1 428
ZS115	78 327	68 286	28 191 610	413	3 373
ZS116	64 792	60 907	24 840 656	408	3 159
总计	880 831	758 419	313 675 902		

性水平上进行 OTUs 聚类，共得到 10 137 个 OTUs，各站位的 OTUs 数量从 1428 个到 4305 个。从样品稀释曲线可以看出，稀释曲线已趋于平缓，表明中沙大环礁海域细菌 16S rRNA 基因扩增子测序的深度足够，测序数据量已达饱和（图 6-74）。

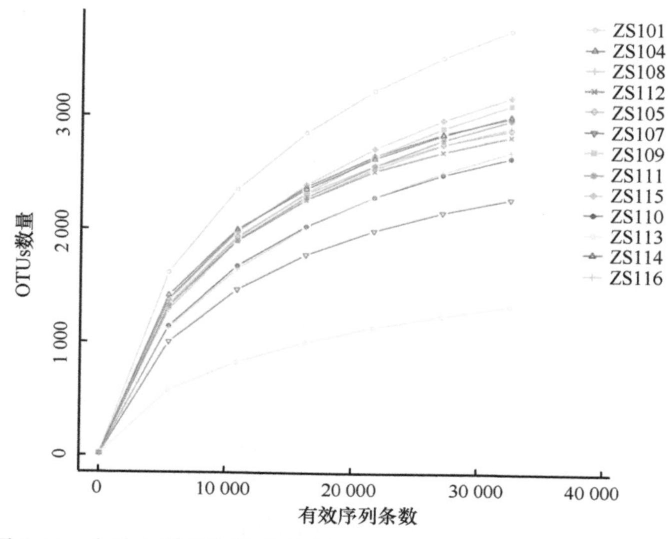

图 6-74　中沙大环礁海域珊瑚礁样品稀释曲线（97%相似性水平）

为了检测各站位的微生物群落丰富度和多样性，进行了 α 多样性指数分析（均一化时选取的数据量：cutoff=32 562）。从表 6-14 可知，各样本的覆盖度均大于等于 0.960，说明样品中的序列被检出的概率较高，基本可代表样品中微生物的真实情况。ZS101、ZS109、ZS115 站位的 Chao1 指数和 ACE 指数较大，说明这三个站位的微生物种类数目多，群落丰富度高；而 ZS107 和 ZS113 站位的 Chao1 指数和 ACE 指数较小，说明这两个站位的微生物种类数目少，群落丰富度不高。从香农指数和辛普森指数来看，ZS101、ZS109、ZS115 站位表现出较高的微生物多样性，而 ZS113 站位的微生物多样性最低，从 OUTs 聚类分析可看出，ZS113 站位有 448 条测序短片段（reads）未能找到分类地位，这是否暗示了该站位有较多的未知物种，有待进一步研究。

表 6-14　中沙大环礁各站位沉积物的细菌 α 多样性指数

站位	OTUs 分类单元	香农指数	辛普森指数	Chao1 指数	ACE 指数	覆盖度
ZS101	3766	9.657	0.995	4872.082	5044.080	0.960
ZS104	3001	9.011	0.987	3405.222	3566.145	0.977
ZS105	2890	8.885	0.989	3262.545	3350.807	0.979
ZS107	2282	7.880	0.982	2658.517	2789.202	0.980
ZS108	2909	8.813	0.989	3386.015	3522.121	0.976
ZS109	3108	8.973	0.991	4100.494	4301.853	0.966
ZS110	2646	7.845	0.959	3070.909	3348.382	0.976
ZS111	2977	9.115	0.994	3744.917	3926.203	0.970
ZS112	2833	8.806	0.989	3237.935	3321.867	0.979

续表

站位	OTUs 分类单元	香农指数	辛普森指数	Chao1 指数	ACE 指数	覆盖度
ZS113	1333	4.269	0.651	1911.455	1934.552	0.984
ZS114	3011	9.324	0.994	3781.600	3799.789	0.973
ZS115	3177	9.099	0.993	4199.571	4378.283	0.966
ZS116	2699	8.310	0.985	3655.162	3772.517	0.970

7. *礁栖微生物群落结构组成*

用 Mothur 方法与 SILVA132（http://www.arb-silva.de/）的 SSUrRNA 数据库对获取的 OTUs 序列进行物种注释分析（设定阈值为 0.8～1）。在门、纲、目、科和属等各分类水平上进行中沙大环礁礁栖微生物群落结构的分析，结果显示，中沙大环礁海域 13 个站位沉积物样品的 10 137 个 OTUs 分属于 2 界 48 门 64 纲 131 目 242 科和 511 属。

在门水平上，各站位的变形菌门（Proteobacteria）占比最大，为 31.8%～70.8%；其次是奇古菌门（Thaumarchaeota），除了 ZS113 和 ZS108 站位占比低于 3%之外，其他站位占比为 4.0%～33.2%；然后是蓝菌门（Cyanobacteria）、厚壁菌门（Firmicutes）和放线菌门（Actinobacteria）。其中，ZS113 站位显示出明显的不同，该站位的奇古菌门和蓝细菌门占比明显低于其他站位，而厚壁菌门占比比其他站位高（图 6-75）。

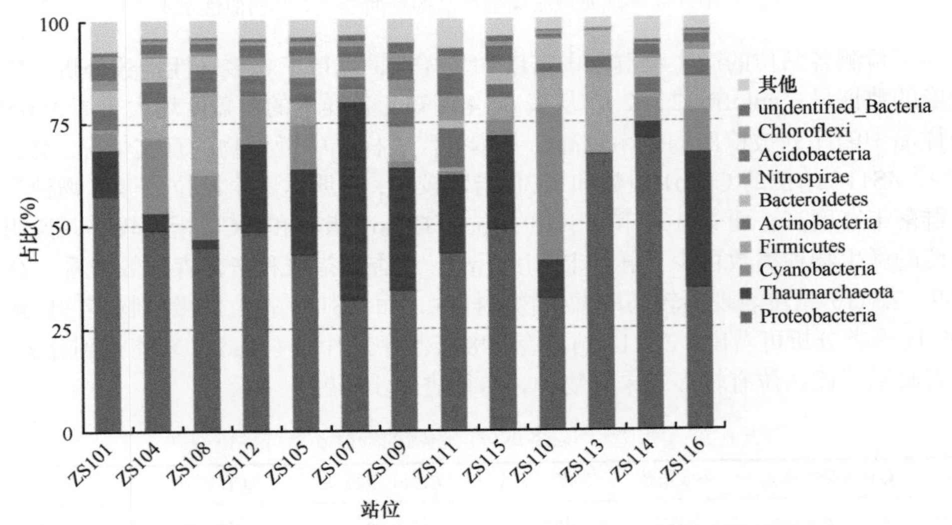

图 6-75　门水平上中沙大环礁海域 13 个站位沉积物样品的微生物群落组成（前 10 位）

在纲水平上，排在前 10 位的有 γ-变形菌纲（Gammaproteobacteria）、古菌纲（Nitrososphaeria）、蓝菌门未确定纲（unidentified Cyanobacteria）、δ-变形菌纲（Deltaproteobacteria）、α-变形菌纲（Alphaproteobacteria）、梭菌纲（Clostridia）、芽孢杆菌纲（Bacilli）、酸微菌纲（Acidimicrobiia）、拟杆菌纲（Bacteroidia）和硝化螺旋菌纲（Nitrospira）（图 6-76）。各个站位的微生物群落组成以 γ-变形菌纲为主，占比为 14.0%～61.6%；古菌纲在 ZS107 和 ZS116 站位占比较高，分别为 48.1%和 33.1%，而在 ZS113

站位占比最低，只有0.06%，其次是ZS108站位，占比约为2.1%；unidentified Cyanobacteria纲在ZS110站位占比最高，达37.0%，在ZS113站位占比最低，只有0.06%，在其余站位占比为1.2%～18.0%；δ-变形菌纲在ZS114站位占比最高，为21.7%，而在其余站位占比在10.6%以下；相比之下，α-变形菌纲在各站位占比相近。

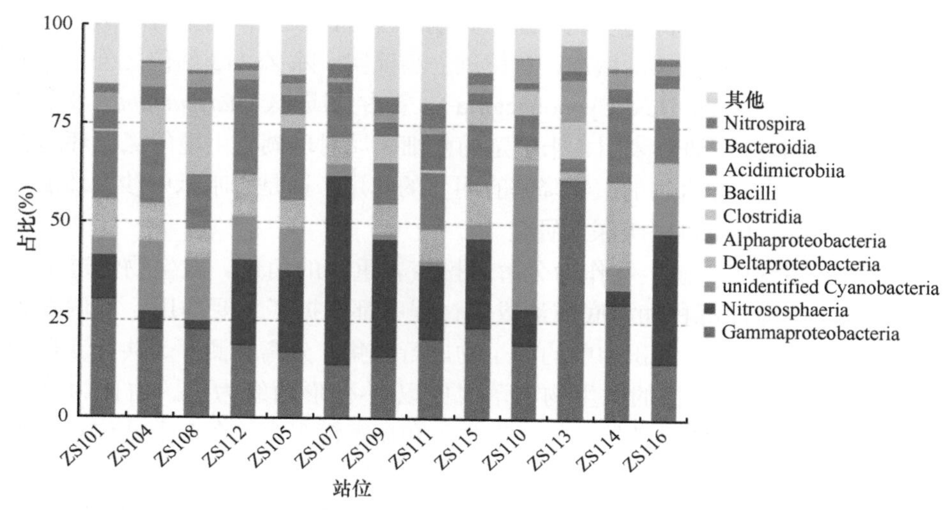

图6-76 纲水平上中沙大环礁海域13个站位沉积物样品的微生物群落组成（前10位）

在属水平上，除ZS113站位之外，其余站位未知属均在50%以上，暗示环境中有较多未知的新属和新种（图6-77）。罗尔斯通氏菌属（*Ralstonia*）在ZS113站位的占比为58.9%，而在其他站位占比很低，几乎可以忽略不计。进一步分析，该属的OTUs序列丰度最高的是皮氏罗尔斯通氏菌（*Ralstonia pickettii*），该菌是一类低毒的革兰氏阴性条

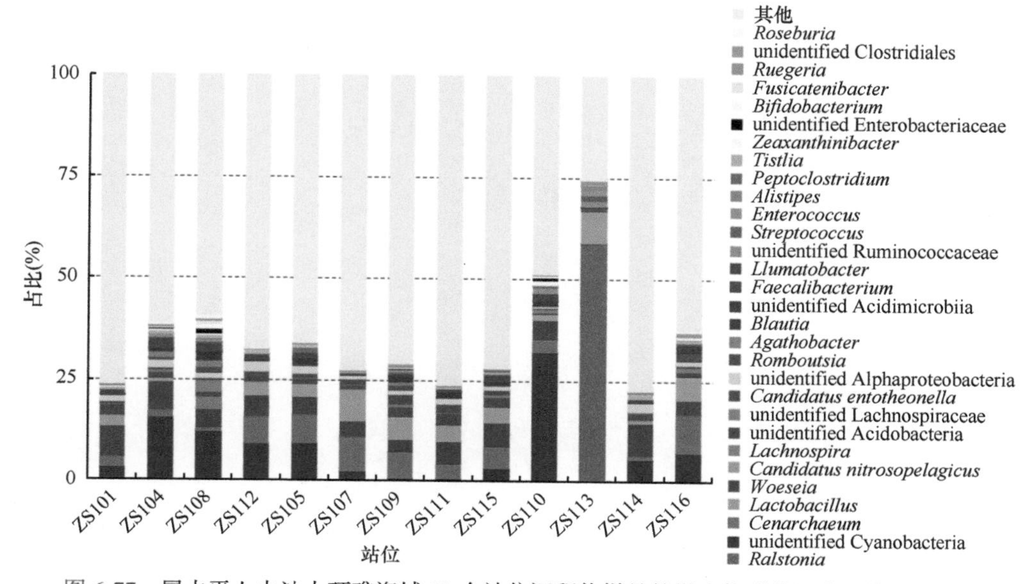

图6-77 属水平上中沙大环礁海域13个站位沉积物样品的微生物群落组成（前30位）

件致病菌，能在寡营养条件下生长。但前期研究表明，该属的几种菌株显示出在高度受金属污染的环境中生存的能力。因此，皮氏罗尔斯通氏菌成为生物修复的候选者。目前不能判断该站位样品是被污染还是其本身的特征，有待进一步证实。除罗尔斯通氏菌属之外，该站位的乳杆菌属（*Lactobacillus*）占比约为 8.1%，是丰度第二的菌属，该菌属属于益生菌，有调节菌群失调的功能。而在其他站位占比较低，这是否暗示了罗尔斯通氏菌属的存在导致了乳杆菌属的增加，有待进一步证实。除 ZS113 站位之外，其他站位未鉴定的蓝细菌属（unidentified Cyanobacteria）、餐古菌属（*Cenarchaeum*）及伍斯菌属（*Woeseia*）的占比较高。研究表明，未鉴定的蓝细菌属对珊瑚礁生境的氮循环起着重要作用；伍斯菌属对碳氢化合物的生物降解有明显的作用，这是否暗示中沙大环礁生境已经受到了溢油污染，有待进一步深入研究。

在海洋生态系统中，微生物作为分解者扮演着重要的角色。微生物促进了生态系统的物质循环，在海洋沉积和海底成油成气过程中都发挥了重要作用。本调查研究通过对中沙大环礁 13 个站位沉积物中的微生物进行收集、分离和测序，共计获得 10 137 个分类操作单元，各个站位的微生物群落组成以 γ-变形菌纲为主，占比为 14.0%～61.6%。此外，在采样现场对样品进行了磁收集和显微镜观察，在 8 个站位观察到趋磁细菌的存在，发现中沙群岛珊瑚礁沉积物中趋磁细菌多样性较丰富，可观察到球形、螺旋状以及多细胞结构的趋磁细菌。该部分数据为中沙群岛海域微生物多样性研究提供了宝贵的一手资料。

第7章

中沙群岛近纬度地区典型植被和特征植物类群

中沙群岛绝大部分区域位于高潮线以下，仅黄岩岛南面露出水面，群岛陆域面积较小，缺少成熟土壤，几乎没有稳定的自然植被，但中沙群岛近纬度地区的岛屿则发育了独特的热带珊瑚岛自然植被，对这些植被和植物多样性开展研究，能为中沙群岛的生态文明建设提供基础资料。

重点对与中沙群岛纬度相近的西沙群岛的自然植被和植物多样性展开了调查与研究。西沙群岛是中国南海四大群岛之一，位于中沙群岛西北部，是我国南海陆地面积最大的天然珊瑚群岛。西沙群岛分布在 50 多万平方千米的海域，由永乐群岛和宣德群岛构成，包含 40 多个岛、洲、礁、滩等，其中珊瑚岛有 20 余个岛屿，最大的岛屿为永兴岛（孙立广等，2014）。西沙群岛为热带珊瑚群岛，是由海底石灰岩基质上聚生珊瑚虫，并由这些珊瑚虫的骨骼依附于基质，和贝类等海洋生物遗骸共同经过地壳沉降和升起、生物沉积而逐步形成的。在气候上，西沙群岛和中沙群岛具有一定的相似性，都具有全年高温、无四季之分而有干湿季节之别的热带海洋性季风气候的特点。西沙群岛的土壤特征和中沙群岛相比虽然有机质含量稍丰富，但是总体而言也和中沙群岛相似，未发育出成熟的土壤。独特的土壤特征和气候条件造就了西沙群岛等南海热带珊瑚岛不同于近纬度大陆地区的植被类型和植物物种多样性（涂铁要等，2022；邢福武等，2019）。在参阅文献资料和野外调查的基础上，本章重点描述中沙群岛近纬度地区热带珊瑚岛的主要植被类型和特征植物物种，其他见附录Ⅲ。

7.1 中沙群岛近纬度地区典型植被

和中沙群岛纬度相近的西沙群岛的植物群落主要有热带珊瑚岛常绿乔木群落、热带珊瑚岛常绿灌木群落、热带珊瑚岛草本植物群落和热带珊瑚岛栽培植物群落共 4 种植被型 15 群系 21 群丛。

7.1.1 热带珊瑚岛常绿乔木群落

和中沙群岛纬度相近的西沙群岛的热带珊瑚岛常绿乔木群落终年常绿，层次简单，种类组成较少，常以单一优势种出现。热带常绿乔木群落共有 4 群系 6 群丛，4 群系分别是海岸桐群系、抗风桐群系、红厚壳群系和橙花破布木群系（图 7-1，图 7-2）。

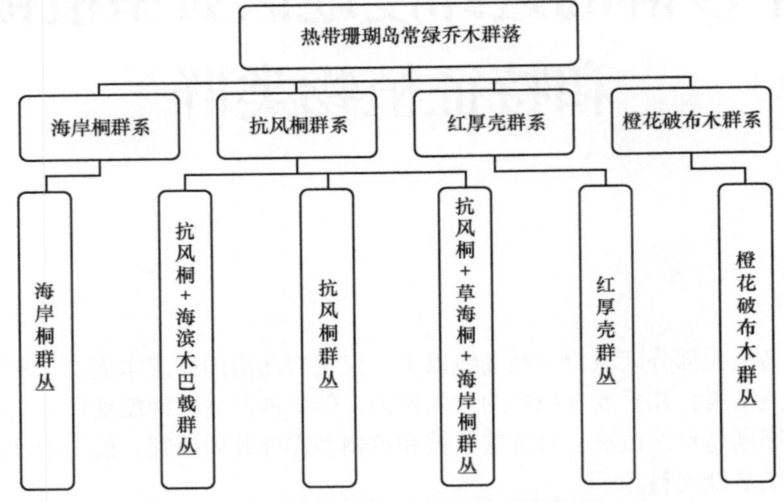

图 7-1 热带珊瑚岛常绿乔木群落构成

图 7-2 热带珊瑚岛常绿乔木群落

7.1.2 热带珊瑚岛常绿灌木群落

和中沙群岛纬度相近的西沙群岛的热带珊瑚岛常绿灌木群落在多数岛屿上有分布，物种种类组成较热带珊瑚岛常绿乔木群落丰富，可分为 6 群系 9 群丛，分别是银毛树群系、草海桐群系、水芫花群系、许树群系、海人树群系、伞序臭黄荆群系（图 7-3，图 7-4）。

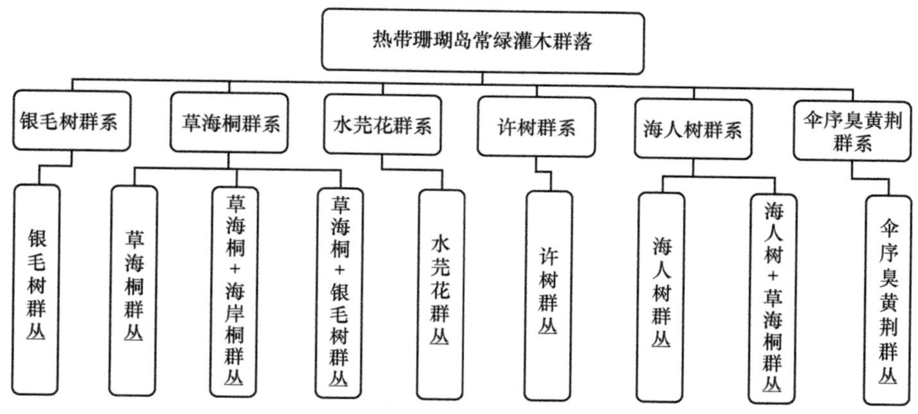

图 7-3 热带珊瑚岛常绿灌木群落构成

图 7-4 热带珊瑚岛常绿灌木群落

7.1.3 热带珊瑚岛草本植物群落

和中沙群岛纬度相近的西沙群岛的热带珊瑚岛草本植物群落组成种类主要为具匍匐茎、植株低矮、兼具种子繁殖，以及营养繁殖、耐高温、高盐、高淋溶、低营养和耐干旱等特点的物种，植物匍匐生长或呈垫状，地上部分矮小，地下部分发达。热带珊瑚岛草本植物群落含 3 群系 4 群丛，分别是铺地刺蒴麻群系、厚藤群系和细穗草群系（图 7-5，图 7-6）。

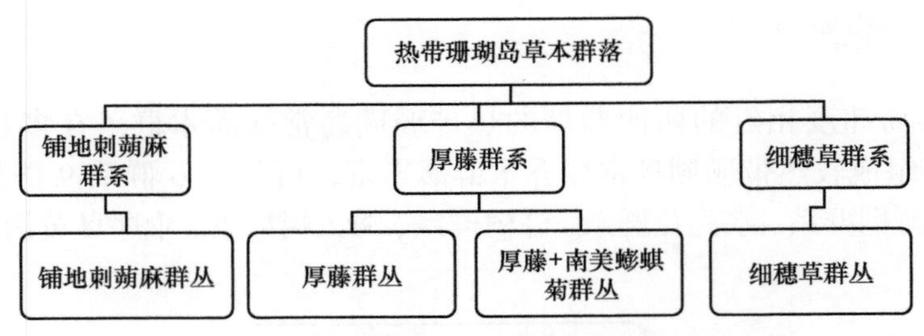

图 7-5　热带珊瑚岛草本植物群落的组成

图 7-6　热带珊瑚岛草本植物群落

7.1.4　热带珊瑚岛栽培植物群落

和中沙群岛纬度相近的西沙群岛的多数岛屿长期以来都是我国劳动人民居住和生产的地方，人民在西沙群岛严峻的自然生存条件下，不仅学会了引种不同的栽培植物，还摸索出与之相适应的种植经验。西沙群岛上栽培有“近自然节约型功能性”植物群，包括木麻黄、榄仁和椰子等，形成植物群落性质的包括 2 群系 2 群丛，2 群系分别为木麻黄群系和椰子群系（图 7-7，图 7-8）。

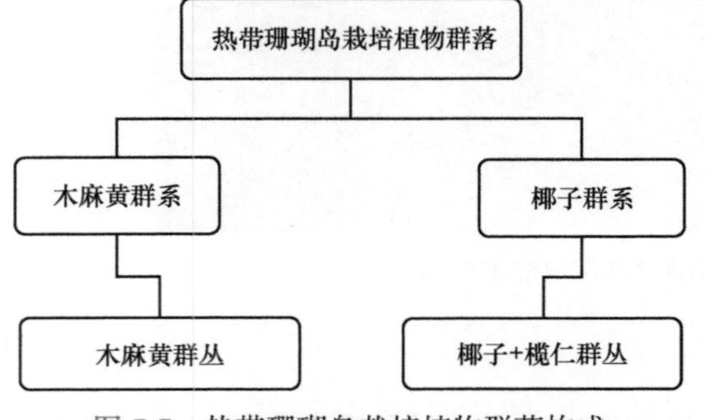

图 7-7　热带珊瑚岛栽培植物群落构成

图 7-8　热带珊瑚岛栽培植物群落

7.2　中沙群岛近纬度地区特征植物类群

和中沙群岛纬度相近的西沙群岛植物物种多样性相对较低。根据已有文献资料、标本记录及本书著者近年来对西沙群岛野外考察的结果，共记录西沙群岛维管植物 618 种（含种下等级），隶属于 113 科 381 属。其中，栽培植物有 288 种，野生植物有 330 种。蕨类植物有 7 科 7 属 9 种，全为野生；裸子植物有 4 科 6 属 7 种，全为人工栽培植物；被子植物有 102 科 368 属 602 种，其中野生植物有 321 种，隶属于 56 科 197 属。由于热带珊瑚岛面积较小、生境恶劣、部分岛屿人为干扰大，许多历史文献中记录到的物种数量极少，或仅仅在西沙群岛上“短暂存在过”，因此西沙群岛常见植物物种可能明显少于历史文献记录。相对地，一些在大陆地区极少分布或仅见于热带珊瑚岛的特征植物类群对西沙群岛极端高温、高盐、干旱等环境具有较强的适应能力，成为群落中的单一优势物种，对群落的构建起到举足轻重的作用。综合考量西沙群岛的植物物种情况，选取 11 种西沙群岛特征植物类群展开描述。

7.2.1　海岸桐（*Guettarda speciosa*）

海岸桐（图 7-9）隶属于茜草科海岸桐属，为常绿小乔木，高 3～5 m；树皮呈黑色，光滑；小枝粗壮，交互对生，有明显的皮孔。叶对生，薄纸质，阔倒卵形或广椭圆形，顶端急尖，钝或圆形，基部渐狭，上面无毛，下面薄被疏柔毛；侧脉每边 7～11 条，近边缘处与横生小脉连结或彼此相连；叶柄粗厚，被毛；托叶生在叶柄间，早落，卵形或披针形。聚伞花序常生于已落叶的叶腋内，有短而广展、二叉状的分枝，分枝密被茸毛；总花梗长 5～7 cm；花无梗或具极短的梗，密集于分枝的一侧，密被干后变黄色的茸毛；萼管杯形；花冠白色，管狭长，顶端 7～8 裂，裂片倒卵形，顶端急尖；子房室狭小，花柱纤细，柱头头状。核果幼时被毛，扁球形，直径为 2～3 cm，有纤维质的中果皮；种子小，弯曲。花期为 4～7 月。

图 7-9　海岸桐

海岸桐是滨海潮汐树种之一，常生于海岸边砂地的灌丛边缘。花丝极短，花柱纤细，柱头头状。该种分布于热带海岸，是滨海潮汐树种之一。国外以马来半岛及其西部分布最为集中，在我国产于台湾和海南。永兴岛海岸桐的花呈现柱高二态性，即同一居群内存在两种花型的植株，它们的花柱高度显著不同，但花药高度却大致接近。徐苑卿（2016）对永兴岛上的海岸桐进行了为期 2 周的开花物候和传粉生物学观察，发现该植物花白色、花冠管较长、夜间开花、夜间气味浓郁，具有吸引夜行性长喙昆虫为其传粉的传粉综合征，多次野外调查中也仅见到天蛾对其进行访花。此外，人工授粉实验结果表明，海岸桐的型内异交和自交皆不结实，花粉管生长观察发现型内异交和自交花粉在柱头就停止生长，永兴岛海岸桐的居群具有严格的异型自交不亲和性（heteromorphic self-incompatibility）（徐苑卿，2016；Xu et al.，2018）。可见，作为中沙群岛近纬度地区热带珊瑚岛的滨海优势树种之一的海岸桐，其种群的稳定存在与发展和天蛾等长喙传粉昆虫的种群状况息息相关。

海岸桐果实具有木质或骨质的小核，可能有利于种子在海水中漂浮而不受海水侵蚀。McConkey 等（2004）在对太平洋汤加岛的一种鸽子对岛上植物种子传播的能力的研究中提到了该种鸟也可能传播海岸桐果实。

7.2.2　抗风桐（*Pisonia grandis*）

抗风桐（图 7-10～图 7-12）隶属于紫茉莉科避霜花属，为常绿无刺乔木，高可达 14 m。

图 7-10　抗风桐群落外貌

图 7-11　高大的抗风桐为海岛鸟类提供栖息地

图 7-12　抗风桐果实皮刺具黏液有利于鸟类传播种子

树干直径为 30～50 cm，具明显的沟和大叶痕，树皮呈灰白色，皮孔明显。叶对生，叶片纸质或膜质，椭圆形、长圆形或卵形，被微毛，顶端急尖至渐尖，基部圆形或微心形，常偏斜，全缘，侧脉 8～10 对；叶柄长 1～8 cm。聚伞花序顶生或腋生；花序梗被淡褐色毛；顶部具圆形小苞片；花被筒漏斗状，5 齿裂，有 5 列黑色腺体；花两性；雄蕊 6～10。果实棍棒状，5 棱，沿棱具 1 列有黏液的短皮刺，棱间有毛；种子呈棕褐色。花期为夏季，果期为夏末秋季。

抗风桐为西沙群岛的优势乔木树种，枝繁叶茂，长势良好。该树种枝叶容易被折断，因而能够在台风来临时降低植株整体被台风连根拔起的风险，且脱落后的枝条可在雨后湿润的土壤上重新发育成新的植株，这可能是适应我国南海地区夏季强台风的结果。抗风桐作为西沙群岛的优势乔木树种，常常以成片的姿态展现，高大的抗风桐为海岛各种鸟类提供了良好的栖息地和繁育场所。抗风桐的种子外种皮具 5 棱，每条棱上有 1 列具黏液的短皮刺，便于黏附在鸟羽上从而达到传播种子的目的。抗风桐的叶肥厚多汁，可作为猪饲料。

7.2.3 橙花破布木（*Cordia subcordata*）

橙花破布木（图 7-13）隶属于紫草科破布木属，为小乔木，高约 3 m，树皮呈黄褐色；小枝无毛；叶卵形或狭卵形，先端尖或急尖，基部钝或近圆形，稀心形，全缘或微波状，上面具明显或不明显的斑点，下面叶脉或脉腋间密生棉毛；叶柄无毛。聚伞花序与叶对生；花梗较长；花萼革质，圆筒状，具短小而不整齐的裂片；花冠橙红色，漏斗形，喉部直径约 4 cm，具圆而平展的裂片。坚果卵球形或倒卵球形，具木栓质的中果皮，被增大的宿存花萼完全包围。花果期为 6 月。

图 7-13　橙花破布木

橙花破布木常见于西沙群岛沙地疏林中，花大而鲜艳，可作为园艺观赏树种。

7.2.4　草海桐（*Scaevola taccada*）

草海桐（图 7-14）隶属于草海桐科草海桐属，为直立或铺散灌木，高可达 7 m；枝中空，通常无毛，但叶腋里密生一簇白色须毛。叶螺旋状排列，大部分集中于分枝顶端，颇像海桐花，无柄或具短柄，匙形至倒卵形，基部楔形，顶端圆钝，平截或微凹，全缘，或边缘波状，无毛或背面有疏柔毛，稍稍肉质。聚伞花序腋生，长 1.5～3 cm。苞片和小苞片小，腋间有一簇长须毛；花梗与花之间有关节；花萼无毛，筒部倒卵状，裂片条状披针形；花冠白色或淡黄色，筒部细长，内密被白色长毛，檐部开展，裂片中间厚，披针形，中部以上每边有宽而膜质的翅，翅常内叠，边缘疏生缘毛；花药在花蕾中围着花柱上部，和集粉杯下部黏成一管，花开放后分离，药隔超出药室，顶端成片状。核果卵球状，白色而无毛或有柔毛，有两条径向沟槽，将果分为两爿，每爿有 4 条棱，2 室，每室有一颗种子。花果期为 4～12 月。

图 7-14　草海桐

草海桐分布较广，常见于我国热带珊瑚岛开旷的海边砂地上或海岸峭壁上，种子可由海水或鸟类传播。常在我国热带珊瑚岛上形成成片单优树种群落。

7.2.5　海人树（*Suriana maritima*）

海人树（图 7-15）隶属于海人树科海人树属，为灌木或小乔木，高 1～3 m，嫩枝密被柔毛及头状腺毛；分枝密，小枝常有小瘤状的疤痕。叶具极短的柄，常聚生在小枝的顶部，稍带肉质，线状匙形，先端钝，基部渐狭，全缘，叶脉不明显。聚伞花序腋生，有花 2～4 朵；苞片披针形，被柔毛；花梗有柔毛；萼片卵状披针形或卵状长圆形，有毛；花瓣黄色，覆瓦状排列，倒卵状长圆形或圆形，具短爪，脱落；花丝基部被绢毛；心皮有毛，倒卵状球形，花柱无毛，柱头小而明显。果有毛，近球形，具宿存花柱。花果期为夏秋季。

图 7-15　海人树

海人树是海人树科植物在我国分布的唯一代表物种，仅见于西沙群岛、东沙群岛和南沙群岛，在西沙群岛的部分岛屿大面积生长，呈现出海岸边独特的灌木丛景观。

7.2.6　水芫花（*Pemphis acidula*）

水芫花（图 7-16）隶属于千屈菜科水芫花属，为多分枝小灌木，高约 1 m，有时成小乔木状，高达 11 m；小枝、幼叶和花序均被灰色短柔毛。叶对生，厚，肉质，椭圆形、倒卵状矩圆形或线状披针形；叶柄极短。花腋生，花梗长 5～13 mm，花二型，花萼具 12 棱，6 浅裂，裂片直立；花瓣 6，白色或粉红色，倒卵形至近圆形，与萼等长或更长；雄蕊 12，6 长 6 短，长短相间排列，在长花柱的花中，最长的雄蕊长不及萼筒，较短的

图 7-16　水芫花

雄蕊约与子房等长，花柱长约为子房的 2 倍，在短花柱的花中，最长的雄蕊超出花萼裂片之外，较短的雄蕊约与萼筒等长，花柱与子房等长或较短；子房球形，1 室。蒴果革质，几全部被宿存萼管包围，倒卵形；种子多数，红色，光亮，长 2 mm，有棱角，互相挤压，四周因有海绵质的扩展物，而成厚翅。

水芫花具有极强的抗旱和抗盐碱能力，是我国热带珊瑚岛生态恢复的优秀工具树种。

7.2.7　铺地刺蒴麻（*Triumfetta procumbens*）

铺地刺蒴麻（图 7-17）隶属于锦葵科刺蒴麻属，为木质草本，生长于西沙群岛东岛的海滩上。茎匍匐，嫩枝被黄褐色星状短茸毛。叶厚，纸质，卵圆形，有时 3 浅裂，先端圆钝，基部心形，上面有星状短茸毛，下面被黄褐色厚茸毛，基出脉 5～7 条，边缘有钝齿；叶柄被短茸毛。聚伞花序腋生，花序柄长约 1 cm；花柄较短。果实球形，干后不开裂；针刺长 3～4 mm，粗壮，先端弯曲，有柔毛；果 4 室，每室有种子 1～2 颗。果期为 5～9 月。

图 7-17　铺地刺蒴麻

铺地刺蒴麻是一些较年轻的沙洲的先锋物种，能适应干旱、贫瘠、高温的极端环境条件。

7.2.8　大花蒺藜（*Tribulus cistoides*）

大花蒺藜（图 7-18）隶属于蒺藜科蒺藜属，为多年生草本。枝平卧地面或上升，密被柔毛；老枝有节，具纵裂沟槽。托叶对生；小叶 4～7 对，近无柄，矩圆形，先端圆钝或锐尖，基部偏斜，表面疏被柔毛，背面密被长柔毛。花单生于叶腋，直径约 3 cm；花梗与叶近等长；萼片披针形，表面被长柔毛；花瓣倒卵状矩圆形；子房被淡黄色硬毛。果径约 1 cm，分果瓣有小瘤体和锐刺 2～4 枚。花期为 5～6 月。

图 7-18 大花蒺藜

大花蒺藜在我国热带珊瑚岛的裸露沙地上较常见，具有一定的固沙作用，亦具有清热解毒等药用价值。

7.2.9 海马齿（*Sesuvium portulacastrum*）

海马齿（图 7-19）隶属于番杏科海马齿属，为多年生肉质草本。茎平卧或匍匐，绿色或红色，有白色瘤状小点，多分枝，常节上生根。叶厚，肉质，线状倒披针形或线形，顶端钝，中部以下渐狭，短柄状，基部变宽，边缘膜质，抱茎。花小，单生叶腋；花梗长 5～15 mm；花筒较短，裂片 5，卵状披针形，外面绿色，里面红色，边缘膜质，顶端急尖；雄蕊 15～40，着生花被筒顶部，花丝分离或近中部以下合生；子房卵圆形，无毛，花柱 3，稀 4 或 5。蒴果卵形，长不超过花被，中部以下环裂；种子小，亮黑色，卵形，顶端凸起。花期为 4～7 月。

图 7-19 海马齿

海马齿对潮间带以上高盐环境具有较强的适应能力，是我国热带珊瑚岛特殊生境下优秀的生态恢复工具物种。

7.2.10　龙珠果（*Passiflora foetida*）

龙珠果（图 7-20）隶属于西番莲科西番莲属，为草质藤本，长数米，有臭味；茎具条纹并被平展柔毛。叶膜质，宽卵形至长圆状卵形，先端 3 浅裂，基部心形，边缘呈不规则波状，通常具头状缘毛，上面被丝状伏毛，并混生少许腺毛，下面被毛且其上部有较多小腺体，叶脉羽状，侧脉 4～5 对，网脉横出；叶柄长 2～6 cm，密被平展柔毛和腺毛，不具腺体；托叶半抱茎，深裂，裂片顶端具腺毛。聚伞花序退化仅存 1 花，与卷须对生。花白色或淡紫色，具白斑；苞片 3 枚，一至三回羽状分裂，裂片丝状，顶端具腺毛；萼片 5 枚，外面近顶端具 1 角状附属器；花瓣 5 枚，与萼片等长；外副花冠裂片 3～5 轮，丝状；具花盘，杯状；雌雄蕊柄长 5～7 mm；雄蕊 5 枚，花丝基部合生，扁平；花药长圆形；子房椭圆球形，具短柄，被稀疏腺毛或无毛；花柱 3（4）枚，柱头头状。浆果卵圆球形，直径为 2～3 cm，无毛；种子多数，椭圆形，长约 3 mm，草黄色。花期为 7～8 月，果期为翌年 4～5 月。

图 7-20　龙珠果

7.2.11　海滨木巴戟（*Morinda citrifolia*）

海滨木巴戟（图 7-21，图 7-22）隶属于茜草科巴戟天属，为灌木至小乔木，高 1～5 m；茎直，枝近四棱柱形。叶交互对生，长圆形、椭圆形或卵圆形，长 12～25 cm，两端渐尖或急尖，通常具光泽，无毛，全缘；托叶生叶柄间，每侧 1 枚，宽，上部扩大呈半圆形，全缘，无毛。头状花序每隔一节一个，与叶对生，具长 1～1.5 cm 的花序梗；花多数，无梗；花冠白色，漏斗形，长约 1.5 cm，喉部密被长柔毛，顶部 5 裂，裂片卵状披针形，长约 6 mm；雄蕊 5，罕 4 或 6，着生花冠喉部，花丝长约 3 mm，花药内向，上半部露出冠口，线形，背面中部着生，长约 3 mm，二室，纵裂；花柱约与冠管等长，由下向上稍扩大，顶二裂，裂片线形，略叉开，子房 4 室，常有 1～2 室不育，每室具胚珠 1 颗，胚珠略扁，其形状随着生部位不同而各异，通常圆形、长圆形或椭圆形，或其他形，横生，下垂或不下垂。果柄长约 2 cm；聚花核果浆果状，卵形，幼时绿色，熟时白色，约如初生鸡蛋大，径约 2.5 cm，每核果具分核 4（2 或 3），分核倒卵形，稍内弯，坚纸质，具二室，上侧室大而空，下侧室狭，具 1 种子；种子小，扁，长圆形，下部有翅；胚直，胚根下位，子叶长圆形；胚乳丰富，质脆。花果期为全年。

图 7-21　海滨木巴戟果实
箭头所示为种子正常发育的小室

图 7-22　海滨木巴戟叶、花、果

海滨木巴戟的果实结构非常适于海水传播种子，该植物为聚花核果，每个核具有分核 2～4 个。每个分核具有 2 室，其中 1 室大而空，另 1 室小，常孕育种子 1 枚。这种独特的空室构造，使得海滨木巴戟种子适于在水面漂浮，待到种子漂流到适应的海岛或海岸带，空室还会通过气孔吸收水分为种子萌发提供合适的环境。

产台湾、海南岛及西沙群岛等地。生于海滨平地或疏林下。分布自印度和斯里兰卡，经中南半岛，南至澳大利亚北部，东至波利尼西亚等广大地区及其海岛。

果实可吃，西沙群岛居民用作水果或保健食品。

本章小结

西沙群岛地质历史较为年轻，各植被类型多处于演化的早期阶段，其组成成分和结构较为简单，常见的植被类型有热带珊瑚岛常绿乔木群落、热带珊瑚岛常绿灌木群落、热带珊瑚岛草本植物群落和热带珊瑚岛栽培植物群落。西沙群岛各岛屿之间的植物种类大致相同，90%以上的物种为热带广布种。与我国大陆地区相比，西沙群岛的植被类型、群落外貌和植物物种组成具有一些独有的特点，一些物种在我国大陆地区没有分布或偶尔见于大陆海岸带，而在西沙群岛则成为优势物种，如抗风桐、海人树、草海桐、银毛树、厚藤、水芫花、红厚壳、海岸桐、许树、细穗草等，这些物种不仅构成了我国西沙群岛植被的主要成分，同时也反映出该区植被不同于大陆地区的特点。

参考文献

蔡慧梅, 涂霞. 1983. 南海西沙、中沙群岛有孔虫、介形虫的分布//中国科学院南海海洋研究所, 南海海洋科学集刊 第4集. 北京: 科学出版社 25-56.

蔡明刚, 邓恒祥, 黄鹏, 等. 2016. 吹扫捕集-气相色谱法同时测定海水中的氟氯烃和六氟化硫. 分析化学, 44(7): 1003-1008.

蔡树群, 苏纪兰, 甘子钧. 2001. 南海上层环流对季风转变的响应. 热带海洋学报, 20(1): 52-60.

曹治国, 刘静玲, 王雪梅, 等. 2010. 漳卫南运河地表水中溶解态多环芳烃的污染特征、风险评价与来源辨析. 环境科学学报, 30(2): 254-260.

陈国宝, 李永振, 赵宪勇, 等. 2005. 南海北部海域重要经济鱼类资源声学评估. 中国水产科学, 12(4): 445-451.

陈乃观, 蔡莉斯, 麦海莉. 2005. 香港石珊瑚图鉴. 香港: 渔农自然护理署.

陈万利, 吴时国, 黄晓霞, 等. 2020.西沙群岛晚第四纪碳酸盐岩淡水成岩作用的影响——来自永兴岛SSZK1 钻孔的地球化学响应证据. 沉积学报, 38(6): 1296-1312.

陈兴群, 陈其焕, 庄亮钟. 1989. 南海中部叶绿素 a 分布和光合作用及其与环境因子的关系. 海洋学报, 11(3): 349-355.

陈真然. 1979. 西沙、中沙群岛海域的浮性鱼卵和仔稚鱼. 水产科技情报, 6(4): 11-13.

冲山宗雄. 1988. 日本産稚魚図鑑. 東京: 東海大学出版会.

崔永圣, 马林, 刘宏岳, 等. 2014. 珊瑚岛礁工程地球物理方法初探. 岩土力学, 2014, 35(增刊 2): 683-689.

戴昌凤, 洪圣雯. 2009. 台湾石珊瑚志II. 台北: 台湾大学出版中心.

戴昌凤, 秦启翔. 2017. 东沙八放珊瑚生态图鉴. 台北: 内政部营建署海洋国家公园管理处.

单之蔷, 吴立新. 2013. 中沙群岛: 一个世界级的大环礁. 中国国家地理, (1): 82-86.

邓恒祥. 2018. 基于 CFC-12 和 SF_6 的南海-西太平洋水团传输过程及人为碳年际变化研究. 厦门: 厦门大学.

樊博文, 雷洁霞, 樊彦国. 2018. 基于 GIS 的南海海温时空过程分析研究. 海洋科学, 42 (4): 36-42.

范立群, 苏育嵩, 李凤岐. 1988. 南海北部海区水团分析. 海洋学报, 10(2): 136-145.

方文东, 郭忠信, 黄羽庭. 1997. 南海南部海区的环流观测研究. 科学通报, 42(21): 2264-2271.

冯伟民, Jonathan A T, 蓝琇, 等. 2005. 南沙群岛永暑礁晚全新世软体动物记录与古环境变化. 热带海洋学报, 24(4): 41-50.

傅亮. 2014. 中国南海西南中沙群岛珊瑚礁鱼类图谱. 北京: 中信出版社.

甘居利, 李纯厚, 贾晓平, 等. 2001. 南海北部渔场表层沉积物中的硫化物. 湛江海洋大学学报, 21(2): 44-47.

甘居利, 林钦, 李纯厚, 等. 2008. 珠江口沉积环境中硫化物分布特征与污染评价. 海洋环境科学, (2): 149-152.

高学鲁, 陈绍勇, 马福俊, 等. 2008. 南沙群岛西部海域两柱状沉积物中碳和氮的分布和来源特征及埋藏通量估算. 热带海洋学报, 27(3): 38-44.

高学鲁, 宋金明, 李学刚, 等. 2009. 南黄海秋季溶解无机碳的分布特征. 海洋环境科学, 28(1): 17-21.
国家海洋局. 1988. 南海中部海域环境资源综合调查报告. 北京: 海洋出版社.
国家水产总局南海水产研究所西、南、中沙渔业资源调查组. 1978. 西中沙南沙北部海域大洋性鱼类资源调查报告. 广州: 国家水产总局南海水产研究所.
海南省地方志办公室. 2007. 海南省志. 海口: 南海出版公司, 1-50.
韩春瑞. 1989. 西琛—井礁相沉积碳酸盐矿物及氧, 碳稳定同位素特征. 海洋地质与第四纪地质, 9(4): 29-40.
韩雪, 徐维海, 罗云, 等. 2022.南科 1 井生物礁白云岩 Fe 同位素地球化学特征及其环境指示意义. 热带海洋学报.
何起祥, 张明书, 业治铮, 等. 1986. 西沙群岛石岛晚更新世碳酸盐沉积物的稳定同位素地层学. 海洋地质与第四纪地质, 6(3): 1-8.
侯刚, 张辉. 2021. 南海仔稚鱼图鉴(一). 青岛: 中国海洋大学出版社.
侯正瑜, 郭常升, 王景强. 2013. 南沙海域深水区表层沉积物声速与孔隙度相关关系. 海洋科学, 37(7): 77-82.
侯正瑜, 王勇. 2019. 滨珊瑚的纵横波声学特性初探. 声学技术, 38(5): 193-194.
黄博津, 余克服, 张会领, 等. 2013. 利用珊瑚生长率重建西沙海域罗马暖期中期海温变化. 热带地理, 33(3): 237-241.
黄道建, 綦世斌, 于锡军. 2012. 大亚湾春季溶解无机碳的分布特征. 生态科学, 31(1): 76-80.
黄晖. 2018. 西沙群岛珊瑚礁生物图册. 北京: 科学出版社.
黄金森, 朱袁智, 钟晋樑, 等. 1982. 南海中、北部岛礁地貌及沉积特征. 南海海区综合调查研究报告(一). 中国科学院南海海洋研究所, 北京: 科学出版社, 39-68.
黄金森. 1987. 中沙环礁特征. 海洋地质与第四纪地质, 7(2): 21-24.
黄磊, 高红芳. 2012. 夏季季风转换期间中沙群岛附近海域的温盐分布特征. 南海地质研究, (1): 49-56.
黄鹏. 2016. 南海和苏禄海的氟氯烃分布、通风过程及人为碳估算研究. 厦门: 厦门大学.
黄企洲. 1984. 巴士海峡的海洋学状况//中国科学院南海海洋研究所. 南海海洋科学集刊: 第 6 集. 北京: 科学出版社.
黄企洲. 1994. 南沙群岛海区温、盐的分布和变化//中国科学院南沙综合科学考察队. 南沙群岛海区物理海洋学研究论文集I. 北京: 海洋出版社: 39-61.
黄世强, 李广场, 徐松林. 2014. 岩体的弹性波频散特性及等效模型研究. 水利规划与设计, 2: 8-10, 15.
黄自强, 暨卫东. 1995. 用水文化学要素聚类分析台湾海峡西部水团. 海洋学报, 17(1): 40-51.
解习农, 谢玉红, 李绪深, 等. 2016. 南海西科 1 井碳酸盐岩生物礁储层沉积学: 层序地层与沉积演化. 武汉: 中国地质大学出版社,1-111.
金海燕, 林以安, 陈建芳, 等. 2005. 黄海、东海颗粒有机碳的分布特征及其影响因子分析. 海洋学报, 27(5): 46-53.
柯东胜. 1990. 南海 pH 值的年际变化及其与温、盐的关系. 海洋通报, 9(3): 23-27.
黎昌. 1986. 西沙、中沙群岛的形成和演化. 南海海洋科学集刊 第 7 集, 中国科学院南海海洋研究所. 北京: 科学出版社, 87-102.
李凤岐, 苏育嵩. 1987. 南海北部海区水团的判别分析. 海洋湖沼通报, (3): 15-20.
李凤岐, 苏育嵩. 1999. 海洋水团分析. 青岛: 青岛海洋大学出版社.
李赶先, 卢博. 2001. 珊瑚礁岩心声速垂向跃变及其指相意义.台湾海峡, 20(3): 308-313.
李磊, 李凤岐, 苏洁, 等. 2002. 1998 年夏、冬季南海水团分析. 海洋与湖沼, 33(4): 393-401.
李立, 许金电, 靖春生, 等. 2002. 南海海面高度、动力地形和环流的周年变化——TOPEX/Poseidon 卫星测高应用研究. 中国科学(D 辑), 32(12): 978-986.
李亮, 何其江, 龙根元, 等. 2017. 南海宣德海域表层沉积物粒度特征及其输运趋势. 海洋地质与第四纪地质, 37(6): 140-148.
李薇, 李立, 刘秦玉. 1998. 吕宋海峡及南海北部海域的水团分析. 台湾海峡, 17(2): 207-213
李骁麟. 2003. 海洋溶解有机碳的富集、测定及其在珠江口、南海北部的分布特征. 厦门: 厦门大学.
李银强, 余克服, 王英辉, 等. 2017. 西沙群岛永乐环礁琛科 2 井的珊瑚藻组成及其水深指示意义. 微体古生物学报, 34(3): 268-278.
李永振, 贾晓平, 陈国宝. 2007. 南海珊瑚礁鱼类资源. 北京: 海洋出版社.
李志红, 李劲尤, 刘甲星. 2021. 海洋生物固氮研究进展. 生态科学, 40(5): 215-230.
梁翠翠. 2015. 九龙江干流-河口水体溶解无机碳含量及其碳稳定同位素地球化学特征. 厦门: 厦门大学.
林洪瑛, 韩舞鹰. 2001. 南沙群岛海域营养盐分布的研究. 海洋科学, 25(10): 12-14.
林丽芳, 余克服, 陶士臣, 等. 2018. 南海黄岩岛珊瑚记录的 1780-2013 年的表层海温年代际变化特征. 海洋学报, 40(9): 31-42.
凌娟, 董俊德, 张燕英, 等. 2010. 一株红树林根际固氮菌的分离、鉴定以及固氮活性测定. 热带海洋学报, 29(5): 149-153.
刘海峰, 朱长歧, 孟庆山. 2018. 礁灰岩嵌岩桩的模型试验. 岩土力学, 39(5): 1581–1588.
刘海峰, 朱长歧, 汪稔. 2020. 礁灰岩. 混凝土界面剪切特性试验研究. 刘海峰. 岩土力学, 41(5): 1540-1548.
刘纪勇, 刘梓锐, 杨天邦, 等. 2017. 南海神狐海域亚硝酸盐垂直分布特征及影响因素. 海洋地质前沿, 33(12): 7-12.
刘泉声, 魏莱, 雷广峰, 等. 2018. 砂岩裂纹起裂损伤强度及脆性参数演化试验研究. 刘泉声. 岩土工程学报, 40(10): 1782–1789.
刘韶, 1987. 中沙群岛礁湖相沉积特征的探讨——兼论礁湖的地貌单元. 海洋学报, 9(6): 794-797.
刘小涯, 潘建明, 张海生, 等. 2005. 南海海水中 DO 的平面、垂直分布以及海-气交换通量. 海洋学研究, 23(4): 41-48.
刘新宇, 祝幼华, 廖卫华, 等. 2015. 西沙群岛西科 1 井珊瑚组合面貌及其生态环境. 地球科学, 40(4): 688-696.
刘新宇, 祝幼华, 史德锋, 等. 2019. 南海西沙群岛西科 1 井中新世石珊瑚. 古生物学报, 58(2): 249-255.
刘洋. 2010. 南海次表层、中层水团结构及其运动学特征的研究. 青岛: 中国海洋大学.
刘增宏, 李磊, 许建平, 等. 2001. 1998 年夏季南海水团分析. 东海海洋, 19(3): 1-10.
刘长建, 杜岩, 张庆荣, 等. 2008. 南海次表层和中层水团年平均和季节变化特征. 海洋与湖沼, 39(1): 55-64.
刘占飞, 彭兴跃, 徐立, 等. 2000. 台湾海峡 1997 年夏季和 1998 年冬季两航次颗粒有机碳研究. 台湾海峡, 19(1): 95-101.
龙爱民, 陈绍勇, 周伟华, 等. 2006. 南海北部秋季营养盐、溶解氧、pH 值和叶绿素 a 分布特征及相互关系. 海洋通报, 25(5): 9-16.
卢丽娟, 蔡周荣, 黄强太, 等. 2019. 南海及邻区新构造运动表现特征及其主控因素. 吉林大学学报: 地球科学版, 49(1): 206-217.
卢霞, 范礼强, 包诗玉, 等. 2020. 海州湾连岛周边海域沉积物重金属污染评价. 海洋环境科学, 39(4): 570-575.
罗威, 胡雯燕, 王亚辉, 等. 2018a. 西沙地区 XK-1 井主要造礁生物特征及生物礁环境演化. 海洋地质与第四纪地质, 38(6): 78-90.
罗威, 张道军, 刘新宇, 等. 2018b. 西沙地区西科 1 井综合地层学研究. 地层学杂志, 42(4): 485-498.
罗云, 黎刚, 徐维海, 等. 2022. 南科 1 井第四系暴露面特征及其与海平面变化的关系. 热带海洋学报, 41(01): 143-157.
马林建, 刘华超, 张巍, 等. 2021. 不同埋深珊瑚礁灰岩物理力学特性宏细观研究. 高校地质学报, DOI:

10.16108/j.issn1006-7493.2021074.
毛庆文, 王卫强, 齐义泉, 等. 2005. 夏季季风转换期间南沙群岛海域的温盐分布特征. 热带海洋学报, 24(1): 28-36.
毛树珍, 谢以萱. 1982. 南海中部及北部海底地形特征. 南海海区综合调查研究报告(一). 科学出版社, 25-38.
孟庆山, 范超, 曾卫星, 等. 2019. 南沙群岛珊瑚礁灰岩的动态力学性能试验. 岩土力学, 40(1): 183–190.
聂宝符, 陈特固, 彭子成. 1999. 由造礁珊瑚重建南海西沙海区近 220a 海面温度序列. 科学通报, 44(17): 1885-1889.
聂宝符, 郭丽芬, 朱袁智, 等. 1992. 中沙群岛环礁的现代沉积//中国科学院南海海洋研究所. 南海海洋科学集刊: 第 10 集. 北京: 科学出版社.
聂宝符, 梁美桃, 朱袁智, 等. 1991. 南海礁区现代造礁珊瑚类骨骼细结构的研究. 北京, 中国科学技术出版社.
聂宝符. 1997. 南沙群岛及其邻近礁区造礁珊瑚与环境变化的关系. 南沙群岛及其邻近礁区造礁珊瑚与环境变化的关系, 1-101.
牛明星, 2018. 1871-2010 南海及毗邻的西太平洋海域盐度场的时空变化特征.上海: 上海师范大学: 12-32.
潘子良. 2017. 黄岩岛造礁石珊瑚共生藻密度的种间、空间差异及其生态意义. 南宁: 广西大学.
乔培军, 朱伟林, 邵磊, 等. 2015. 西沙群岛西科 1 井碳酸盐岩稳定同位素地层学. 地球科学: 中国地质大学学报, 40(4): 725-732.
秦国权. 1987. 西沙群岛西永一井有孔虫组合及该群岛珊瑚礁成因初探. 热带海洋, 6(3): 10-20.
丘台生. 1999. 台湾的仔稚鱼. 高雄: 国立海洋生物博物馆筹备处.
仇德忠, 1982. 南海中部海区的密度流. 南海海区综合调查研究报告(一). 北京: 科学出版社, l29-l39.
曲宝晓, 宋金明, 袁华茂. 2020. 基于模糊综合评价的粤港澳大湾区海洋沉积物中重金属污染演变历史——以大亚湾为例. 海洋学报, 42(10): 59-69.
商荣宁. 2011. 2010 年黄、渤海有机碳的分布特征及影响因素. 青岛: 中国海洋大学.
商志垒, 孙志鹏, 解习农, 等. 2015. 南海西科 1 井上新世以来礁滩体系内部构成及其沉积模式. 地球科学, 40(4): 697-710.
邵广昭, 杨瑞森, 陈康青, 等. 2001. 台湾海域鱼卵图鉴. 台北: 中央研究院动物研究所.
邵磊, 朱伟林, 邓成龙, 等. 2016. 南海西科 1 井碳酸盐岩生物礁储层沉积学: 年代地层与古海洋环境. 武汉: 中国地质大学出版社, 1-116.
沈寿彭. 1982. 南海海区综合调查研究报告(一). 北京: 科学出版社.
施祺, 余克服, 陈天然, 等. 2012. 南海南部美济礁 200 余年滨珊瑚骨骼钙化率变化及其与大气 CO_2 和海水温度的响应关系. 中国科学: 地球科学, 42(1): 71-82
施祺, 余克服. 2007. 南沙群岛永暑礁潟湖沉积的晚全新世风暴事件记录. 热带地理, 27(1): 1-5.
时志强, 谢玉洪, 刘立, 等. 2016. 南海西科 1 井碳酸盐岩生物礁储层沉积学: 储层特征与成岩演化. 中国地质大学出版社, 1-168.
苏理昌. 2017. 微型人工岛地下空间开发可行性研究. 港工技术, 54(4): 70-74.
孙典荣, 邱永松, 林昭进, 等. 2006. 中沙群岛春季珊瑚礁鱼类资源组成的初步研究. 海洋湖沼通报, (3): 85-92.
孙立广, 刘晓东, 等. 2014. 南海岛屿生态地质学. 上海: 上海科学技术出版社.
孙蒙, 侯兴民, 张一林. 2020. 基于振动法的岩块纵波波速测试. 水利与建筑工程学报, 18(2): 46-51.
孙志鹏, 尤丽, 李晓, 等. 2015. 西沙西科 1 井第四系生物礁-碳酸盐岩的岩石学特征. 地球科学: 中国地质大学学报, 40(4): 653-659.
孙宗勋, 卢博. 1999. 南沙群岛珊瑚礁灰岩弹性波性质的研究.工程地质学报,7(2): 175-180.

覃业曼, 余克服, 王瑞, 等. 2019. 西沙群岛琛航岛全新世珊瑚礁的起始发育时间及其海平面指示. 热带地理, 39(3): 319-328.
谭红建, 蔡榕硕, 颜秀花. 2016. 基于 IPCC-CMIP5 预估 21 世纪中国近海海表温度变化. 应用海洋学学报, 35(4): 452-458.
唐启升, 王为祥, 陈毓桢, 等. 1995. 北太平洋狭鳕资源声学评估调查研究. 水产学报, 19(1): 8-20.
陶士臣, 张会领, 余克服, 等. 2021. 近 500 年西沙群岛海面温度年际变化的珊瑚记录及其环境意义. 第四纪研究, 41(2): 411-423.
田天, 魏皓. 2005. 南海北部及巴士海峡附近的水团分析. 中国海洋大学学报, 35(1): 9-12, 28.
田永青, 黄洪辉, 巩秀玉, 等. 2016. 2014 年春季南海中沙群岛北部海域的低温高盐水及其形成机制. 热带海洋学报, 35(2): 1-9.
田雨杭, 陈忠, 黄蔚霞, 等. 2021. 南沙海区珊瑚礁灰岩纵波波速特征及其影响因素. 热带海洋学报, 40(1): 133-141.
佟飞, 陈丕茂, 秦传新, 等. 2015. 南海中沙群岛两海域造礁石珊瑚物种多样性与分布特点. 应用海洋学学报, 34(4): 535-541.
涂铁要, 张奠湘, 任海. 2022. 中国热带海岛植被. 重庆: 重庆大学出版社.
万瑞景, 张仁斋. 2016. 中国近海及其邻近海域鱼卵与仔稚鱼. 上海: 上海科学技术出版社.
王崇友, 何希贤, 裘松余. 1979. . 西沙群岛西永一井碳酸盐岩地层与微体古生物的初步研究. 石油实验地质, 23-38.
王东晓, 陈举, 陈荣裕. 2004. 2000 年 8 月南海中部与南部海洋温、盐与环流特征. 海洋与湖沼, 35(2): 97-109.
王桂华,苏纪兰,齐义泉, 2005. 南海中尺度涡研究进展. 地球科学进展, 20(8): 882-886.
王国忠. 2001. 南海珊瑚礁区沉积学. 北京: 海洋出版社, 1-313.
王欢欢, 张俊, 陈作志, 等. 2019. 鸢乌贼目标强度绳系控制法测量. 水产学报, 43(12): 2533-2544.
王丽荣, 余克服, 赵焕庭, 等. 2014. 南海珊瑚礁经济价值评估. 热带地理, 24(1): 44-49.
王璐, 余克服, 王英辉, 等. 2017. 南海中沙群岛、西沙群岛珊瑚岛礁区海水重金属的分布特征. 热带地理, 37(5): 718-727.
王瑞, 余克服, 王英辉, 等. 2017. 珊瑚礁的成岩作用. 地球科学进展, 32(3): 221-233.
王卫强, 王东晓, 施平, 等. 2002. 南海季风性海流的建立与调整. 中国科学(D 辑), 32(12): 995-1002
王新志, 汪稔, 孟庆山, 等. 2008. 南沙群岛珊瑚礁礁灰岩力学特性研究. 岩石力学与工程学报, 27(11): 2221-2226.
魏建伟, 方习生, 石学法, 等. 2007. 海水光衰减变化与颗粒有机碳估算——以菲律宾海为例. 海洋科学进展, 25(4): 460-467.
魏喜, 贾承造, 孟卫工, 等. 2007. 西琛 1 井碳酸盐岩的矿物成分、地化特征及地质意义. 岩石学报, 23(11): 3015-3025.
魏晓, 高红芳. 2015. 南海中部海域夏季水团温盐分布特征. 海洋地质前沿, 31(8): 25-33, 40.
温孝胜, 秦国权. 2001. 南沙群岛永暑礁小潟湖岩心有孔虫动物群及其沉积环境. 热带海洋学报, 20(4): 14-22.
温孝胜, 赵焕庭, 王丽荣. 2001. 南沙群岛南永 3 井岩心常量和微量元素特征及其古环境意义. 海洋通报, 20(4): 32-38.
吴峰. 2019. 南海西科 1 井中新世以来生物礁滩体系发育演化及其对古海洋与古气候条件响应. 中国地质大学博士学位论文.
谢以萱. 1980. 中沙群岛水下地形概况. 海洋通报, (01): 41-47.
邢福武, 邓双文. 2019. 中国南海诸岛植物志. 北京: 中国林业出版社.

修淳, 罗威, 杨红君, 等. 2015. 西沙石岛西科 1 井生物礁碳酸盐岩地球化学特征. 地球科学: 中国地质大学学报, 40(4): 645-652.
徐裼祯. 1982. 南海中部的温、盐、密度分布及水团特征//中国科学院南海海洋研究所. 南海海区综合调查研究报告(一). 北京: 科学出版社.
徐锡祯,邱章,陈惠昌, 1982. 南海水平环流述. 中国海洋湖沼学会. 中国海洋湖沼学会水文气象学会学术会议(1980)论文集,北京: 科学出版社, 117-145.
徐苑卿. 2016. 南海岛屿(庙湾岛、永兴岛)被子植物的繁殖生物学研究. 北京: 中国科学院大学.
许红, 王玉净, 蔡峰. 1999. 西沙中新世生物地层和藻类的造礁作用与生物礁演变特征. 北京: 科学出版社, 1-134.
许建平, 潘玉球, 柴扉, 等. 2001. 1998 年春夏季南海若干重要水文特征及其形成机制分析//薛惠洁, 柴扉, 许建平, 等. 中国海洋学文集: 第 13 集. 北京: 海洋出版社.
许昆明, 邹文彬, 司靖宇. 2010. 南海越南上升流区沉积物中溶解氧、锰和铁的垂直分布特征. 热带海洋学报, 29(5): 56-64.
鄢全树, 石学法, 刘季花, 等. 2007. 中沙群岛近海表层沉积物中的火山灰及其对构造环境的响应. 海洋地质与第四纪地质, 27(4): 9-16.
杨建斌, 姚鹏, 张晓华. 2020. 南海北部神狐海域营养盐浓度与结构的分布特征及影响因素. 海洋学报, 42(10): 132-143.
杨权, 李永振, 张鹏, 等. 2013. 基于灯光罩网法的南海鸢乌贼声学评估技术研究. 水产学报, 37(7): 1032-1039.
杨永康, 丁学武, 冯春燕, 等. 2016. 西沙群岛珊瑚礁灰岩物理力学特性试验研究. 广州大学学报(自然科学版), 15(5): 78-83.
尹衡. 2018. 南海颗粒有机碳分布及其相关特性分析. 厦门: 厦门大学硕士学位论文.
于杰, 陈国宝, 张魁, 等. 2016. 南海中部海域夏季叶绿素 a 浓度垂向分布特征. 南方水产科学, 12(4): 1-8.
余刚, 黄俊, 张彭义. 2001. 持久性有机污染物: 倍受关注的全球性环境问题. 环境保护, 29(4): 37-39.
袁梁英, 戴民汉. 2008. 南海北部低浓度磷酸盐的测定与分布. 海洋与湖沼, 39(3): 202-208.
翟世奎, 米立军, 沈星, 等. 2015. 西沙石岛生物礁的矿物组成及其环境指示意义. 地球科学: 中国地质大学学报, 40(4): 597-605.
张海洋, 许红, 赵新伟, 等. 2016. 西永 2 井中新世白云岩储层特征及成岩作用. 海洋地质前沿, 32(3): 41-47.
张会领, 余克服, 施祺, 等. 2014. 珊瑚生长率重建西沙海域中晚全新世海温变化. 第四纪研究, 34(6): 1296-1305.
张江勇, 彭学超, 张玉兰, 等. 2011. 南海中沙群岛以北至陆坡表层沉积物碳酸钙含量的分布. 热带地理, 31(2): 125-132.
张俊, 陈国宝, 陈作志, 等. 2015. 南沙南部陆架海域渔业资源声学评估. 南方水产科学, 11(5): 1-10.
张俊, 陈作志, 陈国宝, 等. 2014. 南海鸢乌贼水声学测量和评估相关技术研究. 南方水产科学, 10(6): 1-11.
张俊, 邱永松, 陈作志, 等. 2018. 南海外海大洋性渔业资源调查评估进展. 南方水产科学, 14(6): 118-127.
张明书, 何启祥, 业治铮, 等. 1989. 西沙生物礁碳酸盐沉积地质学研究. 北京: 科学出版社, 1-113.
张明书, 刘健, 李绍全, 等. 1997. 西沙群岛西琛一井礁序列成岩作用研究. 地质学报, 71(3): 236-244.
张乔民, 余克服, 施祺, 等. 2006. 中国珊瑚礁分布和资源特点[C]//中国科学技术协会学会学术部. 提高全民科学素质、建设创新型国家: 2006 中国科协年会论文集(下册). 北京: 中国科学技术出版社, 419-423.

张仁斋, 陆穗芬, 赵传絪, 等. 1985. 中国近海鱼卵与仔鱼. 上海: 上海科学技术出版社.
张婷婷. 2008. 南海中部深水区上层海洋潮流和环流特征分析与模拟. 青岛: 中国海洋大学.
张晓平, 吕根根, 张 旗, 等. 2019. 单轴压缩条件下硅质粉砂岩应力阈值研究. 工程地质学报, 28(3): 441-449.
张正斌. 2004. 海洋化学. 青岛: 中国海洋大学出版社.
赵焕庭, 沙庆安, 朱袁智. 1992. . 南沙群岛永暑礁第四纪珊瑚礁地质. 北京: 海洋出版社, 1-264.
赵焕庭, 王丽荣, 袁家义. 2017a. 南海诸岛的自然环境、资源与开发——纪念中国政府收复南海诸岛 70 周年(3). 热带地理, 37(5): 659-680, 693.
赵焕庭, 王丽荣, 袁家义. 2017b. 南海诸岛自然科学调查研究概述——纪念中国政府收复南海诸岛 70 周年(2). 热带地理, 37(5): 649-658.
赵焕庭, 温孝胜, 孙宗勋, 等. 1995. 南沙群岛区域地质地貌与古海洋. 热带地理, 15(2): 129-137.
赵焕庭, 温孝胜, 王丽荣, 等. 2004. 南沙群岛潟湖沉积 δ18O 记录 1670a 来的温度变化. 热带地理, 24(2): 103-108.
赵焕庭, 温孝胜, 王丽荣. 2000. 南沙群岛永暑礁环礁潟湖的沉积速率与气候变化. 热带地理, 20(4): 247-249.
赵焕庭. 1998. 南海诸岛珊瑚礁新构造运动的特征. 海洋地质与第四纪地质, 18(1): 37-45.
赵敏, 刘春颖, 杨桂朋, 等. 2011. 春季黄、东海表层水中的溶解无机碳. 海洋环境科学, (5): 626-630.
赵中贤, 孙珍, 陈广浩, 等. 2011. 南沙海域新生代构造特征和沉降演化. 地球科学, 36(5): 815-822.
郑凤英, 邱广龙, 范航清, 等. 2013. 中国海草的多样性、分布及保护. 生物多样性, 21(5): 517-526.
郑坤, 孟庆山, 汪稔, 等. 2019. 不同结构类型珊瑚礁灰岩弹性波特性研究. 岩土力学, 40(8): 3081–3089.
中国科学院南海海洋研究所. 1978. 我国西沙、中沙群岛海域海洋生物调查研究报告集. 北京: 科学出版社.
中国科学院南海海洋研究所地质构造研究室. 1982. 南海中部和北部地质构造的基本特征. 南海海区综合调查研究报告(一). 中国科学院南海海洋研究所, 北京: 科学出版社, 1-24.
周辉, 孟凡震, 卢景景, 等. 2014. 硬岩裂纹起裂强度和损伤强度取值方法探讨. 岩土力学, 35(4): 913-918.
朱赖民, 暨卫东. 2002. 夏季南海水团垂直分布的聚类分析研究. 海洋湖沼通报, (4): 1-6.
朱伟林, 谢玉洪. 2016. 南海西科 1 井碳酸盐生物礁储层沉积学. 武汉: 中国地质大学出版社.
朱筱敏. 2008. 沉积岩石学. 4 版. 北京: 石油工业出版社.
朱袁智, 沙庆安, 郭丽芬. 1997. 南沙群岛永暑礁新生代珊瑚礁地质. 北京: 科学出版社, 1-134.
朱泽奇, 盛谦, 冷先伦, 等. 2007. 三峡花岗岩起裂机制研究. 岩石力学与工程学报, 26(12): 2570-2575.
朱长歧, 周斌, 刘海峰. 2014. 天然胶结钙质土强度及微观结构研究. 岩土力学, 35(6): 1655-1663.
朱长歧, 周斌, 刘海峰. 2015. 南海海滩岩的细观结构及其基本物理力学性质研究. 岩石力学与工程学报, 34(4): 683-693.
朱长歧. 2014. 中国西沙群岛珊瑚礁科学钻探工作又取得重大进展. 岩土力学, 35(9): 2737.
祝幼华, 朱伟林, 王振峰, 等. 2016. 南海西科 1 井碳酸盐岩生物礁储层沉积学: 古生物地层. 武汉: 中国地质大学出版社, 1-170.
邹仁林. 1995. 中国珊瑚礁的现状与保护对策. 北京: 科学出版社.
邹仁林. 2001. 中国动物志: 造礁石珊瑚. 北京: 科学出版杜, 2-7.
Aissaoui D M. 1988. Magnesian calcite cements and their diagenesis: dissolution and dolomitization, Mururoa Atoll. Sedimentology 35(5): 821-841.
Almany G R, Planes S, Thorrold S R, et al. 2017. Larval fish dispersal in a coral-reef seascape. Nature Ecology & Evolution, 1(6): 148.
Andres M S, Sumner D Y, Reid R P, et al. 2006. Isotopic fingerprints of microbial respiration in aragonite

from Bahamian stromatolites. Geology 34: 973-976.

Anthony K R, Connolly S R, Hoegh-Guldberg O. 2007. Bleaching, energetics, and coral mortality risk: Effects of temperature, light, and sediment regime. Limnology Oceanography, 52(2): 716-726.

Baechle G T, Weger R, Eberli G, et al. 2005. Pore structure effects on elastic moduli-porosity relationships in carbonate rocks, AGU spring meeting 2005. American Geophysical Union: 357-366.

Bak R P, Nieuwland G, Meesters E, H. 2009. Coral growth rates revisited after 31 years: what is causing lower extension rates in Acropora palmata?. Bulletin of Marine Science, 84(3): 287-294.

Barber R T. 1968. Dissolved organic carbon from deep waters resists microbial oxidation. Nature, 220(5164): 274-275.

Bellwood D R, Goatley C H R, Bellwood O. 2017. The evolution of fishes and corals on reefs: form, function and interdependence. Biological Reviews of the Cambridge Philosophical Society, 92(2): 878-901.

Bessat F, Buigues D. 2001. Two centuries of variation in coral growth in a massive *Porites* colony from Moorea (French Polynesia): a response of ocean-atmosphere variability from south central Pacific. Palaeogeography, Palaeoclimatology, Palaeoecology, 175(1-4): 381-392.

Boyer J N, Kelble C R, Ortner P B, et al. 2009. Phytoplankton bloom status: Chlorophyll a biomass as an indicator of water quality condition in the southern estuaries of Florida, USA. Ecological Indicators, 9(6): S56-S67.

Brace W F, Paulding B W, Scholze C. 1966. Dilatancy in the fracture of crystalline rocks. Journal of Geophysical Research, 71(16): 3939-3953.

Braga J C, Puga-Bernabéu Á, Heindel K, et al. 2019. Microbialites in last glacial maximum and deglacial reefs of the Great Barrier Reef (IODP Expedition 325, NE Australia). Paleogeogr. Paleoclimatol. Paleoecol. 514, 1-17.

Buczynski C, Chafetz H S. 1991. Habit of bacterially induced precipitates of calcium-carbonate and the influence of medium viscosity on mineralogy. Journal of Sedimentary Petrology, 61(2): 226-233.

Buonocunto F P, Sprovieri M, Bellanca A, et al. 2002. Cyclostratigraphy and high-frequency carbon isotope fluctuations in Upper Cretaceous shallow-water carbonates, southern Italy. Sedimentology, 49(6): 1321-1337.

Bussmann I, Kattner G. 2000. Distribution of dissolved organic carbon in the central Arctic Ocean: the influence of physical and biological properties. Journal of Marine Systems, 27(1-3): 209-219.

Cai M G, Duan M S, Guo J Q, et al. 2018a. PAHs in the Northern South China Sea: horizontal transport and downward export on the continental shelf. Marine Chemistry, 202: 121-129.

Cai M G, He H X, Liu M Y, et al. 2018b. Lost but can't be neglected: huge quantities of small microplastics hide in the South China Sea. Science of the Total Environment, 633: 1206-1216.

Cai P H, Chen W F, Dai M H, et al. 2008. A high-resolution study of particle export in the southern South China Sea based on ^{234}Th: ^{238}U disequilibrium. Journal of Geophysical Research Oceans, 113(C4): C04019.

Camoin G F, Gautret P, Montaggioni L F, et al. 1999. Nature and environmental significance of microbialites in Quaternary reefs: the Tahiti paradox. Sediment. Geol. 126, 271-304.

Camoin G F, Montaggioni L F. 1994. High energy coralgal stromatolite frameworks from Holocene reefs (Tahiti, French Polynesia). Sedimentology 41, 655-676.

Cantin N E, Cohen A L, Karnauskas K B, et al. 2010. Ocean Warming Slows Coral Growth in the Central Red Sea. Science, 329(5989): 322-325.

Carricart-Ganivet J P, Cabanillas-Teran N, Cruz-Ortega I, et al. 2012. Sensitivity of Calcification to Thermal Stress Varies among Genera of Massive Reef-Building Corals. PLoS One, https://doi.org/10.1371/

journal.pone.0032859.
Connolly S R, Hughes T P, Bellwood D R, et al. 2005. Community structure of corals and reef fishes at multiple scales. Science, 309(5739), 1363-1365.
Cooper T F, De 'Ath G, Fabricius K E, et al. 2008. Declining coral calcification in massive *Porites* in two nearshore regions of the northern Great Barrier Reef. Global change biology, 14(3): 529-538.
Cooper T F, O'leary R A, Lough J M. 2012. Growth of Western Australian corals in the Antheropocene. Science, 335(6068): 593-596.
Costanza R, De Groot R, Sutton P, et al. 2014. Changes in the global value of ecosystem services. Global Environmental Change, 26: 152-158.
Cowman P F, Bellwood D R. 2013. The historical biogeography of coral reef fishes: Global patterns of origination and dispersal. Journal of Biogeography, 40(2): 209-224.
Davies P, Montaggioni L. 1985. Reef growth and sea-level change: the environmental signature. Proceedings of the Fifth International Coral reef Congress, tahiti, 3: 477-511.
De'ath G, Lough J M, Fabricius K E. 2009. Declining Coral Calcification on the Great Barrier Reef. Science, 323(5910): 116-119.
Défarge C, Trichet J, Jaunet A M, et al. 1996. Texture of microbial sediments revealed by cryo-scanning electron microscopy. J. Sediment. Res. 66, 935–947.
Diederichs M, Kaisep P, Eberhardt E. 2004. Damage initiation and propagation in hard rock during tunnelling and the influence of near-face stress rotation. International Journal of Rock Mechanics and Mining Sciences, 41(5): 785-812.
Dietrich G, Kalle K, Krauss W, et al. 1980. General Oceanography. 2nd ed. New York: A Wiley-Interscience Publication.
Duarte C M, Chiscano C L. 1999. Seagrass biomass and production: a reassessment. Aquatic Botany, 65(1-4): 159-174.
Dupraz C, Reid R P, Braissant O, et al. 2009. Processes of carbonate precipitation in modern microbial mats. Earth-Sci. Rev. 96(3), 141-162.
Eberhardt E, Stead D, Stimpson B, et al. 1998. Identifying crack initiation and propagation thresholds in brittle rock. Canadian Geotechnical Journal, 35(2), ttps: //doi.org/10.1139/t97-091.
Elhakim A F. 2015. The use of point load test for Dubai weak calcareous sandstones. Journal of Rock Mechanics and Geotechnical Engineering, 7(4): 452-457.
Embry A F, Klovan J E. 1971. A late Devonian reef tract on northeastern Banks Island, NWT. Bulletin of Canadian petroleum geology, 19(4): 730-781.
Everaert G, Van Cauwenberghe L, De Rijcke M, et al. 2018. Risk assessment of microplastics in the ocean: modelling approach and first conclusions. Environmental Pollution, 242: 1930-1938.
Falkowski P, Scholes R J, Boyle E, et al. 2000. The global carbon cycle: a test of our knowledge of earth as a system. Science, 290(5490): 291-296.
Falkowski P. 2012. Ocean science: the power of plankton. Nature, 483(7387): S17-S20.
Fan T, Yu K, Zhao J, et al. 2020. Strontium isotope stratigraphy and paleomagnetic age constraints on the evolution history of coral reef islands, northern South China Sea. Geological Society of America Bulletin, 132(3-4): 803-816.
Fang G H, Fang W D, Fang Y, et al. 1998. A survey of studies on the South China Sea Upper Ocean Circulation. Acta Oceanogr Taiwanica, 37(1): 1-16.
Fitt W K, Mcfarland F K, Warner M E, et al. 2000. Seasonal patterns of tissue biomass and densities of symbiotic dinoflagellates in reef corals and relation to coral bleaching. Limnology and Oceanography,

45(3): 677-685.

Fonseka G M, Murrell S A F, Barnes P. 1985. Scanning Electron Microscope and Acoustic Emission Studies of Crack Development in Rocks. International Journal of Rock Mechanics and Mining Sciences, 22(5): 273-289.

Foote K G. 1987. Fish target strengths for use in echo integrator surveys. The Journal of the Acoustical Society of America, 82(3): 981-987.

Fourqurean J W, Duarte C M, Kennedy H, et al. 2012. Seagrass ecosystems as a globally significant carbon stock. Nature Geoscience, 5: 505-509.

Frankignoulle P, Dawance S, Malherbe A, 2001. Présentation de la recherche sur le logement urbain wallon. Les Cahiers De Lurbanisme, 37: 50-58.

Fuhrman J A, Cram J A, Needham D M. 2015. Marine microbial community dynamics and their ecological interpretation. Nature Reviews Microbiology, 13(3): 133-146.

Gattuso J P, Frankignoulle M, Bourge I, et al. 1998. Seawater carbonate chemistry and calcification rate of colonies of Stylophora pistillata. PANGAEA.

Gischler E, Heindel K, Birgel D, et al. 2017. Cryptic biostalactites in a submerged karst cave of the Belize Barrier Reef revisited: Pendant bioconstructions cemented by microbial micrite. Paleogeogr. Paleoclimatol. Paleoecol. 468, 34-51.

Gong S Y, Lee C S, Su C L, et al. 2006. Preliminary Study of Holocene Carbonate Deposition of The Taiping Dao, Nansha Islands. 10th Symposium on Quaternary of Taiwan, p.34-36.

Gong S Y, Mii H S, Wei K Y, et al. 2005. Dry climate near the Western Pacific Warm Pool: Pleistocene caliches of the Nansha Islands, South China Sea. Palaeogeography, Palaeoclimatology, Palaeoecology, 226: 205-213.

Gong S Y, Mii H S, Yui T F, et al. 2003. Deposition and Diagenesis of Late Cenozoic Carbonates at Taipingdao, Nansha (Spratly) Islands, South China Sea. Western Pacific Earth Sci., 3, 93-106.

Graham M C, Eaves M A, Farmer J G, et al. 2001. A study of carbon and nitrogen stable isotope and elemental ratios as potential indicators of source and fate of organic matter in sediments of the Forth Estuary, Scotland. Estuarine Coastal and Shelf Science, 52(3): 375-380.

Guido A, Heindel K, Birgel D, et al., 2013. Pendant bioconstructions cemented by microbial carbonate in submerged marine caves (Holocene, SE Sicily). Palaeogeogr. Palaeoclimatol. Palaeoecol. 388, 166–180.

Guo Y, Deng W, Liu X, et al. 2021. Clumped isotope geochemistry of island carbonates in the South China Sea: Implications for early diagenesis and dolomitization. Marine Geology, 437: 106513.

Hansell D A, Carlson C A. 2014. Biogeochemistry of marine dissolved organic matter: Second Edition. Elsevier: Academic Press.

Hatcher B G. 1988. Coral reef primary productivity: a beggar's banquet. Trends in Ecology & Evolution, 3(5): 106-111.

Hatzort Y H, Palchik V. 1997. The Influence of Grain Size and Porosity on Crack Initiation Stress and Critical Flaw Length in Dolomites. International Journal of Rock Mechanics and Mining Sciences, 34(5): 805-816.

He Q Y, Zhan H G, Xu J, et al. 2019. Eddy-induced chlorophyll anomalies in the western South China Sea. Journal of Geophysical Research: Oceans, 124(12): 9487-9506.

He X, Bai Y, Pan D, et al. 2013. Satellite views of the seasonal and interannual variability of phytoplankton blooms in the eastern China seas over the past 14 yr (1998-2011). Biogeosciences, 10(7): 4721-4739.

Heaton, T J, Koehler, P, Butzin, M, et al. 2020. Marine20 – The Marine Radiocarbon age calibration curve (0-55,000 CAL BP). Radiocarbon, 62(4): 779-820.

Heck Jr. K L, Hays G, Orth R J. 2003. Critical evaluation of the nursery role hypothesis for seagrass meadows.

Marine Ecology Progress Series, 253: 123-136.

Heindel K, Birgel D, Peckmann J, et al. 2010. Formation of deglaical microbialites in coral reefs off Tahiti (IODP 310) involving sulfate-reducing bacteria. Palaios. 25, 618–635.

Helmle K, Kohler K, Dodge R. 2002. Relative optical densitometry and the coral X-radiograph densitometry system: CoralXDS. Presented Poster. Int Soc Reef Studies 2002 European Meeting. Cambridge, England. Sept 4-7.

Hemminga M A, Duarte C M. 2000. Seagrass Ecology. Cambridge: Cambridge University Press.

Henson F R S. 1950. Cretaceous and Tertiary reef formations and associated sediments in Middle-East. AAPG Bulletin-American Association of Petroleum Geologists, 34(2): 215-238.

Hoegh-Guldberg O, Mumby P J, Hooten A J, et al. 2007. Coral reefs under rapid climate change and ocean acidification. Science, 318(5857): 1737-1742.

Hoegh-Guldberg O. 1999. Climate change, coral bleaching and the future of the world's coral reefs. Marine Freshwater Research, 50(8): 839-866.

Hoegh-Guldberg O. 2005. Low coral cover in a high-CO_2 world. Journal of Geophysical Research-Oceans, 110(C9): 06, doi: 10.1029/2004JC002528.

Hu J Y, Kawamura H, Hong H S, et al. 2000. A review on the currents in the South China Sea: seasonal circulation, South China Sea Warm Current and Kuroshio Intrusion. Journal of Oceanography, 56(6): 607-624.

Huang X, Betzler C, Wu S, et al. 2020. First documentation of seismic stratigraphy and depositional signatures of Zhongsha atoll (Macclesfield Bank), South China Sea. Marine and Petroleum Geology, 117, doi.org/10.1016/j.marpetgeo.2020.104349.

Huang Y J, Yan M T, Xu K H, et al. 2019. Distribution characteristics of microplastics in Zhubi reef from South China Sea. Environmental Pollution, 255: 113133.

Hughes T P, Anderson K D, Connolly S R, et al. 2018. Spatial and temporal patterns of mass bleaching of corals in the Anthropocene. Science, 359(6371): 80-83.

Hughes T P, Baird A H, Bellwood D R, et al. 2003. Climate change, human impacts, and the resilience of coral reefs. Science, 301(5635): 929-933.

Hughes T P, Kerry J T, Álvarez-Noriega M, et al. 2017. Global warming and recurrent mass bleaching of corals. Nature, 543(7645): 373-377.

James N P, Choquette P W. 1984. Diagenesis. 9. Limestones – The meteoric diagenetic environment. Geoscience Canada, 11(4): 161-194.

Jiang W, Yu K, Fan T, et al. 2019a. Coral reef carbonate record of the Pliocene-Pleistocene climate transition from an atoll in the South China. Marine Geology, 411: 88-97.

Jiang Z J, Zhao C Y, Yu S, et al. 2019b. Contrasting root length, nutrient content and carbon sequestration of seagrass growing in offshore carbonate and onshore terrigenous sediments in the South China Sea. Science of the Total Environment, 662: 151-159.

Kalf D F, Crommentuijn T, Van De Plassche E J. 1997. Environmental quality objectives for 10 polycyclic aromatic hydrocarbons (PAHs). Ecotoxicology and Environmental Safety, 36(1): 89-97.

Ke Z X, Tan Y H, Huang L M, et al. 2018. Spatial distribution patterns of phytoplankton biomass and primary productivity in six coral atolls in the central South China Sea. Coral Reefs, 37(3): 919-927.

Krumbein W E. 1979. Photolithotropic and chemoorganotrophic activity of bacteria and algae as related to beachrock formation and degradation (Gulf of Aqaba, Sinai). Geomicrobiol. J. 1(2), 139-203.

Lamb J B, van de Water J A J M, Bourne DG, et al. 2017. Seagrass ecosystems reduce exposure to bacterial pathogens of humans, fishes, and invertebrates. Science, 355(6326): 731-733.

Leis J M, Carson-Ewart B M. 2000. The Larvae of Indo-Pacific coastal fishes: An Identification Guide to Marine Fish Larvae. Leiden: Brill.

Leis J M. 1985. The Larvae of Indo-Pacific Coral Reef Fishes. Sydney: New South Wales University Press; Hawaii: University of Hawaii Press.

Li K Z, Ke Z X, Tan Y H. 2018. Zooplankton in the Huangyan Atoll, South China Sea: a comparison of community structure between the lagoon and seaward reef slope. Journal of Oceanology and Limnology, 36(5): 1671-1680.

Liang Y T, Yu K F, Pan Z L, et al, 2021. Intergeneric and geomorphological variations in Symbiodiniaceae densities of reef-building corals in an isolated atoll, central South China Sea. Marine Pollution Bulletin, 163(3): 111946.

Lithner D, Larsson Å, Dave G, 2011. Environmental and health hazard ranking and assessment of plastic polymers based on chemical composition. Science of the Total Environment, 409(18): 3309-3324.

Liu H, Zhu C, Wang R, et al. 2021a. Characterization of the interface between concrete pile and coral reef calcarenite using constant normal stiffness direct shear test. Bulletin of Engineering Geology and the Environment, 80(2): 1757-1765.

Liu H, Zhu C, Zheng K, et al. 2021b. Crack Initiation and Damage Evolution of Micritized Framework Reef Limestone in the South China Sea. Rock Mechanics and Rock Engineering. DOI: 10.1007/s00603-021-02570-4.

Liu M Y, Hu J H, Lin Y, et al. 2021c. Full-depth profiles of PAHs in the western South China Sea: influence of upwelling and mesoscale eddy. Chemosphere, 263: 127933.

Liu Q Y, Jia Y L, Liu P H, et al. 2001a. Seasonal and intraseasonal thermocline variability in the central South China Sea. Geophysical Research Letters, 28(23): 4467-4470.

Liu Q Y, Jia Y L, Wang X H, et al. 2001b. On the annual cycle characteristics of the sea surface height in South China Sea. Advances in Atmospheric Sciences, 18(4): 613-622.

Liu S, Pan Y F, Li H X, et al. 2022. Microplastic pollution in the surface seawater in Zhongsha Atoll, South China Sea. The Science of the total environment, 822: 153604-153604.

Liu Y M, Deng R R, Qin Y, et al. 2019. Rapid estimation of bathymetry from multispectral imagery without *in situ* bathymetry data. Applied Optics, 58(27): 7538-7551.

Liu Y M, Tang D L, Deng R R, et al. 2021d. An adaptive blended algorithm approach for deriving bathymetry from multispectral imagery. IEEE Journal of Selected Topics in Applied Earth Observations and Remote Sensing, 14: 801-817.

Liu Y M, Zhao J, Deng R R, et al, 2021e. A downscaled bathymetric mapping approach combining multitemporal Landsat-8 and high spatial resolution imagery: demonstrations from clear to turbid waters. ISPRS Journal of Photogrammetry and Remote Sensing, 180: 65-81.

Liu Z Y, Pan S M, Sun Z Y, et al. 2015. Heavy metal spatial variability and historical changes in the Yangtze River estuary and North Jiangsu tidal flat. Marine Pollution Bulletin, 98(1-2): 115-129.

Lough J M, Barnes D J. 1997. Several centuries of variation in skeletal extension, density and calcification in massive *Porites* colonies from the Great Barrier Reef: A proxy for seawater temperature and a background of variability against which to identify unnatural change. Journal of Experimental Marine Biology and Ecology, 211(1): 29-67.

Lough J M, Barnes D J. 2000. Environmental controls on growth of the massive coral *Porites*. Journal of Experimental Marine Biology and Ecology, 245(2): 225-243.

Lough J M, Cantin N E. 2014. Perspectives on Massive Coral Growth Rates in a Changing Ocean. Biological Bulletin, 226(3): 187-202.

Lough J M, Cooper T F. 2011. New insights from coral growth band studies in an era of rapid environmental change. Earth-Science Reviews, 108(3-4): 170-184.

Lu H, Tong Y, Liu W, et al. 2018. Fisheries biological characteristics of Sthenoteuthis oualaniensis in the spring season in the El Nino year of 2016 in the Zhongsha Islands waters of South China Sea. Journal of Fisheries of China, 42(6): 912-921.

Luo X J, Mai B X, Yang Q S, et al. 2008. Distribution and partition of polycyclic aromatic hydrocarbon in surface water of the Pearl River Estuary, South China. Environmental Monitoring and Assessment, 145(1-3): 427-436.

Macintyre I G, Marshall J F. 1988. Submarine lithification in coral reefs: some facts and misconceptions. In Proc 6th Int Coral Reef Symp (Vol. 1, pp. 263-272).

Manzello D P. 2010. Coral growth with thermal stress and ocean acidification: lessons from the eastern tropical Pacific. Coral Reefs, 29(3): 749-758.

Marshall A T, Clode P. 2004. Calcification rate and the effect of temperature in a zooxanthellate and an azooxanthellate scleractinian reef coral. Coral Reefs, 23(2): 218-224.

Marshall J F, Davies P J. 1981. Submarine lithification on windward reef slopes; Capricorn-Bunker Group, southern Great Barrier Reef. J. Sediment. Res. 51(3), 953-960.

Martin C D, Chandler N A. 1994. The Progressive Fracture of Lac du Bonnet Granite. Rock Mechanics and Rock Engineering, 31(6): 643-659.

Martin C D. 1993. The strength of massive Lac du Bonnet granite around underground openings.

McConkey K R, Meehan H J, Drake D R. 2004. Seed dispersal by Pacific pigeons (*Ducula pacifica*) in Tonga, western Polynesia. Emu-Austral Ornithology, 104(4): 369-376.

Mcgregor H V, Gagan M K. 2003. Diagenesis and geochemistry of *Porites* corals from Papua New Guinea: Implications for paleoclimate reconstruction. Geochimica Et Cosmochimica Acta, 67(12): 2147-2156.

McQuatters-Gollop A, Reid P C, Edwards M, et al. 2011. Is there a decline in marine phytoplankton? Nature, 472(7342): E6-E7.

Morton B, Blackmore G. 2001. South China sea. Marine Pollution Bulletin, 42(12): 1236-1263.

Neumann AC, Macintyre I G. 1985. Reef response to sea level rise: keep-up, catch-up or give-up. Proc. Fifth Int. Coral Reef Congr., Tahiti, 3: 105-110.

Nguyen T T H, Zakem E J, Ebrahimi A, et al. 2022. Microbes contribute to setting the ocean carbon flux by altering the fate of sinking particulates. Nature Communications, 13: 1657.

Nicksiar M, Martin C D. 2012. Evaluation of Methods for Determining Crack Initiation in Compression Tests on Low-Porosity Rocks. Rock Mechanics and Rock Engineering, 45(4): 607-617.

Nie B, Chen T, Liang M, et al. 1997. Relationship between coral growth rate and sea surface temperature in the northern part of South China Sea during the past 100 a. Science in China Series D: Earth Sciences, 40(2): 173-182.

Nie H Y, Wang J, Xu K H, et al. 2019. Microplastic pollution in water and fish samples around Nanxun Reef in Nansha Islands, South China Sea. Science of the Total Environment, 696: 134022.

Nitani H. 1972. Beginning of the Kuroshio//Stommel H, Yoshida K. Kuroshio: Physical Aspects of the Japan Current. Washington: University of Washington Press: 129-163.

Nothdurft L D, Webb G E. 2009. Earliest diagenesis in scleractinian coral skeletons: implications for palaeoclimate-sensitive geochemical archives. Facies, 55(2): 161-201.

Palchik V. 2010. Mechanical Behavior of Carbonate Rocks at Crack Damage Stress Equal to Uniaxial Compressive Strength. Rock Mechanics and Rock Engineering, 43(4): 497-503.

Pappalardo G. 2015. Correlation Between P-Wave Velocity and Physical–Mechanical Properties of Intensely

Jointed Dolostones, Peloritani Mounts, NE Sicily. Rock Mechanics and Rock Engineering, 48(4): 1711-1721.

Parravicini V, Kulbicki M, Bellwood D R, et al. 2013. Global patterns and predictors of tropical reef fish species richness. Ecography, 36(12): 1254-1262.

Parsons T R, Maita Y, Lalli C M. 1984. A Manual of Chemical & Biological Methods for Seawater Analysis. Amsterdam: Pergamon.

Paul T, Brace W F. 1976. Development of stress-induced microcracks in Westerly granite. International Journal of Rock Mechanics and Mining Sciences & Geomechanics Abstracts, 13(7): 103-112.

Pepe G, Mineo S, Pappalardo G, et al. 2018. Relation between crack initiation-damage stress thresholds and failure strength of intact rock. Bulletin of Engineering Geology and the Environment, 77(2): 709-724.

Perry C T, Hepburn L J. 2010. Syn-depositional alteration of coral reef framework through bioerosion, encrustation and cementation: Taphonomic signatures of reef accretion and reef depositional events. Earth-Sci. Rev. 86(1), 106-144.

Price S A, Holzman R, Near T J, et al. 2011. Coral reefs promote the evolution of morphological diversity and ecological novelty in labrid fishes. Ecology Letters, 14(5): 462-469.

Ravishankara A R, Solomon S, Turnipseed A A, et al. 1993. Atmospheric lifetimes of long-lived halogenated species. Science, 259(5092): 194-199.

Rayner N A, Parker D E, Horton E B, et al. 2003. Global analyses of sea surface temperature, sea ice, and night marine air temperature since the late nineteenth century. Journal of Geophysical Research-Atmospheres, 108(D14), D14, 4407, doi: 10.1029/2002JD002670.

Reitner J, Gautret P, Marin F, et al. 1995. Automicrites in a modern microbialite. Formation model via organic matrices (Lizard Island, Great Barrier Reef, Australia). Bull. Inst. Oceanogr. Monaco 14, 237-263.

Reitner J. 1993. Modern cryptic microbialite/metazoan facies from Lizard Island (Great Barrier Reef, Australia), formation and concepts. Facies 29, 3-40.

Riding R. 1991. Classification of microbial carbonates. In: Riding, R. (Ed.), Calcareous Algae and Stromatolites. Springer, Berlin, pp. 55-87.

Schiettekatte N M D, Brandl S J, Casey J M, et al. 2022. Biological trade-offs underpin coral reef ecosystem functioning. Nature Ecology & Evolution, 6: 701-708.

Schneider A, Tanhua T, Körtzinger A, et al. 2012. An evaluation of tracer fields and anthropogenic carbon in the equatorial and the tropical North Atlantic. Deep Sea Research Part I: Oceanographic Research Papers, 67: 85-97.

Scholle P A, Ulmer-Scholle D S. 2003. A color guide to the petrography of carbonate rocks: grains, textures, porosity, diagenesis, AAPG Memoir 77. AAPG.

Simmonds J, Maclennan D. 2005. Fisheries Acoustics: Theory and Practice: 2nd ed. Oxford: Blackwell Publishing.

Steinberg D K, Goldthwait S A, Hansell D A. 2002. Zooplankton vertical migration and the active transport of dissolved organic and inorganic nitrogen in the Sargasso Sea. Deep Sea Research Part I: Oceanographic Research Papers, 49(8): 1445-1461.

Stöven T. 2015. Ocean Ventilation and anthropogenic carbon based on Evaluated Transient Tracer Applications. Kiel: Christian-Albrechts Universität Kiel.

Suchet P A, Probst J L. 1995. A global model for present-day atmospheric/soil CO_2 consumption by chemical erosion of continental rocks (GEM-CO_2). Tellus B, 47(1-2): 273-280.

Sully S, Burkepile D E, Donovan M K, et al. 2019. A global analysis of coral bleaching over the past two decades. Nat Commun, 10(1): 1264.

Swart P K. 2015. The geochemistry of carbonate diagenesis: the past, present and future. Sedimentology 62, 1233-1304.

Tan F, Yang H Q, Xu X R, et al. 2020. Microplastic pollution around remote uninhabited coral reefs of Nansha Islands, South China Sea. Science of the Total Environment, 725: 138383.

Tanhua T, Olsson K A, Fogelqvist E. 2004. A first study of SF_6 as a transient tracer in the Southern Ocean. Deep Sea Research Part II: Topical Studies in Oceanography, 51(22-24): 2683-2699.

Tanzil J T I, Brown B E, Tudhope A W, et al. 2009. Decline in skeletal growth of the coral *Porites* lutea from the Andaman Sea, South Thailand between 1984 and 2005. Coral Reefs, 28(2): 519-528.

Tanzil J T, Brown B E, Dunne R P, et al. 2013. Regional decline in growth rates of massive *Porites* corals in Southeast Asia. Global change biology, 19(10): 3011-3023.

Tittensor D P, Mora C, Jetz W, et al. 2010. Global patterns and predictors of marine biodiversity across taxa. Nature, 466(7310): 1098-1101.

Tsunogai S, Watanabe S, Sato T. 1999. Is there a "continental shelf pump" for the absorption of atmospheric CO_2? Tellus B: Chemical and Physical Meteorology, 51(3): 701-712.

Tucker M E, Wright V P. 1990. Carbonate sedimentology. Oxford: Blackwell Scientific Publications.

Veron J E N. 2000. Corals of the world. Townsville: Australian Institute of Marine Science.

Visscher P T, Stolz J F. 2005.Microbial mats as bioreactors: Populations, processes, and products. Paleogeogr. Paleoclimatol. Paleoecol. 219, 87-100.

Wang R, Yu K, Jones B, et al. 2018. Evolution and development of Miocene "island dolostones" on Xisha Islands, South China Sea. Marine Geology, 406: 142-158.

Wang X, Shan H, Wang X, et al. 2020. Strength Characteristics of Reef Limestone for Different Cementation Types. Geotechnical and Geological Engineering, 38(1): 79-89. DOI: 10.1007/s10706-019-01000-1.

Wang Y, Wang J Y, Mu J L, et al. 2014. Aquatic predicted no-effect concentration for three polycyclic aromatic hydrocarbons and probabilistic ecological risk assessment in Liaodong Bay of the Bohai Sea, China. Environmental Science and Pollution Research, 21(1): 148-158.

Wang Z Z, Wang R H, Li T Y, et al. 2015a. Pore-scale modeling of pore structure effects on P-wave scattering attenuation in dry rocks. PLoS One, 10(5): e0126941.

Wang Z Z, Wang R H, Weger R J, et al. 2015b. Pore-scale modeling of elastic wave propagation in carbonate rocks. Geophysics, 80(1): D51-D63.

Wania F, Mackay D, 1996. Tracking the distribution of persistent organic pollutants. Environmental Science & Technology, 30(9): 390A.

Wanninkhof R, Asher W E, Ho D T, et al. 2009. Advances in Quantifying air-sea gas exchange and environmental forcing. Annual Review of Marine Science, 1(1): 213-244.

Williams P M, Druffel E R M. 1987. Radiocarbon in dissolved organic matter in the centra North Pacific Ocean. Nature, 330(6145): 246-248.

Worum F P, Carricart-Ganivet J P, Benson L, et al. 2007. Simulation and observations of annual density banding in skeletons of Montastraea (Cnidaria : Scleractinia) growing under thermal stress associated with ocean warming. Limnology and Oceanography, 52(5): 2317-2323.

Wyrtki K. 1961. Physical oceanography of the southern Asian waters. NAGA Report, University of California.

Xiong H, Zong Y, Qian P, et al. 2018. Holocene sea-level history of the northern coast of South China Sea. Quaternary Science Reviews, 194: 12-26.

Xu Y Q, Luo Z L, Gao S X, et al. 2018. Pollination niche availability facilitates colonization of *Guettarda speciosa* with heteromorphic self-incompatibility on oceanic islands. Scientific Reports, 8(1): 13765.

Yan H, Shi Q, Yu K, et al. 2019. Regional coral growth responses to seawater warming in the South China Sea. Sci Total Environ, 670: 595-605.

Yan J, 1997. Observational study on the onset of the South China Sea southwest monsoon. Advances in Atmospheric Sciences, 14(2): 277-287.

Yang H J, Liu Q Y, Liu Z Y, et al. 2002. A general circulation model study of the dynamics of the upper ocean circulation of the South China Sea. Journal of Geophysical Research: Oceans, 107(c7): 1029-1043.

Yi L, Deng C, Yan W, et al. 2020. Neogene–quaternary magnetostratigraphy of the biogenic reef sequence of core NK–1 in Nansha Qundao, South China Sea. Science Bulletin, 66(3): 200-203.

You Y Z, Chern C S, Yang Y, et al. 2005. The South China Sea, a cul-de-sac of North Pacific intermediate water. Journal of Oceanography, 61(3): 509-527.

Yu J, Hu Q, Tang D, et al. 2019. Environmental effects on the spatiotemporal variability of purpleback flying squid in Xisha-Zhongsha waters, South China Sea. Marine Ecology Progress Series, 623: 25-37.

Yu K F, Zhao J X, Shi Q, et al. 2009. Reconstruction of storm/tsunami records over the last 4000 years using transported coral blocks and lagoon sediments in the southern South China Sea. Quaternary International, 195: 128-137.

Yu K F, Zhao J X, Wang P X, et al. 2006. High-precision TIMS U-series and AMS C-14 dating of a coral reef lagoon sediment core from southern South China Sea. Quaternary Science Reviews, 25(17-18): 2420-2430.

Zankl H. 1993. The origin of high-Mg calcite microbialites in cryptic habitats of Caribbean coral reefs-their dependence on light and turbulence. Facies, 29, 55-60.

Zeebe R E, Wolf-Gladrow D, 2001. CO_2 in Seawater: Equilibrium, Kinetics, Isotopes. Amsterdam: Elsevier Oceanography Series 65.

Zhang L L, Zhang S P, Wang Y H, et al. 2019. The spatial distribution of microplastic in the sands of a coral reef island in the South China Sea: comparisons of the fringing reef and atoll. Science of the Total Environment, 688: 780-786.

Zhang R J, Zhang R L, Yu K F, et al. 2018. Occurrence, sources and transport of antibiotics in the surface water of coral reef regions in the South China Sea: Potential risk to coral growth. Environmental Pollution, 232: 450-457.

Zhao G M, Ye S Y, Yuan H M, et al. 2017. Surface sediment properties and heavy metal pollution assessment in the Pearl River Estuary, China. Environmental Science and Pollution Research, 24(3): 2966-2979.

Zhao M, Zhang H, Zhong Y, et al. 2021. Microstructural characteristics of the stony coral genus Acropora useful to coral reef paleoecology and modern conservation. Ecology Evolution, 11(7): 3093-3109.

Zong Y Q. 2004. Mid-holocene sea-level highstand along the southeast coast of China. Quaternary International, 117: 55-67.

Zuo X, Su F, Wu W, et al. 2015. Spatial and temporal variability of thermal stress to China's coral reefs in South China Sea. Chinese Geographical Science, 25(2): 159-173.

附　　录

附录Ⅰ　性成熟度判定方法

Ⅰ期：性腺尚未发育的个体。性腺不发达，肉眼难辨雌雄。

Ⅱ期：性腺开始发育或产卵后重新发育的个体，能辨别雌雄。卵巢呈细管状（或扁带状），半透明，分支血管不明显，呈浅肉红色，但肉眼不能看出卵粒。精巢偏平，稍透明，呈灰白色或灰褐色。

Ⅲ期：性腺正在成熟的个体。性腺已较发达，卵巢体积增大，占整个腹腔的 1/3～1/2，肉眼可以明显看出不透明的稍具白色或浅黄色的卵粒，互相粘连成团块状，切开卵巢挑取卵粒时，卵粒很难从卵巢上脱落下来。精巢表面呈灰白色或稍具浅红色，挤压无精液流出。

Ⅳ期：性腺即将成熟的个体，卵巢已有很大的发展，占腹腔的 2/3 左右。卵粒显著，呈圆形。切开卵巢膜，容易使卵粒彼此分离。轻压鱼腹无成熟卵粒流出。精巢明显增大，呈白色。挑破精巢膜或轻压鱼腹，有少量精液流出，精巢横断面的边缘略呈圆形。

Ⅴ期：性腺完全成熟，即将或正在产卵的个体。卵巢饱满，充满体腔。卵大透明，压挤卵巢或手提鱼头使肛门向下，对鱼腹部稍加压力，卵粒即流出。切开卵巢膜，卵粒就各个分离。精巢发育达最大，呈乳白色，充满精液。挤压精巢或对鱼腹稍加压力，精液即流出。

Ⅵ期：产卵排精后的个体。性腺萎缩、松弛、充血，呈暗红色，体积显著缩小，只占体腔一小部分。卵巢、精巢内部常残留少数成熟的卵粒或精液，末端有时出现淤血。

附录Ⅱ　胃含物摄食等级划分方法

0 级：空胃。

1 级：胃内有少量食物，其体积不超过胃腔的 1/2。

2 级：胃内食物较多，其体积超过胃腔的 1/2。

3 级：胃内充满食物，但胃壁不膨胀。

4 级：胃内食物饱满，胃壁膨胀变薄。

附录Ⅲ　中沙群岛近纬度地区常见海岛植物名录

注：科号及科的排序，蕨类植物按照 PPG I 系统（2017），裸子植物按照 2022 裸子植物分类系统，被子植物按照 APG IV 系统（2016）；属种按拉丁学名字母排序。本名录不包括人工栽种物种，共记录 65 科 195 属 323 种，其中蕨类植物有 7 科 7 属 8 种，被子植物有 58 科 188 属 315 种。

蕨类植物

P.5　松叶蕨科　Psilotaceae

松叶蕨　*Psilotum nudum* (L.) P. Beauv.　永兴岛。

P.13　海金沙科　Lygodiaceae

海金沙　*Lygodium japonicum* (Thunb.) Sw.　永兴岛、赵述岛。

P.18　凤尾蕨科　Pteridaceae

蜈蚣凤尾蕨　*Pteris vittata* L.　永兴岛。

P.31　碗蕨科　Dennstaedtiaceae

热带鳞盖蕨　*Microlepia speluncae* (L.) Moore　永兴岛。

P.42　金星蕨科　Thelypteridaceae

华南毛蕨　*Cyclosorus parasiticus* (L.) Farw.　永兴岛。

P.46　肾蕨科　Nephrolepidaceae

肾蕨　*Nephrolepis auriculata* (L.) Trimen　甘泉岛。
长叶肾蕨　*Nephrolepis biserrata* (Sw.) Schott　永兴岛。

P.51　水龙骨科　Polypodiaceae

瘤蕨　*Microsorum scolopendria* (Burm.) Copel.　永兴岛、东岛。

被子植物

11　胡椒科　Piperaceae

草胡椒　*Peperomia pellucida* (L.) Kunth　永兴岛。

25 樟科 Lauraceae

无根藤 *Cassytha filiformis* L. 永兴岛、石岛、东岛、中建岛、晋卿岛、琛航岛、广金岛、金银岛、甘泉岛、珊瑚岛、赵述岛。

潺槁木姜子 *Litsea glutinosa* (Lour.) C. B. Rob. 永兴岛。

28 天南星科 Araceae

麒麟叶 *Epipremnum pinnatum* (L.) Engl. 赵述岛。

32 水鳖科 Hydrocharitaceae

海菖蒲 *Enhalus acoroides* (L. f.) Royle 珊瑚岛。

卵叶喜盐草 *Halophila ovalis* (R. Br.) Hook. f. 银屿。

草茨藻 *Najas graminea* Delile 东岛。

泰来藻 *Thalassia hemprichii* (Ehrenb. ex Solms) Asch. 晋卿岛。

40 川蔓藻科 Ruppiaceae

川蔓藻 *Ruppia maritima* L. 琛航岛。

41 丝粉藻科 Cymodoceaceae

丝粉藻 *Cymodocea rotundata* Asch. et Schweinf. 永兴岛、广金岛、珊瑚岛。

50 露兜树科 Pandanaceae

露兜树 *Pandanus tectorius* Parkinson 珊瑚岛、鸭公岛、西沙洲、赵述岛、北岛、南沙洲。

61 兰科 Orchidaceae

美冠兰 *Eulophia graminea* Lindl. 永兴岛。

74 天门冬科 Asparagaceae

天门冬 *Asparagus cochinchinensis* (Lour.) Merr. 永兴岛。

小花吊兰 *Chlorophytum laxum* R. Br. 晋卿岛。

78 鸭跖草科 Commelinaceae

饭包草 *Commelina benghalensis* L. 永兴岛、石岛、珊瑚岛。

竹节菜 *Commelina diffusa* Burm.f. 永兴岛。

98 莎草科 Cyperaceae

扁穗莎草 *Cyperus compressus* L. 永兴岛、东岛、琛航岛、金银岛。

砖子苗 *Cyperus cyperoides* (L.) Kuntze 永兴岛。

疏穗莎草 *Cyperus distans* L. 永兴岛。

羽状穗砖子苗 *Cyperus javanicus* Houtt. 永兴岛、石岛、东岛、甘泉岛。

多穗扁莎 *Cyperus polystachyos* Rottboll 永兴岛。

香附子 *Cyperus rotundus* L. 永兴岛、石岛、东岛、中建岛、琛航岛、金银岛、甘泉岛、珊瑚岛。

粗根茎莎草 *Cyperus stoloniferus* Retz. 永兴岛。

佛焰苞飘拂草 *Fimbristylis cymosa* var. *spathacea* (Roth) T. Koyama 永兴岛、东岛、晋卿岛、琛航岛、广金岛、甘泉岛、中沙洲、南沙洲。

两歧飘拂草 *Fimbristylis dichotoma* (L.) Vahl 永兴岛。

知风飘拂草 *Fimbristylis eragrostis* (Nees) Hance 永兴岛。

锈鳞飘拂草 *Fimbristylis sieboldii* Miq. ex C. B. Clarke 永兴岛、石岛、东岛、晋卿岛、琛航岛、广金岛、甘泉岛、珊瑚岛。

双穗飘拂草 *Fimbristylis subbispicata* Nees et Meyen 永兴岛。

黑莎草 *Gahnia tristis* Nees 琛航岛。

短叶水蜈蚣 *Kyllinga brevifolia* Rottb. 永兴岛。

三头水蜈蚣 *Kyllinga bulbosa* P. Beauv. 赵述岛。

红鳞扁莎 *Pycreus sanguinolentus* (Vahl) Nees 永兴岛。

103 禾本科 Poaceae

臭虫草 *Alloteropsis cimicina* (L.) Stapf 永兴岛。

荩草 *Arthraxon hispidus* (Thunb.) Makino 金银岛。

泥竹 *Bambusa gibba* McClure 永兴岛。

臭根子草 *Bothriochloa bladhii* (Retz.) S. T. Blake 永兴岛。

白羊草 *Bothriochloa ischaemum* (L.) Keng 永兴岛。

多枝臂形草 *Brachiaria ramosa* (L.) Stapf 永兴岛。

四生臂形草 *Brachiaria subquadripara* (Trin.) Hitchc. 永兴岛、东岛、中建岛、晋卿岛、珊瑚岛。

毛臂形草 *Brachiaria villosa* (Ham.) A. Camus 永兴岛。

蒺藜草 *Cenchrus echinatus* L. 永兴岛、东岛。

孟仁草 *Chloris barbata* Sw. 永兴岛。

台湾虎尾草 *Chloris formosana* (Honda) Keng ex B. S. Sun et Z. H. Hu 永兴岛、东岛、中建岛、金银岛、珊瑚岛。

狗牙根 *Cynodon dactylon* (L.) Pers. 永兴岛、东岛、中建岛。

弯穗狗牙根 *Cynodon radiatus* Roth ex Roem. et Schult. 永兴岛。

龙爪茅 *Dactyloctenium aegyptium* (L.) Beauv. 永兴岛、石岛、东岛、中建岛、金银岛、甘泉岛、珊瑚岛。

双花草 *Dichanthium annulatum* (Forssk.) Stapf 永兴岛。

异马唐 *Digitaria bicornis* (Lam.) Roem. et Schult. 晋卿岛。

升马唐 *Digitaria ciliaris* (Retz.) Koeler 永兴岛。

毛马唐 *Digitaria ciliaris* var. *chrysoblephara* (Fig. et De Not.) R. R. Stewart 永兴岛、中建岛、金银岛。

二型马唐 *Digitaria heterantha* (Hook. f.) Merr. 永兴岛、石岛、金银岛。

长花马唐 *Digitaria longiflora* (Retz.) Pers. 晋卿岛。

绒马唐 *Digitaria mollicoma* (Kunth) Henr. 晋卿岛。

红尾翎 *Digitaria radicosa* (J. Presl) Miq. 永兴岛、晋卿岛、琛航岛、广金岛。

马唐 *Digitaria sanguinalis* (L.) Scopoli 永兴岛。

短颖马唐 *Digitaria setigera* Roth 永兴岛。

紫马唐 *Digitaria violascens* Link 永兴岛。

光头稗 *Echinochloa colona* (L.) Link 永兴岛。

牛筋草 *Eleusine indica* (L.) Gaertn. 永兴岛、石岛、东岛、中建岛、琛航岛、金银岛、珊瑚岛、赵述岛。

肠须草 *Enteropogon dolichostachyus* (Lag.) Keng 赵述岛。

长画眉草 *Eragrostis brownii* (Kunth) Nees 永兴岛。

纤毛画眉草 *Eragrostis ciliata* (Roxb.) Nees 永兴岛、石岛、东岛、琛航岛、甘泉岛、珊瑚岛。

画眉草 *Eragrostis pilosa* (L.) Beauv. 永兴岛。

鲫鱼草 *Eragrostis tenella* (L.) P. Beauv. ex Roem. et Schult. 永兴岛、东岛、晋卿岛、琛航岛、金银岛、珊瑚岛。

牛虱草 *Eragrostis unioloides* (Retz.) Nees ex Steudel 永兴岛。

假俭草 *Eremochloa ophiuroides* (Munro) Hack. 永兴岛、广金岛、晋卿岛。

高野黍 *Eriochloa procera* (Retz.) C. E. Hubb. 永兴岛、甘泉岛。

黄茅 *Heteropogon contortus* (L.) P. Beauv.ex Roem. et Schult. 永兴岛。

白茅 *Imperata cylindrica* var. *major* (Nees) C. E. Hubb. 永兴岛。

千金子 *Leptochloa chinensis* (L.) Nees 永兴岛。

虮子草 *Leptochloa panicea* (Retz.) Ohwi 赵述岛。

细穗草 *Lepturus repens* (G. Forst.) R. Br. 永兴岛、石岛、东岛、中建岛、晋卿岛、琛航岛、金银岛、珊瑚岛、银屿、西沙洲、赵述岛、北岛、南岛、北沙洲、中沙洲、南沙洲。

红毛草 *Melinis repens* (Willd.) Zizka 永兴岛。

芒 *Miscanthus sinensis* Andersson 永兴岛。

类芦 *Neyraudia reynaudiana* (Kunth) Keng 晋卿岛。

蛇尾草 *Ophiuros exaltatus* (L.) Kuntze 中岛。

露籽草 *Ottochloa nodosa* (Kunth) Dandy 永兴岛。

短叶黍 *Panicum brevifolium* L. 永兴岛。

大黍 *Panicum maximum* Jacq. 晋卿岛。

铺地黍 *Panicum repens* L. 永兴岛、东岛、琛航岛、广金岛、甘泉岛、珊瑚岛。
两耳草 *Paspalum conjugatum* Berg. 晋卿岛。
双穗雀稗 *Paspalum distichum* L. 永兴岛。
长叶雀稗 *Paspalum longifolium* Roxb. 永兴岛。
圆果雀稗 *Paspalum scrobiculatum* var. *orbiculare* (G. Forst.) Hack. 永兴岛。
海雀稗 *Paspalum vaginatum* Sw. 永兴岛。
茅根 *Perotis indica* (L.) Kuntze 永兴岛。
筒轴茅 *Rottboellia cochinchinensis* (Lour.) Clayton 永兴岛。
斑茅 *Saccharum arundinaceum* Retz. 永兴岛。
莠狗尾草 *Setaria geniculata* (Lam.) Beauv. 永兴岛。
鼠尾粟 *Sporobolus fertilis* (Steud.) Clayton 永兴岛、东岛。
盐地鼠尾粟 *Sporobolus virginicus* (L.) Kunth 永兴岛、琛航岛、甘泉岛。
钝叶草 *Stenotaphrum helferi* Munro ex J. D. Hooker 地点不详。
锥穗钝叶草 *Stenotaphrum micranthum* (Desv.) C. E. Hubb. 永兴岛、东岛、羚羊礁、甘泉岛。
侧钝叶草 *Stenotaphrum secundatum* (Walter) Kuntze 地点不详。
蒭雷草 *Thuarea involuta* (G. Forst.) R. Br. ex Roem. et Schult. 永兴岛、东岛、中建岛、晋卿岛、琛航岛、广金岛、金银岛、甘泉岛、珊瑚岛、银屿、南岛。
雀稗尾稃草 *Urochloa paspaloides* J. S. Presl ex Presl 晋卿岛、银屿。
光尾稃草 *Urochloa reptans* var. *glabra* S. L. Chen et Y. X. Jin 晋卿岛。
沟叶结缕草 *Zoysia matrella* (L.) Merr. 永兴岛、东岛。

106 罂粟科 Papaveraceae

蓟罂粟 *Argemone mexicana* L. 永兴岛、金银岛。

109 防己科 Menispermaceae

毛叶轮环藤 *Cyclea barbata* Miers 永兴岛。
粪箕笃 *Stephania longa* Lour. 永兴岛。

136 葡萄科 Vitaceae

白粉藤 *Cissus repens* Lamk. Encycl. 永兴岛。
三叶崖爬藤 *Tetrastigma hemsleyanum* Diels et Gilg 永兴岛。

138 蒺藜科 Zygophyllaceae

大花蒺藜 *Tribulus cistoides* L. 永兴岛、石岛、金银岛、琛航岛、甘泉岛、珊瑚岛、赵述岛、南岛。
蒺藜 *Tribulus terrestris* L. 琛航岛、珊瑚岛。

140 豆科 Fabaceae

相思子 *Abrus precatorius* L. 永兴岛。

链荚豆 *Alysicarpus vaginalis* (L.) DC. 永兴岛、石岛、东岛、琛航岛、珊瑚岛。

刺果苏木 *Caesalpinia bonduc* (L.) Roxb. 永兴岛、盘石屿、晋卿岛、琛航岛、金银岛、珊瑚岛、赵述岛。

南天藤 *Caesalpinia crista* L. 永兴岛。

蔓草虫豆 *Cajanus scarabaeoides* (L.) Thouars 永兴岛。

虫豆 *Cajanus volubilis* (Blanco) Blanco 永兴岛。

小刀豆 *Canavalia cathartica* Thou. 东岛。

海刀豆 *Canavalia rosea* (Sw.) DC. 永兴岛、东岛、琛航岛。

柄腺山扁豆 *Chamaecrista pumila* (Lam.) V. Singh 永兴岛。

铺地蝙蝠草 *Christia obcordata* (Poir.) Bahn. F. 赵述岛。

猪屎豆 *Crotalaria pallida* Aiton 永兴岛。

吊裙草 *Crotalaria retusa* L. 永兴岛。

农吉利 *Crotalaria sessiliflora* L. 永兴岛。

榼藤 *Entada phaseoloides* (L.) Merr. 永兴岛、晋卿岛。

异叶三点金 *Grona heterophylla* (Willd.) H. Ohashi et K. Ohashi 永兴岛。

三点金 *Grona triflora* (L.) H. Ohashi et K. Ohashi 永兴岛、东岛。

喙荚云实 *Guilandina minax* (Hance) G. P. Lewis 永兴岛。

疏花木蓝 *Indigofera colutea* (Burm. f.) Merr. 永兴岛、石岛、琛航岛、珊瑚岛。

硬毛木蓝 *Indigofera hirsuta* L. 永兴岛。

九叶木蓝 *Indigofera linnaei* Ali 永兴岛。

刺荚木蓝 *Indigofera nummulariifolia* (L.) Livera ex Alston 永兴岛。

小叶细蚂蟥 *Leptodesmia microphylla* (Thunb.) H. Ohashi et K. Ohashi 晋卿岛。

银合欢 *Leucaena leucocephala* (Lam.) de Wit 永兴岛、石岛、东岛、中建岛、琛航岛、珊瑚岛。

紫花大翼豆 *Macroptilium atropurpureum* (DC.) Urban 永兴岛。

无刺巴西含羞草 *Mimosa diplotricha* var. *inermis* (Adelb.) Veldkamp 永兴岛。

琼油麻藤 *Mucuna hainanensis* Hayata 永兴岛。

小鹿藿 *Rhynchosia minima* (L.) DC. 永兴岛。

落地豆 *Rothia indica* (L.) Druce 永兴岛。

望江南 *Senna occidentalis* (L.) Link 永兴岛、东岛、琛航岛、金银岛、珊瑚岛。

决明 *Senna tora* (L.) Roxb. 永兴岛、东岛。

刺田菁 *Sesbania bispinosa* (Jacq.) W. Wight 永兴岛。

田菁 *Sesbania cannabina* (Retz.) Poir. 永兴岛、琛航岛。

海南槐（绒毛槐） *Sophora tomentosa* L. 永兴岛、东岛、金银岛。

西沙灰毛豆（西沙灰叶） *Tephrosia luzoniensis* Vogel 永兴岛、石岛、珊瑚岛。

矮灰毛豆　*Tephrosia pumila* (Lam.) Pers.　永兴岛、珊瑚岛。
灰毛豆（灰叶）　*Tephrosia purpurea* (L.) Pers.　永兴岛、东岛、琛航岛。
滨豇豆　*Vigna marina* (Burm.) Merr.　石岛、盘石屿、中建岛、琛航岛、广金岛、羚羊礁、金银岛、甘泉岛、银屿、北岛。

141 海人树科 Surianaceae

海人树　*Suriana maritima* L.　永兴岛、石岛、东岛、中建岛、晋卿岛、琛航岛、广金岛、金银岛、银屿、西沙洲、赵述岛、北岛、南岛、中沙洲、南沙洲。

147 鼠李科 Rhamnaceae

蛇藤　*Colubrina asiatica* (L.) Brongn.　永兴岛。

149 大麻科 Cannabaceae

异色山黄麻　*Trema orientalis* (L.) Blume　永兴岛。
山黄麻　*Trema tomentosa* (Roxb.) H. Hara　永兴岛。

150 桑科 Moraceae

对叶榕　*Ficus hispida* L. f.　永兴岛。
斜叶榕　*Ficus tinctoria* subsp. *gibbosa* (Bl.) Corner　永兴岛。
鹊肾树　*Streblus asper* Lour.　永兴岛。

151 荨麻科 Urticaceae

雾水葛　*Pouzolzia zeylanica* (L.) Benn. et R. Br.　晋卿岛。
多枝雾水葛　*Pouzolzia zeylanica* var. *microphylla* (Wedd.) W. T. Wang　永兴岛。

163 葫芦科 Cucurbitaceae

红瓜　*Coccinia grandis* (L.) Voigt　永兴岛、金银岛。
番马瓟　*Melothria pendula* L.　永兴岛、晋卿岛。

171 酢浆草科 Oxalidaceae

酢浆草　*Oxalis corniculata* L.　永兴岛、琛航岛。

184 红厚壳科 Calophyllaceae

红厚壳　*Calophyllum inophyllum* L.　永兴岛、东岛、中建岛、晋卿岛、琛航岛、金银岛、甘泉岛、珊瑚岛、南岛。

202 西番莲科 Passifloraceae

龙珠果　*Passiflora foetida* L.　永兴岛、琛航岛、广金岛、金银岛、珊瑚岛。

204 杨柳科 Salicaceae

刺篱木 *Flacourtia indica* (Burm. F.) Merr. 晋卿岛。

207 大戟科 Euphorbiaceae

铁苋菜 *Acalypha australis* L. 永兴岛。

热带铁苋菜 *Acalypha indica* L. 永兴岛、中建岛、金银岛、珊瑚岛。

麻叶铁苋菜 *Acalypha lanceolata* Willd. 永兴岛、金银岛、珊瑚岛。

海滨大戟 *Euphorbia atoto* G. Forst. 永兴岛、石岛、中建岛、晋卿岛、琛航岛、广金岛、羚羊礁、金银岛、甘泉岛、珊瑚岛、银屿、赵述岛、北岛、中岛、南岛、中沙洲、南沙洲。

小叶大戟（小叶地锦） *Euphorbia heyneana* Spreng. 东岛。

飞扬草 *Euphorbia hirta* L. 永兴岛、石岛、东岛、中建岛、晋卿岛、琛航岛、广金岛、金银岛、甘泉岛、珊瑚岛。

通奶草 *Euphorbia hypericifolia* L. 永兴岛。

匍匐大戟 *Euphorbia prostrata* Aiton 珊瑚岛。

千根草 *Euphorbia thymifolia* L. 永兴岛、石岛、东岛、中建岛、琛航岛、金银岛、珊瑚岛、赵述岛。

海漆 *Excoecaria agallocha* L. 晋卿岛。

地构桐（小果木） *Micrococca mercurialis* (L.) Benth. 永兴岛。

地杨桃 *Microstachys chamaelea* (L.) Müll. Arg. 永兴岛。

211 叶下珠科 Phyllanthaceae

苦味叶下珠 *Phyllanthus amarus* Schumacher et Thonning 永兴岛、石岛、东岛、中建岛、晋卿岛、琛航岛、广金岛、金银岛、甘泉岛、珊瑚岛、中沙洲、南沙洲。

余甘子（油甘子） *Phyllanthus emblica* L. 甘泉岛。

珠子草 *Phyllanthus niruri* L. 永兴岛、石岛、东岛、中建岛、晋卿岛、琛航岛、广金岛、金银岛、甘泉岛、珊瑚岛、中沙洲、南沙洲。

小果叶下珠 *Phyllanthus reticulatus* Poir. 永兴岛。

纤梗叶下珠 *Phyllanthus tenellus* Benth. 永兴岛。

叶下珠 *Phyllanthus urinaria* L. 永兴岛、石岛。

黄珠子草 *Phyllanthus virgatus* Forst. F. 赵述岛。

艾堇 *Sauropus bacciformis* (L.) Airy Shaw 永兴岛。

214 使君子科 Combretaceae

榄李 *Lumnitzera racemosa* Willd. 琛航岛。

215 千屈菜科 Lythraceae

水芫花 *Pemphis acidula* J. R. Forst. et G. Forst. 东岛、晋卿岛、琛航岛、广金岛、

金银岛、西沙洲、赵述岛。

240 无患子科 Sapindaceae

倒地铃　*Cardiospermum halicacabum* L.　永兴岛。

242 苦木科 Simaroubaceae

鸦胆子　*Brucea javanica* (L.) Merr.　晋卿岛。

247 锦葵科 Malvaceae

磨盘草　*Abutilon indicum* (L.) Sweet　永兴岛、石岛、东岛、琛航岛、金银岛、珊瑚岛。

脬果苘　*Herissantia crispa* (L.) Brizicky　永兴岛、石岛、金银岛、珊瑚岛。

赛葵　*Malvastrum coromandelianum* (L.) Garcke　永兴岛、石岛、东岛、琛航岛、金银岛、甘泉岛、珊瑚岛。

马松子　*Melochia corchorifolia* L.　永兴岛。

黄花棯　*Sida acuta* Burm. f.　永兴岛、琛航岛。

小叶黄花棯　*Sida alnifolia* var. *microphylla* (Cav.) S. Y. Hu　东岛、琛航岛、珊瑚岛、赵述岛。

圆叶黄花棯　*Sida alnifolia* var. *orbiculata* S. Y. Hu　永兴岛、石岛、东岛、晋卿岛、琛航岛、广金岛、金银岛、甘泉岛、珊瑚岛、鸭公岛、赵述岛、北岛、中沙洲、南沙洲。

中华黄花棯　*Sida chinensis* Retz.　永兴岛、甘泉岛。

长梗黄花棯　*Sida cordata* (Burm. f.) Borss. Waalk.　永兴岛、金银岛。

心叶黄花棯　*Sida cordifolia* L.　永兴岛、中建岛、金银岛。

黏毛黄花棯　*Sida mysorensis* Wight et Arn.　永兴岛、中建岛、珊瑚岛。

白背黄花棯　*Sida rhombifolia* L.　永兴岛。

桐棉　*Thespesia populnea* (L.) Sol. ex Corrêa　永兴岛。

粗齿刺蒴麻　*Triumfetta grandidens* Hance　永兴岛。

铺地刺蒴麻　*Triumfetta procumbens* G. Forst.　永兴岛、石岛、东岛、中建岛、晋卿岛、琛航岛、广金岛、羚羊礁、金银岛、甘泉岛、珊瑚岛、银屿、赵述岛、北岛、中岛、南岛、北沙洲、中沙洲、南沙洲。

刺蒴麻　*Triumfetta rhomboidea* Jacq.　永兴岛。

地桃花　*Urena lobata* L.　永兴岛。

蛇婆子　*Waltheria indica* L.　永兴岛、琛航岛、珊瑚岛。

268 山柑科 Capparaceae

钝叶鱼木　*Crateva trifoliata* (Roxb.) B. S. Sun　北沙洲。

269 白花菜科 Cleomaceae

黄花草　*Arivela viscosa* (L.) Rafinesque　永兴岛、石岛、东岛、中建岛、晋卿岛、

琛航岛、广金岛、金银岛、甘泉岛、珊瑚岛、西沙洲。

白花菜 *Gynandropsis gynandra* (L.) Briquet 永兴岛、石岛、金银岛。

皱籽白花菜 *Cleome rutidosperma* DC. 永兴岛。

295 石竹科 Caryophyllaceae

荷莲豆草 *Drymaria cordata* (L.) Willdenow ex Schultes 永兴岛。

297 苋科 Amaranthaceae

土牛膝 *Achyranthes aspera* L. 永兴岛、石岛、东岛、晋卿岛、琛航岛、广金岛、金银岛、甘泉岛、珊瑚岛。

钝叶土牛膝 *Achyranthes aspera* var. *indica* L. 永兴岛、东岛、琛航岛。

牛膝 *Achyranthes bidentata* Blume 永兴岛、东岛。

喜旱莲子草 *Alternanthera philoxeroides* (Mart.) Griseb. 永兴岛、北岛。

莲子草 *Alternanthera sessilis* (L.) R. Br. ex DC. 永兴岛。

尾穗苋 *Amaranthus caudatus* L. 永兴岛、珊瑚岛。

老鸦谷 *Amaranthus cruentus* L. 永兴岛。

刺苋 *Amaranthus spinosus* L. 永兴岛。

皱果苋 *Amaranthus viridis* L. 永兴岛、石岛、中建岛、琛航岛、甘泉岛、珊瑚岛。

青葙 *Celosia argentea* L. 永兴岛。

狭叶尖头叶藜 *Chenopodium acuminatum* subsp. *virgatum* (Thunb.) Kitam. 永兴岛。

银花苋 *Gomphrena celosioides* Mart. 永兴岛、石岛。

303 针晶粟草科 Gisekiaceae

针晶粟草 *Gisekia pharnaceoides* L. 北岛。

304 番杏科 Aizoaceae

海马齿 *Sesuvium portulacastrum* (L.) L. 永兴岛、石岛、东岛、中建岛、晋卿岛、琛航岛、广金岛、金银岛、甘泉岛、珊瑚岛、羚羊礁。

假海马齿 *Trianthema portulacastrum* L. 永兴岛、中建岛、珊瑚岛。

307 紫茉莉科 Nyctaginaceae

白花黄细心 *Boerhavia albiflora* Fosberg 永兴岛、东岛。

华黄细心 *Boerhavia chinensis* (L.) Aschers. et Schweinf. 永兴岛、琛航岛、广金岛、金银岛、甘泉岛、珊瑚岛、赵述岛、南岛。

红细心 *Boerhavia coccinea* Miller 广金岛、晋卿岛。

黄细心 *Boerhavia diffusa* L. 永兴岛、石岛、东岛、晋卿岛、琛航岛、广金岛、金银岛、甘泉岛、珊瑚岛、赵述岛、北岛、南岛。

西沙黄细心（直立黄细心） *Boerhavia erecta* L. 永兴岛、石岛、东岛、琛航岛、羚羊礁、金银岛、甘泉岛、珊瑚岛、鸭公岛、北岛、北沙洲、中沙洲、南沙洲。

匍匐黄细心 *Boerhavia repens* L. 珊瑚岛、晋卿岛、甘泉岛。

抗风桐 *Pisonia grandis* R. Br. 永兴岛、石岛、东岛、晋卿岛、琛航岛、广金岛、金银岛、甘泉岛、珊瑚岛、赵述岛。

309 粟米草科 Molluginaceae

长梗星粟草 *Glinus oppositifolius* (L.) A. DC. 永兴岛、石岛、琛航岛。

毯粟草 *Mollugo verticillata* L. 永兴岛、金银岛。

无茎粟草 *Paramollugo nudicaulis* (Lam.) Thulin 永兴岛。

315 马齿苋科 Portulacaceae

马齿苋 *Portulaca oleracea* L. 永兴岛、石岛、东岛、中建岛、琛航岛、广金岛、金银岛、甘泉岛、珊瑚岛、银屿、石屿。

毛马齿苋 *Portulaca pilosa* L. 永兴岛、石岛、东岛、中建岛、琛航岛、广金岛、金银岛、甘泉岛、珊瑚岛、南岛。

沙生马齿苋 *Portulaca psammotropha* Hance 石岛、东岛、琛航岛、南沙洲。

四瓣马齿苋 *Portulaca quadrifida* L. 永兴岛、石岛、琛航岛、广金岛、赵述岛、珊瑚岛。

352 茜草科 Rubiaceae

小牙草 *Dentella repens* (L.) J. R. Frost. et G. Forst. 永兴岛。

海岸桐 *Guettarda speciosa* L. 永兴岛、石岛、东岛、中建岛、晋卿岛、琛航岛、广金岛、金银岛、甘泉岛、珊瑚岛、西沙洲、赵述岛、北岛、中岛、南岛。

双花耳草 *Hedyotis biflora* (L.) Lam. 珊瑚岛。

伞房花耳草 *Hedyotis corymbosa* (L.) Lam. 永兴岛、石岛、东岛、琛航岛、金银岛、珊瑚岛。

白花蛇舌草 *Scleromitrion diffusum* (Willd.) R. J. Wang 金银岛。

盖裂果 *Mitracarpus hirtus* (L.) Candolle 永兴岛。

海滨木巴戟（海巴戟天） *Morinda citrifolia* L. 永兴岛、石岛、东岛、中建岛、晋卿岛、琛航岛、广金岛、金银岛、甘泉岛、珊瑚岛、赵述岛、北岛、南岛。

鸡眼藤 *Morinda parvifolia* Bartl. ex DC. 西沙洲。

鸡矢藤 *Paederia foetida* L. 永兴岛。

墨苜蓿 *Richardia scabra* L. 永兴岛。

糙叶丰花草 *Spermacoce hispida* L. 永兴岛、金银岛。

丰花草 *Spermacoce pusilla* Wall. 永兴岛、东岛。

光叶丰花草 *Spermacoce remota* Lamarck 永兴岛、东岛。

356 夹竹桃科 Apocynaceae

长春花 *Catharanthus roseus* (L.) G. Don 永兴岛、石岛、东岛、中建岛、金银岛、

珊瑚岛。

白长春花 *Catharanthus roseus* ‘Albus’ G. Don 永兴岛、珊瑚岛、东岛。

海杧果 *Cerbera manghas* L. 永兴岛。

倒吊笔 *Wrightia pubescens* R. Br. 永兴岛。

357 紫草科 Boraginaceae

橙花破布木 *Cordia subcordata* Lam. 永兴岛、石岛、东岛、晋卿岛、琛航岛、金银岛、甘泉岛、珊瑚岛。

大尾摇 *Heliotropium indicum* L. 永兴岛。

银毛树 *Tournefortia argentea* L. f. 永兴岛、石岛、东岛、中建岛、晋卿岛、琛航岛、广金岛、羚羊礁、金银岛、甘泉岛、珊瑚岛、鸭公岛、银屿、西沙洲、赵述岛、北岛、中岛、南岛、北沙洲、中沙洲、南沙洲。

359 旋花科 Convolvulaceae

土丁桂 *Evolvulus alsinoides* (L.) L. 甘泉岛。

猪菜藤 *Hewittia malabarica* (L.) Suresh 永兴岛。

月光花 *Ipomoea alba* L. 东岛。

变色牵牛 *Ipomoea indica* (Burm.) Merr. 东岛。

牵牛 *Ipomoea nil* (L.) Roth 永兴岛。

紫心牵牛（小心叶薯） *Ipomoea obscura* (L.) Ker Gawl. 永兴岛、东岛、琛航岛、金银岛、珊瑚岛。

厚藤 *Ipomoea pes-caprae* (L.) R. Br. 永兴岛、石岛、东岛、盘石屿、中建岛、晋卿岛、琛航岛、广金岛、羚羊礁、金银岛、甘泉岛、珊瑚岛、银屿、西沙洲、赵述岛、北岛、中岛、南岛、南沙洲。

虎脚牵牛（虎掌藤） *Ipomoea pes-tigridis* L. 永兴岛、珊瑚岛。

羽叶薯 *Ipomoea polymorpha* Roem. et Schult. 金银岛。

三裂叶薯 *Ipomoea triloba* L. 永兴岛。

长管牵牛（管花薯） *Ipomoea violacea* L. 永兴岛、东岛、盘石屿、中建岛、晋卿岛、琛航岛、广金岛、金银岛、甘泉岛、珊瑚岛、鸭公岛、赵述岛、北岛、中岛、南岛。

小牵牛 *Jacquemontia paniculata* (Burm. f.) Hall. f. 永兴岛。

地旋花 *Xenostegia tridentata* (L.) D. F. Austin et Staples 永兴岛、北岛。

360 茄科 Solanaceae

苦蘵 *Physalis angulata* L. 甘泉岛。

小酸浆 *Physalis minima* L. 永兴岛、东岛、琛航岛。

少花龙葵 *Solanum americanum* Mill. 永兴岛、东岛、晋卿岛、甘泉岛、珊瑚岛、赵述岛。

光枝木龙葵 *Solanum merrillianum* Liou 东岛。

龙葵　*Solanum nigrum* L.　永兴岛。
海南茄　*Solanum procumbens* Lour.　永兴岛。
野茄　*Solanum undatum* Lam.　永兴岛。

370　车前科　Plantaginaceae

假马齿苋　*Bacopa monnieri* (L.) Wettst.　永兴岛。
野甘草　*Scoparia dulcis* L.　赵述岛。

371　玄参科　Scrophulariaceae

苦槛蓝　*Pentacoelium bontioides* Sieb. et Zucc.　永兴岛。

373　母草科　Linderniaceae

长蒴母草　*Lindernia anagallis* (Burm. F.) Pennell　永兴岛。
母草　*Lindernia crustacea* (L.) F. Muell　永兴岛、北岛。

377　爵床科　Acanthaceae

小花十万错　*Asystasia gangetica* subsp. *micrantha* (Nees) Ensermu　永兴岛。

382　马鞭草科　Verbenaceae

过江藤　*Phyla nodiflora* (L.) Greene　永兴岛、石岛、东岛、甘泉岛、珊瑚岛。
假马鞭　*Stachytarpheta jamaicensis* (L.) Vahl　永兴岛、石岛、东岛、中建岛、晋卿岛、琛航岛、广金岛、金银岛、甘泉岛、珊瑚岛。

383　唇形科　Lamiaceae

大青　*Clerodendrum cyrtophyllum* Turcz.　永兴岛。
山香　*Hyptis suaveolens* (L.) Poit.　永兴岛。
益母草　*Leonurus japonicus* Houttuyn　永兴岛。
蜂巢草　*Leucas aspera* (Willd.) Link　永兴岛、东岛。
疏毛白绒草　*Leucas mollissima* var. *chinensis* Benth.　晋卿岛。
绉面草　*Leucas zeylanica* (L.) R. Brown　永兴岛。
山香　*Mesosphaerum suaveolens* (L.) Kuntze　永兴岛。
圣罗勒　*Ocimum sanctum* L.　永兴岛。
伞序臭黄荆　*Premna serratifolia* L.　东岛。
单叶蔓荆　*Vitex rotundifolia* L. f.　永兴岛、珊瑚岛。
苦郎树　*Volkameria inermis* L.　永兴岛、甘泉岛、珊瑚岛。

387　列当科　Orobanchaceae

独脚金　*Striga asiatica* (L.) O. Kuntze　赵述岛。

401 草海桐科 Goodeniaceae

小草海桐 *Scaevola hainanensis* Hance 东岛。

草海桐 *Scaevola taccada* (Gaertn.) Roxb. 永兴岛、石岛、东岛、中建岛、晋卿岛、琛航岛、广金岛、羚羊礁、金银岛、甘泉岛、珊瑚岛、银屿、西沙洲、赵述岛、北岛、中岛、南岛、北沙洲、中沙洲、南沙洲。

403 菊科 Asteraceae

藿香蓟 *Ageratum conyzoides* L. 永兴岛、赵述岛、北岛。

鬼针草 *Bidens pilosa* L. 东岛。

柔毛艾纳香 *Blumea axillaris* (Lamarck) Candolle 永兴岛。

石胡荽 *Centipeda minima* (L.) A. Br. et Aschers. 永兴岛。

野茼蒿 *Crassocephalum crepidioides* (Benth.) S. Moore 永兴岛。

夜香牛 *Cyanthillium cinereum* (L.) H. Rob. 永兴岛、石岛、东岛、中建岛、琛航岛、金银岛、珊瑚岛。

咸虾花 *Cyanthillium patulum* (Aiton) H. Rob. 东岛。

鳢肠 *Eclipta prostrata* (L.) L. 永兴岛、东岛。

离药菊 *Eleutheranthera ruderalis* (Swartz) Schultz Bipontinus 赵述岛。

一点红 *Emilia sonchifolia* (L.) DC. 永兴岛。

败酱叶菊芹 *Erechtites valerianifolius* (Link ex Spreng.) Candolle 永兴岛。

香丝草 *Erigeron bonariensis* L. 永兴岛。

小蓬草 *Erigeron canadensis* L. 永兴岛。

匐枝栓果菊 *Launaea sarmentosa* (Willd.) Merr. et Chun 永兴岛、琛航岛、珊瑚岛。

银胶菊 *Parthenium hysterophorus* L. 永兴岛。

钻叶紫菀 *Symphyotrichum subulatum* (Michx.) G. L. Nesom 永兴岛、赵述岛。

金腰箭 *Synedrella nodiflora* (L.) Gaertn. 晋卿岛。

羽芒菊 *Tridax procumbens* L. 永兴岛、石岛、东岛、中建岛、晋卿岛、琛航岛、广金岛、金银岛、甘泉岛、珊瑚岛。

孪花菊 *Wollastonia biflora* (L.) DC. 永兴岛、石岛、东岛、中建岛、晋卿岛、琛航岛、金银岛、甘泉岛、珊瑚岛、西沙洲、赵述岛、北岛、中岛、南岛、南沙洲。

黄鹌菜 *Youngia japonica* (L.) DC. 永兴岛。

416 伞形科 Apiaceae

积雪草 *Centella asiatica* (L.) Urban 永兴岛。

附录IV 缩略词中英文对照表

缩略词	英文全称	中文全称或说明
BOLD systems	barcode of life data systems	生命条形码数据库系统
COI	cytochrome c oxidase subunit I	细胞色素 c 氧化酶 I 亚基
GAM	generalized additive model	广义加性模型
IRI	index of relative importance	相对重要性指数
MDS	multidimensional scaling	多维标度分析
NCBI	National Center for Biotechnology Information	美国国家生物技术信息中心
PCA	principal component analysis	主成分分析
PCR	polymerase chain reaction	聚合酶链式反应
RDA	redundancy analysis	冗余分析
ABAA		自适应分段水深反演模型
ArcGIS		一种地理信息处理软件
AutoCAD		一种图形处理软件
CARIS		一种多波束资料处理软件
CGCS2000		2000 国家大地坐标系
DBMA		降尺度水深反演模型
DGPS		差分全球定位系统
GNSS	global navigation satellite system	全球导航卫星系统
GPS		全球定位系统
Qimera		一种多波束资料处理软件
Qinsy		一种导航和采集软件
RTK		实时动态测量技术
Savitzky-Golay		基于最小二乘的卷积拟合算法进行迭代运算的滤波方法，模拟整个 NDVI 时序数据获得长期变化趋势
SVP	sound velocity profiling	声速剖面测量
UMOPE		耦合底质反射率线性分解模型的水深优化反演模型
UTM		通用横墨卡托投影
WGS-84		世界大地测量系统 1984